KOLLOIDCHEMISCHE GRUNDLAGEN DER TEXTILVEREDLUNG

VON

Dr. EMMERICH VALKÓ

MIT 346 TEXTABBILDUNGEN

BERLIN
VERLAG VON JULIUS SPRINGER
1937

ISBN-13:978-3-642-90487-5   e-ISBN-13:978-3-642-92344-9
DOI: 10.1007/978-3-642-92344-9

ALLE RECHTE, INSBESONDERE DAS DER ÜBERSETZUNG
IN FREMDE SPRACHEN, VORBEHALTEN.
COPYRIGHT 1937 BY JULIUS SPRINGER IN BERLIN.
SOFTCOVER REPRINT OF THE HARDCOVER 1ST EDITION 1937

HERRN PROFESSOR DR. WOLFGANG PAULI
IN DANKBARER VEREHRUNG
GEWIDMET

Vorwort.

Den Gegenstand der vorliegenden Darstellung bilden diejenigen physikalisch-chemischen Erscheinungen, die den mannigfachen Veredlungsvorgängen der tierischen, pflanzlichen und künstlichen Faserstoffe in der Textilindustrie zugrunde liegen. Da diese Erscheinungen sich hauptsächlich in den submikroskopischen Kanälen der Faserstoffe und an den Grenzflächen der Fasern abspielen, ist bei ihrer Behandlung die vorwiegend kolloidchemische Betrachtungsweise zwangsläufig. Selbstverständlich werden daneben die konstitutiven Zusammenhänge, die letzten Endes auch für das kolloidchemische Verhalten bestimmend sind, nicht vernachlässigt.

Um eine systematische, übersichtliche Ordnung des Stoffes zu erzielen, werden zuerst die Eigenschaften und das Verhalten der Fasern sowie der Systeme, mit denen sie behandelt werden (Farbstofflösungen, Seifenlösungen, Stärkezerteilungen usw.) und dann die einzelnen Veredlungsvorgänge erörtert. Besonderes Gewicht wird darauf gelegt, den Zusammenhang zwischen den einzelnen Gebieten dem Leser nahezubringen.

Bei der erforderlichen kritischen Sichtung des außerordentlich weitverstreuten, vielfältigen und reichen Materials des wissenschaftlichen und technischen Schrifttums war angestrebt, die vom anwendungstechnischen Standpunkt aus wichtigen und vom gegenwärtigen wissenschaftlichen Standpunkt aus wertvollen Untersuchungen möglichst vollständig zu berücksichtigen. Eine gewisse Knappheit der Darstellungsweise war bei dem Umfang des behandelten Gegenstandes häufig geboten, doch wurden Sonderfragen, für die eine entsprechende Zusammenfassung bereits seit längerer Zeit fehlt, wie z. B. die physikalische Chemie der Farbstoffe und der Färbevorgänge, ausführlicher behandelt. Dem an den Einzelfragen näher Interessierten sollen die abschnittsweise zusammengestellten Schrifttumsnachweise das tiefere Eindringen in die Materie erleichtern. Die rein mechanischen Veredlungsvorgänge, sowie die Fragen der Kunstfaserherstellung selbst, konnten hier nicht berücksichtigt werden. Sie würden eine Sonderdarstellung erfordern.

Das Ziel war, sowohl dem Forscher als auch dem Praktiker, der an dem Verständnis der textilen Veredlungsvorgänge und an der Erkenntnis ihrer tieferen Zusammenhänge interessiert ist, eine zuverlässige Orientierung über den gegenwärtigen Stand der Forschung auf diesem vielgestaltigen Gebiet zu ermöglichen.

Mein verehrter Lehrer, Herr Prof. Dr. Wo. PAULI (Wien), Herr Prof. Dr. L. ORTHNER (Frankfurt a. M.-Höchst) und mein Kollege Herr Dr. W. W. WOLFF (Ludwigshafen a. Rh.) haben das Manuskript durchgelesen. Ich verdanke ihnen viele Anregungen. Herr Prof. PAULI und Herr Dr. WOLFF haben außerdem die große Freundlichkeit gehabt, die Bogen der zweiten Korrektur durchzusehen. Für ihre wertvolle Hilfe sei ihnen auch an dieser Stelle vielmals gedankt.

Mannheim-Ludwigshafen a. Rh., im April 1937.

E. VALKÓ.

Inhaltsverzeichnis.

Seite

1. Konstitution, Molekülmodell und Krystallstruktur der Faserstoffe   1
Chemische Konstitution der Cellulose 1
Krystallstruktur 2
Die Cellulose als hochmolekulare Substanz 5
Eigenschaften der Hochmolekularen 6
Begriff der mittleren Kettenlänge 8
Bestimmung der Durchschnittskettenlänge von Cellulosepräparaten auf Grund des osmotischen Druckes, der Diffusion und der Sedimentation 9
Kettenlänge und innere Reibung 13
Chemische Methoden zur Ermittlung der Kettenlänge 19
    Dicke der monomolekularen Schichten von Celluloseabkömmlingen 20
Chemische Konstitution des Wollkeratins und des Seidenfibroins . . 21
Molekülgröße der Eiweißstoffe 25
Röntgenstruktur des Seidenfibroins und des Wollkeratins 26
    Schrifttum 33

2. Zur Morphologie und Histologie der Fasern 35
Morphologie der Pflanzenfasern 36
Histologie der Pflanzenfasern 37
Morphologie und Histologie der Kunstfasern 42
Morphologie und Histologie der tierischen Fasern 42
    Schrifttum 45

3. Micellartextur der Faserstoffe 46
Die Fasern als polykrystalline Systeme 46
Die Eigendoppelbrechung der Faserstoffe 49
Die mechanische Anisotropie der Fasern 53
Die Größe der Krystallite 57
Zwischenmicellare und innermicellare Quellung 58
Die Durchgängigkeit des Cellophans 61
Indirekte Schätzung der Krystallit- und Porengröße der Wolle . . . 65
Stäbchendoppelbrechung der Faserstoffe 69
Dichroismus der Faserstoffe 71
    Schrifttum 76

4. Die Wasseraufnahme der Faserstoffe 77
Die Erscheinung der Sorption 77
Sorptionsisothermen der Baumwolle 78
Sorptionsisothermen der Kunstseiden 84
Sorptionsisothermen der Wolle 87
Sorptionsisothermen der Seide 88
Vergleich der Wasseraufnahme verschiedener Faserstoffe 89
Dimensionsänderungen der Fasern bei der Sorption 90
Die Volumkontraktion bei der Quellung der Faserstoffe 93
Die Wärmeentwicklung bei der Sorption 99
Freie Sorptionsenergie und Quellungsdruck 102

	Seite
Der molekulare Mechanismus der Sorption	105
Nichtlösendes Wasser in Fasern	109
Die Ursache der Sorptionshysteresis	111
Die Abhängigkeit der Festigkeitseigenschaften vom Wassergehalt	112
Einfluß der Feuchtigkeit auf den elektrischen Widerstand der Fasern	121
Schrifttum	124

5. **Wolle und Seide als amphotere Elektrolyte** ... 126
   Bestimmung der Säure- und Alkalibindung bei Wolle und bei Seide 126
   Die Natur der Säure- und Alkalibindung ... 132
   Die Quellung der Wolle und Seide in Säuren und Basen ... 143
   Theorie des Einflusses der Wasserstoffionenkonzentration auf die Faserquellung ... 149
   Die Dehnungsarbeit der Wolle ... 154
   Die isoelektrische Reaktion der Wolle und der Seide ... 156
   Schrifttum ... 161

6. **Das elektrische Grenzflächenpotential der Cellulose** ... 162
   Begriff des Grenzflächenpotentials ... 162
   Frühere Messungen ... 163
   Neuere Untersuchungen ... 165
   Die Oberflächenleitfähigkeit der Cellulose ... 169
   Elektrokinetisches Potential in organischen Lösungsmitteln ... 170
   Carboxylgruppen im Cellulosemolekül ... 170
   Das elektrische Grenzflächenpotential von Celluloseestern ... 172
   Schrifttum ... 172

7. **Die Mercerisierung der Baumwolle** ... 173
   Das Gleichgewicht Cellulose-Lauge ... 173
   Das nichtlösende Wasser der Alkalicellulose ... 178
   Das DONNAN-Gleichgewicht des Systems Cellulose-Natronlauge ... 183
   Röntgenographie der Mercerisierung ... 187
   Die Änderung der Faserabmessungen in NaOH-Lösungen ... 190
   Die Einwirkung anderer Basen als NaOH auf Cellulose ... 195
   Zur Theorie der Alkaliquellung der Cellulose ... 200
   Zur Theorie der Schrumpfung bei der Alkaliquellung der natürlichen Fasern ... 203
   Die Reaktionswärme der Alkaliquellung ... 207
   Die chemische Struktur der mercerisierten Cellulose ... 210
   Die Wasseraufnahme der mercerisierten Baumwolle ... 214
   Die Laugenaufnahme der mercerisierten Cellulose ... 217
   Das Reaktivitätsverhältnis der mercerisierten Baumwolle ... 222
   Beeinflussung der Festigkeit durch die Mercerisierung ... 225
   Beeinflussung der Farbstoffaufnahme durch das Mercerisieren ... 225
   Der Glanz der mercerisierten Cellulose ... 227
   Entwindungszahl und Schrumpfungsdiagramm ... 231
   Die Wechselwirkung der regenerierten Cellulose mit Laugen ... 233
   Schrifttum ... 236

8. **Die Merkmale der Schädigung von Cellulosefasern** ... 239
   Begriff der Oxy- und Hydrocellulose ... 239
   Die Zähigkeit der Celluloselösungen ... 240
   Kupferzahl und Methylenblauzahl ... 250
   Die Faserschädigung beim Bleichen ... 253
   Löslichkeit in Natronlauge ... 253

Inhaltsverzeichnis.

Vergleich der chemischen Eigenschaften der handelsüblichen Kunstfasern mit denen der Baumwolle 261
Abgebaute und aktivierte Cellulose 264
Beeinflussung der Aufnahme substantiver Farbstoffe durch Faserschädigung 267
Faserschädigung der Kunstseiden 269
Festigkeit und innere Reibung von Celluloseestern 271
   Bestimmung der Schädigung von Baumwollfasern durch KRAIS und MARKERT 273
   Schrifttum 274

9. Chemische Veränderungen der Wolle 276
Reaktionen an der Disulfidgruppe 276
Die reduktive Spaltung der Disulfidbrücke 277
Die Wirkung verdünnter Laugen auf Wolle 281
Die Bedeutung der Disulfidgruppe für das mechanische Verhalten der Wolle 285
Die Chlorung der Wolle 289
Erkennung der Schädigung der Wolle 294
Die ALLWÖRDENsche Reaktion 295
Die Diazoreaktion 297
Die Reaktion mit ammoniakalischer Kalilauge nach KRAIS und MARKERT 299
Weitere Methoden zur Erkennung der Wollschädigung 300
Die angebliche Verfestigung der Wolle durch die Behandlung mit konzentrierter Lauge 301
Die Schädigung der Wolle durch Wasserstoffperoxyd 302
   Carbonisieren der Wolle 303
   Wollschutzmittel 304
   Schrifttum 305

10. Filzen und Walken der Wolle 306
Theorie des Filz- und Walkvorganges 306
Die Schuppigkeit der Wollhaare 310
Die Schrumpfung in Abhängigkeit von der Wasserstoffionenkonzentration 312
Walkfähigkeit, Quellung und elastische Eigenschaften der Wolle . . 314
Schrifttum 318

11. Kolloidchemie der Farbstoffe 319
Umriß des Gegenstandes 319
Elektrolytische Natur der Farbstofflösungen 320
Dissoziationsstärke der Farbstoffe 321
Farbstoffe als Zwitterionen 325
Die räumliche Gestalt der Farbstoffmoleküle 327
Reinheit und Reproduzierbarkeit der Farbstofflösungen 335
Die Leitfähigkeit der Farbstoffe 338
Der osmotische Druck von Farbstofflösungen 348
Die Diffusion von Farbstoffen 355
Die Membrandurchgängigkeit der Farbstoffe 371
Weitere Methoden zur Untersuchung des Zerteilungszustandes von Farbstofflösungen 377
Die Ursache der Aggregation von Farbionen 378

Inhaltsverzeichnis.

    Kolloide Farbstofflösungen und Farbstoffsuspensionen 380
    Das Verhalten der Sole von Benzidinfarbsäuren 382
    Schrifttum 387
12. **Kolloidchemie der Färbevorgänge** 389
    Verteilungsgleichgewicht und Sorptionsgleichgewicht 389
    Untersuchungsmethoden der Farbstoffaufnahme 393
    Abhängigkeit der Farbstoffaufnahme von der Konzentration beim substantiven Färben von Cellulose 395
    Abhängigkeit der Farbstoffaufnahme von der Salzkonzentration beim substantiven Färben von Cellulose. 397
    Temperaturabhängigkeit der Farbstoffaufnahme beim substantiven Färben von Cellulose 400
    Die Theorie der Substantivität 402
    Die Erklärung des Salz- und Temperatureinflusses beim substantiven Färben 414
    Geschwindigkeit der Farbstoffaufnahme beim substantiven Färben . 420
    Konzentrations- und p_H-Abhängigkeit der Aufnahme von sauern Farbstoffen durch Wolle 425
    Geschwindigkeit und Temperaturabhängigkeit der Aufnahme von sauren Farbstoffen durch Wolle 435
    Die Aufnahme basischer Farbstoffe durch Wolle. 440
    Die Aufnahme saurer, basischer und substantiver Farbstoffe durch Seide 443
    Das Färben mit Küpenfarbstoffen 446
    Die Vorgänge beim Färben der Acetatseide 451
    Die Entwicklungsfarbstoffe 459
    Die Färbung auf Metallbeizen 462
    Das Erschweren der Seide. 478
    Das Färben der Baumwolle mit basischen Farbstoffen auf Tannin- und Katanolbeize 480
    Schrifttum 486
13. **Das Verhalten der Farbstoffe auf der Faser** 489
    Ionisationszustand der wasserlöslichen Farbstoffe auf der Faser . . 489
    Einfluß der Faser auf die Farbstoffmoleküle 493
    Wasser- und Waschechtheit der Färbungen 494
    Die Gleichmäßigkeit der Färbungen 497
    Die Aggregation der Farbstoffe auf der Faser 509
    Die Lichtechtheit 513
    Faserschädigung durch Farbstoffe 514
    Schrifttum 518
14. **Kolloidchemie der Seifen** 519
    Begriffsbestimmung und Einteilung 519
    Raumbild des Seifenmoleküls und Aufbau der Seifenkrystalle 522
    Die Löslichkeit der Seifen 525
    Ionisation und Aggregation der Seifen 527
    Die Hydrolyse der Seifen 544
        Ultramikroskopie und Ultrafiltration der Seifenlösungen 546
    Die Oberfläche der Seifenlösungen 547
    Die Zwischenfläche der Seifenlösungen 563
    Die Bedeutung der Ionisation der Seifen für die Grenzflächenaktivität 573
    Die Kalkseifen 575
    Schrifttum 579

Seite
15. Kolloidchemie der Netz-, Emulgier- und Waschvorgänge ... 581
   Benetzung 581
   Die Benetzung der Fasern mit Wasser 587
   Die Wechselwirkung der Seifen- (Netzmittel-) Lösungen mit fetthaltigen
      Faseroberflächen 589
   Die Wechselwirkung der Seifenlösungen mit hydrophilen Oberflächen 592
   Die Aufnahme der Seifen durch die Fasern und die Egalisierwirkung 595
   Übersicht über die Wirkungsweise der Seifen in der Färberei 599
   Das Wasserdichtmachen von Geweben 600
   Emulgieren und Suspendieren 603
   Die Abhängigkeit der Beständigkeit der Emulsionen von der Zwischen-
      flächenspannung und dem elektrischen Potential der Teilchen . . 606
   Anorganische Elektrolyte als Zerteilungsmittel 614
   Die Eiweißkörper als Emulgier- und Suspendiermittel 615
   Filmbildung als Ursache der Emulsionsbeständigkeit 624
   Die Bodenkörperregel bei den Suspensionen und Emulsionen 626
   Der Waschvorgang 628
   Die Verteilung des Schmutzes zwischen Flotte und Waschgut ... 638
   Behandlung der Fasern mit Emulsionen 640
   Schaumwirkung 642
      Schrifttum 643

16. Kolloidchemie der Stärke und der Gummis 646
   Konstitution, Krystallstruktur und Molekülgröße der Stärke 646
   Die Abbauprodukte der Stärke 653
   Die Verkleisterung der Stärke 654
   Die Wassersorption der Stärke 659
   Die innere Reibung der Stärkezerteilungen 663
   Die Alkalibindung der Stärke 667
   Die mechanischen Eigenschaften der Stärkefilme 669
   Die Verwendung der Stärkepasten zur Schlichte 671
   Konstitution und Kolloidchemie des Gummi arabicums 672
   Kolloidchemie der Methylcellulose 677
   Die Druckpasten und der Zeugdruck 679
      Schrifttum 680

Namenverzeichnis 683
Sachverzeichnis 697

Berichtigungen.

Seite 241, vorletzte Zeile: statt „COETTEsche" lies „COUETTEsche".

Seite 250, Zeile 7 von unten: statt „adsorbierten Kupfers" lies „reduzierten Kupfers".

Seite 391, Formel (1): statt „$\frac{c}{c_1}$" lies „$\frac{c}{c_2}$".

Seite 557, Formel (6): statt „$1/c_1\,A$" lies „$1/c_1 = A$".

1. Konstitution, Molekülmodell und Krystallstruktur der Faserstoffe.

Das letzte Ziel der chemischen Erkenntnis kann in dem Zurückführen des stofflichen Verhaltens eines Körpers auf die Eigenschaften seiner kleinsten Bausteine und auf die Art ihrer Verknüpfung erblickt werden. Will der Chemiker die Erkenntnis einer bestimmten Substanz, etwa der Faserstoffe, übermitteln, so muß er in der Lage sein, einen Bauplan vorzulegen, in dem die Natur der in dieser Substanz enthaltenen Atome, die Art ihrer Verknüpfung zu Molekülen, die gegenseitige Verknüpfung von Molekülen zu größeren Raumelementen bis hinauf zu den sichtbaren Gebilden (Einzelfasern) beschrieben wird. Die Ausführlichkeit und Genauigkeit dieses Bauplanes und der Umfang unserer Kenntnisse über die Bedeutung der darin benutzten Sinnbilder bestimmen den Erfolg im Erreichen des gesteckten Zieles.

Chemische Konstitution der Cellulose. Die Grundsubstanz der pflanzlichen Faser (Baumwolle, Flachs, Hanf, Ramie, Jute) sowie der Kupfer-, Nitro- und Viscoseseide ist die Cellulose. Im natürlichen Zustande enthalten die Pflanzenfasern auch andere Substanzen: verschiedene Kohlehydrate, Lignin, Fette, Eiweißkörper, Pigmente, Salze usw. — je mehr die Reinigung fortschreitet, um so ausschließlicher wird Cellulose der alleinige Bestandteil der Fasern. Ursprünglich war die Cellulose allein durch den Reinigungsvorgang definiert: sie stellte den Stoff dar, welcher nach der Entfernung der übrigen Begleitstoffe (bei der Baumwolle durch Abkochen mit Alkali, Bleichen und Waschen, bei den Holzfasern beispielsweise durch die Sulfitbehandlung) übrigblieb. Je reiner das Cellulosematerial ist, um so genauer ergibt es die Elementarzusammensetzung $C_6H_{10}O_5$. Zu einer Strukturformel gelangt man erst, wenn man die Gesamtheit der chemischen Reaktionen der Cellulose in Betracht zieht: in erster Linie die Abbaureaktionen (Hydrolyse), dann die substituierenden Umsetzungen (Ester- und Ätherbildung).

Als wichtigster Baustein des Cellulosemoleküls wurde die Glucose frühzeitig erkannt, die Art der gegenseitigen Verknüpfung der Glucosegruppen war jedoch bis vor einigen Jahren der Gegenstand heftiger wissenschaftlicher Auseinandersetzungen, bis die vereinigte Betrachtung der chemischen und röntgenographischen Daten die Entscheidung gebracht hat. Wir müssen hier auf die Wiedergabe der vollständigen

Beweisführung verzichten, und uns damit begnügen, die jetzt allgemein anerkannte chemische Formel anzugeben:

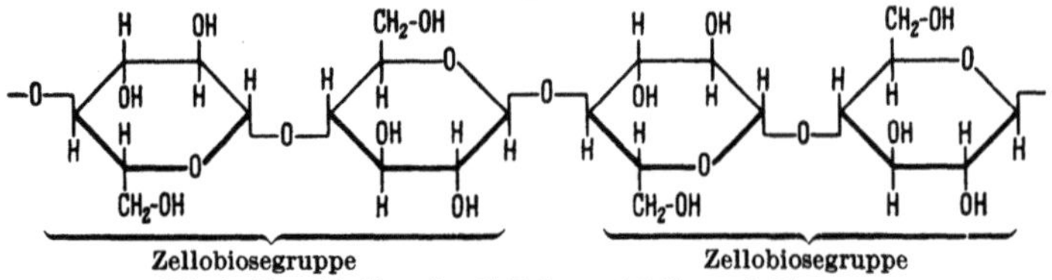

Abb. 1. Konstitution des Cellulosemoleküls nach HAWORTH.

Das Glucosemolekül ist als ringförmig anzusehen. Die cyclische Formel kann aus der alten EMIL FISCHERschen Formel auf folgende Weise abgeleitet werden:

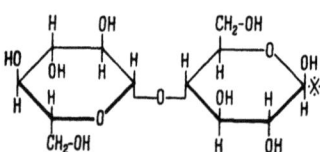

(1)	CHO	┌─CHOH	
(2)	CHOH	│ CHOH	
(3)	CHOH	│ CHOH	
(4)	CHOH	→ O CHOH	
(5)	CHOH	│ CH	
(6)	CH$_2$OH	└─CH$_2$OH	

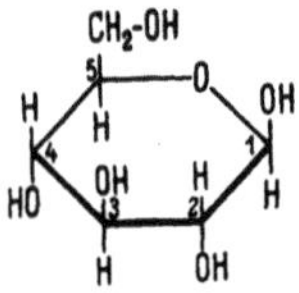

Abb. 2. β-Glucopyranose nach HAWORTH.

In dieser Betrachtung erscheint die Glucose als Abkömmling des Pyranringes: als Glucopyranose. Je zwei Glucosemoleküle bilden unter Wasseraustritt die Zellobiose, in der das 1-C-Atom des ersten Glucoserestes mit dem 4-C-Atom des zweiten durch eine Sauerstoffbrücke ätherartig verbunden ist. *Durch die gleichartige 1.4 Verknüpfung von vielen Zellobiosemolekülen entsteht das Cellulosemolekül* (FREUDENBERG, HAWORTH). Es bleibt nun noch die Feststellung der Anzahl von Glucoseresten je Molekül übrig, damit wäre dann das Cellulosemolekül in strukturchemischer Hinsicht beschrieben.

Abb. 3. Konstitution der Zellobiose nach HAWORTH. (Mit ✕ ist die reduzierende Gruppe bezeichnet, die in tautomerer Form als aldehydische Gruppe reagiert.)

Kennzeichnend für die chemische Reaktionsfähigkeit des Moleküls sind danach die 3 freien Alkoholgruppen im Glucoserest, die z. B. zur Ester- und Ätherbildung befähigt sind, ferner die Sauerstoffbrücken, die unter Hydrolyse aufgespalten werden können.

Krystallstruktur. Eine wesentliche Stütze für die Richtigkeit der obigen Strukturformel stellt das röntgenographische Material dar. Daß die Pflanzenfasern ihre Grundsubstanz zu einem erheblichen Anteil zu Krystalliten geordnet enthalten, wurde auf Grund ihrer Doppelbrechung schon seit längerer Zeit vermutet.

Die Doppelbrechung beruht auf dem Umstand, daß die Lichtgeschwindigkeit in dem Körper in verschiedenen Richtungen in verschiedenem Maße vermindert wird und stellt somit einen Beweis für die in optischer Hinsicht asymmetrische Ordnung der Moleküle (Anisotropie) dar.

Vor etwa 25 Jahren wurde die Entdeckung gemacht, daß die Röntgenstrahlen von den Krystallen unter Bildung bestimmter Interferenzen abgebeugt werden. Die Ursache dieser Interferenzen liegt in der regelmäßigen Anordnung der Moleküle bzw. Atome in den Krystallen, d. h. in der Bildung eines Raumgitters, dessen einzelne Punkte voneinander in bestimmtem Abstand, der von der Größenordnung der Wellenlänge des Röntgenlichtes (10^{-8} cm) ist, liegen. Nun besteht für jede Wellenlänge ein Zusammenhang zwischen Ablenkungswinkel und Gitterabstand. Aus dem photographischen Bild der Reflexion einer (monochromatischen) Röntgenstrahlung kann daher die regelmäßige Entfernung der Krystallbausteine, der Gitterabstand, berechnet werden. Die Zuordnung dieser Abstände zu bestimmten Bausteinen (Molekülen oder Atomen) ist eine mehr oder minder schwierige Aufgabe und erfordert demgemäß häufig eine sehr eingehende Analyse der Intensitäten der reflektierten Strahlung.

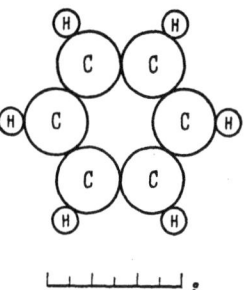

Abb. 4. Raumbild des Benzolmoleküls in ebener Projektion.

Die Untersuchung der Pflanzenfasern nach der Röntgenmethode hat zu dem Ergebnis geführt, daß ein großer Teil der in ihnen enthaltenen Substanz in krystallisierter Form vorliegt: die Bilder des reflektierten Röntgenlichtes zeigen die kennzeichnenden Interferenzen der Krystalle (SCHERRER, R. O. HERZOG und JANCKE [1]). Die Analyse der Röntgenogramme führte zu bestimmten Werten der Gitterabstände, den sog. Identitätsperioden. Ihre Kombination gestattet die Dimension des Elementarkörpers anzugeben, d. h. jenes kleinsten Gitterbestandteiles, dessen Parallelverschiebung in den verschiedenen Richtungen das Raumgitter ergibt. Der Elementarkörper der Cellulose ist danach eine rhombische Säule, mit den folgenden Kantenlängen: $a = 8{,}35$ Å, $b = 10{,}3$ Å, $c = 7{,}9$ Å. Die b-Kante steht senkrecht zur a-c-Ebene, der Winkel a-c (β) ist nur wenig kleiner als 90° (K. H. MEYER und MARK).

Andererseits kann man auch die chemische Strukturformel dazu benützen, um aus ihr ein räumliches Modell des Cellulosemoleküls abzuleiten. Auf Grund der röntgenographischen und anderen physikalischen Untersuchungen einfacher organischer Substanzen kennt man die Abstände der einzelnen Atome und die Richtung ihrer gegenseitigen Verknüpfung (Valenzwinkel) im Molekül.

Die Atomabstände erweisen sich bei gleichartiger Bindung in den verschiedenen Verbindungen als konstant. Man findet z. B., daß der Abstand der benachbarten Kohlenstoffatome sowohl in aliphatischen als auch in aromatischen Körpern 1,4—1,5 Å beträgt. Für den C-O-Abstand findet man einen etwas geringeren Wert. Stellt man sich die Atome als starre Kugeln vor, so kann man ihre Durchmesser aus den Abstandswerten berechnen. Der Radius des Kohlenstoffatoms ergibt sich auf diese Weise zu 0,7 Å, der des Sauerstoffatoms ist etwas kleiner. Das räumliche Modell des Benzolmoleküls kann auf die in der Abb. 4 ersichtliche Weise dargestellt werden. Man benützt dabei die chemische Erfahrung,

4   Konstitution, Molekülmodell und Krystallstruktur der Faserstoffe.

daß die Kohlenstoffatome des Benzols in einer Ebene liegen, und daß die Kohlenstoffatome einander gleichwertig sind, woraus die Forderung eines ebenen gleichseitigen Sechsecks folgt. (Ausführliche Angaben über die Raumbilder organischer Moleküle befinden sich in Abschnitt 11, S. 327 ff.)

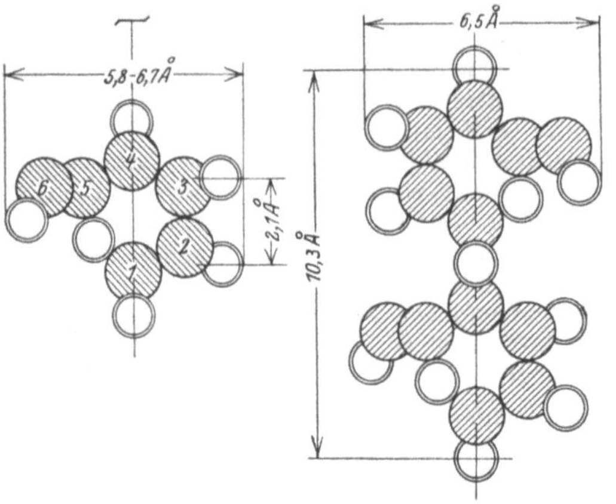

Auf ähnliche Weise kann auf Grund der chemischen Strukturformel das räumliche Modell eines Zellobiosemoleküls angegeben werden (SPONSLER und DORE, MEYER und MARK) (Abb. 5).

Die Länge eines Zellobioserestes beträgt nach diesem Modell 10,3 Å. Vergleicht man diesen Wert mit den röntgenographisch ermittelten Dimensionen des Elementarkörpers, so stellt man fest, daß die b-Kante desselben genau der Länge eines Zellobioserestes entspricht.

Abb. 5. Raumbild des Glucose- (links) und des Zellobiosemoleküls (rechts). Nach K. H. MEYER und H. MARK. (Schraffierte Kreise: Kohlenstoffatome. Helle Kreise: Sauerstoffatome. Zwecks Übersichtlichkeit sind die Wasserstoffatome fortgelassen. Numerierung der C-Atome wie in Abb. 2).

Die weitere Betrachtung der Dimensions- und Symmetrieverhältnisse führt schließlich zu der Vorstellung über die Lage der Zellobiosereste in dem Elementarkörper des Cellulosekrystalls entsprechend der Abb. 6.

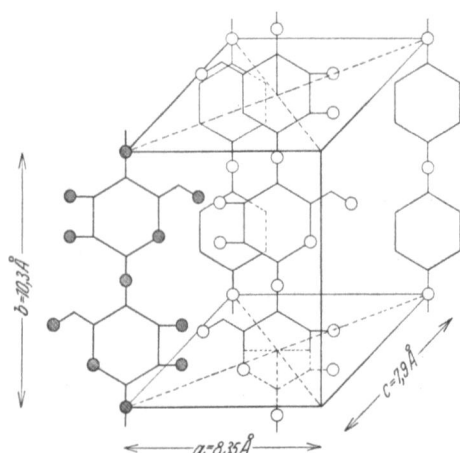

Abb. 6. Elementarkörper des Cellulosekrystalls nach K. H. MEYER und H. MARK. Die Kreise bedeuten Sauerstoffatome, die Sechsecke das Gerüst der Glucoseringe.

Die Zellobiosereste sind in dem Elementarkörper parallel geordnet, und zwar derart, daß der Elementarkörper gerade je einen Zellobioserest aus den Zellobioseketten, die ihn durchziehen, ausschneidet. Berücksichtigt man, daß von je 5 Zellobioseresten die 4 an den Kanten befindlichen gleichzeitig 4 Elementarkörpern angehören, dann ergibt sich die Anzahl der Zellobiosereste je Elementarkörper zu 2. Das Molekulargewicht des Elementarkörpers beträgt somit entsprechend $4 \times (C_6H_{10}O_5) = 648$, sein Gewicht $648/6{,}07 \times 10^{23}* = 1{,}07 \times 10^{-21}$ g. Das Volumen desselben beträgt annähernd $a \cdot b \cdot c = 670 \times 10^{-24}$ cm³. Das spezifische Gewicht der

---

* LOSCHMIDT-AVOGADROSCHE Zahl.

krystallisierten Cellulose ermittelt sich somit aus dem Modell zu $1{,}07 \times 10^{-21}/6{,}7 \times 10^{-22} = 1{,}59$, während die experimentelle Bestimmung der Dichte der Cellulose den Wert von etwa 1,56 liefert.

Auf Grund der chemischen und physikalischen Forschung lassen sich also die *Cellulosemoleküle als lange Ketten von glucosidisch verknüpften ringförmigen Glucopyranoseresten* darstellen, die in dem Krystallit ähnlich gebündelten Stäben *einander parallel* geordnet sind. Der krystallisierte Anteil der Cellulose hat in allen Pflanzenfasern dieselbe Konstitution.

Die handelsübliche (acetonlösliche) Acetatseide, die durch teilweise Verseifung des beim Acetylieren gebildeten (chloroformlöslichen) Triacetates gewonnen wird, enthält mehr als zwei, jedoch weniger als drei Acetylreste je Glucoserest. Röntgenographisch zeigt die Acetatseide Krystallstruktur, jedoch viel weniger ausgeprägt als die Cellulose (Schrifttum: KATZ, KRÜGER).

Die Cellulose als hochmolekulare Substanz. Der vorangehende Abschnitt brachte die Beschreibung der Struktur des Cellulosemoleküls bis auf die wichtige Angabe der Anzahl der darin enthaltenen Glucosereste. Eine genaue Antwort läßt sich vorläufig auf diese Frage nicht geben. Die bequemste Methode zur Bestimmung des Molekulargewichts einer Substanz ist bekanntlich die Ermittlung der molekularen Konzentration in ihren Lösungen, sei es durch Bestimmung der Gefrierpunktserniedrigung, der Siedepunktserhöhung oder des osmotischen Druckes. Im Falle der Cellulose war es jedoch kaum möglich, auf diese Weise zu brauchbaren Ergebnissen zu gelangen. Jedenfalls reichen aber die diesbezüglichen Beobachtungen aus, um zu erkennen, daß das Cellulosemolekül außerordentlich groß ist. Die Anzahl der Glucosereste je Molekül ist danach sicherlich bedeutend größer als etwa 50, in dem unveränderten Cellulosematerial der Fasern wahrscheinlich sogar größer als 500. Dadurch ist die Zugehörigkeit der Cellulose zu der Gruppe der hochmolekularen Stoffe festgestellt.

Andere wichtige Vertreter dieser Gruppe sind die Eiweißkörper, zu denen auch die tierischen Faserstoffe, Seide und Wolle sowie Gelatine gehören, ferner von den pflanzlichen Stoffen Lignin, Stärke, arabisches Gummi, sodann viele Kunststoffe wie die Bakelite, Harnstoff-Formaldehyd-Harze, Polyvinylalkohol usw. Diese lückenhafte Aufzählung läßt bereits die Bedeutung der Hochmolekularen für die Textilindustrie und damit die Berechtigung der näheren Kennzeichnung dieses Gebietes erkennen.

Wie erwähnt, ist bestimmend für die Zugehörigkeit zu dieser Körperklasse die außerordentlich große Zahl von Atomen, die mittels gegenseitiger Hauptvalenzbindung das Molekül bilden. Die Entscheidung darüber, ob die Natur der Verknüpfung hauptvalenzartig ist oder nicht, wird nach den klassischen Methoden der Chemie getroffen. Die Gruppe der untereinander mit Hauptvalenzen zusammenhängenden Atome wird als Hauptvalenzkette (bzw. Hauptvalenznetz), ferner als Makromolekül (gegebenenfalls Fadenmolekül) bezeichnet. Die hochmolekularen

Substanzen nennt man auch Hochpolymere, da sie durch die Verknüpfung einer großen Anzahl von Molekülen bzw. Molekülresten einer einzigen Verbindung oder von wenigen Verbindungen entstehen. Den Vorgang selbst bezeichnet man als Polymerisation oder, wenn bei der Vereinigung der Moleküle einzelne Atome austreten, so daß nur die Molekülreste verknüpft werden, auch als polymerisierende Kondensation oder Multikondensation.

Der einfachste Fall der Bildung von Hauptvalenzketten ist die Polymerisation von Vinylverbindungen, die je eine Doppelbindung im Molekül enthalten z. B. von Styrol:

$$CH=CH_2\ \bigcirc + CH=CH_2\ \bigcirc + \ldots \rightarrow \ldots CH_2 \cdot CH \cdot CH_2 \cdot CH \ldots\ \bigcirc\ \bigcirc$$

Man sieht ohne weiteres ein, daß in diesem Fall nur Hauptvalenzketten und keine Netze entstehen, da jeder Vinylrest nur zwei freie Valenzen zur gegenseitigen Verknüpfung zur Verfügung hat. Auf analoge Weise kann man sich die Entstehung der Celluloseketten als lineare Kondensation der Glucosereste in 1- und 4-Stellung unter Wasseraustritt vorstellen. Allerdings ist eine Synthese auf diesem Wege nicht gelungen.

Die Bildung von Bakelit aus Phenol und Formaldehyd kann man sich so vorstellen, daß zunächst eine Kondensation unter Bildung von Ketten stattfindet. Die weitere Reaktion dieser Ketten mit Formaldehyd führt dann zu Querverbindungen zwischen den Ketten, zur Vernetzung, hierbei entstehen Hauptvalenznetze, d. h. dreidimensionale Makromoleküle (Genaueres hierüber bei KOEBNER sowie bei HOUWINK und bei MEGSON).

$$n\ \bigcirc^{OH} + n\,CH_2O \rightarrow \bigcirc^{OH}-CH_2-\bigcirc^{OH}\cdot CH_2-\bigcirc^{OH}-\ldots + n\,H_2O$$

$$\xrightarrow[CH_2O]{-H_2O}$$

Eigenschaften der Hochmolekularen. Um die Eigenheiten der hochmolekularen Substanzen kennenzulernen, ist es am lehrreichsten, Stoffe miteinander zu vergleichen, die sich nur durch die verschiedene Anzahl der im Molekül enthaltenen Baugruppen voneinander unterscheiden. Man bezeichnet sie als Glieder einer polymer-homologen Reihe (STAUDINGER).

Bereits im Gebiet der niedrigmolekularen, homologen Reihen erkennt man, daß der *Siedepunkt* und *Schmelzpunkt* mit wachsender Kettenlänge zunehmen. Die Ursache ist leicht einzusehen. Die einzelnen Moleküle werden in den Flüssigkeiten und in den Krystallen durch die gegenseitigen Anziehungskräfte festgehalten. Der Ordnung in den Krystallen und dem Zusammenhalt in den Flüssigkeiten wirkt die Wärmebewegung entgegen. Mit steigender Temperatur nimmt die Wärmebewegung zu, bis sie schließlich die Kohäsionskräfte überwiegt. Tritt dies in den Krystallen ein, so wird die starre, gittermäßige Anordnung aufgelockert und die einzelnen Moleküle können aneinander vorbeigleiten: der Krystall schmilzt. Bei weiterer Temperaturzunahme wird endlich die Wärmebewegung so stark, daß die Kohäsionskräfte völlig überwunden werden und die einzelnen jetzt voneinander unabhängig gewordenen Moleküle in dem ganzen zur Verfügung stehenden Raum herumfliegen. Während jedoch derjenige Anteil der kinetischen Energie, der für die Verschiebung eines Moleküls zur Verfügung steht, von der Molekülgröße unabhängig ist, nimmt die Kohäsion mit steigender Kettenlänge innerhalb der homologen oder der polymer-homologen Reihe zu. Jeder neue Rest im Molekül bringt einen annähernd konstanten Beitrag zur Molkohäsion (DUNKEL, MEYER und MARK). Dieser läßt sich durch die Verdampfungswärme messen. Übersteigt die Verdampfungswärme infolge der Molekülvergrößerung eine bestimmte Größe, dann kann die Verbindung nicht mehr unzersetzt destilliert werden. Die Energiezufuhr vermag dann eher die Hauptvalenzbindungen innerhalb des Moleküls zu zerschlagen, als die zwischen den einzelnen Molekülen wirkenden Anziehungskräfte, die Nebenvalenzen, der ganzen Länge der Kette nach zu überwinden.

Weiterhin ist für die Hochpolymeren kennzeichnend ihre Fähigkeit zu *quellen*, d. h. erhebliche Mengen von Lösungsmitteln aufzunehmen, ohne sich in der Flüssigkeit zu zerteilen. In diesem Falle dringt die Flüssigkeit zwischen die einzelnen Moleküle oder Molekülgruppen ein, wobei die Ketten oder die Molekülgruppen an einzelnen Stellen infolge der Kohäsionskräfte aneinander haften bleiben. Da die meisten Veredlungsvorgänge der Textilfasern in gequollenem Zustande vor sich gehen, wird uns die Erscheinung der Quellung noch ausführlich beschäftigen.

Im gelösten Zustande bilden die hochmolekularen Substanzen *kolloide Lösungen*. Nach ihrer üblichen Definition stellen die kolloiden Lösungen Zerteilungen dar, in denen die zerteilten (gelösten) Teilchen eine lineare Ausdehnung zwischen etwa 1 mμ und 100 mμ haben. Dies trifft auch für die Hochmolekularen zu, wenn man ihre Molekülmasse etwa zu Kugeln zusammengeballt denkt und den Radius aus der Dichte und dem Molekulargewicht berechnet. Die ganze Länge der Hauptvalenzketten beträgt häufig sogar mehr als 100 mμ. Bekanntlich können unter bestimmten Bedingungen auch niedrigmolekulare Substanzen kolloide

Lösungen bilden, nämlich durch Aggregation der Moleküle, infolge der Betätigung der VAN DER WAALSschen Kohäsions- oder der Gitterkräfte, zu Teilchen der obengenannten Größe. Aus diesem Grunde spricht man von einem kolloiden *Zustand* der Materie. Im Gegensatz zu „kolloid" ist „hochmolekular" kein Zustands-, sondern ein Stoffbegriff. In ihren Lösungen können die hochmolekularen Substanzen zum Unterschied von anderen kolloiden Lösungen auch als Molekülkolloide bezeichnet werden, womit zum Ausdruck gebracht werden soll, daß bereits die Größe des einzelnen Moleküls die kolloide Natur der Lösung bedingt. Ob das Kolloidteilchen dieser Systeme tatsächlich aus einzelnen Makromolekülen besteht oder aber mehrere Makromoleküle durch Assoziation eine kinetische Einheit bilden, ist allerdings auch in diesen Fällen nicht ohne weiteres zu entscheiden.

Der Ausdruck „Molekülkolloid" stammt von STAUDINGER. WO. OSTWALD hat bereits früher für denselben Begriff den Ausdruck „Eukolloid" vorgeschlagen, der jetzt wieder von STAUDINGER nur für hochpolymere Moleküle bestimmter Größe gebraucht wird (vgl. WO. OSTWALD 2).

Auffallend ist die Eigenschaft der hochmolekularen Substanzen bereits in geringer Gewichtskonzentration die Viscosität der Lösungen erheblich zu steigern. Der Zusammenhang zwischen Molekülgröße und innerer Reibung wird weiter unten ausführlicher erörtert.

Begriff der mittleren Kettenlänge. Zur Frage der Einheitlichkeit der Hochmolekularen ist folgendes zu bemerken. Bereits im Bereiche der höheren Glieder der homologen Reihen, etwa der Paraffine, stellen sich der sauberen Abtrennung der einzelnen Fraktionen erhebliche Schwierigkeiten entgegen. Infolge der Neigung zur Mischkrystallbildung und des geringen Unterschiedes der Siedepunkte, ist das Fraktionieren auf dem Wege des Umkrystallisierens oder der Destillation außerordentlich erschwert. Diese Schwierigkeiten nehmen mit zunehmender Kettenlänge zu. Bei der Darstellung der Hochpolymeren entsteht in allen Fällen ein Gemisch von Molekülen verschiedener Kettenlänge, deren vollständige Fraktionierung praktisch undurchführbar ist. Man hat es also hier niemals mit einer einheitlichen Substanz in dem Sinne zu tun, daß alle Moleküle genau dieselbe Größe hätten, sondern stets mit einem Gemisch von Polymerhomologen, deren Molekulargröße, je nach den Herstellungsbedingungen und gegebenenfalls je nach den Fraktionierungsmaßnahmen, mehr oder weniger streut. Es kann also von einem Molekulargewicht oder von einer Kettenlänge nur im Sinne eines mittleren oder Durchschnittswertes gesprochen werden. Dagegen ist es nicht ausgeschlossen, daß der lebende Organismus die Fähigkeit besitzt, Hochpolymere von einheitlicher Größe zu erzeugen. Im Gebiet der Eiweißkörper hat man gewisse Anhaltspunkte für eine solche Annahme. Auch bei der Cellulose mag diese Annahme zutreffen. Versucht man jedoch die Cellulose zu isolieren, so würde diese vermutlich infolge des dabei nicht vollständig vermeidbaren Zerschlagens von Hauptvalenzen doch schließlich ein Gemisch von verschieden großen Molekülen ergeben. Man würde daher auch in diesem Falle niemals die einheitliche, reine Substanz im strengen Sinne des Wortes erhalten.

Bestimmung der Durchschnittskettenlänge von Cellulosepräparaten auf Grund des osmotischen Druckes, der Diffusion und der Sedimentation. Entsprechend dem hohen Molekulargewicht bedeutet bereits eine verhältnismäßig niedrige molekulare Konzentration bei den Hochpolymeren eine hohe Gewichtskonzentration. Die mit der hohen Gewichtskonzentration verbundene starke Zähigkeit, ferner die Elastizität dieser Lösungen, erschwert ihre Handhabung für manche physikalisch-chemischen Messungen. In verdünnten Lösungen führen andererseits die Messungen der Gefrierpunktserniedrigung und der Siedepunktserhöhung infolge der Geringfügigkeit der Effekte nicht zum Ziel. Will man die molekulare Konzentration eines Hochpolymeren im Lösungszustande ermitteln, so kommt dafür in erster Linie die verhältnismäßig empfindliche direkte Bestimmung des osmotischen Druckes nach der Steighöhenmethode in Betracht.

Cellulose ist ohne chemische Veränderung in keinem Lösungsmittel löslich. Ihre Äther und Ester lösen sich jedoch in zahlreichen organischen Lösungsmitteln. Man kann ferner die Cellulose in wässeriger Kupferoxydammoniak-Lösung (SCHWEIZERschem Reagens) unter Bildung einer ionisierenden Verbindung auflösen. Da man die Cellulose aus diesen Lösungen (im ersten Falle nach Verseifen, im zweiten durch Ausfällen) anscheinend unverändert zurückgewinnen kann, erscheint die Annahme berechtigt, daß die Molekülgröße der Cellulose auf Grund einer Molekulargewichtsbestimmung in diesen Lösungen ermittelt werden kann.

Man kann die Cellulose in konzentrierten Lösungen von Neutralsalzen gleichfalls in Lösung bringen oder wenigstens zerteilen. Alkalijodide und Erdalkalirhodanide sind besonders wirksam (v. WEIMARN 1, R. O. HERZOG und BECK). Vermutlich finden jedoch hierbei hydrolytische Abbaureaktionen statt. Lösend wirkt ferner auf Cellulose die wässerige Lösung von basischem Berylliumperchlorat (DOBRY 2). LIESER und LECKZYCK haben kürzlich eine stark lösende Wirkung der konzentrierten Lösungen organischer Ammoniumbasen, z. B. Tetraäthylammoniumhydroxyd oder Tributyl-äthyl-ammoniumhydroxyd auf Cellulose festgestellt. Die Cellulose wird vermutlich in diesen stark alkalischen Lösungen in ionisierter salzartiger Form vorliegen. Konzentrierte Phosphorsäure ist ebenfalls ein gutes Lösungsmittel für Cellulose (AF. EKENSTAM).

Als vor etwa 25 Jahren DUCLAUX und WOLLMAN den ersten Versuch durchgeführt hatten, den osmotischen Druck einer Cellulosenitratlösung zu bestimmen, zeigte sich eine bedeutende Schwierigkeit. Es ergab sich, daß der osmotische Druck nicht, wie es nach dem VAN'T HOFFschen Gesetz zu erwarten wäre, proportional der Konzentration ist, sondern daß er viel schneller als diese steigt (vgl. Abb. 7). Dieses Verhalten findet man im Gebiet der Lösungen der hochmolekularen Substanzen häufig. Man führt das abnorme osmotische Verhalten vielfach auf die starke Bindung des Lösungsmittels an die gelösten Moleküle zurück (vgl. Wo. OSTWALD 1). Da bei der Solvatation ein Teil des Lösungsmittels nicht mehr als frei betrachtet werden kann, ist die wirkliche Konzentration höher als die scheinbare, analytische. Man versucht das abweichende osmotische Verhalten aber auch damit zu erklären, daß langkettigen Molekülen in der Lösung infolge der Wärmebewegung (durch die Rotation des ganzen Moleküls oder infolge der innermolekularen Deformationsbewegungen) ein viel größerer Wirkungsraum zukommt, als wenn sie zu starren kompakten Kugeln zusammengerollt wären (W. HALLER). Auch diese Vorstellung führt zu dem Schluß, daß mit steigender Konzentration der freie Anteil des Lösungsraumes immer mehr abnimmt und daß dies die beobachtete Anomalie des osmotischen Verhaltens hinreichend erklärt. Eine Verwertung der Meßergebnisse zur Berechnung des Molekulargewichtes ist also nur dann möglich, wenn man sie entweder auf Grund einer empirischen oder einer theoretisch abgeleiteten Formel dazu benützen kann, den Grenzwert des osmotischen Druckes für unendliche Verdünnung zu berechnen. Man kann nämlich annehmen, daß für hohe Verdünnungen das VAN 'T HOFFsche Gesetz auch für Lösungen hochmolekularer Stoffe gilt.

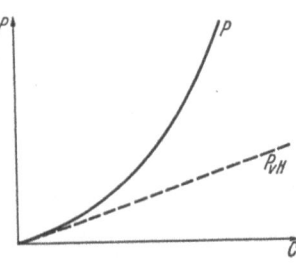

Abb. 7. Abhängigkeit des osmotischen Druckes (P) von der Konzentration (C). Nach Wo. OSTWALD. P_{vH}: osmotischer Druck entsprechend dem VAN 'T HOFFschen Gesetz. P: osmotischer Druck beobachtet bei Hochpolymeren.

E. HÜCKEL hat neuerdings darauf aufmerksam gemacht, daß, da das VAN 'T HOFFsche Gesetz nur ein Grenzgesetz für hohe Verdünnungen darstellt, und zwar auch im Falle idealer Lösungen, in denen zwischen den gelösten Molekülen keine Wechselwirkung stattfindet (vgl. hierzu die Sechs Vorträge VAN LAARs), die Nichtübereinstimmung mit diesem Gesetz bei *endlicher* Verdünnung noch nicht als eine Anomalie im eigentlichen Sinne gilt. Die Hochpolymeren zeigen jedoch ein besonderes Verhalten insofern, als in ihren Lösungen das VAN 'T HOFFsche Gesetz bereits bei einer Gewichtskonzentration sich als ungültig erweist, bei der es bei den Niedrigmolekularen gewöhnlich noch mit den experimentellen Beobachtungen in Übereinstimmung steht. HÜCKEL läßt für das besondere Verhalten der Hochmolekularen die Deutung zu, daß bei diesen die innere Bewegung der Atome oder der Atomgruppen eine andere ist, je nachdem, ob sie nur von Lösungsmittelmolekülen oder teilweise von Molekülen ihresgleichen (bei weniger starker Verdünnung) umgeben sind. Die Änderung der inneren Bewegung führt nämlich zu einer Änderung der Entropie, d. h. derjenigen Größe, die für den osmotischen Druck im thermodynamischen Sinne bestimmend ist. Wenn also in Einzelheiten der Erklärungsversuch W. HALLERs nicht stichhaltig ist, so dürfte er doch mit dem Hinweis auf die Bedeutung der innermolekularen Wärmebewegung als erster dem Wesen der Erscheinung nahegekommen sein.

Wo. OSTWALD [1] hat vorgeschlagen, die folgende Beziehung anzuwenden:

$$p = (RT/M) c + k \cdot c^n. \qquad (1)$$

Dabei bedeutet p den osmotischen Druck, R die Gaskonstante, T die absolute Temperatur, M das Molekulargewicht, c die Gewichtskonzentration pro Liter, k eine Konstante, die vom Lösungsmittel und von der gelösten Substanz abhängt, n eine zweite Konstante von der gleichen Spezifität. Diese Beziehung unterscheidet sich von dem VAN 'T HOFFschen Gesetz nur durch das zweite Glied, welches bei diesem fehlt. Die OSTWALDsche Beziehung hat sich in vielen Fällen als empirische Formel bewährt, die den Verlauf der experimentell beobachteten Werte gut wiedergibt. (Sie wurde zwar auch thermodynamisch abgeleitet, diese Ableitung unterliegt jedoch im Sinne der HÜCKELschen Ausführungen gewissen Bedenken.) Ihre Anwendung auf die Werte von DUCLAUX und WOLLMAN, die an einer Nitrocellulose in acetonischer Lösung bei Verwendung einer Membran aus denitrierter Nitrocellulose gewonnen wurden, führt zu einem Molekulargewicht von rund 41000.

DUCLAUX und WOLLMAN haben später eine Nitrocelluloselösung fraktioniert gefällt, indem sie zu der Acetonlösung allmählich Wasser hinzufügten. Die Bestimmung des osmotischen Druckes in verdünnten Lösungen führte bei den drei Fraktionen zu Molekulargewichten von 70000, 47000 und 21000. Die Anzahl der Glucosereste je Molekül beträgt danach 270, 180 bzw. 80. Entsprechend der Abhängigkeit des osmotischen Druckes von der Konzentration sind diese Zahlen als Mindestwerte anzusehen.

BUCHNER und SAMWEL haben den osmotischen Druck von Celluloseacetat („Cellit" der I. G. Farbenindustrie AG.) gleichfalls mit Hilfe von Membranen aus (teilweise) denitrierter Nitrocellulose bestimmt. Die Molekulargewichte ergaben sich in dem untersuchten Konzentrationsbereich von 1—5% als fast konstant und nahezu unabhängig von der Temperatur (0—60°) sowie von der Natur des Lösungsmittels (Aceton, Acetophenon, Benzylalkohol). Die Mittelwerte für die verschiedenen Präparate schwanken zwischen 33000 und 41000.

Die Ergebnisse osmotischer Bestimmungen an Fraktionen von Acetylcellulose nach R. O. HERZOG und W. HERZ bringt die folgende Tabelle.

Die Konzentrationsabhängigkeit ist um so stärker, je höhermolekular die Fraktion ist. Das mittlere „Molekulargewicht" des nicht fraktionierten Produktes dürfte etwa bei 50000 liegen.

DOBRY [1] (im Laboratorium von DUCLAUX) hat neuestens gezeigt, daß das Verhältnis des osmotischen Druckes zur Konzentration einer

Tabelle 1. **Durchschnittsmolekulargewichte von Acetylcellulose bei 53,3° in Methylglykolacetat.** Nach R. O. HERZOG und W. HERZ.

Fraktion	Konzentration in Prozenten				
	1	$1/2$	$1/4$	$1/8$	$1/16$
I	27000	29000	21000	30000	37000
II	46000	45000	32000	57000	—
III	51000	65000	58000	52000	—
IV	75000	68000	93000	110000	—
V	62000	72000	160000	142000	—

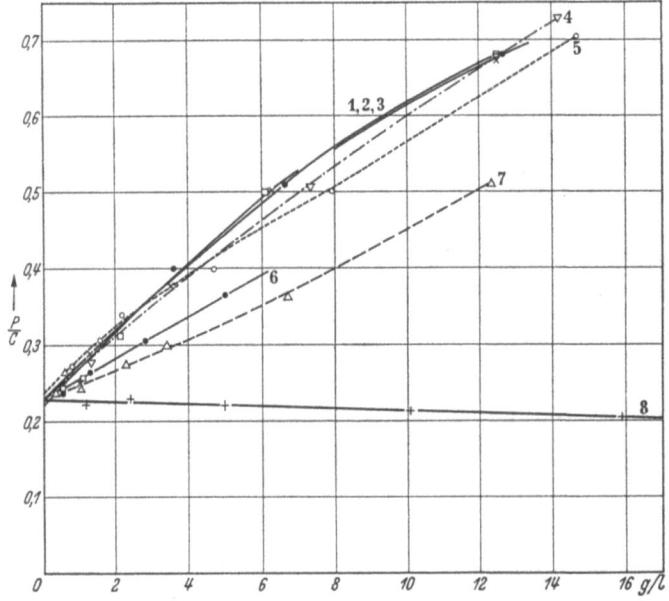

Abb. 8. Konzentrationsabhängigkeit des osmotischen Druckes von Nitrocellulose in verschiedenen Lösungsmitteln nach DOBRY. (Kurve 1: in Benzosäureäthylester + 11% Äthylalkohol; Kurve 2: in Salicylsäuremethylester + 20% Methylalkohol; Kurve 3: in Acetophenon + 3% Äthylalkohol; Kurve 4: in Cyclohexanol + 5,8% Äthylalkohol; Kurve 5: in Aceton; Kurve 6: in Eisessig; Kurve 7: in Methylalkohol; Kurve 8: in Nitrobenzol) Abszisse: Konzentration; Ordinate: Verhältnis des osmotischen Druckes zur Konzentration.

Nitrocellulose in verschiedenen Lösungsmitteln (Aceton, Methanol, Essigsäure, Nitrobenzol usw.) in konzentrierteren Lösungen stark auseinandergeht, jedoch mit wachsender Verdünnung einem gemeinsamen Grenzwert zustrebt. Um diesen Grenzwert genau zu ermitteln, mußten die Messungen im Gebiet sehr starker Verdünnungen (Höchstverdünnung etwa 0,7 g pro l) ausgeführt werden (Abb. 8).

Aus dem Grenzwert berechnet sich das Molekulargewicht der Nitrocellulose zu 111000. Bemerkenswert ist, daß die Lösungen in Nitrobenzol nur geringe Abweichungen von dem VAN'T HOFFschen Gesetz zeigen.

In nahem theoretischem Zusammenhang mit dem osmotischen Druck steht die Diffusion. Frühere Versuche von HERZOG und Mitarbeitern an Lösungen von Acetyl- und Nitrocellulose führten zu Werten von 10000—50000 für das Molekulargewicht. Diesen Werten haftet jedoch eine Unsicherheit an, da das Verhalten dieser Lösungen auch in bezug auf Diffusion, von dem Verhalten idealer verdünnter Lösungen abweicht (vgl. KRÜGER und GRUNSKY). Es dürften dabei dieselben Umstände bestimmend sein wie bei dem osmotischen Druck: Solvatation und gegenseitige Behinderung, vielleicht auch Bildung von Molekülaggregaten. In einer neueren Untersuchung von R. O. HERZOG und KUDAR wurde unter Annahme einer Stabform der Moleküle die Wirkung dieser Faktoren empirisch abgeschätzt. Es zeigte sich dann, daß die Celluloseacetatfraktionen auf Grund der Diffusion dasselbe Molekulargewicht ergeben wie auf Grund des osmotischen Druckes entsprechend der obigen Tabelle 1. Für eine aus gereinigter Baumwolle hergestellte Nitrocellulose ergab der Diffusionsversuch eine Kettenlänge von 0,12 μ (466 Glucosereste) entsprechend einem Molekulargewicht von etwa 75000 (umgerechnet auf Cellulose).

Die Sedimentation im starken Zentrifugalfelde kann zur Bestimmung der Größe der abgeschleuderten Teilchen benützt werden. Auf diese Weise wurde die Lösung von α-Cellulose aus Baumwolle-Linters in wässerigem Kupferoxydammoniak mit Hilfe der SVEDBERGschen Ultrazentrifuge von STAMM untersucht. Aus den Ergebnissen konnte das Teilchengewicht zu 55000 errechnet werden. Umgerechnet auf kupferfreie Cellulose entspricht dieser Wert einem Molekulargewicht von rund 40000. Die untersuchten Proben erwiesen sich als monodispers, d. h. praktisch hatten alle Teilchen dieselbe Größe. Dagegen war Sulfitzellstoff heterodispers.

Neuere Bestimmungen mit Hilfe der Ultrazentrifuge haben KRAEMER und LANSING ausgeführt. Sie fanden in Kupferamminlösung für die gleiche Baumwollprobe, die STAMM verwendete, das Molekulargewicht 220000 (berechnet für die kupferfreie Substanz). Dieser Wert entspricht etwa 1300 Glucoseresten je Molekül. Zwei weitere Produkte von abgebauter und regenerierter Cellulose ergaben Molekulargewichte, die 900 bzw. 500 Glucoseresten im Molekül entsprechen. Die Zahlen sind erheblich größer als die von STAMM erhaltenen.

Die Bestimmung der Gefrierpunkts- und Dampfdruckerniedrigung in den Lösungen der Celluloseabkömmlinge hat noch nicht zu befriedigenden Ergebnissen geführt (vgl. die zusammenfassende Darstellung bei M. ULMANN).

Kettenlänge und innere Reibung. Auf Grund der bereits vor längerer Zeit gewonnenen Erkenntnis, daß zwischen Molekülgröße und innerer Reibung der Lösungen von hochmolekularen Substanzen ein enger Zusammenhang besteht, wurde neuerdings von STAUDINGER ein Verfahren angegeben, die Kettenlänge dieser Stoffe quantitativ zu ermitteln. Die Grundlage dieser neuen „Molekulargewichtsbestimmung" ist die „STAUDINGERsche Regel", nach der die Erhöhung der relativen Viscosität, die ein Lösungsmittel durch die Auflösung einer bestimmten Menge eines Hochpolymeren erleidet, der Kettenlänge dieses Hochpolymeren proportional ist. Formelmäßig ausgedrückt lautet diese Beziehung

$$\frac{\eta}{\eta_0} - 1 = K_m \cdot M \cdot c \,. \qquad (2)$$

η ist die innere Reibung der Lösung eines Hochpolymeren von der Konzentration c, η_0 die innere Reibung des reinen Lösungsmittels, M das Molekulargewicht, K_m eine Konstante, die für jede polymerhomologe Reihe einen bestimmten Wert hat. Diese Konstante kann auf Grund der obigen Formel mit Hilfe von Viscositätsmessungen an Lösungen von niedrigen Gliedern der Reihe, deren Molekulargewicht anderweitig (etwa kryoskopisch) ermittelt wurde, bestimmt werden. Ist dies geschehen, so genügt grundsätzlich eine einzige Viscositätsmessung, um das Molekulargewicht des Hochpolymeren zu berechnen. Bedingung ist jedoch, daß diese Messung an einer genügend verdünnten Lösung erfolgt. In höheren Konzentrationen bewirkt nämlich die gegenseitige Beeinflussung der Moleküle, daß die Viscosität nicht linear mit der Konzentration, sondern schneller als diese ansteigt. Je höhermolekular eine Substanz ist, um so niedriger liegt diejenige Grenzkonzentration, bis zu welcher eine Auswertung der Ergebnisse der Zähigkeitsmessung für die Ermittlung der Kettenlänge gestattet ist.

Bei der Anwendung dieses Verfahrens auf die Celluloseacetate wurde die K_m-Konstante auf Grund der Viscositätsmessungen an den Acetaten der halbkolloiden Abbauprodukte von Cellulose und gleichlaufend ausgeführter kryoskopischer Messungen ermittelt. Die Richtigkeit der angenommenen Beziehung konnte dann bei den höhermolekularen Gliedern der Reihe bis etwa zum Molekulargewicht 20000 erwiesen werden. Hierbei wurde die Kettenlänge aus der Jodzahl (s. weiter unten) nach durchgeführter Verseifung bestimmt. Die Zähigkeitsmessungen an den Handelsprodukten der I. G. Farbenindustrie AG., Elberfeld und der Rhodiaseta, Freiburg i. Br., führten zu Molekulargewichten von etwa 40000. Nach einem besonderen Verfahren im Laboratorium hergestellte Acetate lieferten Molekulargewichte von etwa 100000.

Die innere Reibung der Celluloselösungen in Kupferoxydammoniak bietet verwickeltere Verhältnisse, da hier die Cellulose in ionisierter Form vorliegt. Den Einfluß der elektrischen Ladung auf die Viscosität kann man jedoch ausschalten, wenn man einen Überschuß an niedrigmolekularen elektrolytischen Lösungsgenossen hinzufügt. Im vorliegenden Falle wurde ein Überschuß von Kupferoxydammoniak angewandt. Die Bestimmung der Viscositätskonstante K_m erfolgte auf Grund von Messungen an den Verseifungsprodukten der halbkolloiden Acetate. Es konnte gezeigt werden, daß unter sorgfältigem Ausschluß von Licht und Luft (allerdings nur in diesem Falle) die Auflösung in dem SCHWEIZERschen Reagens mit Ausnahme der höchstmolekularen Produkte keinen Abbau der Moleküle bewirkt. Die Ergebnisse der viscosimetrischen Molekulargewichtsbestimmungen verschiedener Präparate sind in der folgenden Tabelle enthalten:

Tabelle 2. Durchschnittspolymerisationsgrade von Cellulosen aus Faserpflanzen. Nach STAUDINGER und FEUERSTEIN.

Faserpflanze	Rohfaser	Nach 1maligem Umfällen	Nach 2maligem Umfällen
Rohbaumwolle	2020	1890	1760
Baumwoll-Linters	1440	1410	1340
Ramie	2660	1840	1760
Ramie, merzerisiert	1600	1380	—
Badischer Flachs	2420	2180	1820
Sorauer Feinflachs	2190	1990	1720
Sorauer Öllein	1840	1770	1730
Deutscher Hanf	2200	1980	1890

Als Polymerisationsgrad wird die Anzahl der Glucosereste im Molekül bezeichnet. Das Molekulargewicht erhält man daher durch Multiplizieren der obigen Zahl mit 162. Das Molekulargewicht der natürlichen Cellulose ergibt sich danach zu rund 200000—400000, die Zahl der Atome im Molekül zu 25000—50000, die Kettenlänge zu 0,65—1,3 μ, das Verhältnis des Moleküldurchmessers zur Länge durchschnittlich wie 1:1000. Die Tatsache, daß das Umfällen die Polymerisationsgrade nur wenig verändert, zeigt, daß es sich um verhältnismäßig reine Produkte handelt und daß der Lösungsvorgang selbst auf die Kettenlänge unter den eingehaltenen Vorsichtsmaßnahmen wenig Einfluß hat.

Zellstoffe verschiedenen Ursprungs und verschiedener Herstellungsart lieferten Polymerisationsgrade zwischen 1270 und 600. Der Polymerisationsgrad der handelsüblichen Kunstseiden aus regenerierter Cellulose lag zwischen 500 und 200. Die folgende Tabelle zeigt den Vergleich der Kunstseiden mit ihren Ausgangsmaterialien.

Tabelle 3. Polymerisationsgrade von Kunstseide und ihren Ausgangsmaterialien. Nach STAUDINGER und FEUERSTEIN.

Material	Kupferverfahren	Viscoseverfahren	Nitroverfahren	Acetatverfahren
Linters, roh	1400	—	—	1400
Linters, gebleicht	700	—	—	700
Zellstoff	—	700—900	—	—
Spinnlösung	400—500	—	500	250—350
Seiden	400—500	300—480	200	250—350

Man bemerkt, daß in allen Fällen während der Kunstfaserherstellung ein Abbau der Celluloseketten stattfindet. Bereits das Bleichen der Rohbaumwolle setzt das Molekulargewicht auf die Hälfte herunter. Bei der Herstellung der Spinnlösung erfolgt der weitere Abbau. Bei der Nitroseide wirkt die Denitrierung stark abbauend.

Schließlich wurden auf analoge Weise Viscositätsbestimmungen an Cellulosenitratlösungen in Butylacetat durchgeführt. Hier wurden für die Polymerisationsgrade höhere Werte erzielt als in den bereits erwähnten Bestimmungen. STAUDINGER folgert aus dieser Tatsache, daß die Nitrierung von allen Methoden des Löslichmachens der Cellulose diejenige ist, die unter der weitestgehenden Schonung der Kettenlänge durchgeführt werden kann. Es ergab sich hier auch in den verdünntesten Lösungen eine starke Abhängigkeit der Viscosität von dem Geschwindigkeitsgefälle der Strömung, eine Anomalie, die uns noch in Abschnitt 16 beschäftigen wird. Legt man die höchsten Werte der Berechnung des Molekulargewichtes zugrunde, so erhält man die folgenden Zahlen:

Tabelle 4. **Molekulargewichte von Cellulosenitraten auf Grund der Viscosität in Butylacetatlösungen.** Nach H. STAUDINGER und H. HAAS.

Ausgangsstoffe	$\left(\dfrac{\eta}{\eta_0}-1\right)\big/c^1$	Mol.-Gew.	Anzahl der Glucosereste je Kette	Kettenlänge in μ
Ungebleichte Baumwolle	1350	1 000 000	3500	1,8
Gereinigte Baumwolle .	533	410 000	1400	0,7
Gebleichte Baumwolle .	380	290 000	990	0,5
Verseifte Nitrocellulose .	113	87 000	290	0,15

Die angegebenen Kettenlängen übersteigen sehr erheblich die Grenze der mikroskopischen Sichtbarkeit. Da jedoch die Dicke der Ketten nur die Abmessung von wenigen Atomen hat, ist eine tatsächliche Sichtbarkeit ausgeschlossen. Wir haben hier jedenfalls die höchsten, bisher für das Molekulargewicht der Cellulose oder der Celluloseabkömmlinge angegebenen Werte vor uns. Dabei muß man nach STAUDINGER die Möglichkeit offenlassen, daß die Cellulose in nativem Zustande eine noch größere Kettenlänge besitzt, da es durchaus möglich ist, daß bereits bei der Nitrierung bzw. beim Auflösen der Nitrate ein Abbau der Ketten stattfindet.

Die STAUDINGERsche Regel, die eine geradezu verblüffend einfache Beziehung zwischen Molekulargewicht und Viscosität darstellt, entbehrte zunächst einer ausreichenden theoretischen Begründung (vgl. jedoch hierzu w. unten). Ihre Gültigkeit wurde daher vielfach angezweifelt. Inzwischen häuften sich jedoch zahlreiche experimentelle Erfahrungen, die für eine Gültigkeit, wenigstens im Sinne einer groben Näherung,

---
[1] c bedeutet hier die Konzentration in Molen, bezogen auf das Molekulargewicht der Baugruppe (bei Cellulose ist $c = 1$ in einer 16,2%igen Lösung).

sprechen. Hierzu gehören die osmotischen und viscosimetrischen Messungen von R. O. HERZOG und DERIPASKO an den Fraktionen eines Handelsproduktes von Acetylcellulose. Das mittlere Molekulargewicht ergab sich nach beiden Methoden zu etwa 50 000, das Molekulargewicht des gröbstdispersen Anteils zu etwa 75 000. BUCHNER und STEUTEL haben an verschiedenen Nitrocellulosen durch osmotische und viscosimetrische Parallelbestimmungen Molekulargewichte zwischen 20 000 und 200 000 ermittelt. OBOGI und BRODA untersuchten den osmotischen Druck und die Viscosität von Acetylcellulosefraktionen und beobachteten gleichfalls die angenäherte Gültigkeit der STAUDINGERschen Regel. In 1%igen acetonischen Lösungen lag das osmotische Teilchengewicht in den einzelnen Fraktionen zwischen 20 000 und 100 000.

Bei starker Verschiedenheit der Größe der in einer Lösung befindlichen Glieder einer polymerhomologen Reihe müssen die nach den verschiedenen Methoden ermittelten Werte des mittleren Molekulargewichtes notwendigerweise große Abweichungen aufweisen, da die Mittelung der Werte bei den einzelnen Methoden auf ganz verschiedene Weise erfolgt (LANSING und KRAEMER, SCHULZ 2).

STAUDINGER und SCHULZ haben kürzlich an Cellulosenitrat in acetonischer Lösung osmotische und viscosimetrische Molekulargewichtsbestimmungen durchgeführt. Wie die folgende Tabelle zeigt, sind die nach den beiden Methoden erhaltenen Werte innerhalb der Fehlergrenze gleich.

Aus den Zahlen geht deutlich die Abbauwirkung der Bleiche und der beim Viscoseprozeß ausgeführten Umfällung hervor.

Tabelle 5. Osmotische und viscosimetrische Molekulargewichtsbestimmung an Cellulosenitrat. Nach STAUDINGER und SCHULZ.

Ausgangsmaterial für die Nitrierung	Mol.-Gew. viscosimetrisch	Mol.-Gew. osmotisch
Linters, schwach gebleicht . .	450 000	443 000
Linters, stärker gebleicht . .	210 000	176 000
Linters, stark gebleicht . . .	82 000	82 000
Viscoseseide	59 000	50 100

Aus den osmotischen Bestimmungen wurde das Molekulargewicht auf Grund der folgenden Beziehung berechnet:

$$M = \frac{RTc}{p(1-cs)}. \qquad (2)$$

Diese Beziehung stellt eine zuerst von ADAIR angegebene Modifikation der VAN DER WAALSschen (BUDDEschen) Zustandsgleichung dar. s bedeutet die Raumbeanspruchung je g Cellulose, das sog. spezifische Kovolumen. Dieses soll mit zunehmendem osmotischen Druck abnehmen. Die Abhängigkeit des Kovolumens von der Konzentration kommt in der von SCHULZ 1 verwendeten speziellen Form der obigen Gleichung zum Ausdruck:

$$M = \frac{RTc}{p(1-c\sqrt[v]{k/p})}. \qquad (3)$$

ν und k sind zwei Konstanten, deren Werte innerhalb einer polymerhomologen Reihe für ein bestimmtes Lösungsmittel unverändert bleiben. Letzten Endes läuft auch das SCHULZsche Verfahren auf eine rechnerische Extrapolation der Werte des osmotischen Druckes auf die Konzentration O hinaus und ist nur als eine empirische Methode zu werten. Die physikalische Bedeutung des sog. spezifischen Kovolumens wird nämlich dadurch beeinträchtigt, daß die Gültigkeit des der Gleichung (3) zugrunde liegenden VAN 'T HOFFschen Gesetzes bei endlicher Verdünnung auch für ideale Lösungen nicht vorausgesetzt werden darf (HÜCKEL).

Wie bereits erwähnt, entbehrte zunächst die STAUDINGERsche Regel einer theoretischen Ableitung. Im Sinne des EINSTEINschen Viscositätsgesetzes soll die Erhöhung der inneren Reibung eines Lösungsmittels durch die darin erfolgte Zerteilung einer bestimmten Menge eines Stoffes (in Form von Lösung, Suspension oder Emulsion) dem Volumen des zerteilten Stoffes proportional und von der Teilchengröße (Molekülgröße) unabhängig sein. STAUDINGER nahm zur Erklärung seiner Regel an, daß das vom stabförmigen Molekül beanspruchte Volumen infolge der Wärmebewegung einem flachen Zylinder entspricht, dessen Höhe der Moleküldicke und dessen Durchmesser der Moleküllänge gleich ist. Das Volumen dieses Zylinders würde tatsächlich mit dem Quadrat der Moleküllänge wachsen, so daß das von einer Gewichtseinheit beanspruchte Volumen mit der Moleküllänge proportional steigen würde. In diesem Fall wäre die STAUDINGERsche Regel mit dem EINSTEINschen Gesetz in Übereinstimmung. Die kinetische Theorie läßt jedoch eine Begründung der STAUDINGERschen Annahme hinsichtlich des Wirkungsvolumens nicht zu. FIKENTSCHER und MARK [2] nahmen an, daß die Solvathülle der stabförmigen Moleküle ein Rotationsellipsoid ist, dessen Volumen mit der dritten Potenz der Moleküllänge ansteigt. Auch diese Annahme, die zur Errechnung kürzerer Kettenlängen aus der Viscosität führt als die STAUDINGERsche Regel, läßt sich nicht genügend stützen.

In neuerer Zeit wurde ein wesentlicher Fortschritt in der theoretischen Behandlung der Viscosität der Lösungen von Makromolekülen erzielt. Erstens konnte der Einfluß der Teilchenform auf die Viscosität in Rechnung gezogen werden (Berechnungen von JEFFERY, EISENSCHITZ und insbesondere W. KUHN; Modellversuche an mikro- und makroskopischen Stabsuspensionen von EIRICH, MARGARETHA und BUNZL). Das EINSTEINsche Gesetz gilt ja nur für kugelförmige Teilchen. Zweitens konnte die Gestalt der Makromoleküle in den Lösungen unter der Voraussetzung der freien Drehbarkeit der einfachgebundenen Atome um die Bindungsachse auf Grund von molekularstatistischen Überlegungen abgeleitet werden (GUTH und MARK, W. KUHN). Wie W. KUHN gezeigt hat, läßt sich der von STAUDINGER formulierte Zusammenhang zwischen Viscosität und Molekülgröße als Folge der Zähigkeitsbeeinflussung der

Lösung durch die zu Rotationsellipsoiden verknäulten, biegsamen Fadenmoleküle verstehen.

Den besprochenen Viscositätsmessungen haftet vom theoretischen Standpunkte aus der Mangel an, daß sie gewöhnlich nur in einem verhältnismäßig engen Gebiet des hydrodynamischen Druckes ausgeführt wurden. PHILIPPOFF und HESS haben das Verdienst, die Fließgeschwindigkeit der Lösungen von Cellulosederivaten in einem Schubspannungsbereich von etwa 4 Größenordnungen ermittelt zu haben. Eine vollständige Theorie der Viscosität der Lösungen von Hochpolymeren müßte auch ihren Ergebnissen Rechnung tragen. (Vgl. die zusammenfassenden Darstellungen des Viscositätsproblems der Hochpolymeren bei GUTH und MARK, EIRICH und MARK, PHILIPPOFF.)

Chemische Methoden zur Ermittlung der Kettenlänge. Die vorstehend besprochenen Untersuchungen bezweckten die Ermittlung der Größe der einzelnen kinetischen Einheiten in der Lösung. Ob diese Einheiten aus isolierten Makromolekülen oder aus Aggregaten mehrerer Hauptvalenzketten (Micellen) bestehen, vermögen diese Untersuchungen nicht zu entscheiden.

Aus dem Umstand, daß die Viscositätsmethode bei der Untersuchung derselben Probe in den verschiedenen Lösungsmitteln zu demselben Molekulargewicht führt, schließt STAUDINGER, daß die Aggregation in den untersuchten verdünnten Lösungen zu vernachlässigen ist. Es wäre nämlich äußerst unwahrscheinlich, wenn eine stärkere Aggregation in den verschiedenen Lösungsmitteln in demselben Ausmaß erfolgen würde.

Grundsätzlich verschieden davon ist die Ermittlung der Molekülgröße auf Grund chemischer Methoden. Hier steht tatsächlich die Länge der Hauptvalenzketten zur Diskussion, und zwar auf Grund der chemischen Verschiedenheit der Bausteine am Kettenende von den Bausteinen innerhalb der Kette. Zwei Verfahren, die auf die Cellulose und ihre Abkömmlinge angewandt wurden, beanspruchen besonderes Interesse. Das eine ist die Bestimmung der Jodzahl, der von der Cellulose unter bestimmten Bedingungen verbrauchten Menge von Hypojodit. Sie beruht auf der bei den niedrigen Zuckern sowie bei den halbkolloiden Abbauprodukten von Cellulose bestätigten Annahme, daß die freien Aldehydgruppen der Glucosereste, die nach der Strukturformel sich an dem einen Ende oder an beiden Enden der Kette befinden[1], durch Hypojoditlösung oxydiert werden. Die Anwendung der Methode auf Cellulose, die in gemahlenem Zustande als wässerige Suspension zur Reaktion gebracht war, ergab für native Baumwolle und Ramie Molekulargewichte zwischen 20 und 30000, für verseifte Acetylcellulose etwas niedrigere Werte (M. BERGMANN und MACHEMER). Es scheint jedoch, daß bei dieser Anwendung die Methode nicht zuverlässig ist. Es liegt in der Natur der chemischen Methode, daß bereits gewichtsmäßig sehr geringe Mengen von Abbauprodukten die Ergebnisse wesentlich fälschen können. Andererseits ist die Reaktion wegen der inhomogenen Natur der Suspension

---
[1] In Form der tautomeren Halbacetalgruppe.

sehr träge, die Einwirkung der Hypojoditlösung erfordert längere Ze[it] und es ist nicht ausgeschlossen, daß dabei unter Umständen in geringe[m] Maße ein Abbau stattfindet.

Die zweite chemische Methode zur Ermittlung der Kettenläng[e] besteht in der Analyse der Hydrolyseprodukte von vollständig, jedoc[h] ohne Abbau methylierter Cellulose. Die mittleren Glieder der Ket[te] liefern 2-, 3-, 6-Trimethylglucose, die Endglieder jedoch (wenigstens z[ur] Hälfte) Tetramethylglucose, wie aus der Formel ersichtlich:

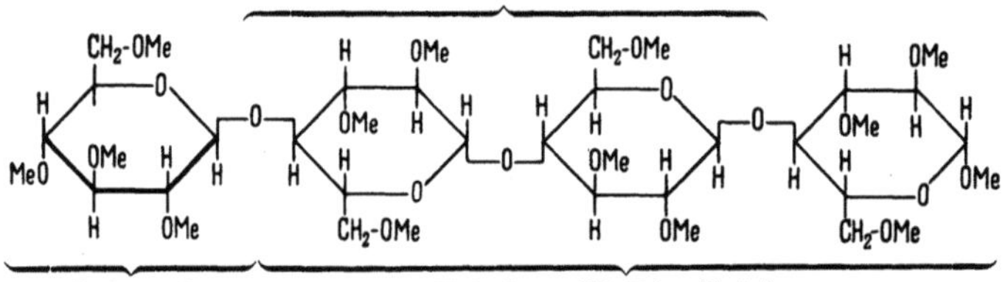

etwa 100×

Hydrolyse gibt Tetramethylglucose

Hydrolyse gibt Trimethylglucose und Methylalkohol

Abb. 9. Konstitution der Methylcellulose nach HAWORTH.

HAWORTH erhielt eine Ausbeute an Tetramethylglucose von 0,6 %[,] was einer Kettenlänge von nicht weniger als 100 und nicht mehr a[ls] 200 Glucoseresten oder einem Molekulargewicht von etwa 20—400[0] entspricht. Da der Methylester aus Acetylcellulose dargestellt wurd[e,] besteht eine gewisse Wahrscheinlichkeit, daß das Produkt gegenüber d[er] nativen Cellulose etwas abgebaut war. Die erhaltenen Werte sind al[so] als untere Grenze des Molekulargewichtes der nativen Cellulose zu b[e]trachten, um so mehr als auch in diesem Falle die Anwesenheit ein[es] geringen Anteils von Abbauprodukten das scheinbare Molekulargewic[ht] stark herabsetzen kann. Tatsächlich hat HESS gefunden, daß die a[us] nativer Baumwolle bei sorgfältiger Vermeidung von Abbaureaktion[en] hergestellte Methylcellulose überhaupt keine meßbaren Mengen v[on] Tetramethylglucose liefert. (Vgl. hierzu auch KARRER und ESCHE[R,] nach deren Befund eine vollständige Methylierung der nativen Cellulo[se] ohne Abbau nicht möglich ist.)

Dicke der monomolekularen Schichten von Celluloseabkömmlingen. Gewi[sse] Substanzen, insbesondere Fette, haben die Eigenschaft, auf die Oberfläche v[on] Wasser gebracht, sich dort auszubreiten. Aus der Größe der bedeckten Fläc[he] und der Menge der ausgebreiteten Substanz kann man die Dicke der Oberfläche[n]schicht berechnen und daraus wieder auf die Lage der Moleküle in der Schic[ht] schließen. Auf diese Weise fand man, daß die Filme von hochmolekularen Fe[tt]säuren häufig nur ein Molekül dick sind, und daß die Moleküle darin je nach d[en] Bedingungen unter einem bestimmten Winkel geneigt zur Oberfläche oder paral[lel] zu ihr liegen.

Die Ester und Äther der Cellulose haben gleichfalls die Fähigk[eit] der Oberflächenausbreitung. Wenn man gemessene Mengen der Lösung[en] der Cellulosederivate von bekannter Konzentration in organisch[en] flüchtigen Lösungsmitteln auf die Wasseroberfläche bringt, bleibt eine Oberflächenschicht nach dem Verdampfen des Lösungsmittels zurück. Die Ausdehnung der Oberflächenschicht kann mit Hilfe einer an der Oberfläche schwimmenden Schranke geregelt werden. Man kann den seitlichen Druck, oder richtiger gesagt, die Spannung messen, die von der Oberflächenschicht aus auf diese Schranke ausgeübt wird. Auf diese Weise wurde gefunden, daß die Celluloseabkömmlinge in den Monoschichten je Glucoserest eine Oberfläche von 55—60 $Å^2$ beanspruchen, und zwar bei der Spannung von 2 dyn/cm. Diese Fläche entspricht annähernd der Fläche eines Glucoserestes im Sinne des Molekülmodells (Abb. 5). Man schließt daher, daß in den Schichten die Celluloseketten flach auf der Oberfläche liegen. Bei niedrigeren Spannungen werden größere Flächen beansprucht, die Ketten liegen dann wahrscheinlich ungeordnet. Bei starker Kompression des Films wird der Flächenbedarf je Molekül geringer, so daß man annehmen muß, daß die Ketten verbogen oder gefaltet werden (KATZ und SAMWEL, ADAM).

Die Ergebnisse der Oberflächenausbreitung stellen einen eindeutigen und direkten Beweis dafür dar, daß die Moleküle der Celluloseabkömmlinge wenigstens in der einen Richtung nur einige Atome dick sind (4—8 Å). Entweder sind daher in der Lösung, aus der die Monoschichten entstehen, die einzelnen Hauptvalenzketten bereits unabhängig voneinander oder ihre Aggregation ist so locker, daß sie schon durch die an der Wasseroberfläche wirksamen Kräfte aufgehoben wird.

Nach den röntgenographischen Bestimmungen liegen die Cellulosemoleküle in den Krystallen gestreckt. Die Untersuchung der Oberflächenfilme hat gezeigt, daß die Cellulosemoleküle an den Oberflächen eine flache Gestalt annehmen können. Über die Gestalt der Cellulosemoleküle *in Lösungen* ist es jedoch noch nicht gelungen Klarheit zu schaffen. Die chemische Strukturformel könnte bei der außerordentlichen Länge der Kette eine fast beliebige Krümmung des Moleküls zulassen. STAUDINGER ist dennoch der Ansicht, daß die Cellulosemoleküle (und z. B. auch die Paraffinmoleküle) in der Lösung eine gestreckte Form haben. Zahlreiche andere Forscher (ADAM, W. HALLER, W. KUHN, LANGMUIR, K. H. MEYER) neigen hingegen zu der Annahme, daß die Makromoleküle in der Lösung die Gestalt dünner, biegsamer, verknäuelter Fäden haben. Die Untersuchungen über die Strömungsdoppelbrechung der Lösungen von Celluloseabkömmlingen (SIGNER) lassen in dieser Hinsicht auch noch verschiedene Deutungsmöglichkeiten zu.

Chemische Konstitution des Wollkeratins und des Seidenfibroins. Wolle und Seide gehören chemisch zu den Eiweißstoffen. In der Gruppe der Eiweißstoffe faßt man alle diejenigen im tierischen und pflanzlichen Organismus vorkommenden hochmolekularen Substanzen zusammen deren Hydrolyseprodukte vorwiegend Aminosäuren sind. Wolle, Haare Horn und die anderen Substanzen der Epithelzellen bezeichnet man als Keratine, sie bilden zusammen mit Seidenfibroin, mit Faserkollagen und ähnlichen Stoffen die Gruppe der Gerüsteiweiße (Skleroproteine), für die kennzeichnend ist, daß sie in den gewöhnlichen Lösungsmitteln wie Wasser, verdünnte wässerige Salz-, Säure- und Alkalilösungen, ferner Alkohol, unlöslich sind.

Die Hydrolyse der Eiweißkörper kann durch Säuren und Alkalien besonders in der Hitze bewirkt und im allgemeinen durch die Einwirkung bestimmter Enzyme beschleunigt werden. Im Gegensatz zur Mehrzahl der Eiweißstoffe sind jedoch die Keratine und Seidenfibroin durch proteolytische Enzyme überhaupt nicht oder nur schwer angreifbar.

Die Herstellung reiner Wolle und Seide erfolgt ebenso wie die reiner Cellulose durch Behandlung des Materials mit Lösungsmitteln zwecks Entfernung der Verunreinigungen. Bei der Wolle müssen dabei hauptsächlich Fette entfernt werden. Die Seide liegt nach Abhaspeln des Kokons als Rohseide in Form eines Doppelfadens vor, der durch den Seidenleim (Serizin) eingehüllt und zusammengehalten wird. Dieser wird durch Behandlung mit heißem Wasser, meist unter Zusatz von etwas Alkali oder Seife entfernt, die Seide entbastet. Die Substanz des entbasteten Seidenfadens bezeichnet man als Seidenfibroin.

Neben der Elementarzusammensetzung bildet die Angabe der durch Hydrolyse mit konzentrierten heißen Alkali- oder Säurelösungen gewonnenen Abbauprodukte, namentlich der dabei erhaltenen Aminosäuren, die nächste chemische Kennzeichnung der Eiweißstoffe. Alle diese Aminosäuren sind α-Aminosäuren, d. h. sie enthalten die Amino- und die Carboxylgruppe an dasselbe Kohlenstoffatom gekettet. Die Ergebnisse der Analyse der Hydrolyseprodukte von Schafwolle und Seidenfibroin enthält die obenstehende Tabelle (vgl. ABDERHALDEN und VOITONOVICI, ABDERHALDEN, BUCHTALA, VICKERY und BLOCK).

Tabelle 6. Die Bausteine von Schafwollkeratin und Seidenfibroin (g Aminosäure in 100 g Substanz).

Aminosäure	Schafwolle	Seidenfibroin
Glykokoll	0,6	40,5
Alanin	4,4	25,0
Valin	2,8	—
Leucin	11,5	2,5
Serin	2,9	1,8
Cystin	13,1	—
Phenylalanin	—	1,5
Tyrosin	4,8	11,0
Asparaginsäure	2,3	—
Glutaminsäure	12,9	—
Oxyglutaminsäure	—	—
Arginin	10,2	1,5
Lysin	2,8	0,9
Histidin	0,6	0,8
Prolin	4,4	1,0
Tryptophan	1,8	—
Summe	75,1	86,5

Die Tatsache, daß die Summe der isolierten Bausteine weniger als 100% der untersuchten Substanz beträgt, zeigt, daß ein Teil derselben der Analyse entging. Außerdem ist zu bemerken, daß die Analyse mit einer ziemlichen Unsicherheit behaftet ist, so daß von verschiedenen Forschern häufig abweichende Ergebnisse erhalten werden, ferner, daß Proben verschiedener Herkunft oft verschiedene Zusammensetzung zeigen, wobei man nicht entscheiden kann, ob es sich um tatsächliche Verschiedenheit der Substanzen oder um Versuchsfehler handelt.

Während Schafwolle verhältnismäßig viel Cystin und viele Diaminocarbonsäuren und Dicarbonaminosäuren enthält, findet sich in den Abbauprodukten von Seidenfibroin überhaupt kein Cystin und kaum etwas von den basischen und sauren Aminosäuren. Dagegen enthält Seidenfibroin sehr viel Glykokoll und Alanin.

In der Elementarzusammensetzung der Wolle fällt der hohe Schwefelgehalt auf. Auf Trockensubstanz berechnet schwanken die Werte nach MARSTON zwischen 3,52 und 3,58%, nach BARRITT und KING zwischen 3,03 und 4,13% (Mittel 3,6%). RIMINGTON hat nachgewiesen, daß praktisch der ganze Schwefel der Wolle in den Cystinmolekülen enthalten ist. Cystin ist eine der wenigen Aminosäuren im Organismus mit Schwefelgehalt [neben Methionin[1], von dem die Wolle 0,5% enthält (BARRITT)].

Die Art der gegenseitigen Verknüpfung der Aminosäuren im Eiweißmolekül ist bei weitem überwiegend die Säureamid- oder Peptidbindung: die Aminogruppe der einen Aminosäure verbindet sich mit der Carboxylgruppe der zweiten unter Wasseraustritt (E. FISCHER, F. HOFMEISTER):

$$NH_2 \cdot CH \cdot COOH + NH_2 \cdot CH \cdot COOH = NH_2 \cdot CH \cdot CO \cdot NH \cdot CH \cdot COOH + H_2O$$
$$\quad\quad R \quad\quad\quad\quad R' \quad\quad\quad\quad R \quad\quad\quad\quad R'$$

An den endständigen Amino- und Carboxylgruppen können sich neue Moleküle anheften. Es handelt sich also um die Bildung von Hauptvalenzketten durch Kondensation. Wie bei der Cellulose ist auch bei den Eiweißstoffen die Anzahl der Bausteine pro Molekül im allgemeinen unbestimmt, aber bei den meisten mit Sicherheit als sehr groß anzunehmen.

Während die Cellulose einen einzigen Baustein enthält, den Glykopyranoserest, bestehen die Eiweißkörper aus einer großen Anzahl verschiedener Aminosäurereste, wie aus der Tabelle 6 ersichtlich ist. Demgemäß weist die Gruppe der Eiweißkörper eine große chemische Mannigfaltigkeit auf. Unsere Kenntnis über die Chemie eines Eiweißstoffes wäre nur dann vollständig, wenn uns auch bekannt wäre, in welcher Folge die einzelnen Bausteine in dem Molekül aneinandergereiht sind. Davon sind wir jedoch noch entfernt, obwohl die Untersuchung der enzymatischen Spaltung der Eiweißstoffe auf Grund der Spezifität der Enzyme in den bedeutenden Arbeiten von WALDSCHMITZ-LEITZ bereits bemerkenswerte Aussagen über diese Frage gebracht hat.

Im Organismus sind stets verschiedene Eiweißstoffe miteinander vergesellschaftet. Die Gemische werden nach konventionellen Vorschriften,

---

[1] Methionin hat die Zusammensetzung $CH_3 \cdot S \cdot CH_2 \cdot CH_2 \cdot \underset{\overset{\bullet}{NH_2}}{CH} \cdot COOH$

meistens auf Grund der Löslichkeit, in Fraktionen zerlegt. Es hat sich jedoch gezeigt, daß die Verfeinerung der Methodik zu einer weiteren Zerlegung in Fraktionen führt, die im Hinblick auf die chemischen und physikalischen Eigenschaften verschieden sind. Den Gegenstand der Eiweißforschung bilden daher im allgemeinen nicht einheitliche Substanzen, sondern durch Herstellungsvorschriften definierte Gemische mit reproduzierbaren Eigenschaften. Da Wolle und Seidenfibroin ohne dauernde chemische Veränderung nicht gelöst werden können, scheidet hier die Möglichkeit einer Fraktionierung aus. Auf Grund der Erfahrungen an anderen Eiweißstoffen ist jedoch mit Wahrscheinlichkeit anzunehmen, daß sie in der auf die übliche Weise gereinigten Form nicht als chemisch einheitlich zu betrachten sind.

Neben der Hydrolysierbarkeit der Peptidbindungen, welche die Angriffspunkte für die Spaltung der Moleküle in kleinere Bruchstücke darstellen, ist die Anwesenheit von freien Amino- und Carboxylgruppen für das chemische Verhalten der Eiweißstoffe wesentlich. Würden sich nach dem obigen Schema nur Aminosäuren mit je einer Amino- und Carboxylgruppe miteinander zu Makromolekülen verbinden, so würde dieses Molekül nur an beiden Enden freie Amino- und Carboxylgruppe enthalten. Wenn jedoch auch solche Aminosäuren sich am Aufbau beteiligen, die eine zweite Amino- oder Carboxylgruppe besitzen, dann besteht die Möglichkeit, daß beim Einfügen dieser Aminosäuren in den Verband der Hauptvalenzkette diese „Extragruppe" freibleibt.

So kann z. B. der Einbau eines Lysinrestes in die Polypeptidkette folgendermaßen dargestellt werden:

$$\cdots \mathrm{CH \cdot NH \cdot CO \cdot CH \cdot NH| \cdot CO \cdot CH} \cdots \to \text{Hauptkette}$$

mit Seitenketten R_1, $CH_2\text{-}CH_2\text{-}CH_2\text{-}NH_2$ (Lysinrest), R_2.

Die freie Aminogruppe hat basische, die Carboxylgruppe saure Eigenschaften, erstere kann ein Wasserstoffion aufnehmen, letztere ein solches abgeben

$$\cdot R \cdot NH_2 + H^+ \to \cdot R \cdot NH_3^+$$
$$\cdot R \cdot COOH \to R \cdot COO^- + H^+$$

Tatsächlich verhalten sich die Eiweißstoffe in wässerigen Lösungen Säuren und Basen gegenüber genau so wie die Aminosäuren: sie zeigen die Fähigkeit, mit beiden Salze zu bilden. Sie gehören daher in elektrochemischer Hinsicht zu den amphoteren Elektrolyten oder Ampholyten.

Man kann nun die höchste Anzahl Mole Wasserstoffionen ermitteln, die eine bestimmte Menge des Eiweißstoffes in saurer Lösung aufnimmt.

Ist die Wasserstoffionenaufnahme auf das Vorhandensein der Extragruppen zurückzuführen[1], so muß das H^+-Ionenbindungsvermögen dem Gehalt an basischen Aminosäuren entsprechen. Andererseits kann man das Neutralisationsvermögen der Eiweißstoffe Säuren gegenüber mit ihrem Gehalt an Aminodicarbonsäuren vergleichen. Die Versuchsergebnisse haben in den bisher untersuchten zahlreichen Fällen eine Übereinstimmung in dem erwarteten Sinne gebracht, allerdings nur innerhalb der sehr breiten Fehlergrenzen der Bausteinanalyse. Aus diesem Befund kann man folgern, daß die Extragruppen des Eiweißmoleküls zum größten Teil freiliegen bzw. reaktionsfähig oder reaktionszugänglich sind. Die andere Möglichkeit, die also anscheinend nicht zutrifft, wäre, daß die Extragruppen miteinander Peptidbindungen eingehen, wodurch die Hauptvalenzketten vernetzt werden (vgl. die ausführliche Darstellung bei PAULI und VALKÓ, sowie im 5. Abschnitt dieses Buches).

Molekülgröße der Eiweißstoffe. Weder bei Wolle noch bei Seide besteht die Möglichkeit, die Substanz ohne wesentliche, nicht mehr umkehrbare Veränderung der Molekülgröße in Lösung zu bringen. Die üblichen Methoden der Molekulargewichtsbestimmung aus der Molekularkonzentration der Lösungen sind also für sie nicht anwendbar.

Als Lösungsmittel für Seidenfibroin können zwar nach v. WEIMARN 2 konzentrierte Lösungen von Neutralsalzen (z. B. LiBr) dienen. Die Patentliteratur nennt ferner für diesen Zweck das flüssige Ammoniak, konzentrierte organische Säuren u. dgl. mehr (vgl. die sehr ausführlichen Schrifttumsangaben bei KISE). Wolle läßt sich z. B. durch alkalische Natriumsulfidlösungen in Lösung bringen (vgl. hierzu den 9. Abschnitt). Es ist jedoch sehr wahrscheinlich, daß in allen diesen Lösungen ein Abbau der Eiweißmoleküle stattfindet. Jedenfalls gelang es bisher nicht, die Molekülgröße der Eiweißfaserstoffe im gelösten Zustande zu ermitteln.

Dagegen konnten die Methoden, mit denen das Gewicht der kinetisch voneinander unabhängigen Teilchen ermittelt wird, auf die löslichen Eiweißstoffe mit Erfolg angewandt werden. Zu außerordentlich bemerkenswerten Ergebnissen hat die Untersuchung der Sedimentationsgeschwindigkeit und des Sedimentationsgleichgewichtes in starken Zentrifugalfedern durch SVEDBERG geführt. Das Molekulargewicht der wasserlöslichen Substanz des Eiklars wurde auf diese Weise zu 34500 ermittelt. Es handelt sich dabei überraschenderweise nicht um eine mittlere Teilchengröße, sondern um das Gewicht gleich großer Teilchen. Die Natur erzeugt anscheinend in den lebenden Organismen Makromoleküle von einheitlicher Größe, und es besteht offenbar die Möglichkeit, die einzelnen löslichen Eiweißkörper aus den Organismen unter Schonung der Moleküleinheiten herauszupräparieren. Allerdings kennt

---

[1] Bei der angenommenen Länge der Hauptvalenzketten spielen die Endgruppen in der Berechnung des H^+-Aufnahmevermögens gegenüber den Extragruppen nur die Rolle einer Korrektur im Werte von höchstens einigen Prozenten.

man auch andere Fälle, in denen die Trennung der einzelnen Eiweißarten aus dem natürlich anfallenden Gemisch eine Spaltung und, noch häufiger, eine Aggregation der Moleküle bewirkt.

Der Blutfarbstoff der Säugetiere, das Hämoglobin, hat ein Teilchengewicht von 68000. Genau dieselbe Größe hat das wasserlösliche Eiweiß des Blutserums, Serumalbumin. Dabei ergibt die Bausteinanalyse eine wesentlich verschiedene Zusammensetzung der beiden Substanzen. Das beobachtete Molekulargewicht ist ziemlich genau das Doppelte desjenigen von Eieralbumin. Eine Anzahl weiter untersuchter pflanzlicher und tierischer Eiweißstoffe ergab Molekulargewichte, die 1-, 2-, 3- oder 6mal 34500 betrugen, und zwar bei ganz verschiedenartiger chemischer Zusammensetzung. Eine Erklärung für diese im höchsten Maße absonderliche Erscheinung steht noch aus.

Auf dem Wege der Bestimmung des osmotischen Druckes läßt sich die Teilchengröße der löslichen Eiweißstoffe gleichfalls ermitteln. Hier müssen die Abweichungen von dem Gesetz der idealen Lösungen und der Einfluß der elektrolytischen Dissoziation (DONNAN-Gleichgewicht) berücksichtigt werden. Abgesehen von gewissen noch nicht geklärten Diskrepanzen in einem Teil des Erfahrungsmaterials findet man im großen und ganzen Übereinstimmung mit den Ergebnissen der Sedimentationsanalyse.

Die ermittelten Teilchengewichte würde unter Zugrundelegung der Kugelform und der makroskopischen Dichte einen Teilchenhalbmesser von 21,7 Å (entsprechend dem Molekulargewicht 34500) und von mehr errechnen lassen. Stellt man sich jedoch die Eiweißmoleküle als gestreckte Fadenmoleküle vor, so erhält man für die Kettenlänge das Vielfache dieser Zahl. Für die Dicke und Breite der Moleküle berechnet man je nach der Anzahl und der Lagerung der Seitenketten Werte, die nur der Anzahl von wenigen Atomen entsprechen. Ähnlich wie die Celluloseabkömmlinge lassen sich viele Eiweißstoffe auf der Oberfläche von Wasser bzw. von wässerigen Lösungen unter Bildung von monomolekularen Schichten ausbreiten. Diese Monofilme haben im Falle stärkster Ausbreitung eine Dicke von nur etwa 3 Å (GORTER und GRENDEL, HUGHES und RIDEAL). Durch seitlichen Druck werden die Schichten dicker, zunächst ohne ihren Charakter als Monoschichten einzubüßen. Man kann daher annehmen, daß im Falle der stärksten Ausbreitung die Hauptvalenzketten mit all ihren Seitenketten in einer Ebene flach auf dem Wasser liegen und auf diese Weise nur die Dicke etwa von einer Peptidbindung zeigen. Bei stärkerer Kompression werden zunächst die Seitenketten in das Wasser gedrückt (vgl. Abschnitt 15).

Röntgenstruktur des Seidenfibroins und des Wollkeratins. Die größere chemische Mannigfaltigkeit der Bausteine der Eiweißstoffe dürfte dafür verantwortlich sein, daß diese Substanzen im Röntgenlicht im allgemeinen keine so scharfen Interferenzen liefern wie die Cellulose und ihre Abkömmlinge. Von den wohl ausgebildeten mikroskopischen Eieralbumin-, Hämoglobin- und Edestinkrystallen erhielt man überhaupt nur Diagramme, die für amorphe Körper kennzeichnend waren. Erst in der neuesten Zeit berichtet KATZ, daß es ihm gelungen ist, von diesen Körpern Diagramme zu erhalten, die möglicherweise als Krystalldiagramme angesprochen werden können. Jedenfalls scheint die molekulare Ordnung in diesen mikroskopischen Krystallen nicht sehr weitgehend zu sein, vermutlich weil die Moleküle wohl einander sehr ähnlich, jedoch nicht vollständig gleich sind.

Günstigere Ergebnisse erzielt man mit denjenigen Eiweißkörpern, die in ihrem mechanischen Verhalten die Anzeichen der Faserstruktur aufweisen, mit Kollagen, Gelatine, Fibrin, Muskelglobulin, vor allem aber mit Seide und Wolle. Allerdings bestehen nach dem Röntgenogramm alle diese Körper aus zwei Anteilen, einem amorphen und einem krystallinen. Das Mengenverhältnis dieser beiden Anteile wurde bisher nicht genau ermittelt, es ist jedoch in allen Fällen mehr zugunsten des amorphen verschoben als bei Ramie oder Baumwolle. Die Folge davon ist, daß die Röntgenbilder sehr viel an Deutlichkeit zu wünschen übriglassen, da die Krystallinterferenzen durch die breiten Interferenzringe des amorphen Anteils mehr oder minder überdeckt werden. Tatsächlich kann die Dimension der Elementarzelle in keinem dieser Fälle eindeutig festgelegt werden. Die eine oder andere Identitätsperiode ist in manchen Fällen ziemlich genau zu ermitteln, die Festlegung der Abmessungen des Elementarkörpers ist aber in allen Fällen nur in Form von Wahrscheinlichkeitsschlüssen möglich. Von den Eiweißfasern ist wohl am besten die Röntgenstruktur des Seidenfibroins aufgeklärt. Die verschiedenen Seidenarten weisen verschiedene Strukturen auf; die folgende Darstellung bezieht sich hauptsächlich auf das Seidenfibroin von Bombyx mori. Die nach der Entdeckung des Diagramms (HERZOG und JANCKE 1) bald durchgeführte genauere Untersuchung (BRILL) konnte vor einigen Jahren noch wesentlich weiter entwickelt werden durch die Verwendung von Präparaten, die durch Walzen und Dehnen der Drüseninhalte der Seidenspinner hergestellt waren (KRATKY, KRATKY und KURYAMA). Derartige Präparate zeigen eine höhere Ordnung der einzelnen Krystallite. Die letztgenannten Forscher erachten auf Grund ihrer Aufnahmen die folgende Struktur der Elementarzelle als wahrscheinlich: die Identitätsperiode in der Faserachse (b-Achse) wäre 7,00 Å. Die dazu senkrechten beiden Achsen haben die Längen: $a = 9,68$ Å, $c = 8,80$ Å. Der von beiden eingeschlossene Winkel (β) beträgt 75° 50'.

Die Krystallstruktur wurde auch hier auf Grund der Annahme von Hauptvalenzketten gedeutet, die parallel zur Faserachse liegen (MEYER und MARK). Die Makromoleküle der Krystalle sollen aus abwechselnden Glycyl- und Alanylresten bestehen, die miteinander durch Peptidbindungen verknüpft sind. Nach dieser Vorstellung enthält der Elementarkörper 4 Glycylalanylreste. Nach dem räumlichen Molekülmodell beträgt die Länge eines Glycylalanylrestes 7 Å, die Entfernung der einzelnen

Peptidbindungen innerhalb der Hauptvalenzkette 3,5 Å. Die Ketten sind vollständig zu derjenigen Zickzacklinie gestreckt, die durch den Valenzwinkel bedingt ist. Die Abstände der einzelnen Ketten voneinander betragen 4,4 und 4,8 Å. (Abb. 10.)

So wie bei der Cellulose gezeigt wurde, kann man auch hier aus dem Molekulargewicht und den angenommenen Abmessungen des Elementarkörpers die Dichte des Krystalls berechnen, sie ergibt 1,46, während die gemessenen Werte für die Dichte des Seidenfibroins zwischen 1,33 und 1,46 liegen. Der immerhin nicht unbeträchtliche amorphe Anteil würde nach dieser Auffassung die übrigen Aminosäuren enthalten, die etwa $1/3$ der gesamten Bausteinmenge darstellen.

Während vom Menschenhaar schon sehr frühzeitig ein Krystalldiagramm erhalten wurde (HERZOG und JANCKE 2), hielt man Wolle längere Zeit für amorph. Neuere genauere Untersuchungen ASTBURYs mit Hilfe der inzwischen verbesserten Aufnahmetechnik ergaben, daß alle untersuchten Haarsubstanzen: Wolle, Menschenhaar, Schweinsborste ein und dasselbe Röntgenogramm zeigen, welches ein Gemisch einer amorphen und einer krystallinen Substanz darstellt. Neben dieser Feststellung hat ASTBURY 2 die wichtige Entdeckung gemacht, daß der krystallisierte Anteil der Säugetierkeratine in zwei verschiedenen Strukturen auftritt.

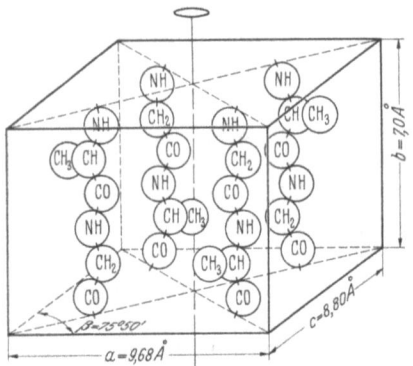

Abb. 10. Elementarkörper des Seidenfibroinkrystalls nach K. H. MEYER und H. MARK.

In ungedehntem Zustande weisen diese Körper die eine Struktur auf, die als α-Struktur bezeichnet wird. Für die gedehnten Körper ist jedoch die zweite Struktur, die β-Struktur kennzeichnend. Dehnt man z. B. Menschenhaar oder Schafwolle in wasserdurchtränktem Zustande um über 30% der Anfangslänge, so geht das ursprüngliche Röntgendiagramm in ein anderes über. Bei 70% Dehnung ist das Interferenzbild völlig verändert, zwischen 30 und 70% erhält man Mischdiagramme der beiden Strukturen. Die Umwandlung ist umkehrbar: beim Entspannen tritt wieder das ursprüngliche Röntgenogramm auf. Gut ausgeprägt ist bei beiden Strukturen die Interferenz entsprechend der Identitätsperiode entlang der Faserachse. Sie beträgt danach bei der α-Struktur 5,15 Å, bei der β-Struktur 3,4 Å. Die Struktur des β-Keratins ist sehr ähnlich derjenigen des Seidenfibroins. ASTBURY nimmt daher an, daß in der β-Modifikation die Polypeptidketten gestreckt liegen wie in der Seide. In der ungedehnten α-Modifikation sollen dagegen die Ketten gekrümmt oder gefaltet liegen, und zwar zu Pseudosechserringen wie die folgende Abbildung und Formel zeigt (ASTBURY 1, ASTBURY und STREET).

Man ersieht daraus, daß die Identitätsperiode von 5,1 Å in dem Modell des α-Keratins dem Abstand der Pseudodiketopiperazinringe [1] entspricht, die Identitätsperiode von 3,4 Å des β-Keratins dem Abstand der Peptidbindungen in der gestreckten Zickzackkette. Der Mechanismus der Dehnung entspricht einer *innermolekularen* Umlagerung. Bei der

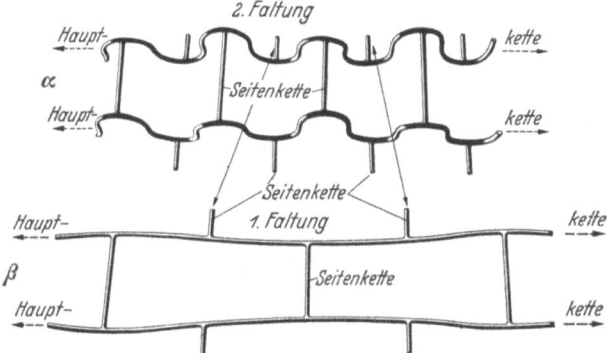

Abb. 11. Schematische Darstellung der Struktur der Keratinmoleküle in der α- (oben) und der β-Form (unten). Nach ASTBURY.

Entfaltung der gekrümmten Ketten wird ihre Länge verdoppelt, was mit dem beobachteten Höchstwert der umkehrbaren Dehnung der

---

[1] Die geringe Entfernung der Imino- und Ketogruppen, die in obiger Formel gestrichelt ist, läßt sich nur dann erklären, wenn man auch zwischen diesen Gruppen eine hauptvalentige Verknüpfung annimmt (C- und N-Atome, die miteinander nicht verbunden sind, können sich nicht so stark nähern). ASTBURY 3 nimmt daher eine Art Lactam-Lactim-Umsetzung zwischen den beiden Gruppen an.

feuchten Wolle übereinstimmt. Diese Hypothese verlegt den Vorgang der Dehnung in die einzelnen Moleküle, eine Annahme, die bereits früher wiederholt beim Kautschuk (KIRCHHOFF, FIKENTSCHER und MARK 1) und außerdem beim Muskeleiweiß (zur Erklärung der Kontraktion) zur Diskussion gestellt worden war (K. H. MEYER). Die Tatsache der mit der Dehnung und Entdehnung verknüpften umkehrbaren Umlagerung in polymorphe Modifikationen bildet eine gute experimentelle Stütze dieser Hypothese.

In trockenem Zustande ist die Dehnbarkeit der Wolle verhältnismäßig gering. Erst in nassem Zustande erreicht sie den Wert von etwa 100%. Trocknet man die Körper unter Spannung, so verbleibt die Dehnung auch dann, wenn die Stücke entlastet werden. Befeuchtet man jedoch die gedehnt getrockneten Haare, so geht die Dehnung vollständig zurück und gleichzeitig vollzieht sich die Umwandlung in das α-Diagramm. Nach der Vorstellung von ASTBURY 1 dient die Feuchtigkeit als eine Art innermolekularen Schmiermittels.

Nach seiner Ansicht sind die Hauptvalenzketten nicht unabhängig voneinander, sondern sie sind mittels wechselseitiger chemischer Bindung der Seitenketten miteinander verknüpft. Die Bindungen der Seitenketten sind dreierlei Art: erstens bestehen elektrostatische, d. h. salzartige Bindungen der entgegengesetzt geladenen Extragruppen, also der ionisierten Carboxyl- und Aminogruppen, zweitens können die Extragruppen der benachbarten Ketten Peptidbindungen eingehen (vgl. jedoch S. 25) und drittens besteht die Möglichkeit, daß die Cystinreste, die sich ja von einer Diaminodicarbonsäure ableiten, als Brücke zwischen den parallelen Hauptvalenzketten dienen:

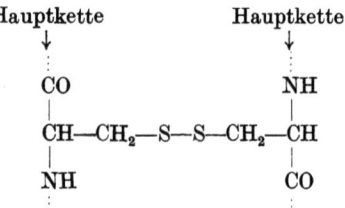

Der hohe Cystingehalt der Keratine läßt die Annahme als nicht unwahrscheinlich erscheinen, daß gerade dieser Art der Vernetzung bei den Haarsubstanzen für ihre Widerstandsfähigkeit gegenüber chemischen Eingriffen eine besondere Bedeutung zukommt (vgl. Abschnitt 9).

Für die Lage der Seitenketten gestatten die neben der Identitätsperiode der Faserachse beobachteten weiteren Interferenzen gewisse Schlüsse. Das Diagramm des β-Keratins läßt noch zwei Gitterabstände errechnen, und zwar von 4,65 und von 9,8 Å Länge. ASTBURY meint, daß diese Zahlen die Abstände der Hauptvalenzketten in den beiden aufeinander senkrechten Ebenen darstellen, und zwar soll der größere

Abstand in derjenigen Ebene liegen, in der sich die Seitenketten befinden. Im α-Keratin ist der Abstand von 9,8 Å unverändert erhalten, während die dem kürzeren Abstand entsprechende Interferenz verschwunden ist. Die Seitenketten erscheinen in dieser Darstellung ähnlich als Sprossen einer Leiter: sie halten die Hauptketten in beiden Modifikationen parallel zueinander in derselben Entfernung von 9,8 Å. Bei der Entspannung werden die Hauptvalenzketten nur in der Ebene senkrecht zur Seitenkettenebene gefaltet. („Zweite Faltung" der Abb. 11).

Es ist bemerkenswert, daß auch in der gestreckten Form der Abstand der Peptidbindungen in der Hauptvalenzkette nur 3,38 Å beträgt, gegenüber 3,5 Å wie er im Seidenfibroin gefunden wird. ASTBURY nimmt an, daß die Streckung infolge der Raumbeanspruchung der Seitenketten bei den Keratinen zu keiner vollständigen Ausrichtung der Hauptvalenzketten führen kann. („Erste Faltung" der Abb. 11.)

Die beistehende Abbildung zeigt schematisch die Querschnitte der von ASTBURY angenommenen Gitterstruktur des β-Keratins in

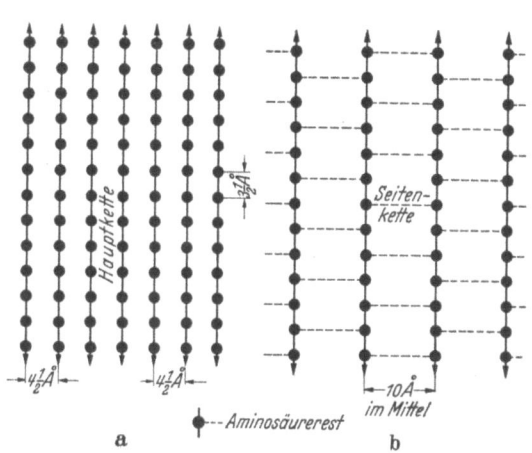

Abb. 12 a und b. Gitterstruktur des β-Keratins nach ASTBURY.
a Ebene quer zu den Seitenketten. b Ebene parallel zu den Seitenketten.

zwei zueinander senkrechten Richtungen. Die Hauptvalenzketten, deren Richtung die der Faserachse ist, liegen parallel zur Papierebene. Durch die Verknüpfung der Seitenketten erscheinen die Polypeptidketten zu „Polypeptidrosten" vernetzt, die zueinander parallel geordnet sind. Die einzelnen Polypeptidroste werden durch die VAN DER WAALSschen Kräfte zusammengehalten (Abb. 12).

ASTBURY und SISSON gelang es aus Horn durch Quetschen in Dampf höher orientierte Filme herzustellen, die eine genauere Ermittlung der Krystallstruktur des β-Keratins ermöglichten. Ihre Befunde bestätigten die frühere Annahme, daß die Richtungen der Identitätsperioden von 9,8 Å und 4,65 Å nahezu senkrecht zueinander stehen. Der Gitterabstand 4,65 Å lag in der Blattebene, der Abstand 9,8 Å in der dazu senkrechten Ebene.

Aus den angegebenen Dimensionen der Elementarzelle ($3{,}38 \times 4{,}65 \times 9{,}8$ Å[3]) und der makroskopischen Dichte von 1,30 berechnen ASTBURY und WOODS ihr Molekulargewicht zu 126. Das mittlere Molekulargewicht der die Wolle aufbauenden Aminosäurereste ergibt sich nach

den analytischen Daten zu 115. Die Übereinstimmung ist daher re
befriedigend. (Es sei bemerkt, daß bei der Berechnung des mittle
Baugruppengewichtes das Gewicht von Cystin, entsprechend seiner
genommenen gleichzeitigen Zugehörigkeit zu zwei Hauptvalenzkett
halbiert wurde.)

Astbury und Woods versuchen einen großen Teil der bei
elastischen und plastischen Verformung der tierischen Haare auftret
den, mitunter recht verwickelten Erscheinungen auf die angenomm
molekulare Struktur zurückzuführen. Die Rolle der Feuchtigkeit
Schmiermittel bei Dehnung und Dehnungsrückgang beruht nach die
Vorstellung auf der .
sättigung der Anziehur
kräfte zwischen den e
gegengesetzt geladen(
Amino- und Carboxylgr
pen. In gekrümmtem .
stande dürfte diese el
trostatische Absättigu
sich vorwiegend innerh
der einzelnen Hauptvale
ketten abspielen, es h
delt sich um eine .
innermolekularer Salz
dung. Erst durch

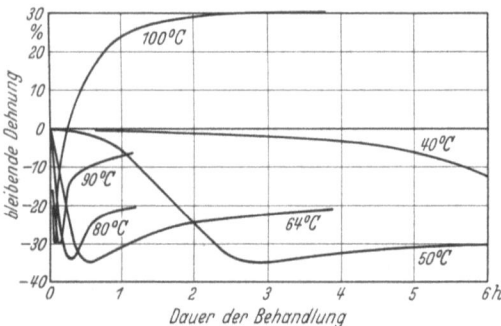

Abb. 13. In Wasserdampf beständige Dehnung bzw. Verkürzung (Überkontraktion) der Wollfasern nach Behandlung mit Wasser in gespanntem Zustande nach Astbury und Woods.

Dazwischentreten der Wassermoleküle wird der Zusammenhalt der beic
Gruppen genügend gelockert, um bei Anlegung einer Spannung e
Streckung zu ermöglichen. In gestrecktem Zustande ist die Lage du
die bei der Trocknung erfolgende *zwischenmolekulare* Salzbildung stab
siert. Auch in diesem Falle wird jedoch die salzartige Bindung durch
Hydratation gelockert und dadurch die Rückkehr in die ursprüngli
Gleichgewichtslage ermöglicht.

Besonders interessant sind die Erscheinungen, die auftreten, wenn die W
in gestrecktem Zustande längere Zeit der Einwirkung von Wasser oder Was
dampf ausgesetzt wird. Die Spannung nimmt dabei ab und schließlich wird
ursprünglich in Anwesenheit von Wasser sich freiwillig umkehrende Dehnung
eine echte bleibende Dehnung umgewandelt, die auch dann bestehen bleibt, w
die Faser unbelastet befeuchtet wird. Speakman hat zuerst beobachtet, daß
Behandlung mit Wasserdampf in gestrecktem Zustande und die nachherige
handlung mit einer verdünnten Natronlauge die Wolle in einen Zustand überfüh
kann, in dem sie gegen die ursprüngliche Länge (in ungedehntem Zusta
verkürzt ist. Astbury und Woods haben die Erscheinung der „Überkontrakti
näher studiert. Einzelfasern aus Cotswold-Wolle wurden zuerst in Wasser um 5
gedehnt. Dann wurden sie in gestrecktem Zustande verschieden lange Zeit und
verschiedener Temperatur mit Wasser behandelt. Schließlich wurden sie
ungespanntem Zustande der Einwirkung von Wasserdampf ausgesetzt bis ke
Verkürzung mehr beobachtbar war. Die obenstehende Abb. 13 zeigt die Ergebni

Jeder Punkt der Kurven entspricht einer Faser, die bei der angegebenen Temperatur durch die angegebene Zeitdauer in gestrecktem Zustande der Einwirkung von Wasser ausgesetzt war.

Man sieht, daß kurz dauernde Behandlung in jedem Falle zu einer Verkürzung führt, die bei weiterer Behandlung durch eine Annäherung an die ursprüngliche Länge abgelöst wird. Nur bei Behandlung mit Dampf wird im weiteren Verlaufe auch die ursprüngliche Länge überschritten und schließlich ein Wert von 30% der wahren bleibenden Dehnung erreicht.

Zur Erklärung der Überkontraktion wird von ASTBURY und WOODS angenommen, daß durch die Einwirkung des Wassers auf die gestreckte Wolle die Querverbindungen zwischen den einzelnen Hauptvalenzketten (die zwischenmolekularen Salzbindungen) gelöst werden. Bei der nachfolgenden Behandlung mit Wasserdampf in unbelastetem Zustande kann daher eine völlig ungehemmte Krümmung der Hauptvalenzketten vor sich gehen, entsprechend einer optimalen gegenseitigen Absättigung der elektrostatischen Seitenkettenvalenzen innerhalb derselben Hauptkette. Läßt man jedoch das Wasser oder den Wasserdampf längere Zeit auf die gestreckte Wolle einwirken, so erfolgt bereits in diesem Zustande eine zunehmende Neuordnung der Moleküle, wobei sie die einer optimalen Absättigung entsprechende Lage in zunehmendem Maße annehmen, so daß nach der Abnahme der Last nur eine geringere Tendenz zur Verkürzung übrigbleibt. Weitere Untersuchungen über den molekularen Mechanismus der Dehnung und Verkürzung der Wolle werden im 9. Abschnitt besprochen.

Wenn auch diese Betrachtungen teilweise hypothetischer Natur sind, so halten wir es doch für richtig, auf sie etwas ausführlicher hinzuweisen. Sie verdienen große Beachtung, da sie eine Reihe von Erscheinungen, die vom technischen Standpunkte aus sehr wichtig sind, mit der molekularen Struktur in unmittelbaren Zusammenhang bringen.

Schrifttum.

ABDERHALDEN, E.: Hoppe-Seylers Z. **120**, 207 (1922).
— u. A. VOITINOVICI: Hoppe-Seylers Z. **52**, 368 (1907).
ADAIR, G. S.: Proc. roy. Soc. Lond. (A) **120**, 573 (1928).
ADAM, N. K.: Trans. Faraday Soc. **29**, 90 (1933).
ASTBURY, W. T.: *1* Fundamentals of fibre structure. Oxford 1933. — Kolloid-Z. **69**, 340 (1934). — J. Soc. Dyers Colourists, Jubilee Issue **1934**, 24.
— *2* J. Soc. chem. Ind., Chem. and Ind. **49**, 441 (1930).
— *3* J. Textile Inst. **27**, P 282 (1936).
— and W. A. SISSON: Proc. roy. Soc. Lond. A **150**, 533 (1935).
— and A. STREET: Philos. trans. roy. Soc. Lond. A **230**, 75 (1931).
— and H. J. WOODS: Philos. trans. roy. Soc. Lond. A **232**, 333 (1933).
BARRITT, J.: Nature (Lond.) **131**, 689 (1933). — Biochemic. J. **28**, 1 (1934).
— and A. T. KING: J. Textile Inst. **17**, 386 (1926); **20**, 151 (1929).
BERGMANN, M. u. H. MACHEMER: Ber. dtsch. chem. Ges. **63**, 316, 2304 (1930).
BRILL, R.: Liebigs Ann. **434**, 204 (1923).
BUCHNER, E. H. and P. J. P. SAMWEL: Trans. Faraday Soc. **29**, 32 (1933).
— u. H. E. STEUTEL: Versl. Akad. Wetensch. Amsterd. Wis- en natuurkd. Afd. **36**, 671 (1933).
BUCHTALA, H.: Hoppe-Seylers Z. **52**, 474 (1907).
BUDDE, E.: J. prakt. Chem. **9**, 30 (1874).
DOBRY, A.: *1* J. Chim. physique **31**, 586 (1934); **32**, 50 (1935).
— *2* Bull. Soc. chim. France [5] **3**, 312 (1936).

DUCLAUX, J. et E. WOLLMAN: C. r. Acad. Sci. Paris **152**, 1580 (1911).
— — Bull. Soc. chim. France (4) **27**, 414 (1920).
DUNKEL, M.: Z. physik. Chem. A **138**, 42 (1928).
EIRICH, F. u. H. MARK: Erg. exakt. Naturwiss. **15**, 1 (1936).
— H. MAGARETHA u. M. BUNZL: Kolloid-Z. **75**, 20 (1936).
EISENSCHITZ, R.: Z. physik. Chem. (A) **158**, 78 (1931); **163**, 133 (1933).
EKENSTAM, A. AF: Ber. dtsch. chem. Ges. **69**, 549 (1936).
FIKENTSCHER, H. u. H. MARK: *1* Kautschuk **6**, 2 (1930).
— — *2* Kolloid-Z. **49**, 135 (1929).
FISCHER, E.: Untersuchungen über Aminosäuren, Polypeptide und Proteine. Berlin 1906.
— Untersuchungen über Kohlenhydrate und Fermente. I. und II. Berlin 1908 und 1922.
FREUDENBERG, K.: Ber. dtsch. chem. Ges. **63**, 1510 (1930); **69**, 1627 (1936).
— Tannin, Zellulose Lignin. Berlin 1933.
GORTER, E. u. F. GRENDEL: Biochem. Z. **201**, 391 (1928).
GUTH, E.: Kolloid-Z. **74**, 147 (1936).
— u. H. MARK: Mh. Chem. **65**, 93 (1934).
— — Erg. exakt. Naturwiss. **12**, 115 (1932).
HALLER, W.: Kolloid-Z. **49**, 74 (1929); **56**, 257 (1931); **61**, 26 (1932).
HAWORTH, W. N.: (Übersetzt von W. G. HAGENBUCH.) Die Konstitution der Kohlenhydrate. Dresden u. Leipzig 1932. — Ber. dtsch. chem. Ges. A **65**, 43 (1932).
— and E. L. HIRST: Trans. Faraday Soc. **23**, 14 (1933).
— and H. MACHEMER: J. chem. Soc. Lond. **1932**, 2270.
HERZ, W.: Cellulosechem. **15**, 95 (1934).
HERZOG, R. O. u. A. DERIPASKO: Cellulosechem. **13**, 25 (1932).
— u. F. BECK: Hoppe-Seylers Z. **111**, 287 (1920).
— and W. HERZ: Trans. Faraday Soc. **25**, 57 (1933).
— u. W. JANCKE: *1* Z. Physik. **3**, 196 (1920). — Ber. dtsch. chem. Ges. **53**, 2162 (1920).
— — *2* Festschrift der Kaiser Wilhelm-Gesellschaft, Berlin 1921, S. 118; Naturwiss. **9**, 320 (1921).
— u. H. KUDAR: Z. physik. Chem. A **167**, 343 (1933).
HESS, K.: Z. angew. Chem. **49**, 841 (1936).
HOFMEISTER, F.: Vortrag auf der Naturforscherversammlung zu Karlsbad 1902.
HOUWINK, R.: Physikalische Eigenschaften von Natur- und Kunstharzen. Leipzig 1934.
HUGHES, A. H. and E. K. RIDEAL: Proc. roy. Soc. Lond. A **137**, 62 (1932).
HÜCKEL, E.: Z. Elektrochem. **42**, 753 (1936).
JEFFERY, G. B.: Proc. Roy. Soc. Lond. (A) **102**, 161 (1923).
KARRER, P. u. E. ESCHER: Helvet. chim. Acta **19**, 1192 (1936).
KATZ, J. R.: Die Röntgenspektrographie als Untersuchungsmethode. Berlin und Wien 1934.
— u. P. J. P. SAMWEL: Liebigs Ann. **472**, 241, 196 (1929).
KIRCHHOFF, F. Kolloid-Z. **30**, 176 (1922).
KISE, M. A.: Textile Research **5**, 401 (1935).
KOEBNER, M.: Z. angew. Chem. **46**, 251 (1933).
KRAEMER, E. O. and W. D. LANSING: J. physic. Chem. **39**, 153 (1935).
KRATKY, O.: Z. physik. Chem. B **5**, 297 (1929).
— u. S. KURYAMA: Z. physik. Chem. B **11**, 363 (1931).
KRÜGER, D.: Zelluloseacetate. Dresden und Leipzig 1933.
KRÜGER, D. u. H. GRUNSKY: Z. physik. Chem. A **150**, 115 (1930).
KUHN, W.: Z. physik. Chem. (A) **161**, 1, 427 (1932); **175**, 1 (1936). — Kolloid-Z. **62**, 269 (1933). — Z. angew. Chem. **49**, 858 (1936).

LAAR, J. J. VAN: Sechs Vorträge über das thermodynamische Potential. Braunschweig 1906.
LANGMUIR, I.: J. chem. Phys. 1, 775 (1933).
LANSING, W. D. and E. O. KRAEMER: J. amer. chem. Soc. 57, 1369 (1935).
LIESER, TH. u. E. LECKZYCK: Liebigs Ann. 522, 56 (1936).
MARK, H.: Physik und Chemie der Cellulose. Berlin 1932.
MARSTON, H. R.: The chemical composition of wool. Bull. Commonwealth of Australia, Council for Scientific and Ind. Research. 38 (1928).
MEGSON, N. J. L.: Trans. Faraday Soc. 32, 336 (1936).
MEYER, K. H.: Biochem. Z. 214, 253 (1929).
— u. H. MARK: Der Aufbau der hochpolymeren organischen Naturstoffe. Leipzig 1930.
OBOGI, R. u. E. BRODA: Kolloid-Z. 69, 172 (1934).
OSTWALD, WO.: *1* Kolloid-Z. 49, 60 (1929). — Z. physik. Chem. A 159, 375 (1931).
— *2* Kolloid-Z. 32, 1 (1923); 67, 330 (1934).
PAULI, W. u. E. VALKÓ: Kolloidchemie der Eiweißkörper. Dresden und Leipzig 1933.
PHILIPPOFF, W.: Cellulosechem. 17, 57 (1936).
— u. K. HESS: Z. physik. Chem. (B) 31, 237 (1936).
RIMINGTON, C.: Biochemic. J. 23, 41 (1929).
SCHERRER, P.: R. ZSIGMONDYS Lehrbuch der Kolloidchemie, 3. Aufl. Leipzig: O. Spamer 1920.
SCHULZ, G. V.: *1* Z. physik. Chem. A 176, 317 (1936).
— *2* Z. physik. Chem. (B) 32, 27 (1936).
SIGNER, R.: Trans. Faraday Soc. 32, 296 (1936).
— u. H. GROSS: Z. physik. Chem. (A) 165, 161 (1933).
SPEAKMAN, J. B.: J. Soc. Dyers Colourists, Jubilee Issue 1934, 34.
SPONSLER, O. L. and W. H. DORE: Colloid Symposium Monograph: 8, 174 (1926); abgedruckt in Cellulosechem. 11, 186 (1930).
STAMM, A. J.: J. amer. chem. Soc. 52, 3047, 3062 (1930).
STAUDINGER, H.: Die hochmolekularen, organischen Verbindungen. Berlin 1932.
— u. H. FEUERSTEIN: Liebigs Ann. 526, 72 (1936).
— u. H. SCHOLZ: Ber. dtsch. chem. Ges. 67, 82 (1934).
— u. G. V. SCHULZ: Ber. dtsch. chem. Ges. 68, 2320 (1935).
SVEDBERG, THE: Kolloid-Z. 51, 10 (1930).
TROGUS, C. u. K. HESS: Biochem. Z. 260, 376 (1933).
ULMANN, M.: Molekülgrößebestimmungen hochpolymerer Naturstoffe. Dresden und Leipzig 1936.
VICKERY, H. B. and R. J. BLOCK: J. of biol. Chem. 86, 107 (1930).
WALDSCHMIDT-LEITZ, E.: Proteine. MEYER-JACOBSONS Organische Chemie, Bd. 2/1. 1929.
— Neuere Untersuchungen über den Aufbau der Eiweißkörper. Leipzig 1931.
WEIMARN, P. P. v.: *1* Kolloid-Z. 11, 41 (1912); 44, 212 (1928).
— *2* ALEXANDER, J.: Colloid Chemistry. New York 4, 397 (1932).

2. Zur Morphologie und Histologie der Fasern.

Dieser Abschnitt soll nur eine kurze Übersicht des Gegenstandes geben und erhebt keinen Anspruch auf Vollständigkeit. Die Fragen der sichtbaren Struktur, die hier behandelt werden, liegen ja außerhalb des eigentlichen kolloidchemischen Gebietes. Nur mit Rücksicht auf die lockeren Wechselbeziehungen, die sich hier und da zwischen makro- und mikroskopischer Struktur auf der einen Seite und submikroskopischer Struktur auf der anderen ergeben, sowie zur Abrundung der Darstellung wird im folgenden die äußere Gestalt und der mikroskopische Aufbau der Fasern besprochen.

Es versteht sich von selbst, daß im allgemeinen die Kunstfasern wesentlich einfacher aufgebaut sind als die natürlichen. Der natürliche Wachstumsvorgang, während dessen die Faser mit dem Gesamtorganismus innig verbunden ist, bedingt diesen Unterschied. Nur der Spinnvorgang bei der Entstehung der Naturseide ähnelt einigermaßen demjenigen der Kunstseide, daher besitzt diese von den Naturfasern den einfachsten morphologischen Aufbau. Erwähnt sei, daß eine Verknüpfung der Einzelheiten des verwickelteren Aufbaues der Naturfasern mit ihren im Organismus zu erfüllenden Funktionen häufig erkennbar ist.

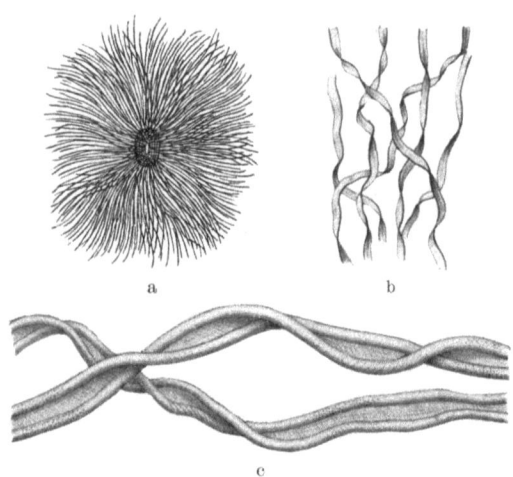

Abb. 14a—c. a Baumwollsame in natürlicher Größe. b und c Baumwollhaare (trocken) schwach und stärker vergrößert. Nach V. WIESNER.

Morphologie der Pflanzenfasern. Die Einzelfasern der *Baumwolle* umgeben haarartig das Samenkorn der Baumwollpflanze. Jedes Haar wird durch eine einzige Zelle gebildet. In lebendem und frischem Zustande sind die Querschnitte der Haare rundlich. Nach dem Absterben, in trockenem Zustande, sind die Haare bandförmig flach (an den Rändern aufgebogen) und weisen häufige Drehungen auf (etwa 4—6 je mm). Die mittlere Länge der Baumwollhaare beträgt etwa 30 mm, die Dicke etwa 20 μ, so daß die Haare im Mittel mehr als 1000mal so lang als dick sind (Abb. 14). In der Mitte der Fasern befindet sich ein rohrförmiger Hohlraum, das sog. Lumen, der häufig Protoplasmareste, d. h. eiweißartige Substanzen enthält, die erst beim Beuchen entfernt werden (vgl. Abb. 17 und 22).

Die *Bastfasern* (Flachs, Hanf, Ramie, Jute) werden aus den Pflanzenstengeln gewonnen, in denen sie zu zahlreichen Bündeln zusammengefaßt vorliegen. Die Zahl der Fasern je Bündel und die Zahl der Bündel je Stengel wechseln innerhalb breiter Grenzen. Bei Flachs z. B. können im Mittel etwa 25 Bündel je Stengel und ebenso viele Fasern je Bündelquerschnitt angenommen werden, d. h. etwa 600 Fasern je Stengelquerschnitt. Die technische Faser ist ein Faserbündel. Die Einzelfasern haben bei Flachs und Jute die Form länglicher Prismen, d. h. sie sind seitlich durch Ebenen begrenzt, bei Ramie ist der Querschnitt elliptisch, bei Hanf unregelmäßig. Die Einzelzellen der Flachshaare sind im Mittel etwa ebenso lang und dick wie die der Baumwollhaare. Die Länge der

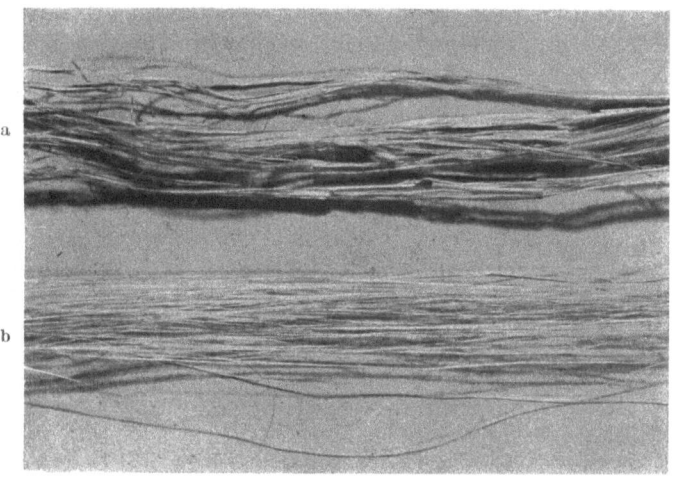

Abb. 15. Geschwungener (a) und gehechelter (b) Flachs. Vergr. 2×. Nach A. HERZOG.

technischen Flachsfasern beträgt im Mittel rund 500 mm, d. h. sie sind 25mal so lang als die Einzelzellen. Die Zahl der Zellen je Stengel ist somit rund 15000. Die Zellen der Jutefasern sind bedeutend kürzer (1,5—5 mm) und etwa 20 μ breit, die Länge der Faserbündel (der technischen Fasern) beträgt etwa 2 m. Die Dimensionsverhältnisse der Faserzellen des Hanfes sind ähnlich denjenigen der Baumwolle und des Flachses. Dagegen sind die Zellen der Ramiefasern sowohl der Länge als auch der Breite nach einigemal größer.

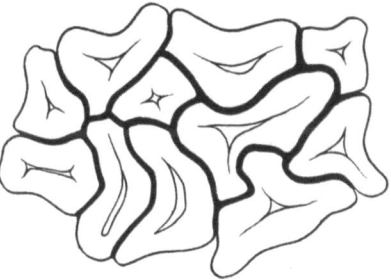

Abb. 16. Querschnitt durch ein Hanffaserbündel (schematisch). Nach A. HERZOG.

Der als Ausgangsmaterial für die Herstellung von Viscoseseide dienende Sulfitzellstoff entstammt der Zellwand der Holzfasern, namentlich der Tracheiden der Coniferen. Diese Zellen haben eine Länge von etwa 2—4 mm und eine Breite von etwa 20—70 μ.

Histologie der Pflanzenfasern. Die mikroskopische Untersuchung, unterstützt durch Anfärbe- und Quellungsversuche, hat gelehrt, daß der Querschnitt der Pflanzenfaserzelle durch mehrere konzentrische

Schichten gebildet wird. In den Bündeln der Bastfasern sind die *einzelnen Zellen* durch dünne Schichten, die sog. Mittellamellen, getrennt, die aus Pektinstoffen bestehen. Daran schließt sich die sog. primäre Wand an, die gewöhnlich gleichfalls sehr dünn ist. Die darauffolgende sekundäre Wand bildet den mächtigsten Teil der Zellwand. Sie zerfällt ihrerseits in mehrere Schichten: Außenschicht, Zentralschicht und Innenschicht. Die Zentralschicht zeigt eine weitere Unterteilung in Lamellen, die an der Grenze der mikroskopischen Sichtbarkeit stehen (Abb. 18, 19).

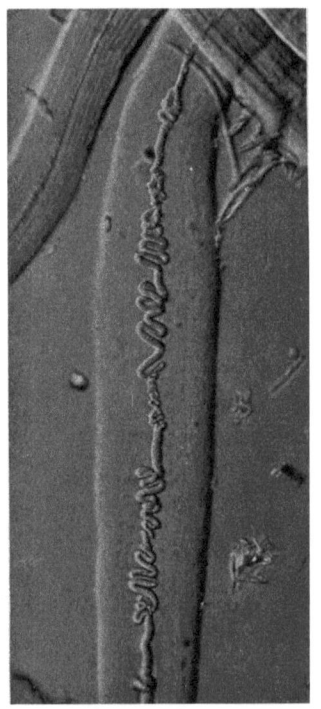

Bei der Baumwolle fehlt die Mittellamelle. Dafür ist die Zellwand gegen die Atmosphäre durch eine nichtcellulosische fettartige dünne Haut, die Cuticularschicht, geschützt, die durch das Beuchen (nicht jedoch durch das Mercerisieren) entfernt wird.

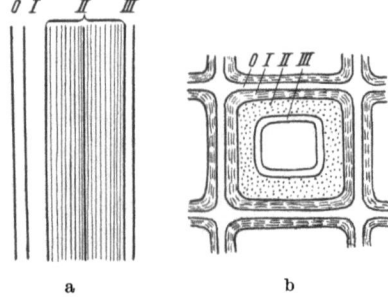

Abb. 17.   Abb. 18.

Abb. 17. Ungebleichte Flachsfaser in Kupferamminlösung. Die im Inneren befindlichen Protoplasmareste schlangenartig gewunden. Verg. 100×. Nach A. HERZOG.

Abb. 18a und b. Mikroskopischer Aufbau verdickter Zellwände. *O* Mittelschicht, bestehend aus Mittellamelle (Pektinstoffe) und primärer Wand (Cellulose, Pektinstoffe, Phosphate); *I–III* sekundäre Wand (reine Cellulose oder Hemicellulose); *I* Außenschicht; *II* Zentralschicht; *III* Innenschicht. a Schematische Darstellung der sekundären Wandverdickung. b Orientierung der Fibrillen einer Holzfaser in *I* und *III* mehr tangential, in *II* mehr axial. Nach FREY-WYSSLING.

Durch mechanische Behandlung der gequollenen Fasern (Mazeration) erreicht man, daß die Lamellen in dünne Fäserchen, in Fibrillen, zerfallen. In nicht gequollenem Zustande sind die Fibrillen etwa $0,4\mu$ dick, daher an der Grenze der mikroskopischen Sichtbarkeit. Der Vergleich der Ergebnisse der röntgenographischen und polarisationsoptischen Untersuchungen mit denen der mikroskopischen Forschung hat erwiesen, daß die Richtung der Einzelkrystallite mit derjenigen der Fibrillen zusammenfällt. Liegt z. B. röntgenographisch eine Wendelfasertextur vor, so liegen auch die Fibrillen in Wendelform vor (vgl. den 3. Abschnitt).

Histologie der Pflanzenfasern.

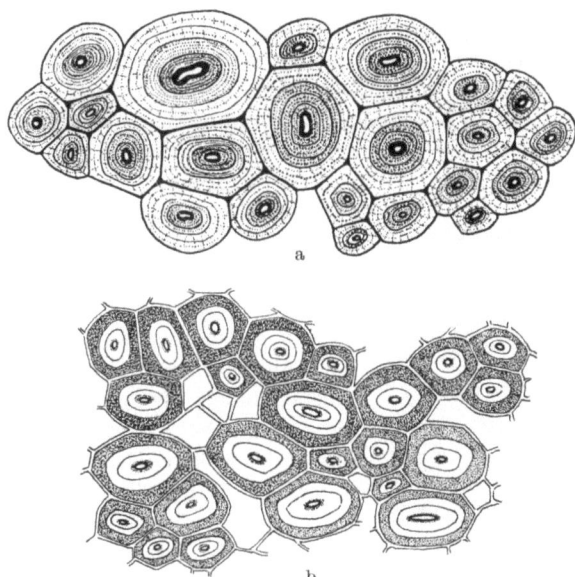

Abb. 19. Schichtung der Bastfasern nach REIMERS. a Flachsfasern nach Behandlung mit Rutheniumrot [färbt Pektinstoffe (Mittellamelle)]. b Hanffasern nach Färbung mit Chlorzinkjod.

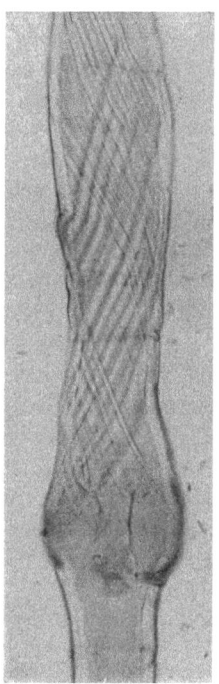

Die Fibrillen sind häufig an der Streifung der Fasern erkennbar. Die folgenden Mikrobilder zeigen dies deutlich (Abb. 20, 21).

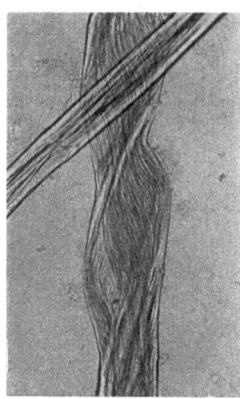

Abb. 21. Ramiefaser mit deutlicher Fibrillärstruktur. Vergr. 100×. Nach A. HERZOG.

Abb. 20. Gebleichte Flachsfaser in Kupferamminlösung mit Schrägstreifung. Vergr. 200×. Nach A. HERZOG.

Die Streifung der Baumwolle zeigt an manchen Stellen Kehren. Beim Trocknen tritt an der Stelle dieser Kehren die für die Faser charakteristische, korkzieherartige Drehung auf. Nach anderer Ansicht (BALLS) wechselt an der Stelle der Streifungskehre die Drehungsrichtung.

Bei den Bastfasern ist der Streifungswinkel in den verschiedenen Schichten verschieden. Nicht allein die primäre Wandverdickung weist eine andere Fibrillenrichtung auf als die sekundäre, sondern auch die einzelnen Schichten der letzteren unterscheiden sich in dieser Hinsicht voneinander. Im allgemeinen nimmt der Streifungswinkel um so mehr ab, je zentraler die Schicht liegt. (Vermutlich hängt dies damit zusammen, daß die äußeren Schichten bei der Biegung der Fasern der größeren Dehnungsbeanspruchung unterliegen. Da die Dehnbarkeit um so größer ist, je flacher die Fibrillen liegen, entspricht die besprochene Anordnung der naturgemäßen Zweckmäßigkeit.)

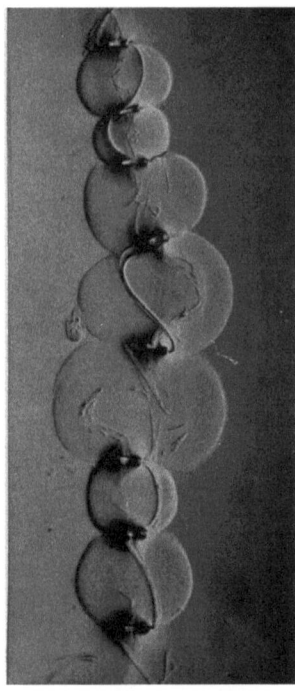

Abb. 22. Ungebleichte Baumwolle in Kupferamminlösung. In der Mitte Protoplasmareste. Vergr. 100×.
Nach A. HERZOG.

Die ungebleichte Baumwollfaser nimmt bei der Aufquellung in Kupferaminlösung eine perlenschnurartige Gestalt an. Offenbar wird in gewissen Abständen die Quellung gehemmt. Man führt dies auf die Cuticula zurück, die bei der Quellung teilweise zerreißt, an manchen Stellen jedoch widerstandsfähiger ist und hier die Einschnürungen bildet. Allerdings treten ähnliche Erscheinungen auch bei den Bastfasern auf, die keine Cuticularhaut besitzen. LÜDTKE und HESS nehmen an, daß die Fasern in gewissen Abständen durch nichtcelluloseartige Querhäute unterbrochen sind. Diese sind nicht nur für die Perlenschnurquellung verantwortlich, sondern auch für die Erscheinung, daß die Cellulosefasern (sowohl Baumwoll- wie Bastfasern) bei gewisser Behandlung (Carbonisierung, Acetylierung) der Länge nach in kleinere Bruchstücke zerfallen. Nicht zu verwechseln ist damit der Zerfall der Fibrillen bei der Mazeration in Bruchstücke, in die sog. Dermatosomen, deren Länge — im Gegensatz zu den bei der Perlenschnurquellung auftretenden Abständen — an der Grenze der mikroskopischen Sichtbarkeit steht.

Während SAKOSTSCHIKOFF und TUMARKIN das Vorhandensein der Querhäute auf Grund mikroskopischer Beobachtungen auch für Baumwolle annehmen, wird dieses von R. HALLER gleichfalls auf Grund mikroskopischer Untersuchungen, sowohl für die Baumwolle als auch für die Bastfasern entschieden in Abrede gestellt.

Größenordnung der verschiedenen Strukturelemente der Zellwand.
Nach Frey-Wyssling.

Die *Zahlen* geben an, wie oft ein kleineres Strukturelement in dem größeren enthalten ist.
(Der Wert für die Länge der Hauptvalenzkette ist willkürlich.)

		Makroskopisch		Mikroskopisch			Submikroskopisch		Amikroskopisch	
	Baumwollhaar $(0{,}01)^2 \pi \times 50$ mm	Wandschicht $(0{,}01)^2 \pi \times 50$ mm	Lamelle $0{,}4 \times 10 \pi \times 5 \times 10^4 \mu$	Fibrille $0{,}4 \times 0{,}4 \times 100 \mu$	Dermatosom $0{,}4 \times 0{,}4 \times 0{,}5 \mu$	Krystallit $60 \times 60 \times 750$ Å	Hauptvalenzkette $7{,}5 \times 750$ Å	Zellobioserest $7{,}5 \times 10{,}3$ Å	Glucoserest $7{,}5 \times 5{,}2$ Å
		1	25	4×10^4		3×10^4	Etwa 100	Etwa 75	Etwa 150
			25	1×10^6	8×10^6	6×10^6	3×10^6	$7{,}5 \times 10^3$	$1{,}5 \times 10^4$
				etwa 1 Million	2×10^8		6×10^8	$2{,}2 \times 10^8$	$9{,}5 \times 10^8$
					etwa $^1/_{10}$ Milliarde	$2{,}4 \times 10^{11}$	$2{,}4 \times 10^{13}$	$4{,}4 \times 10^{10}$	9×10^{10}
						6×10^{12}	6×10^{14}	$1{,}8 \times 10^{15}$	$3{,}6 \times 10^{15}$
						Größenordnung 1 Billion	Größenordnung 1 Billiarde	$4{,}5 \times 10^{16}$	9×10^{16}
								Größenordnung $^1/_{20}$ Trillion	Größenordnung $^1/_{10}$ Trillion

Die voranstehende Tafel zeigt schematisch die Rangordnung der Strukturelemente der Zellwand, die wir dem Werk von FREY-WYSSLING (Die Stoffausscheidungen der höheren Pflanzen) entnehmen. Als Beispiel ist die Baumwolle behandelt, deren Faser im Gegensatz zu den Bastfasern nur aus einer einzigen Wandschicht besteht.

Morphologie und Histologie der Kunstfasern. Die Kunstfasern des Handels zeigen verschiedene Dicke und verschiedene Querschnittsformen. Eine Übersicht gibt die umstehende Bildertafel. Die insbesondere bei der Viscose auftretenden Längsfalten, die sich im Querschnitt als mehr oder minder starke Einkerbungen zeigen, entstehen durch den Ausfällungsmechanismus beim Spinnvorgang. Im Fällbad wird zunächst nur der äußere Teil der aus der Düse als Flüssigkeitsstrahl austretenden Celluloselösung koaguliert. Es bildet sich auf diese Weise eine schlauchartige Haut, die als halbdurchlässige Membran wirkt. Der osmotische Druck zwischen Celluloselösung und Fällbad führt dann zum Wasseraustritt aus dem Schlauch und als Folge davon zur Fältelung der noch plastischen Haut. Der Vorgang läßt sich durch die Konzentrationsverhältnisse im Fällungsbad beeinflussen (vgl. ZART).

Es wird häufig angenommen, daß in der Querrichtung der Kunstfasern eine Gliederung ebensowenig vorhanden ist wie in der Längsrichtung. Gewisse Beobachtungen sprechen jedoch dafür, daß die Kunstfasern auch im fertigen Zustande eine Außenhaut besitzen, deren Eigenschaften von denen des Innenteiles sich etwas unterscheiden. Die Ursache liegt in dem Streckvorgang beim Spinnen. Die Streckkräfte erfassen nur die plastische, bereits koagulierte Außenschicht und nicht den flüssigen Inhalt derselben. Wenn die Streckung aufhört, bevor der Faserinhalt koaguliert ist, so wird der äußere Teil eine Orientierung der Krystallite zeigen, während dieselben im Inneren ungeordnet ausscheiden. Wird dagegen auch dann noch gestreckt, wenn die ganze Masse koaguliert ist, so erfolgt eine gleichmäßige Orientierung im ganzen Querschnitt. PRESTON hat diesen seit längerer Zeit vermuteten Hauteffekt auf polarisationsoptischem Wege nachgewiesen. Wenn man z. B. die mikroskopischen Dünnschnitte der Fasern mit Kongorot färbt, so zeigt sich ein sehr deutlicher Unterschied in dem Dichroismus der dünnen äußeren Schicht und der Innenschicht. OHARA hat an verschiedenen Kunstseiden gezeigt, daß die Dünnschnitte nach der Färbung mit Oxaminblau 4 RX eine Schichtstruktur erkennen lassen. Er unterscheidet eine dünne Außenhaut, eine Rindenschicht und eine innere Schicht.

Morphologie und Histologie der tierischen Fasern. Die *Wolle* als Produkt eines höheren tierischen Organismus zeigt unter allen Textilfasern die verwickelteste Struktur. Die Länge der durch ihre Kräuselung gekennzeichneten Wollfasern schwankt zwischen 2 und 20 cm, die Dicke zwischen 10 und 50 μ. Das Verhältnis zwischen Länge und Dicke über-

Morphologie und Histologie der tierischen Fasern. 43

schreitet daher im allgemeinen 1000, ähnlich wie bei der Baumwolle. Der Querschnitt der Wollhaare ist rundlich. Sie bestehen aus einer großen Anzahl von Zellen (je Querschnitt etwa 1000). Man unterscheidet

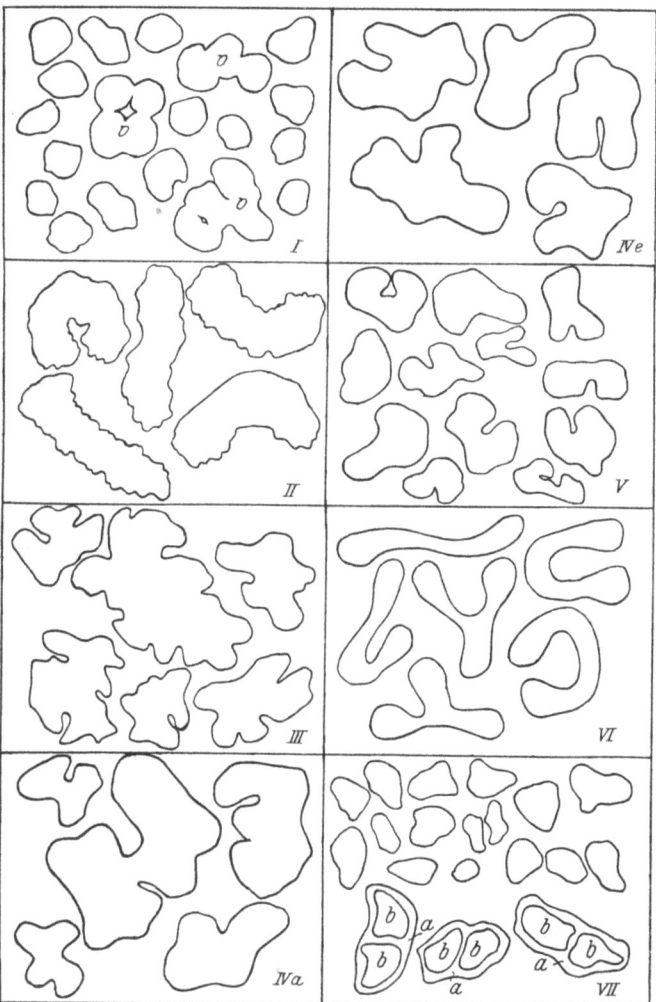

Abb. 23. Querschnittsformen von *I* Kupferseide 1,4 den., *II* Viscoseseide 5,3 den., *III* Viscoseseide 6,6 den., *IV a* Nitroseide 8,2 den., *IV e* Nitroseide 5,9 den., *V* Nitroseide 3,0 den., *VI* Acetatseide 5,0 den., *VII* oben: entbastete Naturseide 1,27 den., unten: rohe Seide (*a* Sericinschicht, *b* Fibroinfaden). Nach A. HERZOG.

Schuppenzellen, Rindenzellen und Markzellen. Die dachziegelartig angeordneten Schuppenzellen bilden eine äußere Hülle und bewirken in der mikroskopischen Aufsicht das charakteristische Aussehen der Fasern.

Die Zahl der Schuppen beträgt je mm Faserlänge rund 100, ihre Dicke ist etwa $0{,}5\,\mu$. Die technische Bedeutung der Schuppigkeit wird uns noch (insbesondere im Zusammenhang mit dem Walkvorgang) beschäftigen. Die durch die Rindenzellen gebildete Rindenschicht ist der Hauptbestandteil der Fasern. Die Rindenzellen sind spindelförmig, ihre Länge beträgt rund $10\text{—}100\,\mu$, ihre Dicke $1\text{—}5\,\mu$. Nach ASTBURY und SISSON sind sie ausgesprochen flach: etwa $2\,\mu$ dick und $7\,\mu$ breit. Sie sind in den Fasern zu Fibrillen angeordnet. Die Fibrillenstruktur wird bei Beschädigung der Fasern deutlich sichtbar (Abb. 25).

Das von den Markzellen gebildete Mark, die zentrale Schicht der Fasern, ist bei den verschiedenen Wollen verschieden stark entwickelt, bei manchen ist es überhaupt nicht vorhanden.

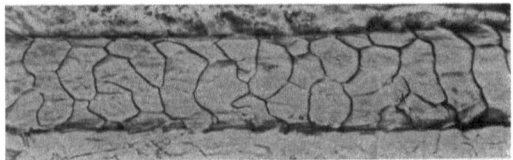
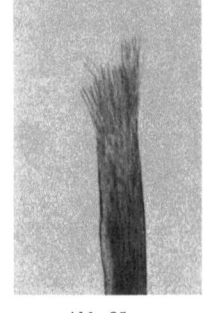

Abb. 24.   Abb. 25.

Abb. 24. Abdruck eines Schafwollhaares im KRÖNIGschen Deckglasquitt. Die Anordnung der Oberhautzellen ist gut sichtbar. Vergr. 300×. Nach A. HERZOG.

Abb. 25. Rißenden eines Schafwollhaares. Aus einem Kunstwollpräparat. Vergr. 250×. Nach A. HERZOG.

Die Zerteilung der Wolle in ihre histologischen Bestandteile kann durch enzymatische Einwirkung (BURGESS, ASTBURY und SISSON) oder durch lang dauernde Behandlung mit konzentrierter Ammoniaklösung (R. HALLER) bewirkt werden. HALLER konnte die Kittsubstanz, welche die Zellen aneinander heftet, isolieren; sie erwies sich als schwefelfreier Eiweißstoff. Es ist allerdings fraglich, wieweit dieser als Lanain bezeichnete Stoff durch die NH_3-Einwirkung bereits verändert wurde. Nach HALLER und HOLL ist die Affinität zu den Farbstoffen nur den Rindenzellen (und in schwachem Maße dem Lanain) eigen, die Schuppenzellen färben sich nicht an.

Das unterschiedliche Verhalten der Schuppen-, Rinden- und Markzellen gegenüber Reagenzien ist vermutlich durch Abweichungen in der chemischen Zusammensetzung dieser Bestandteile begründet. Die Substanz der Schuppenzellen bezeichnet man als Keratin A, die der Rindenschicht als Keratin C. Nach den Untersuchungen von MARK und v. BRUNSWIK gibt nur die Rindenschicht eine Färbung mit der PAULYschen Diazolösung. Anscheinend enthält nur Keratin C Tyrosin, Keratin A nicht (vgl. Abschnitt 9).

CHAMBERLAIN hat festgestellt, daß der Schwefelgehalt des Menschenhaares bei der mechanischen Entfernung der Schuppenzellen durch Abschleifen keine Veränderung erfährt. Anscheinend besteht daher zwischen dem Schwefelgehalt der Schuppen- und der Rindenzellen kein merklicher Unterschied. Das Mark ist dagegen nach den Untersuchungen von JORDAN-LLOYD und MARRIOTT praktisch schwefelfrei.

Die *Seide*, das Drüsensekret der Seidenraupe, wird von ihr in flüssigem Zustande ausgeschieden, erstarrt jedoch dann sofort an der Luft. Der Rohseidefaden, der durch Abhaspeln der Kokons gewonnen wird, enthält in den Seidenleim eingebettet zwei Fi-

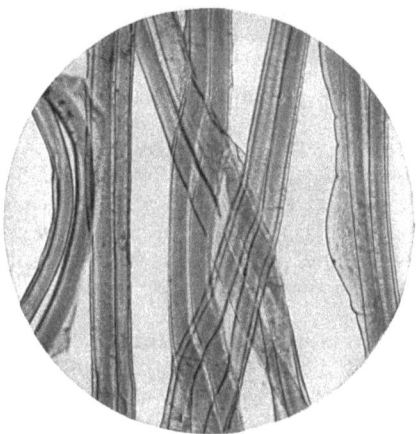

Abb. 26. Rohseide von Bombyx mori. Vergr. 160×. Nach A. HERZOG.

broinfäden. Nach Entbasten erhält man die Einzelfäden, deren Querschnitte schwach kantig sind. Die Dicke der Fäden liegt zwischen 8 und 16 μ, ihre Länge beträgt etwa 1000 m. Eine feine Streifung an der

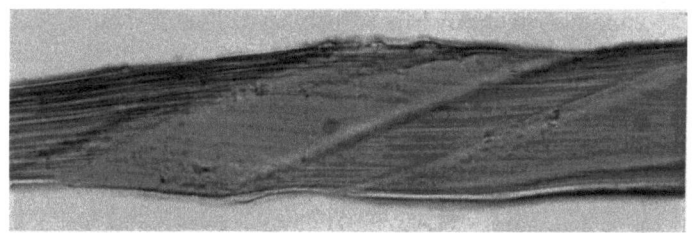

Abb. 27. Tussahspinnfaden, roh. Vergr. 450×. Nach LEY.

Oberfläche weist auf eine Fibrillenstruktur hin, die bei der Mazeration deutlicher wird. Bei manchen wilden Seiden ist die Fibrillenstruktur stärker ausgeprägt (Abb. 27).

Schrifttum.

ASTBURY, W. T. and W. A. SISSON: Proc. roy. Soc. Lond. (A) **150**, 533 (1935).
BALLS, W. L.: Proc. roy. Soc. Lond. B **93**, 426 (1922); **95**, 72 (1923).
BURGESS, R.: J. Text. Inst. **25**, 289 (1934).
CHAMBERLAIN, N. H.: J. Text. Inst. **23**, 13 (1932).
FREY-WYSSLING, A.: Die Stoffausscheidung der höheren Pflanzen. Berlin 1935.
HALLER, R.: Mellianda Textilber. **17**, 644 (1936).
— Helv. chim. Acta **16**, 383 (1933); **18**, 800 (1935).
— u. F. W. HOLL: Kolloid-Z. **75**, 212 (1936).

HERZOG, A.: Die mikroskopische Untersuchung der Seide und der Kunstseide. Berlin 1930.
— P. HEERMANN: Enzyklopädie der textilchemischen Technologie. Berlin 1930.
HESS, K., C. TROGUS, N. LJUBITSCH u. L. AKIM: Kolloid-Z. **51**, 85 (1930).
LEY, H.: In P. HEERMANN: Enzyklopädie der textilchemischen Technologie. Berlin 1930.
LLOYD, D. J. and R. H. MARRIOTT: Biochemical J. **27**, 911 (1933).
LÜDTKE, M.: Liebigs Ann. **466**, 35 (1928). — Cellulosechem. **8**, 143 (1932).
MARK, H.: Beiträge zur Kenntnis der Wolle. Berlin 1926.
MATTHEWS, J. M. u. W. ANDERAU: Die Textilfasern. Berlin 1928.
OHARA, K.: Sci. Pap. Inst. physic. chem. Res., Tokyo **25**, 152 (1934).
PRESTON, J. M.: J. Soc. chem. Ind. **50**, 199 (1931).
REIMERS, H.: Mitteil. Forsch. Inst. Textilindustrie, S. 109. Karlsruhe 1922.
SAKOSTSCHIKOFF, A. u. D. TUMARKIN: Melliands Textilber. **16**, 210, 366, 499 (1935).
STEINBRINCK, C.: R. O. HERZOGS Technologie der Textilfaser, Bd. 5, 1, 1. Abt., S. 1. Berlin 1930.
WELTZIEN, W.: Chemische und physikalische Technologie der Kunstseiden. Berlin 1929.
WIESNER, J. v.: Die Rohstoffe des Pflanzenreiches 1921.
ZART, A.: Die Kunstseide. Erg. angew. physik. Chem. **2**, 229 (1935).

3. Micellartextur der Faserstoffe.

Die Fasern als polykrystalline Systeme. Die Faserstoffe sind, soweit sie krystallinische Struktur haben, polykrystalline Systeme, d. h. sie bestehen aus einem Haufwerk von vielen Einzelkrystalliten. Innerhalb der einzelnen Krystallite besteht eine gittermäßige geometrische Ordnung der Moleküle, die beim Übergang zu einem anderen Krystallit eine Unterbrechung erfährt. Grundsätzlich muß man zwischen statistisch isotropen und statistisch anisotropen Haufwerken von Krystalliten unterscheiden. In den ersteren befinden sich die Einzelkrystalle in bezug auf ihre gegenseitige Lage in völlig ungeordnetem Zustande. Ein derartiges Haufwerk wird als Ganzes genau so wie ein amorpher Körper keine Verschiedenheiten der Eigenschaften (z. B. in optischer oder in mechanischer Hinsicht) in den verschiedenen Richtungen erkennen lassen, da die den einzelnen Krystalliten innewohnende Anisotropie sich infolge der Regellosigkeit der räumlichen Verteilung bei der Summierung aufhebt. Beim Durchleuchten mit monochromatischem Röntgenlicht erhält man in diesem Falle Diagramme, in denen die den einzelnen Identitätsperioden der Krystallite entsprechenden Interferenzen als konzentrische Kreise erscheinen (Pulverdiagramm).

Im Gegensatz zu dieser statistischen Unordnung stehen diejenigen Haufwerke, in denen bestimmte Lagen der einzelnen Krystallachsen bevorzugt werden. Ein besonderer Fall der statistischen Anisotropie der Polykrystalle ist die Fasertextur. Sie entsteht dadurch, daß die eine krystallographische Richtung der Krystallite parallel zu einer bestimmten Richtung, der sog. Faserachse liegt. Dagegen ist die Häufigkeit aller durch Drehung um diese Achse entstehenden Lagen der Krystallite gleich groß. Bemerkenswerte Fälle der statistischen Anisotropie bilden ferner die Ringfasertextur und die Wendelfasertextur. Im ersten Fall liegt die eine krystallographische Richtung der Krystallite senkrecht zu einer bestimmten Richtung, d. h. die Krystallite liegen mit einer ihrer Achsen parallel zu einer Ebene. Die Ringfasertextur stellt daher eine niedrigere Ordnung dar als die eigentliche Fasertextur. Bei der Wendel- (oder Spiral-)fasertextur schließt die eine krystallographische Richtung der Krystallite einen bestimmten Winkel mit einer bestimmten Richtung, die man auch in diesem Falle als Faserachse bezeichnet, ein.

Man kann die aufgezählten Anisotropiefälle durch die folgenden Bilder veranschaulichen. Die Krystallite sollen durch Bleistifte dargestellt werden. Schüttet man diese Bleistifte regellos auf einen Haufen zusammen, so hat man es zunächst mit einer statistischen Isotropie zu tun. Legt man dagegen die Bleistifte parallel zueinander, und zwar derart, daß die Aufdruckseite alle durch Drehung um die Längsachse möglichen Lagen nach Belieben annehmen kann, so liegt eine Fasertextur vor. Legt man die Bleistifte flach, jedoch sonst völlig ungeordnet auf einen Tisch und stellt man sich beliebig viele solcher Ebenen parallel zur Tischplatte vor, dann hat man es mit einer Ringfasertextur zu tun. Bei einer Wendelfasertextur liegen alle Bleistifte unter einem bestimmten Winkel geneigt zu einer Geraden, wobei die Drehung um die Längsachse auch in diesem Falle eine beliebige ist.

Im allgemeinen ist, entsprechend der statistischen Natur der Anisotropie, die Krystallitanordnung keine strenge. An Stelle der oben dargestellten idealen Anordnungen hat man es mit realen Texturen zu tun, in denen zwar die Häufigkeit einer Krystallitachse in gewisser Richtung entsprechend der jeweiligen Regelungsart ein Maximum zeigt, jedoch auch davon abweichende Lagen vorkommen.

Bei der eigentlichen Fasertextur erhält man beim Durchleuchten mit Röntgenstrahlen senkrecht zur Faserachse Diagramme, in denen bestimmten Identitätsperioden an Stelle der Ringe, die die isotropen Polykrystalle liefern, als Punkte erscheinen. Infolge der Streuung der Krystallite in bezug auf ihre Anordnung sind in den realen Fasertexturen die Punkte zu kreisbogenförmigen Streifen, Sicheln, ausgezogen. Aus der Länge der Streifen kann man auf den Orientierungsgrad der Krystallite schließen. Da die ideale Ringfaser- und die ideale Wendelfasertextur gleichfalls sichelförmige Diagramme liefern, wird die Unterscheidung zwischen einer idealen Wendel- (bzw. Ring-)fasertextur und einer realen Fasertextur unter Umständen sehr erschwert.

Die Entstehung der statistischen Anisotropie kann auf zwei Ursachen zurückgeführt werden: entweder auf einen gerichteten Wachstumsvorgang oder auf eine mechanische Deformation. In den natürlichen Fasern liegen Wachstumtexturen vor, während die Textur der künstlichen Cellulosefasern, soweit sie als geordnet erscheint, in den mechanischen

Bedingungen der Herstellung begründet, und somit als Deformationstextur aufzufassen ist. Der einfachste Fall der Entstehung der Deformationstextur ist der, daß das bei der Ausfällung aus einer Lösung gewonnene, noch plastische Cellulosegel einem einseitigen Zug unterworfen wird (Streckspinnen). Stellt man sich die Krystallite als längliche, etwa stäbchenförmige Gebilde vor, die unter den betrachteten Umständen in ein zähflüssiges Medium eingebettet sind, so läßt die hydrodynamische Theorie erwarten, daß bei der Strömung die ursprünglich regellos verteilten Krystallite derart gerichtet werden, daß ihre Längsachse mit der Strömungsrichtung zusammenfällt. Die plastische und vielleicht teilweise auch die elastische Dehnung kann auf eine Drehung der Krystallite in diesem Sinne zurückgeführt werden.

Nach den röntgenographischen Befunden zeigen von den nativen Fasern die Bastfasern, wie Ramie und Hanf, die größte Annäherung an die ideale Fasertextur. Baumwolle hingegen gibt sichelförmige Interferenzen, die entweder als Wendelfasertextur oder als Streuung der Krystallitlagen gedeutet werden können. Aus histologischen und polarisationsmikroskopischen Untersuchungen folgt, daß die Baumwolle eine Wendelfasertextur besitzt. Der Neigungswinkel der b-Achse der Krystallite zur Faserachse beträgt etwa 30°. Naturseide zeigt angenäherte Fasertextur, Wolle in den beiden Modifikationen gleichfalls, wenn auch noch weniger ausgeprägt.

Die Kunstseidenfasern weisen röntgenographisch verschiedene Orientierungsgrade auf. Man trifft sowohl fast völlig isotrope als auch weitgehend anisotrope Anordnungen an. Im allgemeinen ist Kupferseide besser orientiert als Viscoseseide. Letztere kann jedoch auch starke Anisotropie zeigen. Insbesondere das LILIENFELD-Verfahren führt zu gut orientierten Viscosefäden.

Viscosefolien (Cellophan) besitzen nicht nur Fasertextur, sondern sogar eine noch höhere Ordnung. Die eine krystallographische Achse ist parallel zur Gießrichtung des Films. Diese Achse, die der Richtung der Hauptvalenzketten entspricht, stellt eine bestimmte Richtung innerhalb der Folienebene dar. Es sind jedoch im Gegensatz zur Fasertextur nicht alle beliebigen Drehungen um diese Lage in gleicher Anzahl vorhanden, sondern eine weitere Krystallachse ist gleichfalls parallel zu einer bestimmten Richtung geordnet (Sinnbild: parallele Bleistifte mit dem Aufdruck nach oben). Das Röntgenbild ist bei dieser höheren Ordnung dasselbe wie bei einem einzigen Einkrystall. Allerdings ist bei den handelsüblichen Viscosefolien die Streuung der Krystallitlagen um diese ideale Ordnung sehr groß (HESS und TROGUS).

Die röntgenographische Feststellung der Fasertextur an Pflanzenfasern erfolgte durch NISHIKAWA und ONO bereits 1913, also unmittelbar nach der Entdeckung der Röntgenstrahlinterferenzen an Krystallen. Diese Untersuchung blieb jedoch unbeachtet und die systematische Erforschung des Gebietes setzte erst mit den

Arbeiten von SCHERRER, sowie von HERZOG, JANCKE und POLANYI ein. Die Systematik der Fasertextur wurde dann von WEISSENBERG ausgebaut. — Daß die Fasern geordnete Aggregate anisotroper Teilchen darstellen, hat bereits vor der Anwendung der Röntgenmethode HERMANN AMBRONN — im Anschluß an die NAEGELIsche Micellartheorie — auf Grund des optischen Verhaltens erkannt. (Einen Überblick über die Wachstums- und Deformationstexturen organischer Stoffe geben GONELL und KRATKY.)

Die Eigendoppelbrechung der Faserstoffe. Die Faserstoffe zeigen häufig eine außerordentlich starke Doppelbrechung. Die optische Anisotropie kann allgemein auf die folgenden verschiedenen Ursachen zurückgeführt werden:

1. Die Anisotropie der Einzelkrystalle: eine Folge der raumgittermäßigen Anordnung der Moleküle.

2. Die Anisotropie amorpher Körper unter einseitigem Druck oder Zug, die dadurch eintritt, daß die bei der kräftefreien ursprünglichen statischen Unordnung vorhandene Gleichmäßigkeit der Substanz in der Zug- bzw. Druckrichtung verändert wird.

3. Statistische Anisotropie orientierter Krystallithaufwerke infolge Summierung der Effekte der einzelnen doppelbrechenden Krystallite (Eigendoppelbrechung).

4. Regelmäßige Anordnung isotroper Teilchen, die in verschiedenen Richtungen verschiedene Dimensionen haben (anisodiametrische Teilchen: Stäbchen, Plättchen) und deren Abmessungen kleiner sind als die Wellenlänge des Lichtes, innerhalb eines Einbettungsmediums, dessen Brechungsindex von dem der Teilchen verschieden ist (Formdoppelbrechung).

5. Gleichzeitiges Zusammenwirken der Eigendoppelbrechung orientierter Krystallite mit der Formdoppelbrechung.

Da die Faserstoffe keine Einkrystalle bilden, fällt die erste Möglichkeit weg. Auch die zweite spielt hier im allgemeinen keine Rolle, da die Erscheinung der Doppelbrechung der Faserstoffe das Vorhandensein einer Spannung nicht erfordert. In den meisten Fällen hat man es bei den Fasern mit einem *geordneten Haufwerk mikrokrystalliner Teilchen* zu tun, die unter Umständen in ein isotropes Medium eingebettet sind. Wir wollen zunächst von der Formdoppelbrechung, die bei den Fasern die weitaus geringere Rolle spielt, absehen. Es ist leicht zu erkennen, daß die Fasertextur in bezug auf Doppelbrechung dem Verhalten der optisch einachsigen Krystalle entspricht. Diese haben verschiedene Brechungsindices in zwei aufeinander senkrechten Richtungen. Nur wenn die statistische Ordnung der Krystallite höher ist, d. h. im Falle der Folientextur, hat man es mit einem den optisch zweiachsigen Krystallen analogen Fall zu tun, in dem in drei aufeinander senkrechten Richtungen drei verschiedene Brechungsindices auftreten. Mißt man den Brechungsindex in allen Richtungen und stellt man sie als Radienvektoren dar, d. h. als Geraden, die von einem gemeinsamen Punkte ausgehen und deren Richtung der Meßrichtung, deren Länge der Größe des Brechungsindexes entspricht, so ist dadurch eine Fläche bestimmt. Im einfachsten Fall, bei optisch isotropen Körpern, hat sie die Form einer Kugel. Im Falle der Fasertextur — wie auch bei den optisch einachsigen Krystallen — nimmt sie die Form eines Rotationsellipsoids an.

Die Messung des Brechungsindexes erfolgt durch Aufsuchen derjenigen Einbettungsflüssigkeit, in der die Faserumrisse in monochromatischem Licht verschwinden. (Verschwinden der BECKEschen Linien unter dem Mikroskop.) Der Brechungsindex dieser Flüssigkeit ist dann gleich dem der Faser. Bei doppelbrechenden Fasern wird diese Methode so angewendet, daß man das Objekt in geradlinig polarisiertem Licht untersucht, wobei zuerst die Faserachse parallel zur Polarisationsebene, dann senkrecht dazu gestellt wird. In den beiden Lagen findet man zwei verschiedene Flüssigkeiten, in denen die Umrisse verschwinden und somit zwei, den beiden Achsen entsprechende Brechungsindices. Die Differenz der beiden bezeichnet man als spezifische Doppelbrechung oder kurz Doppelbrechung (DB).

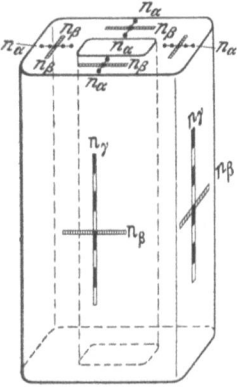

Abb. 28. Orientierung der Hauptbrechungsindices in der Ramiefaser. Nach FREY-WYSSLING.

Wenn man ganze Fasern auf die eben beschriebene Weise untersucht, so erhält man den Wert des Brechungsindexes, einmal parallel zur Faserachse (n_γ) und einmal quer dazu, und zwar in radialer Richtung (n_α). Untersucht man auf die gleiche Weise die Querschnitte, so erhält man die Indices in der radialen (n_α) und in der tangentialen Richtung (n_β) senkrecht zueinander, beide quer zur Faserachse. n_α und n_β fallen bei optisch einachsigen Körpern zusammen. Tatsächlich erhält man bei den Fasern nur einen geringfügigen Unterschied im Wert von n_α und n_β, so daß die Fasern sich praktisch als optisch einachsig erweisen.

Die Werte der Hauptbrechungsindices einiger Faserstoffe nach den Bestimmungen von A. HERZOG mit Hilfe der Einbettungsmethode bringt die folgende Tabelle.

Tabelle 7. Die Doppelbrechung der Fasern. Nach A. HERZOG.

Faser	Brechungsindex parallel zur Faserachse n_γ	quer zur Faserachse n_α	DB
Flachs	1,595	1,528	0,067
Baumwolle	1,580	1,533	0,047
Seide	1,595	1,538	0,057
Nitroseide	1,549	1,515	0,034
Kupferseide	1,548	1,527	0,021
Viscoseseide	1,548	1,524	0,024

Tabelle 7. Fortsetzung.

Faser	Brechungsindex parallel zur Faserachse n_γ	quer n_α	DB
Acetatseide alt	1,474	1,479	—0,005
„ neu	1,476	1,470	+0,006
Schafwolle Kapokwolle	1,554	1,546	0,008
„ ostpreußische	1,554	1,546	0,008
„ australische	1,554	1,546	0,007
„ englische	1,554	1,547	0,007
„ ungarische	1,555	1,548	0,007
„ gechlort	—	—	0,012

Man bemerkt eine qualitative Übereinstimmung mit den Röntgenergebnissen: die Seide und die Bastfasern zeigen die stärkste DB und die ausgeprägteste röntgenographische Fasertextur. Wolle in ungedehntem Zustand zeigt sowohl röntgenographisch als auch polarisationsoptisch die geringste Ordnung. Die schwache bzw. negative DB der Acetylcellulose hängt hingegen mit ihrer chemischen Konstitution zusammen: die Änderung der DB läßt sich bei der Acetylierung in Faserform in Abhängigkeit vom Acetylgehalt verfolgen und ergibt sich als eine lineare Funktion desselben. Ebenso hängt die DB von Cellulosenitrat linear von dem Stickstoffgehalt ab (HANS AMBRONN, MÖHRING).

FREY erhielt die folgenden Werte für die Brechungsindices der Pflanzenfasern (Tabelle 8).

SKINKLE hat kürzlich einige Kunstfasern untersucht und erhielt für die DB von Nitroseide den Wert 0,030, für Viscoseseide 0,015, für streckgesponnene Viscose-

Tabelle 8. Doppelbrechung der Pflanzenfasern. Nach FREY.

Pflanze	n_γ	n_α	DB
Ramie	1,594	1,532	0,062
Nessel	1,595	1,533	0,062
Flachs	1,594	1,532	0,062
Baumwolle	1,580	1,534	0,045
Jukka	1,559	1,536	0,023

seide 0,020—0,025 und für Kupferseide 0,020—0,025. Die Werte stimmen mit denen von HERZOG gut überein.

SCHMID hat an einer Reihe von Wollhaaren verschiedener Herkunft eine Doppelbrechung im Betrage von 0,011 beobachtet.

Um die Größe der DB zu vergleichen, sei bemerkt, daß die DB von Quarz und Gips nur etwa 0,009 beträgt.

Bei der genauen Auswertung der optischen Daten der Faserstoffe ist zu berücksichtigen, daß sie von den folgenden Umständen abhängen:
1. Von der Größe der DB der einzelnen Krystallite.
2. Von der Orientierung der Krystallite.
3. Von der Anwesenheit amorpher Beimengungen.
4. Von dem Luftgehalt der Fasern.

Die Größe der DB der einzelnen Krystallite ist einer unmittelbaren Messung nicht zugänglich. Sie läßt sich jedoch mit der DB einer Faser identifizieren, wenn man annehmen kann, daß die Orientierung eine vollständige ist (oder wenn die Abweichung von der idealen Ordnung in Rechnung gezogen wird), wenn ferner die Beimengungen vollständig entfernt sind und der Luftgehalt vernachlässigt werden kann.

Der Einfluß der Verunreinigungen auf die DB der Cellulosefasern wurde von KANAMARU untersucht. Er zeigte, daß bei der Reinigung der Brechungsindex in der Faserlängsrichtung, n_γ, ansteigt und der Index in der Querrichtung, n_α, sinkt. Die extremsten Werte sind bei Ramie und Hanf gefunden worden, sie betragen $n_\gamma = 1{,}596$ und $n_\alpha = 1{,}525$. Die DB dieser Fasern ergibt sich zu 0,071. Zieht man die verbleibenden Verunreinigungen in Betracht und nimmt eine vollständige ideale Fasertextur an, dann ergeben sich die folgenden Werte, die somit auch für die Einzelkrystallite der Cellulose gültig sein sollen: $n_\gamma = 1{,}602$, $n_\alpha = 1{,}526$, DB $= 0{,}076$. Nimmt man den Neigungswinkel entsprechend einer idealen Wendelfasertextur im Sinne gewisser histologischer Befunde zu 7° an, so erhöht sich der Wert von n_γ und damit auch der der DB um eine Einheit in der dritten Dezimale für den Einzelkrystall.

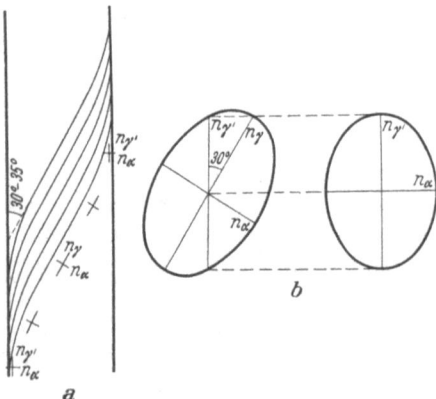

Abb. 29. Berechnung des Hauptbrechungsindexes n_γ der Cellulosekrystallite bei Fasern mit Wendelfasertextur. a Optik der Baumwollfaser. b Indexellipse auf Tangential- und Radialschnitt. Nach FREY-WYSSLING.

Die Wirkung der Wendeltextur auf die DB ist die folgende. Bei der optischen Untersuchung des Faserquerschnittes nach der Einbettungsmethode erhält man die Indices im Radialschnitt und infolgedessen einen kleineren Wert für den größeren Brechungsindex als dem Krystallit entspricht. Dagegen erhält man für den kleineren Index den richtigen Wert. Auf Grund der geometrischen Beziehungen (s. Abb. 29) läßt sich der Einfluß des Neigungswinkels ohne Schwierigkeiten berechnen. Rechnet man auf diese Weise den in der obigen Tabelle mitgeteilten Brechungsindex der Baumwolle parallel zur Faserachse unter Annahme eines Neigungswinkels von 30° (der histologisch begründet ist) auf den Neigungswinkel von 0° um, so erhält man für den *Krystallit* den Wert $n_\gamma = 1{,}596$ in voller Übereinstimmung mit den Werten für Ramie und Hanf. Die Identität der krystallisierten Cellulose in den nativen Fasern wird auf diese Weise neuerlich bestätigt (FREY).

Bei der Betrachtung der Werte der regenerierten Cellulosen fällt der Umstand auf, daß nicht nur die Werte von n_γ, sondern auch die von n_α in der Regel niedriger sind als diejenigen der nativen Cellulose. Nun wissen wir, daß Verunreinigungen den Wert von n_α im allgemeinen erhöhen und daß der Neigungswinkel (bei Wendeltextur) ohne Einfluß auf diesen Wert ist. Bei vollständiger Unordnung müßten beide Indices zusammenfallen und den Mittelwert der Brechungsindices der Einzelkrystallite zeigen. Die Unordnung würde daher den Wert von n_α erhöhen. In Anbetracht dieser Umstände ist die Folgerung zwingend, daß der Brechungsindex des Krystallits der regenerierten Cellulose quer zur Faserachse niedriger ist als derjenige der nativen Cellulose. Tatsächlich fand PRESTON, daß n_α der verschiedenen Fasern bei der Mercerisierung (unter oder ohne Spannung) sinkt. (Siehe im Abschnitt über Mercerisieren.) Für verschiedene Kunstseiden aus regenerierter Cellulose fand PRESTON die Werte von n_γ zwischen 1,540 und 1,559, für n_α zwischen 1,515 und 1,520. Die Schwankung der n_γ-Werte führt er auf den verschiedenen Orientierungsgrad zurück und berechnet unter Annahme eines n_γ-Wertes des Einzelkrystallits von 1,571 (entsprechend dem Wert des unter Spannung mercerisierten Flachses) den mittleren Neigungswinkel in den einzelnen Fasern als Maß für die Streuung der Kryställchenrichtung um die Faserachse. Es ergibt sich folgende Reihe nach abnehmender Orientierung: Lilienfeldseide — Kupferseide — Viscoseseide.

VAN ITERSON wies in einer Kritik der PRESTONschen Berechnungen auf den Umstand hin, daß man mit Hilfe der BECKEschen Linien nur die Brechungsindices in der äußeren Faserschicht ermittelt, deren Orientierung vermutlich bedeutend vollständiger ist als diejenige des Faserinnerns.

BREDÉE hat gezeigt, daß bei Anwendung höherer Spannungen beim Spinnprozeß die DB der Viscoseseide von 0,015 auf 0,042 steigt. Bei mittleren Spinnspannungen erhält man dazwischen liegende Werte. Gleichzeitig läßt sich der Übergang der ringförmigen Röntgeninterferenzen zu den punktförmigen entsprechend dem Übergang zur Fasertextur beobachten.

Entsprechend seiner Folientextur zeigt Cellophan eine zweiachsige DB: die Brechungsindices sind nicht nur parallel und quer zur Folienebene verschieden, sondern auch innerhalb der Folienebene sind quer zueinander zwei deutlich verschiedene optische Achsen zu beobachten (VAN ITERSON).

Die mechanische Anisotropie der Fasern. Auf dem sehr engen Zusammenhang zwischen Fasertextur und mechanischem Verhalten beruht die besondere Bedeutung der Fasertextur für die Physiologie und die Technik. Die Fasern zeigen eine mechanische Anisotropie, die darin besteht, daß sie parallel zur Faserachse leicht spaltbar sind und quer dazu eine hohe Zerreißfestigkeit zeigen. In der Natur und in der Technik erfolgt die Beanspruchung der Fasern meistens im Sinne eines Zuges parallel zur Faserachse. Die Fasern zeigen dabei eine starke Widerstandsfähigkeit. Diese Festigkeit in der einen Richtung ist jedoch auf Kosten der Festigkeit in den anderen Richtungen entstanden. Die Hauptvalenzkettentheorie erklärt die mechanische Anisotropie der Einzelkrystallite auf Grund der Verschiedenheit der Molekularkräfte, die in den beiden Richtungen die Kohäsion bedingen: in der Richtung der Längsachse der Ketten wirken die starken Hauptvalenzkräfte, quer dazu die bedeutend schwächeren VAN DER WAALSschen Nebenvalenzkräfte. Würden jedoch die Einzelkrystallite ungeordnet liegen, so wären die Fasern mechanisch isotrop. Die tatsächliche Anisotropie rührt von der besonderen Ordnung der Krystallite her.

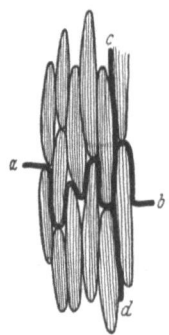

Abb. 30. Schematische Darstellung des Zerreißvorganges einer Faser nach MARK. Die Zerreißfläche ($a-b$) quer zur Faserachse wird infolge der Orientierung der länglichen Krystallite vergrößert, die Zerreißfläche ($c-d$) parallel zur Faserachse wird infolge der Orientierung vermindert. Die schraffierten Teilchen stellen die Krystallite dar.

Der Zerreißvorgang besteht in der Überwindung der entlang der Zerreißfläche wirkenden molekularen Anziehungskräfte. Wenn die Kohäsion innerhalb des Krystallits viel stärker ist als in dem zwischen den Krystalliten liegenden amorphen Bereich, dann muß die Zerreißfläche die Krystallite umgehen. Je mehr die Krystallite orientiert sind und je länglicher ihre Gestalt ist, um so größer wird die Zerreißfläche bei der Zugbeanspruchung in der Richtung der Längsachse der Krystallite, um so größer wird daher der Unterschied in der Festigkeit längs der Faserachse und quer dazu. Wenn diese Vorstellung von dem Zerreißmechanismus zutreffend ist, dann gehört die anisodiametrische Gestalt der Krystallite zu den Voraussetzungen der Richtungsabhängigkeit der mechanischen Eigenschaften des Krystallithaufwerks. Geht man jedoch von der Vorstellung aus, daß die Hauptvalenzketten von einem Krystallit zum anderen übergreifen (Abb. 31),

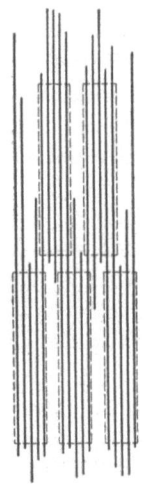

Abb. 31. Schematische Darstellung des möglichen Übergreifens der Hauptvalenzketten von einem Krystallit in den anderen. ——— Hauptvalenzkette, ---- ungestörtes Gitterbereich. Nach FREY-WYSSLING.

dann genügt es, die Orientierung vorauszusetzen und die Annahme der länglichen Krystallitgestalt wird überflüssig. In diesem Fall würde nämlich die wechselseitige Kohäsion der Krystallite in der Richtung der Faserachse durch die starken Hauptvalenzkräfte, quer dazu jedoch durch die schwachen Nebenvalenzkräfte bewirkt werden, genau so wie es in dem Einzelkrystallit der Fall ist.

Die mechanische Anisotropie der Fasern. 55

Wie auch der Zerreißmechanismus im einzelnen gedacht werden mag, auf alle Fälle wird die Festigkeit bei Beanspruchung auf Zug parallel zur Faserachse unter sonst gleichen Bedingungen um so größer sein, je besser die Krystallite orientiert sind. Es ist wiederholt in einigen Beispielen gezeigt worden, daß die Kunstseidenpräparate eine um so größere Reißfestigkeit zeigen, je besser ihre Orientierung gemäß dem Röntgenogramm ist (R. O. HERZOG, MARK, CLARK). Die Festigkeit hängt jedoch auch stark von der Länge der Hauptvalenzketten, die sich annähernd durch die innere Reibung der Lösungen messen läßt, ab. Da derartige Messungen jedoch an den fraglichen Proben nicht durchgeführt wurden, so fehlt diesen Beobachtungen die quantitative Beweiskraft.

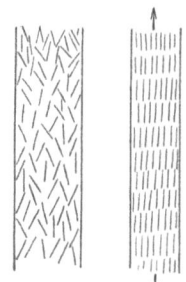

Abb. 32. Schematische Darstellung des Dehnungsvorganges als Folge der Drehung von Krystalliten. Links: vor der Belastung, starke Abweichung von der idealen Fasertextur. Rechts: nach der Belastung starke Annäherung an die ideale Faserstruktur. Nach FREY-WYSSLING.

Eine weitere wiederholt bestätigte Erfahrung ist, daß die höhere Orientierung eine niedrigere Dehnbarkeit bedingt. Am besten versteht man diesen Zusammenhang, wenn man annimmt, daß die Dehnung durch die Drehung länglicher Krystallite in die Spannungsrichtung bewirkt wird (R. O. HERZOG, ECKLING und KRATKY, MARK). Eine schematische Darstellung dieser Vorstellung bringt die Abb. 32.

Eine weitere Möglichkeit für den Dehnungsmechanismus stellt die Gleitung von Krystalliten

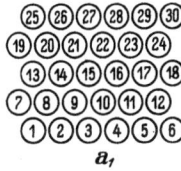 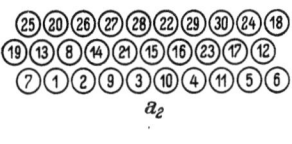 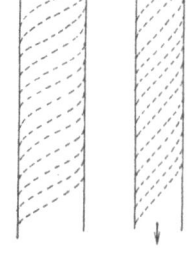

Abb. 33. Abb. 34.

Abb. 33. Schematische Darstellung des Dehnungsvorganges als Folge der Gleitung von Krystalliten oder Krystallitanteilen. a_1: Anordnung der Anteile vor der Belastung. a_2: Anordnung der Anteile nach der Belastung. Nach FREY-WYSSLING.

Abb. 34. Schematische Darstellung des Dehnungsvorganges als Folge der Erniedrigung des Neigungswinkels bei Wendelfasertextur. Links: Richtung der Fibrillen vor der Belastung. Rechts: Richtung der Fibrillen nach der Belastung. Nach FREY-WYSSLING.

oder Krystallitanteilen (Abb. 33) und schließlich, bei fibrillären Systemen mit endlichem Neigungswinkel (also bei Wendeltextur), die Erniedrigung des Neigungswinkels (Abb. 34) dar. Röntgenographisch wirkt sich die Erniedrigung des Neigungswinkels genau so aus, wie die Erhöhung des Orientierungsgrades der Krystallite, nämlich in dem Übergang des Sicheldiagramms in Punktdiagramme. Bei den Kunstseiden fällt die Möglichkeit des Dehnungsmechanismus durch Erniedrigung des Neigungswinkels fort.

Ein Teil der elastischen Dehnung der Cellulose wird durch die Verbiegung der Valenzwinkel innerhalb der einzelnen Cellulosemoleküle bewirkt (vgl. K. H. MEYER und LOTMAR).

PRESTON 2 verglich die Dehnbarkeit einer Anzahl von Kunstseidenpräparaten aus regenerierter Cellulose mit ihrer DB:

Tabelle 9. Doppelbrechung und Dehnbarkeit der Kunstseide.
Nach PRESTON.

Kunstseide	Brechungsindex		DB	Maximale Dehnung in nassem Zustande in %
	n_γ	n_α		
Lilienfeldseide....	1,559	1,515	0,043	6,6
Kupferseide I ...	1,553	1,518	0,035	16,9
,, II ...	1,549	1,520	0,029	25,5
Viscoseseide I....	1,540	1,519	0,021	27,2
,, II . . .	1,539	1,519	0,020	32,9
,, III. . .	1,534	1,518	0,016	39,0

Die Dehnbarkeit nimmt mit abnehmendem Brechungsindex n_γ in Richtung der Faserachse zu. Im Sinne der vorangehenden Ausführungen ist dieser Brechungsindex bei konstanten optischen Eigenschaften der Einzelkrystallite ein Maß für ihre Orientierung. Die Ergebnisse bedeuten daher so viel, daß die Dehnbarkeit mit zunehmender Orientierung abnimmt, ein Verhalten, das die Anschauung bestätigt, wonach die in nassem Zustande erfolgende (zum größten Teil plastische) Dehnung in der Drehung der anisodiametrischen Krystallite in die Richtung parallel zur Faserachse beruht. [Auf die Kritik VAN ITERSONs sei hier noch einmal hingewiesen (vgl. S. 53).]

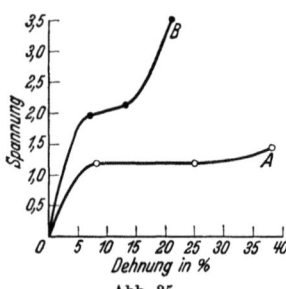

Abb. 35.
Zug-Dehnungs-Schaulinie eines Cellophanfilms nach EBBINGE. A Belastung quer zur Gießrichtung. B Belastung parallel zur Gießrichtung.

Eine quantitative Festlegung der Festigkeitsanisotropie ist bei den Fasern nicht möglich, da die Spaltbarkeit sich nicht messen läßt. Bei Filmen mit Fasertextur ist es dagegen möglich, das Zug-Dehnungsdiagramm quer und parallel zur Faserachse aufzunehmen. Die Abb. 35 zeigt die Ergebnisse eines solchen Versuches an Cellophan. Bei B fällt die Zugrichtung mit der Faserachse (Gießrichtung) zusammen, bei A liegt sie quer dazu. Die Festigkeit ist größer im ersten Falle, die Dehnbarkeit im zweiten.

Die folgende Tabelle bringt die Werte der Reißfestigkeit und Höchstdehnung von Cellophan in den beiden Richtungen. Es handelt sich um Mittelwerte aus mehreren Bestimmungen an Proben verschiedener

Herkunft. Auch andere Untersuchungen führten an Cellophanfolien deutscher, französischer und amerikanischer Herkunft zu ähnlichen Ergebnissen (vgl. das Buch von J. EGGERT).

Tabelle 10. Festigkeitsanisotropie von Cellophan. Nach EBBINGE.

Belastungsrichtung	Reißfestigkeit in kg/mm²	Dehnung in %	Reißfestigkeit in kg/mm²	Dehnung in %
	trocken		naß	
Längs	7,46	17,6	2,47	24
Quer	3,53	31,5	1,41	53

Die Bestimmungen in trockenem Zustande sind bei 70% rF[1]; in nassem Zustande im Wasser (nach zweistündigem Einlegen) ausgeführt worden.

Da die Orientierung in den Fasern gewöhnlich viel stärker ist als in der Cellophanfolie, dürfte bei diesen die Richtungsabhängigkeit des mechanischen Verhaltens noch stärker ausgeprägt sein.

Es sei zum Schluß noch einmal betont, daß weder die optische, noch die Festigkeitsanisotropie das Vorhandensein von Krystalliten erfordert. Sie erfordern lediglich das Vorhandensein achsenparalleler, länglicher Teilchen. Die Voraussetzung parallel gelagerter Makromoleküle genügt dieser Forderung genau so, wie die der orientierten Krystallite.

Die Größe der Krystallite. Die Röntgenmethode gestattet gewisse Aussagen über die Größe der Krystallite. Sinkt diese unter eine bestimmte Grenze, so erscheinen die Interferenzpunkte oder -ringe in dem Diagramm verbreitert. Aus der Breite läßt sich dann die Größe der Krystallite berechnen (SCHERRER). Die genauesten Messungen an Cellulose nach dieser Methode sind von HENGSTENBERG und MARK ausgeführt worden. An Ramie ergab sich, daß die Interferenzen, die der Identitätsperiode längs der Faserachse entsprechen, vollständig scharf sind. Die Krystallite in dieser Richtung haben somit eine Länge von mindestens 600 Å ($= 0,06\,\mu$); der Befund gestattet jeden anderen Wert für die Krystallitlänge oberhalb dieser Grenze. Da die Faserachse der Richtung der Hauptvalenzketten entspricht, ist damit vermutlich auch eine untere Grenze für die Kettenlänge gegeben. Sie entspricht 120 Glucoseresten oder einem Molekulargewicht von rund 20000. Senkrecht zur Faserachse läßt sich die Krystallitgröße aus der Interferenzbreite berechnen und ergibt eine Länge von 55 Å. Ein Krystallit in der Ramie läßt sich also schematisch als ein längliches Stäbchen darstellen, dessen Länge über 600 Å liegt und dessen Breite 55 Å beträgt, das somit mehr als zehnmal so lang als dick ist.

An einem Viscosefaden haben HENGSTENBERG und MARK erheblich kleinere Werte beobachtet. In diesem Fall war die Krystallitlänge auch

---
[1] rF: relative Feuchtigkeit.

in der Faserrichtung vermeßbar. Sie betrug 305 Å, was nur 60 Glucoseresten und einem Molekulargewicht von etwa 10000 entspricht. Die Breite betrug 41 Å. Die Krystallite sind also auch in Viscose länglich.

Diesen Ergebnissen ist noch eine Erläuterung hinzuzufügen. Die Verbreiterung der Interferenzen bedeutet so viel, daß die regelmäßige Anordnung der Gitterbausteine eine gewisse Störung erleidet. Ob diese Störung etwa auf der Einlagerung einer Fremdsubstanz, auf dem Vorhandensein eines Hohlraumes oder bloß auf einer Unstetigkeit im Gitterbau beruht, darüber vermag die Methode nichts auszusagen. Die erhaltenen Werte sind als statistische Mittelwerte anzusehen. Der Fall, daß diese Krystallitdimensionen streng einheitlich sind, ist auszuschließen, da dann die der Periodizität entsprechenden Interferenzen hätten aufgefunden werden müssen.

Die Ergebnisse an Ramie und Viscoseseide gestatten eine Schätzung der Krystallitoberfläche. Sie beträgt für Ramie rund 5×10^7, für Viscoseseide rund 7×10^7 cm² je g (5000 bzw. 7000 qm je g). Jeder Krystallit stellt ein Bündel von 40—60 Makromolekülen dar. Etwa die Hälfte der Glucosereste liegt an der Krystallitoberfläche.

Hess, Trogus, Akim und Sakurada fanden später mit Hilfe derselben Methode, daß die Kryställchen in der Ramie eine Länge über 1000 Å und eine Breite von 35—70 Å aufweisen. Kürzlich gelang es K. H. Meyer — offenbar durch Verfeinerung der röntgenographischen Meßmethode — die untere Grenze für die Krystallitlänge in der Ramie zu etwa 1500 Å (entsprechend 300 Glucoseresten) zu ermitteln.

An Sulfitzellstoff stellte Carpenter nach derselben Methode fest, daß die Länge der Krystallite in der Richtung der Faserachse über 600 Å beträgt. Die Breite der Krystallite liegt zwischen 13 und 17 Å. Die Krystallite des Sulfitzellstoffes sind danach noch viel schmäler als die der Viscoseseide, und ihre Oberfläche ist viel größer.

Es ist sehr zu bedauern, daß analoge Messungen an anderen Faserstoffen nicht vorliegen.

Zwischenmicellare und innermicellare Quellung. Bei der Wasseraufnahme erleiden die Fasern eine Vergrößerung ihres Volumens, die bei den natürlichen Fasern im Höchstfalle etwa 40% beträgt. Die dabei erfolgende Verlängerung der Fasern ist in den meisten Fällen weniger als 1%, der überwiegende Teil der Quellung wird durch Vergrößerung des Querschnittes, d. h. durch Verbreiterung der Fasern erreicht.

Die Beobachtung der Quellungsanisotropie an den „organisierten Substanzen" führte v. Naegeli zu der Annahme, daß in diesen die Substanz in Form größerer Molekülaggregate, die er als Micell bezeichnete, vorliegt. Bei der Quellung soll nach ihm das Wasser die Substanzen nicht gleichmäßig molekular durchdringen. Es dringt vielmehr nur zwischen die einzelnen Micellen, in denen die Moleküle unverändert aneinander haftenbleiben. Die Micellen sollen längliche Gestalt besitzen und mit ihrer Längsachse in der Faserrichtung orientiert sein. Da die Anzahl der zwischenmicellaren Oberflächen nach dieser Vorstellung je Längeneinheit senkrecht zur Faserachse bedeutend höher ist als parallel dazu, findet die Quellungsanisotropie eine einfache Erklärung.

Mit Hilfe der Röntgenmethode konnte die Vorstellung NAEGELIs in vielen Fällen einwandfrei bestätigt werden. KATZ hat zuerst gezeigt, daß das Röntgendiagramm der Cellulose bei der Quellung in reinem Wasser vollständig unverändert bleibt. Dies gilt sowohl für die native als auch für die mercerisierte Cellulose und ebenso für die Kunstseide. Aus dieser Tatsache folgt mit Gewißheit, daß das Wasser nicht ins Innere der einzelnen Krystallite dringt. Wäre dies der Fall, dann müßte ein Verschwinden oder eine Veränderung der Interferenzen wahrnehmbar sein. Das Quellungswasser kann also lediglich zwischen den einzelnen Krystalliten an ihrer Oberfläche angelagert sein. In der Sprache NAEGELIs ausgedrückt: Die Quellung in reinem Wasser ist ein *zwischenmicellarer* und kein *innermicellarer* Vorgang (Abb. 36).

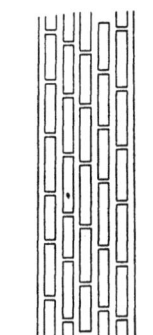

Abb. 36. Erklärung der Quellungsanisotropie der Fasern durch die Micellartextur nach NAEGELI. Das Quellungswasser dringt zwischen die länglichen Krystallite. (Zeichnung nach FREY.)

Beobachtet man hingegen im Röntgendiagramm eine Veränderung bei der Quellung, so hat man es mit einer innermicellaren Quellung zu tun. Dies ist z. B. der Fall bei der Quellung der Cellulose in Natronlauge (Mercerisieren), in Kupferoxydammoniaklösung oder in gewissen konzentrierten Salzlösungen. Findet man, wie es häufig der Fall ist, daß an Stelle des ursprünglichen Diagramms nicht das Bild eines amorphen Stoffes, sondern das einer anderen krystallisierten Substanz auftritt, so spricht man von permutoider Quellung. [Der Ausdruck „permutoid" (KAUTSKY, FREUNDLICH) bezieht sich auf das Verhalten der Permutite, die unter Erhaltung ihrer krystallinischen Struktur zu Basenaustausch befähigt sind.] Die permutoide Quellung ist daher ein Sonderfall der innermicellaren Quellung. Die Beobachtung, daß die Quellung auch das Krystallitinnere erfaßt, schließt natürlich nicht aus, daß der größte Teil der Quellungsflüssigkeit auch in diesem Falle zwischen die ursprünglich vorhandenen Krystallite eingelagert ist.

Die Seide, die einen beträchtlichen amorphen Anteil besitzt, quillt in Wasser und in verdünnten wässerigen Säuren und Laugen zwischenmicellar. Dieses Verhalten ist in Übereinstimmung mit der Annahme, daß der krystallisierte Anteil aus Glycyl- und Alanylresten besteht, während die übrigen Aminosäuren sich in dem amorphen Anteil befinden. Die letzteren enthalten nämlich die Extragruppen, auf die die Reaktionsfähigkeit mit Säuren und Basen zurückgeführt wird. Würde sich die Bindung der Säuren und Basen in dem krystallisierten Anteil abspielen, so müßte sich dieser Vorgang in dem Röntgenbild bemerkbar machen (MEYER und MARK, TROGUS und HESS).

Wolle soll nach ASTBURY bereits in reinem Wasser eine wenn auch nur sehr geringfügige innermicellare Quellung erleiden. Dieser geringe Anteil des aufgenommenen Wassers soll in die Ebenen, in denen sich die Seitenketten befinden, eindringen und dadurch als eine Art Schmiermittel, infolge Absättigung der elektrostatischen Anziehungskräfte der entgegengesetzt geladenen freien Carboxyl- und Aminogruppen, die in einer innermolekularen Deformation bestehende Dehnung ermöglichen.

Im Hinblick auf den Zusammenhang zwischen Quellung und Textur interessieren noch zwei Fragen: Was liegt zwischen den Krystalliten und wodurch wird die Kohäsion der gequollenen Fasern bewirkt?

Man hat vielfach angenommen, daß zwischen den einzelnen Krystalliten eine amorphe Kittsubstanz liegt. In den gereinigten Cellulosefasern dürfte jedoch die chemische Zusammensetzung und Natur dieser Kittsubstanz von derjenigen der Cellulose sich nicht wesentlich unterscheiden. Dies könnte aber bei Seide und Wolle der Fall sein, die einen sehr erheblichen Teil ihrer Substanz in amorpher Form haben und deren chemische Zusammensetzung nicht einheitlich ist. Bei den Kunstfasern kommen infolge der Umfällung der Substanz Verunreinigungen in beträchtlicher Menge nicht in Frage. Da das Verhalten der Kunstfasern in vieler Hinsicht mit dem der natürlichen Fasern übereinstimmt, ist die Bedeutung der Spekulationen über die Rolle der Kittsubstanz sehr eingeschränkt.

Besser begründet scheint jene Auffassung zu sein, die den zwischen den Krystalliten liegenden Stoff nur durch den Mangel an vollständiger Ordnung von dem Krystallitinhalt unterschieden wissen will. Man stellt sich vor, daß der Übergang zwischen dem krystallinen und amorphen Anteil allmählich ist: man hat es mit raumgittermäßig scharf geordneten Krystallitkernen zu tun, um die mit wachsender Entfernung eine zunehmende Unordnung auftritt. Das Quellungsmittel wird zunächst in die ungeordneten Bezirke eindringen, da es hier den geringsten Widerstand vorfindet.

Um die oft recht beträchtliche Kohäsion der zwischenkrystallin gequollenen Fasern (die Zerreißfestigkeit der Baumwolle ist im Wasser sogar bedeutend größer als in trockenem Zustande) zu erklären, nimmt man an, daß die einzelnen Krystallite entweder durch nichtgequollene Bezirke aneinander haftenbleiben, oder durch Hauptvalenzketten, die teilweise den geordneten krystallinen Bereichen angehören, miteinander verbunden sind. (Abb. 31.) Die letztere Vorstellung dürfte den Beobachtungen am besten gerecht werden. Erfahrungsgemäß erfolgt die Auflösung einer hochmolekularen Substanz erst nach stattgefundener innerkrystalliner Quellung. Aus dieser Tatsache folgt, daß der gelöste Stoff nicht in die einzelnen Krystallite, sondern in die Bestandteile derselben, d. h. in Hauptvalenzketten aufgeteilt wird. Es ist jedoch zu beachten, daß je nach Konzentration, Temperatur und Lösungsmittel die Hauptvalenzketten in Lösungen zu größeren Aggregaten zusammentreten können. Diese Erscheinung bezeichnet man auch als Micellbildung, man spricht vielleicht zweckmäßiger von Schwarmbildung. Wahrscheinlich bleibt die Größe der Schwärme in stabilen Lösungen weit unterhalb derjenigen Grenze, die für die Erzeugung der Krystallinterferenzen erforderlich ist (nämlich etwa 10—20 Ketten in vollständiger Ordnung).

Eine recht anschauliche Vorstellung von der Weise, wie die Hauptvalenzketten der verschiedenen Krystallite in den Fasern von Krystallit zu Krystallit miteinander in Wechselwirkung treten, haben GERNGROSS, HERMANN und ABITZ entworfen. Die Hauptvalenzketten, die in dem Krystallitinneren parallel zueinander liegen, sollen mit ihren Enden aus den Krystalliten fransenartig herausragen. Die Fransen sind gewissermaßen miteinander verfilzt.

Die Durchgängigkeit des Cellophans. Man hat eine Anzahl von Methoden zur Verfügung, um das Hohlraumsystem dünner Blätter zu untersuchen. In den Cellulosefolien, die durch Regenerierung aus Viscoselösungen gewonnen werden, haben wir es mit einem Körper zu tun, dessen Struktur zu derjenigen der Viscosekunstseide, die auf analoge Weise gewonnen wird, in naher Beziehung steht. Da z. B. das färberische Verhalten der Cellulosefolien naturgemäß fast dasselbe ist wie dasjenige der aus Viscose regenerierten Kunstfäden und dieses wieder nahe Beziehungen zu dem Verhalten der mercerisierten, jedoch auch der nativen Baumwolle aufweist, so können die Cellulosefolien für Modellversuche in der Physik und Chemie der Fasern wertvolle Dienste leisten.

Um die Dimension der größten die Membran durchsetzenden Poren festzustellen, kann man die Durchblasmethode (BECHHOLD) verwenden. Man bestimmt den kleinsten Druck, der dazu erforderlich ist, Luft durch die nasse Membran zu blasen. Es wird damit die Kraft ermittelt, die nötig ist, um die Oberflächenspannung der Flüssigkeit in den für die Berechnungszwecke als hohlzylindrisch betrachteten Poren zu überwinden. Diese Kraft hängt von der Oberflächenspannung und dem Porendurchmesser ab. McBAIN und KISTLER haben gefunden, daß der erforderliche Mindestdruck um durch eine in Wasser gequollene Membran aus Cellophan Nr. 600 (DUPONT) Stickstoff durchzublasen, 50—70 Atm. beträgt. *Der Durchmesser der Poren berechnet sich daraus zu 40—60 Å.* Entsprechend diesem Befund muß die Membran für molekulare Lösungen durchlässig sein, während der in kolloider Form gelöste Stoff durch sie zurückgehalten werden soll. Das tatsächliche Verhalten bestätigt diese Erwartung. So werden aus einer Seifenlösung, die kolloide und molekulardisperse Bestandteile nebeneinander enthält, nur die letzteren bei der Filtration durch diese Membran durchgelassen.

Eine weitere Methode zur Ermittlung der Porengröße beruht auf dem Vergleich der Wasserdurchlässigkeit und des Wassergehaltes der Membranen (BECHHOLD, BJERRUM und MANEGOLD). Man muß auch in diesem Fall eine bestimmte Struktur für die Kanäle, die die Membran durchsetzen, annehmen. Dann ist das HAGEN-POISEULLEsche Gesetz anwendbar, welches den Zusammenhang zwischen dem hydrostatischen Druck, der Durchflußgeschwindigkeit und der Dimension der durchflossenen Capillare angibt. MANEGOLD und VIETS untersuchten auf diese Weise eine Cellophanfolie (KALLE).

In trockenem Zustande war sie 30 μ dick. Im Wasser stieg die Dicke auf den doppelten Wert, die Fläche wuchs jedoch nur um 40% (Quellungsanisotropie). Der Wassergehalt der gequollenen Folie betrug 0,855 g je cm³. Die Wasserdurchlässigkeit betrug pro qm Fläche in der Sekunde bei einem Druck von 1 cm Wassersäule $5,5 \times 10^{-9}$ cm³.

Aus diesen Werten berechnet man unter der Voraussetzung einer unregelmäßigen Verteilung von Capillaren mit rechteckigem Querschnitt (Spaltstruktur) die halbe Spaltbreite zu etwa 6 Å. *Für einen kreisförmigen Querschnitt berechnet sich der Wert des Durchmessers zu etwa 26 Å.* Nahezu dieselben Werte erhielt MORTON bei der Anwendung dieser Methode auf eine 25 μ dicke Probe aus Viscacelle (COURTAULDS).

Eine weitere wichtige Kennzeichnung der Membranen besteht darin, daß man die Diffusionsgeschwindigkeit von in Wasser gelösten Substanzen durch die Membran bestimmt.

Der Dialysekoeffizient (δ) wird definiert als die Stoffmenge in Mol, die in 24 Stunden durch 1 cm² der Membran hindurchdialysiert, wenn das Konzentrationsgefälle an der Membran 1 Mol pro Liter beträgt. Dieser Dialysekoeffizient steht zu dem Diffusionskoeffizienten, den man in denselben Einheiten ausdrückt, in einer einfachen Beziehung. Bezeichnet man den freien Diffusionskoeffizienten mit D, die Dicke der Membran mit d und den Wassergehalt der Membran in g/cm³ mit w, so gilt:

$$D = K \cdot \frac{d \cdot \delta}{w}.$$

K ist eine Zahlenkonstante, deren Wert von der Struktur abhängt, die für das Porensystem angenommen wird.

MANEGOLD und VIETS bestimmten den Dialysekoeffizienten von Harnstoff durch dieselbe Cellophanfolie, deren Wasserdurchlässigkeit oben besprochen wurde. Der Koeffizient der freien Diffusion berechnet sich daraus auf Grund der eben mitgeteilten Beziehung für den Fall einer Spaltstruktur (rechteckiger Porenquerschnitt) zu 0,0998, für den Fall einer Kanalstruktur (kreisförmiger Querschnitt) zu 0,199 cm²/Tag. Der richtige Wert des Diffusionskoeffizienten beträgt jedoch 1,02 cm²/Tag, d. h. 5- bzw. 10mal soviel. Die Hemmung der Diffusion des Harnstoffs durch die Membran ist also bedeutend größer als man sie auf Grund des großen Wassergehaltes derselben erwarten würde. Es gibt zwei Möglichkeiten, diese Befunde zu erklären. Entweder kann man annehmen, daß die Diffusionsgeschwindigkeit des Harnstoffs in den Poren geringer ist als in Wasser, oder, daß ein Teil des Wassers sich nicht in den offenen Kanälen befindet und infolgedessen der wirksame Wassergehalt gegenüber dem Gesamtgehalt an aufgenommenem Wasser vermindert wird. Die erste Möglichkeit kann man auf Grund der folgenden Tatsachen ausschließen. Einmal haben MANEGOLD und VIETS nachgewiesen, daß die elektrischen Potentiale, die bei der Diffusion von Elektrolyten durch die Membran auftreten, sehr gering sind. Im Falle einer Behinderung der freien Diffusion würde man infolge der zu erwartenden verschiedenartigen Beeinflussung der Geschwindigkeit der Kationen und Anionen erhebliche Diffusionspotentiale beobachten. Dann wurde bereits früher von W. BRINTZINGER und H. BRINTZINGER festgestellt, daß die Dialysekoeffizienten der verschiedenen Substanzen durch Cellophan zueinander im selben Verhältnis stehen wie ihre Diffusionskoeffizienten. Sie untersuchten die Dialyse von etwa 20 wasserlöslichen organischen Substanzen, darunter der Alkohole, von Äthylalkohol (Molekulargewicht 46) bis Benzylalkohol (MG = 118) und der Zucker von Glucose (MG = 180) bis Raffinose (MG = 504). Es wurde kein Anzeichen dafür gefunden, daß die großen Moleküle bei der Diffusion stärker behindert werden als die kleinen. Durch diese Beobachtungen rückt die zweite Erklärungsmöglichkeit in den Vordergrund, daß nämlich nur etwa $1/5$ des Quellungswassers in Form von offenen Kanälen für die Diffusion zur Verfügung steht. (Ähnlich wie die Cellophanfolien verhalten sich hinsichtlich der Durchlässigkeit die Cuprophanfolien, die aus Kupferamminlösungen der Cellulose gewonnen werden. Vgl. BRINTZINGER und OSSWALD.)

Berücksichtigt man bei der Berechnung der Porengröße aus der Wasserdurchlässigkeit die Verschiedenheit zwischen dem Gesamtwassergehalt und dessen verfügbaren Anteil, so erhält man für den Porendurchmesser an Stelle von 26 Å den Wert von etwa 60 Å. Dieser Wert steht in ausgezeichneter Übereinstimmung zu demjenigen, der auf Grund der Blasdruckmethode erhalten wurde, obwohl der erste einen Mittelwert des Durchmessers der verschiedenen Poren (allerdings unter anteilmäßig stärkerer Berücksichtigung der größeren Poren, durch die die Durchflußgeschwindigkeit bedeutend größer ist), letzterer den maximalen Porendurchmesser darstellt. Man kann daher aus der Übereinstimmung die Folgerung ziehen, daß die Porengröße in Cellophan ziemlich gleichmäßig ist.

Der Befund, daß der für die Durchgängigkeit wirksame Wassergehalt des Cellophans kleiner ist als der Gesamtgehalt an Quellungswasser, läßt sich am besten auf Grund der Krystallitanordnung erklären. Da die Folien Fasertextur zeigen und die Krystallite mit ihrer Längsachse parallel zur Folienebene liegen, trifft die Voraussetzung einer gleichmäßigen Verteilung der Kanäle nicht zu. Für die Fortbewegung der Flüssigkeit bzw. der gelösten Teilchen quer zur Folienebene, also in der Richtung, die für die Durchfluß- bzw. Dialysegeschwindigkeit ausschlaggebend ist, steht nur der kleinere Teil der Kanäle zur Verfügung.

McBain und Stuewer teilen mit, daß die Cellophane heutiger (amerikanischer?) Herstellung bedeutend kleinere Poren besitzen als die früheren. Sie halten zum Teil sogar Rohrzucker zurück (Privatmitteilung an Ferry).

Es ist sehr wichtig zu bemerken, daß die Durchlässigkeit der Cellophanmembranen zu ihrer Quellung in naher Beziehung steht. Von nichtwässerigen Lösungsmitteln, z. B. von Äthyl- oder Amylalkohol, Xylol, Anilin geht unter demselben Druck nur ein kleiner Bruchteil der Menge durch die Cellophanfolie durch, die sie von Wasser durchläßt. Jene Lösungsmittel bedingen nur eine geringe Quellung. Läßt man dagegen die Membran zuerst in Wasser aufquellen und filtriert nun Äthylalkohol durch die nasse Folie, so ist die Durchflußgeschwindigkeit entsprechend der geringeren Viscosität des Alkohols größer als die von Wasser. Versucht man nun Anilin oder Amylalkohol durch die wassergequollene Folie zu pressen, so findet man sie praktisch undurchlässig. Ersetzt man aber das Quellungswasser zuerst durch Äthylalkohol und verdrängt man den Äthylalkohol durch Amylalkohol oder Anilin, dann werden auch diese Flüssigkeiten durchgelassen. Soll die Permeabilität erhalten bleiben, so darf die Quellungsflüssigkeit nur durch ein solches Lösungsmittel ersetzt werden, das mit der ersteren vollständig mischbar ist. Läßt man die Membran in Wasser nicht maximal, sondern weniger quellen, so bleibt ihre Durchlässigkeit bei darauffolgenden Filtrierversuchen mit organischen Lösungsmitteln geringer. Man hat es auf diese Weise in der Hand, aus Cellophanfolien Membranen abgestufter Porosität herzustellen. *Die Poren, die die Durchgängigkeit der Membran bewirken, sind also in der trockenen Membran nicht fertig ausgebildet, sie werden erst durch die Quellung erzeugt, bzw. genügend weit geöffnet.* Trockenes Cellophan ist sogar für gasförmigen Stickstoff praktisch undurchlässig. Wenn man jedoch den Gasdruck über der gequollenen Membran auf 50 Atm. steigert, so erscheinen, wie bereits berichtet, die ersten Gasblasen. Wenn der Gasdruck auf 78 Atm. gesteigert wird, zeigt die Durchflußgeschwindigkeit des Stickstoffs im Verhältnis zu derjenigen des Wassers, daß über die Hälfte der Poren geöffnet ist (McBain und Kistler). Nach der Theorie des Blasdruckes entspricht dem Druck von 50 Atm. ein Porendurchmesser von etwa 40 Å, dem von 78 Atm. ein Porendurchmesser von etwa 70 Å. Die Beobachtungen sprechen somit gleichfalls für eine *Gleichmäßigkeit* der Porengröße in dem gequollenen Cellophan.

Das analoge Verhalten der Viscosefäden wurde von Morton durch die folgenden Versuche gezeigt. Im Wasser quillt die Faser auf einen Wassergehalt von 0,85 g je g Trockensubstanz. In Äthylalkohol nimmt die Faser nur 0,11 g Flüssigkeit auf. Legt man jedoch den im Wasser gequollenen Faden in Äthylalkohol, so nimmt er davon 0,44 g auf.

PRESTON [1] gibt für die Größe der Querschnittsfläche von Viscoseseide bei nachfolgender Behandlung mit verschiedenen Quellungsbädern die folgenden relativen Werte an:

absoluter Alkohol: 94
↓
lufttrocken: 100
↓
Wasser: 195
↓
⎡ — absoluter Alkohol: 171
⎢ ↓
⎣ Benzol: 119
↳ lufttrocken: 114

TRILLAT und MATRICON haben nachgewiesen, daß trockenes Cellophan völlig luftdicht ist. Mit steigendem Feuchtigkeitsgehalt nimmt die Luftdurchlässigkeit des Films zu.

Wie eingangs erwähnt, besteht die große Bedeutung der Durchgängigkeitsuntersuchungen an Viscosefolien in dem Umstand, daß diese Körper als Modelle der Fasern dienen können. Es wäre daher von diesem Standpunkt aus dringend erwünscht, daß derartige Untersuchungen in größerem Umfange durchgeführt werden. Für die nativen Cellulosefasern kann man auf Grund ihres Verhaltens bei der Quellung annehmen, daß sie ein ähnliches potentielles Hohlraumsystem besitzen wie Cellophan, jedoch mit einer größeren Anzahl von Poren je Volumeinheit. Möglicherweise bleiben die Poren in den nativen Fasern etwas enger als im Cellophan. *Man kann daher etwa 60 Å allgemein als die obere Grenze des mittleren Durchmessers derjenigen Poren annehmen, die die gequollenen Cellulosefasern quer zur Faserachse durchsetzen.* Für die Vorgänge, die sich beim Durchdringen der Fasern abspielen, reicht jedoch die Annahme einer rein mechanischen Siebwirkung genau so wenig aus, wie dies für die anderen zahlreichen Permeabilitätsvorgänge der Organismen der Fall ist. Festhaftende Flüssigkeitsschichten in der Nähe der Porenwand, elektrostatische Abstoßungs- und Anziehungskräfte, Reaktion mit der Oberfläche der Porenwände (Adsorption) sind die wichtigsten von den Erscheinungen, die bald mehr, bald minder stark die Bedeutung einer nur geometrischen Betrachtungsweise einschränken. Der Umstand, daß die Berechnungen der Porengröße alle auf der Annahme beruhen, der Inhalt der Poren sei reines Wasser, ist gleichfalls wohl zu beachten. In der Wirklichkeit dürfte der Inhalt der Poren in vielen Fällen mit einem stark verdünnten Gel oder einer kolloiden Lösung zu vergleichen sein.

Indirekte Schätzung der Krystallit- und Porengröße der Wolle. Im Gegensatz zu Cellulose läßt das Röntgendiagramm der Wolle infolge des vergleichsweise großen amorphen Anteils eine Berechnung der Krystallitgröße nicht zu. SPEAKMAN hat versucht, aus dem Verhalten der Wolle bei der Quellung nähere Angaben über die Dimensionen ihrer nicht quellbaren Teilchen (Krystallite, Micelle) bzw. der Hohlräume (Kanäle in den gequollenen Fasern) abzuleiten. Als Maß für die Quellung dient ihm die Verminderung der mechanischen Arbeit, die erforderlich ist, um die Fasern um einen bestimmten Betrag (z. B. um 30%) zu dehnen.

Tabelle 11. **Beeinflussung der Dehnungsarbeit der Wolle durch Quellung.** Nach SPEAKMAN.

Quellungsmittel	Dehnungsarbeit bei Streckung auf 30% (22,2°) in gcm je cm³
Wasser	$1{,}43 \times 10^5$
Methanol	$1{,}72 \times 10^5$
Äthanol	$2{,}44 \times 10^5$
n-Propanol	$4{,}43 \times 10^5$
n-Butanol	$5{,}01 \times 10^5$
n-Amylalkohol	$5{,}02 \times 10^5$
n-Oktylalkohol	$5{,}17 \times 10^5$
Trockene Luft	$5{,}37 \times 10^5$

Durch Quellung in reinem Wasser sinkt diese Dehnungsarbeit (Integral des Produktes: Dehnung × Kraft) auf etwa $1/4$ des Wertes, den sie in trockenem Zustande besitzt. Die Ergebnisse mit den verschiedenen Alkoholen zeigt die nebenstehende Tabelle und Abb. 37.

Von Butanol an wird die *Beeinflussung* der Dehnungsarbeit so geringfügig, daß man annehmen kann, der Durchmesser der Poren in der trockenen Wolle entspricht der Länge des Propanols. Dabei geht man

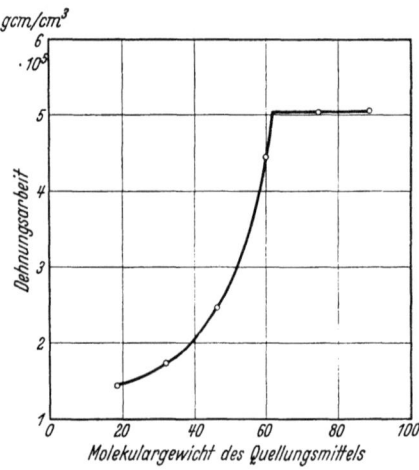
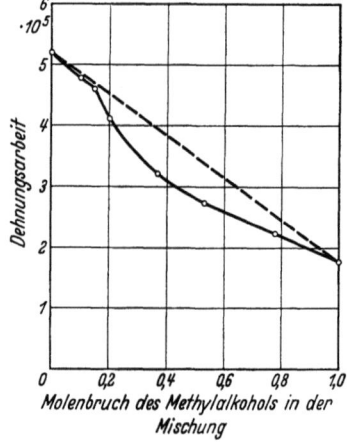

Abb. 37. Dehnungsarbeit der Wolle in Abhängigkeit vom Molekulargewicht des Quellungsmittels. (Vgl. Tabelle 11.) Nach SPEAKMAN.

Abb. 38. Dehnungsarbeit der in Octylalkohol-Methylalkoholmischung gequollenen Wolle. Nach SPEAKMAN.

von der Vorstellung aus, daß die Alkoholmoleküle senkrecht zu den Porenwänden orientiert sind.

In Octylalkohol quillt die Wolle nicht. Setzt man steigende Mengen von Methanol zu Octylalkohol, so bemerkt man, daß die Dehnungsarbeit der Wolle, die mit der Lösung getränkt wird, abnimmt, da das Methanol in die Poren dringt. Abb. 38 zeigt die Ergebnisse der Messungsreihe mit Methanol-Octylalkoholmischungen als Quellungsmittel.

Bei einer gewissen Konzentration zeigt sich eine Unstetigkeit in der Kurve im Sinne einer plötzlichen Abnahme der Dehnungsarbeit. SPEAKMAN nimmt an, daß in dieser kritischen Mischung die Poren durch das Methanol soweit geöffnet wurden, daß auch der Octylalkohol eindringen kann. Die Zunahme des Querschnittdurchmessers der Wolle in der kritischen Mischung gegenüber dem Querschnitt in trockenem Zustande im Werte von 2,31% entspricht nach dieser Auffassung der Erweiterung des Durchmessers der einzelnen Poren um den Längenunterschied zwischen Propyl- und Octylalkohol (6,30 Å). Aus diesen Angaben berechnet sich der mittlere Abstand der einzelnen Poren in dem Querschnitt, d. h. die Dicke der nicht gequollenen Teilchen:

Micelldicke = 6,30/0,023 Å = 274 Å.

Nimmt man an, daß die Alkoholmoleküle nicht senkrecht zur Porenwand stehen, sondern in einem Winkel von 56°43′ zu ihr geneigt sind (eine Lage, die der experimentell gefundenen Orientierung der Alkoholmoleküle in monomolekularen Oberflächenschichten entspricht), so erhält man die Micelldicke zu 230 Å. Die sog. innere Oberfläche, d. h. die Wandfläche der Poren, würde danach rund $1,6 \times 10^6$ cm² je g Wolle betragen. Die Porenweite in den trockenen Fasern ist nach SPEAKMAN gleich der Länge des Propanols, d. h. etwa 6 Å. Da die Fasern ihren Durchmesser bei der Quellung in Wasser um etwa 17,5% vergrößern und die nicht quellbaren Teilchen einen Durchmesser von etwa 200 Å haben, ergibt sich die Vergrößerung des Porendurchmessers zu 35 Å. Auf diese Weise erhält SPEAKMAN für die Weite der Poren in wassergequollenem Zustand den Wert von 41 Å. Es ist bemerkenswert, daß dieser Wert mit den auf eine ganz andere Weise an Cellophan gewonnenen übereinstimmt. Die in der obigen Abbildung dargestellten Beobachtungen von SPEAKMAN über die Beeinflussung der Dehnungsarbeit der Wolle durch Methanol-Octylalkoholmischungen sprechen im Sinne einer Abhängigkeit der Faserdurchgängigkeit von ihrem Quellungsgrad, wie sie an Cellophanfolie direkt beobachtet wurde.

Tabelle 12. Beeinflussung der Dehnungsarbeit der Wolle durch Glycerin. Nach SPEAKMAN.

Streckung in	Dehnungsarbeit bei Streckung auf 30% in gcm je cm³
Glycerin	$5,35 \times 10^5$
Glycerin 52,5% + Wasser 47,5%	$1,77 \times 10^5$
Dampfatmosphäre der obigen Lösung	$2,65 \times 10^5$
Luft, nach Tränkung mit der Lösung und Trocknung an der Luft	$4,33 \times 10^5$
Wasser	$1,43 \times 10^5$

Von den weiteren Versuchen von SPEAKMAN, die hierher gehören, seien in der obenstehenden Tabelle die mit Glycerin ausgeführten mitgeteilt.

Diese Ergebnisse zeigen, daß für Glycerin die trockene Faser vollständig undurchgängig ist. Andererseits macht die Tatsache, daß die Glycerin-Wassermischung eine stärkere Beeinflussung der Dehnungsarbeit bewirkt, als die Dampfatmosphäre über derselben Lösung, wahrscheinlich, daß das Glycerin in die feuchte Faser eingedrungen ist. Noch deutlicher wird dies erwiesen durch die Verminderung der Dehnungsarbeit nach Tränkung mit der Mischung und nachheriger Trocknung an der Luft. Da das Glycerin nicht flüchtig ist, bleibt es in der Faser und bewirkt die beobachtete Herabsetzung der Dehnungsarbeit.

ASTBURY hat versucht, die Schätzung der Dimension der nicht quellbaren Teilchen der Wolle auf einer gänzlich anderen Grundlage durchzuführen. Er geht von der Beobachtung aus, daß die Röntgenstrahlinterferenzen der Wolle bei der Quellung mit reinem Wasser sich nur wenig ändern, bei stärkerer Quellung, etwa mit Alkali, jedoch verschwinden. Nimmt man nun an, daß bei der in letzterem eintretenden innerkrystallinen Quellung die einzelnen parallel liegenden Moleküle soweit voneinander entfernt werden wie die Krystallite bei der größtmöglichen zwischenkrystallinen Quellung, dann ist die Anzahl der Makromoleküle je Krystallit gleich dem Verhältnis der Querschnittverbreiterung in Alkalilösung zu derjenigen in reinem Wasser. Da im Wasser der Querschnitt des Wollhaares um etwa 18% breiter wird, in 3%iger Natronlauge um etwa 170%, so folgt daraus, daß im Krystallitquerschnitt rund 10 Moleküle liegen. Die durchschnittliche Micelldicke würde nach dieser Berechnung 10mal soviel als die Entfernung der Hauptvalenzketten, d. h. etwa 100 Å betragen.

Es braucht nicht besonders betont zu werden, daß sowohl die Voraussetzungen, die den Berechnungen von SPEAKMAN zugrunde liegen, als auch diejenigen von ASTBURY keinesfalls als völlig gesichert zu betrachten sind. Es ist um so bemerkenswerter, daß sie zu recht brauchbaren Werten der Krystallitdimension und der Porengröße führen.

FREY-WYSSLING 2 hat kürzlich röntgenographisch die Teilchengröße von den kolloiden Metallniederschlägen ermittelt, die in den tierischen, pflanzlichen und künstlichen Fasern durch Tränkung mit den Metallsalzlösungen und nachfolgende Reduktion erzeugt wurden. Die Durchmesser ergaben sich zu 50 bis über 100 Å. Dieser Größe der „submikroskopischen Capillarsysteme" stellt er diejenige der „intermicellaren Räume" gegenüber, die aus dem Ausmaß der Quellung geschätzt werden kann. Wenn man annimmt, daß die Krystallite der Pflanzenfasern etwa 60 Å breit sind und daß die lineare Quellung quer zur Faserachse 10% beträgt, dann würde sich daraus als Durchmesser der zwischenkrystallinen Kanäle $\lesssim 10$ Å berechnen. FREY-WYSSLING läßt die Frage offen, ob das submikroskopische Capillarsystem von 50 bis 100 Å Durchmesser und das System der intermicellaren Räume von $\lesssim 10$ Å als grundsätzlich verschiedene Systeme nebeneinander bestehen oder sich nur größenordnungsmäßig unterscheiden. Es ist zu beachten, daß die Metallniederschläge nur etwa 0,1% des Faservolumens beanspruchen, während bei der Quellung mindestens 30 Vol.-%, also dem Volumen nach mindestens 300mal soviel Wasser aufgenommen wird. Die Möglichkeit einer stellenweisen Aufweitung der zwischenkrystallinen Räume durch das Wachstum der Metallniederschläge erscheint uns trotz der erwiesenen Regelmäßigkeit der Ablagerung (Stäbchendichroismus, vgl. weiter unten) nicht ausgeschlossen. Anderseits ist es nicht unwahrscheinlich, daß von den röntgenographisch wahrnehmbaren Gitterstörungsstellen der Fasern nur ein Teil für das Eindringen des Wassers zur Verfügung steht. Unter Berücksichtigung dieser Umstände dürfte sich eine grundsätzliche Unterscheidung zwischen den beiden Porensystemen erübrigen.

Stäbchendoppelbrechung der Faserstoffe. WIENER hat theoretisch abgeleitet, daß ein Mischkörper, der zwei Bestandteile in Form kleiner anisodiametrischer und auf bestimmte Weise geordneter Teilchen enthält, DB zeigen muß, auch in dem Fall, wenn die Teilchen an sich optisch isotrop sind. Die Teilchen müssen kleiner sein als die Wellenlänge des Lichtes. Die schematische Zeichnung eines Mischkörpers von einer besonderen Art enthält die nächste Abbildung.

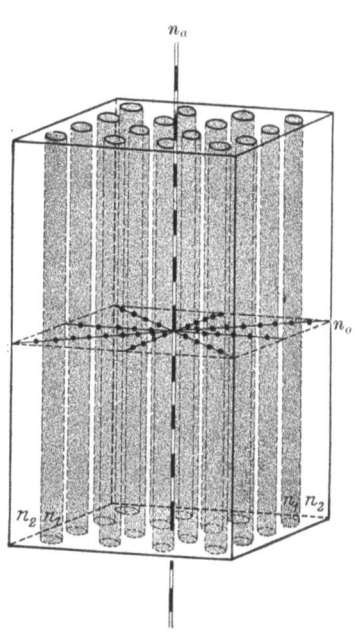

Es handelt sich hier um Stäbchen, die, parallel geordnet, in eine Flüssigkeit eingebettet sind. Die Flüssigkeit soll den Brechungsindex n_2, die Stäbchen den Brechungsindex n_1 haben. Ein derartiger Mischkörper zeigt die optische Anisotropie einachsiger Krystalle. Den Hauptbrechungsindex des Mischkörpers in der Richtung der Längsachse der Stäbchen bezeichnet man mit n_a, den quer dazu mit n_0. Die Stäbchendoppelbrechung $n_a - n_0$ hängt auf bestimmte Weise von dem Unterschied der Brechungsindices der beiden Bestandteile ab. Wenn der Brechungsindex der Stäbchen mit dem der Einbettungsflüssigkeit gleich wird, verschwindet die Stäbchendoppelbrechung.

Abb. 39. Stäbchendoppelbrechung (nach AMBRONN und FREY). n_a, n_0: Hauptbrechungsindices des Mischkörpers; n_1 Brechungsindex der (isotropen) Stäbchen; n_2: Brechungsindex der Tränkungsflüssigkeit.

Wenn man die Faserstoffe als Hohlraumsysteme mit einer auf bestimmte Weise geregelten Porenstruktur auffaßt, so wäre bei ihnen das Auftreten einer Stäbchendoppelbrechung zu erwarten. Da die Krystallite der Fasern optisch anisotrop sind, würde man bei der Messung der DB die Summe der Stäbchen- und Eigendoppelbrechung ermitteln. Die Stäbchendoppelbrechung kann nicht nach derselben Methode ermittelt werden wie die Eigendoppelbrechung, da sie im Gegensatz zur letzteren keine Konstante der Fasersubstanz darstellt, sondern von der Einbettungsflüssigkeit abhängt.

Die Messung der Formdoppelbrechung erfolgt durch Messung des Gangunterschiedes (Δ) der beiden nach n_a und n_0 schwingenden Lichtstrahlen, die das Objekt durchquert hatten. Diese Messung erfolgt mit Hilfe eines Kompensators. Der Gangunterschied ist der Dicke des Objektes und der DB direkt proportional:

$$(n_a - n_0)\,d = \varDelta\,.$$

Nach dieser Methode bekommt man bei den Körpern mit Formdoppelbrechung beim Füllen der submikroskopischen Hohlräume mit verschiedenen Durchtränkungsflüssigkeiten verschiedene Werte der DB. Wenn man diese Werte als Funktion des Brechungsindexes der Durchtränkungsflüssigkeit aufträgt, erhält man eine Kurve mit Minimumbildung. Dieses Minimum liegt bei derjenigen Durchtränkungsflüssigkeit, deren Brechungsindex mit denjenigen der stäbchenförmigen Substanz übereinstimmt. Wenn die Stäbchen optisch isotrop sind, ist der Minimumwert der DB Null. Wenn jedoch die Stäbchen anisotrop sind, zeigen sie auch im Minimum eine DB, die man als Restdoppelbrechung bezeichnet und die die Eigendoppelbrechung der Stäbchen darstellt.

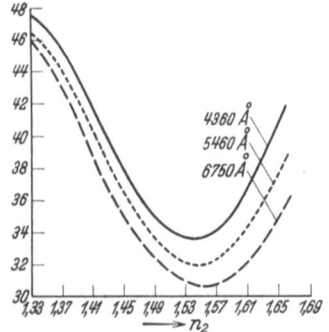 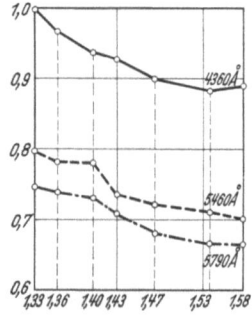

Abb. 40. Stäbchendoppelbrechung eines Cellulosefilms nach HERMANN AMBRONN. Abszisse: Brechungsindex n_2 der Durchtränkungsflüssigkeit. Ordinate: Doppelbrechung $n_0 - n_a$ bei verschiedenen Wellenlängen.

Abb. 41. Stäbchendoppelbrechung von Ramiefasern nach MÖHRING. Abszisse: Brechungsindex n_2 der Durchtränkungsflüssigkeit. Ordinate: Doppelbrechung in relativen Einheiten bei verschiedenen Wellenlängen.

Bei der Anwendung der eben geschilderten Durchtränkungsmethode auf die Faserstoffe ist der Umstand von großer Bedeutung, daß das Hohlraumsystem bei diesen kein starres ist, sondern durch die Quellung erst erzeugt wird. AMBRONN, der die Formdoppelbrechung eines Cellulosematerials erstmals nachgewiesen hat, arbeitet so, daß er als Durchtränkungsflüssigkeit zuerst Wasser nimmt, das Wasser dann durch Äthylalkohol ersetzt, und diesen durch eine andere, mit diesem mischbare organische Flüssigkeit verdrängt usw. Auf diese Weise konnte das durch die Wasserquellung geschaffene Porensystem bei der Aufnahme der Doppelbrechungskurve erhalten bleiben. Als Objekt diente ihm eine Cellulosefolie, die durch Denitrieren eines gedehnten Nitrocellulosefilms gewonnen wurde. Die plastische Dehnung des Celluloseesters bewirkte die Orientierung der Teilchen. Die obige Abb. 40 zeigt die Ergebnisse. Die Hyperbelformel der Kurve ist kennzeichnend für die Formdoppelbrechung und aus den theoretischen Voraussetzungen eines Mischkörpers ableitbar. Das Minimum liegt bei dem Mittelwert der beiden Brechungsindices der Cellulose, die nach der Methode der BECKEschen Linie bestimmt wurde. Die im Minimum verbleibende DB beträgt rund $^2/_3$ des

Höchstwertes der Gesamtdoppelbrechung. MÖHRING konnte (Abb. 41) den absteigenden Ast der Gesamtdoppelbrechungskurve an Ramie auffinden. An der gleichen Faser gelang es in der neuesten Zeit VAN ITERSON jun. und CORBEAU die gesamte Kurve aufzunehmen (Abb. 42).

Das Minimum der DB wird bei $n_2 = 1{,}55$ erreicht, ein Wert, der annähernd dem mittleren Brechungsindex der Fasern entspricht.

Es fragt sich nun, ob die DB der trockenen Fasern nicht auch zum Teil von einer Formdoppelbrechung herrührt. FREY bestimmte die DB von Ramie ohne Einbettungsflüssigkeit durch die Ermittlung des Gangunterschiedes und Messung der Faserwanddicke entsprechend der obigen Grundgleichung der DB. Er erhielt dafür den Wert 0,061. In Äthylalkohol wurde nach derselben Methode der Wert 0,0609 erhalten. (Diese Werte stimmen mit dem nach der Methode der BECKEschen Linie bestimmten Wert gut überein.) Beim Durchtränken mit Wasser sank der Wert auf 0,0544. Dieses Absinken kann zunächst darauf zurückgeführt werden, daß der Querschnitt infolge der Quellung nur zum Teil aus dem Fasermaterial, zum anderen aus dem isotropen Wasser besteht. Die Werte in Äthylalkohol und Luft gestatten jedoch die Folgerung, daß in der trockenen Faser keine solchen Hohlräume in merklicher Menge vorhanden sind, die mit Alkohol oder mit den bei der Methode der BECKEschen Linien verwendeten Einbettungsflüssigkeiten getränkt werden können.

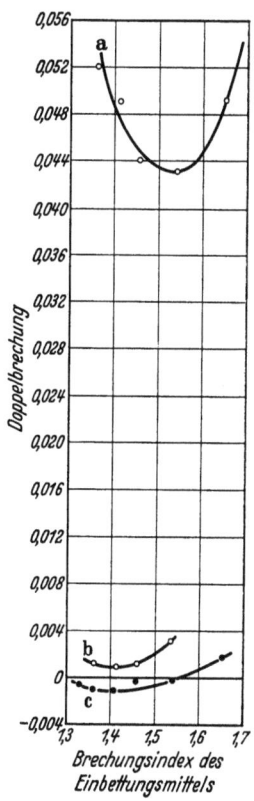

Abb. 42. Stäbchendoppelbrechung von Faserstoffen nach VAN ITERSON jun. und CORBEAU. a: Ramiefaser, b: Acetatseide trocken gesponnen, c: Acetatseide naß gesponnen. Ordinate: Doppelbrechung $n_a - n_o$. Abszisse: Brechungsindex der Durchtränkungsflüssigkeit.

Die bei der Quellung in Wasser sich abspielenden Änderungen der DB der Faserstoffe, die von FREY, KANAMARU sowie M. MEYER und FREY untersucht wurden, sind noch nicht vollständig aufgeklärt. Da durch die Einbettungsflüssigkeit das Quellungswasser zu einem zunächst unbekannten Anteil verdrängt wird, hängt das Messungsergebnis stark von der Einbettungsdauer ab. Wieweit eine Desorientierung der Cellulose auf der einen, die gerichtete Adsorption der Wassermoleküle auf der anderen Seite die DB des Systems beeinflußt, konnte noch nicht entschieden werden.

Dichroismus der Faserstoffe. Zum Gebiet der optischen Anisotropie gehört auch die Erscheinung des *Dichroismus*. Die beiden Strahlungen, die sich innerhalb der doppelbrechenden Körper fortpflanzen, können eine verschiedene Absorption erfahren. Dieses Verhalten äußert sich darin, daß in geradlinig polarisiertem Licht die Farbe des doppelbrechenden Körpers je nach der Lage seiner optischen Achsen in bezug auf die Polarisationsebene eine andere ist. Man bezeichnet die Erscheinung als Dichroismus.

Die Faserstoffe können, auf bestimmte Weise gefärbt, einen sehr starken Dichroismus zeigen. Sehr ausgeprägt ist die Erscheinung, wenn man Cellulosefasern mit Jod (z. B. mit einer Chlorzinkjodlösung) färbt.

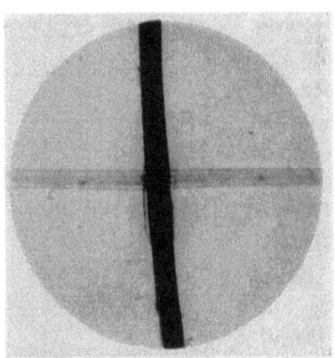

Abb. 43. Dichroismus der Chlorzinkjodfärbung von Ramiefasern nach FREY-WYSSLING. $P \leftarrow \rightarrow P$ Schwingungsrichtung des polarisierten Lichtes.

Wie die Abbildung zeigt, verschwindet die Färbung in der Parallellage der Fasern zur Polarisationsebene vollständig. In der Stellung senkrecht erscheint die Faser tiefschwarz. Dichroitische Färbungen der Cellulosefasern kann man ferner erzielen, wenn man sie mit Metallösungen tränkt und dann mit reduzierenden Mitteln behandelt. Auf diese Weise wurde der Dichroismus mit Kupfer-, Gold-, Silber-, Quecksilber-, Arsen-, Antimon-, Wismut-, Selen-, Tellur- usw. -Färbungen nachgewiesen. Die Entdeckung des Faserdichroismus verdankt man AMBRONN. Von ihm wurde auch bereits festgestellt, daß die Färbungen der Fasern mit substantiven Farbstoffen gleichfalls dichroitisch sind (HERMANN AMBRONN und FREY).

Die röntgenographische Untersuchung der Silberfärbung von Ramie (BERKMANN, BÖHM und ZOCHER) hat gezeigt, daß das Ag, wenigstens teilweise, in mikrokrystalliner Form in der Faser vorliegt, und zwar in bezug auf die Krystallachse ungeordnet (vgl. die eben besprochene Untersuchung FREY-WYSSLINGs S. 68).

Genau so wie bei der DB, muß man auch bei dem Dichroismus zwischen Eigen- und Stäbchendichroismus unterscheiden. Im ersten Falle liegt eine gerichtete Einlagerung an sich dichroitischer Krystallite, im zweiten Falle eine gerichtete Einlagerung anisodiametrischer, jedoch optisch isotroper Teilchen vor. Im Falle der Ag-Färbung sprechen die Befunde für einen Stäbchendichroismus, da die Silberkrystallite optisch isotrop sind. Die Tatsache, daß das flüssige Quecksilber gleichfalls Dichroismus gibt, wäre im Sinne eines Stäbchendichroismus auf die besondere Anordnung der eingelagerten Quecksilbertröpfchen zurückzuführen.

Bei der Jodfärbung könnte sowohl Stäbchen- als auch Eigendichroismus auftreten, da die Jodkrystalle stark dichroitisch sind. Die Röntgenuntersuchung hat jedoch gezeigt, daß in den jodgefärbten Fasern kein krystallisiertes Jod enthalten ist (BION). Dadurch rückt die Annahme in den Vordergrund, daß eine orientierte Anlagerung der Jodmoleküle, etwa in Form einer monomolekularen Schicht an der Oberfläche der Cellulosekrystallite oder allgemein an den gerichteten Cellulosemolekülen zu einer besonderen Art von Eigendichroismus führt. Man kann freilich die Möglichkeit nicht ausschließen, daß diese Art von Dichroismus auch in den Fällen eine Rolle spielt, in denen im Röntgenlicht Krystallite beobachtet werden, z. B. bei der Silberfärbung. Ebenso könnte die Quecksilberfärbung trotz des röntgenographischen Nachweises des flüssigen Metalls in den Fasern von der gerichtet angelagerten Oberflächenschicht herrühren (Abb. 44).

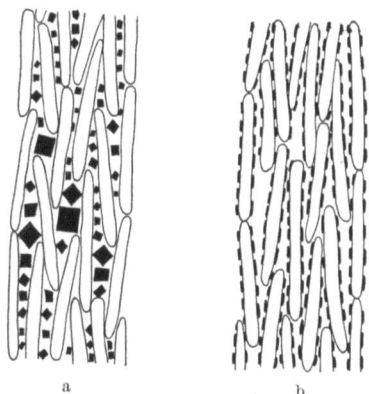

Abb. 44. Faserdichroismus. a: Schematische Darstellung der Ag-Einlagerung; b: Schematische Darstellung der J-Einlagerung (die aufgenommenen Farbstoffmengen sind sehr viel kleiner als in diesem Schema angegeben ist). Nach FREY-WYSSLING.

Obwohl die festen Farbstoffe, z. B. Kongorot (beim Aufstrich auf eine Platte), selbst dichroitisch sein können und dann denselben Dichroismus zeigen wie die mit ihnen gefärbten Cellulosefasern, erscheint die Annahme der orientierten Adsorption als Ursache des Dichroismus bei den Färbungen mit substantiven Farbstoffen gut gestützt. Die Röntgenogramme der gefärbten Fasern zeigen die Abwesenheit der Kongorotkrystallite auch in dem Falle, daß dieser Farbstoff als Bleisalz angewendet wurde (BION). (Bleiatome geben infolge ihres hohen Atomgewichtes, wenn sie gittermäßig angeordnet sind, besonders starke Röntgenstrahlinterferenzen.)

Färbungen auf Seide und Wolle mit organischen Farbstoffen zeigen im allgemeinen keinen oder nur einen geringen Dichroismus. Bei Färbungen mit Metallen wurde auch an den tierischen Fasern gelegentlich stärkerer Dichroismus erzielt (FOX, MOREY).

PRESTON [3] hat durch Vergleich des Dichroismus der Cellulosefasern und der Röntgenogramme gezeigt, daß der Dichroismus mit zunehmender Orientierung stärker wird. Als Maß des Dichroismus benützt er das Verhältnis der Absorptionskoeffizienten der Faser parallel und senkrecht zur Polarisationsebene: $k_\alpha : k_\gamma$. Messungen an Cellophanfolien, die mit verschiedenen substantiven Farbstoffen gefärbt waren, haben gezeigt, daß dieser Wert in dem ganzen Wellenbereich der Absorption konstant bleibt und für jeden der untersuchten 10 substantiven Farbstoffe innerhalb ± 5% denselben Wert besitzt. Mit Recht kann daher das Verhältnis k_γ/k_α als dichroitische Konstante bezeichnet werden. Diese Konstante müßte bei vollständiger Orientierung des Farbstoffes einen unendlich hohen Wert haben: die Faser müßte dann in der einen Richtung völlig farblos erscheinen. Im Falle vollständiger Unordnung hat die dichroitische Konstante den Wert 1, die Färbung erscheint in diesem Falle in polarisiertem Licht in allen Richtungen gleich stark. In Wirklichkeit erhält man bei der Färbung der Cellulosefasern mit substantiven Farbstoffen gut meßbare Werte, die höher sind als 1 (Tab. 13).

Tabelle 13. **Dichroitische Konstante der Färbungen von Cellulose mit substantiven Farbstoffen.** Nach PRESTON.

Faser	k_γ/k_α	Orientierungsgrad in %
Vollständige Orientierung, theoretischer Wert	∞	100
Ramie	9	82
Lilienfeld-Viscoseseide	4	67
Viscoseseide	1,4—3,3	41—62
Cellophan	1,5	43
Keine Orientierung, theoretischer Wert	1	33

Die in der letzten Spalte mitgeteilten Werte des Orientierungsgrades sind von PRESTON aus den Werten der dichroitischen Konstante abgeleitet. Ihre Bedeutung kann annähernd als Verhältnis der orientierten Teilchen zur Gesamtzahl der Teilchen (Krystallite) aufgefaßt werden, falls man die Zahl der orientierten Teilchen durch vektorielle Addition der Teilchen aller möglichen Orientierungsgrade bildet. Die qualitative Übereinstimmung mit den röntgenographischen Schätzungen des Orientierungsgrades, wie auch mit den auf Grund der DB ermittelten Werten desselben ist recht gut. Dadurch wird die Annahme gestützt, daß bei den dichroitischen Färbungen die Farbstoffe die Orientierung der Faserkrystallite annehmen.

FREY-WYSSLING [1] berechnet aus dem obigen Wert der dichroitischen Konstante der Ramiefaser den Orientierungswinkel ihrer Krystallite zu 6°. Es handelt sich in diesem Falle anscheinend nicht um einen Streuungswert, sondern um den Neigungswinkel bei einer idealen Wendeltextur.

Ein dem PRESTONschen analoges Verfahren besteht in der Untersuchung der Polarisation des Fluorescenzlichtes, das von den mit fluorescierenden Farbstoffen gefärbten Fasern ausgesendet wird. MOREY konnte nach dieser Methode nicht nur den Orientierungsgrad der Krystallite, sondern auch den Neigungswinkel der Fibrillen berechnen. Die Größe des auf diese Weise ermittelten Orientierungsgrades war von der beim Färben angewandten Farbstoffkonzentration praktisch unabhängig, sofern eine gewisse Mindestkonzentration überschritten war. Die benützten Farbstoffe waren Thioflavin S, Diazolichtgelb GG und Primulin.

Der mittlere Orientierungsgrad[1] der Krystallite in den Flachsfasern ergab sich zu 82%, die mittlere Abweichung betrug ± 8%. Für den Neigungswinkel erhielt MOREY den Wert 5,5° (± 3°). Ramie zeigte einen mittleren Orientierungsgrad von 79% (± 7%) und einen Neigungswinkel

---

[1] Die Werte für den Orientierungsgrad sind entsprechend der obigen Definition umgerechnet.

von 3,5° (± 1°), Hanf einen mittleren Orientierungsgrad von 72% (± 8%) und den Neigungswinkel von 0° (± 0,5°).

Bei Baumwolle schwankten die Werte für die einzelnen Fasern viel mehr. Der mittlere Orientierungsgrad betrug nur 60% (± 20%). Der Neigungswinkel veränderte sich entlang den einzelnen Fasern außerordentlich stark (z. B. um etwa 50°). Hingegen zeigten die Kunstseiden erwartungsgemäß den Neigungswinkel 0°. Der Orientierungsgrad einer Viscoseseide ergab sich zu 52% (± 4%), einer Kupferseide zu 65% (± 5%). SISSON erhielt für diese beiden Proben nach der Röntgenstrahlmethode die Werte 54% bzw. 64% in ausgezeichneter Übereinstimmung mit den Befunden MOREYs. Andere Sorten von Viscoseseide zeigten auch höhere Orientierungsgrade, z. B. von 72%. Bei großen Unterschieden in dem Orientierungsgrad ließ sich die Regel bestätigen, daß die Festigkeit der Fäden um so höher und ihre Höchstdehnung um so geringer ist, je besser sie orientiert sind.

In späteren Untersuchungen hat MOREY die Methode so ausgebaut, daß an Stelle von einzelnen Fasern gleichzeitig eine größere Anzahl parallel gerichteter Fasern auf die Polarisation des Fluorescenzlichtes untersucht werden konnten. Der auf diese Weise ermittelte Wert der Orientierung (der allerdings auch vom Grad der Parallelrichtung der Fasern abhängt und hier ohne Berücksichtigung des Neigungswinkels berechnet wird) konnte mit der Reißfestigkeit verglichen werden. Die folgende Tabelle zeigt die Ergebnisse an sechs Baumwollproben.

Innerhalb dieser Reihe besteht ein annähernder Parallelismus zwischen Orientierung und Festigkeit. Es wurden weiter zwei Proben von Viscose-Zellwolle untersucht. Die Orientierung betrug 72 bzw. 63%, die Reißfestigkeit 2,8 bzw. 2,4 10³ kg/cm². Auch in diesem Fall war also die besser orientierte Faser die festere. Anderseits bemerkt man jedoch, daß die Festigkeit der Zellwollen trotz der höheren Orientierung bedeutend niedriger liegt als die der Baumwolle. Vermutlich täuschen die Drehungen der Baumwollhaare und die Neigung ihrer Fibrillen bei der summarischen Messung eine viel zu geringe Orientierung vor.

Die folgende Tabelle 15 zeigt die Beobachtungen MOREYs an verschiedenen Proben von Viscoseseide.

Tabelle 14. Orientierung und Reißfestigkeit von Baumwollfasern. Nach MOREY.

Orientierung in %	Reißfestigkeit[1] in 10³ kg/cm²
46	7,1
44	6,1
39	5,6
36	5,5
39	5,3
37	4,7

Tabelle 15. Orientierung und mechanische Eigenschaften von Viscoseseiden. Nach MOREY.

Probe Nr.	Orientierung in %	Reißfestigkeit[1] in 10³ kg/cm²		Höchstdehnung in %	
		trocken	naß	trocken	naß
1	69	2,2	1,0	22	25
2	68	2,2	1,0	22	22
3	82	4,2	2,3	13	15
4	64	2,2	1,0	22	19
5	72	2,0	0,8	14	11
6	73	3,9	2,0	8	8
7	79	5,9	4,5	6	7
8	85	3,5	3,1	9	11

[1] Die Werte für die Festigkeit sind in dieser Tabelle abgerundet.

Bei den Fäden der ersten drei Proben, die aus ähnlichen Spinnlösungen gewonnen wurden, ist der Zusammenhang zwischen der Orientierung und den mechanischen Eigenschaften klar zu erkennen: die hohe Orientierung bewirkt hohe Festigkeit und geringe Dehnbarkeit. Die vierte Probe, die aus einer nur teilweise gereiften Viscose gesponnen wurde, zeigt ähnliche physikalische Eigenschaften wie die erste, jedoch eine niedrigere Orientierung. Die fünfte Probe, die aus einer vollständig gereiften Viscoselösung gesponnen wurde, ist hingegen trotz höherer Orientierung schwächer. Die sechste und siebente Probe stellen die Handelsprodukte „Crown" und „Sedura" dar. Sie zeigen wieder hohe Orientierung und hohe Festigkeit mit niedriger Dehnung. Der Grad der Orientierung dürfte allerdings zur Erklärung der hohen Festigkeit in diesem Falle kaum ausreichen. Die letzte Probe wurde nach einem besonderen Verfahren hergestellt, bei dem die Faser von der Spinnlösung bis zur völligen Trocknung gestreckt gehalten wird. Diese Faser zeigt trotz ihres außerordentlich hohen Orientierungsgrades, der durch die Röntgenuntersuchung bestätigt wurde, geringere Festigkeit als z. B. Probe Nr. 6. Die Ergebnisse MOREYs sprechen dafür, daß die Orientierung für das mechanische Verhalten zwar unter sonst gleichen Bedingungen von großer Bedeutung, jedoch nicht allein bestimmend ist. Wie bereits erwähnt, dürfte die Länge der Cellulosemoleküle (der Abbaugrad) für die Festigkeit der Fasern von gleicher Bedeutung sein wie der Orientierungsgrad.

Schrifttum.

AMBRONN, HANS: Kolloid-Z. **13**, 200 (1913).
AMBRONN, HERMANN: Kolloid-Z. **20**, 173 (1917).
— u. A. FREY: Das Polarisationmikroskop. Leipzig 1926.
ASTBURY, W. T.: Trans. Faraday Soc. **29**, 193 (1933).
BECHHOLD, H.: Z. physik. Chem. A **60**, 257 (1907); **64**, 328 (1908).
BERKMANN, S., J. BÖHM u. H. ZOCHER: Z. physik. Chem. A **124**, 83 (1926).
BION, F.: Helvet. physica Acta **1**, 165 (1928).
BJERRUM, N. u. E. MANEGOLD: Kolloid-Z. **43**, 5 (1927).
BREDÉE, L. H.: Chem. Weekbl. **30**, 51 (1933).
BRINTZINGER, H. u. W. BRINTZINGER: Z. anorg. u. allg. Chem. **196**, 33 (1935).
— u. H. OSSWALD: Kolloid-Z. **70**, 198 (1935).
CARPENTER, CH.: Cellulosechem. **16**, 65 (1934).
CLARK, G. L.: Ind. Engng. Chem. **22**, 474 (1930).
EBBINGE, H.: Chem. Weekbl. **29**, 167 (1932).
ECKLING, K. u. O. KRATKY: Naturwiss. **18**, 463 (1936).
EGGERT, J.: Filmgebilde aus Viscose. Halle 1932.
FERRY, J. D.: Chem. Rev. **18**, 373 (1936).
FOX, K.: Diss. Jena 1906.
FREY, A.: Kolloidchem. Beih. **23**, 40 (1926); Naturwiss. **13**, 403 (1925); **15**, 760 (1927); Ber. dtsch. bot. Ges. **46**, 444 (1928).
— -WYSSLING: *1* Die Stoffausscheidung der höheren Pflanzen. Berlin 1935.
— — *2* Naturwiss. **25**, 79 (1937).
GERNGROSS, O., K. HERRMANN u. W. ABITZ: Biochem. Z. **228**, 449 (1930).
GONELL, W. H. u. O. KRATKY: Auerbach-Horts Handbuch der physikalischen und technischen Mechanik, Bd. 4/2. Leipzig 1931.
HENGSTENBERG, J. u. H. MARK: Z. Kristallogr. **69**, 271 (1929).
HERZOG, A.: P. HEERMANNs Enzyklopädie der textilchemischen Technologie, S. 546. Berlin 1930.
HERZOG, R. O.: Papier-Fabrikant **21**, 388 (1923). — Ber. dtsch. chem. Ges. **58**, 1254 (1925).
— u. W. JANCKE: Z. physik. Chem. A **139**, 235 (1928).
— — u. M. POLANYI: Z. Physik **3**, 343 (1920).

Hess, K. u. C. Trogus: Naturwiss. **18**, 437 (1930).
— L. Akim u. J. Sakurada: Ber. dtsch. chem. Ges. **64**, 408 (1931).
Iterson jr., G. van: Chem. Weekbl. **30**, 2 (1933).
Kanamaru, K.: Helvet. chim. Acta **17**, 1047, 1060, 1425, 1429 (1934).
Katz, J. R.: Die Röntgenspektrographie als Untersuchungsmethode. Berlin und Wien 1934.
Manegold, E. u. Viets: Kolloid-Z. **56**, 7 (1931).
Mark, H.: Trans. Faraday Soc. **29**, 6 (1930).
— Kunstseide **12**, 216 (1930). — Physik und Chemie der Cellulose. Berlin 1932.
McBain, J. W. and S. S. Kistler: J. gen. Physiol. **12**, 187 (1928). — Trans. Faraday Soc. **26**, 157 (1930).
Meyer, K. H.: Ber. dtsch. chem. Ges. **70**, 266 (1937).
— u. W. Lotmar: Helv. chim. Acta **19**, 68 (1936).
Meyer, M. u. A. Frey-Wyssling: Helvet. chim. Acta **18**, 1428 (1935).
Möhring, A.: Kolloidchem. Beih. **23**, 162 (1921).
Morey, D. R.: Textile Res. **3**, 325 (1933); **4**, 491 (1934); **5**, 105, 483, 538 (1935).
Morton, T. H.: Trans. Faraday Soc. **31**, 262 (1935).
Naegeli, C.: Die Micellartheorie. Ostwalds Klassiker Nr. 227. Leipzig 1928.
Nishikawa, S. and S. Ono: Proc. math. Phys. Soc. Tokyo **7**, 131 (1913).
Preston, J. M.: *1* Modern textile microscopy. London 1933.
— *2* Trans. Faraday Soc. **29**, 65 (1933).
— *3* J. Soc. Dyers Colourists **47**, 309 (1931).
Scherrer, P.: R. Zsigmondys Lehrbuch der Kolloidchemie, 3. Aufl. Leipzig 1920.
Schmid, J.: Diss. Jena 1926.
Skinkle, I. H.: J. Textile Inst. **23**, 71 (1932).
Speakman, J. B.: Proc. roy. Soc. Lond. A **132**, 167 (1931).
Trillat, J. J. et M. Matricon: J. Chim. physique **32**, 101 (1932).
Trogus, C. u. K. Hess: Biochem. Z. **260**, 376 (1933).
Weissenberg, K.: Ann. Physik [4] **69**, 409 (1921).

4. Die Wasseraufnahme der Faserstoffe.

Die Erscheinung der Sorption. Trockene Fasern, in eine Wasserdampfatmosphäre gebracht, nehmen Dampf bis zum Eintreten eines Gleichgewichtszustandes auf. Bringt man sie in Wasser oder in eine wässerige Lösung, so beobachtet man, daß die Fasern auch nach Abquetschen zunächst bestimmte Mengen von Wasser zurückhalten.

Die Bedeutung der Wasseraufnahme der Faser für die Veredelungsvorgänge besteht im wesentlichen in der Tatsache, daß fast alle Stoffe, die man auf die Faser einwirken läßt, in wässeriger Zerteilung (Lösung, Emulsion oder Suspension) zur Anwendung gelangen. So ist Wasser das Mittel, welches die Farbstoffe, den größten Teil der Imprägniermittel und der Aviviermittel usw. an die Fasern befördert. Die Bedeutung des Wassergehaltes vom wirtschaftlichen Standpunkte liegt in dem Umstand, daß die Textilfasern gewichtsmäßig gehandelt werden, so daß der jeweilige Wassergehalt der Fasern in die Preisbestimmung mit hineingeht. Außerdem beeinflußt der Wassergehalt die mechanischen Eigenschaften (Reißfestigkeit, Biegsamkeit, Knitterfestigkeit) der Fasern und dadurch den Gebrauchswert der Textilerzeugnisse. Das Verhalten der Fasern gegenüber Wasserdampf und wässerigen Lösungen ist schließlich auch für die wissenschaftliche Erkenntnis von Wichtigkeit, da es manche Einblicke in die Feinstruktur der Fasern gestattet.

Die allgemein verbreitete Erscheinung, daß poröse Körper Gase und Dämpfe, insbesondere Wasserdampf aufnehmen, wird als Sorption bezeichnet. In dem Ausmaß der Dampfaufnahme zeigen die verschiedenen Körper große Verschiedenheiten, die mit ihrem chemischen und physikalischen Bau in engem Zusammenhang stehen.

Die Meßmethoden zur Festlegung des Gleichgewichtes zwischen Dampf und dem Körper, der ihn aufnimmt, dem Sorbens, sind mannigfaltig. Am einfachsten ist die „Exsiccatormethode": Man bringt das abgewogene Sorbens in einen luftdicht verschlossenen Raum von bestimmter Feuchtigkeitsatmosphäre, die z. B. mit Hilfe von wässeriger Schwefelsäure verschiedener Konzentration eingestellt wird. (Als relative Feuchtigkeit, im folgenden als rF abgekürzt, bezeichnet man das Verhältnis des Partialdruckes von Wasser zum Dampfdruck des reinen Wassers bei derselben Temperatur.) Nachdem die Aufnahme von Wasserdampf das Gleichgewicht erreicht hat, wägt man das Sorbens wieder. Die Gewichtszunahme stellt die aufgenommene Dampfmenge dar. Eine andere Methode besteht darin, daß man in den sorgfältig evakuierten Raum, in dem sich eine abgewogene Menge eines Sorbens befindet, eine bestimmte Menge Dampf bringt und die Druckabnahme mit Hilfe eines Manometers verfolgt. Aus der Druckänderung bis zum Eintritt des Gleichgewichtes läßt sich dann die Menge des aufgenommenen Wassers berechnen, wenn das Volumen des Gefäßes bekannt ist. Es sei hier bemerkt, daß die Aufnahme oder Abgabe des Dampfes sich bedeutend schneller vollzieht, wenn keine Fremdgase, wie z. B. Luft, anwesend sind.

Man kann das Sorptionsgleichgewicht in zwei Richtungen verschieben, einmal, indem man den Dampfdruck der Atmosphäre erhöht, wodurch die Wasseraufnahme gesteigert wird (Sorption oder Absorption in engerem Sinne), das andere Mal, indem man den Dampfdruck herabsetzt und dadurch dem Sorbens Wasser entzieht (Desorption). Absorption und Desorption führen nicht immer zum selben „Gleichgewicht": der Wassergehalt bei einem bestimmten Dampfdruck ist häufig bei der Desorption größer als bei der Absorption. Diese Erscheinung bezeichnet man als *Hysterese*.

Drückt man die bei einer bestimmten Temperatur erreichten Gleichgewichtszustände in Form einer Funktion aus, oder stellt man sie graphisch in Form einer Kurve dar, indem man den Werten des Dampfdruckes die Werte der aufgenommenen Wassermenge (gewöhnlich in g je g trockenes Sorbens) zuordnet, dann hat man es mit einer Sorptionsisotherme zu tun.

Sorptionsisothermen der Baumwolle. Die ausführlichsten und genauesten Untersuchungen über die Sorption von Wasserdampf durch Baumwolle verdanken wir URQUHART und WILLIAMS. Der größte Teil ihrer Ergebnisse ist in der Form von Isothermenpaaren dargestellt, die aus einer *„Standard"*-Absorptionsisotherme und einer *„Standard"*-

Desorptionsisotherme bestehen. Erstere stellt die Beobachtungen, ausgehend von dem vollständig getrockneten Material bei stufenweiser Erhöhung des Dampfdruckes dar, letztere, ausgehend von dem bei gesättigtem Dampf (rF = 1) maximal gequollenen Material bei stufenweiser Erniedrigung des Dampfdruckes. Das Isothermenpaar drückt also die Ergebnisse eines „Sorptionskreislaufs" oder einer „Sorptionsrunde" aus.

Ein derartiges Isothermenpaar einer gebeuchten Baumwollprobe zeigt die folgende Abbildung:

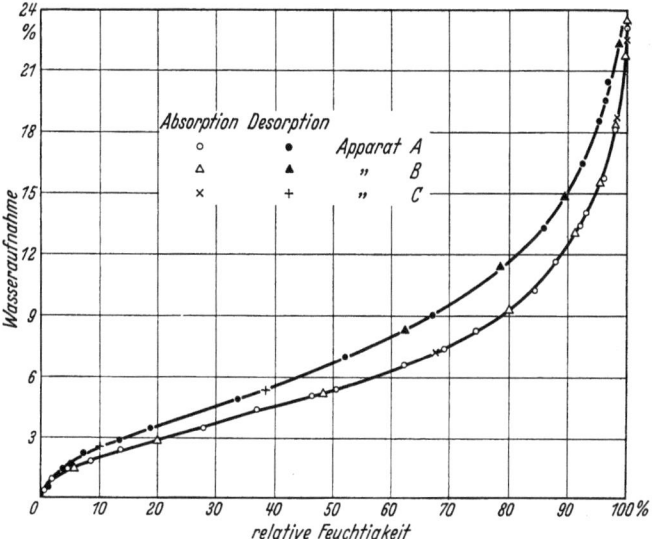

Abb. 45. „Standard"-Sorptionsrunde gebeuchter Baumwolle bei 25°. Nach URQUHART und WILLIAMS.

Kennzeichnend für diese Isothermen ist ihre S-förmige Gestalt. Darin unterscheiden sie sich von vielen anderen Sorptionsisothermen, insbesondere von denen der Gase an Metall- oder Glasoberflächen, die eine parabolische oder hyperbolische Form zeigen und somit der BOEDEKER-FREUNDLICHschen bzw. der LANGMUIRschen Formel gehorchen. Erhöht man den Dampfdruck um einen bestimmten Betrag, so findet man entsprechend den beiden erwähnten Formeln, daß die dabei stattfindende Zunahme der Dampfsorption mit wachsendem Dampfgehalt des Sorbens immer geringer wird. Nach der LANGMUIRschen Formel nähert sich die Gasaufnahme mit wachsendem Druck asymptotisch einem Grenzwert. Dieses Verhalten wird experimentell tatsächlich häufig beobachtet. Im Gegensatz hierzu wird die Zunahme der Sorption von Wasserdampf durch Baumwolle im gewissen Druckbereich mit zunehmender rF je Druckerhöhung größer. Ebenso verhalten sich

Wolle und Seide, sowie andere Eiweißkörper wie Casein und Gelatine, ferner Stärke und sonstige Hochpolymere gegenüber Wasser.

Baumwollproben verschiedener Herkunft zeigen etwas verschiedene Sorptionskurven. Bedeutender ist jedoch der Unterschied zwischen der Sorption einer Baumwollprobe vor und nach dem Waschen mit kochender Alkalilösung (Beuchen). Die gereinigte Baumwolle nimmt weniger Wasser auf als Rohbaumwolle. Vermutlich werden beim Waschen und auch beim Beuchen gewisse nicht-celluloseartige, hygroskopische Verunreinigungen entfernt. Die Abweichungen zwischen verschiedenen Rohbaumwollproben sind größer als ihre Unterschiede, nachdem sie in gewaschenem Zustande vorliegen. Anscheinend beruht der Unterschied der Rohbaumwollproben hauptsächlich auf der Verschiedenheit im Reinheitsgrad.

Von dem beobachteten Einfluß verschiedener Behandlungsarten sind die folgenden bemerkenswert: Trocknen bei hoher Temperatur setzt die Fähigkeit zur Wasseraufnahme etwas herab. Abbau zur Hydro- und Oxycellulose mit Hilfe von Hypobromit- bzw. Schwefelsäurelösungen setzt die Sorptionsfähigkeit erheblich herunter (s. Abschnitt 8). Das Färben mit Farbstoffen der verschiedenen Klassen ergibt eigenartige, jedoch geringfügige Effekte, deren Bedeutung noch nicht klar ersichtlich ist.

Die größte Wichtigkeit kommt der Beeinflussung des Sorptionsvermögens durch das Mercerisieren zu. Diese Wirkung übertrifft in ihrem Ausmaß diejenige aller anderen Behandlungen. Die normale Mercerisierbehandlung setzt die Menge des bei einem bestimmten Dampfdruck aufgenommenen Wassers um etwa 50% hinauf. Die hierher gehörigen Versuchsergebnisse werden in dem Abschnitt über das Mercerisieren ausführlich dargestellt.

Die Temperaturabhängigkeit der Sorption wurde an Baumwolle, die mit Lauge abgekocht wurde, untersucht. Erhitzt man die Baumwolle in einem geschlossenen Gefäß mit einer bestimmten Menge Wasserdampf, dann nimmt der Wassergehalt der Faser verhältnismäßig langsam ab, während der Dampfdruck zunimmt. Vergleicht man daher die Werte bei konstantem Dampfdruck, dann findet man, daß der Wassergehalt mit steigender Temperatur schnell abnimmt. Vom thermodynamischen Standpunkt aus ist jedoch die Temperaturabhängigkeit bei konstantem *relativen* Dampfdruck (rF) bedeutungsvoll. Die Versuche ergeben nun folgendes: Ist der relative Dampfdruck unter 80%, dann nimmt der Feuchtigkeitsgehalt der Baumwolle zwischen 10° und 110° mit steigender Temperatur ab. Wenn jedoch der konstante relative Dampfdruck über 80% liegt, dann ist eine ähnliche Abnahme des Feuchtigkeitsgehaltes nur so lange wahrnehmbar als die Temperatur von 10° auf 50° steigt. Dagegen nimmt der Wassergehalt zwischen 60 und 110° bei einem relativen Dampfdruck von über 80% mit steigender Temperatur zu.

Man nimmt an, daß diese Umkehr der Temperaturabhängigkeit darauf zurückzuführen ist, daß infolge der Kohäsionsabnahme bei höherer Temperatur neue innere Oberflächen eröffnet werden. Die Verhältnisse sind in den folgenden Abb. 46 und 47 dargestellt.

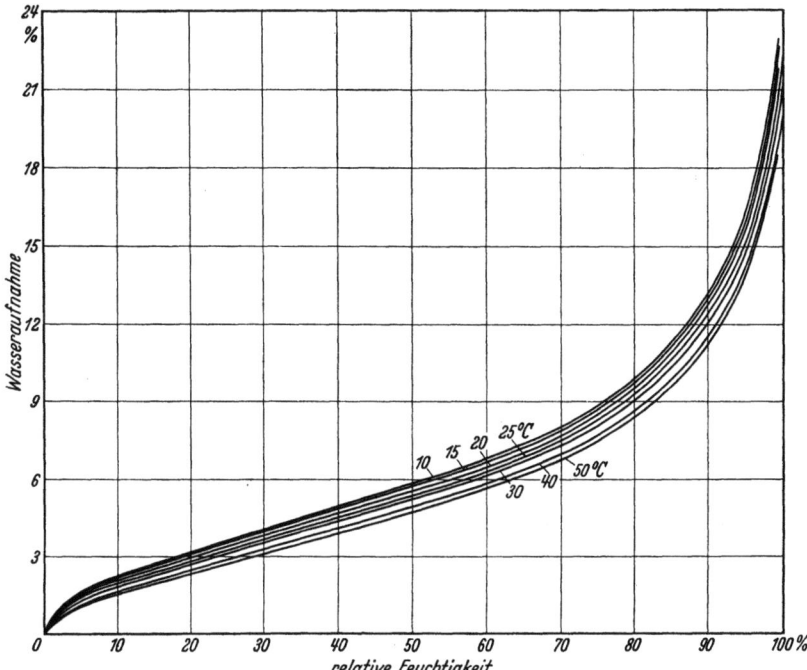

Abb. 46. Absorptionsisothermen gebeuchter Baumwolle bei 10—50°. Nach URQUHART und WILLIAMS.

Die Erscheinung der Hysterese, die zur Folge hat, daß der jeweilige Wassergehalt einer Baumwollprobe unter anderem auch von ihrer Vorgeschichte abhängt, ist nicht nur vom praktischen, sondern auch vom theoretischen Standpunkt aus bemerkenswert. Sie bedeutet so viel, daß die beobachtbaren Endzustände keine wirklichen Gleichgewichte darstellen, sondern das System irgendwie in dem Erreichen des Gleichgewichtes entweder bei der Absorption oder bei der Desorption oder auch in beiden Fällen behindert ist.

Die Standard-Sorptionskurven, die von dem vollständig trockenen und dem vollständig feuchten Zustand ausgehen, begrenzen eine Gleichgewichtsfläche. Innerhalb dieser Fläche kann jeder Punkt erreicht werden, je nachdem, von welchem, innerhalb der beiden Extremen liegenden Zustand man ausgeht. Die Standard-Desorptionsisotherme ist allerdings nur unterhalb von 80% rF definiert. Oberhalb dieses Dampfdruckes hängt das erreichte Sorptionsgleichgewicht auch davon ab, wie groß die maximal aufgenommene Wassermenge war. In dem gesättigten Dampf (rF = 100%) ist nämlich die Wasseraufnahme der Baumwolle unbestimmt. Diese Tatsache ist daraus zu ersehen, daß die Isotherme bei 100% rF praktisch parallel zur Ordinatenachse verläuft. Es zeigt

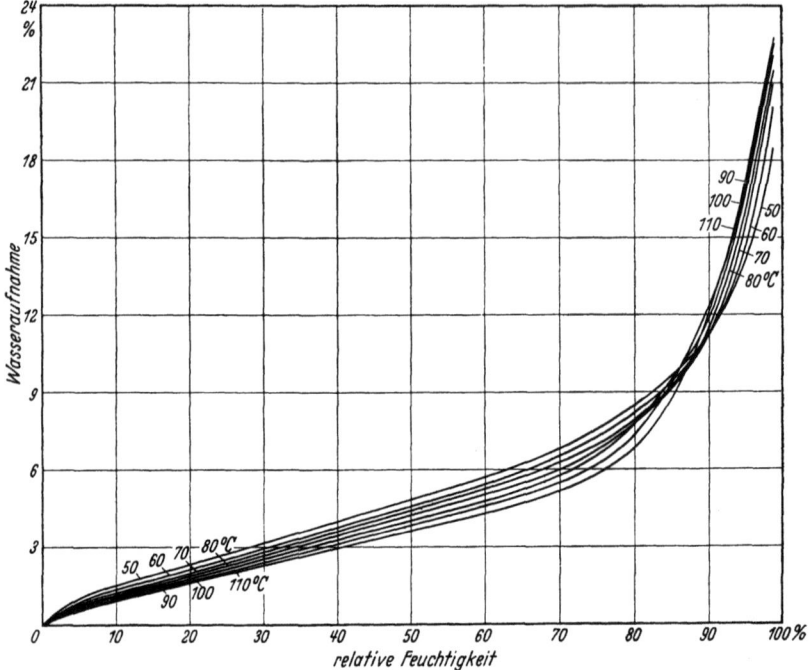

Abb. 47. Absorptionsisothermen gebeuchter Baumwolle bei 50—110°. Nach URQUHART und WILLIAMS.

sich nun, daß eine mit Wasser vorbehandelte Probe bei der Desorption in den höheren Feuchtigkeitsgraden zunächst mehr Wasser festhält, als eine mit gesättigten Wasserdampf vorbehandelte. Die folgende Abb. 48 und Tabelle 16 geben ein Beispiel dieser Verhältnisse.

In beiden Gefäßen wurden Proben desselben Materials untersucht, jedoch war in Gefäß G eine Probe gelegt, die vorher mit Wasser getränkt war. Man bemerkt dann, daß bei der Desorption, z. B. bei rF = 0,972 im Gefäß G von der Probe viel mehr Wasser zurückgehalten wird, als bei derselben rF von der Probe im Gefäß F, obwohl im letzteren Fall die Probe vor der Desorption sich längere Zeit mit dem gesättigten Dampf im Gleichgewicht befand.

In Zusammenhang mit diesem Verhalten steht wohl auch die Erscheinung, daß die Baumwollproben unmittelbar, nachdem sie vom Samen abgetrennt werden, oder unmittelbar nach dem Beuchen oder Mercerisieren ein außerordentlich hohes Wasseraufnahmevermögen zeigen. Nach dem ersten Trocknen geht diese starke Sorptionsfähigkeit der jungfräulichen Proben verloren.

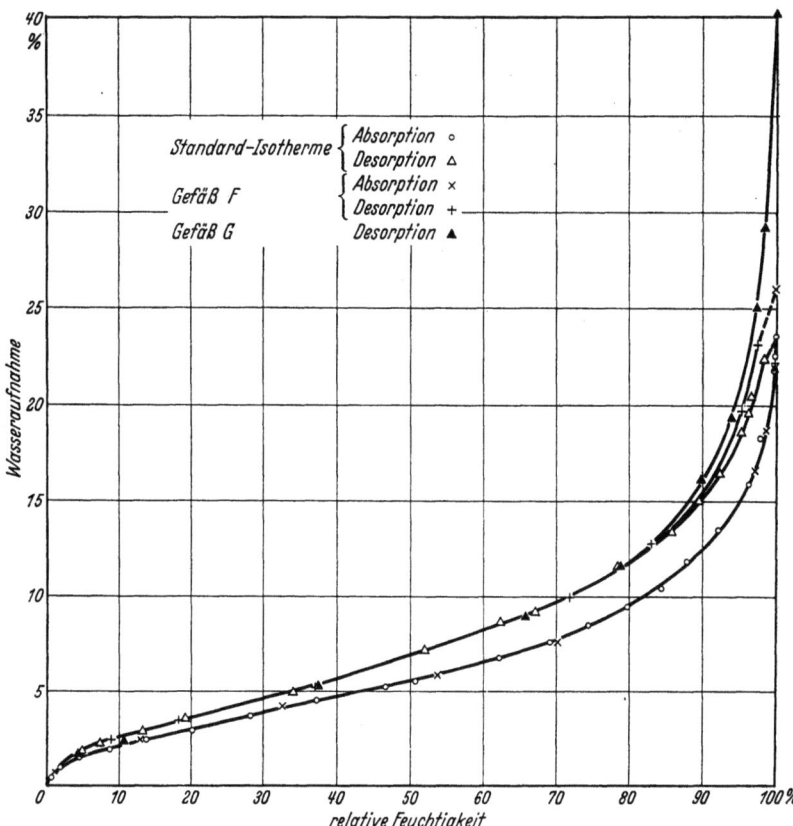

Abb. 48. Desorptionsisotherme nach längerem Verweilen in gesättigter Dampfatmosphäre (Gefäß F) sowie nach Tränkung mit Wasser (Gefäß G) und die „Standard"-Sorptionsrunde gebeuchter Baumwolle. Nach URQUHART und ECKERSALL.

Tabelle 16. Abhängigkeit der Desorptionsisotherme von der vorangehenden maximalen Wasseraufnahme. Gebeuchte Baumwolle bei 25°. Nach URQUHART und ECKERSALL.

Gefäß F		Gefäß F		Gefäß G		Gefäß G	
rF (der zeitlichen Folge nach)	g Wasser je g Baumwolle	rF (der zeitlichen Folge nach)	g Wasser je g Baumwolle	rF (der zeitlichen Folge nach)	g Wasser je g Baumwolle	rF (der zeitlichen Folge nach)	g Wasser je g Baumwolle
0,013	0,0077	0,974	0,2299			0,787	0,1146
0,132	0,0242	0,950	0,1948			0,656	0,0868
0,352	0,0405	0,827	0,1245			0,369	0,0508
0,535	0,0568	0,717	0,0972			0,106	0,0228
0,701	0,0732	0,368	0,0502	1,000	0,6398	0,044	0,0149
0,972	0,1640	0,180	0,0329	1,000	0,4027	0,024	0,0104
0,985	0,1841	0,090	0,0239	0,984	0,2919		
0,998	0,2184	0,015	0,0094	0,972	0,2495		
1,000	0,2582			0,936	0,1922		
				0,896	0,1598		

DELUC (1791) und v. SCHROEDER fanden, daß quellbare Körper, z. B. Gelatine, in der gesättigten Dampfatmosphäre viel weniger Wasser aufnehmen, als bei derselben Temperatur in das flüssige Wasser getaucht. Die von DELUC zuerst ausgesprochene und bis heute wahrscheinlichste Erklärung für diese Erscheinung, die auch an den Faserstoffen beobachtet wurde, ist, daß die Gleichgewichtseinstellung in der Dampfatmosphäre verzögert ist.

Die Cellulose der Holzfasern zeigt sowohl im Holz als auch isoliert als Zellstoff bei allen Feuchtigkeitsgraden eine bedeutend höhere Wasseraufnahme als die der Baumwolle. Das Mahlen des Zellstoffes bewirkt —

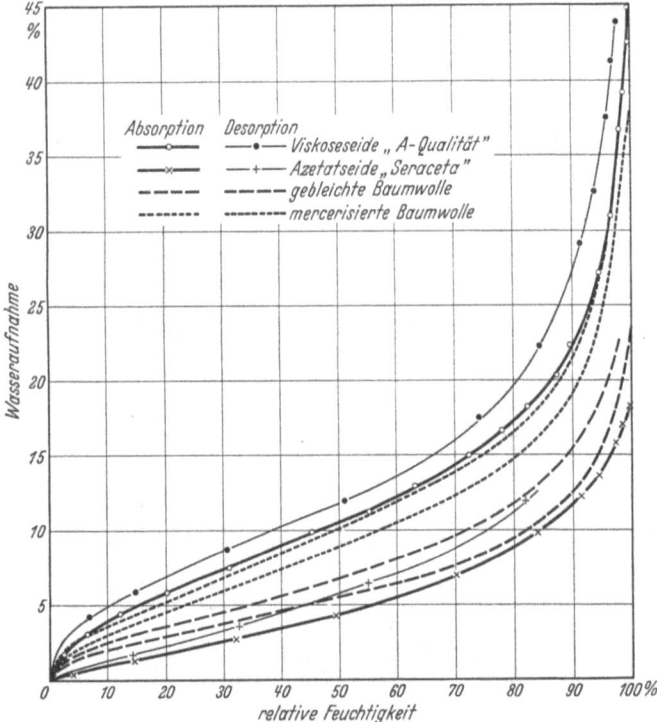

Abb. 49. „Standard"-Sorptionsrunde von Cellulosefasern bei 25°. Nach URQUHART und ECKERSALL.

entgegen einer weitverbreiteten Annahme — keine wesentliche Änderung der Sorption (PIDGEON und MAASS, GRACE und MAASS, SHEPPARD und NEWSOME). Eine geringfügige Zunahme ist allerdings bei genaueren Messungen feststellbar (SEBORG, SIMMONDS und BAIRD).

Sorptionsisothermen der Kunstseiden. Die gründlichste Untersuchung der Wassersorption von Kunstseide verdanken wir URQUHART und ECKERSALL. Es ist uns nicht möglich, hier alle ihre Daten wiederzugeben. Sie erstrecken sich über rund 25 verschiedene Materialien, und zwar über Kunstfäden aus regenerierter Cellulose, nämlich Viscose-, Kupfer- und Nitroseide, ferner aus Celluloseacetat. Einige besonders kennzeichnende Ergebnisse enthält Abb. 49.

Nach zunehmender Sorption geordnet, ergeben die Faserstoffe folgende Reihenfolge: Acetatseide, gereinigte Baumwolle, mercerisierte Baumwolle, Viscose. Mit Ausnahme derjenigen der Acetatseide sind die Kurven einander in der Form ähnlich. Für mercerisierte Baumwolle ergibt sich, daß ihr Wassergehalt jeweils um einen konstanten Faktor größer ist als derjenige der gereinigten Baumwolle bei derselben rF (s. in dem Abschnitt über das Mercerisieren). Bei den Kunstseiden, und zwar auch aus regenerierter Cellulose, ist die Verhältniszahl der Sorption keine Konstante, sondern zeigt einen Gang. Dieser ist aus der nebenstehenden Tabelle ersichtlich.

Die Verhältniszahlen steigen bis zu etwa 0,3 rF an. Bei weiterem Anstieg des relativen Dampfdruckes nimmt der Wassergehalt der Kunstseide verhältnismäßig etwas schwächer zu als derjenige der Baumwolle. Dessenungeachtet können die Mittelwerte der Sorptionsverhältniszahlen, die in bezug auf das Sorptionsvermögen der gereinigten Baumwolle definiert sind, zur Kennzeichnung des Wasseraufnahmevermögens der verschiedenen Fasern benützt werden. Die folgende Tabelle enthält diese Mittelwerte, und zwar jeweils besonders bestimmt für Absorption (A) und Desorption (D) (vgl. nächste Seite).

Tabelle 17. Wassersorption einer Viscoseseide („Vistra") im Verhältnis zu derjenigen der Baumwolle.
Nach URQUHART und ECKERSALL.

rF	Sorptionsverhältnis	rF	Sorptionsverhältnis
0,05	1,49	0,60	1,80
0,10	1,72	0,65	1,79
0,15	1,79	0,70	1,77
0,20	1,81	0,75	1,73
0,30	1,84	0,80	1,71
0,35	1,83	0,85	1,65
0,40	1,85	0,90	1,65
0,45	1,83	0,95	1,67
0,50	1,83	1,00	1,59
0,55	1,81		

Diese Tabelle zeigt, daß die Schwankungen in den Sorptionseigenschaften der Kunstfäden aus regenerierter Cellulose nicht sehr groß sind. Die unter „Cellophan" angeführten Daten sind an Viscosefolien gewonnen worden. Die Tatsache, daß die mit diesem Material erhaltenen Ergebnisse weder in der Form der Sorptionskurve, noch in der Größe der Wasseraufnahme, noch in der Erscheinung der Hysterese irgendwie von denen, die an Viscosefäden erhalten wurden, sich unterscheiden, beweist, daß den Zwischenräumen zwischen den Einzelfasern keine Bedeutung für die Sorption zukommt.

Bereits vor 30 Jahren hat WILL gefunden, daß die Sorptionsfähigkeit von Cellulosenitrat mit zunehmendem Stickstoffgehalt, d. h. mit dem Veresterungsgrad, abnimmt. Neuerdings behandelten SHEPPARD und NEWSOME die Frage nach der Abhängigkeit der Wasseraufnahme der Acetatcellulose von dem Veresterungsgrad. Es sind hier zwei Arten der Herstellung zu unterscheiden: Acetylierung in Faserform und Acetylierung im Lösungszustand. Außerdem kann als Ausgangsmaterial sowohl

Tabelle 18. Mittelwerte der Sorptionsverhältniszahlen (SV).
Nach URQUHART und ECKERSALL.

Kunstseide	SV	Kunstseide	SV
Viscoseseiden		*Lilienfeldviscoseseiden*	
„A-Qualität"	A: 1,90	„A"	A: 1,67
	D: 1,81		D: 1,59
„Escorto"	A: 2,04	„Durafil"	A: 1,93
			D: 1,84
„Dulesco"	A: 1,77	„Tenasco"	A: 2,02
	D: 1,76		
„Tudenza"	A: 2,04	*Kupferseiden*	
	D: 1,87	„Brysilka", ungebleicht	A: 1,79
„Dulenza"	A: 1,89		D: 1,73
	D: 1,78	„Brysilka", ungebleicht abgeseift	
„Celta"	A: 2,01		A: 1,90
	D: 1,98		D: 1,82
„Snia"	A: 1,98	„Brysilka", gebleicht	A: 1,88
	D: 1,93		D: 1,75
„Fibro"	A: 1,81	„Bemberg"	A: 1,87
	D: 1,90		D: 1,80
„Vistra"	A: 1,75	„Bemberg", abgeseift	A: 1,84
	D: 1,78		D: 1,74
„Cellophan"	A: 1,89	*Nitratseide*	
	D: 1,84	„Obourg"	A: 2,12
			D: 2,05

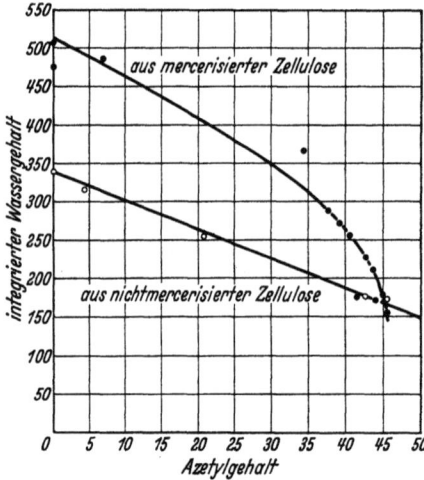

Abb. 50. Wasseraufnahme von Acetylcellulose in Abhängigkeit vom Veresterungsgrad. a) Aus mercerisierter Cellulose hergestellt. b) Aus nativer Cellulose durch Veresterung in Faserform hergestellt. Nach SHEPPARD und NEWSOME.

native als auch mercerisierte Cellulose dienen. Die Autoren vergleichen die Sorptionsfähigkeit, indem sie den bei verschiedenen Feuchtigkeitsgraden erhaltenen Wassergehalt über das ganze Gebiet der rF integrieren. Es zeigt sich dann das folgende Verhalten: Acetat aus nativer Cellulose, durch Acetylierung in Faserform hergestellt, hat einen mit dem Veresterungsgrad annähernd linear abnehmenden Wassergehalt. Acetat entweder aus mercerisierter Cellulose durch Acetylierung in Faserform, oder aus nativer Cellulose über den Lösungszustand hergestellt, zeigt einen höheren Wassergehalt, der mit höherem Veresterungsgrad nicht nur gleichfalls abnimmt, sondern rapid gegen den Wassergehalt der aus nativer Cellulose durch Faserveresterung hergestellten Produkte konvergiert. Man ersieht dieses Verhalten aus Abb. 50, die den über den ganzen Dampfdruckbereich integrierten Wert des Wassergehaltes als Funktion des Veresterungsgrades darstellt.

Die starke Herabsetzung der Sorption durch die Acetylierung oder Nitrierung zeigt die Bedeutung der Hydroxylgruppe für das Festhalten des Wassers durch das Cellulosematerial.

SHEPPARD hat festgestellt, daß das Sorptionsvermögen der Fettsäureester der Cellulose mit zunehmender Molekulargröße der Estergruppe schnell abnimmt. Bei 30° in gesättigter Dampfatmosphäre nimmt das Triacetat etwa 10%, das Tripropionat 2—3%, das Tributyrat 1,8%, das Trivaleriat 1,6% Wasser auf. Beim Heptoat wird ein Minimum erreicht. Das weitere Fortschreiten in der homologen Reihe führt zu einem langsamen Anstieg der Wasserbindung (SHEPPARD und NEWSOME).

Die nebenstehende Abbildung stellt die Temperaturabhängigkeit der Absorption des Wassers durch Celluloseacetatfilme dar. Zwischen 30 und 50° nimmt danach der Wassergehalt mit zunehmender Temperatur ab. Der Befund ist in Übereinstimmung mit den Beobachtungen an anderen Fasern, soweit sie gleichfalls bei diesen verhältnismäßig niedrigen Temperaturen gemacht worden sind.

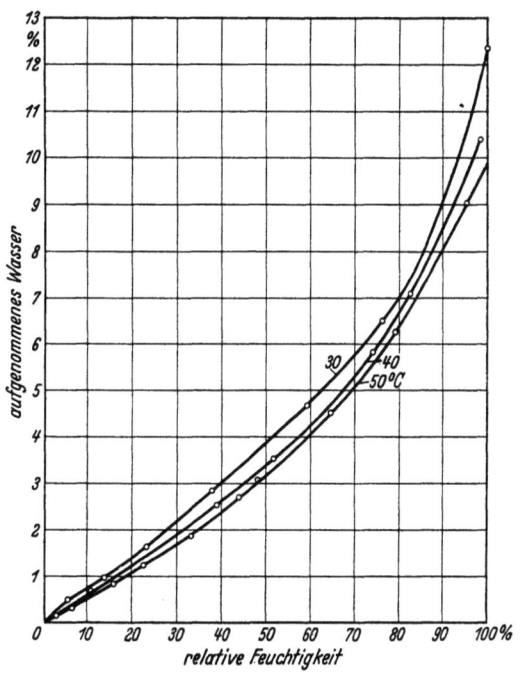

Abb. 51. Absorptionsisotherme eines Celluloseacetatfilms bei verschiedenen Temperaturen. Nach SHEPPARD und NEWSOME.

Sorptionsisothermen der Wolle. Von den Untersuchungen über die Wasseraufnahme der Wolle sind diejenigen von SPEAKMAN und seinen Mitarbeitern die genauesten und eingehendsten. In diesen Untersuchungen wurde gezeigt, daß die Wasseraufnahme der sorgfältig gereinigten Wolle von der Herkunft und der Feinheit der Fasern nicht abhängt. Die umstehende Abbildung zeigt die „Standard"-Sorptionsrunde der Wolle. Wie man an der Abbildung erkennt, ist die Erscheinung der Hysteresis auch bei der Wolle sehr deutlich. Bemerkenswert ist, daß bei der Desorption der Fasern, die bei einem mittleren Feuchtigkeitsgrad durch Adsorption mit dem Dampf ins Gleichgewicht gebracht

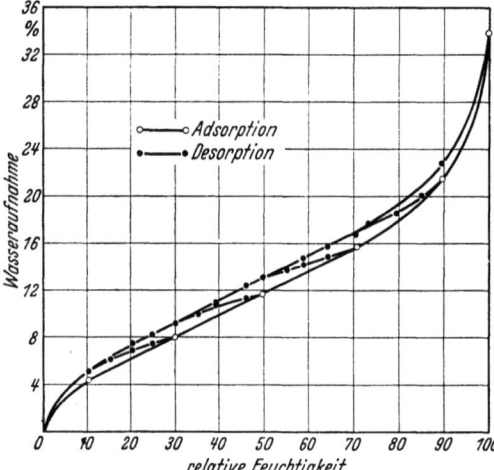

Abb. 52. Wasseraufnahme von Merinowolle bei 25°. Nach SPEAKMAN und COOPER.

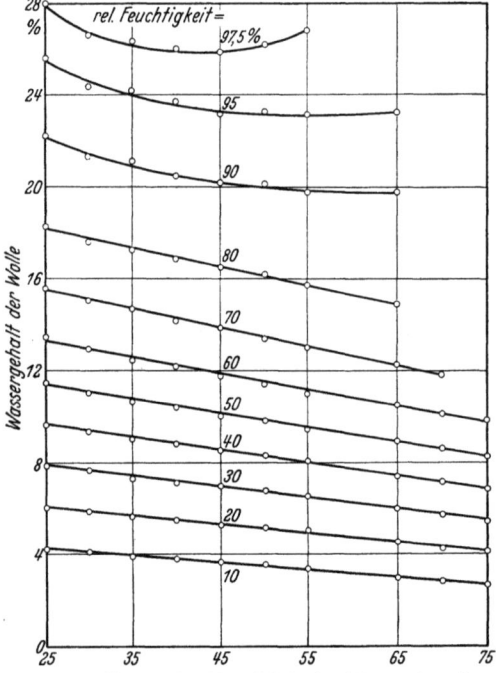

Abb. 53. Temperaturabhängigkeit der Wasseradsorption von Leicesterwolle. Nach SPEAKMAN und COOPER.

wurden, jeweils nach Verminderung der relativen Feuchtigkeit um etwa 18% die „Standard"-Desorptionsisotherme erreicht wird. Der Wassergehalt der Wolle liegt bei derselben relativen Feuchtigkeit weit über dem der Baumwolle.

Die Abhängigkeit der Sorption und der Hysteresis von den Trocknungsbedingungen bei der Wasseraufnahme der Wolle wurde kürzlich von SPEAKMAN, COOPER und STOTT untersucht. Die Ergebnisse entsprechen im allgemeinen den besprochenen Beobachtungen von URQUHART und WILLIAMS an Baumwolle.

Die Temperaturabhängigkeit der Sorption zeigen die nebenstehenden Ergebnisse von SPEAKMAN und COOPER.

Bei niedrigen Temperaturen nimmt also auch in diesem Falle der Wassergehalt mit steigender Temperatur ab. Untersucht man jedoch die Wasseraufnahme bei einem hohen Feuchtigkeitsgrad, so findet man, genau wie bei Baumwolle, auch hier eine Umkehr der Temperaturabhängigkeit: für 97,5% rF zeigt sich ein Minimum der Sorption bei etwa 45°.

Sorptionsisothermen der Seide. Die folgende Tabelle enthält die Ergebnisse der Wassergehaltsbestimmung an Maulbeerseiden verschiedener Herkunft und an Tussahseide nach der Exsiccatormethode.

Die Seiden wurden vor der Untersuchung entbastet und gründlich gewaschen. Von den Autoren wurde das Auftreten der Hysteresis auch an diesen Faserstoffen beobachtet. Die Zahlen beziehen sich auf die Gleichgewichte bei der Desorption.

Vergleich der Wasseraufnahme verschiedener Faserstoffe. Die bisher mitgeteilten Daten über die Wasseraufnahme der verschiedenen Fasern gestatten bereits einen Vergleich ihrer hygroskopischen Eigenschaften. Eine gute Übersicht bringt OBERMILLER auf Grund seiner eigenen sorgfältigen Bestimmungen. Sie ist in der folgenden Abbildung graphisch dargestellt.

Tabelle 19. Wassergehalt verschiedener Seiden in Abhängigkeit von dem Dampfdruck. Nach DENHAM und ALLEN.

Seiden	rF 0,928	0,797	0,537	0,400	0,215
	Wassergehalt in Prozenten				
Italienisch . . .	16,9	12,2	9,3	—	5,4
Chinesisch . . .	16,9	12,2	9,3	7,5	5,3
Japanisch . . .	17,0	12,3	9,3	7,6	5,3
Tussah	17,9	12,8	10,0	8,0	5,9

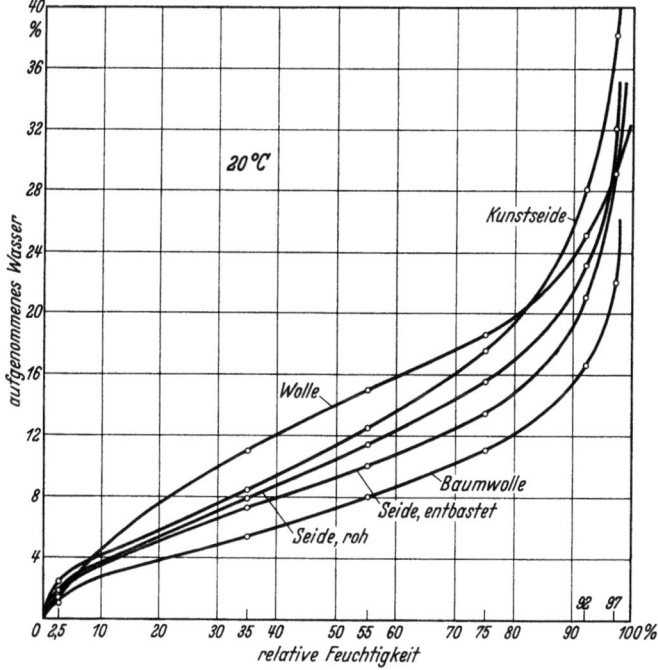

Abb. 54. Wasseraufnahme der Fasern bei 20° nach OBERMILLER. (Die Werte für Kunstseide stellen Mittelwerte für Viscose und Kupferseide dar.)

Abgesehen von dem etwas anomalen Verhalten der Rohseide, das wahrscheinlich durch den Seidenleim bedingt ist, sind die Sorptionskurven einander recht ähnlich. Wolle hat die größte Sorptionsfähigkeit, dann kommt Kunstseide, dann die entbastete Seide und zum Schluß Baumwolle. Bemerkenswert ist jedoch, daß bei höheren Feuchtigkeitsgraden die Kunstseide (es handelt sich um Mittelwerte von Kupfer- und Viscoseseide) mehr Wasser aufnimmt als Wolle. Vermutlich hängt hiermit die verhältnismäßig geringe Naßfestigkeit der regenerierten Cellulose (s. weiter unten) zusammen. Es hat ein gewisses theoretisches Interesse, die Sorptionsisothermen so zu vergleichen, daß man den Wassergehalt der Faser als Bruchteil ihres maximalen Wassergehaltes (d. h. desjenigen bei rF = 1) ausdrückt. Die so berechneten Isothermen fallen bei Seide, Baumwolle und Kunstseide nahezu zusammen. Die Sorptionsverhältniszahl dieser Faserstoffe variiert also in dem gesamten Feuchtigkeitsgebiet nur innerhalb verhältnismäßig enger Grenzen oder, mit anderen Worten, die Fasern verhalten sich annähernd so, als ob sie voneinander nur in bezug auf die Größe der inneren Oberflächen, jedoch nicht in bezug auf die Sorptionskräfte unterschieden wären.

Dimensionsänderungen der Fasern bei der Sorption. Die Verfolgung der Wasseraufnahme der Faserstoffe durch Messung der Dimensionsänderungen ist von zwei Gesichtspunkten aus interessant. Einmal wegen der dabei auftretenden weitgehenden Anisotropie, die darin besteht, daß die Längenzunahme nur einen Bruchteil der Querschnittsvergrößerung beträgt, eine Erscheinung, die für die Faserstruktur sehr kennzeichnend ist. Dann interessiert die Frage, ob die aufgenommene Feuchtigkeit das Volumen der Fasern entsprechend vergrößert. Diese Frage steht nämlich mit dem Problem in Zusammenhang, ob das Sorptionswasser nur bereits vorhandene (unsichtbare) Poren ausfüllt oder ob die Teilchen der Fasern durch das aufgenommene Wasser auseinandergedrängt werden.

Die Volumänderung der Fasern kann unter dem Mikroskop auf zweierlei Art untersucht werden: man kann die Breitenänderung äußerlich verfolgen und man kann die Änderung der Querschnittsfläche am Dünnschnitt messen. Infolge der unregelmäßigen Gestalt des Faserquerschnittes dürfte die zweite Methode die genauere sein, insbesondere bei Baumwolle, die in trockenem Zustande die Form eines flachen Bandes hat und in der Fasermitte häufig ein leeres Lumen aufweist. Die Längenänderung kann auch makroskopisch ermittelt werden. Sie ist jedoch wegen der schwierigen Festlegung der Länge im ungespannten Zustande und wegen der Geringfügigkeit der ganzen Änderung ungenau. Bei der Messung der Faserquellung ist es daher auf alle Fälle nötig, eine größere Anzahl von Einzelbestimmungen statistisch zu verwerten. Man kann jedoch, auch wenn diese Bedingung erfüllt ist, den Messungen keine große Genauigkeit zusprechen.

Wie bereits ältere Messungen gezeigt haben, beträgt die maximale Längenänderung der natürlichen Cellulosefasern bei der Wasseraufnahme weniger als 1%, Wolle und Seide können eine Längung bis etwa 2%

erfahren. Fast die ganze Volumänderung muß sich somit in der Querschnittsvergrößerung ausdrücken.

CLAYTON und PEIRCE haben die Dimensionsänderung der alkaliabgekochten und der mercerisierten Baumwolle durch die Wasseraufnahme an 13 bzw. 8 Einzelhaaren beobachtet. Im Mittel betrug die prozentuale Vergrößerung des Durchmessers beim Übergang aus dem trockenen Zustande in den mit Wasserdampf gesättigten rund 15% (± 2). Bei Berücksichtigung der geringen Längenänderung ergibt sich die Volumvergrößerung zu 34%. Da Baumwolle die Dichte von etwa 1,6 hat, entspricht diese Quellung einem gewichtsmäßigen Zuwachs von etwa 22%. Der Umstand, daß die Sorptionsisotherme gerade bei der Sättigung annähernd parallel zur Ordinatenachse verläuft, macht die Messung der Wasseraufnahme in diesem Gebiet derart unbestimmt, daß ihr genauerer Vergleich mit der Quellungsmessung nicht möglich ist. Man kann nur von einer rohen Übereinstimmung sprechen, die jedoch nicht ausschließt, daß eine genauere Untersuchung Abweichungen in geringem Betrage zutage fördern wird. Für die mercerisierte Baumwolle erhielten die Autoren eigentümlicherweise eine etwas geringere Volumvergrößerung.

Tabelle 20. Dimensionsänderung von Baumwollfasern bei der Wasseraufnahme im Verhältnis zur Dimension in trockenem Zustande. Nach COLLINS.

rF	Änderung der Querschnittsfläche in %	Änderung der Länge in %
Im Wasser	48,6	(0,09)
0,97	33,9	0,58
0,90	29,7	0,46
0,80	22,2	0,49
0,60	15,7	0,30
0,30	9,3	0,15
0,00	0,0	0,00
0,30	7,1	0,23
0,60	12,2	0,36
0,80	17,2	0,69
0,90	25,0	0,76
0,97	31,2	0,92
Im Wasser	43,9	1,12

Die obenstehende Tabelle zeigt die Ergebnisse von COLLINS (als Mittelwerte von je 7 Einzelbestimmungen) an einer Sorptionsrunde, ausgehend von Fasern, die in Wasser gelegt waren.

Man sieht aus den Zahlen, daß die Erscheinung der Hysterese sich auch in den Dimensionsänderungen widerspiegelt. Auch die Ergebnisse von COLLINS können bei dem Vergleich mit den Sorptionsdaten von URQUHART und WILLIAMS keine andere Folgerung gestatten, als daß zwischen beiden eine annähernde Übereinstimmung besteht. Das spezifische Volumen des aufgenommenen Wassers liegt in den Grenzen zwischen 0,8 und 1. Ob tatsächlich eine Volumkontraktion stattfindet, muß durch anderweitige Untersuchung entschieden werden (s. weiter unten).

Einige Ergebnisse von A. HERZOG an Kunstfasern bringt die nächste Tabelle.

Tabelle 21. Dimensionsänderung von Kunstseiden bei der Quellung. Nach A. HERZOG[1].

Faserart	Längenzunahme in %	Zunahme der Querschnittsfläche in %	Volumvergrößerung in %
Kupferseide	3,65	61,8	67,8
Nitratseide	0,77	45,2	46,4
Viscoseseide	4,80	65,9	73,9
Acetatseide	0,14	5,7	6,0

Es handelt sich hier um Mittelwerte aus einer größeren Anzahl von Einzelmessungen, die an mikroskopischen Präparaten in trockenem und befeuchtetem Zustande durchgeführt wurden. Man erkennt auch hier die auffallend geringe Quellung des Acetates, wie sie sich bereits in der Sorptionsisotherme zeigte. Allerdings handelt es sich hierbei vermutlich um ein Triacetat.

LAWRIE fand für die Kunstfasern die folgenden Werte.

Tabelle 22. Querschnittszunahme der Kunstfasern bei der Quellung in Wasser. Nach LAWRIE[1].

Kunstfaser	Querschnittszunahme in %	Kunstfaser	Querschnittszunahme in %
Viscose	35	Bemberg (Kupferseide)	41
Vistra	52	Celanese (Acetat)	9
Celta	25	Rhodiaseta (Acetat)	14
Tubize Nitrocellulose	30	Courtaulds (Acetat)	11
Nitrocellulose (andere Sorte)	33	Lustron (Triacetat)	3
Brysilka (Kupferseide)	53	Cellulosetriacetat (andere Sorte)	2

An mikroskopischen Querschnitten einer englischen Wolle fand HIRST die folgenden Werte (bei 22,8°).

Tabelle 23. Querschnittszunahme der Wolle bei der Wasseraufnahme. Nach HIRST.

rF	Zunahme der Querschnittsfläche in %
0,00	0,0
0,63	7,0
0,74	12,3
0,78	13,4
0,84	17,9
1,00	31,8

HIRST ermittelte an mikroskopischen Querschnitten von verschiedenen Exemplaren der LICOLN-Wolle bei der Quellung im Wasser den maximalen Zuwachs der Querschnittsfläche zu Werten zwischen 29,4 und 42,6%. Von SPEAKMAN wurde die Dickenänderung der COTSWOLD-Wolle beim Übergang von dem trockenen zum wassergesättigten Zustand ermittelt. Der Mittelwert betrug 17,5%. Die Vergrößerung der Querschnittsfläche berechnet sich daraus zu 37%. Der Längenzuwachs war 1,2%, die Volumquellung ergibt sich somit zu rund 39% (entspricht einer Gewichtszunahme von 30%).

DENHAM und DICKINSON untersuchten die Sorption von entbasteten Seidenfäden. Ihre Ergebnisse bringen die zwei folgenden Tabellen.

---

[1] Die Dimensionsänderung wird hier im Verhältnis zur Dimension bei einem mittleren Feuchtigkeitsgrad (60—70% rF) gerechnet.

Auch hier handelt es sich um Mittelwerte aus einer größeren Anzahl von Serienversuchen. Die maximale Längung der Seidenfäden betrug etwa 1,3%.

Die Volumkontraktion bei der Quellung der Faserstoffe. Es ist bekannt, daß die Quellung der hochmolekularen Substanzen in vielen Fällen mit einer deutlichen Volumkontraktion verknüpft ist: das Volumen der gequollenen Fasern ist kleiner als die Summe der Volumina der trockenen Fasern und des aufgenommenen Wassers in freiem Zustande. Man begegnet dieser Erscheinung, wenn man die Dichte bzw. das spezifische Volumen der Faserstoffe ermittelt. Mißt man nämlich die Dichte mit Hilfe der Verdrängungsmethode, dann beobachtet man, daß die Menge der verdrängten Flüssigkeit je Gramm Faser von der Natur dieser Flüssigkeit abhängt. Die Abhängigkeit kann auf die folgenden Erscheinungen zurückgeführt werden:

1. verschiedene Grade in der Erreichbarkeit der Capillarräume für die verschiedenen Flüssigkeiten;
2. Volumkontraktion unter dem Einfluß der gegenseitigen Anziehungskräfte von Faser und Quellungsmittel.

Wir wollen zunächst die Versuchsergebnisse von DAVIDSON an Baumwolle betrachten. Es sind hier drei verschiedene Einbettungsmittel verwendet worden: gasförmiges Helium, flüssiges Toluol und flüssiges Wasser.

Tabelle 24. Zunahme des Durchmessers von Japanseidenfäden in % des Trockendurchmessers. Nach DENHAM und DICKINSON.

rF	Breitenzunahme in %	rF	Breitenzunahme in %
0,30	2,1	0,90	9,3
0,60	3,8	0,60	4,2
0,90	8,9	0,30	2,4
1,00	18,7	0,0	0,2

Tabelle 25. Zunahme des Durchmessers von italienischen Seidenfäden in % des Trockendurchmessers. Nach DENHAM und DICKINSON.

rF	Breitenzunahme in %	rF	Breitenzunahme in %
0,20	1,6	0,90	8,4
0,40	2,4	0,95	11,1
0,60	3,5	1,00	16,3
0,80	6,1		

Tabelle 26. Scheinbares spezifisches Volumen von Cellulosefasern bei 20° (in cm^3 je g). Nach DAVIDSON.

Cellulose	In Helium	In Wasser	In Toluol
Amer. Upland-Baumwolle, gebeucht..	0,638	0,6213	0,645
Amer. Upland-Baumwolle, mercerisiert.	0,645	0,6224	0,651
Sea Island-Baumwolle, gebeucht ...	0,642	0,6235	0,646
Sea Island-Baumwolle, mercerisiert ..	0,647	0,6243	0,653
Sakel-Baumwolle, gebeucht......	0,640	0,6226	0,645
Sakel-Baumwolle, mercerisiert	0,645	0,6234	0,651
Viscoseseide.............	0,646	0,6217	0,652
Kupferseide.............	0,653	0,6248	0,657
Nitratseide	0,648	0,6192	0,654

Eine der Baumwollproben wurde außerdem in einer Reihe anderer Flüssigkeiten untersucht (s. Tabelle 27).

Man kann nun die Annahme machen, daß Helium von der Baumwolle nicht gebunden wird, so daß eine Kontraktion bei der Einbettung in dieses Medium nicht in Frage kommt. Begründet wird diese Annahme unter anderem dadurch, daß Tierkohle, die ein starkes Sorbens ist, Helium nicht aufnimmt. Man kann ferner annehmen, daß Helium, nachdem es ein sehr kleines Molekularvolumen hat, auch in die kleinsten erreichbaren Capillarräume und Poren der Fasern eindringt. Unter diesen Voraussetzungen kann man die in Helium erhaltenen Werte als die wahren Werte des spezifischen Volumens betrachten.

Tabelle 27. Scheinbares spezifisches Volumen von gebeuchter Baumwolle bei 20°. Nach DAVIDSON.

Einbettungsflüssigkeit	Spez. Volumen (cm³ je g)
Wasser	0,621
Aceton	0,642
Chloroform	0,644
Benzol	0,644
Tetrachlorkohlenstoff	0,644
Nitrobenzol	0,644
Toluol	0,645

Die mit Toluol und den anderen organischen Lösungsmitteln erhaltenen, etwas höheren Werte des spezifischen Volumens deuten darauf hin, daß diese Flüssigkeiten nicht alle Poren und Kanäle erfüllen. Die in Wasser beobachtbaren niedrigeren Werte des spezifischen Volumens finden ihre Erklärung durch die Annahme einer Kontraktion.

Die folgende Tabelle bringt die Beobachtungen von BRIMLEY über die Sorbierbarkeit verschiedener Dämpfe und Baumwolle. Wir ersehen daraus, daß die von DAVIDSON verwendeten organischen Einbettungsflüssigkeiten von den Fasern tatsächlich nur in sehr geringem Maße aufgenommen werden.

WIERTELAK und GARBACZOWNA teilen einige Beobachtungen über das sehr intensive Festhalten organischer Flüssigkeiten (insbesondere Äther-Alkoholmischungen, ferner aliphatischen Alkoholen und Pyridin) durch Cellulose mit. Äther und Benzol werden nach ihren Befunden nicht festgehalten.

Tabelle 28. Sorption verschiedener Dämpfe durch Baumwolle. Nach BRIMLEY.

Gesättigter Dampf	Ungebleichte Baumwolle	Gebleichte Baumwolle
	Höchstaufnahme in %	
Wasser	18—20	19—21
Eisessig	18—20	17—19
Äthylalkohol	3—3,5	8,5—9
Schwefelkohlenstoff	1,5—2	1,5—2
Benzol	1,5—2	1—2
Äther	7—7,5	7—7,5
Nitrobenzol	1,5—2	1,5—2
Aceton	2—2,5	6,5—7

Die Kontraktion bei der Wasseraufnahme der Cellulose kann man nun berechnen als Differenz des scheinbaren spezifischen Volumens in Wasser und in Helium. Die folgende Tabelle bringt diese Werte. Daneben befinden sich die Werte der maximalen Wasseraufnahme, die aus den Messungen von URQUHART und Mitarbeitern berechnet bzw. geschätzt wurden. Die letzte Spalte enthält die Werte des daraus berechneten scheinbaren spezifischen Volumens des Sorptionswassers.

Tabelle 29. **Kontraktion bei der Wasseraufnahme durch Cellulose.**
Nach DAVIDSON.

Cellulose	Kontraktion in cm³	Wasseraufnahme in g	Spez. Vol. des Sorptionswassers
	je g Cellulose		
Amer. Upland-Baumwolle, gebeucht . .	0,017	0,23	0,929
Amer. Upland-Baumwolle, mercerisiert.	0,023	0,36	0,939
Sea Island-Baumwolle, gebeucht . . .	0,019	0,23	0,921
Sea Island-Baumwolle, mercerisiert . .	0,023	0,32	0,931
Sakellaridis-Baumwolle, gebeucht . . .	0,018	0,23	0,926
Sakellaridis-Baumwolle, mercerisiert. .	0,022	0,30	0,930
Viscoseseide.	0,025	0,45	0,948
Kupferseide	0,028	0,43	0,936
Nitratseide	0,029	0,44	0,936

Die Gesamtkontraktion bei der maximalen Wasseraufnahme der Cellulose beträgt danach rund 2—3 cm³ je 100 g Cellulose. Die Dichte des aufgenommenen Wassers erscheint dementsprechend um etwa 5—7% höher als diejenige des freien Wassers. DAVIDSON berechnet diejenigen Drucke, die erforderlich sind, um Wasser soweit zu komprimieren, daß es die Dichte des Sorptionswassers zeigt. Er erhält dafür Werte zwischen etwa 1500—2500 kg/cm². PAULI hat vor 30 Jahren erstmalig eine derartige Berechnung an Gelatine durchgeführt und für das System 1 g Sorptionswasser je g Gelatine den Druck von rund 2000 Atm. erhalten.

Es ist bemerkenswert, daß, wie DAVIDSONs Ergebnisse zeigen, die höhere Sorption der mercerisierten Baumwolle und der regenerierten Cellulose mit höheren Werten der Kontraktion verknüpft ist. Dennoch zeigt das scheinbare spezifische Volumen des Sorptionswassers dieser Faserstoffe um 1—2% höhere Werte als dasjenige der gebeuchten Baumwolle. Übrigens findet sich derselbe Unterschied zwischen der Baumwolle einerseits, der mercerisierten und regenerierten Cellulose andererseits auch in dem wahren spezifischen Volumen.

Es sei noch bemerkt, daß es, wie WELTZIEN erwähnt, grundsätzlich denkbar ist, daß gewisse Hohlräume der Faserstoffe, die vom Wasser erreicht werden, von Helium nicht erfüllt werden können, obwohl die Heliummoleküle die bedeutend kleineren sind. Man könnte sich tatsächlich vorstellen, daß der Weg zu diesen Hohlräumen in der trockenen Cellulose versperrt ist, jedoch unter dem Einfluß der Quellung für die Wassermoleküle frei wird. In diesem Falle würden die Folgerungen in Hinsicht auf eine Kontraktion hinfällig werden. Wir werden jedoch in den weiteren Ausführungen zeigen, daß eine Reihe von Tatsachen mit dieser Vorstellung kaum in Einklang zu bringen ist.

FILBY und MAASS benützten ebenfalls die Gasverdrängungsmethode mit Helium, um das spezifische Volumen der Cellulose (Zellstoff, alkaliabgekocht) zu ermitteln. Es ergab sich in ausgezeichneter Übereinstimmung mit dem Befund von DAVIDSON zu $0{,}640 \pm 0{,}001$ cm³ je g. Sie bestimmten ferner mit derselben Methode das spezifische Gewicht von Celluloseproben, die verschiedene Mengen von Wasserdampf sorbiert hatten. Man kann daraus die scheinbare Dichte des bei verschiedenen Feuchtigkeitsgraden sorbierten Wassers berechnen. Die Ergebnisse sind in der nebenstehenden Tabelle und in Abb. 55 wiedergegeben.

Tabelle 30. **Kontraktion bei der Wasseraufnahme von Zellstoff.** Nach FILBY und MAASS.

Aufgenommenes Wasser je g Cellulose	Scheinbares Volumen des Sorptionswassers in cm³	Kontraktion je g Cellulose in cm³	Dichte des Sorptionswassers
0,0320	0,0123	0,0197	2,60
0,0625	0,0255	0,0370	2,45
0,1090	0,0723	0,0367	1,50
0,1578	0,1245	0,0333	1,26

Danach würden nur die ersten Anteile des Sorptionswassers eine Kontraktion erleiden. Oberhalb eines Wassergehaltes von 6% würden weitere Wassermengen ohne Kontraktion aufgenommen (das Absinken der Kontraktion bei dem höchsten Wassergehalt dürfte auf Versuchsfehler zurückzuführen sein). Der Gesamtwert der Kontraktion ergibt sich hier etwas höher als bei DAVIDSON, nämlich zu etwa $0{,}037$ cm³ je g Zellstoff. Vielleicht hängt dies mit der Verschiedenheit des Materials zusammen.

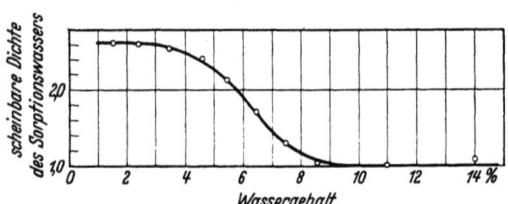

Abb. 55. Scheinbare Dichte des Sorptionswassers von Zellstoff (differentielle Werte) in Abhängigkeit vom Wassergehalt. Nach FILBY und MAASS.

STAMM und SEBORG haben kürzlich die Dichte von Cellulosestoffen mit Benzol als pyknometrischer Flüssigkeit ermittelt. Sie erhielten für die Dichte der Baumwolle den Wert 1,549 (für das spezifische Volumen daher den Wert 0,645). Aus der gleichfalls in Benzol bestimmten Dichte der Baumwollproben mit verschiedenem Wassergehalt berechneten sie die Kontraktion des Sorptionswassers. Die folgende Abbildung enthält die auf diese Weise erhaltenen Daten. Daneben befinden sich die Größen der differentiellen Kontraktion, d. h. der Volumverminderung, die eintritt, wenn eine sehr große Menge der Baumwolle von bestimmtem Feuchtigkeitsgrad 1 g Wasser aufnimmt. Der Gesamtwert der integralen Kontraktion ergibt sich zu etwa $0{,}017$ cm³ in guter Übereinstimmung mit den Befunden von DAVIDSON (und im Gegensatz zu denjenigen von FILBY und MAASS). Beide Kurven zeigen einen stetigen Verlauf, so daß die Beobachtungen von FILBY und MAASS

Die Volumkontraktion bei der Quellung der Faserstoffe. 97

keine Bestätigung finden. STAMM und SEBORG weisen auf den Umstand hin, daß sowohl die integralen als auch in viel stärkerem Maße die differentiellen Werte der Kontraktion, insbesondere diejenigen bei geringem Feuchtigkeitsgehalt, wesentlich verändert werden, wenn

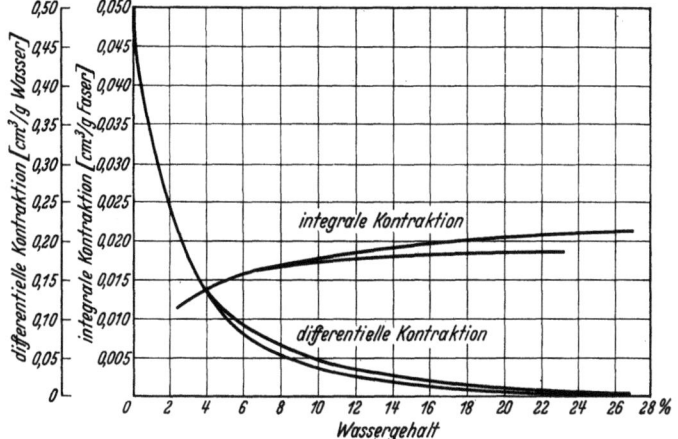

Abb. 56. Kontraktion des Sorptionswassers von Baumwolle (untere Kurvenzüge) und von Sulfitzellstoff (obere Kurvenzüge). Nach STAMM und SEBORG.

für die Dichte des trockenen Materials wenig verschiedene Werte eingesetzt werden.

Die scheinbaren spezifischen Volumina einer alkoholextrahierten australischen Wolle nach den Bestimmungen von KING bringt die nebenstehende Tabelle.

Von allen Zahlen dürften wohl diejenigen in Nitrobenzol, Toluol und Benzol die beste Annäherung an den Wert der wahren Dichte darstellen. Allerdings ist es nach den Erfahrungen an Baumwolle mit Hilfe von Helium nicht unwahrscheinlich, daß man in diesem Einbettungsmedium auch für Wolle eine höhere Dichte erhalten würde als in den drei obengenannten Flüssigkeiten.

Tabelle 31. Scheinbares spezifisches Volumen und Gewicht der Wolle. Nach KING.

Einbettungsflüssigkeit	Scheinbare Dichte	Spez. Volumen cm³/g
Methylalkohol	1,4085	0,710
Wasser	1,3964	0,718
Äthylalkohol.	1,3878	0,721
Glycerin.	(1,334)	(0,750)
Leichtnaphtha	1,326	0,754
Paraffin	1,320	0,758
Amylalkohol	1,318	0,759
Tetrachlorkohlenstoff . .	1,309	0,764
Ölsäure	1,308	0,765
Nitrobenzol	1,306	0,766
Olivenöl.	1,306	0,766
Toluol	1,306	0,766
Benzol	1,304	0,767

Bemerkenswert ist, daß Methylalkohol einen noch niedrigeren, Äthylalkohol einen nur wenig höheren Wert für das scheinbare spezifische

Volumen liefert als Wasser. Die Vermutung, daß die Alkohole ebenso wie das Wasser bei der Sorption mit Wolle eine Kontraktion erleiden, wird durch die folgende Zusammenstellung gestützt.

Tabelle 32. Sorption verschiedener Dämpfe durch Wolle bei 25°. Nach KING.

Gesättigter Dampf	Aufnahme in % etwa
Wasser	33
Methylalkohol .	26,3
Äthylalkohol .	21,3
Benzol	< 0,5

Man ersieht daraus, daß die Sorbierbarkeit der Alkohole recht beträchtlich ist. Vermutlich hängt dies mit der Anwesenheit der Hydroxylgruppe im Molekül zusammen.

Interessante Ergebnisse liefert die Bestimmung des spezifischen Gewichtes von feuchter Wolle in Benzol und Wasser. Im ersteren Lösungsmittel erhält man ein Maximum bei zunehmendem Wassergehalt. Die Ursache liegt darin, daß das aufgenommene Wasser zunächst eine größere Dichte aufweist, als die trockene Wolle. In Wasser erhält man dagegen mit zunehmendem Wassergehalt stetig abnehmende Dichte,

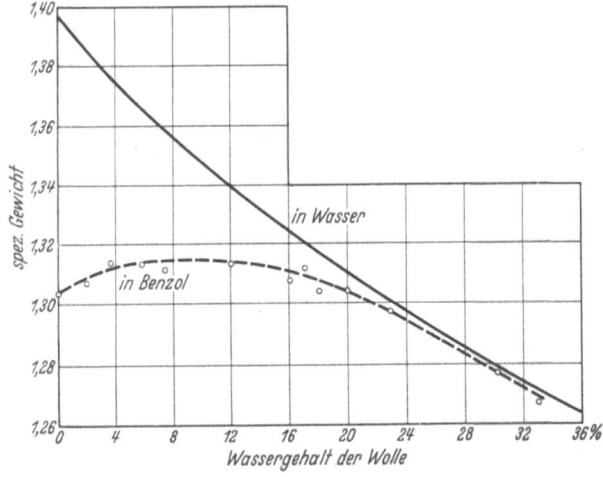

Abb. 57. Abhängigkeit des scheinbaren spez. Gewichtes („in Wasser") und des wahren spez. Gewichtes („in Benzol") der feuchten Wolle vom Wassergehalt. Nach KING.

da hier bei der Einbettung die Wolle jedesmal mit Wasser gesättigt wird und die dabei stattfindende Kontraktion um so geringer ist, je weniger Feuchtigkeit die Wolle vorher enthält (Abb. 57).

Man kann aus diesen Messungen berechnen wie groß das von dem jeweils sorbierten Wasser in den Fasern beanspruchte Volumen ist, bzw. wieviel die Kontraktion für jeden Wassergehalt der Wolle beträgt. Die folgende Tabelle enthält neben diesen Werten noch die scheinbare Dichte des Sorptionswassers (Verhältnis des Gewichtes des Sorptionswassers zur Volumzunahme der Fasern) und schließlich die Volumzunahme pro

100 cm³ Wolle (berechnet mit Hilfe des Wertes für die Dichte der trockenen Fasern). Diese letzteren Werte zeigen eine gute Übereinstimmung mit den entsprechenden direkten Beobachtungen von HIRST und SPEAKMAN (s. Tabelle 23 weiter oben).

Tabelle 33. Kontraktion bei der Wasseraufnahme durch Wolle. Nach KING.

Wasseraufnahme je g Wolle	rF (annähernd)	Scheinbares Volumen des Sorptionswassers × 100	Kontraktion je g Wolle in cm³	Dichte des Sorptionswassers	Volumzunahme der Wolle in %
0	0	—	0	—	—
0,02	0,02	0,98	0,0102	2,04	1,28
0,05	0,11	3,02	0,0198	1,65	3,94
0,07	0,205	4,55	0,0245	1,57	5,8
0,10	0,36	6,63	0,0327	1,48	8,8
0,15	0,61	10,7	0,0430	1,40	13,9
0,20	0,81	15,38	0,0462	1,30	19,7
0,25	0,94	19,88	0,0512	1,26	25,8
0,30	0,99	24,93	0,0507	1,20	32,5
0,33	(1,00)	27,96	0,0504	1,18	36,4

Es zeigt sich hier, daß die Kontraktion erst bei etwa 25% Wassergehalt zum Stillstand kommt. Ihr Gesamtwert beträgt rund 0,05 cm³ je g Wolle, also 2—3mal so viel als bei Baumwolle.

Die Wärmeentwicklung bei der Sorption. Die Aufnahme von Dämpfen und Gasen durch feste Körper ist in den meisten Fällen mit beträchtlicher Wärmeentwicklung verknüpft. Man kann diese Wärme sehr einfach messen, indem man die trockenen Fasern in einem Calorimeter befeuchtet. In diesem Fall erhält man den integralen Wert der gesamten Quellungswärme. Legt man dagegen die Faserproben, die bereits eine bestimmte Menge Wasser, z. B. 0,05 g je g Faser, sorbiert hatten, ins Wasser, so mißt man dabei die sog. intermediäre Quellungswärme. Aus den Werten der intermediären Quellungswärme lassen sich schließlich die Werte der differentiellen Quellungswärme berechnen. Sie stellen die Wärmemenge dar, die frei wird, wenn eine große Menge der Faser von bestimmtem Wassergehalt noch 1 g (oder 1 Mol) Wasser aufnimmt. Die *Sorptionswärme*, die frei wird, wenn 1 g Wasser*dampf* aufgenommen wird, ist jeweils um den Betrag der Verdampfungswärme größer als die *Quellungswärme*.

Tabelle 34. Intermediäre Quellungswärme von Filtrierpapier. Nach KATZ.

Anfangswassergehalt je g Cellulose in g	Wärmeentwicklung bei vollständiger Benetzung in cal je g Cellulose
0	10,7
0,014	7,2
0,041	3,8
0,054	3,1
0,074	1,7
0,261	0,2

ROSENBOHM hat die gesamte integrale Quellungswärme von trockenen Faserstoffen ermittelt und erhielt je g für Filtrierpapier 9,6 cal, für Baumwolle 20,8 cal und für regenerierte Cellulose 11,4 cal.

KATZ hat die intermediären Quellungswärmen von Filtrierpapier gemessen (s. Tabelle 34).

Mit 5% Wassergehalt beträgt die Quellungswärme danach kaum mehr $1/3$ des Gesamtwertes und mit 10% Wassergehalt nur etwa $1/10$ desselben. Es sind daher nur die ersten Feuchtigkeitsanteile, die bei der Aufnahme eine hohe Wärmetönung geben. Die maximale differentielle Quellungswärme, die frei wird, wenn eine große Menge von trockenem Filtrierpapier 1 g Wasser aufnimmt, berechnet sich zu etwa 400 cal.

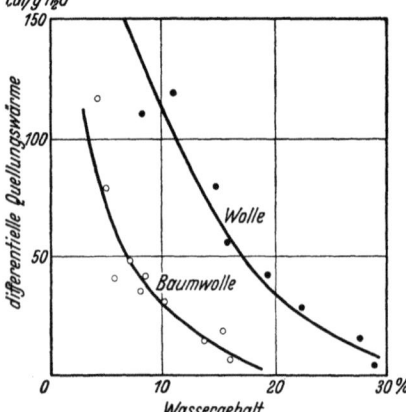

Abb. 58. Differentielle Quellungswärme von Baumwolle und Wolle, berechnet aus der Temperaturabhängigkeit der Sorption von SHORTER nach den Daten von SCHLOESING.

Außer der direkten calorimetrischen Bestimmung besteht noch die Möglichkeit, die Quellungswärme aus der Temperaturabhängigkeit der Sorption zu ermitteln. Es gilt nämlich die Beziehung

$$dW = RT^2 \frac{d \ln h}{dT}. \quad (1)$$

Darin bedeutet dW die einem bestimmten Feuchtigkeitsgehalt der Faser entsprechende differentielle Quellungswärme je Mol aufgenommenen Wassers. h bezeichnet hier den relativen Dampfdruck (rF), der dem Wassergehalt des Faserstoffes entspricht. Der so definierte Wert von h muß bei verschiedenen Temperaturen (T) bekannt sein. Es genügt für die näherungsweise Berechnung z.B., wenn

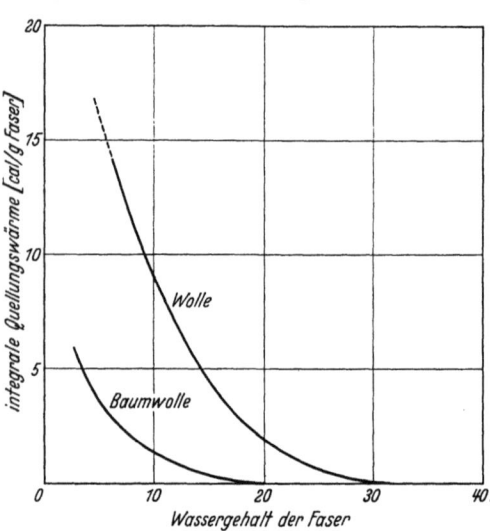

Abb. 59. Integrale Quellungswärme von Baumwolle und Wolle, berechnet aus der Temperaturabhängigkeit der Sorption. Nach SHORTER.

die Sorptionsisotherme für zwei verschiedene Temperaturen ermittelt ist. SHORTER hat diese Beziehung zuerst auf Baumwolle und Wolle angewandt und die in Abb. 58 dargestellten Ergebnisse erhalten.

Aus diesen Werten der differentialen Quellungswärme lassen sich die intermediären integralen Werte berechnen (Abb. 59).

Die nächste Abb. 60 zeigt wieder Ergebnisse von direkten calorimetrischen Bestimmungen durch HEDGES. Die Werte für Wolle lassen sich mit den (in der vorangehenden Abb. 59 dargestellten) berechneten Werten vergleichen. Es ergibt sich eine gute Übereinstimmung. Die integrale Quellungswärme der Wolle beträgt somit etwa 24 cal, annähernd doppelt so viel wie bei Baumwolle. Die Abb. 60 zeigt ferner die calorimetrischen Werte für eine chinesische Seide. Daneben befinden sich diejenigen

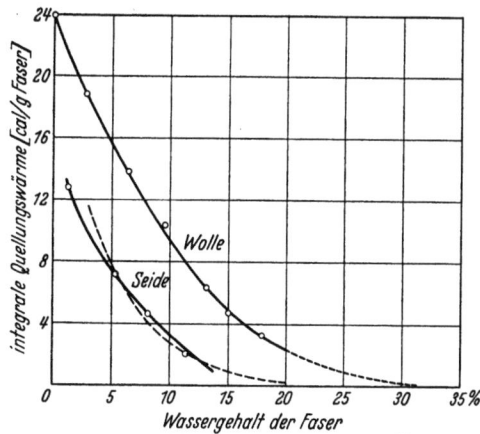

Abb. 60. Integrale Quellungswärme von Wolle und Seide. Ausgezogene Kurven: calorimetrische Werte; gestrichelte Kurve: Werte berechnet aus der Temperaturabhängigkeit der Sorption. Nach HEDGES.

Werte, die aus den älteren Messungen von SCHLOESING über die Temperaturabhängigkeit der Wasseraufnahme durch Seide von HEDGES berechnet wurden. Auch hier ist die Übereinstimmung zwischen den beiden auf grundsätzlich verschiedenem Wege erhaltenen Kurven ausgezeichnet.

Schließlich sind in der nächsten Abbildung die Werte für die differentielle Quellungswärme der Wolle nach HEDGES dargestellt, sowohl auf Grund direkter calorimetrischer Messungen als auch nach der obigen Formel (1) berechnet.

ARGUE und MAASS bestimmten calorimetrisch die intermediären Quellungswärmen von Baumwollcellulose und berechneten daraus die Größe der differentiellen Quellungswärme (s. Tabelle 35).

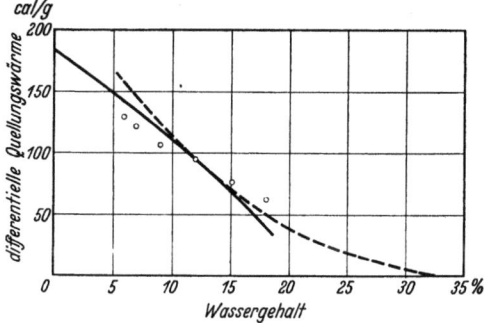

Abb. 61. Differentielle Quellungswärme von Wolle. Punkte: calorimetrische Werte; ausgezogene Kurve: berechnet aus der Temperaturabhängigkeit der Sorption nach den Daten von HEDGES. Gestrichelte Kurve: berechnet aus der Temperaturabhängigkeit der Sorption nach den Daten von SCHLOESING. Nach HEDGES.

Die Werte der als Absorption bezeichneten Spalte wurden an Celluloseproben gemessen, die vom trockenen Zustande zuerst auf den in der ersten Spalte angegebenen Wassergehalt gebracht und dann im Calorimeter in das Quellungswasser gelegt wurden. Die Werte, die in der als Desorption bezeichneten Spalte angeführt sind, wurden an Proben gewonnen, die zuerst vom nassen Zustande durch Wasserentziehung auf den angegebenen Wassergehalt gebracht und dann in das Quellungsbad gelegt wurden. Der Unterschied zwischen den Absorptions- und Desorptionswerten entspricht der Erscheinung der Hysteresis. Die Werte der differentiellen Quellungswärmen wurden aus den in der Absorptionsspalte angeführten Werten berechnet.

Tabelle 35. **Intermediäre und differentielle Quellungswärme von Baumwollcellulose.** Nach ARGUE und MAASS.

Wassergehalt je g Cellulose	Intermediäre, integrale Quellungswärme in cal je g Cellulose		Differentielle Quellungswärme in cal je g Wasser
	Absorption	Desorption	
0	10,16	—	—
0,005	9,0	—	232
0,01	8,0	9,29	216
0,02	6,27	7,1	194,5
0,03	4,9	5,32	175,3
0,04	3,78	4,04	159,5
0,05	2,98	3,20	143,6
0,06	2,39	2,64	129,5
0,07	1,99	2,17	116,7
0,08	1,78	—	104,8

Die intermediären Werte der Quellungswärme stimmen mit denjenigen von KATZ gut überein.

Für die Quellungswärme verschiedener trockener Zellstoffproben erhielten ARGUE und MAASS Werte zwischen 12,7 und 13,9 cal, also etwas höhere Werte als für die der Baumwolle.

Weitere Werte für die Quellungswärme der Cellulose finden sich auf S. 105.

Freie Sorptionsenergie und Quellungsdruck. Aus den Sorptionsisothermen läßt sich, wie KATZ gezeigt hat, die Abnahme der freien Energie (F) der Sorption auf eine sehr einfache Weise berechnen. Sie ergibt sich zu

$$-dF = -RT \ln h, \qquad (2)$$

wobei h den relativen Dampfdruck (rF) und dF die maximale Arbeit bedeutet, die dadurch geleistet werden kann, daß man einer großen Menge vom Sorbens 1 Mol Wasser auf umkehrbarem Wege zuführt. Für Zimmertemperatur, auf 1 g Wasser bezogen (statt auf 1 Mol) und in dekadische Logarithmen umgerechnet, lautet die Gleichung:

$$-dF = -69 \log h \qquad (3)$$

(in cal).

Man kann nun in einem Gedankenexperiment die maximale Arbeitsleistung so vor sich gehen lassen, daß man das Sorbens mit einem Stempel aus einer wasserdurchlässigen Membran z. B. aus Ton, belastet und das Wasser durch diese Membran solange einwirken läßt, bis gerade 1 g vom Sorbens aufgenommen wird. Hierbei muß soviel Sorbens vorhanden sein, daß die Veränderung im prozentualen Feuchtigkeitsgehalt bei der Aufnahme dieser Wassermenge zu vernachlässigen ist. Um den Vorgang gemäß den Forderungen der Thermodynamik mit maximaler Nutzleistung auszuführen, muß der Stempel so stark belastet sein, daß er gerade dem von dem quellenden Körper ausgeübten Druck das Gleichgewicht hält. Nimmt man an, daß bei der Sorption keine Kontraktion stattfindet, so muß der Stempel beispielsweise von q cm² Fläche zwecks Aufnahme von 1 g Wasser um 1/q cm gehoben werden. Da die hierbei geleistete Arbeit —dF cal betragen soll, muß der Druck dem Äquivalent von —dF cal je cm entsprechen. Nach Umrechnung in Atmosphären ergibt sich der Druck zu

$$P = -2935 \log h. \qquad (4)$$

Den Druck (P), der gemäß der vorangehenden Ableitung von dem quellenden Körper auf eine wasserdurchlässige Scheidewand ausgeübt wird, bezeichnet man als *Quellungsdruck*. Er unterscheidet sich nur in der Dimension von der maximalen Arbeit. Erhöht man den äußeren Druck über den Quellungsdruck, dann wird aus dem Sorbens Wasser ausgepreßt, und zwar solange, bis der Feuchtigkeitsgehalt auf jenen Betrag abgesunken ist, dem ein Quellungsdruck gleich dem äußeren Druck entspricht.

Gemäß der Sorptionsisotherme entspricht jedem Wassergehalt eine bestimmte Dampfdruckerniedrigung. Wir können daher in thermodynamischem Sinne von der verminderten Aktivität des Wassers sprechen. Dem verminderten Dampfdruck oder der Aktivität des Sorptionswassers entspricht auch eine Gefrierpunktserniedrigung. Je tiefer der Dampfdruck liegt, d. h. je weniger Wasser das Sorbens enthält, um so tiefer liegt die Temperatur, bei der es Eis auszuscheiden beginnt.

Bedauerlicherweise liegen an Faserstoffen keine direkten Messungen des Quellungsdruckes und, soweit uns bekannt, auch nicht solche des Gefrierpunktes vor. Dagegen konnten diese Beziehungen an Gelatine, die als Eiweißstoff der Wolle nahesteht, experimentell bestätigt werden. (Vgl. die kürzlich veröffentlichte Arbeit von LLOYD und MORAN.) Wir müssen uns hier damit begnügen, mit Hilfe der obigen Gleichungen die zu erwartenden Quellungsdrucke und Gefrierpunktserniedrigungen an zwei Beispielen für Baumwolle und Wolle zu berechnen. Eine gewisse Schwierigkeit ist in dem Umstand begründet, daß die thermodynamischen Zusammenhänge nur auf Gleichgewichtszustände bezogen werden können. Die Erscheinung der Sorptionshysterese zeigt jedoch, daß bei der Sorption der Faserstoffe das Gleichgewicht im allgemeinen nicht erreicht wird. Man kann aber von der Voraussetzung ausgehen, daß das wahre Sorptionsgleichgewicht innerhalb der Standardsorptionsisothermen liegen muß und näherungsweise den aus den Absorptions- und Desorptionszahlen gebildeten Mittelwert als Grundlage der Berechnung nehmen. Die Werte der folgenden Tabelle sind auf diese Weise von uns aus den Versuchsergebnissen von URQUHART und Mitarbeitern an Baumwolle einerseits, von SPEAKMAN an Wolle andererseits berechnet worden.

Tabelle 36. Freie Energie (dF), Quellungsdruck (P) und Gefrierpunktserniedrigung (t) bei der Sorption durch Baumwolle und Wolle.

$\frac{h}{rF}$	$-dF$ in cal je g H_2O	P in atm	t in °	Wassergehalt in g je g	
				Baumwolle	Wolle
0,05	89,8	3820	—	0,016	—
0,10	69,0	2935	—200	0,023	0,05
0,20	48,2	2050	—	0,033	0,075
0,30	36,1	1530	—	0,042	0,09
0,40	27,4	1170	—	0,052	0,11
0,50	20,8	883	—	0,063	0,13
0,60	15,3	651	—50	0,073	0,14
0,70	10,7	455	—37	0,086	0,16
0,80	6,7	285	—23	0,106	0,19
0,90	3,1	135	—10	0,138	0,24
1,00	0,0	0	0	—	0,33

Es genügen also Drucke von einigen 100 Atm., um den größten Teil des in gesättigtem Dampf aufgenommenen Sorptionswassers auszupressen. Von etwa 5% Wassergehalt an bei Baumwolle, von etwa 10% an bei Wolle, wachsen jedoch die zur weiteren Trocknung erforderlichen Drucke sehr schnell. Aus der Tabelle ersehen wir ferner, welche starken Erniedrigungen des Gefrierpunktes das aufgenommene Wasser erfährt.

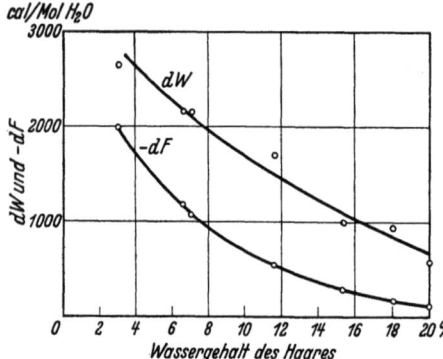

Abb. 62. Differentielle Quellungswärme (dW) und freie Energie ($-dF$) von Frauenhaar bei 5° in Abhängigkeit vom Wassergehalt. Nach FRICKE und LÜKE.

Vom theoretischen Standpunkt aus ist es interessant, die Quellungswärme und die freie Quellungsenergie miteinander zu vergleichen. KATZ hat die Abnahme der beiden Größen (Wärme und freie Energie) innerhalb zweier Feuchtigkeitsgrade an verschiedenen Körpern (Casein, Filtrierpapier) berechnet und ihre annähernde Gleichheit festgestellt. In der neuesten Zeit haben FRICKE und LÜKE die beiden thermodynamischen Größen an Frauenhaar ermittelt. Ihre Ergebnisse sind in diesem Zusammenhang um so bemerkenswerter, als das Haar in seinen Eigenschaften der Schafwolle sehr nahesteht. Nach dem Befund der Autoren zeigt sich jedoch, im Gegensatz zur Wolle, keine merkliche Hysterese. Dieser Umstand erklärt die Eignung des Haares für die Anwendung in Hygrometern. Die Sorptionsisothermen wurden bei 0° und 10° aufgenommen. Die differentielle Quellungswärme wurde mit Hilfe der Formel (1) ermittelt, zur Berechnung der differentiellen freien Energie diente die Formel (2). Die Ergebnisse dieser Berechnungen bringt die vorstehende Abbildung.

Aus ihr ist ersichtlich, daß von einer Gleichheit der beiden thermodynamischen Größen in diesem Falle nicht die Rede sein kann. Die Schaulinie für die Wärmetönung verläuft durchweg erheblich höher als die freie Energie. Bei hohem Wassergehalt müssen sich die beiden Kurven nähern, da beim Sättigungsdruck sowohl die Sorptionswärme als auch die freie Sorptionsenergie verschwindet.

STAMM und LOUGHBOROUGH haben neuerdings aus den Daten von URQUHART und WILLIAMS die differentielle Quellungswärme und die freie Quellungsenergie der Baumwolle berechnet. Die Quellungswärme wurde aus den bei 40° und bei 60° aufgenommenen Isothermen, die freie Energie aus der bei 50° aufgenommenen Isotherme berechnet. Die nebenstehende Abbildung gibt die Ergebnisse wieder.

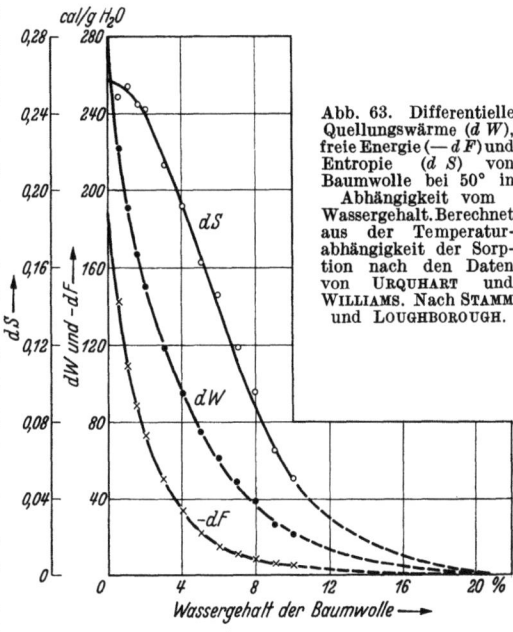

Abb. 63. Differentielle Quellungswärme (dW), freie Energie ($-dF$) und Entropie (dS) von Baumwolle bei 50° in Abhängigkeit vom Wassergehalt. Berechnet aus der Temperaturabhängigkeit der Sorption nach den Daten von URQUHART und WILLIAMS. Nach STAMM und LOUGHBOROUGH.

Die dritte Kurve zeigt die Werte der Entropie (dS), zu deren Ableitung die folgende Formel diente:

$$dS = \frac{dW - (-dF)}{T}. \quad (5)$$

Auch in diesem Falle verläuft die Kurve der Wärmetönung bedeutend höher als diejenige der freien Energie. Diese beträgt im mittleren Feuchtigkeitsbereich sogar nur einen Bruchteil der ersteren. Die Werte der differentiellen Quellungswärme liegen niedriger, als die direkt gemessenen Werte von ARGUE und MAASS.

Der molekulare Mechanismus der Sorption. An Hand der thermodynamischen Daten kann man die Frage behandeln, ob die Wasserdampfaufnahme der Faserstoffe lediglich unter dem Einfluß des Strebens nach einer wahrscheinlichen Verteilung der beiden Komponenten (Wasser- und Fasermoleküle) erfolgt oder ob die molekularen Anziehungskräfte dafür bestimmend sind. Im ersten Fall müßte die Wärmetönung verschwindend klein sein, genau so, wie etwa bei der Ausdehnung eines idealen Gases oder der Verdünnung einer idealen Lösung. Die hohe Wärmetönung, die bei der Sorption beobachtet wird, zeigt nun eindeutig, daß dieser Fall nicht vorliegt, sondern daß den molekularen Kräftewirkungen die ausschlaggebende Bedeutung zukommt.

Die Tatsache, daß die Wärmetönung häufig merklich höhere Werte annimmt als die freie Energie, zeigt, daß unter dem Einfluß der Molekularkräfte ein Zustand angestrebt wird, der statistisch unwahrscheinlicher ist. Man kann dies mit W. HALLER durch die Annahme erklären, daß die sorbierten Wassermoleküle in der Wirkungssphäre der Moleküle der quellenden Substanz gewissermaßen geordnet, etwa durch Polarisation gerichtet werden, eine Ansicht, die auch von KATZ geteilt wird.

Quellungsdruck und osmotischer Druck sind im thermodynamischen Sinn gleichwertig (KATZ), sie sind auf die gleiche Weise mit der Dampfdruckerniedrigung verknüpft. Für die Bedeutung des Druckes ist es zunächst belanglos, ob die Hinderung der Diffusion einer Substanz aus der Lösung (oder dem quellenden Körper) in das reine Lösungsmittel durch die Anwesenheit einer Membran oder, wie es bei der Quellung anzunehmen ist, durch die Kohäsionskräfte des quellenden Körpers zustande kommt. In verdünnten Lösungen bestimmt bekanntlich ausschließlich die translatorische Bewegung der Moleküle den Druck. In den quellenden Körpern fehlt jedoch den Molekülen die freie Beweglichkeit, so daß gerade die Translation vermutlich ohne Bedeutung ist. Schon in den konzentrierten Lösungen der hochmolekularen Substanzen bemerkt man, daß neben der Translationsbewegung andere Kräfte für den Druck verantwortlich gemacht werden müssen. Diese sind wohl die Ursache des Quellungsdruckes. Es hat also eine gewisse Berechtigung, wenn Wo. OSTWALD davon spricht, daß in den konzentrierten Lösungen zu dem reinen osmotischen Druck sich noch ein Quellungsdruck addiert und auf diese Weise die Abweichungen von dem VAN 'T HOFFschen Gesetz entstehen. Bei den unbegrenzt quellbaren Körpern (z. B. Gelatine bei höheren Temperaturen), die bei höheren Feuchtigkeitsgraden soviel Wasser aufnehmen, daß sie schließlich gelöst werden, geht der Quellungsdruck in den osmotischen Druck verdünnter Lösungen, ohne irgendwelche Unstetigkeit, allmählich über.

Die sog. osmotische Theorie der Quellung versucht umgekehrt, den Quellungsdruck auf den osmotischen Druck zurückzuführen. Es wird dabei angenommen, daß ein Teil der quellenden Substanz löslich ist und der andere unlösliche Teil als halbdurchlässige Scheidewand funktioniert. Der quellende Körper verhält sich nach dieser Vorstellung wie eine osmotische Zelle.

STAUDINGER führt die Quellung der Hochmolekularen auf die Raumbeanspruchung der Makromoleküle bei der Wärmebewegung zurück. Der beanspruchte Raum der als starre dünne Stäbe gedachten Moleküle soll gleich sein dem Volumen eines flachen Zylinders, dessen Durchmesser die Moleküllänge, dessen Höhe die Moleküldicke ist.

W. HALLER faßt die Hauptvalenzketten als biegsame Fäden auf, die sich infolge der Wärmebewegung in einer pulsierenden, vibrierenden

BROWNschen Bewegung befinden. Ähnlich wie die translatorische Bewegung den osmotischen Druck der verdünnten Lösungen bedingt, ruft diese innermolekulare Deformationsbewegung den Quellungsdruck hervor. Im Sinne der Thermodynamik handelt es sich in beiden Fällen um die Änderung der Entropie, die bei den Hochmolekularen durch die Abhängigkeit der innermolekularen Bewegung von der Natur der sie umgebenden Moleküle mitbestimmt wird (vgl. S. 10).

Allen diesen drei zuletzt angedeuteten Vorstellungen ist gemeinsam, daß sie nur in Fällen, wo die maximale Arbeit die Quellungswärme erheblich überschreitet, zutreffen könnten. Mit anderen Worten, ihre Bedeutung beschränkt sich höchstens auf einen engen Bereich um die relative Feuchtigkeit 90—100%. Für den größten Teil des Sorptionsgebietes steht dagegen fest, daß hauptsächlich die molekularen Kräfte für die Wasseraufnahme verantwortlich sind. Diese Kräfte können als wesensgleich mit den Solvatationskräften betrachtet werden, also jenen Kräften, die in den Lösungen die Moleküle des Gelösten und des Lösungsmittels aneinander knüpfen. Diese Kräfte sind bekanntlich spezifischer Natur und so erklärt sich auch, warum die Sorbierbarkeit eine spezifische Eigenschaft des Sorbens und des aufzunehmenden Dampfes ist, wie wir bereits aus der Abhängigkeit der Wasseraufnahme von dem Veresterungsgrad oder aus der Zusammenstellung in Tabelle 28 und 32 gesehen haben. Die Quellungswärme hat danach die analoge Bedeutung wie die Lösungswärme. Letztere ergibt sich molekulartheoretisch als die Differenz der Solvatationswärme und der Kohäsionsenergie (Gitterenergie) des festen Körpers, da ja die letztere bei dem Lösungsvorgang überwunden werden muß. Bei der Quellung liegen die Verhältnisse gleich. Das aufgenommene Wasser drängt sich zwischen die Teile (Krystallite oder Moleküle) des quellenden Körpers, die in trockenem Zustande durch die Kohäsionskräfte aneinander geheftet sind. Die hohe Festigkeit der Fasern (in trockenem Zustande) zeigt die recht erhebliche Größe der durch die Solvationskräfte zu überwindenden Kohäsionskräfte an. Die freie Quellungsenergie und die Quellungswärme drücken daher das Ergebnis eines Wettbewerbes zwischen zwei Kräften aus, die sich vergleichsweise wenig voneinander unterscheiden. Die Volumkontraktion bei der Wasseraufnahme entspricht nach dieser Vorstellung der Tatsache, daß die Hydratation in vielen Fällen mit einer recht erheblichen Volumabnahme des gebundenen Wassers verknüpft ist.

Das Verhalten der quellbaren Körper, die durch die Dampfaufnahme eine Volumvergrößerung erleiden, unterscheidet sich von dem Verhalten poröser Körper wie Absorptionskohle oder Kieselgel. Letztere haben die Fähigkeit, große Dampfmengen zu verschlucken, ohne dabei ihr Volumen merklich zu ändern. Für diese Körper spielt die Capillarkondensation eine große Rolle. Da gelegentlich angenommen wurde, daß die Capillarkondensation auch bei der Dampfaufnahme der Faserstoffe von Bedeutung und gelegentlich sogar, daß sie dafür ausschlaggebend ist, sei sie hier kurz besprochen.

Unter *Capillarkondensation* versteht man die Erscheinung, daß in Poren geringer Weite Dämpfe bereits unterhalb des Sättigungsdruckes zur Flüssigkeit verdichtet werden. Es handelt sich dabei um einen Einfluß der Oberflächenspannung, der bewirkt, daß der Dampfdruck von Flüssigkeiten an konkaven Oberflächen vermindert wird. Jedem Porendurchmesser entspricht für eine bestimmte Flüssigkeit ein Dampfdruck, bei dem die Kondensation stattfindet.

Tabelle 37. **Relative Dampfdrucke (rF), bei denen die Kondensation von Wasser in Poren von einem gegebenen Radius (r) erfolgt.**

r in Å	100	50	30	20	10
rF	0,903	0,816	0,712	0,601	0,362

Voraussetzung für diese Beziehung ist, daß die Oberflächenspannung des Wassers von der Krümmung der Oberfläche unabhängig ist. Wenn diese Voraussetzung nicht zutrifft, erfahren die Zahlenwerte der obigen Tabelle eine entsprechende Änderung.

Unterhalb von rF = 0,362 sind die Poren, in denen die Kondensation erfolgen soll, so klein, daß hier jedenfalls eine beträchtliche Beeinflussung der Wassermoleküle durch die Oberfläche angenommen werden muß. Erst oberhalb dieses Gebietes, wo der Porenradius die molekularen Abmessungen etwa des Wassers wesentlich überschreitet, könnte man von Kondensation im üblichen Sinne sprechen. Nun hat die Beobachtung der bei der Wassersorption stattfindenden Änderungen der Dimensionen der Fasern zu dem Ergebnis geführt, daß das aufgenommene Wasser die Abmessungen der Fasern mindestens um 80—90% ihres Volumens vergrößert. Die Kondensation in Capillarräumen darf jedoch zu keiner Vergrößerung des sorbierenden Körpers führen, eher wäre eine Verkleinerung infolge Zusammenziehens der Poren zu erwarten. Ein weiteres Argument gegen die Annahme der Capillarkondensation liegt in der Tatsache, daß die Quellungswärme sehr erheblich ist, während bei einer reinen Capillarkondensation keine Wärmetönung (außer der Verdampfungswärme, die bei der Bestimmung der Quellungswärme bereits in Abzug gebracht wurde) auftreten darf. Schließlich spricht auch die spezifische Natur der Sorption gegen die Annahme, daß sie in bereits vorgebildeten Hohlräumen stattfindet. Bei der Capillarkondensation werden nämlich von verschiedenen Dämpfen bei Sättigung die gleichen Mengen festgehalten. Wie wir aus den Tabellen 28 und 32 ersehen, widerspricht das Verhalten der Faserstoffe dieser Forderung.

Das Ergebnis der vorangehenden Betrachtung können wir dahin zusammenfassen, daß die Sorption des Wassers *in fertig ausgebildeten*

Hohlräumen der trockenen Faserstoffe den Betrag von 0,02—0,03 g Wasser je g Faserstoff kaum übersteigen kann.

Eine andere Frage ist hingegen, ob in den feuchten Fasern das Sorptionswasser ähnlich wie in einer festen Lösung den gesamten Körper homogen durchsetzt, oder in Kanälen zusammengehäuft ist. Im letzteren Falle würden die Faserstoffe im gequollenen Zustande wassererfüllte Hohlräume enthalten, deren Entstehung so vorzustellen wäre, daß das aufgenommene Wasser nach und nach die Teile der quellenden Substanz auseinandergedrängt hat. Die Annahme eines Hohlraumsystems der nassen Fasern in diesem Sinne, die viel Wahrscheinlichkeit besitzt, hat mit der Annahme einer Capillarkondensation nichts zu tun.

Nichtlösendes Wasser in Fasern. Die herabgesetzte Aktivität des Quellungswassers gibt sich auch in der Verringerung seiner lösenden Eigenschaft kund. Im Gleichgewicht mit einer wässerigen Lösung enthält das Quellungswasser je Mengeneinheit weniger von dem gelösten Körper als jene. Da die Menge des gesamten Quellungswassers im allgemeinen unbestimmt ist, drückt man das Ergebnis des Verteilungsgleichgewichtes so aus, daß man einer bestimmten Menge von Quellungswasser gar keine lösenden Eigenschaften zuschreibt und den anderen Anteil als genau so lösend betrachtet wie das freie Wasser. Das nichtlösende Wasser berechnet man unter der Voraussetzung, daß der quellende Körper die gelöste sog. Bezugsubstanz nicht bindet. Die Richtigkeit dieser Voraussetzung läßt sich dadurch prüfen, daß man das „nichtlösende Wasser" bei verschiedenen Konzentrationen der Bezugsubstanz bestimmt. Bei einem Bindungsgleichgewicht wird entsprechend der Massenwirkung in höheren Konzentrationen des einen Bestandteils von diesem prozentual weniger verbraucht. Besteht ein derartiges Bindungsgleichgewicht, so nimmt der scheinbare Wert des nichtlösenden Wassers bei Erhöhung der Konzentration der Bezugsubstanz ab. Wird bei großem Überschuß des Bezugsstoffes nur ein geringer Teil desselben gebunden, so nähert sich der scheinbare Wert des nichtlösenden Wassers dem tatsächlichen. Die Bestimmung wird so ausgeführt, daß der quellende Körper mit der Lösung ins Gleichgewicht gebracht wird und dann die Konzentration der Bezugsubstanz in dem gesamten vorhandenen Wasser verglichen wird mit der Konzentration in der freien Lösung. Bei den Eiweißkörpern kam dieses Verfahren wiederholt in verschiedener Weise zur Anwendung. SÖRENSEN hat die Verteilung von Ammoniumsulfat zwischen Eieralbuminkrystallen und ihrer Mutterlauge bestimmt. In einer anderen Untersuchung ermittelte er die Verteilung von Ammonsulfat zwischen einer eiweißhaltigen Innenflüssigkeit und einer eiweißfreien Außenflüssigkeit, die voneinander durch eine für die Eiweißkörper undurchlässige, für Ammonsulfat durchlässige Membran getrennt waren. Die Menge des nichtlösenden Wassers ergab sich zu etwa 0,20—0,30 g je g Eieralbumin.

Auf die Faserstoffe wurde diese Methode erst in der neuesten Zeit angewendet. SCHWARZKOPF bestimmte damit das von Cellulose in

NaOH-Lösungen gebundene Wasser. Hierüber wird in dem Abschnitt über die Mercerisierung berichtet werden. CHAMPETIER hat verschiedene Fasern mit Na-Hyposulfit-Lösungen getränkt, dann die Lösung abgepreßt und ihre Konzentration durch Titration bestimmt. Sie zeigte sich unabhängig von dem Abpressungsgrad und durchwegs höher als die ursprüngliche Konzentration. Die folgende Tabelle bringt die auf diese Weise berechneten Werte des nichtlösenden Wassers. In einer weiteren Versuchsreihe, die gleichfalls in der Tabelle angeführt ist, wurde Pyridin als Bezugssubstanz benützt.

Tabelle 38. Nichtlösendes Wasser in Cellulosefasern. Nach CHAMPETIER.

Cellulose	$Na_2S_2O_4 + H_2O$ in Gew.-%	Mol H_2O (nichtlösend) je Mol $C_6H_{10}O_5$
Lintersbaumwolle	12,5	0,55
,,	25,0	0,56
,,	50,0	0,45
Ramie	40,0	0,46
Linters mercerisiert mit 15% NaOH .	12,5	1,13
,, ,, ,, 15% ,, .	25,0	0,96
,, ,, ,, 15% ,, .	40,0	0,95
,, ,, ,, 23% ,, .	12,5	0,98
,, ,, ,, 34% ,, .	12,5	1,24
,, ,, ,, 40% ,, .	25,0	1,12
Ramie ,, ,, 15% ,, .	20,0	1,08
	Pyridin in Gew.-%	
Linters	60	0,42
,,	70	0,49
Linters mercerisiert mit 16% NaOH .	50	1,30
,, ,, ,, ,, ,,	70	1,0

Es zeigt sich in allen Versuchen, daß die native Cellulose etwa halb soviel nicht lösendes Wasser bindet wie die mercerisierte, ferner, daß die Menge des nicht lösenden Wassers von der Konzentration der Bezugssubstanz praktisch unabhängig ist. Letzterer Befund bedeutet soviel, daß die Bezugssubstanz von der Cellulose nicht gebunden wird.

Es ist allerdings nicht leicht zu verstehen, wieso Pyridin trotz der hohen Konzentration, in der es angewendet wird, und trotz seiner offenbar bestehenden Quellfähigkeit gegenüber Baumwolle mit dem Sorptionswasser nicht in Wettbewerb tritt. Man würde erwarten, daß das Pyridin das Wasser wenigstens zum Teil aus der Fasersubstanz verdrängt. Andererseits bedingt die hohe Konzentration des Pyridins, ebenso wie diejenige des Hyposulfits, eine erhebliche Herabsetzung des Wasserdampfdruckes, so daß schon aus diesem Grunde eine gewisse Herabsetzung des Wertes für die Menge des nichtlösenden Wassers zu erwarten wäre. Das Verhältnis der Wasserbindung der nativen und mercerisierten Cellulose entspricht hingegen der Erwartung, die man auf Grund der Sorptionsisothermen und insbesondere der Kontraktionswerte hegen kann.

CHAMPETIER will die gefundenen Molverhältnisse des nichtlösenden Wassers im Sinne der Bildung stöchiometrischer Hydrate auswerten. Dieser Auffassung steht der Röntgenbefund entgegen, der das Hineindringen des Quellungswassers aus verdünnten wässerigen Lösungen in das Krystallinnere ausschließt. Das Quellungswasser kann seinen Platz nur an der Oberfläche der Krystallite bzw. zwischen den Krystalliten in dem amorphen Anteil haben. Derjenige Anteil der Cellulose, der sich im Inneren der Krystallite befindet, also etwa 70% der Gesamtmenge, ist an der Wasserbindung unbeteiligt. HESS und SCHWARZKOPF berechneten, daß die von CHAMPETIER gefundene nichtlösende Wassermenge annähernd für eine monomolekulare Bedeckung der Krystallite sowohl in den nativen als auch in den mercerisierten Fasern ausreicht, wenn man der Krystallitgröße die von HENGSTENBERG und MARK röntgenographisch gemessenen Werte zugrunde legt. Allerdings dürfte die scharfe Trennung zwischen nichtlösendem und freiem Wasser, wie wir einleitend bemerkt hatten, den tatsächlichen Verhältnissen nicht entsprechen. Wir vermuten eher, daß es sich hier um einen Mittelwert einer stetig verlaufenden Beeinflussung des gesamten Quellungswassers handelt.

Die Ursache der Sorptionshysteresis. Bei den starren, nicht elastischen Gelen konnte die Erscheinung der Sorptionshysteresis mit Hilfe der Theorie der Capillarkondensation durch die verschiedene Krümmung der Flüssigkeit in den Poren bei zunehmender und bei abnehmender Sorption befriedigend erklärt werden (ZSIGMONDY). Auf die quellbaren Gele, also auch auf die Faserstoffe, ist diese Erklärung nicht anwendbar. Die wahrscheinlichste Ursache des Zustandekommens der Hysteresis bei diesen Körpern hat URQUHART dargelegt. Die Wasseraufnahme wird dabei als Absättigung der chemischen Nebenvalenzkräfte der Hydroxylgruppen in der Cellulose aufgefaßt. Wie wir gesehen hatten, ist diese Vorstellung tatsächlich als die am besten begründete anzusehen. Entsprechend einer zwischenmicellaren Quellung wird angenommen, daß nur die an der Krystallitoberfläche oder (entsprechend den neueren Vorstellungen der Quellungsvorgänge) zwischen den Krystalliten befindlichen Cellulosemoleküle mit dem Wasser in Wechselwirkung treten. Bei der Trocknung der Fasern werden diese Hydroxylgruppen wieder frei. Die Cellulosemoleküle werden nun bestrebt sein, diejenige Lage einzunehmen, die eine möglichst weitgehende gegenseitige Absättigung der Restvalenzen zwischen den benachbarten Molekülen ermöglicht. Infolge der Trägheit der großen Moleküle gelingt es ihnen nicht, die Lage der minimalen, potentiellen Energie tatsächlich zu erreichen. Je trockener jedoch die Fasern werden, um so mehr nähern sich die Moleküle dieser Lage. Werden die Fasern mit Wasser in Berührung gebracht, so zeigen die Cellulosemoleküle wieder das Bestreben zu möglichst vollständiger Bindung der Wassermoleküle. Sie streben dementsprechend danach, voneinander unabhängig zu werden. Infolge der erwähnten Trägheit der Moleküle bleibt jedoch ihre Lage bei demselben Feuchtigkeitsgrad etwas ungünstiger für die Wasserbindung, als für die Wasserabgabe. Diese Vorstellung erklärt, warum die den Samen entnommene frische Baumwolle eine außerhalb des Standard-Sorptionskreises liegende, besonders hohe primäre Desorptionskurve gibt. Beim Wachstum entsteht nämlich die Baumwolle zunächst in einem wasserreichen Zustande. Eine ebenso befriedigende Erklärung findet das Verhalten der mercerisierten Baumwolle, die nach dem Auswaschen des Alkalis vor dem ersten Trocknen eine außerordentlich hohe Wasserbindung zeigt, und schließlich auch die Abnahme der Sorptionsfähigkeit der Baumwolle nach dem Trocknen bei hohen Temperaturen.

Die Windungen der nativen trockenen Baumwolle, die bei der Quellung nach und nach verschwinden, lassen sich als Folge der inneren Spannung erklären, die von dem Bestreben herrührt, bei der Entwässerung die den benachbarten Molekülen gehörenden Hydroxylgruppen in die möglichst geringe wechselseitige Entfernung zu bringen.

Eine gewisse Schwierigkeit für diese Sorptionstheorie bildet die Tatsache, daß bei hohen Feuchtigkeitsgraden die Standard-Absorptions- und -Desorptionskurve sich einander nähern. Eine befriedigende Erklärung für dieses Verhalten steht noch aus.

Neuere Befunde von HAMM und PATRICK, die zu den Beobachtungen früherer Forscher im Widerspruch stehen, scheinen die Theorie der Sorptionshysteresis bei Baumwolle auf eine neue Grundlage zu stellen. HAMM und PATRICK stellten fest, daß bei völliger Abwesenheit von Luft die Hysteresis verschwindet: die Absorptions- und Desorptionskurve fallen zusammen. Die gewöhnlich beobachtete Verzögerung der Einstellung des wahren Gleichgewichtes wäre daher auf die Anwesenheit von Luft in den Celluloseporen zurückzuführen. (SHEPPARD hat hingegen auch nach dem Evakuieren bis 0,005 mm deutliche Hysteresis beobachtet.)

Die Abhängigkeit der Festigkeitseigenschaften vom Wassergehalt. Die technisch wichtigste mechanische Eigenschaft der Fasern ist ihre *Reißfestigkeit*. Die Beeinflussung der Reißfestigkeit durch die Feuchtigkeit ist daher von besonderer Bedeutung. Insbesondere interessiert die Festigkeit in wassergetränktem Zustande (Naßfestigkeit), da die Haltbarkeit der Gewebe bei wiederholtem Waschen von ihr abhängt. Bekanntlich ist die mechanische Festigkeit der Garne von derjenigen der in ihnen enthaltenen Einzelfasern verschieden. Für die erstere spielt noch die Reibung zwischen den Einzelfasern eine Rolle. Wir wollen hier nur die Festigkeit der Einzelhaare behandeln, da ihr Zusammenhang mit dem Aufbau der Faser naturgemäß ein einfacherer ist.

OBERMILLER hat die Reißfestigkeit von Einzelfasern mit ihrer Naßfestigkeit verglichen. Die Messung der Trockenfestigkeit führte er nicht in völlig trockenem Zustande aus, sondern bei mittleren Feuchtigkeitsgraden. Die Naßfestigkeit wurde bestimmt, nachdem die Fasern eine Minute lang im Wasser lagen. Die folgende Tabelle enthält die Mittelwerte der auf diese Weise ermittelten relativen Naßfestigkeit, d. h. des Verhältnisses der Naßfestigkeit zur Trockenfestigkeit. Wegen der beträchtlichen Streuung der Einzelergebnisse mußte eine große Anzahl von Messungen ausgeführt werden, um einigermaßen brauchbare Werte zu erhalten. Besonders bemerkenswert ist, daß Baumwolle in nassem

Zustande eine höhere Festigkeit besitzt als bei den mittleren Feuchtigkeitsgraden. Die Schwächung durch Feuchtigkeit ist am größten bei den Fasern aus regenerierter Cellulose. Acetatseide erleidet hingegen in Übereinstimmung mit ihrer geringeren Wasseraufnahme eine etwas geringere Schwächung als diese.

Neben der Reißfestigkeit ist die nächst wichtige Eigenschaft die *maximale Dehnung*. Allerdings ist ihre Bedeutung beschränkt, solange sie nicht in ihre zwei Anteile: plastische oder nichtumkehrbare Dehnung (Fließen) und umkehrbare oder elastische Dehnung aufgeteilt wird. Eine vergleichende Untersuchung der Naturseide mit den Kunstseiden zeigte die folgenden Ergebnisse:

Tabelle 39. Relative Naßfestigkeiten in Prozenten der Trockenfestigkeit. Nach OBERMILLER.

Faser	Rel. Naßfestigkeit in %
Baumwolle . .	110—120
Wolle	80— 90
Seide.	75— 85
Kupferseide . .	50— 60
Viscoseseide .	45— 55
Nitroseide . .	30— 40
Acetatseide . .	65— 70

Tabelle 40. Naßfestigkeit und Bruchdehnung von Kunstfasern und Seide[1]. (Messungen des Deutschen Forschungsinstituts für Textilindustrie in Dresden 1922.)

Faser	Reißfestigkeit 10³ kg/cm²		Rel. Naßfestigkeit in %	Bruchdehnung in %	
	trocken	naß		trocken	naß
Kupferseide . . .	3,1	2,3	73	8,3	11,6
Viscoseseide . . .	3,1	1,5	49	14,0	13,3
Nitroseide	2,6	1,7	67	19,0	12,2
Acetatseide . . .	1,8	1,5	84	27,5	24,4
Seide	7,1	6,7	94	14,3	17,3

Es sei darauf hingewiesen, daß eine niedrige Bruchdehnung in nassem Zustande nicht ausschließt, daß bei gleicher Belastung doch die nasse Faser die größere Längung zeigt. Es sei ferner betont, daß die Kunstfasern in ihren Eigenschaften in den letzten 10 Jahren sehr erheblich verbessert wurden, so daß heute vermutlich entsprechend günstigere Ergebnisse zu erwarten wären. Allerdings ist dies aus einer neueren Zusammenstellung SCHMIDHÄUSERs nicht zu erkennen:

Tabelle 41. Festigkeitseigenschaften der Faserstoffe. Nach SCHMIDHÄUSER.

Faserstoff	Reißfestigkeit 10³ kg/cm²		Relative Naßfestigkeit in %	Bruchdehnung in %	
	trocken	naß		trocken	naß
Baumwolle . .	2,00—8,02	2,43—8,29	99,5—113,2	5,7—12,5	6,1—13,2
Wolle	1,35—2,16	1,15—1,66	78,0— 96,5	28,0—48,3	34,8—60,5
Flachs	8,38	8,81	105,5	1,8	2,2

[1] Es handelt sich hier um die Proben, deren Dimensionsänderung bei der Quellung in Tabelle 21 zusammengestellt ist.

Tabelle 42. (Fortsetzung der Tabelle 41, S. 113.)

Faserstoff	Reißfestigkeit 10³ kg/cm²		Relative Naßfestigkeit in %	Bruchdehnung in %	
	trocken	naß		trocken	naß
Hanf	9,03	—	—	1,7	—
Ramie	9,08—9,45	10,72—10,92	116 —118,5	2,3	2,3— 2,4
Seide.	4,96—6,03	4,68— 5,21	86,5— 94,5	13,5—17,2	30,0— 30,1
Viscose-Zellwolle	1,80—3,91	0,86— 1,91	42,0— 65,1	7,8—25,8	13,0— 42,8
Viscose-Zellwolle nach LILIENFELD . . .	6,12	5,28	86,2	9,0	8,9
Acetat-Zellwolle	1,64—2,08	1,00— 1,22	58,5— 69,6	20,9—30,0	28,9— 30,0
Kupfer-Zellwolle	2,32—3,32	1,47— 2,13	57,9— 72,3	16,9—19,6	17,0— 29,0
Caseinwolle . .	1,04—1,23	0,52— 0,57	43,0— 54,0	6,1—50,0	83,0—110,5

In der Originaltabelle sind die Werte für die einzelnen Handelsprodukte angegeben, in dem obigen Auszug jedoch nur die niedrigsten und höchsten Werte für die einzelnen Fasergattungen.

Tabelle 43. Abhängigkeit der Reißfestigkeit von der relativen Feuchtigkeit. Nach KARGER und SCHMID.

Faser	Reißfestigkeit in 10³ kg/cm²			
	rF = 0	rF = 0,5	rF = 0,7	rF = 1,0
Ramie	2,84	3,98	3,88	0,93
Baumwolle . . .	2,89	4,12	3,78	7,81
Kamelhaar . . .	1,85	1,62	1,68	1,63
Wolle	1,45	1,47	1,09	0,66
Seide	3,56	4,23	3,78	5,19
Viscoseseide . .	1,56	0,82	0,94	0,50

Tabelle 44. Abhängigkeit der Bruchdehnung von der relativen Feuchtigkeit. Nach KARGER und SCHMID.

Faser	Bruchdehnung in Prozent			
	rF = 0	rF = 0,5	rF = 0,7	rF = 1.0
Ramie	1,7	2,3	1,8	4,0
Baumwolle . . .	1,6	7,6	7,0	8,2
Kamelhaar . . .	38,4	32,1	45,2	78,5
Wolle	13,2	33,5	38,8	46,3
Seide	13,5	24,0	27,0	32,7
Viscoseseide . .	12,7	12,1	14,7	18,3

Noch eingehender ist der Vergleich der mechanischen Eigenschaften, wenn man die ganzen Zug-Dehnungskurven betrachtet. KARGER und SCHMID haben eine Anzahl solcher Schaulinien veröffentlicht. Hier sollen jedoch nur die von ihnen beobachteten Werte der Reißfestigkeit und der Bruchdehnung mitgeteilt werden. (Tabelle 43 u. 44).

Die Anzahl der ausgeführten Einzelbestimmungen scheint uns nicht ausreichend zu sein, um die obigen Mittelwerte als genügend genau gelten zu lassen. Doch sind sie im großen und ganzen hinreichend kennzeichnend für die Unterschiede der verschiedenen Fasern. Die von KARGER und SCHMID mitgeteilten Zug-Dehnungsschaulinien zeigen durchweg, daß die Dehnbarkeit für eine bestimmte Belastung mit dem Feuchtigkeitsgehalt zunimmt (Abb. 64).

Die Abhängigkeit der Festigkeitseigenschaften vom Wassergehalt. 115

Eine große Anzahl von Einzelbestimmungen der Zugfestigkeit von Baumwolle haben PEIRCE und seine Mitarbeiter durchgeführt. Die folgende Abb. 65 zeigt die Abhängigkeit der Reißfestigkeit und der Bruchdehnung einer Rohbaumwolle als Ergebnis von 200 Einzelmessungen. Einer näheren Erläuterung bedarf die Abbildung nicht. Es sei nur auf den Umstand hingewiesen, daß die Abhängigkeit oberhalb von 0,6 rF bedeutend geringer ist als darunter. Die außerordentlich starke Zunahme der Reißfestigkeit von Baumwolle, mit zunehmendem Feuchtigkeitsgrad, die bereits durch die Messungen von SCHMID und KARGER gezeigt war, erscheint durch diese Ergebnisse vollständig sichergestellt.

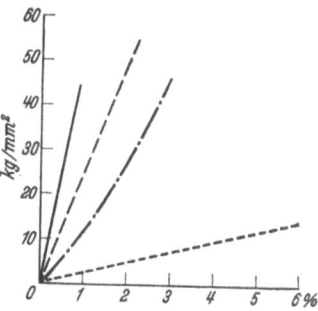

Abb. 64. Zug-Dehnungs-Schaulinien für Ramiefaser nach KARGER und SCHMID. Abszisse: Dehnung; Ordinate: Belastung.
—: rF = 0%; — — — rF = 50%; —·—· rF = 70%; ······ rF = 100%.

Während in den technischen Untersuchungen die Trockenfestigkeit der Fasern bei einem mittleren Feuchtigkeitsgrad (gewöhnlich 70% rF) gemessen und mit der Festigkeit in nassem Zustande (100% rF) verglichen wird, umfassen die Untersuchungen von SCHMID und KARGER, sowie die von BROWN, MANN und PEIRCE das gesamte Feuchtigkeitsgebiet. In diesem erscheint daher die Zunahme der Zerreißfestigkeit der natürlichen Cellulosefasern bei zunehmendem Feuchtigkeitsgrad noch ausgeprägter. Dieses Verhalten steht nicht nur im Gegensatz zu den Erfahrungen an den anderen Faserstoffen, sondern auch zu den Erwartungen, die wir auf Grund unserer Vorstellungen des Zerreißvorganges zunächst hegen könnten. Das Eindringen der Wassermoleküle zwischen die Celluloseteilchen müßte ja ihre Kohäsion erheblich schwächen. Man könnte zwar daran denken, daß das sorbierte Wasser nur in Form von monomolekularen Schichten und durch sehr starke Kräfte festgehalten wird, so daß es in diesem Zustand eine außerordentliche Festigkeit besitzt. Dann wäre jedoch kaum zu erklären, warum die Fasern aus regenerierter Cellulose oder die Seide und Wolle, in denen das Wasser

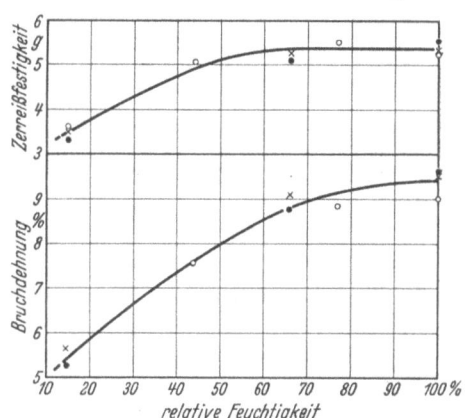

Abb. 65. Höchstdehnung und Zerreißfestigkeit von Sakellaridis-Baumwolle (Einzelfasern) in Abhängigkeit von der relativen Feuchtigkeit. (3 Reihen von je 200 Bestimmungen, Mittelwerte.) Nach BROWN, MANN und PEIRCE.

ebenso fest gebunden wird, nicht das gleiche Verhalten aufweisen. Die wahrscheinliche Erklärung liegt vielmehr darin, daß die Feuchtigkeit in den natürlichen Pflanzenfasern ihre Sprödigkeit herabsetzt. Die Fasern sind ebensowenig wie die Werkstoffe im allgemeinen, idealhomogene Körper, sie enthalten zahlreiche Kerbstellen, die bei Beanspruchung die Stellen der Spannungsspitzen darstellen. Der Bruch geht von diesen Kerbstellen aus und findet daher bei einer viel niedrigeren Beanspruchung statt als derjenigen, die der eigentlichen

Substanzfestigkeit entspricht (vgl. SMEKAL). Je mehr der Stoff die Fähigkeit zur (plastischen oder elastischen) Verformung besitzt, um so homogener wird die Spannungsverteilung, um so flacher die Spannungsspitze an den Kerbstellen. Bei der Wolle, der Seide und auch bei der Kunstseide ist die Dehnbarkeit bereits im trockenen Zustande genügend groß, um durch die Verformung die Beanspruchung über die ganze Masse gleichmäßig zu verteilen. Die Höchstdehnung der Pflanzenfasern ist hingegen im trockenen Zustand verhältnismäßig gering, sie sind spröde und können daher die Beanspruchung nicht genügend gleichmäßig verteilen. Die Zunahme der Dehnbarkeit mit zunehmender Feuchtigkeit ist allen Faserstoffen gemeinsam. Bei den Pflanzenfasern wird jedoch erst hierbei diejenige Größe der Dehnbarkeit erreicht, die zum Abflachen der Spannungsspitzen an den Kerbstellen erforderlich ist. Die dadurch erfolgte Annäherung an die Festigkeit des idealhomogenen Faserstoffes überwiegt die Herabsetzung der Substanzfestigkeit infolge der Wasseraufnahme. Es sei übrigens bemerkt, daß die mechanischen Eigenschaften der Fasern, die für ihren Gebrauchswert von ausschlaggebender Bedeutung sind, nicht allein die Zerreißfestigkeit und die Höchstdehnung sind: eine nicht minder große Bedeutung kommt auch der Frage zu, welcher Anteil der Dehnung umkehrbar (elastisch) und welcher Anteil bleibend (plastisch) ist. Insbesondere hängt die Knitterfestigkeit mit dieser Frage zusammen. Überraschenderweise findet man nur wenige Veröffentlichungen von wissenschaftlichen Arbeiten, in denen die Umkehrbarkeit der Dehnung untersucht worden ist (vgl. jedoch KARGER und SCHMID, MARK).

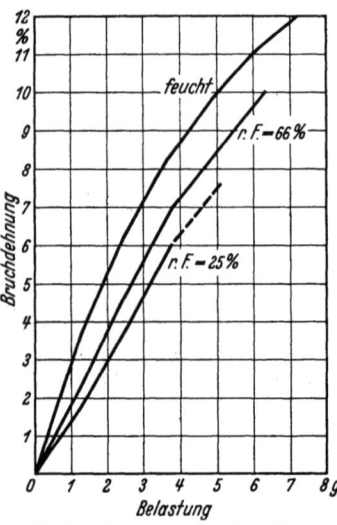

Abb. 66. Zug-Dehnungs-Schaulinien von Sakellaridis-Baumwolle (Einzelfasern). Mittel von je 50 Bestimmungen. Nach BROWN, MANN und PEIRCE.

Die nebenstehende Abbildung zeigt die Gestalt der Zug-Dehnungsschaulinie von Rohbaumwolle bei drei verschiedenen Feuchtigkeitsgraden. Es handelt sich auch in diesem Falle um Mittelwerte, die auf bestimmte Weise gebildet wurden. Man sieht, daß die leichtere Dehnbarkeit der feuchteren Proben hauptsächlich durch ihr Verhalten im Anfangsgebiet der Zugspannung bedingt ist. Bei höheren Spannungen verlaufen die Kurven fast parallel.

Im Anfangsgebiet der Belastung ist die Dehnung der angewandten Spannung annähernd proportional, d. h. es gilt annähernd das HOOKEsche Gesetz. Man kann daher hier aus dem Verhältnis der Belastungskraft zur Dehnung den YOUNGschen *Elastizitätsmodul* berechnen. Er stellt die Kraft dar, die pro cm^2 Querschnitt aufzuwenden ist, um eine Dehnung von 1% zu erzielen (Tabelle 45).

Wie bereits aus der Gestalt der Zugdehnungsschaulinien zu ersehen war, nimmt der Elastizitätsmodul mit zunehmender Feuchtigkeit ab.

CLAYTON und PEIRCE haben noch zwei wichtige elastische Konstanten der Baumwolle in Abhängigkeit von der Feuchtigkeit bestimmt: den

Die Abhängigkeit der Festigkeitseigenschaften vom Wassergehalt.

Torsionsmodul und den *Biegungsmodul*. Ersterer gibt die Spannung je cm² Faserquerschnitt an, die nötig ist, um der Faser je cm Länge eine ganze Drehung zu verleihen, letzterer mißt die Kraft, die erforderlich ist, um die Faser um einen Bogengrad je cm Länge zu krümmen (gleichfalls pro cm² Querschnitt). Die folgende Abb. 67 stellt die Ergebnisse dar, wobei zu bemerken ist, daß die Werte des Biegungsmoduls im Gegensatz zu denen der Torsion nicht sehr genau zu ermitteln sind und eher Schätzungen darstellen. Der Torsionsmodul der trockenen Fasern beträgt $4{,}5 \times 10^{10}$ dyn/cm², beim Befeuchten sinkt er auf etwa $1/10$ dieses Wertes herab.

Der Biegungsmodul der trockenen Fasern beträgt etwa 27×10^{10} dyn/cm², d. h. rund 6mal soviel als der Torsionsmodul. Bei isotropen Körpern sollte dieses Verhältnis 2,5 betragen. Die Abweichung zeigt die anisotrope Struktur der Fasern an. Da der Torsionsmodul die Kohäsionskräfte senkrecht zur Faserachse, der Biegungsmodul jedoch die in der Richtung der Faserachse mißt, so folgt aus den obigen Werten, daß die Kräfte in der Richtung der Faserachse die stärkeren sind, und daß diese die gegenüber der Feuchtigkeit weniger empfindlichen darstellen. Der Biegungsmodul steht in seiner Bedeutung sehr nahe dem YOUNGschen Dehnungsmodul, der übrigens gleichfalls deutlich unempfindlicher gegenüber der Feuchtigkeit ist, als der Torsionsmodul.

Tabelle 45. YOUNGscher Dehnungsmodul der Baumwolle. Nach BROWN, MANN und PEIRCE.

Temp. in °	rF	YOUNG-Modul in 10^{10} dyn/cm²
Sakel-Baumwolle		
19	0,25	8,5
19	0,66	6,1
19	in Wasser	2,9
9	,,	3,4
32	,,	3,2
Texas-Baumwolle		
19	0,15	8,1
19	0,66	5,4
19	in Wasser	2,6
Alkali abgekochte Texas-Baumwolle		
19	0,66	3,3
Viscoseseide		
19	0,66	3,9

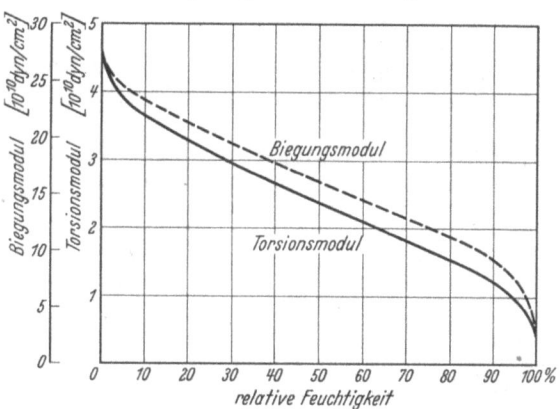

Abb. 67. Biegungsmodul und Torsionsmodul gebeuchter Baumwolle in Abhängigkeit von der relativen Feuchtigkeit bei 20°. (Mittelwerte für 400 Einzelfasern.) Nach CLAYTON und PEIRCE.

Die Wasseraufnahme der Faserstoffe.

Der Torsionsmodul zeigt die Erscheinung der Hysterese. Die Fasern haben für dieselbe relative Feuchtigkeit bei der Absorption einen größeren Torsionswiderstand als bei der Desorption. Nicht der Dampfdruck der Atmosphäre, sondern der Wassergehalt der Faser bestimmt danach ihr elastisches Verhalten.

Eine Anzahl wichtiger Untersuchungen über die Beeinflussung der mechanischen Eigenschaften der Wolle durch die Feuchtigkeit hat SPEAKMAN ausgeführt. Die folgende Abbildung zeigt die Zug-Dehnungs-Schaulinien einer Cotswold-Wolle bei verschiedenen Feuchtigkeitsgraden.

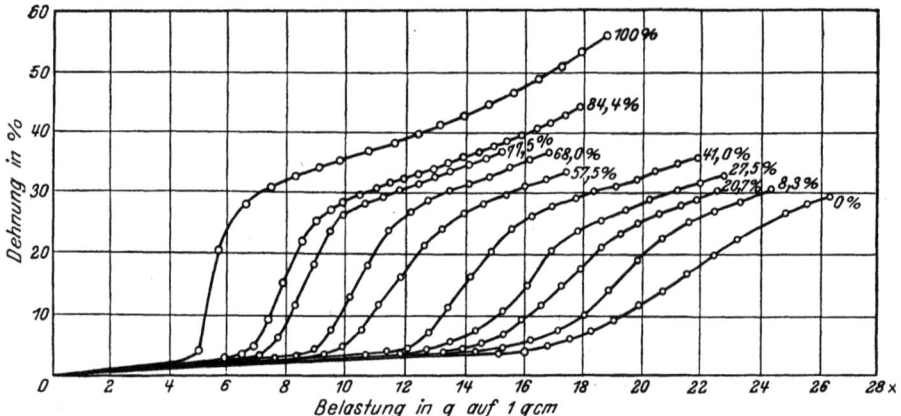

Abb. 68. Zug-Dehnungs-Schaulinien der Wolle bei 25°. Nach SPEAKMAN.

Wir sehen, daß die Bruchdehnung mit zunehmender Feuchtigkeit regelmäßig zunimmt, während die Bruchbelastung immer geringer wird. Die folgende Zusammenstellung bringt die Energiebeträge, die nötig sind, um Wolle von 1 cm² Querschnitt um 30% der Anfangslänge zu dehnen.

Die Dehnungsarbeit sinkt somit beim Übergang aus dem trockenen in den vollständig feuchten Zustand auf etwas mehr als $1/4$ des Anfangswertes.

In weiteren Versuchen wurden bei plötzlicher Belastung für die Bruchbelastung und für den YOUNGschen Dehnungsmodul im linearen Anfangsgebiet der Zug-Dehnungskurve die folgenden Werte gefunden (s. Tabelle 47).

Tabelle 46. Abhängigkeit der Dehnungsarbeit von Cotswold-Wolle von der Feuchtigkeit. Nach SPEAKMAN.

rF	Energie zu 30% Dehnung kg cm/cm³ × 10	rF	Energie zu 30% Dehnung kg cm/cm³ × 10
0,000	58,2	0,575	33,9
0,083	53,4	0,680	30,6
0,207	46,4	0,775	25,2
0,275	46,3	0,844	22,0
0,410	39,5	1,000	15,4

Die Naßfestigkeit beträgt somit in diesem Fall rund $2/3$ des Trockenwertes, im Gegensatz zum Verhalten der Baumwolle. Die Abhängigkeit der Dehnbarkeit von der Feuchtigkeit ist dagegen ähnlich derjenigen der Baumwolle.

Die Abhängigkeit des Torsionsmoduls der Wolle vom Wassergehalt (ausgedrückt als Verhältnis zum Torsionsmodul der trockenen Fasern) zeigt die folgende Abbildung.

Tabelle 47. Reißfestigkeit und YOUNGscher Dehnungsmodul von Cotswold-Wolle in Abhängigkeit von der Feuchtigkeit. Nach SPEAKMAN.

rF	g aufgenommenes Wasser je g Wolle	Reißfestigkeit kg/cm² × 10³	YOUNG-Modul dyn/cm² × 10¹⁰
0,0	0,00	2,21	4,76
0,083	0,048	2,16	4,80
0,342	0,105	1,94	4,19
0,498	0,135	1,68	3,84
0,650	0,164	1,61	3,55
0,750	0,195	1,54	3,28
1,000	0,339	1,49	1,81

Es handelt sich hier um Mittelwerte aus einer großen Anzahl von Einzelmessungen. Wie ersichtlich, ergeben Absorption und Desorption

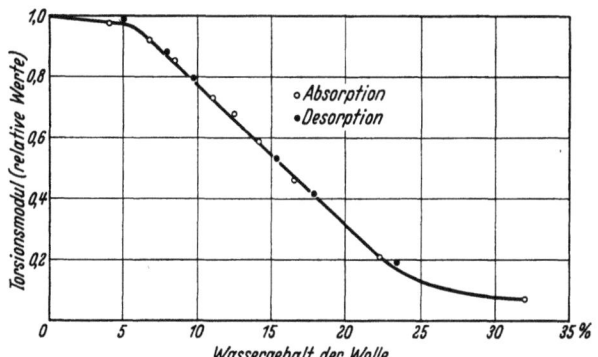

Abb. 69. Abhängigkeit des Torsionsmodul der Wolle vom Wassergehalt. Nach SPEAKMAN.

dieselben Werte, sofern sie auf denselben Wassergehalt bezogen werden. Bezieht man sie dagegen auf den relativen Dampfdruck, so ist die übliche Hysteresis beobachtbar.

Während der Dehnungsmodul beim Übergang von dem trockenen in den feuchten Zustand nur auf etwa 40% seines Anfangswertes herabsinkt, vermindert sich der Torsionsmodul auf etwa 6% des Anfangswertes. Wie bei der Baumwolle, zeigt es sich auch hier, daß durch die Wasseraufnahme die Kohäsionskräfte quer zur Faserachse viel mehr geschwächt werden als in der Richtung parallel dazu. Der absolute Wert des Torsionsmoduls der trockenen Wolle ergibt sich als Mittel von 55 Bestimmungen zu $1,76 \times 10^{10}$ dyn/cm². Er ist also bedeutend niedriger als bei der Baumwolle.

Der Feuchtigkeitseinfluß auf die mechanischen Eigenschaften von Seide wurde von DENHAM und LONSDALE untersucht. Die folgende Abbildung zeigt zunächst die Beeinflussung der Bruchdehnung und der Bruchbelastung, und zwar beide bezogen auf den entsprechenden Wert der trockenen Fasern (Abb. 70).

Die nächste Abbildung gibt Dehnungs-Entdehnungs-Schleifen bei verhältnismäßig niedrigen Belastungen wieder (Abb. 71).

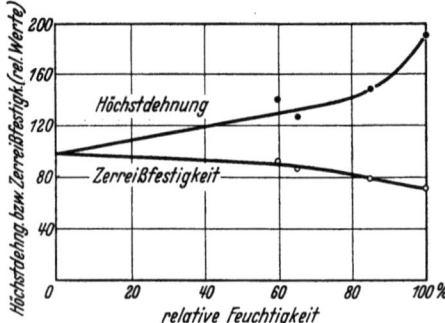

Abb. 70. Abhängigkeit der Höchstdehnung und der Zerreißfestigkeit der entbasteten Seide vom Wassergehalt. Nach DENHAM und LONSDALE.

Man bemerkt, daß die Schaulinien um so steiler verlaufen, je trockener die Fasern sind. Wesentlich ist ferner die Tatsache, daß die zugehörigen Belastungs- und Entlastungslinien um so weiter auseinanderrücken, je feuchter die Fasern sind. Das bedeutet

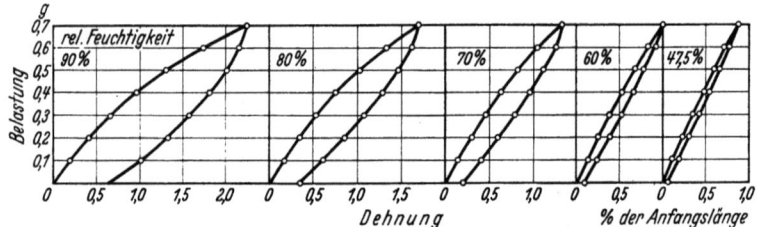

Abb. 71. Dehnungs-Entdehnungsschleifen der entbasteten Seide bei verschiedener Luftfeuchtigkeit. Nach DENHAM und LONSDALE.

so viel, daß der plastische, nicht umkehrbare Anteil der Dehnung mit zunehmender Feuchtigkeit größer wird. Eine weitere Kennzeichnung der Zug-Dehnungsschaulinien, die allerdings aus der obigen, nur den Anfangsteil der Linien umfassenden Abbildung nicht genügend deutlich hervorgeht, ist die, daß der anfängliche lineare Anteil um so länger ist, je trockener die Fasern sind.

Die nebenstehende Tabelle enthält die Werte des Dehnungsmoduls, die aus dem Anfangsgebiet der Zugdehnungskurven berechnet wurden.

Tabelle 48. YOUNGscher Dehnungsmodul von Seidenfäden (japanisch) in Abhängigkeit von der Feuchtigkeit.
Nach DENHAM und LONSDALE.

rF	YOUNGsche Dehnungsmodul $dyn/cm^2 \times 10^{10}$
0,475	10,0
0,600	8,9
0,700	7,1
0,800	6,3
0,900	5,1

Soweit die vorliegenden Werte einen Vergleich gestatten, ist die Abhängigkeit des YOUNG-Moduls von der Feuchtigkeit bei Seide und Wolle ähnlich.

Einfluß der Feuchtigkeit auf den elektrischen Widerstand der Fasern.

Der elektrische Widerstand der Fasern ist außerordentlich abhängig von ihrem Feuchtigkeitsgehalt. Aus nebenstehender Abbildung können wir beispielsweise entnehmen, daß der Isolierwiderstand einer Baumwollfaser in der Richtung ihrer Länge, der bei 6% rF $3{,}3 \times 10^{10}$ megohm beträgt, bei 98,6 rF auf 4 megohm, also um 10 Größenordnungen heruntersinkt.

Die Erscheinung der Hysterese macht sich auch hier bemerkbar. Bezieht man jedoch die Werte auf den Feuchtigkeitsgehalt der Faser, so gehen die Widerstandswerte bei Absorption und Desorption nicht mehr so stark auseinander.

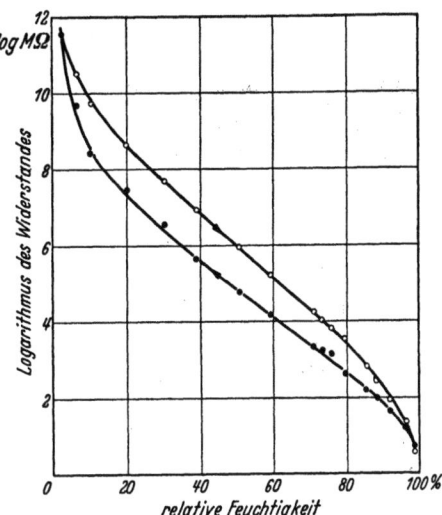

Abb. 72. Elektrischer Widerstand von Baumwollfasern (Länge 1,3 cm) in Abhängigkeit von der relativen Feuchtigkeit bei 25°. Untere Kurve: Desorption; obere Kurve: Adsorption. Nach MURPHY und WALKER.

Da der Logarithmus des Widerstandes im mittleren Feuchtigkeitsgebiet eine lineare Funktion des Logarithmus des Wassergehaltes der

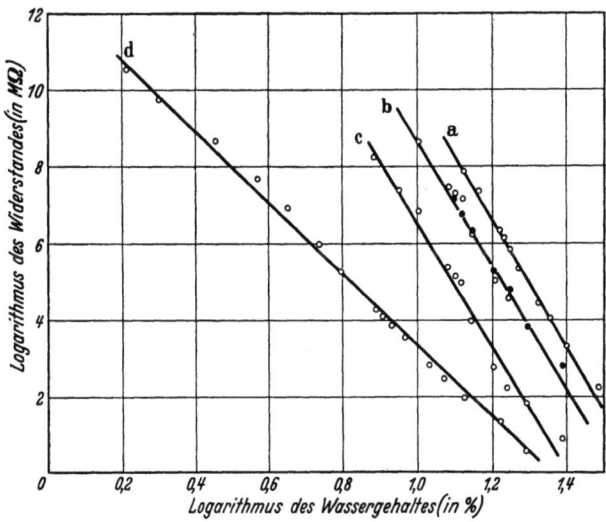

Abb. 73. Elektrischer Widerstand von Faserstoffen in Abhängigkeit vom Wassergehalt bei 25°. a: Wollgarn; b und c: Seidenfaden; d: Baumwollfaden. Nach MURPHY und WALKER.

Faser ist (Abb. 73), läßt sich die Beziehung der beiden Größen in Form einer parabolischen Funktion ausdrücken:

$$W = b \cdot i^{-9,3},$$

wobei W den Widerstand und i den Wassergehalt in Prozenten des Trockengewichtes bedeutet. b ist eine Konstante, deren Wert bei verschiedenen Proben verschieden ist. Nach weiteren Beobachtungen von WALKER schwankt auch der Wert des Exponenten, je nach Vorbehandlung der Proben z. B. zwischen —10 und —12. Die Beziehung gilt sowohl für Einzelfasern als auch für Fäden und Garne.

Eine analoge Funktion, jedoch mit einem anderen Exponenten, gilt für Seide nach MURPHY und WALKER:

$$W = c \cdot i^{-16,0}.$$

Der höhere (negative) Wert des Exponenten bedeutet eine größere Empfindlichkeit dieser Faser gegenüber der Feuchtigkeit. Wenn der Wassergehalt auf die Hälfte sinkt, wächst bei Seide der Widerstand auf das 65000fache.

Für Wollfäden fanden MURPHY und WALKER eine entsprechende Beziehung mit dem Exponenten —16,4. Die Empfindlichkeit dieser Faserart ist also nur wenig größer als die der Seide (Abb. 73).

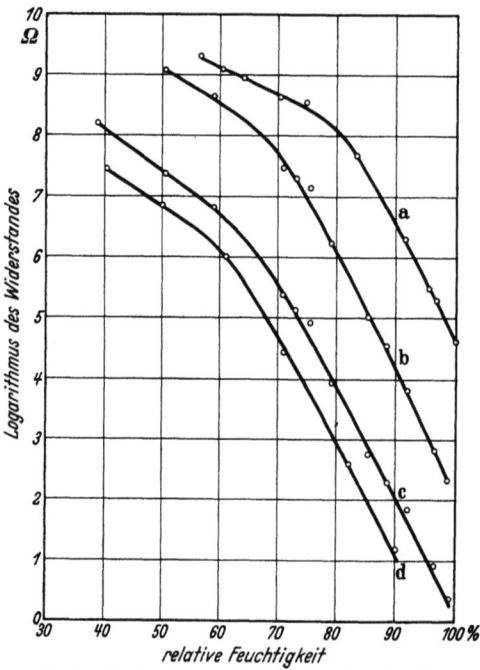

Abb. 74. Elektrischer Widerstand der Tussahseide in Abhängigkeit von der relativen Feuchtigkeit. Abszisse: relative Feuchtigkeit; Ordinate: Logarithmus des Widerstandes (in Ohm). a: Messungen von DENHAM, HUTTON und LONSDALE (Garn, transversal); b und c: Messungen von MURPHY und WALKER (Garn, longitudinal); d: Messungen von KUJIRAI und AKAHIRA (Gewebe, transversal). — Nach DENHAM, HUTTON und LONSDALE.

Man kann mit den Autoren annehmen, daß das Sorptionswasser in engen, langgestreckten submikroskopischen Kanälen die Stromleitungswege bildet. Für den Widerstand sind hauptsächlich die engsten Stellen der Kanäle bestimmend. Da Wolle und Seide, die mehr Wasser aufnehmen als Baumwolle, bei demselben Wassergehalt einen größeren Widerstand zeigen als letztere, kann man folgern, daß die Verengungen der Kanäle in den tierischen Faserstoffen schmäler sind als in Baumwolle.

MURPHY und WALKER arbeiteten so, daß sie die Fäden um zwei parallele Metallstäbe, die als Elektroden dienten, wickelten. Der gemessene Widerstand stellt daher gewissermaßen den Widerstand der Fäden in Längsrichtung dar. DENHAM, HUTTON und LONSDALE maßen den Widerstand von Seidengarnen, die zwischen zwei Metallplatten, die als Elektroden dienten, gepreßt wurden. Bei dieser Methode wird der

Einfluß der Feuchtigkeit auf den elektrischen Widerstand der Fasern. 123

Widerstand der Fäden in Querrichtung ermittelt. Die vorstehende Abb. 74 zeigt die Ergebnisse verschiedener Autoren an Tussah-Garnen und -Geweben. Die Ähnlichkeit der Kurven beweist, daß ein wesentlicher Unterschied zwischen dem Widerstand in den beiden Richtungen, insbesondere in der Abhängigkeit von der Feuchtigkeit nicht besteht.

Eine ausführliche Untersuchung über die Abhängigkeit des elektrischen Widerstandes von der Feuchtigkeit führten MARSH und EARP an Einzelfasern von Wolle aus. Sie fanden gleichfalls eine deutliche Hysterese, die auch dann bestehen blieb, wenn die Werte auf den Wassergehalt bezogen wurden. Die Ergebnisse der Messungen an einem Sorptionszyklus in logarithmischem Maßstab bringt die nebenstehende Abb. 75.

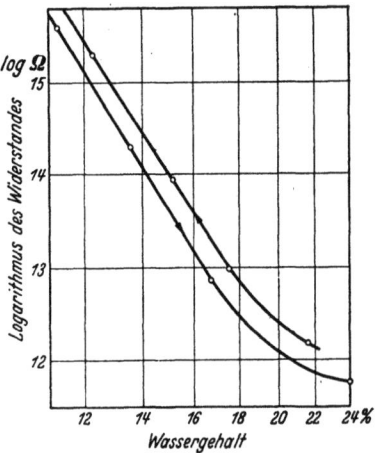

Abb. 75. Elektrischer Widerstand der Wollfasern bei 25° in Abhängigkeit von ihrem Wassergehalt (Sorptionsrunde). Nach MARSH und EARP.

Abgesehen von den Werten mit hohem Wassergehalt, die aus bekannten Gründen etwas unbestimmt sind, erweist sich hier der lineare Gang der logarithmischen Werte sehr augenfällig. Der Exponent der parabolischen Gleichung hat die Größe —15,0. Vielleicht rührt die Abweichung von dem Wert bei MURPHY und WALKER davon her, daß letztere mit Fäden und nicht mit Einzelfasern gearbeitet hatten.

Es ist von Interesse, den spezifischen Widerstand der Fasern mit demjenigen des reinen Wassers zu vergleichen. Die nebenstehende Tabelle enthält die Werte des spezifischen Widerstandes, die mit Hilfe der mikroskopisch bestimmten Querschnittswerte der Fasern berechnet wurden.

Die Wolle wurde vorher mit destilliertem Wasser gewaschen, dessen Widerstand in der Nähe von

Tabelle 49.
Spezifischer Widerstand von Wollfasern. Nach MARSH und EARP.

rF	Wassergehalt in g je g Wolle	Spez. Widerstand in Ohm/cm
0,53	0,12	$1,6 \times 10^9$
0,63	0,14	$1,5 \times 10^8$
0,71	0,16	$2,3 \times 10^7$
0,79	0,18	$6,0 \times 10^6$
0,83	0,20	$2,5 \times 10^6$
0,86	0,22	$1,3 \times 10^6$

10^6 Ohm/cm lag. Bei höherem Wassergehalt nähert sich somit der Widerstand der Wolle demjenigen des Wassers. Mit abnehmendem Wassergehalt nimmt jedoch der Widerstand immer schneller zu. Sinkt der Wassergehalt z. B. von 14 auf 12%, so steigt der Widerstand aufs 10fache.

MARSH und EARP versuchen diesen Befund durch die Annahme zu erklären, daß bei abnehmendem Feuchtigkeitsgrad die Kanäle entsprechend der Abhängigkeit des Dampfdruckes von der Porengröße — im Sinne der Theorie der Capillarkondensation — in ihren weitesten Teilen hohl und dadurch die Leitungswege an diesen Stellen zerrissen werden. Wir haben jedoch bereits gezeigt, daß die Capillarkondensation für die Sorption der Fasern nicht maßgeblich sein kann. Mehr Wahrscheinlichkeit besitzt unseres Erachtens ein Erklärungsvorschlag von O'SULLIVAN. Dieser geht davon aus, daß der Stromtransport in den Fasern als ein elektrolytischer Vorgang innerhalb der Hohlräume aufzufassen ist. Der Reibungswiderstand in Capillarröhren ist nach den hydrodynamischen Gesetzen der 4. Potenz des Durchmessers proportional. Die Änderung der Hohlraumdimensionen mit dem Wassergehalt bedingt daher eine entsprechende Änderung des Reibungswiderstandes der Ionen, die zum Verständnis der Abhängigkeit der Leitfähigkeit von der Feuchtigkeit ausreicht.

Die interessanten Beobachtungen von MURPHY und von MARSH und EARP über die Abhängigkeit des elektrischen Widerstandes der Fasern von der Temperatur, der Stromdauer und der Frequenz liegen außerhalb des Rahmens unserer Darstellung.

WALKER und QUELL haben gezeigt, daß durch gründliches Auswaschen mit destilliertem Wasser der Isolierwiderstand der Rohbaumwolle auf etwa das 50—100fache erhöht werden kann. Gleichzeitig wird der Aschengehalt durch die Entfernung löslicher Natrium- und Kaliumsalze aus der Faser von etwa 1% auf etwa 0,3% herabgesetzt.

Schrifttum.

ARGUE, G. H. and O. MAASS: Canad. J. Res. 10, 564 (1935).
BRIMLEY, R. C.: Nature (Lond.) 114, 432 (1924).
BROWN, K. C., J. C. MANN and F. T. PEIRCE: J. Textile Inst. 21, 187 (1930).
CHAMPETIER, G.: C. r. Acad. Sci. Paris 195, 280 (1932).
CLAYTON, F. H. and F. T. PIERCE: J. Textile Inst. 20, 315 (1929).
CLEGG, G. G. and S. C. HARLAND: J. Textile Inst. 14, 489 (1923).
COLLINS, G. E.: J. Textile Inst. 21, 311 (1931).
DAVIDSON, G. F.: J. Textile Inst. 18, 175, 275 (1927).
DENHAM, W. S. and A. L. ALLEN: Trans. Faraday Soc. 29, 316 (1933).
— and E. DICKINSON: Trans. Faraday Soc. 29, 300 (1933).
— E. A. HUTTON and T. LONSDALE: Trans. Faraday Soc. 31, 511 (1935).
— and T. LONSDALE: Trans. Faraday Soc. 29, 305 (1933).
FILBY, E. and O. MAASS: Canad. J. Res. 7, 162 (1932).
FRICKE, R. u. J. LÜKE: Z. Elektrochem. 36, 308 (1930).
GRACE, N. H. and O. MAASS: J. physic. Chem. 36, 3046 (1932).
HALLER, W.: Kolloid-Z. 49, 74 (1929).
HAMM, H. A. and W. A. PATRICK: Text. Res. 6, 40 (1936).
HEDGES, J. J.: Trans. Faraday Soc. 22, 188 (1926). — J. Textile Inst. 18, 350 (1927).
HERZOG, A.: Die mikroskopische Untersuchung der Seide und der Kunstseide. Berlin 1924.
HESS, K. u. O. SCHWARZKOPF: Z. physik. Chem. A 163, 395 (1933).
HIRST, H. R.: Zit. bei SPEAKMAN: Trans. Faraday Soc. 25, 95 (1929).

Karger, J. u. E. Schmid: Z. techn. Physik **6**, 124 (1925).
Katz, J. R.: Trans. Faraday Soc. **29**, 279 (1933). — Kolloidchem. Beih. **9**, 111 (1917). — Erg. exakt. Naturwiss. **3**, 372 (1924).
King, A. T.: J. Text Inst. **17**, 53 (1926); **18**, 274 (1927).
Kujirai and Akahira: Inst. Phys. Chem. Res. Tokio **1**, 95 (1922—24).
Küntzel, A. u. F. Prakke: Biochem. Z. **267**, 242 (1933).
Lawrie, L. G.: J. Soc. Dyers Colourists **44**, 73 (1928).
Lloyd, D. J. and T. Moran: Proc. roy. Soc. Lond. (A) **147**, 382 (1934).
Mark, H.: Physik und Chemie der Cellulose. Berlin 1932.
Marsh, M. C. and K. Earp: Trans Faraday Soc. **29**, 173 (1933).
McBain, J. W.: The Sorption of gases by solids. London 1932.
Murphy, E. J.: J. physic. Chem. **33**, 200, 509 (1929).
— and A. C. Walker: J. physic. Chem. **32**, 1761 (1928).
Obermiller, J.: Mellands Textilber. **7**, 71 (1926).
Ostwald, Wo.: Kolloid-Z. **49**, 60 (1929).
Pauli, Wo.: Erg. Physiol. **3**, 155 (1904).
Pidgeon, Ll. M. and O. Maass: J. amer. chem. Soc. **52**, 1053 (1930).
Rosenbohm, E.: Kolloidchem. Beih. **6**, 177 (1914).
Schloesing: Bull. Soc. Encour. Industr. Nat. 1893.
Schmidhäuser, O.: Mellands Textilber. **17**, 905 (1936).
Schroeder, P. v.: Z. physik. Chem. (A) **45**, 75 (1903).
Schwarzkopf, O.: Z. Elektrochem. **38**, 353 (1932).
Seborg, C. O., F. A. Simmond and P. K. Baird: Ind. Chem. **28**, 1245 (1936).
Sheppard, S. E.: Trans. Faraday Soc. **29**, 77 (1933).
— and P. T. Newsome: J. physic. Chem. **33**, 1817 (1929); **37**, 389 (1933); **39**, 143 (1935).
— — Ind. Chem. **26**, 285 (1934).
Smekal, A.: Erg. exakt. Naturwiss. **15**, 106 (1936).
Shorter, S. A.: J. Textile Inst. **15**, 328 (1924).
Sörensen, S. P. L.: Hoppe-Seylers Z. physiol. Chem. **103**, 15 (1918); **106**, 1 (1919).
Speakman, J. B.: J. Soc. chem. Ind. **49**, 209 (1930). — Trans. Faraday Soc. **25**, 92 (1929). — J. Soc. Dyers Colourists **49**, 481 (1933). — Proc. roy. Soc. Lond. A **132**, 167 (1931). — J. Textile Ind. **18**, 431 (1927).
— and C. A. Cooper: J. Textile Inst. **27**, 191 (1936).
— — and E. Stott: J. Textile Inst. **27**, 183 (1936).
Stamm, A. J. and W. K. Loughborough: J. physic. Chem. **39**, 121 (1935).
— and R. M. Seborg: J. physic. Chem. **39**, 133 (1935).
Staudinger, H.: Die hochmolekularen organischen Verbindungen. Berlin 1932.
O'Sullivan, J. B.: Trans. Faraday Soc. **29**, 192 (1933).
Urquhart, A. R.: J. Textile Inst. **18**, 55 (1927); **20**, 117, 125 (1929).
— and N. Eckersall: J. Textile Inst. **21**, 499 (1930); **23**, 163 (1932).
— and A. M. Williams: J. Textile Inst. **15**, 138, 433, 559 (1934); **16**, 155 (1925); **17**, 38 (1926).
Walker, A. C.: J. Textile Inst. **24**, 145 (1933).
— and M. H. Quell: J. Textile Inst. **24**, 123 (1933).
Weltzien, W.: Chemische und physikalische Technologie der Kunstseiden. Berlin 1929.
Wiertelak, J. and I. Garbaczowna: Ind. Chem. **7**, 110 (1935).
Will, W.: Mitteilungen. Neu-Babelsberg 1904. Siehe bei F. Cross and E. J. Bevan: Research of cellulose, II. London 1913.
Zsigmondy, R.: Kolloidchemie, 5. Aufl. Leipzig 1927. — Z. anorg. u. allg. Chem. **71**, 356 (1911).

5. Wolle und Seide als amphotere Elektrolyte.

Verdünnte Säurelösungen erleiden eine Abnahme ihrer Wasserstoffionenkonzentration, wenn man ihnen reine Eiweißstoffe zufügt, verdünnte Laugelösungen vermindern beim Zusatz von Eiweiß ihren Gehalt an freien Hydroxylionen. Die Eiweißstoffe zeigen somit sowohl das Verhalten von Säuren als auch von Basen: sie können sowohl Basen wie Säuren neutralisieren. Solche Substanzen bezeichnet man als amphotere Elektrolyte oder Ampholyte. Der einfachste Vertreter dieser elektrochemischen Gattung ist Glykokoll
$$H_2NCH_2COOH.$$
Die basenbindende Eigenschaft ist durch die Carboxylgruppe, die säurebindende durch die Aminogruppe hervorgerufen.

Die Ampholytnatur ist nicht auf die löslichen Eiweißstoffe beschränkt. Auch Kollagen, Wolle und Seide setzen die H^+- bzw. OH^--Ionenkonzentration der wässerigen Säuren und Basen herunter.

Die einfachste und bestbegründete Erklärung des elektrochemischen Verhaltens der Eiweißkörper liegt in der Annahme, daß sie freie Amino- und Carboxylgruppen im Molekül enthalten (PAULI, HARDY). Ebenso wie die freien Hydroxylgruppen im Cellulosemolekül gleich den Hydroxylgruppen der niedrigmolekularen Alkohole zur Äther- und Esterbildung befähigt sind, können die freien Amino- und Carboxylgruppen des Eiweißes gleich den niedrigmolekularen Basen und Säuren ihre elektrochemische Funktion ausüben.

Die Richtigkeit dieser Erklärung wird durch die folgenden Tatsachen wahrscheinlich gemacht (vgl. PAULI-VALKÓ):

1. Die Menge der maximal vom Eiweiß gebundenen H- und OH-Ionen entspricht annähernd der Gesamtzahl der chemisch nachweisbaren freien Amino- bzw. Carboxylgruppen im Eiweiß.

2. Die Änderung der freien Energie bei der Bindung eines Wasserstoff- bzw. Hydroxylions an das Eiweiß und an eine Aminosäure ist annähernd dieselbe.

3. Die Größe der Reaktionswärme bei der H^+- und OH^--Aufnahme von Eiweiß stimmt annähernd mit derjenigen von Aminosäuren überein.

Wieweit diese an einer Anzahl von löslichen Eiweißstoffen gewonnenen Erfahrungen auf die Wolle und Seide zutreffen, wird im folgenden behandelt werden.

Bestimmung der Säure- und Alkalibindung bei Wolle und bei Seide. Wenn man Wolle in eine Säurelösung bringt und nach einiger Zeit entfernt, dann ergibt die acidimetrische Titration der Flotte die Verarmung derselben an Säure. Dies ist die bequemste Methode zur Bestimmung der von Eiweiß gebundenen Säure, allerdings ist sie auf die unlöslichen Eiweißstoffe beschränkt. Sie läßt sich auch auf die Alkalibindung anwenden. Die Titration in Anwesenheit des Eiweißes würde nicht zum Ziele führen, da durch die dabei erfolgende Verschiebung der Wasserstoffionenkonzentration das Gleichgewicht zwischen Eiweiß und Proton (= Wasserstoffion, d. h. Wasserstoffkern) stetig verschoben werden würde. Eine weitere Methode, die auch auf die löslichen Eiweißstoffe anwendbar ist, besteht in der Bestimmung der Wasserstoffionenkonzentration der Flotte in Anwesenheit des Eiweißes mit Hilfe der Wasserstoffelektrode (Platin-H_2- oder Chinhydron- oder Glaselektrode) oder mit Hilfe von Indicatoren. Bei der Berechnung wird in allen Fällen vorausgesetzt, daß das Eiweiß keine merkliche Menge eines Quellungswassers aufnimmt, dessen H^+-Konzentration von derjenigen der Lösung in der einen oder anderen Richtung abweicht (s. hierüber weiter unten).

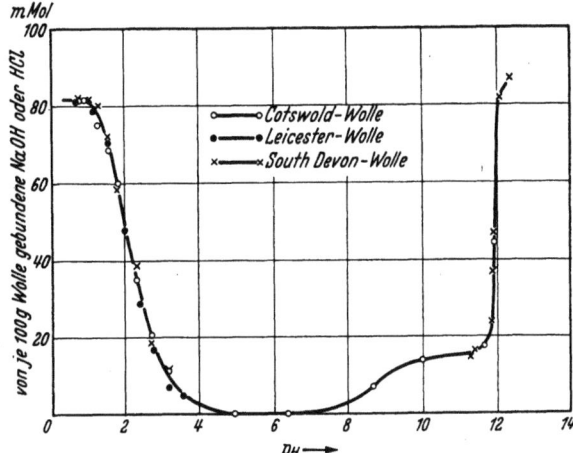

Abb. 76. Säure- und Alkalibindung der Wolle bei 22,2°. Nach SPEAKMAN und STOTT 1.

Die acidimetrische Methode wurde auf Wolle und Seide bereits in den achtziger Jahren angewandt. Diese Versuche sind die ältesten, die über die Messung der Säurebindung eines Eiweißkörper ausgeführt wurden. Das Interesse war hier dadurch hervorgerufen, daß das Aufnahmevermögen für die sauren Farbstoffe (Farbstoffe mit farbigen Anionen) als ein Sonderfall der Säurebindung an die Fasern aufgefaßt wurde. Auf diese Weise wurde auch hier ein technisches Problem zum Ausgangspunkt eines Forschungsgebietes, das heute noch in außerordentlich starkem Maße im Zusammenhang mit rein wissenschaftlichen, hauptsächlich biologischen Fragestellungen die Aufmerksamkeit wachhält.

Die genauesten und zugleich neuesten Bestimmungen der H^+- und OH^--Bindung der Wolle verdanken wir SPEAKMAN, HIRST und STOTT. Die Ergebnisse, die an drei verschiedenen, sorgfältig gereinigten Wollproben gewonnen wurden, bringt die obenstehende Abb. 76.

Die Abszisse stellt die Werte der negativen dekadischen Logarithmen der Wasserstoffionenkonzentration dar (die sog. p_H-Werte), die Ordinate, die je 100 g Wolle gebundene Säure- (linke Kurvenhälfte) bzw. Alkalimenge (rechte Kurvenhälfte). Vor der Messung wurden die Fasern jeweils 48 Stunden in der Salzsäure- bzw. Natronlaugelösung belassen. Man sieht, daß zwischen p_H 5 und 7 überhaupt keine H- und OH-Ionen von der Wolle gebunden werden. Zwischen p_H 3 und 9 bleibt die Aufnahme dieser Ionen noch immer äußerst geringfügig. Erst außerhalb dieses Gebietes tritt eine mit wachsender Ionenkonzentration schnell zunehmende Bindung auf.

Bei diesen Versuchen wurde jeweils etwa 1,1 g Faser mit 100 cm³ Lösung in Reaktion gebracht. Wenn man — insbesondere im Gebiet hoher Ionenkonzentrationen — zuverlässige Resultate möglichst bequem erhalten will, empfiehlt es sich, mit niedrigeren Flottenverhältnissen zu arbeiten. Dann wird nämlich ein vergleichsweise größerer Anteil der Säure (bzw. Lauge) durch die Fasern ausgezogen. Da es sich um die Bestimmung des Unterschiedes in der Konzentration vor und nach Hineinbringen der Wolle handelt, so liegt der Vorteil auf der Hand. Derartige Versuche sind hauptsächlich zu dem Zwecke ausgeführt worden, die maximal gebundene Säuremenge festzustellen. Die neuesten Bestimmungen haben K. H. MEYER und FIKENTSCHER ausgeführt (Flottenverhältnis 40:1).

Tabelle 50. Maximale Säurebindung der Wolle bei 50—60°.
Nach K. H. MEYER und FIKENTSCHER.

Bezeichnung der Säure (bzw. Farbsäure)	Mol.- bzw. Äquivalentgewicht	Konzentration	Von 100 g Wolle wurden maximal gebunden	
			in g	in Grammäquivalenten
$HClO_4$	100,5	n/10	8,2	0,081
HCl	36,5	n/10	2,84	0,078
H_2SO_4	98,08/2	n/10	4,12	0,084
H_3PO_4	98,06	n/5	6,86	0,071
HCO_2H	46	n/1	4,6	0,10
$CH_3 \cdot CO_2H$	60	n/1	4,8	0,08
p-Toluolsulfosäure	172	n/10	14,1	0,082
β-Naphthalinsulfosäuretrihydrat	280,2	n/10	23,7	0,084
Naphthalin-1.5-disulfosäure	313/2	n/10	13,2	0,084
Nekalsäure	270	n/10	25,9	0,096
1.8-Naphthosulfosäuremonohydrat	242	n/10	22,2	0,092
2.6-Naphthosulfosäure	208,1	n/10	17,9	0,086
1-Phenyl-naphthylamin-8-sulfosäure	299	n/20	26,9	0,090
Naphtholgelb S Trihydrat	352,1	n/10	27,4	0,078
Sulfanilsäure → Acetessiganilid	361,2	n/10	33,2 (gewogen 28,2)	0,092 (gewogen 0,078)
Anilin-3.5-disulfosäure → Acetessiganilid	440/2	n/10	17,6	0,08
Orange I	328	n/80	27,6 (gewogen 25,9)	0,084 (gewogen 0,079)

Die folgende Tabelle zeigt einige frühere Zahlen des Schrifttums in der Zusammenstellung von MEYER und FIKENTSCHER.

Tabelle 51. Maximale Säurebindung der Wolle. Nach PELET-JOLIVET und v. GEORGIEVICS.

Bezeichnung der Säure	Mol. bzw. Äquivalentgewicht	Konzentration	Von 100 g Wolle wurden maximal gebunden	
			in g	in Grammäquivalenten
HCl....	36,5	n/10	3,035	0,083
H_2SO_4...	98,6/2	n/10	4,58	0,095
H_2SO_4...	98,6/2	etwa n/10	4,46	0,09
HCl....	36,5	,, n/10	2,72	0,075
HCl....	36,5	,, n/18	2,86	0,078
HBr...	80	,, n/10	6,2	0,077
HNO_3...	63	,, n/20	4,44	0,070
HNO_3...	63	,, n/10	4,92	0,078

Die in den ersten zwei Reihen angegebenen Werte sind von PELET-JOLIVET, die übrigen von GEORGIEVICS bestimmt worden.

Die durch 100 g Wolle im Höchstfalle gebundene Säure schwankt nach den Ergebnissen von MEYER und FIKENTSCHER zwischen den Werten 0,071 und 0,100 Grammäquivalente. Daraus berechnet sich, daß zur Bindung von 1 Äquivalent Säure etwa 1200 g Wolle notwendig sind, d. h. das Äquivalentgewicht der Wolle als Base beträgt 1200. Bemerkenswert ist, daß dieses Äquivalentgewicht nicht nur vom Molekulargewicht der Säure (von 36,5 bis 440), sondern auch davon unabhängig ist, ob die Säure ein- oder zweibasisch ist. Somit verhält sich die Wolle Säuren gegenüber genau so, wie eine Base in wässeriger Lösung. Der von MEYER und FIKENTSCHER erhaltene Wert des basischen Äquivalentgewichtes stimmt mit dem von SPEAKMAN und seinen Mitarbeitern erhaltenen, den man der obigen Abb. 76 entnehmen kann, ausgezeichnet überein, obwohl MEYER und FIKENTSCHER bei einer Badtemperatur von 50—60°, SPEAKMAN bei einer solchen von 22,2° gearbeitet haben und die Zeitdauer des Bades im ersten Falle 5 Stunden, im zweiten 48 Stunden betrug. ELÖD und SILVA erhielten bei 20° und einer Versuchsdauer von 6 Tagen den Wert der maximalen HCl-Bindung in Übereinstimmung mit den früher erhaltenen Werten. Bei 90° und einer Versuchsdauer von 1 oder 2 Stunden sind jedoch bei den höchsten angewandten Säurekonzentrationen von ihnen Bindungswerte beobachtet worden, die bedeutend höher lagen, als der bei niedriger Temperatur gewonnene Sättigungswert. Die Ergebnisse bei Zimmertemperatur waren übrigens unabhängig davon, ob man die Wolle aus einer konzentrierteren Lösung in eine verdünnte brachte oder umgekehrt, sofern nur die Wasserstoffionenkonzentration des Bades nach der Einstellung des neuen Gleichgewichtes gemessen wurde. Mit anderen Worten, die Reaktion erwies sich als völlig umkehrbar.

SPEAKMAN und STOTT haben kürzlich auch die Bindung einiger anderer Säuren an Wolle in Abhängigkeit vom p_H verfolgt. Ihre Ergebnisse bringt die Abb. 77. Der Verlauf der Bindungskurve für Oxalsäure und Phosphorsäure ist in Übereinstimmung mit der Auffassung, daß das Bindungsgleichgewicht beim gleichen p_H von der Natur des Anions unabhängig ist, unter der Voraussetzung, daß beide Säuren als einwertig angesehen werden, was in Anbetracht der Schwäche ihrer zweiten (und noch mehr ihrer dritten) Säuregruppe gerechtfertigt ist. (Unter dieser Voraussetzung ist auch der Bindungswert für Phosphorsäure in Tabelle 50 berechnet.) Bemerkenswert ist jedoch, daß die Schwefelsäure ebenfalls eine höhere Bindung zeigt als die Salzsäure, und zwar bei höherem p_H in stärkerem Maße als bei niedrigerem. Da die zweite Säuregruppe von H_2SO_4 — wenigstens bei schwach saurer Reaktion — weitgehend dissoziiert ist, kann diese Säure nicht als einwertig angesehen werden. Für die Bindungsverhältnisse wird hier wahrscheinlich der Umstand von ausschlaggebender Bedeutung sein, daß das kleine Sulfation nicht gleichzeitig zwei weit auseinanderliegende $—NH_3^+$-Gruppen der Eiweißmoleküle absättigen kann. Die zweite Säurestufe in der Schwefelsäure erscheint also nur dann als undissoziiert, wenn das Sulfation durch elektrostatische Kräfte in den Molekülverband der Keratinkette einverleibt wird.

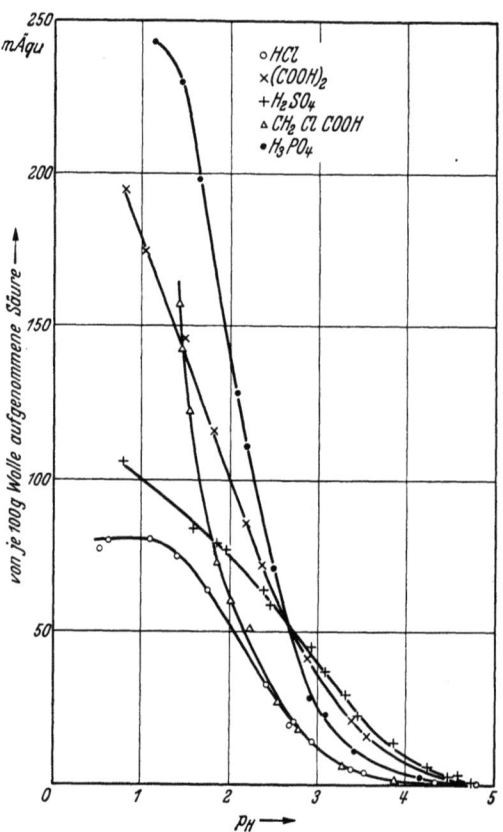

Abb. 77. Die Bindung verschiedener Säuren durch Wolle. Nach SPEAKMAN und STOTT 2.

Als gänzlich anormal muß das Verhalten der Monochloressigsäure bezeichnet werden. Im schwach sauren Gebiet bis etwa p_H 3,5 fällt ihre Bindungskurve mit derjenigen der Salzsäure praktisch zusammen. Von hier an steigt jedoch die Bindung der Chloressigsäure mit zunehmende Säuregrad steil an. Da diese Säure mittelstark ist, befindet sie sich bei höherem Säuregrad in zunehmendem Anteil als undissoziiertes Molekül in der Lösung. Wahrscheinlich wird nun neben der elektrostatischen Bindung der Säureanionen auch das undissoziierte Molekül durch VAN DER WAALSsche Kräfte an das Eiweiß gebunden. Dieses Verhalten würde auch die verhältnismäßig starke Quellbarkeit der Wolle in den Lösungen der organischen Säuren erklären (vgl. weiter unten).

Über die Alkalibindung der Wolle scheinen nicht viel Messungen vorzuliegen. SPEAKMANs Messungen nach der obigen Abb. 76 lassen im alkalischen Gebiet keinen Sättigungswert erkennen. Die Bindung der

Lauge nimmt auch noch in konzentrierten Lösungen weiter zu, und zwar erheblich über den Sättigungswert gegenüber Säuren. Es ist anzunehmen, daß bei der stark alkalischen Reaktion und der langen Einwirkungsdauer die Keratinmoleküle hydrolytisch gespalten werden und daß dieser Vorgang die zunehmende Alkalibindung hervorruft.

Das Säurebindungsvermögen der Seide wurde gleichfalls wiederholt untersucht. Genaue Bestimmungen verdanken wir FIKENTSCHER und KURT H. MEYER. Es hat sich dabei gezeigt, daß Rohseide, die noch etwa 25% Seidenleim oder Serizin enthält, bedeutend mehr Säure bindet als entbastete Seide. Der Seidenleim hat also ein viel größeres Säurebindungsvermögen als das Seidenfibroin. Die folgende Tabelle bringt die Ergebnisse von MEYER und FIKENTSCHER an entbasteter Seide. Die Einwirkungsdauer der Säurelösung betrug 5 Stunden, die Temperatur 50—60°, das Flottenverhältnis 40:1.

Tabelle 52. **Maximale Säurebindung des Seidenfibroins.** Nach FIKENTSCHER und K. H. MEYER.

Bezeichnung der Säure (bzw. Farbsäure)	Mol. bzw. Äquivalentgewicht	Konzentration	Von 100 g Seide wurden maximal gebunden	
			g	Grammäquivalent
Mit Natronlauge titriert				
Perchlorsäure	100,5	n/20	2,4	0,024
Salzsäure	36,5	n/20	0,8	0,022
Schwefelsäure	98/2	n/20	1,18	0,024
Ameisensäure	46	n/5	0,88	0,019
Essigsäure	60	n/2,5	1,44	0,024
β-Naphthalinsulfosäure	208,1	n/20	6,05	0,029
2.6-Naphtholsulfosäure	224,1	n/20	6,05	0,027
Naphtholgelb S	314,1	n/10	9,10	0,029
Anilin-3.5-disulfosäure → Acetessiganilid	441/2	n/20	6,6	0,030
Mit Titantrichlorid titriert				
Sulfanilsäure → α-Naphthol	328	n/80	5,9	0,018
Anilin → G-Salz	408/2	n/20	4,29	0,021
o-Anisidin → Dichlorbenzoyl-K-Säure	626/2	n/100	6,58	0,021

Der Wert für die von 100 g Seide höchstens gebundene Säuremenge schwankt somit zwischen 0,018 und 0,030 Grammäquivalenten und ergibt sich im Mittel zu etwa 0,024 Grammäquivalenten. Das Äquivalentgewicht der Seide als Base beträgt somit 4200 g, es ist 3—4mal größer als das der Wolle. Von dem Molekulargewicht der verwendeten Säure (von 36 bis 626) ist der Wert der maximalen Bindung genau so unabhängig wie der der Wolle, ebenso davon, ob die Wertigkeit der Säure 1 oder 2 ist.

Wie bereits erwähnt, wurde bei all diesen Berechnungen die Annahme gemacht, daß die Fasern selbst kein Wasser binden, welches die freie

Säure in einer anderen Konzentration enthalten würde als die Flotte selbst. Daß eine Wasserbindung durch die Wolle und die Seide erfolgt, wurde bereits gezeigt. Wir werden weiter unten sehen, daß die von den Fasern festgehaltene Flüssigkeitsmenge in sauren Lösungen noch etwas größer ist als in reinem Wasser. Wenn dieses Quellungswasser keine Säure enthält, dann ist die Flotte durch den Entzug des Wassers konzentrierter geworden. Die tatsächliche Säurebindung ist also größer anzunehmen als sie nach der Verringerung der Säurekonzentration der Flotte erscheint. Wir haben hier analoge Verhältnisse wie bei der Alkalibindung der Cellulose. Allerdings hat diese Frage bei der Wolle und der Seide bei weitem nicht die Bedeutung wie bei der Alkalibindung der Baumwolle, und zwar aus dem Grunde nicht, weil die Säureaufnahme der Wolle bereits in verhältnismäßig verdünnten Lösungen (n/10) praktisch vollständig abgeschlossen ist, während die Alkalibindung der Baumwolle erst in etwa 4 n-Lösungen im Mittelpunkt des Interesses steht. Wenn 1200 g Wolle in n/10 HCl-Lösung etwa 1 Mol HCl binden, dann müßte die gleichzeitige Aufnahme von 40% nichtlösendem Wasser diesen Wert um den Inhalt von etwa 500 cm^3 n/10 Lösung, d. h. um $^1/_{20}$ Mol oder um 5% steigern. Noch geringfügiger ist die Wirkung in verdünnteren Lösungen, in denen die Säurebindung im Verhältnis zur Ionenkonzentration größer ist (obwohl ihr Absolutwert geringer ist).

Die Bindung von trockenem NH$_3$- und HCl-Gas durch trockenes Seidenfibroin wurde von E. J. Czarnetzky und C. L. A. Schmidt untersucht. Das Fibroin zeigte in dem Druckgebiet von 0—14 mm Hg die konstante Bindung von 40×10^{-5} Mol HCl und in dem Druckgebiet 0—12 mm Hg die konstante Bindung von 86×10^{-2} Mol NH$_3$ je g. Bei weiter zunehmendem Druck stieg die Bindung in beiden Fällen langsam an. Die Säure- und Basenbindung des Seidenfibroins ist danach in trockenem Zustand aus dem trockenen Gas etwas größer als in nassem Zustande aus wässeriger Lösung. Bemerkenswert ist aber die größenordnungsmäßige Übereinstimmung der Bindungswerte nach beiden Methoden.

Die Natur der Säure- und Alkalibindung. Um die Annahme, daß die Säureaufnahme der Wolle in der Neutralisation der basischen Aminogruppen besteht, zu begründen, ist zunächst der Nachweis zu erbringen, daß die Wolle in genügender Anzahl freie Aminogruppen enthält. Bei den Polypeptidketten, als welche die Moleküle der Eiweißkörper zu betrachten sind, gibt es zwei Arten von freien Aminogruppen: erstens am Ende der Ketten (wobei zu beachten ist, daß die Endgruppen auch Carboxylgruppen sein können) und zweitens innerhalb der Ketten die sog. *Extragruppen* der Diaminocarbonsäuren. Die Extragruppe ist diejenige der beiden Aminogruppen einer Diaminocarbonsäure, die nicht zur Peptidbindung verbraucht wurde, also die nicht in α-Stellung zur Carboxylgruppe befindliche NH$_2$-Gruppe. (Allerdings könnte diese durch eine saure Extragruppe einer Aminodicarbonsäure gleichfalls unter Peptidbindung verbraucht sein.) Wenn das *Molekulargewicht* der Eiweißketten in der Wolle höher als 30000 angenommen wird, so können bei dem beobachteten *Äquivalentgewicht* von etwa 1200 die freien Gruppen der Kettenenden für die Säurebindung nur eine untergeordnete Bedeutung haben. Die folgende Tabelle bringt eine Zusammenstellung von E. J. COHN, in der die Aminosäurezusammensetzung der verschiedenen Eiweißkörper, die durch Analyse der auf dem Wege der hydrolytischen Spaltung hergestellten Abbaugemische ermittelt wurde, mit den elektrochemischen Bindungszahlen verglichen wird.

Tabelle 53. Vergleich der H^+-Bindung der Eiweißkörper mit ihrem Gehalt an basischen Aminosäuren. Nach E. J. COHN.

Eiweiß	Basische Aminosäuren in 1 g Eiweiß				Maximale H^+-Bindung für 1 g Eiweiß Mol × 10^{-5}
	Histidin Mol × 10^{-5}	Arginin Mol × 10^{-5}	Lysin Mol × 10^{-5}	Summe Mol × 10^{-5}	
Edestin....	25,3	90,3	25,7	141,3	127
Seralbumin..	21,9	28,2	90,3	140,4	155
Gelatine...	18,9	47,2	40,5	106,6	89
Pseudoglobulin	17,9	30,6	54,3	102,8	85
Casein....	16,1	21,9	57,3	95,3	90
Bence-Jones.	17,3	26,8	46,5	90,5	92
Eialbumin..	11,0	28,2	25,7	64,9	80
Gliadin....	21,6	18,0	4,7	44,3	34
Zein.....	5,3	10,5	0,0	15,8	0

Die folgende Tabelle bringt in einer Zusammenstellung von PAULI und VALKÓ den Vergleich von neueren Analysenergebnissen von VICKERY und Mitarbeitern mit den entsprechenden elektrochemischen Daten.

Tabelle 54. Vergleich der H^+-Bindung der Eiweißkörper mit ihrem Gehalt an basischen Aminosäuren. Nach VICKERY.

Eiweiß	Basische Aminosäuren in 1 g Eiweiß				Maximale H^+-Bindung für 1 g Eiweiß Mol × 10^{-5}
	Histidin Mol × 10^{-5}	Arginin Mol × 10^{-5}	Lysin Mol × 10^{-5}	Summe Mol × 10^{-5}	
Eialbumin..	9	31	33	73	90
Wolle....	4	45	16	65	80
Seidenfibroin.	0,4	4,5	1,6	6,5	24

Bei der Beurteilung dieser Zusammenstellungen ist der bereits im 1. Abschnitt erwähnte Umstand zu beachten, daß den Analysendaten eine gewisse Unsicherheit anhaftet, da die fraglichen Aminosäuren der analytischen Erfassung zum Teil leicht entgangen sein können. Da andererseits auch die Zahlen der maximalen Bindung, d. h. des Äquivalentgewichtes, durchaus nicht einwandfrei feststehen, können Abweichungen in den beiden Daten zunächst rein experimentell begründet sein. Unter diesen Umständen kann der Inhalt der beiden Tabellen im allgemeinen als eine leidlich gute Bestätigung für die Annahme angesehen werden, daß die Säureaufnahme der Eiweißkörper, insbesondere auch die der Wolle, ihre Ursache in der basischen Funktion der freien Aminogruppen der Polypeptidketten hat.

Bereits vor langer Zeit wurde der direkte Beweis für das Vorhandensein der säurebindenden freien Aminogruppen der Wolle dadurch erstrebt, daß man diese Gruppen auszuschalten und danach die Säurebindung der so veränderten Wolle zu ermitteln versuchte. Zur Ausschaltung der freien Aminogruppen bediente man sich der Einwirkung von salpetriger Säure, die mit primären Aminen nach dem folgenden Schema reagiert:

$$RNH_2 + HNO_2 \rightarrow ROH + H_2O + N_2.$$

Mehr als 10 Jahre bevor VAN SLYKE diese Reaktion zu einer quantitativen Bestimmung der Aminogruppe ausgebaut hat, stellten BENTZ und FARRELL (1897) fest, daß Wolle nach der Behandlung mit salpetriger Säure ihr Vermögen, saure Farbstoffe zu binden, nicht merklich einbüßt. Später haben auf PAULIs Veranlassung BLASEL und MATULA die Säurebindung des mit salpetriger Säure desaminierten Glutins untersucht und gefunden, daß die Säurebindung gegenüber derjenigen des ursprünglichen Glutins auf etwa die Hälfte herabgesetzt war. In der Folgezeit wurden an den verschiedenen Eiweißkörpern zahlreiche derartige Versuche ausgeführt. Wir beschränken uns hier auf die entsprechenden Untersuchungen an Wolle. PADDON hat den Befund von BENTZ und FARRELL in quantitativer Hinsicht bestätigt, indem er zeigte, daß das Bindungsvermögen der Wolle nach der Desaminierung gegenüber sauren Farbstoffen in dem p_H-Gebiet 2—6 unverändert bleibt. Zu demselben Ergebnis führten Messungen von E. R. TROTMAN.

Im Gegensatz zu den früheren Forschern haben KURT H. MEYER und FIKENTSCHER die Desaminierung der Wolle unter strengeren Bedingungen, nämlich bei 100°, im sonstigen aber nach der Methode von VAN SLYKE ausgeführt. Der Stickstoffverlust der Wolle betrug 0,4%, d. i. etwa $1/3$ der Stickstoffmenge, die sich nach den elektrochemischen Bestimmungen in Form von freien Aminogruppen in der Wolle befindet. Gegenüber Perchlorsäure fiel das Bindungsvermögen der Wolle infolge der Desaminierung gleichfalls um 33%, so daß die von der Theorie geforderte Beziehung zwischen Aminogruppenmenge und Säurebindung im Gegensatz zu dem Befund der früheren Forscher bis zu einem gewissen Grade hier ihre Bestätigung fand.

Es ist bereits von den Untersuchungen an anderen Eiweißkörpern her bekannt, daß von den in Frage kommenden drei Diaminocarbonsäuren im Eiweiß nur das Lysin glatt die VAN SLYKEsche Reaktion gibt. Im Histidin ist die Extragruppe eine sekundäre Aminogruppe, die wohl basische Natur hat, jedoch mit salpetriger Säure auf eine andere Weise reagiert als die primäre Aminogruppe. Im Arginin liegt die Extragruppe als Guanidingruppe vor, die nur sehr träge mit der salpetrigen Säure in Wechselwirkung tritt. Berücksichtigt man diese Verhältnisse, dann wird der Befund von MEYER und FIKENTSCHER völlig verständlich. Eine vollständige Ausschaltung der Aminogruppen der Eiweißkörper ist eben mit Hilfe der salpetrigen Säure nicht möglich.

Die Tatsache, daß die früheren Forscher keine merkliche Herabsetzung der basischen Eigenschaften der Wolle bei der Einwirkung von salpetriger Säure beobachtet hatten, erklärt sich durch die Reaktionsträgheit, die der in den festen Fasern vorliegenden Substanz im Gegensatz zu den löslichen Eiweißkörpern eigen ist. MEUNIER und REY haben gezeigt, daß die Einwirkung von salpetriger Säure auf Wolle auch noch nach Stunden nicht abgeschlossen ist, sondern daß die Stickstoffabgabe stetig weitergeht. ELÖD und KÖNIG beobachteten den zeitlichen Ablauf der Reaktion bei 90°. Durch Auftragen der entwickelten Stickstoffmenge in Abhängigkeit von der Zeit, erhielten sie Kurven mit einem deutlichen Knick: nach der schnellen Stickstoffabgabe in dem ersten Teil der Kurve folgte eine langsame. Sie erklärten dies damit, daß die Geschwindigkeit der Desaminierung von einem rasch und einem langsam verlaufenden Vorgang abhängt, den langsamen Vorgang hielten sie für eine hydrolytische Aufspaltung von Peptidbindungen, die

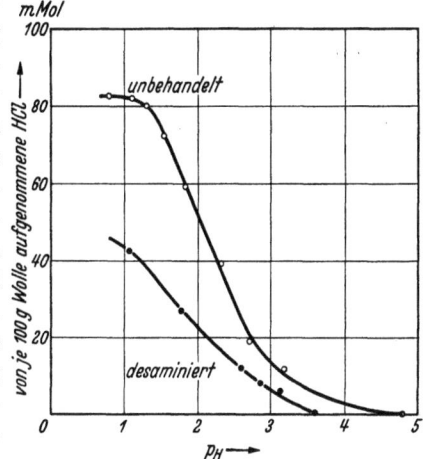

Abb. 78. Verminderung der Säurebindung der Wolle durch die Desaminierung. Nach SPEAKMAN und STOTT 3.

neue Aminogruppen für den Angriff der salpetrigen Säure freilegt. Diese Auffassung wurde durch ELÖD und VLACHOS, die ihre Versuche an Seide und Wolle bei 63° ausführten, bestätigt. (Vgl. Dissertation VLACHOS.)

SPEAKMAN und STOTT 3 zeigten kürzlich, daß bei der Einwirkung von salpetriger Säure auf Wolle das Freiwerden von Stickstoff bei gewöhnlicher Temperatur noch in 60 Stunden nicht abgeschlossen ist, und daß dessen Geschwindigkeit von der Konzentration der einwirkenden Lösung abhängt. Eine durch eine 3tägige Behandlung bei Zimmertemperatur desaminierte Wolle zeigte gegenüber Salzsäure etwa das halbe Bindungsvermögen der unbehandelten Wolle. Die Ergebnisse der vergleichenden Messung der Säurebindung von nativer und desaminierter Wolle sind in der obenstehenden Abbildung dargestellt.

Die Verschiebung der Bindungskurve infolge der Desaminierung in der Richtung niedrigerer p_H-Werte entspricht durchaus analogen Beobachtungen an Gelatine. SPEAKMAN und STOTT neigen gleichfalls zu der Ansicht, daß bei der Einwirkung der desaminierenden Lösung auch eine Spaltung der Eiweißketten, d. h. Neubildung von freien Aminogruppen, erfolgt, da das Säurebindungsvermögen nicht in dem Maße herabgesetzt wird als es dem Stickstoffverlust entspricht.

Neuere Ergebnisse von KANAGY und HARRIS sind geeignet, die Verhältnisse bei der Desaminierung der Wolle und der übrigen Eiweißkörper aufzuklären. Als Ausgangsmaterial für die bei Zimmertemperatur ausgeführten Versuche wurde mittels Kugelmühle feingepulverte Wolle (Teilchengröße 0,3—2 μ) benützt. Diese Form ist vorteilhaft, da sie die Einwirkung des Reaktionsgemisches beschleunigt. Um die Größe der Korrekturen festzustellen, die infolge der während der Einwirkung der salpetrigen Säure stattfindenden Nebenreaktion erforderlich sind, wurden sowohl Blindversuche, wie solche an einfachen Aminosäuren ausgeführt. Es zeigte sich erstens, daß die salpetrige Säure bereits ohne Anwesenheit von Aminen eine Zersetzung erleidet, des weiteren, daß die Reaktion der Guanidingruppe des Argininrestes, im Gegensatz zu den primären Aminogruppen, die innerhalb 10 Minuten vollständig zersetzt werden, nur langsam vor sich geht.

KANAGY und HARRIS benützen diese Erfahrungen, um die Stickstoffabgabe bei der Einwirkung der salpetrigen Säure auf Wolle rechnerisch in drei Anteile zu spalten; in den Anteil, der von der Selbstzersetzung der salpetrigen Säure herrührt, in denjenigen, der von den primären Aminogruppen stammt, und schließlich in denjenigen, der von der Zersetzung der Guanidingruppen geliefert wird. Auf diese Weise fanden sie, daß die Menge des von den primären Aminogruppen der Wolle abgespaltenen Stickstoffs 0,41% beträgt (in guter Übereinstimmung mit dem Befund von K. H. MEYER und FIKENTSCHER). Die Abgabe des Stickstoffs seitens der Guanidingruppe des Argininrestes setzt sich auch noch nach 24 Stunden fort. Das nach der Desaminierung entsprechend den Beobachtungen von K. H. MEYER und FIKENTSCHER, sowie von SPEAKMAN und STOTT übrigbleibende Säurebindungsvermögen der Wolle (und damit auch das übrigbleibende Brechungsvermögen gegenüber sauren Farbstoffen) ist nach KANAGY und HARRIS darauf zurückzuführen, daß die basischen Eigenschaften des Guanidinrestes auch nach Aufspaltung des einen Stickstoffatoms erhalten bleiben. Für die hydrolytische Abspaltung der Peptidbindungen während der Desaminierung bei gewöhnlicher Temperatur fanden KANAGY und HARRIS keine Anzeichen.

Was nun die Alkalibindung der Wolle betrifft, so sei darauf hingewiesen, daß dieser Faserstoff genügend Aminodicarbonsäuren, nämlich Asparaginsäure und Glutaminsäure, unter seinen Bausteinen aufweist, um auch in dieser Hinsicht den Forderungen der chemischen Theorie zu entsprechen.

Eine weitere Bestätigung der Auffassung der Säure- und Alkalibindung der Eiweißkörper als elektrolytische Dissoziationsvorgänge bringt der Vergleich der freien Energie der H^+- und OH^--Aufnahme einerseits an niedrigmolekularen Aminen und Carbonsäuren bzw. Aminosäuren, auf der anderen Seite an den Eiweißkörpern. Die Lage des Dissoziationsgleichgewichtes, d. h. der Bruchteil der verfügbaren bindungsfähigen Gruppen, der bei einer gegebenen Wasserstoffionenkonzentration in Reaktion tritt, ist bekanntlich ein Maß der freien Energie der Reaktion. Bei den niedrigmolekularen Körpern kennzeichnet der Wert der Dissoziationskonstante die Lage des Gleichgewichtes und damit auch die freie Energie. Bei den hochmolekularen Substanzen, insbesondere auch bei denen, die nicht in gelöster, sondern in gequollener Form reagieren, spricht man häufig an Stelle des Massenwirkungsgesetzes, das den Einfluß der Konzentration auf das Gleichgewicht beschreibt, von der Adsorptionsisotherme.

Man hat vielfach die Anwendung einer logarithmischen Gleichung empfohlen, die für den Fall der Wasserstoffionenaufnahme etwa in der folgenden Form beschrieben wird:

$$n_H \text{ (geb.)} = b \cdot [H^+]^x, \qquad (1)$$

wobei n_H (geb.) die Menge der gebundenen Wasserstoffionen, $[H^+]$ die Konzentration der freien Wasserstoffionen, b und x zwei empirische Konstanten bedeuten, deren Werte von der Natur der adsorbierenden Substanz abhängt. Die Konstanz der Konzentration des Adsorbens (z. B. des Eiweißes) wird vorausgesetzt. Eine andere, gleichfalls häufig empfohlene Beziehung stellt diejenige Adsorptionsisotherme dar, die von LANGMUIR auf Grund kinetischer Betrachtungen unter der Voraussetzung abgeleitet wurde, daß die Anlagerung an gleichartigen Stellen stattfindet, die einander nicht beeinflussen. Diese Beziehung nimmt für unseren Fall die folgende Form an:

$$n_H \text{ (geb.)} = \frac{b}{1 + \dfrac{K}{[H^+]}} \qquad (2)$$

Darin bedeutet b die Höchstmenge der gebundenen Wasserstoffionen, d. h. die Anzahl der bindungsfähigen Gruppen, und K ist eine Konstante.

Diese Adsorptionsisotherme ist sowohl der Form als auch dem Wesen nach identisch mit dem Massenwirkungsgesetz für die Dissoziation einer einbasischen Säure. Die Konstante K hat dieselbe Bedeutung wie die Dissoziationskonstante (VALKÓ).

Der gedankliche Übergang von der homogenen Reaktion, die den Gegenstand des Massenwirkungsgesetzes bildet, zu der Reaktionsweise eines Gels, wie es in den gequollenen Fasern vorliegt, vollzieht sich durch die Vorstellung, daß die eine Reaktionskomponente und das Reaktionsprodukt, also etwa die Aminogruppe ($\cdot NH_2$) und die daraus gebildete Ammoniumgruppe ($\cdot NH_3^+$) im Raume gleichmäßig verteilt, jedoch unbeweglich sind. Man kann daher die LANGMUIRsche Adsorptionsisotherme auch als das Massenwirkungsgesetz der Gelreaktion auffassen. Wie bereits erwähnt, ist ihre Gültigkeit in der obigen einfachen Form an zwei Voraussetzungen geknüpft: 1. die einzelnen dissoziierenden Gruppen sind alle untereinander gleich; 2. sie sind voneinander in genügendem Abstand, um sich gegenseitig nicht zu beeinflussen. Wenn auch etwa im Falle der Säurebindung der Wolle diese Voraussetzungen nicht vollständig erfüllt sind — ebensowenig wie im Falle der löslichen

Eiweißkörper —, so ermöglicht jedenfalls die Anwendung der Beziehung wenigstens näherungsweise eine Größe K anzugeben, die die mittlere Affinitätskonstante der H^+-bindenden Gruppen zu den Wasserstoffionen darstellt und sich mit den entsprechenden Dissoziationskonstanten der Aminosäuren vergleichen läßt. Es wäre allerdings verfehlt, bei diesem Vergleich der Tatsache nicht Rechnung zu tragen, daß z. B. die Extragruppe des Lysins in der freien Aminosäure eine wesentlich andere elektrolytische Dissoziationstendenz zeigen muß als innerhalb einer Eiweißkette. Im ersten Falle befindet sich in dem Molekül in einer Entfernung von 5 Kohlenstoffatomen von der Extragruppe eine Carboxyl- und eine Aminogruppe. Diese zwei Gruppen beeinflussen die Dissoziation der Extragruppe wesentlich. Ist das Lysinmolekül in die Eiweißkette eingebaut, dann sind diese zwei Gruppen zu Bestandteilen von zwei Carbonamidgruppen geworden. Die Carbonamidgruppen beeinflussen die elektrolytische Dissoziation der Extragruppe auch, jedoch auf eine ganz andere Weise als die freie Amino- und Carboxylgruppe. Nachdem PAULI schon vor langen Jahren auf diese Verhältnisse hingewiesen hat, sind sie kürzlich von E. J. COHN und seinen Mitarbeitern einer ausführlichen Analyse unterworfen worden. Unsere Kenntnisse gestatten gegenwärtig nur gewisse Grenzen anzugeben, innerhalb deren die Dissoziationskonstante K der Eiweißkörper sich befinden muß, falls sie dissoziierenden Gruppen mit denselben Eigenschaften entspricht wie diejenige der Amino- bzw. Carboxylgruppe in einer entsprechenden molekularen Umgebung. Nach der Schätzung von PAULI und VALKÓ sind diese Grenzen für den negativen Logarithmus der Konstanten im sauren Gebiet (pK_a) 2,9 und 4,2, im alkalischen Gebiet (pK_b) 3,3 und 6,3.

Der einfachste Weg zur näherungsweisen Ermittlung der mittleren Dissoziationskonstante ist das Aufsuchen derjenigen Wasserstoff- bzw. Hydroxylionenkonzentration, bei der das Eiweiß gerade die Hälfte des maximalen Sättigungswertes an H^- bzw. OH^--Ionen bindet. Die Konstante ist gleich dem numerischen Wert dieser Ionenkonzentration. PAULI und VALKÓ haben einige Werte aus den Angaben des Schrifttums auf diese Weise berechnet. Sie sind in der obenstehenden Tabelle mitgeteilt und ergänzt durch die entsprechenden Werte an Wolle, berechnet aus den Messungen von SPEAKMAN.

Tabelle 55. Mittlere „Dissoziationskonstanten" der Eiweißkörper (negative Logarithmen derselben).

Eiweiß	Dissoziationskonstante	
	im sauren Gebiet: pK_a	im alkalischen Gebiet: pK_b
Eialbumin . .	3,2	3,3
Seralbumin . .	3,3	3,5
Gelatine . . .	3,7	—
Edestin. . . .	3,4	—
Casein	—	5
Hämoglobin. .	3,0	3,5
Pseudoglobulin	2,7	3,1
Wolle	2,2	2,1

Es fällt hier auf, daß die Werte für Wolle sowohl im sauren als auch im alkalischen Gebiet gegenüber denen der anderen Eiweißkörper um etwa eine Zehnerpotenz verschoben sind.

An dieser Stelle sind einige Bemerkungen über den Dissoziationsvorgang der Aminosäuren, Polypeptide und Eiweißkörper angezeigt. Für die neutrale Form dieser Ampholyte sind zwei Isomere denkbar. Erstens kann man annehmen, daß beide Gruppen elektrisch ungeladen sind:

$$H_2NCH_2COOH.$$

Es ist jedoch möglich, daß beide Gruppen in dissoziierter Form vorliegen:

$$+H_3NCH_2COO^-.$$

Diese Molekülart, die als Zwitterion bezeichnet wird, stellt ein Protonisomer des undissoziierten, neutralen Moleküls dar. Beide unterscheiden sich nur dadurch, daß in dem einen Fall der Wasserstoffkern (Proton) an die COO^--Gruppe, in dem anderen Fall an die NH_2-Gruppe gekettet ist. BREDIG und KÜSTER haben das Auftreten der Zwitterionen in gewissen Fällen wahrscheinlich gemacht. BJERRUM hat nachgewiesen, daß die aliphatischen Aminosäuren in neutraler Form überwiegend Zwitterionen bilden, d. h. das Isomerengleichgewicht:

$$H_2NCH_2COOH \rightleftarrows {}^+H_3NCH_2COO^-$$

ist stark nach rechts verschoben. Mit zunehmender Wasserstoffionenkonzentration wird die Dissoziation der Carboxylgruppe zurückgedrängt:

$$^+H_3NCH_2COO^- + H^+ \rightleftarrows {}^+H_3NCH_2COOH.$$

Die H^+-Aufnahme liefert hier also ein Maß für die Dissoziationskonstante der Carboxylgruppe und findet nicht, wie man früher annahm, an der undissoziierten basischen Gruppe statt. Mit steigender Alkalität hingegen wird die Dissoziation der Aminogruppe zurückgedrängt:

$$^+H_3NCH_2COO^- + OH^- \rightleftarrows H_2NCH_2COO^- + H_2O.$$

Die OH-Bindung beruht danach auf dem Dissoziationsrückgang der Aminogruppe und nicht, wie früher angenommen wurde, auf einer Versalzung der undissoziierten Carbonsäuregruppe.

Für eine große Anzahl löslicher Eiweißstoffe ist der Nachweis erbracht worden, daß sie in neutraler Form als Zwitterionen vorliegen. Gilt dies auch für Wolle, so besteht ihre Säurebindung darin, daß die Dissoziation der Carboxylgruppe, die bei neutraler Reaktion (richtiger bei isoelektrischer Reaktion, s. weiter unten) mit der dissoziierten Aminogruppe ein inneres Salz bildet, zurückgedrängt wird. Das Anion der Säure übernimmt die Rolle eines Gegenions für die Aminogruppe:

$$^+H_3NCH_2\ldots COO^- + HCl \rightleftarrows Cl^- + {}^+H_3NCH_2\ldots COOH.$$

Das Analoge gilt für die Reaktion der Wolle in Lauge.

Die in der obigen Tabelle enthaltenen Werte der Dissoziationskonstante beziehen sich auf die im Sinne der Zwitterionentheorie gedeutete Reaktion. Die Abweichungen der Werte für Wolle von den übrigen Werten besagen dann soviel, daß die Wolle sich wie eine stärkere

Säure und zugleich wie eine stärkere Base verhält als die anderen Eiweißkörper. Es scheint jedoch, daß dieses Verhalten nicht in der chemischen Konstitution der Polypeptidketten der Wolle begründet ist, sondern in ihrem physikalischen Zustand als quellbare Faser, im Gegensatz zu den löslichen Eiweißstoffen. JORDAN LLOYD und BIDDER haben die Säure- und Alkalibindung der gelösten Gelatine mit denen der festen Gelatine und einer Reihe von Eiweißfasern verglichen. Die folgende Abbildung stellt ihre Ergebnisse dar.

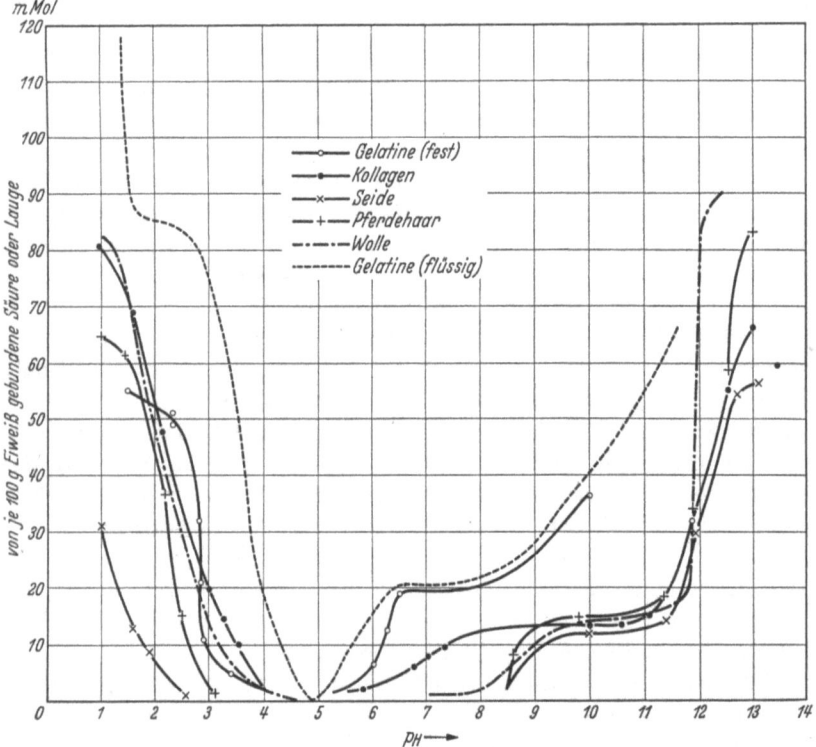

Abb. 79. Die Säure- und Alkalibindung der Eiweißfaserstoffe. Nach LLOYD und BIDDER.

Der große Unterschied zwischen der festen und der gelösten Gelatine beweist die Bedeutung des Lösungszustandes für das elektrolytische Gleichgewicht. Der plötzliche starke Anstieg der Ionenbindung bei $p_H < 3$ und $p_H > 11{,}5$ wird auf die plötzliche Zerstörung der Faserstruktur zurückgeführt. Je kompakter die Struktur der Faser ist, um so breiter ist in der Umgebung des Neutralpunktes die Zone, in der keine merkliche Bindung von Wasserstoff- und Hydroxylionen stattfindet. Vergleicht man die Kurven mit der Aminosäurezusammensetzung der Eiweißstoffe (Tabelle 56), so kann man die Folgerung ziehen, daß die chemische Konstitution nicht allein ausschlaggebend sein kann, insbesondere nicht im p_H-Gebiet 3—9.

Die obige Abbildung enthält auch Werte für die Alkalibindung des Seidenfibrons. Ihr Höchstwert liegt danach etwa bei 0,055 Grammäquivalenten. Das Äquivalentgewicht der Seide als Säure würde rund 1800 betragen.

Der Einfluß der Faserstruktur auf das Bindungsgleichgewicht gegenüber Wasserstoff- und Hydroxylionen kann auf verschiedene Mechanismen zurückgeführt werden:

Tabelle 56. Basische und saure Aminosäuren in einigen Eiweißkörpern.
Zusammenstellung von D. J. LLOYD und BIDDER.

	Gelatine (und Kollagen)	Pferdehaar	Schaafwolle	Seidenfibroin
Basen:	Prozentgehalt an Aminosäuren			
Lysin	5,9	1,1	2,3	0,25
Arginin . . .	8,2	7,6	7,8	0,74
Histidin . . .	0,9	0,6	0,66	0,07
Säuren:				
Glutaminsäure	5,8	3,7	—	0,0
Asparaginsäure	3,4	0,3	—	—

1. Die Reaktionszugänglichkeit der Amino- und Carboxylgruppen wird vermindert. Diese werden erst in extrem sauren bzw. alkalischen Bädern infolge der zunehmenden Quellung bloßgelegt.

2. Die sauren und alkalischen Gruppen der benachbarten Hauptvalenzketten sättigen einander gegenseitig ab. Dies wäre auch bei gelösten Eiweißkörpern möglich, jedoch sind bei letzteren die Ketten in der ganzen Lösung unregelmäßig verteilt, während sie bei den Fasern zwangsweise nahe beieinander festliegen. Dadurch wird die Wahrscheinlichkeit der wechselseitigen Absättigung vergrößert.

3. Das Gelwasser (Innenflüssigkeit), mit dem sich die Amino- und Carboxylgruppen ins elektrolytische Gleichgewicht setzen, hat in saurer Lösung eine geringere Wasserstoffionenkonzentration, in alkalischer Lösung eine geringere Hydroxylionenkonzentration als die Flotte (Außenflüssigkeit). Diese Möglichkeit wird besonders durch die Annahme eines DONNANschen Membrangleichgewichtes nahegelegt (s. weiter unten).

In diesem Zusammenhang interessiert die Ansicht von KURT H. MEYER und FIKENTSCHER über das Verhalten des Seidenfibroins. Sie nehmen als wahrscheinlich an, daß der krystallinische Anteil an der Säurebindung nicht beteiligt ist. Dafür spricht die Tatsache, daß die mit einem sauren Farbstoff Orange I bis zur Sättigung beladene Seide im Röntgenbild von der ungefärbten Seide in keiner Hinsicht abweicht. Besteht der krystalline Anteil aus langen Glycyl-Alanylketten, was zu vermuten ist, dann ist schon aus chemischen Gründen (wegen Mangel an Extragruppen) eine Säurebindung durch die Krystallite nicht möglich. MEYER und FIKENTSCHER berichten über die Säurebindung der aus dem Drüseninhalt des Seidenspinners künstlich gezogenen Fäden (Silkworm). Die

Grenzwerte für diese liegen um die Hälfte niedriger als für Naturseidefäden. Sie nehmen daher an, daß beim natürlichen Spinnprozeß ein kleiner Teil des amorphen, basischen Seidenleims, in den der Spinner seinen Doppelfaden einhüllt, in das Innere der Fäden gelangt und darin auch beim Entbasten verbleibt. Dieser soll die Säurebindung bedingen.

Für die chemische Theorie bildet die Gleichheit der Wärmetönung bei der Reaktion einerseits der Proteine, andererseits der Aminosäuren mit Säuren und Basen eine wichtige Bestätigung. An den Fasereiweißstoffen läßt sich ein solcher Beweis in Ermangelung zuverlässiger Daten einstweilen nicht erbringen.

VIGNON hat bereits 1890 die Wärmetönung der Faserstoffe bei der Reaktion mit Säuren und Basen calorimetrisch ermittelt. Seine Werte bringt die nebenstehende Tabelle.

Tabelle 57. Wärmetönung bei der Reaktion von 100 g Faserstoff mit wässerigen Lösungen in Cal. Nach VIGNON.

Reagens	Rohseide	Entbastete Seide	Wolle	Baumwolle
Wasser . . .	0,10	0,15	—	—
n/1 KOH . .	1,35	1,30	1,16	0,80
n/1 NaOH .	1,55	1,30	1,15	0,65
n/1 H$_2$SO$_4$.	0,95	0,90	0,99	0,36
n/1 HCl . .	0,95	0,90	0,95	0,40
n/1 HNO$_3$.	0,90	0,85	—	—
n/1 KCl . .	0,20	0,10	—	—

Die Werte mit reinem Wasser (und mit KCl) zeigen vermutlich die Quellungswärme an, die auch in den sauren und alkalischen Lösungen neben der Reaktionswärme frei wird. 0,10 bis 0,20 Cal müßten daher von den übrigen Werten in Abzug gebracht werden. Berücksichtigt man diesen Umstand, dann ergibt sich die Reaktionswärme mit Säuren je Äquivalentgewicht, d. h. je rund 1200 g Wolle, zu rund 10 Cal. Diese molare Wärmetönung entspricht eher einer Reaktion

$$H_2N \cdot R \cdot COOH + H^+ \rightleftarrows {}^+H_3N \cdot R \cdot COOH$$

als der von der Zwitterionentheorie in saurer Lösung geforderten Reaktion

$$^+H_3N \cdot R \cdot COO^- + H^+ \rightleftarrows {}^+H_3N \cdot R \cdot COOH.$$

Die Wärmetönung der ersten Reaktion beträgt nämlich bei Aminosäuren 5,2—13,0 Cal, der zweiten jedoch —1,3 bis +1,8 Cal. Tatsächlich wurde z. B. an Serumalbumin die Bindungswärme für 1 Mol HCl von MEYERHOF nur zu +0,7 Cal gefunden. Was nun die für die Reaktion mit Basen erhaltenen Werte betrifft, so ist bei diesen eine Umrechnung in molare Größen nicht möglich, erstens, weil das Äquivalentgewicht für die Wolle als Säure nicht genügend bekannt ist und zweitens, weil die Wahrscheinlichkeit von Nebenreaktionen, insbesondere der Spaltung von Peptidbindungen, groß ist. Andererseits kennen wir die Genauigkeit der VIGNONschen Messungen nicht genügend, um ihre Beweiskraft richtig einschätzen zu können.

Die an Baumwolle gemessenen Werte haben wir hier vollständigkeitshalber angeführt, sie zeigen, daß die Reaktion der Baumwolle mit Säuren nur einen Bruchteil der Wärme liefert als diejenige der Wolle. Höher liegen die Wärmetönungen der Baumwolle in alkalischer Lösung, auch hier werden die entsprechenden Werte an Wolle allerdings nicht erreicht. Rohseide und entbastete Seide geben ähnliche Werte wie Wolle. Man hätte mit Rücksicht auf das hohe Äquivalentgewicht der entbasteten Seide für diese weit niedrigere Werte erwartet.

PÄSSLER und KÖNIG bestimmten die Verbrennungswärme von Wolle erstens in reinem Zustande, dann an solchen Proben, die vorher mit Säuren behandelt wurden und schließlich auch die Verbrennungswärme dieser Säuren. Aus diesen Werten berechnen sie die Wärmetönung der Wolle mit Säure. Die erhaltenen Werte betragen in den meisten Fällen das Mehrfache der VIGNONschen Werte. Es ist jedoch sehr zu bezweifeln, daß die von PÄSSLER und KÖNIG berechneten Werte tatsächlich als die Wärmetönung der Wolle mit Säuren in verdünnten Lösungen aufzufassen sind. Es ist vielmehr anzunehmen, daß die unbekannten Vorgänge beim Trocknen (Dehydratation, Sekundärreaktion des Säureanions mit der Wolle u. dgl.) die Ergebnisse wesentlich beeinflussen (PAULI-VALKÓ).

Wenn man die H^+- und OH^-- Aufnahme der tierischen Fasern als eine chemische Reaktion auffaßt, so bleibt noch die Möglichkeit zu erörtern, ob nicht die Peptidbindungen diese Reaktion bewerkstelligen können. Diese Möglichkeit wurde auch an den löslichen Eiweißkörpern und sogar an synthetischen Polypeptiden in Erwägung gezogen. Die über diese Fragen ausgeführten experimentellen Untersuchungen führten jedoch zu dem Ergebnis, daß eine Säure oder Basenfunktion der Peptidbindung in sauren Lösungen überhaupt nicht und in alkalischen Lösungen nur in geringem Ausmaße bei $p_H > 13$ in Frage kommt.

Es sei noch zum Schluß bemerkt, daß die Bezeichnung der Säure- und Alkalibindung der Faserstoffe als Adsorptionsvorgang zu der chemischen Theorie in keinem Widerspruch steht, da sie zunächst auf die Angabe der Natur der Adsorptionskräfte verzichtet, während die chemische Theorie diese Kräfte aus der Konstitution der Faserstoffmoleküle abzuleiten versucht.

Die Quellung der Wolle und Seide in Säuren und Basen. Es wurde bereits in einem früheren Abschnitt über die Wasseraufnahme der Faserstoffe berichtet. Dort wurde gezeigt, daß Wolle und Seide, je nach der Größe der relativen Feuchtigkeit, bestimmte Mengen von Wasserdampf aufnehmen. Diese Sorption erreicht ihren höchsten Wert naturgemäß in der gesättigten Dampfatmosphäre bzw. in Wasser. Benützt man jedoch als Quellungsbad nicht reines Wasser, sondern wässerige Säuren oder Laugen, so ist trotz der Dampfdruckerniedrigung unter Umständen eine Steigerung der Quellung festzustellen.

MEUNIER und REY [1] ermittelten die Quellung von Wolle und Seide in Abhängigkeit von der Wasserstoffionenkonzentration, indem sie die Fasern von dem aus Pufferlösungen bestehenden Quellungsbad durch

Zentrifugieren abtrennten und zur Wägung brachten. Die Zentrifuge lief mit 2500 Umdrehungen je Minute 5 bzw. 15 Minuten lang. Der Abstand des Fasergutes von der Rotationsachse war dabei 14—15 cm, das Flottenverhältnis 1:50. Die Einwirkungsdauer der Lösungen betrug 40 Stunden. Die erhaltenen Werte zeigt die folgende Abbildung.

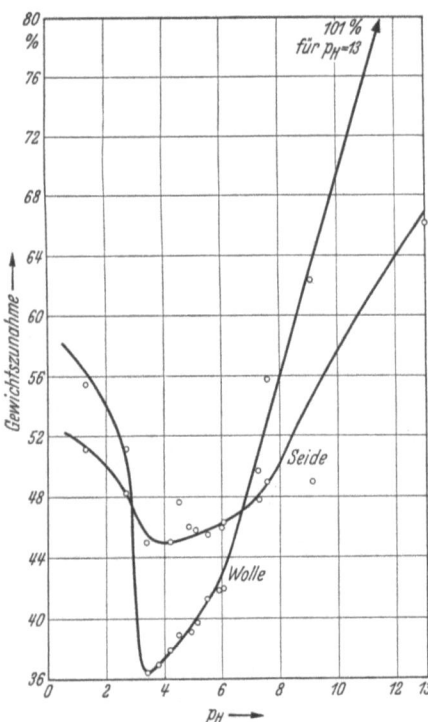

Abb. 80. Quellung der Wolle und der Seide in Pufferlösungen bei Zimmertemperatur, abhängig vom p_H des Quellungsbades. Nach MEUNIER und REY 1.

Die Wolle weist danach ein Quellungsminimum bei p_H 3,6 bis 3,8 auf, die Seide bei p_H 4,2. Zu beiden Seiten von diesem Minimum bewirkt die Verschiebung der Wasserstoffionenkonzentration einen steilen Anstieg der Quellung. Die Autoren haben später nach derselben Methode die Quellung der Wolle in einem breiteren p_H-Gebiet in nichtgepufferten HCl- und NaOH-Lösungen ermittelt. Die folgende Abb. 81 bringt die Versuchsergebnisse in graphischer Darstellung.

Ein Quellungsminimum befindet sich danach in der Nähe von p_H 4,5. Bemerkenswerterweise streuen jedoch die Quellungswerte in der Umgebung des Minimums merklich. Besonders zu beachten ist ferner das Auftreten eines Maximums im sauren Gebiet, nämlich bei etwa p_H 1,5. Hier beträgt die Quellung, d. h. die Gewichtszunahme gegenüber der trockenen Wolle 49%, während in reinem Wasser die Quellung nur etwa 41,5% erreicht. Die Gewichtszunahme zwischen p_H 4,5 und 1,5 beläuft sich somit auf etwa 5% des Gewichtes bei p_H 4,5. Im extrem alkalischen Gebiet werden dagegen auch höhere Quellungswerte erreicht. Auf das Auftreten eines zweiten Minimums bei stark saurer Reaktion sei nur beiläufig hingewiesen. Es sei noch erwähnt, daß desaminierte Wolle im sauren Gebiet einen deutlich niedrigeren Höchstwert der Quellung aufweist als natürliche Wolle, nämlich 44%.

Eine darauffolgende Untersuchung stammt von ELÖD und SILVA. Diese bestimmten den Quellungsgrad der Wolle nur im sauren Gebiet, gleichfalls durch Zentrifugieren (1800 U/Min., 9 cm Achsenabstand, 5 Minuten Zentrifugierdauer). Als Quellungsbad diente Salzsäure. Wurde

Die Quellung der Wolle und Seide in Säuren und Basen. 145

sie bei 90° 2 Stunden lang mit der Wolle in Berührung belassen, dann erhielt man die in Abb. 82 dargestellten Werte (Kurve I und II, je nachdem, ob

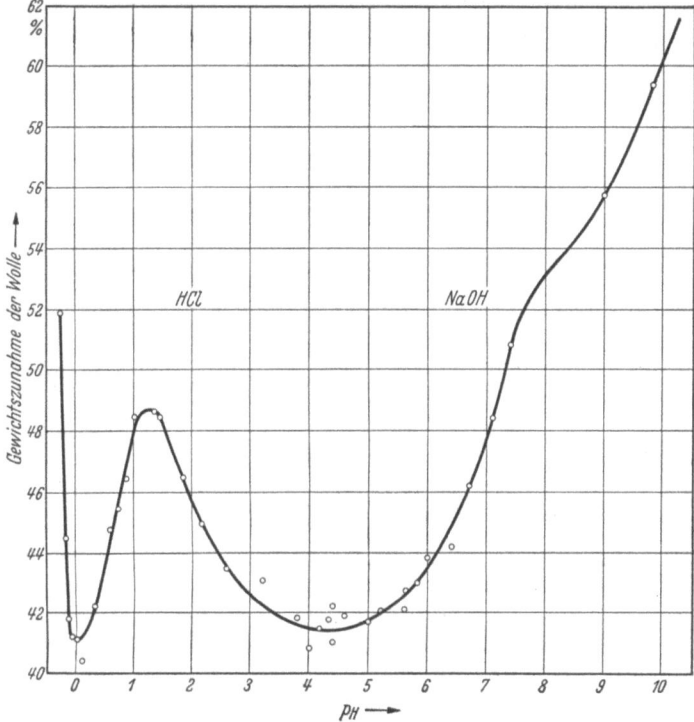

Abb. 81. Quellung der Wolle in Salzsäure und Natronlauge bei Zimmertemperatur. Nach MEUNIER und REY 2.

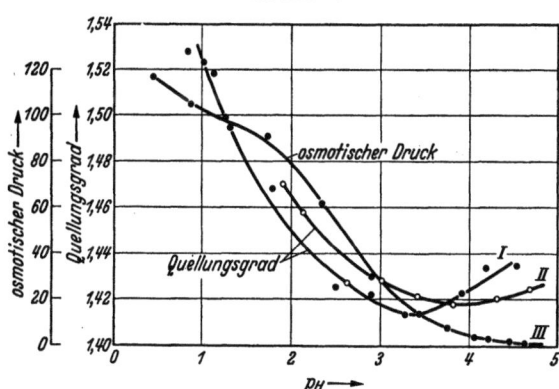

Abb. 82. Quellung der Wolle bei 90° in HCl. Kurve *I*: Beobachtete Werte mit zunehmender Säurekonzentration; Kurve *II*: beobachtete Werte mit abnehmender Säurekonzentration; Kurve *III*: osmotischer Druck, berechnet (vgl. S. 153). Nach ELÖD und SILVA.

die Wolle zuerst mit einer verdünnteren Lösung oder mit einer konzentrierteren behandelt und dann in die angegebene Lösung gebracht wurde).

Das Quellungsminimum liegt hier zwischen p_H 3 und 4. Außer diesen Versuchen wurden auch solche bei 20° ausgeführt, jedoch mit einer Einwirkungsdauer von 6 Tagen. Es wurde nämlich nachgewiesen, daß bei dieser Temperatur das Bindungsgleichgewicht der Wolle in kürzerer Zeit noch nicht erreicht wird (s. weiter oben). Die erhaltenen Werte zeigt Kurve I der Abb. 83.

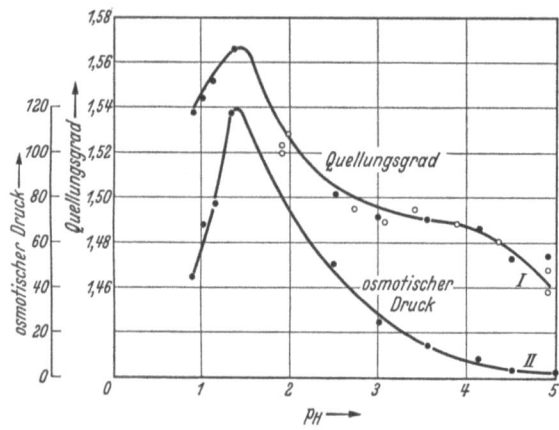

Abb. 83. Quellung der Wolle bei 20° in HCl. Kurve I: Beobachtete Werte (Punkte: mit zunehmender Säurekonzentration; Kreise: mit abnehmender Säurekonzentration); Kurve II: osmotischer Druck, berechnet nach der Theorie des Membrangleichgewichtes (vgl. S. 153). Nach ELÖD und SILVA.

Das Quellungsminimum ist nach höheren p_H-Werten verschoben. Es liegt, im Gegensatz zu den Befunden von MEUNIER und REY, bei einem $p_H > 5$. Der Unterschied wäre darauf zurückzuführen, daß die eben genannten Forscher bei der kürzeren Einwirkungsdauer (40 Stunden) das Gleichgewicht noch nicht erreicht hatten. Das Quellungsmaximum im sauren Gebiet findet sich bei p_H 1,3 in guter Übereinstimmung mit dem früheren Befund.

Fast gleichzeitig und unabhängig voneinander haben einerseits GÖTTE und KLING, andererseits SPEAKMAN und STOTT eine andere Methode zur Bestimmung der Quellung der Wolle herangezogen, nämlich die mikroskopische Beobachtung der Dicke von Einzelfasern. GÖTTE und KLING benützten als Quellungsbäder Pufferlösungen,

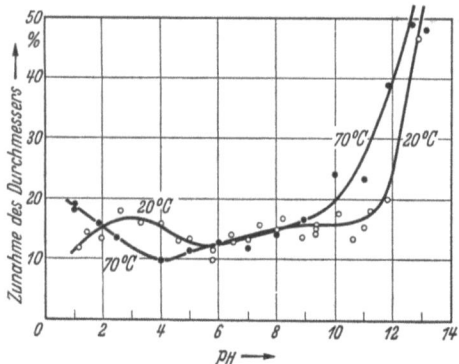

Abb. 84. Quellung der Wolle in Pufferlösungen bei 20° und 70° in Abhängigkeit vom p_H des Quellungsbades. Nach GÖTTE und KLING.

die jedoch viel weniger Neutralsalz enthielten als die von MEUNIER und REY zuerst angewendeten Lösungen. Die Einwirkungsdauer betrug nur 30 Minuten. Allerdings ist es wahrscheinlich, daß die schnelle Gleichgewichtseinstellung durch die Benützung von Einzelhaaren gegenüber Garnen und Geweben begünstigt wird. Die Ergebnisse der ausgeführten zwei Meßreihen (bei 70° und bei 20°) sind in der vorstehenden Abb. 84 graphisch dargestellt. Die nächste Abbildung bringt einen Vergleich der 20°-Messungen mit den Werten von MEUNIER und REY. Zu diesem Zwecke haben GÖTTE und KLING ihre eigenen Werte [auf Gewichtszunahme umgerechnet. Die Tatsache, daß die Zahlen von MEUNIER und REY bedeutend höher liegen, hängt wohl teils damit zusammen, daß beim Zentrifugieren die anhaftende Flüssigkeit nicht vollständig entfernt wird, teils damit, daß die Einwirkungsdauer, wie bereits erwähnt, bei GÖTTE und KLING bedeutend kürzer war. Diese Forscher finden das Quellungsminimum bei p_H 5,8, das Maximum im sauren Gebiet bei p_H 3. Bei höherer Temperatur wird bei ihnen ebenso wie bei ELÖD und SILVA das Minimum bei niedrigerem p_H (etwa 4) beobachtet und das Auftreten eines Maximums nicht wahrgenommen.

SPEAKMAN und STOTT [1] bestimmten die Zunahme des Faserdurchmessers in verdünnter Salzsäure, Schwefelsäure und Monochloressigsäure. In der folgenden Abbildung sind die Ergebnisse als Differenzen gegenüber dem Durchmesser in Wasser vom p_H 5,5 ausgedrückt.

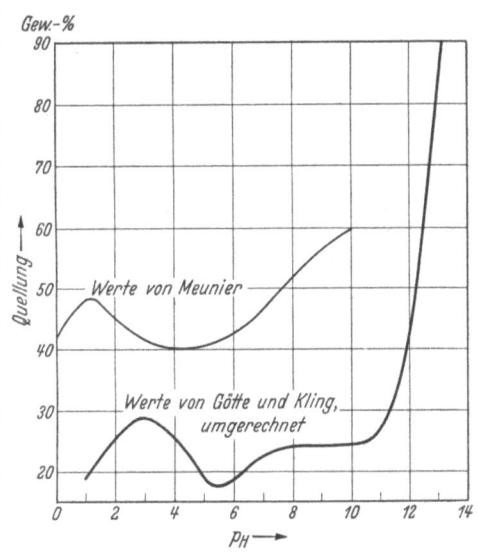

Abb. 85. Quellung der Wolle. Vergleich der Befunde von GÖTTE und KLING (Abb. 84) mit denen von MEUNIER und REY (Abb. 81).

Die Einwirkungsdauer betrug 24 und 30 Stunden, die Temperatur 22,2°. (Abb. 86.)

In den Mineralsäuren zeigt sich eine Maximumbildung der Quellung, allerdings erst bei stärker saurer Reaktion als sie von den anderen Forschern beobachtet wurde. Das Quellungsminimum ist in dieser Untersuchung nicht erfaßt, durch Extrapolation kann seine Lage auf p_H 4,8 geschätzt werden. Die Wirkung von Chloressigsäure ist nur in den schwach sauren Lösungen ähnlich derjenigen der Mineralsäuren. Von etwa p_H 2 an bewirkt die Chloressigsäure eine bedeutend stärkere Quellung. Diese Abweichung kann wohl auf die Wirkung der undissoziierten Chloressigsäuremoleküle zurückgeführt werden. Da diese Säure nur mittelstark ist, wird in sauren Lösungen neben dem dissoziierten Anteil der größte Teil von ihr in undissoziierter Form vorliegen. (Vgl. S. 130.)

SPEAKMAN und STOTT haben auch die Längenzunahme der Wolle in sauren Lösungen beobachtet. Sie betrug nur 0,1—0,2%. Der

Durchmesser der Fasern kann also als Maß für die Quellung benützt werden. Nur in konzentrierteren Chloressigsäurelösungen tritt eine Verkürzung ein, die etwa 1,7% erreichen kann.

D. J. LLOYD und MARRIOTT haben die Quellung von Seidenfibroin (in Form von Silkworm von etwa 400 μ Durchmesser) und von Pferdehaar in Abhängigkeit von der Wasserstoffionenkonzentration untersucht. Sie fanden außer einer schwachen Andeutung des Anstieges beim $p_H < 1$ und einem steilen Anstieg bei $p_H > 11$, einen ziemlich flachen Verlauf der Quellungskurve. Allerdings war die von ihnen benützte Methode nicht sehr empfindlich (Fehlergrenze etwa $\pm$ 2,5%). Es zeigte sich, daß sowohl Seide als auch Pferdehaar im Gebiet zwischen p_H 2 und 11 nach 24 Stunden das Quellungsgleichgewicht erreichen. In stärker sauren oder stärker alkalischen Lösungen steigt hingegen die Quellung auch nach dieser Zeit weiter stetig an. Nach Vorbehandlung mit konzentrierten Laugen, Säuren oder alkalischen Natriumsulfidlösungen war die Quellung stark erhöht und zeigte eine Maximumbildung sowohl im sauren als auch im alkalischen Gebiet.

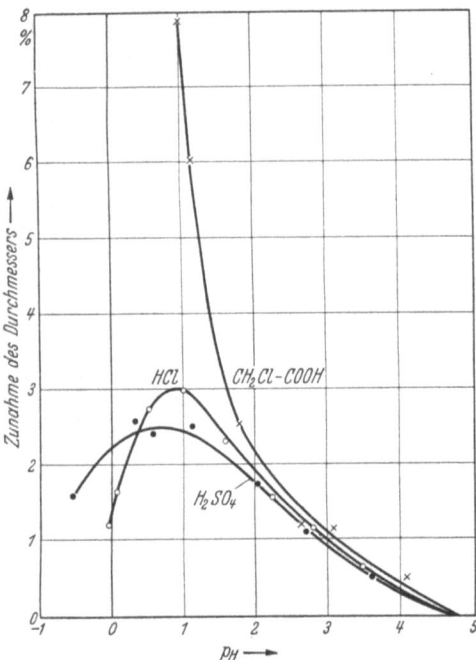

Abb. 86. Quellung der Wolle in verschiedenen Säuren, abhängig vom p_H des Quellungsbades bei 22,2°. Nach SPEAKMAN und STOTT.

DENHAM und DICKINSON maßen die Quellung von Silkworm (Durchmesser etwa 100 μ) und von entbasteten Seidenfäden in Pufferlösungen. Von je 100 Fäden wurde mikroskopisch der Durchmesser nach 2 Stunden langer Behandlung mit den jeweiligen Lösungen ermittelt. Wie die Abb. 87 zeigt, treten im sauren Gebiet vier Minima bzw. Maxima auf. Die Unterschiede im Durchmesser erreichen jedoch nicht einmal 3%. Von p_H 4,8 aufwärts setzt ein steiler Anstieg ein, bei p_H 9 beträgt die Durchmesseränderung gegenüber dem niedrigsten Wert etwa 9%.

Für die mehrfachen Maximumbildungen ist möglicherweise die Aufnahme der mehrwertigen Ionen aus den Pufferlösungen (Citrat oder Phosphat) verantwortlich. Daß der Einfluß der Ionen des Puffersalzes

Theorie d. Einflusses d. Wasserstoffionenkonzentration auf d. Faserquellung. 149

auf die Quellung zur Minimumbildung führen kann, wurde an Kollagen von KÜNTZEL nachgewiesen.

Theorie des Einflusses der Wasserstoffionenkonzentration auf die Faserquellung. Aus den vorangehend berichteten Untersuchungen geht hervor, daß die Wasseraufnahme der Wolle, die in der Nähe der neutralen Reaktion (p_H 5—7) etwa 30% beträgt, in alkalischen und sauren Lösungen bis p_H 11 bzw. 1 eine weitere Zunahme erfährt. Sofern nicht undissoziierte Säuren in zu hoher Konzentration anwesend sind, überschreitet diese Quellungszunahme kaum 10% des Gewichtes der Faser.

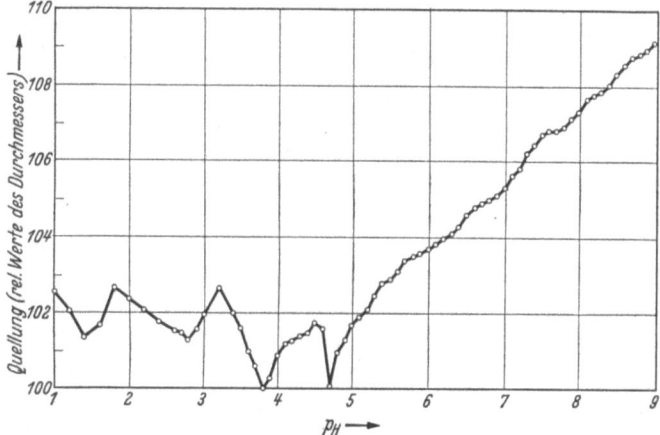

Abb. 87. Quellung des Seidenfibroins in Pufferlösungen, abhängig vom p_H des Quellungsbades.
Nach DENHAM und DICKINSON.

Die Gewichtszunahme beträgt somit nur etwa das 3fache des Gewichtes der aufgenommenen Säure oder des Alkalis, falls es sich z. B. um Salzsäure, Schwefelsäure oder Natronlauge handelt. Außerhalb des oben begrenzten Gebietes, d. h. in sehr stark sauren oder alkalischen Lösungen, kann die Quellung auch viel höhere Werte annehmen. Es ist jedoch anzunehmen, daß insbesondere in alkalischen Lösungen diese weitere Quellung mit einer dauernden Veränderung der Fasern verknüpft ist, die sich z. B. als eine mechanische Schwächung bemerkbar macht.

Wenn auch das Ausmaß der zusätzlichen Quellung infolge Veränderung der Wasserstoffionenkonzentration nicht beträchtlich ist, hat die Frage nach ihrer Ursache doch ein gewisses Interesse. Es kommen hier grundsätzlich dieselben Erklärungsmöglichkeiten in Betracht, die bei der Besprechung der Quellung der Cellulose in konzentrierten Natronlaugen gleichfalls in Erwägung gezogen werden müssen (vgl. S. 200ff.):

1. Hydratationstheorie: die dissoziierten ionischen Gruppen (Amino- und Carboxylgruppen) der Wolle und ihrer Gegenionen (Cl, SO_4 oder Na usw.) binden das Wasser durch Betätigung der Solvatationskräfte.

2. Theorie der elektrostatischen Abstoßung: die Wolle erhält durch die Aufnahme oder Abgabe von Wasserstoffionen eine einsinnige elektrostatische Aufladung. Infolge gegenseitiger Abstoßung der gleichgeladenen Faseranteile wird Wasser in die Fasern gesaugt.

3. Theorie der Membrangleichgewichte: die Faser wirkt als eine osmotische Zelle, die für die geladenen Eiweißionen undurchlässig, für die gewöhnlichen Elektrolyte und für Wasser jedoch durchlässig ist. Das Wasser wird infolge der osmotischen Kräfte in die Fasern gedrückt.

Nach allen drei Theorien müssen die Fasern in ungeladenem Zustande (also bei isoelektrischer Reaktion, s. weiter unten) ein Minimum der Quellung aufweisen, da hier die angenommenen zusätzlichen Quellungskräfte fortfallen. Das Auftreten des Quellungsmaximums bei Erhöhung der Säure- (oder Alkali-) Konzentration erklärt die Hydratationstheorie als eine von der überschüssigen Säure bewirkte Dehydratation, die elektrostatische Theorie durch Annahme einer Abschirmwirkung der überschüssigen, entgegengesetzt geladenen Ionen, die zwischen die geladenen Teilchen der Faser dringen.

Im folgenden wollen wir die osmotische Theorie der zusätzlichen Quellungszunahme etwas ausführlicher erläutern. Ihre Grundlage ist die DONNANsche Theorie der Membrangleichgewichte. Da die DONNAN-Theorie auch für andere Veredelungsvorgänge der Fasern (z. B. Mercerisieren, Färben) von Bedeutung ist, sei ihr Wesen hier kurz umrissen.

Befindet sich in einer für Wasser durchlässigen osmotischen Zelle eine elektrolytisch dissoziierte Verbindung, deren Ionen zum Teil durch die Membran gehen können, zum Teil jedoch durch die Membran zurückgehalten werden, z. B. ein Salz, bestehend aus Natriumionen und kolloiden Anionen, dann verhindert das Gesetz der Elektroneutralität den völligen Ausgleich der Konzentration der diffusiblen Ionen zwischen Innen- und Außenflüssigkeit. Würde nämlich ein merklicher Teil der Natriumionen in die Außenflüssigkeit treten, die etwa im Anfangszustand als reines Wasser gedacht werden soll, so wäre die Ladung der Anionen in der Innenflüssigkeit nicht mehr kompensiert. Andererseits würde in diesem Fall die Außenflüssigkeit einen Überschuß an Kationen gewinnen. In Wirklichkeit genügt der Übertritt einer unmeßbar kleinen Menge von Natriumionen um den weiteren Vorgang durch die Ausbildung einer Potentialdifferenz zwischen Innen- und Außenflüssigkeit an der Grenze der beiden, des sog. *Membranpotentials*, zu hemmen. Das Membranpotential beeinflußt die Verteilung sämtlicher diffundierender Ionen, die neben denjenigen des Kolloidsalzes noch anwesend sind, auf eine kennzeichnende Weise. Die ungleiche Verteilung der Ionen zu beiden Seiten der Membran ist bestimmend für den osmotischen Druck.

Das Verteilungsgesetz des Membrangleichgewichtes lautet für ein beliebiges Ionenpaar aus einem einwertigen Kation und einem einwertigen Anion:

$$[K]_i \cdot [A]_i = [K]_a \cdot [A]_a \qquad (3)$$

$[K]_i$, $[A]_i$ = Konzentration des Kations bzw. des Anions in der Innenflüssigkeit, $[K]_a$ $[A]_a$ = Konzentration des Kations bzw. Anions in der Außenflüssigkeit.

Um die Bedeutung des Gesetzes zu illustrieren, seien die zwei denkbaren Grenzfälle unter der vereinfachenden Annahme behandelt, daß die Volumina zu beiden Seiten der Membran einander gleich sind.

1. In der Innenflüssigkeit befindet sich eine hohe Konzentration des Natriumsalzes mit einem nicht diffundierenden Anion. Andere Salze sind zunächst nicht anwesend. Es wird nun dem System eine kleine Konzentration an NaCl zugesetzt. Im Gleichgewicht gilt:

$$[\text{Na}]_i \cdot [\text{Cl}]_i = [\text{Na}]_a \cdot [\text{Cl}]_a.$$

Da $[\text{Na}]_i$ mindestens so groß bleiben muß wie die Äquivalentkonzentration des nicht diffundierenden Anions und diese voraussetzungsgemäß groß ist gegenüber $[\text{Cl}]_a$, auch dann noch, wenn das gesamte NaCl außerhalb der Membran bleibt, kann die Gleichheit nur dann erfüllt werden, wenn $[\text{Cl}]_i$ sehr klein wird gegenüber $[\text{Cl}]_a$, d. h., wenn tatsächlich praktisch das gesamte Natriumchlorid sich in der Außenflüssigkeit befindet. Dieses Ergebnis bedeutet, daß im Überschuß des Kolloidsalzes der zugesetzte fremde Elektrolyt praktisch vollständig in die Außenflüssigkeit gedrängt wird.

2. Es soll wieder das Gleichgewicht eines kolloiden Natriumsalzes mit NaCl betrachtet werden. Nun soll aber die Konzentration des nicht diffundierenden Anions als sehr klein angenommen werden gegenüber der Konzentration von NaCl. In diesem Fall verschwindet der Beitrag der die Ladung der kolloiden Anionen kompensierenden Natriumionen (der Gegenionen) neben dem Beitrag des Natriumchlorids zu der Na-Konzentration der Innenflüssigkeit, und es gilt daher im Gleichgewichte annähernd:

$$[\text{Cl}]_i \sim [\text{Cl}]_a.$$

Im Überschuß des diffundierenden Salzes ist somit die Verteilung des Fremdelektrolyten zu beiden Seiten der Membran praktisch gleichmäßig.

Die in Wirklichkeit vorkommenden Fälle liegen zwischen den beiden Grenzen: Je nach dem Konzentrationsverhältnis wird das zugesetzte Salz aus der Innenflüssigkeit mehr oder minder stark verdrängt werden. Auf alle Fälle bleibt jedoch die Konzentration des zugesetzten Salzes in der Innenflüssigkeit geringer.

Die Innenflüssigkeit zeigt gegenüber der Außenflüssigkeit einen osmotischen Druck. Dieser osmotische Druck ist dem Unterschied der gesamten Ionenkonzentration zu beiden Seiten der Membran proportional. Wenn wir den oben dargestellten ersten Fall betrachten, in dem das Kolloidsalz mit reinem Wasser im Gleichgewicht steht, so erkennen wir, daß hier der osmotische Druck der gesamten Teilchenzahl des Kolloidions und seiner Gegenionen entspricht. Mit zunehmendem Salzgehalt nimmt der Unterschied in der Anzahl der diffundierenden Ionen innen und außerhalb der Membran ab und damit auch der osmotische Druck. (Dieses Verhalten steht in Übereinstimmung mit dem oben dargestellten Verhalten in bezug auf die Verteilung des Salzes. Dort wurde das *Verhältnis* der Konzentrationen in den beiden durch die Membran voneinander getrennten Flüssigkeiten behandelt. Hier kommt es jedoch auf die *Differenz* der Konzentrationen an.) Im Überschuß des Kolloidsalzes (zweiter Grenzfall) erhält man schließlich einen osmotischen Druck, der nur der Teilchenzahl des Kolloidions selbst (ohne seine Gegenionen) entspricht.

Wie erwähnt, werden bei der Anwendung der Theorie auf die Wollquellung die Fasern hier als osmotische Zellen aufgefaßt und die Faserwände als halbdurchlässige Membranen. Wenn man die in reinem Wasser gequollene Wolle in eine Säurelösung bringt, so dringen infolge der Diffusion die beiden Ionen der Säure, z. B. die Wasserstoff- und die

Chlorionen, in das Quellungswasser der Fasern ein. Ein Teil der Wasserstoffionen wird dabei von dem Fasermaterial gebunden (infolge der Affinität zu den freien Aminogruppen). Innerhalb der Fasern muß jedoch eine den gebundenen Wasserstoffionen äquivalente Menge der Chlorionen verbleiben. Sonst würden die Fasern durch Anreicherung der Wasserstoffionen eine enorme positive elektrostatische Aufladung erreichen, was in einem leitenden Medium, also auch in einer wässerigen Lösung, nicht möglich ist. Die aus elektrostatischen Gründen (Gesetz der Elektroneutralität) in äquivalenter Menge festgehaltenen Chlorionen können wir als Gegenionen bezeichnen. Die Gegenionen sind innerhalb der Fasern frei beweglich, sie tragen daher zum osmotischen Druck des Faserinhaltes bei. Die freie Salzsäure hat infolge der Diffusion das Bestreben, sich zwischen der Innen- und Außenflüssigkeit, d. h. zwischen Faserinhalt und Quellungsbad gleichmäßig zu verteilen. Das Diffusionsbestreben der in der Außenflüssigkeit befindlichen Chlorionen wird jedoch geringer sein als dasjenige der Wasserstoffionen, da sich innerhalb der Fasern bereits frei bewegliche Chlorionen befinden. Andererseits ist es infolge der Elektroneutralität nicht möglich, daß von außen mehr Wasserstoff- als Chlorionen in die Fasern eindringen. Die frei diffundierenden Ionen werden sich infolgedessen nicht gleichmäßig zwischen der Innen- und Außenflüssigkeit verteilen, sondern es bildet sich unter Wahrung der Elektroneutralität eine eigenartige Gleichgewichtsverteilung aus. Dieses Gleichgewicht gehorcht dem Gesetz der konstanten Ionenprodukte:

$$[H]_i \cdot [Cl]_i = [H]_a \cdot [Cl]_a$$

oder, da in der Außenflüssigkeit nur Salzsäure vorhanden ist,

$$[H]_i \cdot [Cl]_i = [H]_a^2.$$

Durch die Zeichen in den eckigen Klammern sind die Konzentrationen der einzelnen Ionen in der Innen- (Index i) bzw. der Außenflüssigkeit (Index a) ausgedrückt.

$[Cl]_i$, die Konzentration der Gegenionen innerhalb der Fasern kann man berechnen, indem man die Chlorionen, welche den durch eine bestimmte Fasermenge gebundenen Wasserstoffionen entsprechen, auf das Quellungswasser verteilt denkt, das durch dieselbe Fasermenge gebunden ist. $[H]_a$ ist gleich der analytisch feststellbaren Konzentration der freien Salzsäure im Quellungsbad. Ist die Quellung und die Säurebindung gemessen, so läßt sich auf Grund der obigen Gleichung die Konzentration der freien Wasserstoffionen innerhalb der Fasern berechnen. Es ergibt sich, daß in verhältnismäßig verdünnten Säuren die Gegenionenkonzentration in den Fasern gegenüber der Konzentration der Säure im Quellungsbad recht erheblich ist. Unter derartigen Umständen erfordert das Gesetz der konstanten Ionenprodukte, daß in den Fasern beim Gleichgewicht nur eine vergleichsweise geringe Konzentration an freier Salzsäure verbleibt. In höheren Säurekonzentrationen, in denen die Säurebindung einen oberen Grenzwert vollständig oder beinahe erreicht hat, ist die Konzentration der Salzsäure im Quellungsbad nicht mehr geringfügig gegenüber der Gegenionenkonzentration in der durch die Faserwand abgeschlossenen osmotischen Zelle. Dann wird die Konzentration der freien Säure inner- und außerhalb der Faser im Sinne des Verteilungsgesetzes nicht mehr sehr verschieden sein.

Der osmotische Druck wird durch den Überschuß an frei diffundierenden Ionen innerhalb der Fasern gegenüber der Ionenkonzentration der Außenflüssigkeit bedingt. In verhältnismäßig niedriger Säurekonzentration ist die Gegenionenkonzentration so groß gegenüber der freien Säure des Quellungsbades, daß sie praktisch als der den Druck bestimmende Überschuß wirkt. Mit steigender Säurekonzentration wächst zunächst die Säurebindung, folglich auch die Gegenionenkonzentration. Wenn jedoch in höherer Säurekonzentration, also bei niedrigem p_H, die Säurebindung sich ihrem oberen Grenzwert nähert und die Verteilung der freien Säure gleichmäßiger wird, dann nimmt der Unterschied in der gesamten Ionenkonzentration inner- und außerhalb der Fasern ab. In diesem Gebiet sinkt der osmotische Druck mit steigender Säurekonzentration. Zwischen niedriger und hoher Säurekonzentration durchläuft somit der durch den Ionengehalt der Fasern hervorgerufene osmotische Druck ein Maximum. Nimmt man an, daß die Faserwand ein elastisches Material darstellt, dessen Dehnbarkeit von der Säurekonzentration unabhängig ist und dessen Dehnung der streckenden Kraft proportional ist, dann wird die durch die Dehnung der Faserwand bewirkte Volumenzunahme, d. h. die Quellung, dem osmotischen Druck proportional sein oder zumindest diesem gleichsinnig verlaufen. Daraus folgt, daß die Quellung in dem Gebiet zwischen hoher und niedriger Säurekonzentration ein Maximum durchlaufen muß.

Die Anwendung der DONNANschen Theorie der Membrangleichgewichte auf die Quellung der Eiweißgele (Gelatine) stammt von PROCTER und WILSON (1916). Nachdem SPEAKMAN gelegentlich auf die Bedeutung dieser Theorie für das Verhalten der Eiweißfasern in Säurelösungen hingewiesen hat, wurde sie erstmalig von ELÖD und SILVA an dem System Wolle/Säure quantitativ geprüft. Die bereits oben gebrachte Abb. 82 bringt neben den Ergebnissen der Quellungsmessungen dieser Autoren an Wolle bei 20° die von ihnen berechneten Werte des inneren osmotischen Druckes des Fasermaterials gegenüber der Quellungsflüssigkeit. Der Druck, der im Höchstfalle einen Wert von 120 m Wassersäule erreicht, zeigt einen Verlauf parallel zur Quellung. Es liegt also eine gewisse Bestätigung der Anwendbarkeit der DONNAN-Theorie auf die betrachteten Systeme vor. Die hypothetische, berechnete freie Wasserstoffionenkonzentration der Ionenflüssigkeit beträgt nach der Berechnung von ELÖD und SILVA z. B. nur etwa 0,02 n, wenn die

Außenflüssigkeit 0,1 n HCl enthält. (Je mehr sich die Konzentration der Wasserstoffionen in der Quellungsflüssigkeit verringert, d. h. je höher das p_H ist, um so größer wird das Verhältnis $[H]_i : [H]_a$.) Man kann daher die Geringfügigkeit der scheinbaren Säurebindung in dem p_H-Gebiet 3—5 (die sich formal als eine abnorme Stärke der scheinbaren zwitterionischen Dissoziationskonstante ausdrückt) darauf zurückführen, daß

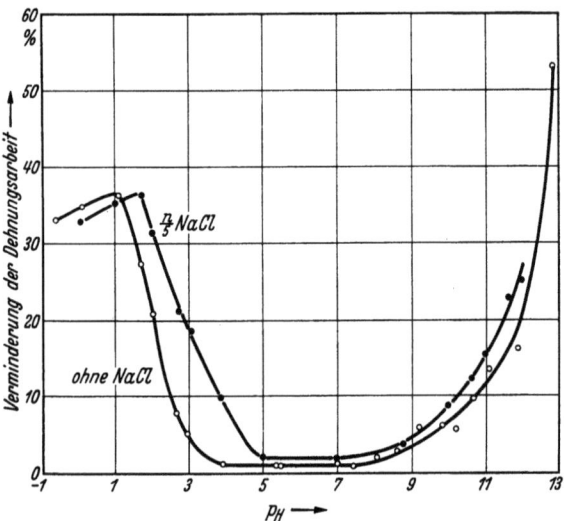

Abb. 88. Verminderung der Arbeit, die zur 30%igen Dehnung der Wollfaser erforderlich ist (im Verhältnis zur Dehnungsarbeit im dest. Wasser), abhängig vom p_H des Quellungsbades. Nach SPEAKMAN und HIRST.

das innere p_H, das für das Anlagerungsgleichgewicht der Wasserstoffionen an das Fasermaterial ausschlaggebend ist, *um mehrere Einheiten höher liegt als das p_H des Quellungsbades.*

Die Dehnungsarbeit der Wolle. Wie bereits erwähnt, hat SPEAKMAN gezeigt, daß die Arbeit, die zur Dehnung der Wolle notwendig ist, zu ihrem Quellungszustand in naher Beziehung steht. SPEAKMAN hat weiterhin nachgewiesen, daß die Verminderung der Arbeit, die notwendig ist, um die Wolle um 30% ihrer Anfangslänge zu dehnen, in sauren und alkalischen Lösungen als Quellungsbädern gegenüber derjenigen in reinem Wasser als Maß für die Säure- bzw. Alkalibindung der Fasern betrachtet werden kann. Der Vergleich der elektrometrischen Messungen der Wasserstoffionenkonzentration mit den mechanischen Messungen zeigt bei Verwendung von Salzsäure als Quellungsflüssigkeit eine strenge Proportionalität zwischen der Verminderung der Dehnungsarbeit und der gebundenen Säuremenge.

In Schwefelsäure- und Natronlaugelösungen erhielten SPEAKMAN und HIRST die in der obenstehenden Abbildung dargestellte Abhängigkeit der prozentualen Verminderung der Dehnungsarbeit (im Vergleich zur

Die Dehnungsarbeit der Wolle. 155

Dehnungsarbeit in reinem Wasser) vom p_H. Es zeigt sich eine vollkommene Analogie zu der Abhängigkeit der H^+- und OH^--Bindung. Zwischen p_H 4 und 8 ist das mechanische Verhalten der Faser von der Wasserstoffionenkonzentration unabhängig. In Anwesenheit

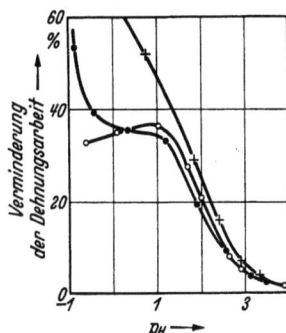

Abb. 89. Verminderung der Dehnungsarbeit der Wolle in Ameisensäure (+—+—+), Phosphorsäure (•—•—•) und Salzsäure (o—o—o). Nach SPEAKMAN und HIRST.

von 0,2 n NaCl beschränkt sich dieser Stabilitätsbereich auf das Gebiet p_H 5—7. In Anwesenheit wie auch in Abwesenheit von Salz tritt beim p_H 2 bzw. 1 ein schwach angedeutetes Maximum auf, das den beobachteten Quellungsmaxima zu entsprechen scheint. Die nebenstehende Tabelle 58 und Abb. 89 bringt die Ergebnisse mit anderen Säuren.

Bei hohem p_H ist die Wirkung der verschiedenen Säuren annähernd die gleiche. Bei niedrigem p_H jedoch

Tabelle 58. Verminderung der Dehnungsarbeit der Wolle durch Quellung in Lösungen verschiedener Säuren. Nach SPEAKMAN und HIRST.

Säure	p_K[1]	p_H	Verminderung der Dehnungsarbeit in %
Salzsäure . . .		—1,35	32,9
		0,08	34,7
		1,02	36,1
		1,68	27,2
		1,98	20,8
		2,63	7,7
		2,95	5,3
		3,90	1,3
Oxalsäure. . .	1,42	0,62	37,0
		1,06	34,1
		1,90	24,4
		2,56	11,0
		3,28	4,3
		3,80	2,3
Phosphorsäure	2,0	—1,14	53,5
		—1,56	39,5
		0,36	35,9
		1,20	33,3
		1,90	19,7
		2,59	8,8
		3,12	3,6
		3,46	2,2
Monochloressigsäure .	2,8	—1,56	53,1
		0,98	37,3
		1,65	26,6
		2,14	16,8
		2,55	9,3
		3,02	3,3
Ameisensäure .	3,7	0,76	51,7
		1,84	28,9
		2,41	15,8
		2,90	6,6
		3,37	3,6
		4,53	2,4
Glykolsäure . .	3,8	—1,56	44,0
		0,69	37,7
		1,21	34,1
		2,03	18,6
		2,57	8,4
		3,03	3,9
Essigsäure . .	4,7	1,12	46,9
		1,96	25,3
		2,61	8,5
		3,05	3,4
		3,69	1,6

[1] Negativer dekadischer Logarithmus der Dissoziationskonstante der Säure.

ist die Herabsetzung der Dehnungsarbeit im allgemeinen um so stärker, je schwächer die Säure ist. Im stark sauren Gebiet zeigen die schwachen Säuren keine Maximumbildung, sondern eine mit steigender Säurekonzentration stetig steigende Zunahme der Dehnbarkeit. Die analoge Erscheinung wurde, wie bereits oben dargestellt, für die Quellung beobachtet. Es handelt sich hier wahrscheinlich um die Wirkung der undissoziierten Säure, deren Menge beim gleichen p_H um so größer ist, je schwächer die Säure ist (vgl. S. 130 und 147—148).

Die erhöhte Dehnbarkeit der Wolle in sauren und alkalischen Lösungen führen SPEAKMAN und HIRST auf die molekulare Konstitution der Wolle zurück. Wenn man annimmt, daß die Dehnung der Faser in der Ausrichtung der eingerollten bzw. gefalteten fadenförmigen Polypeptidketten besteht und daß in ungedehntem Zustande die innermolekulare (oder zwischenmolekulare) elektrostatische Anziehung der entgegengesetzt geladenen Amino- und Carboxylgruppen das Einrollen der Moleküle unterstützt, so ist leicht einzusehen, daß die Zurückdrängung etwa der sauren Dissoziation diese Anziehungskräfte zum Verschwinden bringt und dadurch die Streckung der Moleküle erleichtert.

SPEAKMAN und HIRST erklären den von ihnen beobachteten Einfluß von Kochsalz auf die Abhängigkeit der Dehnungsarbeit von der Wasserstoffionenkonzentration mit Hilfe der DONNAN-Theorie der Membrangleichgewichte. Der Zusatz von Salz wirkt danach ausgleichend auf die Verteilung der freien Salzsäure zwischen der Innen- und Außenflüssigkeit. In Gegenwart von 0,2 n NaCl wird die Wasserstoffionenkonzentration im Faserinhalt näherrücken an diejenige in der Außenflüssigkeit, d. h. die Wasserstoffionenkonzentration innerhalb der Fasern erfährt durch den Salzzusatz eine Erhöhung. Die Folge davon wird sein, daß bei gleichem äußerem p_H in Salzanwesenheit von der Wolle eine höhere Wasserstoffionenmenge als in Abwesenheit des Salzes gebunden wird. Wenn also die Verminderung der Dehnungsarbeit der Menge der gebundenen H^+- bzw. OH^--Ionen proportional ist, muß der Salzzusatz diejenige Wirkung haben, die, wie die obige Abb. 88 zeigt, tatsächlich beobachtet wird[1].

Die isoelektrische Reaktion der Wolle und der Seide. Ursprünglich wurde von HARDY als isoelektrisch der Zustand bezeichnet, bei dem zwischen Kolloidteilchen und Lösungsmittel keine elektrische Potentialdifferenz besteht, d. h. bei dem im elektrischen Felde keine Wanderung der Teilchen stattfindet. HARDY beobachtete an denaturiertem und PAULI an nativem Eiweiß, daß die Teilchen in sauren Lösungen zum negativen Pol, in alkalischen Lösungen zum positiven Pol wandern. Sie folgerten daraus, daß in der Nähe der neutralen Reaktion eine

---

[1] Die Abhängigkeit der Säureaufnahme der Eiweißfasern von der Salzkonzentration ist anscheinend noch nicht untersucht worden.

Wasserstoffionenkonzentration liegt, bei der die Teilchen sich im isoelektrischen Zustande befinden. Diese Wasserstoffionenkonzentration wurde als isoelektrische Reaktion bezeichnet.

Nicht nur bei Kolloiden, sondern auch bei gewöhnlichen Elektrolyten, soweit sie Ampholyte sind, d. h. soweit sie sowohl saure als auch basische Natur haben, kann man von isoelektrischer Reaktion sprechen. Man versteht darunter diejenige Wasserstoffionenkonzentration, bei der die Anzahl der positiv geladenen Ampholytionen genau so groß ist wie die Anzahl der negativ geladenen. Glykokoll bildet z. B. in sauren Lösungen $^+H_3N \cdot CH_2 \cdot COOH$- in alkalischen Lösung $H_2N \cdot CH_2 \cdot COO^-$-Ionen. In der Nähe der neutralen Reaktion gibt es eine Wasserstoffionenkonzentration, bei der die Anzahl dieser Kationen und Anionen gleich groß ist (daneben befindet sich auch eine bestimmte Anzahl neutraler bzw. zwitterionischer Glykokollmoleküle in der Lösung). Wenn die elektrische Wanderungsgeschwindigkeit der beiden Ionenarten gleich groß ist, so würden sich die unter dem Einfluß des elektrischen Feldes stattfindenden Verschiebungen der beiden Ionenarten aufheben. Die auf Grund der elektrolytischen Dissoziation erfolgte neue Definition der isoelektrischen Reaktion steht somit zum ursprünglichen Begriff in einer nahen Beziehung (MICHAELIS).

Die Eiweißkörper enthalten als Polypeptidketten, die teilweise mehrbasische und mehrsäurige Aminosäuren als Bausteine haben, freie Amino- und Carboxylgruppen. Als isoelektrische Reaktion eines Eiweißstoffes wird diejenige Wasserstoffionenkonzentration bezeichnet, bei der die Anzahl der dissoziierten Amino- und Carboxylgruppen gleich groß ist. Die isoelektrische Reaktion ist vor allem dadurch erkennbar, daß aus den wässerigen Lösungen, die diese Reaktion besitzen, das Eiweiß weder Wasserstoff- noch Hydroxylionen aufnimmt. Eine Lösung, welche die isoelektrische Reaktion zeigt, verändert ihr p_H beim Zusatz des Eiweißes nicht. Die isoelektrische Reaktion (IR) ist von Eiweiß zu Eiweiß verschieden. Die Ursache dieser Verschiedenheit liegt in den Unterschieden in dem Verhältnis der Anzahl der Amino- und Carboxylgruppen im Molekül und in der Dissoziationstendenz dieser Gruppen. Wenn das Eiweiß keine anderen Ionen als Wasserstoff- oder Hydroxylionen bindet, dann muß bei IR die Wanderung des Eiweißes im elektrischen Feld verschwinden. Tatsächlich fällt in den meisten Fällen die Wasserstoffionenkonzentration der geringsten elektrischen Wanderung mit der Indifferenz des Eiweißes gegenüber Säuren und Basen praktisch zusammen. Es sei noch erwähnt, daß Gelatine und die Serumeiweißkörper ihre IR zwischen p_H 4,6 und 5,5, Hämoglobin bei 6,8, die Protamine, die von vorwiegend basischer Natur sind, ihre IR bei p_H 9—12 haben.

Bei der IR zeigt sich in dem Verhalten der Eiweißkörper in vieler Hinsicht eine Extremum- (Maximum- oder Minimum-) Bildung. So hat die innere Reibung, die Löslichkeit und die Quellung bei der IR ein

Minimum. Man kann daher die IR auch durch Aufsuchen dieser Minima bestimmen. Allerdings handelt es sich dann um indirekte Bestimmungen, deren Richtigkeit von der Gültigkeit der zugrunde gelegten Voraussetzung abhängt.

Im Falle unlöslicher Eiweißstoffe, also auch bei Wolle und Seide, hat die IR eine zum Teil eingeschränkte Bedeutung. Eine elektrische Wanderung kann nämlich hier nicht ohne weiteres beobachtet werden. Man kann hingegen diejenige Wasserstoffionenkonzentration ermitteln, bei der die Faserstoffe keine Säure und keine Lauge binden. Die vollständigste Bestimmung, die wir SPEAKMAN und STOTT verdanken, zeigt, daß die *Wolle* keinen isoelektrischen Punkt, sondern eine isoelektrische Zone zeigt, innerhalb deren keine H^+- oder OH^--Bindung wahrnehmbar ist. Sie erstreckt sich etwa von p_H 5 bis p_H 7. In diesem Bereich, in der Nähe der neutralen Reaktion, besitzt somit die Wolle keine einsinnige elektrische Aufladung. Die Anzahl der geladenen, d. h. der ionisierten Amino- und Carboxylgruppen ist hier einander gleich. Erst in stärker sauren, bzw. stärker alkalischen Lösungen erhält die Wolle eine merkliche positive bzw. negative Überschußladung. Während ELÖD und VOGEL die IR der Wolle elektrometrisch mit p_H 4,6 ermittelt haben, fand HENNING dafür mit derselben Methode den Wert 5,8. Bei höheren bzw. niedrigeren Wasserstoffionenkonzentrationen soll die Wolle nach diesen Messungen bereits merkliche Mengen von H- bzw. OH-Ionen aufnehmen.

Das Quellungsminimum der Wolle wurde von den verschiedenen Forschern bei verschiedenen p_H-Werten gefunden, was anscheinend unter anderem mit der verschiedenen Versuchsdauer und der verschiedenen Temperatur in Zusammenhang steht. MEUNIER und REY fanden zuerst in Pufferlösungen das p_H der geringsten Quellung zu 3,6—3,8, später in nicht gepufferten Lösungen zu 4,5.

ELÖD und SILVA beobachteten dafür bei der Versuchstemperatur von 90° ein p_H von 3—4, bei 20° ein solches von > 5. In den Versuchen von GÖTTE und KLING ergab sich das p_H des Quellungsminimums bei 20° zu 5,8, bei 70° zu etwa 4. SPEAKMAN und HIRST benützen die Verminderung der Dehnungsarbeit als Maß für die Ladung der Wolle. Sie finden auf diese Weise eine breite isoelektrische Zone zwischen p_H 4 und 8. Durch Zusatz von 0,2 n NaCl verengt sich die Zone auf das Gebiet p_H 5—7.

Eine eigenartige Methode zur Bestimmung der IR von Wolle wurde von HARRIS angewandt. Die sorgfältig gereinigten Faser- oder Gewebeproben wurden in einer Mühle gemahlen. Der feinere Anteil des entstandenen Pulvers wurde dann in Pufferlösungen aufgeschwemmt. Die Wanderungsgeschwindigkeit wurde durch mikroskopische Beobachtung der Bewegung der Teilchen unter Einwirkung des elektrischen Feldes bestimmt. Dabei erwies sich die elektrische Beweglichkeit des Wollteilchens unabhängig von seiner Größe und Gestalt, wie dies bereits wiederholt auch an anderen Substanzen beobachtet worden ist. Die folgende Abbildung zeigt nach HARRIS die Beweglichkeitswerte der Teilchen von 3 verschiedenen Wollproben in Abhängigkeit von der Wasserstoffionenkonzentration der Pufferlösungen.

Die Reaktion, bei der die Wanderungsrichtung sich umkehrt, ist sehr scharf ausgeprägt und entspricht einem p_H 3,4. Dies sollte also

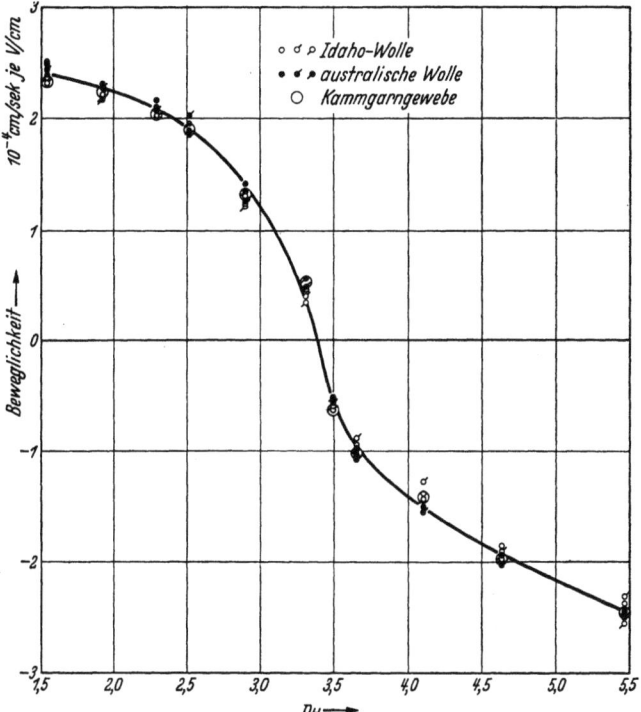

Abb. 90. Elektrische Wanderungsgeschwindigkeit von Wollteilchen in Pufferlösungen abhängig vom p_H. Nach HARRIS.

die IR der Wolle darstellen. Es sei allerdings bemerkt, daß diese Deutung des Ergebnisses angezweifelt werden kann. Die Faserteilchen enthalten in ihrem Inneren Quellungswasser und darin gelöste Ionen; unter dem Einfluß des elektrischen Feldes können daher im Innern des Teilchens Wasser- und Ionenverschiebungen stattfinden. Gewisse Beobachtungen von DUMANSKI und DUMANSKI über die Ablenkung von in wässerigen Lösungen aufgehängten Fäden unter dem Einfluß des elektrischen Feldes sprechen für das Auftreten derartiger Verwicklungen.

SKINKLE hat festgestellt, daß die Wolle nach 18stündigem Verweilen in Pufferlösungen die höchste Zerreißfestigkeit dann aufweist, wenn die Lösung ein p_H zwischen 3,2 und 3,6 besitzt. Nach seiner Ansicht soll die IR der Wolle in diesem Bereich liegen.

Zusammenfassend müssen wir feststellen, daß die von den verschiedenen Forschern stammenden Beobachtungen über die IR der Wolle nicht ohne weiteres miteinander in Einklang zu bringen sind. Die Werte liegen zerstreut in einem p_H-Bereich von 3,4—7, d. h. teilweise um mehrere Größenordnungen der Wasserstoffionenkonzentration voneinander getrennt. Es wäre dringend erwünscht, durch neue, sorgfältige Untersuchungen Klarheit auf diesem Gebiet zu schaffen.

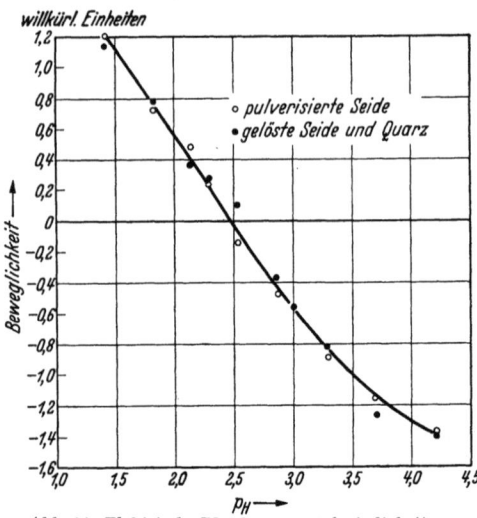

Abb. 91. Elektrische Wanderungsgeschwindigkeit von Seide in Pufferlösungen, abhängig vom p_H. Nach HARRIS.

Nicht viel günstiger ist die Lage in bezug auf *Seide*. Die Messung der Säure- und Alkalibindung durch D. J. LLOYD und BIDDER ergab eine sehr breite isoelektrische Zone, die sich etwa von p_H 3—8 erstreckt. ELÖD und PIEPER fanden mit Hilfe von elektrometrischen Messungen die IR der Seide beim p_H 5,0. Ein Quellungsminimum wurde von MEUNIER und REY bei p_H 4,2 beobachtet. Allerdings verläuft die Quellungskurve zwischen p_H 3 und 6 äußerst flach. DENHAM und DICKINSON fanden das Quellungsminimum bei Seide im p_H-Gebiet 3,8—4,7.

HARRIS hat mit Hilfe der oben geschilderten Methode die elektrische Wanderungsgeschwindigkeit von zerkleinerter Seide in Pufferlösungen ermittelt. Die Umkehrung der Wanderungsrichtung erfolgt danach bei p_H 2,5. Zu demselben Ergebnis führten seine Messungen an Quarzteilchen, die in einer kolloiden Lösung von Seide aufgeschwemmt waren. Diese Lösung wurde durch dialytische Reinigung einer Seidenlösung in konzentriertem Lithiumbromid gewonnen. Es ist bekannt, daß Quarzteilchen in einer Eiweißlösung die elektrische Ladung und die Beweglichkeit der Eiweißteilchen annehmen, die an ihrer Oberfläche festgehalten werden und sie wie eine Hülle umgeben (vgl. den 15. Abschnitt).

DENHAM, HUTTON und LONSDALE bestimmten den elektrischen Widerstand von Seidenfäden, die mit wässerigen Lösungen von verschiedenem p_H behandelt und nach Abschleudern ohne Auswaschen getrocknet wurden. Der Widerstand zeigte ein Maximum in der Nähe vom p_H 4,2. Da die Menge der gebundenen Ionen bei isoelektrischer Reaktion am geringsten ist und der elektrische Widerstand mit dem Gehalt an elektrolytischen Verunreinigungen abnimmt, kann das beobachtete Widerstandsmaximum als der Anzeiger für die isoelektrische Reaktion betrachtet werden.

In einigen Untersuchungen wird die isoelektrische Reaktion der Eiweißfasern auf Grund der von LOEB aufgestellten Regel ermittelt, nach der die Eiweißkörper auf der sauren Seite von der isoelektrischen Reaktion sich nur mit Anionen, auf der alkalischen Seite nur mit Kationen verbinden. Da jedoch durch zahlreiche neue Beobachtungen die Ungültigkeit dieser Regel erwiesen wurde (vgl. PAULI und VALKÓ: Kolloidchemie der Eiweißkörper), haben wir darauf verzichtet, die auf dieser Grundlage ausgeführten Bestimmungen hier einzeln anzuführen. (Vgl. hierzu die Ausführungen über die Bindung von Farbanionen und Farbkationen an Eiweißfasern auf S. 431 ff.)

Schrifttum.

BENTZ, E. and F. J. FARRELL: J. Soc. chem. Ind. 16, 408 (1897).
BJERRUM, N.: Z. physik. Chem. A 104, 147 (1923).
BLASEL, L. and J. MATULA: Biochem. Z. 58, 917 (1913).
BOLAM, T. R.: Das Donnangleichgewicht. Dresden u. Leipzig 1935.
BREDIG, G.: Z. physik. Chem. A 13, 323 (1894). — Z. Elektrochem. 6, 35 (1899).
COHN, E. J.: Physiologic. Rev. 5, 249 (1925). — Erg. Physiol. 33, 781 (1931).
CZARNETZKY, E. J. and C. L. A. SCHMIDT: J. of biol. Chem. 105, 301 (1934).
DENHAM, W. and W. BRASH: J. Textile Inst. 18, 520 (1927).
— and E. DICKINSON: Trans. Faraday Soc. 29, 300 (1933).
— E. A. HUTTON and T. LONSDALE: Trans. Faraday Soc. 31, 511 (1935).
DONNAN, F. G.: Z. Elektrochem. 17, 572 (1911). — Chem. Rev. 1, 73 (1925).
DUMANSKI, A. u. D. A. DUMANSKI: Kolloid-Z. 66, 24 (1934).
ELÖD, E. und E. PIEPER: Z. angew. Chem. 41, 16 (1928).
— u. E. SILVA: Z. physik. Chem. A 137, 142 (1927).
— und CHR. VOGEL: Festschrift Techn. Hochschule Karlsruhe, S. 490. 1925.
FIKENTSCHER, H. u. K. H. MEYER: Melliands Textilber. 8, 781 (1927).
GEORGIEVICS, G. v.: Mh. Chem. 15, 705 (1894); 32, 319, 661 (1911); 33, 46 (1912); 34, 751 (1913).
— u. L. LÖWY: Mh. Chem. 16, 345 (1895).
GÖTTE, E. u. W. KLING: Kolloid-Z. 62, 207 (1933).
HARDY, W. B.: J. of Physiol. 24, 288 (1899); 33, 251 (1905).
HARRIS, M.: Bur. Stand. J. Res. 8, 779 (1932); 9, 557 (1932).
HENNING, H. J.: Z. angew. Chem. 47, 771 (1934).
KANAGY, J. R. and M. HARRIS: Bur. Stand. J. Res. 14, 563 (1935).
KÜNTZEL, A.: Biochem. Z. 209, 326 (1929).
KÜSTER, F. W.: Z. anorg. u. allg. Chem. 13, 136 (1897).
JORDAN LLOYD, D. and P. B. BIDDER: Trans. Faraday Soc. 30, 864 (1935).
— and R. H. MARRIOTT: Trans. Faraday Soc. 29, 1228 (1933); 30, 444 (1933).
MEUNIER, L. and G. REY: 1 J. int. Soc. Leather Trades Chem. 11, 509 (1927).
— — 2 C. r. Acad. Sci. Paris 184, 285 (1927).
MEYER, K. H. u. H. FIKENTSCHER: Melliands Textilber. 7, 605 (1926).
MICHAELIS, L.: Die Wasserstoffionenkonzentration, 3. Aufl. Berlin 1923. — Biochem. Z. 19, 181 (1909); 47, 251 (1912).
PADDON, W. W.: J. physic. Chem. 26, 384 (1922).
PÄSSLER, W. u. W. KÖNIG: Z. angew. Chem. 44, 288, 304 (1931).
PAULI, Wo. u. E. VALKÓ: Kolloidchemie der Eiweißkörper, 2. Aufl. Dresden u. Leipzig 1933.
PELET-JOLIVET, L.: Die Theorie des Färbeprozesses. Dresden 1910.
PROCTER, H. R. and J. A. WILSON: J. chem. Soc. Lond. 109, 307 (1916).
SKINKLE, J. H.: Amer. Dyestuff Reporter 23, 1 (1934).

SPEAKMAN, J. B.: J. Soc. Dyers Colourists **41**, 172 (1925).
— and M. C. HIRST: Trans. Faraday Soc. **28**, 152 (1933); **29**, 148 (1932).
— and E. STOTT: *1* Trans. Faraday Soc. **30**, 539 (1934).
— *2* Trans. Faraday Soc. **31**, 1425 (1935).
— *3* J. Soc. Dyers Colourists **50**, 341 (1934).
TROTMAN, E. R.: J. Soc. Dyers Colourists **40**, 77 (1924).
VALKÓ, E.: Kolloid-Z. **51**, 130 (1930).
VICKERY, H. B. and R. J. BLOCK: J. of biol. Chem. **86**, 107 (1930); **93**, 105 (1931).
— and A. SHORE: Biochemic. J. **26**, 1101 (1932).
VIGNON, L.: C. r. Acad. Sci. Paris **110**, 287, 909 (1890).
VLACHOS, A.: Diss. Techn. Hochsch. Karlsruhe 1935.

6. Das elektrische Grenzflächenpotential der Cellulose.

Begriff des Grenzflächenpotentials. Während im Inneren einer Lösung in einem beliebig herausgegriffenen makroskopischen Raumelement die Anzahl der positiven und negativen Ladungen einander gleich ist, besitzt die Grenzflächenschicht im allgemeinen eine Überschußladung. Diese Tatsache wird offenbar, wenn man z. B. in die beiden Enden einer mit Wasser gefüllten horizontalen Capillare zwei Elektroden taucht und sie mit den Polen einer Gleichstromquelle verbindet. Man beobachtet dann, daß die Flüssigkeit in bestimmter Richtung fließt. Wenn diese Richtung diejenige des elektrischen Stromes ist, dann hat man anzunehmen, daß die Flüssigkeit gegenüber dem Wandmaterial der Capillare, etwa gegenüber Glas, positiv geladen ist. Diese Auflagung ist so vorzustellen, daß in der Grenzschicht der Glasoberfläche, die aus den ein oder zwei Molekülschichten von Silicat und einigen anhaftenden Wassermolekülschichten besteht, mehr negative als positive Ionen vorhanden sind. Die fehlenden positiven Ladungen, die sog. Gegenionen (PAULI), befinden sich in der Lösung, und zwar vorzugsweise angehäuft in der Nähe der Grenzschicht in der diffus verteilten Ionenatmosphäre, die in bezug auf Kationen und Anionen gemischt ist, jedoch eben den entsprechenden, die Ladung der Grenzschicht kompensierenden Überschuß an Kationen aufzeigt. Während die ersten Schichten von Wassermolekülen infolge ihrer Adhäsion an der Glasfläche auch im elektrischen Feld an ihr haftenbleiben, wird der ganze übrige Teil der Flüssigkeit mit den überschüssigen Kationen in der Richtung des elektrischen Stromes bewegt. So kommt die Erscheinung der Elektrosmose zustande. Pulverisiert man das Glas und verteilt es in der Lösung, dann zeigt die Oberfläche jedes einzelnen Glaskörperchen die oben beschriebene Struktur. Taucht man nun die Elektroden in eine solche Suspension, dann werden die Teilchen gegen die Stromrichtung bewegt, da sie eine negative Überschußladung besitzen, und die Flüssigkeit als Ganzes bleibt in Ruhe: es tritt die Erscheinung der Elektrophorese auf. In diesem Fall sind nämlich die suspendierten

Teilchen in bezug auf die Elektroden leichter verschiebbar als die Flüssigkeit. Ihre kationischen Gegenionen werden dabei zur Kathode geführt.

Die Geschwindigkeit der elektrosmotischen Wasserbewegung und der elektrophoretischen Wanderung unter dem Einfluß einer Feldstärkeneinheit ist kennzeichnend für den Ladungszustand der Grenzfläche. Entsprechend der Doppelschichttheorie (HELMHOLTZ, v. SMOLUCHOWSKI) nimmt man an, daß diese Geschwindigkeit dem Potentialsprung an der Grenzfläche direkt proportional ist und man kann aus ihr mit Hilfe der für Kondensatoren gültigen Beziehungen diesen Potentialsprung, das sog. ζ-Potential oder elektrokinetische Potential berechnen. Bei dieser Berechnungsweise entspricht eine elektrophoretische oder elektrosmotische Geschwindigkeit von 10×10^{-5} cm/sek. je Volt/cm einem ζ-Potential von 16 Millivolt. (Die Beweglichkeit der gewöhnlichen Ionen liegt für 25° C zwischen 25 und 350×10^{-5} cm/sek. je Volt/cm.)

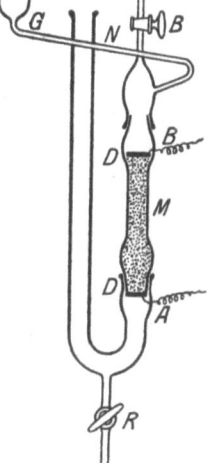

Abb. 92. Apparat zur Messung der elektrosmotischen Geschwindigkeit. Nach PERRIN.

Frühere Messungen. Man hat auch an den aus Cellulose bestehenden Körpern die elektrokinetischen Erscheinungen unter den verschiedenen Bedingungen studiert. PERRIN war der erste, der die Geschwindigkeit der Elektrosmose durch Cellulosemembrane untersucht hat. Er benützte dabei den abgebildeten Apparat, der mit geringer Modifikation auch von einigen der weiter unten erwähnten Forscher übernommen wurde (Abb. 92).

Die als Diaphragma oder Membran dienende Masse wurde zwischen die beiden Elektroden A und B in die Glasröhre M gebracht. Die überführte Wassermenge konnte mit Hilfe der Capillare G gemessen werden. Die Cellulosemembran zeigte mit 2×10^{-3} n KOH eine starke negative Aufladung (Wanderung zur Kathode), die durch Zusatz von 2×10^{-3} n HCl stark vermindert und in $3,3 \times 10^{-2}$ n HCl unmerklich wurde.

LARGUIER DES BANCELS untersuchte dann Baumwolle, Wolle und Seide. In destilliertem Wasser zeigten alle diese Fasern eine negative Ladung, und zwar am stärksten die Wolle, dann Seide und am schwächsten Baumwolle. Verdünnte Natronlauge erhöhte bei allen drei die negative Ladung, Salzsäure setzte sie herab. In 1×10^{-3} n HCl zeigte Seide eine positive Ladung. Dieser Forscher hat erstmalig die Wirkung der Farbstoffe auf die Ladung der Fasern untersucht und festgestellt, daß sowohl Seide als auch Wolle ihre negative Ladung bei Behandlung mit Magdalarot bzw. Methylenblau (also mit Farbstoffkationen) vermindern.

Eine mehr quantitative Natur haben die Messungen von HARRISON. Er bestimmte das sog. Strömungspotential, d. h. die elektrische

Potentialdifferenz, die an den beiden Enden einer Capillare auftritt, wenn durch dieselbe eine wässerige Lösung gepreßt wird. Wie in den vorangehenden Untersuchungen spielt auch hier das Fasermaterial die Rolle der Capillare bzw. des Capillarsystems. Aus dem Strömungspotential läßt sich das elektrokinetische Potential an der Grenzfläche der Fasern berechnen. Die auf diese Weise gewonnenen Werte sind in der folgenden Tabelle zusammengestellt.

Tabelle 59. **Elektrokinetisches Potential der Baumwolle in verschiedenen wässerigen Lösungen.** Nach HARRISON.

	Potential in mV[1]		Potential in mV[1]
A. 1/1000 n Lösungen		**D. Aluminiumsulfatlösungen**	
Natronlauge	30,6	1/10000 n	9,2
Diaminblau 2 B	28,7	1/5000 n	7,8
Trinatriumphosphat	24,0	1/2000 n	5,5
Natriumsulfat	21,9	1/1000 n	3,6
Natriumchlorid	18,3	1/500 n	2,5
Magnesiumsulfat	13,6	**E. Croceinscharlachlösungen**	
Salzsäure	8,5		
Aluminiumsulfat	3,6	1/5000 n	23,9
		1/2500 n	24,7
B. Natronlaugelösungen		1/1000 n	23,4
1/4000 n	21,7	1/500 n	22,6
1/2000 n	27,6	**F. Diaminblaulösungen**	
1/1000 n	30,6	1/5000 n	21,0
1/500 n	29,4	1/2500 n	22,8
1/200 n	24,8	1/1000 n	28,7
C. Salzsäurelösungen		1/500 n	32,3
1/10000 n	16,8	**G. Natriumoleatlösungen**	
1/4000 n	13,8	1/1000 n	25,8
1/2000 n	11,1	1/500 n	28,8
1/1000 n	8,5	1/200 n	31,7
1/400 n	5,5	1/100 n	31,3

In allen untersuchten Fällen war die Ladung der Baumwolle negativ. Es fällt die die Ladung stark herabsetzende Wirkung von Aluminumsulfat auf. Wir haben es hier mit einem Fall der allgemeinen Erscheinung zu tun, daß höherwertige Gegenionen die Ladung stark vermindern (Wertigkeitsregel). Auch die hier gleichfalls beobachtete Erscheinung, daß Hydroxylionen die negative Ladung erhöhen, Wasserstoffionen dieselbe herabsetzen, ist allgemein. Die Farbstofflösungen, ebenso wie die Seife begünstigen die negative Aufladung. Es handelt sich in diesen Fällen um die Wirkung der negativ geladenen adsorbierten Farbstoff- und Seifenionen. Bei Natronlauge und Croceinscharlach durchläuft die Ladung mit wachsender Konzentration ein Maximum. In

---
[1] Negative Werte.

höherer Konzentration wird anscheinend die ladungbegünstigende Wirkung durch eine entladende Wirkung des überschüssigen Elektrolyten überlagert. (Wegen der Wirkung der Seife vgl. auch S. 168.)

Neuere Untersuchungen. KARRER und SCHUBERT bestimmten die elektrosmotische Wanderungsgeschwindigkeit von Leitfähigkeitswasser durch verschiedene Fasermassen. Die daraus berechneten Werte des elektrokinetischen Potentials bringt die folgende Tabelle.

Im Gegensatz zu den Befunden von LARGUIER DES BANCELLS findet sich hier für Seide eine viel geringere Aufladung als für Baumwolle. Hingegen wird die stark negative Aufladung der Wolle von KARRER und SCHUBERT bestätigt. Die negative Ladung der nativen Baumwolle scheint durch die Mercerisierung vermindert. Die aus regenerierter Cellulose dargestellten Kunstseiden weisen ein noch geringeres Potential auf als die mercerisierte Baumwolle. Da alle Proben durch Kochen mit reinem Wasser gereinigt waren, läßt es sich nicht entscheiden, wieweit hartnäckig anhaftende Verunreinigungen für dieses Verhalten die Verantwortung tragen.

Tabelle 60. Elektrokinetisches Potential verschiedener Textilfasern. Nach KARRER und SCHUBERT.

Faser	Potential in mV
Naturseide, entbastet	− 0,8
Baumwollgarn, mercerisiert	−15
Immungarn, Sandoz	−22
Watte	−22
Baumwollgarn, nicht mercerisiert	−38
Wolle	−48
Kupferseide, Zellvag	− 5
Chardonnetseide, Tubize	− 6,9
Acetatseide	−36
Viscoseseide, verschiedene	von − 2,6 bis − 6,4
Viscose, pyridiniert	+ 8,6
Baumwollgarn, pyridiniert (Amingarn)	+19
Watte, pyridiniert	+24

Die amidierten Garne nehmen, im Gegensatz zu den anderen Fasern, gegen Wasser positive Ladung an. Es scheint in diesem Fall die Dissoziation der eingeführten basischen Gruppe für das elektrische Verhalten maßgebend zu sein (vgl. S. 459).

LOTTERMOSER und GANSEL fanden für mercerisierte und gebleichte Baumwolle, sowie für Acetylcellulose gleichfalls negative Ladung. Cellulose-Aminobenzoat zeigte hingegen positive Aufladung. Die basische Gruppe bestimmt auch in diesem Falle das Verhalten. Ein derartiges Cellulosederivat ist eben eine mehrwertige Base. Die Forscher untersuchten ferner den Einfluß der Anfärbung mit kationischen und anionischen Farbstoffen auf die Ladung von Cellulose und Celluloseestern. Die erhaltenen Resultate lassen jedoch keine klare Gesetzmäßigkeit erkennen.

BRIGGS hat das Strömungspotential der Cellulose in Salzlösungen sehr eingehend studiert. Zwei Sorten von Lumpenzellstoff zeigten gegen destilliertes Wasser das elektrokinetische Potential —21,4 bzw. —16,1 mV, ein Holzzellstoff den Wert — 8,3 mV. Die folgende Abbildung zeigt die Ergebnisse, die an SCHLEICHER und SCHÜLLschem Filtrierpapier gewonnen wurden.

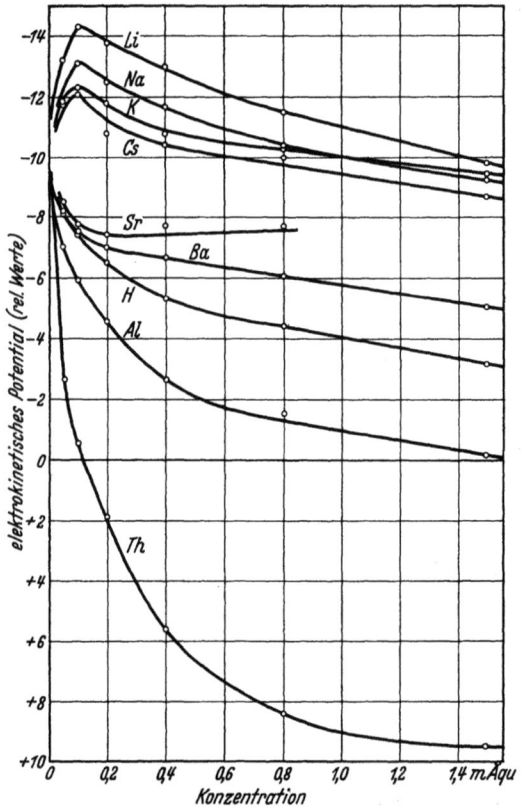

Abb. 93. Das elektrokinetische Potential von Filtrierpapier in Lösungen der Chloride. Nach BRIGGS.

Es handelt sich hier um ein Gebiet sehr verdünnter Lösungen, die höchste Konzentration beträgt nur $1,5 \times 10^{-3}$ n. In destilliertem Wasser zeigt die Cellulose das Potential von etwa —10 mV. Die Alkalichloride erhöhen in sehr geringer Konzentration die Ladung, um nach Überschreiten eines Maximums diese allmählich herabzusetzen. Die Erdalkalichloride bewirken schon in geringer Konzentration eine Ladungsverminderung. Stärker wirkt Aluminiumchlorid, noch stärker Thoriumchlorid. Das Verhalten ist also in Übereinstimmung mit der allgemeinen Wertigkeitsregel. Das Wasserstoffion ist freilich eine Ausnahme: Salzsäure wirkt stark entladend (Einfluß zwischen demjenigen von $BaCl_2$ und $AlCl_3$). In dem untersuchten Bereich wirkt nur das Thoriumsalz umladend: nach Überschreiten des Nullwertes des Potentials (isoelektrischer Zustand) erlangt die Cellulose bereits in 2×10^{-4} n $ThCl_4$ eine positive Ladung, die bei weiterem Zusatz des Salzes weiter steigt.

An dieser Stelle seien einige Bemerkungen zum Mechanismus der Salzwirkung auf die elektrokinetischen Erscheinungen eingefügt. Die Ausbildung des elektrokinetischen Potentials an der Grenzfläche fest/flüssig kann auf zweifache Weise erklärt werden: durch die elektrolytische Dissoziation des Stoffes, aus dem der feste Körper besteht, oder durch die ungleiche Anlagerung der in Wasser gelösten Ionen an den festen Körper. Wir können z. B. die Cellulose als eine schwache Säure auffassen, die Wasserstoffionen in die Lösung sendet und sich auf diese

Weise negativ gegenüber der Lösung auflädt. Über die experimentellen Unterlagen dieser Auffassung berichtet der Schlußteil dieses Abschnittes. Wenn wir andererseits annehmen, daß die Aufladung durch Aufnahme von Hydroxylionen aus der Lösung bewirkt wird, so haben wir letzten Endes auch nichts anderes zum Ausdruck gebracht. [Unter Säuren versteht man nämlich solche Stoffe, die in die Lösung Wasserstoffionen senden oder daraus Hydroxylionen aufnehmen ($CO_2 + OH^- = HCO_3^-$).] Die Wirkung der Salze ist nun eine zweifache: erstens beeinflussen sie die Ladungsdichte an der Grenzfläche der Stoffe, da ihre Ionen sich in ungleicher Menge an den festen Körper anlagern, zweitens aber beeinflussen sie die Struktur der Ionenatmosphäre an der Grenzfläche. Der zweite Effekt besteht immer in einer mit zunehmender Konzentration zunehmenden Verdichtung der Ionenwolke. Ersetzt man die diffuse Ionenhülle schematisch durch die Vorstellung einer Kondensatorbelegung, so kann man diese Wirkung als die Herabsetzung der Dicke der Doppelschicht, d. h. der Entfernung der beiden Belegungen ausdrücken. Berechnet man diese letztere Wirkung mit Hilfe der Theorie der diffusen Doppelschicht, so kommt man zu der Folgerung, daß in den von BRIGGS untersuchten Fällen die Ladungsdichte der Cellulose mit zunehmender Salzkonzentration mit Ausnahme von $ThCl_4$ durchweg erhöht wird, mit anderen Worten, daß die Cellulose aus der Lösung mehr Anionen und Kationen aufnimmt, und zwar wächst der Überschuß der aufgenommenen Anionen mit zunehmender Salzkonzentration. Die wachsende Aufladung der Grenzfläche wird jedoch durch die gleichzeitige Verminderung der Doppelschichtdicke, die das Potential herabsetzt, überlagert. Nur bei den Alkalichloriden wird das elektrokinetische Verhalten im Gebiet verdünnter Lösungen durch die wachsende Ladungsdichte stärker beeinflußt als durch die Verminderung der Doppelschichtdicke, d. h. der Verdichtung der Ionenwolke (vgl. insbesondere bei ABRAMSON). Vielleicht handelt es sich bei der Erhöhung der Ladungsdichte in diesen Fällen um eine vermehrte Dissoziation der Cellulosesäure, ähnlich den bekannten Fällen, in denen Salzlösungen vermehrte Dissoziation von schwachen Säuren hervorrufen. Sonderbarerweise wird jedoch sogar durch Salzsäurezusatz die Ladungsdichte, wenn auch nur schwach, erhöht. Andererseits kann man heute noch die Grundlagen der Berechnung der Ladungsdichte nicht als vollkommen gesichert ansehen.

Interessant ist die Wirkung der fettsauren Salze auf das elektrokinetische Potential der Cellulose. BULL und GORTNER haben das Strömungspotential für dasselbe Filtrierpapier ermittelt, das von BRIGGS benützt wurde und berechneten daraus die in der folgenden Abb. 94 wiedergegebenen Werte.

Man hätte mit zunehmender Länge der Kohlenstoffkette entsprechend der zunehmenden Grenzflächenaktivität eine zunehmende Anlagerung der Anionen und infolgedessen wachsende negative Aufladung erwarten können. Man beobachtet das Gegenteil. Abgesehen von dem ersten Glied nimmt der Einfluß der Salze auf das Potential mit dem Fortschreiten in der homologen Reihe ab. Während Acetat noch, in optimaler Konzentration angewandt, das elektrokinetische Potential kräftig erhöht, ist der Einfluß von Natriumcaprylat etwa nur so stark wie von Natriumchlorid. Das Oleat bewirkt allerdings wieder erhöhtes Grenzflächenpotential. Diese Wirkung könnte auf die infolge der gesteigerten Hydrolyse dieses Salzes erhöhte Hydroxylionenkonzentration zurückgeführt werden. Es geht ja aus dem bereits besprochenen Erfahrungsmaterial hervor, daß die Hydroxylionen die negative Ladung der Cellulose besonders stark erhöhen. Nur bei gleichzeitiger Kontrolle des p_H der Lösung könnte festgestellt werden, ob den Oleationen selbst eine stärkere Wirksamkeit zukommt oder nicht. Die Tatsache, daß die Erhöhung des Potentials durch die Oleatlösung diejenige durch die Acetatlösung nicht erreicht, läßt die Folgerung zu, daß die Cellulose keine besonders bevorzugte Aufnahme der Fettsäureionen zeigt (vgl. auch den Abschnitt 15).

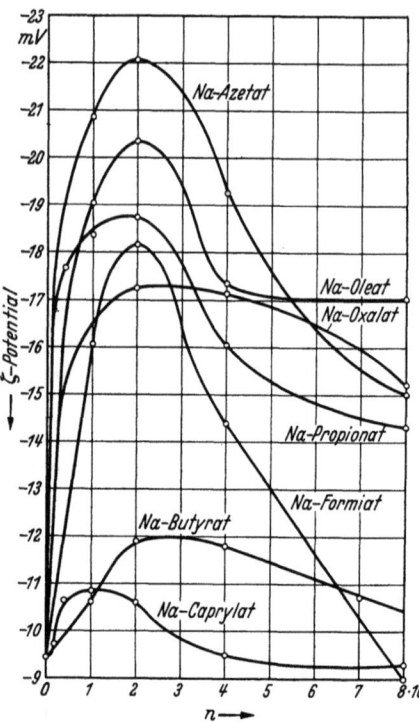

Abb. 94. Das elektrokinetische Potential von Filtrierpapier in Lösungen der fettsauren Salze. Nach BULL und GORTNER.

Eine Untersuchungsreihe über das elektrokinetische Potential der Cellulose stammt von KANAMARU, der sich dabei im wesentlichen des BRIGGSschen Verfahrens zur Messung des Strömungspotentials beim Durchpressen von Lösungen durch Cellulosediaphragmen bediente. Die Diaphragmen, die aus sodaabgekochter und nachher sorgfältig ausgewaschener Baumwolle bereitet waren, zeigten gegenüber reinem Wasser ein negatives Potential zwischen 25 und 32 mV. Eine weitere Reinigung mittels Elektrodialyse oder durch Behandlung mit verdünnten Säuren setzte das Potential bis etwa auf 12 mV herunter. Hydrolysierende Säurebehandlung bewirkte bei der elektrodialytisch gereinigten Cellulose zunächst eine Erhöhung des Potentials bis auf 26 mV, bei intensiverer Einwirkung trat dann ein stufenweises Absinken der Werte bis etwa auf 11 mV ein. Oxydative Behandlung mittels alkalischer Permanganatlösung, begleitet von sorgfältigem Auswaschen, führte zur Herabsetzung der Ladung bis auf etwa 6 mV. Interessant war die Wirkung der Mercerisierung. Sie bewirkte eine Herabsetzung des Potentials, die um so stärker war, je höher die Konzentration der mercerisierenden Natronlauge lag. Bei etwa 17% Laugengehalt erreichte jedoch die Potentialerniedrigung einen

Grenzwert, so daß eine weitere Erhöhung der Laugenkonzentration nur wenig Einfluß hatte. Die Prüfung der Abhängigkeit des elektrokinetischen Potentials vom Elektrolytgehalt des das Cellulosediaphragma durchströmenden Wassers ergab folgendes. Natronlauge in niedriger Konzentration erhöht das Potential. Jedoch wird bereits in 2×10^{-4} n-Lösung ein Maximum erreicht (—53 mV), weiterer Zusatz bewirkt Abfall. Die Maximumbildung zeigt sich auch in Salzsäure-, Schwefelsäure- und in Kaliumchloridlösungen. Allerdings ist bei diesen die in niedrigen Konzentrationen stattfindende Potentialerhöhung geringer, die in höheren Konzentrationen erfolgende Potentialherabsetzung jedoch stärker als in Natronlauge. Aluminiumsulfat erniedrigt die Ladung bereits in sehr verdünnten Lösungen.

Die Oberflächenleitfähigkeit der Cellulose. Die Erhöhung der Ladungsdichte bei zunehmender Salzkonzentration, die von ABRAMSON aus den Werten des Strömungspotentials auf Grund der Doppelschichttheorie gefolgert wurde, geht auch aus der Beobachtung hervor, daß die Oberflächenleitfähigkeit der Cellulose mit wachsender Salzkonzentration zunimmt. Bei der Oberflächenleitfähigkeit handelt es sich um die Beteiligung der elektrisch geladenen Grenzfläche an dem Stromtransport. Sie ergibt sich als die Differenz der spezifischen Leitfähigkeit einer Lösung einmal für sich und einmal durch ein Diaphragma aus dem fraglichen Material, das mit der Lösung gefüllt ist. Dabei muß man berücksichtigen, daß die Leitfähigkeit durch die Raumerfüllung des Diaphragmenmaterials vermindert wird. Diese mechanische Behinderung wird als Korrekturfaktor ermittelt, indem man die Leitfähigkeit durch das Diaphragma in einer genügend konzentrierten Salzlösung mißt. In solchen Lösungen verschwindet nämlich die Oberflächenleitfähigkeit gegenüber der spezifischen Leitfähigkeit der Lösung. Mit Hilfe dieses Korrekturfaktors kann man dann aus den Messungen der Leitfähigkeit durch das Diaphragma in verdünnten Lösungen die Oberflächenleitfähigkeit berechnen.

Von BRIGGS wurde die Wirkung der verschiedenen Elektrolyte auf die Oberflächenleitfähigkeit der Cellulose (Filtrierpapier von SCHLEICHER und SCHÜLL Nr. 589, 0,4 g pro cm³ Lösung) ermittelt. Als Beispiel sei hier eine Messungsreihe mit KCl in Tabellenform mitgeteilt (Tabelle 61).

Die erste Spalte bringt die Werte für die Äquivalentkonzentration des Salzes. Die zweite Spalte enthält die spezifische Leitfähigkeit der Lösung, die

Tabelle 61. Oberflächenleitung von Cellulose. Nach BRIGGS.

n KCl × 10³	$\varkappa \times 10^6$ rez. Ohm	$\varkappa_S \times 10^6$ rez. Ohm	$(\varkappa_S - \varkappa) \times 10^6$ rez. Ohm
0,00	2,3	20,3	18,0
0,05	11,3	39,0	27,7
0,10	17,4	49,7	32,3
0,20	31,3	74,5	43,2
0,40	61,0	122,0	61,0
0,80	119,0	201,7	82,7
1,60	236,5	346,0	109,5

dritte Spalte die spezifische Leitfähigkeit derselben Lösung, gemessen durch das Faserdiaphragma und korrigiert durch Multiplikation mit einem Faktor (>1), der den Einfluß der mechanischen Hinderung berücksichtigt. Die letzte Spalte bringt schließlich die Werte der Oberflächenleitfähigkeit, berechnet als Differenz der Werte in der dritten und zweiten Spalte. Wir sehen, daß die Leitfähigkeit von destilliertem Wasser infolge der Oberflächenleitung fast auf das Zehnfache erhöht wurde. Die Leitfähigkeit einer 5×10^{-5} n KCl-Lösung wird infolge der Oberflächenleitung auf das etwa Vierfache gesteigert. In der höchsten gemessenen Konzentration von $1,6 \times 10^{-3}$ n KCl beträgt die Leitfähigkeitserhöhung noch immer fast 50%. Bei den meisten Elektrolyten nähert sich der Wert der Oberflächenleitung mit zunehmender Salzkonzentration einem Sättigungswert. Nur die Aluminium- und Thoriumsalze führen nach Überschreiten eines Maximums zur Abnahme der Oberflächenleitung.

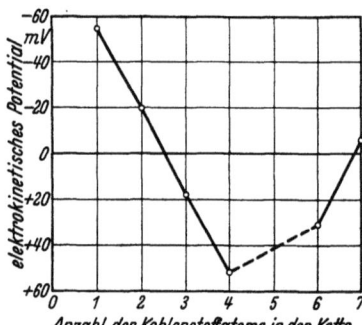

Abb. 95. Das elektrokinetische Potential von Filtrierpapier in den aliphatischen unverzweigten Alkoholen. Nach MARTIN und GORTNER.

KANAMARU hat gleichfalls eine Untersuchung über die Oberflächenleitfähigkeit der Cellulose durchgeführt. Er hat festgestellt, daß Elektrodialyse, Mercerisierung und oxydative Behandlung die Oberflächenleitfähigkeit steigern. So wie BRIGGS fand auch er, daß in Elektrolytlösungen im allgemeinen die Oberflächenleitfähigkeit mit steigender Konzentration ansteigt.

Elektrokinetisches Potential in organischen Lösungsmitteln. STRICKLER und MATHEWS haben die elektrosmotische Geschwindigkeit organischer Flüssigkeiten durch Filtrierpapierdiaphragmen ermittelt. Sie untersuchten auch den Einfluß der Salze in diesen Medien. MARTIN und GORTNER haben das Strömungspotential beim Durchströmen organischer Flüssigkeiten durch ein Diaphragma, das aus zerkleinertem SCHLEICHER-SCHÜLLschem Filtrierpapier bestand, gemessen. Die Werte des elektrokinetischen Potentials in Abhängigkeit von der Länge der Kohlenwasserstoffkette der normalen Alkohole bringt die obige Abbildung.

Eine Reihe weiterer Ergebnisse enthält die folgende Tabelle 62.

Eine Gesetzmäßigkeit läßt sich zunächst nicht erkennen. Vermutlich besteht ein Zusammenhang mit den elektrischen Eigenschaften (Dielektrizitätskonstante, Dipolmoment) des Lösungsmittels.

Carboxylgruppen im Cellulosemolekül. Die Carboxylgruppen der Cellulose können nicht ohne weiteres, wie die Säuregruppen einer löslichen Verbindung, an der Erhöhung der Wasserstoffionenkonzentration des Wassers nachgewiesen werden, da die abdissoziierten Wasserstoffionen durch die elektrostatischen Kräfte innerhalb der submikroskopischen Poren der Fasern festgehalten werden. Beim Zusatz von Neutralsalz erfolgt jedoch ein Ionenaustausch, bei dem die Wasserstoffionen durch überschüssige Kationen des Salzes verdrängt werden, so daß ihre Menge nunmehr an der Säuerung der Lösung gemessen werden kann. Man kann diesen Ionenaustausch als Austauschadsorption oder nach NEALE als Einstellung eines DONNANschen Membrangleichgewichtes auffassen.

E. SCHMIDT und seine Mitarbeiter haben durch Leitfähigkeitstitration den Carboxylgehalt der Cellulose zu ermitteln versucht. Die Fasern wurden zuerst mit überschüssiger Lauge versetzt und dann mit Salzsäure zurücktitriert. Die Methode ergab den Gehalt der Cellulose an Carboxylgruppen zu 0,28% (berechnet als CO_2).

Tabelle 62. Elektrokinetisches Potential der Cellulose gegenüber organischen Lösungsmitteln. Nach MARTIN und GORTNER.

	mV		mV
Wasser....	− 5,4	Äthylenglykol .	− 11,0
Methanol...	−55,3	Äthylenchlorid.	− 15,7
Äthanol....	−19,9	Äthylenbromid.	− 10,9
n-Propanol..	+17,1	Glycerin ...	−111,5
n-Butanol ..	+51,7	Benzol	+ 0,0
n-Hexanol ..	+31,0	Toluol	− 0,2
n-Heptanol ..	− 5,8	Chlorbenzol ..	− 1,0
i-Propanol ..	−16,2	Brombenzol ..	− 6,7
i-Butanol...	+12,4	Anilin	− 49,7
		Nitrobenzol ..	−142,0

Dieser Wert wurde beobachtet an Baumwollcellulose sowohl in nativem Zustande als auch nach Reinigung mit Natronlauge und Chlordioxyd und schließlich auch nach der Regenerierung aus Kupferamminlösung. Der Wert entspricht ziemlich genau dem durchschnittlichen Verhältnis 1 Carboxylgruppe: 100 Glucosereste. SCHMIDT will aus dem Befund auf die Kettenlänge der Cellulose schließen. Der Wert von 100 Glucoseresten kann jedoch, wie STAUDINGER bemerkt hat, höchstens als Äquivalentgewicht und nicht als Molekulargewicht betrachtet werden. Es besteht nämlich kein Grund zu der Annahme, daß die Carboxylgruppen als Endgruppen vorhanden sind, sie können vielmehr etwa in Glucuronsäureresten innerhalb der Kette enthalten sein.

LÜDTKE bestimmt als Säurezahl der Cellulosestoffe die Menge der Wasserstoffionen, die durch die Fasern aus einer Calciumacetatlösung offenbar mittels des obenerwähnten Ionenaustausches in Freiheit gesetzt werden. Nach seiner Beobachtung ist die Säurezahl der Rohbaumwolle viel höher als die des daraus gewonnenen Zellstoffes. Er führt die Säurezahl der Rohbaumwolle auf das Vorhandensein der Cuticularsubstanz zurück. Andererseits soll die Säurezahl der gereinigten Produkte auf der bei der Reinigung erfolgenden Oxydation der Cellulose beruhen. Nach seiner Ansicht wäre die native Cellulose praktisch carboxylfrei.

Als Erfahrungstatsache ist bemerkenswert, daß es auch LÜDTKE nicht gelang, eine Cellulose herzustellen, in der mehr als 400—500 Glucosereste auf eine Säuregruppe entfielen. Da jedoch dieser Gehalt an Säuregruppen vermutlich bereits ausreichend ist, um eine elektrische Ladungsdichte in der beobachteten Größe hervorzurufen, stehen der Auffassung, welche die elektrische Ladung der Cellulose auf eine elektrolytische Dissoziation des Faserstoffes zurückführt, experimentelle Tatsachen nicht entgegen.

Das elektrische Grenzflächenpotential von Celluloseestern. Die Beweglichkeit von Kollodiumteilchen in Abhängigkeit von der Elektrolytkonzentration wurde eingehend von LOEB untersucht. Die Teilchen laden sich in reinem Wasser negativ

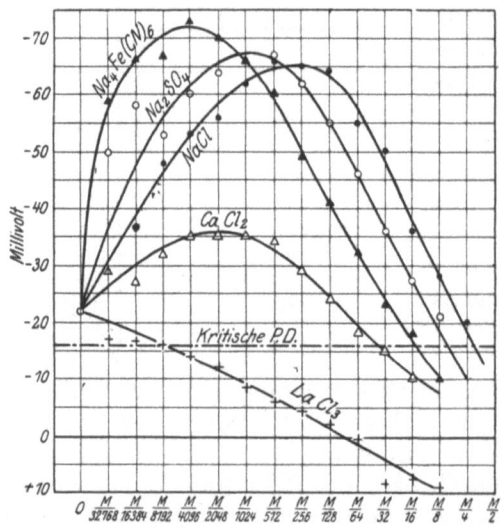

Abb. 96. Das elektrokinetische Potential von Kollodiumteilchen in Salzlösungen bei p_H 5,8. (Kritische P.D.: Kritisches Potential, vgl. den 15. Abschnitt.) Nach LOEB.

auf (Abb. 96). Mit zunehmender Salzkonzentration nimmt die Beweglichkeit bis zum Erreichen eines Maximums zu und fällt bei weiterer Erhöhung der Salzkonzentration wieder ab (vgl. auch GLUCKMANN und MEDVEDKOFF).

Schrifttum.

ABRAMSON, H. A.: J. physic. Chem. **36**, 2141 (1932).
— Electrokinetic phenomena. New York 1934.
BRIGGS, D. R.: J. physic. Chem. **32**, 641, 1646 (1928); Colloid Symposium Monogr. **6**, 41 (1928).
BULL, H. B. and R. A. GORTNER: Colloid Symposium Monogr. **8**, 309 (1932). — Physics **2**, 21 (1932).
GLUCKMANN, S. et E. MEDVEDKOFF: J. Chim. physique **33**, 150 (1936).
HARRISON, W.: J. Soc. Dyers Colourists. **27**, 279 (1911).
— J. ALEXANDERS: Colloid chemistry, Vol. IV, p. 205. New York 1932.
KANAMARU, K.: Cellulose Ind. **7**, 3, 15, 21 (1931).
KARRER, P. et P. SCHUBERT: Helvet. chim. Acta **11**, 221 (1928).
LARGUIER DES BANCELS, J.: C. r. Acad. Sci. Paris **149**, 316 (1909).
LOEB, J.: Die Eiweißkörper. Berlin 1924.
LOTTERMOSER, A. u. L. GANSEL: Melliands Textilber. **12**, 407 (1931).
LÜDTKE, M.: Biochem. Z. **285**, 78 (1936).
MARTIN, W. M. K. and R. A. GORTNER: J. physic. Chem. **34**, 1509 (1930).
NEALE, S. M.: Nature (Lond.) **135**, 583 (1935).

PAULI, Wo. u. E. VALKÓ: Elektrochemie der Kolloide. Wien 1929.
PERRIN, J.: J. Chim. physique **2**, 601 (1904); **3**, 1 (1905).
SCHMIDT, E.: Cellulosechem. **13**, 129 (1932).
— M. HECKER, W. JANDEBAUER u. M. ALTERER: Ber. dtsch. chem. Ges. **67**, 2037 (1934).
— W. JANDEBAUER, M. HECKER, R. SCHNEGG u. M. ALTERER: Ber. dtsch. chem. Ges. **69**, 366 (1936).
STRICKLER, A. and J. H. MATTHEWS: J. amer. chem. Soc. **44**, 1657 (1922).

7. Die Mercerisierung der Baumwolle.

Das technisch wichtigste Veredelungsverfahren der Baumwolle ist ihre Behandlung mit Natronlauge bestimmter Konzentration unter Spannung: das Mercerisieren. Die Untersuchungen über diesen Vorgang erstrecken sich auf eine Reihe von Fragen. Das Gleichgewicht wässerige Lauge — Baumwolle wird durch Bestimmung der Bindung von Wasser und Alkali an die Baumwolle und durch die Festlegung der röntgenographischen Änderungen, die die Baumwolle dabei erleidet, chemisch charakterisiert. Die Beobachtung der Änderungen in den Abmessungen der Fasern dienen zur physikalischen Kennzeichnung. Der Vergleich der Eigenschaften der nativen und der mercerisierten Baumwolle, z. B. in Hinsicht auf das Röntgendiagramm und auf das Sorptionsvermögen gegenüber Wasser und Farbstoffen, bildet einen weiteren wichtigen Gegenstand dieser Untersuchungen. In bezug auf die wichtigste technische Wirkung der Mercerisierung, auf den Glanz, liegen bedauerlicherweise nur wenig Beobachtungen in solcher Form vor, daß sie zur Erkenntnis des Vorganges wesentlich beitragen können.

Das Wesen des Mercerisiervorganges dürfte vom technischen Standpunkt aus darin bestehen, daß die Baumwolle unter der Einwirkung der konzentrierten Lauge stark aufquillt, ohne ihre Festigkeit vollständig einzubüßen, so daß sie in diesem plastischen Zustande gespannt werden kann. Man kann mit anderen Quellungsmitteln ähnliche Wirkungen erzielen, vorausgesetzt, daß diese Mittel keine dauernde Schädigung der Fasern hervorrufen. Als solche Mittel kommen konzentrierte Lösungen von Schwefelsäure, Salpetersäure, Kupferammin und von bestimmten Salzen in Frage, allerdings nur bei kurz dauernder Einwirkung und bei tiefer Temperatur („Hochveredelung", vgl. BODMER).

Das Patentschrifttum des Mercerisierens findet sich zusammengestellt bei GARDNER, eine kurze Übersicht über das wissenschaftliche Schrifttum verdanken wir CLIBBENS, eine ausführlichere KATZ (in der Chemie der Cellulose von HESS).

Das Gleichgewicht Cellulose — Lauge. Die Abnahme der Laugenkonzentration im Mercerisierbad während der Mercerisierung zeigt an, daß die Baumwolle die Lauge vorzugsweise aufnimmt, d. h. in einer größeren Menge als der gleichzeitig aufgenommenen Wassermenge entspricht.

Eine große Anzahl von Forschern hat sich bemüht, die Menge des von der Baumwolle aufgenommenen Alkalis zu ermitteln und damit die Natur der Alkaliwirkung aufzudecken. Die strenge kritische Betrachtung zeigt jedoch, daß keine der in Anwendung gebrachten mannigfaltigen Methoden ausreicht, um das Problem im erstrebten Sinne zu lösen. Die Versuche müssen an der verwickelten Natur dieses Gleichgewichtes scheitern.

Die älteste zuerst von GLADSTONE benützte Methode ist das Auswaschen der mit Alkalilösung getränkten Fasern mit Äthylalkohol. Nachdem die Baumwolle mit einer Alkalilösung den Gleichgewichtszustand erreicht hat, wird die überschüssige Lösung durch Abpressen entfernt, das Präparat mit Alkohol gewaschen und dann der Gehalt an Alkali bestimmt. Die Methode wäre nur dann einwandfrei, wenn die angenommene Verbindung Baumwolle — Lauge nicht zersetzlich wäre. In der Wirklichkeit hängt jedoch die Menge des aufgenommenen Alkalis von der Laugenkonzentration und gegebenenfalls auch vom Gehalt der Lauge an Alkohol ab. Diese zwei Größen werden jedoch bei der Auswaschmethode stetig verändert. Die ursprüngliche Lauge wird durch eine mit Äthylalkohol verdünnte ersetzt, die beim weiteren Verlauf des Auswaschens weiter verdünnt wird. Demzufolge erleidet das ursprüngliche Gleichgewicht Verschiebungen und das Ergebnis hängt von einer Reihe kaum festlegbarer Umstände ab.

Daher kommen nur solche Analysenverfahren in Frage, die das ursprüngliche Gleichgewicht unmittelbar erfassen. Ein solches ist die Bestimmung der Verarmung einer Alkalilösung von bestimmtem Volumen bei der Umsetzung mit einer Baumwollprobe von bestimmtem Gewicht, etwa durch Titration. Mit Rücksicht auf die hohe Konzentration der Lauge muß bei der Verwertung der Analysendaten auch die konzentrationsabhängige Dichte der Lösung berücksichtigt werden. Es liegt in der Natur dieser Methode, daß sie um so genauere Ergebnisse liefert, je größer die Verarmung der Lauge im Verhältnis zu ihrer ursprünglichen Konzentration ist, d. h. je größer die Menge der Baumwolle je Volumeinheit Laugenlösung ist. Die Bedingung der völligen Durchtränkung des Fasermaterials erlaubt allerdings nicht, das obige Verhältnis beliebig zu steigern, daher ist es, besonders bei den höheren Laugenkonzentrationen, in denen die aufgenommene Laugenmenge nur einen geringen Bruchteil der Ausgangskonzentration darstellt, nicht leicht, zu genauen Resultaten zu kommen.

Soweit wäre das Problem ein rein analytisches. Die eigentliche Schwierigkeit tritt jedoch bei der Deutung der Ergebnisse durch den Umstand auf, daß die Baumwolle in den Laugenlösungen nicht unbeträchtliche Mengen Wasser aufnimmt. Man kann in bezug auf dieses Wasser beispielsweise annehmen, daß es dieselbe Konzentration an Lauge enthält wie die Außenlösung, mit der die Baumwolle im Gleichgewicht steht. In diesem Falle würde die Verarmung der Außenlösung an Alkali tatsächlich die von der jeweils zur Reaktion gebrachten Baumwollmenge aufgenommene Alkalimenge darstellen. Nimmt man dagegen an, daß das aufgenommene Wasser kein gelöstes Alkali enthält, dann errechnet sich für die Menge des von der Faser aufgenommenen Alkalis ein Wert, größer als der der obigen scheinbaren Aufnahme. Es ist nämlich zu berücksichtigen, daß der Entzug von reinem Wasser aus der Außenlösung durch die Baumwolle die Konzentration der letzteren an Alkali gesteigert hat, wodurch ein Teil des Alkaliverlustes kompensiert

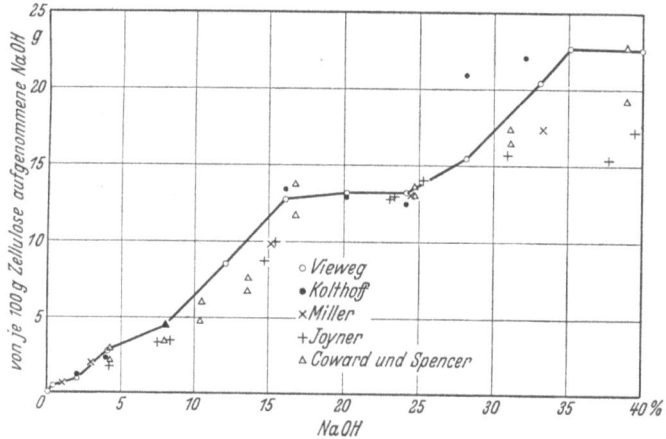

Abb. 97. NaOH-Bindung der Baumwolle bei Zimmertemperatur nach den Ergebnissen verschiedener Forscher. Zusammengestellt von CLIBBENS.

erscheint. Naturgemäß berechnet man schließlich Ergebnisse zwischen diesen beiden Grenzen, wenn man annimmt, daß das Quellungswasser der Baumwolle etwas Alkali, jedoch weniger als die Außenflüssigkeit enthält.

Trotz dieser theoretischen Schwierigkeiten liefert die Ermittlung der Alkaliaufnahme der Baumwolle ein wichtiges experimentelles Ergebnis, sofern die Voraussetzungen, unter denen die Berechnung erfolgte, eindeutig angegeben werden. Die Abb. 97, 98 und 99 geben die Versuchsresultate einer großen Anzahl von Forschern an, die alle aus der Verarmung der Lösung die Alkaliaufnahme unter der häufig stillschweigenden Voraussetzung berechnet hatten, daß die Baumwolle keinerlei Wasser bindet, welches das Alkali nicht löst.

Die beträchtlichen Abweichungen in den Werten der verschiedenen Versuchsreihen haben mehrere Gründe. Erstens hat die angewandte Differenzmethode (Bestimmung der Laugenkonzentration vor und nach der Wechselwirkung) eine breite Fehlergrenze. Zweitens ist die Änderung der Dichte der Lösung mit der Konzentration nicht immer genügend berücksichtigt worden. Dann man hat die Versuche bei verschiedenen

Temperaturen und teilweise bei ungenügender Temperaturkonstanz ausgeführt. Schließlich sind die Werte bald auf die Endkonzentration der Lösung (nach Einstellung des Gleichgewichtes), bald auf die Anfangskonzentration bezogen.

Eine gewisse Bedeutung hat die Tatsache erlangt, daß VIEWEG an der Sorptionskurve in dem Gebiet entsprechend der Alkalikonzentration von 15—24% einen nahezu horizontal verlaufenden Teil beobachtet hat. In diesem Bereich soll also die Alkaliaufnahme bei steigender Laugenkonzentration stillstehen. Das aufgenommene Alkali entspricht hier

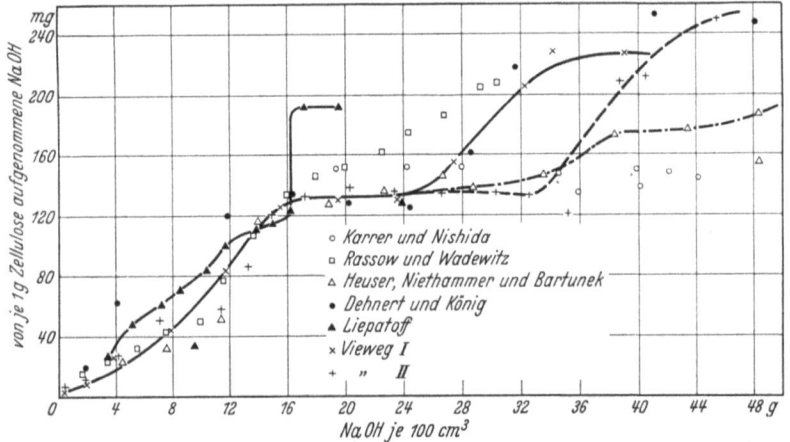

Abb. 98. NaOH-Bindung der Baumwolle bei Zimmertemperatur nach den Ergebnissen verschiedener Forscher. Zusammengestellt von D'ANS und JÄGER.

rund 13 g NaOH je 100 g Cellulose, d. h. der Formel NaOH · $C_{12}H_{20}O_{10}$. Eine derartige Zusammensetzung wurde bereits durch GLADSTONE mit Hilfe des Auswaschverfahrens beobachtet.

Wie aus der Abb. 98 hervorgeht, bestätigen die Versuche von KARRER und NISHIDA, von HEUSER, NIETHAMMER und BARTUNEK, ferner von DEHNERT und KÖNIG den kennzeichnenden Verlauf der VIEWEGschen Kurve. Dagegen gelangen LIEPATOFF, ferner RASSOW und WADEWITZ zu anderen Ergebnissen. Abb. 99 zeigt, daß weitere zwei Arbeiten eine neue Bestätigung für das Auftreten des horizontalen Teiles bei der Bindung von etwa 13% NaOH an Baumwolle gebracht haben.

Es wurde oben die analytische Schwierigkeit erwähnt, die darin besteht, daß man einerseits möglichst wenig Flüssigkeit auf eine gegebene Baumwollmenge einwirken lassen, andererseits jedoch eine vollständige Durchtränkung des Fasermaterials erreichen müßte. Diese Schwierigkeit kann vermieden werden, wenn man nicht die Verarmung der Laugenlösungen ermittelt, sondern die in Alkali gequollenen Fasern von der Mutterlauge, soweit es geht, abtrennt, und dann die von einer Gewichtsmenge Baumwolle festgehaltene Menge des Alkalis und des Wassers bestimmt. Die Abtrennung kann beispielsweise durch Zentrifugieren oder durch Abpressen erfolgen.

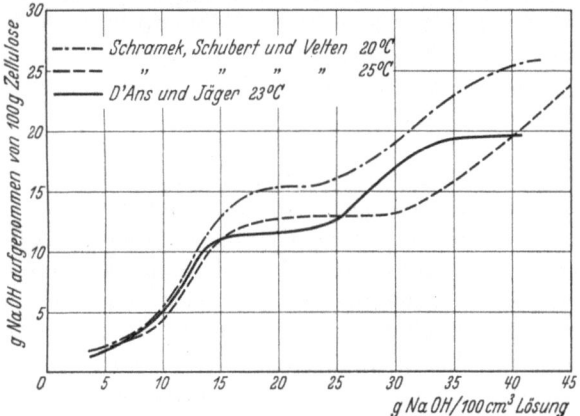

Abb. 99. NaOH-Bindung von Baumwolle und Zellstoff nach den Ergebnissen verschiedener Forscher.

LEIGHTON, ferner COWARD und SPENCER arbeiteten nach dem Zentrifugierverfahren. Bei den letzteren Forschern betrug die Zentrifugalkraft etwa das 3000fache der Schwerkraft. Durch besondere Versuche wurde gezeigt, daß unter diesen Bedingungen die rein mechanisch anhaftende Flüssigkeit praktisch vollständig entfernt wird. Die Ergebnisse bringt die nebenstehende Abbildung.

Wie man sieht, erreicht die festgehaltene Wassermenge in etwa 14%iger Lauge ihren Höchstwert. Der NaOH-Gehalt der gequollenen Fasern steigt hingegen mit dem Alkaligehalt der Lösung stetig an. Nimmt man an, daß das gesamte festgehaltene Wasser kein Lösungsmittel für das freie Alkali darstellt, so bedeutet der Alkaligehalt der Fasern

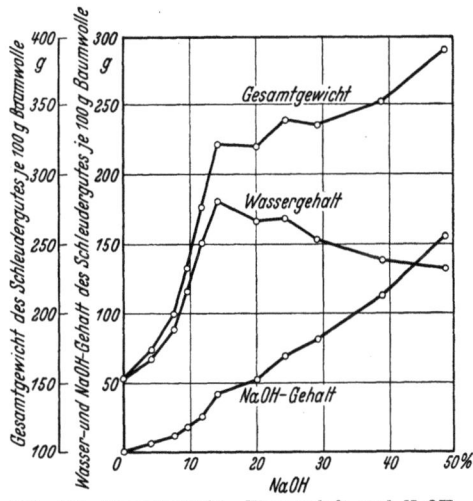

Abb. 100. Gesamtgewicht, Wassergehalt und NaOH-Gehalt der Baumwolle nach Zentrifugieren in Abhängigkeit von der Konzentration des Quellungsbades (Zimmertemperatur). Nach COWARD und SPENCER.

die Menge der gebundenen Lauge. Die Werte der in diesem Sinne berechneten Alkaliaufnahme betragen das Vielfache der sog. scheinbaren Alkaliaufnahme, die unter der Voraussetzung berechnet wird, daß das Quellungswasser dieselbe Konzentration an freier Lauge besitzt wie die Außenflüssigkeit. Die mit Dreiecken bezeichneten Punkte der Abb. 97 stellen die auf diese Weise definierten Werte der scheinbaren Alkaliaufnahme dar. Die enorme Abweichung der Werte, die unter den beiden Voraussetzungen berechnet werden, läßt erkennen, wie fragwürdig die Verwertung der Analysendaten für die Bestimmung der Zusammensetzung des Alkali-Cellulose-Komplexes bleiben muß, solange die Grundlagen der Berechnungen nicht geklärt sind.

Das nichtlösende Wasser der Alkalicellulose. Ohne weitere Untersuchungen wäre es völlig willkürlich anzunehmen, daß sich in dem Quellungswasser der Fasern kein freies Alkali befindet. Der Inhalt der Fasern steht ja in einem osmotischen Gleichgewicht mit der Außenflüssigkeit. Dagegen ist zu vermuten, daß *ein Teil* dieses Wassers so fest an die Cellulose bzw. an den Cellulose-Alkali-Komplex gebunden ist, daß er nicht als Lösungsmittel wirkt. Diese Vermutung ist um so berechtigter, als bereits in reinem Wasser die Cellulose eine gewisse, wenn auch nicht große Menge Wasser bindet und man weiß, daß salzartige Verbindungen — als solche muß auch der Cellulose-Alkali-Komplex betrachtet werden — eine starke Neigung zur Hydratbildung besitzen. Die Feststellung des nichtlösenden Wassers der Alkalicellulose bildet eine unerläßliche Vorbedingung für die einigermaßen eindeutige Bestimmung ihrer Zusammensetzung. Geeignet hierzu ist die „Proportionalitätsmethode" (SCHREINEMAKERS 1893, SÖRENSEN an Eieralbumin 1917), die in dem Abschnitt über die Wasseraufnahme der Fasern erwähnt war (S. 109). Für das Problem der Alkali-Bindung der Cellulose wurde die Methode zuerst von VAN DER WANT angewendet. Er hat jedoch nur einige wenige Zahlen (mit NaCl und NaJ als Bezugssubstanzen) veröffentlicht. Die in methodischer Hinsicht zuverlässigsten, auf dieses Ziel gerichteten Messungen, sind von SCHWARZKOPF (im Laboratorium von HESS) durchgeführt worden. Da seine Ergebnisse, soweit ein Vergleich mit den spärlichen Zahlen von VAN DER WANT möglich ist, mit diesen Übereinstimmung zeigen, erübrigt sich hier ein näheres Eingehen auf die Arbeit von VAN DER WANT.

SCHWARZKOPFS Arbeitsweise ist die folgende. Durch Abpressen wird das Cellulosematerial (Ramiefasern und Kupferseide) von der Preßlauge getrennt und der Gehalt der letzteren an Alkali bestimmt. Man erhält für die Alkalikonzentration der Preßlauge Werte, die mit zunehmendem Preßdruck, d. h. mit abnehmendem Wassergehalt des Preßgutes, unverändert bleiben. Der Alkaligehalt des Preßgutes geht somit linear mit seinem Wassergehalt. Ermittelt man durch rechnerische oder graphische Extrapolation den Alkaligehalt des Preßgutes für einen Wassergehalt gleich Null, so erhält man damit den Wert der scheinbaren Alkaliaufnahme. Zur Ermittlung des gebundenen Wassers wird dem System Kochsalz zugeführt, und zwar (bei SCHWARZKOPF) in 2%iger

Endkonzentration. Die Preßlauge zeigt nun eine höhere Konzentration an Kochsalz, und zwar unabhängig vom Preßdruck. Der Kochsalzgehalt des Preßgutes nimmt daher linear mit seinem Wassergehalt ab, und so kann man denjenigen Wassergehalt berechnen, bei dem die Konzentration des Salzes im Preßgut gleich Null wird. Macht man die Annahme, daß dieses Wasser nicht nur kein Kochsalz, sondern auch kein Alkali löst, so kann man aus den Werten der scheinbaren Alkaliaufnahme die wahre berechnen. Abb. 101 zeigt in graphischer Darstellung die Durchführung der Berechnung des nichtlösenden Wassers

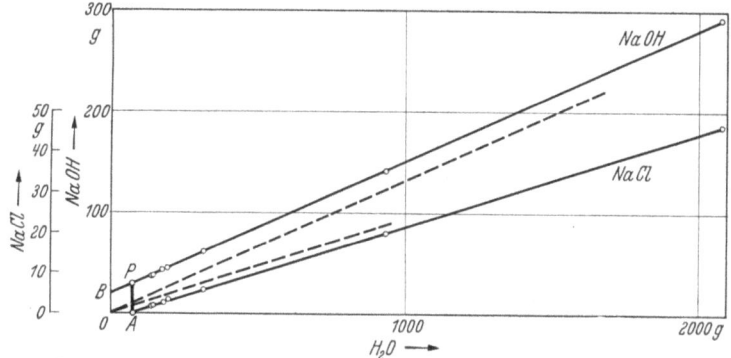

Abb. 101. NaOH-Gehalt und NaCl-Gehalt des Preßgutes (in g je 162 g Cellulose) in Abhängigkeit vom Wassergehalt. Ramie in 11,4%iger NaOH-Lösung. O B: scheinbare Alkaliaufnahme; O A: nichtlösendes Wasser; A P: wahre Alkaliaufnahme. (Gestrichelte Linien: g NaOH und g NaCl in der Lösung.) Nach SCHWARZKOPF.

und der wahren Alkaliaufnahme für eine bestimmte Konzentration des Quellungsbades. Die folgende Abb. 102 bringt die Ergebnisse einer Versuchsreihe an dem System Ramiefaser/NaOH. Es ist dabei zu beachten, daß der Maßstab für die scheinbare Alkaliaufnahme 2,46mal so groß ist als der Maßstab für die wahre Alkaliaufnahme, da das Verhältnis 1 Mol NaOH auf 1 Mol $C_6H_{10}O_5$ der Relation 24,6 NaOH je 100 g Cellulose entspricht. Man erkennt nun, daß die scheinbare NaOH-Aufnahme zunächst bedeutend geringer ist als die wahre Alkalibindung und sich erst bei sehr hohen Alkalikonzentrationen, wenn die Wasserbindung abnimmt, der ersteren nähert. Im Gegensatz zur VIEWEGschen Kurve ist das horizontale Kurvenstück der scheinbaren Alkaliaufnahme nur wenig ausgeprägt und entspricht einem merklich höheren Verhältnis als 1 Mol NaOH auf 2 Mol $C_6H_{10}O_5$. Für die Zusammensetzung des Cellulose-Alkali-Komplexes ist jedoch nicht diese Kurve, sondern diejenige der wahren Alkaliaufnahme bestimmend. Hier findet man ein horizontales Kurvenstück, beginnend bei etwa 12,5% Laugenkonzentration.

Die Alkalibindung entspricht in diesem Kurvenstück dem Verhältnis 1 Mol NaOH auf 1 Mol $C_6H_{10}O_5$. *Die Berücksichtigung des nichtlösenden*

Wassers führt somit zu dem überraschenden Ergebnis, daß in der hypothetischen Cellulose-Alkali-Verbindung doppelt so viel Alkali anwesend ist, als von GLADSTONE, VIEWEG *und allen ihren Nachfolgern auf diesem Gebiet früher angenommen wurde.* Die Wasserbindung zeigt ein stark ausgeprägtes Maximum in etwa 13%iger Lauge. Das Maximum entspricht dem Verhältnis von 6 Mol gebundenem Wasser auf 1 Mol $C_6H_{10}O_5$ oder von 68 g Wasser auf 100 g Cellulose.

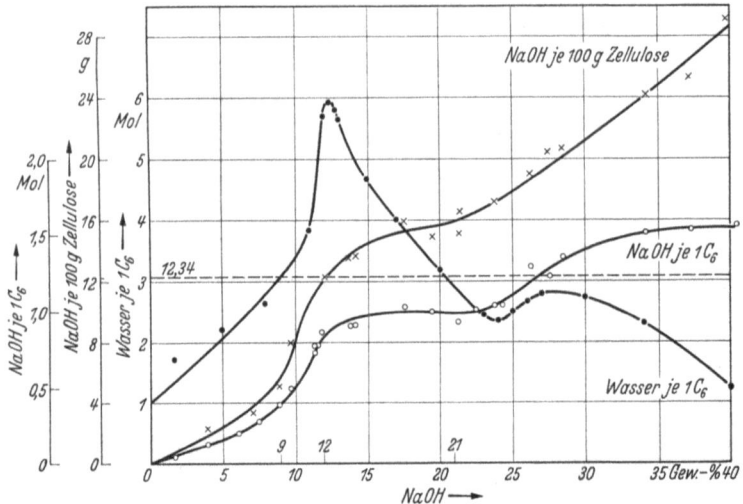

Abb. 102. Scheinbare NaOH-Bindung (NaOH je 100 g Cellulose), wahre NaOH-Bindung (NaOH je 1 C_6) und nicht lösendes Wasser (Wasser je 1 C_6) von Ramie in Abhängigkeit von der Konzentration des Quellungsbades bei 20,5°. [Gestrichelte Linie: Stelle des VIEWEGschen Horizontalstückes (scheinbare NaOH-Bindung)]. Nach SCHWARZKOPF.

Die Alkaliaufnahme der nativen Cellulose etwa in der Form von Ramiefasern ist jedoch kein umkehrbarer Vorgang. Bringt man Ramie nach der Behandlung mit konzentrierter Lauge in eine verdünnte, dann erhält man andere Werte, als wenn man in dasselbe Bad unbehandelte Fasern bringt. Durch die erfolgte Mercerisierung sind die Eigenschaften der Fasern auch in bezug auf ihr Gleichgewicht mit Alkali geändert worden, eine Tatsache, mit der wir uns noch weiter unten zu befassen haben. Wenn man das Bindungsgleichgewicht Cellulose-NaOH zur Lösung der Frage nach der chemischen Natur dieses Komplexes auswerten will, so ist es erforderlich, nur umkehrbare, echte Gleichgewichte in Betracht zu ziehen. Schon aus diesem Grunde müssen alle an nativen Fasern ausgeführten Untersuchungen als zur Entscheidung der aufgeworfenen Frage ungeeignet angesehen werden. Als umkehrbare Gleichgewichte stellen sich nach den Beobachtungen von SCHWARZKOPF die Gleichgewichte der Alkaliaufnahme durch Kupferseide und durch mercerisierte Ramiefasern dar. Die folgende Abb. 103 zeigt die Ergebnisse der Bestimmung der wahren NaOH-Aufnahme und der Wasserbindung von Kupferseide und mercerisierter Ramie nach SCHWARZKOPF.

Zum Vergleich sind auch die entsprechenden Versuchsreihen der vorangehenden Abbildung noch einmal eingezeichnet. Wie ersichtlich, ist für regenerierte und mercerisierte Cellulose die Kurve der wahren Alkaliaufnahme eine vollständig stetige. Von dem sog. VIEWEGschen Podest ist hier nichts zu merken. Während die Alkalibindung der mercerisierten Ramie und der Kupferseide völlig identisch ist, zeigen die Wasserbindungskurven bei grundsätzlicher Ähnlichkeit gewisse

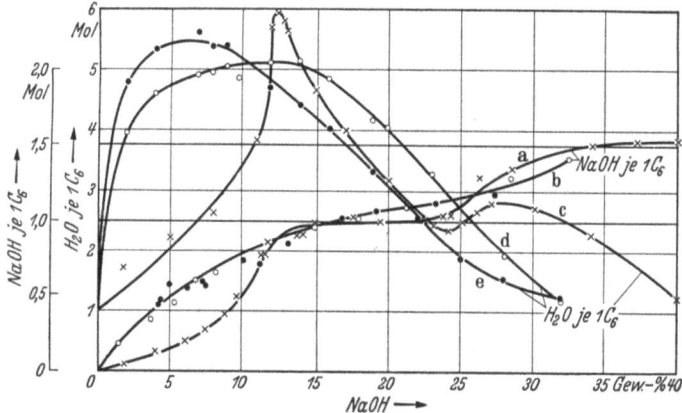

Abb. 103. Wahre NaOH-Bindung und nichtlösendes Wasser von Ramie und Kupferseide in Abhängigkeit von der Konzentration des Quellungsbades. a wahre NaOH-Bindung durch natürliche Ramie; b wahre NaOH-Bindung durch Kupferseide (Kreise) und durch mercerisierte Ramie (Punkte); c nichtlösendes Wasser von natürlicher Ramie; d nichtlösendes Wasser von Kupferseide; e nichtlösendes Wasser von mercerisierter Ramie (20,5°). Nach HESS, TROGUS und SCHWARZKOPF.

Abweichungen. Das Maximum der Wasseraufnahme ist gegenüber demjenigen der nativen Ramiefasern verflacht. Die Werte der Alkaliaufnahme und des nichtlösenden Wassers von Kupferseide und mercerisierter Ramie sind unabhängig davon, ob man die Fasern nacheinander mit konzentrierteren oder nacheinander mit verdünnteren Laugen ins Gleichgewicht bringt. Die entsprechenden Werte für native Ramie fallen, wenn man die Versuchsreihe mit der konzentrierten Lauge beginnt, selbstverständlich mit denjenigen der mercerisierten Ramie zusammen.

Es ist bemerkenswert, daß das horizontale Kurvenstück der wahren Alkaliaufnahme auch bei nativer Ramie völlig verschwindet, wenn man die Versuche statt bei Zimmertemperatur bei etwa 40° ausführt.

Die Untersuchungen von HESS, TROGUS und SCHWARZKOPF führen zu dem überraschenden Ergebnis, daß die von zahlreichen Forschern früher aus dem Gleichgewicht der Alkaliaufnahme in Hinblick auf die Zusammensetzung des Cellulose-Alkali-Komplexes gezogenen Folgerungen sowohl in qualitativer als auch in quantitativer Hinsicht verfehlt waren. Will man diese Frage entscheiden, so müssen andere Methoden zur Anwendung kommen.

Neuere Untersuchungen von TROGUS, sowie von SCHRAMEK und GÖRG haben gezeigt, daß auch die Alkaliaufnahme der mercerisierten Cellulose nicht als völlig umkehrbarer Vorgang angesehen werden kann. Durch diese Feststellung wird die Bedeutung der Reaktionslage für die chemische Kennzeichnung der Umsetzung erheblich eingeschränkt.

In neuester Zeit untersuchten BANCROFT und CALKIN die Alkaliaufnahme der Cellulose. Sie unterscheiden gleichfalls zwischen wahrer und scheinbarer Alkaliaufnahme. Zur Berechnung der wahren Alkaliaufnahme gehen sie von der Voraussetzung aus, daß das von der Cellulose gebundene Quellungswasser die Lauge nicht löst. Die Menge des Quellungswassers wird durch Zentrifugieren bestimmt. An dem System Cellulose in reinem Wasser zeigten die Autoren, daß durch genügend intensives und lang dauerndes Schleudern auch das Sorptionswasser zum Teil ausgepreßt werden kann.

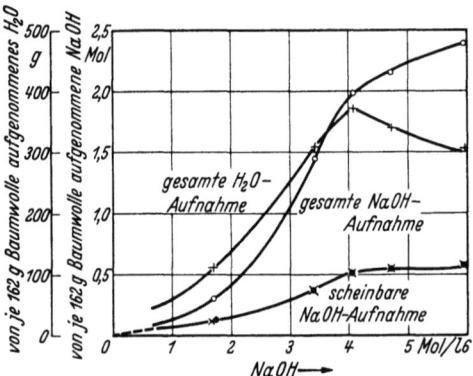

Abb. 104. Scheinbare NaOH-Aufnahme, wahre (gesamte) NaOH-Aufnahme und nichtlösendes Wasser von Baumwolle in Abhängigkeit von der Konzentration des Quellungsbades. Nach BANCROFT und CALKIN.

Sie nehmen nun an, daß dies auch bei der Zentrifugierung der in Lauge gequollenen Cellulose der Fall ist. Tatsächlich beobachten sie, daß beim Zentrifugieren die Konzentration der abgeschleuderten Natronlauge nach einer gewissen Zeit vermindert wird. Durch Interpolation wird die Zusammensetzung des Schleudergutes in dem Zeitpunkt bestimmt, von dem ab bei weiterer Zentrifugierung die Mutterlauge (infolge der Auspressung des Quellungswassers) verdünnt wird. Die Ergebnisse zeigt die obenstehende Abb. 104.

Man bemerkt, daß die Autoren nach ihrer Methode mehr gebundenes Wasser und infolgedessen auch mehr gebundene Lauge berechnen als HESS, TROGUS und SCHWARZKOPF.

BANCROFT und CALKIN scheint die Arbeit von HESS, TROGUS und SCHWARZKOPF entgangen zu sein. Sie äußern die Ansicht, daß den meisten Cellulosechemikern die Unterscheidung zwischen wahrer und scheinbarer Alkaliaufnahme ein Buch mit sieben Siegeln geblieben sei. In Wirklichkeit haben HESS, TROGUS und SCHWARZKOPF diese Unterscheidung schon früher und mit exakteren Mitteln durchgeführt als BANCROFT und CALKIN. Auch die Bedeutung der Tatsache, daß die Alkaliaufnahme der Cellulose keine völlig umkehrbare Reaktion ist, auf die

BANCROFT und CALKIN hinweisen, ist bereits durch HESS und seine Mitarbeiter folgerichtig erkannt worden.

Bemerkenswert sind die Ergebnisse der verschiedenen Forscher bezüglich der Abhängigkeit der Alkalibindung von der *Temperatur* und der *Salzkonzentration*. Erhöhung der Temperatur verschiebt das Gleichgewicht in der Richtung verminderter Laugenaufnahme und verminderter Wasserbindung (JÄGER und D'ANS, SCHWARZKOPF, SCHRAMEK, vgl. auch Abb. 99). Salzzusatz wirkt im Sinne einer Erhöhung der Alkaliaufnahme (VIEWEG, MILLER, JOYNER). Allerdings scheint die Wirkung des Salzzusatzes nicht mit einer Zunahme des Mercerisiereffektes (z. B. der Schrumpfung und der Farbstoffaufnahme) verknüpft zu sein (HÜBNER).

Das DONNAN-Gleichgewicht des Systems Cellulose — Natronlauge. Zur Frage der Alkalibindung der Cellulose lieferte vor einigen Jahren NEALE einen Beitrag, der zu den bemerkenswertesten gehört. Als Untersuchungsgegenstand dienten ihm Folien von aus Viscoselösung regenerierter Cellulose (Cellophan). Der große Vorteil der Anwendung von Folien liegt darin, daß die mechanische Trennung des Cellulosematerials von der Außenflüssigkeit ohne irgendwelche Hilfsmittel in eindeutiger Weise erfolgen kann. Die Analyse des gequollenen Films auf Wasser- und Alkaligehalt liefert in Verbindung mit der Analyse der Außenflüssigkeit alle erwünschten Versuchsdaten. Die Deutung der Versuchsergebnisse führt NEALE mit Hilfe einer Annahme durch, die bereits kurz vorher durch KATZ in Vorschlag gebracht wurde, allerdings ohne den Versuch einer quantitativen Anwendung (s. auch PAULI und VALKÓ). Gemäß dieser Annahme soll die Cellulose als eine schwache Säure mit der Lauge unter Bildung eines praktisch vollständig in Ionen dissoziierten Salzes reagieren und die gequollene Cellulose entsprechend der DONNANschen Theorie der Membrangleichgewichte sich mit der Außenflüssigkeit im Zustand eines osmotischen Gleichgewichtes befinden.

Bei der Anwendung der Theorie auf Cellulose nimmt NEALE an, daß das Celluloseanion, welches durch die Aufnahme von OH-Ionen durch die Cellulose möglicherweise unter Wasseraustritt gebildet war, entweder in gelöster Form oder auch als Festkörper die Rolle des nichtdiffundierenden kolloiden Anions spielt. Seine Gegenionen sind die Na-Ionen. Die Innenflüssigkeit bildet das Quellungswasser. Die freie Natronlauge verteilt sich nach dem Gesetz der konstanten Ionenprodukte zwischen Cellulosegel und Außenflüssigkeit.

Zunächst sei das rein analytische Ergebnis der Untersuchung der Laugen- und Wasserverteilung zwischen Cellophanfilm und Außenflüssigkeit in Abhängigkeit von der Laugenkonzentration nach NEALE mitgeteilt. Die folgende Abb. 105 stellt es graphisch dar.

Wir sehen die Maximumbildung der Quellung in etwa 11,3%iger Lauge. Hier enthält die Folie fast 50 Mol Wasser je Mol $C_6H_{10}O_5$. Der

Alkaligehalt des gequollenen Gels erreicht bei den höchsten untersuchten Laugenkonzentrationen den Wert von 7 Mol NaOH auf einen Glucoserest. Zum Zwecke des Vergleiches mit den früheren Untersuchungen sei nebenbei erwähnt, daß der Höchstwert der scheinbaren Laugenaufnahme, die man unter der Voraussetzung berechnen würde, daß das Quellungswasser dieselbe freie Laugenkonzentration besitzt wie das Außenwasser, 0,7 Mol pro Glucose beträgt.

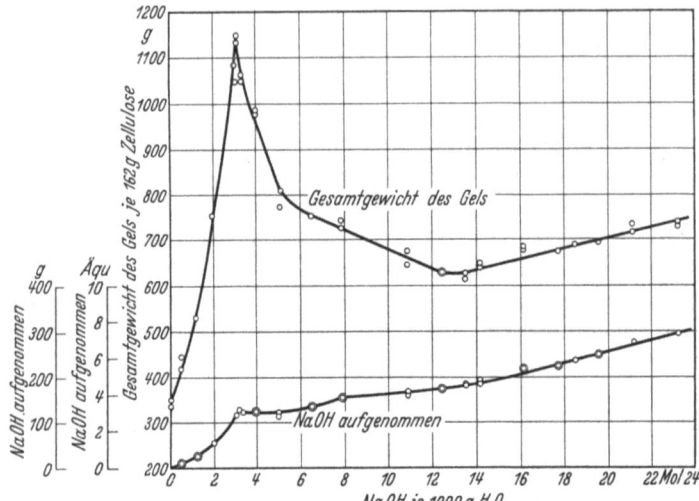

Abb. 105. Gesamtgewicht und Alkaligehalt des gequollenen Cellophans (je Mol Glucoserest) in Abhängigkeit von der Konzentration des Quellungsbades bei 25°. Nach NEALE.

Zur theoretischen Deutung der Ergebnisse nimmt NEALE an, daß die Cellulose mit der Lauge wie eine einbasische Säure mit dem Molekulargewicht 162 und mit einer Dissoziationskonstante von 2×10^{-14} reagiert. Die im gequollenen Film befindliche Lauge ist teils zur Salzbildung verbraucht, teils ist sie frei.

Aus dem beobachteten Gewicht des Gels läßt sich nun die Menge des darin enthaltenen Alkalis auf Grund der folgenden Beziehungen berechnen:

1. Das Dissoziationsgleichgewicht der Cellulose als Säure gehorcht dem Massenwirkungsgesetz (MWG) mit der angenommenen Konstante. 2. Das Ionenprodukt $[Na]_i \cdot [OH]_i$ der Innenflüssigkeit ist im Sinne der DONNAN-Theorie gleich demjenigen der Außenflüssigkeit $[Na]_a \cdot [OH]_a$. 3. In der Innenflüssigkeit ist die Summe der OH-Ionenkonzentration und der Konzentration der Celluloseanionen gleich der Na-Ionenkonzentration (Gesetz der Elektroneutralität).

Wie aus der folgenden Tabelle ersichtlich ist, zeigt die auf Grund dieser Beziehungen berechnete Na-Ionenkonzentration der Innenflüssigkeit mit Ausnahme des Gebietes der niedrigsten Laugekonzentration eine ausgezeichnete Übereinstimmung mit den als Natriumgehalt des Films analytisch gefundenen Werten.

Tabelle 63. Ionenverteilung des Cellophans in NaOH-Lösung.
Nach NEALE.

% NaOH in der Außenflüssigkeit	Beobachtet		Berechnet		
	In der Folie je Mol $C_6H_{10}O_5$		In der Folie je Mol $C_6H_{10}O_5$		
	Gesamtgewicht in g	Na^+ in Mol	Na^+ in Mol	Celluloseanion in Mol	Freies OH^- in Mol
0	343	0	0	6×10^{-8}	6×10^{-9}
1,89	432	0,265	0,286	0,229	0,057
4,64	530	0,672	0,738	0,495	0,243
7,30	751	1,412	1,455	0,67	0,785
11,0	1067	2,96	2,91	0,80	2,11
11,3	1148	3,21	3,20	0,82	2,38
11,8	1058	3,08	3,14	0,83	2,31
13,8	982	3,15	3,28	0,86	2,42
17,1	790	2,99	3,15	0,90	2,25
20,6	752	3,44	3,53	0,92	2,61
24,0	734	3,84	3,92	0,93	2,99
30,4	663	4,12	4,27	0,95	3,32
33,3	630	4,30	4,37	0,96	3,41
35,1	622	4,56	4,51	0,96	3,55
36,2	646	4,75	4,84	0,96	3,88
39,3	681	5,46	5,58	0,97	4,61
41,5	675	5,62	5,79	0,97	4,82
42,5	689	5,90	6,06	0,97	5,09
44,0	696	6,19	6,33	0,98	5,35
45,9	727	6,86	6,96	0,98	5,98
48,3	734	7,28	7,34	0,98	6,36

Eine weitere, vielleicht noch bedeutendere Bestätigung der Theorie liegt darin, daß die Quellung mit dem aus der Ionenverteilung errechneten osmotischen Druck parallel verläuft. Mit dieser Seite der Theorie werden wir uns noch weiterhin beschäftigen (vgl. S. 202ff.).

Die höchste wahre Alkalibindung der Cellulose beträgt nach NEALES Annahme 1 Mol je Mol $C_6H_{10}O_5$. Es ist bemerkenswert, daß von NEALE (im Gegensatz zu seinen Vorgängern auf diesem Gebiete und bereits vor HESS, TROGUS und SCHWARZKOPF) erstmalig dieses Äquivalentverhältnis als das wahrscheinliche erachtet wurde. Die Abhängigkeit der scheinbaren Alkaliaufnahme, die seit GLADSTONE und VIEWEG eine bedeutende Rolle für die theoretische Behandlung der Reaktion gespielt hat, ergibt sich nach NEALE aus der Überlagerung der wahren Alkaliaufnahme mit dem Quellungsvorgang und mit der von der DONNAN-Theorie geforderten Ionenverteilung.

In Ergänzung der obigen Tabelle sei noch erwähnt, daß das Verhältnis der freien Natronlauge in Gelwasser zur Konzentration der freien Natronlauge der Außenflüssigkeit entsprechend der Natur des Membrangleichgewichtes mit zunehmender Laugenkonzentration zunimmt. In etwa 2%iger Lauge ist die Konzentration der Innenflüssigkeit rund die Hälfte der Normalität in der Außenflüssigkeit, in 48%iger Lauge wird das Verhältnis 1:1,1.

NEALE zeigte, daß seine Auffassung auch auf das Gleichgewicht Baumwolle — NaOH anwendbar ist. Der Vergleich der berechneten Werte des Natriumgehaltes der Fasern gibt Übereinstimmung mit dem von COWARD und SPENCER experimentell ermittelten Wert.

Es mag überraschen, daß auf eine Reaktion, die in der Dissoziation von zu Hauptvalenzketten zusammengefaßten Gruppen besteht, das MWG in der Form angewendet wird, wie sie für die einfache bimolekulare Dissoziation abgeleitet wurde, besonders, wenn man auch berücksichtigt, daß der ganze Vorgang sich im Gelzustande abspielt. Es läßt sich jedoch zeigen, daß diese Anwendung durchaus berechtigt ist, vorausgesetzt, daß die als gleichartig angenommenen Gruppen der Hauptvalenzketten einander in der Dissoziation nicht beeinflussen (VALKÓ). Allerdings ist von vornherein unwahrscheinlich, daß diese Voraussetzung bei der geringen Entfernung der dissoziierenden Gruppen in der Cellulose (entlang der Hauptvalenzkette 5,15 Å) streng erfüllt ist. Andererseits konnte jedoch HESS bereits früher dartun, daß die Reaktion der Cellulose mit Kupferoxydammoniak, obwohl diese gleichfalls zu einer Art Salzbildung der Cellulose führt, tatsächlich dem MWG in seiner einfachen Form gehorcht (vgl. auch MCGILLAVRY).

Die NEALEsche Theorie der Alkaliquellung der Cellulose wurde von HESS, TROGUS und SCHWARZKOPF auf Grund ihrer eigenen, späteren Untersuchungen, die teilweise von uns bereits besprochen wurden, einer Kritik unterzogen. Sie zeigten, daß die beobachtete Übereinstimmung der berechneten und gefundenen Werte gemäß Tabelle 63 nicht als eine Bestätigung der Theorie angesehen werden kann. Eine scheinbare Bestätigung der Theorie findet man nämlich auch beim Vergleich des NaCl-Gehaltes von Preßlauge und Preßgut in dem System Cellulose-NaOH-NaCl, und zwar auch dann, wenn das Preßgut noch beträchtliche Mengen einer anhaftenden Außenflüssigkeit im Sinne des Membrangleichgewichtes enthält. Eine direkte Prüfung der Theorie wird ermöglicht durch die folgende Forderung, die im Falle ihrer Gültigkeit erfüllt werden muß: Wenn der Preßdruck genügend gestiegen ist, wird Innenflüssigkeit aus der Faser herausgepreßt. Im Sinne der Theorie der Membrangleichgewichte muß die Preßlauge dann weniger NaCl enthalten als bei niedrigerem Preßdruck. HESS und seine Mitarbeiter fanden, daß die Konzentration der Preßlauge an Kochsalz auch dann konstant bleibt, wenn der Preßdruck die erforderliche Grenze längst überschritten hat. Sie folgern aus diesem Verhalten, daß die Anwendung der DONNAN-Theorie auf die gequollene Cellulose als einheitliche Innenphase nicht zulässig ist.

Es sei bemerkt, daß die Überlegungen von HESS, TROGUS und SCHWARZKOPF nicht ganz frei von mehr oder minder willkürlichen Voraussetzungen sind. Es wird z. B. von ihnen stillschweigend angenommen, daß zwischen Preßlauge und Preßgut das osmotische Gleichgewicht bei den Preßversuchen erreicht wird. Das Auspressen der Fasern ist in Wirklichkeit im Sinne der Membrantheorie eine Art Ultrafiltration. Nur wenn die letztere genügend langsam ausgeführt wird, stellt sich das Gleichgewicht zwischen dem Ultrafiltrat und dem Rückstand ein (PAULI und VALKÓ, MCBAIN und MCCLATCHIE, GREENBERG und GREENBERG). Die Verhältnisse werden dadurch noch verwickelter, daß die Ionenaktivitäten von den Konzentrationen in diesen hochkonzentrierten Lösungen erheblich abweichen.

Es sei ferner besonders darauf hingewiesen, daß HESS und seine Mitarbeiter die Gültigkeit der DONNANschen Gleichgewichtsätze nur insofern bestreiten wollen, als diese den *Gesamtvorgang* der Ionenverteilung bei der Laugenbindung der Cellulose einheitlich bestimmen soll. Diese Ablehnung wird auf Grund phasentheoretischer Überlegungen in Verbindung mit dem Röntgenbefund gestützt (s. weiter unten). Die Möglichkeit hingegen, daß *Teilvorgänge* in dem gesamten Komplex der Alkaliquellung[1] der Theorie der Membrangleichgewichte gehorchen, wird von diesen Autoren offengelassen. Gerade solche Teilvorgänge können vielleicht für die Aufnahme des Wassers in das Cellulosematerial von ausschlaggebender Bedeutung sein und dadurch den Erfolg der NEALEschen Theorie im Hinblick auf diese Frage erklären.

Röntgenographie der Mercerisierung. Außerordentlich bemerkenswerte Ergebnisse liefert die röntgenoptische Untersuchung der Einwirkung von Alkalilauge auf Cellulose. Sie wurde erstmalig vor etwa 10 Jahren von KATZ und MARK vorgenommen, später von v. SUSICH und W. W. WOLFF und schließlich von HESS und TROGUS in vieler Hinsicht erweitert. Wir folgen hier der Darstellung der letztgenannten Forscher, da ihre Untersuchungen die umfassendsten und ihre Ergebnisse die weitestgehenden sind.

Behandelt man die Fasern (Baumwolle, Ramie oder Kunstseide aus regenerierter Cellulose) mit Lauge, deren Konzentration unterhalb von etwa 8—9% liegt, so beobachtet man keine Änderung des Röntgendiagramms. Erhöht man die Laugenkonzentration über diese Grenze, so verschwindet das ursprüngliche Röntgenbild mit wachsender Konzentration in zunehmendem Maße und es entsteht ein neues: dasjenige der sog. Na-Cellulose I. Zwischen etwa 9 und 12,5% stellt das Röntgenbild ein Mischdiagramm der nativen Cellulose mit Na-Cellulose I dar. Es sind darin die Interferenzen der beiden Verbindungen vertreten, und zwar mit zunehmender Laugenkonzentration immer schärfer diejenigen der letzteren Verbindung. Es sei besonders betont, daß die Umwandlung nicht so vor sich geht, daß die ursprünglichen Linien immer mehr in der Richtung der neuen Interferenzen verschoben werden. Die Stetigkeit der Änderung bezieht sich auf das Intensitätsverhältnis der Linien nicht aber auf ihre relative Lage. Bei etwa 12,5% ist die Umwandlung beendet und die Interferenzen der nativen Cellulose sind nicht mehr erkennbar. Erhöht man die Konzentration der Lauge weiter (bei natürlicher Cellulose bis etwa 19%, bei regenerierter Cellulose bis etwa 26%), so ist zunächst keine weitere Veränderung des Diagramms zu beobachten. Erst oberhalb der angegebenen Grenzkonzentrationen vollzieht sich eine neue Umwandlung. Es erscheint das Röntgenbild der Na-Cellulose II. Die Umwandlung vollzieht sich in einem engen Konzentrationsbereich, bei natürlicher Cellulose zwischen 19 und 22%, bei regenerierter Cellulose zwischen 26 und 28%.

Die weitere Erhöhung der Laugenkonzentration führt zu keiner wahrnehmbaren Änderung des Röntgenbildes. Erst das Trocknen oder das

---

[1] Wie insbesondere die im Röntgenbild nicht erkennbaren Umsetzungen an der Oberfläche der Krystallite.

Auswaschen mit Alkohol führt sowohl Na-Cellulose I als auch II in eine neue Modifikation über, in die sog. Na-Cellulose III, die jedoch in diesem Zusammenhange nicht von Bedeutung ist. Mit Wasser ausgewaschene Na-Cellulose I oder II liefert das Röntgenogramm der regenerierten Cellulose, das weiter unten noch besprochen wird.

Um die röntgenographischen Ergebnisse mit denen der chemischen Untersuchung des Cellulose-NaOH-Gleichgewichtes in Einklang zu bringen, müssen die Eigentümlichkeiten der ersteren besonders in Betracht gezogen werden. Zunächst sei daran erinnert, daß nach dem Diagramm der nativen Cellulose schätzungsweise nur etwa 70% des Stoffes in krystallisierter Form vorliegen. Ebenso dürften die regenerierten Cellulosen eine nicht unbeträchtliche Menge an amorpher Substanz enthalten. Sehr wesentlich ist ferner die Tatsache, daß, wie HESS und TROGUS gefunden hatten, die chemische Umwandlung der Cellulose, z. B. bei der Veresterung, nur dann zu einer Veränderung des Röntgenbildes führt, wenn mehr als etwa 45—70% des Stoffes umgesetzt werden. Unterhalb dieses Mengenverhältnisses tritt das Röntgendiagramm des neu gebildeten Reaktionsproduktes noch nicht auf. Die Erscheinung wird so erklärt, daß die Umsetzung sich zunächst nur an der Oberfläche der einzelnen Krystallite abspielt und erst dann ins Krystallinnere fortschreitet. Da erst mehrere geordnete Schichten von benachbarten Molekülen Röntgeninterferenzen geben, ist die Umwandlung der Krystallit*oberfläche* röntgenographisch nicht wahrnehmbar. Die Kleinheit der Krystallite bedingt jedoch, daß mengenmäßig über die Hälfte des Stoffes umgesetzt werden kann, bevor das Innere der Cellulosekrystallite von der Reaktion miterfaßt wird.

Der Vergleich der röntgenoptischen und chemischen Daten der Alkaliwirkung auf Cellulose gestaltet sich auch dann nicht leicht, wenn man die erwähnten Umstände berücksichtigt. Legt man dem Vergleich die Ergebnisse von SCHWARZKOPF zugrunde, so ergibt sich folgendes. In 8—9%iger Lauge beträgt die NaOH-Aufnahme etwa 0,5 Mol je Glucoserest. Es muß angenommen werden, daß hier das Krystallinnere noch keine Umsetzung erleidet, sondern daß die ganze Umsetzung sich an der Krystalloberfläche bzw. in dem amorphen Anteil abspielt. In 12,5%iger Lauge beträgt die NaOH-Aufnahme, sowohl der natürlichen Ramie als auch der Kupferseide etwa 1 Mol NaOH je Mol $C_6H_{10}O_5$. Man muß daher annehmen, daß dieses Verhältnis die Zusammensetzung der Na-Cellulose I darstellt. Während vor den röntgenoptischen Untersuchungen die Annahme einer chemischen Verbindung zwischen Lauge und Cellulose nur die Bedeutung einer Hypothese gehabt hat, deutet das Auftreten des neuen Röntgenbildes mit ziemlicher Gewißheit auf das Vorhandensein einer chemisch einheitlichen definierten Verbindung hin. Die Zusammensetzung dieser Verbindung kann allerdings nur aus der chemischen Untersuchung gefolgert werden und ihre

Annahme ist von allen jenen Voraussetzungen abhängig, die der Verwertung der analytischen Daten zugrunde liegen.

Die Zusammensetzung von Na-Cellulose II bleibt unsicher. Als wahrscheinlich wird betrachtet, daß sie dieselbe ist wie diejenige der Na-Cellulose I. Vermutlich ist nur der Gehalt an Hydratwasser verschieden, und zwar in Na-Cellulose II geringer.

Betrachtet man die Umwandlung der Cellulose in Laugenlösungen vom phasentheoretischen Standpunkte aus, so begegnet man Schwierigkeiten. Im Sinne der Phasentheorie müßte die Bildung der krystallinen Na-Cellulose aus der krystallinen Cellulose bei einer bestimmten Laugenkonzentration vor sich gehen. Unterhalb dieser Konzentration wäre die natürliche Cellulose (oder die regenerierte Cellulose), oberhalb dieser die Na-Cellulose stabil. Ebenso müßte die Umwandlung der Na-Cellulose I in die Na-Cellulose II entsprechend einem vollständig heterogenen Gleichgewicht bei einer anderen bestimmten Laugenkonzentration stattfinden. Dementsprechend müßte auch die Gestalt der Bindungskurve (aufgenommene Lauge, bezogen auf die Laugenkonzentration) Treppenform haben. Bis zur Umwandlungskonzentration dürfte keine Lauge aufgenommen werden. Das wirkliche Verhalten des Systems Cellulose — NaOH beweist somit, daß die NaOH-Aufnahme sich nicht bloß an der röntgenoptisch wahrnehmbaren Krystallphase abspielt. Dennoch bleiben die Röntgenbefunde mit der Phasenregel unvereinbar. HESS, TROGUS und SCHWARZKOPF nehmen an, daß dieser Widerspruch daher kommt, daß die für die Gültigkeit der Regel wesentliche Voraussetzung der ungehinderten Verteilung der Bestandteile innerhalb der Phasen nicht erfüllt wird, daß z. B. ein Teil der Phasen durch eine für einen Teil der Komponenten halbdurchlässige Membran von den übrigen Phasen getrennt ist (EISENSCHITZ). Vielleicht scheitert die eindeutige phasentheoretische Aufklärung der Vorgänge an dem Umstand, daß, wie MEYER und MARK vermuten, der Begriff der „festen Phasen" im klassischen Sinne auf den Fall der extrem kleinen Krystalle, die nur aus relativ wenigen Molekülen bestehen, nicht ohne weiteres anwendbar ist.

Es sei noch erwähnt, daß die von NEALE angenommene, gemäß dem MWG verlaufende Neutralisation der Cellulose mit der maximalen Aufnahme von 1 Na auf 1 $C_6H_{10}O_5$ rein mengenmäßig mit dem Röntgenbefund verträglich ist. Nach NEALE werden erst in etwa 11%iger Lauge 80% der Cellulose umgesetzt. Allerdings besteht ein Widerspruch zwischen dem von NEALE angenommenen quasi homogenen Verlauf der Reaktion und ihrer röntgenographisch nachgewiesenen Heterogenität (Umwandlung von festen Phasen).

HESS, TROGUS und SCHWARZKOPF stoßen bei dem Versuch, das nach der Proportionalitätsmethode gefundene gebundene Wasser als Hydratwasser in den Krystallgittern der Na-Cellulosen unterzubringen, auf Schwierigkeiten durch den Umstand, daß die Wasseraufnahme nach ihrem Befund nicht der wahren Alkaliaufnahme proportional ist. Immerhin halten sie es für wahrscheinlich, daß Na-Cellulose I 4—8 Mol H_2O je Glucoserest enthält, Na-Cellulose II jedoch praktisch krystallwasserfrei ist. Das Absinken der Wasserbindungskurve nach dem erreichten Maximum mit zunehmender Laugenkonzentration wäre danach auf die Umwandlung in Na-Cellulose II zurückzuführen.

Es wäre wohl verfehlt, das ganze Quellungswasser als Hydratwasser, das sich in dem Krystallgitter befinden soll, aufzufassen. Dazu ist die Menge des Quellungswassers unter Umständen viel zu groß. Der größte Teil des Quellungswassers der Alkalicellulose ist vermutlich in demselben Sinne zwischenmicellar gelagert, wie dies für das Quellungswasser der Cellulose in reinem Wasser angenommen wird.

Bemerkenswert ist, daß die Identitätsperiode von Na-Cellulose I in der Faserachse 10,4 Å beträgt, fast genau soviel wie in der nativen und regenerierten Cellulose. Der Abstand der Glucosereste in dieser Richtung erfährt somit durch die Umwandlung keine Veränderung. Diese Tatsache bedeutet eine ausgezeichnete Bestätigung der Theorie der Hauptvalenzketten. Bekanntlich gilt die annähernde Gleichheit der Identitätsperiode in der Richtung der Faserachse mit derjenigen der nativen Cellulose noch für eine Reihe anderer Umwandlungsprodukte (Ester und Äther). Na-Cellulose II hat den entsprechenden Abstand 15,1 Å (wahrscheinlich 3 Glucosereste), Na-Cellulose III hingegen wieder 10,3 Å. SCHRAMEK hat in neuester Zeit den Versuch unternommen, auf Grund der Röntgenaufnahmen ein in Einzelheiten gehendes Molekülmodell der Struktur der krystallinischen Na-Cellulosen zu entwerfen (vgl. auch HESS und TROGUS).

Ob die Cellulose-NaOH-Verbindung salzartig oder als Molekülverbindung aufzufassen ist, läßt sich weder auf Grund der Röntgenaufnahmen noch auf Grund der analytischen Versuchsergebnisse entscheiden. Auch die chemische Formulierung der Cellulose als Polyglucopyranose ermöglicht nicht die Beantwortung dieser Frage. Man kennt nämlich von den niedrigmolekularen Homologen, also von den einfachen Zuckerarten, beide Verbindungstypen (s. die Zusammenstellung über die Säurefunktion der Zucker bei PAULI und VALKÓ, über ihre Additionsverbindungen bei PFEIFFER). Es ist bemerkenswert, daß die für Zucker als Säure beobachteten Dissoziationskonstanten größenordnungsmäßig mit dem von NEALE für Cellulose berechneten Wert ($1{,}84 \times 10^{-14}$) übereinstimmen.

Die Änderung der Faserabmessungen in NaOH-Lösungen. Die Schrumpfung der Baumwollgewebe durch die Alkalibehandlung wurde bereits von MERCER beobachtet, und später wurde eine größere Anzahl von Untersuchungen über diesen Gegenstand ausgeführt. Es handelt sich jedoch hierbei um einen verwickelten Vorgang, für den die Struktur der Gewebe, die Reibung der Einzelfaser u. dgl. eine Rolle spielt. Eine Aufklärung über den Mechanismus der Alkaliquellung kann man eher von den Messungen erhoffen, die an Einzelfasern ausgeführt werden. Die folgende Abb. 106 zeigt die Längenänderung der Einzelfasern von

Die Änderung der Faserabmessungen in NaOH-Lösungen. 191

gebeuchter Baumwolle, die mit 50 mg Gewicht belastet waren. Diese Belastung ist verhältnismäßig sehr schwach, da die Zerreißfestigkeit 6—7 g je Faser beträgt.

Die ausgezogene Kurve zeigt die Längenzunahme in der Lauge, die gestrichelte Kurve diejenige nach dem Auswaschen. Die zwei Kurven sind einander sehr ähnlich. Bereits in reinem Wasser erfolgt eine Verlängerung von etwa 1%. Überschreitet die Konzentration der Lauge 3%, so beginnt die Verlängerung abzunehmen, und wenn die Laugenkonzentration über 8% steigt, setzt eine mit weiter zunehmender Konzentration rapid zunehmende Schrumpfung ein, die in etwa 13%iger Lösung ihren Höchstwert bei etwa 8% Verkürzung erreicht. Nach diesem Maximum der Schrumpfung folgt eine Abnahme derselben und in etwa 35%iger Lauge wird wieder die ursprüngliche Länge erreicht. Die Längenänderung ist jeweils in etwa 3 Minuten vollzogen.

WILLOWS und ALEXANDER untersuchten mikroskopisch die Änderung der Querschnitte von Baumwolle in Laugen verschiedener Konzentration. Ihre Ergebnisse sind jedoch nicht ohne weiteres auf das Verhalten der

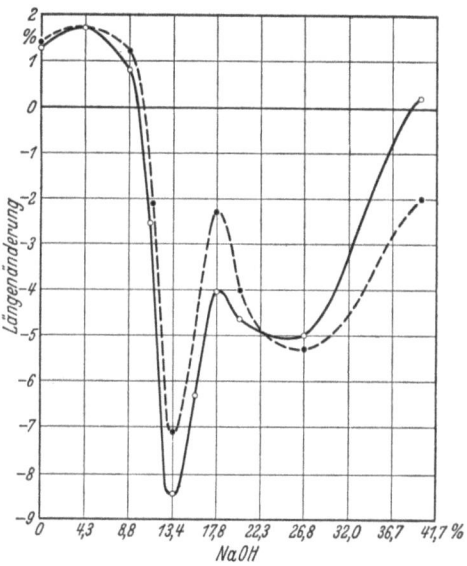

Abb. 106. Längenänderung von gebeuchten Baumwollfasern in Abhängigkeit von der Laugenkonzentration (Zimmertemperatur). Ausgezogene Linie: in der Lauge; gestrichelte Linie: nach dem Auswaschen. Nach WILLOWS, BARRATT und PARKER.

ganzen Fasern übertragbar, da, wie von den Autoren in den konzentrierten Laugenlösungen beobachtet wurde, die Dünnschnitte an den Schnittflächen stark aufquellen, so daß sie ein etwa hantelförmiges Aussehen bekommen. Es zeigt sich in diesem Verhalten offenbar die die Quellung zurückhaltende Wirkung der äußeren Zellwandbegrenzung. Dies ist um so bemerkenswerter, da, wie HALLER gezeigt hat, beim Mercerisieren die Cuticula entfernt wird. Mercerisierte Baumwollfasern zeigen nämlich mit Kupferamminlösung unter dem Mikroskop, im Gegensatz zu den natürlichen Fasern, nicht mehr die perlenschnurförmige Quellung.

COLLINS und WILLIAMS untersuchten die Längen- und Dickenänderung einzelner Baumwollhaare bei nachfolgendem Tauchen derselben Fasern in Laugen von steigender und fallender Konzentration. Wie die folgende Abb. 107 zeigt, hängt das Ergebnis von der Richtung der Konzentrationsfolgen ab. Es ist zu beachten, daß die Verdünnungsserie an der nunmehr mercerisierten Faser vorgenommen wurde. Die anfängliche Verlängerung ist in der Verdünnungsserie nicht wieder aufgetreten.

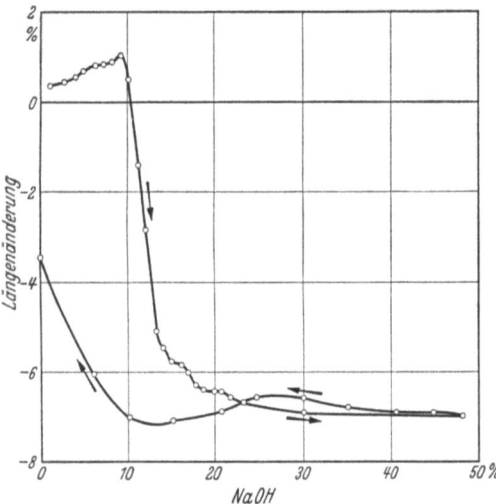

Abb. 107. Längenänderung von Baumwollfasern in Abhängigkeit von der Laugenkonzentration bei nacheinander folgendem Tauchen in konzentriertere und verdünntere NaOH-Lösungen. Nach COLLINS und WILLIAMS.

Zur Erklärung dieses Verhaltens berücksichtigen die Forscher die Windungen der natürlichen Baumwolle. Diese korkzieherartigen Windungen verschwinden bei der Behandlung mit den Lösungen. Dabei wird naturgemäß die Faser länger. Die auf diese Weise erfolgte scheinbare Verlängerung der Faser ist der eine Summand der totalen Längenänderung, der andere Summand ist die durch die Einwirkung der Lauge erfolgende Verkürzung. In dem Gebiet der niedrigen Alkalikonzentrationen wird die Verkürzung durch die Aufhebung der Windungen überlagert, sofern native Baumwolle als Untersuchungsobjekt dient. Durch eine besondere Untersuchung des Einflusses der Aufhebung der Windungen auf die Länge konnte aus der beobachteten summarischen Längenänderung die verkürzende Komponente errechnet werden. Die nebenstehende Abbildung bringt die auf diese Weise korrigierten Werte. Gleichzeitig wurde auch die Änderung des Faserdurchmessers bestimmt. Aus den beiden Werten läßt sich die Zunahme des Volumens der Fasern berechnen (Abb. 108).

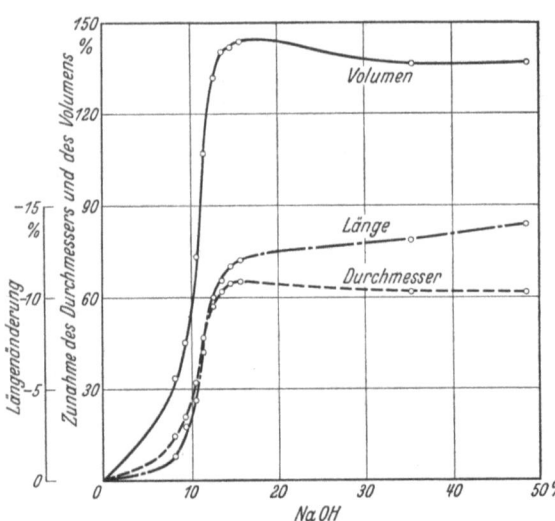

Abb. 108. Änderung der Faserabmessungen bei nacheinander folgendem Tauchen der Baumwolle in Laugen zunehmender Konzentration. Nach COLLINS und WILLIAMS.

Bei diesen Versuchen waren die Haare mit je 10 mg Gewicht belastet. Die Kurven der Abbildung lehren, daß bei etwa 15% Laugenkonzentration die stärkste Quellung erreicht wird. Weitere Erhöhung der Konzentration hat wenig

Die Änderung der Faserabmessungen in NaOH-Lösungen. 193

Einfluß. Die Dicke ebenso wie die Länge zeigen im konzentrierten Gebiet einen geringfügigen Abfall.

Die eingehendste Untersuchung der Längenänderung einzelner Baumwollfasern in Natronlauge verdanken wir CALVERT. Im Gegensatz zu den Messungen von COLLINS und WILLIAMS, die eine Faser nacheinander mit zunehmend oder abnehmend konzentrierten Laugen behandelt hatten, hat CALVERT immer frische ungequollene Haare jeweils nur in *eine* Lösung bestimmter Konzentration gebracht.

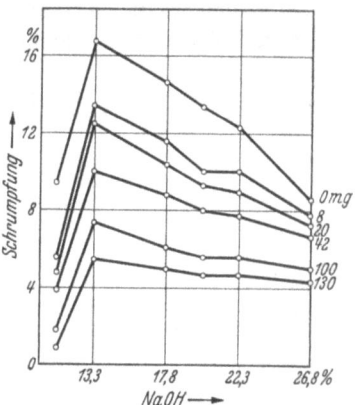

Abb. 109. Verkürzung von gebeuchten Baumwollfasern in NaOH-Lösungen bei verschiedener Belastung nach freier Schrumpfung. Nach CALVERT.

Die hierbei erfolgte Längenänderung wurde unter verschiedenen Versuchsbedingungen beobachtet. Erstens wurden die Fasern unbelastet in die Lauge getaucht und die Länge im unbelasteten Zustande gemessen (freie Schrumpfung). Zweitens wurden zwar die Fasern in unbelastetem Zustande der Einwirkung der Lauge ausgesetzt, die Bestimmung der Länge erfolgte jedoch erst nach Belastung mit bestimmten Gewichten. Schließlich wurden die Fasern unter Belastung in Berührung mit der Lauge gebracht und die erfolgte Längenänderung unter derselben Belastung gemessen. Die Messungen der unter Belastung erfolgten Verkürzung sind auch vom praktischen Standpunkte von Interesse, da in den Gespinsten und Geweben die Fasern sich an der Verkürzung gegenseitig hindern.

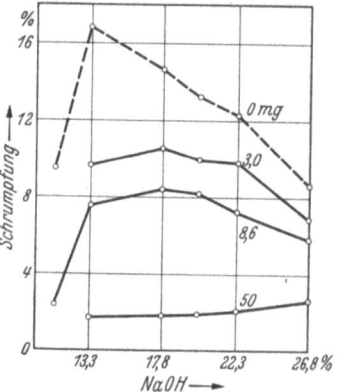

Abb. 110. Verkürzung von gebeuchten Baumwollfasern in NaOH-Lösungen unter Belastung (behinderte Schrumpfung). Nach CALVERT.

Die nebenstehenden Abbildungen bringen einen Teil der Ergebnisse. Jeder Punkt der Kurve ist ein Mittelwert aus 50 Einzelbestimmungen. Bemerkenswert ist, daß zwischen der Verkürzung bei freier und behinderter Schrumpfung der Unterschied auch dann bestehen bleibt, wenn die freie Schrumpfung unter derselben Belastung gemessen wird, unter der die behinderte erfolgt war. Man braucht also weniger Kraft, um die Schrumpfung zu verhindern als um sie rückgängig zu machen.

Zwischen Rohbaumwolle und gebeuchter Baumwolle findet sich ein großer Unterschied. Die erstere erleidet eine durchweg geringere Kontraktion als die letztere.

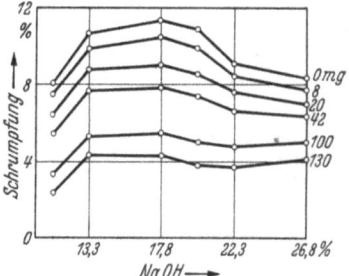

Abb. 111. Verkürzung von rohen Baumwollfasern in NaOH-Lösungen bei verschiedener Belastung nach freier Schrumpfung. Nach CALVERT.

Valkó, Grundlagen. 13

Untersucht man das Verhalten von Rohbaumwollfasern, die vor der Behandlung mit Lauge mit Schleifpapier sorgfältig abgerieben waren, so findet man, daß diese eine noch stärkere Verkürzung erfahren als die gebeuchten Haare. Offenbar macht sich in diesen Unterschieden der histologische Bau der Fasern bemerkbar. In den Rohfasern muß ein Hindernis für die Quellung wirksam sein, vielleicht in Form der Cuticula, die beim Beuchen ihre quellungshemmende Funktion teilweise oder vollständig einbüßt und beim Abschleifen anscheinend vollständig entfernt wird (Abb. 112).

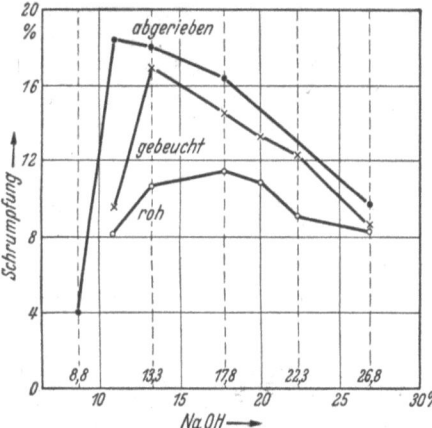

Abb. 112. Verkürzung von Baumwollfasern (roh, roh abgerieben, gebeucht) beim Eintauchen in NaOH-Lösungen ohne Belastung. Nach CALVERT.

Die nächste Abb. 113 zeigt die Messungen der Faserbreite, und zwar in absoluten Werten. Auch hier sind die gleichen Unterschiede zwischen rohen, gebeuchten und abgeriebenen Fasern festzustellen.

Die Maximumbildung der Quellung ist bei den abgeriebenen Fasern am ausgeprägtesten. Sie liegt bei etwa 11% Laugenkonzentration. Die Kontraktion der gebeuchten Fasern zeigt auch Maximumbildung, und zwar bei etwas höherer Laugenkonzentration. Bei den Rohfasern erscheint das Maximum der Kontraktion sehr verflacht und ins Gebiet der höheren Konzentrationen gerückt, dasjenige der Verbreiterung ist völlig verschwunden.

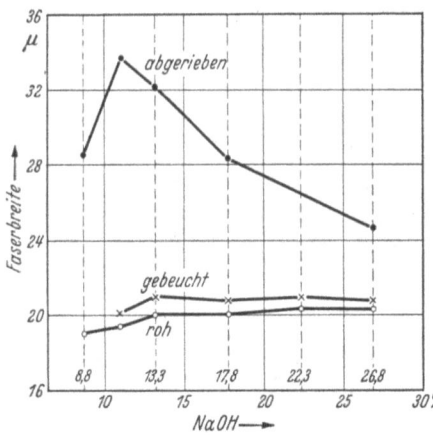

Abb. 113. Breite der Baumwollfasern (roh, roh abgerieben, gebeucht) nach Eintauchen in NaOH-Lösungen ohne Belastung. Nach CALVERT.

Das Gesamtmaterial von CALVERT zeigt die große Bedeutung der histologischen Struktur für die Alkaliquellung der Baumwollfasern.

Die folgende Abb. 114 bringt die von NODDER und KINKEAD beobachtete Längenänderung von *Ramie*- und *Flachs*fasern in Lauge. In beiden Fällen tritt ein außerordentlich scharfes Maximum in etwa 10%iger Lauge auf. Die Kontraktion erreicht hier 30—40% der ursprünglichen Länge. Die Belastung bei diesen Versuchen betrug nur

6 mg je Ramiefaser von etwa 40—60 μ Breite, bei den Flachsfasern nur je 2 mg.

Die Bindung von Lauge an Leinenfasern wurde von TSCHILIKIN, der Einfluß der Lauge auf die Festigkeit und die Farbstoffaufnahme von Leinen von WIKTOROFF untersucht.

Die Einwirkung anderer Basen als NaOH auf Cellulose. Außer Natronlauge wurde die Wirkung auch anderer Alkalilaugen und organischer Basen auf Cellulose untersucht. Naturgemäß sind diese Untersuchungen

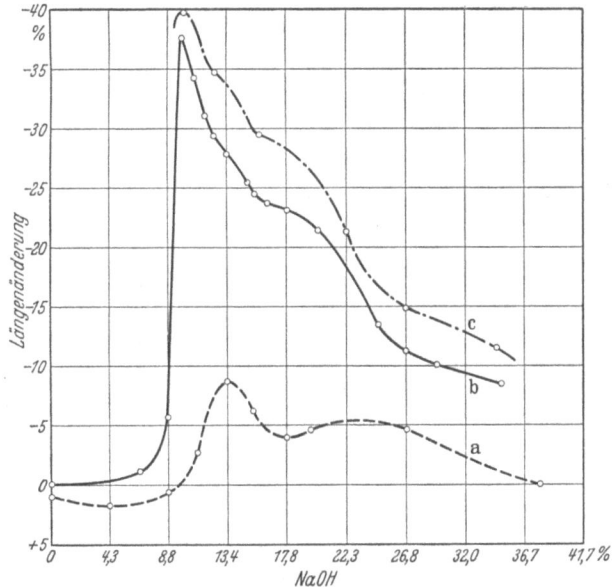

Abb. 114. Schrumpfung der Pflanzenfasern in Natronlauge bei 15°. a Baumwolle; b Ramie; c Flachs. Nach NODDER und KINKEAD.

nicht so zahlreich wie diejenigen mit NaOH. HEUSER und BARTUNEK habe die Aufnahme der verschiedenen Alkalihydroxyde durch Baumwolle nach der Differenzmethode gemessen und unter der Annahme berechnet, daß das Quellungswasser dieselbe Konzentration an Lauge besitzt wie die Außenflüssigkeit. Ähnliche Bestimmungen wurden fast gleichzeitig von DEHNERT und KÖNIG an Watte ausgeführt. Die Ergebnisse der beiden Arbeiten zeigen, daß von KOH maximal 18 g je 100 g Cellulose aufgenommen werden. In etwa 35%iger Lauge wird die Sättigung nahezu erreicht. In bezug auf die Aufnahme von Lithiumlauge unterscheiden sich die Ergebnisse der beiden Arbeiten ganz wesentlich. HEUSER und BARTUNEK finden in der Konzentration von 8—12% eine Annäherung an den Sättigungszustand, der der Aufnahme von 8 g je 100 g Cellulose entsprechen soll; DEHNERT und KÖNIG beobachteten dagegen bereits in 7,6%iger Lauge eine Aufnahme von 14 g LiOH auf

13*

100 g. An RbOH und CsOH wurde von HEUSER und BARTUNEK die Aufnahme von 22 bzw. 32 g Alkali je 100 g Baumwolle festgestellt, entsprechend der Sättigung in etwa 40%igen Lösungen. Besonders die letzteren Forscher sind bemüht, aus ihren Befunden stöchiometrische Formeln für die Verbindungen der Cellulose mit den verschiedenen Alkalihydroxyden abzuleiten. Allen diesen Berechnungen liegt jedoch die Annahme zugrunde, daß die Konzentration der Lauge im Quellungswasser dieselbe ist wie in der Außenflüssigkeit. In Übereinstimmung mit den Überlegungen und den Versuchsergebnissen, die im Zusammenhang mit dieser Frage bei der Besprechung der Einwirkung von Natronlauge bereits erörtert wurden, gilt auch hier, daß die Bedeutung dieser

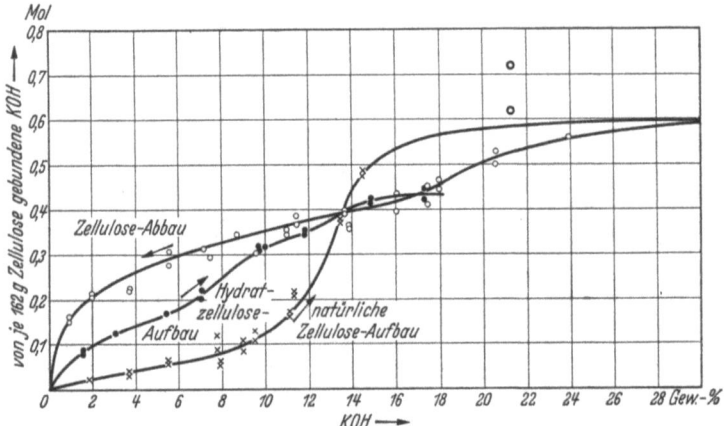

Abb. 115. Wahre KOH-Bindung durch natürliche und mercerisierte Ramie. Nach TROGUS und HESS.

Berechnungen nicht völlig klargestellt ist. Der Wert der experimentellen Feststellungen bleibt davon freilich unberührt.

TROGUS und HESS haben die „wahre" KOH-Bindung der natürlichen und mercerisierten Ramie mit Hilfe der SCHREINEMAKERschen Methode der Bodenkörperanalyse aus der Verteilung einer Bezugssubstanz ermittelt. Ihre Ergebnisse zeigt die obenstehende Abbildung.

In dieser Abbildung ist die KOH-Aufnahme durch natürliche und mercerisierte Ramie wiedergegeben, die mit Laugen steigender Konzentration behandelt wurden. Die dritte Kurve zeigt den KOH-Gehalt der Fasern, die in 33%iger Kalilauge umgesetzt und nachfolgend in Laugen sinkender Konzentration eingebracht wurden. Die Nichtumkehrbarkeit des Vorganges ist offensichtlich.

Die Wasseraufnahme und Quellung der Baumwolle in den verschiedenen Laugen wurde gleichfalls von mehreren Forschern untersucht. Die folgende Abb. 116 bringt nach HEUSER und BARTUNEK die prozentuale Zunahme der Faserbreite, bezogen auf die Breite der trockenen Fasern, an gereinigter Baumwolle.

Abb. 117 gibt analoge Messungen von COLLINS und WILLIAMS an Rohbaumwolle wieder.

Sie stimmen wenigstens in grober Annäherung mit den Ergebnissen von HEUSER und BARTUNEK überein, jedoch mit Ausnahme der Messungen

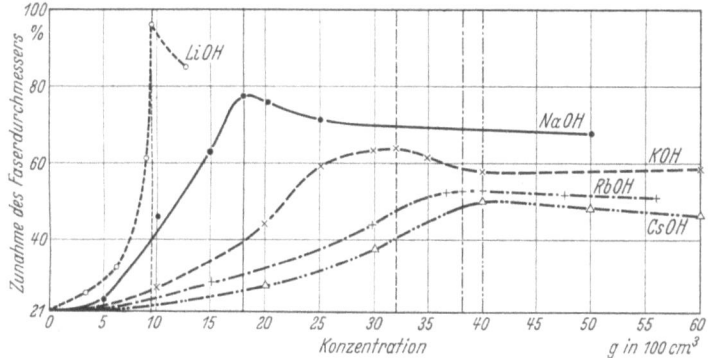

Abb. 116. Quellung der Baumwollfaser in Alkalilaugen. Nach HEUSER und BARTUNEK.

an LiOH. COLLINS findet nämlich in dieser Lauge nur ein Drittel der von HEUSER und BARTUNEK ermittelten Quellung. Es sei noch bemerkt, daß COLLINS und WILLIAMS die einzelnen Fasern nacheinander mit

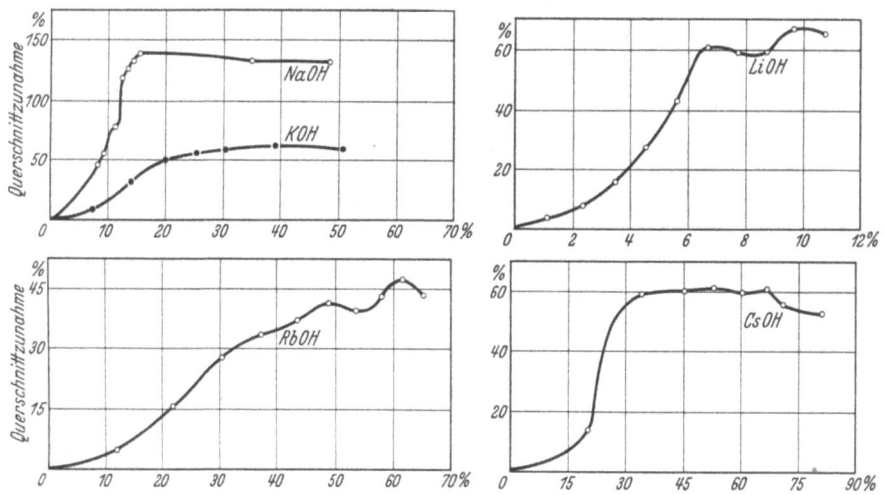

Abb. 117. Quellung der Baumwollfaser in Alkalilaugen. Nach COLLINS.

Laugen wachsender Konzentration behandelt hatten, während bei HEUSER und BARTUNEK immer frische Fasern in die Quellungsbäder kamen. Bemerkenswert sind auch die Befunde von COLLINS über die Längenänderung in den verschiedenen Alkalihydroxyden (Abb. 118). In

Kaliumhydroxyd ist die Schrumpfung, obwohl die Verbreiterung gegenüber derjenigen in Natronlauge auf etwa die Hälfte verringert ist, fast ebenso groß wie in NaOH. Der Höchstwert der Verkürzung erreicht fast 10%. In LiOH werden im Höchstfalle weniger als 3% Verkürzung beobachtet. In RbOH bleibt die Schrumpfung unterhalb 1% und in CsOH wird in dem untersuchten Konzentrationsgebiet nur eine Verlängerung von einigen Prozenten wahrgenommen. Der Zusammenhang zwischen der Änderung des Querschnittes und der Länge ist somit für jede Lauge ein anderer. Keinesfalls kann die Längenänderung allein als Maßstab für die Quellung dienen. Vergleichende Messungen der Alkaliaufnahme, der Quellung und der Löslichkeit des Zellstoffes in NaOH-, KOH- und LiOH-Lösungen wurden von LOTTERMOSER und RADESTOCK ausgeführt (Abb. 119).

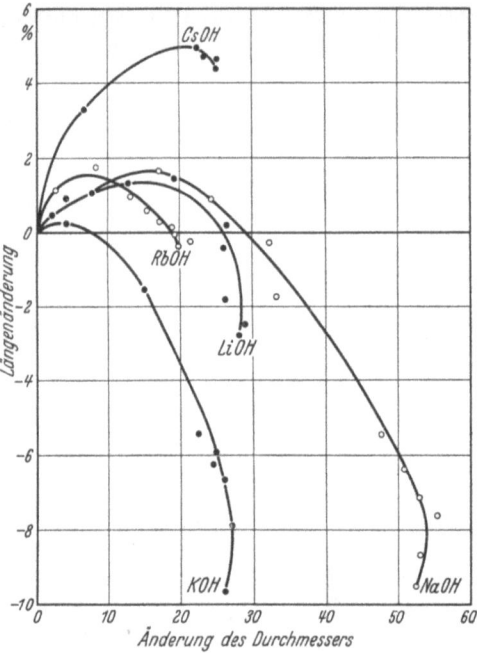

Abb. 118. Der Zusammenhang zwischen der Längenänderung und der Änderung des Durchmessers der Baumwollfaser bei der Quellung in den verschiedenen Alkalilaugen. Nach COLLINS.

Die Einwirkung einiger quaternärer Ammoniumhydroxyde auf Baumwolle wurde von HEUSER und BARTUNEK untersucht. Diese starken organischen Basen wirken ähnlich wie die anorganischen Laugen und ergeben nach der Differenzmethode größenordnungsmäßig ähnliche Werte für die scheinbare Bindung an Cellulose.

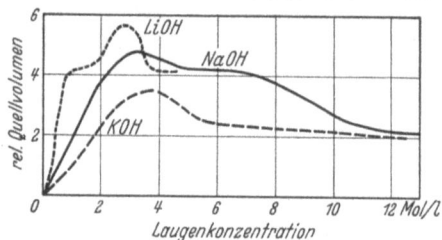

Abb. 119. Quellvolumen des Zellstoffs in Alkalilaugen. Nach LOTTERMOSER und RADESTOCK.

Ähnlich wie mit NaOH ändert sich das Röntgenogramm der Cellulose auch bei der Einwirkung der anderen Alkalihydroxyde. HESS und TROGUS haben festgestellt, daß die Röntgendiagramme der verschiedenen Alkalicellulosen voneinander unterschiedlich sind. Für die einzelnen Alkalien lassen sich sogar im Röntgenbild mehrere Verbindungen mit der Cellulose feststellen.

TROGUS und HESS nahmen Röntgendiagramme von den Einwirkungsprodukten des Hydrazins, des Äthylendiamins und des Tetramethylendiamins auf Ramie auf. In etwa 40%iger Lösung erfolgt jeweils die Umwandlung des Cellulosegitters. Es treten auch in diesem Falle mehrere Modifikationen auf. Das Äquivalentverhältnis ergibt sich hier nach der Preßmethode von SCHWARZKOPF zu rund 1 Mol Base auf 1 Mol Glucose. Bemerkenswerterweise wirken diese Verbindungen, die schwache Basen sind, nicht mercerisierend. Sie führen die Cellulose nicht in den für die Einwirkung der Alkalilaugen kennzeichnenden plastischen Zustand über. Nach dem Auswaschen zeigt sich wieder das Röntgenbild der unveränderten nativen Cellulose.

v. SUSICH und W. W. WOLFF haben diejenigen Grenzkonzentrationen bestimmt, in denen die einzelnen Laugen nach dem Auswaschen die Cellulose in mercerisiertem Zustande zurücklassen. Ob die Mercerisierung erfolgt ist oder nicht, wird daran erkannt, ob das Röntgenogramm die Interferenzen der nativen oder der regenerierten Cellulose zeigt (vgl. weiter unten). Die Grenzkonzentrationen ergaben sich wie folgt: NaOH 11—12%; LiOH 8,5—9%; KOH 15—17%. Die mercerisierende Kalilaugekonzentration entspricht nach dem Befund von TROGUS und HESS der Ausbildung einer röntgenographisch erkennbaren „Kali-Cellulose I", die im Sinne der Abb. 115 die analytische Zusammensetzung 1 KOH : 2 Glucosereste aufweist, während die Natron-Cellulose in der mercerisierenden Lauge auf 1 Glucoserest 1 Natriumhydroxydmolekül enthält (vgl. Abb. 102 und 103).

Der Vergleich der Wirksamkeit der verschiedenen starken Laugen auf die Cellulose wird durch den Umstand erschwert, daß es an einem vernünftigen Maßstab für die wirksame Konzentration dieser Stoffe innerhalb des in Frage stehenden Konzentrationsgebietes mangelt. In Analogie zu den verdünnten Lösungen könnte man zunächst meinen, daß die Äquivalentkonzentration der geeignete Maßstab ist. In Wirklichkeit ist für die chemischen Gleichgewichte die Aktivität die ausschlaggebende Größe. In verdünnten Lösungen ist die Aktivität der Äquivalentkonzentration proportional, in konzentrierten Lösungen gehen jedoch die beiden Werte häufig stark auseinander. Der Faktor, der diese Abweichung ausdrückt, der sog. Aktivitätskoeffizient, beträgt nach einer Zusammenstellung, die v. SUSICH und WOLFF geben, in den drei gerade mercerisierenden Laugenlösungen 0,48, 0,83 bzw. 1,18. Würde man die Aktivität an Stelle der Äquivalentkonzentration benützen, so wäre dadurch die Reihenfolge für die Wirksamkeit der verschiedenen Laugen verändert. Nun muß man noch den Umstand berücksichtigen, daß möglicherweise nicht die mittlere Aktivität des Alkalihydroxydes, sondern die individuelle Aktivität des Hydroxylions für das Gleichgewicht der Cellulose mit der Base bestimmt ist. Dies ist z. B. anzunehmen, wenn die Reaktion in der Neutralisation der Cellulose als Säure erblickt wird. Ist auch eine DONNANsche Ionenverteilung anzunehmen, so kommen noch eine Reihe weiterer Faktoren z. B. der elektrolytische Dissoziationsgrad des Alkalisalzes der Cellulose in Betracht. Bei dem heutigen

Stand unserer Kenntnisse sind wir noch von einer Aufklärung der Ursache der verschiedenen Wirksamkeit der einzelnen Basen entfernt, man muß sich daher einstweilen mit der Registrierung der analytischen Verhältnisse begnügen.

Zur Theorie der Alkaliquellung der Cellulose. So unterschiedlich in quantitativer Hinsicht die Angaben über die Quellung der Cellulose in konzentrierten Alkalilösungen sind, so vollständig stimmen sie darin überein, daß die Wasseraufnahme mit wachsender Laugenkonzentration zuerst ganz erheblich zunimmt, um nach Erreichen eines Höchstwertes entweder wieder abzufallen oder wenigstens annähernd konstant zu bleiben. Es gibt verschiedene Möglichkeiten zur Erklärung dieses Verhaltens, unter denen wir jedoch noch keine endgültige Wahl treffen können. Vielleicht sind mehrere der in Betracht gezogenen Faktoren gleichzeitig für das Zustandekommen des tatsächlichen Verhaltens wirksam.

Man muß grundsätzlich zwischen den beiden Möglichkeiten unterscheiden, nämlich, daß die Quellung entweder die Folge der molekularen *Anziehungskräfte* ist, oder daß sie als rein *osmotische* Erscheinung, durch das Bestreben nach einer wahrscheinlichen Verteilung der Moleküle hervorgerufen wird. Die Entscheidung zwischen diesen beiden Möglichkeiten ist bei der Alkaliquellung noch schwieriger als bei der Quellung in reinem Wasser. In letzterem Falle vermag die thermodynamische Analyse den Anteil der beiden Ursachen an dem Vorgang einigermaßen abzuschätzen. Bei der Quellung in konzentrierten Laugen hingegen verschwindet die Quellungswärme neben der gleichzeitig entwickelten hohen Reaktionswärme der Cellulose mit dem Alkalihydroxyd.

Aus der Form der Sorptionsisotherme der Cellulose in Wasserdampf geht hervor, daß die Struktur der Cellulose in der gesättigten Atmosphäre bzw. in reinem Wasser bereits so weit aufgelockert ist, daß zur weiteren Wasseraufnahme keine großen Widerstände durch die Kohäsionskräfte zu überwinden sind. Schon eine geringfügige Erhöhung der Solvationskräfte kann zu einer starken Erhöhung der Menge des aufgenommenen Wassers führen.

Legt man der Deutung der Alkaliquellung die molekularen Anziehungskräfte zugrunde, so muß man annehmen, daß die Alkaliverbindung der Cellulose stärker hydratisiert ist als die reine Cellulose. Diese Annahme ist jedenfalls als wohlbegründet zu betrachten. In der Maximumbildung wird man nach dieser Vorstellung das Ergebnis des Wettstreites um das Hydratwasser zwischen der Alkalicellulose auf der einen und der freien überschüssigen Lauge auf der anderen Seite erblicken. Solange die Bindung mit wachsender Konzentration der Lauge schnell zunimmt, wird auch die Cellulosehydratation zunehmen, während in höherer Konzentration die enthydratisierende Wirkung der freien Lauge immer mehr überwiegt. Dabei ist es nicht notwendig, die Hydratation als Bildung einer streng definierten chemischen Verbindung aufzufassen. In gelöstem Zustande, und mit diesem ist der Quellungszustand vergleichbar, besteht die Hydratation der Ionen in der Verminderung der gegenseitigen potentiellen Energie von Ion und umgebendem Wasser, entsprechend der Wechselwirkung einer freien elektrischen Ladung mit elektrischen Dipolen. Es handelt sich dabei im wesentlichen um eine Orientierung der Wassermoleküle in der unmittelbaren Nähe des Ions, wobei der dem Ion entgegengesetzt geladene Teil der Wassermoleküle dem Ion zugewendet wird. Auf diese Weise bildet sich um jedes Ion eine Atmosphäre von gerichteten H_2O-Molekülen. Die Ordnung dieser Atmosphäre und damit die Bindungsfestigkeit der Wassermoleküle nimmt mit zunehmender Entfernung von dem Ion ab. Bei der Quellung der verschiedenen Cellulosematerialien wird die Größe der Quellung unter sonst gleichen Bedingungen von dem Widerstand abhängen, der durch die Kohäsion der Cellulose (ihrer Krystallite oder Moleküle) ausgeübt wird.

Nimmt man als Ursache der verstärkten Quellung der Alkalicellulose die elektrischen Abstoßungskräfte der gleichnamigen elektrischen Ladungen an, dann bedient man sich einer Vorstellung, die sich von der Hydratationstheorie nicht wesentlich unterscheidet. In einem Dielektrikum erfolgt die Wirkung der freien Ladungen aufeinander durch die Polarisation des Mediums. Wenn daher in dem Cellulosegel die elektrischen Ladungen einander abstoßen, so besteht der molekulare Mechanismus dieses Vorganges in der Polarisation der Wassermoleküle. Dieselbe stellt ja auch den molekularen Mechanismus der Hydratation dar. In Einzelheiten gestaltet sich die Erklärung der Quellungszunahme durch die elektrischen Kräfte folgendermaßen. Die Cellulose-Alkaliverbindung dissoziiert die Alkaliionen ab (oder, was damit gleichbedeutend ist, die Cellulose nimmt OH-Ionen im Überschuß auf) und erhält dadurch eine negative Ladung. Die Celluloseteilchen (Krystallite, Moleküle oder Molekülgruppen) stoßen sich gegenseitig ab, d. h. sie saugen das Quellungswasser ein. Die Abstoßungskräfte sind um so stärker, je größer die Aufladung ist. Wenn im Quellungswasser die Konzentration an freiem Elektrolyt neben der Celluloseverbindung groß wird, wie es im Überschuß der Lauge der Fall ist, dann wird die Wirkung der elektrischen Ladung der einzelnen Celluloseteilchen aufeinander durch die zwischen ihnen liegenden freien Ionen abgeschirmt und die Abstoßungskräfte werden infolgedessen vermindert. Dazu tritt gegebenenfalls die Zurückdrängung der Dissoziation des Cellulose-Natriumsalzes, die eine Herabsetzung der Ladung bedeutet. Auf diese Weise findet die Maximumbildung der Quellung in der Abhängigkeit von der Laugenkonzentration im Rahmen dieser Vorstellung eine zwanglose Erklärung.

Bei der Erklärung der Quellung als osmotischer Erscheinung faßt man die Fasern als eine osmotische Zelle auf, die eine halbdurchlässige

Scheidewand von der Außenflüssigkeit trennt. Der osmotische Druck, der dem Unterschied der Molekülzahl je Volumeinheit in der Innen- und Außenflüssigkeit proportional ist, stellt die quellende Kraft dar, deren Wettbewerb mit den Kohäsionskräften der Cellulose das jeweilige Quellungsgleichgewicht bestimmt. Man nimmt in dieser Vorstellung an, daß ein Teil des Cellulosestoffes innerhalb der Fasern gelöst ist, jedoch die Scheidewand nicht zu durchdringen vermag. Eine wesentliche Stütze dieser Auffassung bildet die Tatsache, daß die Löslichkeit der abgebauten (Oxy- und Hydro-) sowie der regenerierten Cellulose in Natronlauge gleichfalls ein Maximum aufweist, und zwar annähernd bei derselben Konzentration wie die Cellulosequellung (JÄGER und D'ANS, LOTTERMOSER und RADESTOCK, WELTZIEN, DAVIDSON). Immerhin läßt diese Beobachtung auch die umgekehrte Folgerung zu, wonach die Quellung als Vorbedingung der Löslichkeit anzusehen ist (DAVIDSON).

Einen Ausbau erfährt die osmotische Theorie durch die Anwendung der DONNANschen Lehre der Membrangleichgewichte. Wir haben bereits versucht, diese Theorie im Umriß darzustellen. Auf Grund des Gesetzes der konstanten Ionenprodukte läßt es sich zeigen, daß, falls die Neutralisation der Cellulose als schwache Säure in Abhängigkeit von der Laugenkonzentration dem Sättigungszustand zustrebt, der Überschuß in der Konzentration der diffusiblen (Na- und OH-) Ionen ein Maximum durchläuft. Es handelt sich hier um den Wettbewerb zweier Effekte: erstens um den der zunehmenden Äquivalentkonzentration des dissoziierten Celluloseanteils und zweitens um den des wachsenden Überschusses der Lauge. Der erste Effekt begünstigt die Zunahme der diffusiblen Ionen in der Innenflüssigkeit auf Kosten der Außenflüssigkeit, der zweite Effekt führt hingegen zu einem Ausgleich der Ionenverteilung. Der osmotische Druck wird somit bei einer bestimmten mittleren Konzentration der Lauge einen Höchstwert aufweisen. Die analogen Verhältnisse liegen vor, wenn die Eiweißkörper als schwache Basen mit einer Säure neutralisiert werden. Auch hier wird mit zunehmender Säurekonzentration ein Maximum des osmotischen Druckes erreicht, wie es wiederholt experimentell beobachtet wurde (vgl. S. 153—154).

PROCTER und WILSON haben gezeigt, daß die Maximumbildung der Gelatinequellung in Abhängigkeit von der Säurekonzentration erklärt werden kann, wenn man annimmt, daß der durch die DONNANsche Verteilung bestimmte osmotische Druck die Quellungskraft darstellt. Diese Vorstellung wendet NEALE auf die Cellulose an und der große Erfolg seiner Theorie besteht in dem Nachweis, daß die Konzentrationsabhängigkeit des aus der Ionenverteilung berechneten osmotischen Druckes zur Abhängigkeit der beobachteten Quellung weitgehend gleichsinnig verläuft (Abb. 120).

Zwar fallen die Werte der optimalen Laugenkonzentration nicht genau zusammen, doch darf man dieser Abweichung keine große Bedeutung beimesse. Sie kann auf die Abweichung in der Aktivität der freien Lauge, ferner auf die Unvollständigkeit der Ionisation des Cellulose-Natriumsalzes zurückgeführt werden. Auch die Voraussetzung, daß die Kohäsion der Cellulose von der Laugenkonzentration unabhängig bleibt, dürfte kaum zutreffen.

Nach dem röntgenographischen Befund und den Preßversuchen von HESS, TROGUS und SCHWARZKOPF kann dem DONNAN-Gleichgewicht nicht die einheitlich umfassende Bedeutung für das Gleichgewicht Cellulose/NaOH zukommen, wie dies von NEALE angenommen wurde.

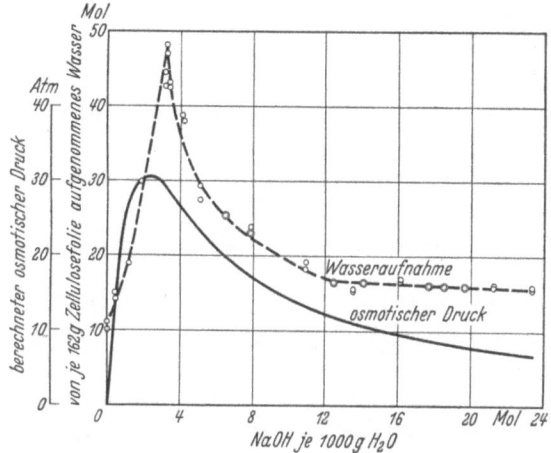

Abb. 120. Wasseraufnahme und aus der Ionenverteilung berechneter osmotischer Druck von Cellophan in Natronlauge. Nach NEALE.

Es bleibt jedoch durchaus möglich, daß die außerhalb der Krystallite bzw. auf ihrer Oberfläche sich abspielenden Vorgänge durch das Membrangleichgewicht beherrscht werden. Bei dem gewaltigen Ausmaß, das die Wasseraufnahme unter Umständen erreichen kann (z. B. 600% bei Cellophan) ist mit ziemlicher Sicherheit anzunehmen, daß der Hauptanteil des Wassers nicht in das Krystallinnere eintritt (permutoide Quellung), sondern zwischen den Krystalliten verbleibt (zwischenmicellare Quellung).

Zur Theorie der Schrumpfung bei der Alkaliquellung der natürlichen Fasern. Wie wir gesehen hatten, erleiden die natürlichen Fasern in konzentrierten Laugen eine Verkürzung. Die Tatsache, daß in reinem Wasser die Breitenzunahme der Fasern das Vielfache derjenigen in der Länge beträgt, läßt sich, wie bereits gezeigt, durch die Form und Anordnung der Moleküle oder Krystallite ohne Schwierigkeit deuten. Die in konzentrierten Laugen erfolgende Verkürzung bedarf jedoch einer besonderen Erklärung.

Röntgenoptisch kann folgendes festgestellt werden: Läßt man die Faser in den Laugen frei schrumpfen, so geht die Orientierung der

Krystallite verloren. Die an Stelle der Interferenzpunkte auftretenden Kreise zeigen an, daß in diesem Fall sowohl die Krystallite der Na-Cellulose als auch nach dem Auswaschen diejenigen der mercerisierten Cellulose ihre Ordnung verloren haben. Wird jedoch die Mercerisierung unter Spannung durchgeführt oder werden die Fasern nach erfolgter Schrumpfung in gequollenem Zustande wieder auf die ursprüngliche Länge gestreckt, so bleibt die Orientierung bestehen bzw. sie wird wieder hergestellt. Für die Struktur der einzelnen Krystallite selbst hat die Schrumpfung keine Bedeutung.

Zur Erklärung der Schrumpfung kommen etwa die folgenden Möglichkeiten in Frage:

1. Ausgleich latenter Spannungen zwischen den Krystalliten oder innerhalb derselben als Folge des Eindringens von Wasser als „Schmiermittel" (KATZ).

2. Abrundung der erweichten Krystallite zu Kugeln unter dem Einfluß der Oberflächenspannung (R. O. HERZOG, GORDON).

3. Bestimmte Anordnung von Bezirken, die der Quellung nicht unterliegen.

Die letztere Möglichkeit erscheint uns als die wahrscheinlichste. Sie wurde in etwas variierter Form wiederholt erörtert, wie es im folgenden gezeigt werden soll.

NEALE vergleicht die Anordnung der Micellen mit einem Gitterwerk. Die Punkte, in denen die Micellen aneinander geheftet bleiben, liegen entlang von zur Faserachse parallelen Linien. Die transversale Auseinanderrückung der Micellen zieht diese Punkte näher zusammen. Die beste Demonstration für einen derartigen Mechanismus dürfte derjenige der „Nürnberger Schere" darstellen (vgl. Wo. OSTWALD).

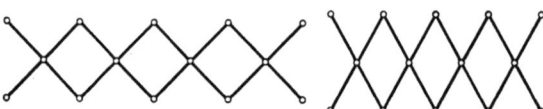

Abb. 121. Die Nürnberger Schere als Modell der Schrumpfung bei der anisotropen Quellung. Das Auseinanderdrängen in der einen Richtung führt zur Verkürzung in der dazu senkrechten Richtung.

HESS, TROGUS, LJUBITSCH und AKIM finden bei der mikroskopischen Untersuchung von Ramiefasern (bei der Quellung in Kupferamminlösung, die der Alkaliquellung analog verlaufen dürfte), daß die wendelförmigen Streifungen der Fasern, die von Micellarreihen, welche zu Primärfasern zusammengefaßt sind, herrühren, ihren ursprünglichen geringen Streifungswinkel bei der Verbreiterung der Fasern sehr erheblich bis etwa 45% vergrößern. Im Anfangsstadium der Quellung werden Einschnürungen der Fasern beobachtet, die an die bekannte perlenschnurförmige Aufquellung der Baumwolle im SCHWEIZERschen Reagens erinnern. Im Anschluß an LÜDTKE nehmen die Autoren an, daß in den Fasern quer zur Faserachse in gewissen Abständen nichtquellbare, mit der Außenhaut verwachsene „Querelemente" liegen. Gemäß der folgenden Skizze werden bei der Quellung die Querelemente näher zueinander geschoben. „Die Micellarreihen weichen der dadurch bedingten Raumverkürzung in Richtung der Faserachse durch Schrägstellung aus."

Die tierischen Sehnenfasern, die in reinem Wasser eine Längung erfahren, zeigen in Säurelösungen eine starke Verbreiterung (um mehrere 100%) und eine Verkürzung (bis etwa .30%), verhalten sich also analog den Baumwollfasern in Alkali. Nach dem Auswaschen geht die Schrumpfung zurück. Diese umkehrbare Formänderung wird von KÜNTZEL und MARRIOTT darauf zurückgeführt, daß die Hauptvalenzketten an bestimmten, durch gewisse Abstände getrennten Stellen infolge der Aufnahme von Wasserstoffionen aufgeladen werden und durch den entstehenden osmotischen Druck (wir vermuten, eher durch die elektrische Abstoßung) auseinandergedrückt

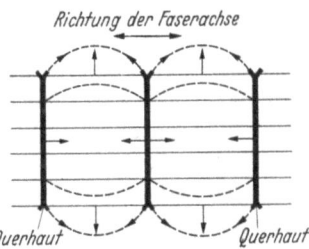

Abb. 122. Schema des Verkürzungsmechanismus der Pflanzenfasern bei der Quellung in Laugen. Infolge des osmotischen Druckes werden die Querhäute näher aneinander gezogen. Nach HESS, TROGUS, LJUBITSCH und AKIM.

werden, während an den dazwischenliegenden Stellen die Hauptvalenzketten im ursprünglichen kurzen Abstand verbunden bleiben. KÜNTZEL stellt diesen Verkürzungsmechanismus der säuregequollenen Fasern durch die folgende Zeichnung dar.

Man erkennt die grundsätzliche Analogie zu dem von NEALE und HESS vorgeschlagenen Mechanismus, jedoch mit dem wesentlichen Unterschied, daß hier die Formänderung in die einzelnen Krystallite, ja sogar in die einzelnen Moleküle verlegt wurde. Dies ist durch den röntgenoptischen Befund begründet; die Säurequellung der kollagenen Fasern läßt die ursprünglich vorhandenen Krystallinterferenzen verschwinden und führt zu dem Bild eines amorphen Körpers, während die Alkaliquellung die Cellulose in eine neue krystallinische Modifikation überführt. Man könnte jedoch die Alkaliquellung der Cellulose auch aus einer Formveränderung der einzelnen Moleküle ableiten, wenn man sich der Vorstellung bedient, die GERNGROSS, HERMANN und ABITZ bereits früher auf Grund ihres „Fransenmodells" entwickelten. Sie erklären die Schrumpfung der kollagenen Fasern bei der Säurequellung wie folgt:

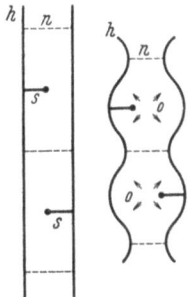

„Das massenhafte Einlagern des Wassers zwischen die parallel gepackten, aber losen Molekülfäden (Fransen), in dem Kollagenmicell wird einen Zug auf die starren Krystallite im Sinne einer Verkürzung der Gesamtfaser bei gleichzeitiger Verdickung hervorrufen."

Abb. 123. Verkürzungsmechanismus der Sehnenfaser bei der Säurequellung. h Hauptvalenzkette; n Querbindung; s Stelle der Säurebindung; o osmotischer Druck. Nach KÜNTZEL und PRAKKE.

Analogerweise könnte auch die Ursache der Schrumpfung bei der Alkaliquellung der natürlichen Fasern auf die Formänderung der Celluloseketten in dem fransenartigen, amorphen Anteil erblickt werden.

Wir sehen, daß alle mechanischen Modelle die Verkürzung im wesentlichen auf die Struktur einer Art Nürnberger Schere zurückführen. Die Meinungen gehen nur darin auseinander, ob die Knotenpunkte, d. h.

die Stellen des wechselseitigen Haftens ganze Primärfasern, Micellarreihen, Krystallite oder nur Moleküle aneinander binden. Vielleicht handelt es sich in Wirklichkeit um die gleichzeitige Mitwirkung mehrerer der genannten Mechanismen.

VAN ITERSON jun. berichtet darüber, daß eine Cellophanfolie in 5%iger Natronlauge eine deutliche Schrumpfung in der Gießrichtung erfährt. Wenn man ein kreisförmiges Probestück in die Lauge bringt, nimmt sie die Form einer Ellipse an, deren kleinere Achse kleiner ist als der ursprüngliche Durchmesser war. Wenn jedoch die regenerierte Cellulose die Erscheinung der Schrumpfung zeigt, dann ist es kaum mehr zulässig, den Mechanismus der Alkalischrumpfung in einer ausschließlichen Struktureigenheit der natürlichen Fasern zu suchen.

Unabhängig von der genauen Vorstellung des Verkürzungsvorganges können wir die Vermutung hegen, daß die quellende Kraft diejenige ist, die die Verkürzung bedingt. In diesem Fall gibt die zur Verhinderung der Schrumpfung notwendige Kraft ein Maß des Quellungsdruckes oder einen Mindestwert dafür. Leider liegen nur wenige Messungen der Schrumpfungskraft an Einzelfasern vor. R. O. HERZOG gibt die folgenden Belastungen an, die nötig sind, um die Verkürzung der Fasern bei Behandlung mit Laugen von bestimmten Konzentrationen zu verhindern.

Tabelle 64. Schrumpfungsspannung von Ramiefasern in Mercerisierbädern. Nach R. O. HERZOG.

Mercerisierende Verbindungen	Gewichtskonz. in %	Spannung in kg/mm²
KOH	40	3,8
NaOH	25	3,0
LiOH	10	2,2
HNO₃	63	2,8

Wir können nun diejenigen Werte des Konzentrationsunterschiedes ausrechnen, denen osmotische Drucke entsprechen, die den beobachteten Spannungen gleichen. Bei Zimmertemperatur hat eine 1molare Lösung gegen reines Wasser einen osmotischen Druck von rund 20 Atm. Nehmen wir den Mittelwert der Spannungen der obigen Tabelle zu rund 300 Atm. an, so entspricht dieser dem Druck einer etwa 15molaren Lösung oder dem Verhältnis 2 Mol Wasser auf 1 Mol gelöste Substanz. Die Konzentration der verwendeten Lösungen liegt durchweg über 4molar, und so entsprechen die Spannungen einem Konzentrationsverhältnis inner- und außerhalb der Faser von höchstens 4:1. Bei der hohen Konzentration spielen die Abweichungen von dem VAN 'T HOFFschen Gesetz eine so große Rolle, daß die berechneten Zahlen nur die Bedeutung einer Schätzung der in Frage kommenden Größenordnungen haben. In diesem Sinne können sie jedoch, da die Konzentrationsverhältnisse in den alkaligequollenen Ramiefasern größenordnungsgemäß dieser Schätzung entsprechen dürften, als eine Stütze für die osmotische Theorie der Alkaliquellung angesehen werden.

Die Reaktionswärme der Alkaliquellung. Die Reaktion der Baumwolle mit konzentrierten Natronlaugenlösungen ist von einer erheblichen positiven Wärmeentwicklung begleitet, die wiederholt calorimetrisch gemessen wurde. Die folgende Abbildung nach BARRATT und LEWIS stellt die Wärmemenge dar, die frei wird, wenn 1 g gebeuchte Baumwolle mit etwa 5,1% ursprünglichem Wassergehalt in (etwa 48 ccm) NaOH bestimmter Konzentration gebracht wird.

Während die Quellungswärme der Baumwolle mit dem angegebenen Feuchtigkeitsgehalt in reinem Wasser etwa 3,6 cal je g beträgt, werden dafür bereits bei der niedrigsten gemessenen Laugenkonzentration (7,4%) 6,7 cal erhalten. Die Reaktionswärme steigt zunächst immer steiler an, um nach einem Wendepunkt bei etwa 15% wieder langsamer zuzunehmen.

Die Wärmetönung der Mercerisierung wurde dann von NEALE gemessen, dessen Anordnung es ermöglichte, auch dann genaue Werte zu erhalten, wenn die Reaktion nur langsam verlief, wie es in konzentrierten Lösungen von ihm tatsächlich beobachtet wurde. Er unter-

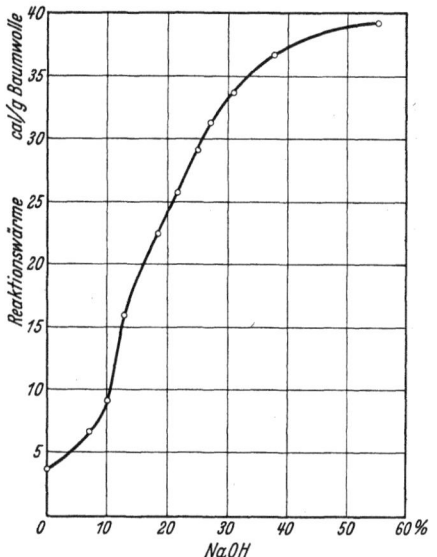

Abb. 124. Wärmeentwicklung bei der Reaktion der gebeuchten Baumwolle mit Natronlauge bei 19°. Nach BARRATT und LEWIS.

suchte das Verhalten von gebeuchter Baumwolle, mercerisierter Baumwolle und Viscoseseide. Die Celluloseproben wurden vor der Reaktion mit der Lauge in Dampfdruckgleichgewicht gebracht. Dadurch sollte die Benetzungswärme eliminiert werden. Die Ergebnisse zeigt die Abb. 125. Es ist zu beachten, daß die Konzentration der Lauge in Molen, die Wärmemenge in kcal je Mol $C_6H_{10}O_5$, d. h. je 162 g Cellulose ausgedrückt sind. Bei Berücksichtigung der verschiedenen Feuchtigkeitsgrade der Proben ergibt sich zwischen den Werten von NEALE und denjenigen von BARRATT und LEWIS für gebeuchte Baumwolle bis zu etwa 10molarer Konzentration der Natronlauge leidliche Übereinstimmung. Oberhalb dieser Konzentration ist jedoch der Anstieg der Wärmetönung bei NEALE bedeutend schneller.

NEALE versucht die calorimetrischen Ergebnisse vom Standpunkte der Annahme zu deuten, daß die Cellulose mit der Natronlauge als eine schwache Säure reagiert. Die beobachtbare Wärmetönung setzt sich dann aus den folgenden Anteilen zusammen: 1. der positiven Neutralisationswärme, die bekanntlich 13650 cal je Mol beträgt; 2. der negativen

Dissoziationswärme einer sehr schwachen Säure, die in Analogie zu den an einfachen Zuckern ermittelten Werten zu 10400 cal je Mol angenommen wird; 3. der positiven Verdünnungswärme der Natronlauge, die davon herrührt, daß die Lösung infolge der Bindung des Alkalis an die Cellulose an NaOH verarmt und außerdem durch die Entstehung von 1 Mol Wasser je Mol neutralisierte Lauge weiter verdünnt wird.

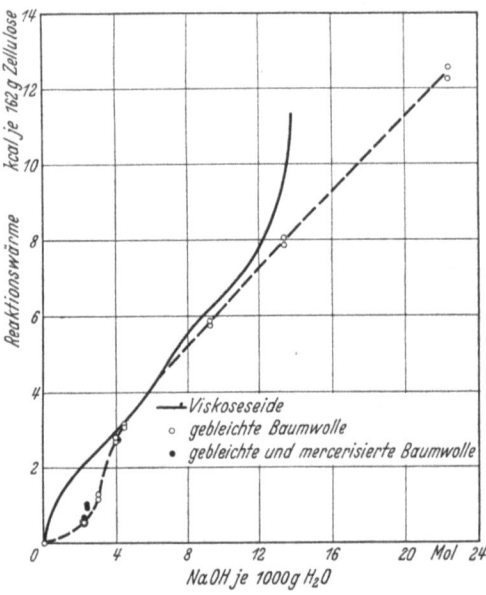

Abb. 125. Wärmeentwicklung bei der Reaktion von Cellulosefasern mit Natronlauge bei 25°. Nach NEALE.

Auf Grund dieser Annahmen berechnet NEALE die zu erwartende Wärmetönung. Dazu ist es erforderlich, den bei einer bestimmten Laugekonzentration neutralisierten Anteil der Cellulose zu kennen. Diese Werte sind von NEALE aus den experimentell gefundenen Werten der scheinbaren Alkalibindung mit Hilfe des Massenwirkungsgesetzes unter der Annahme einer DONNANschen Ionenverteilung berechnet worden, wie es bereits weiter oben dargestellt wurde. Die auf diese Weise berechneten Werte der Wärmetönung zeigen mit den an Viscoseseide beobachteten eine gute Übereinstimmung (Abb. 126).

Mag man über die Richtigkeit der Vorstellungen von NEALE im einzelnen verschiedener Ansicht sein, so bleibt doch die Annahme, daß die Wärmetönung in den höheren Laugenkonzentrationen vorwiegend auf die Verdünnungswärme zurückzuführen ist, außerordentlich einleuchtend.

Den Unterschied in der Wärmetönung der gebeuchten, mercerisierten und regenerierten Cellulose erklärt NEALE mit der Vorstellung, daß die Cellulose in den niedrigen Laugenkonzentrationen in Form der natürlichen Baumwolle nicht vollständig reaktionszugänglich ist.

Die neueste Untersuchung der Reaktionswärme der Alkalieinwirkung auf Cellulose hat OKAMURA ausgeführt. Er hat die Messungen an gereinigter und getrockneter Ramie vorgenommen, und zwar sowohl in nativem als auch mercerisiertem Zustande (Hydrat-Ramie). Kurve 1 und 2 der Abb. 127 zeigen die erhaltenen Ergebnisse.

Die Benetzungswärme beträgt danach 3,66 cal je g nativer, und 6,09 cal je g mercerisierter Ramie. Die eigentliche Reaktionswärme bei

Die Reaktionswärme der Alkaliquellung.

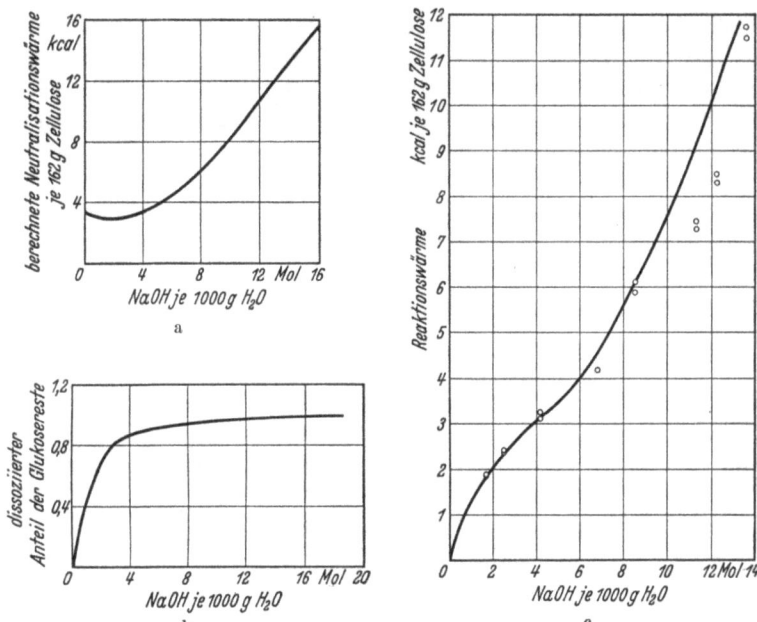

Abb. 126. Vergleich der beobachteten Reaktionswärme der Cellulose bei der Alkaliquellung mit den theoretisch berechneten Werten. Nach NEALE. a Berechnete Neutralisationswärme einer sehr schwachen Säure (Dissoziationswärme —10,4 kcal je Mol) bei der Reaktion mit überschüssiger Natronlauge. b Dissoziationsgrad der Cellulose in Abhängigkeit von der Laugenkonzentration. c Wärmeentwicklung der Cellulose bei der Reaktion mit Natronlauge. Ausgezogene Linie: berechnete Werte (Produkt aus den Ordinaten von a und b). Punkte: an Viscoseseide beobachtete Werte.

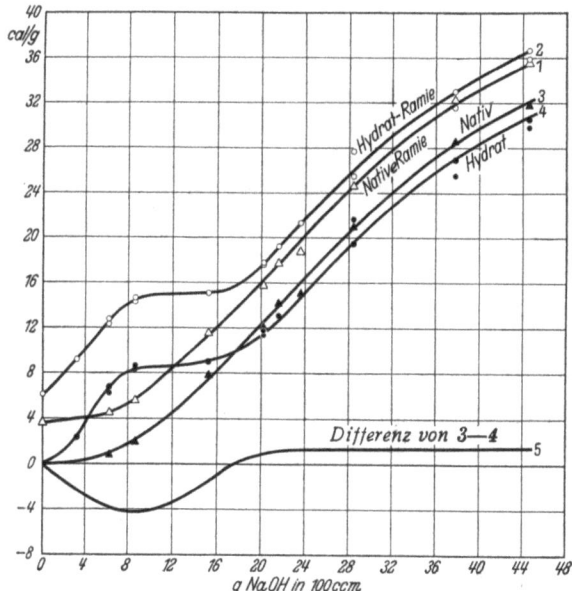

Abb. 127. Wärmeentwicklung bei der Reaktion von natürlicher und mercerisierter Ramie mit Natronlauge bei 25°. Nach OKAMURA.

der Alkalibehandlung erhält man, wenn man die Benetzungswärme von den erhaltenen Wärmetönungen abzieht. Die auf diese Weise korrigierten Werte sind in den Kurven 3 und 4 der Abbildung dargestellt. Genau so wie bei NEALE zeigt die Kurve der nativen Cellulose im Anfangsgebiet eine konkave, die der mercerisierten eine konvexe Form. In etwa 17%iger Lauge kreuzen sich die Kurven. In dieser Hinsicht ist die Übereinstimmung der beiden Arbeiten ausgezeichnet, und auch sonst sind die Abweichungen nicht so groß, daß sie nicht durch die Verschiedenheit der verwendeten Stoffe erklärt werden könnten.

Kurve 5 zeigt die Differenz der Reaktionswärmen der nativen und der mercerisierten Ramie. Sie findet bis zu der Konzentration von etwa 20% die Erklärung in der größeren Reaktionsfähigkeit der mercerisierten Form. Der nahezu konstante Unterschied in der Wärmetönung bei höheren Konzentrationen, in denen ja bereits die ursprünglich natürliche Ramie auch in die mercerisierte Form übergeführt wird, stellt vermutlich die Umwandlungswärme

native Ramie → mercerisierte Ramie

dar. Nach den erhaltenen Ergebnissen dürfte die Wärmetönung der polymorphen Umwandlung (s. weiter unten) bei der Versuchstemperatur (25°) zwischen 1—2 cal je g liegen. Die etwas energieärmere Form wäre danach die mercerisierte. (Ob sie auch die stabile ist, folgt daraus noch nicht, da hierfür nicht die Gesamtenergie, sondern die freie Energie maßgebend ist.)

OKAMURAs Messungen zeigen, ebenso wie diejenigen von NEALE, daß die integrale Reaktionswärme der Cellulose in konzentrierten Laugen mit der Konzentration stetig ansteigt.

Aus der positiven Wärmetönung der Reaktion der Cellulose mit Lauge läßt sich thermodynamisch folgern, daß mit steigender Temperatur die Bindung der Lauge abnehmen muß. Die tatsächlichen Befunde sind mit dieser Folgerung in Übereinstimmung.

Die chemische Struktur der mercerisierten Cellulose. Der Unterschied zwischen der mercerisierten und der nativen Cellulose wurde in früherer Zeit häufig in der chemischen Zusammensetzung der beiden Körper gesucht. Man nahm an, daß die mercerisierte Cellulose im Gegensatz zur nativen chemisch gebundenes Wasser enthält, daher bezeichnete man sie auch als Hydratcellulose. Die genauere Untersuchung ergab jedoch keine Bestätigung dieser Annahme. Sie führte zunächst zu der Folgerung, daß der Unterschied rein physikalisch oder, mit anderen Worten, in der Anordnung der Moleküle begründet ist. Die röntgenoptische Untersuchung lieferte dann das Ergebnis, daß die mercerisierte Cellulose eine andere Krystallstruktur besitzt als die native. Die verschiedenen Krystallformen chemisch identischer Stoffe bezeichnet man als polymorphe Modifikationen. Die *Polymorphie* ist im Gebiete der hochmolekularen Stoffe eine außerordentlich verbreitete Erscheinung. Polymorphe Modifikationen haben im Sinne der Phasenregel ihren Umwandlungspunkt bei einer bestimmten Temperatur (konstanter Druck vorausgesetzt). Oberhalb dieser Temperatur ist die eine, unterhalb derselben die andere der beiden Formen stabil. Die Umwandlung ist jedoch bei den Hochpolymeren häufig verzögert, was mit der verminderten Beweglichkeit der Makromoleküle zusammenhängen dürfte. Dies könnte auch der Grund dafür sein, daß im Falle der Cellulose einstweilen nicht mit Sicherheit zu entscheiden ist, welche der beiden Modifikationen bei gewöhnlichen Temperaturen die stabile darstellt. Für die Lage der Umwandlungstemperatur hat man überhaupt keinen Anhaltspunkt. Aus Lösungen erhält man die Cellulose immer mit der Krystallstruktur der mercerisierten Form. Aus diesem Grunde wird sie auch als die Struktur der regenerierten Cellulose bezeichnet. Es ist dafür gleichgültig, ob die Wiedergewinnung durch Ausfällen aus wässerigen Kupferamminlösungen, aus den alkalischen Lösungen des Xantogenats oder z. B. durch Verseifen des Acetats in organischen Lösungsmitteln erfolgt. Es ist bemerkenswert, daß beim Acetylieren der Cellulose unter Erhaltung der Fasern eine bestimmte Modifikation des Acetates gewonnen werden kann, die nach Verseifen in Faserform wieder die native Cellulose liefert. Der Unterschied in dem Energieinhalt der beiden Modifikationen scheint jedenfalls nicht beträchtlich zu sein, da FAUST keine Änderung der Verbrennungswärme der Cellulose durch das Mercerisieren feststellen konnte.

Die genaueste Auswertung des Röntgendiagramms der mercerisierten Cellulose hat ANDRESS durchgeführt. Der Elementarkörper hat danach die folgenden Maße: $a = 8{,}1$ Å, b (Identitätsperiode in der Faserachse) = $10{,}3$ Å, $c = 9{,}1$ Å, $\beta = 62°$. Man kann diesen Befund durch ein Molekülmodell deuten, das sich von dem der natürlichen Cellulose nur wenig unterscheidet. Auch hier sind langgestreckte Hauptvalenzketten von Zellobioseresten anzunehmen, die zur b-Achse parallel gelagert sind. Die gegenseitige Anordnung der Atome innerhalb der einzelnen Zellobiosereste ist genau dieselbe wie in der natürlichen Form, auch der Abstand der einzelnen Ketten ist im Mittel derselbe. Der Unterschied besteht nur darin, daß die einzelnen Ketten um ihre Längsachse verdreht sind. Der Querschnitt des Elementarkörpers senkrecht zur b-Achse erscheint als ein Rhomboid, dessen Winkel von 90° bedeutend stärker abweichen als es in der natürlichen Cellulose der Fall ist (dort ist $\beta = 84°$). Die folgende Abb. 128 zeigt die schematische Darstellung des Elementarbereiches der beiden Modifikationen.

Ebenso wie die native Form, enthält auch die mercerisierte je Elementarkörper zwei Zellobiosereste. Daraus und aus den Dimensionen des Elementarkörpers berechnet sich die Dichte der mercerisierten Cellulose in der krystallinischen Form zu $1{,}58 \pm 0{,}05$. Die Übereinstimmung

212   Die Mercerisierung der Baumwolle.

mit dem von DAVIDSON in Helium gemessenen Wert (1,55) ist vorzüglich. Wie MARK betont, sind irgendwelche Unterschiede in chemischem oder physikalischem Verhalten der beiden polymorphen Cellulosemodifikationen aus ihrer Krystallstruktur nicht ableitbar. Die tatsächlich beobachtbare Verschiedenheit muß daher auf die Unterschiede in den

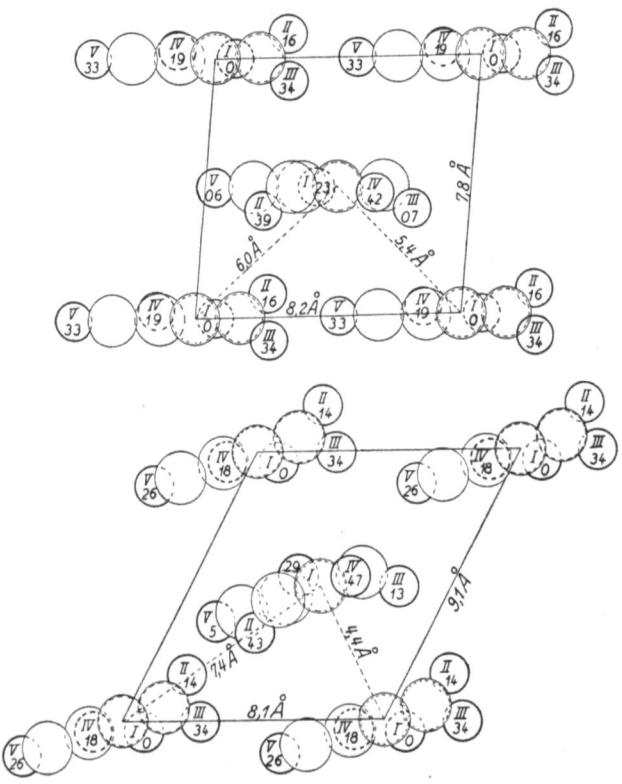

Abb. 128. Lage der Glucosereste im Gitter der nativen Cellulose (oben) und der mercerisierten Cellulose (unten). Ebene Projektion auf die a, c-Ebene (senkrecht zur Faserachse. Vgl. Abb. 6, S. 4). Die römischen Ziffern bezeichnen die Sauerstoffatome. Nach ANDRESS.

höheren Struktureinheiten, z. B. auf die wechselseitige Anordnung oder auf die Größe der Krystallite zurückgeführt werden.

Der Unterschied im Röntgendiagramm der nativen und der mercerisierten Cellulose wurde dazu benützt, um auf den Mercerisierungsgrad Schlüsse zu ziehen (KATZ). So haben v. SUSICH und W. W. WOLFF die Konzentrationen der eben mercerisierenden Laugen ermittelt, indem sie die Änderung des Röntgendiagramms durch die Behandlung mit der Lauge und das nachherige Auswaschen beobachtet hatten. SCHRAMEK und SCHUBERT bestimmten photometrisch das Verhältnis der Intensitäten von kennzeichnenden Interferenzmaxima und benützten diese

Verhältniszahl als quantitativen Maßstab für den Mercerisierungsgrad mit Hilfe einer empirischen Skala, die auf Grund der Diagramme für die Mischungen von vollständig mercerisierten und nativen Fasern aufgestellt wurde. An diesem Verfahren haben HESS und TROGUS Kritik geübt. Diese Forscher kamen bei ihren röntgenographischen Untersuchungen der verschiedenen chemischen Umwandlungen der Cellulose zu dem Schluß, daß eine beträchtliche Umsetzung häufig noch keine merkliche Änderung des Röntgenogramms hervorruft. Die Umsetzung erfolgt nach der Vorstellung von HESS und TROGUS zunächst an der Oberfläche der einzelnen Krystallite und dringt erst allmählich in das Innere derselben. Zum Auftreten einer neuen Krystallstruktur im Röntgenbild ist jedoch erforderlich, daß mehrere zusammenhängende Molekülschichten umgesetzt werden. Da die Krystallite der Cellulose sehr klein sind, tritt das veränderte Röntgendiagramm erst dann auf, wenn die Reaktion bereits mehr als 40—50% des Stoffes erfaßt hat. Die Benützung der Interferenzintensitäten als mengenmäßige Kennzeichnung der Umsetzung kann daher zu sehr erheblichen Fehlern führen. R. O. HERZOG und LASKI erwiesen die chemische Identität der mercerisierten und nativen Cellulose durch die Aufnahme des ultraroten Spektrums der beiden Modifikationen.

Wie bereits im Abschnitt 3 erwähnt wurde, zeigt die mercerisierte Cellulose andere Brechungsindices und andere Doppelbrechung als die native. Die Größe der Brechungsindices hängt sehr stark davon ab, ob die Mercerisierung an gespannten oder ungespannten Fasern ausgeführt wird. J. M. PRESTON hat für die Brechungsindices nebenstehende Werte erhalten.

Tabelle 65. Beeinflussung des Brechungsindex durch Mercerisierung. Nach J. M. PRESTON.

Faser	n_γ	n_α	DB $n_\gamma - n_\alpha$
Ramie oder Flachs, nativ ..	1,596	1,528	0,068
Flachs, mercerisiert unter Spannung	1,571	1,517	0,054
Flachs, mercerisiert ohne Spannung	1,556	1,518	0,038
Baumwolle, nativ	1,578	1,532	0,046
Baumwolle, mercerisiert unter Spannung	1,586	1,522	0,044
Baumwolle, mercerisiert ohne Spannung	1,554	1,524	0,030
Lilienfeld-Seide	1,559	1,515	0,044
Lilienfeld-Seide, mercerisiert ohne Spannung	1,550	1,515	0,035

Es wurde auf S. 53 bereits bemerkt, daß die Abnahme der n_α-Werte infolge der Mercerisierung darauf hindeuten, daß nicht nur die ganzen Fasern, sondern auch die Kryställchen der mercerisierten Cellulose selbst quer zur Faserrichtung einen kleineren Brechungsindex besitzen als die Kryställchen der natürlichen Cellulose. Die Abnahme der n_γ-Werte kann hingegen auch mit der Verminderung der Orientierung bei der Mercerisierung erklärt werden. Insbesondere gilt dies für die ohne Spannung mercerisierte Cellulose, bei der die n_γ-Werte noch niedriger sind als bei der unter Spannung mercerisierten Cellulose.

FREY-WYSSLING hat an Ramie die Befunde von PRESTON nach einer anderen neueren Methode (Verschwinden der BECKEschen Linien durch Veränderung der Wellenlänge des Lichtes) nachgeprüft und die nebenstehenden Werte erhalten.

Qualitativ stimmt das Ergebnis mit demjenigen von PRESTON völlig überein.

Tabelle 66. Beeinflussung des Brechungsindex durch Mercerisierung. Nach FREY-WYSSLING.

Ramie	n_γ	n_α	$\dfrac{DB}{n_\gamma - n_\alpha}$
Natürliche Faser	1,599	1,531	0,068
Mercerisiert unter Spannung	1,574	1,525	0,049
Mercerisiert ohne Spannung	1,571	1,525	0,046

Die Wasseraufnahme der mercerisierten Baumwolle. Obwohl bereits MERCER angab, daß die Baumwolle nach der Behandlung mit Lauge hygroskopischer wird, verdanken wir URQUHART und WILLIAMS (1925) anscheinend die ersten unter genauen Bedingungen ausgeführten vergleichenden Messungen. Die Abb. 129 zeigt die Sorptionsisothermen einer gebeuchten Baumwolle einmal in nativem Zustande und dann in 15%iger Natronlauge ohne Spannung mercerisiert.

Das Verhältnis der aufgenommenen Wassermenge ist für alle Feuchtigkeitsgrade annähernd konstant. Die mercerisierte Baumwolle nimmt etwa 1,5mal so viel Wasser auf als die native. Die Abhängigkeit dieser Verhältniszahl von der Konzentration der Mercerisierlauge, die aus den einzelnen Sorptionsisothermen berechnet wurde, gibt die nebenstehende Tabelle wieder.

Bis etwa 9% ist die Veränderung des Sorptionsvermögens gering. Zwischen 9 und 12% vollzieht sich ein steiler Anstieg. Die Beeinflussung durch eine weitere Erhöhung der Laugenkonzentration ist nur geringfügig.

Tabelle 67. Verhältnis der Wasseraufnahme der mercerisierten Baumwolle zu derjenigen der gebleichten Baumwolle bei der Adsorption (A) und der Desorption (D). Mittelwerte über den ganzen Feuchtigkeitsbereich. Temperatur 25°. Nach URQUHART und WILLIAMS.

Konzentration der Mercerisierlauge in %	Verhältniszahl	
	A	D
4,8	1,01	—
9,3	1,07	1,03
13,4	1,53	1,44
15,0	1,57	1,48
17,5	1,56	1,47
20,0	1,54	—
24,9	1,65	1,55
36,6	1,44	1,35

Die Verhältniszahl der Wasseraufnahme ist bei Garnen etwas geringer als bei loser Baumwolle. Ganz erheblich sinkt die Sorptionsfähigkeit, wenn man die Mercerisierung nicht an der losen Faser, sondern unter Spannung ausführt, bzw. wenn man die geschrumpfte Baumwolle noch vor dem Auswaschen des Alkalis wieder streckt. Die Abb. 130 zeigt die Verhältniszahlen der Wasseraufnahme einer Texasbaumwolle, die in Garnform einmal ohne Spannung und einmal unter einer Belastung von 180 g pro 15er Garn mit Laugen verschiedener Konzentration behandelt wurden. Die angewandte Spannung entspricht annähernd der

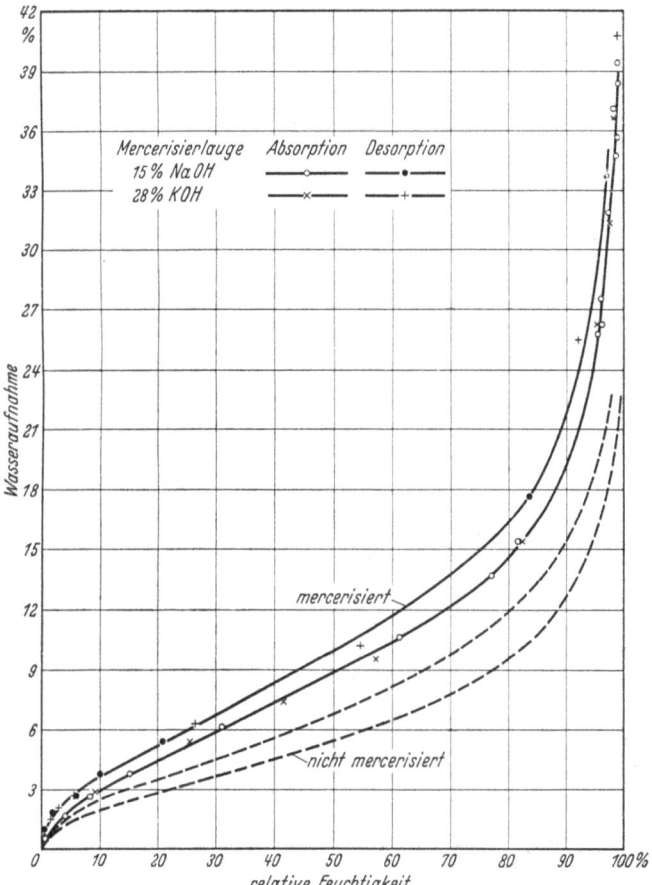

Abb. 129. Vergleich der Sorptionsrunde der mercerisierten Baumwolle mit derjenigen der natürlichen (gebeuchten) Baumwolle bei 25°. Nach URQUHART und WILLIAMS.

Belastung von 700 kg/cm², auf den Faserquerschnitt berechnet. Während die Verhältniszahl bei der Mercerisierung mit 25%iger Alkalilösung 1,43 beträgt, erreicht sie nach der Mercerisierung unter Spannung nur den Wert von 1,23. Bei der Mercerisierung durch höher konzentrierte Laugen ist der Unterschied etwas geringer. Mit Baumwollproben anderen Ursprungs sind häufig geringere Unterschiede beobachtet worden. Bemerkenswert ist, daß bereits eine Spannung von etwa 20 g pro 15er Garn genügt, um dieselbe Herabsetzung der Verhältniszahl zu bewirken wie die höheren Spannungen.

Die Verhältniszahlen von technisch mercerisierten Geweben wurden zwischen 1,17 und 1,06 gefunden. Diese niedrigeren Werte sind vermutlich dadurch begründet, daß die im Laboratorium mercerisierten Proben vor der Aufnahme der Sorptionsisotherme bei Zimmertemperatur (über Phosphorpentoxyd) getrocknet wurden, während die technischen Proben eine Trocknung in der Wärme durchgemacht hatten. Die höchsten Werte der Wasseraufnahme beobachtet man, wenn die Proben nach dem Mercerisieren und Auswaschen ohne vorherige Trocknung bei abnehmendem Feuchtigkeitsgrad untersucht werden. Diese Verhältnisse stellt die Abb. 131 von URQUHART, BOSTOCK und ECKERSALL dar.

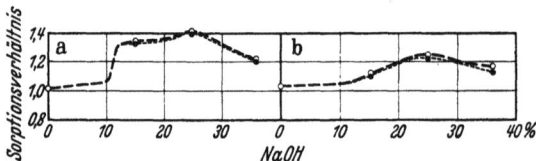

Abb. 130. Verhältnis der Wasseraufnahme der mercerisierten Baumwolle zur Wasseraufnahme der nativen Baumwolle. — — — Adsorption; · · · · Desorption. a ohne Spannung mercerisiert; b unter Spannung mercerisiert. Nach URQUHART und WILLIAMS.

Die oberste punktierte Linie (HG) gibt die primäre Desorption unmittelbar nach dem Mercerisieren wieder. Die ausgezogene Linie (HA) ist die sog. Standard-Sorptionskurve, die nach dem Trocknen bei Zimmertemperatur durch Adsorption und nachherige Desorption erhalten wurde. Die übrigen fünf Kurvenpaare stellen die intermediären Sorptionsrunden dar, die von dem bei der primären Desorption nur teilweise entwässerten Material ausgehen. Die Ausgangspunkte D, E und F liegen auf der Desorptionskurve, bevor sie in die Standardkurve einmündet, B und C hingegen auf dem gemeinsamen Teil von primärer Standard-Desorptionslinie. Die Absorptionskurven, die von B und C ausgehen, münden in die Standard-Absorptionskurve ein und ihre Desorption fällt mit der Standard-Desorptionskurve zusammen. Die anderen Sorptionszyklen zeigen höhere Sättigungswerte und ihre Desorptionslinien liegen oberhalb der Standard-Desorptionslinie, jedoch unterhalb der primären Desorptionskurve. Dieses Verhalten kann man so ausdrücken, daß nach dem Mercerisieren die Baumwolle den Zustand einer abnorm hohen Sorptionsfähigkeit zeigt, aus dem sie sich dem Zustande der dem Mercerisierungsgrad entsprechenden normalen Sorptionsfähigkeit um so mehr nähert, je stärker sie entwässert wird.

Die Ergebnisse der Untersuchung des Wasseraufnahmevermögens zeigen, daß die mercerisierte Baumwolle zwar hygroskopischer ist als die natürliche, jedoch weniger hygroskopisch als die aus Lösungen regenerierte

Cellulose. Es sei in Erinnerung gerufen, daß die Verhältniszahlen für die Kupfer-, Viscose- und Nitroseide zwischen 1,70 und 2,10 liegen (vgl. S. 84 ff.).

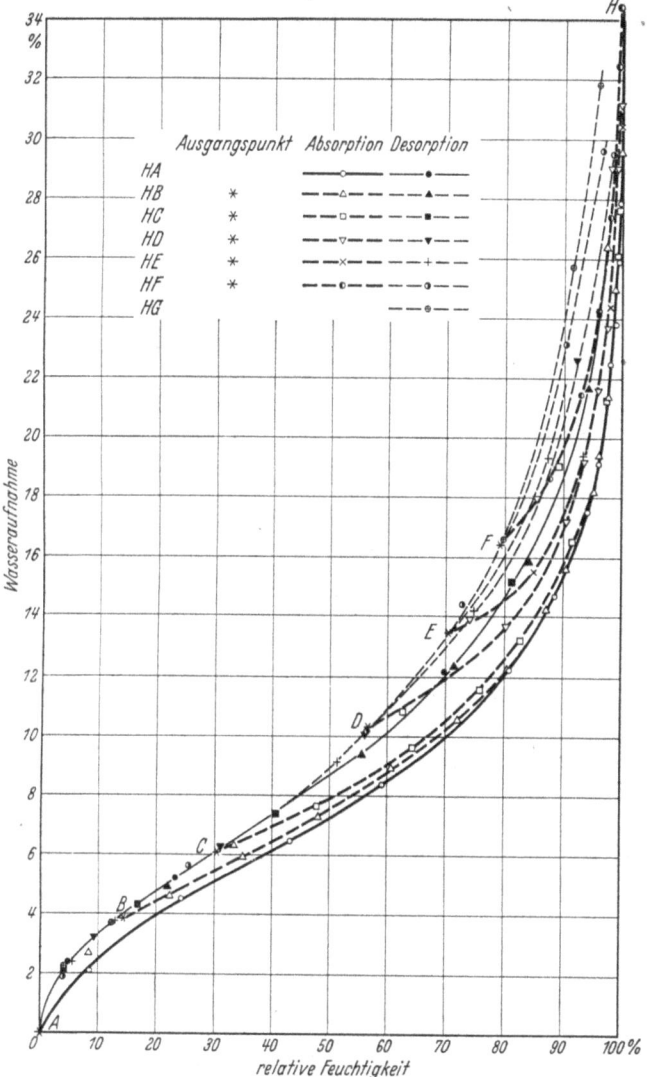

Abb. 131. Wasseraufnahme der mercerisierten Baumwolle. Ausgezogene Kurve: Standard-Sorptionsrunde. Oberste Kurve: Primäre Desorptionsrunde nach Mercerisieren und Auswaschen. Die übrigen Kurvenzüge stellen die Sorptionsschleifen nach der teilweisen Desorption dar (vgl. Text). Nach URQUHART, BOSTOCK und ECKERSALL.

Die Laugenaufnahme der mercerisierten Cellulose. VIEWEG hat zuerst gefunden, daß die mercerisierte Baumwolle deutlich mehr Alkali aufnimmt als die native, und er hat diesen Unterschied zur Kennzeichnung

218   Die Mercerisierung der Baumwolle.

des Mercerisierungsgrades vorgeschlagen. Neuere ausführliche Untersuchungen dieser Verhältnisse stammen von NEALE und seinen Mitarbeitern. Die nächste Abbildung bringt die Ergebnisse der Bestimmung der scheinbaren Alkaliaufnahme durch verschiedene Cellulosestoffe in einem großen Konzentrationsbereich. Die Alkaliaufnahme ist hier unter der Voraussetzung berechnet, daß die Konzentration der Lauge im Quellungswasser genau so groß ist wie in der Außenflüssigkeit. Es zeigt

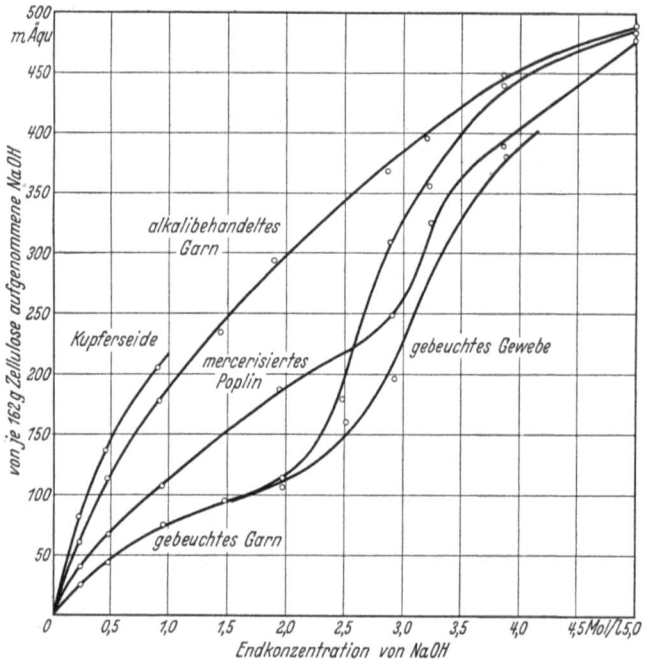

Abb. 132. Scheinbare NaOH-Aufnahme durch Baumwolle und Kupferseide. Nach NEALE.

sich, daß bis zu einer Konzentration von etwa 2 n NaOH das Verhältnis der durch die verschiedenen Substanzen aufgenommenen Alkalimenge konstant bleibt (Abb. 133). Oberhalb dieser Konzentration wird die Beziehung der Kurven zueinander verwickelter, was dadurch begründet erscheint, daß hier eine Mercerisierung der ursprünglich nativen Faser eintritt. Vom praktischen Gesichtspunkt aus erweist es sich als vorteilhaft, die Alkaliaufnahme aus einer n/2- oder 1%igen NaOH-Lösung als Vergleichsgrundlage zu wählen. Die nativen Baumwollarten zeigen hier in gebeuchtem Zustande im Mittel die Aufnahme von etwa 46 Millimolen NaOH je Mol (162 g) $C_6H_{10}O_5$. Die Streuung der Proben verschiedener geographischer Herkunft beträgt nur einige Prozent um diesen Mittelwert. Die Behandlung der Baumwolle mit Säuren oder alkalischen

Hypobromitlösungen, welche bis zur Bildung von Hydrocellulose und Oxycellulose führt, ändert die Alkaliaufnahme nicht merklich.

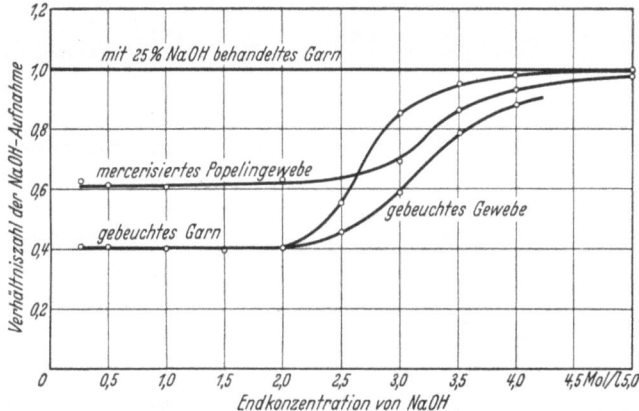

Abb. 133. Scheinbare NaOH-Aufnahme durch Baumwolle. Relative Werte für gebeuchtes Gewebe und Garn und für mercerisiertes Gewebe und Garn. Nach NEALE.

Die nächste Abbildung zeigt die Verhältniszahlen von Baumwolle, die in losem Zustande mit Natronlauge verschiedener Konzentration

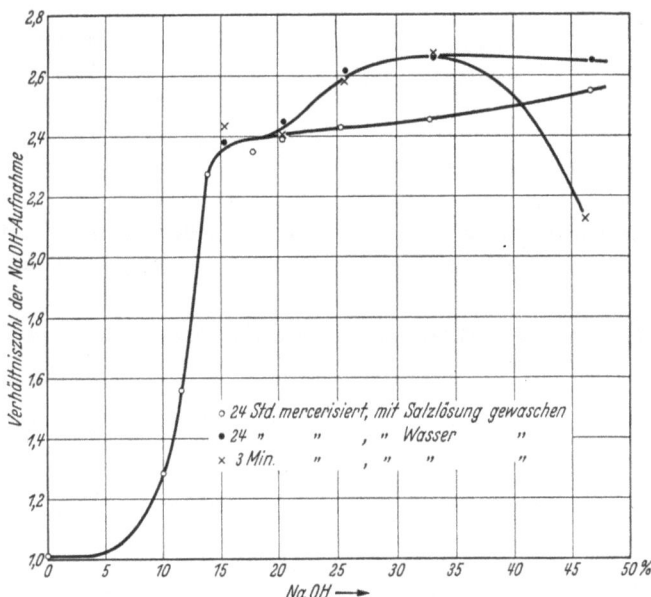

Abb. 134. Verhältniszahl der scheinbaren NaOH-Aufnahme (aus 1%iger NaOH-Lösung) von gebeuchter Baumwolle nach der Behandlung mit Natronlauge in Abhängigkeit von der Konzentration der Behandlungslauge. Nach NEALE.

behandelt, gewaschen und bei Zimmertemperatur getrocknet wurde. Diese Verhältniszahlen geben an, wieviel mehr Natronlauge aus 1%iger

Lösung durch die betreffende Probe aufgenommen wird als durch gebeuchte Baumwolle. Man erkennt den außerordentlich steilen Anstieg bei der Konzentration von etwa 10% der behandelnden Lauge. Die Verhältniszahl steigt hier auf das mehr als Doppelte. Führt man das Auswaschen der Lauge mit Salzwasser aus, so ist der Anstieg der Verhältniszahl in den konzentrierten Lösungen geringer als wenn man mit reinem Wasser wäscht.

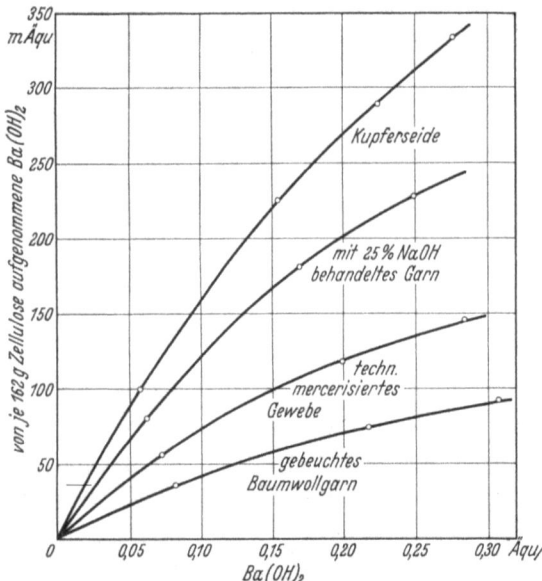

Abb. 135. Scheinbare Barytaufnahme von Baumwolle (gebeuchtes Garn, mercerisiertes Garn und Gewebe) und von Kupferseide. Nach NEALE.

Die Untersuchung der Aufnahme von $Ba(OH)_2$ durch Cellulose hat ergeben, daß diese ebensogut wie die Natronaufnahme als Kennzahl des Mercerisierungsgrades benützt werden kann (Abb. 135). Da die Barytaufnahme sich genauer und bequemer ermitteln läßt, ist ihre Benützung vorteilhafter. Zweckmäßigerweise werden hier 0,2 n-Lösungen verwendet.

Die folgende Tabelle zeigt den Einfluß der Spannung beim Mercerisieren auf die Verhältniszahlen der Natron- und Barytaufnahme.

Tabelle 68. Verhältniszahlen der Laugenaufnahme durch Baumwollgarn, das mit 25%iger NaOH mercerisiert wurde. Nach NEALE.

Baumwolle		Getrocknet bei Zimmertemperatur		Getrocknet bei 110° 6 h lang	
		Na-Verhältnis	Ba-Verhältnis	Na-Verhältnis	Ba-Verhältnis
Gewaschen und mercerisiert	Lose (etwa 15% Schrumpfung)	2,55	2,70	2,27	2,52
	Lose und wieder gestreckt . .	2,07	2,10	1,93	1,98
	Unter Spannung mercerisiert .	1,96	2,05	1,89	1,99
	Gewebe, lose mercerisiert . . .	2,13	—	—	—
Mercerisiert in rohem Zustande und dann gewaschen	Lose (etwa 15% Schrumpfung)	2,09	2,20	1,84	1,97
	Lose und wieder gestreckt . .	1,76	1,79	1,76	1,83
	Unter Spannung mercerisiert .	1,68	1,73	1,69	1,75

Die Laugenaufnahme der mercerisierten Cellulose.

Aus der Tabelle geht hervor, daß die Alkaliaufnahme der lose mercerisierten Baumwolle bedeutend größer ist als diejenige der vor dem Auswaschen gestreckten oder unter Spannung mercerisierten Probe. Die Natronaufnahme von Gewebe liegt zwischen den Werten der mit und ohne Spannung mercerisierten Proben.

Bemerkenswert ist noch der Unterschied zwischen den in gewaschenem (gebeuchtem) und in rohem Zustande mercerisierten Proben. Der Einfluß der Trocknung bei höherer Temperatur ist besonders bei dem ohne Spannung in gebeuchtem Zustande mercerisierten Garn ausgeprägt.

Die nächste Tabelle zeigt den Einfluß anderer Quellmittel auf die Alkaliaufnahme.

Tabelle 69. **Einfluß der Behandlung mit Quellmitteln auf die Laugenaufnahme der Baumwolle. Nach NEALE.**

Behandelnde Lösung	Quellung	NaOH-	Ba(OH)$_2$-Verhältnis
65%ige H$_2$SO$_4$. Ohne Spannung		3,20	3,20
30 sek., 20°. Unter Spannung	Sehr groß, fast Lösung	2,55	2,52
Kupferammin (5,5 g Cu und 88 g NH$_3$ je l) 1 Stunde, 20°. Ohne Spannung		1,45	1,36
ZnCl$_2$ 73,3%, 24 Stunden, 25° Ohne Spannung		3,13	3,33
ZnCl$_2$ 73,3%, 24 Stunden, 25° Unter Spannung		2,48	2,36
Kupferammin (5,0 g Cu und 80 g NH$_3$ je l) 1 Stunde, 20°. Ohne Spannung	Größer als in 25% NaOH	1,03	1,02
25%ige NaOH, 25°. Ohne Spannung		2,55	2,60
Das unbehandelte, gewaschene 2/40er Sakel-Garn		1,01	1,01

Wir sehen, daß im allgemeinen eine starke Quellung eine hohe Alkaliaufnahme zur Folge hat. Die einzige Ausnahme hiervon findet man bei Einwirkung von Kupferamminlösung. Womit das abweichende Verhalten der Kupferamminlösung zusammenhängt, läßt sich nicht sagen, zumal Angaben darüber fehlen, ob bei der Behandlung ein Abbau der Baumwolle stattgefunden hat. Wie bereits aus Abb. 132 ersichtlich war, liegt die Alkaliaufnahme der aus den Kupferamminlösungen regenerierten Kupferseide oberhalb derjenigen der mercerisierten Baumwolle. Die Abb. 135, die die Aufnahme von Ba(OH)$_2$ darstellt, zeigt das gleiche Verhalten. Auch hier sieht man, daß das technisch mercerisierte Gewebe eine Laugenaufnahme erfährt, welche zwischen derjenigen der in losem Zustande mercerisierten Garne und derjenigen der nativen liegt.

Es sei zum Schluß bemerkt, daß die Kupferaufnahme aus verdünnten Kupferoxydammoniaklösungen nach der Untersuchung von BROWNSETT, FARROW und NEALE mit den Natron- und Barytverhältniszahlen proportional geht und zur Kennzeichnung der Umsetzungsfähigkeit der Baumwolle gleichfalls geeignet ist.

Das Reaktivitätsverhältnis der mercerisierten Baumwolle. Die Mercerisierung führt im allgemeinen nicht zur Erhöhung der reduzierenden oder der sauren Eigenschaften der Cellulose in dem Sinne, wie sie als Bildung von Oxy- oder Hydrocellulose ausgedrückt wird. Es zeigt sich jedoch, daß bei der Behandlung mit hydrolysierenden oder oxydativ spaltenden Mitteln die mercerisierte Baumwolle eine schnellere Umwandlung erfährt als die native. SCHWALBE hat vorgeschlagen, die Zunahme der Kupferzahl nach 15 Minuten langer Behandlung mit 5%iger Schwefelsäure, die sog. Hydrolysierzahl, als Maß der Reaktionsfähigkeit der Cellulose zu benützen. Er fand, daß die Hydrolysierzahl als Folge der Mercerisierung stark zunimmt. BIRTWELL, CLIBBENS, GEAKE und RIDGE bestimmen die Reaktionsfähigkeit der mercerisierten Baumwolle durch Ermittlung der Kupferzahl nach Behandlung mit einer alkalischen Hypobromitlösung. Das Verhältnis der Kupferzahl nach Einwirkung dieser Lösung zu jener Kupferzahl, die nach derselben Behandlung eine gebeuchte Baumwolle aufweist, bezeichnen diese Autoren als *Reaktivitätsverhältnis*.

Die Kupferzahl der Cellulose bei der Behandlung mit Hypobromitlösungen zeigt in Abhängigkeit von der Behandlungszeit zunächst ein Ansteigen, um dann einen nahezu konstant bleibenden Höchstwert zu erreichen. Die die sauren Eigenschaften kennzeichnende Methylenblauaufnahme steigt bei derselben Behandlung mit der Zeit stetig an. Dieses Verhalten wird so erklärt, daß die oxydative Spaltung der Hauptvalenzketten zunächst zu aldehydartigen Produkten (I) führt, die bei der weiteren Oxydation in Stoffe mit säureartigen Eigenschaften (II) umgewandelt werden. Während Produkt I reduzierende Eigenschaften hat, fehlen diese bei Produkt II. Das Konstantbleiben der Kupferzahl zeigt ein stationäres Gleichgewicht an, bei dem in der Zeiteinheit ebensoviel von Produkt I entsteht als davon zur Bildung des Produktes II verbraucht wird. Der erreichte Höchstwert der Kupferzahl kennzeichnet somit die ursprüngliche Bildungsgeschwindigkeit der aldehydartigen Substanz aus der Cellulose. Der besondere Vorteil der Anwendung der Kupferzahl nach der Hypobromitbehandlung als Maß für die Umsetzungsfähigkeit der Cellulose ist darin gelegen, daß sie gegenüber den Schwankungen der Zeitdauer und der Temperatur der Behandlung wenig empfindlich ist. Die auf diese Weise ermittelte Reaktivität der nativen Baumwolle ist unabhängig von der geographischen Herkunft.

Die folgende Abb. 136 lässt die Beeinflussung der Reaktivität durch die Behandlung mit Natronlaugelösungen verschiedener Konzentration erkennen (5 Minuten ohne Spannung, nachher ausgewaschen und an der Luft getrocknet). Für Vergleichszwecke sind die Verhältniszahlen der Wasseraufnahme (bestimmt bei 70% rF) im Sinne von URQUHART und WILLIAMS, ferner die nach dem Auswaschen und Trocknen unter schwacher Belastung beobachteten Schrumpfungen der Garne gleichfalls ermittelt und in den Abb. 137 und 138 dargestellt worden.

Die Verhältniszahlen für die Wasseraufnahme und die Reaktivität verlaufen äußerst ähnlich. Für beide ist kennzeichnend der starke Anstieg, wenn die Konzentration der behandelnden NaOH zwischen 2 und 4 n anwächst. Man bemerkt ferner, daß bei Erhöhung der

Temperatur zur Erreichung eines bestimmten Umwandlungsgrades eine wesentlich höhere Konzentration der behandelnden Lauge erforderlich ist. Dieser Temperatureinfluß ist jedoch in den niedrigeren Laugenkonzentrationen bis etwa 3—4 n bedeutend stärker als in höheren.

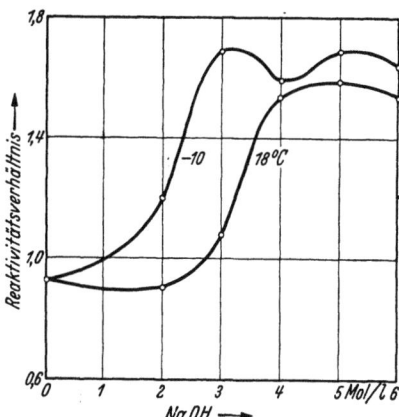

Abb. 136. Reaktivität von Baumwolle (gegenüber alkalischer Hypobromitlösung) nach Behandlung mit Natronlauge in Abhängigkeit von der Konzentration der Behandlungslauge. Ausgedrückt als Verhältnis zur Reaktivität der gebeuchten Baumwolle. Nach BIRTWELL, CLIBBENS, GEAKE und RIDGE.

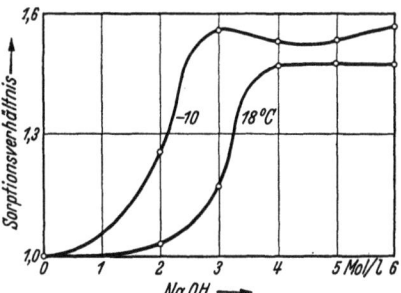

Abb. 137. Wasseraufnahme von Baumwolle nach Behandlung mit Natronlauge in Abhängigkeit von der Konzentration der Behandlungslauge. Ausgedrückt als Verhältnis zur Wasseraufnahme der gebeuchten Baumwolle. Nach BIRTWELL, CLIBBENS, GEAKE und RIDGE.

Die Analogie des Reaktivitätsverhältnisses zum Gang der Schrumpfung beschränkt sich auf die Temperaturabhängigkeit (vgl. hierzu auch BEADLE und STEVENS).

Im Rahmen dieser Untersuchung wurde festgestellt, daß die Behandlung der Cellulose mit Kalilauge in bezug auf Reaktivitätsverhältnis, Wassersorptionsverhältnis und Schrumpfung die annähernd gleichen Veränderungen hervorruft wie Natronlauge.

Von den weiteren Ergebnissen sei erwähnt, daß die Reaktivität ein wenig hinter derjenigen der lose mercerisierten Baumwolle zurückbleibt, falls die Mercerisierung unter Spannung ausgeführt wird. Auch in dieser Hinsicht findet sich eine Übereinstimmung mit der Sorptionsverhältniszahl. Im Gegensatz zu der Wasseraufnahme bleibt jedoch die Reaktivität davon unabhängig, ob die Baumwolle nach dem Mercerisieren nur bei Zimmertemperatur oder bei 110° getrocknet wird.

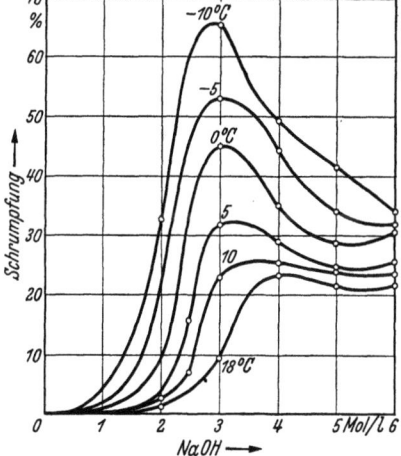

Abb. 138. Schrumpfung von Baumwollgarn beim Eintauchen in Natronlauge. Nach BIRTWELL, CLIBBENS, GEAKE und RIDGE.

224   Die Mercerisierung der Baumwolle.

Der Mittelwert der Reaktivität einer großen Anzahl handelsüblicher mercerisierter Baumwollen verschiedener Herkunft ergab sich zum 1,45fachen des Wertes der nativen Baumwolle. Die einzelnen Werte der Verhältniszahlen schwanken zwischen 1,22 und 1,63. Wenn auch diese Schwankungen recht groß sind, so liegt ihr Bereich doch außerhalb der Streuungen der Werte der nativen Fasern. Die rein mechanisch durch maschinelle Behandlung ausgeführten Finish-Verfahren (Schreinerisierung) sind ohne Einfluß auf das Reaktivitätsverhältnis, so daß die Bestimmung des letzteren die Möglichkeit gibt, festzustellen, ob die Erzielung des Glanzes auf chemischem oder rein mechanischem Wege erfolgt ist.

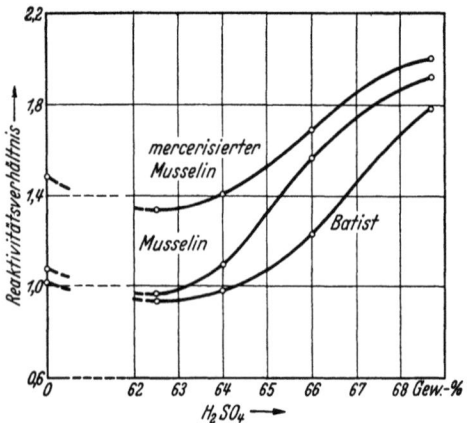

Abb. 139. Reaktivität von Baumwolle (gegenüber alkalischer Hypobromitlösung) nach der Behandlung mit Schwefelsäure bei 20° in Abhängigkeit von der Konzentration der Säure. Ausgedrückt als Verhältnis zur Reaktivität der gebeuchten Baumwolle. Nach BIRTWELL, CLIBBENS, GEAKE und RIDGE.

Die Mercerisierung mit konzentrierter Schwefelsäure (Hochveredelung) führt zu einer deutlichen, mitunter sogar außerordentlich starken Erhöhung der Reaktivität. An pergamentiertem Gewebe wurde ein Wert 1,6 gemessen, an einer durchsichtigen Organdie der Wert 2,07. Die Abb. 139 und 140 zeigen den Einfluß der Behandlung mit Schwefelsäure (15 Sekunden, 20°) an gebleichten Baumwollgeweben in bezug auf Reaktivität und Wassersorption in Abhängigkeit von der Konzentration der behandelnden Säure. Während bis zu einer Gewichtskonzentration von 64% der Einfluß der Säure gering ist, wird er bei weiterer Erhöhung der Konzentration außerordentlich deutlich. Der Einfluß der Temperatur bei zwei verschiedenen Konzentrationen wird durch die folgende Abb. 141 dargestellt.

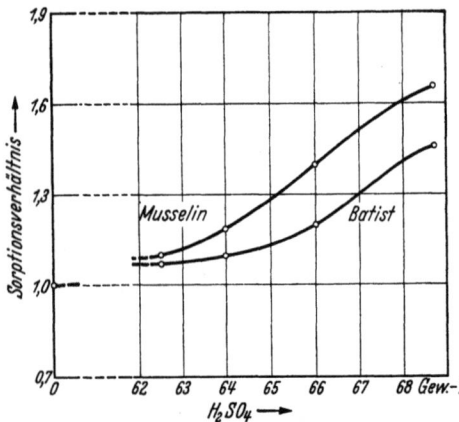

Abb. 140. Wasseraufnahme von Baumwolle nach der Behandlung mit Schwefelsäure bei 20° in Abhängigkeit von der Konzentration der Säure. Ausgedrückt als Verhältnis zur Wasseraufnahme der gebeuchten Baumwolle (bei 70% rF). Nach BIRTWELL, CLIBBENS, GEAKE und RIDGE.

Bemerkenswert ist hier die entgegengesetzte Temperaturabhängigkeit für die beiden untersuchten Konzentrationen.

Beeinflussung der Festigkeit durch die Mercerisierung. Bereits von MERCER wurde berichtet, daß die Festigkeit der Baumwolle bei der Mercerisierung zunimmt, doch sind die quantitativen Angaben hierüber sehr spärlich. An Garnen fanden HUEBNER und POPE einen 26%igen Anstieg der Reißfestigkeit nach dem Mercerisieren ohne Spannen. Ähnliche Werte erhielt auch GREENWOOD. CORSER und TURNER beobachteten je nach Zwirnung und Webstärke verschiedene Änderungen der Festigkeit, darunter häufig starke Erhöhungen bis zu etwa 37%. An Einzelfasern fanden sowohl BARRATT als auch GREENWOOD eine Abnahme der Festigkeit nach dem Mercerisieren, ganz gleich, ob sie mit oder ohne Spannung ausgeführt wurde. CLEGG berichtete über die Erhöhung der Festigkeit von Einzelfasern um 11—49% nach dem Mercerisieren in losem Zustande mit 18%iger Natronlauge. Die hierher gehörenden Versuche von SCHRAMEK und SCHUBERT werden auf S. 299ff. besprochen.

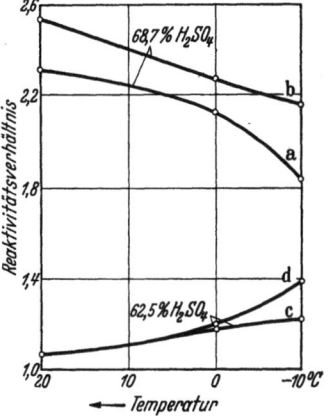

Abb. 141. Reaktivität von Musselin nach Behandlung mit Schwefelsäure in Abhängigkeit von der Behandlungstemperatur bei zwei verschiedenen Säurekonzentrationen. a und c Behandlungsdauer 2 Min.; b und d Behandlungsdauer 5 Min. Nach BIRTWELL, CLIBBENS, GEAKE und RIDGE.

WILKIE hat kürzlich festgestellt, daß unter günstigen Bedingungen (niedrige Drehung; gründliche Entfernung aller Verunreinigungen vor dem Mercerisieren; Ausführung der Mercerisierung bei 0° oder tieferer Temperatur in 10%iger oder höherkonzentrierter Natronlauge unter Anwendung ausreichender Spannung, um die Schrumpfung unter 2% zu halten) die Reißfestigkeit von Baumwollgarn durch das Mercerisieren um 40—100% erhöht werden kann. Zu welchem Anteil diese Erhöhung auf die Verminderung der Gleitung der einzelnen Fasern aneinander beruht und zu welchem Anteil die Erhöhung der Faserfestigkeit dafür verantwortlich ist, läßt sich auf Grund der Versuche WILKIES nicht entscheiden.

LANGER, der gleichfalls in der letzten Zeit den Einfluß der Mercerisierung auf die Festigkeit der Einzelfasern untersucht hat, stellte eine Festigkeitszunahme bis über 40% (im Mittel etwa 33%) fest.

Beeinflussung der Farbstoffaufnahme durch das Mercerisieren. Eine kennzeichnende Eigenschaft der mercerisierten Baumwolle ist ihr gegenüber der nativen Baumwolle erhöhtes Aufnahmevermögen für Farbstoffe. Die bisherigen quantitativen Angaben darüber, die fast ausschließlich von KNECHT stammen, beschränken sich auf substantive Farbstoffe. Die folgende Tabelle enthält die Ergebnisse von KNECHT an einem ägyptischen Baumwollgarn, das mit Laugen verschiedener Stärke unter Spannung behandelt, dann gewaschen und getrocknet wurde. Die Färbebedingungen waren: 100°, 1 Stunde: 0,15% Benzopurpurin 4B, 0,25% Soda, 0,5% NaCl in der Lösung; Flottenverhältnis 20:1.

Tabelle 70. Die Aufnahme von Benzopurpurin 4 B durch Baumwolle nach Behandeln mit NaOH. Nach KNECHT.

Gewichts-konzentration NaOH in %	Aufgenommener Farbstoff in g je 100 g Baumwolle	Gewichts-konzentration NaOH in %	Aufgenommener Farbstoff in g je 100 g Baumwolle	Gewichts-konzentration NaOH in %	Aufgenommener Farbstoff in g je 100 g Baumwolle
0,00	1,77	15,5	3,02	25,0	3,50
4,5	1,88	17,5	3,15	27,0	3,56
8,5	2,39	20,0	3,27	29,0	3,60
11,0	2,57	22,5	3,38	31,5	3,60
13,5	2,95				

Der Anstieg ist am steilsten in dem Konzentrationsgebiet der Lauge zwischen 8 und 14%. Bei den höheren Konzentrationen nähert sich die Aufnahme einem Sättigungswert, der annähernd doppelt so groß ist wie der Wert der unbehandelten Baumwolle. Die nebenstehende Tabelle zeigt den Einfluß der Spannung beim Mercerisieren.

Tabelle 71. Aufnahme von Benzopurpurin 4B durch Baumwolle. Nach KNECHT.

Baumwolle	Aufgenommener Farbstoff in g je 100 g Baumwolle	
	gebleicht	ungebleicht
Nichtmercerisiert . . .	1,50	1,55
Mercerisiert		
unter Spannung . .	2,86	2,90
ohne Spannung. . .	3,54	3,39

Der Einfluß der Spannung auf die Farbstoffaufnahme ist ähnlich demjenigen auf die Reaktivität und die Wassersorption. Wie bei der Wasseraufnahme zeigt sich auch in dem färberischen Verhalten der mercerisierten Baumwolle ein gewaltiger Unterschied, je nachdem, ob sie nach dem Mercerisieren und Waschen ohne Trocknung unmittelbar ins Färbebad kommt, oder ob sie vorher getrocknet wird.

Tabelle 72. Farbstoffaufnahme von Baumwolle. Nach KNECHT.

Baumwolle	Aufgenommener Farbstoff in g je 100 g Baumwolle	
	Benzo-purpurin 4B	Chryso-phenin
Mercerisiert, gefärbt ohne Trocknung	2,49	0,97
Mercerisiert, gefärbt nach Trocknung an der Luft	1,57	0,77
Mercerisiert, gefärbt nach Trocknen bei 110° 1 Stunde lang	1,27	0,54
Nichtmercerisiert	0,80	0,31

Die Werte der letzten Tabelle beziehen sich auf eine gebleichte amerikanische Baumwolle in Garnform. Die Mercerisierung wurde mit einer 22,5%igen Lauge vorgenommen.

Als Prüfung für den Mercerisierungsgrad empfiehlt KNECHT das folgende Verfahren. Die zu untersuchende Faser wird einer (gegebenenfalls nochmaligen) mercerisierenden Behandlung unterworfen. Die auf diese Weise behandelte Faser wird dann zusammen mit der ursprünglichen Faser mit einem geeigneten Farbstoff gefärbt. Das Verhältnis der Farbstoffaufnahme ist ein Maß für den Mercerisierungsgrad der ursprünglichen Faser. War sie z. B. bereits vollständig mercerisiert, so ändert sich ihre Farbstoffaufnahme bei der Behandlung nicht und das Verhältnis der Farbstoffaufnahme wird somit 1. LINDEMANN hat kürzlich dieses Verfahren unter Anwendung von Chicagoblau 6B weiter ausgebaut und damit zufriedenstellende Ergebnisse erzielt.

LANGE, ferner HÜBNER haben beobachtet, daß die Sorption von Jod (aus wässeriger Chlorzink-Jodlösung) durch die mercerisierte Cellulose eine viel stärkere und insbesondere viel festere ist als durch die nativen Fasern. Die chemische Grundlage dieser Verschiedenheit ist noch nicht bekannt.

Der Glanz der mercerisierten Cellulose. Über die Beeinflussung des Glanzes durch Mercerisieren liegen nur wenige quantitative Angaben vor, da man sich bis vor einigen Jahren damit begnügte, den Glanz rein subjektiv zu schätzen.

Seit der grundlegenden Erfindung von THOMAS und PREVOST bzw. LOWE weiß man, daß zur Erzielung des Glanzes das Spannen der Gewebe oder Garne in dem durch die Einwirkung von konzentrierter Natronlauge gequollenen Zustande und die Beibehaltung der Spannung während des Auswaschens der Lauge erforderlich ist. In der Technik ist es üblich, das Mercerisiergut zuerst in der Lauge schrumpfen zu lassen und erst vor dem Auswaschen auf die ursprüngliche Länge zu strecken.

Die Tatsache, daß beim Mercerisieren bestimmte Baumwollsorten, in erster Linie die ägyptische Mako, einen höheren Glanz erhalten können als andere, insbesondere amerikanische Sorten, wurde früher vielfach mit der Faserlänge in Zusammenhang gebracht. Man hat angenommen, daß bei langstapeliger Baumwolle das Vorbeigleiten der Fasern aneinander beim Strecken infolge der Garnstruktur verhindert wird, während bei den kurzstapeligen Sorten die Einzelfasern durch Gleiten der Streckkraft leichter ausweichen können. HERBIG kam dagegen zu der Ansicht, daß nur diejenige Baumwolle einen vollwertigen seidenähnlichen Glanz beim Mercerisieren entwickelt, die bereits im nativen Zustande Glanz besitzt. Die Stapellänge soll nach ihm nur untergeordnete Bedeutung haben. Mit den widersprechenden Ansichten über die Rolle der natürlichen Windungen der Fasern, die beim Mercerisieren verschwinden (HÜBNER und POPE, HARRISON), ferner der Rolle der Zwirnung (HÜBNER und POPE, HERBIG) für den Glanz, können wir uns an dieser Stelle nicht näher befassen (vgl. auch Dissertation SCHUBERT).

Über die Ursache des erhöhten Glanzes der mercerisierten Cellulose sind verschiedene Vorstellungen entwickelt worden. LANGE hat zuerst den Glanz mit der Gestaltänderung der Baumwolle in Zusammenhang gebracht. Er hat darauf hingewiesen, daß die ursprüngliche flache,

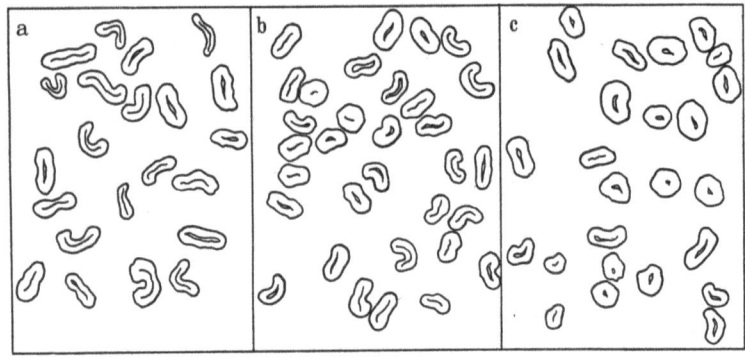

Abb. 142. Querschnitte von Baumwollfasern. a Baumwolle mit niedrigem Glanz (mittleres Verhältnis der größten zur kleinsten Achse 2,95); b Baumwolle mit hohem Glanz (mittleres Achsenverhältnis 2,00); c mercerisierte Baumwolle (mittleres Achsenverhältnis 1,60). Nach ADDERLEY.

bandförmige Baumwolle durch das Mercerisieren zylindrische Gestalt erhält. Dies ist seitdem durch unzählige mikroskopische Untersuchungen bestätigt worden. Ohne Spannung mercerisierte Baumwolle soll nach LANGE infolge der Schrumpfung zahlreiche Falten und Runzeln aufweisen und daher matt sein. Die Oberfläche der unter Spannung mercerisierten Baumwollfasern ist glatt und faltenlos.

Durch quantitative Messungen an Einzelfasern hat ADDERLEY den Nachweis erbracht, daß der Glanz der Baumwolle um so höher ist, je mehr sich der Querschnitt der Fasern der Kreisform nähert. Die Form des Querschnittes kennzeichnet er durch das Verhältnis der größten zur kleinsten Achse. Die Bestimmung dieser Verhältniszahl erfolgt durch mikroskopische Ausmessung der Querschnitte (Abb. 142). Die Glanzbestimmung wird photometrisch an einer parallel gespannten Faserreihe vorgenommen. Die Ergebnisse sind in der Abb. 143 dargestellt. Sie zeigen, daß zwischen der Gestalt und dem Glanz die Beziehung ganz eindeutig ist, und zwar auch dann, wenn mercerisierte und native Baumwolle miteinander verglichen werden.

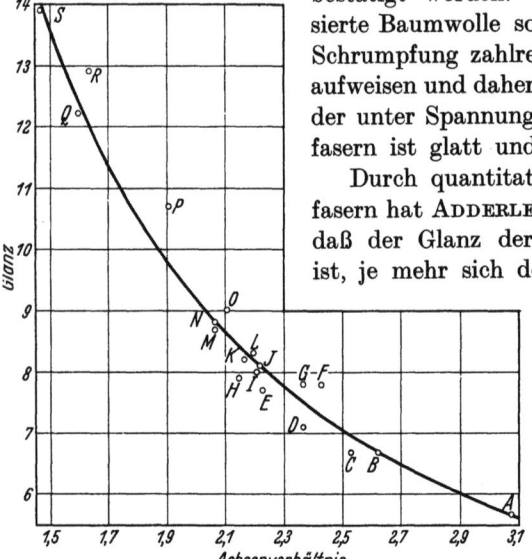

Abb. 143. Der Glanz von Baumwollfasern in Abhängigkeit vom Verhältnis der größten zur kleinsten Achse ihrer Querschnitte. $A-P$ native Baumwolle; $Q-S$ mercerisierte Baumwolle. Nach ADDERLEY.

Eine ausführliche Untersuchung des Einflusses der Mercerisierung auf den Glanz und die mechanischen Eigenschaften der Baumwolle verdanken wir SCHRAMEK und SCHUBERT. Als Untersuchungsgegenstand dienten ihnen gebeuchte Einzelfasern, so daß die durch die Garn- oder Gewebestruktur bedingten Verwicklungen der Vorgänge fortfielen. Sie arbeiteten bei einer Eintauchdauer von 1 Stunde und führten die Messung der mechanischen Eigenschaften bei 60% rF durch. Die Meßwerte wurden durch die Mittelwertbildung aus je 20 Messungen, die an Einzelfasern ausgeführt wurden, gewonnen. Der Mercerisierungsgrad wurde auf Grund des Röntgendiagramms ermittelt. In einer Untersuchungsreihe wurde die Mercerisierung in ungespanntem, in einer anderen in gespanntem Zustande vorgenommen. In der ersten Untersuchungsreihe wurde die Schrumpfung gemessen und vor dem Auswaschen den Fasern durch Strecken die ursprüngliche Länge erteilt. Es wurde sowohl eine amerikanische als auch eine Makobaumwolle untersucht. Die folgende Tabelle 73 und die zugehörige Abb. 144 stellen die Ergebnisse an Makobaumwolle dar.

Tabelle 73. **Die Veränderungen der mechanischen Eigenschaften und des Glanzes einer Makobaumwolle bei der Mercerisierung. Nach SCHUBERT.**

Mercerisierlauge Gew.-% NaOH	Schrumpfung in % der urspr. Länge	Festigkeit der Einzelfaser in g	Bruchdehnung in %	Glanzzahl	Mercerisiergrad in %
0	1,4	8,3	9,9	3,2	0
8,6	2,0	—	—	3,5	0
9,8	3,4	8,6	7,7	3,7	0
10,5	3,7	8,5	8,1	3,7	0
12,0	8,0	9,1	7,3	5,0	10
13,1	13,0	9,5	7,5	5,6	40—45
14,0	16,6	10,0	6,4	6,7	70
14,9	17,9	—	—	7,0	80
16,0	19,6	10,5	6,5	7,5	90—95
17,3	18,8	—	—	7,5	95—100
18,1	18,6	10,2	6,1	7,4	100
19,1	18,3	—	—	7,3	100
20,8	18,2	10,5	6,2	7,4	100
22,0	17,6	10,5	6,4	7,0	100
24,3	17,4	—	—	7,5	100
26,5	17,4	10,4	6,5	7,3	100
28,1	17,2	—	—	7,0	100
30,4	16,0	—	—	6,8	100
32,5	14,8	10,4	7,0	6,9	100
34,2	13,2	—	—	7,1	100
37,3	12,3	10,5	5,7	7,1	100
40,4	10,8	—	—	7,0	100
42,4	9,8	10,4	6,3	6,9	100

Die amerikanische Baumwolle zeigte ein ähnliches Verhalten. Bei dieser stieg die Festigkeit von 4,8 g auf höchstens 8,5 g. Die Bruchdehnung sank dabei von 8,6% auf etwa 5,3%.

SCHRAMEK und SCHUBERT fanden somit, daß durch das Mercerisieren die Reißfestigkeit der Einzelfaser sehr erheblich wächst, während gleichzeitig die Dehnbarkeit erheblich abnimmt. Es ist bemerkenswert, daß die Festigkeit auch bei der Anwendung von konzentrierteren Laugen nicht abnimmt, sondern den bereits in 15%iger Lauge erreichten Höchstwert behält. Der Glanz steht zur Laugenkonzentration im gleichen Abhängigkeitsverhältnis.

Ähnliche Ergebnisse wurden erzielt, wenn die Fasern schon vor dem Durchtränken mit Lauge unter Spannung gesetzt wurden. In diesem

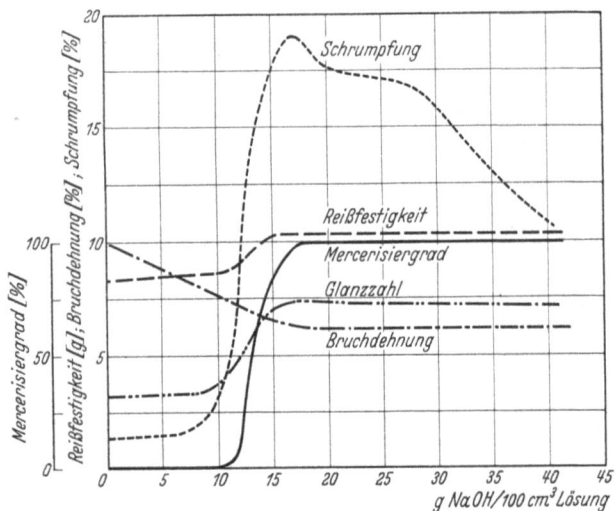

Abb. 144. Abhängigkeit der Eigenschaften von Makobaumwolle von der Konzentration der Mercerisierlauge. Nach SCHUBERT.

Fall erfolgte die röntgenographisch festgestellte vollständige Umwandlung in mercerisierte Baumwolle erst in 20%iger Lauge. Der Höchstwert der Festigkeit und der niedrigste Wert der Dehnung wurden gleichfalls erst bei dieser Laugenkonzentration erreicht.

In einer weiteren Versuchsreihe wurde schließlich der Einfluß der Spannung auf die physikalischen Eigenschaften der Fasern untersucht. Zu diesem Zwecke wurden die in ungespanntem Zustande der Einwirkung von Natronlauge unterworfenen Fasern vor dem Auswaschen um einen bestimmten Anteil der eingebüßten Länge ausgestreckt. Die Ergebnisse zeigt die Tabelle 74.

Der Glanz und die Abnahme der Bruchdehnung gehen also mit der Spannung gleichsinnig. Das Strecken über die ursprüngliche Länge vermag die Eigenschaften nicht weiter zu verändern. Überraschend ist, daß die Reißfestigkeit keine Abhängigkeit von der Spannung zeigt.

Der Einfluß des Mercerisierens, insbesondere der dabei ausgeübten Spannung auf die Dehnbarkeit läßt sich dadurch erklären, daß die Baumwolle durch das Strecken in dem gequollenen plastischen Zustande eine Orientierung der Krystalle in der Faserrichtung erfährt. Die Röntgendiagramme, die SCHUBERT an den untersuchten Proben aufgenommen hat, zeigen deutlich die Abhängigkeit der Orientierung von der Spannung. Es sei noch erwähnt, daß die Abnahme der Dehnbarkeit der Baumwollfasern beim Mercerisieren zum Teil auf die Abnahme der Zahl der Windungen der Haare zurückgeführt wird. Bei nativer Baumwolle wird bei der Zugbeanspruchung zunächst ein Aufrollen der Windungen und dadurch eine Verlängerung der Faser stattfinden. Dieser Teil der Dehnung fällt bei der mercerisierten Baumwolle zum großen Teil fort.

Man hätte nun erwartet, daß die Reißfestigkeit parallel mit der Orientierung geht. Die Zunahme der Reißfestigkeit beim Mercerisieren könnte man dann auf die zunehmende Orientierung zurückführen. Die Tatsache, daß die beim Mercerisieren geschrumpften Fasern dieselbe

Tabelle 74. **Beeinflussung der Eigenschaften von Makobaumwollfasern durch die Reckung in Natronlauge nach 1stündiger freier Schrumpfung. Nach SCHUBERT. (21,1%ige NaOH-Lösung. Ursprüngliche Länge 14,80 mm, Schrumpfung 2,62 mm.)**

Gestreckt um mm	Festigkeit in g	Bruchdehnung in %	Glanzzahl
0,00	9,8	16,3	4,3
1,00	9,8	11,1	5,7
1,90	10,2	9,4	6,5
2,65	10,2	6,5	7,8
3,00	10,4	5,8	7,7
3,45	10,4	5,3	7,3

Verfestigung zeigen wie die unter Spannung mercerisierten, würde diese Erklärungsmöglichkeit ausschließen. Berücksichtigt man jedoch, daß die Fasern infolge des Aufspannens eine Verminderung ihres Querschnittes erfahren, so läßt sich berechnen, daß die auf den Endquerschnitt bezogene Festigkeit infolge des Reckens bis zu etwa 10% zunimmt. Allerdings bleibt dieser Betrag unter dem erwarteten.

Bemerkenswert ist der Befund von SCHUBERT, wonach die amerikanische Texasbaumwolle und die Makobaumwolle beim Mercerisieren dieselben Glanzzahlen erreichen. Dieses Ergebnis spricht für die Annahme, daß der Unterschied in dem bei Garnen und Geweben infolge des Mercerisierens erreichbaren Glanz — entgegen der oben zitierten Ansicht HERBIGs — in der Stapellänge bzw. in der dadurch bedingten verschiedenen Gleitung der Einzelfasern begründet ist. In den Versuchen von SCHUBERT wurden nämlich die Einzelfasern einzeln ausgespannt, so daß eine Gleitung in diesem Falle nicht möglich war.

Entwindungszahl und Schrumpfungsdiagramm. Die Gestaltänderung der Baumwollfasern beim Mercerisieren kann auf verschiedene Weise zur Bestimmung des Mercerisierungsgrades benützt werden. CALVERT und CLIBBENS schlagen vor, die Anzahl der Windungen der Haare als

Maß der Mercerisierung zu verwenden. Man schneidet die Fasern in Stücke von 0,2 mm Länge und zählt unter dem Mikroskop aus, welcher Bruchteil der Stückchen keine Drehung aufweist. Den prozentualen Anteil dieser Stücke bezeichnet man als Entwindungszahl. Die folgende Abb. 145 zeigt die Abhängigkeit dieser Zahl von der Konzentration der Mercerisierlauge an zwei Baumwollproben (in Garnform ohne Spannung, 30 Minuten bei Zimmertemperatur).

Durch Erhöhung der Alkalikonzentration wird die Entwindungszahl nur wenig beeinflußt, solange die Konzentration 3 n nicht übersteigt. Zwischen 3 n und 4 n tritt ein plötzliches Ansteigen der Entwindungszahl ein. Bei höheren Konzentrationen der Lauge ist der Anstieg der Entwindungszahl nur gering.

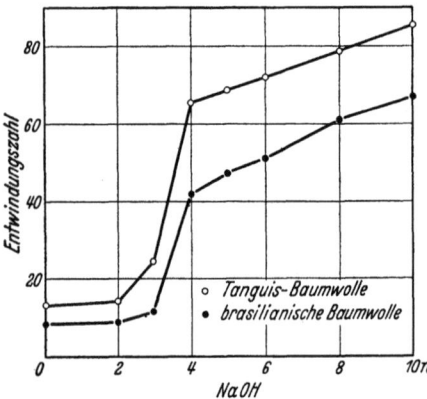

Abb. 145. Abhängigkeit der Entwindungszahl von der Konzentration der Mercerisierlauge. Nach CALVERT und CLIBBENS.

Die Entwindungszahl ist niedriger, wenn die Mercerisation unter Spannung ausgeführt wurde, so daß keine Schrumpfung stattgefunden hat. Sie hängt ferner von der Garn- und Gewebestruktur ab. Daraus folgt, daß sie nicht als absoluter Maßstab für den Mercerisierungsgrad dienen kann. Ihre Bedeutung liegt vielmehr darin, daß sie örtliche Unregelmäßigkeiten in dem Material enthüllen kann. In der nächsten Tabelle geben wir eine Versuchsreihe von CALVERT und CLIBBENS wieder. Sie demonstriert nicht nur die Schwierigkeiten der Deutung der Entwindungszahl, sondern auch diejenigen der übrigen zur Kennzeichnung der Mercerisierung benützten Laboratoriumsmethoden. Proben ein und desselben Popelingewebes wurden in fünf verschiedenen Werken den folgenden Behandlungen unterworfen: Sengen, Waschen, Mercerisieren,

Tabelle 75. **Kennzahlen eines in verschiedenen Werken mercerisierten Popelingewebes.** Nach CAVERT und CLIBBENS.

Probe Nr.	Entwindungszahl		Verhältniszahl			Biegungslänge	Glanzzahl	Farbtiefe	Schrumpfung der Kette in %
	Kette	Schuß	Wasseraufnahme	Barytaufnahme	Reaktivität				
1	55	31	1,25	1,75	1,50	1,79	5	2	12,7
2	51	28	1,24	1,88	1,65	2,92	1	4	12,7
4	49	22	1,24	1,70	1,50	2,52	mittel	1	13,5
5	47	21	1,14	1,49	1,28	2,01	,,	5	13,1
3	25	15	1,12	1,53	1,30	1,90	,,	3	15,4

Bleichen und Trocknen. Danach wurden die fünf Proben auf Entwindungszahl, Wasseraufnahme, Barytaufnahme, Reaktivität, Glanz und Farbtiefe nach Färben untersucht. Schließlich wurde das Kettgarn der Proben einer nochmaligen Mercerisierung ohne Spannung unterworfen und die hierbei auftretende Schrumpfung gemessen. Auf diese Weise wurde festgestellt, wieweit bei der vorangehenden Mercerisierung bereits eine Schrumpfung stattgefunden hatte. Die Kette wurde deswegen geprüft, weil sie für den Glanz ausschlaggebend ist.

Zur Bedeutung der Zahlenwerte sei noch bemerkt, daß die Biegungslänge die Steifheit der Garne mißt und mit dieser parallel zunimmt. Der Glanz und die Farbtiefe sind um so stärker, je niedriger die entsprechenden Zahlenwerte sind.

Von den Beziehungen, die sich zwischen den einzelnen Eigenschaften aus der Tabelle ergeben, heben wir hier nur einige hervor. Entwindungszahl und Wasseraufnahme gehen miteinander parallel. Reaktivität und Barytaufnahme sind gleichfalls eindeutig miteinander verknüpft. Die Werte der Schrumpfung, die die Kettgarne bei nochmaliger Mercerisierung in ungespanntem Zustande erleiden, deuten darauf hin, daß die niedrige Entwindungszahl und die niedrige Wasseraufnahme durch starke Spannung bei der ursprünglichen Mercerisierung bedingt waren. Andererseits bemerkt man, daß die Proben 1 und 2, die in bezug auf die zwei wichtigsten technischen Eigenschaften, nämlich auf Glanz und Steifheit, extreme Stellungen in der ganzen Reihe einnehmen, sich in allen anderen Eigenschaften voneinander weniger unterscheiden als von den anderen Proben. Dadurch ist erwiesen, daß die Spannung beim Mercerisieren den technischen Effekt bei Geweben nicht eindeutig bestimmt und daß den Laboratoriumsmethoden zur Kennzeichnung der Mercerisierwirkung nur eine beschränkte Bedeutung zukommt.

Die Gleichmäßigkeit des Mercerisierens, die für die Technik von großer Bedeutung ist, läßt sich nach CLIBBENS und GEAKE dadurch prüfen, daß man die Gleichmäßigkeit der Schrumpfung der Garne bei neuerlicher Mercerisierung ohne Spannung bestimmt. Zur Ausführung dieser Bestimmung wird das zu prüfende mercerisierte Garn Windung an Windung auf einen Stab aufgewickelt und dann durch einen parallel zur Stabachse laufenden geraden Farbstrich gezeichnet. Nach dem Abwickeln vom Stab wird das Garn der Behandlung mit konzentrierter Natronlauge unterworfen, gewaschen und getrocknet. Nachher wird es wieder auf den Glasstab aufgewickelt. An der Stelle der geraden Linie zeigt sich nun das sog. Schrumpfungsdiagramm, eine Kurve, deren Form deutlich zum Ausdruck bringt, wie weit die Schrumpfung gleich- oder ungleichmäßig erfolgte.

Die Wechselwirkung der regenerierten Cellulose mit Laugen. Die Einwirkung von Alkalihydroxyden auf Viscose- oder Kupferseide verdient sowohl vom praktischen als auch vom wissenschaftlichen Standpunkt aus Aufmerksamkeit. Das praktische Interesse beruht darauf, daß bei der Mercerisierung von Mischgeweben und Mischgespinsten aus Baumwolle und Kunstseide, durch die die Umwandlung der nativen Baumwolle

234   Die Mercerisierung der Baumwolle.

in die mercerisierte erstrebt wird, die Kunstseide in Mitleidenschaft gezogen wird. Die Reaktion der Lauge mit der Kunstseide bildet hier eine unerwünschte und häufig erheblich störende Nebenreaktion. Das wissenschaftliche Interesse beruht auf der Erwartung, daß man aus dem Vergleich der Vorgänge an Baumwolle und an regenerierter Cellulose Aufklärung der Zusammenhänge zwischen Faseraufbau und Alkaliwirkung gewinnen kann.

Die bereits besprochenen Befunde der verschiedenen Forscher zeigen, daß die regenerierte Cellulose (als Kupfer- oder Viscoseseide oder als

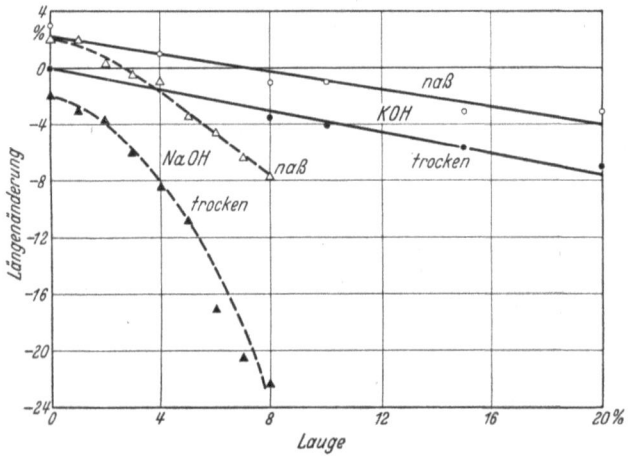

Abb. 146. Längenänderung von Viscoseseidengarn in Abhängigkeit von der Konzentration der Mercerisierlauge beim Eintauchen in die Lauge und nach dem Trocknen. Nach HALL.

Cellophan) gegenüber der nativen Baumwolle dieselben Unterschiede aufweist wie die mercerisierte, jedoch in erhöhtem Maße. Dies gilt hinsichtlich der Alkalibindung und Alkaliquellung ebenso wie hinsichtlich der Wassersorption und der Reaktivität. Vom Standpunkt des Faseraufbaues erweist sich die mercerisierte und regenerierte Cellulose im gequollenen Zustande von den submikroskopischen Kanälen dichter durchsetzt als die native Baumwolle (vgl. auch den nächsten Abschnitt).

WELTZIEN hat festgestellt, daß bei der Einwirkung von 20%iger Natronlauge auf Viscoseseide zuerst eine Längung der Fäden eintritt. Nach dem Auswaschen der Lauge führt die Trocknung jedoch zur Schrumpfung. Die Schrumpfung kann so stark sein, daß sie nicht nur gegenüber dem gequollenen, sondern sogar auch gegenüber dem ursprünglichen Faden zu einer Verkürzung, z. B. um etwa 10%, führt. Diese Verkürzung ist nicht umkehrbar, sie bleibt bei Quellung in Wasser und nachheriger Trocknung erhalten. Kupferseide zeigt gleichfalls diese Erscheinung, jedoch in schwächerem Maße.

HALL hat das Verhalten der Viscoseseide gegenüber Lauge untersucht. Die obenstehende Abb. 146 zeigt die Längenänderung, die ein

Garn beim Eintauchen in Natron- oder Kalilauge von bestimmter Konzentration (bei Zimmertemperatur) sowie beim nachherigen Trocknen (bei 50°) erfährt.

Die Ergebnisse weichen von denen WELTZIENs erheblich ab. Eine Längung der Garne läßt sich nur in gequollenem Zustande, und zwar nur bei Einwirkung der verdünntesten Laugen feststellen. Im Gebiet stärkerer Konzentration und nach der Trocknung ist in dem gesamten Konzentrationsbereich ausschließlich eine Verkürzung zu beobachten. Das mit 8%iger Natronlauge behandelte Garn ist z. B. nach dem Auswaschen und Trocknen um 22% kürzer als das ursprüngliche. Die

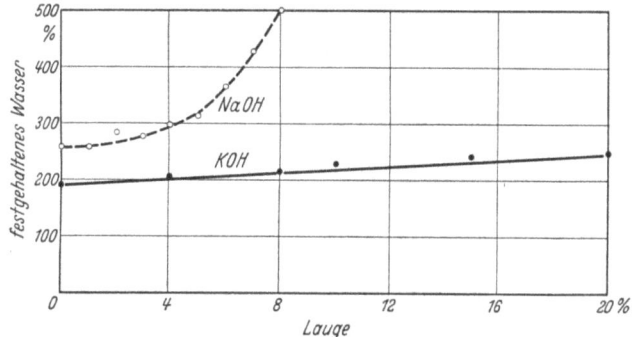

Abb. 147. Wassergehalt von Viscoseseidengarn nach dem Mercerisieren und Auswaschen in Abhängigkeit von der Konzentration der Mercerisierlauge. Nach HALL.

Wirkung von Kalilauge liegt in derselben Richtung, ist jedoch der Größe nach viel geringer als die der Natronlauge. (Die Feinheit und Drehung der Garne dürfte für die Ergebnisse von erheblicher Bedeutung sein.)

Nach der Behandlung mit Natronlauge und dem Auswaschen ist die Wasseraufnahme, wenn das Material vorher nicht getrocknet wird, gegenüber derjenigen des Ausgangsmaterials erheblich erhöht. Auch hier ist die Wirkung der Kalilauge der Richtung nach dieselbe, dem Ausmaß nach geringer als die der Natronlauge (Abb. 147).

Die Sorption von Wasserdampf bei einem mittleren Feuchtigkeitsgrad findet HALL durch Laugenbehandlung unbeeinflußt.

DAVIDSON hat kürzlich die Quellung und Alkalibindung von Viscosefolie in Kalilauge mit derselben Methode, die NEALE auf die Einwirkung von Natronlauge angewandt hat, untersucht. Die folgende Abbildung stellt seine Ergebnisse bei 0° und bei 15° dar. Aus dem Vergleich der bei 15° gewonnenen Werte mit den von NEALE in NaOH bei 25° erhaltenen ersehen wir, daß die quellende Wirkung der Natronlauge bedeutend stärker ist. Die Quellungs- und die Lösungskurve zeigen einen ähnlichen Verlauf. Das Quellungsmaximum liegt annähernd bei derselben Kalilaugenkonzentration wie das Lösungsmaximum, eine Bestätigung für den engen Zusammenhang zwischen Lösung und Quellung (vgl. den nächsten Abschnitt).

Die niedrigere Löslichkeit und Quellung der regenerierten Cellulose in Kalilauge gegenüber derjenigen in Natronlauge hat zur Folge, daß die außerordentlich hohe Gefahr des Fadenbruches bei der Alkalibehandlung von Mischgeweben bedeutend geringer wird, wenn KOH als mercerisierende Lauge benützt wird. HALL teilt mit, daß die Schrumpfung, die Schwächung und das Hartwerden der regenerierten Cellulose nach der Laugenbehandlung vermindert werden kann, wenn

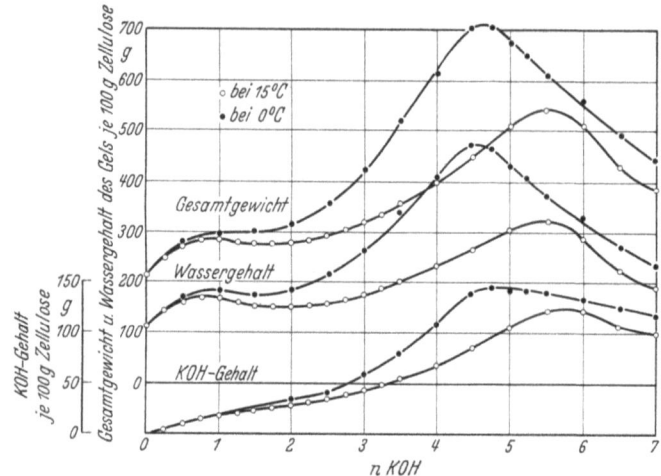

Abb. 148. Gesamtgewicht, Wassergehalt und KOH-Gehalt der gequollenen Viscosefolie in Abhängigkeit von der Konzentration des Quellungsbades. Nach DAVIDSON.

dem Wasser, mit dem die Lauge ausgewaschen wird, gewisse Stoffe, wie Glucose, Glycerin, NaCl, KCl u. dgl. in hoher Konzentration zugesetzt werden.

Die gefährlichste Behandlung für die Kunstfasern ist nämlich nicht die Einwirkung der Mercerisierlauge selbst, sondern das nachherige Auswaschen der Lauge. Hierbei wird naturgemäß die Lauge zuerst verdünnt. Ihre Konzentration erreicht beim Verdünnen vorübergehend den für die Quellung und Auflösung der regenerierten Cellulose günstigsten Wert, der weit unterhalb der mercerisierenden Konzentration liegt (vgl. auch MECHEELS). Oft wird zum Auswaschen auch die Verwendung heißen Wassers empfohlen, da die quellende und lösende Wirkung der Lauge mit steigender Temperatur abnimmt.

Weitere Angaben über die Einwirkung von Laugen auf regenerierte Cellulose finden sich auf S. 181, 183—185, 196 und 207—208.

Schrifttum.

ADDERLEY, A.: J. Textile Inst. 15, 195 (1924).
ANDRESS, K. R.: Z. physik. Chem. B 4, 190 (1929).
D'ANS, J. u. A. JÄGER: Cellulosechem. 6, 137 (1925).
BANCROFT, W. D. and J. B. CALKIN: J. physic. Chem. 39, 1 (1935).

BARRATT, T. and J. W. LEWIS: J. Textile Inst. **13**, 113 (1922).
BEADLE and STEVENS: 8. Internat. Congr. Appl. Chem. **13**, 25 (1912).
BIRTWELL, C., D. A. CLIBBENS, A. GEAKE and B. P. RIDGE: J. Textile Inst. **21**, 85 (1930).
BODMER, A.: In HERMANNs Enzyklopädie der textilchemischen Technologie. Berlin 1930.
BOLAM, T. R.: Das Donnangleichgewicht. Dresden u. Leipzig 1935.
BROWNSETT, TH., F. D. FARROW and S. M. NEALE: J. Textile Inst. **22**, 357 (1931).
CALVERT, M. A.: J. Textile Inst. **21**, 293 (1930).
— and D. A. CLIBBENS: J. Textile Inst. **24**, 233 (1933).
CHAMPETIER, G.: C. r. Acad. Sci. Paris **192**, 1593 (1931); **195**, 280 (1932).
CLEGG, G. C.: J. Textile Inst. **15**, 6 (1922).
CLIBBENS, D. A.: J. Textile Inst. **14**, 217 (1923).
— and A. GEAKE: J. Textile Inst. **24**, 255 (1933).
COLLINS, G. E.: J. Textile Inst. **16**, 123 (1925).
— and R. W. WILLIAMS: J. Textile Inst. **15**, 149 (1924).
CORSER, H. K. and A. J. TURNER: J. Textile Inst. **14**, 332 (1923).
COWARD, H. F. and L. SPENCER: J. Textile Inst. **14**, 28, 32 (1925).
DAVIDSON, F. G.: J. Textile Inst. **25**, 174 (1934); **27**, 112 (1936).
DEHNERT, F. u. W. KÖNIG: Cellulosechem. **5**, 107 (1924); **6**, 1 (1925).
DONNAN, F. G.: Z. Elektrochem. **17**, 572 (1911). — Chem. Rev. **1**, 73 (1925).
EISENSCHITZ, R.: Z. physik. Chem. A **162**, 216 (1932); **164**, 393 (1933).
FAUST, O.: Cellulosechem. **12**, 125 (1931).
— Kunstseide, 3. Aufl. Dresden und Leipzig 1928.
FREY-WYSSLING, A.: Helvet. chim. Acta **19**, 900 (1936).
GARDNER, P.: Die Mercerisation der Baumwolle, 2. Aufl. Berlin 1912.
GLADSTONE, J. H.: J. prakt. Chem. **56**, 247 (1852).
GORDON, W.: Kolloid-Z. **39**, 107 (1926).
GREENBERG, D. M. and M. M. GREENBERG: J. gen. Physiol. **16**, 559 (1933).
GREENWOOD, J.: J. Textile Inst. **10**, 274 (1919).
HALL, A. J.: J. Soc. Dyers Colourists. **45**, 98, 171 (1929).
HALLER, R.: Chemische Technologie der Baumwolle. Berlin 1928.
HARRISON, W.: J. Soc. Dyers Colourists **31**, 198 (1915).
HERZOG, R. O.: Kolloid-Z. **39**, 98 (1926).
— u. G. LASKI: Z. physik. Chem. A **121**, 136 (1926).
HESS, K.: Chemie der Cellulose. Leipzig 1928.
— u. C. TROGUS: Z. physik. Chem. B **11**, 381 (1930); **15**, 157 (1931); **21**, 349 (1933); Z. Elektrochem. **42**, 696 (1936).
— — N. LJUBITSCH u. L. AKIM: Kolloid-Z. **51**, 85 (1930).
— — u. O. SCHWARZKOPF: Z. physik. Chem. A **162**, 187 (1932).
HEUSER, E.: Z. angew. Chem. **37**, 1010 (1924).
— u. R. BARTUNEK: Cellulosechem. **6**, 19 (1925).
— und W. NIETHAMMER: Cellulosechem. **6**, 13 (1925).
HÜBNER, J.: Chemiker-Ztg **31**, 220 (1908). — J. Soc. Chem. Ind. **27**, 105 (1908); **28**, 228 (1909).
— and W. POPE: J. Soc. chem. Ind. **22**, 70 (1903).
ITERSON jr., G. VAN: Chem. Weekbl. **30**, 2 (1933).
JOYNER, R. A.: J. chem. Soc. Lond. **121**, 2395 (1922).
KARRER, P. u. N. NISHIDA: Cellulosechem. **5**, 69 (1924).
KATZ, J. R.: Z. Elektrochem. **32**, 269 (1926). — Micellartheorie und Quellung der Zellulose. HESS, Die Chemie der Zellulose. Leipzig 1928.
— u. H. MARK: Z. physik. Chem. A **115**, 385 (1925).
KNECHT, E.: J. Soc. Dyers Colourists **24**, 67, 147 (1908). Ber. dtsch. chem. Ges. **37**, 549 (1904).

KOLTHOFF, J. M.: Pharm. Weekblad 58, 46 (1921).
KÜNTZEL, A. u. F. PRAKKE: Biochem. Z. 267, 243 (1933).
LANGE, H.: Färber-Ztg 1898, 197; Chemiker-Ztg 26, 735 (1903).
LANGER, K.: Melliands Textilber. 16, 507 (1935).
LEIGHTON, A.: J. physic. Chem. 20, 188 (1916).
LIEPATOFF, S.: Kolloid-Z. 36, 148 (1925).
LINDEMANN, E.: Z. angew. Chem. 50, 157 (1937).
LOTTERMOSER, A. u. H. RADESTOCK: Z. angew. Chem. 40, 1506 (1927).
MARK, H.: Physik und Chemie der Cellulose. Berlin 1932.
MARRIOTT, R. H.: J. internat. Soc. Leather Trades Chem. 17, 178 (1933).
McBAIN, J. W. and W. L. McCLATCHIE: J. Amer. chem. Soc. 55, 1315 (1933).
McGILLAVRY, D.: Rec. Trav. chim. Pays-Bas 48, 18, 492 (1929).
MECHEELS, O., L. SCHMITZ u. J. WEBER: Melliands Textilber. 17, 725, 804 (1936).
MEYER, K. H. u. H. MARK: Der Aufbau der hochpolymeren, organischen Naturstoffe. Leipzig 1930.
MILLER, O.: Ber. dtsch. chem. Ges. 40, 4903 (1907); 41, 4927 (1908); 43, 3430 (1910).
NEALE, S. M.: J. Textile Inst. 20, 373 (1929); 21, 225 (1930); 22, 320 (1931); 22, 349 (1931).
NODDER, C. R. and R. W. KINKEAD: J. Textile Inst. 14, 133 (1923).
OSTWALD, WO.: Kolloid-Z. 69, 340 (1934).
OKAMURA, J.: Naturwiss. 21, 393 (1933).
PAULI, WO. u. E. VALKÓ: Elektrochemie der Kolloide. Wien 1929.
PFEIFFER, P.: Organische Molekülverbindungen, 2. Aufl. Stuttgart 1927.
PRESTON, J. M.: Trans. Faraday Soc. 29, 65 (1933).
RASSOW, B. u. M. WADEWITZ: J. prakt. Chem. 106, 270 (1923).
RISTENPART, E.: Färber-Ztg 23, 93 (1912).
SCHWALBE, G. C.: Z. angew. Chem. 22, 197 (1909).
SCHRAMEK, W.: Cellulosechem. 12, 126 (1931).
— Z. physik. Chem. B 13, 462 (1931); 20, 209 (1933).
— Kolloidchem. Beih. 40, 122 (1934).
— u. H. GÖRG: Kolloidchem. Beih. 42, 302 (1935).
— C. SCHUBERT u. H. VELTEN: Cellulosechem. 12, 126 (1931).
SCHUBERT, C.: Diss. Techn. Hochsch. Dresden 1932.
SCHREINEMAKERS, F. A. H.: Z. physik. Chem. A 11, 81 (1899).
SCHWARZKOPF, O.: Z. Elektrochem. 38, 353 (1932).
SÖRENSEN, S. P. L.: Hoppe-Seylers Z. 103, 15 (1918); 106, 1 (1919).
SUSICH, G. v. u. W. W. WOLFF: Z. physik. Chem. B 8, 221 (1930).
TROGUS, C.: Z. physik. Chem. B 22, 139 (1933).
— u. K. HESS: Z. Elektrochem. 42, 704, 710 (1936).
TSCHILIKIN, M.: Melliands Textilber. 14, 404 (1933).
URQUHART, A. R. and N. ECKERSALL: J. Textile Inst. 23, 163 (1932).
— W. BOSTOCK and N. ECKERSALL: J. Textile Inst. 23, 135 (1932).
— and N. M. WILLIAMS: J. Textile Inst. 16, 155 (1925); 18, 55 (1927).
VALKÓ, E.: Kolloid-Z. 51, 130 (1930).
VIEWEG, W.: Z. angew. Chem. 37, 1008 (1924). — Ber. dtsch. chem. Ges. 40, 3876 (1907).
WANT, D. VAN DER: Chem. Weekbl. 28, 507 (1931).
WELTZIEN, W.: Chemische und physikalische Technologie der Kunstseiden. Leipzig 1930.
WIKTOROFF, P. P.: J. Soc. Dyers Colourists 41, 143 (1926). — Melliands Textilber. 6, 169, 251 (1925).
WILKIE, J. B.: Textile Res. 3, 346 (1933).
WILLOWS, R. S. and A. C. ALEXANDER: J. Textile Inst. 13, 237 (1922).
— T. BARRATT and F. H. PARKER: J. Textile Inst. 13, 229 (1922).

8. Die Merkmale der Schädigung von Cellulosefasern.

Begriff der Oxy- und Hydrocellulose. Unter der Einwirkung bestimmter Reagenzien, insbesondere von Säuren und Oxydationsmitteln erleiden die Cellulosefasern Veränderungen. Von diesen Veränderungen ist für die Technik in erster Linie die Schädigung der mechanischen Eigenschaften der Fasern, vor allem die Einbuße an Reißfestigkeit, von großer Bedeutung. Nach unseren heutigen Kenntnissen liegt die Ursache der Faserschädigung in der Verminderung der Molekülgröße, d. h. in dem teilweisen Abbau der Kettenmoleküle in kürzere Bruchstücke. Mit der Kettenlänge ist von den leicht meßbaren physikalischen Eigenschaften die innere Reibung der Lösungen am engsten verknüpft. In der Technik ist — bereits lange Jahre vor der Erkennung ihrer theoretischen Grundlagen — die Messung der Viscosität als sicherste und bequemste Methode zur Feststellung der Faserschädigung benützt worden.

Eine Erniedrigung des Orientierungsgrades der Krystallite der Faser, die, wie bereits erwähnt, gleichfalls zur Abnahme der Festigkeit, allerdings nur innerhalb gewisser Grenzen, führen kann, spielt bei der Faserschädigung kaum eine Rolle. Der molekulare Mechanismus des Zerreißvorganges ist zwar nicht genau bekannt, es ist jedoch auf alle Fälle zu erwarten, daß der Kettenabbau zu einer Verminderung der tatsächlichen Zerreißfläche führt, gleichwohl ob der Faserbruch in dem Abgleiten der Einzelketten oder zum Krystallit vereinigten Kettenbündel aneinander besteht (vgl. Abb. 30, S. 54).

Die rein chemischen Methoden zur Erkennung der Faserschädigung: die Bestimmung der Kupferzahl und der Methylenblauzahl, beruhen auf dem Umstand, daß bei der Zerschlagung der Kettenmoleküle an der Stelle einer glucosidischen Bindegruppe zwei neue Endgruppen entstehen und somit die Anzahl der Endgruppen je Gewichtseinheit Faserstoff vermehrt wird. Bei der Bestimmung der Kupferzahl wird von der Reduktionswirkung dieser aldehydischen bzw. halbacetalischen Endgruppen Gebrauch gemacht, bei der Bestimmung der Methylenblauzahl von den sauren Eigenschaften der Carboxylgruppen. Die saure Funktion der Endgruppen bedingt nämlich die Aufnahme von basischen Farbstoffen.

Allerdings können bei der Oxydation Gruppen mit reduzierenden oder sauren Eigenschaften auch innerhalb der Kette entstehen (z. B. aus den primären oder sekundären Alkoholgruppen), so daß ihr Auftreten noch nicht auf alle Fälle eine Vermehrung der Endgruppen bedeuten muß.

Ein weiteres Merkmal der Faserschädigung ist die erhöhte Löslichkeit in Laugen, für die anscheinend die Verminderung der Kettenlänge gleichfalls die Vorbedingung darstellt.

Es zeigt sich schließlich, daß gewisse Behandlungen zwar keinen unmittelbaren Festigkeitsverlust der Fasern hervorrufen, daß jedoch bei nachfolgender Behandlung der Fasern mit heißer Natronlauge, die sonst die Eigenschaften kaum verändert, eine starke Einbuße an Reißfestigkeit erfolgt. In diesem Fall ist anzunehmen, daß eine chemische Reaktion innerhalb der Cellulosekette stattgefunden hat, die zu einer Steigerung der Empfindlichkeit der glucosidischen Brückenbindungen gegenüber alkalischen Mitteln führt.

Von den faserschädigenden Veränderungen (Verminderung der Kettenlänge und Auflockerung der innermolekularen Bindungsfestigkeit) sind diejenigen Umwandlungen wohl zu trennen, die durch eine starke Quellung des Cellulosematerials hervorgerufen werden und für die die Mercerisierung die kennzeichnendste ist. Diese Umwandlungen zeigen sich unter anderem in der Erhöhung der Reaktionsgeschwindigkeit gegenüber Säuren und Oxydationsmitteln, sie haben jedoch für sich weder eine Verminderung der Viscosität noch eine Einbuße der Widerstandsfähigkeit gegenüber heißen, verdünnten Laugen zur Folge. Wie bei der Besprechung der Mercerisierung ausführlich dargelegt wird, zeigt die Cellulose, die einmal eine starke Quellung durchgemacht hat, erhöhtes Aufnahmevermögen gegenüber Wasserdampf, Lauge und substantiven Farbstoffen. Die durch oxydative oder Säurebehandlung geschwächten Cellulosestoffe weisen in dieser Hinsicht kein von dem der natürlichen Cellulose abweichendes Verhalten auf.

Wohl gibt es jedoch Einwirkungen, die Veränderungen in beiden Richtungen, also Mercerisierung und Abbau, gleichzeitig hervorrufen. Insbesondere können konzentrierte Säuren, ferner konzentrierte Lösungen bestimmter Salze auf diese Weise wirken. Die aus Viscose oder Kupferlösung regenerierte Cellulose zeigt neben den Eigenschaften des mercerisierten Cellulosematerials die Folgen eines mehr oder minder weitgehenden Abbaues (vgl. weiter unten).

Die unter der Einwirkung von Säuren modifizierte Cellulose bezeichnet man als *Hydrocellulose*, die mit Oxydationsmitteln beschädigte Cellulose als *Oxycellulose*. Oxy- und Hydrocellulose stellen keine chemischen Individuen von genau bestimmten Eigenschaften dar. Die Einwirkungen führen je nach ihrer Intensität und Zeitdauer zu mehr oder minder weitgehenden Veränderungen. Von der nativen Cellulose führt eine ununterbrochene Reihe über die Oxy- und Hydrocellulosen zur Glucose bzw. zu deren Säurederivaten. Wir behandeln im folgenden nur die durch milde Einwirkungen hervorgerufenen vergleichsweise geringen Veränderungen der Cellulosestoffe, da diese den bei den verschiedenen Veredelungsvorgängen, insbesondere den beim Bleichen vorkommenden Faserschädigungen entsprechen. Die systematischen Arbeiten auf diesem Gebiet verdanken wir in erster Linie der British Cotton Industry Research Association (vgl. die kurzen Zusammenfassungen von NEALE und DAVIDSON [3]).

Die Zähigkeit der Celluloselösungen. Wie sämtliche Hochpolymeren geben auch die Celluloseverbindungen bereits in mäßigen Konzentrationen Lösungen, deren innere Reibung bedeutend größer ist als die des Lösungsmittels.

Die einfachste und am häufigsten angewandte Methode zur Messung der Viscosität ist die Ermittlung der Durchflußgeschwindigkeit der Flüssigkeit durch eine Capillare (z. B. in dem Wi. Ostwaldschen Viscosimeter). Die Grundlage der Berechnung bildet das Hagen-Poiseuillesche Gesetz:

$$m = \frac{\pi P r^4 t}{8 \eta l}. \tag{1}$$

In der Formel bedeutet m die durchgeflossene Flüssigkeitsmenge, r den Halbmesser der Röhre, l ihre Länge, t die Durchflußzeit, P den hydrostatischen Druck, unter dessen Einwirkung das Fließen erfolgt. η bezeichnet man als den Viscositätskoeffizienten der Flüssigkeit. Läßt man durch ein und dieselbe Röhre unter denselben Bedingungen (Druck und Temperatur) die gleiche Menge zweier verschiedener Flüssigkeiten fließen, so erhält man das Verhältnis der beiden Viscositätskoeffizienten als Verhältnis der beiden Durchflußzeiten:

$$\eta_1/\eta_2 = t_1/t_2. \tag{2}$$

Als relative Viscosität einer Lösung bezeichnet man das Verhältnis des Viscositätskoeffizienten der Lösung (η) zu demjenigen des reinen Lösungsmittels (η_0). Man erhält die relative Viscosität als Quotienten der Durchflußzeit der Lösung und derjenigen des Lösungsmittels[1]:

$$\eta_r = \eta/\eta_0 = t/t_0. \tag{3}$$

Eine weitere häufig gebrauchte Methode ist die Messung der Fallgeschwindigkeit einer Kugel in der Flüssigkeit. Sie ist unter sonst gleichen Bedingungen dem Viscositätskoeffizienten umgekehrt proportional. Das Verhältnis der Fallzeit in der Lösung zu der in dem reinen Lösungsmittel ergibt die relative Viscosität.

Mit steigender Temperatur nimmt die Viscosität der Flüssigkeiten gewöhnlich ab (von Wasser um etwa 2% je Grad).

Die Voraussetzungen des Hagen-Poiseuilleschen Gesetzes sind im Falle der Hochpolymeren nicht immer erfüllt. Es tritt oft eine Abhängigkeit des Viscositätskoeffizienten vom hydrostatischen Druck bzw. vom Durchmesser der Capillare auf. In manchen Fällen zeigen die Lösungen gewisse Eigenschaften der festen Körper (Thixotropie, Elastizität). Bezüglich dieser Anomalien müssen wir hier auf die einschlägigen Ausführungen in Hatscheks Monographie (Die Viskosität der Flüssigkeiten), in Freundlichs „Kapillarchemie" und in Marks „Physik und Chemie der Zellulose" hinweisen. An diesen Stellen befinden sich auch Beschreibungen weiterer Methoden zur Messung der Zähigkeit. Eine neue zusammenfassende Darstellung des hydrodynamischen Verhaltens der Celluloselösungen hat Philippoff gegeben (vgl. auch die Schrifttumshinweise im 1. Abschnitt).

Cellulose ist bekanntlich unverändert nicht löslich, sondern nur in Form gewisser Verbindungen: z. B. als Kupferamminkomplexverbindung und als Na-Xanthogenat in Wasser, als Nitrat und Acetat in organischen Lösungsmitteln. Die Messungen der Zähigkeit solcher Lösungen könnten nun insofern zur Kennzeichnung der Cellulosefasern benützt werden, als man annehmen kann, daß die Überführung in den Lösungszustand keine wesentliche, irreversible Veränderung hervorgerufen hat. Dies ist jedoch nicht immer der Fall. So kann z. B. die Tatsache, daß die innere Reibung der nativen und der mercerisierten Baumwolle in Kupferamminlösung voneinander nicht verschieden ist, durch den Umstand

---

[1] Vorausgesetzt, daß der die kinetische Energie berücksichtigende Hagenbach-Coettesche Korrekturfaktor nötigenfalls angebracht wird (vgl. das Buch von Hatschek).

begründet sein, daß die Auflösung in der Kupferoxydammoniaklösung eine Veränderung in derselben Richtung, jedoch in noch weitergehendem Maße als der Mercerisiervorgang bedeutet.

Vor der Diskussion des Zusammenhanges zwischen der Natur der gelösten Substanz und der Viscosität muß man, um eine Vergleichsgrundlage zu besitzen, die Konzentrationsfunktion der Zähigkeit einigermaßen kennen. Die erste theoretische Auseinandersetzung mit dem Problem der inneren Reibung der Lösung stammt von EINSTEIN. Unter den Voraussetzungen, daß die gelösten Teilchen starre Kugeln darstellen, die gegen die Moleküle des Lösungsmittels groß sind und sich voneinander in solchem Abstand befinden, daß sie sich gegenseitig nicht beeinflussen (d. h. die Lösung genügend verdünnt ist), erhält er die Beziehung:

$$\eta = \eta_0 \left(1 + 2{,}5 \frac{Nv}{V}\right). \quad (4)$$

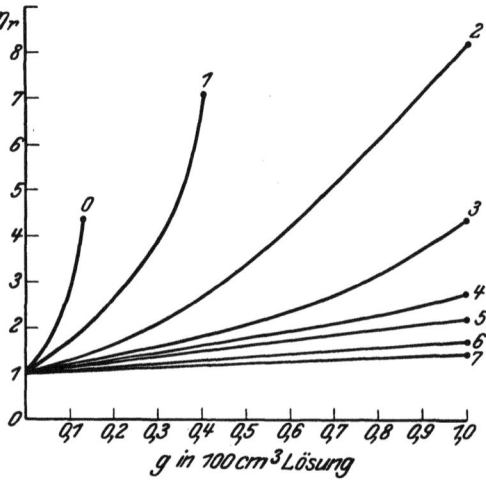

Abb. 149. Relative Viscosität von Nitrocelluloselösungen in Butylacetat in Abhängigkeit von der Konzentration. Nach FIKENTSCHER und MARK. *0*: unter schonendsten Bedingungen nitriert; *1*: „dick"; *2*: „mittel"; *3*: 50% „dick" + 50% „dünn II"; *4*: „dünn II"; *5*: „dünn I"; *6*: „extra dünn"; *7*: „ultra dünn".

Die Bedeutung der Bezeichnungen ist: η innere Reibung der Lösung, η_0 innere Reibung des reinen Lösungsmittels, N Zahl der Teilchen im Gesamtvolumen, v Volumen eines Teilchens, V Gesamtvolumen der Lösung. $\frac{Nv}{V}$ bedeutet also das Verhältnis des Volumens der dispersen Phase zum Gesamtvolumen, das bei hoher Verdünnung der Gewichtskonzentration proportional ist. Nach EINSTEIN wäre also die innere Reibung von der Teilchengröße unabhängig und der Volumenkonzentration proportional. Die gleiche Beziehung wurde unabhängig auch von HATSCHEK abgeleitet.

Es hat sich gezeigt, daß die von EINSTEIN geforderte lineare Abhängigkeit der Viscosität von der Konzentration allgemein bei den Hochmolekularen und insonderheit bei Cellulose nicht besteht oder zumindest nur auf weitgehend verdünnte Lösungen beschränkt bleibt. Bereits in mäßig konzentrierten Lösungen steigt die Viscosität schneller an als die Konzentration. Die obige Abb. 149 zeigt einige Beispiele für dieses Verhalten.

Um den experimentell beobachteten Gang auszudrücken, sind verschiedene Formeln vorgeschlagen worden. Von BERL, DUCLAUX und neuerdings von STAUDINGER wird die ARRHENIUSsche Formel befürwortet:

$$\log (\eta/\eta_0) = k\,c \quad (5)$$

(c Konzentration, k eine Konstante, die für jeden Stoff einen anderen kennzeichnenden Wert hat). FARROW und NEALE verwenden eine von KENDALL angegebene Formel mit zwei Konstanten:

$$1 + C/c = B/\log(\eta/\eta_0) \qquad (6)$$

(c Konzentration, C und B empirische Konstanten).

Eine ausgezeichnete Übereinstimmung in sehr breitem Konzentrationsbereich zeigt die empirische Gleichung von FIKENTSCHER

$$\log \frac{\eta}{\eta_0} = c\left(\frac{a\,k^2}{1+b\,k\,c} + k\right) \qquad (7)$$

(c: Konzentration, a und b zwei universelle Konstanten, k: die für jede Substanz kennzeichnende individuelle Konstante.

Auf Grund der experimentellen Befunde und der theoretischen Überlegungen ergeben sich drei Möglichkeiten, um die Zähigkeitsbeeinflussung der verschiedenen gelösten Substanzen miteinander zu vergleichen: 1. Die Werte in niedrigen Konzentrationen zu vergleichen, in denen die Viscosität mit der Konzentration linear ansteigt. 2. Die Werte der Viscosität der verschiedenen Lösungen bei ein und derselben Konzentration zu vergleichen. 3. Die individuellen Konstanten der Konzentrationsfunktion (die Größe k in der ARRHENIUSschen oder der FIKENTSCHERschen Beziehung) zu vergleichen.

Wo. OSTWALD hat wohl als erster 1909 ausgesprochen, daß die Viscosität mit der Molekülgröße zunimmt. OST, BERL, ferner DUCLAUX und WOLLMAN haben zuerst die Viscositätsmessungen an Celluloselösungen zur Verfolgung des Molekülabbaues benützt. Die Methode wurde für die technischen Zwecke weiter ausgebaut unter anderem von GIBSON und Mitarbeitern, dann von PUNTER und von JOYNER. Seit JOYNER besonders eindringlich dargelegt hat, daß in Anwesenheit von Luft die Zähigkeit der Cellulose in der Kupferamminlösung infolge von oxydativem Abbau stark vermindert wird, werden die Messungen in diesem Lösungsmittel unter Luftabschluß in einer inerten Gasatmosphäre durchgeführt.

Der Einfluß von elementarem Sauerstoff auf die Zähigkeit der Cellulose in Kupferamminlösung geht besonders deutlich aus den Untersuchungen von SCHELLER hervor. Die folgende Tabelle enthält die Werte für die absolute Viscosität 1%iger Lösungen von gebleichten Linters.

Tabelle 76. Viscosität 1%iger Lösungen von Baumwollcellulose in Kupferammin. Nach SCHELLER.

Art der Darstellung der Lösung	Viscosität in Centipoise[1]
Ohne Anwendung von Stickstoff, in Luft	3,6
Mit Anwendung von Bomben-N_2 mit 2,4% O_2-Gehalt	49,6
Mit Anwendung von Bomben-N_2 mit 0,7% O_2-Gehalt	172,7
Mit Anwendung von absolut O_2-freiem N_2	248,0
Probe dazu noch mit Wasser ausgekocht	281,4
Probe dazu noch im Vakuum mit Wasser ausgekocht	316,7
Absolut O_2-freier N_2, Zusatz von 0,1 g $CuCl_2$, ohne Auskochen	800,0
Absolut O_2-freier N_2, Zusatz von 0,3 g $CuCl_2$, ohne Auskochen	893,1
Absolut O_2-freier N_2, Zusatz von 0,5 g $CuCl_2$, Auskochen im Vakuum	928,4

[1] Die Viscosität des Wassers beträgt rund 1 Centipoise.

Man ersieht aus diesen Zahlen die außerordentliche Wirksamkeit geringer Sauerstoffspuren. Der Zusatz von Kupferchlorür hat den Zweck, die letzten Spuren von elementarem Sauerstoff auszuschalten. (Weitere Versuche SCHELLERs ergaben, daß bereits ein Zusatz von Ammonpersulfat, der auf Cellulose berechnet 0,007% Sauerstoff, d. h. auf 1400 Mol Glucoserest 1 Mol Sauerstoff enthält, eine merkliche Herabsetzung der Viscosität bewirkt. Angesichts der hohen Kettenlänge der natürlichen Baumwollcellulose überrascht dieser Befund nicht.)

Für die Technik ist die Frage der quantitativen Beziehung zwischen der mechanischen Festigkeit des Cellulosematerials und der Viscosität seiner Lösungen von großer Bedeutung. Die Untersuchung dieser Beziehung erfolgte zuerst durch FARROW und NEALE und dann eingehender durch CLIBBENS und RIDGE. Als wesentliches Ergebnis der Arbeit der letzteren folgt hier eine tabellarische Zusammenstellung.

Tabelle 77. **Innere Reibung und Festigkeit der Baumwolle nach verschiedenen Behandlungen.** Nach CLIBBENS und RIDGE.

Fluidität	% Festigkeitsverlust			
	Nach Säureangriff	Nach Hypochlorit- und Hypobromitangriff	Nach Bichromat-Schwefelsäureangriff	Nach Bichromat-Oxalsäureangriff
10	10	7	2	1
20	34	25	11	6
30	58	47	26	16

Die Tabelle gibt an, wie groß die Schwächung der Fasern ist, die einer bestimmten Viscosität entspricht, nachdem die Baumwolle verschiedenen Behandlungen unterworfen war. Die erste Spalte bringt die Werte der Fluidität, (d. h. die reziproken Werte der Viscosität) der 0,5%igen Celluloselösungen in wässerigem Kupferoxydammoniak (von bestimmter Zusammensetzung), ausgedrückt in absoluten Einheiten. Für Vergleichszwecke sei bemerkt, daß reines Wasser bei 20° die Fluidität von rund 100 und die Lösung der als Ausgangsmaterial für die Versuche von CLIBBENS und RIDGE dienenden gebeuchten Baumwolle in Kupferammin die Fluidität 3,0 hat. Die Werte der übrigen Spalten zeigen die Differenz zwischen der Festigkeit der geschädigten Cellulose und der des Ausgangsmaterials in Prozenten. Die Festigkeitsmessung erfolgte an Einzelfäden. Obwohl die Fadenfestigkeit nicht nur von der Festigkeit der Einzelhaare abhängt, sondern auch von der Reibung zwischen ihnen, konnte in besonderen Versuchen gezeigt werden, daß in diesem Fall die prozentuale Festigkeitsabnahme der Einzelhaare annähernd gleich ist der prozentualen Festigkeitsabnahme der aus ihnen gesponnenen Einzelfäden. (Jeder der für diesen Vergleich dienenden Meßpunkte der Zerreißfestigkeit wurde als Mittelwert von 150—200 Einzelbestimmungen gewonnen.) Die Festigkeitsabnahme der Fäden kann daher nicht nur in technischem, sondern auch in physikalischem Sinne als Maß der Faserschädigung benützt werden.

Die Bedeutung der Zahlen, etwa in der zweiten Spalte, ist die folgende: Behandelt man Baumwolle mit Säure solange, bis die Fluidität auf 10 steigt, so wird dabei die Festigkeit um 10% vermindert. Behandelt man sie weitgehender, so daß die Fluidität auf 20 steigt, so beträgt die Einbuße an Reißfestigkeit 34%. Erreicht durch intensiveren Säureangriff die Fluidität den Wert 30, so hat die Baumwolle 58% ihrer ursprünglichen Festigkeit verloren. Es ist für diese Beziehung zwischen Fluidität und Festigkeitsverlust gleichgültig, ob die Säurebehandlung mit Schwefelsäure oder mit Salzsäure, in konzentrierter oder verdünnter Lösung, durch langsame Einwirkung bei gewöhnlicher Temperatur oder durch entsprechend kurz dauernde Einwirkung bei Siedehitze erfolgt.

Der Vergleich der Zahlen der dritten Spalte mit denen der vorangehenden zeigt, daß die Baumwolle durch Hypochlorit- oder Hypobromitlösungen bei derselben Erhöhung der Fluidität eine etwas geringere Schwächung erfährt als durch Säure. Die letzten Spalten lassen erkennen, daß Bichromatlösungen, insbesondere in Anwesenheit von Oxalsäure, bei derselben Erhöhung der Fluidität zu noch geringeren Festigkeitsverlusten führen.

Diese Ergebnisse zwingen zu der Folgerung, daß die Viscosität in Kupferamminlösungen die Festigkeit der durch chemische Eingriffe geschädigten Baumwollproben nicht eindeutig kennzeichnet. Die Beziehung zwischen Viscosität und Festigkeit ist nur so lange eindeutig, als die Art des schwächenden Eingriffes dieselbe und nur ihre Intensität verschieden ist. Dabei ist bemerkenswert, daß, wie erwähnt, *die nähere Art der Säurewirkung für den Zusammenhang belanglos, die der oxydativen Wirkung hingegen von großer Bedeutung ist.*

CLIBBENS und RIDGE untersuchten auch den Einfluß des neuerlichen Abkochens mit Alkali nach den verschiedenen faserschädigenden Behandlungen auf die Festigkeit der Baumwolle. Die Einbuße der Widerstandsfähigkeit der Cellulosefasern gegenüber heißen, verdünnten Laugen bedeutet eine praktisch beinahe so ernste Schädigung, wie die unmittelbare Festigkeitsabnahme. Gebeuchte Baumwolle selbst erleidet beim Wiederbeuchen (6 Stunden, 1% NaOH, 1,4 Atü) nur einen Festigkeitsverlust von etwa 5% und eine Erhöhung der Fluidität von 3 auf 4. Wird jedoch das bereits durch Einwirkung verschiedener Reagenzien beschädigte Material auf diese Weise behandelt, so tritt ein neuer erheblicher Festigkeitsverlust auf. Tabelle 78 und Abb. 150 legen dar, in welchem Maße der durch die erste faserschädigende Behandlung erlittene Festigkeitsverlust durch die nachherige Behandlung mit heißem Alkali erhöht wird.

Man ersieht aus den Werten, daß der durch nachheriges Abkochen mit Alkali bewirkte nochmalige Festigkeitsverlust bei den mit Säure beschädigten Proben nur geringfügig ist. Stärker ist er bei der Behandlung mit den Oxydationsmitteln, von denen die Wirkung von Bichromat-Oxalsäure die weitestgehende ist.

Tabelle 78. Festigkeitsverlust geschädigter Baumwolle nach Abkochen mit Alkali. Nach CLIBBENS und RIDGE.

Abgekocht und nachher behandelt mit Faserschädiger	% Festigkeitsverlust				
	Abgekocht, behandelt mit Faserschädiger und wieder abgekocht				
	Behandelt mit Säure	Behandelt mit alkalischer Hypochlorit-lösung	Behandelt mit neutr. Hypo-chloritlösung	Behandelt mit Bichromat-Schwefelsäure	Behandelt mit Bichromat-Oxalsäure
5	5	8	16	20	25
10	12	16	35	40	50
15	17	21	48	55	67
20	24	26	61	67	81

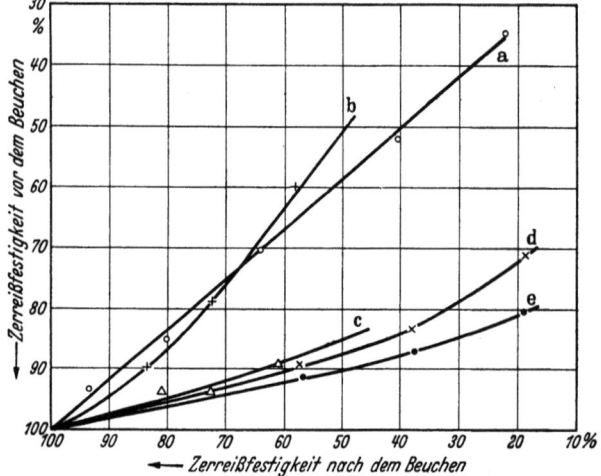

Abb. 150. Festigkeitsverlust geschädigter Baumwolle beim Abkochen mit Alkali (1% NaOH, 6 Std., 1,4 Atü). a: geschädigt mit Schwefelsäure; b: g. m. alkalischer Hypochloritlösung; c: g. m. neutraler Hypochloritlösung; d: g. m. Bichromat-Schwefelsäure; e: g. m. Bichromat-Oxalsäure. Festigkeitswerte im Verhältnis zur Zerreißfestigkeit der ungeschädigten Baumwolle. Nach CLIBBENS und RIDGE.

Vergleicht man nun den Festigkeitsverlust und die Fluidität der geschwächten Baumwolle nach dem Abkochen mit Alkali, so erhält man für die durch Oxydation bewirkten verschiedenen Schädigungen eine ziemlich eindeutige Beziehung. Es gilt dann annähernd, daß die Fluidität 10 einem 10%igen Festigkeitsverlust, die Fluidität 20 einem 30%igen Festigkeitsverlust und die Fluidität 30 einem 58%igen Festigkeitsverlust entspricht (Abb. 151). Diese Beziehung besteht auch zwischen Fluidität und Festigkeit von Hydrocellulose ohne nachheriges Abkochen mit Alkali, wie die Tabelle 77 zeigt. Da jedoch das Abkochen mit Alkali weder die Festigkeit noch die Fluidität der durch Säureangriff geschädigten Baumwollfasern wesentlich verändert, bleibt sie für diese Produkte auch nach dem Abkochen gültig. Bei den Oxycellulosen wird die Eindeutigkeit der Festigkeit-Fluiditätbeziehung hingegen dadurch erreicht, daß gerade für diejenigen Produkte, bei denen nach der ursprünglichen Schädigung eine bestimmte

Fluidität einen verhältnismäßig geringen Festigkeitsverlust bedeutete, das nachherige Abkochen mit Alkali eine neuerliche wesentliche Faserschwächung bringt, ohne die Fluidität entsprechend stark zu beeinflussen.

Die Wirkung von heißen alkalischen Lösungen auf die Festigkeit von bereits durch chemische Angriffe geschädigter Baumwolle ist deswegen von Bedeutung, weil eine Reihe von Veredelungsmethoden, insbesondere das Waschen, eine alkalische Behandlung darstellen. CLIBBENS und RIDGE zeigten, daß Baumwolle, die durch Behandlung mit Bichromat-Oxalsäure 16% ihrer Festigkeit eingebüßt hat, bereits bei nachfolgendem

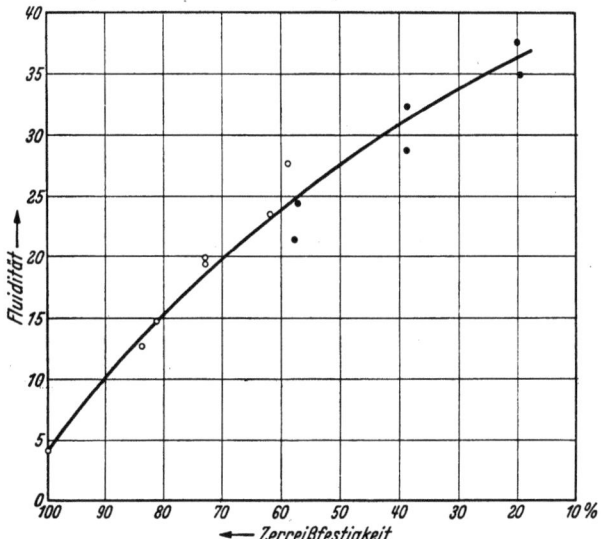

Abb. 151. Zusammenhang zwischen Zerreißfestigkeit und Fluidität von Oxycellulose nach dem Abkochen mit Alkali. ○: Faserschädigung durch alkalische Hypochloritlösung; ●: Faserschädigung durch Bichromat-Schwefelsäure. (Fluidität in absoluten Einheiten der 0,5%igen Lösungen. Festigkeitswerte im Verhältnis zur Festigkeit der ungeschädigten Baumwolle.) Nach CLIBBENS und RIDGE.

Kochen mit einer Seifenlösung insgesamt 65% der ursprünglichen Festigkeit verliert. Ähnlich wie das Kochen mit verdünnten Alkalien wirkt das Mercerisieren mit konzentrierten Laugen in der Kälte. Die Untersuchung der beiden Forscher führt zu dem Ergebnis, daß die Viscosität in Kupferamminlösung nicht für den tatsächlichen Festigkeitszustand, sondern für die nach der alkalischen Behandlung zu erwartende Festigkeit eindeutig charakteristisch ist.

Wenn die Zähigkeit der Lösungen und die Festigkeit nur von der Kettenlänge der Cellulosemoleküle abhängig sind, dann sind für das Verständnis des Befundes, daß Festigkeit und Zähigkeit der geschädigten Baumwollfaser einander nicht eindeutig zugeordnet werden können, besondere Erklärungen erforderlich. Erstens ist die Tatsache zu berücksichtigen, daß man es hier im allgemeinen nicht mit einem einheitlichen Stoff, sondern mit einem Gemisch verschieden langer Moleküle zu tun hat.

Die physikalischen Eigenschaften dieser Gemische sind nicht nur von der mittleren Kettenlänge, sondern auch von der Verteilungsfunktion der Kettenlängen abhängig. Weder für die Festigkeit noch für die Viscosität ist es notwendigerweise gleichgültig, ob derselbe Mittelwert der Kettenlänge durch ein bestimmtes Mengenverhältnis von sehr großen und sehr kleinen Molekülen geliefert wird, oder aber, ob annähernd gleich große Moleküle vorliegen. Es ist andererseits kaum zu erwarten, daß die Viscosität und die Festigkeit auf dieselbe Weise von der Verteilungsfunktion der Kettenlänge abhängen. Des weiteren kann man auch die Möglichkeit nicht von der Hand weisen, daß das Cellulosemolekül auch bei dem sorgfältigst ausgeführten Lösungsvorgang einen weiteren Abbau erleidet. Wie weitgehend dieser Abbau sein wird, hängt unter anderem auch von der Art der vorher der Baumwolle zugefügten chemischen Schädigungen ab. Die oben mitgeteilten Erfahrungen von CLIBBENS und RIDGE über den Einfluß des nachfolgenden Abkochens mit Laugen legen die Annahme nahe, daß die Auflösung in Kupferamminlösung einen ähnlichen Abbau bewirkt wie das Abkochen. Diese Vorstellung erklärt, warum die Viscositätsmessung nicht den aktuellen Festigkeitszustand, sondern den nach der alkalischen Behandlung zu erwartenden kennzeichnet. Eine unmittelbare Prüfung der Annahme wäre dadurch möglich, daß man die für die Viscositätsmessungen verwendete Cellulose nach dem Regenerieren wieder auf Festigkeit untersuchen würde.

Über die Viscositätsmessungen von STAUDINGER und seinen Mitarbeitern, die die Berechnung des Molekulargewichtes der Cellulose in den verschiedenen Präparaten zum Ziele haben, wurde bereits in Abschnitt 1 berichtet. Diese Messungen sind nach Tunlichkeit in demjenigen Verdünnungsgebiet ausgeführt worden, in dem die Viscosität noch eine lineare Funktion der Konzentration darstellt. Bei den höchstmolekularen Produkten liegt die angewendete Konzentration bei Bruchteilen von $1^o/_{oo}$ und doch ist hier noch die Erhöhung der Viscosität deutlich. So zeigt die ungebleichte Baumwolle als Nitrat in Butylacetat in 0,006%iger Lösung (bei 20°) noch eine relative Viscosität von 1,2. Bemerkenswert ist die Tatsache, daß nicht nur die Erhöhung der inneren Reibung durch die nitrierten Produkte in Butylacetat bedeutend größer ist als die Viscositätserhöhung einer Kupferamminlösung durch dieselben Substanzen, sondern, daß auch die durch Vergleich mit den niedrigen Gliedern der polymer-homologen Reihe berechneten Molekulargewichte der Baumwolle im ersten Falle bedeutend größer sind. Die Viscositätswerte in der Kupferamminlösung waren unter den befolgten Vorsichtsmaßregeln, wie Sauerstoff- und Lichtabschluß, unabhängig von der Lösungsdauer, so daß ein zeitlich verlaufender Abbau ausgeschlossen erscheint. Man hat vielmehr den Eindruck, und dies ist auch STAUDINGERs Ansicht, daß bei der Auflösung in diesem Lösungsmittel eine sofortige Spaltung des Cellulosemoleküls erfolgt, und zwar bei der nativen

Baumwolle etwa in zwei Bruchstücke. Es wäre erwünscht, die Festigkeit der Cellulosepräparate mit ihrer Viscosität auch in organischen Lösungsmitteln nach der Nitrierung zu vergleichen, wie dies mit den Kupferamminlösungen bereits geschah.

DAVIDSON 3 hat vorläufig nur einige Ergebnisse einer solchen Untersuchung mitgeteilt. Zwischen der Festigkeit der Oxy- und Hydrocellulose und der Fluidität der Lösungen ihrer Nitrate in Aceton besteht eine eindeutige Beziehung. Die Sonderstellung der mit Bichromat geschädigten Cellulose tritt bei dieser Art der Prüfung nicht hervor. Wie daher zu erwarten ist, erweist sich beim Vergleich der Viscositäten der Kupferamminlösungen mit denjenigen der Acetonlösungen die Viscosität der Bichromatcellulose in Kupferammin als viel zu niedrig.

Das von STAUDINGER und seinen Mitarbeitern gewonnene Versuchsmaterial zeigt ebenfalls, daß das Bleichen und sogar das Umfällen der Cellulosestoffe, falls es nicht unter Einhaltung der peinlichsten Vorsichtsmaßregeln erfolgt, einer Herabsetzung der Viscosität, d. h. im Sinne von STAUDINGER des Molekulargewichtes der Cellulose zur Folge hat. Bedauerlicherweise sind bisher von STAUDINGER nur wenig Versuche mitgeteilt worden, in denen auch die mechanischen Eigenschaften der Faserstoffe quantitativ ermittelt wurden. Nach STAUDINGERs Berechnungsweise wird die technische Brauchbarkeit der Faser in Frage gestellt, wenn das Molekulargewicht der Cellulose etwa unter 30000 (rund 200 Glucosereste je Molekül) sinkt.

FIKENTSCHER drückt die Zähigkeitsbeeinflussung der verschiedenen Celluloseproben in Kupferamminlösung durch den Wert der individuellen Konstante der von ihm angegebenen Konzentrationsfunktion aus. Je höheren Wert diese Konstante hat, um so stärker wird in gleich konzentrierten Lösungen die Viscosität erhöht, d. h. um so größer ist die (mittlere) Kettenlänge. Einige seiner Ergebnisse, die einen guten Überblick über die Viscositätsbeeinflussung der verschiedenen Produkte vermitteln, seien hier mitgeteilt.

Tabelle 79. Viscosität von Cellulosepräparaten. Nach FIKENTSCHER.

	Viscositätskonstante $k \times 10^3$
Baumwolle, unbehandelt	205, 208
Baumwolle, unter O_2-Ausschluß gebeucht	211
Baumwolle, $1/2$ Stunde gechlort (n/10 Cl)	204
Baumwolle, gebleicht und gechlort (1 Stunde)	200
Baumwolle, gebleicht und gechlort (2 Stunden)	191
Linters, gebleicht	173
Zellstoff Waldhof, extra hart	169
Natronzellstoff, ungebleicht	142, 152
Zellstoff Waldhof, extra weich	150
Sulfitzellstoff Aschaffenburg, ungebleicht	147
Sulfitzellstoff Aschaffenburg, gebleicht	123
Kupferseide	96
Viscoseseide	96, 92, 90, 87
Natronzellstoff, gebleicht	82

Die geringfügige Steigerung der Viscosität, die beim vorsichtigen Beuchen unter Luftabschluß erhalten wird, ist auf das Herauslösen der niedrigviscosen Verunreinigungen der Rohbaumwolle zurückzuführen.

Kupferzahl und Methylenblauzahl. Weder die Bestimmung des Reduktionsvermögens der Cellulose gegenüber alkalischen Kupferlösungen, noch die Messung des Adsorptionsvermögens gegenüber basischen Farbstoffen kann, entgegen den ursprünglichen Erwartungen,

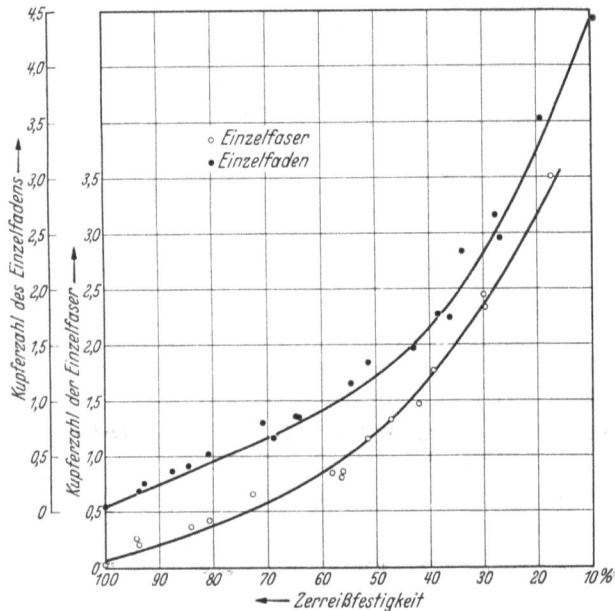

Abb. 152. Zusammenhang zwischen Zerreißfestigkeit von Hydrocellulosen (in Form von Fasern und Fäden) und ihrer Kupferzahl. Nach BIRTWELL, CLIBBENS und GEAKE.

als zuverlässige Methode zur Kennzeichnung des Ausmaßes der Faserschädigung, unabhängig von ihrer Art, gelten. Besonders ausführlich wurde dies durch die kritischen Untersuchungen von BIRTWELL, CLIBBENS und RIDGE erwiesen.

Auf die Einzelheiten der beiden Bestimmungsmethoden, die im Laufe der Zeit in verschiedener Hinsicht verbessert worden sind, können wir hier nicht näher eingehen. Das Verfahren zur Kupferzahlbestimmung ist durch CLIBBENS und GEAKE beschrieben worden. Wegen der Methylenblauzahlbestimmung siehe bei BIRTWELL, CLIBBENS und RIDGE. Die Kupferzahl gibt die Menge des durch 100 g Cellulose adsorbierten Kupfers in g, die Methylenblauzahl die Menge des durch 100 g Cellulose adsorbierten Methylenblaus in Millimolen an. Die Methode der Kupferzahlbestimmung wurde von SCHWALBE, die der Methylenblauzahl von RISTENPART in die Cellulosechemie eingeführt.

Die Behandlung der Baumwolle mit Säuren führt zu Abbauprodukten, deren Kupferzahl zum Festigkeitsverlust und zur Viscosität in einer eindeutigen Beziehung steht (Abb. 152 und 153).

Offenbar führt die hydrolytische Spaltung der glucosidischen Bindungen zur Bildung von Aldehydgruppen (bzw. der damit tautomeren Halbacetalgruppen), deren Anzahl mit der mittleren Kettenlänge ebenso eindeutig zusammenhängt wie die Faserfestigkeit.

Formelmäßig läßt sich der Zusammenhang zwischen Viscosität und Kupferzahl der Hydrocellulosen folgendermaßen ausdrücken:

$$\log (\eta/\eta_0)^2 \cdot N_{Cu} = k \qquad (8)$$

η/η_0: rel. Viscosität; N_{Cu} = Kupferzahl; k: Konstante.

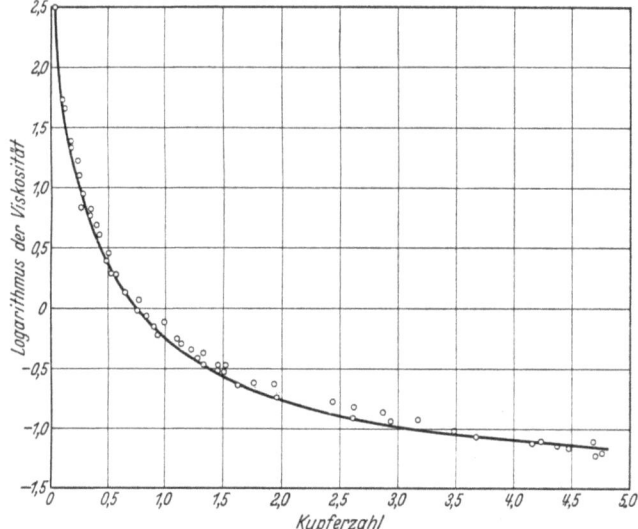

Abb. 153. Zusammenhang zwischen der Viscosität (der 2%igen Lösungen) und der Kupferzahl von Hydrocellulose. Nach BIRTWELL, CLIBBENS und GEAKE.

Die Viscosität wird dabei in 2%iger Lösung in Kupferamminlösung von bestimmter Zusammensetzung ermittelt.

Die obige Beziehung kann als Kriterium benützt werden, um zu entscheiden, ob die Faserschädigung Folge eines Säureeinflusses ist oder nicht. Allerdings ist auch hier Bedingung, daß keine alkalische Behandlung nachgefolgt ist. Das Kochen mit verdünntem Alkali kann die Kupferzahl der Hydrocellulose (genau so wie die der Oxycellulose) auf einen Bruchteil herabdrücken, wobei die Viscosität und die Zerreißfestigkeit im allgemeinen nur eine geringe Einbuße erleiden.

Die Methylenblau-Adsorption (aus gepufferten Lösungen) wird im allgemeinen infolge der Schädigung der Baumwolle durch Säuren erniedrigt. Nur die Behandlung mit konzentrierten Schwefelsäure- und Phosphorsäurelösungen führt zur erhöhten Aufnahme der basischen Farbstoffe. BIRTWELL, CLIBBENS und GEAKE konnten im Falle der Phosphorsäure nachweisen, daß die Ursache dieser erhöhten Adsorption in der Bindung der Säure an die Baumwolle liegt. Die Bindung ist widerstandsfähig gegenüber dem normalen Reinigungsverfahren. Was die oxydative Behandlung z. B. mit Hypochloritlösungen betrifft, so ist ihr Einfluß auf Kupferzahl und Methylenblauzahl auf gänzlich entgegengesetzte Weise von der Wasserstoffionenkonzentration der schädigenden Lösung abhängig (Abb. 154).

Die Schädigung der Baumwolle durch Oxydationsmittel führt in allen Fällen zu einer Erhöhung der Kupferzahl, jedoch in verschiedenem Maße. Vergleicht man die Kupferzahl mit der Intensität der Einwirkung,

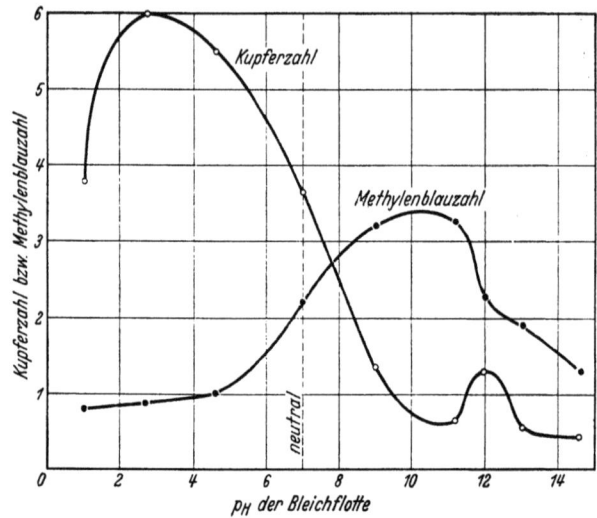

Abb. 154. Kupferzahl und Methylenblauzahl von Oxycellulosen nach dem gleichen Sauerstoffverbrauch (0,32 g O_2 je g Cellulose) in Abhängigkeit vom p_H der Hypochloritlösung. Nach BIRTWELL, CLIBBENS und RIDGE.

die man durch Messung der von der Cellulose aufgenommenen Sauerstoffmenge oder des Festigkeitsverlustes bestimmt, so findet man, je nach der Art der Einwirkung, gänzlich abweichende Ergebnisse. Eine Kupferzahl von 0,4 kann je nach den Bedingungen der Oxydation z. B. ebenso einem geringfügigen als auch einem bedeutenden Festigkeitsverlust entsprechen. Ähnlich unbestimmt ist die Beziehung des Festigkeitsverlustes zur Methylenblauzahl. Wie auch aus dem Beispiel der obigen Abbildung ersichtlich ist, hängt die Methylenblauzahl von den Oxydationsbedingungen im allgemeinen in entgegengesetztem Sinne ab wie die Kupferzahl. Darüber hinaus gilt, daß geringfügige oxydative Einwirkungen unter Umständen mit einer Abnahme der Methylenblauzahl verknüpft sein können.

Das nachherige Kochen mit verdünnter Lauge setzt die Kupferzahl der Oxycellulosen auf einen Bruchteil herab und erhöht meistens die Methylenblauzahl.

Dieses Verhalten ist so zu erklären, daß, wie bereits erwähnt, die Bildung von reduzierenden Gruppen aus den Hydroxylgruppen der Pyranosereste auch ohne Spaltung der Kette erfolgen kann. Eine derartige Oxydation führt anscheinend die Cellulosemoleküle in einen gegenüber Alkalieinwirkung besonders empfindlichen Zustand über. Unterstützt wird diese Ansicht durch die Feststellung, daß der Gewichtsverlust beim Alkalikochen der geschädigten Cellulose (sowohl der Oxyals auch der Hydrocellulose) um so größer ist, je höher die ursprüngliche Kupferzahl ist. Ferner wird die Methylenblauzahl nach dem Alkalikochen um so stärker erhöht, je höher die Kupferzahl vor der Behandlung war.

Die Faserschädigung beim Bleichen. Für die Technik der Bleicherei ist die Abhängigkeit der Verminderung der Kettenlänge der Cellulose einerseits, der Bleichwirkung andererseits von den Arbeitsbedingungen des Bleichens (Temperatur, Konzentration, p_H usw.) von ausschlaggebender Bedeutung. Diese wichtige Frage liegt außerhalb des Rahmens des vorliegenden Werkes. Wir erwähnen hier nur die Feststellung von CLIBBENS und RIDGE, wonach der Verbrauch von aktivem Chlor und zugleich die Zunahme der Kupfer- und der Methylenblauzahl der Cellulose, sowie die Abnahme ihrer Viscosität in Abhängigkeit vom p_H der behandelnden Hypochloritlösung ein sehr ausgeprägtes Geschwindigkeitsmaximum beim Neutralpunkt ausweisen. In mäßig saurer, wie auch in mäßig alkalischer Lösung findet die Faserschädigung bedeutend langsamer statt als beim p_H 7. Diese Verhältnisse hängen wahrscheinlich mit dem Dissoziationsgleichgewicht der unterchlorigen Säure zusammen (vgl. jedoch hierzu WEISS sowie ELÖD und VOGEL). Weiterhin verweisen wir auf die Untersuchungen KAUFFMANNs, in die auch die Bleichwirkung in Abhängigkeit von der Reaktion der Bleichlauge einbezogen ist.

SCHELLER hat den Einfluß von peroxydischem Sauerstoff mit demjenigen des elementaren Sauerstoffes verglichen und festgestellt, daß, ausgehend von der neutralen Reaktion, bei zunehmender Alkalität die faserschädigende Wirkung des Peroxydes (gemessen an der Viscosität, der Kupferzahl und der Löslichkeit der Cellulose) abnimmt, dagegen die jenige des elementaren Sauerstoffes zunimmt. Für die Erhaltung der Faserfestigkeit dürfte daher dem Luftabschluß nicht nur bei der Herstellung der Kunstseide (Kupferamminlösung, Viscoselösung), sondern auch beim Beuchen und Bleichen große Bedeutung zukommen. Die Aufnahme des elementaren Sauerstoffes durch Baumwolle wurde von WELTZIEN und ZUM TOBEL und sehr eingehend von DAVIDSON [1] untersucht.

Löslichkeit in Natronlauge. Eine wesentliche Eigenschaft der chemisch geschädigten bzw. abgebauten Cellulose ist ihre teilweise Löslichkeit in wässeriger Natronlauge (darauf beruht ja die technische Bestimmung der sog. α-Cellulose).

Die Löslichkeit von niedrigmolekularen krystallinischen Stoffen ist unabhängig von der Menge des Bodenkörpers: wenn ungelöster Bodenkörper zurückbleibt, dann hat die Lösung eine bestimmte Konzentration, die Sättigungskonzentration. Im Gebiete der kolloiden Lösungen, insbesondere im Bereiche der hochmolekularen Stoffe, beobachtet man hingegen, daß die Löslichkeit von der Menge des Bodenkörpers abhängt. Auch bei der Cellulose bzw. deren Abbauprodukten ist dies der Fall. Behandelt man z. B. Hydro- oder Oxycellulose mit konzentrierter

Natronlauge, so löst sich, sofern der Abbau nicht zu weitgehend war, nur ein Teil darin und die Konzentration der Lösung an Cellulosestoff hängt nun davon ab, wieviel Cellulose mit der Lauge in Berührung gebracht wurde. Die Erklärung dieses Verhaltens ist sehr einfach. Die abgebaute Cellulose ist ein Gemisch, dessen Bestandteile sich vor allem in der Molekülgröße unterscheiden. Derjenige Anteil, dessen Kettenlänge einen gewissen Wert überschreitet, ist unlöslich. Der andere Anteil hat eine sehr große Löslichkeit. Wenn nun eine bestimmte Menge des Cellulosematerials mit dem Lösungsmittel in Berührung gebracht wird, dann bleibt der unlösliche Teil zurück. Die Konzentration der Lösung an Cellulosestoff wird daher der zugesetzten Cellulosemenge proportional sein. Man bezeichnet in solchen Fällen — im Gegensatz zum klassischen Löslichkeitsbegriff (Löslichkeit = Konzentration der gesättigten Lösung) — als „Löslichkeit" das Verhältnis der jeweils in Lösung gehenden Menge zu der jeweils zugesetzten.

Durch zwei weitere Umstände kann das Löslichkeitsverhalten der Hochmolekularen verwickelter werden. Erstens kann der Fall eintreten, daß bei steigender Bodenkörpermenge (auf dieselbe Lösungsmittelmenge berechnet) die Sättigungskonzentration der einzelnen löslichen Anteile erreicht wird. Die Folge ist, daß die oben definierte „Löslichkeit" des Gesamtstoffes bei zunehmender Bodenkörpermenge vermindert erscheint. Der zweite Fall kann vorliegen, wenn die Auflösung darauf beruht, daß die hochmolekulare Substanz mit einer in dem Lösungsmittel enthaltenen Substanz in Reaktion tritt. Dies trifft z. B. zu, wenn die Cellulose in Natronlauge gelöst wird. Die Reaktion besteht in diesem Fall in der Bindung der OH-Ionen beziehungsweise der Natriumhydroxydmoleküle an die Cellulose. Die Lauge verbindet sich jedoch nicht nur mit dem gelösten, sondern auch mit dem als Bodenkörper zurückbleibenden Anteil. Mit wachsender Bodenkörpermenge verschwindet daher ein wachsender Teil der Lauge aus der Lösung. Da die Löslichkeit von der Konzentration der Natronlauge abhängt, tritt als Folge der Verarmung der Lauge eine Veränderung der Löslichkeit ein. Die folgende Abb. 155 stellt diese Verhältnisse an einem gebleichten Sulfitzellstoff nach den Beobachtungen v. NEUENSTEINs (in WO. OSTWALDs Laboratorium) dar.

Wir sehen, daß zunächst mit wachsender Bodenkörpermenge der in Lösung gehende Anteil annähernd linear ansteigt. Dann wird ein Maximum erreicht und bei weiterer Zunahme der Bodenkörpermenge nimmt die „Löslichkeit" ab. Das Auftreten eines Löslichkeitsmaximums ist bei den kolloiden Körpern eine häufige Erscheinung, wie WO. OSTWALD und seine Mitarbeiter (v. BUZÁGH u. a.) nachgewiesen hatten (Bodenkörperregel). In dem vorliegenden Fall beruht der Anstieg in der ersten Kurvenhälfte auf dem Umstand, daß jeweils nur der Anteil mit genügend niedriger Kettenlänge gelöst wird. Der Abfall in der zweiten Kurvenhälfte wird durch die Verarmung der Lauge hervorgerufen. Die

„Löslichkeit" der Cellulose nimmt nämlich in der Nähe der angewandten Laugenkonzentration (9,4%) mit der zunehmenden Konzentration der Lauge zu, d. h. je verdünnter die Lauge ist, um so kleiner ist die maximale Kettenlänge, unterhalb welcher die Cellulosefraktion noch gelöst wird. Die Überlagerung der beiden Effekte führt zu der beobachteten Maximumbildung.

Die Löslichkeit der Hydro- und Oxycellulose wurde von BIRTWELL, CLIBBENS und GEAKE bei 15°, von DAVIDSON 2 auch bei tiefen Temperaturen (0° und —5°) untersucht.

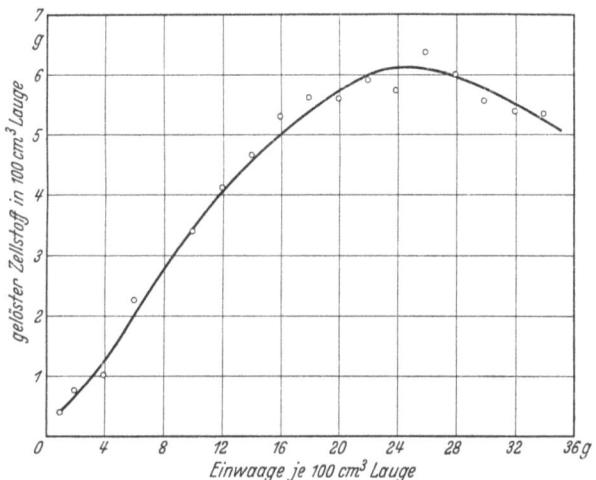

Abb. 155. Löslichkeit von gebleichtem Sulfitzellstoff in 9,4%iger NaOH-Lösung in Abhängigkeit von der Menge der Einwaage. Nach v. NEUENSTEIN.

Die Menge des Bodenkörpers im Verhältnis zu derjenigen des Lösungsmittels betrug bei den ersten Forschern 2,5%, bei DAVIDSON 1%. Man befindet sich hier in einem Gebiet des Bodenkörperverhältnisses, in dem der in Lösung gehende Anteil von der Bodenkörpermenge praktisch unabhängig ist. DAVIDSON hat an einem Beispiel gezeigt, daß die „Löslichkeit" einer Hydrocellulose von 54% nur auf 52% zurückgeht, wenn das Bodenkörperverhältnis von 0,35 auf 3,5% wächst.

Die Abhängigkeit der „Löslichkeit" von der Laugenkonzentration und von der Temperatur nach dem Befund von DAVIDSON ist in der folgenden Abb. 156 dargestellt.

Bei konstanter Temperatur zeigt somit die „Löslichkeit" in Abhängigkeit von der Laugenkonzentration ein Maximum. Bei Erniedrigung der Temperatur nimmt die „Löslichkeit", insbesondere ihr maximaler Wert zu. Die optimale, d. h. für die Lösung günstigste Konzentration der Lauge ist um so niedriger, je tiefer die Temperatur ist. Für die Hydrocellulose, auf die sich die obige Abbildung bezieht, beträgt die maximale „Löslichkeit" bei 15° 8,2%, bei 0° 57,5%, bei —5° 82,6%. Die entsprechenden Werte der optimalen Laugenkonzentrationen betragen

3,0, 2,75 und 2,5 n. Die Löslichkeitswerte der verschiedenen Hydro- und Oxycellulosepräparate hängen naturgemäß von der Art und dem Grad der Faserschädigung ab. Die Werte der optimalen Laugenkonzentrationen bleiben hingegen im allgemeinen den oben aufgezählten gleich, sofern als Ausgangsmaterial nicht mercerisierte Baumwolle diente. Für die Hydrocellulosen jedoch, die aus mercerisierter Baumwolle gewonnen wurden, beträgt die optimale Konzentration bei $-5°$ 3,0 n, also deutlich mehr.

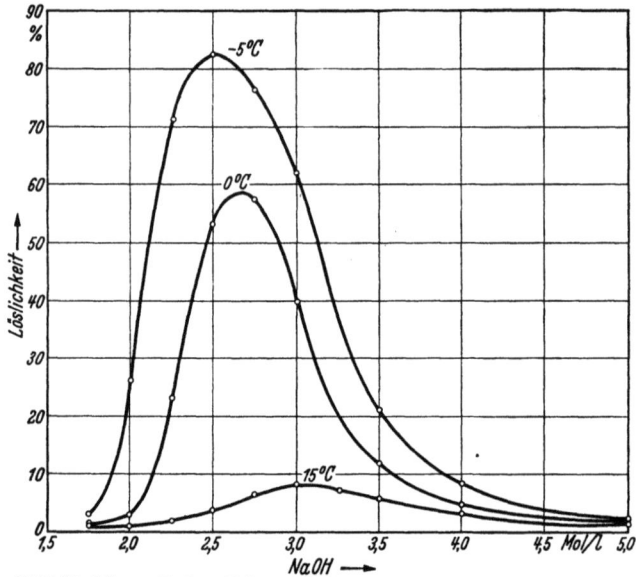

Abb. 156. „Löslichkeit" von Hydrocellulose (Fluidität der 0,5%igen Lösung 32,4) in Abhängigkeit von der Laugenkonzentration bei verschiedenen Temperaturen. Nach DAVIDSON.

Für eine bestimmte Art der Faserschädigung nimmt die „Löslichkeit" mit wachsender Fluidität zu. Allein die Fluidität-„Löslichkeits"-Beziehung ist für jede Abbauart eine andere. Die nächsten Abb. 157 und 158 zeigen diese Verhältnisse.

BIRTWELL, CLIBBENS und GEAKE haben die Beobachtung gemacht, daß bei 15° die höchste „Löslichkeit" der abgebauten Cellulosen dann erreicht wird, wenn sie zuerst mit konzentrierter Natronlauge (10 n) behandelt werden und diese Lösung dann auf 2 n verdünnt wird. Sie fanden, daß die auf diese Weise ermittelte maximale „Löslichkeit" mit der Fluidität in ganz eindeutiger Beziehung steht, unabhängig von der Art der Faserschädigung. Hingegen beobachteten sie, daß die „Löslichkeit" und die Kupferzahl einander nur dann zugeordnet werden können, wenn die Art der Faserschädigung feststeht.

Durch Ausnützung der Abhängigkeit der Löslichkeit von der Temperatur und der Laugenkonzentration konnte DAVIDSON die Hydrocellulose in verschiedene Fraktionen aufteilen. Die Fraktionen wurden aus den alkalischen Lösungen (die unlösliche Fraktion aus der alkalischen Quellung) mit Säure regeneriert. Sie unterscheiden sich sehr erheblich

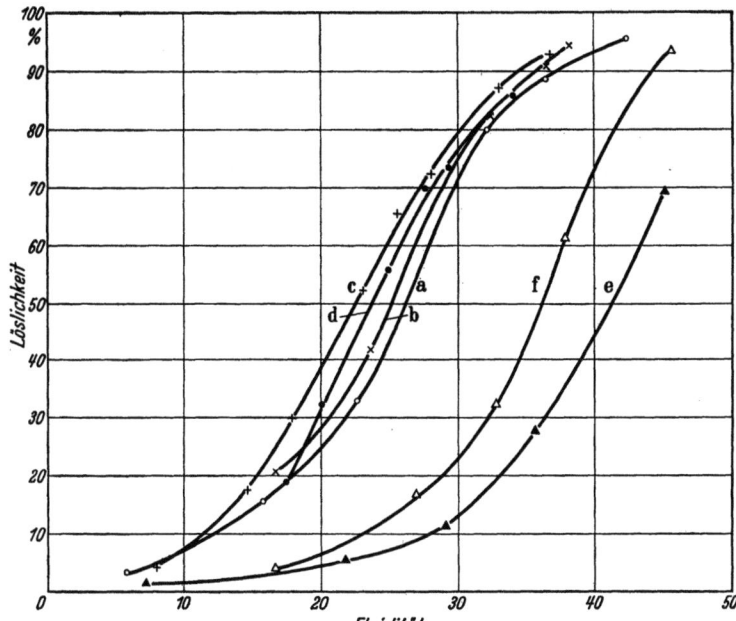

Abb. 157. Zusammenhang zwischen der optimalen „Löslichkeit" bei $-5°$ und der Fluidität (der 0,5%igen Lösungen) von Hydrocellulosen. a—d: aus nativer Baumwolle (Löslichkeit in 2,5 n NaOH); e—f: aus mercerisierter Baumwolle (Löslichkeit in 3,0 n NaOH). Probe b wurde aus a durch Abkochen mit Alkali hergestellt, ebenso d aus c und f aus e. Nach DAVIDSON.

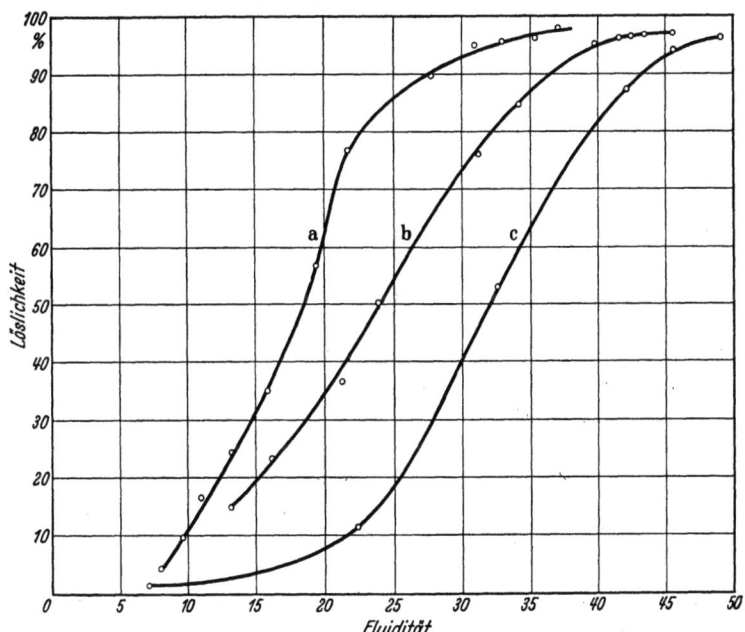

Abb. 158. Zusammenhang zwischen der optimalen „Löslichkeit" bei $-5°$ und der Fluidität (der 0,5%igen Lösungen) von Oxycellulosen. a: aus Baumwolle durch Hypochloritbehandlung (Löslichkeit in 2,5 n NaOH); b: wie a, jedoch mit Alkali abgekocht; c: aus Baumwolle durch Einwirkung von Natronlauge und Sauerstoff (Löslichkeit in 2,75 n NaOH). Nach DAVIDSON.

Valkó, Grundlagen.

in der Viscosität. Der leichtest lösliche Anteil hat die geringste Zähigkeit. Nach Mischen der Fraktionen erhält man ein Produkt, dessen Lösung eine nur wenig niedrigere Viscosität zeigt als diejenige des Ausgangsmaterials. Diese geringe Veränderung ist die Folge der Behandlung mit Natronlauge und der Wiederausfällung mit Säure.

DAVIDSON hat festgestellt, daß die Löslichkeit der Cellulosestoffe in Natronlauge keinen umkehrbaren Gleichgewichtszustand darstellt. Löst

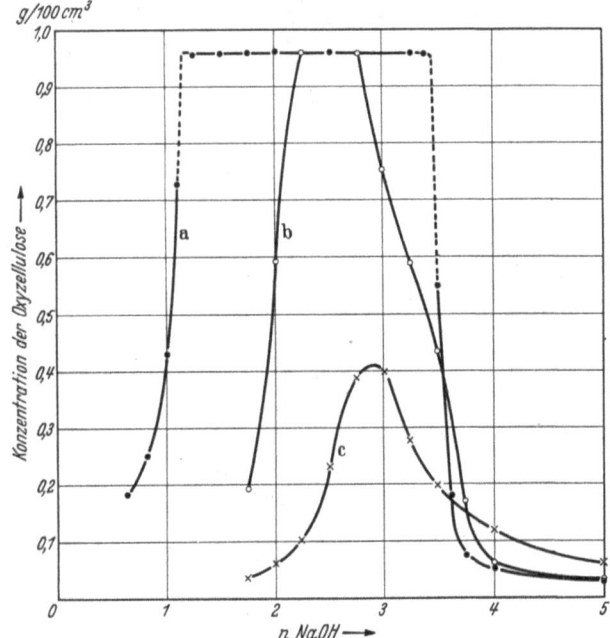

Abb. 159. Irreversibilität der Löslichkeit von Oxycellulose in Natronlauge. a: eine bei −5° mit 2,5 n NaOH hergestellte 1%ige Lösung wurde auf die an der Abszisse angegebene Laugenkonzentration gebracht und 10 Tage lang bei 15° stehengelassen; b: die Lösung wurde mit der Lauge von der angegebenen Konzentration bei −5° hergestellt und dann bei unveränderter Laugenkonzentration 10 Tage lang bei 15° stehengelassen; c: Löslichkeit bei 15°. Für b und c betrug die Einwaage 1 g je 100 ccm. Ordinate: Gehalt der Lösung nach der angegebenen Behandlung. Nach DAVIDSON.

man z. B. ein Präparat mit einer 2,5 n NaOH, entsprechend der optimal lösenden Laugenkonzentration, und verdünnt man nachher die Lauge auf 1,5 n, dann bleibt die gelöste Cellulose vollständig in Lösung, obwohl eine derartig verdünnte Lauge aus dem Ausgangsmaterial nur einen Bruchteil dieses Anteils extrahieren kann. Die obige Abb. 159 zeigt diese Verhältnisse an einer durch Hypochloriteinwirkung dargestellten Oxycellulose. Während die optimal lösende 3 n-Lauge bei 15° auch in 10 Tagen nur 40% der Cellulose löst, bleibt der durch Einwirkung bei −5° in die Lösung gebrachte Anteil, welcher 96,5% beträgt, innerhalb der Laugenkonzentration von 1 n bis 3,5 n bei 15° während einer Versuchsdauer von 10 Tagen unverändert in Lösung.

Die mikroskopische Untersuchung geschädigter Cellulose, die auf kurze Zeit in tief gekühlte Natronlauge getaucht war, zeigte die nahe Beziehung zwischen Quellung und Löslichkeit. Die Quellung weist in dem Konzentrationsgebiet von 2,25—3,0 n NaOH ein Maximum auf. Während jedoch die Löslichkeit in 4,0 n NaOH sehr gering ist, ist die Quellung hier noch ziemlich stark. In 1,75 n NaOH dagegen ist die Quellung sehr gering, indessen ist die Fähigkeit, die einmal gelöste Cellulose in Lösung zu halten, vorhanden. DAVIDSON nimmt an, daß die Quellung eine notwendige, aber nicht hinreichende Bedingung des Inlösunggehens, jedoch nicht des Inlösunghaltens ist. Die verdünnte Laugenlösung löst die geschädigte Cellulose nicht, obwohl sie dieselbe in Lösung halten kann. In 4 n Natronlauge hingegen würde die Quellung die Auflösung der Cellulose erlauben, es findet jedoch hier eine Art Aussalzung statt, die sich darin zeigt, daß auch die Fähigkeit, das gelöste Material in Lösung zu halten, verschwindet.

In dem Abschnitt über das Mercerisieren haben wir jene andere Annahme erwähnt, wonach die Löslichkeit der Cellulose eine Vorbedingung der Quellung bzw. eine Ursache derselben darstellt. Ursache und Wirkung sind bei DAVIDSON gegenüber jener bei der osmotischen Theorie der Quellung vertauscht. Allerdings handelt es sich in der osmotischen Theorie der Quellung nur um die Löslichkeit der Cellulose *innerhalb* der durch den unlöslichen Anteil gebildeten semipermeablen Zellen. Der andere Faktor, der nach der osmotischen Theorie die Quellung beeinflußt, ist die Kohäsion bzw. der Elastizitätsmodul der Cellulose. Bei der makroskopischen Löslichkeit handelt es sich hingegen nur um denjenigen Anteil, der den Verband des Cellulosegels *verläßt*. Es besteht daher die Möglichkeit, die beiden Ansichten miteinander in Übereinstimmung zu bringen. Die eigentliche Ursache der Löslichkeit erblickt DAVIDSON in der Salzbildung der Cellulose mit der Natronlauge. *Liegt die Kettenlänge der Cellulosemoleküle unterhalb einer gewissen Grenze, so können ihre salzartigen Verbindungen bei genügender Quellung den Gelverband verlassen.*

Aus den oben gebrachten Kurven, die den Zusammenhang zwischen Fluidität und Löslichkeit der Hydrocellulosen darstellen, geht hervor, daß mercerisierte Baumwolle sich anders verhält als nichtmercerisierte, wenn beide als Ausgangsmaterial für Hydrocellulose dienen. Es wurde bereits erwähnt, daß die optimal lösende Konzentration für die Hydro- und Oxycellulosen verschieden ist, je nachdem, ob sie aus mercerisierter oder nichtmercerisierter Baumwolle hergestellt wird. Diese Verschiedenheiten führt DAVIDSON auf die Unterschiede in der Kettenlängenverteilung der beiden zurück. Da bei der Einwirkung auf mercerisierte Cellulose den faserschädigenden Mitteln eine größere innere Oberfläche dargeboten wird, dürfte die Kettenlängenverteilung bei den aus mercerisierter Baumwolle hergestellten Produkten gleichmäßiger sein.

In einer neueren Arbeit verglich DAVIDSON die lösende Wirkung verschiedener Laugen auf geschädigte Cellulose und fand nach abnehmender Löslichkeit bei 15° die folgende Reihe:

$$N(CH_3)_4OH > NaOH > LiOH > KOH,$$

jedoch bei 0° und —5° die folgende Reihe:

$$NaOH > LiOH > N(CH_3)_4OH > KOH.$$

Der in Kalilauge gelöste Anteil stellte nur einen kleinen Bruchteil des in anderen Laugen gelösten dar. Die lösende Wirkung der anderen Laugen

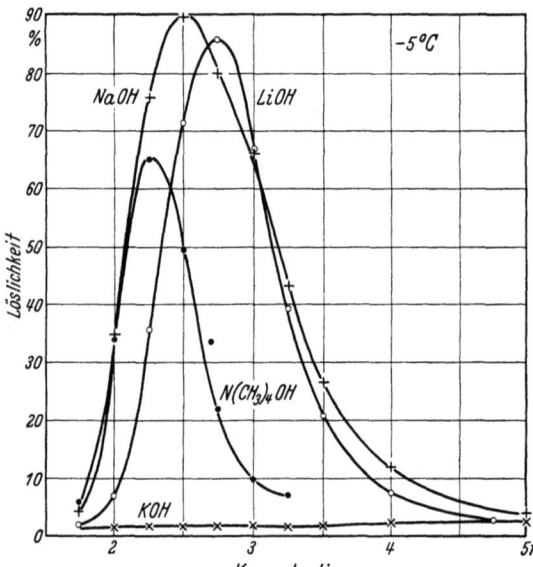

Abb. 160. Löslichkeit von Oxycellulose (geschädigt mit Hypochloritlösung vom p_H 8,4, nachher abgekocht mit Alkali; Fluidität der 0,5%igen Lösung 34,1) bei —5° in Abhängigkeit von der Laugenkonzentration. Nach DAVIDSON.

wies verhältnismäßig geringe Unterschiede auf. Abb. 160 u. 161 bringen Beispiele für die verschiedene Wirksamkeit der Laugen.

Der Unterschied zwischen der Wirkung der Kalilauge und der der anderen Hydroxyde ist so stark, daß man dafür kaum die Unterschiede der Aktivität der Hydroxylionen verantwortlich machen kann.

Besonders bemerkenswert ist die Beobachtung, daß die Löslichkeit von Oxycellulose in 3 n NaOH-Lösung (bei 15°) durch Zusatz von Alkalisulfat sehr stark herabgesetzt werden kann, z. B. durch Zusatz von 0,5 n Na_2SO_4 auf weniger als $1/5$ des Wertes in der reinen Lauge. Die Wirkung der Neutralsalze ist zwar ähnlich derjenigen der überschüssigen Laugen nach Überschreiten der optimalen Konzentration, jedoch bedeutend stärker als diese.

Die Löslichkeit der geschädigten Cellulose in Natronlauge kann noch erheblich gesteigert werden, wenn man in der Lauge Zink-, Beryllium-

oder Aluminiumoxyd auflöst. DAVIDSON konnte zeigen, daß bei —5° eine Zinkatlösung von optimaler Zusammensetzung NaOH 2,75 n; ZnO/NaOH 0,229) sogar von gebleichter, jedoch praktisch ungeschädigter Baumwolle (Fluidität 4,1—8,2 in 0,5%iger Lösung) 45—83% aufzulösen vermag.

Vergleich der chemischen Eigenschaften der handelsüblichen Kunstfasern mit denen der Baumwolle. Wir verdanken RIDGE, PARSONS und CORNER eine vergleichende Untersuchung der chemischen Eigenschaften der handelsüblichen Kunstfasern mit ihren Ausgangsmaterialien (Zellstoff und Linters) und mit natürlicher sowie mit mercerisierter Baumwolle. Ihre Ergebnisse bringt Tabelle 80. Sie zeigen, daß in den

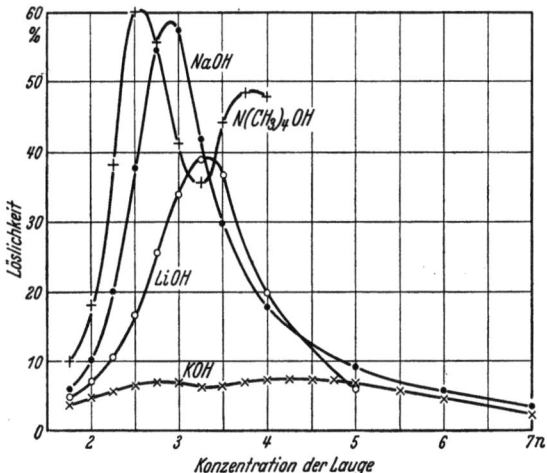

Abb. 161. Löslichkeit von Oxycellulose (wie in Abb. 160, jedoch Fluidität 45,4) bei 15° in Abhängigkeit von der Laugenkonzentration. Nach DAVIDSON.

Kunstfasern die Cellulose merklich abgebaut ist. Die Eigenschaften der Kunstfasern in bezug auf Fluidität, Methylenblauzahl, Kupferzahl und Kochverlust (in 1%iger NaOH) sind mit denen einer infolge übermäßigen Bleichens geschädigten Baumwolle vergleichbar. Übrigens ist bereits Zellstoff, der für die Viscoseseiden als Ausgangsmaterial dient, gegenüber der nativen Baumwolle merklich abgebaut. Dies hängt wahrscheinlich mit den Methoden seiner Darstellung aus den Holzfasern zusammen. Da für die Kupferseide gewöhnlich Linters als Ausgangsmaterial dient, ist ihr Abbaugrad wesentlich geringer als derjenige der Viscoseseide. Allerdings sind die Eigenschaften der gleichfalls aus Zellstoff hergestellten Vistrafasern günstiger. Es spielt daher die Herstellungsart (Reifungsgrad der Viscoselösung) ebenfalls eine Rolle. Die Ergebnisse der Kupferzahl- und Methylenblauzahlbestimmung müssen übrigens auch hier mit dem notwendigen Vorbehalt (Einfluß der Alkalibehandlung) betrachtet werden.

Tabelle 80. Kennzeichnung des Abbaugrades von Cellulosefasern.
Nach RIDGE, PARSONS und CORNER.

Faserstoff	Herkunft	Kaufjahr	Cu-Zahl	% Gew.-Verlust beim Alkalikochen	Methylenblauzahl	Fluidität in 2%iger Lösung
Viscoseseide						
Ungebleichte Snia	Ital.	1927	0,98	—	1,51	9,9
Gebleichte Snia	,,	1927	0,82	—	1,33	11,5
Ungebleichte Feld	Dtsch.	1927	0,95	—	—	9,5
Gebleichte Feld	,,	1927	0,87	—	—	13,9
Courtaulds A-Qualität . .	Engl.	1928	1,17	7,0	2,01	9,8
,, Escorto	,,	1928	1,1	5,8	1,56	9,0
,, Dulesco	,,	1928	1,16	7,4	1,61	10,7
Obourg	Belg.	1928	1,45	6,2	1,97	6,7
Snia	Ital.	1929	1,13	6,54	1,63	9,9
Stapelfaser						
Courtaulds Fibro	Engl.	1929	0,96	8,45	4,56	9,7
Vistra	Dtsch.	1928	0,83	8,64	2,36	4,2
Lilienfeldseide						
Courtaulds Durafil	Engl.	1929	0,78	7,18	2,14	3,9
Nuera Tenasco ungebleicht.	,,	1929	1,21	—	2,07	2,9
,, ,, gebleicht . .	,,	1929	1,45	11,6	2,50	6,3
Kupferseide						
Bemberg	Dtsch.	1929	0,55	—	1,75	2,7
Bemberg	,,	1929	0,51	6,76	1,38	2,86
I.G.-Bemberg	,,	1929	0,58	6,9	1,39	3,16
Brysilka W-Qualität . . .	Engl.	1930	0,98	6,85	1,30	4,14
,, C-Qualität	,,	1930	1,21	8,8	1,57	5,84
Nitroseide						
Obourg	Belg.	1928	2,75	19,4	2,02	16,7
Zellstoff						Fluidität in 0,5%iger Lösung
Gebleicht		1928	3,84	18,7	2,18	15,6
Verschiedene		1929				14—34 Mittel 19,3
Baumwoll-Linters						
Gebleicht		1929	<0,5	~1,5	0,8—1,1	1—4
Baumwolle						
Ägypt. Sakellaridis	—	—	0,01	1,32	1,17	3,68
,, ,, mercerisiert .	—	—	0,01	1,23	0,96	3,70
,, Uppers	—	—	0,01	1,20	1,10	3,38
,, ,, mercerisiert .	—	—	0,01	1,31	0,95	3,34
Tanguis	—	—	0,015	0,84	1,24	3,47
,, mercerisiert . . .	—	—	0,01	1,28	1,09	3,42
Arizona	—	—	0,01	1,37	1,35	3,87
,, mercerisiert	—	—	0,01	1,30	0,98	3,67
Peru Mitafifi	—	—	0,01	0,88	1,03	3,52
,, ,, mercerisiert .	—	—	0,01	1,0	0,88	3,21

Der am Schluß der Tabelle befindliche Vergleich der natürlichen und mercerisierten Baumwolle zeigt, daß das Mercerisieren die für den Abbaugrad kennzeichnenden Eigenschaften der Baumwolle nicht merklich beeinflußt.

Die viscosimetrischen Molekulargewichtsbestimmungen von STAUDINGER und FEUERSTEIN an den Kunstseiden und ihren Ausgangsmaterialien wurden bereits im 1. Abschnitt (S. 15) besprochen.

Die Löslichkeit der regenerierten Cellulose in konzentrierten Laugen wurde wiederholt untersucht. Die folgende Abbildung zeigt die Ergebnisse von DAVIDSON 2 an einer Cellulosefolie, die aus Viscoselösung gewonnen wurde. Die Temperatur- und Konzentrationsabhängigkeit entspricht dem Verhalten der Oxy- und Hydrocellulose. Bei 0° erfolgt in 2,5 n NaOH-Lösungen eine praktisch vollständige Auflösung. Da die Fluidität der verwendeten Cellulose in 0,5%iger Lösung 38,5 beträgt, ist die hohe Löslichkeit etwa beim Vergleich mit der einer Hydrocellulose (vgl. Abb. 156) nicht überraschend. Der Umstand, daß das Löslichkeitsmaximum der regenerierten Cellulose bei einer Natronlaugekonzentration von 10%, also weit unterhalb der Konzentration der üblichen Mercerisier-

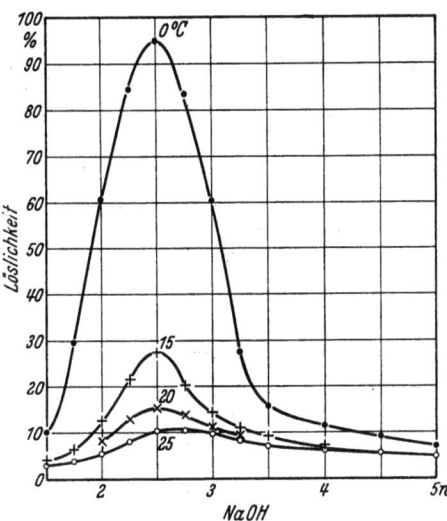

Abb. 162. „Löslichkeit" einer Folie aus regenerierter Cellulose (Fluidität 38,5) in Abhängigkeit von der Laugenkonzentration bei verschiedenen Temperaturen. Nach DAVIDSON.

laugen liegt, erklärt, warum die hauptsächliche Gefährdung der Zellwolle beim Mercerisieren von Mischgeweben erst beim Auswaschen stattfindet.

Zwischen der Löslichkeit der geschädigten Cellulose und der Quellung der Cellulosefasern besteht eine Parallelität nicht nur in bezug auf die Abhängigkeit von der Laugenkonzentration, sondern auch in bezug auf die Abhängigkeit von der Natur der Lauge und von der Temperatur (D'ANS und JÄGER, FAUST, WELTZIEN, LOTTERMOSER und RADESTOCK, DAVIDSON). Die folgende Abb. 163 zeigt den Vergleich der Löslichkeit in Kalilauge mit der Quellung in denselben Lösungen.

Die Löslichkeit von Kunstseiden in Natronlauge bei Zimmertemperatur wurde bereits früher von WELTZIEN untersucht. Er fand das Maximum der Löslichkeit gleichfalls bei 2,5 n NaOH. Von den Viscoseseiden gingen hierbei etwa 40—50%, von den Nitroseseiden 98—99%, von einer Kupferseide 31% und von einer Acetatseide 99% in Lösung.

Abgebaute und aktivierte Cellulose. Die grundverschiedene Änderung in den Eigenschaften der Cellulose unter dem Einfluß von Quellungsmitteln (Mercerisieren) und von Oxydations- oder Hydrolysemitteln (Säure, Hypochloritlösungen) wurde — hauptsächlich auf Grund der Arbeiten der British Cotton Industry Research Association — von NEALE in einer Tabelle, die wir S. 266 folgen lassen, zusammengestellt. Wir erläutern nun diese Tabelle und schließen uns dabei in großen Zügen den sehr klaren Ausführungen von NEALE an.

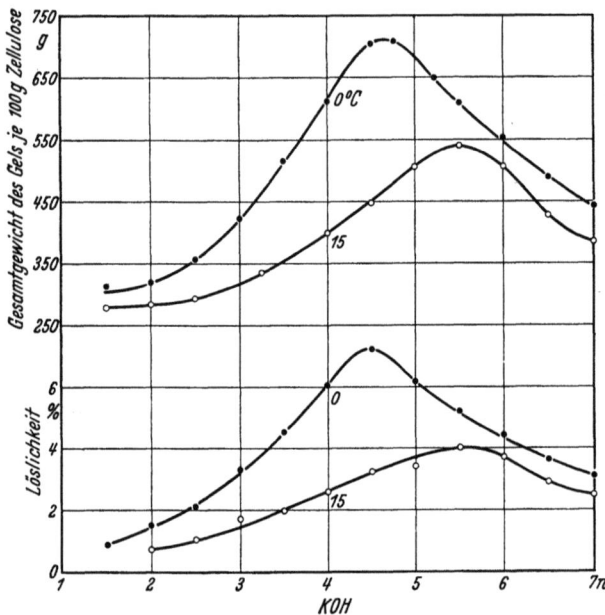

Abb. 163. Löslichkeit und Quellung von regenerierter Cellulose (Fluidität 38,5) in Kalilauge bei 0° und 15° abhängig von der Laugenkonzentration. Nach DAVIDSON.

Rohbaumwolle ist infolge der sie begleitenden Verunreinigungen ein schlecht definiertes Material. Alkaliabgekochte (gebeuchte) Baumwolle ist hingegen in ihren Eigenschaften weitgehend definiert und reproduzierbar. Sie ist gekennzeichnet durch eine sehr niedrige Kupferzahl (Größenordnung 0,01), eine hohe Festigkeit, bestimmtes Aufnahmevermögen gegenüber Wasserdampf oder verdünnter Alkalilauge und bestimmte Reaktionsgeschwindigkeit mit Mineralsäuren oder alkalischen Hypobromitlösungen. Sie zeigt eine sehr hohe Zähigkeit in Kupferamminlösung. Diese Eigenschaft variiert jedoch stark mit den Bedingungen des Beuchens (vermutlich eine Folge der außerordentlichen Empfindlichkeit der Viscositätsmethode bei den höchstmolekularen Produkten). Abgesehen von der Viscosität sind die Eigenschaften der gereinigten Baumwolle von ihrem Ursprung und von den Reinigungsbedingungen weitgehend unabhängig.

Es gibt eine Anzahl Reagenzien, in denen die Cellulose in außerordentlichem Maße quillt. Es handelt sich um die wässerigen Lösungen von Alkalilaugen (Wirksamkeit bei mäßiger Konzentration und tiefer Temperatur), von konzentrierter Schwefelsäure, ferner $ZnCl_2$, $Ca(CSN)_2$ (Wirksamkeit bei hoher Konzentration und hoher Temperatur) und schließlich von Kupferoxydammoniak oder $NaOH-CS_2$. Nach Entfernung des Quellungsmittels durch Waschen mit Wasser und Trocknen erscheint die mit diesen Quellungsmitteln behandelte Cellulose als *aktiviert*. Sie zeigt gewisse Eigenschaften, die auch der natürlichen Cellulose eigen sind, in erhöhtem Maße. Diese Eigenschaften sind: Aufnahme von Wasserdampf, Aufnahme von NaOH, $Ba(OH)_2$ oder Kupferamminhydroxyd aus verdünnten Lösungen, erhöhte Kupferzahl *nach* Behandlung mit 5% H_2SO_4 oder *nach* Behandlung mit verdünnter alkalischer Hypobromitlösung. Hingegen zeigen Zerreißfestigkeit und Viscosität infolge der Aktivierung keine Veränderungen.

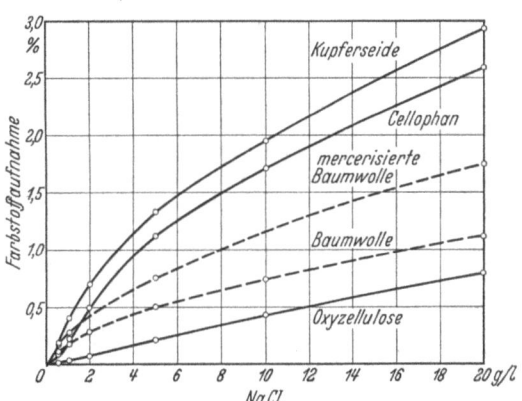

Abb. 164. Aufnahme von Chicagoblau 6 B aus 0,005%iger Lösung bei 90° in Abhängigkeit von der Salzkonzentration durch Cellulosefasern. Färbedauer 4 Stunden. Nach HANSON, NEALE und STRINGFELLOW (s. S. 267).

Durch Behandlung mit Säuren oder Oxydationsmitteln wird die Baumwollcellulose *abgebaut*, geschädigt. Die Festigkeit nimmt ab, die Zähigkeit in Kupferamminlösung sinkt. Beim Abbau treten gewisse Eigenschaften auf, die dem Ausgangsmaterial fremd sind. Es kommt eine Reduktionsfähigkeit hinzu, die durch die Messung der Kupferzahl oder der Jodzahl willkürlich gekennzeichnet wird. Ferner tritt ein erhöhtes Aufnahmevermögen gegenüber basischen Farbstoffen auf (Methylenblauzahl). Die Aufnahme von Wasserdampf und von verdünnten Basen wird dagegen infolge der abbauenden Behandlung nicht verändert.

„Abbau" und „Aktivierung" verkörpern daher — schließt NEALE — völlig verschiedene Modifizierungstypen der ursprünglichen Cellulose, doch können in gewissen Reagenzien wie z. B. 70%iger H_2SO_4 beide Änderungen gleichzeitig auftreten. In der Herstellung der Kunstfasern führt die intensive Quellung und Auflösung zur „aktivierten Cellulose", während die Oxydation, die zur Herabsetzung der Zähigkeit vorgenommen wird (Reifen), mit einem beträchtlichen „Abbau" verknüpft ist.

Der molekulare Mechanismus des Abbaues, d. h. der chemischen Faserschädigung, besteht in der Aufspaltung von glucosidischen Bindungen

Tabelle 81. Übersicht über die chemischen Ver-

Cellulose		Durch den „Abbaugrad" bestimmte Eigenschaften			
		Reißfestigkeit dyn/cm² × 10⁻⁹	Fluidität in 0,5%iger Lösung	Kupferzahl (BRAIDY) g Cu/100 g Cellulose	Methylenblauaufnahme
Native Baumwolle gewaschen mit 1 bis 2%iger NaOH unter 0,7—3 Atü		4,9	1,5	0,02	0,3—0,8
„Abgebaute" Baumwollcellulose	Behandelt mit HCl 200g/l 24 Stunden, 20°	1,5	34,5	2,44	0,3—0,8
	Oxydiert durch alkalisches Hypobromit (0,32 g O₂ je 100 g Cellulose verbraucht)	2,4	31	0,5	3,0
	Oxydiert durch unterchlorige Säure. (O₂-Verbrauch 0,32%)	—	29	3,4	1,1
„Aktivierte" Baumwoll-Cellulose	Behandelt mit 25%iger NaOH ohne Spannung, gewaschen, luftgetrocknet	Diese Eigenschaften werden durch Quellung oder Aktivierung der Cellulose nicht beeinflußt			
	Wie oben, jedoch unter Spannung				
	Ohne Spannung, jedoch bei 110° getrocknet				
	Gequollen in 65—70% H₂SO₄ ohne Spannung, 5 Minuten				
Cellulose sowohl „abgebaut" als „aktiviert"	Viscoseseide	etwa 4	40	1,1	
	Kupferseide (Bemberg)	—	28	0,5	

innerhalb der einzelnen Makromoleküle. Den Mechanismus der „Aktivierung" erblickt man vielfach in der Verkleinerung der Krystallite (der Micellen) und in der hierdurch bedingten Vergrößerung der inneren Oberfläche, d. h. der Anzahl der submikroskopischen Kanäle, die bei der Quellung entstehen. NEALE bevorzugt die Auffassung, daß bei der Aktivierung eine teilweise umkehrbare Trennung der nebenvalenzartig verknüpften Hydroxylgruppen zwischen den einzelnen Ketten erfolgt. Wenn man annimmt, daß der zwischen den Cellulosekrystalliten liegende Stoff nur durch den Mangel an vollständiger Ordnung von dem Krystallitinhalt unterschiedlich ist (vgl. die Ausführungen in dem Abschnitt Micellartextur der Faserstoffe), dann fallen die beiden Auffassungen zusammen.

änderungen der Cellulosefasern. Nach NEALE.

Durch den Quellungs- oder „Aktivierungs"-Grad bestimmte Eigenschaften					
Wasser-aufnahme g/g bei 50% rF	NaOH-Aufnahme aus n/2 Lösung	Ba(OH)$_2$-Aufnahme aus n/5 Lösung	Zunahme der Kupferzahl (SCHWALBE) nach 15 Minuten Kochen in 5%iger H$_2$SO$_4$	Kupferzahl (BRAIDY) nach 2 Stunden in n/10 KOH + n/10 KBrO bei 18°	Aufnahme von Chicagoblau 6B bei 100°
	Milliäquivalente je Glucoseeinheit				
0,055	42,5	70	2,2	1,5	0,15%
Verhält-niszahlen: 0,97					
0,97	Unbeeinflußt durch Hydrolyse oder Oxydation der Cellulose		Untersuchungsergebnis bei starkem Abbau der Cellulose offenbar ungültig, jedoch durch milden Abbau unbeeinflußt		
Ausgedrückt als Verhältnis zur gebeuchten Baumwolle					
1,50	2,55	2,70	1,7	1,6	1,8
1,35	1,96	2,05		1,45	1,6
1,2	1,89	1,99		1,45	
1,83 (max.)	3,20	3,20		2,54 (max.)	
2,0	3,6	4,0	5		0,9
1,84	3,4	3,8	5		2,9

Beeinflussung der Aufnahme substantiver Farbstoffe durch Faserschädigung. Eine sehr genaue Untersuchung des Anfärbevermögens der chemisch modifizierten Cellulosefasern durch einen substantiven Farbstoff, Chicagoblau 6B, verdankt man HANSON, NEALE und STRINGFELLOW. Abb. 164 S. 265 gibt ihre Ergebnisse über die Farbstoffaufnahme bei konstanter Farbstoffkonzentration und zunehmendem Salzgehalt der Farbflotte wieder. Die verwendete Baumwolle war gebleicht (Fluidität in 0,5%iger Lösung 4,4), die mercerisierte Baumwolle wurde aus dieser mittels 25%iger Natronlauge bei freier Schrumpfung hergestellt. Die Hydrocellulose war durch 48stündige Behandlung mit 60%iger Schwefelsäure entstanden (Fluidität 40), die Oxycellulose durch 2stündige Behandlung mit einer alkalischen Hypobromitlösung (Fluidität 30).

Die folgende Tabelle zeigt die Verhältniszahlen, d. h. das Verhältnis der durch die modifizierte Cellulose aufgenommenen Farbstoffmenge zur Menge des unter derselben Bedingung von der nativen Baumwolle aufgenommenen Farbstoffes.

Tabelle 82. Verhältniszahlen der Farbstoffaufnahme. Nach HANSON, NEALE und STRINGFELLOW. (Färbebedingungen wie bei Abb. 164.)

NaCl g/l	Mercerisierte Baumwolle	„Hydrocellulose"	„Oxycellulose"	Cellophan	Viscoseseide	Kupferseide
0,25	—	—	0,17	0,57	—	—
0,5	1,75	—	0,17	0,81	—	1,85
1	1,58	0,75	0,19	1,23	1,14	2,25
2	—	—	0,29	1,78	—	2,58
5	1,55	0,79	0,44	2,29	2,13	2,72
10	—	0,87	0,59	2,36	—	2,68
20	1,61	—	0,74	2,37	—	2,68
35	1,66	—	0,80	2,27	—	—

Die Überschneidung von einem Teil der Sorptionskurven bei niedrigem Salzgehalt geht aus der folgenden Abbildung, die dieses Gebiet in vergrößertem Maßstab wiedergibt, deutlich hervor.

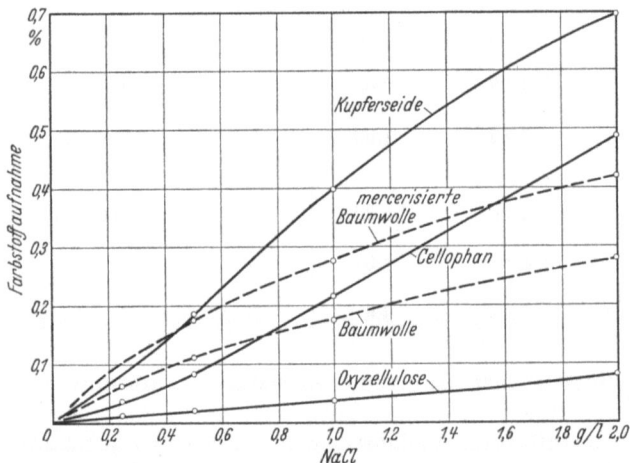

Abb. 165. Anfangsteil der Abb. 164 in vergrößertem Maßstab. Nach HANSON, NEALE und STRINGFELLOW.

Eine ähnliche Überschneidung wurde von WELTZIEN und SCHULZE an den Sorptionskurven der Viscose- und der Kupferseide beobachtet (vgl. Abb. 217). Bei niedriger Salzkonzentration ist die Farbstoffaufnahme von Cellophan geringer als die von Baumwolle. Bei hoher Salzkonzentration wird bei Cellophan eine konstante Verhältniszahl erreicht (vgl. die analoge Beobachtung an Echtrot K, S. 399).

NEALE erklärt diese Befunde folgendermaßen. Die Erhöhung der Farbstoffaufnahme ist überall die Folge der Erhöhung der zugänglichen inneren Oberfläche (infolge der Quellung in Natronlauge, in Kupferamminlösung usw.). Die Veränderung der Cellulose wirkt nur in den Fällen vermindernd auf die Farbstoffaufnahme, in denen sie mit der Bildung von Carboxylgruppen an den Cellulosemolekülen verknüpft ist. Die dissoziierten Säuregruppen der Cellulose bewirken nämlich die Ausbildung (bzw. Erhöhung) eines negativen Membranpotentials der Faser gegenüber der Farbstofflösung, das die Aufnahme der negativ geladenen Farbstoffionen hemmt. Die Erhöhung der Salzkonzentration führt zur Verminderung des Membranpotentials (vgl. die Theorie der Salzwirkung beim substantiven Färben auf S. 414 ff.). Die Verhältniszahlen der Farbstoffaufnahme nehmen daher in allen Fällen, in denen sie durch das Vorhandensein der Carboxylgruppen in der Cellulose bedingt sind, mit wachsender Salzkonzentration ab. Bei Cellophan, Viscose- und Kupferseide tritt mit zunehmender Salzkonzentration der Einfluß der vergrößerten inneren Oberfläche gegenüber der Wirkung des Membranpotentials immer stärker in den Vordergrund. Bei der Oxycellulose gibt die elektrische Abstoßung durch die stark aufgeladene Cellulose noch bei der höchsten Salzkonzentration den Ausschlag. Mit abnehmendem p_H der Farbstofflösung zeigt die Oxycellulose eine starke Zunahme der Farbstoffaufnahme, die von NEALE auf die Zurückdrängung der Säuredissoziation der modifizierten Cellulose zurückgeführt wird.

Faserschädigung der Kunstseiden. RIDGE und BOWDEN untersuchten den Zusammenhang zwischen Reißfestigkeit und Fluidität (in Kupferamminlösungen) der durch Hypochloritbehandlung oxydativ geschädigten Kunstfasern und verglichen das Verhalten der letzteren mit demjenigen der Baumwolle. Es wurden an den regenerierten Kunstseiden (Viscose-, Kupfer- und Lilienfeldseide) ähnliche lineare Beziehungen zwischen Fluidität und Festigkeitsverlust festgestellt wie an Baumwolle, obwohl die Viscositätsmessungen an Baumwolle in 0,5%igen Lösungen, an den regenerierten Fasern in 2%igen Lösungen ausgeführt wurden (und zwar mit Rücksicht auf die niedrigere Zähigkeit der Lösungen von Kunstfasercellulose). Abgesehen von dem Gebiet geringster Schädigung fallen die Werte der Viscoseseide zufälligerweise mit denen der Baumwolle sogar vollständig zusammen, so daß z. B. eine Fluidität von 20 der Baumwolle in 0,5%iger, der Viscose in 2%iger Lösung bei beiden Fasern einem Verlust von 27% der ursprünglichen Festigkeit entspricht. Die Absolutwerte der Festigkeit unterscheiden sich dabei natürlich wesentlich voneinander. Dieselbe Fluidität entspricht bei der Lilienfeldseide einer stärkeren und bei Kupferseide einer noch stärkeren Faserschädigung. Abgesehen von dem Gebiet niedriger Fluidität, laufen alle Geraden, welche die Beziehung, Fluidität — prozentualer Festigkeitsverlust, darstellen, parallel zueinander. Ein bestimmtes Anwachsen der Fluidität bedeutet daher die Einbuße desselben Anteils der ursprünglichen Festigkeit für alle Fasern. Ein Anstieg der Fluidität um 5 Einheiten entspricht einem 10%igen Verlust der Fadenfestigkeit.

Dies gilt auch für die Naßfestigkeit. Sie ist bei der Baumwolle annähernd gleich der Trockenfestigkeit, bei den Kunstfasern jedoch nur einem Teil derselben. Die folgende Abb. 166 stellt die Ergebnisse von RIDGE und BOWDEN schematisch dar. Sie beziehen sich ausschließlich auf Hypochloritlösungen als faserschädigende Mittel und beschränken sich auf einen bestimmten Bereich (bis etwa 40—50 % Festigkeitsverlust). Die Naßfestigkeit ist in der Abbildung als prozentualer Anteil der ursprünglichen Trockenfestigkeit ausgedrückt. Da die Naßfestigkeit bei der ungeschädigten Viscose etwa 50 % beträgt, sinkt ihr Wert für die Fluidität 20 auf 50 — 27 = 23% der ursprünglichen Trockenfestigkeit.

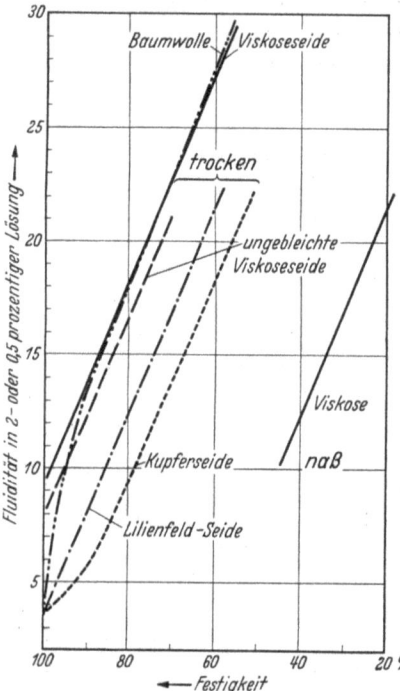

Abb. 166. Zusammenhang zwischen prozentualem Festigkeitsverlust und Fluidität von Baumwolle und Kunstseide nach der Behandlung mit Hypochloritlösung (0,04 n, p_H zwischen 4,6 und 11,2). Nach RIDGE, BOWDEN.

Da Lilienfeld- und Kupferseide eine ursprüngliche Naßfestigkeit von 64 bzw. 60% zeigen, ist der Einfluß der additiven Festigkeitseinbuße als Folge der chemischen Einwirkung für diese weniger verhängnisvoll als für die Viscose.

Die vergleichende Untersuchung der Einwirkung von Hypochloritlösungen unter gleichen Bedingungen ergab bei neutraler Reaktion dieselbe Geschwindigkeit der Faserschwächung für Baumwolle und für Viscose. In alkalischer Lösung, in der die Schwächung langsamer erfolgt, erleidet Viscose einen schnelleren Abbau als Baumwolle.

Durch Kochen der bereits geschwächten Fäden mit 1%iger Natronlauge wird die Festigkeit abermals vermindert, und zwar in um so größerem Ausmaße, je weniger alkalisch die Reaktion des ursprünglichen Schädigerbades war. Diese zusätzliche Festigkeitseinbuße ist bei Viscose größer als bei Baumwolle. Die folgende Tabelle zeigt, welch gewaltige neuerliche Schädigung die Viscoseseide, aber auch die Baumwolle erleiden kann, wenn sie nach einer etwa infolge des Überbleichens eingetretenen Schwächung mit einer alkalischen Lösung oder auch nur mit Wasser kochend behandelt wird.

Tabelle 83. **Einfluß des Kochens auf die Festigkeit und Viscosität von geschädigten Baumwolle- und Viscosefäden.** Nach RIDGE und BOWDEN.

	Unbe-handelt	Oxydativ behandelt	Oxydativ behandelt und gekocht mit				
			Wasser	0,2% Seife	0,2% Soda	0,2% Seife + 0,2% Soda	0,5% NaOH
Baumwolle (gewaschen)							
% Festigkeit .	100	89,2	83,4	67,5	67,2	66,2	61,6
Fluidität . . .	1,8	12,5	16,0	23,5	25,3	25,8	25,6
Viscoseseide							
% Festigkeit .	100	79	69	58,2	51,2	66,6	41,1
Fluidität . . .	10	18,9	21,1	25,0	24,0	25,8	25,3

Die in der Tabelle angeführte oxydative Schädigung wurde durch die Behandlung mit einer 0,04 n-Hypochloritlösung bewirkt. Kochdauer durchwegs 1 Stunde.

Die gleiche Kochbehandlung hat hingegen auf die Festigkeit und die Fluidität der Baumwolle, die vorher nicht geschädigt war, überhaupt keinen merklichen Einfluß und die Viscoseseide erleidet bei der strengsten der angeführten Behandlungen in diesem Falle nur eine Festigkeitseinbuße von etwa 10%.

Nach dem Kochen in Alkali entspricht dieselbe Fluidität einer größeren Faserschwächung als es vorher der Fall war. Dieser Effekt ist bei der Baumwolle nur geringfügig, bei der Viscoseseide jedoch sehr ausgeprägt. Die Fluidität 20 entspricht nach dem Alkalikochen bei der Viscose einem Festigkeitsverlust von etwa 50%. Man gewinnt auch in diesem Falle den Eindruck, daß durch die Behandlung mit kochender Lauge der durch das Auflösen in der Kupferamminlösung erfolgende Abbau der Cellulosemoleküle gewissermaßen vorweggenommen wird.

Festigkeit und innere Reibung von Celluloseestern. Wir haben in den bisherigen Ausführungen mehrfach erwähnt, daß die innere Reibung der Lösungen von Celluloseestern in organischen Lösungsmitteln bereits seit längerer Zeit, genau so wie die innere Reibung in Kupferamminlösungen, als Maß für den Abbaugrad und somit für die Festigkeit der Trockensubstanz betrachtet wird. Der quantitative Zusammenhang wurde jedoch nur in wenigen Untersuchungen behandelt.

WERNER und ENGELMANN untersuchten Acetylcellulosesorten, die nach der gleichen Methode hergestellt wurden und sich nur in dem Abbaugrad unterschieden. Die folgende Abb. 167 bringt die von ihnen gegebene Darstellung, die einen linearen Zusammenhang zwischen Viscosität und Festigkeit ausdrückt.

Die Viscosität wurde in 2%igen Lösungen gemessen. Als Lösungsmittel diente 98%ige Ameisensäure. Die Zerreißfestigkeit wurde an trockenen Filmen ermittelt. Die innere Reibung ist in willkürlichem, die Festigkeit in absolutem Maßstabe aufgetragen.

DUCLAUX und WOLLMAN haben als erste im Jahre 1920 gezeigt, daß es möglich ist, Nitrocellulose durch fraktionierte Fällung in mehrere Anteile zu zerlegen. Die Fraktionierung erfolgt auf die Weise, daß den acetonischen Lösungen stufenweise Wasser zugefügt wird. Die Untersuchung der erhaltenen Fraktionen ergibt, daß die zuerst ausfallenden Anteile die höchstviscosen Lösungen liefern. In der chemischen Zusammensetzung, d. h. im Stickstoffgehalt zeigt sich hingegen kein Unterschied: der Veresterungsgrad der verschiedenen Fraktionen ist derselbe wie bei dem Ausgangsstoff. Diese Regel gilt für Ausgangsstoffe mit recht erheblichem Unterschied in ihrem Stickstoffgehalt. Die verschiedene Löslichkeit und Viscosität der Fraktionen beruht daher nicht auf einer Verschiedenheit der Zusammensetzung. Es erscheint vielmehr berechtigt, anzunehmen, daß die verschiedenen Anteile verschiedene Kettenlänge besitzen.

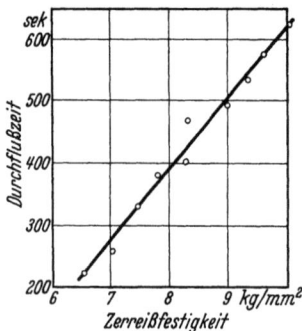

Abb. 167. Zusammenhang zwischen der Zerreißfestigkeit verschiedener Acetylcellulosen und der Viscosität ihrer Lösungen. Nach WERNER und ENGELMANN.

Je größer die Kettenlänge der Moleküle ist, um so schwerer löslich ist die Fraktion in den Aceton-Wasserlösungen und um so größer ist ihre Viscosität. DUCLAUX und NODZU zeigten später, daß eine Fraktion um so niedrigeren osmotischen Druck, d. h. um so größeres Molekulargewicht bei derselben Konzentration anzeigt, je höher viscos sie ist.

ROCHA hat dieselbe Methode zur Fraktionierung von acetonlöslichem Celluloseacetat angewandt. Auch in diesem Falle unterscheiden sich die Fraktionen in Hinsicht auf den Veresterungsgrad voneinander nicht, dagegen in Hinsicht auf die Viscosität. Die nebenstehende Abbildung zeigt, daß auch hier eine annähernd lineare Beziehung zwischen der Zerreißfestigkeit und der inneren Reibung der Fraktionen besteht.

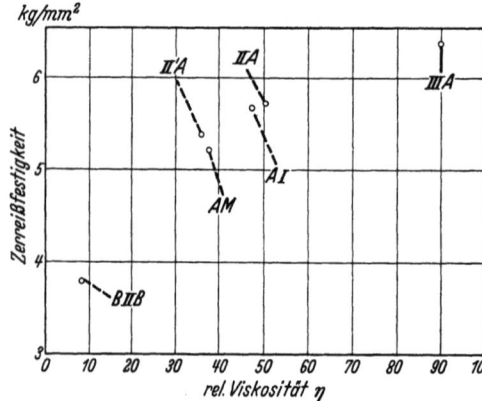

Abb. 168. Zusammenhang zwischen Zerreißfestigkeit von Cellitfraktionen und der Viscosität ihrer Lösungen. Nach ROCHA.

Die für die Festigkeitsbestimmung dienenden Filme wurden aus 3%igen acetonischen Lösungen gegossen. Die Viscosität wurde in denselben Lösungen gemessen.

Die Abb. 169 und 170 geben die Änderung der Viscosität und der Zerreißfestigkeit wieder, wenn zwei Fraktionen, die sich voneinander in Hinsicht auf die Kettenlänge wesentlich unterscheiden, zusammengemischt werden. Es ist bemerkenswert, daß beim Zusatz geringer Mengen eines niedrigviscosen Produktes, die Zerreißfestigkeit des höherviscosen Stoffes zunimmt. Dieses Verhalten wird durch die Vorstellung erklärt, daß durch das Einlagern der kleineren Teilchen in das Strukturnetz der größerteiligen Substanz eine Verfestigung eintritt. Wir sehen hier deutlich einen Fall, in dem die Festigkeit und die innere Reibung

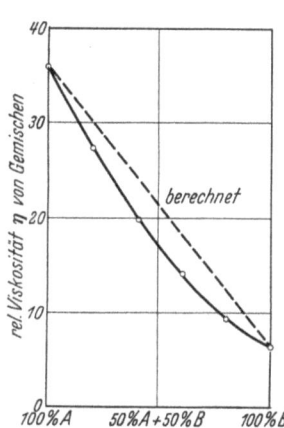 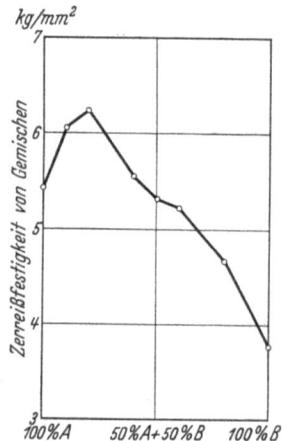

Abb. 169. Abhängigkeit der Viscosität der Mischungen zweier Cellitfraktionen vom Mischungsverhältnis. Nach ROCHA.

Abb. 170. Abhängigkeit der Zerreißfestigkeit von Mischungen zweier Cellitfraktionen vom Mischungsverhältnis. Nach ROCHA.

von der Kettenlängenverteilung auf verschiedene Weise abhängen. Im Falle einer starken Abweichung von der wahrscheinlichen Verteilung kann also die Beziehung zwischen Festigkeit und Viscosität aufgehoben werden.

v. MÜHLENDAHL und REITSTÖTTER haben gezeigt, daß die Löslichkeit der Nitrocellulose in Alkohol der Bodenkörperregel gehorcht: die prozentuale Löslichkeit nimmt ab, wenn das Verhältnis der Bodenkörpermenge zur Lösungsmittelmenge zunimmt. Noch verwickelter ist das Verhalten der Acetylcellulose in verschiedenen Lösungsmitteln nach den Untersuchungen von Wo. OSTWALD und ORTLOFF (vgl. auch LIEPATOFF).

Bestimmung der Schädigung von Baumwollfasern durch KRAIS und MARKERT.
WILLOWS und ALEXANDER haben die Beobachtung gemacht, daß mikroskopische Dünnschnitte von Baumwollfasern bei der Behandlung mit 15%igen NaOH-Lösungen an beiden Schnittenden pilzförmig aufquellen. In den Laboratorien der Tootal Broadhurst Lee Co. Ltd. wurde diese Erscheinung dazu benützt, um die Schädigung der Baumwolle nachzuweisen. Während nämlich ungeschädigte Baumwolle sowohl in rohem als auch in gebleichtem oder in mercerisiertem Zustande diese pilzförmige Quellung zeigt, bleibt sie bei der chemisch geschädigten Baumwolle mehr oder weniger aus. KRAIS und MARKERT ist es dann gelungen, diese Methode zu einer quantitativen auszubauen, indem sie den prozentualen Anteil

derjenigen Dünnschnitte bestimmen, die jeweils die Pilzbildung vollständig, mangelhaft oder überhaupt nicht zeigen. Man erhält auf diese Weise 3 Gruppen: gut, mittel und schlecht. Durch Dividieren der Prozentzahl der ersten Gruppe durch 1, der zweiten durch 2 und der dritten durch 3 und durch Summieren der 3 Zahlen erhält man eine kennzeichnende Gütezahl. Die folgende Tabelle zeigt, daß die Gütezahlen mit den Werten der mechanischen Festigkeit in guter Übereinstimmung stehen.

Tabelle 84. Schädigung der Makobaumwolle durch Behandlung mit Schwefelsäure. Nach KRAIS und MARKERT.

Behandlung	Gütezahl	Reißfestigkeit in g	Höchstdehnung in %
Rohe Mako			
Unbehandelt	94,3	277,5	4,8
Mit 2%iger H_2SO_4 behandelt	73,8	242,8	4,4
Mit 10%iger H_2SO_4 behandelt	38,7	123,7	2,4
Gebleichte Mako			
Unbehandelt	92,2	295,1	4,9
Mit 2%iger H_2SO_4 behandelt	74,2	210,0	3,3
Mit 10%iger H_2SO_4 behandelt	35,7	108,5	2,0
Mercerisierte Mako			
Unbehandelt	83,0	378,4	4,4
Mit 2%iger H_2SO_4 behandelt	52,8	349,3	3,6
Mit 10%iger H_2SO_4 behandelt	33,5	262,8	2,8
Mercerisierte und gebleichte Mako			
Unbehandelt	78,2	379,9	3,8
Mit 2%iger H_2SO_4 behandelt	53,2	323,7	3,0
Mit 10%iger H_2SO_4 behandelt	33,7	182,6	1,8

Die Säurebehandlung dauerte 24 Stunden bei Zimmertemperatur.

Zur Erklärung der Erscheinung, daß nur die ungeschädigten Fasern die pilzförmige Quellung aufweisen, muß man annehmen, daß die äußere Schicht der Baumwollfasern gegenüber der quellenden Wirkung der Natronlauge widerstandsfähiger ist als das Faserinnere und als eine Art Hülle funktioniert. Bei der Schädigung wird die Widerstandsfähigkeit der Außenschicht und dadurch die Umhüllung zerstört. Die Quellung wird nachher nicht mehr die Schnittflächen bevorzugen.

Schrifttum.

D'ANS, J. u. A. JÄGER: Cellulosechem. **6**, 137 (1925).
ARRHENIUS, Sv.: Z. physik. Chem. A **1**, 285 (1887). — Meddel. K. Vetenskapakad. Nobelinst. **4**, 13 (1916).
BEADLE and STEVENS: 8. Internat. Congr. Appl. Chem. **13**, 25 (1912).
BERL, E.: Z. ges. Schieß- u. Sprengstoffwes. **5**, 82 (1910).
BIRTWELL, C., D. A. CLIBBENS and A. GEAKE: J. Textile Inst. **17**, 145 (1926).
— — and B. P. RIDGE: J. Textile Inst. **14**, 297 (1923); **16**, 13 (1925); **19**, 349 (1928).
BUZÁGH, A. v.: Kolloid-Z. **41**, 169 (1927).
CLIBBENS, D. A. and A. GEAKE: J. Textile Inst. **15**, 27 (1924); **17**, 127 (1926); **18**, 168 (1927); **19**, 72 (1928).

CLIBBENS and B. P. RIDGE: J. Textile Inst. 18, 135 (1927); 19, 389 (1928).
DAVIDSON, G. F.: 1 J. Textile Inst. 23, 95 (1932).
— 2 J. Textile Inst. 25, 174 (1934); 27, 112 (1936); 28, 27 (1937).
— 3 J. Textile Inst. 27, P 144 (1937).
DUCLAUX, J. et R. NODZU: Rev. gén. Col. 7, 240, 385 (1929).
— et E. WOLLMAN: Bull. Soc. chim. France [4] 27, 414 (1920).
EINSTEIN, A.: Ann. Physik [4] 19, 285 (1906); 34, 591 (1911).
ELÖD, E. u. F. VOGEL: Melliands Textilber. 18, 64 (1937).
FARROW, F. D. and S. M. NEALE: J. Textile Inst. 15, 157 (1924).
FIKENTSCHER, H.: Cellulosechem. 13, 58, 71 (1932).
— u. H. MARK: Kolloid-Z. 49, 135 (1926).
FREUNDLICH, H.: Kapillarchemie, 4. Aufl. Leipzig 1931.
GIBSON, W. H.: J. chem. Soc. Lond. 117, 479 (1920).
HANSON, J., S. M. NEALE and W. A. STRINGFELLOW: Trans. Faraday Soc. 31, 1718 (1935).
HATSCHEK, E.: Die Viskosität der Flüssigkeiten. Dresden u. Leipzig 1929. — Kolloid-Z. 11, 280 (1912).
HEERMANN, P.: Färberei- und textilchemische Untersuchungen, 4. Aufl. Berlin 1935.
HESS, K.: Chemie der Cellulose. Leipzig 1928.
JOYNER, R. A.: J. chem. Soc. Lond. 121, 1511, 2395 (1922).
KAUFFMANN, H.: Z. angew. Chem. 43, 841 (1930). — Melliands Textilber. 14, 138 (1933).
KENDALL: Meddel. K. Vetenskapakad. Nobelinst. 2, 23 (1913).
KIND, W.: Das Bleichen der Pflanzenfasern. Berlin 1932.
KRAIS, P.: J. Soc. Dyers Colourists, Jubilee Issue 46 (1934).
LIEPATOFF, S. M.: Kolloid-Z. 68, 55 (1934).
LOTTERMOSER, A. u. H. RADESTOCK: Z. angew. Chem. 40, 1506 (1927).
MARK, H.: Physik und Chemie der Cellulose. Berlin 1932.
MÜHLENDAHL, E. v. u. J. REITSTÖTTER: Kunststoffe 17, 151 (1927).
NEALE, S. M.: Trans. Faraday Soc. 29, 228 (1933).
NEUENSTEIN, W. v.: Kolloid-Z. 43, 241 (1927).
OST, H.: Z. angew. Chem. 24, 1892 (1911).
OSTWALD, Wo.: Grundriß der Kolloidchemie, 1. Aufl. Dresden 1909; 3. Aufl. Dresden u. Leipzig 1912. — Kolloid-Z. 41, 163 (1927).
— u. H. ORTLOFF: Kolloid-Z. 58, 214 (1932).
PHILIPPOFF, W.: Cellulosechem. 17, 57 (1936).
PUNTER, R. A.: J. Soc. chem. Ind. 39, 333 (1920).
RIDGE, B. P. and H. BOWDEN: J. Textile Inst. 23, 319 (1932).
— H. L. PARSONS and M. CORNER: J. Textile Inst. 22, 117 (1931).
ROCHA, H. J.: Kolloidchem. Beih. 30, 230 (1930).
SCHELLER, E.: Melliands Textilber. 16, 787 (1935).
SCHWALBE, G. C.: Chemie der Cellulose. Berlin 1911.
— Ber. dtsch. chem. Ges. 40, 1347 (1907). — Z. angew. Chem. 22, 197 (1909).
STAUDINGER, H.: Die hochmolekularen, organischen Verbindungen. Berlin 1932.
— u. H. FEUERSTEIN: Liebigs Ann. 526, 72 (1936).
WEISS, J. J.: Z. angew. Chem. 44, 102 (1931).
— Z. anorg. allg. Chem. 192, 97 (1930). — Z. Elektrochem. 37, 21, 271 (1931).
WELTZIEN, W.: Die chemische und physikalische Technologie der Kunstseiden. Leipzig 1930.
— u. K. SCHULZE: Kolloid-Z. 62, 46 (1933).
— u. G. zum TOBEL: Ber. dtsch. chem. Ges. 60, 2024 (1927).
WERNER, K. u. H. ENGELMANN: Z. angew. Chem. 42, 438 (1929).
WILLOWS, R. S. and A. C. ALEXANDER: J. Textile Inst. 13, 240 (1922).

9. Chemische Veränderungen der Wolle.

Reaktionen an der Disulfidgruppe. Wie bereits in dem 2. Abschnitt erwähnt ist, enthält die Wolle wie die anderen Keratine einen verhältnismäßig hohen Anteil an Schwefel, der praktisch vollständig in Form der Disulfidgruppe im Cystinmolekül vorliegt. Während Cystin mit Nitroprussidnatrium und Kaliumcyanid die für die freie Sulfhydrylgruppen charakteristische Farbreaktion gibt, bleibt diese bei der Einwirkung des Reagens auf ungeschädigte Wolle aus (RIMINGTON). Nach SPEAKMAN beruht dieses Verhalten darauf, daß das Reagens in die Wolle nur langsam eindringt, die Reaktionsfarbe jedoch rasch verschwindet. Mit FEIGLS Reagens (Natriumazid + Jod) gelingt nach den Angaben SPEAKMANs der Nachweis der Disulfidgruppe in der Wolle ohne Schwierigkeit.

Nach den Vorstellungen von SPEAKMAN und ASTBURY ist der Cystinrest in die Polypeptidketten der Keratine so eingebaut, daß er zugleich zwei benachbarten Ketten angehört und dadurch eine Brücke zwischen diesen bildet. Die folgende Formel stellt die Lage des Cystinrestes in den Keratinen dar.

$$
\begin{array}{c}
CO CO \\
\diagup \diagdown \\
-CH CH- \\
\diagdown \diagup \\
NH NH \\
\diagup \diagdown \\
CO CO \\
\diagdown \diagup \\
CH-CH_2-S-S-CH_2-CH \\
\diagup \diagdown \\
NH NH \\
\diagdown \diagup \\
CO CO \\
\diagup \diagdown \\
-CH CH \\
\diagdown \diagup \\
NH NH \\
\diagup \diagdown
\end{array}
$$

Neben diesen Querbindungen der Disulfidgruppe werden die Hauptvalenzketten der Keratimoleküle auch durch elektrostatische, salzartige Bindungen vernetzt. Diese Bindungen werden durch die dissoziierten, entgegengesetzt geladenen Extragruppen der Diaminocarbonsäure- und der Aminodicarbonsäurereste vermittelt:

$$R_1 \cdot COO^- \ldots \ldots \,^+H_3N \cdot R_2$$

Die Erfahrungen der letzten Jahre haben zu der Erkenntnis geführt, daß die Reaktionen der Disulfidgruppe für das Verhalten der Wolle von größter Bedeutung sind. Einerseits ist die Disulfidgruppe außerordentlich leicht aufspaltbar, und zwar auch bei Einwirkungen, welche die Peptidbindungen noch nicht lösen, andererseits sind die mechanischen Eigenschaften und die chemische Widerstandsfähigkeit der Wolle in hohem Maße davon abhängig, ob die Disulfidbrücke unversehrt ist oder nicht.

Die hauptsächlichen primären Änderungen an der Disulfidgruppe können in der reduktiven, oxydativen oder hydrolytischen Spaltung bestehen. Die *reduktive* Spaltung des Cystins führt zum Cystein:

$$\underset{HOOC}{\overset{H_2N}{\diagdown}}CH\cdot CH_2\cdot S\cdot S\cdot CH_2\cdot CH\underset{COOH}{\overset{NH_2}{\diagup}} \underset{-2H}{\overset{+2H}{\rightleftarrows}} 2\ \underset{HOOC}{\overset{H_2N}{\diagdown}}CH\cdot CH_2\cdot SH$$

Es handelt sich hierbei um ein umkehrbares Oxydations-Reduktionsgleichgewicht, das für die Lebensvorgänge von besonderer Bedeutung ist. Den Primärvorgang bei der *Hydrolyse* des Cystins stellt nach SCHÖBERL die Bildung von einem Molekül Cystein neben einem Molekül Sulfensäure dar:

$$\underset{OOC}{\overset{H_2N}{\diagdown}}CH\cdot CH_2\cdot S\cdot S\cdot CH_2\cdot CH\underset{COOH}{\overset{NH_2}{\diagup}} \overset{H_2O}{\rightarrow} \underset{HOOC}{\overset{H_2N}{\diagdown}}CH\cdot CH_2\cdot SH + \underset{HOOC}{\overset{H_2N}{\diagdown}}CH\cdot CH_2\cdot SOH$$

Die *oxydative* Spaltung kann schließlich zu einer Reihe verschiedener Stoffe führen, in denen an das Schwefelatom Sauerstoffatome in verschiedener Anzahl gebunden sind. Die höchste Oxydationsstufe, in die sich Cystin überführen läßt, ist die Cysteinsäure:

$$\underset{HOOC}{\overset{H_2N}{\diagdown}}CH\cdot CH_2\cdot SO_3H.$$

Die reduktive Spaltung der Disulfidbrücke. Die besondere Empfindlichkeit der Haare gegenüber Natriumsulfid ist schon seit langer Zeit bekannt und wird in ausgedehntem Maße zur Enthaarung der Häute, insbesondere beim Äschern in der Lederindustrie ausgenützt. Im Gegensatz zu den Keratinen wird nämlich die Lösung von Hautsubstanz durch die Sulfide nicht gefördert. Die folgende Abb. 171 zeigt den Einfluß des Zusatzes von Natriumsulfid und Calciumsulfid zu Kalklösungen auf die Menge von Haut bzw. von Haar, die während der Behandlung von einem Tag in Lösung geht.

MERRILL konnte zeigen, daß die Haarsubstanz, jedoch nicht die Haut aus den Bädern erhebliche Mengen von Sulfid aufnimmt bzw. verbraucht.

Zur Erklärung der Tatsache, daß die Haare von den Sulfiden nur in alkalischer Lösung gelöst werden, jedoch bei einer Alkalität, bei der ohne Sulfide die Haare nicht angegriffen werden, wurden im Laufe der Zeit zwei verschiedene Annahmen gemacht. Die erste Annahme ist die, daß die S^{--}-Ionen die keratolytisch wirksamen sind. Da Schwefelwasserstoff in bezug auf seine zweite Dissoziationskonstante eine sehr schwache Säure ist, kann die Hydrolyse der Sulfide in Hydrosulfidion nur durch einen sehr hohen Überschuß an Alkali zurückgedrängt werden. PULEWKA konnte zeigen, daß die lösende Wirkung von Natriumsulfid bei steigender Alkalität mit der Dissoziation der zweiten Säurenstufe von H_2S parallel geht. Erst wenn der p_H-Wert 10,8 übersteigt, wird die Keratolyse wesentlich beschleunigt. Auch KAYE und MARRIOTT erblicken in den S^{--}-Ionen das wirksame Agens der Sulfidäscher. Die zweite Annahme zur Erklärung der kombinierten Wirkung von Sulfid und Lauge ist die, daß jedem der beiden Agenzien bei dem Vorgang eine besondere Aufgabe zukommt. Von vielen mit der Theorie des Enthaarungsvorganges beschäftigten Forschern wird angenommen, daß die Reduktion der Disulfidbrücke die Vorbedingung für die lösende Einwirkung der Lauge darstellt. MERRILL hat diese Ansicht durch den Nachweis stützen können, daß, nachdem ein Bad von Kalk und Calciumsulfid bereits 1 Stunde lang auf die Haarsubstanz eingewirkt hat, es für den weiteren Verlauf des Auflösungsvorganges belanglos ist, ob das Calciumsulfid durch die äquivalente Menge Kalk ersetzt wird oder nicht: in beiden Fällen geht der Vorgang mit der gleichen Geschwindigkeit weiter. Läßt man jedoch von Anfang an auf die Haare nur das Calciumhydroxyd einwirken, so wird, wenn man die übrigen Bedingungen gleichhält, nur ein geringer Bruchteil der Haarsubstanz gelöst. Er konnte ferner nachweisen, daß die vorangehende Sulfidbehandlung auch durch eine Reduktion mit Zinnchlorür ersetzt werden kann.

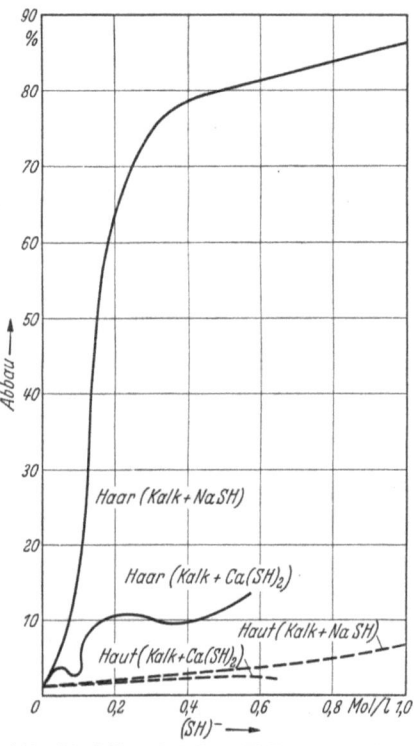

Abb. 171. Gelöster Anteil von Kalbshaar und -haut nach 24stündiger Behandlung mit gesättigten Kalklösungen von wechselndem SH-Gehalt. Nach MERRILL.

SPEAKMAN hat darauf hingewiesen, daß die Reduktion der Disulfidgruppe nicht nur infolge der Auflösung der zwischen den Keratinketten liegenden Brückenbindungen die Einwirkung der Lauge erleichtert, sondern auch infolge der Schaffung neuer saurer Gruppen. An Stelle jeder Disulfidgruppe entstehen bei der Reduktion zwei Sulfhydratgruppen, die die Funktion von Säuren ausüben. Die Steigerung der Anzahl der Säuregruppen bedingt in alkalischen Lösungen eine Steigerung der Anzahl der negativen elektrischen Ladungen der Wolle. Da die Quellung mit der Ladung steigt, — sei es als Folge der erhöhten Ionenhydratation, sei es als Folge des durch das Membrangleichgewicht bedingten inneren osmotischen Druckes — führt die Reduktion auch infolge dieser Umstände zur erhöhten Quellung und dadurch zur erhöhten

Auflösung der Haare. Es wäre wohl noch in Erwägung zu ziehen, daß die zur Auflösung der Wolle erforderliche starke Alkalität mit der Schwäche der sauren Dissoziation der Sulfhydratgruppe im Cysteinrest zusammenhängt. Auf alle Fälle hat nach unseren heutigen Erkenntnissen die Annahme einer spezifischen Wirkung von S^{--}-Ionen weniger Wahrscheinlichkeit als diejenige einer kombinierten Wirkung von OH-Ionen und reduzierender Substanz.

Die bekanntesten reduktiven Spaltungen der Disulfidgruppe können durch die folgende Formel dargestellt werden:

$$R-S-S-R + 2\,HS-CH_2COOH \rightarrow 2\,R-SH + [S-CH_2COOH]_2 \quad (1)$$
$$R-S-S-R + HCN \rightarrow R-SH + R-S-CN \quad (2)$$
$$R-S-S-R + 2\,H_2S \rightarrow 2\,R-SH + H_2S_2 \quad (3)$$
$$R-S-S-R + H_2SO_3 \rightarrow R-SH + R-S-S-O_3H \,. \quad (4)$$

GODDARD und MICHAELIS untersuchten die vier Reaktionen an Wolle. Es hat sich gezeigt, daß bei alkalischer Reaktion die Wolle durch die Behandlung mit wässeriger Thioglykolsäure, Cyanwasserstoff oder Schwefelwasserstoff bei 30° in Lösung gebracht werden kann, ohne zu niedrigmolekularen Aminosäuren oder Polypeptiden abgebaut zu werden. Sie erhielten z. B. bei der Behandlung von 50 g Wolle mit 2 l 0,5 m thioglykolsaurem Natrium (p_H 12) nach 3 Stunden eine Lösung, aus der der Eiweißstoff mit Eisessig ausgefällt werden konnte. Die so gewonnene, nach dem Trocknen pulverförmige Substanz, die sie als *Keratein* bezeichnen, ist in Wasser unlöslich, jedoch löslich in Säuren oder Alkalien. Sie verhält sich also ähnlich wie Casein oder wie die denaturierten Eiweißstoffe. Mit Sulfosalicylsäure gibt sie eine Fällung, läßt sich jedoch im Gegensatz zum nativen Keratin mit Trypsin und Pepsin zu niedrigeren Abbauprodukten verdauen, die bei Zusatz von Sulfosalicylsäure in Lösung bleiben.

Die mit Hilfe von Thioglykolsäure gelöste Wolle gibt eine starke Nitroprussid-Natrium-Reaktion. Sie enthält also die freie Sulfhydratgruppe. Nach Oxydation mit Luft zeigt sich die Reaktion erst nach Zusatz von Kaliumcyanid. Der wieder oxydierte Eiweißstoff, der als *Metakeratin* bezeichnet wurde, bleibt trotz des Vorhandenseins der Disulfidgruppe löslich in verdünntem Alkali und enzymatisch spaltbar. Die Analyse ergibt, daß der Schwefel-, Stickstoff- und Cystingehalt durch die Behandlung mit Thioglykolsäure keine merkliche Änderung erfuhr. In diesem Fall scheint also die einzige Veränderung tatsächlich in der Reduktion der Disulfidgruppe bestanden zu haben. Allerdings kann man die Möglichkeit nicht von der Hand weisen, daß in gewissem Umfange infolge der alkalischen Reaktion eine Spaltung von Peptidbindungen erfolgte. Andererseits kann man aus den Beobachtungen von GODDARD und MICHAELIS folgern, das die Disulfidbindung allein die Unlöslichkeit der nativen Keratine nicht erklären kann. Es scheint dafür die ursprünglich vorhandene gittermäßige Anordnung der Bausteine von Bedeutung zu sein. Die durch Lösung und Wiederausfällung aus der Wolle gewonnenen Substanzen zeigen nämlich weder in reduziertem noch in oxydiertem Zustande das Röntgendiagramm der nativen Wolle.

Metakeratin läßt sich bereits beim p_H 7—8 zu Keratein reduzieren, also bei einer viel niedrigeren Alkalität als das native Keratin. Die Wiederoxydation des Kerateins dauert in reinem Wasser einige Tage. In alkalischer Lösung geht die Oxydation viel schneller vor sich, z. B. im Laufe einer halben Stunde.

Die isoelektrische Reaktion des Keratins liegt bei p_H 4,6—4,9, die des Metakerateins bei p_H 4,5—4,7.

GODDARD und MICHAELIS stellten durch Umsetzung der Sulfhydrylgruppe mit Jodessigsäure, α-Brompropionsäure usw. verschiedene Substitutionsprodukte des Kerateins dar. Das Carboxylmethylkeratein ließ sich durch fraktionierte Fällung mit Ammonsulfat in zwei Anteile spalten, von denen der lösliche einen bemerkenswert hohen Schwefelgehalt aufweis. Vermutlich sind die Fraktionen bereits im nativen Keratin vorgebildet.

Die Einwirkung von Cyanid auf Wolle ist weniger einfach. Zur Auflösung ist eine höhere Alkalität (p_H 12—13) erforderlich, sie ist mit einem erheblichen Verlust an Schwefel und Cystin verknüpft. Hingegen enthält die durch Auflösen der Wolle in n/1 Na_2S gewonnene Substanz viel mehr, z. B. doppelt so viel Schwefel als der Ausgangsstoff. Der Cystingehalt bleibt hier unverändert. Man muß also annehmen, daß der Schwefel in der in Na_2S-Lösung gelösten Wolle nicht nur in Form der Sulfhydratgruppe vorliegt. Vermutlich wurde bei der Reaktion ein Polysulfid des Keratins gebildet, das sich bei der Bausteinanalyse wie Cystin verhielt.

Mit Natriumsulfit konnten GODDARD und MICHAELIS die Wolle nicht in Lösung bringen. Daß diese vierte der oben angeführten Reaktionen für die Keratine doch von Bedeutung ist, geht aus den weiter unten besprochenen Untersuchungen von SPEAKMAN hervor (S. 285).

Die Forscher weisen auf die Tatsache hin, daß zur Auflösung der Wolle mit den benützten Reagenzien eine höhere Alkalität erforderlich ist als zur Reduktion der Disulfidgruppe des freien Cystins. Andererseits ist diese Alkalität niemals so hoch wie jene, die erforderlich ist, um die Wolle in vergleichbarer Zeit ohne Anwesenheit von Reduktionsmitteln in Lösung zu bringen. Sie nehmen daher an, daß die hohe Alkalität dazu benötigt wird, um die salzartigen Bindungen der Amino- und Carboxylgruppen der Keratinmoleküle aufzuheben. Durch Zurückdrängung der Dissoziation der Aminogruppe wird diese elektrostatische Brückenbindung, welche die Disulfidgruppe blockiert, gelöst und die Reaktion erst ermöglicht.

SPEAKMAN [1] hat das Wasseraufnahmevermögen von Wolle, die durch Behandlung mit Natriumsulfid bis zu 57% ihres Gewichtes eingebüßt hat, verglichen mit demjenigen der unbehandelten Wolle. Er fand, daß bis zu der relativen Feuchtigkeit von etwa 75% zwischen den Proben kein Unterschied besteht. Erst wenn die Feuchtigkeit sich dem Sättigungspunkt nähert, zeigt behandelte Wolle eine höhere Wasseraufnahme. Während die letzte Erscheinung ohne weiteres durch die mechanische Schwächung erklärt werden kann, verlangt der Befund bei niedrigen Feuchtigkeiten eine besondere Deutung. Er zwingt nämlich zu der Annahme, daß die innere Oberfläche der Fasersubstanz trotz des Gewichtsverlustes nicht vergrößert wurde. Da man andererseits annimmt, daß die Reaktion der Wolle mit der Sulfidlösung sich nicht nur an der äußeren Oberfläche der Fasern abspielt, sondern die ganze Fasermasse annähernd gleichmäßig ergreift, bleibt nur die Vorstellung übrig, daß die letzten Texturelemente der Fasern, die für das Wasser nicht mehr zugänglich sind, die „Micelle", dünne Lamellen darstellen, die von dem Natriumsulfid von den Kanten her verzehrt werden, so daß ihre Oberfläche unverändert bleibt. (Wenn man annimmt, daß die Quellung innermicellar verläuft, d. h. das Wasser zwischen die einzelnen Ketten eindringt, wofür ASTBURY Anhaltspunkte gefunden hat, braucht man diese besondere Erklärung nicht.)

Es sei noch bemerkt, daß bei der haarerweichenden Wirkung von alkalischen (Kalk-) Äschern, die ohne Zusatz von Sulfiden angewandt werden, vielfach gleichfalls eine Mitbeteiligung der Disulfidgruppe der Haare angenommen wird. Die Abspaltung von Schwefel aus der Haarsubstanz führt bald zur Bildung von Sulfid, welches dann eine Reduktionswirkung auf die noch intakten Disulfidgruppen ausübt. Damit wird auch der Befund erklärt, daß bereits gebrauchte Kalklösungen beim Äschern wirksamer sind als frisch angesetzte. Die Abspaltung von Schwefel aus freien Cystinmolekülen durch die Alkalien ist bekannt und es ist auch nachgewiesen, daß $Ba(OH)_2$ die Bildung von H_2S aus Cystin noch viel stärker fördert als NaOH oder KOH (THOR und GORTNER). KÜSTER, KUMPF und KÖPPEL nehmen an, daß die Polysulfide, die aus den Sulfiden bei der Ausübung ihrer reduzierenden Wirkung entstehen, mit den übrigen Bestandteilen der Wolle unter Wiederoxydation reagieren, wobei nicht nur Sulfidionen gebildet werden, sondern auch Sulfit, Sulfat und Thiosulfat. Die Annahme der Wiederoxydation zu Sulfid würde die Erklärung für die Beobachtung bilden, daß eine vergleichsweise kleine Menge von Sulfiden genügt, um die Lösung der Keratine zu bewirken. Nach dieser Vorstellung würden die Sulfide die Rolle einer Art von katalytischen Wasserstoffüberträgern zwischen den verschiedenen Bestandteilen der Haare spielen.

Die Wirkung verdünnter Laugen auf Wolle. Obwohl die schädigende Wirkung der Natronlauge auf Wolle zu den längst bekannten und den wichtigsten der bei der Veredelung von Textilwaren zu beachtenden Erscheinungen gehört, gibt es nur wenige systematische wissenschaftliche

Untersuchungen über diesen Gegenstand. Zu diesen wenigen Untersuchungen gehört diejenige, die kürzlich von HARRIS [1] ausgeführt wurde. Es wurde von ihm die Änderung der folgenden Eigenschaften bei der Einwirkung von alkalischen Lösungen mittels quantitativen Messungen verfolgt: Gewichtsverlust der Wolle, Schwefelgehalt der Wolle, Vergilbung, Reißfestigkeit und Rückfederung bei der Pressung von Garnen. In einer Untersuchungsreihe wurde die Wolle mit steigenden Konzentrationen von Soda und von Natronlauge bei 52° je 30 Minuten lang behandelt. Der Gewichtsverlust blieb bis etwa p_H 12 unterhalb 1%. Bei p_H 12,7 erreichte er den Wert von 2,5%. Der Schwefelgehalt der Wolle nach der Behandlung unterschied sich bis etwa p_H 12 nur wenig von dem des Ausgangsmaterials, bei weiterer Steigerung der Alkalität nahm der Schwefelgehalt deutlich ab. Nach der Behandlung bei p_H 12,7 (etwa 0,4 $^0/_{00}$ NaOH) beträgt der Schwefelgehalt nur 2,5% an Stelle des ursprünglichen Wertes von 3,16%. Die Änderung der übrigen Eigenschaften, insbesondere auch der Garnfestigkeit, ist unbedeutend.

In einer zweiten Versuchsreihe wurde in alkalischen Lösungen von p_H 12,2 die Wirkung von 0,25% Seife, Borax, Trinatriumphosphat, Soda und Wasserglas untersucht, gleichfalls bei einer Einwirkungsdauer von 30 Minuten, jedoch bei 65°. Der Gewichtsverlust überstieg auch in diesem Fall 2,5% nicht, die Festigkeit nahm etwas stärker ab, insbesondere in der Seifenlösung. Es handelt sich dabei nach HARRIS nicht um die Beeinflussung der Faserfestigkeit, sondern um die des Haftvermögens der Fasern aneinander. Die Haare werden durch die Einwirkung der Seife geschmeidiger und sie gleiten infolgedessen leichter aneinander vorbei. Dadurch nimmt die Garnfestigkeit ab.

Tabelle 85. Einfluß der fortgesetzten Einwirkung von 0,065 n-NaOH auf Wolle bei 65°. Nach HARRIS.

Dauer der Einwirkung Minuten	Gewichtsverlust der Wolle %	S-Gehalt der Wolle in % nach der Behandlung
10	2,74	2,76
20	3,42	2,42
30	3,87	2,34
40	4,27	2,21
50	4,55	2,20
Stunden		
1	4,83	2,18
2	5,97	1,97
3	8,38	1,90
4	9,11	1,86
5	11,20	1,85
24	36,00	1,82
48	66,00	1,87

In einer weiteren Versuchsreihe wurde der Einfluß von 0,065 n NaOH auf die Zusammensetzung der Wolle bei 65° und einer von 10 Minuten bis 48 Stunden steigenden Einwirkungsdauer ermittelt. Es ergab sich, daß der Gewichtsverlust und der Stickstoffverlust der Wolle einander proportional verlaufen, daß jedoch der Schwefelverlust in der Anfangszeit vergleichsweise stärker ist. Nach etwa 2stündiger Einwirkung ist der Schwefelgehalt auf etwa 2% gesunken. Bei weiterer Dauer der Einwirkung sinkt der Schwefelgehalt nur langsam, nach 4 Stunden beträgt er 1,8% und behält nunmehr diesen Wert auch bei 48stündiger Einwirkung. Die vorstehende Tabelle 85 zeigt diese Verhältnisse im einzelnen.

Die Einwirkung von 0,25 n Lauge führt gleichfalls, wenn auch schneller, zu dem konstanten Grenzwert des Schwefelgehaltes bei 1,8%. HARRIS erklärt diesen Befund durch die Annahme, daß die alkalische Behandlung einen Teil des in der Wolle enthaltenen Schwefels in eine Form gebracht hat, die gegen die weitere Abspaltung von dem Keratinmolekül Widerstand leistet.

CROWDER und HARRIS untersuchten die Einwirkung von Natronlauge auf Wolle unter Luftabschluß. Sie konnten die Ergebnisse von HARRIS, die in der obigen Tabelle mitgeteilt wurden, bestätigen: während der Gewichtsverlust der Wolle stetig abnahm, näherte sich der Schwefelgehalt einem Grenzwert, der ungefähr 50% des ursprünglichen Schwefelgehaltes entsprach. Die Ergebnisse konnten CROWDER und HARRIS im Sinne des Reaktionsmechanismus deuten, den SCHÖBERL an niedrigmolekularen Disulfiden beobachtet hat. Danach führt die Alkalieinwirkung zunächst zur Bildung von Sulfhydryl und Sulfensäure:

$$R \cdot S \cdot S \cdot R + H_2O \rightarrow R \cdot SH + R \cdot SOH . \tag{5}$$

Die Sulfensäuren sind außerordentlich unbeständig. Von ihren verschiedenen Umsetzungsmöglichkeiten verdient die Bildung von Aldehyden unter gleichzeitiger Abspaltung des Schwefels besonderes Interesse:

$$R \cdot CH_2 \cdot SOH \rightarrow R \cdot CHO + H_2S . \tag{6}$$

Nach diesem Reaktionsschema beträgt der Schwefelverlust in Form des Schwefelwasserstoffes die Hälfte des ursprünglich vorhandenen Schwefels. Die andere Hälfte des Schwefels bleibt in der beständigen Sulfhydrylform enthalten. CROWDER und HARRIS lieferten weitere Stützen für die Gültigkeit dieses Reaktionsablaufes, indem sie mit dem SCHIFFschen Reagens in den alkalibehandelten Wollproben das Vorhandensein der Aldehydgruppen durch das Auftreten einer intensiven rotvioletten Färbung nachwiesen. Mit Nitroprussidnatrium konnte die Anwesenheit von Sulfhydrylgruppen gleichfalls gezeigt werden. Schließlich konnte der Nachweis auch dafür erbracht werden, daß der gesamte abgespaltene Schwefel im Behandlungsbad als anorganisches Sulfid vorhanden war.

Bei der Behandlung mit 1%iger Na_2S-Lösung in Anwesenheit von 0,065 n NaOH ergab sich die bemerkenswerte Tatsache, daß, obwohl die Gewichtsabnahme der Wolle dabei in der gleichen Zeit das Vielfache betrug, der Schwefelgehalt des übriggebliebenen Anteils höher war als bei der Behandlung mit Lauge allein. Es scheint also, daß der Disulfidschwefel gegenüber alkalischer Behandlung labiler ist als der Sulfhydratschwefel, obwohl die Aufspaltung der Disulfidbrücke in Sulfhydratgruppen das Keratinmolekül selbst für den Angriff öffnet. Der

Befund steht in Übereinstimmung mit der Beobachtung, daß Cystein gegenüber Alkalien beständiger ist als Cystin (GORTNER und THOR).

Es war daher anzunehmen, daß auch das bei der Laugenbehandlung der Wolle entstandene Natriumsulfid die Disulfidgruppen zum Teil in Sulfhydrylgruppen überführt und damit die weitere Schwefelabspaltung hemmt. Dieser Einfluß konnte dadurch zurückgedrängt werden, daß die Behandlung mit einer ständig durchfließenden frischen Lauge vorgenommen wurde. Die Ergebnisse dieser Versuchsreihe sind in der folgenden Tabelle enthalten.

Tabelle 86. **Vergleich der Einwirkung von Natronlauge auf Wolle bei ruhendem und bei durchfließendem Bad.** Nach CROWDER und HARRIS.
(4stündige Behandlung mit 0,05 n NaOH bei 65°.)

Behandlung	Gewichtsverlust in %	Schwefelgehalt in %	Schwefelverlust in % des urspr. S-Gehaltes	Cystingehalt in %
Keine	—	3,72	—	13,4
Ruhendes Bad	9,4	2,13	42,7	3,7
Nach Durchfließen von 25 l NaOH über 12 g Wolle	14,4	2,02	45,7	2,6
Nach Durchfließen von 45 l NaOH über 5 g Wolle	14,3	1,92	48,4	2,5

Die Tatsache, daß bei der Ausschaltung der Wirkung des abgespaltenen Schwefelwasserstoffes der Schwefelgehalt der Wolle nach der Behandlung sich 50% des ursprünglichen Schwefelgehaltes als Grenzwert nähert, spricht gleichfalls für die Richtigkeit des angenommenen Reaktionsschemas.

Der verhältnismäßig niedrige Gehalt an Cystin in dem Säurehydrolysat der alkalibehandelten Wolle deutet darauf hin, daß der größte Teil des nach der Reaktionsgleichung entstandenen Sulfhydryls weitere Umsetzungen erfuhr. CROWDER und HARRIS ziehen die Bildung von Thioverbindungen durch Umsetzung des Sulfhydryls mit den im Sinne des Reaktionsschemas 6 gebildeten Aldehyden entsprechend dem folgenden Schema in Betracht:

$$R_1 \cdot CHO + R_2 \cdot SH \rightarrow R_1 \cdot C \cdot S \cdot R_2 + H_2O \qquad (7)$$

SPEAKMAN und WHEWELL, die die Einwirkung von Barytlauge auf Menschenhaar untersucht haben, fanden gleichfalls, daß die Abnahme des Schwefelgehaltes der Haare bei der Behandlung (mit regelmäßig erneuerter Lauge) immer langsamer vor sich geht.

BARRITT und A. T. KING haben beobachtet, daß der Schwefelgehalt der Wolle bei den üblichen Reinigungsverfahren nicht mehr als um den Betrag von 0,1—0,2% vermindert wird. Die Einwirkung von gesättigtem Kalkwasser bei Zimmertemperatur führt zu einer langsamen Abnahme des Schwefelgehaltes. Nach etwa 10tägiger Behandlung enthält die Wolle nur etwa 2,1% Schwefel, an Stelle von ursprünglich etwa 3,7%.

FARRAR und P. E. KING haben festgestellt, daß Behandlung mit konzentrierter NH_3-Lösung den Schwefelgehalt der Wolle vermindert. 12%ige NH_4OH-Lösung bewirkt nach 4 Tagen und bei 50° eine Herabsetzung des S-Gehaltes auf etwa 2%.

Die Bedeutung der Disulfidgruppe für das mechanische Verhalten der Wolle.

ASTBURY und SPEAKMAN nehmen einen engen Zusammenhang zwischen dem Vorhandensein der Querbindungen zwischen den Hauptvalenzketten der Keratinmoleküle und dem mechanischen Verhalten der Fasern an. Als Querbindungen kommen in erster Linie die Salzbindung zwischen den Extragruppen der Seitenketten und die Disulfidbindung im Cystinrest in Frage. Nach ihrer Ansicht halten die Querbindungen die Polypeptidketten in den nativen Fasern in gefaltetem Zustande fest. Das Lösen der Querbindungen erleichtert einerseits die Dehnung der Fasern, ermöglicht andererseits die freiwillige Schrumpfung der Ketten und damit auch der Fasern unter ihre ursprüngliche Länge. Diese Schrumpfung, die unter dem Einfluß der innermolekularen Anziehungskräfte zustande kommt, wird als Überkontraktion bezeichnet (vgl. 1. Abschnitt).

Die für die Technik so wichtige Wirkung von warmem Wasser und Wasserdampf auf den Dehnungszustand der Wolle beruht nach SPEAKMAN 2 wenigstens zu einem erheblichen Anteil auf der Hydrolyse der Disulfidgruppen:

$$R \cdot S \cdot S \cdot R + H_2O \rightarrow R \cdot SH + R \cdot SOH.$$

Dafür spricht auch die Beobachtung, daß die Wolle sich in Anwesenheit von Quecksilberdampf in wassergesättigter Atmosphäre bereits bei 55° unter Bildung von Quecksilbersulfid dunkel färbt. Der Schwefelwasserstoff entsteht vermutlich durch den Zerfall der Sulfensäure.

SPEAKMAN 1 hat das mechanische Verhalten von Wolle in verdünnten Na_2S-Lösungen untersucht. Er hat eine starke Quellung beobachtet, die mit steigender Einwirkungsdauer und Konzentration des Reagens stark ansteigt. In der Anfangszeit der Einwirkung ist jedoch die Verbreiterung des Durchmessers mit einer Verkürzung der Fasern in der Längsrichtung verbunden. Die Verkürzung erreicht z. B. in 0,151 n Na_2S nach 1 Stunde etwa 6%, während der Durchmesser gleichzeitig etwa auf das Doppelte des ursprünglichen Wertes wächst. Im Verlauf der weiteren Einwirkung nimmt die Kontraktion ab, um dann in eine Verlängerung überzugehen, während die Breitenquellung ständig zunimmt. Beim Auswaschen des Natriumsulfids erfolgt eine Verkürzung und beim nachherigen Trocknen sind die Fasern in ihrer Länge gegenüber der Anfangslänge um etwa 20% geschrumpft. Wir haben es auch hier mit der Erscheinung der Überkontraktion zu tun.

Bereits ELSÄSSER hat die Beobachtung gemacht, daß kochende Natriumbisulfitlösung eine Verkürzung der Wolle hervorruft. Nach SPEAKMAN 2 beträgt die Verkürzung nach 30 Minuten langer Einwirkung der kochenden, 5%igen Lösung etwa 30%. Der Mechanismus soll auch hier in der Spaltung der Disulfidbrücke bestehen:

$$R \cdot S \cdot S \cdot R + NaHSO_3 \rightarrow R \cdot SNa + R \cdot S \cdot SO_3H. \tag{8}$$

Das gleiche gilt für die Wirkung der gesättigten Silbersulfatlösung (28% Verkürzung nach 5stündiger Einwirkung bei Siedehitze):

$$3 R \cdot S \cdot S \cdot R \xrightarrow[Ag_2SO_4]{H_2O} R \cdot SO_3H + 5 R \cdot SH \qquad (9)$$

und schließlich für die Wirkung einer 0,65%igen Kaliumcyanidlösung (Verkürzung 12,5% nach 30 Minuten).

Während das Lösen der Querbindungen die Dehnbarkeit und die Schrumpfung der Wolle begünstigt, führt eine Neuentstehung von Querbindungen zur Fixierung der Keratinmoleküle in dem jeweiligen Zustande. Entstehen z. B. Querbindungen, die mit Wasserdampf nicht spaltbar sind, in den gestreckten Fasern, so tritt die Erscheinung einer nichtumkehrbaren *bleibenden Dehnung* auf. SPEAKMAN nimmt an, daß beim Dämpfen der gestreckten Wolle Querbindungen zwischen den Sulfensäureresten und den Aminogruppen entsprechend dem folgenden Schema entstehen:

$$R_1 \cdot S \cdot OH + R_2 \cdot NH_2 \rightarrow R_1 \cdot S \cdot NH \cdot R_2 + H_2O \,. \qquad (10)$$

Die Mitbeteiligung der Aminogruppen an dem Zustandekommen der nichtumkehrbaren Dehnung wird durch den Nachweis gestützt, daß desaminierte Fasern nach 6stündigem Dämpfen in gestrecktem Zustande beim neuerlichen Dämpfen in loser Form erhebliche Überkontraktion zeigen, während die nativen Fasern bei derselben Behandlung eine erhebliche Dehnung beibehalten. Die Ausschaltung der Aminogruppe hat also offenbar die Bildung von Querbindungen verhindert. Andererseits wird die Beteiligung der Cystingruppen dadurch nahegelegt, daß die Fasern, aus denen der Schwefel mit Hilfe von Barytwasser entfernt ist, nach ähnlicher Behandlung gleichfalls Überkontraktion an Stelle bleibender Dehnung aufweisen.

Als weitere Querbindung, die bei der Einwirkung von Alkali und von Natriumsulfid auf Wolle entstehen soll, zieht SPEAKMAN 3 die $C \cdot S \cdot C$-Bindung in Betracht. Bereits KÜSTER und IRION konnten aus dem Produkt der Einwirkung von Natriumsulfid auf Wolle eine Aminosäure isolieren, deren Zusammensetzung annähernd der folgenden Formel entsprach:

$$HOOC \cdot CH_2(NH_2) \cdot CH_2 \cdot CH_2 \cdot S \cdot CH_2 \cdot CH(NH_2) \cdot COOH$$

und schlossen daraus, daß das bei der Reduktion primär entstandene Cystein mit den Bestandteilen der Wolle weitere Umsetzungen eingeht.

PHILLIPS ist der Ansicht, daß die durch den Zerfall der Sulfensäure gebildeten Aldehydgruppen mit den Aminogruppen nach der folgenden Formel reagieren können:

$$R_1 \cdot CHO + R_2 \cdot NH_2 \rightarrow R_1 \cdot CH{=}N \cdot R_2 + H_2O. \qquad (11)$$

Die bleibende Dehnung, die der Wolle durch Behandlung mit heißem Wasser verliehen werden kann, hängt stark von der Wasserstoffionenkonzentration der Lösung ab. SPEAKMAN 3 hat diesen Einfluß untersucht. Die in kaltem Zustande um 40% gedehnte Wolle wurde eine halbe

Stunde lang mit kochenden Pufferlösungen von verschiedenem p_H behandelt und nach dem Auswaschen in kochendem destillierten Wasser entspannt. Die bleibende Dehnung erwies sich dabei nach der Behandlung mit alkalischen Lösungen bedeutend stärker als nach der Behandlung mit sauren Lösungen (Tabelle 87).

Das Maximum der bleibenden Dehnung lag bei p_H 9 des Behandlungsbades. Nach Behandlung mit sauren Lösungen zeigte sich sogar eine Überkontraktion, die bei p_H 4 15% erreicht hat. SPEAKMAN deutet auch dieses Ergebnis durch die Annahme, daß die kochende Behandlung je nach der Reaktion der Lösung in verschiedenem Ausmaße eine Hydrolyse der Disulfidgruppe und die Entstehung neuer Querbindungen bewirkt. Im alkalischen Gebiet ist sowohl die Hydrolyse als auch die Bildung der Querbindungen begünstigt, im sauren Gebiet findet zwar die Lösung der Disulfidbindung statt, die Neuentstehung von Querbindungen ist jedoch behindert (infolge der Ionisation der Aminogruppen).

Tabelle 87. Bleibende Dehnung der Wolle nach Behandlung mit kochenden Pufferlösungen in (auf 40%) gedehntem Zustande, Abhängigkeit vom p_H der Pufferlösung. Nach SPEAKMAN.

p_H des Behandlungsbades	% bleibende Dehnung nach Entspannen in kochendem Wasser	
	Nach 2 Minuten	Nach 60 Minuten
1,07	—1,4	— 1,9
3,0	—4,1	— 7,8
4,0	—4,3	—13,5
5,0	7,4	—10,8
6,0	20,4	6,0
7,0	21,3	12,4
8,0	21,5	12,6
8,8	21,8	19,2
9,4	20,8	19,4
10,0	19,5	17,0
11,0	5,6	1,0

Die Befunde sind nicht nur vom theoretischen Standpunkt aus interessant, sie sind auch von Bedeutung für den technischen Vorgang des Krabbens (Brennens). Dieser besteht in der Behandlung des Gewebes mit kochendem Wasser zwecks Vermeidung des Eingehens im Laufe der nachfolgenden Veredelungsvorgänge.

Als Methode zur Entdeckung *alkalibeständiger Querbindungen* der Keratinmoleküle benützt SPEAKMAN die Behandlung der Fasern mit kochender Natriumbisulfitlösung. Bei unbehandelten Fasern erfolgt hierbei, wie erwähnt, eine Verkürzung von etwa 30%. Natron- und barytbehandelte Fasern zeigen hingegen in Natriumbisulfitlösung nur eine geringe oder auch verschwindende Überkontraktion, ein Zeichen für das Vorhandensein von beständigen Querbindungen. Enthielt jedoch die Natronlauge Methanolamin, dann bleibt die Fähigkeit zur Überkontraktion teilweise erhalten. Ebenso wird die Verkürzbarkeit teilweise wiedergewonnen, wenn man der Laugebehandlung eine Behandlung mit kochender Salzsäurelösung folgen läßt. Aus diesen Beobachtungen folgern SPEAKMAN und WHEWELL, daß entweder im Sinne des von PHILLIPS angegebenen Reaktionsmechanismus bei der Laugebehandlung eine

Kondensation der freien Aminogruppen mit den bei dem Zerfall der Sulfensäure entstandenen Aldehydgruppen stattfindet oder die Sulfensäurereste selbst mit den Aminogruppen entsprechend dem Schema 10 reagieren. (Der Zusatz von Äthanolamin verhindert die Kondensation, die nachträgliche Säurebehandlung führt zu einer Spaltung der —N = CH- oder der —S—NH-Bindung.) Da jedoch die Verkürzbarkeit nur zur Hälfte erhalten bzw. nur zur Hälfte wiedergewonnen wird, nehmen SPEAKMAN und WHEWELL auch die Entstehung von —C—S—C-Bindungen bei der Alkalibehandlung und daneben von —S—Ba—S-Bindungen bei der Barytbehandlung an.

Die bleibende Dehnung, welche die Fasern, nachdem sie in gedehntem Zustande längere Zeit in kochende n/20-Boraxlösung ($p_H \sim 9$, also günstigste Reaktion für die bleibende Dehnung gemäß Tabelle 87) getaucht wurden, bei der nachherigen Entspannung in kochendem Wasser aufweisen, kann als *Maß für die Fähigkeit zur Bildung von Querbindungen* benützt werden. SPEAKMAN und WHEWELL fanden, daß nach der Barytbehandlung die so ermittelte bleibende Dehnung des Menschenhaares um so geringer war, je mehr Schwefel dem Haar durch die Behandlung entzogen wurde. War der Schwefelverlust bei der Barytbehandlung sehr erheblich, dann zeigte sich nach der darauffolgenden Boraxbehandlung in kochendem Wasser das Auftreten der Überkontraktion. Sowohl Baryt als auch — in geringerem Maße — die Natronlauge vermindern somit die Fähigkeit der Haare zur Bildung kochbeständiger Querbindungen. Daß diese Verminderung von der Abnahme des Schwefelgehaltes herrührt, beweist die Tatsache, daß die bleibende Dehnung — bei der Überkontraktion negativ gerechnet — dem Schwefelgehalt proportional ist.

SPEAKMAN *3* hat auf Grund eingehender Versuche verschiedene Methoden ausgearbeitet, um bereits bei mäßig hoher Temperatur tierischen Fasern eine möglichst große, auch in kochendem Wasser beständige Dehnung zu verleihen. Diese Methoden, ebenso wie das Einbrennen mit Dampf bestehen aus zwei nacheinander folgenden Reaktionen, nämlich aus der Lösung der Disulfidbindung und dann der Herstellung von Querbindungen in gedehntem Zustande. Die Lösung der Disulfidbindung konnte am besten mit Sulfitlösungen vom p_H 6 oder 11 bewirkt werden. Die neuen Querbindungen konnten auf drei verschiedenen Wegen hergestellt werden: mit Hilfe der Sulfitlösung vom p_H 6 selbst (—S—NH-Bindung) oder durch Behandlung mit Bariumsalzen (—S—Ba—S—) oder schließlich durch Oxydationsmittel (—S—S—).

Wir können nunmehr das Ergebnis der vorangehend besprochenen Untersuchungen dahin zusammenfassen, daß es gelungen ist, eine Anzahl wichtiger Zusammenhänge zwischen dem mechanischen Verhalten der Wollfaser und den chemischen Einwirkungen auf das Keratinmolekül aufzudecken. Die Querbindungen der Wolle im nativen Zustand, die Disulfidbindung und die elektrostatische Bindung, können durch Hydrolyse, Reduktion oder Oxydation gelöst werden. Dadurch wird die gegenseitige Verschiebbarkeit der Hauptvalenzketten erleichtert. Andererseits können infolge von Kondensationsreaktionen neue Querbindungen entstehen und die gegenseitige Lage der Hauptvalenzketten kann dadurch befestigt werden. Von diesen Kondensationsreaktionen scheinen diejenigen der Sulfensäure- und der Aldehydreste (beide Reaktionsprodukte der ursprünglich hydrolysierend wirkenden Einflüsse auf die Disulfidgruppe) mit den Aminogruppen eine bedeutende Rolle zu spielen.

Die eben besprochenen Ansichten werfen ein neues Licht auch auf die Rolle der Reduktionsmittel bei der Keratolyse. Ihre Aufgabe wäre danach, die bei der hydrolytischen Einwirkung der Lauge entstandenen Sulfensäuregruppen zu reduzieren und dadurch die Bildung neuer Querbindungen zu verhindern. Mit dieser Auffassung stimmt die Beobachtung von MARRIOTT überein, daß die Enthaarung der Häute mit Natriumsulfid durch die Vorbehandlung der Felle mit Alkali erschwert wird.

SCHÖBERL nimmt an, daß bei der Überführung des Keratins in Keratein nach GODDARD und MICHAELIS der primäre Vorgang in der hydrolytischen Aufspaltung der S·S-Bindung und die eigentliche Reaktion in der Reduktion der SOH-Verbindung mit der Thioglykolsäure nach der Formel:

$$R \cdot SOH + 2\,HOOC \cdot CH_2 \cdot SH \rightarrow R \cdot SH + (HOOC \cdot CH_2 \cdot S \cdot)_2 + H_2O \qquad (12)$$

besteht.

Die Chlorung der Wolle. Die Behandlung der Wolle mit Chlor (unterchloriger Säure, Chlorwasser u. dgl.) ist ein schon seit langer Zeit geübter technischer Vorgang. Sie dient zur Erhöhung der Aufnahmefähigkeit für Farbstoffe und zur Verhinderung des Eingehens, besonders von Strickwaren, beim Waschen[1]. Beim Eingehen der Wollwaren muß man zwei verschiedene Erscheinungen unterscheiden. Die erste besteht in dem Ausgleich der bei der mechanischen Behandlung (Spinnen, Weben) den Fasern erteilten latenten Spannung. Sie kann beim Gebrauch dadurch vermieden werden, daß der Ware bereits vor der Fertigstellung durch Naßbehandlung Gelegenheit zu diesem Ausgleich geboten wird (London shrunk)[2]. Die zweite beruht auf dem Verfilzen der Wolle. Ihre Ursachen, soweit sie aufgedeckt sind, werden in dem nachfolgenden Abschnitt dargelegt. Die Verhinderung dieses Eingehens kann nun dadurch erfolgen, daß man der Wolle die Filzfähigkeit nimmt. Hierzu dient die Chlorung.

Nach der Einwirkung von Chlor, die je nach Zusammensetzung des Bades und der zu erzielenden Wirkung verschieden lange dauert, wird die Ware durch Waschen mit Wasser und Behandlung mit schwefligsaurem Natrium vom Chlor befreit. Lang dauernde intensive Chlorung führt neben der Zerstörung der Schuppen zu einer erheblichen Schwächung und zu einem Brüchigwerden der Fasern. In diesem Fall zeigt die Wolle einen harten Griff. Richtig gechlorte Ware soll sich hingegen in ihren

---

[1] Mitunter auch zur Erhöhung des Glanzes besonders von Orientteppichen.
[2] Vgl. auch die Untersuchungen SPEAKMANS (S. 285—288).

chemischen und physikalischen Eigenschaften von der unbehandelten bis auf die mangelnde Schrumpfung nicht unterscheiden.

Bei der Chlorung nimmt die Wolle erhebliche Mengen, gewöhnlich einige Prozente, Chlor auf. In konzentrierteren Bädern, die allerdings in der Technik nicht angewendet werden, kann die Wolle mehr als 30% ihres Gewichtes an Chlor aufnehmen. Bei der Nachbehandlung mit Natriumsulfit wird die Wolle praktisch vollständig vom Chlor befreit. Dagegen haben S. R. TROTMAN und WYCHE festgestellt, daß bei der Behandlung mit kochendem Wasser oder mit Wasserstoffperoxyd noch etwa 0,6% Chlor zurückgehalten werden können. Dieser Anteil dürfte fester gebunden sein.

Es fragt sich, durch welche Kräfte das Chlor an die Wolle gebunden wird. Die große Menge des festgehaltenen Halogens legt die Vermutung nahe, daß es sich um die Betätigung der chemischen Hauptvalenzkräfte handelt. Einige Forscher sind geneigt, eine Chloraminbildung anzunehmen:

$$RNH_2 + Cl_2 = RNHCl + HCl. \qquad (13)$$

Tatsächlich zeigen, wie LANGHELD gefunden hat, die freien Aminosäuren diese Reaktion. Allerdings sind die gebildeten Chloramine nicht sehr beständig. Sie zerfallen bereits beim Erwärmen in Wasser, wobei ein Abbau der Aminosäuren unter Bildung von Aldehyden etwa nach der folgenden Gleichung stattfindet

$$R \cdot \underset{NH_2}{CH} \cdot COOH + HOCl \rightarrow R \cdot \underset{NHCl}{CH} \cdot COOH + H_2O \rightarrow R \cdot CHO + CO_2 + NH_3 + HCl. \qquad (14)$$

Die säuresubstituierten Aminosäuren, d. h. die Säureamidsäuren, sind dagegen nach seinen Beobachtungen zu der Reaktion weniger oder gar nicht befähigt. In der Wolle sind bekanntlich über $9/10$ des Stickstoffes amidartig substituiert. *Der zu den Extraaminogruppen gehörende Stickstoff, dessen Menge etwa 1,2% beträgt, kann also etwa 3—6% Chlor in Form von Chloramin bzw. Dichloramin binden.* Gegen die ausschlaggebende Bedeutung der freien Aminogruppen spricht andererseits die von TROTMAN und WYCHE beobachtete Tatsache, daß die desaminierte Wolle dieselbe Chloraufnahme zeigt wie die ursprüngliche.

CROSS, BEVAN und BRIGGS waren die ersten, die eine Chloraminbildung der Eiweißkörper bei der Reaktion mit Cl_2 angenommen haben. Nach ihren Befunden sind die Eiweißchloramine verhältnismäßig beständig. In der Folgezeit wurde die Reaktion der Eiweißkörper mit unterchloriger Säure vielfach untersucht. Das Interesse beruht einerseits auf dem Umstand, daß die Schäden, die die Bastfasern nach der Chlorbleiche manchmal erleiden, gelegentlich auf die Wirkung der Chloramine zurückgeführt werden, die durch die Reaktion der in den Bastfasern enthaltenen Eiweißstoffe (Protoplasmareste) mit dem aktiven Chlor entstehen und auch nach dem Auswaschen von den Fasern festgehalten werden (vgl. z. B. AUERBACH, BAUR, KIND, MÜNCH, TSCHILIKIN). Andererseits besteht ein Interesse auch von biochemischer Seite (DAKIN, ENGFELDT, NORMAN, WRIGHT), seitdem die Lösungen von Hypochlorit und p-Toluolsulfochloramid-Natrium als Desinfektionsmittel erhebliche Bedeutung erlangt haben. Sowohl DAKIN als auch ENGFELDT halten es auf Grund ihrer Versuche für wahrscheinlich, daß für die Desinfektionswirkung die Chloraminbildung der Eiweißstoffe verantwortlich ist.

MEUNIER und LATREILLE nehmen an, daß neben der Chloraminbildung an den Peptidbindungen als unerwünschte Nebenreaktion eine oxydative Einwirkung des Chlors erfolgt. Nach ihren Beobachtungen bleibt die Oxydation bei der Anwendung von trockenem Chlorgas auf trockene Wolle aus, während die Chloraminbildung auch unter diesen Umständen stattfindet und zur Veränderung der technischen Eigenschaften der Wolle in der erwünschten Richtung führt.

In einer neueren Arbeit hat VOM HOVE einen Beitrag zur Frage der chemischen Vorgänge bei der Einwirkung von Chlor, Brom und Jod auf Wolle geliefert.

Er fand, daß bei der Einwirkung von trockenen oder von in wasserfreien Lösungsmitteln gelösten Gasen auf trockene Wolle nur eine sehr geringfügige Aufnahme der Halogene stattfindet. VOM HOVE nimmt an, daß in diesem Fall die Halogene als Substituenten am Tyrosinrest von der Wolle gebunden werden. (Bekanntlich kommt das Dijodtyrosin mit den 2 Jodatomen im Kern in der Natur z. B. als wesentlicher Bestandteil der Koralle vor. Ein Abkömmling des Dijodtyrosins ist das Thyroxin, ein Hormon der Schilddrüse.) Wenn die Halogene normalen Feuchtigkeitsgehalt besitzen, dann reagieren sie mit der Wolle sowohl durch Substitution im Tyrosinrest als auch unter Bildung von Halogenaminen. HALLER und HOLL bezweifeln das Zustandekommen der Substitution im Tyrosinrest, da sie finden, daß gechlorte Wolle — im Gegensatz zum Halogentyrosin — die MILLONsche Reaktion zeigt.

In wässerigen Lösungen findet eine sehr rasche und ausgiebige Aufnahme von Chlor und in noch stärkerem Maße von Brom durch die Wolle statt, während Jod nur träge reagiert. Die primäre Reaktion mit Chlor und Brom im Wasser besteht nach VOM HOVE neben der Halogenaminbildung in der Oxydation der Wolle etwa nach der folgenden Formel:

$$2\,R\cdot CH\cdot COOH + 3\,HOCl \diagup\!\!\!\diagdown \begin{array}{l} R\cdot \underset{\underset{O}{\|}}{C}\cdot COOH + NH_2Cl + H_2O + HCl \\ \\ R\cdot CH\cdot COOH + H_2O \\ \quad\;\; | \\ \quad\;\; NHCl \end{array}$$
$$|$$
$$NH_2$$

Die Halogenamine zerfallen unter Bildung von Aldehyden und von Halogenwasserstoffsäure etwa in der Weise, wie es an den Halogenaminen der Aminosäuren durch LANGHELD beobachtet wurde. Die freien Säuren bewirken einen hydrolytischen Abbau der Keratinmoleküle. Dadurch wird das Eiweiß aufgelockert und infolgedessen eine neuerliche Halogenaminbildung ermöglicht. Der Zerfall dieser Halogenamine schafft nunmehr wieder weitere Reaktionsmöglichkeiten. Neben diesen Umsetzungen erfolgt auch in wässerigen Lösungen die Substitution am Tyrosinrest.

Wesentlich erscheint die auf analytischem Wege erwiesene Feststellung VOM HOVEs, daß der Verbrauch des aktiven Chlors oder Broms aus den wässerigen Lösungen durch die Wolle zu einem großen Anteil zur Bildung von Salzsäure bzw. Bromwasserstoffsäure führt, die mit der Wolle teilweise unter Salzbildung an den Aminogruppen reagiert. ,,So wurden z. B. 70% des aktiven Chlors außerhalb der Fasern in 5 Minuten in Salzsäure umgewandelt und nur 25% gelangten durch Adsorption in das Faserinnere, wo es noch zu 10% als solches vorhanden war und zu 15% als HCl vorlag."

In einer kürzlich erschienenen Arbeit erörtern COURTOT und BARON die Hypothese, daß nach der Chloraminbildung eine Spaltung des Moleküls an dieser Stelle unter Bildung von Aldehyden erfolge, wie dies von LANGHELD bei den Aminosäuren beschrieben wurde. Sie haben festgestellt, daß nach dem Auswaschen des Chlors die Wolle oxydierende Eigenschaften besitzt.

Die erwähnten Auffassungen über die chemische Natur der Chlorung der Wolle stellen eher Mutmaßungen als experimentelle Tatsachen dar. Einen Fortschritt demgegenüber bedeuten die Untersuchungen von ST. GOLDSCHMIDT und seinen Mitarbeitern, die auf eine Aufklärung des Aufbaues der Eiweißmoleküle mittels Verfolgung der Hypobromiteinwirkung hinzielen. Wenn auch die Wirkungsweise der Hypobromitlösung nicht ohne weiteres derjenigen des Hypochlorits gleichgesetzt werden kann, so ist doch eine weitgehende Ähnlichkeit der beiden zu vermuten, so daß die von GOLDSCHMIDT gewonnenen Feststellungen für die Frage der Wollchlorung von großem Interesse sind.

GOLDSCHMIDT und STEIGERWALD haben gezeigt, daß, während Eiweißkörper von Hypobromit in sehr schneller Reaktion unter Verbrauch des Hypobromits angegriffen werden, die Acylaminosäuren und die Acylpolypeptide dem gleichen Reagens widerstehen. Die —NH · CO-Bindung der offenen Polypeptide erweist sich also — in Übereinstimmung mit den Beobachtungen LANGHELDs mit Hypochlorit — als der Halogeneinwirkung unzugänglich. Überraschenderweise erwies sich die Carbonamidbindung der ringförmigen Dipeptide, der Diketopiperazine, als durch Hypobromit angreifbar.

Die Anfangsreaktion der Aminosäuren und der offenen Dipeptide besteht nach den Beobachtungen von GOLDSCHMIDT und WIBERG in der Bromierung der freien Aminogruppe und in der Abspaltung von 1 Mol HBr. Die aus einer Aminosäure oder einem Dipeptid von der allgemeinen Formel $R \cdot \overset{\cdot}{C} \cdot CO \cdot R'$ auf diese Weise entstandene Brominoverbindung
$\mathrm{NH_2}$
(A) wird dann weiter hydrolysiert, und zwar bei Aminosäuren zu Nitrilen

(B), bei Dipeptiden in neutraler Lösung zu Ketonen (C), in alkalischer Lösung gleichfalls zu Nitrilen (B).

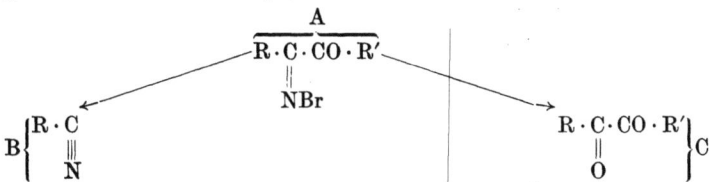

An höheren Polypeptiden zeigten GOLDSCHMIDT und STRAUSS, daß das Hypobromit auch hier nur an den endständigen freien Aminogruppen angreift (vgl. auch BRIGL, HELD und HARTUNG).

Bei den Diketopiperazinen tritt in neutraler Lösung kein Abbau, sondern eine N-Bromierung (Bromamidbildung) ein. In alkalischer Lösung erfolgt Abbau unter Bildung von Carbonsäuren (GOLDSCHMIDT und NAGEL).

Aus den Abbauprodukten des Eieralbumins konnten GOLDSCHMIDT und MARTIN einen schwefelhaltigen Körper von der ungefähren Zusammensetzung $C_2Br_6SO_2$ isolieren, ferner Carbonsäuren und Nitrile abtrennen. Die Untersuchung von GOLDSCHMIDT, WOLFF, ENGEL und GERISCH an Eieralbumin hat dann gezeigt, daß die Einwirkung zwar in erster Linie an den Extragruppen der Diaminosäurereste erfolgt, daß jedoch daneben mit Bestimmtheit noch eine weitere Einwirkung, allerdings noch unbekannter Natur stattfinden muß. So muß die Frage nach dem chemischen Mechanismus der Chlorung der Wolle auch nach diesen Beobachtungen noch offenbleiben.

Die Beobachtung von GOLDSCHMIDT und MARTIN über das Auftreten des schwefelhaltigen Körpers bei der Hypobromiteinwirkung auf Eieralbumin ist um so bemerkenswerter, als der Schwefelgehalt dieses Eiweißstoffes viel geringer ist als der der Wolle. Es wäre also durchaus möglich, daß eine Schwefelabspaltung bei der Halogeneinwirkung auf Wolle in weit stärkerem Maße erfolgt. Tatsächlich haben BARRITT und KING festgestellt, daß die Wolle bei der Chlorung einen erheblichen Schwefelverlust erleiden kann, allerdings nur dann, wenn viel mehr Chlor angewandt wird als in der Technik üblich. Nach der normalen Chlorung zeigt die Wolle einen praktisch unveränderten Schwefelgehalt. Diese Feststellung schließt jedoch noch nicht aus, daß der Hauptangriff des Halogens an der Disulfidbrücke erfolgt und unter Erhaltung des Schwefels zu einer Umsetzung an dieser Stelle führt. Da die Aufspaltung der Disulfidbrücke das mechanische Verhalten der Haare wesentlich verändert, könnte vielleicht die Wirkung der Chlorung in diesem Sinne gedeutet werden.

WRIGHT sowie NORMAN versuchten aus dem zeitlichen Gang und der Abhängigkeit des Chlorverbrauches von den Mengenverhältnissen Schlüsse auf die Natur der Reaktion von Hypochlorit mit Aminosäuren und Eiweißkörpern zu ziehen. WRIGHT hält es auf Grund dieser Versuche für bewiesen, daß sich bei der Behandlung der Aminosäuren und Eiweißstoffe mit Hypochloritlösung Chloraminabkömmlinge, wenigstens als Zwischenprodukte, bilden, ausgenommen den Fall, daß die Behandlung in stark alkalischer Lösung stattfindet. Im allgemeinen scheint saure Reaktion die Chlorierung, alkalische Reaktion die Oxydation zu fördern. Das Chloramin des Cystins erwies sich als besonders labil. In alkalischer Lösung führte die Einwirkung von Hypochlorit auf Cystin zur Bildung von Polysulfiden.

Auf welche Weise die Einwirkung des Chlors die Filzfähigkeit der Wolle vernichtet, ist noch nicht genügend geklärt. In dem Schrifttum finden sich Beobachtungen einer Parallelität zwischen der Zerstörung der Schuppenstruktur der Faseroberfläche und dem Schrumpfvermögen, aber gelegentlich auch solche, die gegen diese Parallelität sprechen.

Die größte Zahl der über die Chlorung ausgeführten Untersuchungen hat die Aufsuchung der Bedingungen zum Ziele, die eine möglichst gleichmäßige Einwirkung des Chlors auf die Fasern gestatten. Eine ausführliche Arbeit über diesen Gegenstand verdanken wir HIRST und KING. Es wird darin der Einfluß der Säurekonzentration und des Chlorgehaltes auf das Schrumpfvermögen, die Reißfestigkeit, die Dehnung, den Griff, die Farbe und die Gleichmäßigkeit der Färbungen der behandelten Stoffe beschrieben.

SPEAKMAN und GOODINGS haben darauf hingewiesen, daß die wesentliche Veränderung des Fasermaterials nicht bei der Einwirkung des Chlors, sondern bei der Entfernung desselben stattfinden soll. Durch mikroskopische Beobachtungen haben sie festgestellt, daß bei der Berührung der gechlorten Wolle mit alkalischen Lösungen die äußeren Schichten der Fasern sehr schnell zu einer gallertartigen Hülle aufquellen. Die Schuppen selbst liegen an der Außenseite dieser Schicht mehr oder weniger unbeschädigt. Wenn die gequollene Faser von Alkali befreit und getrocknet wird, erhält sie wieder ihre Normalgröße und zeigt ausgesprochene Schuppenstruktur. Aus diesen Beobachtungen folgern SPEAKMAN und GOODINGS, daß die Schuppen dem Chlor gegenüber widerstandsfähiger sind als die Rinde. Die Schicht der Rindenzellen, die von dem Chlor angegriffen wird, bildet nachher infolge starker Quellung eine Gallerte. Die Haftfestigkeit der Schuppen an dieser Gallertschicht ist so gering, daß sie bei der später folgenden mechanischen Behandlung abgerieben werden. Eine gewisse Verbesserung der schlechten mechanischen Eigenschaften der gechlorten Wolle soll durch Behandlung mit Beizen, insbesondere mit Chromsalzen zu erzielen sein. Die Chromsalze bewirken eine Härtung der vom Chlor angegriffenen Schicht und verhindern die Gallertbildung bei der alkalischen Behandlung ohne die Schrumpffähigkeit wieder herzustellen.

Weitere Beiträge zur Einwirkung von Chlor auf Wolle liefern die Erfahrungen mit der v. ALLWÖRDENschen Reaktion, die weiter unten behandelt wird.

Erkennung der Schädigung der Wolle. Die direkte Methode zur Erkennung der Schädigung der Wolle besteht in der Messung der Zerreißfestigkeit und der anderen mechanischen Eigenschaften. Die Auswahl der indirekten Methoden ist hier beschränkter als im Falle der Cellulosefasern, weil die Wolle ohne chemischen Abbau nicht in Lösung zu bringen ist. Die Messung der Viscosität von Lösungen, die bei der Cellulose das bedeutendste Verfahren zur Erkennung der Faserschwächung darstellt, kann hier daher nicht angewendet werden. Auch solche Methoden, die ähnlich wie die Bestimmung der Kupferzahl bei den Cellulosefasern, auf der Reaktionsfähigkeit der bei der Spaltung von Kettenmolekülen auftretenden Endgruppen beruhen, können hier nur in besonderen Fällen Anwendung finden. Wohl muß auch bei der Wolle die Faserschädigung, wenigstens in der Mehrzahl der Fälle, mit einer Verkürzung der Kettenlänge der Keratinmoleküle verbunden sein, doch ist die chemische Reaktionsfähigkeit innerhalb der Kette sehr mannigfaltig und es besteht auch innerhalb der intakten Ketten eine große Reaktionsbereitschaft.

Die ALLWÖRDENsche Reaktion. ALLWÖRDEN hat angegeben, daß in kurzer Zeit an der Oberfläche der Haare perlenschnurartig angeordnete halbrunde Blasen beobachtet werden, wenn ungeschädigte Wolle unter dem Mikroskop mit Chlorwasser behandelt wird. Haare, die insbesondere durch Behandlung mit Alkali geschädigt wurden, zeigen die Reaktion nicht. Das Fortschreiten der Reaktion führt zur Ablösung der schuppenförmigen Oberhautzellen.

Von ALLWÖRDEN hat die Erscheinung durch die Annahme erklärt, daß sich unter den Schuppenzellen ein von ihm als Elasticum bezeichneter (kohlenhydratartiger) Stoff befinde, der mit Chlor ein quellbares Reaktionsprodukt liefere. Das gequollene Elasticum trete zwischen den Schuppenzellen an den Stellen des geringsten Widerstandes in Form von Bläschen hervor. Das Elasticum habe die wichtige Rolle, die Faserzellen vor chemischen Einwirkungen zu schützen. Sollte es durch Alkalibehandlung entfernt worden sein, was sich durch das Fehlen der Reaktion kundgibt, dann ist die Fasersubstanz weniger widerstandsfähig.

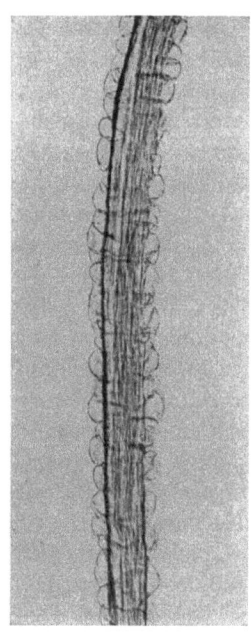

Abb. 172. Wolle behandelt mit Chlorwasser. Vergr. 140×. Nach A. HERZOG.

Die späteren Forscher, vor allem KRAIS und Mitarbeiter, ferner MARK und Mitarbeiter haben das Auftreten der ALLWÖRDENschen Reaktion bei ungeschädigter, und sein Ausbleiben bei geschädigter Wolle bestätigt. Das Vorhandensein eines Kohlehydrates konnten sie jedoch nicht nachweisen und nahmen daher zur Erklärung der Reaktion an, daß die

Faserzellen gegen Chlor reaktionsfähiger seien als die Schuppenzellen. Die Bildung des Chlorkeratins führt zu einer Quellung unterhalb der Schuppen. Ist die Wolle ungeschädigt, dann durchbricht die quellende Masse in Form von Bläschen die Schuppenschicht. Ist hingegen die Kittsubstanz der Schuppen bereits etwa durch Alkalibehandlung gelockert, so erfolgt eine allmähliche allseitige und gleichmäßige Quellung an der ganzen Faseroberfläche.

Nur in Hinsicht auf den chemischen Mechanismus unterscheidet sich hiervon die Vorstellung vom Hoves, der annimmt, daß das Chlor zu einem großen Teil nach Zerfall der zuerst entstandenen Chloramine sich als Salzsäure innerhalb der Fasern anreichert. Durch die Salzbildung der Säure mit der Wolle bzw. mit deren Abbauprodukten entsteht (infolge Ausbildung eines Membrangleichgewichtes) ein hoher osmotischer Druck des Faserinnern gegenüber der Außenlösung, wobei die Oberhautschicht, solange sie unbeschädigt ist, als Membran wirkt. Allerdings kann diese Vorstellung nicht erklären, warum die Umsetzung der Wolle mit Salzsäure allein, die ja auch zum entsprechenden Membrangleichgewicht führt, nicht dieselben äußeren Erscheinungen hervorruft wie die Umsetzungen mit Chlorwasser. Nimmt man an, daß infolge der vorangehenden Chloraminbildung eine besonders starke Anreicherung der Säure innerhalb der Fasern stattfindet, dann kann man zwar nicht von einem Gleichgewichtszustand und daher auch nicht vom Membrangleichgewicht sprechen, man erhält jedoch eine recht wahrscheinliche Erklärung für das *plötzliche* Auftreten eines starken osmotischen Druckes des Faserinhaltes. In dieser Form könnten die durch vom Hove vorgebrachten Gesichtspunkte zum Verständnis der v. Allwördenschen Reaktion wesentlich beitragen.

Spöttel ist durch genaue mikroskopische Beobachtungen zu einer anderen Vorstellung gelangt. Nach ihm besteht die Reaktion des Chlors in einer allmählichen Aufquellung, Erweichung und schließlichen Ablösung der Oberhautzellen selbst, ohne daß die Entstehung von Blasen eines fremden Stoffes sich wahrnehmen läßt. Die Oberhautzellen täuschen durch ihre Aufquellung die Bläschen vor. Nach dieser Vorstellung muß das Fehlen der Oberhautzellen (und nicht das des Elasticums) zum Ausbleiben der Reaktion führen.

Stirm und Colle haben neuerdings das Vorhandensein eines bei Alkalibehandlung entfernbaren Kohlehydrates in der Wolle bestätigt. Sie erblicken jedoch das Wesen der Einwirkung des Chlorwassers nicht in einer Umsetzung mit diesem Kohlenhydrat, sondern in dem Lösen der in Wolle befindlichen Cystin- und Tyrosinmoleküle. Auch nach ihrer Ansicht ist das Auftreten der perlenförmigen Aufquellung ein Zeichen des Vorhandenseins der unversehrten Kittsubstanz, die entsprechend der ursprünglichen Annahme v. Allwördens aus einem Kohlehydrat bestehen soll.

Die folgende Tabelle zeigt als Beispiel den Einfluß der Konzentration einer Sodalösung, mit der die Wolle 1 Stunde lang behandelt worden war, auf die ALLWÖRDENsche Reaktion.

KRAIS und WAENTIG stellten fest, daß einstündiges Kochen mit 5%iger Schwefelsäure das Auftreten der ALLWÖRDENschen Reaktion nicht beeinträchtigt.

Die Diazoreaktion. PAULY hat gezeigt, daß histidin- und tyrosinhaltige Eiweißstoffe durch Behandlung mit Diazobenzosulfosäure in 10%iger Sodalösung eine rote Färbung annehmen. Die Reaktion wird darauf zurückgeführt, daß diese Aminosäuren, die einen Fünfer- bzw. einen Sechserring im Molekül haben, mit der Diazoverbindung kuppeln und auf diese Weise einen Azofarbstoff bilden. Nach der Feststellung von PAULY und BINZ gibt auch Wolle diese Reaktion. Von MARK und KRAHN wurde jedoch nachgewiesen, daß ungeschädigte Wolle die PAULYsche Reaktion bei viertelstündiger Einwirkung nicht zeigt. Nur die Schnittenden der Wollhaare nehmen die Färbung an, ein Zeichen dafür, daß gegenüber der Diazoverbindung die Schuppenschicht indifferent, dagegen die Faserschicht reaktionsfähig ist. Wenn nun geschädigte Wolle die Rotfärbung annimmt, so bedeutet dies, daß in einer Viertelstunde die Reaktionsflüssigkeit durch die geschädigte Schuppenschicht zu diffundieren und in die Rindenschicht einzudringen vermag. Da Histidin in der Wolle fehlt, dürfte das Auftreten der Reaktion mit dem Vorhandensein von Tyrosin zusammenhängen, das wohl in der Rindenschicht, jedoch nicht in den Schuppenzellen enthalten ist. Man kann mit Hilfe der Diazoreaktion die Haare in verschiedene Gruppen einteilen, je nachdem, ob sie völlig intakt sind und infolgedessen keine Färbung geben, oder nur stellenweise geschädigt und infolgedessen örtliche Färbungen zeigen und schließlich, ob sie zur Hälfte oder gar in der Gesamtlänge die Rotfärbung annehmen.

Die Tabelle 89 gibt die Ergebnisse an denselben Proben wieder, von denen die vorangehende Tabelle die ALLWÖRDENsche Reaktion enthielt.

Die Versuche weisen darauf hin, daß die Schädigung der Wolle bei wachsender Konzentration der Sodalösung in 1%iger Lösung ein Maximum erreicht. Man sieht ferner auch hier, wie bei der ALLWÖRDENschen Reaktion, den starken Temperatureinfluß.

Tabelle 88.
Einfluß der Temperatur und der Konzentration von Sodalösung auf die ALLWÖRDENsche Reaktion. Nach MARK und v. BRUNSWICK.

Gewichtskonzentration in % Na_2CO_3	Temperatur in °	Mit „Perlen" besetzte Faserlänge in % der Gesamtlänge
0,1	50	60
0,1	70	50
1	50	5
1	70	2
10	50	0
10	70	0

Tabelle 89. **Erkennung der Schädigung der Wollhaare durch die Diazoreaktion nach Behandlung mit Na_2CO_3.** Nach MARK und BRAUCKMEYER.

Gewichts-konzentration in % Na_2CO_3	Temperatur in °	In % entfallen auf Grundtypen				
		I intakt	II nahezu intakt	III örtlich geschädigt	IV $^1/_4$–$^1/_2$ geschädigt	V völlig geschädigt
unbehandelt		20	50	25	5	—
0,1	50	—	55	50	17,5	—
0,1	70	—	15	27,5	47,5	10
1	50	—	10	17,5	65	7,5
1	70	—	—	—	20	80
10	50	—.	15	10	55	20
10	70	—	10	—	35	55

KRAIS, MARKERT und VIERTEL haben nach demselben Verfahren die Schädigung der Wolle durch Alkali- und Säurebehandlung untersucht. Die Alkalibehandlung erfolgte bei 90° 3 Stunden lang mit einer 0,3%igen Lösung von kalz. Soda, die saure Behandlung bei 100° 5 Stunden lang mit 0,5%iger Schwefelsäure. Die Haare wurden nach steigender Schädigung in 5 Gruppen eingeordnet. Die auf diese Weise gewonnenen Ergebnisse sind in der folgenden Tabelle enthalten. Die Gütezahl wurde gefunden, indem die Werte der Spalte 1 durch 1, die der Spalte 2 durch 2, die der Spalte 3 durch 3 usw. dividiert und dann die erhaltenen Zahlen addiert wurden.

Tabelle 90. **Ergebnisse der Diazoreaktion an den mit Säure und Alkali behandelten Wollen.** Nach KRAIS, MARKERT und VIERTEL.

Wollprobe	In % entfallen auf Gruppe					Gütezahl
	1	2	3	4	5	
Rohwolle	49	41	10	—	—	72,8
Wolle mit Alkali geschädigt .	6	20	58	12	4	39,1
Wolle mit Säure geschädigt .	—	19	44	26	11	32,5

Um die Diazoreaktion statt an den einzelnen Haaren an größeren Fasermengen etwa in Geweben zu untersuchen, sind mehrere Methoden vorgeschlagen worden. MARK und BLUMER bestimmen die Konzentrationsänderung, die die Diazobenzosulfosäurelösung bei der Reaktion mit der Wolle erleidet. Bei Beachtung gewisser Maßregeln in der Ausführung der Versuche und der Berechnung der Meßresultate erlangt man mit Hilfe dieser Methode nach Angabe der Autoren verläßliche Auskünfte über die chemische Schädigung des Wollhaares während der einzelnen Fabrikationsschritte. RIMINGTON löst die Wolle nach der Einwirkung des PAULYschen Reagens in 10%iger NaOH-Lösung und mißt colorimetrisch die Färbung der Lösung. Einen weiteren Ausbau erfuhr dieses Verfahren durch EDWARDS.

HALLER, der die Wolle nach der Methode von NATHUSIUS (1866) durch Behandlung mit konzentriertem Ammoniak in ihre histologischen Bestandteile zerlegt hat, konnte im Mikroskop unmittelbar beobachten, daß nur die Rindenzellen, jedoch nicht die Schuppenzellen die Diazoreaktion zeigten. Er wies auf den noch nicht gelösten Widerspruch in dem Verhalten der Wolle hin, der in der Tatsache besteht, daß die Schuppenschicht gegenüber molekulardispersen Lösungen, z. B. gegenüber Methylenblaulösung durchlässig, jedoch gegenüber gleichfalls molekulardisperser Lösung der Diazobenzosulfosäure undurchlässig ist.

Die Reaktion mit ammoniakalischer Kalilauge nach KRAIS und MARKERT. Eine neuartige Bestimmung der Wollschädigung, die insbesondere zum Nachweis der Schädigung durch Säuren geeignet ist, wurde kürzlich auf Anregung von KRAIS durch MARKERT ausgearbeitet. Sie beruht auf der Beobachtung der Einwirkung von ammoniakalischer Kalilauge (20 g KOH in 50 cm³ konz. NH₃) auf die Fasern unter dem Mikroskop. In allen Fällen tritt dabei eine starke Quellung ein, wobei die Struktur der Schuppenschicht verschwindet und die Längsstreckung der Rindenschicht sichtbar wird. Im weiteren Verlauf der Einwirkung beginnen die Haare in großen Abständen winzige Ausstülpungen zu zeigen, die sich dann zu kleinen Bläschen entwickeln. Dieser Vorgang beginnt bei ungeschädigten Haaren nach etwa 8—10 Minuten. Auch nach 18—20 Minuten sieht man noch immer nur wenige Bläschen. Säuregeschädigte Haare hingegen zeigen bereits nach 2—5 Minuten das Auftreten der Blasenbildung. Der Abstand der Blasen ist in diesem Falle viel kleiner. Die mit Alkali behandelte Wolle zeigt diese Blasenbildung erst mit Verzögerung. Die folgende Tabelle bringt einige charakteristische Befunde.

Die Reaktion ist danach geeignet zu entscheiden, ob die letzte Schädigung der Wolle durch eine saure oder alkalische Behandlung erfolgte.

Tabelle 91. Die Reaktion der Wolle mit ammoniakalischer Kalilauge.
Nach KRAIS, MARKERT und VIERTEL.

Behandlung der Wolle	Naßreißfestigkeit in g	Eintritt der Reaktion
Unbehandelt	216,6	nach 8—12 Min. sehr schwach
2 Std. mit dest. H₂O gekocht	196,5	nach 8—12 Min. sehr schwach
2 Std. mit 1% H₂SO₄ gekocht	203,3	nach 10 Min. sehr schwach
2 Std. mit 2,5% H₂SO₄ gekocht	198,1	nach 8 Min. nur an wenigen Haaren
2 Std. mit 5% H₂SO₄ gekocht	172,1	nach 3—4 Min. stark
2 Std. mit 10% H₂SO₄ gekocht	153,9	nach 2—3 Min. stark
2 Std. mit 0,3% Soda bei 50° behandelt	192,7	nach 20—30 Min. sehr schwach
2 Std. mit 0,3% Soda bei 50° behandelt + 2 Std. mit 2,5% H₂SO₄ gekocht	144,2	nach 3—4 Min. stark

KRAIS, MARKERT und VIERTEL erklären die Reaktion folgendermaßen:
„Die Schwefelsäure zerlegt das außerordentlich komplexe Molekül des Wollkeratins schon bei großer Verdünnung in kochend heißen Bädern ziemlich rasch durch hydrolytische Spaltung in verhältnismäßig niedrigmolekulare Bausteine. Von diesen gehen diejenigen, bei denen der basische Charakter überwiegt, zum Teil schon in der Säure in Lösung, während die zurückbleibenden Eiweißkörper eine erhöhte Löslichkeit in Alkalien dadurch erhalten, daß durch Freiwerden von Bindungen bzw. Anlagerung von Wasser beträchtlich mehr Carboxylgruppen freigelegt werden. Die verstärkte Hydrolyse bringt also mit steigenden Säuremengen ein verstärktes Freiwerden von Carboxylgruppen und somit eine verstärkte Löslichkeit in Alkalien mit sich . . . . .

Durch das Eindringen der Kalilauge in das Innere des Wollhaares werden die Aminosäuren, bei denen der Säurecharakter überwiegt, in Lösung gebracht, und zwar um so leichter und in um so größerer Menge, je stärker die vorhergegangene Säurewirkung war. Da nun die Schuppenschicht bedeutend widerstandsfähiger gegen Säure und Alkali ist, wirkt sie wie die Wandung eines Schlauches. Die im Inneren durch die Kalilaugen gelösten Aminosäuren veranlassen infolge ihres osmotischen Druckes das Eindringen von weiterer Flüssigkeit. Es entstehen Spannungen und Druckdifferenzen im Innern der Haare, die nun jede dünne Stelle und jeden Spalt in der Schuppenschicht benutzen, um herauszuquellen und je nach dem Grad der Schädigung kleine bis große Blasen zu bilden."

Die Reaktion zeigt äußerlich eine gewisse Ähnlichkeit mit der VON ALLWÖRDENschen Reaktion, es bestehen aber auch gewisse Unterschiede. Bei der Einwirkung von Chlorwasser sind die Blasen in Form einer Perlenschnur dicht angeordnet, dagegen sind sie bei der Einwirkung von ammoniakalischer Kalilauge unregelmäßig verteilt und ihre Form und Größe schwanken sehr. An den Schnittflächen bringt die VON ALLWÖRDENsche Reaktion keine Blasen hervor, hingegen führt die KRAIS-MARKERTsche Reaktion auch an diesen Stellen zur Blasenbildung. Für das Wesen der beiden Reaktionen ist die Feststellung wichtig, daß bei unbehandelter Wolle die ALLWÖRDENsche Reaktion auftritt, während die KRAIS-MARKERTsche Reaktion ausbleibt. Die Blasenbildung tritt bei beiden Reaktionen schneller auf, wenn die Wolle mit Säure behandelt war, obwohl das Reagens in dem einen Fall sauer, in dem anderen Fall stark alkalisch ist.

Weitere Methoden zur Erkennung der Wollschädigung. Einige weitere Methoden zur Erkennung der Wollschädigung beruhen auf dem Umstand, daß die geschädigte Wolle ein erhöhtes Aufnahmevermögen gegenüber gewissen Farbstoffen besitzt. So wurde von KRONACHER und LODEMANN die Bestimmung der Methylenblauaufnahme, von SIEBER die Messung des Verbrauches von Benzopurpurin 10B durch die Wolle in Vorschlag gebracht. Die Methoden beruhen wohl auf dem Umstand, daß die Schädigung der Schuppenschicht das Eindringen der Farbstoffe in das Innere der Faser begünstigt. Darauf weist auch die Beobachtung hin, daß die Schnittflächen der Haare sich im allgemeinen stärker anfärben. HALLER konnte unter dem Mikroskop nachweisen, daß Methylenblau und Benzopurpurin 10 B tatsächlich nur die Rindenzellen, jedoch nicht die Schuppenzellen der Wolle anfärben.

Eine Anzahl weiterer Methoden haben die Feststellung des löslichen Anteils der Faser zum Gegenstande. So wurden von MARK und KRAHN zwei Methoden ausgearbeitet, um die Menge zu bestimmen, die das Fasergut an eine 0,5%ige Sodalösung während 2stündiger Behandlung bei Zimmertemperatur abgibt. Die eine Methode besteht in der Fällung der Lösung mit Phosphorwolframsäure, wobei das Volumen des Niederschlages nach dem Abschleudern ermittelt wird, die andere in der Oxydation des gelösten Anteils mittels Bichromatlösung und Bestimmung des Bichromatverbrauches durch jodometrische Titration. Beide Methoden scheinen brauchbare Ergebnisse zu liefern, allerdings mit der nicht unwichtigen Einschränkung, daß sie bei vorangegangener Alkalischädigung versagen, da in diesem Fall der alkalilösliche Anteil bereits bei der schädigenden Behandlung entfernt worden ist.

Erwähnt sei noch die Beobachtung v. BERGENs, daß sonnenbelichtete Wolle mit n/10—n/100 NaOH eine viel stärkere Quellung und Ringelung (Krümmung in Bischofstabform) zeigt als die ungeschädigte. Das Ringeln tritt jedoch nur dann auf, wenn die Lichtstrahlen die Haare nicht vollständig durchdrungen hatten, so daß eine einseitige Schädigung erfolgte.

Die angebliche Verfestigung der Wolle durch die Behandlung mit konzentrierter Lauge. BUNTROCK, WASHBURN und MATTHEWS haben die interessante Beobachtung gemacht, daß, während die Natronlauge mit steigender Konzentration bis zur Gewichtskonzentration von etwa 15% die Wolle zunehmend schnell angreift, bei weiter wachsender Konzentration die schädigende Wirkung der Lauge abnimmt. Bei 38% ist ein Optimum erreicht; die Zerreißfestigkeit der Garne erfährt bei kurz dauernder Behandlung mit dieser Lösung eine Zunahme um etwa 30% gegenüber derjenigen von unbehandelten Garnen. Weitere Erhöhung der Konzentration führt zu neuerlicher Abnahme der Festigkeit. Die Aufklärung dieses absonderlichen Verhaltens gelang SPEAKMAN 1. Durch sorgfältige Messungen an Einzelhaaren hat er festgestellt, daß nach 5 Minuten langer Behandlung mit 38%iger NaOH-Lösung bei 15° und nachherigem Auswaschen weder die zur Dehnung erforderliche Arbeit, noch die Reißfestigkeit, noch die Höchstdehnung gegenüber den entsprechenden Eigenschaften des unbehandelten Materials irgendwelche Änderungen zeigen. Die Einzelhaare wurden also durch die Einwirkung dieser Lösung weder geschwächt noch gefestigt. Vergleicht man nun die Dehnung-Belastungskurve, bzw. die Dehnungsarbeit der Wolle einmal, wenn die Belastung in reinem Wasser und einmal, wenn sie in der Natronlauge erfolgt, dann bemerkt man, daß in letzterem Falle eine niedrigere Dehnbarkeit, d. h. eine höhere Dehnungsarbeit vorliegt als im ersten Falle. Bekanntlich nimmt die Dehnbarkeit der Wolle mit steigender Feuchtigkeit zu, d. h. die Dehnungsarbeit wird um so geringer, je mehr sich der Feuchtigkeitsgehalt der Atmosphäre, mit der sich die Wolle im Gleichgewicht befindet, dem Sättigungspunkt nähert. Das mechanische Verhalten der Wolle in der konzentrierten Natronlauge entspricht also demjenigen bei einem mittleren Feuchtigkeitsgrad: es liegt zwischen dem Verhalten der trockenen und der mit Wasser getränkten Wolle. Der Dampfdruck von konzentrierten wässerigen Lösungen beträgt bekanntlich weniger als der Dampfdruck des reinen Wassers. Der Dampfdruck der 38%igen NaOH-Lösung beträgt bei 0° nur rund $^1/_5$ des Dampfdruckes von Wasser, entsprechend einem Feuchtigkeitsgrad von rund 20%. Das mechanische Verhalten der Wolle in der Natronlaugelösung steht also in Übereinstimmung mit ihrem Verhalten in einer Atmosphäre von entsprechendem Feuchtigkeitsgrad. Dieser Umstand liefert zugleich die Erklärung für die Herabsetzung der schädigenden Wirkung der Lauge infolge der hohen Konzentration: Bei der verminderten Aktivität des Wassers wird die Quellung so weit herabgesetzt, daß die Lauge zunächst nicht genügend schnell in die submikroskopischen Kanäle der Fasern eindringen kann. Die Wirkung der Lauge wird nach SPEAKMAN weiterhin durch die Bildung eines komplexen Hydrates, 2 NaOH, 7 H_2O, gehemmt.

Die erhöhte Festigkeit der *Garne* nach Behandlung mit der konzentrierten Lauge rührt nach SPEAKMAN von der oberflächlichen Gelatinierung der Fasern her, die eine Verklebung der Einzelhaare beim Trocknen bewirkt. Nicht die Erhöhung der Faserfestigkeit, sondern die Erhöhung des Festhaftens der Fasern aneinander ruft die Steigerung der Garnfestigkeit hervor.

Die Schädigung der Wolle durch Wasserstoffperoxyd. SMITH und HARRIS untersuchten die Wirkung von Wasserstoffperoxyd auf Wolle. Sie fanden, daß 3stündige Behandlung bei 50° mit Lösungen, die bis 3% Peroxyd enthielten, keine wesentliche Änderung des Schwefel- oder Stickstoffgehaltes oder der mechanischen Eigenschaften der Garne hervorrief. Ließ man jedoch auf die Wolle nach der Peroxydbehandlung Lauge einwirken, dann zeigte sich ein großer Unterschied gegenüber dem Verhalten der unbehandelten Fasern (s. Tabelle 92).

Zum Vergleich sei noch hinzugefügt, daß die Naßfestigkeit der unbehandelten Wolle 1,15 kg, die der mit 3%iger Peroxydlösung behandelten Wolle vor der Alkalibehandlung 1,03 kg betrug. Die entsprechenden Zahlen für den Schwefelgehalt sind 3,23% vor und nach der Peroxydbehandlung, für den Cystingehalt 11,6 bzw. 8,4%.

Solange die Konzentration der Peroxydlösung 1,2% nicht überstieg, betrug der Schwefelgehalt nach der Laugenbehandlung ungefähr die Hälfte des ursprünglichen Schwefelgehaltes. Der Anstieg des Schwefelgehaltes mit weiter steigender Peroxydkonzentration weist darauf hin, daß der Schwefel durch die Oxydation in eine alkalibeständige Form übergeführt wurde. Damit steht in Übereinstimmung der Befund, daß der Cystingehalt, solange die Peroxydkonzentration 1,2% nicht übersteigt, konstant ist und erst bei weiter wachsender Peroxydkonzentration abnimmt. Am deutlichsten prägt sich der schädigende Einfluß des Wasserstoffperoxydes in der Zunahme der Löslichkeit der Wolle in der verdünnten Alkalilösung aus.

Als schnellen Nachweis der Peroxydschädigung der Wolle empfehlen SMITH und HARRIS

Tabelle 92.
Veränderung der Wolle bis Einwirkung von Lauge (0,1 n NaOH), 65°) nach Vorbehandlung mit Wasserstoffperoxydlösungen bei 50°. (Dauer der Vorbehandlung: 5 Stunden, der Alkalibehandlung 1 Stunde.) Nach SHMITH und HARRIS.

Konzentration von H_2O_2 in %	Gewichtsverlust in %	Gesamtschwefel in %	Cystingehalt in %	Naßfestigkeit in kg
0,00	12,8	1,61	2,2	0,30
0,03	18,3	1,73	2,2	—
0,15	16,8	1,63	2,2	0,19
0,30	17,7	1,63	2,2	0,17
0,61	20,0	1,57	2,0	0,13
1,21	20,9	1,76	2,2	0,08
1,82	41,7	1,83	1,4	—
2,43	46,1	1,91	1,4	—
3,03	55,6	2,11	1,3	—

die Behandlung mit einer kochenden Bleiacetatlösung vom p_H 5. Während sich unbehandelte oder nur mit Alkali behandelte Wolle bei der Einwirkung der Bleiacetatlösung stark dunkel färbt, bleibt die gebleichte Wolle dabei ziemlich hell. Offenbar wirkt sich auch bei dieser Probe die größere Widerstandsfähigkeit des Schwefels in oxydiertem Zustande gegenüber der Abspaltung aus.

Wolle vermag erhebliche Mengen von schwefliger Säure aufzunehmen. Über die Art der Bindung von SO_2 an die Wolle ist es noch nicht gelungen, Klarheit zu verschaffen (REYCHLER, COOK, RAYNES).

Carbonisieren der Wolle. Als Carbonisieren bezeichnet man die Behandlung der Wolle mit Schwefelsäure oder Aluminiumchlorid (auch Magnesiumchlorid) bei höherer Temperatur zwecks Zerstörung der aus Pflanzenfasern bestehenden Verunreinigungen. Das Verfahren beruht auf dem Umstand, daß, während die Keratine gegenüber Säuren (und den genannten Salzen) verhältnismäßig widerstandsfähig sind, die Cellulosemoleküle von den Säuren hydrolytisch leicht abgebaut werden. Beim Carbonisieren wird die Ware zuerst mit einer Schwefelsäurelösung (von etwa 4%) getränkt, von der überschüssigen Säure mechanisch (durch Abquetschen, Abschleudern oder Absaugen) befreit und dann (möglicherweise nach vorheriger Trocknung) bei 100—110° „gebrannt". Nachfolgend wird die Ware geschlagen und gerieben, wodurch die brüchige Hydrocellulose entfernt wird. Zum Schluß muß die Wolle neutralisiert und gewaschen werden.

Die häufigste Schädigung der Wolle beim Carbonisieren wird der unsachgemäßen Ausführung der Neutralisation zugeschrieben. Wenn die Reaktion der

Wolle nicht neutral oder schwach sauer, sondern mehr oder weniger alkalisch wird, dann wird sie beim Lagern oder bei der weiteren Verarbeitung geschwächt. Es steht jedoch noch keinesfalls fest, ob die Säureeinwirkung selbst ganz harmlos ist. Aus diesem Grunde erstrebt man eine Herabsetzung der Säurekonzentration und eine Abkürzung der Durchtränkungsdauer. Für diesen Zweck dienen säurebeständige Netzmittel. Übrigens dürfte der größte Teil der Säure in der Wolle nach der mechanischen Entfernung der anhaftenden Flüssigkeit salzartig an die freien Aminogruppen geknüpft sein und mit einem kleinen hydrolytisch abgespaltenen Teil im Gleichgewicht stehen. Die Zerstörung der Cellulose wird aber gerade durch diesen kleinen Anteil freier Säure bewirkt.

Systematische Untersuchungen über die Beeinflussung der mechanischen und chemischen Eigenschaften der Wolle durch das Carbonisieren wurden von RYBERG und HARRIS 2 ausgeführt (vgl. auch HERBIG).

Ein neues Verfahren zur Befreiung der Wolle von pflanzlichen Verunreinigungen besteht darin, daß die Ware vor dem Reiben und Schlagen auf tiefe Temperatur (unter 0°) abgekühlt wird. Während die Wolle ihre Elastizität auch bei tiefen Temperaturen behält, werden die Pflanzenfasern hierbei spröde und brüchig (TOWNEND).

Wollschutzmittel. Im Handel befinden sich eine Reihe von Wollschutzmitteln, die dazu dienen, die Wolle vor dem schädigenden Einfluß der alkalischen Behandlung zu schützen. Nach A. HERZOG und KOCH bestehen sie aus Substanzen, die „1. mit Wolle eine gegen Alkali widerstandsfähige, lose Verbindung eingehen, oder 2. Alkali binden, oder 3. eine Schutzhülle um das Wollhaar bilden". Die Wollschutzmittel werden teilweise aus Sulfitablauge gewonnen (hochmolekulare Ligninsulfosäuren), teilweise stellen sie Eiweißabbauprodukte dar. Ihr Gebrauchswert wurde wiederholt geprüft (vgl. VIERTEL), der Mechanismus ihrer Wirkungsweise ist jedoch noch nicht näher untersucht. Da die Alkalischädigung in erster Linie in der Spaltung der Disulfidgruppe besteht, müßten diese Körper die Eigenschaft haben, die Disulfidgruppe zu stabilisieren. Vielleicht könnten daher Modellversuche an einfacheren Disulfidstoffen eine Aufklärung der Schutzwirkung bringen.

Auch Formaldehyd wird gelegentlich als Wollschutzmittel bei verschiedenen Veredelungsvorgängen empfohlen (vgl. TROTMAN, TROTMAN und BROWN). Seine Wirkungsweise ist noch nicht vollständig geklärt. Auf alle Fälle ist anzunehmen, daß bei neutraler oder alkalischer Reaktion die freien Aminogruppen der Wolle mit dem Aldehyd die Methylenverbindung bilden:

$$R \cdot NH_2 + HCHO \rightarrow R \cdot N = CH_2 + H_2O.$$

Mit dieser Reaktionsweise, die an Aminosäuren, Polypeptiden und verschiedenen Eiweißkörpern beobachtet wurde, würden die Befunde von TROTMAN, TROTMAN und BROWN in Einklang stehen, daß die Wolle merkliche Mengen des Formaldehydes bindet und daß die Formaldehydwolle verminderte Wasseraufnahme, jedoch gesteigerte Bindung von Alkalihydroxyd gegenüber der unbehandelten Wolle aufweist. Daneben dürfte die Bildung von CH_2-Brücken zwischen den Hauptvalenzketten (Gerbwirkung) eine Rolle spielen. RATNER und CLARKE haben nachgewiesen, daß Cystein mit Formaldehyd auf die folgende Weise reagiert:

$$\begin{array}{c} CH_2SH \\ CHNH_2 \\ COOH \end{array} + HCHO \rightarrow \begin{array}{c} CH_2S \\ CHNH \\ COOH \end{array} \!\!\!\!> CH_2 + H_2O$$

Möglicherweise kommt auch diesem Reaktionsmechanismus eine gewisse Rolle bei der Formaldehydwirkung auf Wolle zu.

Schrifttum.

ALLWÖRDEN: K. v.: Lehnes Färberzeitung **1912**, 45. — Z. angew. Chem. **29**, 77 (1916).
ASTBURY, W. T.: J. Soc. Dyers Colourists, Jubilee Issue **1934**, 24.
— and H. J. WOODS: Philos. trans. roy. Soc. Lond. A **232**, 333 (1933).
AUERBACH, J.: Melliands Textilber. **9**, 769 (1928).
BARRITT, J. and A. T. KING: J. Textile Inst. **20**, 159 (1929).
BAUR, E.: Melliands Textilber. **11**, 376 (1930).
BERGEN, W. v.: Melliands Textilber. **6**, 745 (1925).
BRIGL, P., R. HELD u. K. HARTUNG: Hoppe-Seylers Z. **173**, 129 (1928).
BUNTROCK, A.: Färber-Ztg **9**, 69 (1898).
COOK, E. T. H.: J. Textile Inst. **17**, 371 (1926).
COURTOT, C. et A. BARON: C. r. Acad. Sci. Paris **200**, 675 (1935).
CROSS, C. F., E. J. BEVAN and J. F. BRIGGS: J. Soc. Chem. Ind. **27**, 260 (1908).
CROWDER, J. A. and M. HARRIS: Bur. Stand. J. Res. **16**, 475 (1936).
DAKIN, H. D.: Brit. med. J. **2**, 318, 609, 809 (1915). — C. r. Acad. Sci. Paris **161**, 150 (1915). — Biochemical J. **10**, 319 (1916).
EDWARDS, C. H.: J. Textile Inst. **24**, 1 (1933).
ELSÄSSER: D.R.P. 233210.
ENGFELDT, N. O.: Hoppe-Seylers Z. **121**, 18 (1922).
FARRAR, H. E. and P. E. KING: J. Textile Inst. **17**, 588 (1926).
GODDARD, D R. and L. MICHAELIS: J. of biol. Chem. **106**, 605 (1934); **112**, 361 (1935).
GOLDSCHMIDT, ST. u. CHR. STEIGERWALD: Ber. dtsch. chem. Ges. **58**, 1346 (1925).
— K. STRAUSS: Ber. dtsch. chem. Ges. **63**, 1218 (1930).
— E. WIBERG, FR. NAGEL u. K. MARTIN: Liebigs Ann. **456**, 1 (1927).
— R. R. WOLFF, L. ENGEL u. E. GERISCH: Hoppe-Seylers Z. **189**, 193 (1930).
GORTNER, R. A. and C. J. B. THOR: J. of biol. Chem. **99**, 383 (1933).
HALLER, R.: Melliands Textilber. **18**, 5 (1937); **17**, 644 (1936).
— u. F. W. HOLL: Melliands Textilber. **17**, 443 (1936).
HARRIS, M.: *1* Bur. Stand. J. Res. **15**, 63 (1935).
— *2* Amer. Dyestuff Rep. **23**, 224 (1934).
HERBIG, W.: Melliands Textilber. **17**, 488, 568, 721 (1936).
HERZOG, A. u. P. A. KOCH: Melliands Textilber. **17**, 101 (1936).
HIRST, H. R. and A. T. KING: J. Textile Inst. **24**, 174 (1933).
HOVE, H. VOM: Z. angew. Chem. **47**, 756 (1934).
KIND, W.: Das Bleichen der Pflanzenfasern. Berlin 1932.
KRAIS, P.: Z. angew. Chem. **30**, 85 (1917).
— H. MARKERT u. O. VIERTEL: Untersuchungen über die Veränderung des Wollhaares während seiner Verarbeitung 1933
— u P. WAENTIG: Z. angew. Chem. **29**, 77 (1916); **33**, 65 (1920).
KRONACHER, C. u. G. LODEMANN: Z. Tierzüchtg **3**, (1926); **6** (1926); **8** (1927).
KÜSTER, W. u. W. IRION: Hoppe-Seylers Z. **184**, 225 (1929).
— W. KUMPF u. W. KÖPPEL: Hoppe-Seylers Z. **171**, 114 (1927).
LANGHELD, K.: Ber. dtsch. chem. Ges. **42**, 392, 2360 (1909).
MARK, H.: Beiträge zur Kenntnis der Wolle. (Unter Mitwirkung von E. KRAHN, H. V. BRUNSWIK, R. BRAUCKMEYER.) Berlin 1925.
MARRIOTT, R. H.: J. int. Soc. Leather Trades Chem. **12**, 216, 281, 342 (1928).
MATTHEWS, M.: J. Soc. chem. Ind. **21**, 685 (1902).
MERRILL, H. B.: Ind. Engng. Chem. **17**, 36 (1925).
MEUNIER, L. et H. LATREILLE: Chim. et Ind. **10**, 636 (1923).
MICHAELIS, L.: J. amer. Leather Chemists Ass. **30**, 557 (1935).
MÜNCH, M.: Melliands Textilber. **9**, 487, 768 (1928).

Norman, N. F.: Biochemical J. **30**, 484 (1936).
Pauly, H. u. A. Binz: Z. Farbenind. **3**, 373 (1904).
Phillips, H.: Nature (Lond.) **138**, 121 (1936).
Pulewka, P.: Hoppe-Seylers Z. **146**, 30 (1925).
Ratner, S. and H. T. Clarke: J. amer. chem. Soc. **59**, 200 (1937).
Raynes, J. L.: J. Textile Inst. **17**, 379 (1926).
Reychler, A. J.: Chim. Phys. **8**, 3 (1910).
Rimington, C.: J. Textile Inst. **21**, 237 (1930); **24**, 174 (1933).
Ryberg, B. A.: Amer. Dyestuff Rep. **23**, 230 (1934); **24**, 142, 150 (1935).
Schöberl, A.: Collegium **1936**, 412.
Schofield, J. and J. C. Schofield: Cloth. finishing. Huddersfield 1927.
Sieber, W.: Melliands Textilber. **9**, 326 (1928).
Smith, A. L. and M. Harris: Bur. Stand. J. Res. **16**, 301, 309 (1936).
Speakman, J. B.: *1* J. Soc. chem. Ind. **48**, 321 (1929); **50**, 1 (1931). — Proc. roy. Soc. Lond. A **132**, 167 (1931).
— *2* Nature (Lond.) **1936**, 327. — J. Textile Inst. **27**, P 231 (1936). — Melliands Textilber. **17**, 580, 658, 736 (1936).
— *3* J. Soc. Dyers Colourists **52**, 335, 423 (1936).
— and A. C. Goodings: J Textile Inst. **17**, 607 (1926).
— and C. S. Whewell: J. Soc. Dyers Colourists **52**, 380 (1936).
Spöttel, W.: Melliands Textilber. **6**, 359, 439, 605 (1925).
Stirm, K. u. H. Collé: Melliands Textilber. **16**, 585, 667, 795 (1935).
Townend, S.: J. Textile Inst. **27**, P 219 (1936).
Trotman, S. R. and C. R. Wyche: J. Soc. chem. Ind. **43**, 293 (1924).
Trotman, S. R., E. R. Trotman and J. Brown: J. Soc. Dyers Colourists **44**, 49 (1928).
Tschilikin, M. M.: Melliands Textilber. **10**, 883 (1929).
Viertel, O.: Diss. Dresden 1933.
Waentig, P.: Melliands Textilber. **4**, 581 (1923).
Washburn: Textile World, 1901.
Wright, N. Ch.: Biochemical J. **20**, 524 (1926); **30**, 1661 (1936).

10. Filzen und Walken der Wolle.

Theorie des Filz- und Walkvorganges. Arnold definiert die beiden Begriffe folgendermaßen:

„Unter Filzen versteht man das Bearbeiten von losem Fasergut oder Stückgut durch Reibung, Stoß oder Druck unter Mitwirkung von Wärme und Feuchtigkeit zum Zwecke einer innigeren Verbindung des Fasermaterials und Bildung einer homogenen Deckschicht (die bei Geweben deren Struktur das „Muster" verdecken soll).

Unter Walken versteht man das Bearbeiten von Stückgut durch Reibung, Stoß oder Druck unter Mitwirkung von Wärme und Feuchtigkeit zum Zwecke des Eingehens, Schrumpfens, Dichterwerdens der Ware."

In dem Schrifttum werden die beiden Begriffe nicht immer streng auseinandergehalten; jedenfalls wird jedoch der Begriff des Walkens auf Stückgut beschränkt.

Das Walken erfolgt in besonderen Apparaten, in sog. Walkmaschinen, in denen das Walkgut in feuchtem Zustand bei mäßiger Temperatur gequetscht, gepreßt, gestoßen und geschoben wird. Die Walkflüssigkeit, mit der das Gut getränkt wird, ist nur im Falle sehr leichter Walke reines Wasser. Gewöhnlich kommen Soda- und Seifenlösungen zur Anwendung. Noch wirksamer sind verdünnte Säurelösungen, die hauptsächlich bei der Hutfilzherstellung gebraucht werden.

Bei der Filzbildung erfolgt eine innige Verbindung der einzelnen Fasern ohne eine regelmäßige geometrische Anordnung wie sie in Gespinsten bzw. Geweben vorliegt. Allerdings kann die Verfilzung auch als eine zusätzliche Verknüpfung der Fasern an Geweben vor sich gehen.

Die Fähigkeit zum Verfilzen ist von den Faserstoffen allein den tierischen Haaren eigen, daher kann die Walke nur an Woll- oder an Kamelhaargeweben vorgenommen werden.

Über den Filz- bzw. Walkvorgang sind verschiedene Theorien aufgestellt worden. Als Mechanismus für das Filzen bzw. Walken kommen danach in Frage.

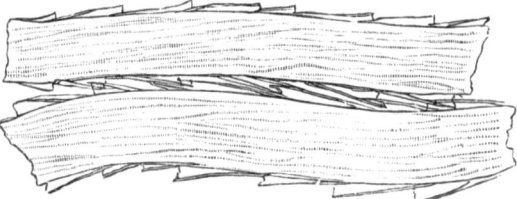

Abb. 173. Verzahnung der Wollhaare. Nach WITT.

1. Verzahnung der Schuppen der Wollhaare.
2. Verflechtung (Verwicklung) der Wollhaare infolge ihrer Kräuselung.
3. Verkleben der Faseroberflächen.

Die Auffassung, daß der wesentliche Vorgang beim Verfilzen darin besteht, daß parallel, jedoch in entgegengesetzter Richtung liegende Haare mit ihren Schuppen ineinandergreifen (Abb. 173) (WITT 1888), beruht auf folgenden Beobachtungen.

a) Nur diejenigen Fasern filzen, die eine schuppige Oberflächenstruktur haben;

b) bei Entfernung der Schuppen (bei Chlorung der Wolle) nimmt die Fähigkeit zum Filzen ab.

c) Aus lauter gleichgerichteten Haaren gesponnenes Schußgarn walkt nicht (MUNDORF, zitiert nach STIRM) (Abb. 174).

Gegen die ausschließliche Bedeutung der Schuppigkeit für das Verfilzen spricht jedoch das mikroskopische Bild des Filzes. Man kann nur sehr selten beobachten, daß Haare auf einer größeren Strecke zueinander parallel liegen, man hat vielmehr den Eindruck einer unregelmäßigen Verflechtung oder Verschlingung. Bei dem Zustandekommen dieser Verflechtung muß sicherlich die Kräuselung die Hauptrolle spielen. Die Kräuselung gibt zunächst ohne weiteres die Erklärung für das Eingehen des Wollgewebes bei nasser Behandlung. Die beim Spinnvorgang gestreckten Fasern gewinnen durch die Aufnahme von Feuchtigkeit ihre Elastizität zurück und damit auch das Bestreben, ihre ursprüngliche, gewellte Form wieder anzunehmen. Es entstehen dadurch Spannungen, die zum Verdichten des Gewebes führen. Genaue Messungen, die den Zusammenhang zwischen Kräuselung und Schrumpfung zum Gegenstand haben, liegen nicht vor. Im allgemeinen ist jedoch bekannt, daß die feinsten Haare, die am besten walken, auch die stärkste Kräuselung zeigen.

Für die Auffassung, welche die alleinige Ursache des Verfilzens in der Ausbildung einer gelartigen Schicht an der Oberfläche der Fasern, die eine Verklebung der einander berührenden Fasern bewirken soll, erblickt, konnten bisher ausreichende Stützen nicht geliefert werden.

Abb. 174. Gewebe mit normalem Schußgarn (links) verfilzt beim Walken, Gewebe mit Schußgarn aus lauter gleichgerichteten Wollhaaren (rechts) verfilzt nicht beim Walken. Nach MUNDORF, s. bei STIRM.

Die Ansicht, die der Schuppigkeit der Faseroberfläche eine besondere Rolle für den Walkvorgang zuschreibt, erfuhr einen Ausbau durch SHORTER. Es kommt nach seiner Auffassung nicht auf die gegenseitige Verzahnung der parallel liegenden Haare an, sondern auf eine Einseitigkeit der Beweglichkeit von Haaren[1]. Für eine solche einseitige Bewegung ist ein bekanntes Beispiel eine in den Ärmel gesteckte Getreideähre, die bei Bewegung des Armes bis zur Schulter hinaufkriecht, vorausgesetzt, daß sie mit dem Wurzelende nach oben gerichtet liegt. Betrachten wir ein Wollhaar, das an bestimmten Stellen durch andere Haare infolge Verknotung und Verschlingung festgehalten wird. Wenn das Festhalten des Haares nur in einer lockeren Umschlingung besteht, dann wird es sich bei äußerem Druck und Stoß verhältnismäßig frei bewegen, allerdings nur in Richtung der Wurzelenden. Der wichtigere Fall ist jedoch nach SHORTER derjenige, in dem ein Haar an manchen Punkten vollständig festgeknotet, aber an manchen Stellen nur lose durch andere Haare umschlungen ist.

---

[1] Die Bedeutung der infolge der Schuppigkeit auftretenden einseitigen Beweglichkeit der Wollhaare für den Walkvorgang wurde bereits von DITZEL (1891) und LÖBNER (1898) erkannt.

Betrachten wir den Fall, daß die Faser an der einen Stelle (a) vollständig festgeknotet, an der zweiten Stelle (b) jedoch von anderen Fasern nur lose umschlungen ist, so daß sie hier gegen die Schlinge eine gewisse Beweglichkeit hat (Abb. 175). Es sind nun 2 Fälle möglich.

I. Die Richtung $a \to b$ entspricht der Richtung Haarspitze $\to$ Haarwurzel. In diesem Fall erlaubt die Schuppigkeit die Bewegung der Faser relativ zur Schlinge nur im Sinne einer Verkürzung des Abstandes zwischen den Stellen a und b. Bei äußerer Einwirkung (Druck und Stoß) wird daher in diesem Fall eine Verdichtung des Gewebes bewirkt werden.

II. Die Richtung $a \to b$ entspricht der Richtung Haarwurzel $\to$ Haarspitze. In diesem Fall kann auch eine Vergrößerung des zwischen a und b liegenden Teiles des Haares eintreten. Infolge der plastischen Biegsamkeit wird jedoch auch eine bleibende Krümmung der Faser und dadurch die Vermeidung der örtlichen Ausdehnung des Gewebes ermöglicht.

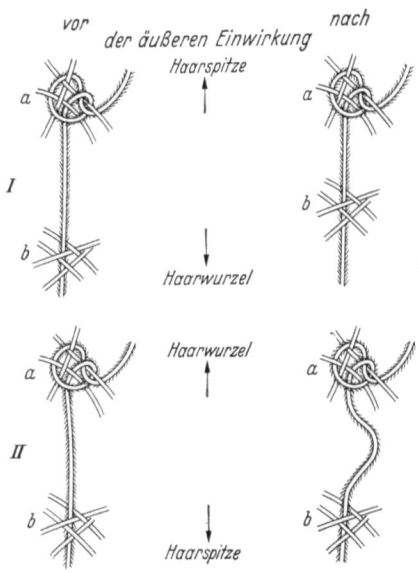

Abb. 175. Einseitige Bewegung der Wollhaare infolge der Schuppigkeit. (Unter Benutzung einer Zeichnung von SCHOFIELD und SCHOFIELD.)

Wenn also, wie es anzunehmen ist, die Fälle a und b gleich häufig vorkommen und der Druck und Stoß ganz unregelmäßig einwirken, so wird das Ergebnis im Mittel die Verdichtung des Gewebes sein. Die beiden grundlegenden Faktoren der Walke sind also nach SHORTER die einseitige Bewegungsfreiheit als Folge der Schuppigkeit und eine ausreichende Biegsamkeit der Fasern.

Verwandt mit der Vorstellung SHORTERs ist die „Regenwurmtheorie" von ARNOLD. Er betrachtet das Filzen der in ein Wolltuch eingeschlagenen Haare, so wie es bei der Bearbeitung in der Filzmaschine üblich ist und faßt seine Vorstellung folgendermaßen zusammen:

„Der Druck der Filzmaschine bringt die Fasern in engste Berührung, wodurch ihre Schuppen den nötigen Widerstand in dem Einschlagtuch und Nachbarhaaren finden. Die reibende Bewegung schiebt die Haare in Richtung der Wurzelenden im ganzen oder teilweise vorwärts, wobei sie gedehnt werden. Infolge ihrer Elastizität ist die feuchte Faser bestrebt, diese Dehnung wieder aufzuheben. Das geschieht, da das Wurzelende durch die Schuppen festliegt, in Richtung auf dieses, wodurch das Haar stetig vorwärts bewegt wird."

REUMUTH und BRAUCKMEYER veranschaulichen die Rolle der Schuppen, indem sie diese mit Sperrklinken vergleichen. Kommt ein Stoß in Richtung zur Haarspitze, so kann ihm die Faser infolge der erhöhten Reibung (Verhakung) nicht Folge leisten. Sobald aber ein Druck in Richtung zum Wurzelende kommt, setzt die Verhakung aus, das Wurzelende wandert vorwärts.

Die Bedeutung der SHORTERschen wie auch der ARNOLDschen Auffassung besteht darin, daß sie neben der Schuppigkeit auch den mechanischen Eigenschaften der Fasern eine Rolle für den Walkvorgang zuweisen. Die Wirkung der Feuchtigkeit und der Wärme erblickt ARNOLD

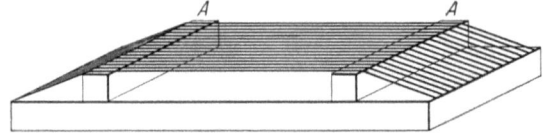

Abb. 176. Aufspannen der Wollhaare für die Bestimmung ihres Reibungswiderstandes. Nach SPEAKMAN und STOTT.

darin, daß sie die Kräuselung zur Entfaltung bringen, wodurch die Haare zur Wanderung besonders befähigt werden. Die Feuchtigkeit dient ferner dazu, die Adhäsion der Fasern untereinander zu begünstigen.

Die Schuppigkeit der Wollhaare. Die Wollhaare enthalten etwa rund 100 Schuppen je mm an ihrer Oberfläche. SPEAKMAN und STOTT haben die Schuppigkeit verschiedener Wollsorten auf indirektem Wege ermittelt, nämlich durch Bestimmung ihres Reibungswiderstandes. 50 Einzelhaare wurden aneinander parallel und mit ihrem Wurzelende in derselben Richtung auf einer Holzbrücke nach Art des Geigenbogens befestigt, ähnlich wie in Abb. 176 dargestellt.

Es wurde nun die Reibung dieses Faserbündels gegenüber einem rauhen Wolltuch ermittelt, und zwar einmal, so daß die Bewegung in der Richtung von der Spitze zum Wurzelende und einmal so, daß sie in der umgekehrten Richtung stattfand. Im ersten Fall begünstigen, im zweiten Fall behindern die Schuppen die Bewegung. Der Unterschied in der Reibung bei der Bewegung in den beiden Richtungen wurde folgendermaßen ausgedrückt:

$$\text{prozentualer Reibungsunterschied} = \left(\frac{\operatorname{tg} \Theta_2 - \operatorname{tg} \Theta_1}{\operatorname{tg} \Theta_1} \right) \cdot 100.$$

Darin bedeutet Θ_1 den Gleitwinkel in dem Fall, daß die Schuppen die Bewegung begünstigen und Θ_2 in dem Fall, daß die Schuppen die Bewegung hemmen. Die auf diese Weise definierten Unterschiede der Reibung erweisen sich als weitgehend unabhängig von der Belastung. Die folgende Tabelle 93 zeigt die Meßergebnisse an einer größeren Zahl von Wollsorten.

Tabelle 93. **Schuppigkeit und mittlerer Durchmesser verschiedener Wollsorten.** Nach SPEAKMAN und STOTT.

Wolle	Prozentualer Reibungsunterschied	Mittlerer Faserdurchmesser in μ	Wolle	Prozentualer Reibungsunterschied	Mittlerer Faserdurchmesser in μ
Tasmanische Superqualität Merino ...	50,9	16,1	Australische Merino ..	22,6	33,2
90's Australische Merino	42,9	17,4	Southdown	28,3	32,8
80's ,, ,,	60,4	17,7	Romney Marsh	27,5	34,3
80's Cape Merino ...	52,0	18,3	56's Southdown	25,7	31,7
70's ,, ,, ...	59,4	19,0	Corriedale	25,2	23,8
70's ,, ,, ...	60,0	19,4	Exmoor	23,5	40,9
64's ,, ,, ...	52,0	20,8	Oxford Down	21,3	41,7
64's ,, ,, ...	44,3	21,4	Wensleydale	16,3	36,8
70's Australische Merino	39,8	22,0	Leicester	13,5	38,0
64's ,, ,,	44,0	23,0	Mohair	5,0	31,7
60's ,, ,,	33,7	24,8			
60's ,, ,,	35,0	27,4			

Für die extremen Typen wie Merino und Mohair ergibt sich eine gute Übereinstimmung zwischen der Schuppigkeit und der Walkfähigkeit. Die feinste Wollsorte, die Merino, zeigt den größten Reibungsunterschied und walkt am besten. Die mittleren Typen zeigen jedoch keine eindeutige Beziehung zwischen Schuppigkeit, Feinheit und Walkfähigkeit. Letztere Eigenschaft kann an dem Eingehen des Gewebes, welches unter gleichen Bedingungen gewalkt wird, gemessen werden. SPEAKMAN und GOODINGS erhielten auf diese Weise die nebenstehenden Werte.

Der Vergleich mit Tabelle 93 zeigt uns, daß für diese Wollsorten die als Reibungskoeffizient gemessene Schuppigkeit um so geringer ist, je größer ihre Schrumpfung ist.

Wolle	Prozentuale Flächenschrumpfung
Wensleydale .	33,7
Oxford Down .	28,0
Southdown ..	16,3

Es besteht nun die Möglichkeit, daß die Schuppigkeit in nassem Zustande anders ist als in trockenem und daß dadurch die Reihenfolge in bezug auf Schuppigkeit eine andere wird. Aus diesem Grunde haben SPEAKMAN, STOTT und CHANG die Bestimmung des Reibungsunterschiedes unter Wasser ausgeführt. Sonst wurden im wesentlichen dieselben Bedingungen eingehalten wie in der oben berichteten Versuchsreihe. Ihre Ergebnisse sind in der folgenden Tabelle 94 enthalten.

In allen Fällen ist die Schuppigkeit unter Wasser größer als in Luft. Besonders überraschend ist die starke Erhöhung der Schuppigkeit bei den feinsten der untersuchten Wollsorten. Dieses Verhalten wird darauf zurückgeführt, daß die erhöhte Biegsamkeit der nassen Fasern ihre innigere Einbettung in das als Reibfläche dienende Wolltuch ermöglicht. Dieser Umstand spielt natürlich auch bei der Walke eine wichtige Rolle. Es zeigt sich ferner in der Tat, daß die Reihenfolge der Schuppigkeit in Wasser eine andere ist als in Luft. Der Vergleich der Schuppigkeit mit den oben mitgeteilten Schrumpfungswerten zeigt jedoch, daß die Reihenfolge für diese drei Wollsorten unverändert geblieben ist und somit weiterhin im Widerspruch zu der Erwartung steht, daß die Haare mit der stärksten Schuppenentwicklung am besten walken sollen. Für die Extremfälle Merino und Mohair bleibt die Übereinstimmung, die sich bei der Schuppigkeitsbestimmung in der Luft gezeigt hat, auch bei der Messung unter Wasser erhalten. Die erhöhte Schuppigkeit in Wasser kann teilweise auf einer Aufrichtung der Schuppen unter dem Einfluß der Quellung beruhen. Man könnte gegen die Beweiskraft der Messungen einwenden, daß die Reibungsbestimmung in reinem Wasser, die Ermittlung der Schrumpfung hingegen in Seifenlösung bzw. in verdünnter Säure ausgeführt wurde. Es wäre daher von einigem Interesse, die Schuppigkeitsbestimmungen auch in diesen Flüssigkeiten auszuführen.

Tabelle 94. Schuppigkeit in Wasser und mittlerer Durchmesser verschiedener Wollsorten. Nach SPEAKMAN, STOTT und CHANG.

Wolle	Prozentualer Reibungsunterschied	Mittlerer Faserdurchmesser in μ
Tasmanische Superqualität Merino	119,5	17,0
70's Cape Merino	69,5	19,3
56's Southdown	56,2	29,0
60's Australische Merino .	49,1	24,7
Romney Marsh	47,3	32,2
Oxford Down	46,9	38,1
Corriedale	43,4	23,6
Leicester	42,9	33,6
Wensleydale.	33,8	36,4
Mohair	15,7	37,0

Tabelle 95. Abhängigkeit des Schrumpfens beim Filzen von der Wasserstoffionenkonzentration. Nach GÖTTE und KLING.

pH	Art des Puffergemisches	Kantenlänge in cm
	Vor dem Filzen	20,0
1,0	Salzsäure	18,25
2,2	Salzsäure + Glykokoll	18,4
3,0	Salzsäure + Biphtalat	18,3
4,3	Natronlauge + Biphtalat	18,9
5,1	Natronlauge + Biphtalat	18,9
6,2	Natronlauge + Biphtalat	18,9
6,9	Phosphatgemisch	19,0
8,3	Natronlauge + Borsäure	19,4
10,0	Soda + Borsäure	19,4
10,9	Soda + Borsäure	19,6
12,6	Natronlauge	Zerstörung der Wolle

Die Schrumpfung in Abhängigkeit von der Wasserstoffionenkonzentration. Fast gleichzeitig miteinander erschienen in der letzten Zeit zwei Veröffentlichungen, die die Abhängigkeit der Schrumpfung von

Wolle beim Filzen bzw. Walken von der Wasserstoffionenkonzentration der Walkflüssigkeit zum Gegenstande haben.

Götte und Kling haben aus Krempelfloren geschnittene Fache mit Pufferlösungen getränkt, ausgepreßt und entsprechend den Verhältnissen der Praxis 3 Minuten lang zwischen einer geheizten Metallplatte und einer Holzplatte in der Wärme durch Stoß gefilzt. Auf Grund von je 5—10 Einzelmessungen wurde die Änderung in der Kantenlänge der Fläche verfolgt. Die Tabelle 95 zeigt die Ergebnisse.

Die Verfasser stellen die Resultate durch die folgende Abbildung graphisch dar und folgern daraus, daß die Schrumpfung in dem ganzen untersuchten Gebiet mit wachsendem p_H linear abnimmt. Betrachtet man jedoch die Einzelzahlen, dann bemerkt man, daß in dem p_H-Gebiet 4—8 eine praktisch vollständige Konstanz der Schrumpfung eintritt.

Zur Erklärung ihrer Befunde nehmen Götte und Kling an, daß stark saure Reaktion die Oberfläche der Wolle aufrauht, während mit zunehmender Alkalität die Haare immer leichter aneinander abgleiten. Es hat den Anschein, als ob mit zunehmender Alkalität auf der Oberfläche der Wolle ein Film erzeugt wird, der als Gleitschicht wirkt. Im Mikroskop konnten die Verfasser beobachten, daß die Schuppen um so deutlicher hervortraten, je saurer die Lösung war.

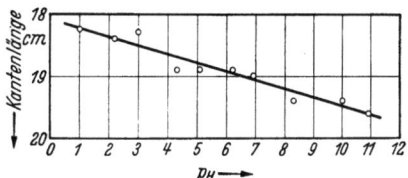

Abb. 177. Das Eingehen von Wollfach beim Walken in Abhängigkeit vom p_H der Walkflüssigkeit. Nach Götte und Kling.

Speakman, Stott und Chang gelangen in ihrer Untersuchung über die Schrumpfung beim Walken zu wesentlich anderen Ergebnissen. Als Walkgut diente ihnen Cheviot-Gewebe. Dieses wurde vor dem Walken für 24 Stunden in die Walkflüssigkeit gelegt, deren Wasserstoffionenkonzentration mit Schwefelsäure, Soda oder Natronlauge eingestellt war. Die beim Walken verdampfende Flüssigkeit wurde in Zeitabständen ersetzt. Die Schrumpfung wurde durch Bestimmung der Fläche nach Ablauf jeder Stunde gemessen. Die Werte der beobachteten prozentualen Flächenabnahme zeigt die Abb. 178.

In dem p_H-Gebiet 4—8 liegt ein flaches Minimum. Mit zunehmender Alkalität oder Acidität beobachtet man eine Zunahme der Schrumpfung. Im alkalischen Gebiet bei p_H 10 erfolgt eine Maximumbildung. Da gerade die Wasserstoffionenkonzentration dieser Lösung durch Zusatz einer Seife eingestellt war, wurde eine zweite Reihe von Versuchen ausgeführt, und zwar mit einem anderen Cheviotgewebe. Die Ergebnisse hiervon nach 4stündiger Walke sehen wir in der Abb. 179.

Hier wurde die Wasserstoffionenkonzentration teils mit Lauge, teils mit Soda eingestellt. Die Maximumbildung findet auch unter diesen Umständen eine Bestätigung. Außerdem wurde in einem Versuch auch

Kaliumseife zum Walken verwendet. Das Ergebnis nach 4stündigem Walken ist in der Abb. 179 gleichfalls dargestellt. Es zeigt sich, daß die Seife selbst, abgesehen von dem Einfluß der Wasserstoffionenkonzentration, das Walken begünstigt. Die Verfasser nehmen an, daß die Seife als eine Art Schmiermittel wirkt. Diese Auffassung steht offenbar im Widerspruch zu derjenigen von GÖTTE und KLING, wonach die leichte Gleitbarkeit die Schrumpfung hemmt. Wichtiger ist die Abweichung in den Ergebnissen der beiden Arbeiten in bezug auf die Abhängigkeit der Schrumpfung von der Wasserstoffionenkonzentration. Diese kann natürlich auch auf die verschiedenen Versuchsbedingungen (hier Gewebe, dort Krempelflor; hier mehrstündige, dort 3minutige Versuchsdauer usw.) zurückgeführt werden. Die nähere Betrachtung der Zahlen erweist übrigens, daß die Abweichung nur in dem einen Meßergebnis von GÖTTE und KLING bei p_H 10 liegt.

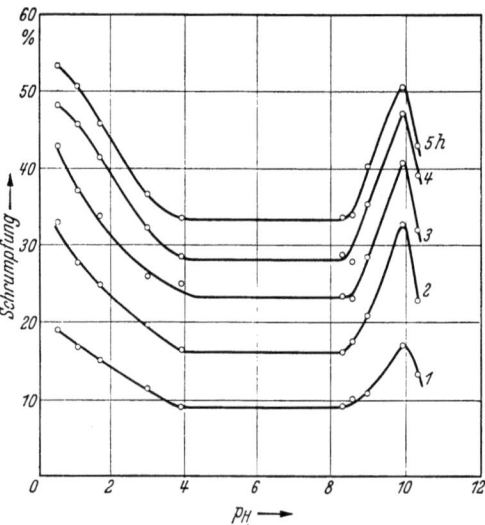

Abb. 178. Das Eingehen von Wollgewebe in Abhängigkeit vom p_H der Walkflüssigkeit. Flächenabnahme in Prozent. Nach SPEAKMANN, STOTT und CHANG.

Walkfähigkeit, Quellung und elastische Eigenschaften der Wolle. Die von SPEAKMAN und seinen Mitarbeitern festgestellte Schrumpfungsgeschwindigkeit in Abhängigkeit vom p_H beim Walken, verläuft beinahe vollständig parallel zu der von ihnen gemessenen Abhängigkeit der Quellung (man vergleiche Abb. 178 mit Abb. 85 und 86). Der einzige Unterschied ist, daß im alkalischen Gebiet die Schrumpfung ein Maximum zeigt, während die Quellung hier mit wachsendem p_H weiter ansteigt.

SPEAKMAN, STOTT und CHANG haben die Temperaturabhängigkeit der Quellung mit der Temperaturabhängigkeit der Schrumpfungsgeschwindigkeit (als Maß der Walkgeschwindigkeit) verglichen. Die Wasseraufnahme der Wolle zeigte ein *Minimum* bei 37°. Die Abhängigkeit der Schrumpfung

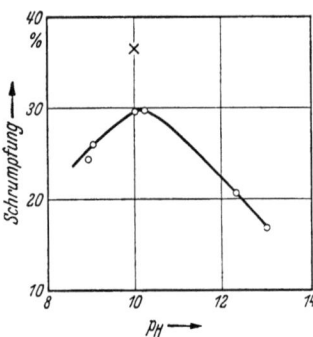

Abb. 179. Das Eingehen von Wollgewebe in Abhängigkeit vom p_H der Walkflüssigkeit in Natronlauge und Sodalösung; × in Kaliseifenlösung, Flächenabnahme in Prozent. Nach SPEAKMAN, STOTT und CHANG.

Walkfähigkeit, Quellung und elastische Eigenschaften der Wolle. 315

beim Walken mit einer Kaliumseifenlösung stellt die folgende Abbildung 180 dar.

Wie man sieht, besitzt die Schrumpfung bei etwa 45° ein schwach ausgeprägtes *Maximum*. Aus diesen Ergebnissen folgt, daß die Quellung der Wolle nicht allein maßgebend für das Walken sein kann. Diese Feststellung erhält eine weitere Stütze durch die Prüfung der Salzwirkung. Die Verfasser verglichen die Schrumpfung beim Walken in einer Salzsäurelösung von p_H 1,9 einmal ohne Zusatz und einmal in Anwesenheit von 1,2% NaCl. Im letzteren Falle war die Schrumpfung größer. Andererseits weiß man, daß der Salzzusatz die Quellung herabsetzt.

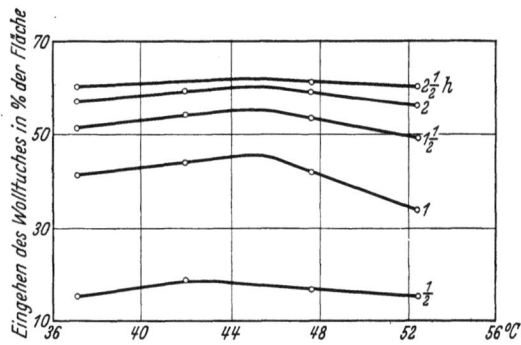

Abb. 180. Eingehen von Wolltuch beim Walken mit Kaliseife in Abhängigkeit von der Temperatur nach verschiedener Walkdauer. Nach SPEAKMAN, STOTT und CHANG.

Die Ansichten von SHORTER und ARNOLD legen nahe, den mechanischen Eigenschaften der Wolle eine ausschlaggebende Bedeutung für ihre Walkfähigkeit zuzusprechen. Tatsächlich stimmt die von SPEAKMAN beobachtete p_H-Abhängigkeit der Schrumpfung mit der p_H-Abhängigkeit der Dehnungsarbeit (gemessen als Verminderung der Arbeit, die nötig ist, um die Haare um 30% ihrer Anfangslänge zu strecken, vgl. Abb. 181) gut überein. Es zeigt sich somit, daß, je mehr die Dehnung durch die Anwesenheit von Säure oder Alkali erleichtert wird, um so schneller das Eingehen beim Walken erfolgt. Außerdem ist bekannt, daß die Dehnbarkeit der Wolle mit steigender Temperatur ständig zunimmt (Abb. 182).

Bis 45° besteht daher auch in der Temperaturabhängigkeit eine Parallelität der Dehnbarkeit und

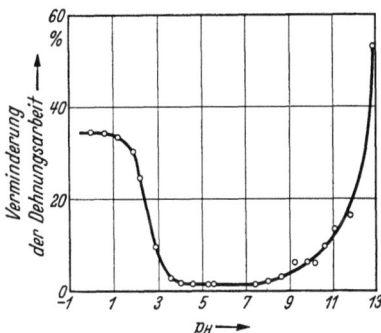

Abb. 181. Verminderung der Arbeit, die zur 30%igen Dehnung der Wollfaser erforderlich ist, durch die Quellung in Abhängigkeit vom p_H des Quellungsbades. Nach SPEAKMAN und STOTT.

der Walkgeschwindigkeit. Allerdings hört diese Parallelität auf, sobald höhere Temperaturen in Frage kommen. Die Schrumpfung nimmt nämlich oberhalb 45° mit steigender Temperatur ab, während die Dehnbarkeit weiter zunimmt. Ferner bleibt die Tatsache noch unerklärt, daß die Schrumpfung bei steigender Alkalität in der Nähe von p_H 10 ein Optimum aufweist, während die Dehnbarkeit mit steigender Alkalität durchweg zunimmt. SPEAKMAN, STOTT und CHANG ziehen daher neben der Dehnbarkeit auch die *Entdehnungsarbeit* der Fasern in Betracht. Die Dehnungs-Spannungs-Schaulinien der Wolle unterscheiden sich erheblich bei zunehmender und bei abnehmender Spannung. Den Unterschied zwischen Dehnungs- und Entdehnungsarbeit bezeichnet man als Hysterese. Bei Zimmertemperatur wird z. B. bei der Entdehnung der um 30% gedehnten Faser nur etwa die Hälfte der zur Dehnung aufgewendeten Arbeit frei, so daß die prozentuale Hysterese

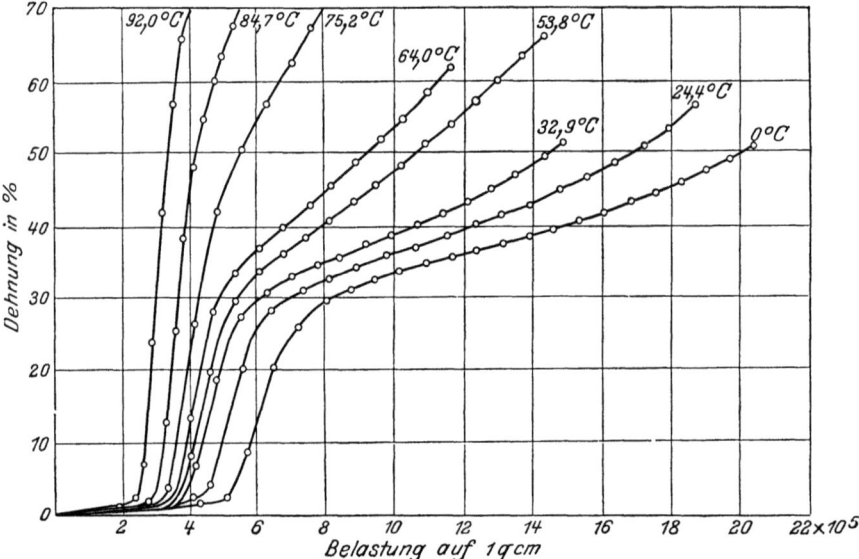

Abb. 182. Zug-Dehnungs-Schaulinien von Wollfasern in Wasser bei verschiedenen Temperaturen. Belastung in g je cm². Nach SPEKMAN.

rund 50% beträgt. Die Untersuchung der Temperaturabhängigkeit dieser prozentualen Hysterese ergab, daß sie bei mittleren Temperaturen etwa zwischen 20 und 40° ein deutliches Minimum aufweist. Bei weiter steigender Temperatur nimmt sie rasch zu. So beträgt bei etwa 70° der Arbeitsverlust rund 80%. In kochendem Wasser bleibt die Dehnung der Wolle auch bei Abnahme der Belastung bestehen, die prozentuale Hysterese beträgt hier somit 100%. Da die Werte an Wolle ziemlich starke Streuung zeigen, wurde von den Verfassern für die weiteren Untersuchungen Menschenhaar benützt. Sie konnten auf diese Weise ihre weniger genauen Beobachtungen an Wolle exakt bestätigen. Wie die Abb. 183 zeigt, ergab sich bei Menschenhaar ein sehr scharfes Minimum bei 45°.

Die Ursache der Abnahme der Entdehnungsarbeit bei höherer Temperatur erblickt SPEAKMAN in der Aufspaltung der Querbindungen zwischen den Polypeptidketten, und zwar neben dem Lösen der Ionenbindungen hauptsächlich in der hydrolytischen Spaltung der Disulfidbrücken.

Nicht nur die Temperaturabhängigkeit, sondern auch das Auftreten des Schrumpfungsoptimums im alkalischen Gebiet findet durch die Untersuchung der Entdehnungsarbeit ihre Erklärung. Die folgende Abb. 184 bringt drei vollständige Dehnungs-Entdehnungs-Runden von Menschenhaar, und zwar einmal in Wasser vom p_H 5,5, dann in Salzsäure vom p_H 1,6 und schließlich in Sodalösung vom p_H 10,7 (alle bei 25°).

Die Dehnbarkeit ist am geringsten im Wasser, größer in Sodalösung und am größten in Säure. Die Entdehnungsarbeit ist in Säure und in Wasser fast die gleiche, obwohl die Dehnung in Säure viel leichter vor sich geht.

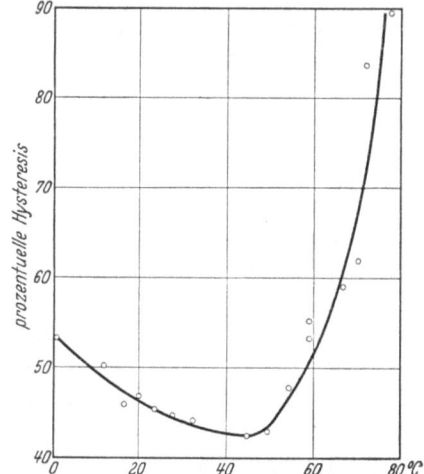

Abb. 183. Prozentuale Hysteresis von Menschenhaar bei 30%iger Dehnung in Abhängigkeit von der Temperatur. Nach SPEAKMAN, STOTT und CHANG.

Wenn man annimmt, daß die Walkfähigkeit um so besser ist, je leichter die Dehnung vor sich geht und je größer die Entdehnungsarbeit ist, dann findet die Tatsache, daß Säure ein besseres Walkmittel ist als Wasser, durch die Untersuchung der mechanischen Eigenschaften ihre Erklärung. Die Sodalösung erleichtert die Dehnung weniger als die Säure, hingegen vermindert sie die Entdehnungsarbeit stärker. Dadurch wird verständlich, warum beim p_H 10,7 das Walken langsamer vor sich geht als beim p_H 1,06. In dem Gebiet zwischen p_H 8 und 10 dürfte die mit wachsender Alkalität steigende Dehnbarkeit den Einfluß der abnehmenden Entspannungsarbeit überwiegen. Oberhalb p_H 10,0 gewinnt die Wolle in weiter zunehmendem Maße die Fähigkeit zur *bleibenden* Verformung,

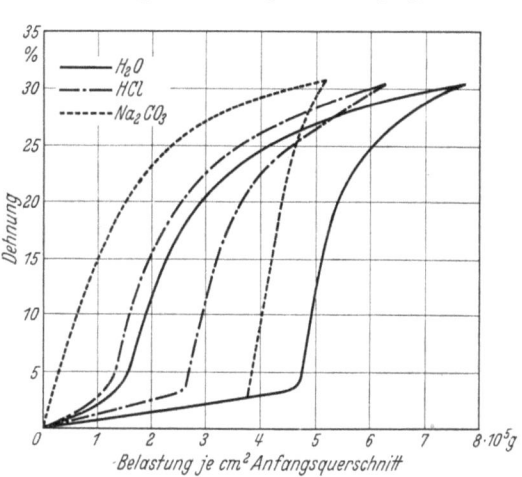

Abb. 184. Dehnungs-Entdehnungs-Schaulinien von Menschenhaar bei 25° in Wasser (p_H 5,5), Salzsäure (p_H 1,6) und in Soda (p_H 10,7). Nach SPEAKMAN, STOTT und CHANG.

sie wird noch plastischer. Hier wirkt die Plastizität dem Walken entgegen. (Die Ursache dieser Veränderung liegt ebenfalls in der hydrolytischen Spaltung der Disulfidbrücke der Cystinreste.) Auf diese Weise findet auch die Optimumbildung des Eingehens beim p_H 10 auf Grund der mechanischen Eigenschaften ihre Deutung.

SPEAKMAN kommt zu der Schlußfolgerung, daß für die Schrumpfung beim Walken das Vorhandensein der folgenden Eigenschaften die Vorbedingung der Fasern bildet:
1. Schuppenstruktur der Oberfläche.
2. Leichte Streck- und Verformbarkeit.
3. Entdehnungsfähigkeit.

Durch die Verknüpfung der elastischen Eigenschaften der Fasern mit dem Walkvorgang ergibt sich zugleich die Beziehung zwischen Walkvorgang und molekularer Konstitution. Die Beeinflussung der elastischen Eigenschaften der tierischen Fasern durch Säuren und Basen erfolgt nach SPEAKMAN durch die elektrostatische Abstoßung bzw. Anziehung der ionischen Amino- und Carboxylgruppen innerhalb der einzelnen Polypeptidketten, ferner durch die Aufspaltung der Disulfidbindung zwischen den einzelnen Ketten.

Für die Verhinderung des Eingehens der Wolle ergeben sich auf Grund der Erkenntnis des Schrumpfvorganges mehrere Möglichkeiten. Die erste besteht in der Vernichtung der Schuppigkeit oder in der entsprechenden Veränderung der mechanischen Eigenschaften der Wolle etwa durch Chlorung u. dgl. Dann ist es möglich, die Wasserstoffionenkonzentration des Bades, in dem die Wolle behandelt wird, zwischen p_H 4 und 8 einzustellen, z. B. mittels Verwendung von geeigneten Puffersalzgemischen oder durch Ersatz der hydrolytisch gespaltenen und infolgedessen alkalisch reagierenden Seife durch Sulfogruppen enthaltende Waschmittel (s. weiter unten den Abschnitt über das Waschen). Theoretisch besteht ferner die Möglichkeit, die ionisierenden Gruppen der Wolle durch chemische Reaktionen (etwa durch Anhydridbildung) auszuschalten.

Schrifttum.

ARNOLD, H.: Mschr. Text.-Ind. 44, 463, 507, 540 (1929). — Diss. Dresden 1929.
BRAUCKMEYER, R.: Melliands Textilber. 17, 31, 205 (1936).
GÖTTE, E. u. W. KLING: Kolloid-Z. 62, 213 (1933).
LÖBNER, C. H.: Studien über Wolle. Grünberg in Schles. 1898.
REUMUTH, H.: Melliands Textilber. 14, 23 (1933).
SCHOFIELD, J. and J. C. SCHOFIELD: Cloth finishing. Huddersfield 1927.
SHORTER, A.: J. Soc. Dyers Colourists 39, 270 (1923).
SPEAKMAN, J. B.: Melliands Textilber. 17, 580, 658, 736 (1936).
— and A. C. GOODINGS: J. Textile Inst. 17, 607 (1926).
— and E. STOTT: J. Textile Inst. 22, 339 (1931).
— — and H. CHANG: J. Textile Inst. 24, 273 (1933).
STIRM, K.: Appretur der Wolle. P. HEERMANNS Enzyklopädie der textil-chemischen Technologie. Berlin 1930.
WITT, O. N.: Chemische Technologie der Gespinstfasern (1888).

11. Kolloidchemie der Farbstoffe.

Umriß des Gegenstandes. Der Färbevorgang besteht darin, daß die Faser Farbstoffe, d. h. Stoffe, welche die Lichtstrahlen stark und selektiv absorbieren oder reflektieren, aufnimmt. Um den technischen Ansprüchen zu genügen, muß die Färbung die sog. Echtheitsforderungen erfüllen, d. h. der Farbstoff darf z. B. nicht zu leicht von der Faser an Wasser und wässerigen Lösungen abgegeben werden und er darf nicht auf der Faser seine Farbe unter der Einwirkung verschiedener Einflüsse (wie Licht, Witterung) zu schnell verändern. Die Färbung wird praktisch nur in Wasser ausgeführt, obwohl auch andere Färbemethoden denkbar wären. Hierbei gelangen einerseits die Farbstoffe in wässeriger Zerteilung (meistens in Lösung) zur Anwendung, andererseits liegen die Fasern in wassergequollenem Zustande vor. Auf diese Weise werden von vornherein verhältnismäßig günstige Bedingungen für eine gleichmäßige Verteilung des Farbstoffes in den Fasern gewährleistet. In manchen Fällen ist das Färben nach der Farbstoffaufnahme durch bloßes Trocknen der Faser abgeschlossen, ohne daß starke chemische Veränderungen stattfinden, in anderen Fällen unterwirft man den Farbstoff auf der Faser chemischen Einflüssen (z. B. Oxydation, Salzbildung, Kondensation, Komplexbildung oder Diazotierung mit nachfolgendem Kuppeln) bzw. man läßt ihn aus den verschiedenen Bestandteilen erst auf der Faser durch chemische Reaktion (z. B. Diazotieren und Kuppeln) entstehen. Diese Mannigfaltigkeit schließt eine einfache Theorie des Färbens aus. In allen Fällen hat jedoch die Theorie des Färbens die folgenden Fragen zu behandeln:

1. Zeitlicher Gang (Kinetik) der Farbstoffaufnahme;

2. Gleichgewicht der Farbstoffaufnahme (Verteilung des Farbstoffes zwischen Faser und Flotte);

3. Natur der zwischen Farbstoff und gequollener Faser wirksamen Kräfte;

4. Zustand der Farbstoffe in der trockenen und gegebenenfalls der nachbehandelten Faser.

Der Umstand, daß diese verschiedenen Fragen in der Vergangenheit voneinander häufig nicht getrennt worden sind, hat manche Verwirrung hervorgerufen. Die Beziehungen, die zwischen ihnen selbstverständlich bestehen, können erst dann behandelt werden, wenn die einzelnen Fragestellungen bereits ausreichend beantwortet worden sind.

Eine Voraussetzung für die Behandlung der genannten Probleme ist die Kenntnis des Aufbaus einerseits der gequollenen Faser, andererseits der Farbstofflösung. Die erstere wurde bereits in den vorangehenden Abschnitten des Buches besprochen, die zweite bildet den Gegenstand der hier folgenden Darlegungen.

Elektrolytische Natur der Farbstofflösungen. Die Farbstoffe sind organische Stoffe sehr verschiedenartiger Zusammensetzung. Eines ist ihnen jedoch gemeinsam: in Wasser sind sie als Ionen gelöst[1]. Die durch die Ionisation entstandene elektrische Ladung der Farbstoffe hat eine zweifache Bedeutung. Einmal steht die Ionenladung oft im Zusammenhang mit der Lichtabsorption der Substanz. Diese Beziehungen bleiben außerhalb des Rahmens unserer Darstellung. Die weitere Bedeutung der elektrischen Ladung liegt darin, daß sie die Wasserlöslichkeit des Moleküls erhöht. Wie die meisten größeren organischen Moleküle sind auch die Farbstoffe im elektrisch ungeladenen Zustande in Wasser unlöslich. Sie enthalten wohl zum Teil auch andere wasserlöslichmachende Gruppen als die ionischen (z. B. Äthergruppen, undissoziierte Aminogruppen, Oxygruppen usw.). In der Technik sind jedoch Farbstoffe bisher nicht bekanntgeworden, die nur durch die Häufung derartiger Gruppen ohne elektrische Dissoziation ihre Wasserlöslichkeit erreicht hätten.

Die ionogenen Atomgruppen der Farbstoffe sind die saure Sulfo-, Carboxyl- und Oxygruppe und die basische (primäre, sekundäre, tertiäre oder quaternäre) Ammoniumgruppe. Verdankt ein Farbstoff seine elektrische Ladung der Dissoziation einer sauren Gruppe, so ist er als Anion in der Lösung, verdankt er sie der Dissoziation einer basischen Gruppe, so liegt er darin als Kation vor. Man kann daher im ersten Fall von *Farbanionen*, im zweiten von *Farbkationen* sprechen. In festem Zustande erscheint das Farbion wie jedes andere Ion, nur zusammen mit der äquivalenten Menge eines entgegengesetzt geladenen Ions. Dieses können wir als das *Gegenion* des Farbions bezeichnen. Farbion und Gegenion bilden zusammen das *Farbsalz*. Im Falle eines Farbkations kann Wasserstoff das Gegenion bilden; wir haben es dann mit einer Farbsäure zu tun. In den technischen Produkten ist meistens Natrium das Gegenion des Farbanions. Die Farbkationen bilden mit dem OH-Ion als Gegenion die Farbbase; in den technischen Produkten ist gewöhnlich Cl das Gegenion der Farbbase. Sind in einem Farbstoffmolekül sowohl dissoziierte saure als auch dissoziierte basische Gruppen vorhanden, ein Fall, der nicht selten ist, so haben wir es mit einem *zwitterionischen* Farbstoff zu tun. Je nach der Anzahl und der Stärke der verschiedenen ionischen Gruppen und je nach der Wasserstoffionenkonzentration der Lösung können diese Zwitterionen entweder mit einem Überschuß an positiver Ladung als Kationen, oder mit einem Überschuß an negativer Ladung als Anionen, oder schließlich mit der gleichen Anzahl positiver und negativer Ladungen im isoelektrischen Zustand in der Lösung vorhanden sein. Im folgenden sollen die verschiedenen Ionentypen der Farbstoffe an einigen Beispielen veranschaulicht werden.

---

[1] Wasserunlöslich sind gewisse Acetatseidefarbstoffe, ferner zum Teil auch diejenigen Farbstoffe, die erst auf der Faser entstehen.

Saurer oder anionischer Farbstoff, z. B. Orange II:

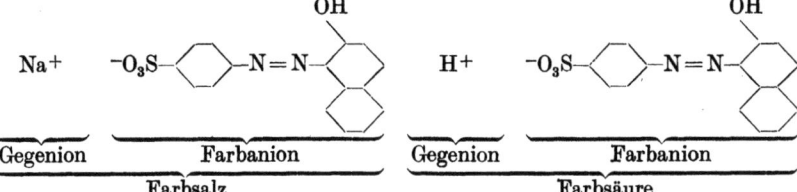

Basischer oder kationischer Farbstoff, z. B. Krystallviolett:

Zwitterionischer Farbstoff, z. B. Methylorange oder Chicagoblau 6 B (in saurer Lösung):

Dissoziationsstärke der Farbstoffe. Um das Verhalten der Farbstoffe in wässerigen Lösungen, insbesondere in seiner Abhängigkeit von der Wasserstoffionenkonzentration der Lösung zu verstehen, ist es erforderlich, die Dissoziationskonstante ihrer ionogenen Gruppen zu kennen. Obwohl die Anzahl der Gattungen der in den Farbstoffen am häufigsten vorkommenden sauren und basischen Gruppen nicht groß ist, würde doch eine erschöpfende Darstellung der Dissoziationsverhältnisse außerordentlich viel Raum beanspruchen. Die Größe der Dissoziationskonstante hängt nämlich nicht nur von der ionogenen Gruppe selbst ab, sondern auch von der Konstitution des Gesamtmoleküls. Wir müssen uns daher an dieser Stelle damit begnügen, die wichtigsten Zusammenhänge in großen Zügen aufzuzeigen und, sofern dies möglich ist, die Grenzen anzugeben, innerhalb deren die Werte der Konstanten der einzelnen Gruppen, die im folgenden aufgeführt werden, jeweils zu vermuten sind. Wir benützen dabei hauptsächlich das in den Tabellen von LANDOLT-BÖRNSTEIN-ROTH-SCHEEL zusammengestellte Experimentalmaterial.

a) Die organischen Sulfosäuren leiten sich von der Schwefelsäure durch den Ersatz einer Hydroxylgruppe durch einen Alkyl- oder Arylrest ab. Die Schwefelsäure selbst gehört zu den stärksten anorganischen Säuren, sie ist in ihrer ersten Dissoziationsstufe in wässeriger Lösung vollständig dissoziiert. Die Sulfosäuren sind wohl etwas schwächer, immerhin beträgt größenordnungsmäßig ihre Dissoziationskonstante 1 [1]. Bekanntlich gibt die Dissoziationskonstante einer Säure zahlenmäßig diejenige Wasserstoffionenkonzentration an, bei der die Säure zur Hälfte in dissoziiertem Zustand vorliegt. In etwa 1 n Lösungen beträgt der Dissoziationsgrad der Sulfogruppen 50%. Da in derart konzentrierten Lösungen die Bestimmung des Dissoziationsgrades nicht genau ausführbar ist, kann ein genauer Wert für die Dissoziationskonstante auch nicht angegeben werden. Infolge der Nichtberücksichtigung der in konzentrierten Lösungen besonders wirksamen zwischenionischen Kräfte, sind in das Schrifttum für den p_K-Wert der Sulfosäuren häufig unrichtige, und zwar zu niedrige Werte gelangt. In Wirklichkeit zeigen, soweit unsere Kenntnisse reichen, sämtliche Sulfogruppen, z. B. auch diejenigen in dem Benzol-, Naphthalin- oder Anthrachinonkern, die angegebene Säurestärke, und zwar auch dann, wenn sich im Molekül noch weitere Sulfogruppen und sogar Aminogruppen befinden. Dieser letztere Fall wird von uns noch weiter unten im Zusammenhang mit den Zwitterionen behandelt werden.

b) Die Carboxylgruppe. Das p_K der Essigsäure beträgt 4,7. Die wachsende Länge der Kohlenstoffkette verändert die Dissoziationsstärke kaum. Der aromatische Kern erhöht die Säuredissoziation: Benzoesäure hat ein $p_K = 4,2$. Die Beeinflussung der Säuredissoziation durch verschiedene Substituenten in dem Essigsäure- und dem Benzoesäuremolekül wurde schon in der Frühzeit der Theorie der elektrischen Dissoziation, insbesondere durch WI. OSTWALD und dann durch R. WEGSCHEIDER sehr eingehend erforscht. Diese Untersuchungen führten zur Aufstellung und Bestätigung der sog. Faktorenregel. Danach kann man den Einfluß der Substitution auf die Dissoziation von Carbonsäuren durch einen Faktor ausdrücken, um den der Wert der Dissoziationskonstante

---

[1] Im folgenden werden die Werte des negativen dekadischen Logarithmus der Dissoziationskonstante als p_K bezeichnet. Die Dissoziationsgleichung einer einbasischen Säure in logarithmierter Form lautet: $p_H = p_K + \log$ [Anion] $- \log$ [undiss. Molekül]. Die Sulfosäuren haben ein p_K von etwa 0.

der nichtsubstituierten Säure infolge Einführung des Substituenten erhöht wird. Diese Faktoren hängen nicht nur von der Natur des Substituenten, sondern auch von seiner Stellung in bezug auf die Carboxylgruppe ab. Dagegen ist der Wert der Faktoren von dem Vorhandensein anderer Substituenten unabhängig. Infolgedessen muß man im Falle mehrerer Substituenten den Wert der nichtsubstituierten Säure mit dem Produkt sämtlicher Faktoren multiplizieren[1]. Um einen Begriff von der Größe dieser Faktoren zu geben, seien in der folgenden Tabelle nach der Zusammenstellung von WEGSCHEIDER einige Werte abgedruckt.

Die angeführten Substituenten bedingen mit Ausnahme der Hydroxylgruppe in p-Stellung und der Methylgruppe in m- und p-Stellung durchweg eine Verstärkung der Dissoziation. Besonders stark ist der Einfluß der Nitrogruppe in o-Stellung. Sie ruft eine Herabsetzung des p_K-Wertes um 2 hervor. Die Methylestergruppe hat ungefähr denselben Einfluß wie die Carboxylgruppe. Der verstärkende Einfluß der zweiten Carboxylgruppe auf die erste ist kein wechselseitiger. Das Vorhandensein der ersten Carboxylgruppe bedingt vielmehr eine sehr erhebliche Herabsetzung der Dissoziationsstärke der zweiten Carboxylgruppe. So beträgt in o-Phthalsäure das p_K der ersten Stufe 2,9, der zweiten Stufe hingegen 5,4. Im Sinne der obigen Tabelle liegen die Werte für die erste Konstante der Oxybenzoesäuren zwischen $p_K = 3$—4,5. In o-Sulfobenzoesäure hat die Carboxylgruppe den p_K-Wert von 3,7. Die Einführung der Aminogruppe setzt die Säurestärke von Benzoesäure erheblich herab, die p_K-Werte von Aminobenzoesäuren liegen zwischen 4,8 und 5,0.

Tabelle 96. Faktoren für den Einfluß der Substitution auf die Dissoziationskonstante von aromatischen Carbonsäuren. Nach WEGSCHEIDER.

Radikale	Faktoren bei der Stellung des Substituenten im aromatischen Kern		
	ortho	meta	para
Cl	22	2,58	1,55
Br	24	2,28	—
F	—	2,03	—
Cn	—	3,3	—
NO_2	103	5,75	6,60
OH	17	1,45	0,48
CH_3 ...	2,0	0,86	0,85
SO_3CH_3 ..	4,56	—	—
COOH ..	10,2	2,39	2,62
$COOCH_3$.	11,2	2,13	2,8

c) Die Oxygruppe. Die Dissoziationskonstante von Phenol beträgt $p_K = 10,1$, rund 1/100000 derjenigen der Benzoesäure. Erst wenn die Hydroxylionenkonzentration der Lösung 10^{-4} n beträgt, ist die Hälfte des Phenols als Phenolation anwesend. Das p_K der Oxygruppe in o-, m- und p-Benzoesäure beträgt 13,4, 10 bzw. 9,4. Das p_K der Chlorphenole und auch des 2,4-Dichlorphenols liegt um 7,5 herum. Die Dissoziationsstärke der Kresole unterscheidet sich nicht merklich von derjenigen des Phenols. Hydrochinon hat in der ersten Stufe den p_K-Wert

---

[1] Faktor 10 bedeutet eine Herabsetzung des p_K-Wertes um 1 (= log 10).

von 10,4, Brenzkatechin und Resorcin etwa 9,8. o-, m- und p-Aminophenol haben folgende p_K-Werte: 9,7, 9,9, 10,3. β-Naphthol ist etwas stärker sauer als Phenol ($p_K = 9,6$). 2-Oxynaphthalin-2-sulfosäure und 2-Oxynaphthalin-6-sulfosäure haben die p_K-Werte 11 und 9.

Eine sehr erhebliche Verstärkung der Dissoziation der Oxygruppe bedingen die Nitrogruppen. Schon die Nitrophenole haben p_K-Werte zwischen 7,1 und 8,3. Die Dinitrophenole haben p_K-Werte zwischen 3,7 und 5,2. Pikrinsäure gehört zu den starken Säuren ($p_K \sim 0-1$).

d) Die Aminogruppe. Während die aliphatischen Amine einen p_K-Wert von rund 3,3[1] besitzen, also erheblich stärkere Basen sind als Ammoniak, setzt der aromatische Kern die Dissoziationsstärke der Aminogruppe sehr stark herunter. Anilin hat ein p_K von 9,5. Lösungen, deren Wasserstoffionenkonzentration unterhalb von etwa 10^{-5} liegt, enthalten daher nur einen geringen Anteil des Anilins in Form von Ionen. Die Einführung einer zweiten Aminogruppe führt nur in der p-Stellung zu einer erheblichen Verstärkung der ersten Dissoziationsstufe: das p_K des p-Phenylendiamins beträgt in der ersten Stufe rund 8, in der zweiten Stufe 11—12. o- und m-Phenylendiamin besitzen in der ersten Stufe die p_K-Werte 9,5 bzw. 9,2. Einige weitere Werte bringt die obenstehende Zusammenstellung von KUHN und WASSERMANN (Tabelle 97).

Tabelle 97.
Basische Dissoziationskonstanten einiger Anilinderivate.
Nach R. KUHN und A. WASSERMANN.

Name	p_K
o-Aminophenol	9,3
m-Aminophenol	9,8
p-Aminophenol	8,5
o-Toluidin	9,6
m-Toluidin	9,3
p-Toluidin	8,8
o-Aminobenzoesäure	12,0
m-Aminobenzoesäure	11,0
p-Aminobenzoesäure	11,7
o-Nitroanilin	14,3
m-Nitroanilin	11,5
p-Nitroanilin	13,0

Im Naphthalinkern hat die Aminogruppe ungefähr dieselbe Dissoziationskonstante wie im Benzolkern. Aminoazobenzol hat den p_K-Wert von etwa 10,5.

Die Einführung von Alkylgruppen in die Aminogruppe erhöht schwach die basische Dissoziationsstärke. Äthylanilin hat den p_K-Wert von 9, Methylanilin 9,3, Diäthylanilin 7—8, Dimethylanilin 9 (?). Die quartäre Ammoniumgruppe ist hingegen vollständig dissoziiert ($p_K < 1$).

Die schematische Darstellung in Abb. 185 dient zur leichteren Orientierung über die Dissoziationsverhältnisse der vier wichtigsten ionogenen Gruppen im aromatischen Kern in Abhängigkeit von der Wasserstoff-

---

[1] Es handelt sich hier um basische Dissoziationskonstanten. p_K 3,3 bedeutet, daß in einer Lösung von p_{OH} 3,3 (d. h. von p_H 10,7) die Hälfte der Base in dissoziiertem, die andere Hälfte in undissoziiertem Zustande vorliegt. Die Dissoziationsgleichung einer einsäurigen Base in logarithmierter Form lautet: $p_{OH} = p_K +$ log [Kation] — log [undiss. Base].

ionenkonzentrationen der Lösung. Infolge der Berücksichtigung der häufigsten in Farbstoffen vorkommenden Substituenten kann die Begrenzung der Dissoziationsgebiete nicht scharf erfolgen, sondern nur über mehrere p_H-Größenordnungen hinweg. Dabei wurden gewisse seltene Fälle, z. B. die Häufung von Nitrogruppen neben der Oxygruppe, nicht berücksichtigt.

Farbstoffe als Zwitterionen. Die Rolle der Zwitterionen für das elektrolytische Dissoziationsgleichgewicht zahlreicher Farbstoffe sei an

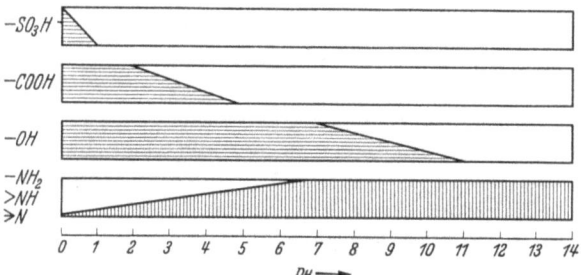

Abb. 185. Begrenzung des Dissoziationsgebietes der ionogenen Gruppen im aromatischen Kern in bezug auf das p_H (schematisch). Schraffiertes Gebiet: undissoziiert; leeres Gebiet: dissoziiert.

jenem Beispiel erläutert, an dem KÜSTER, nachdem BREDIG den Begriff eingeführt hat, erstmalig die Existenz dieser Ionengattung wahrscheinlich machte: an dem einfachen sauren Farbstoff Methylorange (Dimethylaminoazobenzolsulfosäure):

$$(CH_3)_2N-\langle\rangle-N=N-\langle\rangle-SO_3^- + Na^+.$$

In alkalischer Lösung befindet sich der gelbe Farbstoff zweifelsohne in dem oben dargestellten Dissoziationszustand: die Aminogruppe ist undissoziiert, die Sulfogruppe dissoziiert. Erhöht man die Wasserstoffionenkonzentration, so erfolgt bekanntlich zwischen p_H 3,1 und 4,7 der Farbenumschlag nach Rot. Im Sinne der WI. OSTWALDschen Indicatorentheorie ist die Ursache des Farbenumschlages in der Veränderung des Dissoziationszustandes zu suchen [die im Sinne der Chinoid-Theorie eine chemische Umlagerung (vgl. S. 383) zur Folge hat. Diese kann hier außer Betracht bleiben]. Früher hat man angenommen, daß der Dissoziationsrückgang der Sulfogruppe die Ursache des Farbenumschlages ist. In saurer Lösung würde danach der Farbstoff in der folgenden, elektrisch-neutralen Form vorliegen:

$$(CH_3)_2N-\langle\rangle-N=N-\langle\rangle-SO_3H.$$

Nach dieser Auffassung müßte die Dissoziationskonstante der Sulfogruppe einen p_K-Wert von etwa 3,5 besitzen. Dieser Wert steht jedoch im Widerspruch zu der Erfahrungstatsache, daß alle Sulfosäuren starke Säuren sind. Ferner zeigt die Muttersubstanz von Methylorange,

Dimethylaminoazobenzol, den analogen Farbenumschlag, und zwar fast genau in demselben Gebiet der Wasserstoffionenkonzentration. Da dieser Farbstoff keine Sulfogruppe enthält, kann die Veränderung des Dissoziationszustandes nur an der Aminogruppe erfolgen: der Farbstoff liegt in alkalischer und neutraler Lösung als undissoziiertes Molekül vor und in saurer Lösung als Ammoniumsalz. Diese Tatsache legt nahe, auch bei Methylorange die Ursache der Dissoziationsänderung, die sich in dem Farbenumschlag kundgibt, in der Aminogruppe zu suchen und dementsprechend in saurer Lösung die folgende Form des Farbstoffmoleküls anzunehmen:

$$^+H(CH_3)_2N-\bigcirc-N=N-\bigcirc-SO_3^-.$$

Das Molekül des roten Farbstoffes trägt somit gleichzeitig eine positive und negative Ladung. Wir haben es hier mit einem Zwitterion zu tun, welches im elektrischen Feld keine Beweglichkeit besitzt und infolgedessen zur Leitfähigkeit der Lösung nichts beiträgt. Im Sinne dieser Auffassung ist die Sulfogruppe auch in Methylorange so stark, daß sie bis zu sehr hoher Wasserstoffionenkonzentration als vollständig dissoziiert anzunehmen ist, während die Aminogruppe nur in denjenigen Lösungen überwiegend dissoziiert ist, deren p_H unter 3,5 liegt. Der p_K-Wert der Aminogruppe beträgt somit in Methylorange 10,5.

Der einfachste Vertreter der Aminosulfosäuren, das Taurin, bildet als neutrales Molekül gleichfalls Zwitterionen, ebenso die übrigen aliphatischen und aromatischen Aminosulfosäuren. Anders liegen die Verhältnisse bei den Aminocarbonsäuren. Wohl liegen die aliphatischen Aminocarbonsäuren (insbesondere auch die Eiweißbausteine und die Eiweißstoffe selbst) als neutrale Moleküle vorwiegend als Zwitterionen vor, die aromatischen Aminocarbonsäuren sind jedoch im neutralen Zustand zum größten Anteil undissoziiert (BJERRUM, EBERT). Die aromatischen Säuren mit quartärer Ammoniumgruppe (Betaine) haben als neutrale Moleküle ausschließlich zwitterionischen Aufbau (vgl. PFEIFFER).

Für uns ist an dieser Stelle die Tatsache wichtig, daß für alle diejenigen Farbstoffe, die im Molekül Amino- und Sulfogruppen enthalten, mit ziemlicher Sicherheit anzunehmen ist, daß sie in genügend saurer Lösung (je nach Konstitution im p_H-Gebiet unterhalb 4—1) als Zwitterionen vorhanden sind. Der Existenzbereich der Zwitterionen läßt sich aus unserer Abb. 185 entnehmen. Er entspricht demjenigen p_H-Gebiet, in dem sowohl die basische Gruppe als auch eine der sauren Gruppen in dissoziierter Form vorliegen. Man erkennt an der Zeichnung, daß von den sauren Gruppen hier nur die Sulfogruppe in Frage kommt. Enthält jedoch das Farbstoffmolekül eine quartäre Ammoniumgruppe, dann erstreckt sich der Bereich der Zwitterionisation für den Fall der Sulfosäuren praktisch auf das gesamte p_H-Gebiet, für den Fall der Carbonsäuren auf das p_H-Gebiet oberhalb 3—4.

In dem Schrifttum trifft man für die Farbstoffe oft Formeln an, in denen eine Amino- und eine Sulfogruppe miteinander unter Ringbildung verbunden sind, etwa für Methylorange:

$$\mathrm{N{=}\!\!\!\langle\!\!=\!\!\rangle\!\!-\!\!\overset{H}{N}(CH_3)_2}$$
$$\mathrm{N{-}\!\!\langle\!\!=\!\!\rangle\!\!-\!\!SO_3}$$

Derartige Darstellungen sind aus mehreren Gründen unrichtig. Erstens würde es sich danach um ein undissoziiertes Salz handeln, während in Wirklichkeit die Salze als starke Elektrolyte in wässeriger Lösung vollständig dissoziiert sind. Dann verlangt diese Formel eine unmittelbare Verknüpfung des Stickstoffatoms der Aminogruppe mit dem Sauerstoffatom der Sulfogruppe. Infolge der gestreckten Form des Azobenzols (s. weiter unten) ist jedoch die räumliche Entfernung der beiden Gruppen viel zu groß für einen wechselseitigen Elektronenaustausch, der die chemische Bindung bewirkt. Im Sinne der Zwitterionendarstellung handelt es sich bei der Umwandlung des undissoziierten Moleküls in die an den beiden ionogenen Gruppen ionisierte Form um eine Wanderung des Wasserstoffions, die über das Lösungsmittel erfolgt. Vgl. das Raumbild des Methylorangemoleküls (Abb. 199).

Die räumliche Gestalt der Farbstoffmoleküle. Auf Grund der aus rein chemischen Tatsachen abgeleiteten Konstitutionsformel und der Dichte läßt sich das Molvolumen ableiten. Die chemischen Tatsachen ermöglichen sogar unter Umständen eine Vorstellung darüber, in welcher Reihenfolge die einzelnen Atome im Molekül aneinandergeknüpft sind. Auf diese Weise gelangt man schon zu gewissen Vermutungen über die Gestalt bzw. Ausdehnung der Moleküle. Es handelt sich jedoch hierbei um Aussagen überwiegend hypothetischen Charakters. Eine Reihe neuer physikalischer Methoden, hauptsächlich die Methoden der Röntgenstrahlinterferenz an Krystallen und Gasen, der Interferenz von Elektronenstrahlen an Gasen und schließlich der Dipolmessungen haben hier gründlich Wandel geschaffen. Mit Hilfe dieser Methoden läßt sich die Gestalt der einzelnen Moleküle gewissermaßen abtasten. Allerdings ist die Anwendbarkeit dieser Methoden zunächst auf verhältnismäßig einfache Moleküle beschränkt. Die systematische Bearbeitung des auf diesem Gebiet gewonnenen Erfahrungsmaterials hat jedoch ergeben, daß man den einzelnen miteinander verknüpften Atomen gewisse gegenseitige Abstände und ihrer gegenseitigen Lage bestimmte Richtungen (Valenzwinkel) zuordnen kann. Auf Grund der Konstanz und der Additivität der Atomabstände und der Unveränderlichkeit der Valenzwinkel kann man daher auch die Form solcher Moleküle mit großer Wahrscheinlichkeit ermitteln, von denen nur die chemische Strukturformel bekannt ist, an denen jedoch keinerlei unmittelbare physikalische Messungen der oben gekennzeichneten Art vorliegen. Im folgenden bringen wir 3 Tabellen nach H. A. STUART zum Abdruck, aus denen die zur Konstruktion von räumlichen Molekülmodellen erforderlichen Daten zu entnehmen sind. Die erste, unter Benützung einer früher von HENGSTENBERG und MARK gegebenen tabellarischen Übersicht

Tabelle 98. Kernabstände von gebundenen Atomen. Nach STUART.

Bindung	Abstand in Å	Verbindung
H—H	0,75	H_2
N—H	1,02 bis 1,06	NH_3
C—H	1,08	CH_4
O—H	$1,01_3$	H_2O
F—H	0,92	HF
Cl—H	1,28	HCl
Br—H	1,41	HBr
J—H	1,62	HJ
B—N	1,47 ± 0,07	$B_3N_3H_6$
B—B	1,6	B_2H_6
C—C_{al}	1,54	Diamant
	1,54	Paraffine
	1,52 ± 0,1	Äthan
	1,51 ± 0,03	Cyclohexan
	1,56 ± 0,05	Äthan
C—C_{arom}	1,42 ± 0,01	Graphit
	1,42	$C_6(CH_3)_6$
	1,42	C_6Cl_6 u. $C_{10}H_8$
	1,39 ± 0,03	Benzol
C=C	1,3 ± 0,1	Äthylen
	1,31 ± 0,05	Allen
	1,35 ± 0,15	Polyene
	1,3	Äthylen
	1,34	Äthylen
—C≡C	1,19	Acetylen
	1,22	Acetylen
C—N	1,33	Harnstoff $CO(NH_2)_2$
	1,35	Thioharnstoff $CS(NH_2)_2$
	1,48	$(CH_2)_6N_4$; NH_2CH_3
C≡N	1,15 u. 1,17	HCN
	1,16 ± 0,02	C_2N_2
C—O	1,49 ± 0,1	Äthylenoxyd
	1,43 ± 0,1	Dimethyläther
	1,49 ± 0,1	Polyoxymethylen
C=O	1,21	Formaldehyd H_2CO
	1,25 ± 0,17	Harnstoff $CO(NH_2)_2$
	1,15	Formaldehyd
	1,13	$COCl_2$
		$COBr_2$ usw.
C≡O	1,05 bis 1,2	CO_2
	1,13	CO_2
	1,1	CO_2
	1,15 ± 0,03	CO_2
	1,15	CO

zusammengestellte Tabelle 98 bringt die Abstände der Kerne unmittelbar miteinander verknüpfter Atome.

Auf Grund der Additivität lassen sich die oben dargestellten Kernabstände als Summe der Atomradien der beiden miteinander verknüpften, kugelförmig angenommenen Atome darstellen. Die Werte der auf diese Weise definierten Bindungsradien bringt die nächste Tabelle.

Tabelle 99. Bindungsradien von Atomen. Nach PAULING und HUGGINS.

Atom	Bindungsradius in Å
	Einfachbindung:
H	0,30
C	0,77
N	0,70
O	0,66
F	0,64
S	1,04
Cl	0,99
J	1,33
	Doppelbindung:
C	0,65
N	0,63
O	0,59
S	0,94
	Dreifachbindung:
C	0,58
N	0,55
O	0,52

Man bemerkt, daß der Bindungsradius von der Art der Bindung (Einfach-, Doppel- oder Dreifachbindung) abhängt. Die Mehrfachbindungen bedingen durchweg einen kleineren Abstand als die entsprechenden einfachen.

In der nebenstehenden Tabelle sind schließlich die Valenzwinkel, soweit man sie kennt, angegeben.

Die Kenntnis des Raumbildes der Moleküle ist unvollständig, solange man nicht weiß, ob die einzelnen Atome um die Achse ihrer Valenzrichtung frei drehbar sind oder nicht. Wenn nur zwei oder drei Atome hintereinander, d. h. kettenartig miteinander verknüpft sind, ist die Frage belanglos. Bereits bei der Kette von vier Atomen wird die Frage der Drehbarkeit für die räumliche Gestalt von wesentlicher Bedeutung. Es soll dies an Butan und an Butylen gezeigt werden. Von Butan können wir uns unter der Annahme der freien Drehbarkeit um die Bindungsachsen unendlich viele räumliche Gebilde vorstellen, die

Tabelle 100. Valenzwinkel. Nach STUART.

Atom	Valenzwinkelgerüst	Molekül
$\diagup C \diagdown$	Tetraederwinkel 109° 28' (110°) räumlich	Zahlreiche organische Moleküle
	115° ± 10°	Diderivate des Benzols
$=C_\alpha\diagdown^\beta$	$\left.\begin{array}{l}\alpha = 130°\\ \beta = 100°\end{array}\right\}$ eben	$S=C\diagup^{NH_2}_{\diagdown HN_2}$
	$\left.\begin{array}{l}\alpha = \sim 120°\\ \beta = \sim 120°\end{array}\right\}$ eben	$O=C\diagup^H_{\diagdown H}$
$\equiv C-$	180°	C_2H_2; HCN
$ar-C_\alpha\diagup^{al}_{\diagdown ar}$	$\alpha = 120°$, eben $\alpha = 120°$, eben	$C_6(CH_3)_6$ Diderivate des Benzols
$-N\diagdown$	112—116° räumlich	NH_3
	120°, eben	$B_3N_3H_6$
$-N=$	180°	Isonitrile (Benzolderivate)
$-N_\alpha\diagup\!\!\!\diagup^\beta$	$\alpha = 130°$, eben $\beta = 115°$, eben	$N\diagup^O_{\diagdown O}$ Gruppe in $NaNO_2$
$\diagup O \diagdown$	104—106° $\sim 110°$ $\sim 122°$	H_2O $(C_6H_5)_2O$ O_3

alle das Gesetz des konstanten Valenzwinkels erfüllen (Abb. 186).

Diese räumlichen Gebilde gehören ein und demselben chemischen Individuum an. Die beiden mittleren C-Atome rotieren nämlich frei um ihre Bindungsachse. In einer größeren Anzahl von Butanmolekülen finden sich daher in jedem Augenblick Fälle von allen grundsätzlich möglichen Konfigurationen, ohne daß man eine bestimmte davon, z. B. entsprechend der Stellung I oder der Stellung II, isolieren könnte. Anders liegen die Verhältnisse bei Butylen. Die Doppelbindung ist als praktisch vollständig starr anzunehmen, so daß ein ständiger Übergang von der einen in die andere räumliche Lage nicht erfolgen kann. Es wäre also zunächst grundsätzlich möglich, daß Butylenmoleküle in den unzähligen verschiedenen Lagen als verschiedene

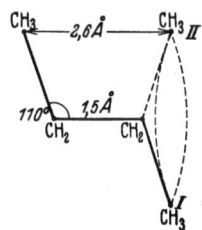

Abb. 186. Raumbild des Kohlenstoffskeletts vom Butanmolekül. Nach STUART.

chemische Individuen auftreten. Energetisch sind jedoch zwei Lagen durch besondere Stabilität ausgezeichnet, die Cis- und die Trans-Lage. Man kann daher das Butylen in diesen zwei Formen isolieren.

Es gibt allerdings Fälle, in denen die zwei Begriffe, starre und drehbare Bindung, sich nicht so scharf unterscheiden. Es handelt sich um den Fall der *behinderten Drehbarkeit*. Ein solcher liegt schon bei Butan vor. Bei diesem ist die mit II bezeichnete Lage infolge der Abstoßung der beiden endständigen Methylgruppen, die sich hier bis auf 2,6 Å nähern würden, wahrscheinlich nicht möglich. Infolgedessen wird von dem für die Rotation zur Verfügung stehenden Raum nur ein Teil ausgenützt werden.

Im folgenden sollen zunächst die Raumbilder einiger einfacher organischer Moleküle, deren Kenntnis zum Teil zur Ableitung der obigen Gesetzmäßigkeiten wesentlich beitrug, dargestellt werden.

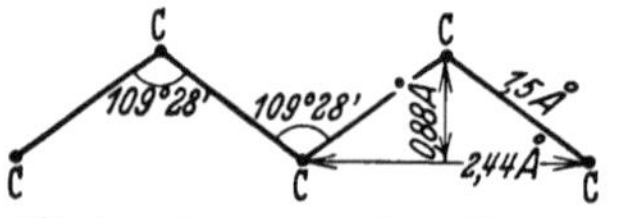

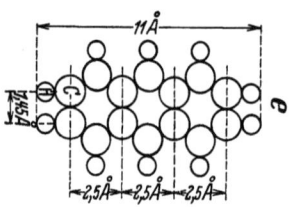

Abb. 187. Gestreckte, ebene Zickzackkette von Kohlenstoffatomen in den Paraffinmolekülen. Nach HENGSTENBERG und MÜLLER (Zeichnung von STUART).

Die normale Kohlenwasserstoffkette nimmt in den Krystallen eine ebene Zickzackstruktur an (Abb. 187).

In Gasform oder in Lösungen sind jedoch infolge der freien Drehbarkeit auch die nicht ebenen Formen möglich. Ist die Kette sehr lang, so wird im allgemeinen die gesättigte Kohlenwasserstoffkette die Gestalt eines zu einem unregelmäßigen Knäuel verwickelten biegsamen Fadens annehmen (vgl. S. 21 und 524—525).

Der Benzolring ist starr und eben. Die Mittelpunkte aller sechs Kohlenstoffatome und auch der sechs Wasserstoffatome liegen in einer Ebene (Abb. 4). Dasselbe gilt für den Naphthalinkern und wahrscheinlich auch für die höher kondensierten Ringsysteme (Abb. 188). Allerdings ist nicht ganz ausgeschlossen, daß die letzteren etwas verbogen bzw. gefaltet sind.

Abb. 188. Raumbild des Anthracenmoleküls. Nach ROBERTSON.

Die an Stelle der Wasserstoffe in dem Benzolring substituierten Atome liegen gleichfalls in der Ebene des Ringes. Bei mehratomigen Substituenten muß jedoch nur das mit dem Ringkohlenstoff unmittelbar verknüpfte Atom in dieser Ebene liegen, die weiteren Atome können aus dieser Ebene je nach dem Valenzwinkel herausragen. Die Verhältnisse beim Phenol und bei Hydrochinondimethyläther ersieht man aus den folgenden Abb. 189 und 190.

Infolge der freien Drehbarkeit ist bei diesen die vollkommen ebene Lage zwar möglich, jedoch nicht wahrscheinlicher als jede andere.

Diphenyl hat die gestreckte Form. Die beiden Benzolkerne sind um die Bindungsachse gegeneinander frei verdrehbar. Bei den 2·2'-Derivaten

Die räumliche Gestalt der Farbstoffmoleküle. 331

ist die freie Drehbarkeit aufgehoben, da in der cis-Stellung die beiden Substituenten nicht genügend Platz hätten (Abb. 191).

Bei gewissen Abkömmlingen des Diphenyls findet man daher optische Isomere, die sonst bei freier Drehbarkeit ineinander übergehen könnten.

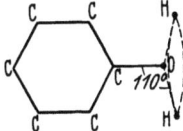

Abb. 189. Raumbild des Phenolmoleküls.
Nach STUART.
Die Kernwasserstoffatome sind weggelassen.

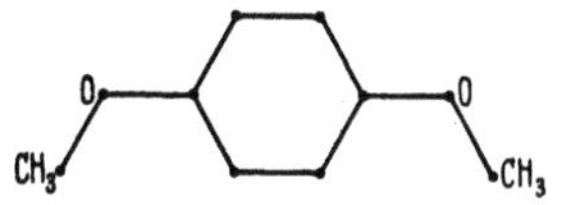

Abb. 190. Raumbild des Skeletts vom Hydrochinondimethyläthermolekül.
Nach STUART.

In Azobenzol hat die C—N=N—C-Gruppe vermutlich ebene Struktur. Die bekannten Derivate dürften die Transform besitzen. Infolge der freien Drehbarkeit der C—N-Bindungen kommt dem Molekül eine ebene Struktur nicht zwangsweise zu.

Es ist nicht schwer, nunmehr die Raumbilder von Farbstoffmolekülen zu entwerfen, auch wenn an ihnen selbst keine physikalischen Messungen, die zur Abtastung der Gestalt dienen, ausgeführt worden sind. Die folgenden Abbildungen stellen die Raumbilder, welche den Farbstoffmolekülen der verschiedenen Typen wahrscheinlich zukommen, als ebene Projektionen dar. Die Bindungsachsen, um die eine freie Drehung möglich ist, sind durch Pfeile gekennzeichnet, die aliphatischen Doppelbindungen durch Striche. Wegen der leichteren Übersicht sind die Wasserstoffatome der Kerne fortgelassen. Zuerst sehen wir das Raumbild eines einfachen sauren Azofarbstoffes, Orange II (Abb. 192).

Abb. 191. Raumbild des 2·2'-Dichlordiphenylmoleküls nach STUART. Die dargestellte, ebene Konfiguration ist wegen der Raumerfüllung der Chloratome nicht möglich.

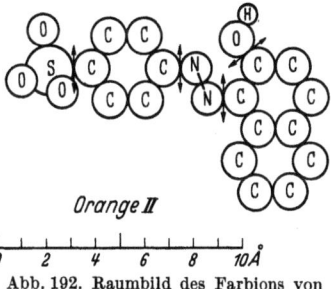

Abb. 192. Raumbild des Farbions von Orange II. Nach VALKÓ.

Sowohl der Naphthalinkern als auch der Benzolkern sind vollständig eben, d. h. sämtliche Kohlenstoff- und Wasserstoffatome des einzelnen Ringes liegen in einer Ebene. Die Stickstoffatome in der Azogruppe sind gegeneinander nicht frei drehbar. Da jedoch die C—N-Bindung frei drehbar ist, liegen der Naphthalin- und Benzolkern nicht notwendigerweise in derselben Ebene. Es können die Kerne, die in der Abbildung in der Papierebene liegen, z. B. auch senkrecht dazu stehen, wahrscheinlich rotieren beide Kerne mehr oder weniger regelmäßig um die C—N-Achse. Die Sauerstoffatome der SO$_3$-Gruppe liegen wahrscheinlich auch nicht in der Ebene des Benzolringes, sondern ragen zum Teil nach vorn, zum Teil nach hinten heraus. Das Modell zeigt uns, daß das Molekül befähigt ist, bis auf die Sauerstoffatome der Säuregruppe, eine ebene Gestalt anzunehmen. In der ebenen Form beträgt die Länge des Moleküls 13,3 Å, die Breite 6,5 Å und die Dicke wahrscheinlich nicht mehr als 3 Å.

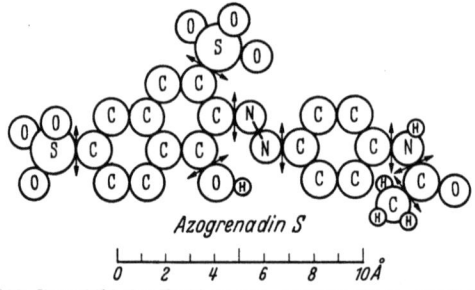

Abb. 193. Raumbild des Farbions von Azogrenadin S. Nach VALKÓ.

Die Abb. 193 bringt das Raumbild eines anderen sauren Azofarbstoffes, Azogrenadin S. Hier kann die Anwesenheit der Acetanilidgruppe eine größere Abweichung von der flachen Form bedingen. Allerdings ist die ebene Gestalt bis auf die Sauerstoffatome der Sulfogruppen und

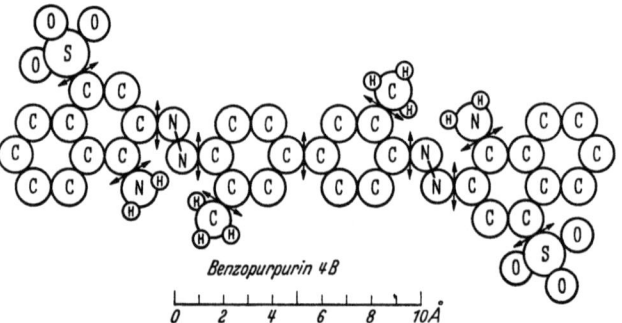

Abb. 194. Raumbild des Farbions von Benzopurpurin 4 B. Nach VALKÓ.

einige Wasserstoffatome auch hier möglich. Die Länge der flachen Form beträgt etwa 17 Å, Dicke und Breite wie bei Azogrenadin S.

Die Abb. 194 und 195 stellen die Raumbilder zweier substantiver Benzidinfarbstoffe dar. Auch bei diesen ist die flache, fast ebene Form nur eine der vielen Möglichkeiten. Sie wurde als Grundlage der Darstellungen gewählt, da man aus ihr die anderen Möglichkeiten ohne Mühe ableiten kann. Die Länge beträgt 24 und 27 Å.

Nun folgt das Raumbild eines basischen Farbstoffes, des Triphenylmethanderivates Krystallviolett (Abb. 196). Wir haben als Grundlage der Darstellung von den möglichen Elektronenisomeren des Farbstoffes die

Die räumliche Gestalt der Farbstoffmoleküle. 333

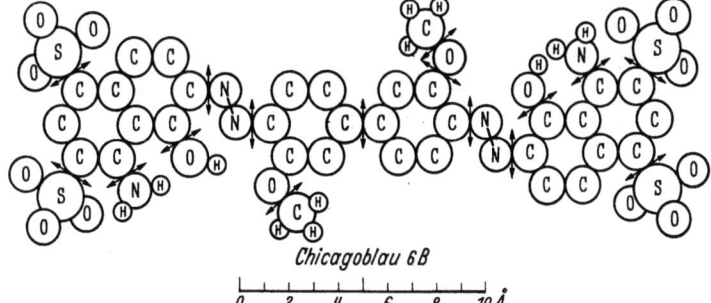

Abb. 195. Raumbild des Farbions von Chicagoblau 6 B. Nach VALKÓ.

chinoide Form gewählt. In Wirklichkeit hat man es hier mit Mesomerie zu tun: die Konstitution des Farbions stellt eine Zwischenstufe zwischen

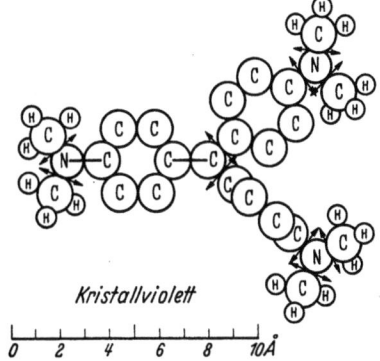

Abb. 196. Raumbild des Farbions von Krystallviolett. Nach VALKÓ.

der chinoiden Ammeniumform (I) und der benzoiden Carbeniumform (II) dar (SIDGWICK, EISTERT, BURY):

$$I \quad \begin{array}{c} H_3C \\ H_3C \end{array} N{=}\!\!\!=\!\!\!\!\bigcirc\!\!\!=\!\!\!C\!-\!\bigcirc\!\!-\!N \begin{array}{c} CH_3 \\ CH_3 \end{array}$$

$$\updownarrow$$

$$II \quad \begin{array}{c} H_3C \\ H_3C \end{array} N{-}\bigcirc{-}\overset{+}{C}{-}\bigcirc{-}N \begin{array}{c} CH_3 \\ CH_3 \end{array}$$

(Über den Begriff der Mesomerie vgl. INGOLD, ARNDT und EISTERT).

Wie aus Abb. 196 zu ersehen ist, ist es aus Gründen der Raumbeanspruchung nicht möglich, daß alle drei Benzolringe in einer Ebene liegen. Wir haben den einen Ring senkrecht zur Papierebene gezeichnet. Die Länge beträgt etwa 14 Å.

Schließlich folgt das Raumbild eines Küpenfarbstoffes, des Indanthrenbrillantgrüns, eines Abkömmlings des Dibenzanthrons. Hier haben wir es mit einem ausgesprochen blattförmigen Molekül zu tun. Allerdings zeigt die Darstellung, daß die beiden Methoxygruppen nicht in der angenommenen Stellung Platz haben. Entweder ist die bisher angenommene Konstitution des Farbstoffes unrichtig, dies ist jedoch in Anbetracht des erbrachten Konstitutionsbeweises auszuschließen, oder aber muß die Gestalt dieses hochkondensierten Systems gegenüber der angenommenen, ebenen Form mit regulären Sechsecken eine Verzerrung oder Faltung aufweisen[1]. Die Länge des Moleküls beträgt etwa 14 Å, die Breite etwa 8 Å, die Dicke überschreitet nur in den beiden Methylgruppen den Durchmesser des Kohlenstoffatoms.

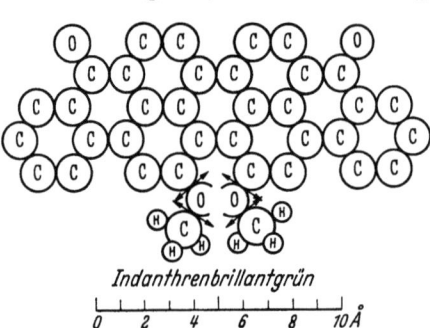

Abb. 197. Raumbild des Indanthrenbrillantgrünmoleküls. Nach VALKÓ.

Wie wir gesehen haben, unterscheiden sich die Raumbilder äußerlich manchmal nur wenig von der Konstitutionsformel. Sie sagen jedoch mehr aus, indem sie auch die Dimensionen der Moleküle zum Ausdruck bringen. Im allgemeinen erscheint durch die auf physikalischem Wege gewonnenen Raumbilder weitgehend bestätigt, was der Chemiker bereits auf Grund der rein chemischen Erfahrungstatsachen vermutet hat.

Im folgenden werden noch einige Raumbilder von Farbstoffmolekülen nach GIBBY und ADDISON wiedergegeben. Da sie ohne Kenntnis der

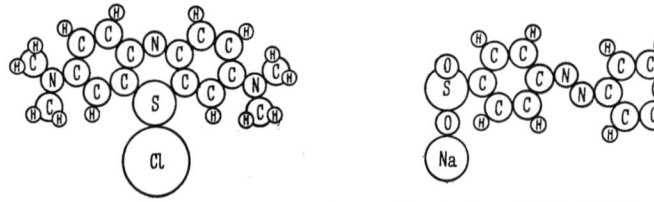

Abb. 198. Raumbild des Methylenblaumoleküls. Nach GIBBY und ADDISON.

Abb. 199. Raumbild des Methylorangemoleküls. Nach GIBBY und ADDISON.

---

[1] Auf diese Anomalie, die bei den höher kondensierten Ringsystemen der Anthrachinonabkömmlinge häufig vorkommt, hat mich vor Jahren Herr Dr. F. EBEL (Ludwigshafen a. Rh.) aufmerksam gemacht.

oben reproduzierten Darstellungen entworfen wurden, beweist ihre grundsätzliche Übereinstimmung mit diesen, daß man nach den bisherigen Forschungsergebnissen auf dem raumchemischen Gebiet jedenfalls zu eindeutigen Aussagen gelangt. Methylenblau gehört zu den wenigen Farbstoffmolekülen, deren Krystallaufbau röntgenographisch eingehend untersucht wurde. Die röntgenographischen Befunde von

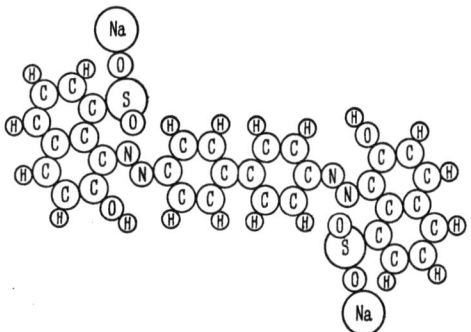

Abb. 200. Raumbild des Bordo extra-Moleküls. Nach GIBBY und ADDISON.

W. H. TAYLOR sind mit dem hier dargestellten Raumbild in bester Übereinstimmung. Aus dem Röntgenogramm ergibt sich die Länge des flachen Moleküls zu etwa 12,5 Å.

Wo. OSTWALD und WALTER teilten das Röntgenogramm von Benzopurpurin 4 B mit. Übrigens geben praktisch alle Farbstoffe im Röntgenbild Krystallinterferenzen.

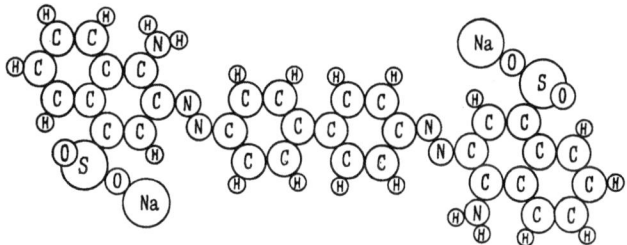

Abb. 201. Raumbild des Kongorotmoleküls. Nach GIBBY und ADDISON.

Reinheit und Reproduzierbarkeit der Farbstofflösungen. Kolloide Lösungen, die durch Peptisierung eines unlöslichen Niederschlages gewonnen werden, zeigen oft, je nach den Herstellungsbedingungen, verschiedene Eigenschaften. Die üblichen Bestimmungsgrößen, wie Konzentration, Temperatur und Druck reichen nicht aus, um den Zustand dieser Lösungen eindeutig festzulegen. Die fehlende Bestimmungsgröße wurde früher häufig und wohl am bequemsten durch den Begriff „Vorgeschichte" ausgedrückt. Da die Farbstofflösungen in mancher Hinsicht die Eigenschaften kolloider Lösungen aufweisen (z. B. mangelnde

Fähigkeit Pergamentmembrane zu durchdringen), war man vielfach der Ansicht, daß man an ihre Reinheit und Reproduzierbarkeit keine übermäßig hohen Forderungen stellen darf. Obwohl der wissenschaftliche Meinungsaustausch über diese Frage noch nicht abgeschlossen ist, steht so viel fest, daß die erwähnte Auffassung für die Entwicklung der Kenntnisse auf dem fraglichen Gebiet nicht von Vorteil war. Mehr Förderung erfuhr die Forschung durch diejenigen Arbeiten, die sorgfältig gereinigte Farbstoffe zum Untersuchungsgegenstand gewählt hatten. Es hat sich ferner gezeigt, daß — wenigstens in vielen Fällen — bei Anwendung genügend reiner Substanzen eine vollständige Reproduzierbarkeit der Eigenschaften ihrer Lösungen erreicht werden konnte.

Die Farbstoffe, wie sie in den Handel gebracht werden, enthalten fast ausnahmslos Verunreinigungen. Diese Verunreinigungen rühren zum Teil von der Herstellung her. Sie bestehen z. B. aus Salzen, die durch Neutralisation entstehen oder beim Aussalzen aus der Lösung dem Farbstoff beigefügt wurden. Weitere Verunreinigungen werden verursacht durch das Verbleiben unvollständig umgesetzter Zwischenprodukte und durch die Produkte von Nebenreaktionen bei der Darstellung. Außerdem werden sowohl Salze als auch andere Stoffe (gegebenenfalls auch Farbstoffe) der Fabrikationsware oft in erheblicher Menge zugesetzt, um den mitunter schwankenden Färbewert der einzelnen Produktionspartien auszugleichen. Weitere technische und kaufmännische Gesichtspunkte können noch verschiedenartige Zusätze (z. B. von Soda) bedingen.

Das Reinigen durch Umkrystallisieren aus Wasser oder Alkohol ist nur bei einem verhältnismäßig geringen Teil der Farbstoffe, vorwiegend bei den einfachen sauren Farbstoffen, ausführbar. Von anderen Reinigungsverfahren, die bei mangelnder Krystallisierbarkeit angewendet werden können, seien hier drei besonders erwähnt: die Dialyse, die Aussalzung mit Natriumacetat und die Fällung als Di-o-tolylguanidinsalz. Die Dialyse und noch mehr die Elektrodialyse vermag die niedrigmolekularen Verunreinigungen, insbesondere die Salze, zu entfernen. Als Dialysiermembran eignen sich Kollodium, Pergament oder Cellophan. Namentlich die Heißdialyse, in kontinuierlicher Weise ausgeführt, erwies sich als wirksam (KARTASCHOFF, SCHRAMEK und GÖTTE). Sie führt jedoch nicht zum Farbsalz, sondern zur freien Farbsäure bzw. Farbbase, da die Gegenionen entsprechend dem Gesetz des Membrangleichgewichtes nach und nach hydrolytisch abgespalten und weggeführt werden. Noch mehr gilt dies für die Elektrodialyse. Die Elektrodialyse ist eine Elektrolyse, bei der die zu reinigende Lösung durch je eine Membran von den beiden Elektrodenkammern getrennt ist (Abb. 202).

Im elektrischen Strom werden aus der Mittelzelle die Anionen, die Pergamentmembran durchtretend, in den Anodenraum, die Kationen in den Kathodenraum hinausgeführt. Die Elektrodialyse ist, ebenso wie die gewöhnliche Dialyse, auf diejenigen Fälle beschränkt, in denen das Farbstoffion die Membrane nicht durchdringen kann. Sie wurde mit Erfolg von PAULI auf substantive Benzidinfarbstoffe und auf basische Farbstoffe angewandt. Will man die Farbsalze gewinnen, so müssen die bei der Elektrodialyse erhaltenen Farbbasen oder Farbsäuren, die häufig unlöslich sind und oft kolloide Zerteilungen bilden, mit der äquivalenten Menge einer Mineralsäure bzw. einer Lauge neutralisiert werden.

Allgemein anwendbar scheint die Methode von ROBINSON und MILLS zu sein: das wiederholte Umfällen des Farbstoffes mit Natriumacetat

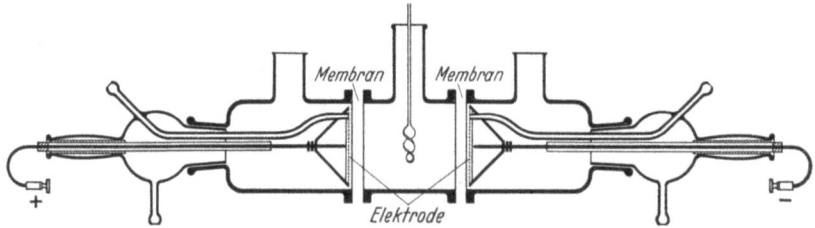

Abb. 202. Dreizelliger Elektrodialysierapparat nach PAULI.

aus wässeriger Lösung. Zum Schluß läßt sich das Natriumacetat mit absolutem Alkohol auswaschen. Zugabe von Alkohol kann die fällende Wirkung des Natriumacetates unterstützen. Diese Methode ist auf der Tatsache begründet, daß das Natriumacetat in Alkohol viel löslicher ist als die meisten in Frage kommenden Farbstoffe, und daß in konzentrierten wässerigen oder wässerig-alkoholischen Natriumacetatlösungen die meisten Farbstoffe nur sehr wenig löslich sind. In den Ausnahmefällen, in denen diese Voraussetzung nicht erfüllt ist, versagt die Methode. Bereits in vielen Fällen erhielt man auf diese Weise Farbstoffe, die sich sowohl in bezug auf Leitfähigkeit als auch auf die analytische Zusammensetzung als hinreichend rein erwiesen.

Die dritte Methode (ROSE) besteht darin, daß die Farbstoffe in wasserunlösliche Di-o-tolylguanidinsalze übergeführt werden. Der Niederschlag wird durch Waschen mit Wasser von wasserlöslichen Verunreinigungen, insbesondere von den Salzen befreit, dann in Alkohol gelöst und durch Zusatz von Natronlauge als Natriumsalz gefällt. Nach dem Filtrieren wird dieses durch Waschen mit Alkohol von dem Guanidin vollständig befreit.

Früher wurde auf Grund der ultramikroskopischen Untersuchung ungenügend gereinigter Farbstoffe wiederholt die Folgerung gezogen, daß sie sich im kolloiden Zustande befinden, da sie im Ultramikroskop sichtbare Teilchen zeigen. Es ist das große Verdienst von HANTZSCH, als erster darauf nachdrücklich hingewiesen zu haben, daß es sich bei dem ultramikroskopischen Befund vielfach um zufällige Verunreinigungen handelt, und daß die reinen Präparate optisch leere Lösungen geben.

Die Anwesenheit der Salze hat einen besonders großen Einfluß auf gewisse substantive Farbstoffe wie Kongorot und Benzopurpurin 4B. Nur in Anwesenheit von Salzen zeigen die Lösungen dieser Farbstoffe eine hohe Viscosität, Neigung zur Gallertbildung und Auftreten von Ultramikronen. In reinem Wasser verhalten sich diese Farbstoffe, sofern die Lösung nicht übersättigt ist, in all diesen Beziehungen wie molekulardisperse Lösungen: sie sind ultramikroskopisch leer und ihre Viscosität ist kaum größer als die von reinem Wasser (ROBINSON und MILLS).

Die Leitfähigkeit der Farbstoffe. Die Äquivalentleitfähigkeit der Elektrolyte setzt sich nach dem KOHLRAUSCHschen Gesetz der unabhängigen Wanderung aus der Beweglichkeit der beiden Ionen zusammen.

$$\lambda = u + v \, . \tag{1}$$

Ist der Elektrolyt nicht vollständig dissoziiert, so wird die Äquivalentleitfähigkeit entsprechend dem Dissoziationsgrad vermindert:

$$\lambda_c = (u + v)\, a \, . \tag{2}$$

λ Äquivalentleitfähigkeit bei unendlicher Verdünnung, u, v Beweglichkeit der Kations bzw. des Anions bei unendlicher Verdünnung, λ_c, u_c, v_c Äquivalentleitfähigkeit, Beweglichkeit des Kations bzw. Anions bei der Konzentration c, a Dissoziationsgrad bei der Konzentration c.

Nach der heutigen Auffassung sind die Salze und die starken Säuren und Basen auch in mäßig verdünnten Lösungen vollständig dissoziiert. Ihre Äquivalentleitfähigkeit nimmt trotzdem mit wachsender Konzentration ab, da die Beweglichkeit der Ionen infolge der zwischen den freien Ionen wirkenden elektrostatischen Anziehungskräfte gehemmt wird. Den Einfluß dieser Kräfte auf die Leitfähigkeit kann man formal durch den sog. Leitfähigkeitskoeffizienten ausdrücken.

$$\lambda_c = u_c + v_c = (u+v)\, f_\lambda = \lambda f_\lambda \tag{3}$$

(f_λ Leitfähigkeitskoeffizient bei der Konzentration c). Der Leitfähigkeitskoeffizient, der bei unendlicher Verdünnung den Wert 1 hat, weil die zwischen ihnen wirkenden Kräfte infolge des großen mittleren Abstandes der Ionen verschwinden, nimmt mit wachsender Konzentration ab, und zwar proportional der Quadratwurzel der Konzentration. Je höher die Wertigkeit der Ionen ist, um so schneller ist die Abnahme ihrer Äquivalentleitfähigkeit.

Bei den Farbstoffen ist von vornherein nur die Beweglichkeit der Gegenionen bekannt. Die Beweglichkeit des Farbstoffions läßt sich als die Differenz der Äquivalentleitfähigkeit und der Beweglichkeit der Gegenionen berechnen. Die Bedeutung des auf diese Weise berechneten Wertes wird jedoch durch den Umstand beeinträchtigt, daß die Größe des Leitfähigkeitskoeffizienten nicht bekannt ist. Die Beweglichkeit der Farbstoffionen läßt sich aber außerdem durch Messung der Überführungszahl oder der Wanderungsgeschwindigkeit ermitteln. Wie weiter unten gezeigt wird, sind derartige Messungen, wenn auch nur in verhältnismäßig wenigen Fällen, an Farbstofflösungen ausgeführt worden.

Einige allgemeingültige Regeln gestatten uns in bezug auf die Beweglichkeit der Farbstoffionen bestimmte Erwartungen zu hegen. Diese Regeln sind:

1. Die Beweglichkeit nimmt bei gleichbleibender Wertigkeit mit wachsender Ionengröße ab.
2. Die Beweglichkeit nimmt bei gleichbleibender Ionengröße mit wachsender Wertigkeit zu.

Den quantitativen Ausdruck für diese Regeln bildet das STOKESsche Gesetz

$$u = \frac{z\,e}{6\,\pi\,\eta\,r}. \qquad (4)$$

Darin bedeutet z die Wertigkeit des fraglichen Ions, η die Viscosität des Mediums, r den Halbmesser des kugelförmig gedachten Ions, e die elektrische Elementarladung. Die strenge Gültigkeit des Gesetzes ist allerdings infolge der verschiedenen Voraussetzungen stark eingeschränkt (z. B. der Kugelform, die bei den Farbstoffionen im allgemeinen sicher nicht erfüllt ist).

Auf alle Fälle ist zu erwarten, daß die Beweglichkeit der Farbstoffionen bei 25° zwischen 15 und 75 rez. Ohm liegt. Ionen, denen infolge ihrer Größe und ihrer niedrigen Wertigkeit eine kleinere Beweglichkeit als 15 rez. Ohm zukäme, sind im allgemeinen nicht lösungsstabil (in der Kolloidchemie spricht man von einem kritischen Potential). Eine Ausnahme hiervon könnte nur der Fall bilden, daß das Ion seine Löslichkeit nicht der elektrischen Ladung, sondern einer andersartigen Wechselwirkung mit dem Lösungsmittel verdankt (z. B. Vorhandensein von Oxäthylgruppen im Molekül). Auf der anderen Seite ist außer dem Sonderfall der H^+- und OH^--Ionen bis jetzt kein Ion mit höherer Beweglichkeit als 80 rez. Ohm (bei 25° C) bekannt. Nehmen wir als den häufigsten Wert für größere Ionen die Beweglichkeit von 25 rez. Ohm an, dann ergeben sich die nebenstehenden Werte als Äquivalentleitfähigkeiten der verschiedenen Farbsalze bei 25° und unendlicher Verdünnung.

Es liegt in der Natur der Sache, daß die Farbstoffe außerordentlich rein sein müssen, um zuverlässige Leitfähigkeitswerte zu liefern.

Tabelle 101. Schätzungswerte für die Äquivalentleitfähigkeit der Farbsalze in unendlicher Verdünnung bei 25°.

Farbsalz	$u + v = \lambda$ wahrscheinlicher Wert in rez. Ohm	Untere und obere Grenze für λ in rez. Ohm
Na-Salz . . .	50 + 25 = 75	65—125
K-Salz	75 + 25 = 100	90—150
Chlorid . . .	75 + 25 = 100	90—150
Farbsäure . .	350 + 25 = 375	365—425
Ca-Salz . . .	80 + 25 = 105	95—155

Sie müssen vor allem von Salzen aufs Sorgfältigste befreit sein. Dieser Umstand erklärt, warum die Anzahl der verfügbaren Werte beschränkt ist.

Eine Reihe von Leitfähigkeitsmessungen an kationischen Farbstoffen wurde von HANTZSCH und OSSWALD ausgeführt. Die in der folgenden Tabelle angeführten Grenzwerte der Äquivalentleitfähigkeit, d. h. die

Tabelle 102. Äquivalentleitfähigkeit kationischer Farbsalze bei 25°.
(In rez. Ohm.) Nach A. HANTZSCH und G. OSSWALD.

	Verd. in l/Mol Farbstoff				
	128	256	512	1024	∞
Auraminchlorhydrat....	—	—	86,4	—	90,4
Krystallviolett (Chlorid) ..	88,3	92,1	94,1	95,0	97,6
Pararosanilinchlorhydrat ..	—	87,7	89,3	91,1	93,7
Rosindulinchlorhydrat ...	—	94,0	95,7	95,9	99,5
Flavindulinchlorid.....	89,1	91,0	92,5	—	97,0
Phenosafraninchlorhydrat .	—	90,6	91,7	92,6	96,0
Methylenblauchlorhydrat..	—	93,3	95,5	—	99,4
Brillantgrünsulfat.....	86,8	—	—	—	94,8

Werte bei unendlicher Verdünnung, wurden durch rechnerische Extrapolation ermittelt.

Die Werte bei unendlicher Verdünnung schwanken zwischen 90 und 100 rez. Ohm. Sie entsprechen daher einer Beweglichkeit des Farbkations zwischen 15 und 25 rez. Ohm. Die Abhängigkeit von der Konzentration steht im großen und ganzen in Übereinstimmung mit derjenigen der 1,1wertigen Salze. Etwas höhere Werte erhielten PELET-JOLIVET und WILD (Tabelle 103).

Tabelle 103. Äquivalentleitfähigkeit von Farbchloriden bei 25°. Nach PELET-JOLIVET und WILD.

Verd. in l/Mol	Äquivalentleitfähigkeit in rez. Ohm			
	Fuchsin	Krystallviolett	Methylenblau	Tolusafranin
68	—	96,9	—	—
100	—	—	—	92,7
136	—	93,3	—	—
200	—	—	102,2	99,9
273	98,3	98,6	—	—
400	—	—	107,0	103,7
546	99,1	99,6	—	—
800	—	—	110,1	104,9
1092	99,6	100,3	—	—
1600	—	—	112,5	105,0
2184	99,7	—	—	—
3200	—	—	113,1	105,2
∞	100,1	104,5	116,0	105,8

Für unendliche Verdünnungen ergeben sich für die Beweglichkeit der Farbionen Werte zwischen 25 und 40 rez. Ohm.

25 Jahre später hat ROBINSON die Leitfähigkeit einer besonders reinen Probe Methylenblau gemessen, und zwar bis zu sehr hohen Verdünnungen. Er verwendete außerordentlich reines Wasser (mit der Leitfähigkeit 3×10^{-7} rez. Ohm). Seine Ergebnisse bringt die folgende Abb. 203.

In stark verdünnten Lösungen liegen die Werte von ROBINSON etwas niedriger als diejenigen von PELET-JOLIVET und WILD. Der Unterschied erklärt sich ohne weiteres durch die Anwendung des sehr reinen Wassers durch die letzteren Forscher.

Es ist von besonderer Bedeutung, daß die sorgfältigen Messungen von ROBINSON eine Anomalie ergeben, die bei gewöhnlichen Elektrolyten in wässeriger Lösung unbekannt ist: *die Äquivalentleitfähigkeit nimmt mit zunehmender Konzentration in einem engen Konzentrationsbereich (zwischen 1×10^{-4} und 1×10^{-3} n) deutlich zu.* Die bei weiter wachsender Konzentration folgende Abnahme der Äquivalentleitfähigkeit (linear mit der Quadratwurzel der Konzentration) entspricht dem normalen Verhalten. Allerdings ist sie für einwertige Salze viel zu steil.

ROBINSON erklärt dieses Verhalten in Anlehnung an die McBAINsche Theorie der ionischen Micelle durch die *Aggregation der Farbstoffionen zu einem höherwertigen Kation*, das im Sinne des STOKESschen Gesetzes eine *höhere* Beweglichkeit erhält als das einfache Ion. Da nach dem STOKESschen Gesetz[1] die Beweglichkeit der Wertigkeit direkt und dem Radius umgekehrt proportional ist und da die Wertigkeit der Anzahl der zu einem Aggregat vereinigten Ionen, der Aggregationszahl, proportional ist, der Radius des kugelförmig gedachten Ions jedoch mit der dritten Wurzel der Aggregationszahl zunimmt, ergibt sich *die Beweglichkeit des Aggregat-Ions $a^{2/3}$mal größer als diejenige des einfachen Ions* (a Aggregationszahl). Bei weiterer Zunahme der Konzentration überwiegt der die Beweglichkeit herabsetzende Einfluß der zwischenionischen Kräfte bzw. des Dissoziationsrückganges, so daß in diesem Gebiet die Beweglichkeit mit zunehmender Konzentration abnimmt. Nehmen wir an, daß die Beweglichkeit des einfachen Methylenblauions 25 rez. Ohm beträgt, so genügt eine geringfügige Aggregation, um die beobachtete Erhöhung der Äquivalentleitfähigkeit hervorzurufen.

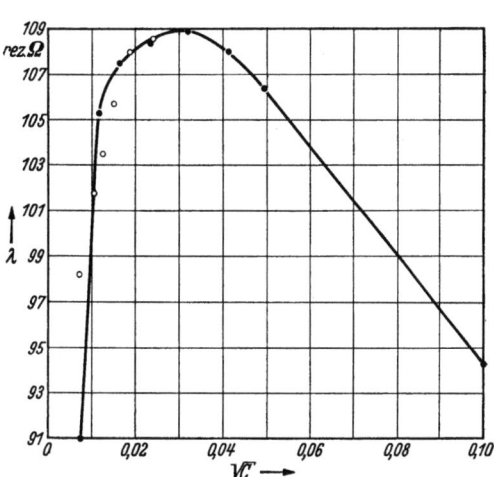

Abb. 203. Äquivalentleitfähigkeit von Methylenblau in hoher Verdünnung bei 25° in Abhängigkeit von der Quadratwurzel der Äquivalentkonzentration. Nach ROBINSON.

Die folgende Tabelle bringt die Leitfähigkeitsmessungen von PELET-JOLIVET und WILD an gereinigten sauren Farbstoffen mit verschiedenen Kationen (Tabelle 104).

Auch diese Farbstoffe verhalten sich in bezug auf ihre Leitfähigkeit wie gewöhnliche Elektrolyte. Die hohe Beweglichkeit des Farbions von Naphtholgelb S in den Lösungen seiner Salze (60—70 rez. Ohm) erklärt sich dadurch, daß es zwei Ladungen trägt. Die starke Abnahme der Äquivalentleitfähigkeit der Naphtholgelbsäure bei zunehmender

---

[1] Vgl. Gleichung 4 auf S. 339.

Tabelle 104. **Äquivalentleitfähigkeit von sauren Farbstoffen bei 25°.**
Nach PELET-JOLIVET und WILD.

Verd. in l/Äqu.	Äquivalentleitfähigkeit in rez. Ohm Farbstoff/Kation							
	Pikrinsäure		Krystallponceau			Naphtholgelb S		
	H	NH_4	H_2	Na_2	Mg	H_2	Na_2	Mg
20	330,9	—	—	—	—	—	—	—
50	350,1	—	—	—	—	—	—	—
100	359,8	89,4	344,7	82,5	—	245,1	96,4	95,7
200	—	92,1	352,3	85,0	—	274,1	101,1	105,0
400	—	93,2	360,0	87,0	—	306,0	106,8	111,1
500	373,7	—	—	—	75,0	—	—	—
800	—	93,6	365,5	88,1	—	331,9	108,4	117,2
1000	376,8	—	—	—	78,6	—	—	—
1600	—	93,8	368,1	89,2	—	351,0	110,1	122,9
2000	378,7	—	—	—	81,3	—	111,1	—
3200	—	93,8	372,8	—	—	364,6	—	125,4
∞	384,1	93,8	372,8	92,9	84,7	376,2	114,0	128,2

Konzentration zeigt die Schwäche der zweiten sauren Gruppe an. Diese ist eine phenolische Hydroxylgruppe, die allerdings durch die Anwesenheit zweier Nitrogruppen in ihrer Dissoziation verstärkt wird.

KNECHT und BATEY haben Leitfähigkeitsbestimmungen an gereinigten Farbstoffen sowohl bei 18° als auch bei 90° durchgeführt:

Tabelle 105. **Äquivalentleitfähigkeit von anionischen Farbsalzen mit verschiedenen Kationen bei 18°.** Nach KNECHT und BATEY.

Verd. in l/Äqu.	Äquivalentleitfähigkeit in rez. Ohm Farbstoff/Kation					
	Pikrinsäure		Naphtholgelb S		Erica	Helvetiablau
	H	K	H_2	Ca	K_2	H_2
5	—	—	132,0	—	—	—
25	309,9	—	—	—	—	—
50	321,1	79,3	208,0	—	—	—
100	331,9	—	243,2	59,1	—	—
133	—	—	—	—	—	185,3
200	340,4	—	262,4	66,0	101,0	—
266	—	—	—	—	—	205,3
400	345,9	90,5	284,0	71,4	108,0	—
533	—	—	—	—	—	222,4
800	347,8	—	300,0	—	114,6	—
1600	351,2	97,1	—	—	—	—

Berücksichtigt man den Temperaturkoeffizienten (der für Säuren etwa 1,5%, für Salze 2—2,5% je Grad beträgt), so stehen die Ergebnisse, soweit vergleichbar, in guter Übereinstimmung mit denen von PELET-JOLIVET und WILD. In der nächsten Tabelle, die die Ergebnisse bei 90° bringt, sind für Vergleichszwecke auch die Werte von KCl angeführt.

Die Leitfähigkeit der Farbstoffe.

Tabelle 106. Äquivalentleitfähigkeit von anionischen Farbsalzen bei 90°.
Nach KNECHT und BATEY.

Verd. in l/Äqu.	Äquivalentleitfähigkeit in rez. Ohm Farbstoff/Kation					
	Kalium-chlorid K	Benzo-purpurin K_2	Erica K_2	Chryso-phenin K_2	Helvetia-blau H_2	Spritblau H_2	Naphthol-gelb S H_2
50	—	217,3	—	—	—	—	376,9
66	—	—	—	—	—	413,0	—
100	330	240,0	—	212,0	—	—	413,3
133	—	—	—	—	385,3	444,0	—
200	336,9	261,2	269,8	221,5	—	—	469,8
266	—	—	—	—	415,3	466,3	—
400	341,3	283,2	284,7	245,5	—	—	509,6
533	—	—	—	—	474,0	495,3	—
800	343,3	294,4	295,4	256,0	—	—	—
1600	345,8	—	—	—	—	—	—

Es folgen nun Meßergebnisse von W. BILTZ (Tabelle 107).

Auffallend hohe Werte liefern Orange TA extra und Chicagoblau 6B in den höchsten Verdünnungen. Entweder handelt es sich hier um die Verunreinigungen des zum Verdünnen verwendeten Wassers oder es findet mit zunehmender Verdünnung eine zunehmende Dissoziation der im Molekül anwesenden Aminogruppe statt, die zur Zwitterionenbildung neben Freisetzung einer äquivalenten Menge von Natronlauge führt. Der Einfluß dieser Dissoziationszunahme würde derselbe sein wie der der Hydrolyse des Salzes einer schwachen Säure: die in Freiheit gesetzte Natronlauge würde die Äquivalentleitfähigkeit infolge der hohen Beweglichkeit der Hydroxylionen erhöhen.

Tabelle 107.
Äquivalentleitfähigkeit der Natriumsalze von Farbanionen bei 25°. Nach W. BILTZ.

Verd. in l/Äqu.	Äquivalentleitfähigkeit in rez. Ohm				
	Orange TA extra	Tuchrot GA	Brillant-kongo	Kongo-reinblau	Chicago-blau 6B
8	—	—	—	50,5	55
16	—	—	—	56,7	62,5
32	—	—	67,2	63	71
64	—	—	77	70	80
128	—	—	88,6	77	89
256	—	—	100	85	99
512	103	—	108	94	109
1024	115	84	113,5	102,5	121
2048	129	91	118,5	113	133
4096	143	91	—	—	—
8192	150	93	121	—	—
16384	—	100	—	—	—

Tabelle 106 und 107 bringen bereits neben den Leitfähigkeitswerten saurer Wollfarbstoffe auch solche substantiver Baumwollfarbstoffe. Die folgende Tabelle enthält nun die von verschiedenen Forschern gemessenen Werte der Äquivalentleitfähigkeit eines der ältesten substantiven Farbstoffe, des Kongorots.

Tabelle 108. Äquivalentleitfähigkeit von Kongorot bei 25°.

I. Na-Salz nach PELET-JOLIVET und WILD		II. Na-Salz nach DONNAN und HARRIS		III. Na-Salz nach W. BILTZ		IV. K-Salz nach G. SCHMID	
Verd. in l/Äqu.	λ in rez. Ohm	Verd. in l/Äqu.	λ in rez. Ohm	Verd. in l/Äqu.	λ in rez. Ohm	Verd. in l/Äqu.	λ in rez. Ohm
100	64,6	13,5	54,2	32	58	104	82,8
200	71,4	26,1	59,6	64	64,5	204	92,1
400	77,2	52,2	65,2	128	71	416	100,4
800	84,1	104,4	73,1	256	79,5	832	107,8
1600	88,3	208,8	81,6	512	87,5	1664	112
3200	90,4	417,6	87,8	1024	96	3328	114
		835,2	91,8	2048	106,5	6656	115
						13312	115

Man bemerkt gewisse Abweichungen in den Beobachtungen der verschiedenen Forscher. Neben dem Vorhandensein von Verunreinigungen kann hier auch der unvollständige Neutralisationsgrad des durch Dialyse gereinigten Farbstoffes eine Fehlerquelle bilden. Die Beweglichkeit des Kongorotions ergibt sich in den höchsten Verdünnungen zu etwa 40, nur bei BILTZ findet sich ein höherer Wert.

Die genaueste und gründlichste Untersuchung der Leitfähigkeit einiger Farbstofflösungen verdanken wir ROBINSON und MOILLIET aus DONNANs Institut. Wir wollen die Ergebnisse dieser Untersuchung ausführlicher besprechen, da sie zum Verständnis der verwickelten Probleme dieses Gebietes wesentlich beitragen können. Neben der Leitfähigkeit haben diese Forscher auch sehr genaue Bestimmungen der Überführungszahl ausgeführt. Die Überführungszahl ist die Anreicherung eines Ions (Anions) an der Elektrode (Anode), ausgedrückt in Äquivalenten, beim Durchgang von 96540 Coulomb (1 Faraday) durch die Lösung eines Salzes. Sie gibt den prozentualen Anteil eines Ions an der Leitfähigkeit des Salzes an. Das Produkt aus Äquivalentleitfähigkeit der Lösung und Überführungszahl eines Ions in dieser Lösung ergibt die Beweglichkeit des Ions. Da der Unterschied zwischen der Äquivalentleitfähigkeit und der Beweglichkeit des einen Ions die Beweglichkeit des anderen Ions ergibt, haben wir die Möglichkeit, durch die Bestimmung der Äquivalentleitfähigkeit und der Überführungszahl die Beweglichkeiten beider Ionen in Abhängigkeit von der Konzentration zu ermitteln.

Tabelle 109 bringt neben der Äquivalentleitfähigkeit λ von Benzopurpurin 4B die Überführungszahl des Farbions T_R. Das Produkt der beiden ergibt die Werte der nächsten Spalte, die Beweglichkeit des Farbions v. Die letzte Spalte bringt schließlich die aus der Äquivalentleitfähigkeit und der Anionenbeweglichkeit berechneten Werte der Gegenionenbeweglichkeit. (Für die Bestimmung der Überführungszahl wurde die Methode der „wandernden Grenzschicht" in einer sehr genauen Ausführungsform angewandt.) Die zwei weiteren Farbstoffe, die auf dieselbe Weise untersucht wurden, waren Bordo extra und das Meta-Isomer von Benzopurpurin 4B, das die folgende Konstitution hat:

$$\text{NH}_2 \quad\quad\quad\quad\quad\quad\quad\quad\quad \text{NH}_2$$

(Struktur: zwei Naphthalin-Ringe mit NH$_2$ und SO$_3$Na, verbunden über zwei N=N-Brücken und einen Biphenyl-Mittelteil mit zwei CH$_3$-Gruppen)

Die Ergebnisse dieser Untersuchungen zusammen mit den in der Tabelle mitgeteilten sind in den folgenden Abbildungen graphisch dargestellt.

Tabelle 109. Äquivalentleitfähigkeit, Überführungszahl und Beweglichkeiten von Benzopurpurin 4B bei 25°. Nach C. ROBINSON und J. L. MOILLIET.

Verd. in l/Äqu.	λ in rez. Ohm	T_R	v	u_{Na}	Verd. in l/Äqu.	λ in rez. Ohm	T_R	v	u_{Na}
80	74,5	0,653	48,6	25,9	736	94,0	—	—	—
92	74,8	0,646	48,2	26,6	920	95,3	0,550	52,3	43,0
125	78,6	0,631	49,6	29,0	1840	98,2	0,559	54,9	43,3
184	82,6	0,608	50,3	32,3	3680	99,3	—	—	—
250	86,1	0,593	51,1	35,0	7360	99,9	—	—	—
368	89,3	0,571	51,0	38,3					

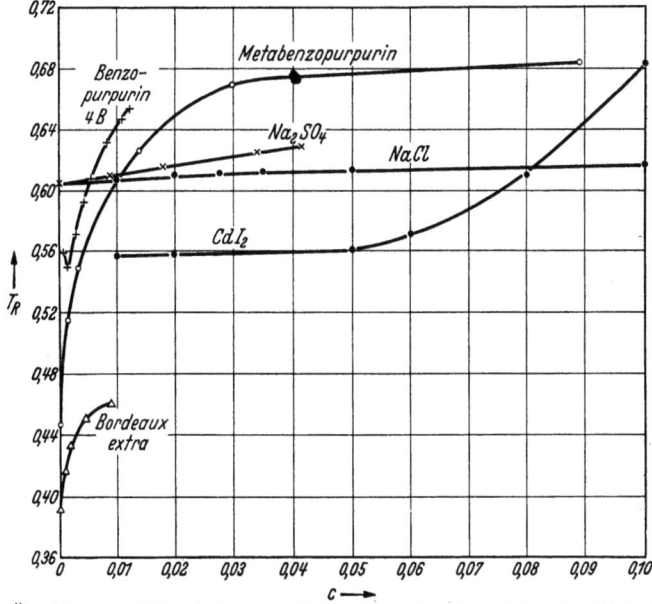

Abb. 204. Überführungszahl des Anions von Farbstoffen und anderen Salzen in Abhängigkeit von der Konzentration bei 25°. Nach ROBINSON und MOILLIET.

Für den Gang der Beweglichkeit der Gegenionen sind die folgenden Faktoren maßgebend:

1. die zwischenionischen Kräfte, die einen mit wachsender Konzentration abnehmenden Beweglichkeitskoeffizienten bedingen. Der Wert

des Beweglichkeitskoeffizienten kann für die beiden Ionen, insbesondere wenn sie verschiedene Wertigkeiten haben, verschieden ausfallen.

2. die unvollständige Dissoziation, d. h. die Anlagerung an das Farbstoffion. Das angelagerte Gegenion würde seine Beweglichkeit einbüßen, wenn es die Ladung des Farbstoffions neutralisieren würde. Im allgemeinen ist jedoch das Farbstoffion höherwertig und besitzt auch nach Anlagerung des Gegenions eine Ladung und folglich auch Beweglichkeit. Das angelagerte Gegenion wird daher im elektrischen Strom in der entgegengesetzten Richtung bewegt als seinem ursprünglichen Ladungssinn entspricht: es erhält eine in bezug auf die Beweglichkeit der freien Ionen negative Beweglichkeit. Die mittlere Beweglichkeit der gesamten in der Lösung anwesenden Gegenionen ergibt sich als Differenz der Beweglichkeit der freien und der angelagerten Gegenionen, sie wird daher nicht nur von der Anzahl der angelagerten Ionen, sondern auch von der Beweglichkeit des Farbstoff-Gegenion-Komplexes abhängen.

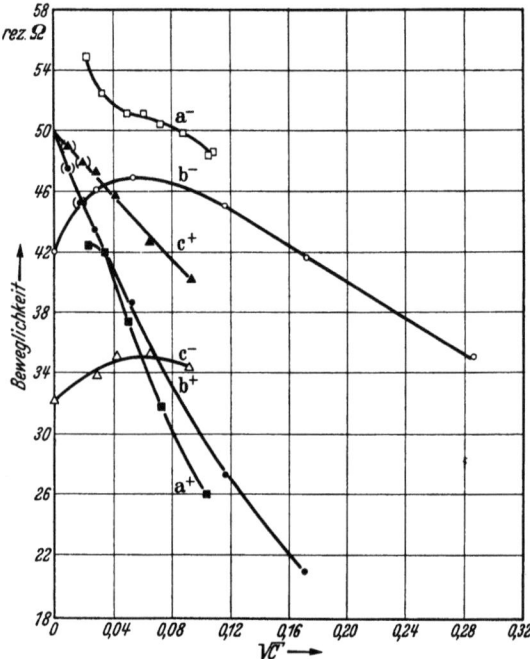

Abb. 205. Beweglichkeit der Ionen von Farbsalzen bei 25° in Abhängigkeit von der Quadratwurzel der Äquivalentkonzentration. a⁻: Benzopurpurin 4 B-Farbion, a⁺: Benzopurpurin 4 B-Gegenion (Na⁺), b⁻: Metabenzopurpurin-Farbion, b⁺: Metabenzopurpurin-Gegenion (Na⁺), c⁻: Bordo extra-Farbion, c⁺: Bordo extra-Gegenion (Na⁺).
Nach ROBINSON und MOILLIET.

Noch verwickelter sind die Beziehungen, die die Beweglichkeit der Farbstoffionen bestimmen:

1. die zwischenionischen Kräfte, die mit wachsender Konzentration die Beweglichkeit immer stärker herabsetzen;

2. die Anlagerung der Gegenionen, die die Wertigkeit des Farbstoffes und dadurch seine Beweglichkeit herabsetzen;

3. die Aggregation der Farbstoffionen. Diese führt, wie bereits erwähnt, zu einer Erhöhung der Beweglichkeit (MCBAIN-Effekt).

Während die Beweglichkeit der Gegenionen mit wachsender Konzentration auf jeden Fall abnimmt, kann die Beweglichkeit der Farbstoffionen durch Überwiegen des MCBAIN-Effektes mit wachsender Konzentration zunehmen. Wenn man die Überführungszahl mit in Betracht zieht, ermöglichen die folgenden leicht ableitbaren Regeln eine gewisse Orientierung:

Mit zunehmender Konzentration zunehmende Überführungszahl des Farbstoffions bedeutet entweder zunehmende Aggregation des Farbions oder zunehmende Aufnahme der Gegenionen. Der erste Fall muß sich durch die gleichzeitige Zunahme der Farbionenbeweglichkeit, der zweite Fall durch gleichzeitige Abnahme der Gegenionenbeweglichkeit bemerkbar machen.

Abb. 204 lehrt, daß die untersuchten Farbstoffe mit zunehmender Konzentration eine schnelle Zunahme der Überführungszahl zeigen. Mindestens eine der beiden Möglichkeiten muß also zutreffen: entweder zunehmende Anlagerung der Gegenionen oder zunehmende Aggregation der Farbionen. Abb. 205 zeigt nun, daß im verdünnten Gebiet bei Bordo extra und bei m-Benzopurpurin 4 B die Beweglichkeit des Farbions mit zunehmender Konzentration zunimmt. Hier muß also eindeutig auf zunehmende Aggregation geschlossen werden. Im konzentrierten Gebiet und bei Benzopurpurin 4 B mag gleichfalls die Aggregation mit der Konzentration zunehmen, ihr Einfluß ist auf alle Fälle durch denjenigen der Gegenionenanlagerung verdeckt. Bei Benzopurpurin 4 B wird jedoch die starke Aggregation bereits durch die hohe Beweglichkeit des Farbions deutlich angezeigt.

Es soll im folgenden erläutert werden, wie die Konzentrationsabhängigkeit der Beweglichkeiten im Fall des Benzopurpurins 4 B aus der Anlagerung der Natriumionen an das Farbstoffion bzw. an das Farbionaggregat erklärt werden kann. Nehmen wir an, daß das Farbion bzw. das Aggregat bei unendlicher Verdünnung die Beweglichkeit 63 rez. Ohm hat. Wenn nun $1/4$ der Natriumionen sich an die Farbionen anlagert, dann beträgt die Äquivalentleitfähigkeit der freien Natriumionen nur etwa $3/4$ des ursprünglichen Wertes. Davon muß noch in Abzug gebracht werden die Beweglichkeit der mit dem Farbion wandernden Gegenionen. Nehmen wir an, daß durch die Anlagerung von $1/4$ der Gegenionen die mittlere Wertigkeit der Farbionaggregate um $1/4$ herabgesetzt wird, dann wird die negative Beweglichkeit der Farbionen auch etwa 49 rez. Ohm betragen. Die Beweglichkeit der gesamten Gegenionen beträgt dann im Mittel $(3/4 \times 49) - (1/4 \times 49) = 25$. Die angenommenen Verhältnisse führen also zu Werten für die Anion- und Kationbeweglichkeit, die den in 1/80 n-Lösungen beobachteten Zahlen (gemäß Tabelle 109) entsprechen. Bei dieser Berechnung wurde allerdings die Voraussetzung gemacht, daß die freien Gegenionen hier dieselbe Beweglichkeit besitzen wie bei unendlicher Verdünnung, und daß die Farbstoffionenaggregate diejenige Beweglichkeit haben, die ihnen bei unendlicher Verdünnung zukommen würde, falls ihre Wertigkeit und Größe unverändert bliebe. In Wirklichkeit ist jedoch auf alle Fälle ein gewisser hemmender Einfluß der interionischen Kräfte auf die Beweglichkeit beider Ionenarten anzunehmen und demgemäß müßte der obigen Berechnung eine geringere Gegenionenanlagerung zugrunde gelegt werden. Man könnte sogar auch daran denken, den Gang der Beweglichkeiten ohne Annahme der Ionenanlagerung, also bei Voraussetzung einer 100%igen Ionisation, ausschließlich auf den Einfluß der zwischenionischen Kräfte zurückzuführen. Eine Abschätzung der in Frage kommenden Wirkungen durch HARTLEY hat jedoch gezeigt, daß man die Annahme der Gegenionenanlagerung in diesem Falle nicht entbehren kann.

Es soll an dieser Stelle darauf hingewiesen werden, daß man grundsätzlich versuchen kann, aus der Beweglichkeit mit Hilfe des STOKESschen Gesetzes die Wertigkeit und die Teilchengröße der Farbstoffteilchen abzuleiten. Man erhält jedoch auf diese Weise in der Regel unwahrscheinlich niedrigere Werte, sowohl für die Ladungszahl als auch für den Radius.

Eine befriedigende Erklärung für diese Abweichung wurde bisher nicht gefunden, es scheint jedoch allgemein zu gelten, daß „die Reibung der hochwertigen Ionen gegenüber elektrischen Kräften bedeutend stärker ist als gegenüber osmotischen Kräften", und daß „als Grundlage für die Berechnung der Teilchengröße nur die Reibung gegenüber nichtelektrischen Kräften (etwa bei der Diffusion im Salzüberschuß, s. weiter unten) geeignet ist" (VALKÓ).

Die hohe Wertigkeit der Kongorotteilchen bzw. die starken interionischen Kräfte in ihren Lösungen konnten durch Messung der Leitfähigkeit mit hochfrequentem Wechselstrom demonstriert werden. Nach der neuen Theorie der starken Elektrolyte können die zwischenionischen Bremskräfte die Leitfähigkeit um so weniger herabsetzen, je schneller die Stromrichtung wechselt. SCHMID und ERKKILA fanden nun, daß die Erhöhung der Leitfähigkeit, die die Lösungen von Kongorot (von 0,16 und 0,08% Farbstoffgehalt) bei Anwendung eines Wechselstromes von 3,6 m Wellenlänge an Stelle des normalen Niederfrequenzstromes erfuhren, 11,8 bzw. 6,2% betrug, also bedeutend stärker war als der Effekt, den etwa 1,4-wertige Elektrolyte unter gleichen Bedingungen zeigen.

Die Ergebnisse der Leitfähigkeitsmessungen an Farbstofflösungen lassen sich folgendermaßen kurz zusammenfassen. *Die basischen Farbstoffe und die sauren Wollfarbstoffe zeigen im allgemeinen dasselbe Verhalten wie gewöhnliche Salze*, d. h. sie sind praktisch vollständig dissoziiert. Entsprechend ihrer Molekulargröße liegt im allgemeinen die Beweglichkeit der Farbionen zwischen 14 und 35 rez. Ohm. *Die substantiven Baumwollfarbstoffe zeigen in verdünnten Lösungen gleichfalls eine sehr weitgehende elektrolytische Dissoziation. Ihre Leitfähigkeit ist jedoch in konzentrierten Lösungen häufig verhältnismäßig niedrig. Andererseits ist die Beweglichkeit der Farbionen bei diesen Farbstoffen oft außerordentlich hoch* (z. B. über 50 rez. Ohm). Man kann dieses Verhalten dadurch erklären, daß man eine mit zunehmender Konzentration zunehmende *Assoziation dieser Farbionen zu Ionenschwärmen*, zu ionischen Micellen annimmt. Die Erhöhung der Wertigkeit bedingt eine Zunahme der Beweglichkeit, zugleich erfolgt jedoch unter dem Einfluß der zwischenionischen Anziehungskräfte eine Anlagerung der Gegenionen (Dissoziationsrückgang), die eine Abnahme der Äquivalentleitfähigkeit zur Folge hat. Eine einigermaßen genaue Abschätzung des Ausmaßes der jeweiligen Aggregation ist wegen der verwickelten Natur dieser Erscheinungen auf Grund der Leitfähigkeitsmessungen allein nicht möglich.

Der osmotische Druck von Farbstofflösungen. Die Bestimmung des osmotischen Druckes von Farbsalzen wird am besten durch direkte

Beobachtung mit Hilfe halbdurchlässiger Membranen ausgeführt. Während bei gewöhnlichen Elektrolyten oder sonstigen molekularlöslichen Substanzen die Herstellung von brauchbaren Membranen, die das Wasser durchlassen, dagegen die gelösten Moleküle zurückhalten, außerordentlichen Schwierigkeiten begegnet, hat man bei einer großen Anzahl von Farbstoffen, vor allem bei den substantiven, die passenden Membrane im Pergamentpapier sowie in Kolloidum- und Cellophanfilmen zur Verfügung. Die direkte Methode ist außerdem empfindlicher als alle indirekten Verfahren. Zum Beispiel entspricht die Konzentration von 1 Mol in Wasser einer Gefrierpunktserniedrigung von 1,85° und einem osmotischen Druck von 25 000 cm Wassersäule.

Des historischen Interesses wegen verdienen die Molekulargewichtsbestimmungen von KRAFFT nach der Methode der Siedepunktserhöhung besondere Erwähnung. Die folgende Tabelle bringt die Ergebnisse. Es sei dazu bemerkt, daß die beobachteten Molekulargewichte mit zunehmender Konzentration durchweg zunehmen, so daß die angeführten niedrigsten (höchsten) Werte des Molekulargewichtes sich auf die unterste (oberste) Grenze des angeführten Bereiches beziehen. Das niedrigste beobachtete Molekulargewicht fällt bei Methylenblau mit dem chemischen Molekulargewicht zusammen. Da wir jedoch aus der Leitfähigkeitsbestimmung eine sehr weitgehende elektrolytische Dissoziation dieses Farbstoffes folgern müssen, wäre ein VAN'T HOFFscher i-Faktor[1] von fast 2, d. h. nur das halbe Molekulargewicht zu erwarten gewesen. Auch bei Methylenblau würde somit der Befund nur mit einer sehr weitgehenden Assoziation des Farbions zu vereinbaren sein.

Tabelle 110. Molekulargewichtsbestimmungen an Farbstoffen durch Messung der Siedepunktserhöhung. Nach F. KRAFFT.

Farbstoff	Konzentration des Farbstoff in Gew.-%	Mol.-Gew. chemisch	Mol.-Gew. gefunden
Rosanilinchlorhydrat....	4,00—12,1	337	521—617
Methylviolett .	2,63—19,58	407,9	805—870
Methylenblau . .	3,03—14,28	319,8	321—530

In Alkohol erhielt KRAFFT für diese drei Farbstoffe annähernd die chemischen Molekulargewichte, obwohl nach den Messungen von LIFSCHITZ und JOFFÉ auch in diesem Lösungsmittel die Leitfähigkeit auf eine sehr weitgehende elektrolytische Dissoziation der Farbstoffe hinweist.

Die an den substantiven Farbstoffen ausgeführten direkten Bestimmungen des osmotischen Druckes sind sehr zahlreich. Besonders das *Kongorot* wurde wiederholt untersucht. Die historisch bedeutendste

---

[1] Der VAN'T HOFF-Faktor ist gleich dem Verhältnis der beobachteten osmotischen Wirksamkeit zu der aus der molekularen Konzentration (ohne Berücksichtigung der elektrolytischen Dissoziation) berechneten. Für undissoziierte Moleküle ist der Faktor ~ 1, für vollständig dissoziierte 1,1-wertige Elektrolyte ~ 2.

dieser Untersuchungen war diejenige von DONNAN und HARRIS, welche DONNAN die Anregung für die Aufstellung der *Theorie der Membrangleichgewichte* gegeben hat (vgl. S. 150—151).

Solange die DONNAN-Theorie nicht berücksichtigt wurde, hat die Deutung der osmotischen Beobachtungen an den Farbstofflösungen erhebliche Schwierigkeiten bereitet. Es fehlte eine befriedigende Erklärung für die sehr ausgesprochene Salzabhängigkeit und für den zeitlichen Gang der osmotischen Druckhöhe. Dies ist nach der Aufstellung der Theorie der Membrangleichgewichte mit einem Schlage anders geworden. Man kann auf Grund dieser Theorie für die osmotischen Erscheinungen die folgenden Hauptregeln aufstellen. Befindet sich der Farbstoff ohne Lösungsgenossen innerhalb einer Zelle, deren Wände für das Wasser und für die Gegenionen durchlässig, für die Farbionen undurchlässig sind, so entspricht der beobachtete osmotische Druck (die Steighöhe) der Anzahl der gelösten Teilchen innerhalb der Zelle, d. h. der Summe der Anzahl von Farbionen und Gegenionen. Die Gegenionen werden nämlich in diesem Fall aus Gründen der Elektroneutralität vollzählig in der Zelle festgehalten (es wird vorausgesetzt, daß das Farbsalz keine hydrolytische Spaltung erleidet). Wenn die Farbionen eine starke Aggregation aufweisen, dann verschwindet ihre Teilchenzahl gegenüber derjenigen der Gegenionen, so daß dann im obigen Falle der osmotische Druck einfach der osmotisch wirksamen Konzentration der Gegenionen entspricht. Der zweite Extremfall, den wir betrachten wollen, ist der, daß neben dem Farbsalz ein Fremdelektrolyt anwesend ist, und zwar in großem Überschuß, verglichen mit der Äquivalentkonzentration des Farbsalzes. Für die Ionen dieses Fremdelektrolyten sollen die Wände der osmotischen Zelle durchlässig sein. In diesem Fall entspricht der im Verteilungsgleichgewicht beobachtete osmotische Druck der Teilchenzahl der Farbionen allein. Das überschüssige Salz verteilt sich fast ganz gleichmäßig, d. h. im Gleichgewicht ist seine Konzentration inner- und außerhalb der Zelle fast gleich groß. Praktisch hat man es gewöhnlich mit dem Fall zu tun, daß ein Fremdelektrolyt zwar anwesend ist (z. B. als Verunreinigung oder als hydrolytisches Spaltprodukt), daß jedoch seine Äquivalentkonzentration durchaus vergleichbar ist mit der Äquivalentkonzentration des Farbsalzes selbst. In diesem Falle erhält man einen osmotischen Druck, dessen Wert zwischen demjenigen liegt, der der Teilchenzahl des gesamten Farbsalzes und demjenigen der der Teilchenzahl des Farbions allein entspricht. Der osmotische Druck ist in allen Fällen proportional dem Teilchenzahlunterschied inner- und außerhalb der Membrane. Dieser Teilchenzahlunterschied im Gleichgewicht läßt sich jeweils aus den anfänglichen Konzentrationsverhältnissen auf Grund der Verteilungsgesetze von DONNAN berechnen.

Der zeitliche Gang der osmotischen Druckhöhe hängt mit dem zeitlichen Gang der Einstellung des Verteilungsgleichgewichtes zusammen. Der Farbstoff wird gewöhnlich zusammen mit einer salzartigen Verunreinigung gelöst und in die osmotische Zelle gebracht. Die Außenflüssigkeit ist in den meisten Fällen zunächst reines Wasser. Da im Gleichgewichtszustande der Fremdelektrolyt in der Außenflüssigkeit mindestens die gleiche Konzentration haben muß wie in der Innenflüssigkeit, wird im Falle gleicher Volumina innen und außen mindestens die Hälfte des Fremdelektrolyten aus der Zelle hinausdiffundieren. Da jedoch zunächst noch die Konzentration in der Innenzelle sehr hoch ist gegenüber derjenigen in der Außenflüssigkeit, besteht in der Anfangszeit des Versuches ein sehr hoher osmotischer Druck der Innenzelle, der zwar keinem Gleichgewichtszustande entspricht, aber das Hineindringen des Wassers aus der Außenflüssigkeit in die Zelle zur Folge hat. Gleichzeitig mit dem Hinausdiffundieren des überschüssigen Salzes findet daher ein Hereinströmen des Wassers in die Innenflüssigkeit statt, bis eine osmotische Steighöhe erreicht ist, die gerade dem Unterschied in der Anzahl der anwesenden Moleküle bzw. Teilchen in der Innen- und in der Außenflüssigkeit entspricht. Infolge des Wegdiffundierens des Fremdelektrolyten sinkt die Molekülzahl in der Innenflüssigkeit fortwährend, so daß die Steighöhe abfällt, bis der tatsächliche Gleichgewichtszustand erreicht ist. Der zeitliche Gang wird also durch die Bildung eines osmotischen Druckmaximums gekennzeichnet, dessen Höhe unter anderem von der Geschwindigkeit des Eindringens des Wassers und des Wegdiffundierens der Salze abhängt. Wird die Außenflüssigkeit, die bereits einen Teil des Fremdsalzes aufgenommen hat, durch reines Wasser ersetzt, so wiederholt sich dieselbe Erscheinung. Allerdings wird dann die maximale Steighöhe kleiner ausfallen, da jetzt weniger Fremdelektrolyt in der Innenflüssigkeit enthalten ist, der Gleichgewichtsdruck wird jedoch höher, da der Fremdelektrolyt nicht mehr in so hohem Überschuß vorhanden ist.

Wir wenden uns nunmehr den Beobachtungen an Kongorot zu. Die direkten Messungen von BAYLISS, DONNAN und HARRIS, ferner ZSIGMONDY ergaben einen osmotischen Druck, der rund 96% desjenigen Wertes betrug, welcher der molekularen Konzentration des Farbstoffes (also ohne Berücksichtigung der elektrolytischen Dissoziation) entsprach. Wie Tabelle 111 zeigt, haben neuere Messungen etwas höhere Werte ergeben, und zwar in Übereinstimmung mit Bestimmungen der Gefrierpunktserniedrigung.

Die Deutung der älteren Befunde hat seinerzeit große Schwierigkeiten verursacht, weil die Leitfähigkeitsmessungen eine sehr weitgehende elektrolytische Dissoziation anzeigten und somit für den osmotischen Druck auf jeden Fall höhere Werte erwarten ließen als der molekularen Konzentration allein entsprechen würden. Heute lassen sich die Ergebnisse der seitdem ausgeführten genaueren Bestimmungen unschwer deuten. Man nimmt einerseits eine Aggregation der Farbionen, andererseits eine unvollständige Wirksamkeit der Gegenionen (sei es infolge Dissoziationsrückganges, sei es infolge der interionischen Kräfte oder der Gegenionenanlagerung) an. Für etwa 0,01 n Kongorotlösungen kann man annehmen, daß nur etwa die Hälfte der Gegenionen osmotisch wirksam ist. Die Äquivalentleitfähigkeit beträgt ja bei dieser Konzentration rund die Hälfte des Wertes bei unendlicher Verdünnung, nämlich 50 an Stelle von 100 rez. Ohm. Man braucht der Berechnung nur eine Aggregation von je 5 Farbionen zu einem Molekülkomplex zugrunde zu legen, um zu dem beobachteten Wert des osmotischen Druckes zu kommen, der somit zu $^5/_6$ auf die Gegenionen zurückgeführt wird. Das Farbstoffaggregat würde die folgende Konstitution besitzen:

$$(\text{Kongoanion-Na})_5^{-----} + 5\,\text{Na}^+.$$

Die Art der Berechnung zeigt uns, daß zu einer genauen Bestimmung des Assoziationszustandes der osmotische Druck unter diesen Umständen nicht geeignet ist. Dazu wäre nämlich genaue Kenntnis der osmotischen Wirksamkeit (des osmotischen Koeffizienten) der Gegenionen erforderlich. Es ist jedoch nicht einmal mit Sicherheit anzunehmen, daß die Wirksamkeit der Gegenionen für den osmotischen Druck und für die Leitfähigkeit zu ihrer Konzentration in demselben Verhältnis steht. Die zwischenionischen Kräfte können sich in bezug auf diese beiden Erscheinungen etwas anders auswirken.

Es sei erwähnt, daß wir noch zwei von den osmotischen und den Leitfähigkeitsmessungen unabhängige Bestimmungen der Gegenionenaktivität von Kongorotsalz kennen, die die Richtigkeit der Annahme der 50%igen Wirksamkeit der Gegenionen bestätigen. G. SCHMID hat aus der Ionenverteilung bei dem osmotischen

Tabelle 111.
Osmotische Messungen an Kongorot.

Äquivalentkonzentration des Farbstoffes n	Osmotischer Druck in cm Wassersäule bzw. Gefrierpunktserniedrigung in °C	VAN'T HOFF-Faktor i
Osmotischer Druck des Natriumsalzes nach W. BILTZ und A. v. VEGESACK		
0,0003—0,002	—	1,15
Osmotischer Druck des Natriumsalzes nach JORPES und HELLGREN		
0,0058	87,9 cm	1,23
0,0072	107,8 cm	1,22
0,0094	133,7 cm	1,157
Gefrierpunktserniedrigung des Natriumsalzes nach JORPES und HELLGREN		
0,0267	0,03°	1,19
Osmotischer Druck des Natriumsalzes nach ROBINSON und MILLS		
0,0150	226,8 cm	1,198
0,0150	226,3 cm	1,198
Osmotischer Druck des Kaliumsalzes nach SCHMID		
0,01		1,24
		1,23
		1,25
		1,23
		1,20
Gefrierpunktserniedrigung des Kaliumsalzes nach SCHMID		
0,05	0,048°	1,19
0,05	0,049°	1,21

Gleichgewicht des Kaliumsalzes von Kongorot den Aktivitätskoeffizienten der Gegenionen zu 0,5 berechnet. G. S. ADAIR und M. E. ADAIR haben das Membranverteilungsgleichgewicht von 0,02 n $NaHCO_3$ in Anwesenheit von Kongorot untersucht und sowohl aus dem osmotischen Druck als auch aus dem Membranpotential die Ladungszahl je Kongorotmolekül zu 1 berechnet.

Ähnliche Betrachtungen, wie die am Beispiel des Kongorots angeführten, gelten auch für die Ergebnisse der osmotischen Druckbestimmungen an anderen Farbstoffen (Tabelle 112).

Der höhere osmotische Druck von Bordo extra kann sowohl auf die höhere osmotische Wirksamkeit der Gegenionen als auch auf die niedrigere Aggregation zurückgeführt werden.

Nach den oben geschilderten Regeln, die sich aus der Theorie der Membrangleichgewichte ableiten, gibt der osmotische Druck, wenn eine im Verhältnis zu der Farbionenkonzentration hohe Salzkonzentration besteht, die Teilchenzahl der Farbionen an. Von dieser Möglichkeit zur Bestimmung des Aggregationszustandes der Farbstoffe kann man jedoch nur wenig Gebrauch machen. In hoher Salzkonzentration werden nämlich viele Farbstoffe, vor allem die substantiven, unlöslich. Geht man aber mit der Farbstoffkonzentration herunter, so wird der osmotische Druck so gering, daß er nicht mehr genau gemessen werden kann. Wohl die einzige derartige Messung ist die an „m-Benzopurpurin" durch ROBINSON und MILLS ausgeführte (Tabelle 113). Dieser Farbstoff ist noch in verhältnismäßig hoher Salzkonzentration löslich. Der in 0,25 n NaCl gemessene Wert des osmotischen Druckes von 0,8 cm Quecksilbersäule würde nur rund $1/17$ der molekularen Konzentration des Farbstoffes entsprechen. Allerdings ist hier die Möglichkeit zu berücksichtigen, daß die Anwesenheit des Salzes die Aggregation begünstigt.

Tabelle 112. Osmotischer Druck von substantiven Farbstoffen.

Konzentration des Farbstoffes n	Osmotischer Druck in cm Wassersäule	VAN'T HOFF-Faktor i
Benzopurpurin 4B nach ZSIGMONDY		
0,096	106,6	0,967
Benzopurpurin 10B nach ZSIGMONDY		
0,0213	310	1,276
0,0131	205	1,362
0,00872	143	1,431
Bordo extra nach MEIER		
$1 \times 10^{-4} - 4 \times 10^{-3}$		1,80
„m-Benzopurpurin"[1] nach ROBINSON und MILLS		
0,0145	234	1,33
Benzopurpurin 4B nach ROBINSON und MILLS		
0,0134	212	1,31
0,0144	221	1,28

Tabelle 113. Osmotischer Druck von 0,0145 n m-Benzopurpurin[1] in Abhängigkeit von der Salzkonzentration. Nach C. ROBINSON und H. A. T. MILLS.

Konzentration von NaCl n	Osmotischer Druck in cm Hg-Säule
0,0143	3,77
0,0143	3,78
0,10	1,16
0,10	1,22
0,25	0,80
0,25	0,90

Zusammenfassend können wir feststellen, daß *die osmotischen Messungen unter günstigen Bedingungen für den Aggregationszustand der Farbionen gewisse Anhaltspunkte liefern können, daß sie jedoch für eine genaue Ermittlung des Aggregationszustandes ebensowenig geeignet sind wie die Leitfähigkeitsbestimmungen.*

---

[1] m-Isomer von Benzopurpurin 4B, Formel S. 345.

Von den älteren Versuchen, bei deren Ausführung die Theorie der Membrangleichgewichte noch nicht berücksichtigt wurde, sei hier noch einiges über diejenigen von W. BILTZ und PFENNING gesagt. Ihre Ergebnisse sind in der folgenden Tabelle zusammengefaßt.

Tabelle 114.
Osmotischer Druck von Azofarbstoffen. Nach W. BILTZ und PFENNING.

Farbstoff	Wertigkeit des Farbions	A Mol.-Gew. chemisch	B Mol.-Gew. gegen Wasser	C Mol.-Gew. gegen Na_2SO_4	A/B VAN'T HOFF-Faktor i	C/A Assoziationsfaktor
Tuchrot GA	1	482	775	groß	0,63	groß
Kongorot	2	696	602	2330	1,15	3,35
Brillantkongo	3	827	455	1600	1,80	1,95
Kongoreinblau	4	992	556	1380	1,78	1,40
Chicagoblau 6 B	4	992	538	1760	1,85	1,78

Neben dem chemischen Molekulargewicht sind angeführt die Ergebnisse der osmotischen Bestimmung (berechnet aus der maximalen Steighöhe) bei Anwendung des reinen Farbstoffs einmal mit reinem Wasser, dann einer Na_2SO_4-Lösung von der gleichen Leitfähigkeit wie die Farbsalzlösung als Außenflüssigkeit. Im ersten Fall sollte der osmotische Druck im Sinne der Theorie der Membrangleichgewichte der gesamten Teilchenzahl des Farbsalzes entsprechen. Da jedoch infolge der Hydrolyse ein Teil der Gegenionen in Form von Natronlauge in die Außenflüssigkeit tritt, wird der osmotische Druck durch das Absinken der Wertigkeit des Farbstoffs und durch den Einfluß des osmotischen Gegendruckes der Außenflüssigkeit herabgesetzt. Die Anwendung von Natriumsulfat würde zur Ausschaltung des Membranpotentials führen, wenn es in genügendem Überschuß anwesend wäre. Dann würde der osmotische Druck die Teilchenzahl des Farbstoffs angeben. In Wirklichkeit genügt jedoch die hier angewandte Natriumsulfatmenge dazu nicht. Die Werte von A/B geben somit nur eine untere Grenze für die osmotische Wirksamkeit von 1 Mol Farbsalz (Farbion + Gegenion), d. h. für den VAN'T HOFFschen Faktor i an, während die Werte von C/A die untere Grenze für die Anzahl der zu einem Teilchen zusammengetretenen Farbionen, für den Assoziationsfaktor, darstellen.

Hier wäre noch einiges über den sog. HAMMARSTEN-Effekt zu sagen. Es handelt sich dabei um die Erscheinung, daß Salze, die aus einem großen Kolloidion und kleinen Gegenionen bestehen, eine abnorm niedrige osmotische Wirksamkeit der Gegenionen aufweisen, eine so niedrige, daß sie sogar erheblich hinter der thermodynamisch wirksamen Konzentration der Gegenionen, z. B. gegenüber dem Potential reversibler Elektroden, zurückbleibt. In Verfolgung dieses Effektes haben JORPES und HELLGREN den osmotischen Druck verschiedener Salze des Kongorots sowohl durch direkte Bestimmung mit Hilfe von halbdurchlässigen Membranen als auch durch kryoskopische Messungen ermittelt. Ihre Ergebnisse bringt die folgende Tabelle 115.

Sie zeigen tatsächlich, daß der osmotische Druck, gleichgültig nach welcher Methode er gemessen wird, um so höher ist, je größer das Gegenion ist. Trotzdem kann man hier nicht im ursprünglichen Sinne von einem HAMMARSTEN-Effekt sprechen, da die Erscheinung auch auf

Grund der klassischen Dissoziationstheorie erklärbar wird, wenn man annimmt, daß mit wachsender Größe der Gegenionen sowohl die Gegenionenanlagerung als auch die Farbionenaggregation abnimmt. Es fehlen allerdings weitere Messungen, um diese Erklärungsmöglichkeit zu prüfen (vgl. G. SCHMID).

Tabelle 115. Osmotischer Druck und Gefrierpunktserniedrigung verschiedener Salze des Kongorots. Nach JORPES und HELLGREN.

Kation	Methode	VAN'T HOFF-Faktor i
$(NH_4)_2$	Gefrierpunkt	0,999
Na_2	,,	1,19
Na_2	Osmotischer Druck	1,20
$[(CH_3)_3N]_2$	Gefrierpunkt	1,24
$[(CH_3)_3N]_2$	Osmotischer Druck	1,26
$[(C_2H_5)_3N]_2$	Gefrierpunkt	1,83
$[(C_3H_7)_3N]_2$	,,	2,91

Die Diffusion von Farbstoffen. Zu den unmittelbarsten Methoden zur Bestimmung der Teilchengröße gehört die Messung der Diffusionsgeschwindigkeit. Bei geeigneter Versuchsanordnung läßt sich aus der Beobachtung der Geschwindigkeit des Konzentrationsausgleichs zwischen verschieden konzentrierten Teilen einer Lösung der Diffusionskoeffizient ableiten. Der Diffusionskoeffizient ist durch die FICKsche Gleichung definiert:

$$\frac{dc}{dt} = D \frac{d^2c}{dx^2}. \tag{5}$$

$\frac{dc}{dt}$ bedeutet die Konzentrationsänderung mit der Zeit in der Richtung der x-Achse, D ist der für jede Substanz kennzeichnende Diffusionskoeffizient.

Für kugelförmige Teilchen, deren Teilchenradius im Verhältnis zum Radius der Lösungsmittelmoleküle groß ist, gilt das Gesetz von STOKES-EINSTEIN-SUTHERLAND:

$$D = \frac{RT}{N} \cdot \frac{1}{6\pi\eta r}. \tag{6}$$

(R Gaskonstante, T absolute Temperatur, N LOSCHMIDsche Zahl, η Viscosität des Lösungsmittels, r Halbmesser des Teilchens.)

Im Laufe der Zeit sind an Farbstofflösungen zahlreiche Diffusionsbestimmungen ausgeführt worden, aus denen man die Teilchengröße für eine große Anzahl von Farbstoffen berechnet hat. Die Brauchbarkeit dieser Werte ist jedoch zum größten Teil durch den Umstand beeinträchtigt, daß die Bedeutung der elektrolytischen Natur der Farbstoffe bei der Ausführung der Versuche und bei ihrer Auswertung bis vor kurzem nicht genügend Beachtung fand. Obwohl HERZOG und POLOTZKY in ihrer umfassenden Untersuchung schon im Jahre 1914 erwähnt hatten, daß die meisten Farbstoffe als Ionen den Diffusionsgesetzen der Elektrolyte unterliegen und obwohl diese Tatsache auch in der Folge wiederholt betont wurde (FREUNDLICH, SVEDBERG, PAULI und VALKÓ), ist die gebührende Berücksichtigung der elektrischen Kräfte auf die Diffusion der Farbstoffe von den Bearbeitern dieses Gebietes weiterhin versäumt worden. Ein Wandel wurde erst geschaffen infolge der neuen Untersuchungen von BRUINS, McBAIN und Mitarbeitern und HARTLEY und ROBINSON, die voneinander unabhängig und ziemlich gleichzeitig die Abhängigkeit der Diffusion der Kolloidsalze von ihrer Ladung und von den anwesenden elektrolytischen Lösungsgenossen nicht nur theoretisch berechnet, sondern auch vielfach experimentell nachgewiesen haben.

Für die Diffusion eines Salzes gilt bekanntlich das NERNSTsche Diffusionsgesetz, das für 1,1-wertige Salze die folgende Form annimmt:

$$D = \frac{2RT}{F^2} \cdot 10^{-7} \frac{u \cdot v}{u+v}. \tag{7}$$

Darin bedeutet F 1 Faraday, d. h. die Elektrizitätsmenge je Mol Ion. u und v bedeuten die Äquivalentbeweglichkeit von Kation und Anion in rez. Ohm.

Die Ionen eines Salzes diffundieren in reinem Wasser nach diesem Gesetz nicht unabhängig voneinander, sondern beide Ionen erhalten ein und dieselbe Diffusionsgeschwindigkeit. Die Gründe dieses Verhaltens sind leicht einzusehen. Nehmen wir z. B. an, daß das Kation größer ist als das Anion. Infolgedessen hat das Kation den größeren Reibungswiderstand. Würden ausschließlich die osmotischen und die Reibungskräfte die Diffusion bestimmen, dann würde das Kation zurückbleiben und das Anion vorauseilen. Infolge der Bedingung der Elektroneutralität kann jedoch eine Trennung der beiden Ionen nicht erfolgen, die Anzahl der positiven und negativen Ionen muß auch in jedem mikroskopischen Raumelement die gleiche bleiben. Sonst würde zwischen den Flüssigkeitsteilen eine ungeheuere elektrostatische Aufladung entstehen, die in einem leitenden Medium, wie Wasser, ausgeschlossen ist. Es kommt daher ein Ausgleich zustande: die Diffusion des Kations wird beschleunigt, die des Anions gebremst. An die Stelle einer unabhängigen Eigendiffusion der beiden Ionen tritt die einheitliche Diffusion des Salzes. Die Bremsung des einen Ions und die Beschleunigung des anderen wird durch ein im Diffusionsfeld entstandenes elektrisches Potentialgefälle, das Diffusionspotential, bewirkt.

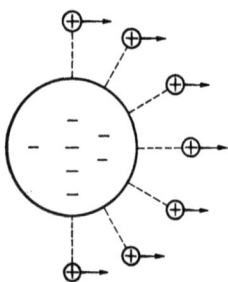

Abb. 206. Die trägen, großen, mehrwertigen Anionen werden im Diffusionsfeld durch ihre beweglichen Gegenionen mittels der elektrostatischen Anziehungskräfte beschleunigt vorwärtsgetrieben.

Besonders stark ist die Beeinflussung des Diffusionsvorganges durch die elektrischen Kräfte, wenn es sich um die Diffusion eines Salzes aus einem hochmolekularen vielwertigen Ion und vielen kleinen Gegenionen handelt, wie es bei den Kolloidelektrolyten allgemein und daher bei den Farbstoffen häufig der Fall ist (Abb. 206). Hier gilt die für den Fall von mehrwertigen Elektrolyten verallgemeinerte NERNSTsche Gleichung

$$D = \frac{RT}{F^2} \cdot 10^{-7} \left(\frac{1}{z_+} + \frac{1}{z_-} \right) \frac{u \cdot v}{u+v}. \tag{8}$$

z_+ und z_- bedeuten die Wertigkeit von Kation und Anion. Auch diese Gleichung gilt nur so lange, als neben dem Kolloidsalz keine weiteren elektrolytischen Lösungsgenossen anwesend sind.

Sind auch Fremdelektrolyte zugegen, dann sind die Verhältnisse verwickelter. Es stehen dann alle Ionen miteinander in Wechselwirkung, so daß sich die beiden Ionen des diffundierenden Elektrolyten nicht mehr mit der gleichen Geschwindigkeit bewegen müssen. Einfache Verhältnisse bietet wieder der Fall, daß ein Salz in einer Konzentration, die das Vielfache der Konzentration des Farbsalzes darstellt, homogen verteilt ist zwischen der Flüssigkeit, aus der der Farbstoff herausdiffundiert und derjenigen, in die der Farbstoff hineindiffundiert. Unter dieser Bedingung, und *nur unter dieser Bedingung werden auch die beiden Ionen des Farbsalzes, also Farbstoffion und Gegenion, unabhängig voneinander und auch unabhängig von dem Fremdelektrolyten mit der ihnen eigenen Beweglichkeit diffundieren.* Im Überschuß eines homogen verteilten Fremdelektrolyten hängt der Diffusionskoeffizient eines (z. B. negativen) Ions allein von seiner Beweglichkeit ab:

$$D = \frac{RT}{F^2} \cdot 10^{-7} \frac{v}{z_-}. \qquad (9)$$

Berücksichtigt man andererseits, daß die Beweglichkeit eines kugelförmig gedachten Ions im Sinne des weiter oben erwähnten STOKESschen Gesetzes von seiner Wertigkeit und Größe abhängt [1],

$$v = \frac{F^2 \cdot 10^7}{N} \frac{z_-}{6\pi\eta r}, \qquad (10)$$

dann erhalten wir die STOKES-EINSTEIN-SUTHERLANDsche Beziehung:

$$D = \frac{RT}{N} \cdot \frac{1}{6\pi\eta r}.$$

Die Ausschaltung der elektrischen Kräfte, durch welche die beiden Ionen des diffundierenden Salzes in reinem Wasser miteinander verknüpft sind bzw. die Vernichtung des Diffusionspotentials durch die Anwendung eines überschüssigen Fremdsalzes, beruht auf dem Umstand, daß der Unterschied in den Beweglichkeiten der beiden diffundierenden Ionen durch die überschüssigen Ionen kompensiert werden kann. Zum Beispiel beteiligen sich im Falle kleiner Gegenionen an dem Ausgleich der durch das Vorwärtseilen der Gegenionen bedingten räumlichen Trennung von positiven und negativen Ladungen auch die dem Farbstoffion gleichsinnig geladenen Ionen des Fremdelektrolyten. Da letztere in einer viel höheren Anzahl vorhanden sind als die Farbstoffionen, wird der Antrieb, der auf die Farbstoffionen fällt, verschwindend klein sein.

Die obigen Beziehungen gelten nur für unendlich verdünnte Lösungen. In wirklichen Lösungen muß man den Einfluß der besonderen räumlichen

---

[1] Formel (10) unterscheidet sich von Formel (4) infolge der Wahl anderer Maßeinheiten für die elektrischen Größen durch einen konstanten Faktor.

Verteilung der Ionen berücksichtigen, die als Folge der von den Ionen verursachten Anziehungs- und Abstoßungskräfte eintritt. Wie aus den experimentellen und theoretischen Untersuchungen von McBain und Liu, Hartley, Sitte und schließlich Onsager und Fuoss hervorgeht, wirken die zwischenionischen Kräfte auf die Diffusionsgeschwindigkeit hemmend, jedoch in geringerem Maße, als sie dies in bezug auf die elektrolytische Wanderungsgeschwindigkeit tun.

Bevor wir in die Besprechung der an Farbstofflösungen ausgeführten Diffusionsmessungen eintreten, wollen wir noch kurz einiges über die dabei angewendeten Methoden sagen. Die älteste Methode ist diejenige der freien Diffusion. Man überschichtet eine Lösung sorgfältig mit dem spezifisch leichteren Lösungsmittel und sorgt durch Konstanthalten der Temperatur und durch Vermeidung von Erschütterungen dafür, daß keine mechanische Vermischung der Flüssigkeitsteile eintritt. Nach einer bestimmten Zeit werden die Konzentrationen in den verschiedenen Höhen der Flüssigkeit ermittelt. Eine sehr genau arbeitende Anordnung, die die Flüssigkeitssäule beim Abschluß des Versuches schichtenweise mechanisch trennt, wurde von Cohen und Bruins angegeben. Einfacher, jedoch weniger genau ist das Abpipettieren in verschiedenen Höhen. Benützt man optische Methoden zur Konzentrationsbestimmung, z. B. die colorimetrische, dann ist bei geeigneter Meßanordnung die mechanische Abtrennung der einzelnen Flüssigkeitsteile nicht nötig.

Gleichfalls freie Diffusion vollzieht sich bei der Anwendung der mikroskopischen Methode, die von R. Fürth angegeben wurde. Sie unterscheidet sich von der obenerwähnten darin, daß die Diffusionszelle klein ist und die Konzentrationsänderung mikroskopisch, etwa durch mikroskopische Colorimetrie, verfolgt wird. Der große Vorteil dieser Methode ist eine wesentlich abgekürzte Versuchsdauer und verminderte Empfindlichkeit gegenüber Temperaturschwankungen und Erschütterungen. Sie fand bei den Farbstoffen ausgedehnte Anwendung.

Oft benützt wurde besonders früher die Methode der Diffusion in Gallerten. Die einfachste Ausführung ist die, daß man den Farbstoff z. B. in einer 5%igen Gelatinelösung, die bei höherer Temperatur flüssig ist, löst, die Lösung durch Abkühlen erstarren läßt und dann mit einer Gelatinelösung überschichtet. Nachdem die letztere erstarrt ist, vollzieht sich die Diffusion in einer Gallerte, die eine Vermischung der Flüssigkeitsteile weder infolge von Erschütterungen noch von Temperaturschwankungen zuläßt. Der Nachteil des Verfahrens ist der theoretisch nicht ohne weiteres berechenbare Einfluß der Gelatine auf die Diffusion (s. weiter unten).

Grundsätzlich verschieden sowohl von der Methode der freien Diffusion als auch von der Diffusion in Gallerten ist die Methode der porösen Platten, die in der neueren Zeit durch die Arbeiten von Northrop und Anson, ferner von McBain und Mitarbeitern wieder Aktualität gewann. Bei dieser Methode wird die konzentriertere Lösung von der verdünnteren bzw. von dem Lösungsmittel durch eine poröse Membran getrennt, die eine mechanische Vermischung der beiden Flüssigkeiten erschwert. Bei diesem Verfahren wird als obere Flüssigkeit die spezifisch schwerere gewählt. Schon infolge der Unterschiede in der Dichte wird innerhalb der beiden durch die Membran getrennten Lösungen ein ständiger Ausgleich der Konzentrationen stattfinden. Während bei den obenerwähnten Methoden das Konzentrationsgefälle sich über eine größere Flüssigkeitsdicke erstreckt und in Abhängigkeit von der Versuchsdauer und von dem Ort stark variiert, beschränkt sich das Konzentrationsgefälle im Falle der Methode der porösen Platten auf die Flüssigkeitsschicht innerhalb der Platte und bleibt während des Versuches nach baldigem Erreichen eines stationären Zustandes fast konstant. Der Vorteil dieses Verfahrens ist geringe Empfindlichkeit gegenüber Erschütterungen und Temperaturschwankungen, ferner erhebliche Beschleunigung gegenüber der makroskopischen freien Diffusion. Die Geschwindigkeit der mikroskopischen Methode wird hier allerdings nicht erreicht. Die Poren müssen selbstverständlich so groß sein, daß durch sie weder auf die Lösungsmoleküle noch auf die diffundierenden Teilchen eine Siebwirkung ausgeübt wird. Am geeignetsten erwiesen sich die Glasfilterplatten von Schott & Gen., Jena.

Bei der Mitteilung von Diffusionsversuchen an Farbstofflösungen findet sich im Schrifttum häufig die Angabe, daß sie an reinen Substanzen ausgeführt worden sind. Eine kritische Betrachtung der Meßergebnisse lehrt uns jedoch, daß nur in den seltensten Fällen ein Reinheitsgrad erzielt wurde, der die Anwendbarkeit des Diffusionsgesetzes der reinen Elektrolyte erlaubt. Es scheint, daß nur die von ROBINSON und die vom Verfasser ausgeführten Versuche die Forderung nach der Reinheit der Farbstoffe ausreichend erfüllen. Wir wollen daher zuerst deren Versuchsergebnisse besprechen.

ROBINSON hat für seine Versuche die FÜRTHsche Mikromethode benützt. Die Bestimmung der Diffusionsgeschwindigkeit erfolgte so, daß in bestimmten zeitlichen Abständen diejenige Stelle der Flüssigkeitssäule ermittelt wurde, in der die ursprüngliche Farbstoffkonzentration auf einen bestimmten Bruchteil, z. B. auf $1/16$ abgesunken ist. In der folgenden Tabelle, die ROBINSONs Ergebnisse mitteilt, wird als Endkonzentration diejenige Konzentration des Farbstoffes bezeichnet, deren Verschiebung in Abhängigkeit von der Zeit als Grundlage der Berechnung des Diffusionskoeffizienten diente.

Tabelle 116. Diffusion von Farbstoffen in reinem Wasser. Nach C. ROBINSON.

Farbstoff	Anfangs-konzentration in %	End-konzentration in %	D in cm^2/Tag	Zahl der Versuche	Mittlere Abweichung
Benzopurpurin 4 B .	1/2	1/64	0,591	3	±0,13
	1/2	1/32	0,547	3	±0,30
„m-Benzopurpurin" .	1/2	1/64	0,471	6	0,16
	1/2	1/32	0,512	6	0,16
Kongorot.	1/2	1/64	0,491	2	0,20
	1/2	1/32	0,492	2	0,05
Kongorubin.	1/2	1/64	0,485	2	0,15
	1/2	1/32	0,478	3	0,03
Bordo extra	1/4	1/64	0,529	3	0,16
	1/4	1/32	0,501	3	0,10
Bordo extra (weiter gereinigt)	1/4	1/64	0,470	3	0,29
	1/4	1/32	0,476	3	0,31
	1/12	1/384	0,481	4	0,22
	1/12	1/192	0,490	4	0,20

Die Werte des Diffusionskoeffizienten liegen somit zwischen 4,7 und 5,9 × 10^{-1} cm²/Tag (die Versuchstemperatur betrug wahrscheinlich etwa 22°). In den meisten Fällen nimmt der Diffusionskoeffizient mit steigender Endkonzentration ab.

Auf welche Konzentration die berechneten Diffusionskoeffizienten sich beziehen, kann man bei dieser Methode nicht angeben. Sie dürfte jedoch zwischen der Anfangskonzentration und der „Endkonzentration" liegen.

In der folgenden Tabelle sind die mit Hilfe der Methode der porösen Platten erzielten Meßergebnisse von VALKÓ an reinen Farbstofflösungen mitgeteilt. Die Versuchstemperatur betrug 25°. Als Konzentration ist der Wert der Farbstofflösung bei Beginn des Versuches angegeben.

Tabelle 117. Diffusionskoeffizienten von Farbstoffen in reinem Wasser bei 25°. Nach E. VALKÓ.

Farbstoff	Gewichtskonzentration in %	D in cm²/Tag
Orange II	0,1	0,690
,,	0,5	0,644
,,	1,56	0,577
Azogrenadin S	0,05	0,655
,,	0,1	0,679
,,	0,5	0,638
Benzopurpurin 4 B	0,02	0,624[1]
,,	0,025	0,646[1]
,,	0,1	0,590
,,	0,2	0,617
,,	0,5	0,529
Kongorot	0,01	0,659[1]
,,	0,03	0,666
,,	0,03	0,670
,,	0,1	0,610
,,	0,1	0,622
,,	0,5	0,573
Chicagoblau 6 B	0,05	0,605
,,	0,1	0,626
,,	0,5	0,528

Der Versuch wurde jeweils beendet und die erfolgte Konzentrationsänderung als Grundlage der Berechnung benützt, wenn etwa 3—15% des Farbstoffs in das reine Wasser, dessen Volumen genau so groß war wie das der „Innenzelle", diffundiert sind. Die Konzentration, auf die sich die Werte des Diffusionskoeffizienten beziehen, dürfte daher rund die Hälfte der angegebenen Anfangskonzentration betragen.

Die Werte des Diffusionskoeffizienten liegen zwischen 0,53 und 0,69 cm²/Tag. Die Übereinstimmung mit den Werten von ROBINSON wird besser, wenn man den Temperaturunterschied berücksichtigt. (Der Temperaturkoeffizient der Diffusion beträgt 2—3% je Grad.)

Wendet man die für den Fall beliebigwertiger Elektrolyte verallgemeinerte NERNSTsche Diffusionsgleichung auf die an reinen Farbstoffen gewonnenen Meßergebnisse an, so kommt man zu der Einsicht, daß diese Ergebnisse *keinerlei Schlußfolgerungen auf den Assoziationszustand* der Farbstoffe gestatten.

---

[1] Diese Werte sind etwas unsicher, da die Leitfähigkeit des Wassers gegenüber der Leitfähigkeit des Farbsalzes nicht zu vernachlässigen war.

Im folgenden soll kurz das Ergebnis der zahlenmäßigen Auswertung der NERNSTschen Gleichung auf drei verschiedene kennzeichnende Fälle des Assoziationszustandes eines Farbions gezeigt werden. Es sei vorausgeschickt, daß für die Versuchstemperatur von 25° der Wert des konstanten Faktors $(RT/F^2 \times 10^{-7})$ 0,0229 beträgt, falls man den Diffusionskoeffizienten in cm²/Tag ausdrückt.

Erster Fall: Diffusion des Natriumsalzes einer einwertigen hochmolekularen Säure ohne Aggregation des Anions. Die Beweglichkeit des Anions in unendlich verdünnter Lösung nehmen wir zu 20 rez. Ohm an (vgl. die Ausführungen weiter oben über die Leitfähigkeit der Farbstoffe). Dann ergibt die NERNSTsche Gleichung
$$D = 0{,}0229 \times 2 \times \frac{50 \times 20}{50 + 20} = 0{,}657 \text{ cm}^2/\text{Tag}.$$ Bis zu 0,1 n Lösung ist infolge der interionischen Kräfte eine annähernd mit der Quadratwurzel der Konzentration linear gehende Herabsetzung dieses Wertes zu erwarten, die jedoch auch in einer 0,1 n-Lösung 10% kaum übersteigt.

Zweiter Fall: Natriumsalz einer zweiwertigen hochmolekularen Säure ohne Aggregation des Anions. Die Beweglichkeit des Anions kann in diesem Falle zu 35 rez. Ohm angenommen werden. Die verallgemeinerte NERNSTsche Gleichung ergibt für diesen Fall $D = 0{,}0229 \times 1{,}5 \times \frac{35 \times 50}{35 + 50} = 0{,}710 \text{ cm}^2/\text{Tag}.$ Hier wäre mit steigender Konzentration eine etwas stärkere Herabsetzung des Wertes unter dem Einfluß der sich verdichtenden Ionenatmosphäre zu erwarten als im ersten Falle.

Dritter Fall: Natriumsalz einer hochmolekularen Säure mit starker Aggregation des Anions, jedoch unter Erhaltung der Ionisation. Die Äquivalentbeweglichkeit des Anions in unendlich verdünnter Lösung nehmen wir zu 60 rez. Ohm an. Die verallgemeinerte NERNSTsche Gleichung ergibt (da $1/n_-$ viel kleiner ist als 1) $D = 0{,}0229 \times 1 \times \frac{60 \times 50}{60 + 50} = 0{,}627 \text{ cm}^2/\text{Tag}.$ Wenn die Aggregation nicht sehr groß ist, muß diese Zahl mit dem Faktor $1 + 1/n_-$ multipliziert werden, wobei n_- die Wertigkeit des Anionaggregates bedeutet. Treten etwa fünf zweiwertige Farbionen zu einem Aggregat zusammen, so beträgt der Faktor 1,1 und der Wert des Diffusionskoeffizienten 0,690 cm²/Tag. Die Beeinflussung durch die zwischenionischen Kräfte dürfte in diesem Fall infolge der höheren Wertigkeit des Anions eine noch stärkere sein als in dem vorangehenden Fall.

Es wäre noch etwas über die Wirkung einer Ionenassoziation bzw. einer unvollständigen Dissoziation zu sagen. Im ersten Falle würde der Diffusionskoeffizient des undissoziierten Anteils je nach Molekülgröße des Farbstoffs zurückgehen, z. B. bei einem Molekulargewicht von 500 auf rund 0,4 cm²/Tag. Im zweiten Falle geht der Wert des Diffusionskoeffizienten des um 50% undissoziierten Farbsalzes auf etwa 0,66 cm²/Tag zurück, da nunmehr praktisch der erste Fall (Einwertigkeit des Anions) vorliegt. Im dritten Falle schließlich bleibt der Diffusionskoeffizient von dem Dissoziationsgrad so lange unabhängig, als die Äquivalentbeweglichkeit des Anions keine Erniedrigung erleidet. Wenn die Beweglichkeit des Anions infolge der Herabsetzung der Wertigkeit abnimmt, muß in dem benützten Diffusionsgesetz der Elektrolyte die Beweglichkeit des Anions durch denjenigen Wert ersetzt werden, den das Aggregat-Ion infolge seiner herabgesetzten Wertigkeit erhält. Wird z. B. infolge des Dissoziationsrückganges die Beweglichkeit des Anions von 60 auf 40 rez. Ohm herabgesetzt, so beträgt der Wert des Diffusionskoeffizienten für den Fall starker Aggregation 0,510 cm²/Tag, für den Fall von nur 10wertigem Anion 0,560 cm²/Tag.

Die zahlenmäßige Auswertung der NERNSTschen Gleichung ergibt somit den Wert des Diffusionskoeffizienten des Natriumsalzes eines hochmolekularen Anions zwischen etwa 0,5 und 0,7 cm²/Tag. Der genaue

Wert hängt auch von der Beweglichkeit des Anions, von dem Einfluß der interionischen Kräfte bzw. von dem Dissoziationsgrad des Farbsalzes ab. Diese Abhängigkeit erschwert es, aus dem Wert des Diffusionskoeffizienten irgendwelche Schlüsse auf den Assoziationszustand des Anions zu ziehen, da die Abhängigkeit von dem Assoziationszustand geringer ist als die Abhängigkeit von den aufgezählten Faktoren. Tatsächlich betragen die von Valkó gefundenen Werte, ebenso wie diejenigen von Robinson beobachteten (falls man sie auf 25° umrechnet) 0,5—0,7 cm²/Tag, und zwar unabhängig von den, wie wir weiter unten sehen werden, in breiten Grenzen schwankenden Werten des Assoziationsgrades des Farbions.

Würde man die beobachteten Werte des Diffusionskoeffizienten unter der Annahme, daß bei der Diffusion keine elektrischen Kräfte wirksam sind, also mit Hilfe des Stokes-Einstein-Sutherlandschen Gesetzes zur Berechnung der Teilchengröße verwenden, so würde man für den Halbmesser der kugelförmig gedachten Teilchen 3,0—4,25 Å erhalten. Das Molekulargewicht der Teilchen würde danach 100—300 betragen, also nur einen Bruchteil des chemischen Molekulargewichtes. Wenn ein großer Teil der früher ausgeführten Diffusionsversuche an Farbstofflösungen bei der unter Vernachlässigung der elektrischen Kräfte erfolgten Auswertung dennoch nicht zu derartig absurden Ergebnissen geführt hat, so ist dies ein Beweis dafür, daß der Reinheitsgrad der verwendeten Präparate und des verwendeten Wassers nicht besonders hoch war.

Die für die Messung der Einzeldiffusionskoeffizienten der Farbionen erforderliche Ausschaltung des Diffusionspotentials ist in kontrollierter Weise gleichfalls nur in den Versuchen von Robinson und von Valkó, ferner teilweise in denen von Lenher und Smith erfolgt. An sauren Wollfarbstoffen erhielt Valkó mit Hilfe der Methode der porösen Platten folgende Ergebnisse:

Tabelle 118.
Diffusionskonstante und Teilchengröße saurer Wollfarbstoffe bei 25°.

Gewichtskonzentration des Farbstoffs in %	Äquivalentkonzentration von NaCl n	Diffusionskonstante in cm²/Tag	Teilchenradius in 10^{-8} cm	Mol.-Gew. der Teilchen	Assoziationsfaktor
\multicolumn{6}{c}{Orange II. Chemisches Molekulargewicht des Farbions 327.}
0,01	0,02	0,444	4,74	405	1,2
0,005	0,02	0,444			
0,02	0,05	0,400			
0,1	0,1	0,413	5,25	551	1,7
0,002	0,2	0,393			
0,05	0,2	0,353	6,09	860	2,6
0,05	0,2	0,336			

Tabelle 118 (Fortsetzung).

Gewichts-konzentration des Farbstoffs in %	Äquivalent-konzentration von NaCl n	Diffusions-konstante in cm²/Tag	Teilchenradius in 10^{-8} cm	Mol.-Gew. der Teilchen	Assoziations-faktor
Azogrenadin S. Chemisches Molekulargewicht des Farbions 464.					
0,005	0,05	0,405			
0,001	0,02	0,405			
0,01	0,05	0,425	5,09	502	1,1
0,01	0,05	0,424			
0,02	0,02	0,425			
0,05	0,05	0,399			
0,01	0,1	0,375	5,60	668	1,4
0,1	0,1	0,330	6,30	952	2,0
Ponceau 4 GBL. Chemisches Molekulargewicht des Farbions 327.					
0,01	0,05	0,421	5,00	476	1,4
Brillantponceau G. Chemisches Molekulargewicht des Farbions 434.					
0,01	0,05	0,421	4,98	470	1,1
0,01	0,05	0,423			

Die erste Spalte bringt die Gewichtskonzentration des Farbstoffes in Prozent. Ebenso wie bei den bereits dargestellten Versuchen in reinem Wasser handelt es sich auch hier um die Werte der Anfangskonzentration, und ebenso wie dort, dürfte der Wert des Diffusionskoeffizienten auf die Hälfte dieser Konzentration bezogen sein. Die zweite Spalte bringt diejenige Konzentration von Natriumchlorid, die gleichmäßig in den beiden Flüssigkeiten, nämlich in derjenigen, aus der der Farbstoff hinausdiffundiert und in derjenigen, in die der Farbstoff hineindiffundiert, von Anfang des Versuches eingestellt war und folglich auch eingestellt blieb. Die dritte Spalte bringt den Wert des Diffusionskoeffizienten des Farbions. Aus diesem Wert wurde der Teilchenradius (vierte Spalte) unter der Voraussetzung berechnet, daß das Farbion in seiner Diffusion von den Lösungsgenossen nicht beeinflußt wurde. Aus dem Wert des Halbmessers wurde das Molekulargewicht der Teilchen (fünfte Spalte) unter Zugrundelegung eines spezifischen Gewichtes von 1,5 berechnet. Der in der letzten Spalte angeführte Assoziationsfaktor bedeutet die Anzahl der Farbionen, die zu einem Teilchen zusammentreten müssen, um das berechnete Molekulargewicht zu geben.

Die Tabelle zeigt, daß die Assoziation der untersuchten Farbstoffe unter den Versuchsbedingungen sehr geringfügig bleibt. Sie steigt deutlich mit zunehmender Salzkonzentration.

Es fragt sich, ob die angewandten Konzentrationen genügend groß sind, um das Diffusionspotential im erforderlichen Maße herabzusetzen. Der Umstand, daß die Äquivalentkonzentration des Salzes mindestens 20—30mal so hoch war als die Äquivalentkonzentration des Farbstoffes, läßt dies bereits erwarten. Experimentell wird jedoch die Ausschaltung des Diffusionspotentials erwiesen durch die Beobachtung, daß die Erhöhung der Farbstoffkonzentration bei gleichbleibender Salzkonzentration nur eine Erniedrigung, jedoch niemals eine Erhöhung des Diffusionskoeffizienten bewirkt. Wenn das Diffusionspotential wirksam wäre, so müßte es mit zunehmender Farbstoffkonzentration noch wirksamer werden und dadurch im gegebenen Fall zu einer Zunahme der Diffusionskoeffizienten führen.

Die nächste Tabelle bringt die Ergebnisse von VALKÓ an basischen Farbstoffen. Die Werte des Assoziationsfaktors sind hier etwas höher als bei den sauren Farbstoffen.

Tabelle 119.
Diffusionskonstante und Teilchengröße basischer Farbstoffe bei 25°.

Gewichts-konzentration des Farbstoffs in %	Äquivalent-konzentration von NaCl n	Diffusions-konstante in cm²/Tag	Teilchenradius in 10^{-8} cm	Mol.-Gew. der Teilchen	Assoziations-faktor
Methylenblau. Chemisches Molekulargewicht des Farbions 385.					
0,005	0,01	0,369			
0,005	0,01	0,387	5,40	602	1,8
0,005	0,02	0,394			
0,005	0,02	0,401			
0,02	0,05	0,359	6,10	864	2,2
0,02	0,05	0,333			
Krystallviolett. Chemisches Molekulargewicht des Farbions 372.					
0,005	0,01	0,355	5,94	790	2,1
0,01	0,05	0,330	6,30	952	2,6

Besonders interessant sind die Befunde an substantiven Baumwollfarbstoffen.

Tabelle 120. Diffusionskonstante und Teilchengröße substantiver Baumwollfarbstoffe bei 25°.

Gewichts-konzentration des Farbstoffs in %	Äquivalent-konzentration von NaCl n	Diffusions-konstante in cm²/Tag	Teilchenradius in 10^{-8} cm	Mol.-Gew. der Teilchen	Assoziations-faktor
Benzopurpurin 4 B. Chemisches Molekulargewicht des Farbions 678.					
0,005	0,01	0,228			
0,005	0,01	0,197			
0,005	0,01	0,197			
0,005	0,01	0,200	10,1	3920	6
0,01	0,01	0,215			
0,01	0,01	0,205			
0,002	0,02	0,206			
0,005	0,02	0,188			
0,05	0,02	0,180			
0,01	0,02	0,187	11,3	5490	8
0,02	0,02	0,187			
0,02	0,02	0,190			
0,03	0,03	0,097	21,6	38300	50
0,02	0,05	0,052	40,4	251000	400
0,05	0,05	0,039	53,9	596000	800

Die Diffusion von Farbstoffen.

Tabelle 120 (Fortsetzung).

Gewichts-konzentration des Farbstoffs in %	Äquivalent-konzentration von NaCl n	Diffusions-konstante in cm²/Tag	Teilchenradius in 10^{-8} cm	Mol.-Gew. der Teilchen	Assoziations-faktor
Kongorot. Chemisches Molekulargewicht des Farbions 652.					
0,005	0,01	0,175	12,0	6280	9
0,005	0,01	0,177			
0,005	0,02	0,166	12,8	7990	12
0,01	0,02	0,165			
0,01	0,05	0,160			
0,02	0,05	0,149	14,0	10400	15
0,05	0,1	0,134	15,7	14700	20
0,05	0,1	0,135			
0,05	0,2	0,106	19,8	29500	45
Chicagoblau 6B. Chemisches Molekulargewicht des Farbions 900.					
0,002	0,01	0,244	8,70	2500	3
0,005	0,02	0,235			
0,02	0,02	0,212	10,1	3920	4
0,02	0,05	0,205			
0,02	0,1	0,184	11,4	5640	6
0,02	0,2	0,136	15,5	14100	15
0,02	0,5	0,121	17,3	19700	22
0,02	0,5	0,102	20,6	34000	37

Der Assoziationsfaktor hängt bei diesen sehr stark von der Salzkonzentration ab. Der niedrigste Wert wurde an Chicagoblau 6B gefunden. In genügend verdünnter Lösung desselben und bei genügender Verdünnung des Natriumchlorids sind nur etwa je 3 Farbionen zu einem Teilchen zusammengetreten. Mit wachsender Salzkonzentration steigt der Assoziationsfaktor gleichmäßig an.

Bei Benzopurpurin 4B konnte für den Assoziationsfaktor auch in den verdünntesten Lösungen kein niedrigerer Wert beobachtet werden als 6. Von 0,03 n NaCl an tritt bei Erhöhung der Salzkonzentration eine plötzliche Zunahme des Assoziationsfaktors ein. Übrigens wird die Farbstofflösung in Anwesenheit des Salzes in diesen höheren Konzentrationen trüb, und beim längeren Stehen wird ein Niederschlag abgesetzt. Der gemessene Wert des Assoziationsfaktors dürfte daher hier wohl teilweise durch einen Anteil bedingt sein, der an der Diffusion überhaupt nicht merklich teilnimmt.

Die Salzabhängigkeit des Diffusionskoeffizienten von Kongorot ist geringer als bei Benzopurpurin 4B, obwohl in verdünnten Lösungen Kongorot die höhere Assoziation aufweist.

Die Befunde an den substantiven Baumwollfarbstoffen führen also zu den folgenden Schlüssen. Der Assoziationszustand dieser Farbstoffe hängt bei Zimmertemperatur sehr stark sowohl von der Konzentration des Farbstoffes wie auch von derjenigen des gegebenenfalls anwesenden

Salzes ab. Man kann also nicht schlechtweg von einem bestimmten Assoziationsgrad (Dispersitätsgrad) des Farbstoffes sprechen. *Sowohl die Erhöhung der Farbstoffkonzentration als auch die Erhöhung der Salzkonzentration führt zu einer Zunahme der Assoziation.*

Eine Übersicht über die erzielten Ergebnisse bringt in graphischer Darstellung Abb. 207.

Da die Versuche zur Bestimmung des Eigendiffusionskoeffizienten der Farbstoffteilchen bzw. der Farbionen im Überschuß eines Salzes ausgeführt werden müssen, können sie den genauen Wert des Assoziationsfaktors *in reinem Wasser* nicht ergeben. Nachdem man jedoch auf Grund der bisherigen Ergebnisse annehmen kann, daß der Salzzusatz nur zu einer Erhöhung des Assoziationsfaktors führt, können die in Salzanwesenheit erzielten Werte des Assoziationsfaktors als obere Grenze für die Werte in rein wässerigen Lösungen betrachtet werden. Dadurch, daß bei Anwendung sehr verdünnter Farbstofflösungen auch die Salzkonzentration erheblich herabgesetzt werden kann, z. B. auf 0,01 n und darunter, dürften die erzielten niedrigsten Werte der Teilchengröße von denjenigen in reinem Wasser nicht mehr sehr verschieden sein, wenigstens nicht für die gleiche Farbstoffkonzentration. *Wenn also die Diffusionsbestimmungen das erstrebte Ziel der Feststellung des Assoziationszustandes der Farbionen nicht vollständig erreichen, so vermögen sie jedenfalls in dieser Hinsicht mehr zu leisten als alle sonstigen bisher in Anwendung gebrachten Methoden.* Dieser Umstand gibt die Berechtigung, die Ergebnisse der Diffusionsmessungen an Farbstofflösungen, wie es hier geschieht, ausführlich darzustellen.

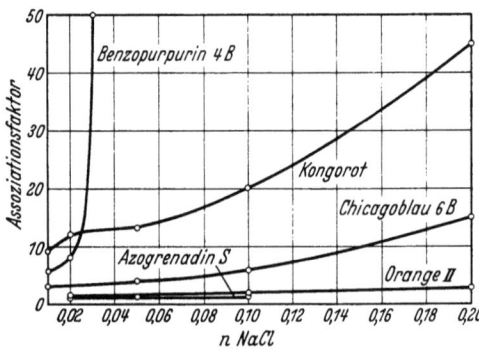

Abb. 207. Anzahl der Farbionen je Teilchen in Abhängigkeit von der Salzkonzentration. Auf Grund von Diffusionsbestimmungen. Nach VALKÓ.

Die Abb. 208 bringt in graphischer Darstellung die von ROBINSON mit Hilfe der mikroskopischen Methode erhaltenen Ergebnisse an Farbstofflösungen in Abhängigkeit von der im ganzen Diffusionsraum gleichmäßig eingestellten Salzkonzentration. Wir erkennen den raschen Abfall des Diffusionskoeffizienten schon beim Zusatz einer geringen Salzmenge. Während bei Benzopurpurin 4B bereits in einer sehr geringen Salzkonzentration die Flockung des Farbstoffes eintritt und auch bei Kongorot diese in etwas höherer Salzkonzentration erfolgt, läßt sich die Abhängigkeit von der Salzkonzentration im Falle von Bordo extra und von „meta-Benzopurpurin" weiter verfolgen. In hoher Salzkonzentration beobachtet ROBINSON bei diesen Farbstoffen ein Konstantwerden der Diffusionswerte. Er nimmt daher an, daß das Diffusionspotential in dem ersten abfallenden Teil der Kurven mit zunehmender Salzkonzentration nach und nach ausgeschaltet wurde, so daß der Wert in dem konstanten Ast der Kurve zur Grundlage der Berechnung der

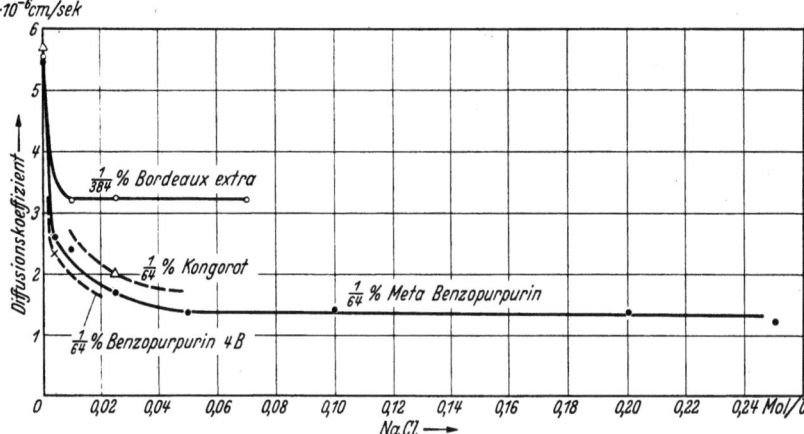

Abb. 208. Diffusionskoeffizient von Farbionen bei 20° in Abhängigkeit von der Salzkonzentration. Nach ROBINSON.

Teilchengröße dienen kann. Unter der Annahme, daß bei Kongorot und bei Benzopurpurin 4B die Kurven, wenn keine Flockung eintreten würde, parallel zu den an den anderen Farbstoffen erhaltenen verlaufen würden, extrapoliert er ihre Werte auf hohe Salzkonzentrationen und berechnet daraus die Teilchengröße.

Die Abweichung zwischen den Werten von ROBINSON und VALKÓ in bezug auf Kongorot und Benzopurpurin 4B ist, wie man sich durch den Vergleich der Kurven überzeugen kann, weniger durch die experimentell beobachteten Werte gegeben, als durch den Umstand, daß ROBINSON die Verschiedenheit der beiden Farbstoffe im Hinblick auf die Salzabhängigkeit des Diffusionskoeffizienten, wie sie von VALKÓ beobachtet wurde, bei der Extrapolation nicht berücksichtigen konnte.

Tabelle 121. Teilchengröße von Benzidinfarbstoffen aus Diffusionsmessungen in Salzanwesenheit. Nach C. ROBINSON.

Farbstoff	D in cm²/Tag	Teilchenradius in 10^{-8} cm	Mol.-Gew. des Teilchens
Bordo extra	0,282	6,2	900
„meta-Benzopurpurin"	0,110	14,8	12300
Kongorot	0,148	11,75	6150
Benzopurpurin 4B . .	0,104	16,7	18000

Nach den Ergebnissen von ROBINSON befindet sich Bordo extra fast molekular zerteilt in der Lösung. Die anderen drei Farbstoffe zeigen sehr ausgeprägte Assoziation.

Weitere Diffusionsversuche unter sorgfältiger Ausschaltung des Diffusionspotentials sind von LENHER und SMITH ausgeführt worden.

Die folgende Tabelle enthält ihre Ergebnisse an zwei Farbstoffen. Als Farbstoff I ist bezeichnet das Natriumsalz von p-Sulfobenzol-azobenzol-azo-6-benzoylamino-1-naphthol-3-sulfosäure (Benzolichtrot 8 BL) und als Farbstoff II das Natriumsalz der p-Sulfobenzol-azobenzol-azo-6-benzoyl-p-aminobenzoyl-amino-1-naphthol-3-sulfosäure. Die beiden Farbstoffe unterscheiden sich voneinander nur dadurch, daß der zweite noch eine Benzoylamidgruppe enthält.

Man erkennt, daß Farbstoff II bedeutend stärker assoziiert ist als Farbstoff I. Auf diesen Befund werden wir noch bei der Besprechung der färberischen Eigenschaften zurückkommen, es sei hier nur bemerkt, daß Farbstoff I gutes Egalisiervermögen, jedoch schwache Substantivität und schlechte Waschechtheit zeigt, während Farbstoff II durch schlechtes Egalisiervermögen, jedoch bessere Waschechtheit und höhere Substantivität gekennzeichnet ist. Wie bei den Versuchen von VALKÓ zeigt sich auch hier, daß die Assoziation mit der Erhöhung der Salzkonzentration zunimmt. Die die Assoziation begünstigende Wirkung von Natriumsulfat ist bedeutend geringer als diejenige von Natriumchlorid.

Tabelle 122. Diffusionskoeffizient (D) und Teilchenradius (r) der Azofarbstoffe I und II bei 25°. Nach S. LENHER und J. E. SMITH. (Farbstoffkonzentration 0,05%.)

Konzentration von NaCl (g/l)	Alter der Lösung in Stunden	D in cm²/Tag	r in 10^{-8} cm
\multicolumn{4}{c}{Farbstoff I}			

Konzentration von NaCl (g/l)	Alter der Lösung in Stunden	D in cm²/Tag	r in 10^{-8} cm
6,25	20	0,130	16,0
6,25	116	0,136	15,5
6,25	117	0,122	17,2
2,5	22	0,179	11,7
2,5	118	0,140	14,9
2,5	137	0,148	14,1
Konzentration von Na₂SO₄ (g/l)			
6,25	19	0,216	9,7
6,25	115	0,206	10,2
6,25	113	0,215	9,7
2,5	21	0,275	7,6
2,5	117	0,260	8,1
2,5	117	0,270	7,8
Farbstoff II			
Konzentration von NaCl (g/l)			
6,25	21	0,062	34,2
6,25	141	0,058	36,2
2,5	23	0,062	33,7
2,5	143	0,068	30,7
Konzentration von Na₂SO₄ (g/l)			
6,25	18	0,137	15,2
6,25	114	0,127	17,1
2,5	21	0,113	18,4
2,5	141	0,122	17,1

Besonderes Interesse verdienen die Versuche von LENHER und SMITH über die Temperaturabhängigkeit des Diffusionskoeffizienten von Farbstoffen. Da das Färben in den meisten Fällen bei erhöhter Temperatur, häufig beim Siedepunkt ausgeführt wird, ist für den Vergleich von Teilchengröße und färberischem Verhalten der Wert des Diffusionskoeffizienten bei höherer Temperatur eine viel geeignetere Grundlage als derjenige bei Zimmertemperatur. Die folgende Tabelle bringt die bei höherer Temperatur gemessenen Werte des Diffusionskoeffizienten der beiden Azofarbstoffe und daneben die daraus berechneten Werte der Teilchengröße.

Man ersieht aus den Zahlen, daß die Teilchengröße mit steigender Temperatur abnimmt, und zwar bei Farbstoff II stärker als bei Farbstoff I. In der Nähe des Siedepunktes beträgt das Molekulargewicht der Teilchen beim Farbstoff I rund 3500, beim Farbstoff II rund 5000; der Wert des Assoziationsfaktors ist bei dieser Temperatur fast derselbe, nämlich etwa 6.

Die Versuche von LENHER und SMITH wurden bei Zimmertemperatur mit Hilfe der mikroskopischen Methode, bei höherer Temperatur mit Hilfe der Methode der porösen Platten, die hier allein anwendbar ist, ausgeführt. Das gleiche gilt für die Messungen der Autoren an Benzopurpurin 4B und seinem Metaisomer, deren Verhalten durch die bereits besprochenen Untersuchungen von ROBINSON und seinen Mitarbeitern gesteigertes Interesse gewann (Tab. 124).

Tabelle 123.
Diffusionskoeffizient (D) und Teilchenradius (r) der Azofarbstoffe I und II bei höherer Temperatur. Nach S. LENHER und J. E. SMITH. (Konzentration des Farbstoffs 0,1%, Konzentration von NaCl 0,625%.)

Temperatur in °C	D in cm²/Tag	r in 10^{-8} cm
Farbstoff I		
50,1	0,278 ± 0,006	13,7
65,8	0,485 ± 0,010	10,2
80,0	0,665 ± 0,016	9,3
95,5	0,865 ± 0,03	9,0
Farbstoff II		
25,1	0,083 ± 0,005	25,3
50,2	0,152 ± 0,005	24,6
65,5	0,195 ± 0,007	25,2
80,6	0,334 ± 0,009	18,8
95,4	0,675 ± 0,016	11,3

Die bei 25° erhaltenen Werte stimmen mit denen von ROBINSON nicht genügend überein. An Benzopurpurin 4B selbst stehen die bei 25° erzielten Ergebnisse mit denen von VALKÓ in leidlicher Übereinstimmung. Auch bei diesen Farbstoffen erhöht Natriumsulfat die Assoziation weniger stark als Natriumchlorid.

Je höher die Salzkonzentration, um so deutlicher ist die zerteilende Wirkung der Temperaturerhöhung. Während 0,1 n NaCl Benzopurpurin 4B bei Zimmertemperatur flockt, beträgt der Assoziationsfaktor in dieser Lösung in der Nähe des Siedepunktes nur 2—3.

Von den übrigen vor der Erkennung der Bedeutung des Diffusionspotentials und daher ohne Ausschaltung desselben ausgeführten Versuchen seien diejenigen von AUERBACH, BRASS und EISNER, DISCHREIT, HERZOG und POLOTZKY, NISTLER, SCHAEFFER, SCHRAMEK und GÖTTE, TRAUBE und SHIKATA genannt. Da man die Menge der Verunreinigungen und ihre Natur in den einzelnen Fällen nicht genau kennt, ist es außerordentlich schwierig abzuschätzen, wieweit die Werte jeweils durch die Nichtberücksichtigung der elektrischen Kräfte verzerrt worden sind.

Tabelle 124. Diffusionskoeffizient (D) und Teilchenradius (r) von Benzopurpurin 4B und seinem Metaisomer. Nach S. LENHER und J. E. SMITH. (Farbstoffkonzentration 0,1%.)

Konzentration in n	Temperatur							
	25,0°		50,5°		65,2°		94,2°	
	D in cm²/Tag	r in 10^{-8} cm	D in cm²/Tag	r in 10^{-8} cm	D in cm²/Tag	r in 10^{-8} cm	D in cm²/Tag	r in 10^{-8} cm
Benzopurpurin 4B								
NaCl								
0,01	0,231	9,0	0,450	8,2	—	—	—	—
0,025	0,079	26,4	0,37	10,0	—	—	—	—
0,05	0,034	62,2	0,29	12,9	0,460	10,6	—	—
0,075	—	—	0,103[1]	36,3	—	—	—	—
0,1	geflockt		—	—	0,302	16,2	0,945	8,1
Na₂SO₄								
0,01	0,390	5,4	—	—	—	—	—	—
0,025	0,165	12,7	—	—	—	—	—	—
0,05	0,064	32,3	0,353	10,6	0,497	9,8	—	—
0,075	—	—	0,111[1]	33,8	0,417	—	—	—
0,1	geflockt		—	—	—	11,7	0,100	7,6
„Meta-Benzopurpurin"								
NaCl								
0,01	0,258	8,1	—	—	—	—	—	—
0,025	0,175	12,0	—	—	—	—	—	—
0,05	0,178	11,8	—	—	—	—	—	—
0,1	0,140	14,8	—	—	—	—	0,103	7,5
Na₂SO₄								
0,01	0,384	5,5	—	—	—	—	—	—
0,05	0,362	5,8	—	—	—	—	—	—
0,1	0,301	7,0	—	—	—	—	0,112	6,9

In den meisten Fällen dürfte Natriumchlorid oder Natriumsulfat als elektrolytischer Lösungsgenosse vorhanden gewesen sein. Trifft dies zu, dann entstand infolge des Vorwärtseilens der schnelleren Anionen ein Diffusionspotential, das die Diffusionsgeschwindigkeit der negativ geladenen Farbionen bremste. Stellte jedoch die Konzentration der Salze keinen großen Überschuß gegenüber der Farbsalzkonzentration dar, so bewirkte auf der anderen Seite das Vorwärtseilen der die Ladung der Farbanionen kompensierenden Natriumionen als Gegenionen eine Beschleunigung der Diffusion der Farbionen. Da diese zwei Effekte in einander entgegengesetzter Weise wirken, konnten sie in einzelnen Fällen einander so weit aufheben, daß wenigstens größenordnungsmäßig richtige Werte des Diffusionskoeffizienten bzw. der Teilchengröße des Farbstoffes erhalten wurden.

HERZOG und POLOTZKYs Werte verdienen des historischen Interesses wegen besondere Erwähnung. Die Messungen, die an etwa 35 Farb-

---

[1] Farbstoff während des Versuches teilweise ausgeflockt.

stoffen nach der Methode der freien Diffusion durchgeführt wurden, ergaben als allgemeine Gesetzmäßigkeit, daß die Diffusionskoeffizienten von Farbstoffen mit einer Atomzahl unterhalb 50 etwa 0,2 cm²/Tag betragen, dagegen die Koeffizienten der Farbstoffe mit einer höheren Atomzahl kleiner sind als 0,2 cm²/Tag. Es zeigte sich somit ein bemerkenswerter Einfluß der chemischen Molekulargröße.

Neben den Messungen mit Hilfe der freien Diffusion haben HERZOG und POLOTZKY Messungen der Diffusion in Gallerten ausgeführt. In 5%iger Gelatine war der Diffusionskoeffizient stets bedeutend kleiner als in Wasser. Die Verhältniszahl erwies sich jedoch bei den verschiedenen Farbstoffen nicht als konstant, sie schwankte vielmehr zwischen 2 und 10. Auf Teilchengewicht umgerechnet könnten daher die auf Grund der Gallertmethode berechneten Werte sich von den richtigen um einen Faktor von etwa 100 unterscheiden. Die Ursache der Veränderlichkeit des Verhältnisses des Diffusionskoeffizienten in reinem Wasser zu demjenigen in der Gelatine liegt in erster Linie darin, daß für große Farbstoffteilchen das Gel als Ultrafilter wirkt und ihnen überhaupt keine Bewegung gestattet. Dazu kommt noch der Umstand, daß die Gelatine selbst die Farbstoffe binden kann, und schließlich, daß die Gelatine salzartige Verunreinigungen enthält, die die Diffusionsgeschwindigkeit in den einzelnen Fällen verschieden beeinflussen. AUERBACH kam später allerdings zu dem Ergebnis, daß bei Verwendung von 2%iger Gelatine bei Zimmertemperatur (HERZOG und POLOTZKY arbeiteten bei 1,2°), mit Ausnahme der Farbstoffe mit sehr großen Teilchen, Diffusionskoeffizienten erhalten werden, die dem Diffusionskoeffizienten der freien Diffusion proportional sind.

Besonders deutlich hat sich der Einfluß des Diffusionspotentials in den Versuchen von BRASS und EISNER bemerkbar gemacht. Diese fanden, daß die gereinigten Farbstoffe viel höhere Diffusionskoeffizienten besitzen als die Handelspräparate, und folgerten daraus, daß die gereinigten Farbstoffe in der Lösung viel weitgehender zerteilt sind. In Wirklichkeit handelt es sich jedoch nur darum, daß bei Anwendung der gereinigten Proben die Ausbildung des Diffusionspotentials die Diffusion der Farbionen beschleunigte, während bei den Handelsfarbstoffen die anwesenden Salze das Diffusionspotential mehr oder weniger vollständig vernichtet hatten. Auch der Befund von WO. OSTWALD und QUAST, daß Alkoholzusatz eine außerordentliche Erhöhung der Diffusionsgeschwindigkeit gewisser Farbstoffe bewirken kann, dürfte durch das elektrische Diffusionspotential bedingt gewesen sein. (Vgl. hierzu auch MOUQUIN und CATCHCART.)

Die Membrandurchgängigkeit der Farbstoffe. Die Durchgängigkeit der Farbstofflösungen durch gewisse halbdurchlässige Membranen wurde häufig zur Kennzeichnung der Teilchengröße der Farbstoffe benützt. W. BILTZ und PFENNING, die mit Hilfe von Kollodiummembranen eine große Anzahl von Farbstoffen geprüft hatten, kamen zu dem folgenden Ergebnis:

„Beträgt die Anzahl der Atome in einem Farbstoffmolekül bis zu etwa 45, so dialysiert der Farbstoff rasch, bei einem Gehalt über 45 Atome tritt eine geringe Verlangsamung ein; die Farbstoffe zwischen den Atomzahlen von etwa 55—70 dialysieren nur wenig oder gar nicht; bei über 70 Atomen hört die Dialysierbarkeit auf. Demnach passieren die untersuchten Nitrofarbstoffe (19—47 Atome) die Membran rasch. Ebenso die basischen Azofarbstoffe (Atomzahl 30—48). Bei den einfachen sauren Azofarbstoffen macht nur Echtrot A mit der Atomzahl 41 eine Ausnahme. Die Verlangsamung der Dialyse bei den Farbstoffen dieser Klasse mit 45—55 Atomen ist deutlich wahrnehmbar. Die Tetrazofarbstoffe von der Atomzahl 57 ab dialysieren nicht oder nur schlecht. Die Benzidinfarbstoffe mit mehr als 70 Atomen pflegen nicht zu dialysieren, wie ein reiches Versuchsmaterial anzeigt, ebensowenig die Thiazolfarbstoffe; dagegen wiederum rasch das Tartrazin, Auramin und Toluidinblau mit 19—43 Atomen. Die Rosanilinfarbstoffe mit mehr als 69 Atomen dialysieren praktisch nicht, wohl aber die Phthaleine mit 37—40 Atomen. Hier tritt deutlich zutage, daß man die Dialysierbarkeit nicht nach dem Gewichte des Moleküls, sondern nach seiner Größe bemessen muß. Rose Bengale besitzt als jodierter Farbstoff mit 1050 das höchste Gewicht aller beobachteten Proben; es dialysiert indessen leicht, seiner kleinen Atomzahl 37 entsprechend. Methylenblau mit 37 Atomen, ferner Coelestinblau mit 43 Atomen dialysieren rasch, Nilblau mit 58 langsam. Die Safranine mit 44—47 Atomen dialysieren rasch, das Diazinblau BN mit 64 Atomen langsam. Die Schwefelfarbstoffe, soweit sie als wasserlöslich der Prüfung zugänglich waren, besitzen offenbar eine hohe Molekulargröße; sie dialysieren nicht oder nur spurenweise.

Bereits KRAFFT, später HÖBER und neuerdings VIGNON haben darauf aufmerksam gemacht, daß der kolloidale Charakter der Farbstoffe mit der Molekulargröße ‚zusammenhängt'. Die jetzige Feststellung geht weiter, da sie gewissermaßen eine Identität beider Begriffe fordert. Während man früher die hohe Molekulargröße als Veranlassung für das Zusammentreten der Einzelmoleküle zu Kolloidpartikeln nahm, ist nunmehr das chemische Molekül selbst als Partikel zu betrachten, die nicht mehr die Membran zu durchdringen vermag. Natürlich schließt das zweite das erste nicht aus; es ist an anderer Stelle gezeigt worden, wie Einzelmoleküle von den in Rede stehenden Größen die charakteristischen Polymerisationserscheinungen unter den verschiedenen Einflüssen aufweisen.

Über den Einfluß der nach der Atomzahl gerechneten Molekulargröße lagern sich ferner solche konstitutiver Art. Vor allem ist es der Einfluß der Sulfogruppe, der ähnlich, wie er die Löslichkeit der Farbstoffe verbessert, sehr deutlich verstärkend auf die Dialysierbarkeit wirkt. Das macht sich zunächst bei den Sulfosäuren der Malachitgrünreihe geltend, die mit 70—95 Atomen nach der ersten allgemeinen Regel gar nicht dialysieren sollten, die sich aber bei ihrem Gehalte von 2—3 Sulfogruppen sämtlich als leicht dialysierbar erweisen. Bei den Sulfosäuren der Rosanilinfarbstoffe treten die Einflüsse der Molekulargröße und der Sulfogruppe beide zutage. Alkaliblau 6B und Echtsäureviolett 10B besitzen fast die gleiche Molekulargröße (76—78 Atome); das erste enthält nur eine Sulfogruppe und dialysiert nicht; das zweite besitzt deren zwei und dialysiert stark. Säurefuchsin S und Wasserblau 6B enthalten je drei Sulfogruppen; der erste Farbstoff mit 52 Atomen dialysiert rasch, der zweite mit 84 Atomen mäßig stark. Echtsäureviolett 10B und Säureviolett 6B besitzen je 2 Sulfogruppen; das erste mit 78 Atomen dialysiert stark, das zweite mit 91 nur etwas. Zwischen Farbstoffen nahezu gleicher Molekulargröße verursacht somit der Gehalt an Sulfogruppen, zwischen Farbstoffen mit gleicher Anzahl von Sulfogruppen die verschiedene Atomzahl die charakteristischen Unterschiede. Das Indulinechtblau mit 70 bis 82 Atomen sollte nicht dialysierbar sein; die Anwesenheit von Sulfogruppen verursacht, daß er ziemlich stark dialysiert. Unter den Tetrazofarbstoffen fällt der Mangel an Dialysierbarkeit bei Tuchrot GA (53 Atome) auf. Das Tuchrot ist das Salz einer Monosulfosäure und somit erklärt es sich, daß es ein wenig aus der Reihe der übrigen zweifach sulfurierten Tetrazofarbstoffe herausfällt. In gleicher Beziehung zu seinen Verwandten steht der einfache saure, monosulfurierte Azofarbstoff Echtrot A, der trotz seiner 41 Atome nur langsam dialysiert, während die entsprechenden disulfurierten Farbstoffe rasch die Membran passieren.

Benachteiligend auf die Dialysierbarkeit scheint die ‚Alizarinkonstitution' zu wirken; die Alizarinfarbstoffe mit 38 Atomen dialysieren nur teilweise. Auffällig ist ferner, daß das Eurhodin, Neutralrot, nach TEAGUE und BUXTON langsam dialysiert, trotzdem es nur 37 Atome zählt. Ferner, daß Rhodamin mit 65 Atomen rasch dialysiert. Es ist wohl möglich, daß hier besondere konstitutive Einflüsse eine Rolle spielen, die indessen bei der relativ rohen Methode der Messung noch nicht zugänglich sind. Immerhin stellen sie gegenüber den zahlreichen Belegen der Regeln über den Einfluß der Molekulargröße und der Sulfogruppen nur geringfügige Ausnahmen dar, und wir sind bereits in der Lage, mit ziemlich großer Wahrscheinlichkeit für einen Farbstoff bekannter Konstitution sein Verhalten bei der Dialyse voraussagen zu können."

Wieweit die chemische Molekülgröße und wieweit der Assoziationszustand die Dialysierbarkeit der Farbstoffe beeinflußt, wird man erst dann mit Sicherheit feststellen können, wenn bereits genügend zuverlässige Diffusionsmessungen vorliegen, die Aufschluß über den jeweils herrschenden Assoziationszustand geben. Es ist durchaus möglich, daß die Rolle der chemischen Konstitution, z. B. der Anzahl der Sulfogruppen, darauf zurückzuführen ist, daß sie den Assoziationszustand mitbestimmt, so daß es letzten Endes die Teilchengröße ist, welche die Dialysierbarkeit eindeutig festlegt. Andererseits ist es wahrscheinlich, daß für die Dialysierbarkeit nicht die mittlere Teilchengröße, sondern die Größe der kleinsten in der Lösung noch in merklicher Menge anwesenden Teilchen bestimmend ist. Wenn also die Aggregation nicht zu weitgehend ist, wird die Dialysierbarkeit von der Größe der einzelnen Farbionen, mit denen die Aggregate sich im Gleichgewicht befinden, abhängen.

ZSIGMONDY und BEGER haben die Filtrierbarkeit der Farbstoffe durch Ultrafilter untersucht. Den von ihnen angewandten Membranfiltern von geeigneter Porengröße, sog. Ultrafeinfiltern, gegenüber verhielten sich die untersuchten Farbstoffe wie folgt.

Der Nitrofarbstoff, Naphtholgelb, ging glatt durch. Von den Monoazofarbstoffen ging Echtrot A mit der Atomzahl 41, jedoch mit nur einer Sulfogruppe, nur spurenweise durch. Bordo R extra und Krystallponceau 6R mit je 45 Atomen gingen ziemlich gut durch, Erica BN mit der Atomzahl 60 nur mäßig. Die untersuchten Benzidinfarbstoffe von 54—70 Atomen wurden nur mäßig durchgelassen, Benzopurpurin 4B mit 76 Atomen wurde zurückgehalten. Von den Polyazofarbstoffen gingen die meisten nur spurenweise oder überhaupt nicht durch das Filter. Nur das verhältnismäßig niedrigmolekulare Bismarckbraun (Atomzahl 44) ging ziemlich gut durch, außerdem jedoch auch das Naphtholschwarz B, das zwar 71 Atome, aber 4 Sulfogruppen im Molekül enthält. Die übrigen untersuchten Farbstoffe gingen glatt durch, diese waren Tartrazin O, Curcumin S, Alizarinrot BS, Methylenblau, Safranin, Phosphin, Chinolingelb, ferner 3 Malachitgrünfarbstoffe, 3 Rosanilinfarbstoffe und 4 Phthaleine. Es ist hervorzuheben, daß unter den Malachitgrünfarbstoffen sich 2 befanden, die eine Atomzahl von 86 bzw. 89 besaßen, und unter den Rosanilinfarbstoffen war auch das Wasserblau 6B mit 84 Atomen.

Ebenso wie bei den Versuchen von BILTZ zeigte sich somit auch in den Versuchen von ZSIGMONDY neben der Molekülgröße der Einfluß der Konstitution.

Für den Vergleich mit dem färberischen Verhalten ist die Kenntnis der Durchgängigkeit der Farbstoffe bei höherer Temperatur von besonderem Interesse. Mit Hilfe von Cellophanmembranen (Nr. 300) hat ROSE die Dialysierbarkeit einiger Farbstoffe in der Nähe des Siedepunktes untersucht. Die meisten sauren Wollfarbstoffe gingen durch die Membran, einige in neutralem Bade färbende Farbstoffe und Sulfocyanine erwiesen sich jedoch als undurchgängig. Von den substantiven Baumwollfarbstoffen wurde ein Teil auch bei Siedetemperatur durch die Membran zurückgehalten. Andere wieder, wie z. B. Chrysophenin und alle diejenigen substantiven Farbstoffe, die die Viscoseseide egal anfärben, dialysierten durch die Membran. Die untersuchten schwarzen und blauen Baumwollfarbstoffe waren ohne Ausnahme nicht imstande, durch die Membran zu gehen. Die Schwefelfarbstoffe, unter den Färbebedingungen angewandt, wurden zurückgehalten, von den Anthrachinonküpenfarben dialysierten die Kaltfärber, während die Heißfärber zurückgehalten wurden. Die thioindigoiden Farbstoffe und die Indigosole konnten die Membran passieren.

MORTON hat für die Ultrafiltration von Farbstoffen Viscosefilme benützt. Da die handelsüblichen Filme nur eine sehr geringe Filtriergeschwindigkeit zuließen, unterwarf er diese der Behandlung mit konzentrierter Natronlauge. Der mittlere Porenradius, der aus der Durchströmungsgeschwindigkeit des Wassers ermittelt wurde (vgl. den Abschnitt über die Micellartextur der Faserstoffe), stieg durch diese Behandlung von etwa 15 Å auf 90 Å. Die Ergebnisse an den untersuchten vier Farbstoffen bringt die folgende Tabelle.

Tabelle 125. Filtration von 0,005%igen Farbstofflösungen durch eine Viscosemembran mit einem Porenradius von 95 Å. Nach T. H. MORTON.

Farbstoff	Temperatur °C	Konzentration des Filtrates in % der ursprünglichen Lösung Konzentration von NaCl in der Lösung in Gew.-%					
		0	0,005	0,025	0,10	0,50	2,5
Chrysophenin GS .	75	41	54	96	95	95	—
Chicagoblau 6 B . .	20	1	10	26	27	26	15
,, 6 B . .	75	15	16	33	82	93	80
Benzoechtblau 8 GL	75	3	—	34	67	70	62
Chlorazolechtorange AGS . .	75	10	—	26	59	55	48

Das Filtrat war bei Beginn der Filtration immer farblos, doch stellte sich darin bald eine konstant bleibende Farbstoffkonzentration ein. Die Analyse (kolorimetrisch) wurde vorgenommen, wenn diese konstante Konzentration im Filtrat erreicht war. Durch die Ermittlung der Durchströmungsgeschwindigkeit des Wassers wurde festgestellt, daß die Temperaturerhöhung die Porengröße der Membran nicht merklich beeinflußt.

Die Ergebnisse zeigen, daß die Farbstoffe in Salzabwesenheit am stärksten zurückgehalten werden. Mit zunehmender Salzkonzentration geht zunächst immer mehr Farbstoff durch das Filter. Nach Überschreitung eines Maximums führt die weitere Erhöhung der Salzkonzentration zur Abnahme der Durchgängigkeit des Farbstoffes. MORTON nahm an, daß der Einfluß des Natriumchlorids auf die Beeinflussung des Assoziationszustandes der Farbstoffe zurückzuführen ist. Die Diffusionsbestimmungen von VALKÓ zeigen jedoch, daß zunehmende Salzkonzentration durchweg zur Zunahme der mittleren Teilchengröße führt. Das Verhalten der Farbstoffe bei der Filtration in niedrigen Salzkonzentrationen kann somit nicht seine Ursache in den Veränderungen der Teilchengröße haben. ROBINSON, ferner NEALE nehmen an, daß die geringe Durchgängigkeit der reinen Farbstofflösungen darauf beruht, daß die negativ geladene Membran (s. den Abschnitt über das elektrokinetische Potential der Cellulose) den Eintritt der negativ geladenen Farbstoffionen in die Kanäle infolge der elektrostatischen Abstoßungskräfte hemmt. Salzzusatz unterdrückt die Ladung bzw. das Membranpotential. VALKÓ hat darauf hingewiesen, daß die Wasserdurchlässigkeit von Kollodiummembranen nach den Beobachtungen von DUCLAUX und ERRERA, ferner von MANEGOLD bei Anwendung von reinem Wasser geringer ist als gegenüber Salzlösungen, d. h. die scheinbare Porengröße nimmt bei Salzzusatz zu. Das Verhalten in konzentrierteren Salzlösungen steht hingegen mit der Abhängigkeit des Diffusionskoeffizienten von der Salzkonzentration in Übereinstimmung.

Die Befunde an Chicagoblau 6B zeigen deutlich, daß die Durchgängigkeit des Farbstoffes bei erhöhter Temperatur größer ist als bei Zimmertemperatur.

Vergleicht man die Ergebnisse von MORTON an Chicagoblau 6B bei 25° mit den von VALKÓ auf Grund von Diffusionsmessungen ermittelten Werten der Teilchengröße dieses Farbstoffes bei derselben Temperatur, so findet man zunächst einen Widerspruch. Unter den Bedingungen, unter denen der Teilchenradius 10—15 Å betragen soll, hält eine Membran mit dem Porendurchmesser von etwa 90 Å 73—99% des Farbstoffes zurück. Dieses paradoxe Verhalten erklärt sich aus dem Umstand, daß man aus der Durchströmungsgeschwindigkeit nur einen Mittelwert für den Durchmesser der Poren erhält, für die Siebwirkung jedoch nur der Wert des Durchmessers an der Stelle der engsten Einschnürung der einzelnen Poren ausschlaggebend ist. BECHHOLD, ferner ELFORD haben gezeigt, daß der Porendurchmesser 8—15mal bzw. 2—5mal größer sein muß als ein Keim, für den das Filter gerade durchlässig ist. Da der hydrodynamisch bestimmte Durchmesser der Poren viel größer ist als derjenige, der bei der Filtration wirksam ist, besteht in Wirklichkeit zwischen den Ergebnissen von MORTON und VALKÓ kein Gegensatz.

MORTONs Ergebnisse bilden eine gute Stütze der Ansicht, daß die Farbstoffe in den Lösungen je nach der Konzentration, dem Salzgehalt und der Temperatur verschiedene Assoziationszustände aufweisen, wobei jeweils Teilchen verschiedener Größe miteinander im Assoziationsgleichgewicht stehen. Sehr bemerkenswert ist die Feststellung, daß die alkalibehandelte Cellophanmembran, deren Porenradius mindestens 6mal so groß ist als derjenige der Baumwolle, die substantiven Farbstoffe zu einem nicht unerheblichen Anteil auch bei mittlerer Salzkonzentration zurückzuhalten vermag.

H. BRINTZINGER und SCHALL haben die Dialysegeschwindigkeit von Farbstoffen durch Cuprophanfolien (Cellulosefolien, die aus Kupferamminlösungen gewonnen werden, analog der Kupferseide) untersucht. Die Messung wurde in Anwesenheit von $NaNO_3$ in 1 n Konzentration (gleichmäßig verteilt in der Innen- und in der Außenflüssigkeit) ausgeführt. Die Konzentration der Farbstoffe betrug 0,6—0,03%. Die Konstante der Diffusion durch die Membran, der sog. Dialysekoeffizient, wurde so ermittelt, daß die Dialysegeschwindigkeit von Thiosulfationen unter denselben Bedingungen gemessen wurde, unter denen der Versuch mit den Farbstoffen ausgeführt worden war. Auf diese Weise wurden die Membrane geeicht. Die Dialysekoeffizienten können nun als relative Diffusionskoeffizienten zur Berechnung des Teilchengewichtes benützt werden. BRINTZINGER und SCHALL legen der Berechnung nicht das STOKES-EINSTEIN-SUTHERLANDsche Gesetz zugrunde, sondern die empirische Beziehung, wonach das Molekulargewicht dem Quadrat des Diffusionskoeffizienten proportional ist (an Stelle der dritten Potenz nach STOKES-EINSTEIN-SUTHERLAND).

Die untersuchten Farbstoffe waren Kupferrot (Molekulargewicht des Farbions 343; Wertigkeit 1—), Echtrot (535; 3—), Sulfonsäureblau (640; 3—), Diazingrün (461; 1+), Meldolablau (275; 1+) und Krystallviolett (372; 1+). Bei allen diesen Farbstoffen ergab sich eine ausgezeichnete Übereinstimmung zwischen dem chemischen Molekulargewicht des Farbions und dem aus der Dialysegeschwindigkeit berechneten Teilchengewicht. Die Abweichungen betrugen weniger als 2%. Die Ergebnisse bedeuten, daß die Farbionen keine Assoziation erleiden und daß sie ungehindert durch die Poren der Membran treten. Der Befund eines Assoziationsfaktors = 1 ist einigermaßen überraschend. Wenn auch die untersuchten Farbstoffe ihrer Konstitution nach zu den weitgehend zerteilten gehören müssen, so würde die hohe Salzkonzentration auf Grund der Erfahrungen bei den Diffusionsmessungen eine Herabsetzung der Diffusionskonstante erwarten lassen. Noch mehr überrascht jedoch in Anbetracht der gleichen Größenordnung des submikroskopischen Porendurchmessers der Membran und des Moleküldurchmessers der Farbstoffe das Fehlen einer spezifischen Hinderung durch die Membran.

Weitere Methoden zur Untersuchung des Zerteilungszustandes von Farbstofflösungen. Außer den bereits besprochenen Methoden wurde gelegentlich versucht, auch auf anderem Wege Einblicke in den Assoziationszustand der Farbstoffe in Lösungen zu erhalten. Viel Erfolg verspricht die Untersuchung des Absetzens in starken Zentrifugalfedern nach dem Verfahren von SVEDBERG. Bis jetzt liegen jedoch aus seinem Laboratorium nur wenige Versuche in dieser Richtung vor, über die QUENSEL berichtet hat. Nach der Methode des Sedimentationsgleichgewichts fand er, daß Kongorot in 0,01%iger Lösung in Anwesenheit von etwa 0,1 n NaCl monodispers ist, d. h. Teilchen der gleichen Größe bildet und daß diese Teilchen ein Molekulargewicht von etwa 8—9000 besitzen. Die Messung der Sedimentationsgeschwindigkeit ergab, daß je nach der Salzkonzentration 12, 18 oder 24 Farbionen zu einem Teilchen zusammentreten. Diese Zahlen stimmen mit den Ergebnissen von VALKÓ gut überein.

Die Veränderung des Absorptionsspektrums von Farbstofflösungen mit der Konzentration kann auf die Veränderung ihres Assoziationszustandes zurückgeführt werden. An einer großen Reihe von Farbstoffen hat W. C. HOLMES die Absorptionsspektren in Abhängigkeit von der Konzentration verfolgt. MEUNIER und LESBRE haben an einer Anzahl von substantiven Farbstoffen die Abhängigkeit der Absorption von der Konzentration des Farbstoffs und der anwesenden Salze bestimmt und aus ihren Daten Folgerungen auf die Teilchengröße der Farbstoffe gezogen. G. L. CLARK und SOUTHARD haben an Nilblausulfat und Methylenblau derartige Messungen ausgeführt und die Ergebnisse im Sinne einer mit zunehmender Konzentration zunehmenden Assoziation der Farbstoffe gedeutet. Auch die Veränderung des Röntgendiagramms der Nilblaulösungen mit der Konzentration konnte von diesen Forschern in gleichem Sinne ausgewertet werden.

Sehr eingehend und genau hat KORTÜM das optische Verhalten einer Anzahl von Farbionen untersucht. Mit Hilfe einer Präzisionsmethode war es ihm möglich, den Extinktionskoeffizienten in Abhängigkeit von der Konzentration in sehr verdünnten Lösungen (bis 10^{-5} n herunter) zu bestimmen. In derart verdünnten Lösungen bedingen die zwischen den entgegengesetzt geladenen Ionen wirksamen elektrostatischen Kräfte gewöhnlich noch keine meßbare Änderung der optischen Eigenschaften. Wenn hier trotzdem eine Abhängigkeit des molaren Extinktionskoeffizienten von der Konzentration, d. h. wenn die Ungültigkeit des BEERschen Gesetzes beobachtet wird, wie es bei einer Anzahl von Farbionen der Fall ist, dann muß man annehmen, daß es sich um eine gegenseitige Beeinflussung der Farbionen infolge ihrer Zusammenlagerung handelt. Der Nachteil dieser Methode ist, daß sie keinen *quantitativen* Schluß auf das Ausmaß der Aggregation erlaubt, ihr Vorzug, daß sie oft schon im Gebiet äußerster Verdünnungen, in dem die anderen Verfahren versagen, die Zusammenrottung der Farbionen erkennen läßt. So wurde von KORTÜM nachgewiesen, daß Methylorange, Orange II, Echtrot A und Methylenblau bereits in großer Verdünnung deutliche Abweichungen von der optischen Konstanz aufweisen. Naphtholgelb, Azorubin S und Tartrazin zeigten hingegen in dem untersuchten Gebiet keine Abweichung vom BEERschen Gesetz. Daß die Größe der Abweichung kein Maß für die Größe der Aggregation ist, beweist am auffälligsten die Tatsache, daß die Abweichungen bei Methylenblau bedeutend stärker sind als beim Kongorot und Benzopurpurin 4 B, obwohl sie bei diesen gleichfalls merklich sind. Von KORTÜM wird darauf hingewiesen, daß man diese Verhältnisse z. B. durch die Annahme erklären kann, daß das Methylenblau in dem untersuchten Gebiet sich allmählich zum Doppelion aggregiert, während die beiden Disazofarbstoffe bereits in den hochverdünnten Lösungen zu größeren Haufwerken zusammengeballt sind.

SCHEIBE hat aus der Ungültigkeit des BEERschen Gesetzes für die Lösungen der Triphenylmethanfarbstoffe, des Methylenblaus und der Polymethinfarbstoffe auf die Assoziation der Farbionen geschlossen und konnte diese Folgerung durch Bestimmung des Verteilungsgleichgewichtes der Farbstoffe zwischen verschiedenen Lösungsmitteln bestätigen.

Von den weiteren Methoden zur Erforschung der Teilchengröße ist noch die Bestimmung der Trübung bzw. der Intensität des zerstreuten Lichtes zu erwähnen. KROTOWA hat nephelometrisch den Einfluß der Salze auf die Lösungen von substantiven Farbstoffen verfolgt. Auf Grund seiner Ergebnisse gewinnt man den Eindruck, daß die Methode erst gröbere Veränderungen erkennen läßt.

FREUNDLICH, SCHUSTER und ZOCHER haben die Strömungsdoppelbrechung von Benzopurpurin 4 B untersucht. Ihre Befunde machen es wahrscheinlich, daß das Auftreten der Strömungsanisotropie wohl an die Anwesenheit größerer, noch amikroskopischer Teilchen geknüpft ist, daß jedoch auch eine bestimmte Form oder ein bestimmter Krystallzustand dieser Teilchen erforderlich ist.

Die Ursache der Aggregation von Farbionen. Die an den Farbstofflösungen ausgeführten physikalisch-chemischen Messungen haben zu dem Ergebnis geführt, daß die Farbsalze elektrolytisch weitgehend dissoziiert und ihre Farbionen dabei häufig zu mehr oder minder großen Aggregaten vereinigt sind. Die Assoziation gleichnamiger Ionen erfolgt entgegen den zwischen ihnen wirksamen elektrostatischen Abstoßungskräften, sie bedarf daher einer besonderen Erklärung. Das Vorkommen einer solchen Assoziation ist im Bereich der anorganischen Salze nur bei der Bildung von Komplexverbindungen bekannt. Von den organischen Ionen lassen außer den Farbionen auch die Seifenionen ein starkes Assoziationsbestreben erkennen. Da die Aggregation der Seifen gegenüber der der Farbstoffe trotz grundsätzlicher Ähnlichkeit gewisse kennzeichnende Verschiedenheiten aufweist, wird sie gesondert behandelt werden (vgl. den 14. Abschnitt).

Für die zwischen neutralen Molekülen bzw. für die zwischen Ionen (bei diesen entgegen oder neben den elektrostatischen Kräften der freien Ladungen) wirksame Anziehung kommen verschiedene Ursachen in Frage, nämlich Dipolkräfte (DEBYE), Dispersionskräfte (LONDON) und koordinative Bindungskräfte. Zwischen diesen Haupttypen gibt es alle Übergänge. Insbesondere bei dem Zustandekommen der koordinativen Bindung spielen die Dipolkräfte oft eine wesentliche, ja ausschlaggebende Rolle.

Als Dipolgruppe funktionieren in den Farbstoffmolekülen die Oxy-, Amino-, Äther-, Carbonamid- und Halogengruppen. Im Falle von Zwitterionen bildet der gesamte, zwischen den entgegengesetzten Ladungen liegende Molekülteil einen Dipol; hierauf führt PAULI die starke Assoziation mancher Benzidinfarbstoffe in saurer Lösung zurück. Er betont daneben die Bedeutung der übrigen Dipolgruppen. Auf die Bedeutung der LONDONschen Dispersionskräfte für die Farbionenaggregation hat KORTÜM hingewiesen.

Wenig beachtet wurde bisher in diesem Zusammenhang die Möglichkeit von koordinativer Bindung im Sinne der Valenzlehre. (Man versteht darunter die Gemeinsamkeit eines Elektronenpaares zwischen zwei Atomen, wobei — im Gegensatz zur normalen Kovalenz — beide Bindungselektronen von *einem* Atom, vom Donator, stammen. Das andere Atom, der Akzeptor, muß vor dem Eingehen in die Bindung koordinativ ungesättigt sein.) Es scheint uns jedoch (EISERT und VALKÓ), daß gerade die koordinative Bindung für die Assoziation der Farbstoffionen in erster Linie verantwortlich ist. In der Mehrzahl der Fälle dürfte es sich bei der Assoziation um die Ausbildung von „Wasserstoffbrücken" (hydrogen bonds) zwischen den Farbstoffionen handeln. Diese Bindungsart, die in den letzten Jahren in zunehmendem Maße Beachtung findet, ist die wirksame in manchen Oxoniumsalzen (WERNER, PFEIFFER) und in zahlreichen bekannten Molekülverbindungen der Alkohole, Phenole, Amine usw. (vgl. SIDGWICK, MIRSKY und PAULING, BERNAL und MEGAW, LATIMER und RODEBUSH).

Während die LONDONschen Dispersionskräfte (die von den gegenseitigen sog. kurzperiodischen Störungen der außerordentlich schnellen inneren Bewegungen der Elektronen herrühren) weitreichend und ziemlich unspezifisch sind und keine starre gegenseitige Orientierung bedingen, sind die Dipolkräfte auf die unmittelbare Nähe der Dipolgruppen lokalisiert und hängen vor allem von der gegenseitigen Lage der Dipolgruppen ab. Bei der Wasserstoffbrücke ist schließlich die gegenseitige Lage der verbundenen Atome genau bestimmt, und der Abstand der mittels des Wasserstoffs verknüpften Atome ist geringer als ihre kleinstmögliche Entfernung in unverbundenem Zustande (der N—H—O-Abstand beträgt etwa 2,8 Å). Die starke Abhängigkeit des Assoziationsbestrebens der Farbstoffe von konstitutiven Einzelheiten steht mit der Annahme der Ausbildung von Wasserstoffbrücken in Einklang.

Gleichgültig welche Kräfte die Assoziation bedingen, die Wärmebewegung muß ihr entgegenwirken. Daher begünstigt die Erhöhung der Temperatur den Zerfall der Aggregate. Erhöhung der Konzentration des Farbstoffs verschiebt das Gleichgewicht entsprechend dem Massenwirkungsgesetz zugunsten stärkerer Assoziation.

Der größte Widerstand, den die Assoziationskräfte überwinden müssen, wird durch die elektrostatische Abstoßung der freien Ladungen gebildet. In dieser Tatsache ist der große Einfluß der Salzkonzentration auf die Assoziation begründet. Je höher die Salzkonzentration ist, um so dichter wird im Sinne der Theorie der diffusen Doppelschicht die Gegenionenwolke um die Farbstoffteilchen, um so geringer daher die COULOMBsche Arbeit, die zur Annäherung der Farbionen aufgewendet werden muß. Dazu tritt noch, vor allem in konzentrierten Salzlösungen, eine Aussalzwirkung gegenüber den Dipolgruppen der Farbionen, wodurch ihre Hydratation geschwächt und somit ihre wechselseitige Verknüpfung erleichtert wird.

Jedenfalls ist die Erhaltung der Ladung die Hauptbedingung für die Ausbildung von stabilen Farbstoffaggregaten. Sind die Assoziationskräfte genügend stark, um auch die Solvatationsenergie der freien Ladungen zu überwinden, so erfolgt die Krystallisation oder — als einer unbeständigen (thermodynamisch nicht umkehrbaren) Zwischenstufe — die Bildung einer kolloiden Lösung. Sind die ionischen Gruppen im Farbmolekül derart angeordnet, daß die wechselseitige Anlagerung unter Erhaltung der Ladung nicht möglich ist, so bleibt die Assoziation aus. Unter Berücksichtigung dieser Umstände muß man annehmen, daß den Farbstoffaggregaten bestimmte Strukturen zukommen, die eine möglichst große Entfernung der gleichgeladenen Gruppen und zugleich eine unmittelbare Annäherung der koordinativ ungesättigten Atome ermöglichen. Daher wird die Anzahl der zu einem Teilchen vereinigten Farbionen in den thermodynamisch stabilen Lösungen etwa 10—20 selten übersteigen. Man wird häufiger niedrigere Assoziationszahlen erwarten dürfen.

Kolloide Farbstofflösungen und Farbstoffsuspensionen. Ein Teil der Farbstoffe zeigt die Neigung, aus übersättigten Lösungen nicht auszufallen, sondern unter Bildung einer kolloiden Lösung bzw. einer feinteiligen Suspension im Lösungsmittel schwebend zu bleiben. Von den klaren, stabilen Farbstofflösungen, in denen die Teilchen nur von einigen Farbionen gebildet werden, sind diese kolloiden Farbstofflösungen oder Farbsole zu unterscheiden. Allerdings gibt es auch solche Systeme, die einen Übergang zwischen den beiden Gruppen darstellen. Das Absetzen eines Niederschlages beim längeren Stehen, das Auftreten einer Trübung, ferner die ultramikroskopische Sichtbarkeit sind die Merkmale der kolloiden Lösungen bzw. Suspensionen, vorausgesetzt, daß diese Merkmale nicht durch das Vorhandensein von Verunreinigungen vorgetäuscht werden.

Bei Erhöhung der Salzkonzentration oder bei Erniedrigung der Temperatur gehen viele wasserlösliche Farbstoffe, vor allem aus der Gruppe der substantiven Farben, in diesen kolloiden Zustand über, der unter Umständen lange haltbar sein kann, jedoch kein umkehrbares Gleichgewicht darstellt. Der Zerteilungszustand kann hier nämlich nur von der Lösungsseite her erreicht werden und nicht auf dem Wege von freiwilliger Zerteilung eines Bodenkörpers (unter den Bedingungen des Endzustandes).

Besonders kennzeichnend für die kolloiden Lösungen ist die Neigung, bei geringfügiger Änderung der Zustandsbedingungen, insbesondere infolge Erhöhung der Salzkonzentration, sich in zwei makroskopische Phasen zu trennen: zu koagulieren. Während bei einer gewöhnlichen Lösung, falls die Anwesenheit von Salzen die Löslichkeit herabsetzt, die Sättigungskonzentration mit zunehmender Salzkonzentration stetig abnimmt (Aussalzung), tritt bei manchen Farbstoffen die Ausscheidung aus der Zerteilung bei einer bestimmten Salzkonzentration, dem sog. Schwellenwert der Flockung, plötzlich und vollständig ein. ROBINSON und MILLS haben z. B. beobachtet, daß Benzopurpurin 4B aus 0,5%iger Lösung bei Zimmertemperatur nach dem Zusatz von 0,16 n NaCl in Form eines gelartigen Niederschlages ausfällt und die überstehende Flüssigkeit völlig entfärbt wird, obwohl noch die Anwesenheit von $1 \times 10^{-5}\%$ Farbstoff sich durch eine deutliche Färbung erkennen ließe. Das „Meta-Benzopurpurin", das erst in 2,3 n NaCl flockt, zeigt hingegen auch nach der Ausscheidung eine gefärbte überstehende Flüssigkeit. Die Neigung zur Bildung einer Zerteilung mit kolloiden Eigenschaften ist anscheinend bei dem letzteren Farbstoff nicht so stark wie bei dem ersteren.

Als lyophobe Sole unterliegen diese kolloiden Lösungen der Wertigkeitsregel der Flockung: sie koagulieren bei um so kleinerer Äquivalentkonzentration des flockenden Salzes, je höher die Wertigkeit desjenigen Ions dieses Salzes ist, welches dem Farbion entgegengesetzt geladen ist. Daß es sich hierbei nicht um die Bildung eines unlöslichen Farbsalzes handelt, kann man in denjenigen Fällen erkennen, in denen die zur vollständigen Flockung erforderliche Äquivalentkonzentration des flokkenden Ions kleiner ist als die Äquivalentkonzentration des Farbions.

Obwohl die Neigung zur Bildung von Zerteilungen mit ausgeprägten kolloiden Eigenschaften besonders im Bereich der substantiven Farbstoffe sehr verbreitet ist, hat diese Erscheinung für die Färbevorgänge unmittelbar nur wenig Bedeutung. Es zeigt sich nämlich, wenigstens soweit die bisherigen Erfahrungen reichen, daß unter den Färbebedingungen, insbesondere bei der Temperatur des Färbevorganges, die Farbstoffe in klaren, im thermodynamischen Sinne stabilen Lösungen vorliegen, in denen sie wohl eine gewisse Assoziation aufweisen, jedoch im Sinne eines *umkehrbaren Gleichgewichtszustandes*.

In wasserunlöslichem Zustande gelangen in die Hände des Verbrauchers die Küpenfarbstoffe (abgesehen von den sog. Indigosolen), ferner gewisse Acetatseidefarbstoffe. Da die Lösungsgeschwindigkeit (bei der Verküpung bzw. bei der Aufnahme durch das Celluloseacetat) um so schneller vor sich geht, je größer die Oberfläche des Bodenkörpers ist, werden diese Farbstoffe häufig in besonders feinverteilter Form als Pulver oder Teig in den Handel gebracht. In Wasser bilden sie dann Suspensionen, deren Teilchengröße häufig an der Grenze der mikroskopischen Sichtbarkeit liegt.

Das Verhalten der Sole von Benzidinfarbsäuren. Eine Anzahl substantiver Farbstoffe erleidet beim Zusatz von Säure infolge der Verminderung ihrer negativen Überschußladung (gewöhnlich infolge Entstehung von positiven Ladungen an den Aminogruppen, gelegentlich auch infolge Dissoziationsrückganges an der OH- bzw. COOH-Gruppe) eine wesentliche Zunahme der Assoziation, eine Teilchenvergröberung. Da die Dissoziationsänderung oft mit einem Farbenumschlag verbunden ist, tritt die Änderung des Assoziationszustandes häufig zusammen mit der Farbänderung auf. Die Theorie von Wo. Ostwald, wonach die Ursache des Farbumschlages die Veränderung der Teilchengröße ist, kann jedoch heute, wenigstens in einer Anzahl von Fällen als widerlegt gelten.

Von Wo. Ostwald stammt die Regel, daß das Absorptionsmaximum disperser Systeme mit zunehmender Teilchengröße nach größeren Wellenlängen verschoben wird. Diese sog. Farbe-Dispersitätsgradregel hat sich in vielen Fällen (insbesondere bei den Edelmetallsolen) ausgezeichnet bewährt und konnte mit der Theorie der Beugung disperser Systeme in Zusammenhang gebracht werden. Sie mag in gewissen Fällen auch für die Farbstoffe (z. B. bei der Aggregation wasserunlöslicher Farbstoffe auf der Faser, vgl. den 13. Abschnitt) eine wichtige Rolle spielen, bei dem Farbenumschlag der Indikatoren tritt sie jedenfalls gegenüber konstitutiven Einflüssen völlig in den Hintergrund (vgl. die Arbeiten von Wo. Ostwald, Hantzsch, Pauli und Mitarbeitern). Die frühere Wi. Ostwaldsche Indikatorentheorie, nach der die Farbe durch die Ionisation bestimmt wird (das Ion und das undissoziierte Molekül haben verschiedene Farben) hat insbesondere durch die Arbeiten von Hantzsch insofern eine Abänderung erfahren, als erkannt wurde, daß die Ionisation selbst die Farbe unverändert läßt, jedoch die als Folge der Ionisation eintretende Umlagerung des Farbstoffs in eine tautomere Form die Farbänderung hervorruft.

In einer Reihe sehr beachtenswerter Untersuchungen hat Pauli gezeigt, daß die in saurer Lösung vorhandene Form der Benzidinfarbstoffe durch Elektrodialyse der Farbsalze in vollständig gereinigtem Zustande erhalten werden kann. Die auf diese Weise gewonnenen kolloiden Lösungen von Farbsäuren bilden einen geeigneten Gegenstand für physikalisch-chemische Messungen.

Bekanntlich bildet das Kongorot in alkalischer und neutraler Lösung zweiwertige Anionen von roter Farbe, denen die Konstitution I zukommt. In saurer Lösung wird die Aminogruppe aufgeladen, die Sulfogruppe bleibt unverändert, und man erhält ein Zwitterion mit je zwei positiven und je zwei negativen Ladungen. Das Zwitterion, dessen Farbe blau ist, hat wahrscheinlich nicht die Konstitution II, sondern dieses zunächst gebildete azoide Molekül, dessen Farbe noch rot ist, erleidet sofort eine Umlagerung in die blaue Form, der nach HANTZSCH die chinoide Form III, nach DILTHEY-WIZINGER die Azeniumform IV zukommt.

Nach neueren Auffassungen handelt es sich um eine Mesomerie (SIDGWICK, BURY, EISTERT), d. h. der Zustand des blauen Moleküls stellt eine Zwischenstufe zwischen der chinoiden Ammeniumform (III) und der azoiden Azeniumform (IV) dar.

I. Rotes, azoides Anion von Kongorot

II. Rotes, azoides Zwitterion (Ammeniumform) (unstabil)

III. Blaues, chinoides Zwitterion (Ammeniumform)

IV. Blaues, azoides Zwitterion (Azeniumform)

II—IV: Nur eine der beiden spiegelbildlichen Molekülhälften gezeichnet.

Gleichgültig, welche dieser Formen entsteht, auf alle Fälle ist die Aufnahme von zwei Protonen je Molekül und damit der Übergang ins Zwitterion das Wesen der Dissoziationsänderung bei Erhöhung der Wasserstoffionenkonzentration. Diese Dissoziationsänderung kann auch dadurch bewirkt werden, daß man dem Farbsalz durch Elektrodialyse zwei Mole Natronlauge entzieht:

$$\text{Kongoanion} + 2\,\text{Na} \xrightarrow[-2\,\text{NaOH}]{+\,\text{H}_2\text{O}} \text{Kongozwitterion.}$$

Im Elektrodialysator bildet der blaue Farbstoff einen sich absetzenden Niederschlag. Durch Schütteln mit reinem Wasser erhält man eine kolloide Lösung, die sich bei nicht allzu hoher Konzentration als praktisch unbegrenzt haltbar erweist. Ähnlich verhalten sich Benzopurpurin 4B und andere Benzidinfarbstoffe.

Wir müssen uns hier darauf beschränken, einige besonders interessante Ergebnisse der Untersuchungen wiederzugeben. An etwa 0,1%igen Lösungen der Farbsole erhielten Pauli und Lang die folgenden Werte der molekularen Leitfähigkeit:

Kongorot	11,4 rez. Ohm
Benzopurpurin 4B	78,8 ,, ,,
Kongorubin	456 ,, ,,
Kongokorinth G	756 ,, ,,
Chicagoblau 6B	1000 ,, ,,

Bei Bewertung der erhaltenen Zahlen ist der Umstand von Bedeutung, daß bei dem erzielten Reinheitsgrad der elektrolytisch dissoziierte Anteil der Farbstoffe nur als Farbsäure vorliegen kann, deren Äquivalentleitfähigkeit bei unendlicher Verdünnung rund 400 rez. Ohm beträgt. Das Verhältnis dieser Zahl zu dem beobachteten Wert der molekularen Leitfähigkeit gibt die Anzahl der auf eine freie Ladung entfallenden Moleküle an. Sie beträgt beim Kongorot rund 40, bei Benzopurpurin 4B rund 5, bei Kongorubin 1, bei Kongokorinth 0,5 und bei Chicagoblau 0,4. Da letzterer Farbstoff vier Sulfogruppen je Molekül besitzt, bedeutet das Ergebnis auch hier noch keineswegs eine vollständige Dissoziation.

Das Verständnis dieses Verhaltens der Farbsole wird durch die Berücksichtigung ihrer elektrochemischen Konstitution wesentlich gefördert. (Vgl. die Formeln auf S. 384.)

Kongorot und Benzopurpurin 4B enthalten im Molekül zwei Amino- und zwei Sulfogruppen. In reinem Wasser, entsprechend der Wasserstoffionenkonzentration, die infolge der Dissoziation der Sulfogruppen bei der angegebenen Farbstoffkonzentration größenordnungsgemäß 10^{-5} n beträgt, liegt der größte Teil der Farbionen als Zwitterion vor, da beide Aminogruppen durch Protonaufnahme in die geladene NH_3^+-Gruppe umgewandelt sind. Dieser zwitterionische Teil trägt zur Leitfähigkeit der Lösung nicht bei. Nur ein Bruchteil des Farbstoffes liegt infolge des Dissoziationsgleichgewichtes als Farbstoffanion mit ungeladener NH_2-Gruppe vor. Das Gegenion dieser Farbionen ist H^+. Der zwitterionische Anteil ist, da ihm die löslichmachende Wirkung der elektrischen Überschußladung fehlt, zu Kolloidteilchen aggregiert, die an ihrer Oberfläche mit Hilfe der den Gitterionen ähnlichen Kohäsionskräfte die dissoziierten Farbanionen festhalten. Auf diese Weise ist der aus Zwitterionen bestehende elektrisch neutrale Kern der Kolloidteilchen durch ionogene Gruppen eingehüllt, die den Teilchen ihre Stabilität verleihen. Beim Kongorot entfällt auf je 40 neutrale Zwitterionen ein aufladendes Farbanion und ein H^+ als Gegenion. Die Anzahl der Moleküle je Teilchen beträgt wahrscheinlich ein Vielfaches hiervon, so daß eine mehr oder minder vollständige Bedeckung der Teilchen mit den aufladenden Ionen zustande kommt. Ähnlich liegen die Verhältnisse bei Benzopurpurin 4B, mit dem Unterschied, daß hier jedes fünfte Farbstoffmolekül ein elektrisch geladenes Ion bildet. Infolgedessen sind wahrscheinlich die Kolloidteilchen in dem blauen Sol des Benzopurpurins kleiner als in demjenigen des Kongorots.

Das Kongorubinmolekül trägt zwei Sulfogruppen und eine Aminogruppe. Auch wenn durch die Protonaufnahme der Aminogruppe Zwitterionenbildung eintritt, muß mindestens eine negative Überschußladung je Molekül frei bleiben. Infolge des hohen Molekulargewichtes reicht allerdings diese Ladung nicht aus, um das Farbion isoliert in der Lösung zu halten. Es tritt Bildung von Assoziationsprodukten ein, jedoch derart, daß alle Farbionen in dissoziiertem Zustand bleiben.

Beim Kongorinth wäre die Bildung von Zwitterionen mit einer negativen Überschußladung wie bei dem Kongorubin möglich. Die Protonaufnahme erfolgt jedoch bei diesem erst bei einer höheren Wasserstoffionenkonzentration, so daß in reinem Wasser die Aminogruppe undissoziiert vorliegt und das Farbion zwei negative Ladungen trägt. Bei Chicagoblau 6B mit vier Sulfogruppen und zwei Aminogruppen je Molekül wäre schließlich durch die Bildung von zweifach negativ geladenen Ionen die Mindestladung erreicht. Der erhaltene Wert der Leitfähigkeit weist jedoch darauf hin, daß bei der Versuchskonzentration etwa $1/4$ der Aminogruppen noch ungeladen ist, so daß die negative Überschußladung im Durchschnitt über 2 liegt.

Die drei letztgenannten Farbstoffe zeigen vermutlich nur eine verhältnismäßig geringfügige Assoziation. Der genaue Wert des Assoziationsfaktors ist allerdings, mit Ausnahme von Chicagoblau 6B, an dem ausreichende Diffusionsmessungen vorliegen, noch unbekannt.

Je nach dem elektrolytischen Dissoziationszustand und der Lage der Ionenladungen im Farbstoffmolekül werden nach PAULIs Vorstellung die Assoziationsprodukte durch die Farbmoleküle bzw. -ionen in verschiedener räumlicher Anordnung aufgebaut. Die Abb. 209 zeigt in der schematischen Darstellung von PAULI den von ihm vermuteten Aufbau der Aggregationsprodukte.

Mit wachsender Verdünnung nimmt die Wasserstoffionenkonzentration der reinen Farbsäurelösungen ab, daher geht die Protonaufnahme der Aminogruppen zurück, mit anderen Worten, der zwitterionische Anteil nimmt zugunsten der Ionen mit negativer Überschußladung ab. Das Anwachsen des geladenen Anteils drückt sich in der mit wachsender Verdünnung erfolgenden Zunahme der Äquivalentleitfähigkeit aus.

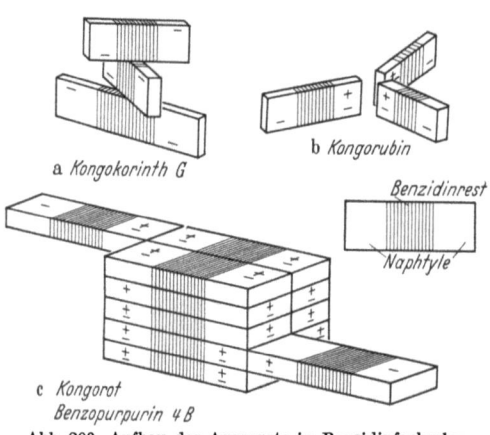

Abb. 209. Aufbau der Aggregate in Benzidinfarbsolen (schematisch). Nach PAULI und LANG.

Dieselbe Wirkung hat auch die Temperaturerhöhung. PAULI und SINGER haben beobachtet, daß dabei in sehr verdünnten Lösungen die blaue Farbe der elektrodialysierten Kongorotlösungen in die rote Farbe der negativ geladenen Farbionen umschlägt. Nach dem Abkühlen kehrt die blaue Farbe wieder.

Interessant ist die von PAULI und LANG beobachtete Hysterese der Leitfähigkeit dieser Farbsole. Nach Temperaturerhöhung und Abkühlung erhält man zunächst nicht die ursprüngliche Leitfähigkeit, sondern etwas höhere Werte. Erst bei längerem Stehen kehrt die ursprüngliche Leitfähigkeit langsam zurück. PAULI erklärt die Erscheinung durch die Annahme, daß beim Erwärmen infolge der höheren Aufladung eine Desaggregierung erfolgt und bei gewöhnlicher Temperatur die Herstellung der ursprünglichen Teilchengröße nur allmählich vor sich geht.

WO. OSTWALD und WALTER haben die Löslichkeit des als Bodenkörper in zwitterionischer Form vorliegenden Benzopurpurin 4 B („Benzopurpurin-Säure") in Natronlauge untersucht und festgestellt, daß sein Verhalten von dem nach den stöchiometrischen Gesetzen erwarteten erheblich abweicht. In niedrigen Laugenkonzentrationen und bei Farbsäureüberschuß ist die Löslichkeit zu gering, wahrscheinlich weil ein Teil der Lauge an den Bodenkörper gebunden wird. In dieser Hinsicht entspricht das Verhalten der OSTWALDschen Bodenkörperregel (vgl. S. 253ff.). In hohen Laugenkonzentrationen und bei Farbsäureüberschuß erscheint die in Lösung gehende Menge zu groß. Vermutlich wird hier ein Teil der Farbsäure durch das gelöste Farbsalz in kolloider Form peptisiert. Zur völligen Auflösung der Farbsäure ist in allen Fällen ein Überschuß an Lauge erforderlich. Geringe Zusätze von Neutralsalzen rufen eine Steigerung der Löslichkeit hervor. Es wäre interessant zu untersuchen, ob das Erfordernis eines Laugenüberschusses zwecks Lösung mit dem Bestehen des Dissoziationsgleichgewichtes

$$\text{Farbanion} + H^+ \rightleftarrows \text{Zwitterion}$$

zusammenhängt und ob die Wirkung des Neutralsalzes durch die Beeinflussung dieses Dissoziationsgleichgewichtes bedingt wird. In diesem Falle wäre es nämlich möglich, wenigstens einen Teil der von OSTWALD und WALTER beobachteten Anomalien als nur scheinbare Abweichungen von den normalen Gesetzmäßigkeiten der Dissoziations- und Lösungsgleichgewichte aufzufassen.

Schrifttum.

ADAIR, G. S. and M. E. ADAIR: Trans. Faraday Soc. **31**, 130 (1935).
ARNDT, F. u. B. EISTERT: Z. physik. Chem. B **31**, 125 (1935). — Ber. dtsch. chem. Ges. **69**, 2381 (1936).
AUERBACH, R.: Kolloid-Z. **30**, 166 (1922); **33**, 299 (1923); **34**, 109 (1924); **35**, 202 (1924).
BAYLISS, W. M.: Proc. roy. Soc. Lond. B **81**, 269 (1909).
BERNAL, J. D. and H. D. MEGAW: Proc. roy. Soc. Lond. A **151**, 384 (1935).
BILTZ, W.: Z. physik. Chem. A **83**, 629 (1913).
— u. F. PFENNING: Z. physik. Chem. A **77**, 91 (1911).
— u. A. v. VEGESACK: Z. physik. Chem. A **73**, 481 (1910).
BJERRUM, N.: Z. physik. Chem. A **104**, 147 (1923).
BRASS, K. u. K. EISNER: Kolloidchem. Beih. **37**, 56 (1932).
BRINTZINGER, H. u. A. SCHALL: Z. anorg. u. allg. Chem. **225**, 213 (1935).
BRUINS, H. R.: Kolloid-Z. **54**, 272 (1931); **57**, 152 (1931); **59**, 263 (1932).
BURY, C.: J. amer. chem. Soc. **57**, 2115 (1935).
CLARK, G. L. and J. SOUTHARD: Physics **5**, 95 (1934).
COHEN, E. u. H. R. BRUINS: Z. physik. Chem. A **103**, 404 (1923).
DEBYE, P.: Polare Molekeln. Leipzig 1929.
DILTHEY, W. u. R. WIZINGER: J. prakt. Chem. [2] **118**, 321 (1928).
DISCHREIT, W.: Diss. Techn. Hochsch. Dresden 1930.
DONNAN, F. G.: Z. Elektrochem. **17**, 572 (1911).
— and A. B. HARRIS: J. chem. Soc. Lond. **99**, 1554 (1911).
DUCLAUX, J. et J. ERRERA: Rev. gén. Colloides **2**, 130 (1924); **3**, 97 (1925).
EBERT, L.: Z. physik. Chem. A **121**, 385 (1926).
EISTERT, B.: Z. angew. Chem. **49**, 33 (1936).
FIERZ-DAVID, H. E.: Künstliche organische Farbstoffe. Berlin 1925. Erg.-Bd. Berlin 1935.
FREUNDLICH, H.: Kapillarchemie, 2. Aufl., 1922; 4. Aufl. Leipzig 1930.
— C. SCHUSTER u. H. ZOCHER: Z. physik. Chem. A **105**, 118 (1923).
FÜRTH, R.: Kolloid-Z. **41**, 300 (1927).
— u. E. ULLMANN: Kolloid-Z. **41**, 304 (1927).
GIBBY, W. C. and C. C. ADDISON: J. chem. Soc. Lond. **119**, 1306 (1936).
HAMMARSTEN, E.: Biochem. Z. **144**, 388 (1924).
HANTZSCH, A.: Kolloid-Z. **15**, 79 (1914).
— Ber. dtsch. chem. Ges. **48**, 158 (1915).
— u. G. OSSWALD: Ber. dtsch. chem. Ges. **33**, 278 (1908).
HARTLEY, G. S.: *1* Philosophic. Mag. **12**, 473 (1931).
— *2* Trans. Faraday Soc. **31**, 31 (1935).
— and C. ROBINSON: Proc. roy. Soc. Lond. A **134**, 20 (1931).
HENGSTENBERG, J. u. H. MARK: Naturwiss. **20**, 539 (1932).
HERZOG, R. O. u. POLOTZKY: Z. physik. Chem. A **87**, 449 (1914).
HOLMES, W. C.: Ind. Engng. Chem. **16**, 35 (1924).
INGOLD, C. K.: J. chem. Soc. Lond. **1933**, 1120. — Chem. Reviews **15**, 225 (1934).

JÖRPES, E. u. E. S. HELLGREN: Biochem. Z. **145**, 57 (1925).
KARTASCHOFF, V.: Helvet. chim. Acta **9**, 152 (1926).
KNECHT, E. and J. P. BATEY: J. Soc. Dyers Colourists **25**, 194 (1909); **26**, 4 (1910).
KORTÜM, G.: Z. physik. Chem. B **33**, 1 (1936); B **34**, 255 (1936).
KRAFFT, F.: Ber. dtsch. chem. Ges. **32**, 1584, 1608 (1899).
KROTOWA, N. A.: Kolloid-Z. **72**, 345 (1935).
KÜSTER, F. W.: Z. anorg. u. allg. Chem. **13**, 136 (1897).
KUHN, R. u. A. WASSERMANN: Helvet. chim. Acta **11**, 3 (1928).
LANDOLT-BÖRNSTEIN-ROTH-SCHEEL: Physikalisch-chemische Tabellen. Berlin 1923—1935.
LATIMER, W. M. and N. H. RODEBUSH: J. amer. chem. Soc. **42**, 1419 (1920).
LENHER, S. E. and J. E. SMITH: J. amer. chem. Soc. **57**, 497, 504 (1935). — J. physic. Chem. **40**, 1005 (1936).
LONDON, F.: Z. physik. Chem. B **11**, 222 (1931).
MANEGOLD, E.: Kolloid-Z. **61**, 140 (1932).
MAYER, F.: Organische Farbstoffe, 3. Aufl. Berlin 1934.
MCBAIN, J. W. and T. H. LIU: J. amer. chem. Soc. **53**, 59 (1931).
MEIER, R.: Diss. Göttingen 1925.
MEUNIER, L. et M. LESBRE: Chim. et Ind. **25**, No. Special 609 (1931).
MIRSKY, A. E. and L. PAULING: Proc. Nat. Acad. Sci. USA. **22**, 439 (1936).
MORTON, T. H.: Trans. Faraday Soc. **31**, 262 (1935).
MOUQUIN, H. and W. H. CATHCART: J. amer. chem. Soc. **57**, 1791 (1935).
NEALE, S. M.: Trans. Faraday Soc. **31**, 282 (1935).
NERNST, W.: Z. physik. Chem. A **2**, 613 (1888).
NISTLER, A.: Kolloidchem. Beih. **31**, 1 (1930).
NORTHROP J. H. and M. L. ANSON: J. gen. Physiol. **12**, 543 (1929).
OSTWALD, WO.: Kolloidchem. Beih. **2**, 409 (1911); **10**, 179 (1919).
— u. H. RUDOLF: Kolloidchem. Beih. **30**, 416 (1929).
— u. A. QUAST: Kolloid-Z. **48**, 83, 156 (1929); **51**, 273, 361 (1930).
— u. R. WALTER: Kolloid-Z. **76**, 291 (1936); **77**, 54 (1936).
ONSAGER, L. and R. FUOSS: J. physic. Chem. **36**, 2689 (1932).
PAULI, WO. u. F. LANG: Mh. Chem. **67**, 159 (1936).
— u. L. SINGER: Biochem. Z. **244**, 76 (1932).
— u. E. VALKÓ: Elektrochemie der Kolloide. Wien 1929.
— u. E. WEISS: Biochem. Z. **203**, 104 (1928).
PELET-JOLIVET, L.: Die Theorie des Färbeprozesses. Dresden 1910.
— u. A. WILD: Kolloid-Z. **3**, 174 (1908).
PFEIFFER, P.: Ber. dtsch. chem. Ges. **55**, 1762 (1922). — Organische Molekülverbindungen, II. Aufl. Stuttgart 1927.
QUENSEL, O.: Trans. Faraday Soc. **31**, 259 (1935).
ROBINSON, C.: Trans. Faraday Soc. **31**, 245, 277 (1935). — Proc. roy. Soc. Lond. A **148**, 681 (1935).
— and H. A. T. MILLS: Proc. roy. Soc. Lond. A **131**, 576, 596 (1931).
— and J. L. MOILLIET: Proc. roy. Soc. Lond. A **143**, 630 (1934).
ROSE, R. E.: Ind. Engng. Chem. **25**, 1265 (1933).
SCHAEFFER, A.: Diss. Stuttgart 1926. — Z. angew. Chem. **46**, 618 (1933).
SCHEIBE, G.: Z. angew. Chem. **50**, 212 (1937).
SCHMID, G.: Z. Elektrochem. **39**, 384, 453 (1933).
— u. A. V. ERKKILA: Z. Elektrochem. **42**, 737 (1936).
SCHRAMEK, W. u. E. GÖTTE: Kolloidchem. Beih. **34**, 218 (1931).
SCHULEMANN, W.: Kolloid-Z. **20**, 113 (1917). — Biochem. Z. **80**, 1 (1917).
SIDGWICK, N. V.: Annual Rep. Progress Chem. **31**, 37 (1934). — Z. Elektrochem. **34**, 445 (1928).

SITTE, K.: Z. Physik **79**, 320 (1932).
STUART, H. A.: Molekülstruktur. Berlin 1934.
SVEDBERG, THE: Kolloid-Z. **36**, Erg.-Bd., 53 (1925).
TAYLOR, W. H.: Z. Kristallogr. **91**, 450 (1935).
TRAUBE, J. u. M. SHIKATA: Kolloid-Z. **32**, 313 (1923).
VALKÓ, E.: *1* Trans. Faraday Soc. **31**, 230 (1935).
— *2* Vortrag, gehalten im Verein ungarischer Chemiker in Budapest 17. 12. 1935.
WEGSCHEIDER, R.: Mh. Chem. **23**, 287 (1902).
WIZINGER, R.: Organische Farbstoffe. Berlin und Bonn 1933.
ZSIGMONDY, R.: Z. physik. Chem. A **111**, 211 (1924).

12. Kolloidchemie der Färbevorgänge.

Verteilungsgleichgewicht und Sorptionsgleichgewicht. Der primäre und wesentliche Vorgang beim Färben ist die Anreicherung des Farbstoffes an der Faser. Phänomenologisch betrachtet handelt es sich hierbei um eine Verteilung des Farbstoffes zwischen Faser und Flotte (Farbstofflösung), die dadurch gekennzeichnet ist, daß die Raumkonzentration des Farbstoffes beim Gleichgewicht in der Faser eine viel höhere ist als in der Lösung. Da diese Verteilung freiwillig verläuft, muß sie mit einer Abnahme der freien Energie verbunden sein. Diese Abnahme kann zweierlei Grund haben. Sie kann erstens dadurch bedingt sein, daß es sich um einen Übergang in einen statistisch wahrscheinlicheren Zustand handelt. Dagegen spricht jedoch, daß an sich eine Erhöhung der Konzentration als statistisch unwahrscheinlich gilt. Völlig ausgeschlossen wird diese Möglichkeit, wenn die Anreicherung des Farbstoffes mit steigender Temperatur abnimmt, d. h. wenn sie unter Wärmeabgabe verläuft. Es bleibt dann nur die zweite Möglichkeit übrig, daß es sich bei der Anlagerung des Farbstoffes hauptsächlich um die *Betätigung atomarer bzw. molekularer Anziehungskräfte zwischen dem Faserstoff einerseits und dem Farbstoff andererseits* handelt. Die nähere Beschreibung dieser Anziehungskräfte ist eine der wichtigsten Aufgaben der Färbetheorie.

Man hat zwischen den zwischenatomaren Hauptvalenzkräften (echte chemische Bindung) und den zwischenmolekularen Nebenvalenzkräften oder besser gesagt VAN DER WAALSschen Kohäsionskräften zu unterscheiden. Die letztgenannten sind z. B. in den Lösungen zwischen den Molekülen des Lösungsmittels und denjenigen des gelösten Stoffes oder in den Flüssigkeiten zwischen gleichartigen Molekülen wirksam. Oft sind auch die zwischenmolekularen Bindungskräfte auf bestimmte Atome der beiden Moleküle lokalisiert. Insbesondere gilt dies für die sog. koordinative Bindung, die den Zusammenhalt vieler Komplexverbindungen und Solvate bedingt. In diesen Fällen ist die Unterscheidung zwischen Haupt- und Nebenvalenzkräften nicht immer ohne Willkür durchführbar.

Vorstellungen, nach denen das Färben mit den direkten Farbstoffen auf die Betätigung von Hauptvalenzen zurückzuführen ist, z. B. im Sinne einer Esterbildung zwischen den Hydroxylgruppen der Cellulosemoleküle und den Säuregruppen der Farbstoffe, stehen schon längst nicht mehr zur Diskussion. Wahrscheinlicher ist schon die Annahme der Betätigung von Elektrovalenzen (Ionenbildung). Diese hat man sich so vorzustellen, daß die Moleküle der Faserstoffe eine elektrolytische Dissoziation erleiden und mit den Farbionen Salze bilden. Bei den Cellulosefasern dürfte dieser Mechanismus nur in gewissen Sonderfällen, z. B. bei der verhältnismäßig starken Anfärbung von teilweise abgebauter Cellulose durch basische Farbstoffe, erheblichere Bedeutung besitzen, während er für das direkte Färben um so mehr in den Hintergrund treten muß, als infolge der sauren Natur der·Cellulose (negatives Grenzflächenpotential) und des gleichfalls überwiegend sauren Charakters der substantiven Farbstoffe (Farbanionen), die elektrischen Kräfte eher hemmend als fördernd für die Färbung wirken können. Für die direkte Färbung der Cellulose bleibt somit als einzige Erklärung die Betätigung von zwischenmolekularen Adhäsionskräften, von der Art der VAN DER WAALSschen Kräfte übrig, und zwar nicht als eine willkürliche Annahme, sondern als eine zwingende Folgerung aus den Tatsachen.

Ob man das Anlagerungsgleichgewicht der Farbstoffe als einen *Lösungs-* oder *Sorptionsvorgang* bezeichnen muß, ist weniger eine Frage nach der Natur der Kräfte, als nach der Abhängigkeit des Gleichgewichtes von den Mengenverhältnissen. Das historische Verdienst von WITT, der die Theorie der Färbung als die Bildung einer festen Lösung des Farbstoffes in den Fasern aufstellte, möchten wir dennoch darin erblicken, daß er mit dieser Auffassung einer rein chemischen Lehre von der hauptvalenzmäßigen Bindung des Farbstoffes an die Fasern entgegentrat. In der gleichen Richtung dürfte die Bedeutung der Sorptionstheorie der Färbung liegen, wie sie von v. GEORGIEVICS, W. BILTZ und FREUNDLICH vertreten wurde. Heute ist man sich jedoch mehr als damals dessen bewußt, daß weder die Bezeichnung Sorption noch die Beschreibung des Gleichgewichtes zwischen Farbstoff und Faser mittels einer empirischen Formel etwas über die Natur der zwischen den beiden wirksamen Kräfte aussagt. Wir wollen im folgenden versuchen, die Begriffe Lösung und Sorption eindeutiger zu kennzeichnen und ihre unterscheidenden Merkmale aufzuzeigen.

Bekanntlich erfolgt die *Verteilung* eines molekular gelösten Stoffes zwischen zwei Lösungsmitteln derart, daß die Konzentrationen des Stoffes in den beiden Lösungsmitteln zueinander in einem konstanten Verhältnis stehen (HENRYsches Gesetz). Diese Verhältniszahl bezeichnet man als Verteilungsquotienten. Wenn die Konzentration des Stoffes in dem ersten Lösungsmittel auf das X-fache erhöht wird, so erhöht sich seine Konzentration auch in dem zweiten Lösungsmittel auf das X-fache des ursprünglichen Wertes, vorausgesetzt daß die beiden Lösungen miteinander in Berührung stehen, so daß sich ein Gleichgewicht zwischen ihnen ausbilden kann. Bringt man immer mehr feste Substanz in das erste Lösungsmittel, so wird eine Höchstkonzentration erreicht, bei der das Lösungsmittel gesättigt ist. Im Gleichgewicht mit dieser Lösung muß auch die zweite Lösung ihre Sättigungskonzentration erreicht haben. Der Verteilungsquotient entspricht somit dem Verhältnis der Sättigungskonzentrationen. Das Gesetz des Verteilungs-

gleichgewichtes kann man kinetisch sehr einfach ableiten. Die Anzahl der Moleküle, die aus der Lösung L in die zweite Lösung L_1 in der Zeiteinheit durch 1 cm² Grenzfläche übertreten, ist proportional der Konzentration c dieser Moleküle in der Lösung L. Bezeichnen wir die Geschwindigkeit des Übertrittes mit da/dt, dann gilt:
$$da/dt = k_1 \cdot c\,.$$
Die Zahl der in dieser Richtung übertretenden Moleküle ist also unabhängig von der Konzentration in dem zweiten Lösungsmittel L_1. Andererseits ist die Anzahl der in der Zeiteinheit durch die Grenzfläche von 1 cm² aus L_1 in L übertretenden gelösten Moleküle proportional ihrer Konzentration in L_1, die wir mit c_2 bezeichnen wollen. Wenn db/dt die Geschwindigkeit des Übertrittes von L_1 nach L bedeutet, dann können wir schreiben:
$$db/dt = k_2 \cdot c_2\,.$$

Im Gleichgewichtszustand müssen in der Zeiteinheit ebensoviel gelöste Moleküle von der einen Lösung in die andere übertreten, wie von der letzteren in die erstere zurückkehren. Die beiden Geschwindigkeiten sind also einander gleichzusetzen, und man erhält:
$$\frac{c}{c_1} = k_2/k_1 = V. \qquad (1)$$
Das Verhältnis der beiden Geschwindigkeitskonstanten, das wir mit V bezeichnen, ist somit der Verteilungsquotient.

Das Wesen der *Sorption* besteht darin, daß an der Grenzfläche einer Lösung bestimmte Plätze den gelösten Molekülen zur Verfügung stehen, an denen sie durch besondere Anziehungskräfte festgehalten werden. Die Konzentration des gelösten Moleküls in der Lösung soll mit c bezeichnet werden, seine Konzentration an der Grenzfläche mit c_1. Einfachheitshalber drücken wir den Wert der Konzentration an der Grenzfläche als Bruchteil der gesamten dort verfügbaren Plätze aus. Betrachten wir zuerst die Geschwindigkeit des Übertrittes der gelösten Moleküle aus der Lösung in die Grenzfläche, so finden wir, daß sie einerseits ihrer Konzentration in der Lösung proportional ist, andererseits jedoch auch von der Konzentration an der Grenzfläche nicht unabhängig ist. Die Übertrittsgeschwindigkeit in dieser Richtung ist vielmehr proportional auch der Anzahl der verfügbaren Plätze an der Grenzfläche, d. h. $1 - c_1$. Wir können daher für die Geschwindigkeit des Übertrittes aus der Lösung in die Grenzfläche schreiben
$$da/dt = k_1 \cdot c\,(1 - c_1)\,.$$
Andererseits ist die Menge der in der Zeiteinheit aus der Grenzfläche in die Lösung tretenden Moleküle proportional der Besetzungsdichte, d. h. der Konzentration an der Grenzfläche:
$$db/dt = k_2 \cdot c_1\,.$$

Für das Gleichgewicht müssen die beiden Geschwindigkeiten einander gleichgesetzt werden. Bezeichnen wir das Verhältnis der beiden Geschwindigkeitskonstanten (k_2/k_1) mit K, so erhalten wir die Gleichgewichtsbedingung:
$$c_1 = \frac{1}{1 + \dfrac{K}{c}}\,. \qquad (2)$$

Zeichnet man in graphischer Darstellung die Konzentration der Grenzfläche am sorbierten Molekül in Abhängigkeit von der Konzentration der Lösung an diesem Molekül auf, so erhält man eine Kurve von der Form einer Hyperbel. Die

Aufnahme der Moleküle durch die Grenzfläche wächst nicht der Konzentration der Lösung proportional, sondern infolge der wachsenden Besetzung der verfügbaren Plätze mit zunehmender Konzentration in immer geringerem Maße. Bei genügend hoher Konzentration wird infolge der asymptotischen Annäherung an den Sättigungszustand keine innerhalb der Fehlergrenzen der angewendeten Meßmethoden merkliche Zunahme der Sorption feststellbar sein, sondern ein konstant bleibender Sättigungswert erhalten.

Die Voraussetzung für die Gültigkeit der eben abgeleiteten Beziehung ist vor allem die, daß die Plätze, an denen die Sorption stattfindet, einander gleichwertig sind, d. h. daß die Kräfte, durch welche die Bindung des Moleküls erfolgt, überall die gleichen sind. Da diese Kraft auch bei zunehmender Besetzung nicht verändert werden darf, wird weiter vorausgesetzt, daß die Plätze, an denen die Sorption stattfindet, so weit voneinander entfernt sind, daß keine gegenseitige Beeinflussung der sorbierten Moleküle erfolgt.

Wir haben bereits an anderer Stelle[1] erwähnt, daß die abgeleitete Beziehung zwischen der Konzentration der Lösung und dem Sorptionsgrad, die unter dem Namen der LANGMUIRschen Adsorptionsisotherme bekannt ist, der Form und dem Inhalt nach wesensgleich ist mit dem gewöhnlichen Massenwirkungsgesetz (MWG) der homogenen Reaktionen. Man kann z. B. die Abhängigkeit der Anzahl der undissoziierten Säuremoleküle von der Konzentration der Wasserstoffionen bei konstanter Säurekonzentration mit Hilfe der gewöhnlichen Dissoziationsgleichung berechnen und erhält dann die obige Beziehung, wobei K die Dissoziationskonstante der Säure, c die Wasserstoffionenkonzentration und c_1 den Dissoziationsrest (= 1 — Dissoziationsgrad) bedeuten. Stellt man sich vor, daß die Anionen, welche die Wasserstoffionen aufnehmen und dadurch undissoziierte Säuremoleküle bilden, an der Grenzfläche einer Lösung festgehalten werden, und zwar in solchem Abstand, daß die zwischen ihnen wirkenden elektrischen Abstoßungskräfte vernachlässigt werden können, so hat man gleichfalls Bedingungen, die den in der vorangehenden Ableitung zugrunde gelegten entsprechen. Man kann sich ferner die verfügbaren Plätze nicht an einer Grenzfläche, sondern z. B. in einem Gel verteilt denken. Auch in diesem Fall wird die Abhängigkeit der Wasserstoffionenaufnahme des Gels von der Konzentration der im Gel beweglichen Wasserstoffionen derselben Gesetzmäßigkeit gehorchen. Es dürfte daher berechtigt sein, an Stelle einer Adsorptionsisotherme von einem MWG der Oberflächen- und Gelreaktion zu sprechen. Dieses MWG ist davon unabhängig, welche Kräfte die Aufnahme der sorbierten Moleküle bedingen. Eine etwaige Übereinstimmung des tatsächlichen Verhaltens mit dem auf Grund dieses Gesetzes geforderten hat also für die Erkenntnis der Natur der Sorptionskräfte keine unmittelbare Bedeutung. In den meisten Fällen beweist sie nur, daß zwischen den sorbierten Molekülen keine Wechselwirkung stattfindet. Wichtig ist ferner der Umstand, daß der Logarithmus der Konstante K der Abnahme der freien Energie bei der Anlagerung des Moleküls proportional ist.

Wie aus den beiden Ableitungen hervorgeht, besteht zwischen Lösungsgleichgewicht (Verteilung) und Sorptionsgleichgewicht der einzige Unterschied, daß im ersten Fall die Frage nach den verfügbaren Plätzen belanglos ist, d. h. im Verhältnis zu der Anzahl der in Frage kommenden Moleküle sehr viel Plätze zur Verfügung stehen (vgl. die Ausführungen von K. H. MEYER und FIKENTSCHER). Daraus folgt, daß, wenn man im Falle einer Sorption in so geringer Verdünnung arbeitet, daß nur ein kleiner Bruchteil der verfügbaren Plätze belegt wird, das Gleichgewicht

---

[1] Siehe S. 137.

die Form eines Verteilungsgleichgewichtes annimmt. Für sehr kleine Werte der Konzentration ($K/c \gg 1$) ergibt die Sorptionsgleichung $c_1 = c/K$. In der graphischen Darstellung zeigt sich dies darin, daß der Anfangsteil der hyperbolischen Sorptionskurve noch fast geradlinig verläuft. Erst mit wachsender Konzentration macht sich die Platzfrage bemerkbar, sie führt in der graphischen Darstellung zur Krümmung der Schaulinie[1]. Übrigens kann die Platzfrage auch bei Verteilungsgleichgewichten auftreten, namentlich dann, wenn bei hohen Löslichkeiten und hohen Konzentrationen die gelösten Moleküle einander beeinflussen. Es zeigen sich dann Abweichungen von dem einfachen Verteilungsgesetz. Daraus wird ersichtlich, daß der Unterschied zwischen Lösung und Sorption nichts mit der Natur der den Vorgang bestimmenden Kräfte zu tun hat.

Zur Darstellung des Sorptionsgleichgewichtes, namentlich auch der Farbstoffaufnahme durch die Fasern, hat man sich häufig mit Erfolg der parabolischen Sorptionsisotherme (BOEDECKER, V. GEORGIEVICS, FREUNDLICH, BILTZ) bedient:

$$c_1 = k\, c^n, \qquad (3)$$

wobei $n < 1$ ist.

Bemerkenswerterweise ging man bei den ersten Anwendungen dieser Formel von dem HENRYschen Verteilungsgesetz aus. Wenn nämlich die Substanz, um deren Verteilung es sich handelt, in dem einen Lösungsmittel zu Aggregaten, die aus n Einzelmolekülen bestehen, assoziiert ist, erhält das Verteilungsgesetz nach NERNST die obige Form. In späterer Zeit wurde die Formel als eine rein empirische Beschreibung des Sorptionsgleichgewichtes gehandhabt. Als solche ist sie der LANGMUIRschen Formel dadurch überlegen, daß sie, dank der beiden willkürlich zu wählenden Konstanten k und n, außerordentlich anpassungsfähig ist. Sie versagt jedoch häufig bei hohen Konzentrationen, da sie keine Annäherung an einen Sättigungszustand, sondern nur eine mit zunehmender Konzentration unbegrenzt zunehmende Sorption wiederzugeben vermag.

Untersuchungsmethoden der Farbstoffaufnahme. Die Bestimmung des Sorptionsgleichgewichtes erfolgt derart, daß man feststellt, wieviel Farbstoff unter bestimmten Bedingungen durch eine Mengeneinheit der Faser bei einer gegebenen Farbstoffkonzentration der Flotte (der Farbstofflösung) aufgenommen wird. Die praktisch ausgeführten Färbungen sind gewöhnlich für das quantitative Studium des Sorptionsgleichgewichtes ungeeignet. Einmal ist in vielen Fällen die wichtige Bedingung der konstanten Temperatur nicht erfüllt. Dann ist bei ihnen oft die für die theoretische Behandlung der Farbstoffaufnahme der Faser wesentliche Frage, ob die durch Messung erfaßten Zustände auch tatsächliche Gleichgewichte darstellen, nicht geklärt. Eine volle Gewißheit dafür, daß man es mit einem Gleichgewichtszustand zu tun hat, ist nur dann gegeben, wenn derselbe Zustand von beiden Seiten erreichbar ist, d. h. wenn man dieselbe Farbstoffaufnahme erhält, gleichgültig, ob

---

[1] Vgl. Abb. 210 und 211, S. 395.

man die ungefärbte Faser in die Farbflotte oder die stärker gefärbte Faser in die blinde Flotte (ohne Farbstoff) einbringt, die Gleichheit aller das Gleichgewicht bestimmenden Faktoren (d. h. der Temperatur und der Mengenverhältnisse) vorausgesetzt. Da dieser Beweis allerdings auch in den wissenschaftlichen Untersuchungen über den Färbevorgang nur in den seltensten Fällen erbracht worden ist, muß man sich damit begnügen, das Vorhandensein eines Gleichgewichtes in jenen Fällen anzunehmen, wo bei Berührung der Faser mit der Flotte während einer genügend langen Zeit keine Verschiebung des Sorptionszustandes zu beobachten war. Wenn auch diese Bedingung nicht erfüllt war, dann läßt sich allerdings die Möglichkeit nicht mehr von der Hand weisen, daß der beobachtete Zustand durch den Zeitfaktor, d. h. durch die Geschwindigkeit der Farbstoffaufnahme mitbestimmt war. Wir werden weiter unten sehen, daß durch die Nichtberücksichtigung des oft langsamen zeitlichen Verlaufs der Farbstoffaufnahme in der Praxis gelegentlich irrtümliche Auffassungen über die Temperaturabhängigkeit der aufgenommenen Farbstoffmengen entstanden sind. Auch wenn man in einem gegebenen Falle feststellt, daß ein Farbstoff unter normalen Färbebedingungen *nicht genügend stark* auf die Faser *aufzieht*, ist damit noch nicht entschieden, ob der Farbstoff eine *zu geringe Affinität* zur Faser besitzt oder ob nur *die Einstellung des Gleichgewichtes zu lange Zeit* erfordert.

Die technischen Färbungen werden gewöhnlich unter solchen Bedingungen ausgeführt, daß die Farbstoffflotte möglichst weitgehend ausgezogen wird. Da für das Sorptionsgleichgewicht nicht die Anfangskonzentration, sondern ausschließlich die Endkonzentration der Farbstofflösung maßgebend ist und diese Endkonzentration gewöhnlich erst gegen Schluß des Färbevorganges erreicht wird, die Einstellung des Gleichgewichtszustandes jedoch längere Zeit erfordert, sind die Mengenverhältnisse bei der technischen Färbung für die Erfassung eines wirklichen Gleichgewichtszustandes ungünstig. Will man diesen Nachteil vermeiden, dann muß man die Versuche unter bestimmten Bedingungen durchführen, die gewöhnlich — beim praktischen Färben — nicht erfüllt werden, nämlich mit derart großen Flottenverhältnissen (Verhältnis des Gewichtes der Farbstofflösung zum Fasergewicht) arbeiten, daß nur ein kleiner Teil des Farbstoffs ausgezogen wird und daher die Farbstoffkonzentration in der Lösung während des Färbevorganges fast unverändert bleibt. Im Gegensatz zu dem früher meist angewandten Verfahren, die Mengen des aufgenommenen Farbstoffes durch die Messung der Verarmung der Flotte zu bestimmen, muß man sich in diesem Falle, da der geringe Unterschied der Farbstoffkonzentration vor und nach dem Färben natürlich nicht genügend genau ermittelt werden kann, einer anderen Methode bedienen. Diese besteht in der direkten Messung der Menge des von der Faser aufgenommenen Farbstoffes.

Für diesen Zweck dürfte die Bestimmung der Gewichtszunahme der Faser oder die Titration des Farbstoffes auf der Faser mit $TiCl_3$ (KNECHT) oder die Bestimmung der Farbtiefe der gefärbten Fasern nur in gewissen Ausnahmsfällen einigermaßen brauchbare Werte ergeben. Das beste Verfahren zur Ermittlung der aufgenommenen Farbstoffmenge besteht in dem Abziehen des Farbstoffes durch ein geeignetes Lösungsmittel und anschließende colorimetrische Bestimmung. K. H. MEYER und FIKENTSCHER haben gezeigt, daß die sauren Farbstoffe von der Wolle mit wässerigem Pyridin abgezogen werden können. RATELADE und TSCHETVERGOV haben die Beobachtung gemacht, daß wässerige Pyridinlösungen vorzüglich geeignet sind, um substantive Farbstoffe von den Cellulosefasern abzulösen. Diese Methode wurde von BOULTON, DELPH, FOTHERGILL und MORTON und insbesondere von NEALE und seinen Mitarbeitern mit Erfolg für die Sorptionsuntersuchungen angewandt.

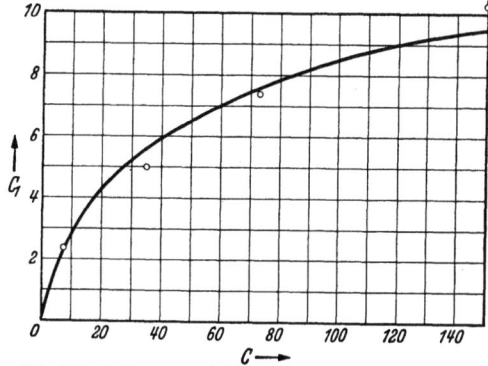

Abb. 210. Anlagerungsgleichgewicht von Benzobraun G an Baumwolle (1 g NaCl, 1 g Baumwolle, 350 ccm Wasser) bei 100°. Abszisse: mg Farbstoff in der Lösung; Ordinate: mg Farbstoff auf der Faser. Nach v. GEORGIEVICS. Punkte: experimentell ermittelte Werte. Ausgezogene Kurve berechnet nach Gleichung (2) (VALKÓ).

Mit Rücksicht auf die große Empfindlichkeit des Sorptionsgleichgewichtes Faser/Farbstoff gegenüber der Salzkonzentration ist eine genaue Berücksichtigung des Salzgehaltes unbedingt erforderlich. Erwünscht ist ferner die Benützung von gereinigten Farbstoffen als Ausgangsmaterial.

Abhängigkeit der Farbstoffaufnahme von der Konzentration beim substantiven Färben von Cellulose. Die Anzahl der im wissenschaftlichen Schrifttum beschriebenen Versuche über die Konzentrationsabhängigkeit der Aufnahme direkter Farbstoffe durch Cellulosefasern ist überraschenderweise außerordentlich gering. Die ersten Versuche hat wohl v. GEORGIEVICS mitgeteilt. Die Abb. 210 und 211 bringen zwei seiner Untersuchungsreihen.

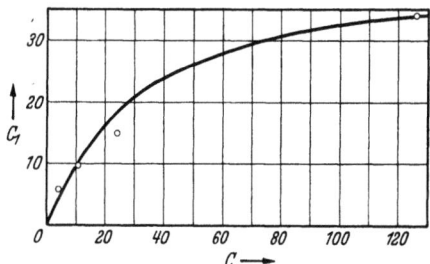

Abb. 211. Anlagerungsgleichgewicht von Benzoazurin an Baumwolle (1 g NaCl, 1,5 g Baumwolle, 350 ccm Wasser) bei 100°. Abszisse: mg Farbstoff in der Lösung; Ordinate: mg Farbstoff auf der Faser. Nach v. GEORGIEVICS. Punkte: experimentell ermittelte Werte. Ausgezogene Kurve berechnet nach Gleichung (2) (VALKÓ).

Die Färbedauer betrug 2 Stunden bei Siedehitze.

Neben den beobachteten Werten haben wir die Kurve aufgezeichnet, die bei der günstigsten Wahl der Konstanten, entsprechend dem MWG, den Verlauf der Konzentrationsabhängigkeit wiederzugeben versucht.

Wir bemerken deutliche Abweichungen zwischen den berechneten und gefundenen Werten. Es sei nicht verschwiegen, daß die Anwendung der logarithmischen Gleichung (3) in manchen Fällen eine bessere Beschreibung der Befunde ermöglichen würde. Die Bedeutung der Anwendung des MWG auf die Sorptionsgleichgewichte möchten wir darin erblicken, daß es eine *Idealform* der Konzentrationsabhängigkeit darstellt, die sich unter bestimmten, genau gekennzeichneten Bedingungen ergeben müßte. Der tatsächlich beobachtete Verlauf stellt eine Verzerrung dieser Idealkurve dar, die darauf beruht, daß die dem MWG zugrunde liegenden Voraussetzungen nicht vollständig erfüllt sind. Jedenfalls scheint es uns, daß die Anwendung des MWG auf den Sorptionsvorgang für dessen Verständnis auch bei einer nicht zufriedenstellenden Übereinstimmung förderlicher sein kann als die Anwendung einer rein empirischen, jedoch anpassungsfähigeren Formel.

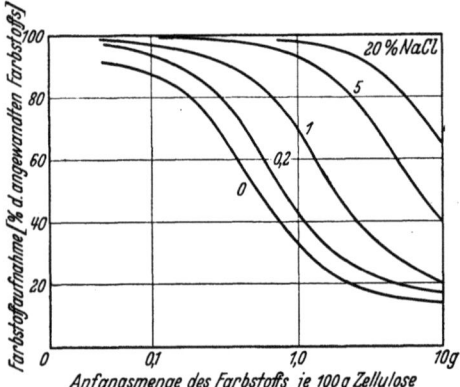

Abb. 212. Aufnahme von Benzopurpurin 4 B durch Kupferseide bei 90° beim Verteilungsgleichgewicht in Abhängigkeit von der Farbstoffmenge in Anwesenheit von NaCl verschiedener Konzentration. Flottenverhältnis 40 : 1. (Der %-Gehalt an Salz bezieht sich auf das Garngewicht.) Nach BOULTON, DELPH, FOTHERGILL und MORTON.

Weitere Versuchsreihen über die Konzentrationsabhängigkeit der Aufnahme von direkten Farbstoffen wurden von W. BILTZ, SCHAPOSCHNIKOFF und in neuerer Zeit von SCHRAMEK und GÖTTE mitgeteilt.

Nur in graphischer Darstellung haben BOULTON, DELPH, FOTHERGILL und MORTON ihre Ergebnisse über die Bestimmung der Aufnahme von Benzopurpurin 4 B und Chicagoblau 6 B durch Kupferseide mitgeteilt. Da bei diesen Versuchen auch die Geschwindigkeit der Farbstoffaufnahme verfolgt wurde, kann mit Bestimmtheit angenommen werden, daß hier die Kurven Gleichgewichtswerte darstellen (Abb. 212 und 213).

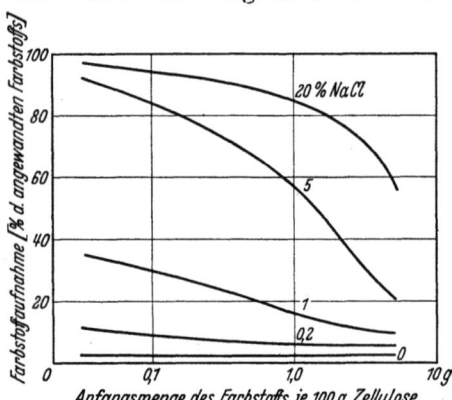

Abb. 213. Aufnahme von Chicagoblau 6 B. Versuchsbedingungen wie bei Abb. 212. Nach BOULTON, DELPH, FOTHERGILL und MORTON.

Entsprechend dem üblichen Verlauf der Sorptionskurven findet in großer Verdünnung eine praktisch vollständige Aufnahme des Farbstoffes statt. Mit wachsender Konzentration nimmt zwar der sorbierte Bruchteil der anwesenden Farbstoffmoleküle ab, die absolute Menge des aufgenommenen Farbstoffes nimmt jedoch zu.

Abb. 214 bringt die Ergebnisse von HANSON und NEALE an Cellophanfolie mit Benzopurpurin 4 B.

Abhängigkeit der Farbstoffaufnahme von der Salzkonzentration beim substantiven Färben von Cellulose. Die Aufnahme der substantiven Farbstoffe durch die Cellulosefaser ist von dem Salzgehalt der Lösung außerordentlich abhängig.

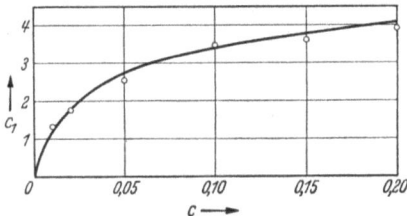

Abb. 214. Anlagerungsgleichgewicht von Benzopurpurin 4 B an Cellophanfilm bei 101° in Gegenwart von 0,5% NaCl. Abszisse: Farbstoffkonzentration in der Lösung in g je l; Ordinate: Farbstoffkonzentration in Cellophan in g je 100 g Cellulose. Nach HANSON und NEALE. Punkte: experimentell ermittelte Werte. Ausgezogene Kurve berechnet nach Gleichung (2) (VALKÓ).

Vorschriftsgemäß erfolgt die Anwendung dieser Farbstoffe in Anwesenheit von Salzen, man nennt sie deshalb auch Salzfarben. Die gewöhnlich angewandten Salze sind Natriumsulfat und Kochsalz. Ihre Konzentration im Färbebad liegt etwa zwischen 0,2 und 1% der Flotte, d. h. zwischen 0,04 und 0,2 n.

Der gewaltige Einfluß von Natriumchlorid auf die Farbstoffaufnahme ist z. B. aus den in den Abb. 212 und 213 dargestellten Ergebnissen

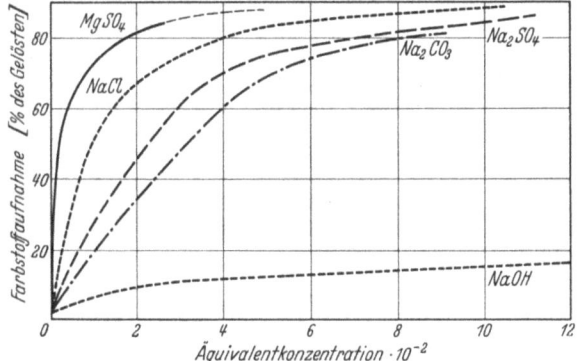

Abb. 215. Aufnahme von Dianilblau R durch Baumwolle bei 20° in Abhängigkeit von der Salzkonzentration. Anfangskonzentration des Farbstoffes 2×10^{-4} Mol je l. Flottenverhältnis 50:1. Nach SCHRAMEK und GÖTTE.

von BOULTON, DELPH, FOTHERGILL und MORTON zu entnehmen. *Chicagoblau 6 B zieht danach in Abwesenheit von Salz überhaupt nicht auf*, während Benzopurpurin 4 B bereits in rein wässeriger Lösung in geringem Umfang aufgenommen wird.

Es sind in den letzten Jahren wiederholt Untersuchungen ausgeführt worden, die sich mit der systematischen Ermittlung des Einflusses der verschiedenen Salze auf den Färbevorgang befassen. Die Abb. 215

gibt eine Versuchsreihe von SCHRAMEK und GÖTTE wieder. Der angewandte Farbstoff war Dianilblau R, ein Benzidinfarbstoff mit 4 Sulfogruppen im Molekül. Die Färbung wurde bei 20° 3 Stunden lang ausgeführt. Bemerkenswert ist, daß Natronlauge in der Wirkung weit unter den anderen Salzen bleibt. Ohne Salz läßt auch dieser Farbstoff Baumwolle völlig ungefärbt.

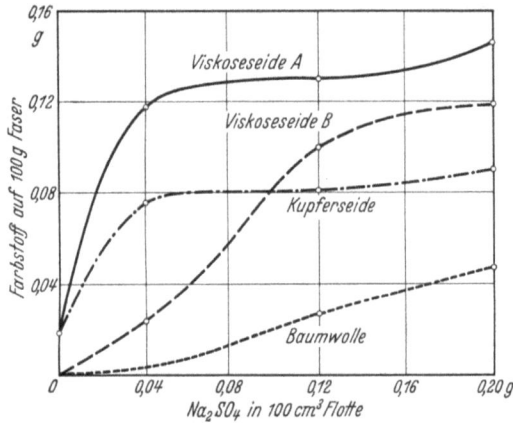

Abb. 216. Aufnahme von Oxaminrot 3 R durch Cellulosefasern bei 70° in Abhängigkeit von der Salzkonzentration (Gleichgewichtswerte). Nach WELTZIEN und SCHULZE.

An einigen Farbstoffen ermittelten SCHRAMEK und GÖTTE sowie KROTOWA das Auftreten eines Sorptionsmaximums mit wachsender Salzkonzentration. Da die Färbungen in beiden Fällen bei Zimmertemperatur ausgeführt wurden, bei der die Löslichkeit der Farbstoffe geringer ist, ist es naheliegend anzunehmen, daß eine Flockung der Farbstoffe die Abnahme der Sorption in hoher Salzkonzentration bewirkt hat.

Daß der Salzeinfluß gegenüber den verschiedenen Fasern nicht der gleiche ist, geht aus den Abb. 216 und 217 hervor, die die Befunde von WELTZIEN und SCHULZE über die Wirkung von Natriumsulfat darstellen.

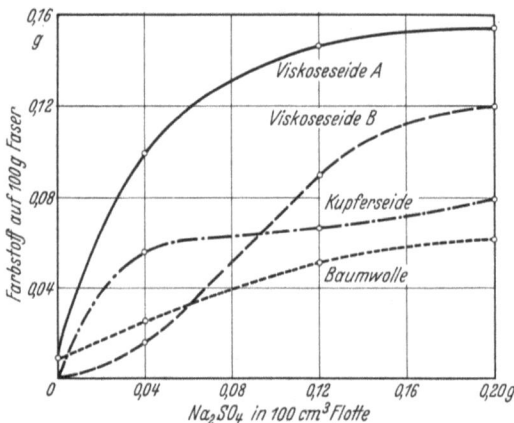

Abb. 217. Aufnahme von Chicagoblau 6 B durch Cellulose bei 70° in Abhängigkeit von der Salzkonzentration (Gleichgewichtswerte). Nach WELTZIEN und SCHULZE.

WIKTOROFF ermittelte die Wirksamkeit der verschiedenen Salze bei der Aufnahme von Benzoreinblau durch Baumwolle. Die Sulfate ergaben die folgende Reihe nach zunehmender Farbstoffaufnahme:

$NH_4 < Na < K < Mg < Ni < Mn < Zn < Cd < Al$.

Mit höherer Wertigkeit der Kationen nimmt danach die Wirkung der Salze zu.

Die ausführlichsten Untersuchungen über die Salzwirkung beim substantiven Färben verdanken wir NEALE und seinen Mitarbeitern. Bei diesen Versuchen wurden die Maßregeln, die für die genaue und reproduzierbare Ermittlung der Sorptionsgleichgewichte erforderlich sind, sorgfältig eingehalten. Die folgende Tabelle zeigt den Einfluß von Natriumchlorid auf die Aufnahme von Echtrot K durch Cellophan und Baumwolle.

Tabelle 126. **Abhängigkeit der Aufnahme des Echtrot K aus 0,005%iger Lösung und bei 90° durch Baumwolle und Cellophan vom Natriumchloridgehalt.** Nach GARVIE, GRIFFITHS und NEALE.

	Konzentration von NaCl in g/l						
	0,5	1	2	5	8	15	25
g Farbstoff aufgenommen durch 100 g Baumwolle . .	0,087	0,117	0,177	0,265	0,318	0,461	0,607
g Farbstoff aufgenommen durch 100 g Cellophan . .	0,076	0,140	0,245	0,422	0,546	0,772	1,08
Verhältnis der Farbstoffaufnahme	0,87	1,19	1,38	1,59	1,72	1,67	1,78

Das Verhältnis der Farbstoffaufnahme der beiden Fasern scheint danach mit zunehmender Salzkonzentration einem Grenzwert entgegenzustreben[1]. Die Abb. 218 zeigt den Einfluß von Kochsalz auf die Aufnahme von Benzopurpurin 4B und Chicagoblau 6B durch Cellophan.

Die Abb. 219 und 220 zeigen schließlich die Wirkung von verschiedenen Salzen auf die Aufnahme von Chicagoblau 6B durch Cellophan bei konstanter Farbstoffkonzentration.

Wie man sieht, ist die Wirkung der Ionennatur nicht ganz eindeutig, da mit wachsender Salzkonzentration Überschneidungen der Kurven auftreten.

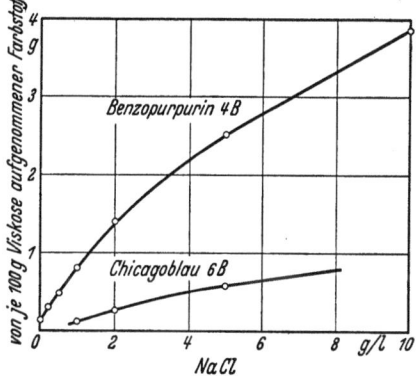

Abb. 218. Farbstoffaufnahme von Cellophanfilm (beim Verteilungsgleichgewicht) in Abhängigkeit von der Salzkonzentration. Farbstoffkonzentration in der Lösung 0,005%. Temperatur 101°. Nach HANSON und NEALE.

In n/10 Lösungen ergibt sich die folgende Reihe nach zunehmender Farbstoffaufnahme geordnet:

$Na_2HPO_4 < KH_2PO_4 < NaCl < NH_4Cl < MgCl_2 < ZnSO_4 < CaCl_2 < BaCl_2$.

---

[1] Auf die Ursache der Verschiedenheit der Salzwirkung gegenüber nativer und regenerierter Cellulose kommen wir an späterer Stelle (S. 417) zurück. Vgl. auch S. 269.

Abgesehen von Aluminiumchlorid, das, wie die Trübung der Lösungen erkennen läßt, schon in geringer Konzentration flockt, zeigt sich somit hier die Gültigkeit der Valenzregel im selben Sinne wie bei WIKTOROFF.

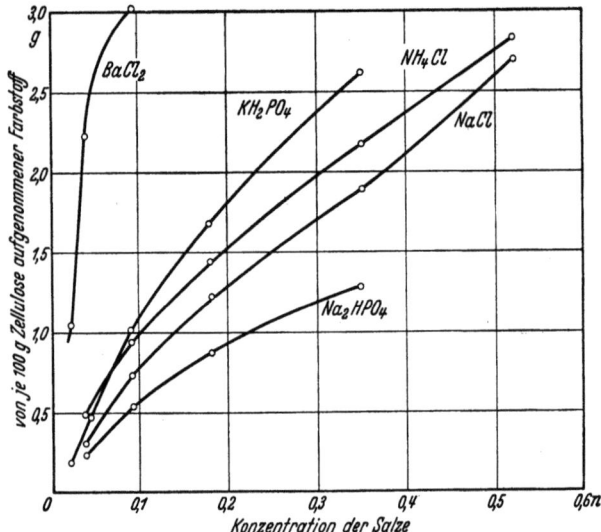

Abb. 219. Aufnahme von Chicagoblau 6 B (beim Verteilungsgleichgewicht) aus 0,005%iger Lösung bei 100° durch Cellophanfilm in Abhängigkeit von der Salzkonzentration. Nach NEALE und PATEL.

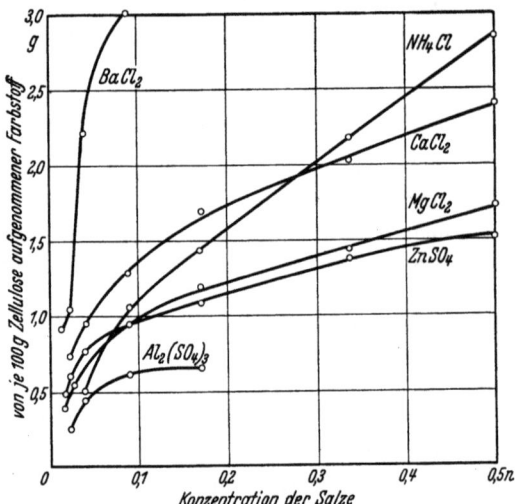

Abb. 220. Aufnahme von Chicagoblau 6 B durch Cellophanfilm wie Abb. 219. Nach NEALE und PATEL.

Weitere Messungen über die Salzwirkung sind bereits bei der Besprechung der Faserschädigung wiedergegeben (S. 267—269).

Temperaturabhängigkeit der Farbstoffaufnahme beim substantiven Färben von Cellulose. Die genauesten Messungen der Temperaturabhängigkeit der Aufnahme von substantiven Farbstoffen verdanken wir gleichfalls NEALE und seinen Mitarbeitern. Es zeigte sich in diesen Versuchen ausnahmslos, daß *die im Gleichgewicht sorbierte Farbstoffmenge mit zunehmender Temperatur abnimmt.* Die nebenstehende Tabelle stellt die Temperaturabhängigkeit der Aufnahme von Echtrot K in Anwesenheit verschiedener Salzmengen dar. (Vgl. auch Abb. 224 und Abb. 225.)

Die Menge des bei 90° aufgenommenen Farbstoffs ist somit rund 4,5mal kleiner als die bei 25° sorbierte Farbstoffmenge. Nur in der kleinsten Salzkonzentration ist die Verhältniszahl geringer. In der folgenden Tabelle ist die Temperaturabhängigkeit der Aufnahme zweier Farbstoffe durch Baumwolle und Cellophan bei konstanter Salzkonzentration dargestellt.

Tabelle 127. Aufnahme von Echtrot K aus 0,005%iger Lösung durch Cellophan bei 25° und 90°. Nach GARVIE, GRIFFITHS und NEALE.

Konzentration von NaCl g/l	Durch 100 g Cellophan aufgenommene Farbstoffmenge in g		
	bei 25°	bei 90°	Verhältnis 25°/90°
0,5	—	0,076	—
1	0,38	0,140	2,71
2	1,11	0,245	4,53
5	1,87	0,422	4,43
8	2,50	0,546	4,58
10	—	0,600	—
12	—	0,690	—
15	3,50	0,772	4,53
25	—	1,08	—

Tabelle 128. Temperaturabhängigkeit der Farbstoffaufnahme durch Baumwolle und Cellophan, Konzentration des Farbstoffs 0,005%, Konzentration von NaCl 0,5%. Nach GARVIE, GRIFFITHS und NEALE.

	Temperatur				
	25°	38°	60°	90°	100°
Echtrot K					
g Farbstoff aufgenommen durch 100 g Baumwolle .	0,93	0,76	—	0,265	0,202
g Farbstoff aufgenommen durch 100 g Cellophan .	1,87	1,47	0,901	0,422	0,268
Verhältnis der Farbstoffaufnahme	2,01	1,93	—	1,59	1,33
Heliotrop 2B					
g Farbstoff aufgenommen durch 100 g Baumwolle .	0,397	—	0,178	0,095	—
g Farbstoff aufgenommen durch 100 g Cellophan .	0,96	0,68	0,32	0,12	0,066
Verhältnis der Farbstoffaufnahme	2,42	—	1,79	1,26	—

Man bemerkt, daß die Temperaturabhängigkeit der Aufnahme von Heliotrop 2B, das zur Cellulose geringere Affinität besitzt, viel stärker als die von Echtrot K ist. Bei Erhöhung der Temperatur von 25° auf 100° sinkt die durch Cellophan aufgenommene Menge jenes Farbstoffs auf rund $1/_{14}$ des ursprünglichen Wertes. Für beide Farbstoffe ist die Temperaturabhängigkeit bei der Aufnahme durch Cellophan stärker als bei der Aufnahme durch Baumwolle, so daß mit wachsender Temperatur eine gewisse Annäherung im Aufnahmevermögen der beiden Faserstoffe eintritt.

Die Theorie der Substantivität. Die Frage nach der Substantivität der Farbstoffe ist identisch mit der Frage nach der Ursache der Natur der zwischen der Faser und dem Farbstoff wirksamen Kräfte. Wenn keine besonderen Anziehungskräfte zwischen der Faser und dem Farbstoff tätig sind, dann erreicht die Konzentration des Farbstoffes in den wassererfüllten Poren der Fasern höchstens die Konzentration in der Lösung, d. h. der Farbstoff zeigt in diesem Falle keine Substantivität.

Infolge der vorzugsweisen Aufnahme von Wasser durch die Faser kann sogar beim Hineinbringen von Cellulosefasern in Farbstofflösungen eine Anreicherung des Farbstoffes in der Lösung, d. h. eine negative Sorption des Farbstoffes eintreten. Diesen Fall haben LOTTERMOSER und CSALLNER an dem System Baumwolle/saurer Farbstoff beobachtet.

Wie auch von RUGGLI betont wurde, ist ein systematischer Überblick darüber, welche Farbstoffe substantiv und welche nicht substantiv sind, dadurch erschwert, daß aus dem großen Erfahrungsmaterial der Farbenlaboratorien in der Regel nur die substantiven Farbstoffe bzw. ein Teil derselben der Öffentlichkeit in Form der Handelswaren bekanntgegeben wird, während die vermutlich viel höhere Zahl der nicht substantiven bzw. der nicht genügend substantiven Farbstoffe in den Versuchsaufzeichnungen der Farbenchemiker verschlossen bleibt. Es ist daher vielleicht auch kein Zufall, daß wir den wichtigsten Fortschritt der Theorie der Substantivität drei Veröffentlichungen verdanken, die aus Industrielaboratorien hervorgingen. Es handelt sich um die Veröffentlichungen von KURT H. MEYER, von E. SCHIRM und von H. KRZIKALLA und B. EISTERT.

Vor der Besprechung dieser Arbeiten sei einiges zur Definition der Substantivität bemerkt. Die Beurteilung, ob ein Farbstoff substantiv ist oder nicht, erfolgt in der Technik nach rein praktischen Gesichtspunkten und beruht gewöhnlich auf keiner streng quantitativen Messung. Wenn unter den üblichen Färbebedingungen die Farbstofflösung weitgehend ausgezogen wird, dann spricht man von einer genügenden Substantivität oder Affinität des Farbstoffs. Diesem Verhalten entspricht in der hyperbolischen Sorptionsformel ein niedriger Wert der Konstante K (der „Dissoziationskonstante der Oberflächendissoziation"), d. h. im Sinne der Thermodynamik *eine starke Abnahme der freien Energie bei der Überführung des Farbstoffmoleküls aus dem Inneren der Lösung an die Grenzfläche des submikroskopischen Porensystems der Cellulosefasern.*

RUGGLI schlug vor, die Substantivität als Differenz des Aufziehvermögens und der Abziehbarkeit zu definieren, wobei die Abziehbarkeit einer Wasserechtheitsprüfung unter milden Bedingungen (Zimmertemperatur) entspricht. Wir halten diese Verquickung des Substantivitätsbegriffes mit der Frage nach der Umkehrbarkeit vom wissenschaftlichen Standpunkte aus für unzweckmäßig. Entspricht die Färbung einem umkehrbaren Gleichgewicht, dann ist durch das Aufziehvermögen (also etwa durch K der Sorptionsgleichung) zugleich die Abziehbarkeit eindeutig festgelegt.

K. H. MEYER geht von der Betrachtung des Feinbaues der Cellulosefasern aus. In den submikroskopischen Kanälen an den Grenzflächen der Cellulosekrystallite haben wir langgestreckte, zur Hälfte freie Glucoseketten, deren Hydroxylgruppen, wenn die Faser gequollen ist, in das Wasser ragen. Nach MEYERs Ansicht sind die gleichen Kräfte, die die Celluloseketten und auch die Cellulosekrystallite untereinander zusammenhalten, nämlich *die Nebenvalenzkräfte (VAN DER WAALSschen Kohäsionskräfte) der Hydroxylgruppen* auch maßgebend für das Festhalten von Farbstoffmolekülen. So wie eine gewisse Länge der Celluloseketten Voraussetzung dafür ist, daß genügend Nebenvalenzen sich summieren können, so ist auch eine zureichende Größe und Länge des Farbstoffteilchens bzw. Moleküls notwendig, um ein Festhalten desselben an den Hydroxylreihen der Cellulosemoleküle zu ermöglichen. MEYER mißt jedoch außer der Teilchengröße des Farbstoffs auch den einzelnen chemischen Gruppen eine entscheidende Rolle bei. Aus der Beobachtung der Verdampfungswärme oder der Siedetemperatur weiß man, daß z. B. der Hydroxylgruppe starke VAN DER WAALSsche Kräfte zukommen. MEYER erwähnt noch die Säureamidgruppe, die gleichfalls starke molekulare Anziehungskräfte besitzt. Den Hydroxylgruppen der Cellulose stehen in den Farbstoffen meistens Hydroxylgruppen, vielfach auch Carbonamidgruppen gegenüber, z. B. in den Farbstoffen der J-Säure-Klasse, ferner in den Acylaminoanthrachinonen, endlich in den Gliedern der Naphthol AS-Reihe. Eine gegenseitige Absättigung der Kohäsionskräfte des Farbstoffs und des Cellulosemoleküls kann jedoch nur dann eintreten, wenn die Farbstoffe, ebenso wie dies bei den Cellulosemolekülen der Fall ist, in langgestreckter Form vorliegen. Tatsächlich zeigen die meisten substantiven Farbstoffe, insbesondere auch die Benzidinabkömmlinge eine langgestreckte Form.

SCHIRMs Theorie der Substantivität (1935) überrascht und verblüfft dadurch, daß es ihm gelingt, ein allen substantiven Farbstoffen gemeinsames Merkmal im Molekülbau festzustellen. Dieses Merkmal, das somit die Voraussetzung für die Substantivität bildet, ist das Vorhandensein eines *vielgliedrigen Systems konjugierter Doppelbindungen.* Es findet sich ebenso in den substantiven Naturfarbstoffen (Bixin, Curcumin) als auch in allen bekannten künstlichen direkten Farbstoffen. Die folgende Formel zeigt das System der konjugierten Doppelbindungen am Beispiel des Kongorotmoleküls:

[Struktur: Naphthalin-NH₂/SO₃Na — N=N — C₆H₄—C₆H₄ — N=N — Naphthalin-NH₂/SO₃Na, mit Nummerierung 1–8]

Die zwei Aminogruppen sind hier durch eine Reihe von 8 konjugierten Doppelbindungen verknüpft. Benzidin selbst bringt mit den anschließenden Azogruppen nicht weniger als 6 Doppelbindungen ins Molekül. SCHIRM rechnet die Reihe der konjugierten Doppelbindungen vorzugsweise zwischen den voneinander entferntesten auxochromen (Amino- oder Hydroxyl-) Gruppen. Allerdings nimmt er auch eine gewisse, wenn auch verminderte, Wirksamkeit der darüber hinausreichenden Doppelbindungen an.

Die vergleichende Betrachtung der drei wichtigen Kupplungskomponenten, der J-, γ- und H-Säure zeigt, daß nur die erstere eine Reihe von drei konjugierten Doppelbindungen an diejenige der Azogruppe anschließend enthält, während bei der γ-Säure die mittlere Doppelbindung „gekreuzt" ist und in der H-Säure sogar die zwei letzten gekreuzt sind (es wird hier die übliche Kupplungsstellung im Naphthalinkern vorausgesetzt). Diese Tatsachen stehen in Übereinstimmung mit der Erfahrung, daß die Einführung der J-Säure von den drei Komponenten am stärksten substantivierend wirkt.

J-Säure-Komponente.

γ-Säure-Komponente.   H-Säure-Komponente.

Die Stilbengruppe enthält dank der die beiden Phenylgruppen verknüpfenden ungesättigten Äthylengruppe eine um ein Glied längere Reihe von konjugierten Doppelbindungen als die Benzidingruppe. Damit steht die Bedeutung der Stilbenfarbstoffe als direkte Farbstoffe in Einklang. Die Oxazol-, Thiazol- und Imidazolringe enthalten gleichfalls konjugierte Doppelbindungen.

Die Bedeutung der Acylaminogruppe für die Erhöhung der Affinität erklärt SCHIRM durch die Annahme, daß die Carbonamidgruppe *enolisiert* ist. Die Azofarbstoffe der Benzoyl-J-Säure erhalten dann die folgende Strukturformel:

[Strukturformel: R—N=N—Naphthalin(NaO₃S, HO)—N=C(OH)—C₆H₅]

Zu den drei Doppelbindungen im Naphthalinkern gesellen sich also hier noch drei konjugierte Doppelbindungen. Die Annahme der Enolisierung läßt sich durch anderweitige Tatsachen stützen. Die substantivierende Wirkung der Harnstoffbildung zwischen zwei Farbstoffmolekülen erklärt SCHIRM durch die Annahme einer halbseitigen Enolisierung der Harnstoffgruppe. Hier und auch in anderen Fällen hebt eine in die Kette der Doppelbindungen eingeschobene Iminogruppe die Substantivität nicht auf. Dagegen *genügt die Unterbrechung der Kette durch eine Methylengruppe, um die Substantivität zum Verschwinden zu bringen.* Diesen Unterschied führt SCHIRM auf den koordinativ ungesättigten Charakter der Iminogruppe bzw. die gesättigte Natur der Methylengruppe zurück.

Von den praktischen Folgerungen SCHIRMs sei hervorgehoben, die an einigen Beispielen gezeigte Erhöhung der Substantivität durch Einführung des Cinnamoylrestes $\left(-CO\cdot CH = CH - \bigcirc\right)$ in die Aminogruppe von Farbstoffen. Dadurch wird die Anzahl der konjugierten Doppelbindungen um etwa 5 erhöht.

Unabhängig von SCHIRM haben KRZIKALLA und EISTERT an den Gliedern der Naphthol AS-Reihe dasselbe Merkmal der Substantivität entdeckt und das Auftreten der Enolform der Säureamidgruppe in diesen Verbindungen wahrscheinlich gemacht.

Einige scheinbare Ausnahmen von seiner Substantivitätsregel konnte SCHIRM mit Erfolg im Rahmen seiner Theorie deuten. Zu diesen gehört die Tatsache, daß die 2,2'-substituierten Derivate des Benzidins nicht substantiv sind (z. B. das „Meta-Benzopurpurin" im Gegensatz zu Benzopurpurin 4B). Die Reihe der konjugierten Doppelbindungen bleibt ja von der Substitution im Benzidinkern unberührt. SCHIRM konnte sich da auf die Erklärung, die HODGSON gegeben hat, stützen. Es handelt sich danach um die Beeinflussung der *Molekülgestalt*. In den 2,2'-Derivaten des Diphenyls ist die freie Drehbarkeit aufgehoben, da die räumliche Ausdehnung der Substituenten nicht gestattet, daß die beiden Benzolkerne in derselben Ebene liegen. Ebenso wird bei der entsprechenden Substitution des Benzidins, z. B. also im Falle des m-Benzopurpurins, die flache Molekülform ausgeschlossen. Wie wir in dem vorangehenden Abschnitt gesehen haben, ist für den Molekülbau der substantiven Farbstoffe im allgemeinen kennzeichnend, daß er eine flache Gestalt zuläßt. Anscheinend gehört diese Möglichkeit mit zu den notwendigen Bedingungen der Substantivität. Findet in der 2,2'-Stellung des Benzidins eine ringförmige Verknüpfung der Substituenten statt, z. B. mittels der Iminogruppe (Carbazolbildung), der Sulfongruppe oder der Methylengruppe (Fluoren), dann können die daraus hergestellten Disazofarbstoffe Substantivität besitzen. In diesen Fällen ist eine flache oder nahezu flache Form des Dreiringsystems anzunehmen (vgl. HODGSON, RUGGLI).

$H_2N-\underset{\underset{5\ 6}{4\ \ 1}}{\overset{\overset{R}{3\ 2}}{\langle\ \rangle}}-\underset{\underset{6'\ 5'}{1'\ 4'}}{\overset{\overset{R}{2'\ 3'}}{\langle\ \rangle}}-NH_2$ $H_2N-\overset{R}{\langle\ \rangle}-\overset{R}{\langle\ \rangle}-NH_2$

R = Cl, SO$_3$H, CH$_3$.   R = NH, SO$_2$, CH$_2$.
Nicht substantiv.   Substantiv.

Eine andere Ausnahme von der Substantivitätsregel betrifft die häufig bemerkte Herabsetzung der Substantivität durch die Einführung der Sulfogruppe. Die einfachste Erklärung dafür ist die Erhöhung der Löslichkeit. Die Bedeutung der Löslichkeit der Farbstoffe für ihr Sorptionsgleichgewicht können wir uns klarmachen, wenn wir davon ausgehen, daß die Ursache der Farbstoffaufnahme in der Abnahme der freien Energie liegt, die erfolgt, wenn der Farbstoff aus dem Inneren der Lösung auf die Faser gebracht wird. Diese Energie ergibt sich als die algebraische Summe der Veränderung dreier Energiebeträge, nämlich der Hydratationsenergie der Cellulose, der Hydratationsenergie des Farbstoffs und der wechselseitigen van der Waalsschen Energie zwischen

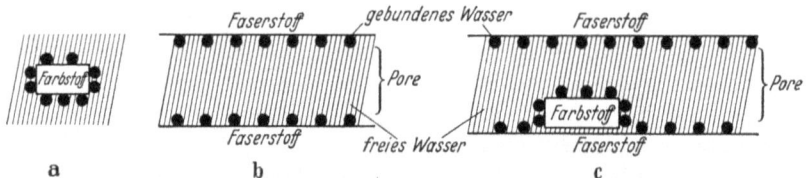

Abb. 221. Schematische Darstellung der Hydratationsänderung bei der Anlagerung von Farbstoffmolekülen an die Faserstoffe. a: Von Hydratwasser umhülltes Farbstoffmolekül in der Lösung; b: Längsschnitt durch einen zwischenkrystallinen Kanal in der gequollenen Faser; c: Längsschnitt durch einen zwischenkrystallinen Kanal in der gequollenen Faser mit angelagertem Farbstoffmolekül.

Farbstoff und Faser, die wir als Affinität bezeichnen können. Wir können also schreiben: Energie der Farbstoffaufnahme = Affinität des Farbstoffs zur Faser minus Abnahme der Hydratationsenergie des Farbstoffs minus Abnahme der Hydratationsenergie der Faser. Diese energetischen Verhältnisse werden durch die Vorstellung veranschaulicht, daß bei der Anlagerung des Farbstoffs an die Cellulose die Wasserschicht, die sowohl von der Cellulose als auch von dem Farbstoff mittels chemischer Kräfte festgehalten wird, aus dem Raum, der zwischen den beiden liegt, so weit verdrängt werden muß, daß die chemischen Kräfte zwischen Farbstoff und Fasern, die in Analogie zu dem sonstigen Verhalten der van der Waalsschen Kräfte kaum eine größere Reichweite als einige Ångström haben, sich betätigen können (Abb. 221).

Das Farbstoffmolekül wird hierbei seine Hydratation nicht vollständig einbüßen müssen, da mindestens die eine Hälfte des Moleküls weiterhin von Wassermolekülen umgeben bleibt.

Es ist daher auch nicht gleichgültig, an welchen Stellen die Sulfogruppe im Farbstoffmolekül steht.

Schirm weist in diesem Zusammenhang auf die folgenden Farbstoffe hin:

I
$$NaO_3S \quad\quad\quad O \cdot C_2H_5 \ HO$$

Diaminblau 6 G.

Die Theorie der Substantivität.

II

[Struktur: Naphtholschwarz B mit Sulfogruppen NaO₃S, NaO₃S an einem Naphthalinring, verbunden über –N=N– mit Benzolring, weiter –N=N– mit Naphthalinring tragend HO, SO₃Na und SO₃Na]

Naphtholschwarz B.

III

[Struktur: H₂N–Benzolring(SO₃Na)–N=N–Benzolring(SO₃Na)–N=N–Naphthalinring(OH, SO₃Na)]

Diaminogenblau GG.

Von diesen sind I und III substantiv, II läßt die Baumwolle völlig ungefärbt. Auf Grund der Konstitution der ersten beiden Farbstoffe könnte man daran denken, daß die Anordnung der Sulfogruppen an dem einen Molekülende für die Substantivität notwendig sei. Der Fall von Diaminogenblau GG widerspricht dieser Annahme. SCHIRM konnte außerdem zeigen, daß die Einführung eines Fettsäurerestes am Ende eines Farbstoffmoleküls, der ihm den Charakter einer Seife erteilt (vgl. den 14. Abschnitt), für die Substantivität nicht förderlich ist. Er nimmt an, daß die Sulfogruppe nur dann stört, wenn sie an demjenigen Kohlenstoffring steht, ,,welcher zusammen mit der Azogruppe und den Auxochromen das substantivierende System der konjugierten Doppelbindungen bildet''. Außerdem ,,scheint ein möglichst gleichförmig über die ganze Kettenlänge verteilter Dipolcharakter des Farbstoffmoleküls *quer zu seiner Längsachse* für die Substantivität günstig zu sein''.

Für die Netz- und Waschwirkung, d. h. für eine starke Oberflächenaktivität ist gleichfalls eine asymmetrische Verteilung des polaren und nicht polaren Molekülanteils die Voraussetzung. Im letzteren Fall handelt es sich darum, daß das längliche Molekül an einem Ende der Kette den wasserlöslichen, ionischen Teil, am anderen Ende den wasserunlöslichen, fettlöslichen Teil trägt[1]. Eine Molekülasymmetrie *in diesem Sinne* ist für die Substantivität der Farbstoffe nicht förderlich. Der Unterschied wird begreiflich, wenn man die Lagerung der beiden Moleküle an den Grenzflächen betrachtet. Die Seifenmoleküle stehen in sorbiertem Zustande mit ihrer Längsachse mehr oder minder *senkrecht zu der Grenzfläche,* z. B. zu derjenigen, welche die wässerige Lösung gegenüber flüssigem Paraffin bildet. Die Fettreste ragen in das Paraffin, die ionische Gruppe ins Wasser. Hingegen nehmen wir für die Färbungen

---
[1] Vgl. den 14. Abschnitt.

an, daß die Farbstoffe sich mit ihrer Längsachse *parallel zur Faseroberfläche* an die Cellulosemoleküle lagern. Die ionischen Gruppen des Farbstoffs setzen daher seine Substantivität um so weniger herab, je mehr die *Möglichkeit* besteht, daß bei der Anlagerung an die Cellulosemoleküle diese Gruppen weiterhin mit dem Lösungsmittel in Wechselwirkung bleiben können. Das ist die Bedeutung der bipolaren Konstitution des substantiven Farbstoffes. Von den gleichfalls polaren Amino- und Hydroxylgruppen dürfte mit Recht anzunehmen sein, daß diese in Wechselwirkung mit dem Cellulosemolekül einen größeren Energiebetrag freigeben als bei der Wechselwirkung mit Wasser, und daher trotz ihrer hydrophilen Natur die Substantivität begünstigen.

Eine nicht genügend geklärte weitere Ausnahme von der SCHIRMschen Regel stellt die von RUGGLI nachgewiesene Erscheinung dar, daß bei fortgesetzter Einführung von J-Säure durch Diazotierung und Kupplung die Substantivität nur bis zur Einführung der zweiten J-Säuregruppe ins Molekül gesteigert wird, während die weiteren Gruppen die Substantivität nur wenig beeinflussen und eher etwas herabsetzen. SCHIRM nimmt an, daß von der Einführung des dritten J-Säuremoleküls an der Farbstoff zu grobdispers wird. Dies findet bis zu einem gewissen Grade eine Stütze in den Diffusionsbestimmungen von RUGGLI, der ursprünglich erwartet hatte, daß die Löslichkeit bei der Molekülvergrößerung nicht verändert wird, da jede J-Säure eine Sulfogruppe mitbringt.

Würde man für die ohne Zweifel in der überwiegenden Mehrzahl der Fälle zutreffende Regel von SCHIRM eine befriedigende Erklärung finden, so wäre wohl das Rätsel der Substantivität als gelöst zu bezeichnen.

SCHIRM nimmt an, daß die Restvalenzen des ungesättigten Systems nach der THIELEschen Regel vorzugsweise an den Enden der Kette konjugierter Doppelbindungen wirksam sind. Je länger die Kette ist, um so stärker werden diese Nebenvalenzkräfte. Ihre Betätigung zwischen Farbstoff und Faser bewirkt eine feste Bindung der beiden.

Eine vollständige Theorie der Substantivität müßte über die Natur der zwischen dem Farbstoff- und dem Cellulosemolekül wirksamen Kräfte genaue Auskunft geben können. Als solche Kräfte kommen grundsätzlich die gleichen in Frage, die auch bei der Assoziation der Farbstoffmoleküle wirksam sein können (vgl. S. 379): die Dipolkräfte, die Dispersionskräfte und die koordinativen Bindungskräfte. Es scheint uns, daß hier die „Wasserstoffbrücke", d. h. die koordinative Verknüpfung der Wasserstoffatome des Cellulosemoleküls mit den elektronegativen Atomen (N, O, eventuell S) des Farbstoffmoleküls durch ein gemeinsames Elektronenpaar (wenigstens für die Mehrzahl der substantiven Farbstoffe) die Hauptrolle spielt (EISTERT und VALKÓ). Als Wasserstoffgeber können die Oxygruppen der an der Oberfläche der Cellulosekrystallite befindlichen Pyranoseringe, möglicherweise auch die Oxy-

und Aminogruppen der Farbstoffe funktionieren. Man könnte sich z. B. die Bindung der Carbonamidgruppen enthaltenden Farbstoffe an die Cellulose nach EISTERT folgendermaßen denken:

R_1 bedeutet den Celluloserest, R_2 und R_2' die Farbstoffreste. Die Bindung zwischen 2 Atomen, zu welcher jedes der verbundenen Atome je 1 Elektron beisteuert, wird in üblicher Weise durch einen Strich, die koordinative Bindung dagegen, deren Elektronenpaar ausschließlich von *einem* der Partner stammt, durch einen vom Elektronendonator ausgehenden Pfeilstrich (→) symbolisiert. Es sind dann die obigen zwei Formeln konstruierbar, die elektromer und folglich Grenzformeln einer Mesomerie sind. Im Sinne der neuen Quantentheorie entspricht der Mesomerie eine Resonanz, die die Bindungsenergie erhöht, d. h. die Bindung stabilisiert.

Die Rolle der ununterbrochenen Kette der konjugierten Doppelbindungen soll nach dieser Auffassung darin bestehen, daß sie die Neigung der in der Kette befindlichen elektronegativen Atome zum Eingehen von koordinativen Bindungen in Form von Wasserstoffbrücken erhöht.

Da die Oxygruppe der Cellulose, ebenso wie die Oxy-, Amino-, Carbonamid- und Halogengruppen der Farbstoffe starke Dipole darstellen, ist die Möglichkeit einer Dipolbindung zwischen Faser und Farbstoff gleichfalls zu beachten. Sie dürfte zumindest die Vorstufe der koordinativen Bindung darstellen.

In diesem Zusammenhang sei die bemerkenswerte Feststellung von BRIEGLEB erwähnt, daß die Molekülverbindung von Trinitrobenzol mit aromatischen Kohlenwasserstoffen (im Molekülverhältnis 1:1) fester wird, wenn der Phenylrest mit einem zweiten Phenylrest durch eine Doppel- oder Dreifachbindung oder durch eine ununterbrochene Reihe konjugierter Doppelbindungen verknüpft ist. Diese Beobachtung erinnert an die Substantivitätsregel von SCHIRM. BRIEGLEB nimmt an, daß die Bindung infolge der Dipolinduktion des Phenylrestes durch die Dipolgruppe der Nitroverbindung zustande kommt. Im Falle einer lückenlosen $C=C$, $C\equiv C$ oder $(C=C-C=C)_n$ bzw. $(C\equiv C-C\equiv C)_n$-Kette soll das Kohlenwasserstoffmolekül eine über das ganze Molekül gehende, nicht lokalisierte Elektronenwolke besitzen, deren Ladungsverteilung durch die Dipolinduktion gestört wird und dadurch zur Bindungsfestigkeit beiträgt.

Die starke Spezifität der Substantivität hinsichtlich der Konstitution und räumlichen Konfiguration (Möglichkeit der ebenen Gestalt als Voraussetzung), ferner die durch den Dichroismus der Färbungen nachgewiesene

Orientierung der angelagerten Farbstoffe (vgl. S. 72 ff.) spricht gegen eine vorwiegende Bedeutung der unspezifischen und weitreichenden Dispersionskräfte für den Färbevorgang. Allerdings können auch diese Kräfte einen Beitrag zur Bindungsfestigkeit liefern.

Räumt man der koordinativen Bindung die Hauptrolle beim substantiven Färben ein und führt somit das Zustandekommen der Färbung ebenso wie die Entstehung zahlreicher Molekülverbindungen (z. B. der Doppelmoleküle der Fettsäuren oder der Assoziationsprodukte der Alkohole) auf die Betätigung chemischer Kräfte zurück, dann verschwindet der früher oft erörterte Gegensatz zwischen der chemischen und der physikalischen Theorie der Färbung völlig: beide münden in die höhere Einheit der Molekularphysik ein.

Es wäre übrigens vielleicht zu viel verlangt, eine in allen Fällen gültige Regel für das Auftreten der Substantivität zu erwarten. Wir haben ja nicht einmal für die gegenseitige Löslichkeit von Stoffen solche Regeln. RUGGLI hat noch vor 3 Jahren die Frage nach dem Zusammenhang zwischen Substantivität und Konstitution mit der Frage nach dem Zusammenhang zwischen physiologischer Wirksamkeit und Konstitution verglichen. Die seitdem gewonnenen Erkenntnisse bedeuten zweifelsohne einen gewaltigen Fortschritt gegenüber dem damaligen Stand der Substantivitätstheorie.

Eine bestimmte Teilchengröße bzw. ein bestimmter Assoziationszustand (z. B. der kolloide Zustand) wurde früher häufig als wesentliches Merkmal der substantiven Farbstoffe betrachtet (HALLER, AUERBACH u. a.). Die neueren genaueren Ermittlungen der Teilchengröße, vor allem mittels Diffusionsbestimmungen, haben zu einer gewissen Einschränkung der Bedeutung der Teilchengröße der Farbstoffe geführt. Es trifft wohl ziemlich allgemein zu, daß die gegenüber Baumwolle nicht substantiven sauren Farbstoffe in der Lösung vollständig oder wenigstens weitgehend in Einzelionen zerteilt sind, während die direkten Baumwollfarben meistens erhebliche Aggregation zeigen, insbesondere in Anwesenheit von Salzen. Es wird jedoch dieses Verhalten ohne weiteres verständlich, wenn man berücksichtigt, daß die Bildung der Aggregate die Folge der Betätigung von VAN DER WAALSschen Anziehungskräften ist. *Das Vorhandensein dieser Kräfte, das die Bedingung für die Substantivität darstellt, ist zugleich die Voraussetzung für die Bildung von Ionen- bzw. Molekülaggregaten in der Lösung.* Diese Parallelität von Substantivität und Teilchengröße berechtigt jedoch noch nicht, einen ursächlichen Zusammenhang zwischen den beiden Erscheinungen anzunehmen. Gegen die unmittelbare Beteiligung der Aggregate an dem Sorptionsgleichgewicht der Farbstoffe mit den Fasern spricht der Umstand, daß die Assoziation der Farbstoffe mit wachsender Temperatur erheblich abnimmt und bei der Siedetemperatur, bei der das Färben meistens ausgeführt wird, soweit wir es heute beurteilen können, nur geringfügig ist. Dazu kommt noch, daß wir kaum annehmen können, daß größere Farbstoffaggregate fähig sind, in die submikroskopischen Kanäle der Fasern einzudringen. Die Kenntnisse über die räumliche Ausdehnung der Farbstoffe und der Faserporen legen es nahe, den Färbevorgang sich so vorzustellen, daß nur die einzelnen Farbstoffionen (und ihre Gegenionen) in die Wasserwege der Cellulose gelangen. Die Farbstoffaggregate in der Lösung dienen dann als Vorrat, aus dem infolge des Assoziationsgleichgewichtes die einzelnen Farbionen nach ihrer Aufnahme durch die Fasern bei dem Färbevorgang stetig nachgeliefert werden.

Gegen die Beteiligung der Farbstoffaggregate an dem Färbevorgang spricht auch die Überlegung, daß die Entfaltung der VAN DER WAALSschen Anziehungskräfte zwischen Farbstoff und Faser um so wirksamer wird, *je größer die gemeinsame Berührungsfläche der beiden ist*. Mit wachsender Aggregation nimmt jedoch die Oberfläche des Farbstoffes ab, vorausgesetzt, daß die Aggregation nicht in der Form der Bildung von Ketten oder von Blättern einmolekularer Dicke vor sich geht. Wenn aber tatsächlich diese außerordentlich anisodiametrischen Assoziationsprodukte entstehen, dann würden sie unter der Einwirkung der VAN DER WAALSschen Kräfte der Faseroberfläche in ihre Einzelbestandteile, d. h. in die Farbmoleküle oder -Ionen zerfallen. Ihre Betrachtung bei dem Sorptionsgleichgewicht dürfte sich also auch in diesem Falle erübrigen.

Nach den Beobachtungen von ROBINSON und seinen Mitarbeitern zeigt das substantive Benzopurpurin 4B eine etwas höhere Aggregation als ihr Metaisomer. Dies gilt für Zimmertemperatur und wurde hierfür auch von LENHER und SMITH bestätigt. Letztere fanden jedoch durch Diffusionsbestimmungen, daß der Unterschied der beiden Farbstoffe in der Teilchengröße bei 94° sehr gering wird. Nach der genauen Bestimmung von HANSON und NEALE ist die Aufnahme durch Baumwolle und Cellophan bei 90° von Benzopurpurin 4B 10mal so groß als vom Metaprodukt. Dem sehr erheblichen Unterschied in der Substantivität steht also ein sehr geringer Unterschied in der Teilchengröße gegenüber. (Es sei nebenbei bemerkt, daß nach dieser Untersuchung auch dem Metabenzopurpurin ein geringer Grad von Substantivität zukommt.)

LENHER und SMITH untersuchten nach der Diffusionsmethode die Teilchengröße des Farbstoffes Benzolichtrot 8BL und seines Benzoylaminoabkömmlings und verglichen diese mit ihrer Affinität zur Baumwolle. Bei Siedetemperatur fand sich auch hier neben dem erheblichen Substantivitätsunterschied keine merkliche Verschiedenheit in dem Assoziationszustand (s. Tabelle 123).

In den beiden erwähnten Fällen bietet die Betrachtung der molekularen Konstitution eine befriedigende Erklärung für das färberische Verhalten der Farbstoffe. In dem ersten Fall unterscheidet sich das m-Benzopurpurin von Benzopurpurin 4B durch seine Unfähigkeit, eine flache Molekülgestalt anzunehmen. Im zweiten Fall bedeutet die Einführung der Benzoylaminogruppe an der entsprechenden Stelle des Benzolichtrot 8BL-Moleküls eine Verlängerung der Kette der konjugierten Doppelbindungen. So wird es in beiden Fällen entbehrlich sein, die Ursache des Substantivitätsunterschiedes in der Teilchengröße zu suchen. Wenn da wie dort die substantiveren Farbstoffe bei Zimmertemperatur die stärkere Assoziation

Tabelle 129. **Substantivität von o-Dianisidin-Abkömmlingen.**
Nach GRIFFITHS und NEALE.

Farbstoff	S.–J.	Kupplungskomponente	Farbstoffaufnahme durch		Verhältnis Cellophan Baumwolle	$D \cdot 10^s$
			Cellophan	Baumwolle		
Benzopurpurin 10B	489	NH$_2$ / SO$_3$Na	2,45	0,87	2,82	5,18
Benzoazorin G	497	OH / SO$_3$Na	1,45	0,70	2,06	2,74
Azoviolett	493	NH$_2$ ... OH und SO$_3$Na ... SO$_3$Na	2,25	0,923	2,44	4,40
Diaminblau AZ	496	OH / SO$_3$Na	2,10	1,24	1,69	2,52
Chicagoblau B	509	OH NH$_2$ / SO$_3$Na	3,40	1,20	2,84	1,95
Diaminreinblau	513	OH NH$_2$ / SO$_3$Na SO$_3$Na	0,945	0,296	3,2	10,4
Dianilblau G	504	OH OH / SO$_3$Na SO$_3$Na	0,545	0,256	2,16	15,1
Brillantazurin B	500	OH Cl / SO$_3$Na SO$_3$Na	0,990	0,388	2,56	6,8

zeigen, so liegt deren Ursache im Molekülbau begründet. Bei dem m-Benzopurpurin dürfte die räumliche Gestalt die gegenseitige Anlagerung der Moleküle (ebenso wie ihre Anlagerung an das Cellulosemolekül) erschweren. Beim Benzolichtrot 8 BL erhöht die Einführung der Benzoylaminogruppe die gegenseitigen VAN DER WAALSschen Anziehungskräfte der Farbstoffmoleküle (ebenso wie die gegen das Cellulosemolekül gerichteten Anziehungskräfte).

Im Hinblick auf die SCHIRMsche Substantivitätsregel ist die Beobachtung von SCHEIBE bemerkenswert, daß zur Assoziation der Polymethinfarbstoffe in der Lösung eine möglichst lange Kette der konjugierten Doppelbindungen notwendig ist, die sich auch noch ungestört in die aromatischen Kerne fortsetzen muß.

Vom systematisch gesammelten Versuchsmaterial über Substantivität nennen wir dasjenige von RUGGLI, ferner von GRIFFITHS und NEALE. Tabelle 129 bringt eine Zusammenstellung der letzteren Autoren über die Wirkung der Substitution im Naphthalinkern auf die Aufnahme von Farbstoffen durch Baumwolle und Cellophan. Die untersuchten Farbstoffe waren Kupplungsprodukte von tetrazotiertem o-Dianisidin mit Naphthalinabkömmlingen (die Kupplung erfolgte in allen Fällen in der β-Stellung).

Die erste Spalte bringt den Handelsnamen des Farbstoffes; die zweite Spalte die Nummer des Farbstoffes in den Farbstofftabellen von SCHULTZ-JULIUS (Aufl. 4); die dritte Spalte die Formel der Kupplungskomponenten. In der vierten und fünften Spalte ist die Menge des unter gleichen Färbebedingungen durch 100 g Cellophan bzw. Baumwolle aufgenommenen Farbstoffes in g angeführt. Die Färbebedingungen waren: Temperatur 90°, Farbstoffkonzentration 0,005%, NaCl-Konzentration 0,5%. Es wurde bis zur Einstellung des Gleichgewichtes gefärbt. Die sechste Spalte enthält das Verhältnis der durch Cellophan zu der durch Baumwolle aufgenommenen Farbstoffmenge. Die letzte Spalte bringt die Werte der scheinbaren Diffusionskoeffizienten des Farbstoffes in Cellophan in cm^2/min. Die Bedeutung dieser Werte wird bei der Besprechung der Geschwindigkeit der Farbstoffaufnahme erläutert (S. 420 ff.).

Es zeigt sich, daß die Substantivität erhöht wird, wenn die Hydroxylgruppe durch die Aminogruppe ersetzt wird, und zwar gegenüber Cellophan stärker als gegenüber Baumwolle. Vielleicht hängt dies mit dem höheren Gehalt des Cellophans an sauren Carboxylgruppen zusammen (vgl. die Ausführungen über die Theorie der Salzwirkung weiter unten). Der Vergleich von Benzoazurin G mit Diaminblau AZ legt den bemerkenswerten Einfluß der Stellung der Sulfogruppe dar. Die drei letzten Farbstoffe der Reihe ermöglichen den Vergleich der Wirkung der Aminogruppen mit der der Oxy- und Chlorgruppe und zeigen zugleich, daß die Anwesenheit von vier Sulfogruppen im Molekül die Substantivität gegenüber dem Vorhandensein von nur zwei Sulfogruppen ganz erheblich herabsetzt.

RUGGLI und LANG haben die Frage experimentell geprüft, ob eine langgestreckte Form der Farbstoffmoleküle für die Substantivität eine Bedeutung hat oder nicht. Es wurden zu diesem Zweck Farbstoffabkömmlinge des cis- und trans-Stilbens miteinander verglichen.

[Strukturformeln der cis- und trans-Farbstoffe mit Azogruppen, NH₂-, SO₃Na-Substituenten]

Die Untersuchung der Substantivität unter den von RUGGLI festgesetzten Bedingungen ergab, daß der cis-Farbstoff erheblich substantiver ist als der trans-Farbstoff. Bei den analogen Farbstoffen, mit OH-Gruppen an Stelle der NH₂-Gruppen, zeigte sich fast keine Beeinflussung der Substantivität durch die Konfiguration. Die Versuche haben also erwiesen, daß der länglichen Molekülgestalt keine ausschlaggebende Bedeutung für die Substantivität zukommt.

Besonderes Interesse verdienen auch die Versuche von BRASS, OPPELT und WEICHERT über die Aufnahme von Farbstoffzwischenprodukten durch Baumwolle. Ausgeprägte Affinität zeigten die Natriumsalze der J- und der γ-Säure und ihrer Harnstoffe. Die Aufnahme der beiden Säuren war ungefähr die gleiche, sie erreichte etwa 2% (aus 2—3%igen Lösungen, bei einem Flottenverhältnis von 20:1). Die Aufnahme der beiden Harnstoffe war ungefähr die gleiche, jedoch größer als die der Säuren, sie erreichte etwa 5% (aus 3—4%igen Lösungen beim Flottenverhältnis 20:1). Allerdings kann man von einer Substantivität hier noch nicht sprechen, da die Verarmung der Bäder 10% kaum überstieg. Leider erstreckten sich die Versuche nicht auf die Bestimmung der Affinität in Anwesenheit von Salz. Wie wir gesehen haben, zeigen ja die substantiven Farbstoffe erst in Gegenwart von Salzen größeres Aufziehvermögen. Im Gegensatz zu den genannten Zwischenprodukten war die Aufnahme der Natriumsalze von Sulfanilsäure, Naphthionsäure sowie ihrer Oxo- und Thioharnstoffe durch Baumwolle nicht merklich.

Die Erklärung des Salz- und Temperatureinflusses beim substantiven Färben. Der starke Einfluß der Salzkonzentration und der Temperatur drängt die Frage auf, auf welche Weise die Energiebilanz bei der Farbstoffaufnahme (Energie der Farbstoffaufnahme = Affinität des Farbstoffes zur Faser — Abnahme der Hydratationsenergie des Farbstoffes —

Abnahme der Hydratationsenergie der Fasern) durch die Anwesenheit eines Salzes oder durch Veränderung der Temperatur verschoben wird. Für die Salzwirkung wurden mehrere Erklärungen vorgeschlagen. Die wichtigste dürfte die sog. elektrische Theorie sein, die in verschiedenen Formen aufgestellt wurde. In der einfachsten Fassung lautet sie: Sowohl die Cellulosefasern als auch die substantiven Farbstoffe (als Anionen) sind negativ geladen. Die gleichsinnige elektrische Ladung bedingt ihre gegenseitige Abstoßung (Abb. 222). *Die Abstoßungskräfte werden durch die Anwesenheit des Salzes aufgehoben* oder wenigstens vermindert. Die Stütze dieser Auffassung sind Messungen des elektrischen Grenzflächenpotentials der Cellulose, die zeigen, daß das ursprünglich negative Potential durch Salzzusatz vermindert wird (vgl. HARRISONS Werte in dem Abschnitt „Das elektrische Grenzflächenpotential der Cellulose"), ferner einige Beobachtungen über die Wanderungsgeschwindigkeit der Farbstoffe und ihrer Verminderung durch Salzzusatz. HARRISON fand durch Messung des Strömungspotentials, daß die negative Ladung der Baumwolle durch die Salze erniedrigt wird, und zwar ergibt sich, nach zunehmender Wirkung geordnet, die folgende Reihe: NaOH, Na_3PO_4, Na_2SO_4, NaCl, $MgSO_4$, HCl. Die Aufnahme von Diaminblau 2B durch Filtrierpapier nimmt bei Zusatz des Salzes zu, und zwar ergibt sich für die Wirkung der Salze hier dieselbe Reihenfolge wie bei der Ladungserniedrigung (mit der einzigen Ausnahme, daß Salzsäure die Farbstoffaufnahme stärker fördert als Magnesiumsulfat). Die annähernde Gültigkeit der Wertigkeitsregel, d. h. die besondere Wirksamkeit der höherwertigen Gegenionen (Kationen) hat sich, wie bereits erwähnt wurde, in den Versuchen von WIKTOROFF und NEALE in bezug auf die Farbstoffaufnahme, in den Versuchen von KROTOWA in bezug auf die Erniedrigung der elektrophoretischen Wanderungsgeschwindigkeit der Farbstoffe, d. h. ihrer Ladung, erwiesen.

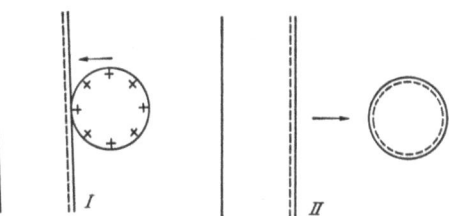

Abb. 222. Elektrostatische Kräfte bei der Sorption. Schematische Darstellung. *I*: Negativ geladene Faserwand zieht positiv geladene Ionen oder Teilchen an. *II*: Negativ geladene Faserwand stößt negativ geladene Ionen oder Teilchen ab.

Eine bemerkenswerte Weiterentwicklung der elektrischen Theorie stellt die Anwendung der DONNANschen Lehre vom Membrangleichgewicht durch HANSON, NEALE und STRINGFELLOW auf den substantiven Färbevorgang dar. Sie gehen dabei von der folgenden Vorstellung aus. Der Farbstoff, z. B. das Natriumsalz einer vierwertigen Säure, ist in der Lösung weitgehend dissoziiert. Die Farbanionen werden durch die Fasern mittels der Sorptionskräfte festgehalten, die Na^+-Ionen werden durch die Cellulose nicht unmittelbar gebunden, jedoch aus Gründen der Elektroneutralität in Form einer Ionenwolke in der Nähe der sorbierten Farbionen konzentriert bleiben. Die Energie, die zu ihrer Konzentrierung erforderlich ist, und daher der Sorptionsenergie entgegenwirkt, ist um so kleiner, je höher die Na^+-Konzentration in der Lösung ist. Die Wirkung des Salzzusatzes besteht also darin, daß infolge Erhöhung der Gegenionenkonzentration die Arbeit vermindert wird, die aufgewendet werden muß, um die den aufgenommenen Farbionen äquivalente Menge von Gegenionen in der Nähe der submikroskopischen Grenzflächen der Fasern in Form der diffusen Belegung einer Doppelschicht anzuhäufen.

Um die Grundsätze des DONNAN-Gleichgewichtes anwenden zu können, muß das System willkürlich in zwei homogene Phasen getrennt gedacht werden: in die „Cellulosephase", die die sorbierende Oberfläche, die sorbierten Farbanionen und denjenigen Teil der freien Ionen und des Lösungsmittels, der in ihre Wirkungssphäre fällt, einschließt, und als zweite Phase in die Farbstofflösung. Wenn die Farbstoffionen zum Teil in der Cellulosephase festgehalten werden, etwa durch die Wirkung der VAN DER WAALSschen Kräfte, so sind die Bedingungen für die Einstellung eines Membrangleichgewichtes gegeben. Die Cellulosephase spielt die Rolle der Innenlösung, die nicht membrandurchgängige Ionen enthält, die Farbstofflösung die der Außenlösung. Die Verteilung eines Neutralsalzes, also z. B. auch des freien, ungebundenen Farbsalzes, wird nicht gleichmäßig erfolgen können, sondern die Cellulosephase wird im Gleichgewichtszustand an diesem Salz eine geringere Konzentration enthalten als die Außenlösung. Durch wachsenden Zusatz eines Neutralsalzes, z. B. von NaCl, wird die Verteilung immer gleichmäßiger. Infolgedessen wird die Cellulosephase bei unverändert bleibender Farbstoffkonzentration der Außenlösung mit wachsender Salzkonzentration immer mehr freien Farbstoff enthalten. Da das Sorptionsgleichgewicht von der Konzentration der Farbionen in der unmittelbaren Nähe der Cellulosemoleküle abhängt, wird die mit zunehmender Salzkonzentration erfolgende Erhöhung der Farbionenkonzentration der Cellulosephase zu einer zunehmenden Aufnahme der Farbionen führen.

NEALE und seinen Mitarbeitern gelang es am Beispiel der Aufnahme von Chicagoblau 6 B durch Baumwolle unter bestimmten Voraussetzungen eine befriedigende zahlenmäßige Übereinstimmung zwischen den Forderungen dieser Theorie und den Versuchsergebnissen nachzuweisen. Der Berechnung wurde die willkürliche Annahme zugrunde gelegt, daß die Menge des zur Cellulosephase gehörenden Wassers 22 g je 100 g Baumwolle beträgt (entsprechend der Menge des bei Sättigung sorbierten Wassers nach URQUHART und WILLIAMS), ferner, daß das Sorptionsgleichgewicht dem NERNSTschen Verteilungsgesetz gehorcht, d. h. die aufgenommene Farbstoffmenge der Konzentration der freien Farbstoffionen in der Cellulose proportional ist.

Es ist bemerkenswert, daß sich unter diesen Voraussetzungen auch die Abhängigkeit des Sorptionsgleichgewichtes von der Farbstoffkonzentration bei konstantem Salzgehalt der Lösung in Übereinstimmung mit den Meßergebnissen beschreiben ließ. Die Tatsache, daß die Aufnahme des Farbstoffes langsamer zunimmt als die Konzentration in der Farbstofflösung würde nach dieser Vorstellung darauf beruhen, daß infolge der wachsenden Konzentration der Cellulosephase an festgehaltenen Farbionen die Ionenverteilung immer ungleichmäßiger wird, so daß nur ein immer geringerer Bruchteil der in der Lösung befindlichen Farbionen als freies Farbion in die Cellulosephase eindringt. *Die Form der Sorptionskurve wäre also nicht der Ausdruck für die Abnahme der für die Anlagerung des Farbstoffes verfügbaren Plätze, sondern des wachsenden elektrischen Widerstandes gegenüber dem Eindringen der Farbionen.*

Der Zusammenhang dieser Vorstellung mit der oben erwähnten einfachen Form der elektrischen Theorie der Salzwirkung wird klar, wenn man das Membranpotential als den die Verteilung bestimmenden Faktor zur Grundlage der Betrachtung nimmt. Dann läßt sich das Wesen der NEALEschen Theorie folgendermaßen umreißen. Durch Aufnahme der Farbanionen entsteht zwischen den Fasern und der Farbstofflösung ein Membranpotential, und zwar ladet sich die Faser gegenüber der Lösung negativ auf. Infolge dieses Membranpotentials wird die Arbeit, die nötig ist, um ein Farbstoffion aus der Lösung an die Cellulose zu bringen, um einen elektrischen Anteil vermehrt. Zusatz von Neutralsalz setzt bekanntlich das Membranpotential herunter. *In der NEALEschen Theorie spielt das Membranpotential somit dieselbe Rolle wie das Grenzflächenpotential* in der ursprünglichen Form der elektrischen Theorie der Salzwirkung.

Auch die Wertigkeitsregel der Gegenionenwirkung läßt sich ohne Schwierigkeit aus der Theorie des Membrangleichgewichtes ableiten. Mehrwertige Gegenionen setzen nämlich das Membranpotential viel stärker herunter als die einwertigen.

Mit Hilfe seiner Theorie erklärt NEALE ferner auch die eine Farbstoffaufnahme vermindernde Wirkung der Oxycellulosebildung. Die bei der oxydativen Behandlung an den Cellulosemolekülen entstehenden Carboxylgruppen wirken infolge ihrer elektrolytischen Dissoziation genau so wie die angelagerten Farbstoffionen: sie erhöhen die Anzahl der in der Cellulosephase festgehaltenen anionischen Ladungen (vgl. die Darstellung im 6. Abschnitt, S. 170).

Zu ähnlichen Ergebnissen wie die elektrische Theorie führt die Vorstellung, daß von der Cellulose nur undissoziierte Farbsalze und keine Farbionen aufgenommen werden können. Die Bedeutung des Salzzusatzes besteht nach dieser Auffassung darin, das Dissoziationsgleichgewicht zugunsten der Bildung des undissoziierten Farbsalzes zu verschieben. Man wird allerdings in Übereinstimmung mit der Theorie der starken Elektrolyte annehmen, daß es sich bei dem Farbsalz nicht um ein undissoziiertes Molekül im klassischen Sinne handelt, wie es bei den schwachen Elektrolyten der Fall ist, sondern um Assoziationsprodukte der entgegengesetzt geladenen Ionen, die vermutlich in allen konzentrierten Salzlösungen auftreten. Die Ergebnisse der über den elektrolytischen Dissoziationszustand der Farbstofflösungen ausgeführten Messungen lassen die Möglichkeit offen, daß die Produkte der gegenseitigen Assoziation von Farbion und Gegenion bereits in verhältnismäßig verdünnten Lösungen vorhanden sind. Um so eher kann man mit ihrer Existenz in den Salzlösungen rechnen. Die Verschiebung des Sorptionsgleichgewichtes durch Salzzusatz würde eine Folge der Erhöhung der Konzentration der ausschließlich anlagerungsfähigen undissoziierten Moleküle bzw. Ionenassoziate sein. Die Wirkung der mehrwertigen Gegenionen würde sich aus der infolge der Erhöhung der gegenseitigen elektrostatischen Anziehungskräfte begünstigten Bildung der Ionenassoziate ergeben.

Als weitere Möglichkeit für die Erklärung der Salzwirkung kommt die Herabsetzung der Hydratation der Farbstoffionen in Frage, die sich in der Verminderung ihrer Löslichkeit bemerkbar macht. Ein großer Teil der direkten Farbstoffe und besonders die substantivsten werden, wenigstens bei Zimmertemperatur, durch genügend hohe Konzentration an Salzen aus den Lösungen ausgefällt. Wenn es auch bei höherer Temperatur häufig nicht zur sichtbaren Aussalzung kommt, so ist es doch wahrscheinlich, daß auch hier die Löslichkeit der Farbstoffe herabgesetzt wird. Welche Rolle der Löslichkeitsherabsetzung bei der Salzwirkung tatsächlich zukommt, entzieht sich allerdings unserer Kenntnis.

Die Auffassung, nach der die Teilchengröße das wesentliche Merkmal der Substantivität ist, erblickt in der Salzwirkung ihre wichtigste Stütze. Sie nimmt an, daß die Salze mit wachsender Konzentration die Teilchengröße der Farbstoffe erhöhen und daß diese Erhöhung der Teilchengröße für das stärkere Aufziehen der Farbstoff in den Salzlösungen verantwortlich ist. Die neueren Diffusionsbestimmungen haben die Bestätigung für die mit steigendem Salzgehalt der Lösung erfolgende Zunahme der Assoziation der Farbionen gebracht. Trotzdem erscheint heute die allgemeine Gültigkeit der sog. Teilchengrößentheorie mehr als je zweifelhaft. Wir haben bereits erwähnt, daß die Ausdehnungsverhältnisse der submikroskopischen Faserkanäle die unmittelbare Beteiligung der Farbstoffaggregate an dem Färbevorgang unwahrscheinlich machen. Außerdem deuten die in der Nähe der Siedetemperatur ausgeführten Diffusionsbestimmungen auch in Salzanwesenheit auf einen niedrigen Assoziationsgrad. Schließlich gibt die elektrische Theorie (vielleicht unter Mitberücksichtigung der Löslichkeitsverhältnisse) für die Salzwirkung eine derart befriedigende Erklärung, daß die Heranziehung der Teilchengröße entbehrlich wird.

Für die mitunter beobachtete Erscheinung, daß die Menge des aufgenommenen Farbstoffes nach Überschreitung einer gewissen Salzkonzentration wieder abnimmt, bietet allerdings die Berücksichtigung der Teilchengröße die wahrscheinlichste Erklärung. Wenn durch die Aggregation der Farbionen oder -moleküle die Anzahl der Einzelionen bzw. der kleinen Aggregate des Farbstoffes in der Lösung stark abnimmt, dann kann diese Verminderung der Konzentration des das Sorptionsgleichgewicht bestimmenden freien Sorbendums den Ausschlag geben und das Gleichgewicht in der Richtung der geringeren Farbstoffaufnahme verschieben. Möglicherweise hat man es im ganzen Gebiet der Salzkonzentration mit zwei gegensätzlichen Wirkungen zu tun: mit der Verminderung der elektrischen Hemmung zwischen Faser und Farbstoff (bzw. mit der Erniedrigung der Löslichkeit des Farbstoffes oder mit der Erhöhung der Konzentration des undissoziierten Farbsalzes) und mit der Verringerung der für das Sorptionsgleichgewicht wirksamen Farbstoffkonzentration infolge der Aggregation. Da die erste, die Farbstoffaufnahme begünstigende Wirkung sich mit wachsender Salzkonzentration einem Grenzwert nähert (entsprechend der völligen Ausschaltung der elektrischen Kraft), die zweite, die Farbstoffaufnahme hemmende Wirkung jedoch stetig zunimmt, kommt es zu einer Maximumbildung der Farbstoffaufnahme, die den Eindruck des Vorhandenseins einer *optimalen mittleren Teilchengröße* erweckt. Nach den Anhängern der Teilchengrößentheorie, HARRISON und ROSE, fällt diese optimale Teilchengröße mit der Größe der Celluloseporen zusammen. Übrigens ist meistens die Überschreitung der günstigsten Salzkonzentration an der Trübung oder sogar an der sichtbaren Flockung der Farbstofflösung bemerkbar. Die von ROSE ausgesprochene Regel, daß die Farbstoffe um so substantiver sind, je empfindlicher ihr Assoziationsgleichgewicht gegenüber dem Salzgehalt ihrer Lösungen ist, dürfte zweifellos in der Mehrzahl der Fälle zutreffen. Die Regel läßt sich als Folge der Tatsache verstehen, daß sowohl die Aggregation in der Lösung als auch das substantive Färben durch Entfaltung der Nebenvalenzkräfte entgegen den COULOMBschen Abstoßungskräften zustande kommen.

Die Erklärung der starken Temperaturabhängigkeit des Sorptionsgleichgewichtes bildet an sich keine schwierige Aufgabe. Die Temperaturabhängigkeit der chemischen Gleichgewichtskonstanten ist ja eine allgemeine Erscheinung, sie ist im Sinne der Thermodynamik ein Maßstab für die Reaktionswärme, in unserem Falle für die Sorptionswärme. Die starke Abhängigkeit der Farbstoffaufnahme von der Temperatur bedeutet, daß die Wärmetönung bei der Anlagerung des Farbstoffes an die Cellulosemoleküle verhältnismäßig groß ist.

Es sei bemerkt, daß die Temperaturabhängigkeit der Farbstoffaufnahme mit der Auffassung in guter Übereinstimmung steht, nach der die Teilchengröße für die Substantivität bestimmend ist. Die Temperaturerniedrigung entspricht ja einer Verstärkung der Assoziation der Farbionen. Trotzdem erscheint es uns, und zwar aus denselben Gründen, wie bei der Salzwirkung, unwahrscheinlich, daß die Veränderung der Teilchengröße als die unmittelbare Ursache der Verschiebung des Sorptionsgleichgewichtes bei der Veränderung der Temperatur zu betrachten ist.

Geschwindigkeit der Farbstoffaufnahme beim substantiven Färben. Über die Geschwindigkeit der Aufnahme von substantiven Farbstoffen durch die Cellulose haben NEALE und seine Mitarbeiter genaue Untersuchungen ausgeführt. Wählte man die Menge des anzufärbenden Probestückes im Verhältnis zu der Farbstofflösung sehr klein, dann konnte erreicht werden, daß die Konzentration der Farbstofflösung während des Färbevorganges nur unmerklich abnahm. Dieses Konstanthalten der Farbstoffkonzentration ist für die quantitative Erfassung der Kinetik des Vorganges ein großer Vorteil. In den beistehenden Kurven ist der Verlauf der Farbstoffaufnahme mit der Zeit bei verschiedenen Salzkonzentrationen dargestellt. Diese Beobachtungen kennzeichnen das Verhalten der gesamten Gruppe.

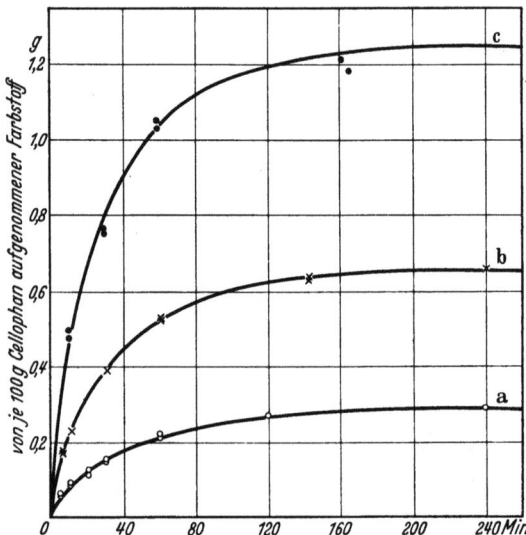

Abb. 223. Zeitlicher Gang der Aufnahme von Chicagoblau 6 B aus 0,005%iger Lösung bei 100° durch einen Cellophanfilm von 22 μ Dicke. a: in Anwesenheit von 0,2% NaCl; b: von 0,5% NaCl; c: von 1,2% NaCl. Punkte experimentell ermittelt, Kurven berechnet nach Gleichung (4). Nach NEALE und STRINGFELLOW.

Für die mathematische Behandlung der Geschwindigkeit des Aufziehens nimmt NEALE an, daß sie nicht durch eine langsam verlaufende Reaktion, sondern ausschließlich durch einen Diffusionsvorgang bestimmt wird. Die äußere Oberfläche der Faser (des Films) nimmt augenblicklich soviel Farbstoff auf, daß ihre Konzentration an Farbstoff dem Sorptionsgleichgewicht entspricht. Gleichzeitig beginnt jedoch eine langsame Diffusion des Farbstoffes ins Innere der Faser (des Films). Die dadurch eintretende Verarmung der äußeren Oberfläche an Farbstoff wird ständig durch Aufnahme aus der Farbstofflösung ausgeglichen, so daß die Konzentration der Außenschicht der Faser an Farbstoff während des gesamten Vorganges als konstant angesehen werden kann. Der Vorgang ist erst abgeschlossen, wenn die Konzentration des Farbstoffes diesen Wert innerhalb der ganzen Faser erreicht hat. Unter diesen Voraussetzungen läßt sich auf den Vorgang die FICKsche Diffusionsgleichung anwenden, und zwar in einer von A. V. HILL abgeleiteten Form (vgl. auch die analogen Berechnungen von ANDREWS-JOHNSTON und MARCH-WEAWER).

Liegt das Fasermaterial in Form dünner Blätter vor, wie es beim Cellophan der Fall ist, so daß die Diffusion praktisch nur durch die Seitenflächen erfolgt, dann läßt sich die zeitliche Abhängigkeit der aufgenommenen Farbstoffmenge durch die folgende auf Grund der allgemeinen Diffusionsgleichung abgeleitete Beziehung darstellen

$$\frac{c_t}{c_\infty} = 1 - \frac{8}{\pi^2}\left(e^{-\frac{k\pi^2 t}{4b^2}} + \frac{1}{9}e^{-\frac{9k\pi^2 t}{4b^2}} + \frac{1}{25}e^{-\frac{25k\pi^2 t}{4b^2}} + \ldots\right) \quad (4)$$

c_t bedeutet die in der Zeit t, c_∞ die beim Gleichgewicht ($t = \infty$) aufgenommene Farbstoffmenge, b die halbe Dicke des Blattes. k bezeichnet den Diffusionskoeffizienten des Farbstoffes in dem Faserstoff.

NEALE und seine Mitarbeiter konnten in allen untersuchten Fällen nachweisen, daß die Geschwindigkeit der Farbstoffaufnahme innerhalb der Versuchsfehlergrenzen der obigen Gleichung gehorcht. Sie kann daher mit Hilfe einer einzigen

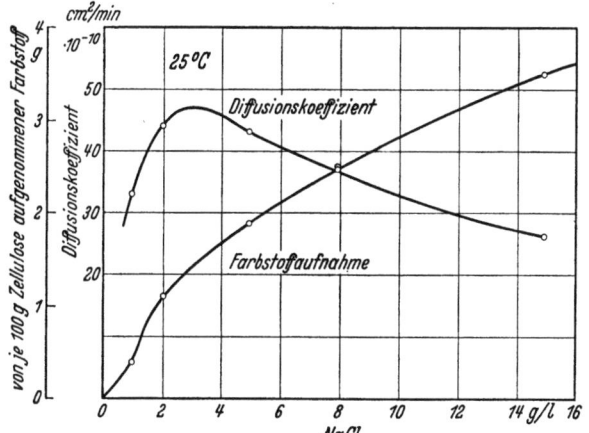

Abb. 224. [Scheinbarer Diffusionskoeffizient sowie beim Gleichgewicht aufgenommene Menge von Echtrot K bei 25° in Abhängigkeit von der Salzkonzentration (Cellophan von 6 mg Gewicht je cm²). Nach GARVIE, GRIFFITHS und NEALE.

Konstante k beschrieben werden. Die Kurven der Abb. 223 sind nach dieser Gleichung berechnet.

Die Zeit, die erforderlich ist, um eine bestimmte relative Konzentration (z. B. entsprechend dem halben Wert der Gleichgewichtsaufnahme) der Cellulose an Farbstoff zu erreichen, ist im Sinne dieser Gleichung umgekehrt proportional dem Quadrat der halben Blattdicke. Die Richtigkeit dieser Folgerung konnte durch den Versuch bestätigt werden.

Das allmähliche Vordringen des Farbstoffes von der Oberfläche ins Innere des Faserstoffes und die gleichmäßige Farbstoffverteilung in der Cellulose nach genügend langer Zeit läßt sich durch mikroskopische Beobachtung der Dünnschnitte sowohl an Cellophan als auch an den nativen oder regenerierten Cellulosefasern verfolgen.

Die Abhängigkeit der durch die obige Gleichung definierten scheinbaren Diffusionskonstante von der Salzkonzentration bei der Aufnahme von Echtrot K durch Cellophan bei 25° und bei 90° wird durch die Abb. 224 und 225 dargestellt.

In beiden Fällen zeigt sich das Auftreten eines Geschwindigkeitsmaximums bei zunehmender Salzkonzentration. Die beim Gleichgewicht aufgenommene Menge des Farbstoffes (c_∞) nimmt hingegen, wie bereits bei der Besprechung der Salzwirkung auf das Sorptionsgleichgewicht erwähnt wurde, monoton zu. Der Verlauf dieser Werte ist gleichfalls in den Abbildungen dargestellt. Es handelt sich sowohl bei der Salzabhängigkeit der Geschwindigkeit als auch bei der des Gleichgewichtswertes um ein allgemeines Verhalten. Beim Vergleich der beiden Abbildungen beobachtet man, daß die Diffusionskonstante bei der Erhöhung der Temperatur von 25° auf 90° um etwa zwei Größenordnungen erhöht wird. Auch dieser *hohe positive Temperaturkoeffizient der scheinbaren*

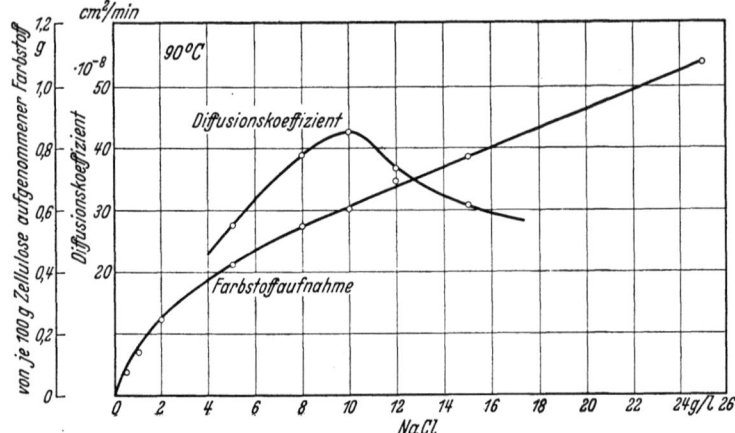

Abb. 225. Wie Abb. 224, jedoch bei 90°; Ordinate 100fach vergrößert. Nach GARVIE, GIFFITHS und NEALE.

Diffusionskonstante dürfte bei den substantiven Farbstoffen der Regel entsprechen.

Einige Beispiele für die Abhängigkeit der Geschwindigkeit der Farbstoffaufnahme von der Konstitution des Farbmoleküls enthält die bereits mitgeteilte Tabelle 129. Es fällt dabei besonders auf, daß die Verdoppelung der Anzahl der Sulfogruppen im Molekül, die, wie erwähnt, die Substantivität stark herabsetzt, die Aufnahmegeschwindigkeit sehr stark erhöht. Erwähnt sei noch, daß das nur schwach substantive Metabenzopurpurin eine Diffusionskonstante von 84×10^{-8} cm²/min, das substantive Benzopurpurin 4 B hingegen von $3{,}12 \times 10^{-8}$ cm²/min besitzt (0,005% Farbstoff, 0,5% NaCl, 90°).

Die Abb. 226 und 227 zeigen den Einfluß der Natur der anwesenden Elektrolyte auf die Diffusion.

Der Vergleich mit den entsprechenden Sorptionswerten (Abb. 219 und 220) lehrt uns, daß die Salze im allgemeinen die Aufziehgeschwindigkeit um so stärker erniedrigen, je mehr sie die Substantivität erhöhen.

Wie wir aus Abb. 223 ersehen haben, wird, obwohl die Geschwindigkeitskonstante mit zunehmender Salzkonzentration durch ein Maximum geht, in einer bestimmten Zeit jeweils um so mehr Farbstoff aufgenommen, je höher die Salzkonzentration ist. Auch in den höheren Salzkonzentrationen gibt also in bezug auf die absolute Menge des je Zeiteinheit aufgenommenen Farbstoffes die erhöhte Gleichgewichtssorption und nicht die herabgesetzte Diffusionsgeschwindigkeit den Ausschlag. *Der Temperatureinfluß auf die Geschwindigkeitskonstante ist dagegen derart stark, daß bei erhöhter Temperatur in der Anfangszeit trotz abnehmender Gleichgewichtssorption gewöhnlich mehr Farbstoff aufgenommen wird, als bei niedriger Temperatur.* Da bei niedriger Temperatur die etwa bis zur Erreichung der Halbsättigung notwendige Zeit recht erheblich sein kann, ist bei ungenügender Färbedauer der Eindruck oft irrigerweise entstanden, daß die *Substantivität mit der Temperatur zunimmt*. Die folgende Tabelle 130 zeigt die starke Temperaturabhängigkeit der Halbsättigungszeiten an einer 0,004 cm dicken Cellophanprobe.

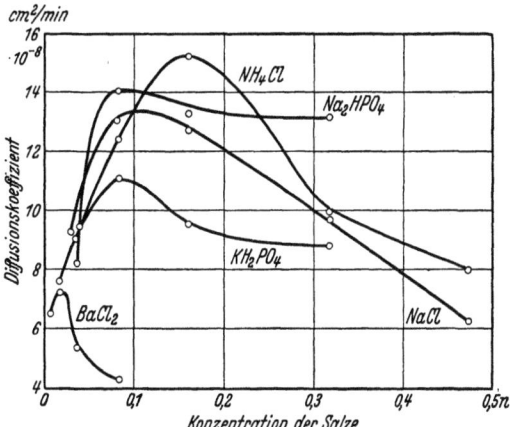

Abb. 226. Scheinbarer Diffusionskoeffizient von Chicagoblau 6 B in Cellophan in Abhängigkeit von der Salzkonzentration. Farbstoffkonzentration 0,005%, Temperatur 100°. Nach NEALE und PATEL.

Bei Fäden sind die Halbwertszeiten, entsprechend der größeren äußeren Oberfläche, geringer, und zwar bei den häufigsten Faserfeinheiten um etwa eine Größenordnung.

LENHER und SMITH haben kürzlich an einem stark substantiven, salzempfindlichen Farbstoff die den Erfahrungen von NEALE widersprechende Erscheinung beobachtet, daß die Farbstoffaufnahme der

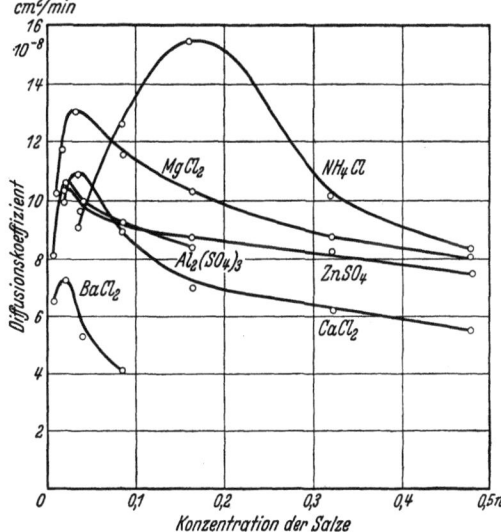

Abb. 227. Scheinbarer Diffusionskoeffizient von Chicagoblau 6 B in Cellophan wie Abb. 226. Nach NEALE und PATEL.

Tabelle 130. Aufziehgeschwindigkeit von Farbstoffen auf Cellophan aus 0,005%igen Lösungen. Nach NEALE.

Farbstoff	Konzentration von NaCl in %	Temperatur in °	g Farbstoff aufgenommen durch 100 g Cellophan beim Gleichgewicht	Zeitdauer bis zur Halbsättigung in Min.
Chicagoblau 6B	0,5	100	0,73	23
„ 6B	0,5	90	1,0	43
„ 6B	0,2	25	3,2	16 000
Heliotrop 2B	0,5	90	0,12	3,3
„ 2B	0,5	60	0,37	11
Chrysophenin G	2,5	100	0,44	1,9
„ G	0,2	25	1,00	230
Echtrot K	1,5	90	0,76	10
„ K	0,8	25	2,5	770

Baumwolle auch dann noch bei 25° geringer blieb als bei 100°, wenn die Färbedauer über 20 Tage ausgedehnt wurde. Es handelt sich in diesem Fall vielleicht darum, daß infolge der starken Aggregation bei niedriger Temperatur die Konzentration der für den Färbevorgang wirksamen Teilchen außerordentlich gering ist. Aus der Geschwindigkeit der freien Diffusion, die die Autoren nach der Methode von FÜRTH bestimmt hatten, ergab sich in Salzlösung der mittlere Teilchenradius zu etwa 34 Å.

Die genaue Bedeutung des scheinbaren Diffusionskoeffizienten, der auf Grund der obigen Gleichung aus der Aufziehgeschwindigkeit berechnet wird, ist noch nicht genügend geklärt. Vorläufig ist dieser nur als eine empirische Konstante zu betrachten, die die Aufziehgeschwindigkeit beschreibt. Wenn man ihn mit dem Koeffizienten der freien Diffusion vergleichen wollte, dann müßte man die folgenden Größen berücksichtigen.

1. Das Volumen der wassergefüllten amikroskopischen Hohlräume der Cellulose, die allein als Wege für das Eindringen des Farbstoffes zur Verfügung stehen.

2. Die räumliche Verteilung dieser Poren, insbesondere ihre Lage in bezug auf die äußere Oberfläche.

3. Die Hemmung der Diffusion in den Poren infolge gleicher Größenordnung der Porenweite und der Ausdehnung des Farbstoffmoleküls.

4. Das Sorptionsgleichgewicht in den Hohlräumen. Nur der freie Anteil des Farbstoffes diffundiert.

Die quantitative Berücksichtigung des letzten Umstandes, der von um so größerer Bedeutung ist, als unter den üblichen Versuchsbedingungen der allergrößte Teil des in dem Faserstoff befindlichen Farbstoffes an die Cellulosemoleküle gebunden wird, ist deshalb schwierig, weil er nicht nur die Farbstoffkonzentration, sondern auch das wirksame Konzentrationsgefälle in der Faser wesentlich beeinflußt (vgl. NEALE, MORTON).

Um den eigenartigen Gang des scheinbaren Diffusionskoeffizienten mit der Salzkonzentration zu erklären, hat MORTON, der (vgl. 13. Abschnitt, S. 374) einen analogen Gang bei der Ultrafiltration der Farbstoffe durch gequollene Cellophanmembranen festgestellt hat, angenommen, daß dieser Gang mit der Abhängigkeit des Koeffizienten der freien Diffusion übereinstimmt und daher einer Maximumbildung des Dispersitätsgrades bei zunehmender Salzkonzentration entspricht. Die neueren, unter Berücksichtigung des Diffusionspotentials ausgeführten Diffusionsmessungen haben jedoch gezeigt, daß der Koeffizient der freien Diffusion mit der Salzkonzentration kein Maximum, sondern eine monotone Abnahme zeigt. Die Abhängigkeit der Geschwindigkeit der Farbstoffaufnahme von der Salzkonzentration wäre also nur in der zweiten, absteigenden Hälfte der Kurven in Übereinstimmung mit dem Verhalten bei freier Diffusion. Es ist wahrscheinlich, daß es sich bei dem Gang der Geschwindigkeitskonstante der Farbstoffaufnahme mit der Salzkonzentration um die Überlagerung zweier Wirkungen handelt, von denen der Einfluß der zunehmenden Aggregation nur die eine ist, und zwar die, welche erst mit höherer Salzkonzentration den Ausschlag gibt.

Das Rühren des Färbebades beeinflußt die Aufziehgeschwindigkeit auf Cellophan nach den Beobachtungen von HANSON, NEALE und STRINGFELLOW nur wenig, da die in der Nähe des Faserstoffes eintretende Verarmung der Lösung an Farbstoff schon durch die Dichteunterschiede rasch ausgeglichen wird. Ein stärkerer Einfluß zeigte sich hingegen bei den Geweben und Garnen, bei denen das mechanische Rühren den Ausgleich der Konzentration der zwischen den einzelnen Fasern befindlichen Flüssigkeitsteile erheblich beschleunigt.

Konzentrations- und p_H-Abhängigkeit der Aufnahme von sauren Farbstoffen durch Wolle. Über die Konzentrationsabhängigkeit der Aufnahme von sauren Farbstoffen durch Wolle sind verhältnismäßig wenig Versuche ausgeführt worden. KNECHT hat die Sorption von Krystallponceau, PELET-JOLIVET haben die von Krystallponceau und von Indigcarmin, FREUNDLICH und LOSEV die von Patentblau durch Wolle in Abhängigkeit von der Farbstoffkonzentration bestimmt. FREUNDLICH und LOSEV haben auch bei diesem Färbevorgang die Gültigkeit der logarithmischen Beziehung zwischen freier Farbstoffkonzentration und gebundener Farbstoffmenge Gleichung 3, S. 393 festgestellt.

Stärkeres Interesse beanspruchte die Abhängigkeit der Farbstoffaufnahme von der Wasserstoffionenkonzentration. Im Gegensatz zum substantiven Färben der Baumwolle, das meistens bei neutraler oder schwach alkalischer Reaktion erfolgt, findet nämlich das Färben der Wolle mit den sauren Farbstoffen unter Zusatz von Säure statt. Das Hauptergebnis der über diese Frage ausgeführten zahlreichen Untersuchungen, nämlich, daß die Menge des unter sonst gleichen Bedingungen aufgenommenen Farbstoffes im p_H-Gebiet 7—2 mit wachsender Wasserstoffionenkonzentration zunimmt, erklärt am besten die elektrische Theorie, die in der einfachsten Fassung folgendes besagt:

In sauren Lösungen ladet sich die Wollfaser (genauer das Keratinmolekül) infolge Aufnahme von Wasserstoffionen positiv auf. Die so entstandene elektrische Ladung der Faser wird durch die Aufnahme von negativ geladenen Farbionen als Gegenionen ausgeglichen.

Ohne weitere Zusatzannahmen kann diese Auffassung nur im Falle der Versuchsbedingungen Anwendung finden, die z. B. K. H. MEYER und FIKENTSCHER gewählt hatten, nämlich, wenn reine Wolle mit der Lösung der *reinen Farbsäure* zusammengebracht wird. Die Farbsäure verhält sich in diesem Fall genau so wie die gewöhnlichen Säuren (vgl. Abschnitt 5). Die Wasserstoffionen werden von den Aminogruppen der Wolle, entsprechend dem Dissoziationsgleichgewicht

$$R \cdot NH_2 + H^+ \rightarrow R \cdot NH_3^+$$

aufgenommen. Infolge der Elektroneutralität muß sich jeweils die den aufgenommenen Wasserstoffionen äquivalente Menge Anionen in der Nähe der ionischen Gruppen der Keratinmoleküle, d. h. in den Hohlräumen der Fasern aufhalten. Entfernt man die Fasern aus der Lösung, so werden die Farbstoffionen in einer den geladenen positiven Gruppen der Keratinmoleküle äquivalenten Menge mit den Fasern mitgehen; die Fasern sind gefärbt.

Es sei bemerkt, daß im Sinne der Zwitterionentheorie der Dissoziation der Eiweißmoleküle die Bindung der Wasserstoffionen an die Wolle nicht an den Aminogruppen, sondern an den Carboxylgruppen erfolgt, die bei wachsender Erhöhung der Wasserstoffionenkonzentration einen Dissoziationsrückgang erleiden.

$$^+NH_3 \cdot R \cdot COO^- + H^+ \rightarrow {}^+NH_3RCOOH.$$

Infolgedessen wird die Ladung der NH_3^+-Gruppen der Keratinmoleküle durch die COO^--Gruppen nicht mehr ausgeglichen, sondern die überschüssigen NH_3^+-Gruppen verleihen dem Eiweiß eine positive Ladung.

Die Gültigkeit der elektrischen Theorie ist übrigens mit der chemischen Auffassung der H^+-Bindung an Wolle nicht verknüpft. PELET-JOLIVET, HARRISON, BANCROFT und insbesondere T. R. BRIGGS und A. W. BULL haben die elektrische Theorie des Sauerfärbens der Wolle ohne Benützung und zum Teil sogar unter Ablehnung der chemischen Auffassung der Säurebindung entwickelt.

In dem normalen Färbevorgang sind die Verhältnisse dadurch etwas verwickelter, daß nicht *die reine Farbsäure*, sondern *das Farbsalz in Anwesenheit einer Säure*, z. B. Schwefelsäure oder Essigsäure verwendet wird. Man hat dann nicht nur Farbionen, sondern auch weitere Ionen, z. B. Na- und Sulfat- oder Acetationen in der Lösung. Nimmt man an, daß die Natriumionen sich der Wolle gegenüber indifferent verhalten (d. h. von der Wolle nicht aufgenommen werden), dann folgt, daß aus Gründen der Elektroneutralität auch in diesem Falle von der Wolle Anionen festgehalten werden müssen, und zwar in einer Menge, die äquivalent ist den durch Wasserstoffionenaufnahme geladenen positiven Gruppen der Wolle. Unter diesen Bedingungen treten jedoch die übrigen anwesenden Anionen mit den Farbionen um die zu besetzenden Plätze an den Fasern in einen *Wettbewerb*. Bei gleicher Äquivalentkonzentration von Farbsalz und Schwefelsäure müßte also die Faser etwa ebensoviel Sulfation als Farbion aufnehmen. In Wirklichkeit wird in diesem Fall von den Sulfationen praktisch nichts aufgenommen, sondern die Farbionen werden an die Wolle gebunden. In dem analogen Fall der Seide haben z. B. FIKENTSCHER und MEYER nachgewiesen, daß es für die Aufnahme von Orange I gleichgültig ist, ob die freie Farbsäure oder aber das Natriumsalz des Farbstoffes zusammen mit der äquivalenten Menge von Salzsäure angewandt wird. Um dieses Verhalten zu erklären, müssen *spezifische Anziehungskräfte* zwischen den Eiweißmolekülen und den Farbionen angenommen werden. (K. H. MEYER, der in diesem Zusammenhang von der „Schwerlöslichkeit" der Salze aus Wolle und Farbstoffsäure spricht, meint damit wohl gleichfalls die Wechselwirkung der Farbanionen mit der Wolle durch die Betätigung spezifischer Affinitätskräfte.)

Vergleicht man diese Auffassung mit der elektrischen Theorie der Salzwirkung bei der substantiven Baumwollfärbung, so kann die Verschiedenheit der beiden Färbevorgänge folgendermaßen gekennzeichnet werden. *Die Faser hat bei dem Sauerfärben der Wolle den entgegengesetzten Ladungssinn, bei der direkten Färbung der Baumwolle den gleichen Ladungssinn wie das Farbion.* Bei der sauren Färbung der Wolle wird die Affinität der Farbanionen zur Faser durch die elektrischen Anziehungskräfte zwischen den Fasern, die infolge der Aufnahme von Wasserstoffionen positiv geladen sind, und den negativ geladenen Farbionen unterstützt. Beim substantiven Färben der Baumwolle sind die Fasern von Haus aus negativ geladen und ihre negative Ladung wird infolge der Aufnahme der Farbanionen gesteigert. Hier wirken die elektrischen Kräfte gegen die Affinität. Daraus ergibt sich die Verschiedenheit der Salzwirkung. *Da Salzzusatz im allgemeinen die elektrischen Kräfte heruntersetzt, führt er bei der Wollfärbung zur Erniedrigung, bei der substantiven Baumwollfärbung zur Erhöhung der Farbstoffaufnahme.*

Wie für die elektrische Theorie der substantiven Baumwollfärbung bildete auch für die elektrische Theorie der Wollfärbung die Anwendung der DONNANschen Lehre der Membrangleichgewichte eine bemerkenswerte Weiterentwicklung. Sie erfolgte durch ELÖD, und zwar zeitlich vor der Anwendung dieser Theorie auf die Vorgänge bei der Baumwollfärbung durch NEALE. Nach der Auffassung ELÖDs führt die Aufnahme der Wasserstoffionen durch Wolle zu einer Fixierung positiver Ladungen innerhalb der Fasern, dadurch übernimmt die Wolle und die in ihren Hohlräumen enthaltene Lösung die Funktionen einer in einer halbdurchlässigen Membran eingeschlossenen Innenlösung, die mit der Farbstofflösung als Außenlösung im Gleichgewicht steht. Da innerhalb der Fasern nichtdiffusible, kationische Ladungen vorhanden sind, wird bei der Gleichgewichtsverteilung der Elektrolyte die Anionenkonzentration, also auch die Farbionenkonzentration in der Innenflüssigkeit größer sein als in der Außenflüssigkeit. Wachsender Salzzusatz bewirkt eine Verringerung des Membranpotentials und daher eine gleichmäßige Verteilung der Elektrolyte, d. h. Herabsetzung der Konzentrationen der Innenlösung an Anionen, also auch an Farbionen. Aus denselben Gründen jedoch wie bei der einfachen elektrischen Theorie kann auch bei der Anwendung der Theorie des Membrangleichgewichtes die Zusatzannahme einer spezifischen Affinität der Farbanionen zur Faser nicht entbehrt werden, um zu erklären, daß in Anwesenheit mehrerer Anionen das Gleichgewicht zugunsten der Aufnahme der Farbionen verschoben ist.

Es ist eine Folgerung aus der Auffassung, die bei der Säurebindung der Wolle den primären Vorgang in der Wasserstoffionenaufnahme erblickt und die Bindung der Anionen als ein elektrostatisches Festhalten der Gegenionen betrachtet, daß die Menge des von der Wolle maximal aufgenommenen Farbstoffes, in Äquivalenten ausgedrückt, bei den verschiedenen Farbstoffen die gleiche sein muß. Sie muß nämlich der Menge der im Höchstfalle von der Wolle aufgenommenen Wasserstoffionen entsprechen. KNECHT hat 1904 nachgewiesen, daß in etwa 0,06 n Schwefelsäurelösung bei Steigerung des Farbstoffgehaltes (bis zu etwa 50% in bezug auf das Fasergewicht) ein Grenzwert der Menge des aufgenommenen Farbstoffes erreicht wird. Diese Grenzwerte stehen bei den verschiedenen Farbstoffen zueinander im Verhältnis der Äquivalentgewichte. MEYER und FIKENTSCHER haben dann gezeigt, daß die Menge der in den Versuchen von KNECHT im Höchstfalle gebundenen Farbionen in Grammäquivalenten dieselbe ist wie die Menge der von der Wolle im Höchstfalle gebundenen verschiedenen anderen Säuren:

Tabelle 131. Höchstaufnahme von sauren Farbstoffen durch Wolle in etwa 0,06 n H_2SO_4-Lösungen. Nach den Versuchen von KNECHT berechnet von K. H. MEYER und FIKENTSCHER.

Farbstoff	Äquivalentgewicht des Farbstoffes	Von 100 g Wolle maximal gebunden	
		in g	in Grammäquivalenten
Orange G	408/2	16,24	0,08
Krystallponceau	458/2	18,23	0,08
Ponceau 2 G	408/2	16,37	0,08
Xylidinponceau	436/2	17,12	0,079
Orange II	328	20,40	0,062
Echtrot A	378	23,38	0,062
Echtsäurefuchsin B	423/2	16,71	0,08
α-Naphthylamin → H-Säure	473/2	18,66	0,079

PELET und ANDERSEN haben bei verhältnismäßig niedrigen Säurekonzentrationen die Aufnahme von Krystallponceau von Wolle in Abhängigkeit von dem Säuregehalt der Lösung verfolgt (Tabelle 132).

Die Wolle nimmt also eine um so größere Menge Farbstoff auf, je stärker die Säure ist. Da die freie Wasserstoffionenkonzentration der Schwefelsäure in gleich normalen Lösungen niedriger ist als die der Salzsäure und die Wasserstoffionenaktivität der Phosphorsäure wieder niedriger ist als die der Schwefelsäure, legen diese Versuche zunächst die Vermutung nahe, daß *bei gleicher Konzentration der freien Wasserstoffionen (bei gleichem p_H) die Farbstoffaufnahme unabhängig ist von der Natur der Säure.* Tatsächlich wurde dies von BRIGGS und BULL im Falle von Salz- und Salpetersäure beobachtet (Abb. 228).

Tabelle 132. Aufnahme von Krystallponceau in Anwesenheit verschiedener Säuren durch Wolle. Nach PELET und ANDERSEN. (5 g Wolle in 200 cm³ 0,093%iger Farbstofflösung, Färbedauer 5 Tage, Temperatur 17°.)

Säuregehalt in n	5 g Wolle binden Farbstoff in mg		
	HCl	H₂SO₄	H₃PO₄
0,014	171	153	102
0,009	158	140	80
0,004	109	93	48
0	44	42	42

Weitere Versuche von BRIGGS und BULL haben jedoch gezeigt, daß man *diesen Befund nicht verallgemeinern darf.* In Abb. 229 sind drei Versuchsreihen an Lackscharlach R zusammengefaßt.

Man erkennt hier, daß aus Lösungen von gleichem p_H weniger Farbstoff aufgenommen wird, wenn an Stelle von Salzsäure Phosphorsäure und noch weniger, wenn Schwefelsäure verwendet wird. Die elektrische Theorie in ihrer einfachsten Form erklärt dieses Verhalten durch die Vorstellung, daß die mehrwertigen Anionen von der positiv geladenen Faser (bzw. von den positiv geladenen Aminogruppen der Keratinmoleküle) infolge der mit der Ionenladung wachsenden COULOMBschen Kräfte stärker angezogen werden als die einwertigen Anionen und infolgedessen in

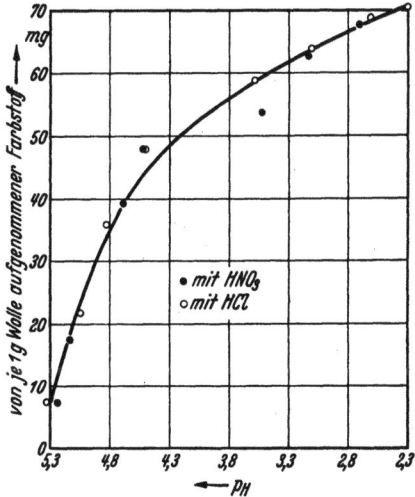

Abb. 228. Aufnahme von Croceinorange durch Wolle bei 100° in Abhängigkeit vom p_H des Färbebades. Anfangskonzentration des Farbstoffes 0,03%; Flottenverhältnis 250:1. Färbedauer 45 Minuten. Nach BRIGGS und BULL.

stärkerem Maße befähigt sind, die Farbionen von dort zu verdrängen.

Die Theorie der Membrangleichgewichte kann für diese Erscheinung sogar mehrere Erklärungen liefern. Erstens wird das Membranpotential infolge der Anwesenheit der mehrwertigen Gegenionen des nicht diffusiblen Ions (der Gegenionen des geladenen Keratinmoleküls) erniedrigt. Die Erhöhung der Anionenkonzentration in der Faser gegenüber der Konzentration in der Farbstofflösung wird daher im Falle mehrwertiger Anionen nicht so groß sein wie im Falle einwertiger Anionen. Die Konzentration der Farbanionen in der „Innenflüssigkeit", mit denen sich die Fasermoleküle ins Gleichgewicht setzen, wird also durch die Anwesenheit der mehrwertigen Anionen vermindert. Dazu tritt noch der Umstand, daß auch bei gleichem Membranpotential im Gleichgewichtszustand das Verhältnis in der Konzentration der mehrwertigen Ionen inner- und außerhalb der Membran viel größer ist als das Verhältnis der Konzentration der einwertigen Ionen. (Ein Membranpotential von etwa 57 mV entspricht bei einwertigen Ionen einem Konzentrationsverhältnis 10:1, bei zweiwertigen Ionen einem Konzentrationsverhältnis 100:1.) Im Falle mehrwertiger Anionen werden daher die Farbionen mit einer viel höheren Anzahl von Ionen um die verfügbaren Plätze in der Faser konkurrieren müssen als im Falle einwertiger Ionen.

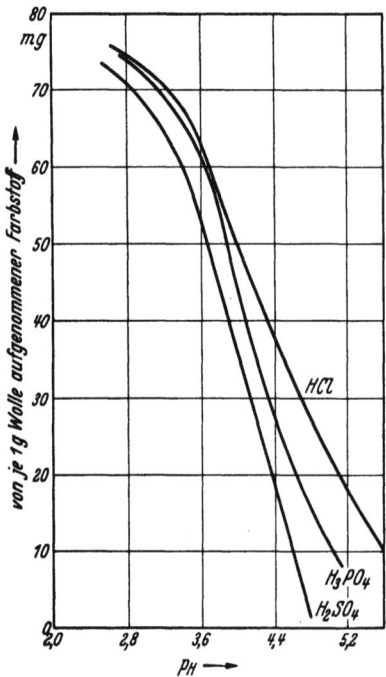

Abb. 229. Aufnahme von Lackscharlach R durch Wolle in Abhängigkeit vom p_H des Färbebades. Färbebedingungen wie in Abb. 228. Nach BRIGGS und BULL.

BRIGGS und BULL fanden ferner einen die Farbstoffaufnahme *herabsetzenden* Einfluß der Neutralsalze, der bereits früher von PELET-JOLIVET beobachtet wurde. ELÖD (mit BÖHME) hat gleichfalls die zunehmende Herabsetzung der Aufnahme von Krystallponceau durch Wolle beim Zusatz wachsender Mengen von Natriumsulfat beobachtet. Die elektrische Theorie gibt für diesen Neutralsalzeinfluß eine einfache Erklärung: *Die höhere Konzentration der farblosen Gegenionen bedeutet einen erhöhten Wettbewerb um die Plätze in den Fasern.* Die Theorie der Membrangleichgewichte kann die Salzwirkung auf die *Herabsetzung des Membranpotentials* zurückführen. Die stärkere Wirkung der mehrwertigen Gegenionen findet hier dieselbe Erklärung wie im Falle der Anwendung von mehrbasischen Säuren.

Die Farbstoffaufnahme nähert sich bei wachsendem Zusatz von Säure nicht immer einem Grenzwert. PELET-JOLIVET und SIGRIST haben eine Versuchsreihe mitgeteilt, in der bei wachsendem Zusatz von Schwefelsäure die Aufnahme von Krystallponceau nach Erreichen eines Maximums wieder abnahm (Tabelle 133).

Das Maximum wird in dieser Versuchsreihe erst in 1 n-Lösung erreicht. ELÖD hat später Versuche mitgeteilt, in denen die Maximumbildung schon in geringerer Säurekonzentration eintritt. Die Abb. 230 stellt eine solche Versuchsreihe dar.

Das Gleichgewicht scheint allerdings auch nach 4 Stunden noch nicht erreicht zu sein.

Die elektrische Theorie läßt dieses Verhalten ohne Schwierigkeit verstehen. Da die Aufnahme der Wasserstoffionen einem Grenzwert zustrebt, wirkt die überschüssige Säure genau so wie ein Neutralsalz. Man kann allgemein sagen, daß die Wirkung der Säuren eine zweifache ist: das Wasserstoffion ladet die Wolle positiv auf und erhöht dadurch die elektrische Anziehungskraft gegenüber dem Farbstoffion, das Anion sucht dagegen das Farbstoffion zu verdrängen. Bei niedriger Säurekonzentration überwiegt die erste Wirkung. In der zweiten Hälfte der Kurven, nachdem die Wolle bereits mit Wasserstoff gesättigt ist, gibt der zunehmende Wettbewerb der farblosen Anionen um die verfügbaren Plätze den Ausschlag. ELÖD erklärt das Verhalten vom Standpunkt der Lehre vom Membrangleichgewicht: die überschüssige Säure setzt das Membranpotential herunter, begünstigt daher eine gleichmäßigere Verteilung der Farbionen zwischen Faser und Flotte.

Tabelle 133. Maximumbildung der Farbstoffaufnahme mit zunehmender Säurekonzentration. Nach PELET-JOLIVET und SIGRIST. (3 g Wolle in 200 cm³ 0,1%iger Krystallponceaulösung, Temperatur 17°, Versuchsdauer 5 Tage.)

Zugesetzt H_2SO_4 in g	Farbstoff gebunden in mg
0,0147	40
0,049	112
0,245	137
0,784	155
3,92	174
7,84	178
15,68	140
39,2	126[1]

Eine Anzahl Beobachtungen zeigt, daß die Wolle auch bei neutraler Reaktion merkliche Mengen von sauren Farbstoffen aufnimmt. Teilweise handelt es sich hierbei um Wollproben, die noch von der Reinigung her sorbierte Säure enthalten. Die letzten Reste dieser Säure lassen sich erst durch lang dauerndes und wiederholtes Spülen entfernen. Der Färbevorgang besteht in diesem Fall *in der Verdrängung der farblosen Anionen durch die Farbionen* (sog. Austauschadsorption). Andererseits bestehen keine Zweifel darüber, daß die Wolle auch in reinstem Zustande aus neutraler Lösung Farbanionen aufnimmt. Es handelt sich hier um die Betätigung der spezifischen *Affinitätskräfte* zwischen dem Farbstoff und dem Keratinmolekül, deren Existenz auch von der elektrischen Färbetheorie angenommen werden muß. Es hat viel Wahrscheinlichkeit für sich, daß die Anlagerung der

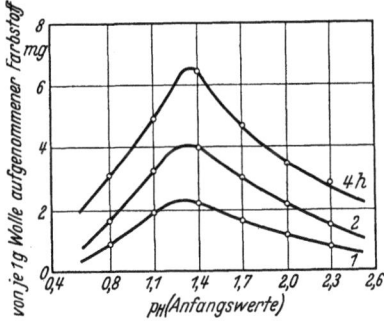

Abb. 230. Aufnahme von Sulforhodamin B durch Wolle in Abhängigkeit von der Wasserstoffionenkonzentration nach verschiedener Färbedauer bei 20°. Flottenverhältnis 100:1. Nach ELÖD und BÖHME.

---

[1] Flockung des Farbstoffes.

Farbionen auch bei neutraler Reaktion an den $-NH_3^+$-Gruppen der Wolle erfolgt. Im Sinne der Zwitterionentheorie der elektrolytischen Dissoziation der Eiweißkörper enthält nämlich die Wolle auch bei isoelektrischer Reaktion die Aminogruppen in dissoziierter Form. Erst mit zunehmender Alkalität geht die Dissoziation dieser Gruppen allmählich zurück. Da die gegensinnig geladenen seitenständigen Gruppen benachbarter Hauptvalenzketten der ungefärbten Wolle miteinander in elektrostatische Wechselwirkung treten, kann man den Färbevorgang auch als eine Verdrängung der dissoziierten Carboxylgruppen der Wolle von der Nähe der dissoziierten Aminogruppen durch die Farbionen auffassen.

An anderen Eiweißkörpern kennt man gleichfalls Erscheinungen, die darauf hinweisen, daß sie auch auf der sauren Seite (vom isoelektrischen Punkt gerechnet) Farbkationen und auf der basischen Seite Farbanionen aufnehmen können. UMETSU hat dies aus der Verschiebung der dem Koagulationsmaximum entsprechenden Wasserstoffionenkonzentration bei Anwesenheit von Farbstoffen wahrscheinlich gemacht. STEARN zeigte, daß Lösungen basischer Farbstoffe, wenn sie mit Gelatine von demselben p_H gemischt werden, H^+-Ionen aus dem Eiweiß in Freiheit setzen, ebenso saure Farbstoffe OH^--Ionen, und zwar zu beiden Seiten des isoelektrischen Punktes. Es handelt sich hier um eine Verdrängungsreaktion zwischen den von Eiweiß gebundenen H^+-Ionen und Farbstoffkationen bzw. OH^--Ionen und Farbanionen (vgl. hierzu auch CHAPMAN, GREENBERG und SCHMIDT).

Daß beim Anfärben von Wolle (und Seide) mit sauren Farbstoffen die nicht auf den elektrostatischen Kräften der Ionenanziehung beruhende Affinität auch eine Rolle spielt, wurde von P. PFEIFFER [1] und seinen Mitarbeitern durch den Nachweis wahrscheinlich gemacht, daß die funktionellen Bausteine der Eiweißkörper, also die Aminosäuren und insbesondere auch die Säureamide, ausgesprochene Affinität zu diesen Farbstoffen haben. Sie geben nämlich mit ihnen gut charakterisierte (krystallisierte) Additionsprodukte stöchiometrischer Zusammensetzung. So gibt z. B. Sarkosinanhydrid (Dimethyldiketopiperazin) mit Orange II und Ponceau 2 R gut krystallisierte und durchaus luftbeständige Molekülverbindungen. Auch einfachere Azoverbindungen wie p-Oxyazobenzol und p-Aminoazobenzol bilden mit Sarkosinanhydrid Molekülverbindungen. Azobenzol selbst ist jedoch zur Bildung dieser Molekularverbindung nicht fähig, ebensowenig der Methyläther des Oxyazobenzols und das Dimethylaminoazobenzol. Aus diesen Befunden folgert PFEIFFER, daß für das Zustandekommen der Molekülbindung weder die Azogruppe noch der Hydroxylsauerstoff, noch der Aminstickstoff, sondern der *Hydroxylwasserstoff* bzw. der *Aminwasserstoff* verantwortlich ist. Mit anderen Worten handelt es sich hier um die Ausbildung von Wasserstoffbrücken zwischen dem Aminstickstoff bzw. dem

Hydroxylsauerstoff der Azoverbindung und dem Sauerstoff der Carbonamidgruppe des Sarkosinanhydrides.

Beim Färben der Wolle mit sauren Farbstoffen in neutralem Bade wirkt Neutralsalzzusatz begünstigend auf die Farbstoffaufnahme (s. die Beobachtungen von BOXSER). Ebenso wie bei dem substantiven Färben der Baumwolle fällt hier wahrscheinlich dem Salz die Rolle zu, die durch die gleichnamige elektrische Ladung von Faser und Farbion bewirkte Abstoßungskraft herabzusetzen.

Ein augenfälliger Unterschied in dem färberischen Verhalten der Baumwolle und der Wolle besteht in Hinsicht auf die Höchstmenge des aufgenommenen Farbstoffes. Baumwolle scheint von substantiven Farbstoffen höchstens etwa 5% des eigenen Gewichtes aufnehmen zu können. Die Wolle nimmt entsprechend der elektrischen Theorie im Höchstfalle ein Äquivalentgewicht Farbstoff je 1200 g (Äquivalentgewicht der Wolle als Kation) auf. In der oben mitgeteilten Tabelle von KNECHT hat Echtrot A das größte Äquivalentgewicht, die Höchstaufnahme an diesem Farbstoff beträgt 23,4%. MEYER und FIKENTSCHER wandten unter anderem das Kupplungsprodukt von Sulfanilsäure mit Acetessiganilid an, dessen Äquivalentgewicht 361,2 g beträgt. Von diesem Farbstoff konnte die Wolle rund 30% des eigenen Gewichtes aufnehmen (s. Tabelle 50). In der Technik werden jedoch im Höchstfalle nur 6—8%, meistens noch viel weniger Farbstoff auf die Wolle gebracht. Übrigens wird in der Praxis gewöhnlich eine Säurekonzentration angewandt, die einer anfänglichen Wasserstoffionenkonzentration von $1-2 \times 10^{-2}$ n entspricht. Durch die teilweise Neutralisation der Säure mit der Wolle sinkt diese Wasserstoffionenkonzentration noch recht erheblich. Unter diesen Umständen beträgt die Wasserstoffaufnahme der Wolle nur etwa 10—30% des maximalen Bindungswertes. Die verfügbaren Plätze übertreffen also die von der aufzunehmenden Farbstoffmenge benötigten nicht sehr wesentlich, so daß die Aufnahme von farblosen Anionen neben den Farbionen nur in geringem Umfang erfolgt.

PORAI-KOSCHITZ hat die Aufnahme von sauren und von substantiven Farbstoffen durch Wolle mit Hilfe einer eigenartigen Methode untersucht. Der Farbstoff wurde in Form des Ammoniumsalzes angewandt und die Farbstoffflotte, die die gefärbte Wolle enthielt, einer teilweisen Destillation unterworfen. Es wurde dann im Destillat die Menge des übergegangenen Ammoniaks durch Titrieren bestimmt. Es ergab sich, daß in allen Fällen eine dem aufgenommenen Farbstoff äquivalente Menge an Ammoniak hinüberdestilliert. Verwendet man die Natriumsalze des Farbions, jedoch in Anwesenheit von Ammoniumsalzen, dann erhält man dasselbe Ergebnis.

Zur Erklärung dieser Erscheinung nimmt PORAI-KOSCHITZ an, daß der Farbstoff als freie Farbsäure von der Wolle aufgenommen wird und daher eine äquivalente Menge von Lauge (NH_3 bzw. NaOH) frei wird. Da die Farbsäure als starke Sulfosäure in neutraler Lösung in undissoziierter Form nicht anwesend sein kann, scheint diese Formulierung nicht sehr glücklich zu sein. Man muß vielmehr im Sinne der Zwitterionentheorie annehmen, daß es sich hier um die Absättigung der geladenen Aminogruppen durch die Farbanionen handelt, die eine Herabsetzung der Dissoziation der Carboxylgruppen des Keratinmoleküls zur Folge hat:

$$\text{R}\begin{matrix}\text{NH}_3^+\\ \text{COO}^-\end{matrix} + \text{Farbanion}^- \xrightarrow{\text{H}_2\text{O}} \text{R}\begin{matrix}\text{NH}_3^+ \cdot \text{Farbanion}^-\\ \text{COOH}\end{matrix} + \text{OH}^-.$$

Nimmt man keine Zwitterionisation an, dann läßt sich die folgende Reaktionsgleichung aufstellen:

$$\text{R}\begin{matrix}\text{NH}_3\text{OH}\\ \text{COOH}\end{matrix} + \text{Farbanion}^- \rightarrow \text{R}\begin{matrix}\text{NH}_3\,\text{Farbanion}\\ \text{COOH}\end{matrix} + \text{OH}^-.$$

Diese Gleichungen zeigen, daß es sich hier um denselben Effekt handelt, den bereits STEARN beschrieben hat, nämlich um die Verdrängung der OH-Ionen des Eiweißmoleküls durch die Farbanionen. Die Schwächung der Dissoziation der Carboxylgruppe durch die Farbstoffanlagerung, entsprechend der Reaktionsgleichung der zwitterionischen Auffassung läßt sich durch Berücksichtigung des Umstandes verstehen, daß nach der Anlagerung des Farbstoffes die elektrostatische Abstoßung der H$^+$-Ionen durch die positiv geladene Ammoniumgruppe wegfällt.

Zur Erklärung der Ergebnisse von PORAI-KOSCHITZ ist es nicht erforderlich, anzunehmen, daß die Freisetzung der OH-Ionen von Anfang an vollständig verläuft. Es genügt, wenn zunächst nur eine geringe Verschiebung der Reaktion in alkalischer Richtung stattfindet. Nach der Verflüchtigung des Ammoniaks stellt sich stets ein neues Gleichgewicht ein, bei dem OH$^-$-Ionen von der Wolle nachgeliefert werden. Dafür spricht auch der Umstand, daß es gelegentlich nötig war, die Destillation unter wiederholtem Zusatz von Wasser sehr lange fortzusetzen, um zu dem Endzustand zu gelangen.

PORAI-KOSCHITZ konnte mit Hilfe dieser Methode die Höchstmenge des von der Wolle gebundenen Farbstoffes bestimmen. Das Färbebad enthielt das Natriumsalz der Farbstoffe in einer Menge, die das Bindungsvermögen der Wolle überstieg, und daneben im Überschuß Ammonchlorid. Bei Krystallponceau, Orange II, Lanafuchsin, Benzoazurin G, Benzopurpurin 4B und Chicagoblau 6B betrug die Menge des jeweils überdestillierten Ammoniaks (nach Korrektur infolge der zum Teil auch in Abwesenheit der Wolle stattfindenden Verflüchtigung des Ammoniaks) im Mittel 0,0827 Grammäquivalente je 100 g Wolle. Dieser Wert, um den die Streuung nur gering war, stimmt mit der von MEYER und FIKENTSCHER ermittelten maximalen Säurebindungsfähigkeit der Wolle ausgezeichnet überein. Es ist bemerkenswert, daß die beiden letztgenannten substantiven Farbstoffe sich nicht anders verhalten als die sauren. Übrigens hat ELÖD (mit BALLA) an dem säurebeständigen Chicagoblau 6B festgestellt, daß die Abhängigkeit der Aufnahme dieses substantiven Farbstoffes durch Wolle vom p_H eine ähnliche ist wie diejenige der sauren Farbstoffe.

Beim Färben der Baumwolle mit dem Ammoniumsalz von Benzopurpurin 4B erfolgt nach der Beobachtung von PORAI-KOSCHITZ keine Freisetzung von Ammoniak. Dieser Befund steht mit den Vorstellungen über das substantive Färben in Übereinstimmung.

Es wäre noch etwas über das Färben der Wolle mit Alkaliblau zu sagen. Dieser Farbstoff liegt in alkalischer Lösung als Anion vor:

$$\text{C}_6\text{H}_5\text{-NH-C}_6\text{H}_4\text{-C(OH)-C}_6\text{H}_4\text{-NH-C}_6\text{H}_5$$
$$|$$
$$\text{NH-C}_6\text{H}_4\text{-SO}_3^-$$

In saurer Lösung erleidet auch die Carbinolgruppe bzw. eine der Aminogruppen (vermutlich liegt auch hier Mesomerie vor, vgl. S. 333) eine Dissoziation, und der Farbstoff liegt dann als Zwitterion vor. Das Färben mit diesem Farbstoff wird in schwach alkalischer Lösung ausgeführt. Er zieht dabei als farblose Carbinolbase, als Anion, entsprechend der obigen Formel auf die Wolle. Durch nachherige Behandlung mit Säure wird auf der Faser das blaue Zwitterion entwickelt. Da die Wolle im alkalischen Bade negativ geladen ist, muß es sich bei dem Färbevorgang um die Betätigung der Affinität zwischen Faser und Farbion handeln, die die elektrischen Abstoßungskräfte überwindet. PORAI-KOSCHITZ hat beim Färben mit Alkaliblau im neutralen Bad mittels seiner eben geschilderten Methode festgestellt, daß die Wolle auch hier unter Freisetzung einer äquivalenten Menge von Lauge nur das Farbion aufnimmt.

GOODALL ist der Ansicht, daß beim Färben der Wolle mit den im neutralen Bade färbenden Farbstoffen, die meistens gleich den substantiven Baumwollfarbstoffen eine höhere Aggregation aufweisen, nur die Gegenionen ($Na+$ oder H^+) in die einzelnen Micellen dringen, während die Farbionaggregate infolge ihrer Größe in den zwischenmicellaren Poren, an den Mündungen der kleineren Spalten hängenbleiben. Das Festhalten der Farbstoffaggregate erfolgt daher durch die elektrostatischen Anziehungskräfte, ohne daß eine unmittelbare Berührung der entgegengesetzten Ladungen stattfinden könnte. Da die Aggregate auf eine freie Ladung gewöhnlich mehrere Farbstoffmoleküle enthalten, würde man nach GOODALL für die maximale Bindung in diesem Fall keine stöchiometrischen Verhältnisse erwarten können. Die Ergebnisse von PORAI-KOSCHITZ beruhen nach GOODALL darauf, daß jener infolge des Abdestillierens von Ammoniak das anwesende Ammoniumchlorid nach und nach in Salzsäure umwandelte, so daß zum Schluß nur der Sättigungswert der Wolle gegenüber Salzsäure und nicht, wie PORAI-KOSCHITZ meinte, gegenüber dem Farbstoff gemessen wurde. Die maximale Farbstoffbindung würde sich nach GOODALL aus der Bedeckung der Poren mit den Farbstoffaggregaten berechnen (vgl. die an den Vortrag GOODALLs anschließenden Diskussionsbemerkungen von ASTBURY).

Geschwindigkeit und Temperaturabhängigkeit der Aufnahme von sauren Farbstoffen durch Wolle. Über die Geschwindigkeit der Wollfärbung liegen keine systematischen Untersuchungen vor. Eine Versuchsreihe über die Geschwindigkeit des Aufziehens der Farbstoffe vom Orange II-Typus wurde von RUGGLI und FISCHLI mitgeteilt. Bei genügendem Überschuß von Schwefelsäure war die Aufziehgeschwindigkeit bei 100° so groß, daß keine Unterschiede festgestellt werden konnten. Mit geringem Überschuß von Schwefelsäure konnte beobachtet werden, daß die Aufziehgeschwindigkeit mit wachsender Anzahl der Sulfogruppen im Molekül abnahm, obwohl im Gleichgewicht die Erschöpfung des Bades um so vollständiger war, je höher sulfiert der Farbstoff war.

Bei Zimmertemperatur ist die Aufziehgeschwindigkeit der sauren Farbstoffe auf Wolle sehr gering. Die Abb. 231 zeigt nach ELÖD (mit BÖHME) den zeitlichen Gang der Aufnahme von Krystallponceau durch Wolle. Daneben ist die Zunahme des p_H, d. h. die Abnahme der Wasser-

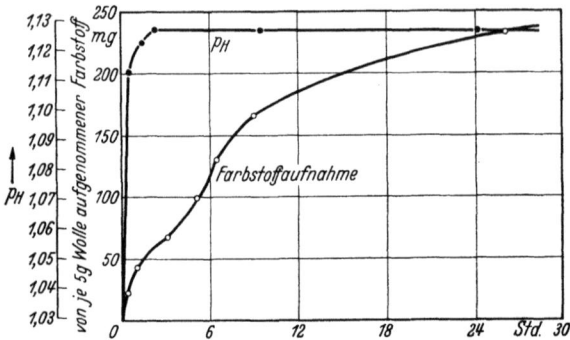

Abb. 231. Zeitlicher Gang der Farbstoffaufnahme und des p_H des Färbebades bei der Färbung von Wolle mit Krystallponceau bei 20°. Flottenverhältnis 50:1; Anfangskonzentration des Farbstoffs 0,1%; p_H des Bades vor Einlegen der Wolle 1,0. Nach ELÖD und BÖHME.

stoffionenkonzentration dargestellt. Während die Farbstoffaufnahme anscheinend auch nach 24 Stunden noch nicht den Gleichgewichtszustand erreicht hat, scheint die Abnahme der Wasserstoffionen schon in den ersten 2 Stunden vollendet zu sein. Da aus Gründen der Elektroneutralität die Wolle eine den aufgenommenen Wasserstoffionen äquivalente Menge von Anionen enthalten muß, folgt aus der obigen Beobachtung, daß neben der Aufnahme der Farbstoffionen eine schnellere Aufnahme von Chlorionen stattfindet. Um diese Verhältnisse genauer zu studieren, hat ELÖD (mit KÖHNLEIN) die gleichzeitige Veränderung der Chlorionenkonzentration der Farbstofflösung mittels elektrometrischer Messungen verfolgt. Die Ergebnisse zeigt Abb. 232. p_{Cl} bedeutet — analog dem p_H — den negativen dekadischen Logarithmus der Chlorionenkonzentration. Zunahme von p_{Cl} ist also gleichbedeutend mit Abnahme der elektrometrischen wirksamen Chlorionenkonzentration. Die Abbildung zeigt nun, daß die Menge der freien Chlorionen in der ersten halben Stunde des Färbevorganges schnell abnimmt. Dann tritt jedoch eine allmähliche Zunahme der Chlorionenkonzentration ein, die sich nach Stunden langsam dem Ausgangswert nähert.

Diese Befunde ergeben von dem zeitlichen Ablauf der Vorgänge beim Sauerbadfärben der Wolle das folgende Bild. Die Wasserstoffionen können nur gleichzeitig mit der äquivalenten Menge von Anionen in das Innere der Faser dringen. Da die Diffusionsgeschwindigkeit der Chlorionen (oder bei dem üblichen Färbevorgang der Sulfationen) viel größer ist als diejenige der Farbstoffionen, werden zuerst hauptsächlich die Chlorionen von der Wolle aufgenommen. Sie werden jedoch durch die allmählich nachdiffundierenden Farbionen, die zum Keratinmolekül bzw. zu dessen Ammoniumgruppen eine höhere Affinität besitzen, nach

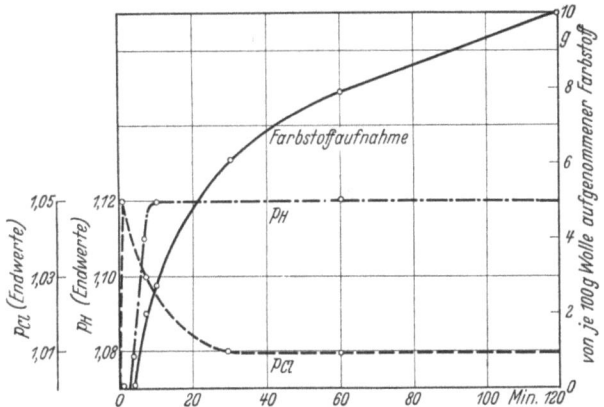

Abb. 232. Zeitlicher Gang der Farbstoffaufnahme und der Wasserstoff- und Chlorionenkonzentration des Färbebades bei der Färbung der Wolle mit Krystallponceau bei 50°. Flottenverhältnis 50:1. Anfangskonzentration des Farbstoffs 0,1%. Nach ELÖD und KÖHNLEIN.

und nach verdrängt und daher wieder an die Flotte abgegeben. Die Aufnahme der Farbionen spielt sich daher als ein *Ionenaustausch* ab.

Bei der Langsamkeit, mit der sich das Quellungsgleichgewicht der Wolle in Anwesenheit von Mineralsäuren bei Zimmertemperatur einstellt, ist es nicht verwunderlich, daß das Gleichgewicht der Farbstoffaufnahme bei Zimmertemperatur eine recht lange Zeit erfordert. Über die Temperaturabhängigkeit der im Gleichgewichtszustand aufgenommenen Farbstoffmenge liegt an Wolle wenig einigermaßen zuverlässiges Material vor. Man trifft oft die Behauptung an, daß die Farbstoffaufnahme mit zunehmender Temperatur zunimmt. Es ist aber kaum der Verdacht von der Hand zu weisen, daß wenigstens ein Teil dieser Beobachtungen bei ungenügend langer Versuchsdauer ausgeführt wurde und nach Erreichung des tatsächlichen Gleichgewichtszustandes das Gegenteil beobachtet worden wäre. BROWN hat übrigens bereits nach 1 Stunde Färbedauer bei einer Anzahl von sauren Farbstoffen beobachtet, daß der Höchstwert der Farbstoffaufnahme durch Wolle nicht bei der Siedetemperatur, sondern niedriger (bei etwa 60°) lag. Ähnliche Erfahrungen hat HIRST gemacht (Abb. 233).

Da die Wasserkanäle der Wolle vermutlich enger sind als diejenigen der Cellulosefasern, wäre in jener eine geringere Diffusionsgeschwindigkeit der Farbstoffe zu erwarten. SPEAKMAN nimmt an, daß bei Erhöhung der Temperatur, insbesondere in Anwesenheit von Säure, die submikroskopische Struktur der Wolle durch Aufhebung der inner- und zwischenmolekularen salzartigen Bindungen aufgelockert wird und dadurch für das Eindringen der Farbionen bessere Möglichkeiten bietet.

SPEAKMAN und SMITH haben die Geschwindigkeit der Farbstoffaufnahme durch tierische Haare unter verschiedenen Bedingungen untersucht und festgestellt, daß die Farbstoffkonzentration der Flotte proportional der Quadratwurzel aus der Zeit abnahm, entsprechend der für Diffusionsvorgänge kennzeichnenden Abhängigkeit. Die Geschwindigkeit erwies sich erwartungsgemäß als um so größer, je feiner die Haare waren. Verglich man die tierischen Haare, nachdem der Einfluß der Verschiedenheit in der Größe der äußeren Oberfläche rechnerisch ausgeschaltet war, so zeigte es sich, daß Pferdehaar und Menschenhaar die Farbstoffe noch immer langsamer aufnahmen als Schafwolle. Da Pferde- und Menschenhaar mehr Schwefel, d. h. mehr Cystin enthalten als Wolle, läßt sich dieses Verhalten auf die Unterschiede in dem Vernetzungsgrad der Hauptvalenzketten (durch die Disulfidbrücken) und in der dadurch bedingten Zugänglichkeit des Faserinneren zurückführen. Neben der chemischen Zusammensetzung scheint auch der histologische Aufbau der Haare für die Färbegeschwindigkeit von Einfluß zu sein: Haare, die durch Behandlung mit Schleifpapier von ihrer Schuppenhülle befreit wurden, zeigten erhöhte Färbegeschwindigkeit.

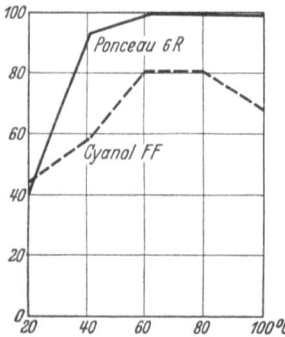

Abb. 233. Aufnahme eines gut egalisierenden (Cyanol FF) und eines schlecht egalisierenden Farbstoffs (Ponceau 6 R) durch Wolle in Abhängigkeit von der Temperatur des Färbebades. Ordinate: Menge des aufgezogenen Farbstoffs (im Verhältnis zur Gesamtmenge) nach einstündiger Färbedauer. Nach HIRST.

Mit steigender Temperatur beobachteten SPEAKMAN und SMITH eine Zunahme der Färbegeschwindigkeit. Besonders stark war der Anstieg oberhalb 44°, vermutlich als eine Folge der hier einsetzenden Quellungserhöhung (vgl. die Temperaturabhängigkeit der Sorption bei 97,5% rF in Abb. 53, S. 88). Bei gleichen Temperaturen war die Färbegeschwindigkeit beim p_H 1,1 größer als beim p_H 2,0. Der Befund, daß die Einstellung der p_H mit Essigsäure, in der die Wolle bei derselben Wasserstoffionenkonzentration stärker quillt als in Schwefelsäure, eine erhöhte Färbegeschwindigkeit bedingte, sprach dafür, daß der Säuregehalt nicht nur durch die Erhöhung des positiven Grenzflächen- bzw. Membranpotentials, sondern außerdem durch die Erhöhung der Quellung die

Färbegeschwindigkeit beeinflußt. Weiterhin wurde beobachtet, daß Zusatz von Natriumsulfat die Farbstoffaufnahme verlangsamt, und zwar bei höherer Temperatur noch stärker als bei niedriger. Da andererseits Neutralsalze die Quellung der Wolle nur bei tieferer Temperatur merklich vermindern, wies diese Beobachtung auf die wichtige Rolle der elektrischen Kräfte hin.

SPEAKMAN und SMITH bestimmten in einer Versuchsreihe die Konzentration des Färbebades, nachdem anscheinend bereits der Gleichgewichtszustand erreicht war, in Abhängigkeit von der Temperatur. Als Farbstoff diente hier (wie für die Mehrzahl der anderen Versuche) Säureorange 2 G in einer Anfangskonzentration von etwa 0,2% (Flottenverhältnis 100:1, p_H 2,24, in Gegenwart von 0,02 n Na_2SO_4). Es zeigte sich, daß die Bäder oberhalb 40° um so weniger vollständig ausgezogen waren, je höher die Färbetemperatur war. So betrug die Konzentration des Bades nach der Färbung bei 40° nur etwa 5%, bei 97° 22%. Freilich war zur Erreichung des Gleichgewichtes bei 40° mehr als ein Tag erforderlich, während bei 97° dafür 2 Stunden genügten.

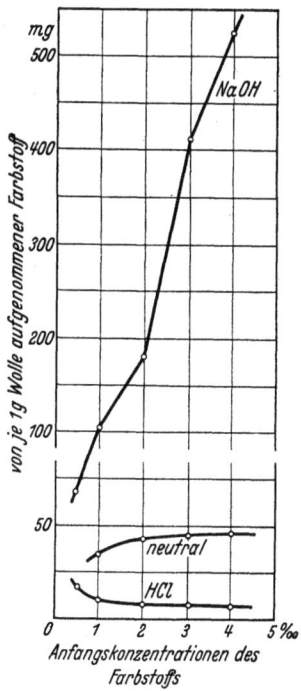

Abb. 234. Aufnahme von Methylenblau durch Wolle bei Zimmertemperatur in Abhängigkeit von der Konzentration des Farbstoffs. Flottenverhältnis 100:1,5 in Wasser und HCl; 100:0,5 in NaOH. Die Konzentration von NaOH und HCl betrug für die 1°/₀₀ige Farbstofflösung 0,002 n und stieg proportional mit der Farbstoffkonzentration. Nach PELET-JOLIVET.

Wenn man diese Beobachtungen verallgemeinern dürfte, so könnte man folgern, daß bei der Wolle hinsichtlich der Temperaturabhängigkeit der Farbstoffaufnahme ähnliche Verhältnisse herrschen wie bei den Cellulosefasern. Da die Färbegeschwindigkeit der Wolle bei tiefer Temperatur sehr gering ist und bei längerer Einwirkung der sauren Färbebäder ein hydrolytischer Abbau der Keratinmoleküle nicht zu vermeiden ist, stößt die Ausführung von genauen Versuchen bei diesem Faserstoff auf Schwierigkeiten. Dadurch ist einstweilen die Unterscheidung zwischen den zeitlichen Vorgängen und den Gleichgewichtszuständen, die NEALE an den Cellulosefasern gelang, bei den tierischen Fasern noch nicht mit der erwünschten Exaktheit möglich.

Das von RENDELL und THOMAS angegebene Verfahren, die Wolle bei mäßiger Temperatur unter vermindertem Druck oder Einleiten von Luft zu färben, dürfte durch diese Maßnahmen im wesentlichen ein sehr intensives Rühren der Flotte und dadurch einen schnellen Ausgleich der in der Nähe der Fasern sich vermindernden Farbstoffkonzentration bezwecken.

Die Aufnahme basischer Farbstoffe durch Wolle. Bei der Untersuchung der Konzentrationsabhängigkeit der Aufnahme von basischen Farbstoffen durch Wolle haben FREUNDLICH und LOSEV (an Krystallviolett), ferner PELET-JOLIVET (an Methylenblau, Krystallviolett und Safranin), eine annähernde Gültigkeit der logarithmischen Sorptionsgleichung (Gleichung 3, S. 393) gefunden.

PELET-JOLIVET hat die Abhängigkeit der Aufnahme der basischen Farbstoffe bei verschiedenen elektrolytischen Lösungsgenossen untersucht. Die Abb. 234 zeigt die aufgenommene Menge von Methylenblau in Abhängigkeit von der Farbstoffkonzentration der Flotte erstens in reinem Wasser, dann in HCl und schließlich in NaOH. Wie man sieht, setzt Säure die Farbstoffaufnahme durchweg herunter, während Lauge dieselbe erhöht. Verfolgt man die Farbstoffaufnahme bei steigender Laugenkonzentration, so beobachtet man eine Maximumbildung. Tabelle 134 bringt weitere Ergebnisse von PELET-JOLIVET.

Tabelle 134. Aufnahme von Methylenblau durch Wolle in Abhängigkeit von der Laugenkonzentration. Nach PELET-JOLIVET. (2 g Wolle in 200 cm³ 0,1 %iger Methylenblaulösung; Zimmertemperatur; Versuchsdauer mehrere Tage.)

KOH g je 100 cm³ Farbstofflösung	Aufgenommene Farbstoffmenge in mg je g Wolle
0	36
0,0014	40
0,0028	43
0,014	78
0,056	85
0,28	55
1,40	40

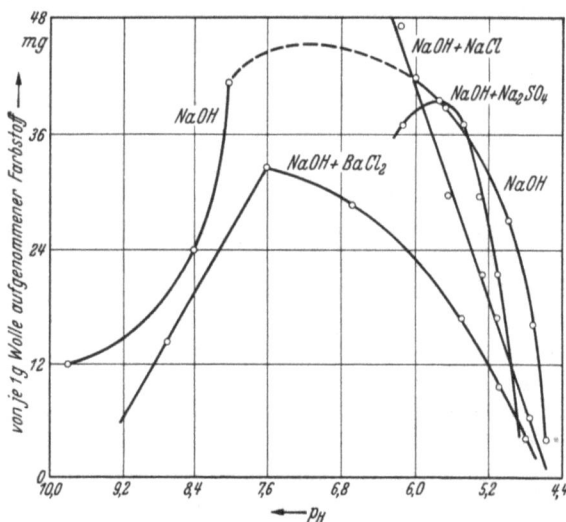

Abb. 235. Aufnahme von Methylenblau durch Wolle in Abhängigkeit vom p$_H$ des Färbebades. Anfangskonzentration des Farbstoffs 0,03°/₀₀; Flottenverhältnis 250:1; Färbedauer 45 Minuten bei 100°; Konzentration der Neutralsalze 0,01 n. Nach BRIGGS und BULL.

In der höchsten Laugenkonzentration trat Flockung des Farbstoffes auf. In 0,01 n KOH zeigte sich ein Maximum der Farbstoffaufnahme.

Die Beobachtung von PELET-JOLIVET, daß die Aufnahme der basischen Farbstoffe mit wachsender Alkalität der Lösung durch ein Maximum geht, wurde wiederholt bestätigt. BRIGGS und BULL haben die Farbstoffaufnahme bei gleichzeitiger Messung der Wasserstoffionenaktivität verfolgt. Abb. 235 zeigt ihre Beobachtungen. Das Maximum der Farbstoffaufnahme in Anwesenheit von Natronlauge liegt in der Umgebung der neutralen Reaktion. Zusatz von 0,01 n $BaCl_2$ setzt bei gleichbleibendem p_H die Farbstoffaufnahme herunter, am stärksten im mäßig sauren Gebiet. ELÖD teilt eine Versuchsreihe an Krystallviolett mit, die eine scharfe Maximumbildung bei p_H 8 ergibt (Abb. 236).

Vom Standpunkt der elektrischen Theorie läßt sich der Verlauf der Sorptionskurven im sauren Gebiet ohne Schwierigkeit erklären. Da hier die Wolle Wasserstoffionen aufnimmt, liegt sie in positiv geladenem Zustand vor. Faser und Farbion haben somit im sauren Gebiet den gleichen Ladungssinn. Die elektrischen Kräfte wirken daher gegen die Affinität. Erniedrigt man die Wasserstoffionenkonzentration, dann nimmt die Ladung der Wolle

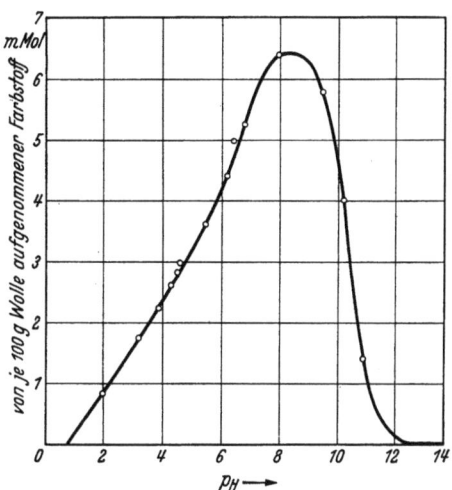

Abb. 236. Aufnahme von Krystallviolett durch Wolle bei 90° in Abhängigkeit vom p_H des Färbebades. Flottenverhältnis 50:1. Anfangskonzentration des Farbstoffs 0,06%. Nach ELÖD.

und damit die die Farbstoffaufnahme hemmende, elektrostatische Abstoßungskraft ab. Die darauf folgende Abnahme der Sorption mit weiter wachsender Alkalität der Lösung kann jedoch kaum auf dieselbe Weise erklärt werden wie die analoge, übrigens viel schwächer ausgeprägte Abnahme bei den sauren Farbstoffen im stark sauren Gebiet. ELÖD schlägt zwar auch bei den basischen Farbstoffen die Erklärung mit Hilfe der Membrangleichgewichte vor. Danach würde die Abnahme des Membranpotentials die Ursache des Sorptionsrückganges bilden. Vergleicht man jedoch die Abhängigkeit der Farbstoffaufnahme von der Wasserstoffionenkonzentration mit der p_H-Abhängigkeit der Ionisation der Keratinmoleküle, dann sieht man, daß diese Erklärung nicht stichhaltig sein kann. *In dem Gebiet nämlich, in dem die Farbstoffaufnahme bereits abnimmt, zeigt die negative Ladung der Faser erst eine Zunahme.* Die Aufnahme der OH-Ionen durch das Keratinmolekül beginnt erst bei etwa p_H 8 und wächst noch bei p_H 10 sehr stark. Man müßte hier also mit abnehmendem p_H eine starke Erhöhung des elektrischen Gegensatzes zwischen Faser und Farbion erwarten, die auf alle Fälle über die mögliche Verdrängungswirkung der wachsenden Kationkonzentration der Lösung den Ausschlag geben würde. Zu der richtigen Erklärung der Erscheinung gelangt man jedoch durch Berücksichtigung der Ionisation des Farbstoffes. Als Ammenium- bzw. Carbeniumsalze sind die basischen Farbstoffe Salze mittelstarker Basen. Die Größe der Dissoziationskonstante kennt man im allgemeinen nicht genau, sie dürfte wahrscheinlich in dem Gebiet $p_K = 4$—9 liegen. Im Gebiet p_H 5—10 würden daher die basischen Farbstoffe in die undissoziierte Form übergehen. Die Ursache der Herabsetzung der Farbstoffaufnahme, die in diesem Gebiet mit wachsender Alkalität eintritt, liegt also darin, daß die Farbionen (unter Bildung undissoziierter Moleküle) aus der Lösung verschwinden. Je nach der Natur des Farbstoffes kann dann die undissoziierte Farbstoffbase in Form einer stabilen kolloiden Zerteilung in der Lösung verbleiben oder als Niederschlag ausgeflockt werden. Die elektrische Theorie bleibt somit auch hier gültig, die Ursache der Sorptionsabnahme liegt jedoch nicht darin, daß die Ladung der *Faser*, sondern darin, daß die des *Farbstoffes* vermindert wird und dadurch eine Abnahme der elektrischen Anziehungskraft zwischen Farbstoff und Faser eintritt. Bei den sauren Farbstoffen kann die analoge Erscheinung keine Rolle spielen, da die Farbsäuren starke Säuren sind.

Wenn auch die elektrische Theorie auf diese Weise die gesamte p_H-Abhängigkeit der Aufnahme der basischen Farbstoffe erklären kann, vermag sie nicht den eigentlichen Grund der Farbstoffaufnahme unter den Bedingungen der Technik anzugeben. In der Praxis wird nämlich bei neutraler, oft sogar bei schwach saurer Reaktion gefärbt. Unter diesen Bedingungen besteht zwischen Farbion und Faser keine elektrische Anziehungskraft, sondern höchstens eine Abstoßung. Die Affinität der Farbionen zur Faser und nicht die elektrische Kraft ist also für die Anreicherung des Farbstoffes an der Faser verantwortlich. Diese Verhältnisse entsprechen denen beim substantiven Färben der Baumwolle.

Ein wesentlicher Unterschied scheint jedoch zu bestehen. Die Substantivität der Baumwollfarben ist an ganz spezielle Bedingungen in Hinsicht auf die Konstitution des Farbstoffmoleküls geknüpft. Geringe Veränderungen der Konstitution können praktisch vollständigen Verlust der Substantivität zur Folge haben. Die Eignung der basischen Farbstoffe für Wolle hängt anscheinend nicht von derartigen Bedingungen ab. Für diese Verschiedenheit gibt die Betrachtung des molekularen Aufbaus der Wolle die Erklärung. Das Keratinmolekül enthält freie Amino- und Carboxylgruppen. Für die Bindung der Farbstoffkationen kommen die Carboxylgruppen in Frage. Diese liegen im Sinne der Zwitterionentheorie nicht nur in alkalischer, sondern auch in schwach saurer Lösung in dissoziierter Form vor. Die Aufnahme der basischen Farbstoffe besteht somit auch bei neutraler oder saurer Reaktion in der Vereinigung der anionischen COO^--Gruppen mit den kationischen $—N^+$- (oder C^+-) Gruppen des Farbstoffes. Obwohl zwischen der Faser und dem Farbstoff als Ganzem kein Ladungsgegensatz besteht, wird bei ihrer Vereinigung elektrische Energie frei.

Beim Lösen der Salze wird die Gitterenergie durch die Hydratationsenergie der beiden Ionen Kation und Anion überwunden. Die hochmolekularen Ionen sind jedoch weniger hydratisiert als die kleinen. Infolgedessen wird die Hydratationsenergie des Farbsalzes hauptsächlich von dem Gegenion und nicht vom Farbion geliefert. Das Farbion selbst wird sozusagen durch das hydratisierte Gegenion in Lösung gehalten. Aus diesem Grunde neigen entgegengesetzt geladene hochmolekulare Ionen dazu, einander zu fällen. Wird z. B. das Farbsalz eines kationischen Farbstoffes mit Chlor als Gegenion mit der Lösung eines Farbsalzes, das aus Natriumion und Farbanion besteht, zusammengebracht, dann werden die beiden entgegengesetzt geladenen Farbionen unter Bildung eines Niederschlages die Lösung verlassen und dabei die beiden stark hydratisierten Gegenionen in der Lösung zurücklassen. Allerdings gibt es auch Ausnahmen von dieser Regel. Ohne weitere Ausführungen genügt der Hinweis, daß die räumliche Verteilung der Ladungen und die mit der Molekülgestalt zusammenhängende Möglichkeit einer mehr oder weniger innigen Entfaltung der wechselseitigen VAN DER WAALSschen Kräfte hierbei die Hauptrolle spielen dürfte. Abgesehen von diesen Ausnahmen können wir jedoch sagen, daß diese hochmolekularen Ionen gewissermaßen *lösungsmüde* sind. Allein die Absättigung ihrer Ladung ist Vorbedingung dafür, daß sie die Lösung verlassen. Diese Vorbedingung wird erfüllt, wenn der Lösung eine Grenzfläche dargeboten wird, die dem Farbion entgegengesetzt geladene ionische Stellen enthält. Wie wir gesehen haben, ist dies bei den Eiweißfasern der Fall. Hier kann die Vereinigung der entgegengesetzt geladenen Gruppen des Farbstoffes und der Faser leicht erfolgen, da die Einbuße an Hydratationsenergie an keiner Seite zu hoch ist. Ähnlich dürfte der Vorgang bei der Sorption der basischen Farbstoffe an Glas sein. Die negativ geladenen Stellen der Grenzfläche dürften in diesem Fall durch die Silicationen gebildet sein. Die Cellulosemoleküle sind hingegen, abgesehen von ihrem Gehalt an Oxycellulose, d. h. an Carboxylgruppen, nicht heteropolar aufgebaut, sie bieten daher keine Möglichkeit des Ladungsausgleichs in dem Sinne, wie dies bei den Keratinmolekülen der Fall ist.

Eine weitere Möglichkeit der Betätigung wechselseitiger Kohäsionskräfte zwischen Farbstoff und Wolle liegt auch hier in den koordinativen Kräften, die von den Säureamidgruppen der Eiweißmoleküle ausgehen. Wir kommen auf diese Frage weiter unten bei der Besprechung der Seidenfärbung zurück.

Die Aufnahme saurer, basischer und substantiver Farbstoffe durch Seide. Das färberische Verhalten der Seide als Eiweißfaser steht sehr nahe demjenigen der Wolle. Der Hauptunterschied dürfte in der geringeren Anzahl der Amino- und Carboxylgruppen, d. h. in dem größeren Anteil von ungeladenen Polypeptidketten im Seidenfibroinmolekül begründet sein.

Die Konzentrationsabhängigkeit der Aufnahme saurer und basischer Farbstoffe durch Seide wurde durch WALKER und APPLEYARD (Pikrinsäure), G. C. SCHMIDT (Eosin, Malachitgrün), FREUNDLICH und LOSEV (Neufuchsin, Patentblau) u. a. untersucht.

SALVATERRA glaubte nachgewiesen zu haben, daß die Aufnahme basischer Farbstoffe durch Seide im Verhältnis der Molekulargewichte der Farbstoffe erfolgt. In Wirklichkeit sind seine Versuche für diesen Nachweis nicht ausreichend.

H. FIKENTSCHER und K. H. MEYER haben gezeigt, daß die Aufnahme von Farbsäuren durch Seide oft nach denselben Gesetzmäßigkeiten erfolgt wie die der gewöhnlichen Säuren. Es handelt sich also hier um eine

Salzbildung zwischen der Seide als hochmolekularer Base und der Farbsäure. Die von 100 g Seide maximal gebundene Menge Farbstoff liegt zwischen 0,018 und 0,030 Äquivalenten, wobei der höhere Wert wahrscheinlich dadurch entstanden ist, daß bei der angewandten Methode auch die von den gelösten Bestandteilen der Faser gebundene Farbstoffmenge mitgerechnet wurde. Wenn das Farbsalz neben einer starken Säure verwendet wird, erfolgt die Bindung des Farbstoffes im gleichen Ausmaß. Auf Grund dieser Befunde könnte die Aufnahme der sauren Farbstoffe durch Seide genau so durch die elektrische Färbetheorie erklärt werden (nach ELÖD unter Anwendung der Theorie der Membrangleichgewichte), wie dies bei der Wolle der Fall ist. FIKENTSCHER und MEYER finden jedoch, daß es auch eine Anzahl einbasischer Farbsäuren gibt, die von der Seide in höherer Menge gebunden werden, als der Höchstaufnahme an gewöhnlichen Säuren entsprechen würde. So nehmen 100 g Seide im Höchstfalle von Pikrinsäure 0,040, von Sulfanilsäure → Acetessiganilid 0,046, von Anilinbenzoyl-S-Säure 0,037 Mole auf. Sie schließen aus diesem Befund, daß die Seide nicht nur durch die elektrischen Anziehungskräfte und nicht nur an den ionisierten Stellen, sondern darüber hinaus Farbstoffe aufzunehmen vermag. Um die Natur dieser überschüssigen Farbstoffaufnahme zu studieren, führten sie Verteilungsversuche mit nichtionischen Stoffen aus, bei denen die Salzbildung ausgeschlossen war. Es zeigte sich, daß die Seide erhebliche Mengen o-Nitranilin aufzunehmen vermag. Innerhalb der angewandten Konzentrationsgrenzen (0,004—0,08% Nitranilin) erwies sich das Teilungsverhältnis als konstant: die Seide enthielt im Gleichgewicht je Gewichtseinheit rund 25mal soviel Nitranilin als die Flotte. Die höchste, beobachtete Konzentration der Seide an Nitranilin war somit rund 2%. Nach der Konstanz des Teilungsverhältnisses ist es berechtigt von einem Lösungsvorgang zu sprechen. Die Wolle nimmt übrigens Nitranilin gleichfalls auf, das Teilungsverhältnis ist jedoch nur etwa halb so groß wie bei Seide. Ein anderer, wasserunlöslicher Eiweißkörper, das Casein, zeigt das Teilungsverhältnis 27, also nahezu dasselbe wie die Seide; MEYER und FIKENTSCHER nehmen nun an, daß die Seide gegenüber den sauren und basischen Farbstoffen neben den elektrischen Kräften ähnliche Lösungskräfte entfaltet wie gegenüber dem Nitranilin. Der Grund, warum bei Seide die Lösungskräfte mehr im Vordergrund stehen als bei Wolle, liegt darin, daß bei der Seide infolge ihres höheren Äquivalentgewichtes die elektrischen Kräfte die Lösungskräfte weniger stark verdecken können.

HOUCK hat die Abhängigkeit der Aufnahme des Orange II durch Seide vom p_H untersucht. Im p_H-Gebiet 7,3—1,5 zeigte die aufgenommene Farbstoffmenge eine monotone Zunahme mit der Wasserstoffionenkonzentration. Durch Zusatz von 0,01 n Na_2SO_4 wurde die Sorption herabgesetzt. Die Aufnahme des basischen Krystallvioletts durch Seide nahm mit wachsender Säurekonzentration ab. Zusatz von Natriumsulfat zu der sauren Lösung erhöhte die Aufnahme des basischen Farbstoffes. Zweiwertige Anionen setzen also die Aufnahme der Farbanionen (infolge des Wettbewerbes) herunter, sie begünstigen jedoch die Aufnahme der Farbkationen (infolge Herabsetzung des in saurer Lösung positiven elektrischen Potentials der Fasern).

An Versuchen mit Sulforhodamin, Rhodamin 3B und Echtsäureviolett haben ELÖD und PIEPER gleichfalls beobachtet, daß die Aufnahme von Farbanionen mit wachsendem p_H abnimmt, die der Farbkationen zunimmt. Alle diese Beobachtungen lassen sich durch die Berücksichtigung der elektrischen Kräfte erklären. In der Technik wird die Seide mit basischen Farbstoffen gewöhnlich bei schwach saurer Reaktion gefärbt, also mehr oder minder gegen die elektrischen Kräfte, die zwischen Faser als Ganzes und Farbion wirksam sind.

Oft wird das Färben der Seide mit sauren und basischen Farbstoffen unter Zusatz der sog. Bastseife ausgeführt. Diese besteht im wesentlichen aus einer Mischung von Seife mit Sericin. HOUCK hast festgestellt, daß die Bastseife die aufgenommene Menge Orange II und Krystallviolett herabsetzt. Es handelt sich hierbei wahrscheinlich um die Bindung der Farbstoffe an die gelösten Eiweißmoleküle des Seidenleims. Die Fibroinmoleküle müssen um den Farbstoff mit den Sericinmolekülen in Wettbewerb treten (vgl. den 13. Abschnitt S. 497ff.). In saurer Lösung („gebrochene Bastseife") ist die freie Fettsäure durch das Sericin emulgiert.

Nach den Beobachtungen von ELÖD und PIEPER ist die unter gleichen Bedingungen aufgenommene Menge Rhodamin 3B von der Temperatur unabhängig. Das Gleichgewicht wird jedoch bei 90° schon in 1 Stunde, bei 50° in 3 Tagen und bei 20° erst in 20 Tagen erreicht.

Die substantiven Farbstoffe werden gleichfalls in ausgedehntem Maße zum Färben der Seide verwandt. ELÖD und BALLA haben an Chicagoblau 6B festgestellt, daß die Aufnahme dieses substantiven Farbstoffes durch Seide mit der Wasserstoffionenkonzentration stetig zunimmt. Bemerkenswert ist, daß Zusatz von Natriumsulfat bei gleicher Wasserstoffionenkonzentration die Menge des aufgenommenen Farbstoffes herabsetzt. In bezug auf die p_H- und die Salzabhängigkeit der Sorption verhalten sich somit der Seide gegenüber die substantiven Farbstoffe genau so wie die sauren: die elektrischen Kräfte sind maßgebend. Auffallend ist ferner, daß die Wolle unter den gleichen Bedingungen bei 50° nur einen Bruchteil des von der Seide aufgenommenen substantiven Farbstoffes sorbiert. Bei 80° wird zwar auch durch die Wolle ein ganz beträchtlicher Teil des Farbstoffes aus der Flotte ausgezogen, jedoch noch immer weniger als durch die Seide. ELÖD bringt dieses Verhalten mit der Quellung der Fasern in Zusammenhang. Die von der Seide aufgenommene Wassermenge ist insbesondere in neutraler oder schwach saurer Lösung größer als die von der Wolle aufgenommene. Man hat also den Eindruck, daß bei dem Färben der Eiweißfasern mit substantiven Farbstoffen nicht die Anzahl der ionischen Gruppen, sondern die Weite der submikroskopischen Kanäle den Ausschlag gibt (vgl. die weiter oben erwähnte Ansicht GOODALLs).

Das Färben mit Küpenfarbstoffen. Das Färben mit Küpenfarbstoffen setzt sich aus zwei Vorgängen zusammen: 1. dem Aufziehen des Farbstoffes aus der Küpenlösung auf die Faser in reduziertem, wasserlöslichem Zustande (als Leukoverbindung) und 2. der Entwicklung des Farbstoffes auf der Faser durch Oxydation und Seifen.

Der erste Vorgang, das Aufziehen der Leukoverbindung, unterscheidet sich im wesentlichen nicht von dem Vorgang beim Färben mit einem wasserlöslichen Farbstoff. Wir haben es hier mit Farbanionen zu tun, die ihre Ladung der Ionisation von phenolischen Gruppen verdanken. Das Molekül enthält gewöhnlich zwei, häufig mehr Oxygruppen, die im normalen, oxydierten Zustand als Carbonylgruppen vorliegen. Nach Analogie der in bezug auf ihre Dissoziationsstärke untersuchten Phenole kann man den Wert der ersten Dissoziationskonstante der Leukosäuren auf etwa p_K 10 schätzen. Erst wenn das p_H der Lösung 10 beträgt, d. h. wenn die Lösung eine Hydroxylionenkonzentration von 0,0001 n besitzt, ist die eine Oxygruppe zur Hälfte dissoziiert. Die Ionisation der weiteren Oxygruppen erfordert eine noch stärkere Alkalität. Da die Farbstoffe ihre Wasserlöslichkeit den ionisierten Gruppen verdanken, muß die Küpe immer alkalisch sein (Zusatz von Natronlauge oder Kalk). Ob dabei der Farbstoff als ein- oder mehrwertiges Ion vorliegt, hängt von der jeweiligen Größe der Alkalität der Lösung und der Dissoziationskonstante der Farbsäure ab. Neutralisiert man die Lösung, dann entsteht die unlösliche, freie Küpensäure, die mitunter unter Bildung von Kolloidteilchen schwebend bleibt.

Über den Lösungszustand der Küpenfarbstoffe als Leukosalze hat SCHAEFFER eine Untersuchung ausgeführt. Wegen der unvermeidlichen Anwesenheit elektrolytischer Lösungsgenossen (Alkali, Hydrosulfit usw.) ist die Messung der Leitfähigkeit für diesen Zweck nicht anwendbar. SCHAEFFER hat versucht, aus dem Verhalten der Leukosalze bei der Dialyse, der Ultrafiltration und der Diffusion (nach der Gallertmethode) Aufklärungen über ihre Teilchengröße zu erlangen. Nach der Diffusionsmethode ergab sich die folgende Reihenfolge nach zunehmender Teilchengröße:

Indigo, Indanthrengelb GK (1.5-Dibenzoyl-diamino-anthrachinon), Helindongelb 3 GN (2.2'-Dianthrachinonylharnstoff), Tetrabromindigo, Indanthrenrotviolett RH, Helindonorange L, Indanthrengelb G (Flavanthron), Indanthrendunkelblau BO (Violanthron), Hydronblau R.

Die ersten Farbstoffe der Reihe zeigen ein Diffusionsvermögen wie etwa Orange II oder Krystallviolett, sie sind also vermutlich in die einzelnen Ionen zerteilt. Die letzten Glieder der Reihe zeigen in der angewandten 3 und 4%igen Gelatinegallerte keine merkliche Diffusion. Zu einer quantitativen Auswertung sind diese Messungen nicht geeignet, da die Ausschaltung des Diffusionspotentials nicht völlig gewährleistet war und der Einfluß der Gelatine ebenfalls nicht in Rechnung gezogen werden kann. Für die qualitative Gültigkeit, also für die Gültigkeit der beobachteten Reihenfolge spricht jedoch die Übereinstimmung mit den Ergebnissen der anderen Methoden, der Dialyse und der Ultrafiltration.

VALKÓ hat unter Beobachtung der Bedingung der Ausschaltung der elektrischen Diffusionskräfte mit der Methode der porösen Platten die Diffusionsgeschwindigkeit von Indanthrenbrillantgrün (Dimethoxy-dibenzanthron) in alkalischer Hydrosulfitlösung unter Luftabschluß gemessen. Der erhaltene Wert entsprach der Assoziation von nur 2—3 Farbionen.

Über das Sorptionsgleichgewicht der Leukosalze wurden einige Untersuchungen ausgeführt. PUMMERER und BRASS berichten über

Tabelle 135. Sorptionsgleichgewicht von Leukosalzen. Nach BRASS und TORINUS.

Anfangskonzentration in 10^{-5} Mol/100 cm³	Endkonzentration in 10^{-5} Mol/100 cm³	Aufgenommener Farbstoff in 10^{-5} Mol je 100 g Cellulose	Teilungsverhältnis
\multicolumn{4}{c}{1. Indanthrenrot}			
\multicolumn{4}{c}{(5 g Viscose in 100 cm³ Hydrosulfitküpe bei 45°)}			
1,72	0,87	17	19,6
3,45	1,59	37	23,4
6,9	3,21	74	23,4
13,8	7,28	130	17,9
27,6	14,8	256	17,3
		Mittel	20,3
\multicolumn{4}{c}{2. Indanthrenblau}			
\multicolumn{4}{c}{(4 g Baumwollcellulose in 100 cm³ in Hydrosulfitküpe bei 52°)}			
2,1	0,2	47,5	237
4,21	0,43	94,5	222
8,41	0,85	188,95	222
16,83	2,97	346,5	116
33,66	12,25	528,3	43

die Beobachtung, daß die nichtoxydierten Leukofärbungen von Indigo und Thioindigo durch Seifen unter Luftabschluß abwaschbar sind. Dagegen haben sich die Leukofärbungen von Flavanthron unter den gleichen Bedingungen als waschecht erwiesen. Diese Beobachtungen erfuhren durch die Messungen von BRASS und TORINUS eine quantitative Bestätigung. Diese Forscher maßen das Sorptionsgleichgewicht verschiedener Leukosalze mit Viscose- und Baumwollfasern. Die Färbedauer betrug 1 Stunde. Sie fanden, daß für die Beziehung zwischen der freien Farbstoffkonzentration der Flotte und der Menge des aufgenommenen Farbstoffes in manchen Fällen der HENRYsche Verteilungssatz annähernd gilt, d. h. daß das Teilungsverhältnis konstant ist. In anderen Fällen hingegen zeigte das Teilungsverhältnis mit zunehmender Farbstoffkonzentration eine Abnahme, entsprechend der Annäherung an einen Sättigungszustand der Fasern, wie es bei einem Sorptionsvorgang zu erwarten ist. Als ein Beispiel für ein annähernd konstantes Teilungsverhältnis sind in der Tabelle 135 die Befunde an Indanthrenrot (1.1'-Dianthrachinonyl 1—2.6-diaminoanthrachinon, Molekulargewicht 645), für den zweiten Fall die Beobachtungen an Indanthrenblau (Indanthron, Molekulargewicht 442) mitgeteilt.

Die erste Spalte enthält die Anfangskonzentrationen der Farbstofflösung, die zweite Spalte die Konzentration des Farbstoffes nach dem Färben, die dritte Spalte die aufgenommene Farbstoffmenge. Die vierte Spalte stellt den Quotienten der Werte der dritten und zweiten Spalte dar, d. h. das Verhältnis der Farbstoffkonzentration in der Faser zu derjenigen in der Lösung.

Derartige Versuchsreihen wurden an einer Reihe Küpenfarbstoffe durchgeführt. Die folgende Tabelle enthält nur die Werte für das Teilungsverhältnis, und zwar entweder den Mittelwert (wenn es sich um ein annähernd konstantes Teilungsverhältnis handelt) oder aber den höchsten und niedrigsten der gewonnenen Werte (wenn das Teilungsverhältnis mit wachsender Konzentration abnimmt). Das Teilungsverhältnis kann als ein Maß für die Substantivität der Leukosalze angesehen werden.

Tabelle 136. Teilungsverhältnisse von Leukosalzen zwischen Küpe und Cellulose. Nach BRASS und TORINUS.

Farbstoff	Küpe	Faser	Temperatur in ° C	Teilungsverhältnis
Indigo	Zinkkalk	Viscose	20	58
,,	,,	Baumwolle	20	33—23
,,	Hydrosulfit	Viscose	20	33—20
,,	,,	Baumwolle	20	16—9
Thioindigo	Zinkkalk	Viscose	20	82
,,	Hydrosulfit[1]	,,	20	35
,,	,,[1]	,,	20	76
Algolgelb	,,	,,	22	6,8
Helindongelb	,,	,,	20	27
Indanthrenorange	,,	,,	20	14
Indanthrenrot	,,	,,	45	20
Indanthrengoldorange	,,	,,	45	60
Indanthrenblau	,,	Baumwolle	52	237—43
Flavanthren	,,	,,	45	303—27

Die Ergebnisse zeigen, daß die Substantivität der Leukosalze innerhalb breiter Grenzen schwankt. Wie BRASS und PUMMERER bemerkt haben, scheinen bei den Leukosalzen zwischen Affinität und Konstitution ähnliche Beziehungen zu bestehen wie bei den substantiven Farbstoffen. Tatsächlich dürften die Substantivitätstheorien von K. H. MEYER und von SCHIRM auch auf die Leukofärbungen anwendbar sein.

---

[1] Die obere der beiden Versuchsreihen ist bei höherer Alkalität der Küpe ausgeführt worden.

BRASS ist der Ansicht, daß von der Faser die freie Küpensäure aufgenommen wird, diese Annahme bedarf jedoch noch eines Beweises. Mit Rücksicht darauf, daß die Phenolgruppe nur schwach sauer ist, kann man diese Möglichkeit im Gegensatz zu der analogen Annahme bei dem substantiven Färben, wo man es gewöhnlich mit starken Säuren zu tun hat, nicht ohne weiteres von der Hand weisen. Allein die Laugenkonzentration bei dem üblichen Küpenfärben beträgt etwa 0,02—0,1 n, entsprechend einem p_H 12—13. Es wäre zu erwarten, daß bei dieser hohen Alkalität die meisten Leukoverbindungen als ein- oder mehrwertige Anionen vorliegen. Die Beobachtung, daß die Farbstoffaufnahme mit zunehmender Alkalität abnimmt, kann auch im Sinne der elektrischen Theorie durch die erhöhte negative Auflaadung der Fasern erklärt werden, macht also die Annahme, daß nur die Küpensäure aufgenommen wird, nicht erforderlich.

SCHAEFFER hat auf Grund des Vergleiches der Diffusionsergebnisse mit denen der Farbstoffaufnahme gezeigt, daß auch bei den Leukofarbstoffen im großen und ganzen die Regel gilt, daß die Teilchengröße und die Affinität zur Faser miteinander parallel gehen. Die richtige Deutung dieser Erscheinung dürfte auch hier, wie bei den substantiven Farben, die sein, daß sowohl für die Assoziation in der Lösung als auch für die Anlagerung an die Faseroberfläche die Betätigung der von dem Farbstoffmolekül ausgehenden VAN DER WAALSschen Kräfte verantwortlich ist.

Bezüglich der Temperaturabhängigkeit der Küpenfarbstoffaufnahme durch Baumwolle teilt SCHAEFFER mit, daß bei Indigo und bei den Acylaminoanthrachinonen mit der Erhöhung der Färbetemperatur die aufgenommene Farbstoffmenge abnimmt und daß sich bei Flavanthron und Violanthron ein Optimum bei 50—60° zeigt. Es handelt sich bei den letzteren um stark assoziierte Farbionen, die vielleicht bei niedriger Temperatur zu langsam aufziehen, um während der Versuchsdauer den Gleichgewichtszustand zu erreichen. Solange keine genauen Beobachtungen über die Geschwindigkeit der Farbstoffaufnahme vorliegen, läßt sich auch über die Temperaturabhängigkeit der Gleichgewichtswerte nichts Bestimmtes sagen.

Das Färben der Wolle mit Küpenfarbstoffen erfolgt *entgegen den elektrischen Abstoßungskräften*, da es sich dabei um die Aufnahme von Farbanionen bei alkalischer Reaktion, d. h. durch negativ geladene Fasern handelt. Vermutlich findet die Anlagerung der Farbionen an die NH_3^+-Gruppen der Keratinmoleküle statt, die in dem alkalischen Gebiet gegenüber den COO^--Gruppen in der Minderheit sind. Wir haben es hier dann mit den wenig spezifischen Affinitätskräften zwischen den an der Grenzfläche fixierten positiven Gruppen und den hochmolekularen, lösungsmüden Anionen zu tun. Die Herabsetzung der Farbstoffaufnahme mit steigender Alkalität ist an Wolle, da deren

Ladungszustand gegenüber Änderungen der Wasserstoffionenkonzentration empfindlicher ist, noch ausgeprägter als an Baumwolle. Übrigens wird schon zum Zwecke der Faserschonung beim Küpenfärben der Wolle in ammoniakalischer Lösung, d. h. bei schwacher Alkalität gearbeitet.

Der zweite Teil des Färbevorganges, der nach dem Aufziehen der Leukosalze stattfindet, die *Entwicklung des Farbstoffes auf der Faser*, beruht chemisch auf der Oxydation der Oxygruppe zur Oxogruppe. Gleichzeitig (oder bereits vorher) muß vom Farbstoffmolekül Natronlauge abgespalten werden:

$$2-CO^- + 2\,Na^+ + H_2O + O = 2-CO + 2\,Na^+ + 2\,OH^-.$$

Da der Farbstoff dabei in den unlöslichen Zustand übergeht, kann er weder in molekularer noch in ionischer Form die Faser verlassen. Es bleibt jedoch noch die Möglichkeit, daß der Farbstoff in Form einer kolloiden oder gröberen Zerteilung ausgeschieden wird. In welchem Ausmaße diese Ausscheidung erfolgt, ist von Farbstoff zu Farbstoff verschieden und hängt davon ab, ob das Molekül auch in oxydiertem Zustande die Affinität zur Faser besitzt und ob seine Beweglichkeit dazu ausreicht, sich mit anderen Farbstoffmolekülen zu Krystallen zu vereinigen. Auf diese Weise ist es zu erklären, daß die Affinität der Leukosalze die Waschechtheit (und die Reibechtheit) der Färbung nicht eindeutig bestimmt. Werden die gebildeten groben Farbstoffkörner von der Faser nicht entfernt, so wird die Färbung infolge der Lichtstreuung an der Oberfläche dieser Teilchen trüb. Die Farbstoffteilchen können auch eine etwas andere Farbe haben als die vermutlich monomolekulare Farbstoffschicht in den Hohlräumen der Fasern. Daher gehört die Entfernung des auswaschbaren Teiles des oxydierten Farbstoffes durch kochende Seifenlösung zu der Entwicklung der Färbung.

Manche Beobachtungen deuten darauf hin, daß die Küpenfärbungen in gewisser Hinsicht nicht völlig umkehrbar sind. So haben PUMMERER und BRASS beobachtet, daß die wasserlösliche Indanthrensulfosäure aus der Lösung von der Cellulosefaser nicht aufgenommen wird, hingegen nach der Aufnahme ihrer Leukoverbindung und der darauf erfolgten Oxydation von der Faser nicht an das Wasser abgegeben wird. BRASS und LAUER haben gezeigt, daß Baumwolle den in organischen Lösungsmitteln gelösten Küpenfarbstoff nicht aufzunehmen vermag. Dieses Verhalten könnte allerdings durch die geringe Quellung der Fasern in organischen Lösungsmitteln hinreichend erklärt werden. Außerdem fragt es sich, ob die angewandten Lösungsmittel die Färbung abzuziehen vermögen oder nicht.

Der Vorgang beim Färben mit den Schwefelfarbstoffen, die durch Natriumsulfid in die lösliche Form gebracht werden, dürfte in großen Zügen dem Vorgang beim Färben mit den Küpenfarbstoffen entsprechen.

Die Vorgänge beim Färben der Acetatseide. Das färberische Verhalten der Acetatseide weicht von dem der Baumwolle und der regenerierten Cellulose stark ab. Dies wird verständlich, wenn man die chemische Natur der Fasern vergleicht. Auf der einen Seite haben wir es mit einem Celluloseester zu tun, auf der anderen Seite jedoch mit der Cellulose selbst.

In den handelsüblichen Celluloseacetatfäden sind etwa $^2/_3$ der Oxygruppen verestert, d. h. sie enthalten zwei Estergruppen je Glucoserest (bekanntlich wird bei der Herstellung das zuerst entstehende Triacetat nachträglich einer teilweisen Verseifung unterworfen). Versuche, die mit verschiedenen Methoden ausgeführt wurden, haben gezeigt, daß die Cellulosemoleküle in der Acetatseide ziemlich gleichmäßig verestert sind. Das Diacetat ist also nicht ein Gemisch von vollständig veresterten Cellulosemolekülen mit vollständig unveresterten, was von vornherein auch möglich gewesen wäre. Für das Verständnis des färberischen Verhaltens der Acetatseide ist der Umstand von größter Bedeutung, daß die Wasseraufnahme dieser Faser viel geringer ist als die der nativen oder regenerierten Cellulosefaser, eine Folge ihrer chemischen Natur. Der Wassergehalt der Acetatseide bei der Sättigung beträgt etwa 8—10% (vgl. Abschnitt 2).

Die meisten der für die Cellulosefaser gebräuchlichen Färbemethoden haben sich bei der Acetatseide zunächst als undurchführbar erwiesen. Das Färben dieser Kunstfaser bildete bei ihrer Einführung in die Technik eine Zeitlang ein ungelöstes technisches Problem, bis nach und nach besondere Verfahren entwickelt wurden. Ein Teil dieser Verfahren, darunter auch die teilweise Verseifung, die eine Schicht von Cellulosemolekülen mit Affinität zu den substantiven Farbstoffen an der Faser erzeugte, wurde inzwischen zugunsten der einfacheren verlassen.

Die Frage, warum die meisten wasserlöslichen Farbstoffe die Acetatseide nicht anfärben, wurde von KNOEVENAGEL dahin beantwortet, daß die Kanäle der in Wasser gequollenen Fäden zu eng sind, um den Farbstoffmolekülen das Eindringen, wenigstens innerhalb einer genügend kurzen Zeit, zu ermöglichen. Wird hingegen die Acetylcellulose mit einem wasserlöslichen Lösungsmittel, das eine stärkere Quellung als Wasser bewirkt, vorbehandelt und das Lösungsmittel nachher durch Wasser verdrängt, dann erhält man die Fäden in einer durch Wasser stärker gequollenen Form, in der sie in der Lage sind, sich aus wässeriger Farbstofflösung in satten Tönen anzufärben. Durch die Vorquellung werden nämlich die submikroskopischen Poren des Faserstoffes ausgeweitet, so daß sie nachher den Farbstoffmolekülen die Möglichkeit des schnellen Eindringens gewähren. Als Quellmittel eignen sich die wässerigen Lösungen von Aceton, Alkohol oder Essigsäure. KNOEVENAGEL hat auf diese Weise aus chloroformlöslicher Acetylcellulose, d. h. aus Triacetat Fäden hergestellt, deren Wasseraufnahme entsprechend einer Volumzunahme von 5—55% variiert (Tabelle 137).

Abb. 237 zeigt die zeitliche Abhängigkeit der Farbstoffaufnahme aus einer Methylenblaulösung (Anfangskonzentration 0,05%, Flotten-

Tabelle 137. Quellung von Acetylcellulose in verschiedenen Mitteln. Nach KNOEVENAGEL.

Versuchs-bezeichnung	Quellungsmittel	Volumzunahme in %
a	Konz. HCl (spez. Gew. 1,19)	62,9
b	25 Teile Aceton + 75 Teile Wasser	54,8
c	50 ,, ,, + 50 ,, Alkohol	49,5
d	50 ,, Eisessig + 50 ,, Wasser	45,6
e	75 ,, Alkohol + 25 ,, ,,	25,7
f	50 ,, ,, + 50 ,, ,,	23,7
g	50 ,, Aceton + 50 ,, ,,	21,6
h	25 ,, ,, + 75 ,, Alkohol	21,5
i	25 ,, Eisessig + 75 ,, Wasser	16,8
j	75 ,, Aceton + 25 ,, Alkohol	14,9
k	25 ,, Alkohol + 75 ,, Wasser	9,0
l	Absoluter Alkohol	5,2

verhältnis 1:100, 25°). Während bei den stark gequollenen Fasern die Farbstoffaufnahme schnell einem Gleichgewicht zuzustreben scheint, das etwa der Aufnahme von 4,2% Methylenblau (auf Fasergewicht

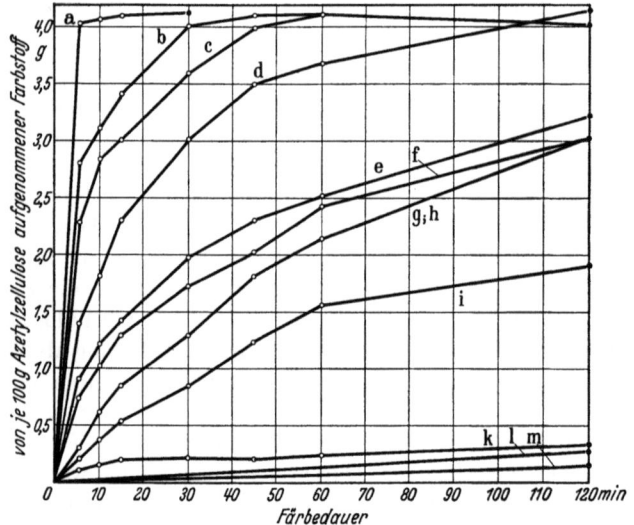

Abb. 237. Aufnahme von Methylenblau durch Acetylcellulose bei 25° nach verschiedener Quellungsvorbehandlung in Abhängigkeit von der Färbedauer. Vgl. Tabelle 137. Nach KNOEVENAGEL.

berechnet) entsprechen dürfte, verläuft der Vorgang bei den Proben, die einen niedrigen Quellungsgrad aufweisen, äußerst langsam. In der Abb. 238 finden dieselben Ergebnisse eine etwas andere Darstellung. Hier sind die nach einer gewissen Versuchsdauer aufgenommenen Farbstoffmengen als Funktion der Quellung aufgezeichnet. Man hat den

Eindruck als ob das Eindringen von Methylenblau erst dann möglich wäre, wenn die Quellung höher als 15% ist. Die ausgeführten Dauerversuche widersprechen jedoch dieser Auffassung. Eine mit 25%iger alkoholischer Lösung vorbehandelte Probe mit dem Quellungsgrad 9% erreichte nach 16 Monaten eine Farbstoffaufnahme von 4,12%. Nicht vorbehandelte Acetylcellulose zeigte bei 25° nach 3 Tagen eine Farbstoffaufnahme von 0,24%, nach 4 Tagen eine solche von 0,32%. Wenn der Färbeversuch bei 100° ausgeführt wurde, so wurden nach 3 Stunden 0,86%, nach 50 Stunden 1,32% Methylenblau aufgenommen.

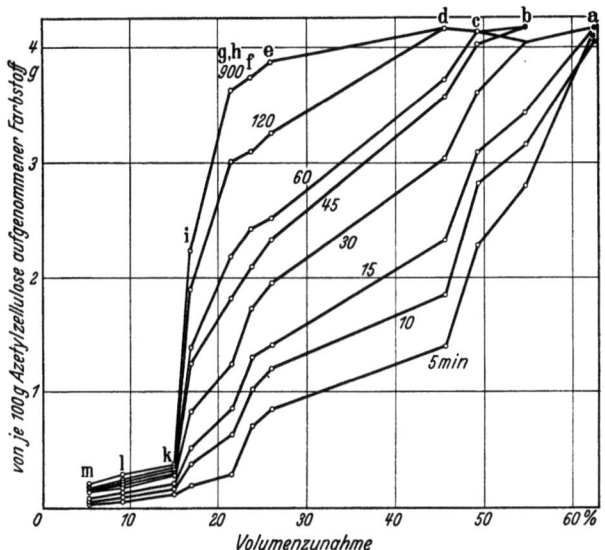

Abb. 238. Aufnahme von Methylenblau durch Acetylcellulose nach verschiedener Färbedauer bei 25° in Abhängigkeit von der Vorquellung. Vgl. Tabelle 137. Nach KNOEVENAGEL.

PANETH und RADU haben beobachtet, daß Acetatseide 0,027% Methylenblau aufnimmt. Sie haben berechnet, daß bei Annahme einer 1 Mol dicken Schicht dieser Wert der Bedeckung der makroskopischen Oberfläche der Fasern (30 dm² je g) entspricht. Da die mikroskopischen Schnitte lehrten, daß das Innere der Fasern ungefärbt blieb, schlossen sie, daß der Farbstoff nur an der makroskopischen Oberfläche adsorbiert wird. K. H. MEYER, SCHUSTER und BÜLOW haben gleichfalls auf Grund der mikroskopischen Schnitte geschlossen, daß Methylenblau und Diamantgrün nur an der Oberfläche der Fasern fixiert werden. Ähnliche Sorptionswerte wie PANETH und RADU erhielten auch LACHS und PARNAS beim Färben der Acetatseide mit Methylenblau, Methylgrün und Krystallviolett. Auch ihre Versuche standen im Einklang mit der Annahme einer monomolekularen Adsorptionsschicht an der äußeren Faseroberfläche.

Vergleicht man jedoch diese Beobachtungen mit dem Befund von KNOEVE-NAGEL, daß bei Zimmertemperatur die Einstellung des Gleichgewichtes beim Färben der Acetylcellulose mit Methylenblau Jahre benötigt, so entstehen gewisse Zweifel an der Gültigkeit dieser Schlußfolgerung. Wenn auch KNOEVENAGEL seine Versuche an roßhaardicken Fäden durchgeführt hat, so dürfte die Gleichgewichtseinstellung an den von den anderen Forschern benützten feinen Fasern noch immer mindestens einige Wochen beanspruchen, die Gleichheit der übrigen Bedingungen vorausgesetzt. Es könnte daher der Anschein einer nur äußeren Farbstoffbedeckung durch die Kürze der Färbedauer hervorgerufen worden sein.

In den Jahren 1920—1925 setzte eine schnelle Entwicklung auf dem Gebiet des Färbens von Acetatseide ein. Die Grundlage dieser Entwicklung war die Erkenntnis, daß gewisse Gruppen die Affinität der Farbstoffe zum Celluloseacetat steigern. Nach der Regel von CLAVEL sind diese Gruppen: Amino-, Imino-, Imido-, Hydroxyl-, Nitro-, Nitroso- und Acylaminogruppen. Die Carboxyl- und die Sulfogruppen setzen hingegen die Affinität herunter. Wenn auch diese Regel nicht ohne Ausnahme gilt, so wird ihre Brauchbarkeit durch die Tatsache gezeigt, daß den größten Teil der heute für das Färben der Acetatseide dienenden Farbstoffe entweder Abkömmlinge des Nitranilins oder Aminoazoverbindungen oder Aminoanthrachinonderivate darstellen. Die Aminogruppen sind häufig alkyliert oder oxalkyliert. Nur der kleinere Teil der Farbstoffe wird in wässeriger Lösung angewandt, der größte Teil ist wasserunlöslich und wird in Form von Suspensionen benutzt. Schließlich werden diese Verbindungen auch als Entwicklungsfarbstoffe (und zwar in wasserunlöslicher Form als Suspensionen angewandt) auf die Faser gebracht, dort diazotiert und mit einem Phenol gekuppelt.

Im Falle der *wasserunlöslichen* Farbstoffe ist es offenbar, daß für das Eindringen des Farbstoffes die submikroskopischen Kanäle der Fasern nicht benützt werden können, sondern daß der Farbstoff durch die Masse des Celluloseesters selbst diffundieren muß. Daher muß man annehmen, daß es sich hier um einen *Lösungsvorgang* handelt. Man hat aber, wie im folgenden gezeigt wird, Grund zu vermuten, daß das Aufziehen der *wasserlöslichen* Farbstoffe auf Acetatseide in vielen Fällen gleichfalls einen Lösungsvorgang darstellt.

KNOEVENAGEL hat bereits gezeigt, daß Phenol, Anilin sowie der Dimethyl- und der Diäthylester der Weinsäure vom Celluloseacetat (sowohl von chloroform- als auch von acetonlöslichem) aus wässeriger Lösung in einem von der Konzentration unabhängigen Teilungsverhältnis aufgenommen werden.

Dabei erreicht die aufgenommene Menge, z. B. bei Phenol, 40%. GREEN und SAUNDERS nahmen auch an, daß beim Färben der Acetylcellulose der Farbstoff in der Faser gelöst wird. Von ihnen stammt die durch die technische Entwicklung inzwischen überholte Methode der Anwendung der sog. Ionamine. Diese stellen Additionsverbindungen von Formaldehydbisulfit an Amine dar. Die dadurch eingeführte Sulfogruppe verleiht dem Farbstoffmolekül die Wasserlöslichkeit.

Im Färbebad wird nach GREEN und SAUNDERS die Formaldehydbisulfitgruppe wieder abgespalten und das freie wasserunlösliche Amin von der Faser aufgenommen.

K. H. MEYER, SCHUSTER und BÜLOW untersuchten die Verteilung von o-Nitranilin zwischen Wasser und Acetatseide. Die Versuchsdauer betrug bei Zimmertemperatur etwa 14 Tage, das Flottenverhältnis 200:5 (Tabelle 138).

Die erste Spalte enthält die Gewichtskonzentration der Lösung nach Einstellung des Gleichgewichtes, die zweite diejenige der Acetatseide. Die Werte der letzten Spalte stellen die Quotienten aus den Werten der zweiten und ersten Spalte dar. Wie man sieht, bleibt in einem Konzentrationsbereich von 1:10 das Teilungsverhältnis unverändert, obwohl die Faser im Höchstfalle über 3% Farbstoff aufgenommen hat. Es ist also schon auf Grund der Konzentrationsabhängigkeit der Farbstoffaufnahme berechtigt, von einem Lösungsvorgang im Sinne von WITT zu sprechen.

Nichtdenaturierte Nitroseide, d. h. Cellulosenitrat, verhält sich gegenüber Nitranilin nach dem Befund von MEYER, SCHUSTER und BÜLOW ganz ähnlich wie das Acetat und zeigt das Verteilungsverhältnis 250. Aus gesättigter wässeriger Lösung (0,125% Nitranilin, die Sättigung wurde durch die Anwesenheit von Bodenkörper aufrechterhalten) vermochte Cellulosenitrat in $1^1/_2$ Monaten 18% Nitranilin, auf Fasergewicht berechnet, aufzunehmen. Bei konstantem Verteilungsverhältnis hätte man eine Farbstoffaufnahme von 25% erwartet. Wenn also die Übereinstimmung nicht vollständig ist, so schließt der hohe Wert der aufgenommenen Farbstoffmenge eine bloße Sorption an den Wänden der submikroskopischen Kanäle mit Sicherheit aus. Man muß vielmehr annehmen, daß die Farbstoffe zwischen die einzelnen Celluloseestermoleküle eindringen und sich dort wie in einer Lösung von hoher Viscosität bewegen können.

KARTASCHOFF hat gezeigt, daß die Aminoanthrachinone auch in trockenem Zustande, wenn sie als Pulver mit der Acetatseide in Berührung gebracht wurden, bei 60° in einigen Stunden auf die Faser aufzogen. Der Lösungsvorgang kann also auch ohne Vermittlung eines zweiten Lösungsmittels stattfinden.

GREEN und SAUNDERS fanden, daß die Acetatseidefarbstoffe in organischen Lösungsmitteln löslich sind. MEYER, BÜLOW und SCHUSTER

Tabelle 138. Verteilung von o-Nitranilin zwischen Wasser und Acetatseide. Nach K. H. MEYER, SCHUSTER und BÜLOW.

Gehalt der Lösung an o-Nitranilin in %	Gehalt des Celluloseacetats an o-Nitranilin in %	Teilungsverhältnis
0,0180	3,28	182
0,0144	2,62	182
0,0109	1,96	180
0,0070	1,32	186
0,0038	0,65	170
0,0018	0,33	182

wiesen auf die Löslichkeit der Acetatseidefarbstoffe in dem dem Celluloseester chemisch verwandten Essigester hin. KARTASCHOFF und FARINE verglichen das Verteilungsverhältnis von Anthrachinonabkömmlingen zwischen absolutem Alkohol und Acetatseide mit der Löslichkeit dieser Farbstoffe in den beiden Stoffen. Nach der Theorie muß das Verteilungsverhältnis einer Substanz in zwei Lösungsmitteln dem Verhältnis ihrer Sättigungskonzentrationen in den beiden gleich sein. Die Feststellung der Sättigungskonzentration in der Acetatseide geschah durch die Bestimmung der bei der Behandlung mit der wässerigen Farbstoffsuspension aufgenommenen Farbstoffmenge (Färbedauer 2 Stunden bei 60°). Die Ergebnisse zeigt Tabelle 139.

Tabelle 139. **Verteilungsgleichgewicht und Sättigungskonzentration von Anthrachinonabkömmlingen in Celluloseacetat und absolutem Alkohol.** Nach KARTASCHOFF und FARINE.

Farbstoff	Sättigungskonzentration im Alkohol in %	Sättigungskonzentration im Celluloseacetat in %	Verteilungsverhältnis gef.	Verteilungsverhältnis ber.
1-Amino-	0,445	0,8446	1,79	1,89
1.4-Diamino-	0,702	1,3210	2,80	1,88
1.5-Diamino-	0,868	1,535	6,64	1,77
1.8-Diamino-	0,866	2,286	5,73	2,64
1.4.5.8-Tetramino-anthrachinon	0,233	0,5417	8,77	2,38
Alizarin	0,469	0,0978	1,80	2,08
Purpurin	0,458	0,1910	2,20	4,17
1-Oxy-4-amino-	0,652	1,884	1,59	2,89
Diaminoanthrarufin	0,134	0,5589	4,27	4,17
1-Methylamino-	1,901	1,352	2,38	7,11
1-Amino-2-methyl-	0,739	1,679	2,67	2,27
1-Amino-4-anilido-	0,833	0,7169	2,51	0,86
1-Amino-4-toluido-	0,059	—	2,66	—
1.4-Ditoluido-	0,043	—	1,56	—
1.4-Ditoluido-2-methylanthrachinon	0,285	0,114	2,66	0,40

Das berechnete Teilungsverhältnis stellt den Quotienten der Sättigungskonzentrationen dar. Mit Ausnahme von zwei Fällen ist das beobachtete Verteilungsverhältnis größer, meistens viel größer als das berechnete. Die wahrscheinliche Erklärung dafür haben A. H. BURR und S. M. BURR gegeben: die Versuchsdauer von 2 Stunden reicht vermutlich nicht dazu aus, um durch die Behandlung mit der Suspension die Faser mit dem Farbstoff zu sättigen. Infolgedessen sind die angegebenen Werte der Sättigungskonzentration in Celluloseacetat viel zu niedrig.

KARTASCHOFF hat unter dem Mikroskop beobachtet, daß beim Färben mit Farbstoffsuspensionen die Farbstoffteilchen an der Oberfläche der Fasern niedergeschlagen werden. Es kann also eine unmittelbare Auflösung des Farbstoffes im Celluloseacetat ohne Vermittlung eines Lösungsmittels vor sich gehen. In der Tat ist es unwahrscheinlich, daß bei sehr geringer Wasserlöslichkeit des Farbstoffes die Farbstoffaufnahme der Fasern aus dem im Wasser gelösten Anteil erfolgt.

DOBRY und DUCLAUX zeigten, daß diejenigen anorganischen Salze (Eisenrhodanid, Eisenchlorid, Molybdänrhodanid u. dgl.), die vom Cellulosediacetat aufgenommen werden, auch in Essigester und Äther löslich sind.

Eine interessante Untersuchung über die Aufnahme von Chrysoidin G:

$$\langle\bigcirc\rangle-N=N-\langle\bigcirc\rangle\overset{NH_2}{\underset{}{-}}NH_3Cl$$

durch Celluloseacetat wurde von A. H. BURR und S. M. BURR ausgeführt. Im Gebiet der Endkonzentration von etwa 0,002—0,015 Mol Farbstoff je l zeigte das scheinbare Teilungsverhältnis eine Zunahme von rund 10—40. Es konnte nachgewiesen werden, daß das Celluloseacetat überwiegend die freie Base und nur wenig Farbsalz aufnimmt. Wie besondere Versuche gezeigt haben, hat die freie Base ein Verteilungsverhältnis von etwa 3400. Die Verteilungsergebnisse mit dem Salz lassen sich nun deuten, wenn man annimmt, daß die Dissoziationskonstante des Farbstoffes als Base 10^{-8}—10^{-9} beträgt. Die Abnahme des scheinbaren Verteilungsverhältnisses mit wachsender Konzentration des Farbsalzes wird dadurch hervorgerufen, daß der hydrolysierte Anteil, d. h. der Anteil an freier Base in der Lösung mit zunehmender Konzentration abnimmt. Es sei noch bemerkt, daß die Verteilungsversuche an Celluloseacetatfilmen in völliger Übereinstimmung standen mit denen an den Fasern. Allerdings war die Versuchsdauer bei den einige hundertstel mm dicken Filmen sehr lang (bis etwa 100 Tage).

LAUER hat die Wirkungsweise von aromatischen sulfosauren Salzen beim Färben der Acetatseide mit Suspensionsfarbstoffen (Aminoanthrachinonen) untersucht. Neben der verteilenden Wirkung auf die Farbstoffsuspensionen beobachtete er einen verzögernden Einfluß auf die Farbstoffaufnahme. Vermutlich hemmen die Zusätze die Anlagerung der Farbstoffteilchen an die Fasern.

P. F. BERNOULLI untersuchte die Wirkung von Sulfosäuren aromatischer Kohlenwasserstoffe und von Gerbstoffen auf die Affinität von Malachitgrün, Rhodamin G und anderen basischen Farbstoffen zur Acetatseide. Er fand, daß diese Zusätze die Aufnahme der Farbstoffe dann erhöhen, wenn sie mit den Farbkationen keine unlösliche Verbindungen geben. Er beobachtete eine weitgehende Parallele in der Wirkung dieser Stoffe auf die Verteilung der Farbstoffe zwischen Wasser und Äthylacetat einerseits, Wasser und Acetatseide andererseits. Mit der Einführung von Alkylgruppen wurde die Wirkung der Phenolsulfosäuren gesteigert. Anscheinend beruht die Wirkung auf der Bildung lockerer, wasserlöslicher Additionsverbindungen der Farbstoffmoleküle mit den zugesetzten Substanzen. Das Verteilungsverhältnis dieser Additionsverbindungen ist gegenüber dem der Farbstoffmoleküle zugunsten der Lösung in dem nichtwässerigen Lösungsmittel verschoben.

Wenn wir nun die eben besprochenen Untersuchungen über das Färben des Celluloseacetates überblicken, drängt sich uns noch einmal die Frage auf, ob die Eigenart der Acetatseidefarbstoffe dadurch bedingt ist, daß das Acetatmolekül infolge seiner chemischen Zusammensetzung an den submikroskopischen Grenzflächen andere Affinitätskräfte entwickelt als die native Cellulose oder dadurch, daß die Enge der submikroskopischen Poren dieser Fasern den Transport der substantiven Farbstoffmoleküle ins Innere der Fasern im allgemeinen verhindert. Hier eine Entscheidung zu treffen ist um so schwieriger, als die beiden Faktoren, der chemische und der räumliche, miteinander in gewissem Zusammenhang stehen. Sind nämlich die zwischenkrystallinen Poren zu klein, dann muß sich das Farbstoffmolekül seinen Weg in die Faser durch das Innere der einzelnen Kryställchen bahnen, d. h. es muß von dem Faserstoff gelöst werden. Daß eine solche Lösung in der Acetatseide stattfinden kann, hängt wohl damit zusammen, daß ihr Erweichungspunkt im Verhältnis zu dem der Cellulose niedrig ist. Daher steht sie trotz der beobachtbaren Röntgeninterferenzen dem flüssigen Zustand näher als die unveresterte Cellulose. Kann nun der Farbstoff in den homogenen Faserstoff eindringen, dann spielt für sein Verteilungsverhältnis zwischen Flotte und Faser die Platzfrage in der Faser keine Rolle mehr. Dies ist ja das Unterscheidungsmerkmal zwischen dem Lösungs- und dem Sorptionsvorgang. Die Forderung der Löslichkeit im Celluloseacetat stellt jedoch an die Konstitution des Farbstoffmoleküls andere Bedingungen als die Forderung der Affinität zur Grenzfläche der Cellulose. Schließlich ist noch zu bedenken, daß die vergleichsweise Enge der Poren im gequollenen Celluloseacetat in erster Linie durch die verminderte Affinität der die Porenwände bildenden Moleküle zum Wasser bedingt ist.

Daß die Weite der submikroskopischen Poren auch für das Färben der Cellulosefasern mit substantiven Farbstoffen von Bedeutung ist, geht aus der Beobachtung von BOULTON, DELPH, FOTHERGILL und MORTON hervor, nach der vorher getrocknete Viscoseseide bei Behandlung mit einer alkoholischen Lösung von Chrysophenin G u. dgl. völlig ungefärbt bleibt. Wenn die Seide jedoch erst mit Wasser gequollen und dann das Wasser durch den Alkohol verdrängt wird, dann wird sie aus denselben Lösungen tief angefärbt.

Für die Theorie des Acetatseidefärbens ist das Verhalten der niedrigacetylierten Baumwollfasern von großem Interesse. RHEINER stellt diese mit Hilfe eines Acetyliergemisches (Essigsäureanhydrid-Eisessig) her, in dem die beim normalen Acetylieren übliche Schwefelsäure durch den milderen Katalysator Zinkchlorid ersetzt wird. Unter diesen Bedingungen entsteht nach 20 Stunden eine Faser, deren Zusammensetzung einem Monoacetat (1 Acetatrest auf 1 Glucoserest) entspricht. Nach dem Auswaschen und Trocknen zeigen diese Fasern keine Affinität zu substantiven Baumwollfarbstoffen, dagegen nehmen sie Acetatseidenfarbstoffe, wie 1-Amino-2-methyl-antrachinon oder 1.4-Diaminoanthrachinon auf. Die mikroskopischen Querschnitte der mit den letztgenannten Farbstoffen gefärbten Fasern erscheinen völlig homogen durchgefärbt. Darin unterscheiden sich diese Fasern von den sog. Immungarnen, die durch Einwirkung von Benzoylchlorid oder von p-Toluolsulfosäurechlorid auf Alkalicellulose entstehen. In den Immungarnen ist nur die äußere

Schicht der Einzelfasern verestert. Mit Acetatseidenfarbstoffen gefärbt, zeigen sie unter dem Mikroskop eine gefärbte äußere Ringzone und einen ungefärbten Kern. Sie sind gegen substantive Farbstoffe immun, da die Esterschicht die Diffusion der Farbstoffe ins Innere verhindert. Die äußere Schicht kann z. B. durch Pyridin abgelöst werden. Dagegen ist das Monoacetat von RHEINER darin völlig unlöslich.

Sehr bemerkenswert ist nun die Beobachtung RHEINERs, daß das Monoacetat nach der Herstellung und dem Auswaschen noch mit substantiven Farbstoffen anfärbbar ist. Die Reservierung wird erst durch das Trocknen bewirkt. Noch wirksamer als die Trocknung ist das Dämpfen unter Druck. Offenbar ist der Quellungszustand der Fasern für die Anfärbbarkeit ausschlaggebend. Die Quellung ist nach dem Acetylieren noch erhalten. Erst beim Trocknen oder Dämpfen nimmt die Quellbarkeit dadurch ab, daß sich die Poren schließen.

An dieser Stelle seien auch die Amingarne von KARRER und WEHRLI erwähnt, die aus den Immungarnen durch Einwirkung von Ammoniak oder von Aminen hergestellt werden. Hierbei findet eine chemische Vereinigung des Amins mit dem Cellulosemolekül statt. Die Fasern werden dadurch für saure Wollfarbstoffe anfärbbar. Wir haben es hier mit einem Sonderfall der Animalisierung der Cellulosefasern zu tun. Unter Animalisierung versteht man die waschbeständige Verknüpfung der Cellulosemoleküle mit basischen Verbindungen, die durch Salzbildung die Aufnahme von sauren Wollfarbstoffen bewirken und dadurch die Färbung von Mischgeweben mit diesen Farbstoffen ermöglichen. [Wegen weiterer Animalisierungsverfahren s. bei RUGGLI 2, ferner bei FAUST (Celluloseverbindungen. Berlin 1935)].

Die Entwicklungsfarbstoffe. Als Entwicklungsfarbstoffe bezeichnet man diejenigen Farbstoffe, die aus mehreren, löslichen Bestandteilen durch chemische Reaktion auf der Faser in unlöslicher Form entstehen. Sieht man von den Küpenfarbstoffen ab, die eigentlich hierher gehören, jedoch wie üblich besonders behandelt wurden, so ist als die wichtigste Gruppe zunächst die der „Eisfarben" zu besprechen. Der Färbevorgang besteht bei diesen aus den folgenden Teilvorgängen: 1. Aufnahme eines Naphtholats aus der Lösung durch die Faser; 2. Kupplung des Naphthols auf der Faser mit einem Diazosalz in wässeriger Lösung (z. B. Kupplung des auf der Faser befindlichen β-Naphthols mit diazotiertem p-Nitranilin: „Pararot"); 3. Entfernung des überschüssigen Farbstoffes durch Behandlung mit heißer Seifenlösung.

Der erste Teilvorgang, die Grundierung, steht dem Wesen nach der Aufnahme eines Farbanions aus wässeriger Lösung nahe. Wenn man β-Naphthol als Grundierungskomponente benützt, dann hat man es dabei mit einem auf Baumwolle nicht substantiven Körper zu tun. Die Grundierung erfolgt in diesem Falle durch Tränken (Klotzen, Imprägnieren) der Ware mit einer verhältnismäßig konzentrierten (2 bis

3%igen) Lösung des Natriumsalzes des Naphthols. Nach Abpressen der überschüssigen Flüssigkeit beträgt das Gewicht der zum Teil als Quellungswasser, zum Teil mechanisch festgehaltenen Flüssigkeit etwa soviel wie das Eigengewicht der Wolle. Nach dem Tränken muß eine Trocknung erfolgen, um eine bessere (mechanische) Befestigung des Naphthols an der Faser zu bewirken und dadurch das übermäßige Abbluten im Entwicklungsbad zu verhindern.

Der Fortschritt, der durch Anwendung von Naphthol AS, dem Anilid der β-Oxynaphthoesäure

$$\underset{\substack{\|\\O}}{\text{[Naphthyl]}-\text{C}-\text{NH}-\text{[Phenyl]}}\quad\text{OH}$$

und dessen Abkömmlingen erzielt wurde, besteht darin, daß man es bei diesen mit *substantiven* Grundierungskomponenten zu tun hat. Die Grundierung erfolgt hier nicht durch bloß mechanisches Tränken, sondern durch das Aufziehen der Grundierungskomponenten aus verhältnismäßig verdünnten Lösungen. Während bei der Grundierung mit β-Naphthol die Konzentration des übrigbleibenden Bades nicht wesentlich geringer ist als die Ausgangskonzentration, findet bei der Grundierung mit Naphthol AS eine mehr oder minder weitgehende Verarmung des Bades statt. Auf diesen Vorgang läßt sich daher die Theorie des substantiven Färbens anwenden, und zwar ebenso im Hinblick auf die konstitutiven Voraussetzungen der Substantivität (K. H. MEYER 1, SCHEEL, KRZIKALLA und EISTERT, SCHIRM) wie im Hinblick auf die Salzwirkung. Der Vorteil der Anwendung von Naphthol AS besteht darin, daß nach dem Grundieren im allgemeinen die Trocknung nicht erforderlich ist, sondern daß Abquetschen genügt, ferner, daß die erzielten Färbungen höhere Echtheiten, insbesondere höhere Reibechtheit besitzen.

Die Aufnahme von verschiedenen Abkömmlingen der 2.3-Oxynaphthoesäure in Abhängigkeit von der Konzentration wurde von SCHEEL untersucht. In den meisten Fällen war in dem untersuchten Konzentrationsbereich (0,05—0,3%) ein linearer Verlauf, d. h. ein konstantes Teilungsverhältnis der Naphtholate zwischen der Faser und der Flotte beobachtet worden (Dauer der Grundierung: $^1/_2$ Stunde, bei 30° C). Bei einigen Naphtholen, die auch in höheren Konzentrationen geprüft wurden, konnte jedoch die Annäherung an einen Sättigungszustand der Faser oder sogar die Erreichung des Sättigungszustandes beobachtet werden. So zeigte Naphthol AS in einem Bereich der Flottenkonzentration zwischen 1,2 und 2% die konstante Aufnahme von etwa 1,5 g Naphthol je 100 g Baumwolle (Abb. 239).

Der ebenfalls stark substantive 2.3-Oxynaphthoyl-aminohydrochinon-dimethyläther erreicht erst in 4%iger Lösung den Sättigungswert, der hier der Aufnahme von 4,9% Naphthol entspricht.

Wie SCHEEL festgestellt hat, nimmt die in $^1/_2$ Stunde aufgenommene Naphtholatmenge bei Erhöhung der Temperatur ab.

Nach qualitativen Beobachtungen geht die Teilchengröße der Naphthole (die z. B. auf Grund der Dialysierbarkeit beurteilt wird) mit ihrer Substantivität parallel (CHRIST, RATH).

Das Kuppeln mit den Diazoverbindungen erfolgt im schwach sauren Bade. Die Diazosalze werden entweder vom Färber aus den Basen hergestellt oder sie kommen als haltbare Verbindungen, sog. Färbesalze, in den Handel.

Zur Stabilisierung der alkalischen Lösungen von Naphthol AS wird ein Zusatz von Formaldehyd empfohlen. BRASS und SOMMER haben nachgewiesen, daß das Formaldehyd sich mit 2 Molekülen des Naphthols unter Bildung einer Methylenbrücke kondensiert. Es bildet sich auf diese Weise das Methylendi-β-oxynaphthoesäureanilid:

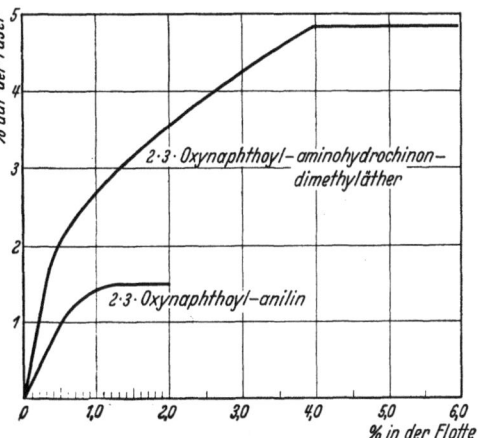

Abb. 239. Aufnahme von Natriumnaphtholaten durch Baumwolle. Flottenverhältnis 20:1; Färbedauer 30 Minuten bei 30°. Nach SCHEEL.

Durch die Einführung der Methylengruppe wird die Dissoziation der Oxygruppen gesteigert und dadurch die hydrolytische Zersetzung des Natriumsalzes des Naphthols durch die Luftkohlensäure, die zur Abscheidung des unlöslichen Naphthols führen würde, gehemmt[1].

Der Formaldehydzusatz erhöht auch die Substantivität der Naphthole (RATH), vermutlich gleichfalls eine Folge der durch die Kondensation erfolgten Konstitutionsänderung.

Für die Klarheit und Reibechtheit der Färbungen spielt ihre Nachbehandlung mit kochender oder warmer Seifenlösung eine wesentliche Rolle. Hierbei wird derjenige Anteil des Farbstoffes, der an der Faser nicht fest haftet, entfernt. Wie bei den Küpenfarbstoffen ist auch hier die Beweglichkeit der auf der Faser, d. h. an den Grenzflächen der submikroskopischen Kanäle gebildeten Farbstoffe von Fall zu Fall verschieden. Es kann daher eine Kondensation der Farbstoffmoleküle zu größeren Teilchen eintreten, und zwar nicht nur bei dem Entwickeln,

---

[1] Nach neuen Ergebnissen von NEBER handelt es sich bei der Reaktion um die Bildung der Methylolverbindung (1 Naphthol : 1 Formaldehyd). (Vortrag auf der Süd- und Nordwestdeutschen Chemiedozententagung in Bonn am 24. April 1937.)

sondern auch beim Seifen und insbesondere beim Dämpfen (HALLER und RUPERTI). Vgl. hierüber S. 509 ff.

Eine weitere Gruppe der Entwicklungsfarbstoffe bildet die der sog. Oxydationsfarben. Im Gegensatz zu den Küpenfarbstoffen handelt es sich hier nicht um den Übergang in den unlöslichen Zustand durch bloße Aufnahme von Sauerstoff, sondern durch die gleichzeitige Verknüpfung mehrerer Moleküle. Der wichtigste Fall ist die Herstellung von Anilinschwarz. Sie besteht in der oxydativen Kondensation von Anilin. Die Faser wird mit der Lösung eines Anilinsalzes, z. B. des Chlorhydrates und gegebenenfalls eines Sauerstoffüberträgers oder eines Oxydationsmittels getränkt. Nach dem Trocknen bei höherer Temperatur erfolgt die Oxydation, wodurch der Farbstoff in unlöslicher Form entsteht.

Die Chemie des Anilinschwarzes wurde von WILLSTÄTTER, ferner von GREEN bearbeitet. Bei den Oxydationsprodukten muß man unterscheiden zwischen dem vergrünlichen und unvergrünlichen Schwarz. Ersteres entspricht einer niedrigeren Oxydationsstufe und dürfte etwa die folgende Formel haben:

Aus diesem achtkernigen Polyindamin entsteht durch Aufnahme weiterer drei Anilinmoleküle mittels oxydativer Kondensation ein Polyazin, das nach GREEN mit dem Hauptbestandteil des technischen Anilinschwarz identisch ist:

Die ringförmige Verknüpfung der oberen Stickstoffatome der Formel ist im Sinne der heutigen Auffassungen richtiger als Zwitterionenbildung, also mit abwechselnder positiver und negativer Aufladung zu schreiben.

Die Färbung auf Metallbeizen. Die Färbung auf Metallbeizen erfolgt dadurch, daß man an die Faser durch Behandlung mit einer Metallsalzlösung eine Metallverbindung (Salz oder Hydroxyd) anlagert und danach die Faser mit der Farbstofflösung in Berührung bringt. Auf diese Weise wird der Farbstoff auf der Faser nach Umsetzung mit der Metallverbindung in unlöslicher Form als Lack befestigt. Die Verwendung der Metallbeize kann zu verschiedenen Zwecken erfolgen. Entweder handelt es sich um einen Farbstoff, der zu der unbehandelten Faser keine Affinität hat, in diesem Fall ermöglicht die Verwendung der Beize erst die Färbung. In anderen Fällen wird durch die Verwendung der Beize die Echtheit der Färbung gegen Licht oder gegenüber dem Waschen erhöht. Die größte Bedeutung hat die Beizenfärbung in den Fällen, in denen die Farbe erst durch die Wechselwirkung zwischen Farbstoff und Beize entwickelt wird.

Die Färbung auf Metallbeizen.

Analoge Vorgänge wie bei der Färbung auf vorgebeizten Fasern spielen sich bei der Nachbehandlung der Färbungen mit lackbildenden Metallen, also z. B. bei dem Nachchromieren, bei der Behandlung mit Kupfersalzen usw. ab. Soweit sich die folgenden Ausführungen auf die Wechselwirkung der Metallsalze mit den Farbstoffen beziehen, betreffen sie nicht nur die Verhältnisse bei der Färbung auf Beize, sondern auch die bei diesen Nachbehandlungsverfahren und schließlich auch bei den Färbemethoden, bei denen Metallsalz und Farbstoff gleichzeitig auf die Faser gebracht werden, z. B. bei dem sog. Metachromverfahren oder bei dem Bedrucken der Textilien mit den Beizenfarbstoffen.

Um die Vorgänge bei der Wechselwirkung der Fasern und der Farbstoffe mit den Salzen und Hydroxyden der lackbildenden Metalle, d. h. des Aluminiums, des Chroms, des Zinns, des Eisens usw. zu verstehen, muß man zunächst die Konstitution und Eigenschaften dieser Verbindungen näher betrachten. Die Hydroxyde dieser Metalle können als *amphotere* Verbindungen bezeichnet werden: sie vermögen sowohl mit Säuren als auch mit Basen Salze zu bilden. Als Kationen funktionieren die Metalle z. B. in den Chloriden und Sulfaten ($CrCl_3$, $Al_2(SO_4)_3$), als Anionen funktionieren ihre Sauerstoffverbindungen in den Aluminaten, Stannaten, Chromiten, Ferriten usw. (AlO_2Na). Bei allen diesen Metallen haben wir es mit Atomen zu tun, die infolge ihrer hohen Kernladung starke Neigung zur Bildung von *Komplexsalzen* zeigen. In den wässerigen Lösungen sind diese Metallionen durchweg als Komplexionen vorhanden. Die einfachsten Komplexverbindungen der Metallsalze sind ihre Molekülverbindungen mit Wasser. Die Chloride des Aluminiums, des Eisens und des Chroms bilden z. B. mit 6 Molekülen Wasser Hydrate. Ihre Konstitution zeigt beispielsweise die folgende Formel:

$$\begin{bmatrix} H_2O & & H_2O \\ H_2O & Cr & H_2O \\ H_2O & & H_2O \end{bmatrix} Cl_3 \, .$$

Das Zentralatom des Komplexes bildet das Metallatom, das infolge der Abgabe von 3 Elektronen als dreiwertiges Ion vorhanden ist. Es ist durch Nebenvalenzen verbunden mit 6 Wassermolekülen, die alle zur ersten Bindungssphäre des Metallions gehören. Die 3 Chlorionen in der zweiten Sphäre sind infolge Elektronenaustausches durch elektrische Hauptvalenzkräfte an das Metallion gebunden. In wässeriger Lösung werden die Chlorionen abdissoziiert, während das Metallion als Hexaquoion ein dreiwertiges Kation bildet.

Da die Metallhydroxyde schwache Basen sind, erleiden ihre Salze in wässeriger Lösung eine Hydrolyse. Im Sinne der komplexchemischen Auffassung besteht die Hydrolyse darin, daß die Wassermoleküle der ersten Sphäre durch Hydroxylionen verdrängt werden oder anders ausgedrückt, daß das Komplexion als Säure ein Wasserstoffion (aus dem gebundenen Wassermolekül) abdissoziiert:

$$\begin{bmatrix} H_2O & & H_2O \\ H_2O & Cr & H_2O \\ H_2O & & H_2O \end{bmatrix}^{+++} + 3\,Cl^- \rightarrow \begin{bmatrix} H_2O & & OH \\ H_2O & Cr & H_2O \\ H_2O & & H_2O \end{bmatrix}^{++} + 3\,Cl^- + H^+.$$

An die Stelle des ungeladenen Wassermoleküls tritt in der ersten Sphäre ein negativ geladenes Hydroxylion, wodurch die Ladung des komplexen Kations um 1 vermindert wird. Wenn der Vorgang sich wiederholt, entsteht ein einwertiges Komplexion mit zwei Hydroxylgruppen im Kern und schließlich ein ungeladenes Komplexion mit drei Hydroxylgruppen. Wenn auch die basischen Salze nicht in jedem Fall in krystallisierter Form isoliert werden konnten, so ist doch ihr Vorhandensein in den wässerigen Lösungen als Zwischenstufe zwischen den Neutralsalzen und den Hydroxyden kaum anzuzweifeln.

Die Hydroxyde der beizenbildenden Metalle sind bekanntlich in Wasser praktisch unlöslich. Sie sind jedoch verhältnismäßig leicht zu Kolloidteilchen zerteilbar. Die molekulare Konstitution der Hydroxyde, sei es in Form eines Niederschlages, sei es in Form von Kolloidteilchen, ist im allgemeinen nicht genau bekannt [1]. Die Untersuchung des Wassergehaltes in Abhängigkeit von dem Dampfdruck und die röntgenographischen Beobachtungen konnten nur in wenigen Fällen eine Entscheidung bringen. Die Entwässerungskurven zeigen an Stelle der von der Phasentheorie geforderten Treppenform einen mehr oder minder stetigen Verlauf ohne scharf ausgeprägte Haltepunkte. Die röntgenographischen Untersuchungen ergaben zwar häufig das Auftreten von Krystallinterferenzen (z. B. von Al_2O_3, H_2O), es bleibt jedoch im allgemeinen ungewiß, wie groß der Anteil des Niederschlages ist, der die Interferenzen liefert. Neben dem Krystallwasser ist durchweg sog. capillargebundenes, d. h. in den Hohlräumen sorbiertes Wasser vorhanden. In anderen Fällen ist der Niederschlag röntgenographisch vollständig amorph. Gewöhnlich stellen die Hydroxydniederschläge keinen Gleichgewichtszustand dar, sondern sie unterliegen ständigen Änderungen, die als Alterungserscheinungen bezeichnet werden. Häufig sind diese Änderungen durch das Bestreben, in eine stabilere krystallinische Modifikation überzugehen, gekennzeichnet. Gleichzeitig nimmt hierbei meistens die Teilchengröße der submikroskopischen Krystallite bzw. der Teilchen zu, d. h. die innere Oberfläche des Gels nimmt ab. Diese Veränderungen können durch Erhöhung der Temperatur beschleunigt werden. Die bisherigen Beobachtungen sprechen dagegen, daß die Niederschläge Hydrate der Oxyde enthalten. Es ist vielmehr in gewissen Fällen wahrscheinlich gemacht worden, daß es sich um echte Hydroxyde handelt. An Stelle von Al_2O_3, H_2O ist daher richtiger zu schreiben AlOOH, an Stelle von Al_2O_3, $3 H_2O$ ist richtiger zu schreiben $Al(OH)_3$ (FRICKE).

In wässeriger Lösung unterliegen die durch die Hydrolyse gebildeten basischen Salze, d. h. die im Kern Hydroxylion enthaltenden Komplexionen einer weiteren Veränderung, nämlich der sog. Verolung (STIASNY). Die Olverbindungen enthalten solche Hydroxylgruppen, die einerseits mit Hauptvalenz an ein Metallatom, andererseits mit Nebenvalenz an ein zweites Metallatom gebunden sind. Ihre Entstehung zeigt die folgende Gleichung: (——— Hauptvalenzbindung, - - - - Nebenvalenzbindung):

$$2\left[Cr\begin{matrix}OH\\(H_2O)_5\end{matrix}\right]^{++} \rightarrow \left[(H_2O)_4 \text{---} Cr\begin{matrix}OH\\OH\end{matrix}Cr \text{---} (H_2O)_4\right]^{++++} + 2 H_2O.$$

Es handelt sich hier also um einen Kondensationsvorgang. Zwei Ionen haben sich unter Wasseraustritt vereinigt. Die Verolung der basischen Chromverbindung wurde von BJERRUM und STIASNY untersucht. Mit zunehmender Basizität steigt der Grad der Verolung. Es entstehen Polyolverbindungen mit hohem Molekulargewicht. Da durch die Verolung das eine der ursprünglichen Hydrolyseprodukte aus der Lösung ausscheidet, bedeutet sie eine Verschiebung des Hydrolysegleichgewichtes, die zu zunehmender Säurung der Lösung führt. Die unverolten basischen Salze können durch Erhöhung der Säurekonzentration augenblicklich ihre Hydroxylgruppen gegen Wasser austauschen. Die Olverbindungen sind dagegen

---

[1] Vgl. die ausführliche, zusammenfassende Darstellung von FRICKE und HÜTTIG.

gegenüber Wasserstoffionen beständiger. BJERRUM spricht daher von offenbar basischen und latent basischen Verbindungen. Denkt man sich beide Hydroxylgruppen der Olverbindung durch Sauerstoffatome ersetzt, so erhält man Komplexionen, in denen zwei Metallatome durch Sauerstoffbrücken miteinander verbunden sind.

$$\left[(H_2O)_4 \cdots Cr \begin{matrix} OH \\ OH \end{matrix} Cr \cdots (H_2O)_4\right]^{++++} + 4Cl^- \rightarrow$$

$$\left[(H_2O)_4 \cdots Cr \begin{matrix} O \\ O \end{matrix} Cr \cdots (H_2O)_4\right]^{++} + 4Cl^- + 2H+.$$

Die Oxoverbindungen sind gegenüber Wasserstoffionen noch beständiger als die Olverbindungen, aus denen sie freiwillig entstehen.

Auch den Salzen, in denen das Metallatom in einem Anion gebunden ist, kommt vermutlich eines Komplexkonstitution zu. Z. B. kann man sich die Entstehung des Aluminates aus dem Hydroxyd so denken, daß ein Wassermolekül aus der ersten Sphäre durch ein Hydroxylion verdrängt wird:

$$\begin{bmatrix} H_2O & & OH \\ H_2O & Al & OH \\ H_2O & & OH \end{bmatrix} + OH^- + Na^+ \rightarrow \begin{bmatrix} OH & & OH \\ H_2O & Al & OH \\ H_2O & & OH \end{bmatrix}^- + Na^+ + H_2O.$$

Das Aluminatmolekül würde danach die Bruttoformel AlO_2Na, $4\,H_2O$ besitzen.

Die Bildung positiver Komplexionen mit dem Metall als Zentralatom kann auch durch die Einlagerung von anderen Ionen als OH, z. B. durch Sulfationen in die erste Sphäre erfolgen. Auf diese Weise entsteht z. B. das negative Disulfatoion:

$$\begin{bmatrix} H_2O & & SO_4 \\ H_2O & Cr & SO_4 \end{bmatrix}^- + H^+.$$

Die aus wässeriger Lösung gefällten Hydroxyde sind nur durch besondere Reinigungsverfahren in solchem Reinheitszustand zu erhalten, daß sie neben dem Metallatom nur Wasserstoff und Sauerstoff enthalten. Die Natur der Verunreinigungen hängt von der Darstellungsart ab. Ist z. B. ein Eisenhydroxydgel durch Neutralisation von Ferrichlorid mit einer Lauge entstanden, so wird es als Verunreinigung in der Hauptsache Chloratome enthalten. Die Menge der Verunreinigungen hängt nun von der Darstellungsmethode und dem Reinigungsverfahren ab. Es gibt allerdings auch Methoden, die sogleich zu praktisch elektrolytfreien Gelen führen, z. B. die Verseifung der Äthylester der Hydroxyde (z. B. von Ferriäthylat).

Die Bedeutung der „Fremdsubstanzen" für die Stabilität der Hydrosole wurde von MALFITANO, PICTON und LINDER, JORDIS, DUCLAUX, LOTTERMOSER, ZSIGMONDY u. a. erkannt. Die eingehendsten systematischen Untersuchungen über den Aufbau der Hydroxydsole hat PAULI in einer Reihe von Arbeiten seit 1917 ausgeführt. Er bediente sich bei diesen Untersuchungen neben den analytischen insbesondere auch elektrochemischer Methoden. Nach seinen Ergebnissen muß man bei dem Aufbau der Kolloidteilchen unterscheiden zwischen dem *Neutralteil und dem ionogenen Teil.* Der Neutralteil besteht aus dem Hydroxyd (genauer Oxyd bzw. Hydroxyd in unbekannter Hydratstufe, z. B. $Fe(OH)_3$–n H_2O), der ionogene Anteil aus einem basischen oder neutralen Salz, dessen Zentralatom mit demjenigen des Hydroxydes gleich ist (z. B. $FeOCl$ oder $FeCl_3$). Dieses Salz dissoziiert Anionen ab und das Kolloidteilchen erhält auf diese Weise eine positive Ladung. Der Neutralteil bildet den Kern der Kolloidteilchen, der ionogene Teil ihre oberflächliche Bedeckung. Die abdissoziierten Gegenionen sind in der Lösung verteilt, jedoch befinden sie sich infolge der zwischenionischen Anziehungskräfte vorzugsweise angehäuft in der Nähe der Kolloidionen in Form einer diffusen Ionenatmosphäre. Unter der Wirkung der elektrostatischen Kräfte wird sogar ein Teil der Gegenionen an dem Kolloidion festgehalten, der andere Teil ist jedoch osmotisch und elektrometrisch wirksam und trägt, genau so wie das geladene Kolloidteilchen selbst, zur Leitfähigkeit der Lösung bei. Neben dem Kolloidion und den Gegenionen können sich in der Lösung noch andere gelöste Substanzen befinden, darunter insbesondere die Hydrolyseprodukte der ionogenen Moleküle, ferner auch freie ionogene Moleküle, die mit dem Kolloidteilchen in einem Anlagerungsgleichgewicht stehen. Die Menge dieser Lösungsgenossen kann durch bestimmte Reinigungsmethoden (Dialyse, Elektrodialyse) weitgehend eingeschränkt werden. Dies ist für die Durchführung der Untersuchungen über den Aufbau der Kolloidteilchen häufig erforderlich. Schematisch läßt sich der Aufbau der Kolloidteilchen etwa durch die folgende Formel zum Ausdruck bringen:

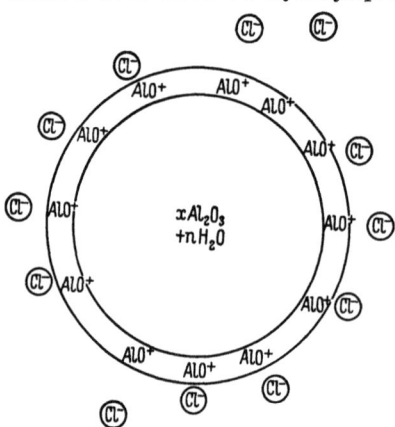

Abb. 240. Schematische Darstellung eines kolloiden Aluminiumoxydhydratteilchens mit Cl als Gegenion. Nach PAULI.

$x\,\text{Fe(OH)}_3 \cdot y\,\text{FeOCl} \cdot z\,\text{FeO}^- + z\,\text{Cl}^-$.

Die analytische und elektrochemische Messung ergibt den Wert des Verhältnisses $x : y : z$. Die absoluten Werte dieser Größe, d. h. die Anzahl der Moleküle, die ein Kolloidteilchen aufbauen, bleibt im allgemeinen unbekannt. Auch bei den Verhältniszahlen handelt es sich nur um Mittelwerte, da die Zusammensetzung wahrscheinlich von Teilchen zu Teilchen schwankt. Es sei noch einmal betont, daß die genaue Konstitution der an der Oberfläche der Teilchen angelagerten, vermutlich basischen Salze ebenso unbekannt ist wie die Hydratstufe der Moleküle des Neutralteiles.

Das Verhalten der kolloiden Metallhydroxydlösungen gegen Säuren und Basen wurde von BJERRUM, PAULI, FREUNDLICH, WINTGEN u. a. untersucht. Im Sinne der Auffassung von PAULI handelt es sich hierbei im wesentlichen um die Reaktionen der ionogenen Moleküle mit den Wasserstoff- und Hydroxylionen, unter Umständen auch um die Umwandlung des Neutralteiles in ionogene Moleküle und umgekehrt. Wird z. B. in einem Aluminiumhydroxydsol die Wasserstoffionenkonzentration etwa durch Zusatz von Salzsäure erhöht, dann findet in zunehmendem Maße ein Ersatz der Hydroxogruppen in der ersten Sphäre der ionogenen Moleküle durch Aquogruppen statt. Die Folge ist, daß die positive Ladung der ionogenen Moleküle und dadurch des Kolloidions steigt. Die Peptisation eines Hydroxydgels durch Salzsäure beruht auf der Umwandlung von ungeladenen Hydroxydmolekülen in basische Salze. Ihre Voraussetzung ist, daß genügend reaktionsfähige Hydroxydmoleküle (also in unveroltem und nicht anhydrischem Zustande) zur Verfügung stehen. Umgekehrt bewirkt die Verminderung der Wasserstoffionenkonzentration, etwa durch Zusatz von Lauge, eine Umwandlung der oberflächlichen ionogenen Moleküle in undissoziierte Neutralmoleküle. Dadurch nimmt die Ladung der Kolloidionen ab. Unter Umständen kann auch in alkalischer Lösung eine Peptisation erfolgen; in diesem Fall sind die Neutralmoleküle durch Einlagerung überschüssiger Hydroxylgruppen in komplexe Anionen umgewandelt worden. Das aufladende Molekül eines Zinnsäuresols in alkalischer Lösung ist etwa

$$\begin{bmatrix} OH & & OH \\ OH & Sn & OH \\ H_2O & & OH \end{bmatrix}^- + Na^+,$$

d. h. saures Natriumstannat.

Rein phänomenologisch handelt es sich bei der Reaktion der Hydroxydsole mit Säuren und Basen um die Aufnahme bzw. Abgabe von Wasserstoffionen durch die Kolloidteilchen, man spricht also häufig von einem Adsorptionsvorgang. Die oben erwähnten komplex-chemischen Einlagerungsvorgänge bilden die chemische Grundlage der Erscheinung, die ihre Ursache somit in der amphoteren Natur der Metallhydroxyde hat.

Wie bereits erwähnt, sind die Gegenionen zum Teil von dem Kolloidion festgehalten. Wieweit die Gegenionen frei und wie weit sie gebunden sind, hängt auch von ihrer chemischen Natur ab. Je höherwertig die Gegenionen sind, um so stärker sind die elektrostatischen Anziehungskräfte, die sie an die Kolloidionen fesseln. Die zunehmende Bindung der Gegenionen macht sich in der Abnahme der Leitfähigkeit der Kolloidlösung bemerkbar. Man kann z. B. die Chlorgegenionen eines Aluminiumhydroxydsols durch fortgesetzten Zusatz von Silbernitrat gegen Nitrationen umtauschen und den Vorgang durch Messung der elektrischen Leitfähigkeit des Sols verfolgen. Abb. 241 zeigt die Ergebnisse bei derartigen konduktometrischen Titrationen mit verschiedenen Silbersalzen nach PAULI und SCHMIDT.

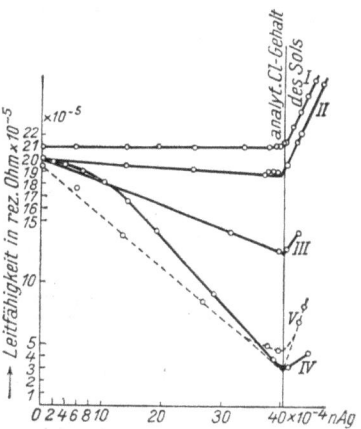

Abb. 241. Konduktometrische Fällungstitration eines Aluminiumoxydsols. *I* mit $AgNO_3$; *II* mit $AgClO_3$; *III* mit $AgOOCCH_3$; *IV* mit Ag_2SO_4; *V* mit AgF. Abszisse: Konzentration der zugesetzten Sole. Nach PAULI und SCHMIDT.

Die Gegenionen werden in diesem Fall entsprechend der folgenden Reihe in zunehmendem Maße festgehalten: NO_3, Cl, ClO_3, CH_3COO, SO_4, F.

Tabelle 140. **Aufnahme von Sulfationen durch Chromhydroxyd in Abhängigkeit von der Wasserstoffionenkonzentration.** Nach H. B. WEISER.

ccm Lösung gemischt mit 50 ccm Sol. Endkonzentration 0,125 g Cr_2O_3 in 200 ccm Lösung			Aufgenommene Sulfatmenge in 10^{-3} n je g Cr_2O_3	pH	
0,02 n H_2SO_4	0,02 n K_2SO_4	0,02 n KOH		ohne Cr_2O_3	im Gleichgewicht mit Cr_2O_3
50	0	0	4,66	2,42	2,87
40	10	0	4,60	2,49	2,97
30	20	0	4,52	2,59	3,15
20	30	0	4,28	2,73	3,64
10	40	0	3,48	3,09	5,15
0	50	0	1,90	8,68	8,29
0	50	5	1,28	10,61	8,73
0	50	10	0,48	10,95	8,96
0	50	20	0,08	11,28	9,39
0	50	30	0,10	11,41	9,87

WEISER hat Chromhydroxydzerteilungen mit Elektrolytlösungen wechselnd Zusammensetzung behandelt und die Aufnahme der Ionen durch das Gel gemesse Die Tabelle 140 und die Abb. 242 bringen die Ergebnisse einer Versuchsreihe, : der das Chromhydroxyd mit Lösungen von abnehmender Wasserstoffionenkor zentration und gleichbleibender Sulfatkonzentration (0,005 n) behandelt wurd

Die p_H-Werte ohne Cr_2O_3 wurden gemessen, indem die Elektrolytlösunge an Stelle des Sols mit 50 ccm Wasser vermischt wurden. Wie auch die Abb. 24 zeigt, nimmt die Wasserstoffionenkonzentration im sauren Gebiet infolge Ar wesenheit des Hydroxydes ab. Im alkalischen Gebiet findet hingegen durch d Wechselwirkung mit dem Hydroxyd eine Abnahme des p_H, d. h. eine Abnahme de

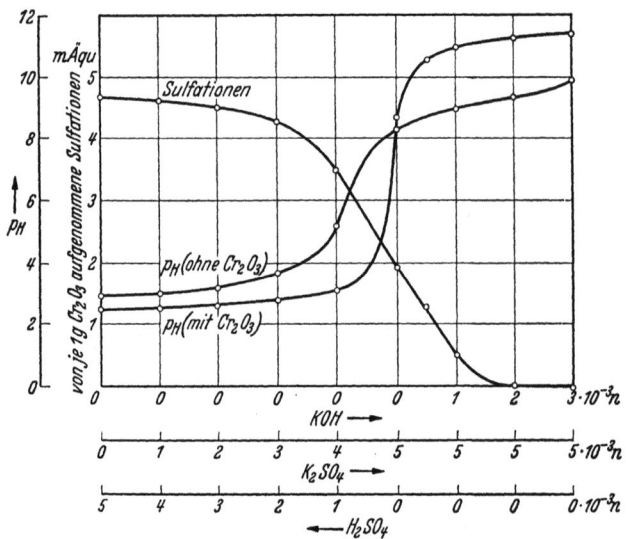

Abb. 242. Aufnahme von Sulfationen durch Chromhydroxyd in Abhängigkeit von der Wasserstoffionenkonzentration. Nach WEISER. Vgl. Tabelle 140.

Hydroxylionenkonzentration statt. Es ist dies das kennzeichnende Verhalten amphoterer Substanzen. Die isoelektrische Reaktion, bei der das Chromhydroxyd H^+-Ionen weder aufnimmt, noch abgibt, dürfte danach beim p_H 8 liegen (nach einer Untersuchung von WINTGEN und WEISBECKER liegt der isoelektrische Punkt des Chromoxydsols dagegen bei p_H 5). Die Aufnahme der Sulfationen nimmt bei zunehmender Wasserstoffionenkonzentration der Lösung zu. Es handelt sich hier um die zunehmende elektrostatische Bindung der Gegenionen beim Anstieg der Zahl der positiv geladenen Komplexionen in dem Gel. Anscheinend strebt die Menge des aufgenommenen Sulfats einem Sättigungswert zu. Die höchste beobachtete Bindung entspricht ungefähr dem Verhältnis 24 Cr : 1 SO_4, ist also noch sehr weit entfernt von der Bildung eines neutralen oder auch mäßig basischen Salzes. Bemerkenswerterweise findet nicht nur bei neutraler Reaktion, sondern sogar auch noch im alkalischen Gebiet eine merkliche Aufnahme von Sulfationen statt. Es kann sich in diesem Fall nicht mehr darum handeln, daß die Anionen durch die vom Gel ausgehenden elektrostatischen Anziehungskräfte festgehalten werden, da hier die Ladung des Gels negativ ist. Man hat es aber möglicherweise mit der Bildung von Einlagerungsverbindungen zu tun, in denen die Sulfationen in der ersten Sphäre koordinativ gebunden sind. Die Abhängigkeit der Aufnahme der Sulfationen von der Wasserstoffionenkonzentration kann auch als Ergebnis les Wettbewerbes zwischen den Hydroxylionen und Sulfationen um die verfügbaren Plätze aufgefaßt werden. Offenbar ist die Affinität der Hydroxylionen zum Gel (oder wenn man den molekularen Mechanismus betrachtet zu den Aluminiumionen) größer als die der Sulfationen. In Anwesenheit weiterer Anionen findet ein Wettbewerb auch zwischen diesen statt. So können die Sulfationen in saurer Lösung durch Oxalationen aus dem Gel verdrängt werden. Bei all diesen Vorgängen sind die Gele als Haufwerke von Kolloidteilchen aufzufassen. Die Oberfläche der Kolloidteilchen bildet — als Wand der submikroskopischen Wasserkanäle — den jeweiligen Reaktionsort.

Die Betrachtung der elektrochemischen bzw. der elektrostatischen Beziehungen zwischen Beize und Farbstoff reicht zur Erklärung der Vorgänge bei der Färbung nicht aus. Für die Befestigung des Farbstoffes bzw. für die Entwicklung der Farbe sind nämlich die *rein chemischen Beziehungen zwischen den Beizen bildenden Metallen und den Farbstoffen* von größter Bedeutung. Daß dem so ist, geht aus der Tatsache hervor, daß die Fähigkeit, mit den metallischen Beizen auf der Faser Lacke zu bilden, an bestimmte Bedingungen hinsichtlich der *chemischen Konstitution* der Farbstoffe geknüpft ist.

Die erste diesbezügliche Regel ist von LIEBERMANN und v. KOSTANECKI aufgestellt worden. Sie besagt, daß nur diejenigen Anthrachinonderivate Beizenfarbstoffe bilden, die zwei Hydroxylgruppen in Orthostellung zueinander enthalten. Es zeigte sich bald, daß die eine Oxygruppe auch durch die Nitrosogruppe ersetzt werden kann. Im Laufe der Zeit wurden noch die folgenden Gruppen als beizenziehend bzw. chromierbar erkannt: Oxy- und Carboxylgruppen in Orthostellung zueinander (Salicylsäurederivate), Oxygruppe in Orthostellung zur Azogruppe, Oxygruppen in Peristellung in Naphthalinderivaten u. dgl. (vgl. die Zusammenstellung von MORGAN und von COURTOT und HARTMAN).

Bereits LIEBERMANN hat darauf hingewiesen, daß die konstitutiven Bedingungen für die Eignung als Beizenfarbstoff am besten durch die Annahme erklärt werden können, daß das Metall z. B. im Falle des Alizarins mit den beiden phenolischen Oxygruppen unter Salzbildung reagiert, und zwar ein Metallatom mit beiden. Auf diese Weise findet eine Ringbildung statt, z. B. die Bildung eines fünfgliedrigen Ringes. Dadurch wird die besondere Stabilität der entstehenden Verbindungen verständlich. Ein weiterer Fortschritt wurde erzielt durch die Theorie von TSCHUGAEFF und von WERNER. Nach dieser soll das Metallatom mit dem Farbstoff unter Bildung eines *„inneren Komplexsalzes"* reagieren. Als inneres Komplexsalz bezeichnet man eine Verbindung, in der ein Atom an ein Molekül *zugleich durch eine Hauptvalenz und eine Nebenvalenz* gebunden ist. Ein Beispiel dafür ist die Kupferkomplexverbindung von Aminosäuren, in der das Kupferatom an die Carboxylgruppe salzartig und zugleich an die Aminogruppe nebenvalenzartig geknüpft ist.

$$CH_2 \begin{matrix} COO \\ NH_2 \end{matrix} Cu \begin{matrix} NH_2 \\ OOC \end{matrix} CH_2 \quad \text{Glykokollkupfer (HEINRICH LEY)}$$

Ähnlich soll etwa ein Aluminiumion an das Alizarinmolekül mit einer Hauptvalenzbindung (nämlich durch Ersatz des Wasserstoffatoms der in der 1-Stellung befindlichen Oxygruppe) und zugleich an den Carbonylsauerstoff in der 9-Stellung mit koordinativer Bindung gebunden sein:

$$\text{Al 1/3}$$

WERNER faßt seine Theorie in den folgenden Sätzen zusammen: „Beizenziehende Farbstoffe sind hiernach konstitutionell dadurch charakterisiert, daß sich eine salzbildende und eine zur Erzeugung einer koordinativen Bindung mit dem Metallatom befähigte Gruppe in solcher Stellung befinden, daß ein inneres Metallkomplexsalz entstehen kann. Da hierbei ein Ringschluß stattfindet und zahlreiche Untersuchungen gezeigt haben, daß für den Ringschluß bei Koordinationsverbindungen dieselben Gesetzmäßigkeiten gelten wie für den Ringschluß bei reiner Valenzbindung, so werden sich hauptsächlich diejenigen Stoffe als beizenziehend erweisen, bei denen die Bildung innerer Komplexsalze zu 5- oder 6-gliedrigen Ringen führt."

Als Beleg für seine Theorie verweist WERNER auf das gesamte Erfahrungsmaterial über die Beizenfarbstoffe. Tatsächlich lassen sich die oben erwähnten Regeln mit Hilfe dieser Auffassung deuten. So dürfte in den Salicylsäurefarbstoffen das Metallatom mit der Carboxylgruppe salzartig und mit der Phenolgruppe koordinativ verknüpft sein. In den o-Oxyazofarbstoffen ist vermutlich das Wasserstoffatom der Oxygruppe durch das Metall ersetzt und das eine Stickstoffatom der Azogruppe mit Nebenvalenz an das Metallatom gebunden. In den Abkömmlingen der Chromotropsäure können die beiden Bindungsarten zwischen den beiden in Peri-Stellung befindlichen Hydroxylgruppen oszillieren (Mesomerie).

PFEIFFER 1 hat in nichtwässerigem Lösungsmittel ein inneres Salz des Alizarins mit Stannichlorid hergestellt, das durch Hydrolyse in die entsprechende Verbindung des Zinnhydroxydes übergeführt werden konnte:

Die Konstitution steht in diesem Fall einwandfrei fest, so daß hier eine weitere experimentelle Stütze für die WERNERsche Auffassung erbracht ist.

MORGAN und SMITH haben mit Hilfe komplexer Kobaltiamminsalze eine Anzahl Komplexverbindungen von beizenziehenden Farbstoffen hergestellt, an denen mit Hilfe der analytischen Daten, insbesondere durch Bestimmung des Verhältnisses Metall : Farbstoff : NH₃ die Richtigkeit der WERNERschen Theorie erwiesen wurde. ROSENHAUER, WIRTH und KÖNIGER haben gezeigt, daß das Reaktionsprodukt des Farbstoffes Chromotrop 2R mit Chrom folgenden Aufbau hat:

$$\begin{array}{c} H_2O \quad H_2O \\ \vdots \quad \vdots \\ Cr^{++} \\ \end{array}$$

[Strukturformel mit Cr-Komplex, zwei O-Gruppen, N—NH—Phenylring, zwei SO₃⁻-Gruppen]

Die Ladung der beiden Sulfogruppen wird innermolekular durch zwei positive Ladungen des innerkomplexgebundenen Chromatoms abgesättigt. Wir haben es also hier mit einem zweiwertigen Zwitterion zu tun[1]. Nach den Untersuchungen von BRASS und WITTENBERGER kommt dem Chromkomplex des Farbstoffes, der durch Kuppeln der Salicylsäure mit diazotiertem m-Nitranilin erhalten wird, die folgende Konstitution zu:

[Strukturformel: zwei NO₂-Phenyl-N=N-Phenyl-Gruppen, verbunden über O—Cr—O mit H₂O H₂O, CO und OC, O und OH]

Hier sind also an ein Chromatom zwei Farbstoffmoleküle, und zwar verschiedenartig gebunden.

Wie bereits WERNER betont hat, erklärt die Annahme der inneren Salzbildung viele Eigenschaften der Beizenfarbstoffe: 1. Die mangelnde Dissoziation des Metallions. Die gleichzeitige Nebenvalenzbindung des Metalls in der ersten Sphäre an das Farbstoffmolekül verhindert die Loslösung der beiden auch dann, wenn die salzartige Bindung durch Hydratation gelöst wird. 2. Die Schwerlöslichkeit. Sie ist eine häufige Eigenschaft der inneren Komplexsalze und neben dem mangelnden elektrolytischen Dissoziationsvermögen eine Folge des koordinativen Sättigungszustandes. 3. Die Farbänderung. Im Gegensatz zur Ionenbindung, die im allgemeinen die Farbe nur geringfügig beeinflußt, geht

---

[1] Das einfachste Glied dieser Klasse von Komplexverbindungen ist das Kupfersalz der Sulfanilsäure. Auf Grund der Farbe dieser Verbindung hat PFEIFFER 3 kürzlich geschlossen, daß sie als Amminkomplex vorliegt (auch in der Lösung). Aus sterischen Gründen ist eine Ringbildung hier nicht möglich, so daß die Verbindung zwitterionisch (betainartig) aufgefaßt werden muß:

[Strukturformel: NH₂·cu⁺ an Phenylring mit SO₃⁻]   (cu: Kupferäquivalent)

die koordinative Bindung, insbesondere aber die gleichzeitige Betätigung beider Bindungsarten oft mit einer tiefgehenden Farbänderung einher, die von der Natur des komplex gebundenen Metalles mitbestimmt wird.

Es ist hier nicht der Ort, ausführlich zu erörtern, daß eine Reihe wichtiger konstitutiver Fragen der Beizenfarbstoffe durch die WERNERsche Theorie noch nicht gelöst wurden. Es sei hier nur auf die Rolle der Oxygruppe in der 2-Stellung beim Alizarin hingewiesen, die im Sinne der WERNERschen Auffassung an der inneren Salzbildung unbeteiligt sein sollte, jedoch für die beizenziehende Natur des Farbstoffes von ausschlaggebender Bedeutung ist. PFEIFFER 2 ist der Ansicht, daß diese Oxygruppe mit den bei der Türkischrotfärbung erforderlicherweise anwesenden Calciumionen unter Salzbildung reagiert (Formel I). Damit wäre allerdings die Bedeutung der *Stellung* dieser zweiten Oxygruppe nicht erklärt. R. SCHOLL nimmt an, daß zwischen den Sauerstoffatomen der beiden Oxygruppen ein zweiter innerer Komplexring entsteht und eine gegenseitige Beeinflussung der benachbarten Komplexringe stattfindet (Formel II).

Formel I   Formel II

Wir möchten vermuten, daß in dem Alizarinlack höhere Nebenvalenzringsysteme vorliegen, zu deren Aufbau die Beteiligung der Oxygruppe in der 2-Stellung erforderlich ist[1].

---

[1] Herr Dr. PFITZNER (Ludwigshafen a. Rh.) schlägt dafür (auf Grund einer persönlichen Aussprache mit dem Verfasser) etwa die folgende Formel vor:

Die bei der Ringbildung nicht beanspruchten Valenzen der Aluminiumatome (je eine Haupt- und eine Nebenvalenz) wären mit Oxo- und Aquogruppen besetzt. Das Aluminium kann teilweise durch Calcium ersetzt werden.

Wir können nunmehr versuchen, uns ein Bild von den einzelnen Vorgängen bei der Beizenfärbung zu machen. Die Metallsalzlösungen, mit denen die Fasern behandelt werden, enthalten infolge der Hydrolyse hydroxydische Bestandteile. Wieweit die Hydrolyse fortgeschritten ist, hängt jeweils von der Natur der Salze, der Temperatur der Bäder und der Dauer der Behandlung ab. Dadurch, daß Salze schwacher Säuren verwendet werden, daß die Behandlung bei Siedehitze erfolgt, wobei auch Verolungsvorgänge wahrscheinlich sind, ferner durch den Umstand, daß die Lösungen mit Soda oder Kalk abgestumpft werden, dürfte eine sehr weitgehende Hydrolyse erzielt werden. Ob die Hydrolyseprodukte als niedrigmolekulare Hydroxoionen oder infolge von Kondensations- und Polymerisationsvorgängen als höhermolekulare Komplexe oder als Kolloidteilchen — mit einem hydroxydischen oder sogar zum Teil oxylischen Neutralteil —, durch oberflächliche Ionisation in Lösung gehalten, anwesend sind, ist um so schwieriger zu entscheiden, als es zwischen diesen Hydrolyseprodukten keine scharfe Trennungslinie, sondern nur einen stetigen Übergang gibt[1]. An die innere Oberfläche der Cellulosefasern werden diese Hydrolyseprodukte angelagert. Es handelt sich hierbei wahrscheinlich nicht nur um eine bloß mechanische Anheftung des Niederschlages, sondern um eine Betätigung der VAN DER WAALSschen Anziehungskräfte zwischen den Hydroxylgruppen der Cellulosemoleküle einerseits und den Metallatomen bzw. den Hydroxogruppen der Metallkomplexe andererseits. Im Falle der animalischen Faserstoffe sind die Vorgänge noch etwas verwickelter. Hier spielt die Bindung der Wasserstoffionen durch die Eiweißmoleküle und deren Abbauprodukte eine große Rolle, worauf insbesondere ELÖD hingewiesen hat. Da die Wolle und Seide sich im sauren Bade wie Basen verhalten, binden sie auch erhebliche Mengen der Anionen der verwendeten Metallsalze, die erst bei der Weiterbehandlung entfernt werden (vgl. die Bestimmung der von der Wolle aus Aluminiumsulfatlösung gebundenen Aluminium- und Sulfationen durch PADDON).

Bei dem Festhalten der Metallhydroxyde durch die Tierfaser dürften auch die koordinativen Nebenvalenzkräfte zwischen den Aminogruppen und den Metallionen eine Rolle spielen. K. H. MEYER[2] hat die Vermutung ausgesprochen, daß beim Gerben mit Chromsalzen oder bei der Herstellung der unlöslichen Chromgelatine die Eiweißketten miteinander durch Cr-Brücken verknüpft werden. Sowohl die NH_2- wie die OH- und die COOH-Gruppen des Eiweißes vermögen in den Chromkomplex einzutreten. Nach den Vorstellungen von GUSTAVSON und insbesondere von KÜNTZEL und RIESS erfolgt die Bindung der Chrom-Komplexionen durch die Hautsubstanz beim Gerben analog der Bildung eines inneren Salzes, d. h. gleichzeitig sowohl hauptvalentig als auch nebenvalentig. Die hauptvalentige Verknüpfung besteht in der ionischen (salzartigen)

---

[1] Vgl. PAULI und ADOLF, JANDER und JAHR.

Bindung des Ions an die Carboxylgruppe des Eiweißmoleküls. Die koordinative, nebenvalentige Verknüpfung erfolgt zwischen dem Chromatom und der Aminogruppe des Eiweißes. Es ist hierbei nicht erforderlich daß die beteiligten Amino- und Carboxylgruppen derselben Proteinhauptvalenzkette angehören. Ähnlich könnte die Anlagerung der Metallhydroxyde an die Tierfasern erfolgen, wobei infolge der Mehrwertigkeit des Chroms und infolge seiner hohen Koordinationszahl dieses die Fähigkeit behielte, sich gleichzeitig auch mit dem Farbstoffmolekül salzartig und koordinativ zu verbinden. Das Chromatom könnte bei diesem Reaktionsmechanismus eine äußerst feste *Brücke zwischen dem Molekül der Eiweißfaser und dem des Farbstoffes* bilden.

Häufig erfolgt durch Nachbehandlung mit einem alkalischen Bad (Schlämmkreide oder Natriumphosphat) eine weitere Fixierung der Beize. Es wird dabei die Umwandlung der Metallverbindungen in Hydroxokomplexe vervollständigt (möglicherweise findet auch eine Bildung von Metallphosphat bzw. von verwickelten Komplexverbindungen von der Art der Polysäuren statt). Das Trocknen bei höherer Temperatur führt gleichfalls zur Vervollständigung der Hydrolyse, sofern eine flüchtige Säure angewandt wurde, die hierbei abgespalten wird.

Wir wollen nunmehr die Vorgänge bei dem Aufziehen des Farbstoffes auf die gebeizte Faser betrachten.

Das Färben selbst vollzieht sich meist im neutralen Bad. Das Alizarin wird in Form eines Teiges als freie Säure angewandt. Dank einer sehr eingehenden Untersuchung von HÜTTIG, die bisher viel zu wenig Beachtung gefunden zu haben scheint, sind wir über die Löslichkeitsverhältnisse und die elektrische Dissoziation des Alizarins und einer Anzahl weiterer Oxyanthrachinone gut unterrichtet. Danach beträgt die Löslichkeit des Alizarins bei Zimmertemperatur nur $2,6 \times 10^{-6}$ Mol/l, bei 100° steigt sie jedoch auf $1,4 \times 10^{-3}$ Mol/l. Die erste Dissoziationskonstante des Moleküls als Säure beträgt bei Zimmertemperatur $7,2 \times 10^{-9}$, die zweite 1×10^{-12}. In reinem Wasser enthält die gesättigte Lösung des Farbstoffes bei Zimmertemperatur nur etwa $1/20$ der gelösten Moleküle als einwertiges Anion, den übrigen Teil als undissoziiertes Molekül. Mit wachsender Temperatur nimmt der prozentuale Anteil der dissoziierten Moleküle ab, während ihre absolute Konzentration zunimmt. Der größte Teil des in das Färbebad gebrachten Farbstoffes bleibt daher zunächst ungelöst. Die Löslichkeit kann dennoch genügen, um dem Färbevorgang eine ausreichende Geschwindigkeit zu verleihen. Tatsächlich geht das Aufziehen des Alizarins auf die gebeizten Fasern in der Regel ziemlich schnell vor sich.

Über die Abhängigkeit der Aufnahme der Beizenfarbstoffe von der Wasserstoffionenkonzentration liegen einige Untersuchungen vor. MARKER und GORDON haben zuerst die Aufmerksamkeit auf die starke p_H-Abhängigkeit der Menge der von den Metallhydroxydniederschlägen aufgenommenen basischen und sauren Farbstoffe gelenkt. WEISER hat dann gezeigt, daß die p_H-Abhängigkeit der Aufnahme von Alizarin SW (einer Monosulfosäure des 1.2-Dioxyanthrachinons) durch Chromhydroxyd ähnlich ist wie diejenige der Sulfataufnahme, die in der Tabelle 140 und

Abb. 242 dargestellt wurde. Mit abnehmendem Säuregrad und wachsender Alkalität der Lösung wird der Farbstoff in zunehmendem Maße an das Oxyd angelagert. Man kann von einem Wettbewerb der Farbstoffionen mit den Hydroxylionen um die Plätze an der Oberfläche des Metallhydroxydgels (oder im Sinne der chemischen Auffassung um die Plätze in der ersten Bindungssphäre der an der inneren Oberfläche des Gels angelagerten komplexen Metallionen) sprechen. Andererseits kann diese p_H-Abhängigkeit auch als eine elektrostatische Wirkung beschrieben werden: die Teilchen des Gels bekommen mit zunehmender Säurekonzentration eine steigende positive Ladung (infolge Aufnahme von Wasserstoffionen) und ziehen infolgedessen die Farbanionen in zunehmendem Maße an. *Die elektrische Anziehungskraft kann jedoch nicht als alleinige Ursache der Farbstoffanlagerung betrachtet werden. Die Bindung des Farbstoffes an das Hydroxyd bleibt nämlich auch im alkalischen Bad merklich, obwohl hier das Farbion und das Gel denselben Ladungssinn besitzen, so daß eine elektrische Abstoßung zwischen den beiden wirksam ist.* Man hat es hier mit ähnlichen Verhältnissen zu tun wie bei der Aufnahme der basischen Farbstoffe durch Wolle in saurer Lösung: die Affinitätskräfte überwiegen die elektrischen Abstoßungskräfte.

Beim Alizarin selbst liegen die Verhältnisse insofern etwas anders, als dieser Farbstoff, der, wie wir gesehen haben, eine schwache Säure ist, in neutraler Lösung nur wenige, in saurer Lösung praktisch überhaupt keine Farbionen bildet, sondern als undissoziiertes Molekül vorhanden ist. Innerhalb der durch die Schwerlöslichkeit des Farbstoffes in neutraler und saurer Lösung gegebenen Grenzen findet WEISER hier analoge Verhältnisse wie bei Alizarin SW, nämlich abnehmende Bindung an das Chromhydroxyd mit zunehmender Alkalität. Bei alkalischer Reaktion besteht nämlich auch in diesem Falle durch die elektrischen Abstoßungskräfte ein Widerstand gegenüber der Annäherung der Farbanionen an die negativ geladene Hydroxyloberfläche. Die Anlagerung des Farbstoffes im neutralen oder alkalischen Bade, die hier, trotz dieses Widerstandes, allerdings im verminderten Maße, erfolgt, kann daher nicht auf elektrische Kräfte zurückgeführt werden. Der Affinität des Alizarins zur gebeizten Faser kann einer der folgenden Mechanismen zugrunde liegen:

1. Bildung eines unlöslichen Salzes zwischen dem Metallhydroxyd als Base und dem Farbstoff als Säure.

2. Innere Komplexsalzbildung zwischen Metallatom und Farbstoff.

3. VAN DER WAALSsche Kohäsion zwischen Metallhydroxyd und Farbstoff.

Eine Entscheidung zwischen diesen Möglichkeiten ist heute noch nicht mit Sicherheit zu treffen, die erste ist jedoch mit Rücksicht auf die äußerst geringe Konzentration des Farbstoffions und die schwache Ionisation des Metallhydroxydes als wenig wahrscheinlich zu betrachten,

Am besten begründet erscheint uns die Annahme, daß zunächst im Sinne der letztgenannten Möglichkeit eine lockere Additionsverbindung entsteht, die erst nachher beim weiteren Erwärmen in das innere Komplexsalz umgewandelt wird. Man darf dabei nicht vergessen, daß es sich hier nicht um Reaktionen in der Lösung, sondern um eine typische Oberflächenreaktion handelt, bei der das Metallhydroxyd nicht als isoliertes Einzelmolekül, sondern als Bestandteil eines größeren, mehr oder minder geordneten Molekülhaufwerkes, vermutlich als Baustein einer hochpolymeren Verbindung (eines riesigen Ketten- oder Netzmoleküls) in Wechselwirkung mit dem Farbstoff tritt. R. HALLER hat daher recht, wenn er die früher häufig zutage getretene Bestrebung, in den an der Faser gebildeten Lacken stöchiometrische Verhältnisse zu finden, als vergeblich zurückweist und eine mehr kolloidchemische Betrachtung der Beizenfärbung in den Vordergrund stellt.

W. BILTZ hat die Aufnahme von Alizarin aus alkalischer Lösung durch Eisenhydroxyd bei wachsender Farbstoffkonzentration quantitativ verfolgt. Er glaubte aus einem Knick der Sorptionskurve, der ungefähr bei der Aufnahme von 3 Alizarinmolekülen auf 1 Molekül Fe_2O_3 zu beobachten war, auf die Bildung eines diesem Verhältnis entsprechenden Salzes schließen zu können. Dagegen spricht jedoch der Umstand, daß mit steigender Farbstoffkonzentration weitere Farbstoffmengen, wenn auch in langsamer wachsendem Maße, angelagert wurden. Es sei erwähnt, daß im Überschuß des Oxydes die Bindung des Farbstoffes eine sehr weitgehende war, so daß die verdünnten Farbstofflösungen durch das Oxyd fast vollständig erschöpft wurden.

MÖHLAU gelang es, einen Körper von der Zusammensetzung $Al_2(C_{14}H_6O_4)_3Ca_3$ zu erhalten, allerdings unter Bedingungen, die bei dem Färbevorgang niemals vorkommen. Auf der Faser ist in der Regel ein Überschuß des Metalls gegenüber dem Farbstoff zu erwarten.

Über die Rolle der Calciumionen bei der Türkischrotfärbung sind die Ansichten verschieden. Wir haben bereits erwähnt, daß PFEIFFER die Bildung des Calciumsalzes an der zweiten Oxygruppe des Alizarins für wahrscheinlich hält. MÖHLAUs eben genannter Befund scheint diese Annahme zu stützen. Die Aufgabe der Calciumionen wäre danach, die durch die Reaktion des Aluminiumoxydgels mit Alizarin entstehenden löslichen (wahrscheinlich kolloidgelösten) Körper in unlösliche Lacke zu überführen. Eine andere Auffassung wird von WEISER vertreten. Er zeigte, daß infolge der Anwesenheit der Calciumionen die Aufnahme von Alizarin SW und von Alizarin durch das Chromhydroxyd in neutraler oder alkalischer (jedoch nicht in saurer) Lösung erheblich erhöht wird. Die Erklärung für dieses Verhalten ist die, daß die negative elektrische Ladung des Gels durch die Anlagerung der zweiwertigen Ca-Gegenionen (wie dies bei den negativ geladenen Kolloidionen im Sinne der Wertigkeitsregel allgemein der Fall ist) herabgesetzt und infolgedessen die elektrische Abstoßungskraft zwischen Farbion und Gel vermindert wird. In dieser Wirkungsweise erblickt WEISER die Aufgabe des Kalkes bei der Türkischrotfärbung.

Völlig ungeklärt ist noch die Rolle des Öles bei der Türkischrotfärbung. Ob zwischen den Molekülen des Öles einerseits und denen des Hydroxydes und des Farbstoffes andererseits chemische Reaktionen stattfinden, oder ob es sich mehr um eine physikalische Beeinflussung der Teilchengröße der Lacke handelt, oder schließlich um die Beeinflussung der Wechselwirkung zwischen der Faseroberfläche und dem Hydroxyl durch das Öl, läßt sich heute noch nicht entscheiden. Wie noch viele andere Fragen der Beizenfärbung, wird auch diese erst nach Sammlung eines zuverlässigen Versuchsmaterials eine Erklärung finden können.

Es sei zum Schluß eine weitere Frage kurz erörtert: die Wirkungsweise von Chromaten bei der Nachbehandlung gewisser Färbungen mit sauren Farbstoffen auf Wolle. Wie schon lange bekannt ist, findet bei der Anwendung dieses Verfahrens eine allmähliche Reduktion der Chromate zu Chromiverbindungen statt. Als Oxydationsmittel wirken hierbei die zugesetzte Milchsäure, Oxalsäure, daneben jedoch auch die Faser selbst. In vielen Fällen wird bei der Behandlung mit Chromaten auch der Farbstoff oxydiert und dieses Oxydationsprodukt gibt erst die beabsichtigte Färbung. Mit einem solchen Fall haben wir es bei der Chromotropsäure zu tun. Wie ALBRECHT gezeigt hat und von ROSENHAUER, WIRTH und KÖNIGER bestätigt wurde, geht die Chromotropsäure bei der Behandlung mit Chromaten in die Juglon-3.6-disulfosäure über:

$$\underset{\text{Chromotropsäure}}{\text{HO}_3\text{S}\diagup\!\!\diagdown\!\!\diagup\!\!\diagdown\text{SO}_3\text{H}} \quad \longrightarrow \quad \underset{\text{Juglon-3.6-disulfosäure}}{\text{SO}_3\text{H}\diagup\!\!\diagdown\!\!\diagup\!\!\diagdown\text{SO}_3\text{H}}$$

(mit OH OH oben links bzw. OH O oben rechts, und O unten rechts)

Letztere bildet mit den Chromisalzen ein inneres Salz.

Schließlich sei noch bemerkt, daß wasserlösliche Chromkomplexverbindungen saurer Farbstoffe unter verschiedenen Namen im Handel sind (Neolan-, Palatinechtfarben). Diese haben gegenüber den Nachchromierfarbstoffen den Vorteil der einbadigen Färbeweise. Gegenüber den sauren Farbstoffen zeichnen sie sich durch höhere Echtheitseigenschaften aus. Ihre Anwendung unterscheidet sich von der der sauren Farbstoffe dadurch, daß sie eine höhere Säurekonzentration erfordern. Wodurch dieser Unterschied begründet ist, ist noch nicht geklärt. Arbeitet man bei den Chromkomplexfarbstoffen mit den Säuremengen, die für die Färbung der sauren Farbstoffe angewandt werden, so erhält man Färbungen von ungenügender Gleichmäßigkeit (vgl. ANACKER). Durch Zusatz gewisser Textilhilfsmittel gelingt es allerdings auch mit normaler Säurekonzentration zu gleichmäßigen Färbungen zu gelangen (SCHÖLLER). Die Wirkungsweise dieser Substanzen wird in dem folgenden Abschnitt erörtert.

RUGGLI ist der Ansicht, daß die höhere Säurekonzentration beim Färben mit den Chromkomplexfarbstoffen dazu dient, den Farbstoff in eine unlösliche Form zu überführen. Ob unter dem Einfluß der Säure an der Faser eine Lacton- oder

Anhydridbildung des Farbstoffs erfolgt, oder ob die Säure ins Farbstoffmolekül tritt, vermag auch er nicht zu entscheiden (vgl. jedoch hierzu 13. Abschnitt, S. 504).

Das Erschweren der Seide. Mit dem Beizen nahe verwandt sind die Vorgänge beim Erschweren der Seide. Das Erschweren bezweckt der Faser ein größeres Volumen, einen gefälligeren Griff und einen erhöhten Glanz zu verleihen. Am meisten ausgeübt wird die sogenannte Zinn-Phosphat-Erschwerung. Sie wird durch abwechselnde Behandlung der Fasern mit 6—16%igen Zinnchloridlösungen (Pinken) und 10—15%igen Natriumphosphatbädern (Phosphatieren) ausgeführt. Zwischen den einzelnen Bädern wird die Seide abgeschleudert und gewaschen. In den meisten Fällen wird nach der letzten Phosphatbehandlung und dem darauffolgenden Auswaschen die Seide auch noch mit einem Wasserglasbad behandelt (Silikatieren).

Die Seidenerschwerung nimmt innerhalb der Veredelungsvorgänge der Fasern insofern eine Sonderstellung ein, als hierbei den Fasern ein Fremdstoff in einer Menge einverleibt wird, die gewichtsmäßig die Fasermenge in der Regel recht erheblich, oft ums Mehrfache übersteigt. Es handelt sich nicht um eine äußere Umhüllung der Fasern, sondern um eine fixierte Aufquellung derselben. HEERMANN stellte durch mikroskopische Messungen fest, daß die Gewichtszunahme beim Erschweren der Volumenzunahme proportional ist. Sie wird fast vollständig durch die Querschnittszunahme bewirkt, die Längenänderung ist sehr geringfügig.

Die chemischen Vorgänge beim Erschweren der Seide sind in ihren Zusammenhängen noch nicht eindeutig geklärt. Da die eingelagerten Stoffe neben etwa entstandenen Verbindungen je nach den angewandten Konzentrationsverhältnissen die einzelnen Bestandteile im Überschuß enthalten können, kann durch stöchiometrische Analyse die Konstitution der Beschwerungssubstanz nicht festgestellt werden. Es ist daher bis jetzt nicht möglich gewesen zu entscheiden, ob ein Zinnphosphatsalz entsteht oder nicht (HEERMANN, SISLEY). Wie von WEBER bemerkt wird, ist diese Salzbildung — trotz einer annähernden Übereinstimmung der Zusammensetzung der Faserasche mit der der hypothetischen Verbindung — um so zweifelhafter, als das Zinnhydroxyd als schwache Base erst in stark saurer Lösung zur Salzbildung befähigt ist. Saure Reaktion wird jedoch beim Phosphatieren vermieden, da sie zur Schädigung der Faser führt. Vielleicht bilden sich zunächst lockere Additionsverbindungen, die beim Trocknen in Heteropolysäuren übergehen. Ähnlich wie beim Phosphatieren dürften sich die chemischen Vorgänge auch beim Silikatieren abspielen.

Über den Mechanismus des primären Vorgangs bei der Erschwerung der Seide, der Einlagerung des Zinnhydroxydes, sind gleichfalls verschiedene Ansichten geäußert worden. Als feststehend können wir ansehen, daß das Säurebindungsvermögen des Seidenfibroins hierbei eine wesentliche Rolle spielt. Da die Lösung des Zinntetrachlorids infolge der Hydrolyse stark sauer reagiert, nehmen die Eiweißmoleküle aus ihr mittels der Aminogruppen Protonen auf. Der Säuregrad der Pinkbäder nimmt in der Tat bei der Behandlung der Seide ab (HERMANN LEY). Durch das nachfolgende Waschen wird das in der Faser befindliche Zinnsalz weiter hydrolysiert und die Salzsäure zum größten Teil entfernt. Es entsteht Zinnoxyd bzw. -hydroxyd, das durch die Bestimmung der Röntgeninterferenzen der gepinkten Seide identifiziert werden konnte (PIEPER).

Nach ELÖD unterliegt das Seidenfibroin bereits bei gewöhnlicher Temperatur in wässeriger Salzsäure einem allmählichen Abbau infolge Hydrolyse der Peptidbindungen. Die entstehenden basischen Abbauprodukte sollen die Hydrolyse der in die Faser eindiffundierten Zinnchloridlösungen und daher das Ausfällen der Zinnsäure schon vor dem Waschen bewirken. ELÖD und SILVA haben die Bedeutung des DONNANschen Membrangleichgewichtes für das Verständnis der Beschwerungsvorgänge dargelegt. Innerhalb der gequollenen Fasern, die als osmotische Zellen aufgefaßt werden, muß infolge des in Säurelösungen positiven Membranpotentials (Faser gegen Flotte) eine weit geringere Wasserstoffionenkonzentration herrschen als in der Flotte. Die Verminderung der Wasserstoffionenaktivität führt im Sinne des Hydrolysegleichgewichtes des Zinnions zur gesteigerten Bildung von Zinn-hydroxo-verbindungen. Die Hydrolyse braucht übrigens hierbei nicht vollständig zu verlaufen. Auch wenn sie sich in mäßigen Grenzen hält, bewirkt sie eine Polymerisation der basischen Zinnverbindungen zu größeren Komplexen oder zu kolloiden Teilchen, die beim Waschen nicht mehr aus der Faser diffundieren können.

FICHTER und REICHHART haben gezeigt, daß die Seide aus trockener Benzol- oder Toluollösung $SnCl_4$ aufzunehmen vermag. Die auf diese Weise aufgenommene Menge erreicht auf Zinnoxyd umgerechnet etwa 4%. Aminosäureester geben unter ähnlichen Bedingungen mit Zinntetrachlorid gleichfalls Molekülverbindungen, in denen die Aminosäureester durch ihre Aminogruppen mit dem metallischen Zentralatom verknüpft sind. Analog wäre die Verbindung des Zinnchlorides an Seidenfibroin aufzufassen. FICHTER vermutet, daß diese Molekülverbindungen die primäre Reaktion beim Pinken bilden, an die sich allerdings sehr schnell die Hydrolyse anschließt. Die erwähnten Molekülverbindungen werden nämlich durch Feuchtigkeit sehr schnell zersetzt.

Die experimentelle Prüfung der Auffassungen über die Vorgänge beim Pinken ist dadurch erschwert, daß die Seide hierbei neben dem Zinnsalz erhebliche Mengen von Wasser aufnimmt. Die *vorzugsweise* Aufnahme von Zinnchlorid aus den Bädern ist, wenn sie überhaupt stattfindet, nur gering. So konnte z. B. SISLEY keine Änderung der Konzentration der Pinkbäder bei der Behandlung von trockener Seide beobachten. HEERMANN hat hingegen Verarmungen der Bäder an Zinn festgestellt, aus denen ohne Berücksichtigung der gleichzeitigen Wasseraufnahme ungefähr die Hälfte der tatsächlich in den Fasern befindlichen Zinnmenge sich errechnen ließe. CHINN und PHELPS fanden beim Flottenverhältnis 100:4 schwankende Werte der Konzentrationsänderung, darunter auch Konzentrationszunahme. COUGHLIN konnte bei niedrigem Flottenverhältnis (bis etwa 2:1) eine Verarmung des Bades beobachten, die der Zinnaufnahme der Fasern entsprach.

Die Aufnahme von Zinn aus dem Pinkbad weist in Abhängigkeit von der Konzentration ein Maximum auf. Das Maximum liegt bei einer $SnCl_4$-Konzentration von etwa 25% (HEERMANN, ELÖD, CHINN und PHELPS).

Das Färben der Baumwolle mit basischen Farbstoffen auf Tannin- und Katanolbeize. Da die basischen Farbstoffe zur Baumwolle keine genügende Affinität besitzen, erfolgt ihre Aufbringung auf diese Faser mit Hilfe von Beizen. Als Baumwollbeize für basische Färbungen wurde früher Tannin in Verbindung mit Antimonsalzen verwendet. Heute werden für diesen Zweck bestimmte, eigens hierfür hergestellte künstliche Produkte (wie Katanol O) in ausgedehntem Maße benützt.

Der Vorgang bei der Anwendung der Tanninbeize ist der, daß die Baumwolle zunächst mit der Tanninlösung getränkt wird. Die mit Tannin beladene Faser wird danach mit Antimonsalzen behandelt. Zum Schluß erfolgt aus dem Färbebad das Aufziehen der Farbstoffe auf die gebeizte Faser.

Als Tannin bezeichnet man gewisse Pflanzenextrakte, die als Gerbstoffe in den Handel gebracht werden. Es gibt viele Sorten von Tannin, die verschiedene Zusammensetzung zeigen. Ihre Konstitution ist zwar noch nicht vollständig aufgeklärt, ihr Bindungsprinzip ist jedoch, dank den Arbeiten von E. FISCHER und seinen Schülern, insbesondere von M. BERGMANN und FREUDENBERG, bekannt. Das Schema des chinesischen Gallotannins ist nach FISCHER das einer Penta-digalloyl-glucose:

```
 CHOR  ⎤
 HCOR  ⎥                OH
 ROCH  ⎥        R = —C—⟨  ⟩—OH    OH
 HCOR  ⎥            ‖    \O—C—⟨  ⟩—OH
 HCO   ⎦            O         ‖   \OH
 H₂COR                         O
                     Digallussäure
```

Die Digallussäure entsteht durch Esterbildung zwischen der m-Oxygruppe eines Gallussäuremoleküls und der Carboxylgruppe eines zweiten. Das Tanninmolekül wird durch die esterartige Verknüpfung der übriggebliebenen Carboxylgruppe der Digallussäuremoleküle mit den Oxygruppen der Glucose gebildet.

Nach neueren Untersuchungen muß man dieses Schema in geringfügigem Maße dadurch abändern, daß man einen der fünf Digallussäurereste durch den einfachen Gallussäurerest ersetzt. Ein derartiges Tanninmolekül hat den Aufbau einer Galloyl-tetradigalloylglucose mit dem Molekulargewicht 1548 und enthält 23 phenolische Oxygruppen, jedoch keine freie Carboxylgruppe.

Das türkische Gallotannin enthält nur fünf Gallussäurereste auf einen Glucoserest im Molekül.

Es sei noch betont, daß weder die im Handel befindlichen Gerbstoffe, noch die daraus hergestellten Präparate einheitliche Substanzen darstellen, sondern aus Gemischen einer Anzahl mehr oder minder ähnlicher Moleküle bestehen.

Wegen der langsamen Diffusion, insbesondere wegen des langsamen Durchtretens durch halbdurchlässige Membranen hat man früher vielfach angenommen, daß Tannin kolloide Lösungen bildet. NAVASSART, der in WO. OSTWALDs Laboratorium das kolloidchemische Verhalten des Tannins eingehend untersucht hat, bemerkte, daß bei genügend langer Versuchsdauer der Gerbstoff die Pergamentmembran vollständig passieren kann. Tatsächlich erklärt sich die Langsamkeit der Diffusion hinreichend durch die Größe des Moleküls. Nach den Ergebnissen der Gefrierpunktsbestimmungen von KRAFFT und von WALDEN und der Diffusionsmessung von H. BRINTZINGER können wir annehmen, daß Tannin in wässeriger Lösung molekular zerteilt vorliegt. (Vgl. auch KNECHT und BATEY.)

Tabelle 141. Aufnahme von Tannin durch Watte (4 g Watte in 500 cm³ Lösung, Versuchsdauer 45 Stunden, Zimmertemperatur). Nach SANIN.

Konzentration des Tannins vor dem Beizen in %	Konzentration des Tannins nach dem Beizen in %	Die durch 100 g Watte aufgenommene Tanninmenge in g
4,8444	4,580	33,00
3,875	3,650	28,12
2,9064	2,730	22,05
1,9376	1,806	16,32
0,9688	0,885	10,47
0,77504	0,7054	8,70
0,58128	0,5252	7,01
0,38752	0,3450	5,31
0,19376	0,1670	3,345
0,09688	0,0802	2,085

Da freie Carboxylgruppen im Tanninmolekül fehlen, wirkt es nur wie eine schwache Säure. Bei der elektrometrischen Titration verhält es sich nach W. D. TREADWELL wie eine Säure, deren Äquivalentgewicht 170 beträgt und die eine Dissoziationskonstante entsprechend $p_K \sim 8$ besitzt. Anscheinend wird hierbei je Gallussäurerest eine Oxygruppe neutralisiert (Molekulargewicht : Wertigkeit = 1548:9 = 172), während die übrigen Oxygruppen noch schwächer sind. (Vgl. auch SCHWEITZER.)

Die Aufnahme von Tannin durch Baumwolle wurde durch mehrere Forscher untersucht (z. B. KOECHLIN, KNECHT und KERSHAW, v. GEORGIEVICS. Die Tabelle 141 bringt die Ergebnisse von SANIN an Watte.

Wir sehen, daß die Baumwolle 33% ihres Gewichtes aus der konzentriertesten Tanninlösung aufnimmt, ohne daß eine Annäherung an einen Sättigungszustand sich bemerkbar machen würde. Andererseits fällt es auf, daß trotz dieses hohen Sättigungswertes auch in den verdünnten Lösungen nur ein verhältnismäßig kleiner Teil des Badinhaltes auf die Baumwolle aufzieht. Der außerordentlich hohe Wert, der von der Baumwolle im Höchstfalle aufgenommenen Tanninmenge bildet im Vergleich mit den Werten der maximalen Farbstoffaufnahme dieser Faser eine Besonderheit, die einer Erklärung bedarf. Die Annahme einer monomolekularen Bedeckung der Oberfläche der submikroskopischen Kanäle in der Faser dürfte wohl in diesem Fall den beobachteten Mengenverhältnissen nur dann Rechnung tragen können, wenn man berücksichtigt, daß wir es beim Tannin im Gegensatz zu den flachen, langgestreckten Farbstoffmolekülen mit einem nahezu kugelförmigen Molekül zu tun haben.

Die Anlagerung des Tannins an die Baumwollfaser beruht vermutlich auf der Betätigung der starken VAN DER WAALSschen Anziehungskräfte, die zwischen hydroxylhaltigen Substanzen im allgemeinen wirksam und daher auch bei der Wechselwirkung der Cellulosemoleküle mit den Gerbstoffen anzunehmen sind. In diesem Zusammenhang sei auch auf die zahlreichen Molekülverbindungen der Phenole mit den Sauerstoffbasen wie Zimtaldehyd, Dimethylpyron, Oxalester usw. hingewiesen, die von A. v. BAEYER und VILLIGER beschrieben wurden. In reinem Wasser tritt zwischen dem Tannin und der Baumwollfaser keine elektrostatische Kraftwirkung auf, da die Tanninmoleküle ungeladen sind. In alkalischer Lösung bildet jedoch das Tannin Anionen, während gleichzeitig die negative Ladung der Faser verstärkt wird. Hier tritt daher zwischen Faser und Gerbstoff eine COULOMBsche Abstoßungskraft auf. Damit erklärt sich die Beobachtung von SANIN, wonach aus 0,025 n NaOH-Lösung die Aufnahme von Tannin durch Baumwolle unmeßbar klein ist, während der Zusatz von Salzsäure zum Wasser nur wenig Änderung der Tanninaufnahme bedingt.

Die Antimonsalze, die gewöhnlich in Form des Brechweinsteins zur Anwendung gelangen, haben wahrscheinlich die Aufgabe, das Tannin in eine unlösliche Form zu überführen und dadurch der Beize Wasserechtheit zu verleihen. Brechweinstein fällt nämlich Tannin aus wässeriger Lösung aus.

SANIN erhielt je nach dem angewandten Mengenverhältnis der Reaktionsteilnehmer drei verschiedene Fällungsprodukte aus Tannin und Brechweinstein, deren Zusammensetzung den folgenden Formeln entsprach:

1. $(C_{14}H_9O_9)_2$ SbOH;
2. $C_{14}H_9(SbO)O_9$;
3. $(C_{14}H_8(SbO)O_9)_2$SbOH.

Von diesem Forscher wurde noch angenommen, daß das Tannin eine Digallussäure ist und die Verbindungen wurden demgemäß als Salze der antimonigen Säure mit der Digallussäure formuliert. (Das Brechweinsteinmolekül sollte also in der Lösung in antimonige Säure und Weinsäure zerfallen.) Die Formeln entsprechen den folgenden molekularen Verhältnissen:

1. 2 Digallussäure : 1 Antimon;
2. 1 Digallussäure : 1 Antimon;
3. 2 Digallussäure : 3 Antimon.

Die erste Substanz erhält man in der Kälte bei Vermeidung eines Überschusses an Brechweinstein, die zweite gleichfalls in der Kälte, jedoch bei Anwendung eines Überschusses an Antimonsalz, die dritte bei Anwendung eines Überschusses an Antimonsalz in der Wärme.

SANIN konnte die auf der Faser bei dem normalen Beizverfahren entstehende Tannin-Antimon-Substanz mit warmer Weinsäurelösung von der Faser abziehen und durch die Analyse nachweisen, daß ihre Zusammensetzung, wie es nach den

Entstehungsbedingungen zu erwarten war, der Formel 1 entspricht. HALLER und ECKARDT stellten eine kolloide Lösung der Tannin-Antimon-Beize durch Zusammengießen der verdünnten Lösungen von Gerbstoff und Brechweinstein dar und reinigten sie durch Dialyse. Die Analyse ergab, daß die in der Dialysierhülse verbleibende Substanz gleichfalls der ersten SANINschen Formel entsprechend zusammengesetzt ist. Die kolloide Lösung konnte zur einbadigen Beizung der Baumwolle benützt werden.

Die Deutung der beobachteten stöchiometrischen Formeln begegnet gewissen Schwierigkeiten durch den Umstand, daß nach den neueren Untersuchungen im Tannin nicht eine einfache Digallussäure, sondern eine Galloyl-tetradigalloylglucose vorliegt. WIKTOROFF wollte diese Schwierigkeit durch die Annahme überwinden, daß Tannin sich bei der Reaktion mit der Faser in die Glucose und die freien Digallussäuren spaltet. Zur Stützung dieser Hypothese wies er auf seine Beobachtungen hin, nach denen synthetische Digallussäure mit Gelatine einen Niederschlag gibt, mit Eisenchloridlösungen sich dunkelblau färbt, durch Brechweinstein gefällt wird, mit basischen Farbstoffen Niederschläge gibt, auf die Baumwolle aufzieht und nach Fixierung mit Brechweinstein mit den basischen Farbstoffen Färbungen liefert, d. h. sich in all dieser Hinsicht wie das Tannin verhält. GUENTHER trat dieser Anschauung entgegen, indem er darüber berichtete, daß die synthetische Digallussäure im Gegensatz zum Tannin auf Baumwolle Färbungen von nur mangelnder Waschechtheit liefert. Ein synthetisches Tannin (Penta-digalloyl-glucose) zeigte hingegen dieselben Eigenschaften wie das Naturprodukt. GUENTHER wies schließlich auf die Tatsache hin, daß es nicht gelingt, das Vorhandensein von Zucker in den Tanninbeizenbädern nachzuweisen.

In der Tat scheint die Annahme von WIKTOROFF schon aus rein chemischen Gründen wenig wahrscheinlich zu sein. Die Erfahrung zeigt nämlich, daß die Verseifung des Gallotannins eine sehr lang dauernde Behandlung mit Säuren erfordert. Die beste Erklärung für die stöchiometrischen Beziehungen, die von SANIN für die Tannin-Brechweinsteinfällungen beobachtet und von HALLER und ECKARDT bestätigt wurden, gibt die Berücksichtigung des Umstandes, daß das Molekulargewicht der Digallussäure (322) sich nur wenig von dem doppelten Äquivalentgewicht des Tanninmoleküls je Gallussäurerest (1548/9 = 172) unterscheidet. Wenn man sich daher an Stelle der Digallussäure jeweils einen Digallussäurerest und entsprechend der Zusammensetzung des Tanninmoleküls außerdem je 4 Digallussäurereste noch einen Gallussäurerest mit einem Antimonatom in Reaktion tretend denkt, erhält man bis auf wenige Prozente dieselbe analytische Zusammensetzung des Reaktionsproduktes. Zieht man noch die uneinheitliche und wechselnde Zusammensetzung der Gerbstoffpräparate in Betracht, so wird man in den Befunden von SANIN und von HALLER und ECKARDT keine Grundlage mehr für die Annahme einer vollständigen Spaltung des Tanninmoleküls bei dem Beizvorgang erblicken können.

Die Wechselwirkung zwischen den basischen Farbstoffen und dem Tannin, die nicht nur das Aufziehen der Farbstoffe auf die tanningebeizte Faser, sondern auch das gegenseitige Ausfällen von Tannin und Farbstoff aus wässeriger Lösung zur Folge hat, kann entweder auf VAN DER WAALSsche Anziehungskräfte oder auf elektrostatische Anziehungskräfte bzw. auf Salzbildung zurückgeführt werden. Was nun die Salzbildung betrifft, so ist der Umstand zu berücksichtigen, daß das Färben gewöhnlich bei schwach saurer Reaktion ausgeführt wird, bei der nur ein kleiner Bruchteil der Tanninmoleküle elektrolytisch dissoziiert sein kann. Aus dem gleichen Grunde dürfte auch die elektrostatische Anziehungskraft zwischen der gebeizten Faser und dem Farbkation nur sehr schwach sein. Man darf allerdings die Möglichkeit nicht außer acht lassen, daß eine Anlagerung der Farbionen an die wenigen dissoziierten Tanninmoleküle, die auf diese Weise aus dem Dissoziationsgleichgewicht ausscheiden, im Sinne des Massenwirkungsgesetzes eine weitere Dissoziation anderer Tanninmoleküle zur Folge haben könnte, bis die Reaktion entsprechend der Absättigung sämtlicher Tanninmoleküle durch die Farbstoffe vollständig wird. Hinsichtlich der Betätigung der VAN DER WAALSschen Anziehungskräfte sei erwähnt, daß, wie v. BAEYER und VILLIGER gezeigt haben, Phenole mit organischen Basen Molekülverbindungen bilden.

SANIN hat gefunden, daß in den Lacken, die das mit Brechweinstein behandelte Tannin mit den basischen Farbstoffen sowohl in der Substanz wie auf der Faser unter Einhaltung bestimmter Bedingungen liefert, je ein Antimonatom auf ein Farbstoffmolekül enthalten ist. Er nimmt an, daß die Hydroxylgruppe der antimonigen Säure, die im Sinne seiner ersten Formel nach der Reaktion mit den zwei Digallussäuremolekülen freibleibt, mit dem Farbstoff unter Salzbildung reagiert. Es ist allerdings bisher nicht experimentell geprüft worden, wie stark die Dissoziation dieser Hydroxylgruppe ist — ganz abgesehen von dem hypothetischen Charakter der Formel der Tannin-Antimonverbindung.

Wie SANIN bemerkte, entsteht in der Regel ein Niederschlag beim Zusammengießen der wässerigen Lösungen von Tannin (ohne Anwesenheit von Antimon) und basischem Farbstoff nur dann, wenn man der Lösung Natriumacetat oder Soda zufügt. Dieser Befund wurde von HALLER und ECKARDT bestätigt. Ob die schwach alkalische Reaktion zur Dissoziationserhöhung des Tannins und dadurch zur Ermöglichung der Salzbildung, oder ob sie zu einer teilweisen Zurückdrängung der Dissoziation der Farbbasen erforderlich ist, läßt sich nicht entscheiden. HALLER beobachtete, daß beim Zusammentreffen der Farbstofflösungen mit dem Tannin eine Änderung ihres Absorptionsspektrums auch dann erfolgt, wenn eine sichtbare Flockung ausbleibt und nahm daher an, daß auch in diesem Falle eine chemische Reaktion stattfindet.

Über die Zusammensetzung der Niederschläge, die die basischen Farbstoffe mit Tannin (ohne Antimon) liefern, gehen die Beobachtungen von SANIN und HALLER-ECKARDT auseinander. Jener fand das molekulare Verhältnis 1 Farbstoff : 1 Digallussäure, diese fanden 1 Farbstoff : 4 Gallussäure. Es ist schwierig, diese Befunde vom Standpunkt der chemischen Konstitution des Tanninmoleküls zu deuten. Die Annahme (HALLER und ECKARDT) einer Verseifung des Tanninmoleküles und nachheriger Kondensation zweier Digallussäuremoleküle zur Tetragallussäure, die dann mit Hilfe der endständigen freien Carboxylgruppe mit dem Farbstoff ein Salz bilden soll, dürfte aus chemischen Gründen wenig Anklang finden. Bedenkt man, daß für die Lösungsstabilität der aus dem Farbstoff und dem Gerbstoff entstehenden Anlagerungsverbindungen und ihre Zusammenballungen kaum stöchiometrische Verhältnisse ausschlaggebend sein können, so wird man der molekularen Zusammensetzung der Niederschläge keine große Bedeutung beimessen, insbesondere dann nicht, wenn man sich auch in diesem Zusammenhang der uneinheitlichen Natur der Gerbstoffpräparate erinnert.

Das an Stelle der Tannin-Brechweinsteinbeize empfohlene Katanol 0 entsteht durch Schmelzen von Phenol mit Alkali und Schwefel. Die Zusammensetzung ist nicht genau bekannt und dürfte wohl nicht einheitlich sein. HALLER und ECKARDT nehmen an, daß es sich um die

Kondensationsprodukte von Dioxy-thianthren mit Oxy-phenyl-merkaptogruppen —S—⟨ ⟩—OH handelt.

Dioxy-thianthren

Als freie Säure ist Katanol unlöslich, in alkalischer Lösung löst es sich unter Salzbildung auf. In der Färbepraxis wird es als Natriumsalz angewandt. Das Produkt zeigt starke Affinität zu den Cellulosefasern und wird von diesen aus den Bädern sehr weitgehend ausgezogen. Im Gegensatz zur Tanninbeize bedarf daher die Katanolbeize keiner Fixierung.

HALLER und ECKARDT haben gezeigt, daß das Katanol in stark alkalischer Lösung schneller durch Pergamentmembran dialysiert als aus einer Lösung, die nur die zur Lösung notwendige Menge Lauge enthält. Andererseits haben sie beobachtet, daß die Aufnahme des Katanols durch Baumwolle um so stärker ist, je weniger alkalisch die Lösung ist.

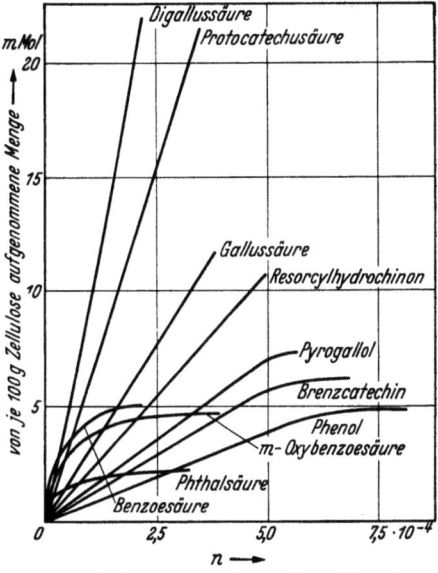

Abb. 243. Aufnahme von Benzoesäure, Phenol und ihren Abkömmlingen durch Viscoseseide bei Zimmertemperatur. Nach BRASS und GRONYCH.

Sie nehmen daher auch hier einen unmittelbaren Zusammenhang zwischen Teilchengröße und Affinität an. Die wahrscheinlichere Erklärung für die Verminderung der Aufnahme des Katanols durch Alkalizusatz dürfte jedoch die Betrachtung der elektrischen Ladungsverhältnisse liefern. Mit steigender Laugenkonzentration wird die negative Ladung sowohl der Faser als auch der Beize gesteigert. In dieser wie auch in anderer Hinsicht schließt sich das Verhalten des Katanols eng an dasjenige der substantiven Farbstoffe an.

BRASS und GRONYCH haben die Aufnahme von Phenolen und Phenolcarbonsäuren aus wässeriger Lösung durch Baumwolle und Viscoseseide untersucht. Diese Untersuchungen sind sowohl für die Theorie der Küpenfärbung als auch für die der Tanninbeize von Interesse. Die Viscoseseide nahm — entsprechend ihrer größeren inneren Oberfläche —

jeweils 2—3mal soviel Substanz aus der Lösung auf als Baumwolle. Die Ergebnisse an Viscose zeigt die nebenstehende Abbildung. Nur mit Benzoesäure, Phthalsäure und Oxybenzoesäure zeigt sich die für die Sorption kennzeichnende allmähliche Annäherung an einen Sättigungswert. Bei den übrigen Substanzen ergibt sich ein für den Lösungsvorgang kennzeichnendes, konstantes Verteilungsverhältnis. Die Einführung der Carboxylgruppe bedeutet eine Verminderung, die der Oxygruppe eine Verstärkung der Affinität zur Cellulose. Von den untersuchten Stoffen zeigt die Digallussäure (Galloyl-gallussäure) die stärkste Affinität. (Dieser Befund entspricht nicht der erwähnten Beobachtung von A. GUENTHER).

Schrifttum.

ALBRECHT: Z. angew. Chem. 41, 617 (1928).
ANACKER: Melliands Textilber. 17, 332 (1926).
ANDREWS, D. H. and J. JOHNSTON: J. amer. chem. Soc. 46, 640 (1924).
BAEYER, A. v. u. V. VILLIGER: Ber. dtsch. chem. Ges. 35, 1201 (1902).
BANCROFT, W. D.: J. physic. Chem. 18, 1, 118, 385 (1914); 19, 50, 154 (1915).
BERNOULLI, P. F.: Helvet. chim. Acta 16, 1226 (1933).
BILTZ, W.: Ber. dtsch. chem. Ges. 38, 4143 (1905).
BJERRUM, N.: Z. physik. Chem. A 59, 336, 581 (1907); 73, 724 (1910); 110, 656 (1924).
BOEDEKER, C.: J. Landw. 1859, 48.
BOULTON, J., A. E. DELPH, F. FOTHERGILL and T. H. MORTON: J. Textile Inst. 24, P 113 (1933).
BOXSER, H.: Amer. Dyestuff Rep. 21, 71 (1932).
BRASS, K.: Melliands Textilber. 12, 401 (1931).
— u. O. GRONYCH: Kolloid-Z. 78, 51 (1937).
— u. K. LAUER: Kolloid-Z. 58, 76 (1932).
— F. OPPELT u. A. WEICHERT: J. prakt. Chem. 148, 35 (1937).
— u. P. SOMMER: Ber. dtsch. chem. Ges. 61, 993 (1928).
— u. G. TORINUS: Kolloid-Z. 45, 256 (1928).
— u. W. WITTENBERGER: Ber. dtsch. chem. Ges. 68, 1905 (1935).
BRIEGLEB, G.: Z. physik. Chem. B 31, 58 (1936).
— u. J. KAMBEITZ: Z. physik. Chem. B 32, 305 (1936).
BRIGGS, T. R. and A. W. BULL: J. physic. Chem. 26, 845 (1922).
BRINTZINGER, H.: Ber. dtsch. chem. Ges. 65, 989 (1932).
BROWN, R. B.: J. Soc. chem. Ind. 20, 226 (1901).
BURR, A. H. and S. M. BURR: J. Soc. Dyers Colourists 50, 42 (1934).
CHAPMAN, L. M., D. M. GREENBERG and C. L. A. SCHMIDT: J. of biol. Chem. 72, 707 (1927).
CHINN, M. and E. L. PHELPS: Ind. Engng. Chem. 27, 209 (1935).
CHRIST, W.: Melliands Textilber. 4, 230 (1923).
CLAVEL, R. et T. STANISZ: Rev. gén. Matiéres col. 28, 145, 167 (1923); 29, 94, 158, 122 (1924).
COUGHLIN, W. E.: J. physic. Chem. 35, 2434 (1931).
COURTOT, C. et H. HARTMAN: Bull. Soc. chim. France 51, 1179 (1932).
DOBRY, A. et J. DUCLAUX: Bull. Soc. chim. France 51, 1172 (1932).
ELÖD, E.: Kolloidchem. Beih. 19, 298 (1924). — Trans. Faraday Soc. 29, 327 (1933); 31, 305 (1935).
— u. N. BALLA: Melliands Textilber. 16, 201 (1935).
— u. F. BÖHME: Melliands Textilber. 13, 365 (1932).

Elöd, E. u. A. Köhnlein: Collegium **1933**, 754.
— u. E. Pieper: Z. angew. Chem. **41**, 16 (1928).
— u. E. Silva: Z. physik. Chem. A **137**, 142 (1928).
Fichter, F. u. F. Reichart: Helv. chim. Acta **7**, 1078 (1924).
Fischer, E.: Untersuchungen über Depside und Gerbstoffe. Berlin 1919.
Freudenberg, K.: Tannin, Cellulose, Lignin. Berlin 1933. — Collegium **1921**, 353.
Freundlich, H.: Kapillarchemie, 1. Aufl. Leipzig 1909.
— u. G. Losev: Z. physik. Chem. A **59**, 284 (1907).
Fricke, R.: Kolloid-Z. **69**, 312 (1934).
— u. G. F. Hüttig: Hydroxyde und Oxydhydrate. Leipzig 1937.
Garvie, W. M., L. H. Griffiths and S. M. Neale: Trans. Faraday Soc. **30**, 271 (1931).
Georgievics, G. v.: Mh. Chem. **15**, 705 (1894); **16**, 345 (1895); **32**, 319 (1911).
Goodall, F. L.: J. Soc. Dyers Colourists **51**, 405 (1935).
Green, A. G. and K. H. Saunders: J. Soc. Dyers Colourists **39**, 10 (1923).
— and S. Wolff: J. Soc. Dyers Colourists **29**, 105 (1913).
Griffiths, L. H. and S. M. Neale: Trans. Faraday Soc. **30**, 395 (1934).
Guenther, A.: Z. angew. Chem. **40**, 1317 (1927). — Melliands Textilber. **3**, 209 (1922).
Gustavson, K. H.: Collegium **1932**, 725.
Haller, R.: Chemische Technologie der Baumwolle. R. O. Herzogs Technologie der Textilfasern, Bd. 4, 3. Teil. Berlin 1928. — Melliands Textilber. **6**, 669 (1925).
— u. K. Eckardt: Kolloidchem. Beih. **30**, 1 (1930).
— u. A. Ruperti: Cellulosechem. **6**, 189 (1926).
Hanson, J. and S. M. Neale: Trans. Faraday Soc. **30**, 386 (1934).
— — and W. A. Stringfellow: Trans. Faraday Soc. **31**, 1718 (1935).
Harrison, Wm.: J. Alexanders Colloid Chemistry, Bd. 4, S. 205. 1932.
Heermann, P.: Chem.-Ztg **35**, 829 (1911). — Melliands Textilber. **7**, 1031 (1926).
Hill, A. V.: Proc. roy. Soc. Lond. B **104**, 39 (1928).
Hirst, H. R.: J. Soc. Dyers Colourists **44**, 163 (1928).
Hodgson, H. H.: J. Soc. Dyers Colourists **49**, 213 (1933).
Houck, R. C.: J. physic. Chem. **32**, 161 (1928).
Hüttig, G. F.: Z. physik. Chem. A **87**, 129 (1914).
Jander, G. u. K. F. Jahr: Kolloidchem. Beih. **41**, 1, 297 (1935); **43**, 295 (1936).
Karrer, P. u. W. Wehrli: Z. angew. Chem. **39**, 1509 (1926).
— Helv. chim. Acta **9**, 591 (1926).
Kartaschoff, V.: Helvet. chim. Acta **8**, 928 (1925); **9**, 152 (1926).
— u. G. Farine: Helvet. chim. Acta **11**, 813 (1928).
Knecht, E.: Ber. dtsch. chem. Ges. **21**, 1556 (1888); **22**, 1120 (1889); **37**, 3481 (1904).
— and I. P. Batey: J. Soc. chem. Lond. **101**, 1189 (1912).
— and E. Hibbert: New. reduktion methods, 2. Aufl., 1925.
— u. J. Kershaw: Färber-Ztg **1891**—92, 402.
Knoevenagel, E.: Kolloidchem. Beih. **13**, 192, 233 (1921).
Koechlin, J.: Bull. Muhlhouse **51**, 438.
Krafft, F.: Ber. dtsch. chem. Ges. **32**, 1613 (1890).
Krotowa, N. A.: Kolloid-Z. **69**, 94 (1934); **72**, 345 (1935).
Krzikalla, H. u. B. Eistert: J. prakt. Chem. **143**, 50 (1935).
Küntzel, A. u. C. Riess: Collegium **1936**, 138.
Lachs, H. u. S. Parnas: Z. physik. Chem. A **160**, 425 (1932).
Langmuir, I.: J. amer. chem. Soc. **40**, 1361 (1918).
Lauer, K.: Kolloid-Z. **61**, 9 (1932).
Ley, Heinrich: Z. Elektrochem. **10**, 954 (1904).
Ley, Hermann: Technologie der Seide. R. O. Herzog: Technologie der Textilfasern. VI. 2. Berlin 1929.
Liebermann, C. u. St. v. Kostanecki: Liebigs Ann. **240**, 245 (1887).

LOTTERMOSER, A. u. A. CSALLNER: Kolloid-Z. **56**, 324 (1931).
MARCH, W. H. and W. WEAWER: Physic. Rev. **31**, 1072 (1928).
MARKER, R. E. and N. E. GORDON: Ind. Engng. Chem. **16**, 1168 (1924).
MEYER, K. H.: *1* Melliands Textilber. **9**, 572 (1928). — *2* Biochem. Z. **208**, 1 (1929).
— u. H. FIKENTSCHER: Melliands Textilber. **7**, 605 (1926); **8**, 781 (1927).
— C. SCHUSTER u. W. BÜLOW: Melliands Textilber. **6**, 737 (1925); **7**, 29 (1926).
MÖHLAU, R.: Ber. dtsch. chem. Ges. **46**, 443 (1913).
MORGAN, G. T.: J. Soc. Dyers Colourists **37**, 43 (1921).
— and J. D. M. SMITH: J. chem. Soc. Lond. **122**, 160, 1731, 2866 (1922).
NAVASSART, M.: Kolloidchem. Beih. **5**, 299 (1914).
NEALE, S. M. and W. A. STRINGFELLOW: Trans. Faraday Soc. **29**, 1167 (1933).
— and A. M. PATEL: Trans. Faraday Soc. **30**, 905 (1934).
PADDON, W.: J. physic. Chem. **26**, 384, 790 (1922).
PANETH, F. u. A. RADU: Ber. dtsch. chem. Ges. **57**, 1221 (1924).
PAULI, WO. u. M. ADOLF: Kolloid-Z. **29**, 173, 281 (1921).
— u. E. SCHMIDT: Z. physik. Chem. A **129**, 199 (1927).
— u. E. VALKÓ: Elektrochemie der Kolloide. Wien 1929.
PELET, L. u. N. ANDERSEN: Kolloid-Z. **2**, 225 (1908); **3**, 206 (1908).
PELET-JOLIVET, L.: Die Theorie des Färbeprozesses. Dresden 1910.
— u. H. SIEGRIST: Kolloid-Z. **5**, 235 (1909).
PFEIFFER, P.: *1* Organische Molekülverbindungen. Stuttgart 1922. — *2* Ber. dtsch. chem. Ges. **44**, 2653 (1911). — *3* Z. anorg. u. allg. Chem. **230**, 97 (1937).
PIEPER, E.: Diss. Karlsruhe 1927.
PORAI-KOSCHITZ, A.: J. prakt. Chem. **137**, 197 (1933). — J. Soc. Dyers Colourists **52**, 19 (1936).
PUMMERER, R. u. K. BRASS: Ber. dtsch. chem. Ges. **44**, 1651 (1911).
RATELADE, J. et TSCHETVERGOV: Rev. gén. Mat. Col. **32**, 302 (1928).
RATH, E. J.: Melliands Textilber. **4**, 425 (1923). — J. Soc. Dyers Colourists **44**, 10 (1928).
RENDELL, P. P. and H. A. THOMAS: J. Soc. Dyers Colourists **51**, 157 (1935).
RHEINER, A.: Z. angew. Chem. **46**, 675 (1933).
ROSE, R. E.: Ind. Engng. Chem. **25**, 1165 (1933).
ROSENHAUER, E., W. WIRTH u. R. KÖNIGER: Ber. dtsch. chem. Ges. **62**, 2717 (1929).
RUGGLI, P.: *1* Melliands Textilber. **6**, 674 (1925). — Kolloid-Z. **63**, 129 (1933). — J. Soc. Dyers Colourists, Jubilee Issue **77** (1934). — *2* Melliands Textilber. **15**, 209 (1934).
— u. A. FISCHLI: Helvet. chim. Acta **7**, 496 (1924).
— u. F. LANG: Helvet. chim. Acta **19**, 996 (1936).
SALVATERRA, H.: Mh. Chem. **34**, 255 (1913).
SANIN, A.: Kolloid-Z. **10**, 82 (1912); **13**, 305 (1913).
SCHAEFFER, A.: Z. angew. Chem. **46**, 618 (1933). — Diss. T. H. Stuttgart 1926.
SCHAPOSCHNIKOFF, W. G.: Z. physik. Chem. A **78**, 209 (1912).
SCHEEL, E.: Diss. Frankfurt a. M. 1927.
SCHEIBE, G.: Z. angew. Chem. **50**, 212 (1937).
SCHIRM, E.: J. prakt. Chem. **144**, 69 (1935).
SCHMIDT, G. C.: Z. physik. Chem. A **15**, 56 (1894).
SCHOLL, R.: Ber. dtsch. chem. Ges. **51**, 1419 (1918); **52**, 565 (1919).
SCHÖLLER, C.: Melliands Textilber. **15**, 357 (1934); **18**, 234 (1937).
SCHRAMEK, W. u. E. GÖTTE: Kolloidchem. Beih. **34**, 218 (1931).
SCHWALBE, G. C.: Die neueren Färbetheorien. Stuttgart 1907.
SCHWEITZER, H.: Collegium **1933**, 149.
SISLEY, P.: Chem.-Ztg **35**, 620 (1911).
SPEAKMAN, J. B.: J. Soc. Dyers Colourists **41**, 172 (1925).
— and S. G. SMITH: J. Soc. Dyers Colourists **52**, 121 (1936).

STEARN, E. A.: J. physic. Chem. **34**, 973 (1930).
STIASNY, E.: Gerbereichemie. Dresden u. Leipzig 1931.
TREADWELL, W. D.: Helvet. chim. Acta **11**, 1052 (1928).
TSCHUGAEFF, L.: J. prakt. Chem. **76**, 88 (1907).
UMETSU, K.: Biochem. Z. **137**, 258 (1930).
VALKÓ, E.: Trans. Faraday Soc. **31**, 254 (1935).
WALDEN, P.: Ber. dtsch. chem. Ges. **31**, 3169 (1899).
WALKER, J. and J. APPLEYARD: J. chem. Soc. Lond. **69**, 1334 (1896).
WEBER, F.: Melliands Textilber. **17**, 145, 224, 328 (1936).
WEISER, H. B.: J. ALEXANDERs Colloid Chemistry, Vol. 4, p. 507. New York 1932.
WELTZIEN, W. u. K. SCHULZE: Kolloid-Z. **62**, 46 (1933).
WERNER, A.: Ber. dtsch. chem. Ges. **41**, 1062 (1908).
WIKTOROFF, P. P.: Z. angew. Chem. **40**, 922 (1927). — Kolloid-Z. **55**, 72 (1931).
WILLSTÄTTER, R. u. R. CRAMER: Ber. dtsch. chem. Ges. **43**, 2976 (1910); **44**, 2162 (1911).
— u. ST. DOROGI: Ber. dtsch. chem. Ges. **42**, 2147, 4118 (1909).
WINTGEN, R. u. H. WEISBECKER: Z. physik. Chem. A **135**, 182 (1928).
WITT, O. N.: Färber-Ztg **1890**—91, 1.
ZACHARIAS, P. D.: Die Theorie der Färbevorgänge. Berlin 1908.

13. Das Verhalten der Farbstoffe auf der Faser.

Ionisationszustand der wasserlöslichen Farbstoffe auf der Faser. In früheren theoretischen Auseinandersetzungen hat die Frage, ob die Farbstoffe von der Faser als Salze oder als Einzelionen oder aber als undissoziierte Farbsäuren bzw. Farbbasen aufgenommen werden, eine große Rolle gespielt. Es dürften wohl heute wenig Zweifel darüber bestehen, daß in fast allen Fällen die wasserlöslichen Farbstoffe als *Farbionen* an die Faser angelagert werden. Infolge der Bedingung der *Elektroneutralität* wird jedoch gleichzeitig die äquivalente Menge von *Gegenionen* entweder an die Faser gebunden oder wenigstens in deren unmittelbarer Nähe angereichert werden. In dem vorangehenden Abschnitt wurde bereits für die einzelnen Fälle der wahrscheinliche molekulare Verlauf des Sorptionsvorganges dargestellt. Mit Rücksicht auf die eben erwähnte Bedeutung dieser Fragen in dem Streit der Färbetheorien sowie auf den Umstand, daß gelegentlich noch immer irreführende Ausdrucksweisen gebraucht werden, sei an dieser Stelle eine kurze Übersicht gegeben.

I. Aufnahme saurer Farbstoffe durch Eiweißfasern. Ausgangsstoffe: zwitterionisches Eiweiß, Wasserstoffion, Farbanion (F^-), Säureanion, z. B. Acetat (Ac^-).

Ionisationsschema: a) Ungefärbte Faser: $^+NH_3 \cdot R \cdot COO^-$ (frühere Formulierung: $NH_2 \cdot R \cdot COOH$), b) Zwischenstufe: $Ac^- + {}^+NH_3 \cdot R \cdot COOH$, c) Gefärbte Faser: $F^- + {}^+NH_3 \cdot R \cdot COOH$.

Es wird also das Farbanion als Gegenion eines positiv geladenen Eiweißions angelagert, nachdem das Proton in das Eiweißmolekül (im Sinne der Zwitterionentheorie an der Carboxylgruppe, nach der führen

Auffassung an der Aminogruppe) eingebaut wurde. Bei Berücksichtigung der Zwischenstufe erweist sich die Farbstoffanlagerung als ein Austausch eines Säureanions gegenüber dem Farbion, ein Vorgang analog der Wirkungsweise der Permutite. In analytischem Sinne unterscheidet sich die gefärbte Faser von der ungefärbten durch den Gehalt von *Farbsäuremolekülen*, doch spielen bei dem Färbevorgang die undissoziierten Farbsäuremoleküle keine aktive Rolle.

Nach dem Waschen und Trocknen tritt keine weitere Veränderung des Ionisationszustandes ein. Vom Standpunkt des Eiweiß-Proton-Gleichgewichtes ist dies auffällig, da bei neutraler Reaktion, die in die isoelektrische Zone fällt, das Eiweißmolekül keine Überschußladungen enthalten sollte. Im Sinne der Zwitterionenauffassung müßte also die Carboxylgruppe hier ionisiert sein. Man kann das Festhalten des Protons durch die Carboxylgruppe auf die elektrostatische Anziehungskraft, die von dem negativ geladenen Farbion ausgeht (bzw. auf die Abschirmung der elektrostatischen abstoßenden Kraft der positiv geladenen Aminogruppe durch das Farbanion), zurückführen.

II. Aufnahme basischer Farbstoffe durch Eiweißfasern. Ausgangsstoffe: zwitterionisches Eiweiß, Farbkation (F^+), Gegenion (Cl^-).

Ionisationsschema: a) Ungefärbte Faser: $^+NH_3 \cdot R \cdot COO^-$, b) Gefärbte Faser in neutralem Bad: $NH_2 \cdot R \cdot COO^- + F^+$, c) Gefärbte Faser in schwach saurem Bad: $Cl^- + {^+NH_3} \cdot R \cdot COO^- + F^+$.

In neutralem Bad wird das Farbkation als Gegenion eines negativ geladenen Eiweißions angelagert, nachdem ein Proton von der Aminogruppe abgegeben wurde. Die Abgabe des Protons kann auf die elektrostatische Abstoßung seitens des Farbkations (bzw. auf die durch das Farbkation bewirkte Abschirmung der elektrostatischen Anziehung, die von der Carboxylgruppe auf das Proton der Aminogruppe ausgeübt wird) zurückgeführt werden. In saurem Bad reicht diese elektrostatische Wirkung nicht mehr aus, das Proton verbleibt im Eiweißmolekül und die Farbstoffanlagerung erscheint dann in analytischem Sinne als eine Anlagerung des Farbsalzes, obwohl die undissoziierten Farbstoffmoleküle an dem Vorgang aktiv nicht teilnehmen. Nach dem Waschen und Trocknen gilt auf alle Fälle das Ionisationsschema b).

Die Betrachtung des Unterschiedes in dem Ionisationsschema der ungefärbten und der in neutralem Bad gefärbten Faser zeigt deutlich, daß es sich hier um eine sog. hydrolytische Sorption handelt. KNECHT hat als erster festgestellt, daß bei dem Färben der Wolle mit basischen Farbstoffen die Gegenionen der Farbsalze (Chlor) vollständig in der Lösung bleiben. Überraschenderweise zeigte jedoch die Wasserstoffionenkonzentration der Farbflotte keine Zunahme. Die Erscheinung hat KNECHT durch die Annahme erklärt, daß die freiwerdende Salzsäure durch basische Abbauprodukte der Eiweißstoffe neutralisiert wird.

Eine besondere Rolle spielte in den früheren färbetheoretischen Erörterungen der sog. JACQUEMINsche Versuch. JACQUEMIN hat 1868 folgendes beschrieben. Wird die rote Lösung des Fuchsins, d. h. des Rosanilinchlorhydrates auf alkalische Reaktion gebracht, so wird sie bekanntlich unter Bildung der Carbinolbase entfärbt. Gibt man in die Lösung, die mit Ammoniak gerade bis zur Entfärbung versetzt wurde, Wolle, so bleibt die Faser bei Zimmertemperatur farblos. Erhitzt man nun die die Wolle enthaltende Lösung, so bleibt sie zwar farblos, die Faser nimmt jedoch darin die rote Farbe des Farbkations an. Die Wolle verhält sich also hier wie eine Säure, die die Farbbase in das Farbsalz überführt. Im Laufe der Zeit wurde wiederholt dem Versuch die Beweiskraft hinsichtlich der Salznatur der Wolle-Farbstoff-Verbindung abgesprochen. v. GEORGIEVICS hat z. B. angenommen, daß der Farbstoff auf der Wolle in Form einer gefärbten Rosanilinbase aufgenommen wird. VOM HOVE führte die Erscheinung auf den Kohlensäuregehalt der Wolle zurück. Andererseits lernte man im Laufe der Zeit eine Reihe analoger Erscheinungen kennen, die für die Richtigkeit der ursprünglichen Deutung von JACQUEMIN sprechen. Im Grunde genommen besagt der JACQUEMINsche Versuch so viel, daß *der Dissoziationszustand eines Farbkations an der Wolle einem niedrigeren p_H entspricht als dem p_H der Lösung, mit der sich die Wolle im Gleichgewicht befindet.* DREAPER und WILSON haben den Farbenumschlag von verschiedenen Farbstoffen, z. B. von Methylorange und Benzopurpurin 4B an Wolle und Seide untersucht. Zur Überführung des an den tierischen Fasern angelagerten Methylorange in die rote, zwitterionische Form war eine viel höhere Säurekonzentration erforderlich als zu der des gelösten Farbstoffes. In diesem Falle verhält sich das Farbion auf der Faser so als ob das p_H noch höher wäre als in der Lösung. Im Gegensatz zu den Bedingungen des JACQUEMINschen Versuches liegt hier die Faser als Kation vor. Ähnlich verhält sich Benzopurpurin 4B, dessen Umwandlung von der roten, anionischen, in die blaue, zwitterionischen Form auf der Faser bei einer um Größenordnungen höheren Säurekonzentration stattfindet als in der Lösung.

Für die Beobachtung von DREAPER und WILSON (und für die von JACQUEMIN) würde die DONNANsche Lehre der Membrangleichgewichte die einfachste Erklärung geben. Da im Sinne dieser Theorie die Säurekonzentration in dem Quellungswasser der Fasern viel geringer ist als in dem Außenwasser, würde das Verhalten der Farbstoffe hinsichtlich ihrer Dissoziation auch in diesem Fall dem p_H, das in ihrer Umgebung herrscht, entsprechen. Allerdings ist diese Erklärung zum Verständnis der Erscheinung nicht unbedingt erforderlich. *Ein sorbiertes Ion steht nämlich unter dem Einfluß der Sorptionskräfte und muß daher in seiner Ionisation nicht dasselbe Verhalten wie in freiem Zustande in Lösung zeigen.*

THIELE hat einen dem JACQUEMINschen völlig analogen Versuch demonstriert. Freies p-Nitrobenzal-amino-guanidin gibt gelbe Lösungen, während seine Salze farblos sind. Die gelbe Lösung der Base färbt nun Wolle in der Kälte gelb an, beim Kochen der Wolle tritt jedoch Entfärbung ein. Daß die Entfärbung durch Ionisation bedingt ist, zeigt sich daran, daß Ammoniak wieder die ursprüngliche Gelbfärbung hervorruft. Es geht hier der Salzbildung, die erst in der Wärme eintritt, eine molekulare Anlagerung voraus. Nicht nur die Faserstoffe, auch amphotere Substanzen anorganischer Natur können mit Farbstoffen ähnliche Erscheinungen zeigen. BAYLISS hat gefunden, daß das zwitterionische blaue Kongorot mit Aluminiumoxyd einen dunkelblauen Niederschlag gibt, der beim Erwärmen rote Farbe annimmt und nach dem Erkalten rot bleibt. Ähnlich verhalten sich nach ihm auch das Zirkon- und das Thoriumhydroxyd gegenüber dem Kongofarbstoff. Auch WEDEKIND und RHEINBOLDT beschreiben die Beobachtung, daß die blaue Form des an Zirkonoxydpaste angelagerten Kongorots beim Erwärmen die rote Farbe des Farbanions annimmt. Ebenso verhält sich der Farbstoff am Zinnsäuregel.

KOLTHOFF berichtet über eine analoge Erscheinung an Lanthanhydroxyd. Lanthanhydroxyd ist eine starke, jedoch nur wenig lösliche Base, deren gesättigte Lösung ein p_H von etwa 9 zeigt. Bei diesem p_H ist Thymolphthalein noch farblos. Wenn die Suspension der Base mit dem Indicator geschüttelt wird, beobachtet man, daß die Farbe schön blau wird. Nach dem Absetzen ist die überstehende Flüssigkeit farblos, der Niederschlag jedoch, der den adsorbierten Indicator offenbar in ionisierter Form enthält, kräftig gefärbt. Bezeichnet man die Farbsäure mit HS, so läßt sich der Vorgang an der Oberfläche des Hydroxydteilchen folgendermaßen formulieren:

$$\begin{array}{c} \phantom{La^{+++}\ OH_-\ +\ HS\ \to\ La^{+++}\ }H_2O \\ OH_- \phantom{\ +\ HS\ \to\ La^{+++}\ }S_- \\ La^{+++}\ OH_- + HS \to La^{+++}\ OH_- \\ OH_- \phantom{\ +\ HS\ \to\ La^{+++}\ }OH_- \end{array}$$

Im Gegensatz zu den oben erwähnten Fällen findet hier die Verschiebung der Ionisation schon bei Zimmertemperatur statt.

Man könnte wohl die Beispiele dafür noch erheblich vermehren, daß an der Grenzfläche polar gebauter Körper sorbierte Ionen auch dann in ionischer Form verbleiben können, wenn dies nach der Reaktion der Lösung, mit der sie in Berührung stehen, nicht der Fall sein sollte. Sie unterstützen die ohnehin weitgehend gesicherte Ansicht, daß die Farbstoffe in den tierischen Fasern in der Regel in ionischer Form vorhanden sind. Zu den Fällen, in denen der Farbstoff auf der Faser keine Überschußladung besitzt, sondern als neutrales Zwitterion vorliegt, gehört jedoch z. B. die Färbung mit Alkaliblau, die in dem vorangehenden Abschnitt erörtert wurde.

III. Aufnahme substantiver Farbstoffe durch Cellulosefasern. Da, von Oxycellulose und von stark alkalischen Lösungen abgesehen, eine Salzbildung (Protonabgabe oder Protonaufnahme) der Cellulosemoleküle in merklichem Ausmaße nicht in Frage kommt, muß gleichzeitig mit dem Farbstoffion die äquivalente Menge von Gegenion (meistens Na^+) aufgenommen werden. Wenn die Cellulose nicht rein ist, kann auch eine Austauschadsorption erfolgen, indem das Farbstoffion ein im gleichen Sinn geladenes Ion verdrängt. Dies ist z. B. nach RONA und MICHAELIS bei der Aufnahme von Eosin und Diaminechtrot durch Filtrierpapier der Fall, die als Ammoniumsalze angewandt wurden. Die Ammoniakkonzentration der Lösung erfuhr nämlich hierbei keine Abnahme. Die Anlagerung der Farbstoffe erfolgte in diesem Fall durch Verdrängung von Anionen, die als Gegenionen der an der Faser sorbierten Ca-Ionen gebunden waren. Doch dürfte dem Ionenaustausch bei der substantiven Färbung nicht die allgemeine Bedeutung zukommen, die von MICHAELIS und RONA vermutet wurde. GNEHM und RÖTHELI haben bereits vor längerer Zeit nachgewiesen, daß beim erschöpfenden Auszug der Färbebäder aus den Lösungen der Bariumsalze von Benzopurpurin 4B und Benzoazurin 3G das gesamte Gegenion der Farbstoffe mit auf die Faser zieht. GNEHM und KAUFLER haben diese Beobachtung auf das Bariumsalz des Chrysoidins und auf das Natriumsalz des Benzopurpurins 4B ausgedehnt.

Einfluß der Faser auf die Farbstoffmoleküle. In den Färbungen unterliegen die Farbstoffmoleküle dem Einfluß der von den Faserstoffmolekülen ausgehenden Kräfte. Da die Moleküleigenschaften unter dem Einfluß der sie umgebenden Moleküle gewisse Änderungen erfahren, muß das sorbierte Farbstoffmolekül in seinen Eigenschaften Unterschiede aufweisen, sowohl gegenüber seinen Eigenschaften im Krystall als auch gegenüber den in der Lösung. Bedauerlicherweise sind diese Fragen noch nicht eingehend untersucht worden.

Bekanntlich zeigen viele Farbstoffmoleküle in verschiedenen Lösungsmitteln verschiedene Farben. Offenbar sind diese Farbänderungen durch die Nebenvalenzkräfte bedingt, mit denen die Farbstoff- und die Lösungsmittelmoleküle aneinander geknüpft sind und die das Lösen herbeigeführt haben (vgl. SCHEIBE). Die Tatsache, daß die wasserlöslichen Farbstoffe in den Cellulosefärbungen eine ähnliche Farbe zeigen wie in der Lösung, spricht dafür, daß die Nebenvalenzkräfte in beiden Fällen ähnlich sind: hier wie dort handelt es sich um die von der Hydroxylgruppe ausgehenden Koordinationskräfte. Ein genauer Vergleich der Spektren der Faserfärbungen (etwa an Cellophanfolien) mit den Lösungsspektren wurde bisher nicht durchgeführt.

Daß die Farbe durch die Sorption der Farbstoffmoleküle erheblich geändert werden kann, wies DE BOER an dem Beispiel des an Bariumfluorid- und Calciumfluoridschichten festgehaltenen Alizarinmoleküls nach. DE BOER führt diese Farbänderung auf die von den Fluorionen der Oberfläche ausgehenden, polarisierenden (bzw. kontrapolarisierenden) Kräfte zurück. Beim Erhitzen geht die Sorption durch Entweichen von Fluorwasserstoff in eine Salzbildung an der Oberfläche über. Der Vorgang kann durch die folgenden, schematischen Formeln ausgedrückt werden.

$$\underset{\text{Farbstoff}}{\begin{array}{c}\text{O} \quad \text{OH}\\ \diagup\!\!\diagdown\!\!\diagup\!\!\diagdown\!\!\diagup\text{OH}\\ \diagdown\!\!\diagup\!\!\diagdown\!\!\diagup\!\!\diagdown\\ \text{O}\end{array}} \underset{\substack{\text{Fluorid-}\\\text{schicht}}}{\begin{array}{c}\text{F Ca F}\\ \text{F Ca F}\\ \\ \\ \end{array}} \rightarrow \begin{array}{c}\text{O} \quad \text{OCaF}\\ \diagup\!\!\diagdown\!\!\diagup\!\!\diagdown\!\!\diagup\text{OCaF}\\ \diagdown\!\!\diagup\!\!\diagdown\!\!\diagup\!\!\diagdown\\ \text{O}\end{array} + 2\,\text{H F}$$

Bei dieser Salzbildung erfährt das Absorptionsspektrum — nunmehr infolge der polarisierenden Wirkung der Calciumionen — eine neuerliche Veränderung. Wir haben übrigens hier ein schönes Beispiel für den Übergang einer koordinativen Wasserstoffbrücke (Nebenvalenzbindung) in eine COULOMBsche bzw. DEBYEsche Ionenbindung (Elektronenabgabe und Polarisation). p-Nitrophenol wird gleichfalls unter Farbänderung an die Fluoridschicht angelagert. Die Farbänderung ist auch in diesem Fall auf die Bildung der Wasserstoffbrücke (zwischen dem Oxysauerstoff und dem Fluor) zurückzuführen.

Die chemische Reaktionsfähigkeit der Farbstoffe kann unter dem Einfluß der Sorptionskräfte der Fasern kennzeichnende Änderungen erfahren. GEBHARD hat beobachtet, daß die Färbung von Helindongelb 3GN auf Baumwolle bei der Behandlung mit Lauge zuerst braun, dann violett wird, während der Farbstoff in Substanz bei der gleichen Behandlung unverändert bleibt. GEBHARD zieht daher valenzchemische Einflüsse der Faser in Betracht. BINZ und MANDOVSKY berichten, daß, obwohl Indigopulver mit Natriumalkoholat bereits in einigen Sekunden ein grünes Additionsprodukt gibt, indigogefärbte Baumwolle nur äußerst langsam reagiert (beginnende Grünfärbung in $3^{1}/_{4}$ Stunden). Noch träger reagiert die Färbung auf Kunstseide. Durch lang dauerndes Dämpfen wird die Reaktionsfähigkeit des Farbstoffes auf der Faser erhöht. (Gleichzeitig wird die Reibechtheit vermindert.) Dieser Befund ist besonders bemerkenswert hinsichtlich der Aggregationserscheinungen der Farbstoffe auf der Faser (vgl. weiter unten). SCHOLL hat eine auffallende Beständigkeit des Dihydropyranthrons auf der Faser gegenüber Sauerstoff beobachtet. Auch in diesem Fall führt die Sorption zu einer Reaktionsträgheit des Farbstoffmoleküls.

Über die Phosphoreszenz der Farbstoffe auf der Faser haben KAUTSKY und HIRSCH, ferner JABLONSKY Untersuchungen ausgeführt. — Über den Dichroismus der Färbungen haben wir auf S. 72—76 berichtet.

Wasser- und Waschechtheit der Färbungen. Die größte Wasser- und Waschechtheit zeigen diejenigen Farbstoffe, die auf der Faser in unlösliche Form übergeführt werden, also in erster Linie die Küpenfarbstoffe und die Entwicklungsfarbstoffe. Bei der Besprechung der Aggregationsvorgänge auf der Faser (s. weiter unten) wird gezeigt werden, daß von einer absoluten Wasser- und Waschechtheit auch bei den unlöslichen Farbstoffen nicht die Rede sein kann.

Für die Wasser- und Waschechtheit der wasserlöslichen Farbstoffe ist ihre Affinität zur Faser und ihre Aufziehgeschwindigkeit ausschlaggebend. Je vollständiger der Farbstoff aus dem Färbebad ausgezogen wird, um so weniger wird er an dasselbe Lösungsmittel bei derselben

Temperatur abgegeben. Es besteht kein Grund an der grundsätzlichen Umkehrbarkeit des Färbevorganges zu zweifeln. Die Echtheit einer Färbung gegenüber einer Lösung, die in ihrer Zusammensetzung genau dem Färbebad ohne Farbstoff entspricht, kann man auf dieselbe Weise berechnen wie etwa die Wirksamkeit des Ausschüttelns, nämlich auf Grund des Verteilungsgleichgewichtes. Es ist jedoch zu beachten, daß das Verteilungsverhältnis zwischen Faser und Flotte mit abnehmendem Farbstoffgehalt der Faser immer größer wird. Dementsprechend ist es schwierig, die letzten Reste einer substantiven Färbung mit Wasser zu entfernen.

Bereits GNEHM und KAUFLER haben darüber berichtet, daß substantive Färbungen auf Baumwolle mit Wasser fast vollständig abgezogen werden. Der zurückgebliebene geringe Rest schien andersartig gebunden zu sein. Möglicherweise spielt bei diesem die Bildung unlöslicher Farblacke durch Umsetzung der Farbionen innerhalb der Faser mit Verunreinigungen, die in der Faser enthalten sind oder aus den Lösungen hineindiffundieren, eine Rolle. Allerdings dürfte die Ansicht von RONA und MICHAELIS, die die Ursache der Substantivität in

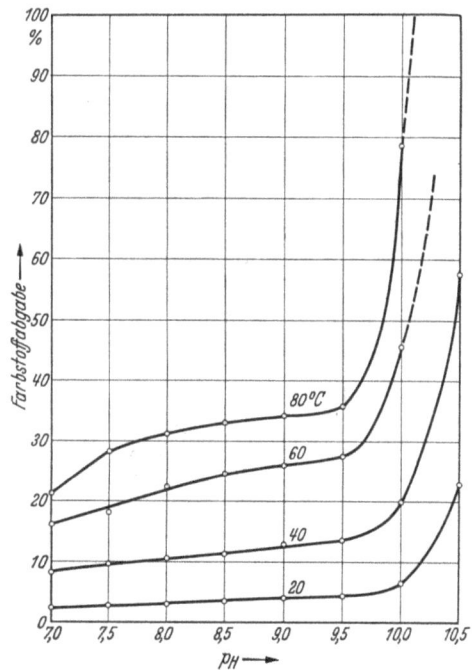

Abb. 244. Farbstoffabgabe einer 2%igen Färbung von Erioechtorange GS auf Wolle nach halbstündiger Behandlung mit Phosphatlösungen verschiedener Temperatur in Abhängigkeit vom p_H des Behandlungsbades (Flottenverhältnis 25 : 1). Ordinate: Menge des abgezogenen Farbstoffs im Verhältnis zur Gesamtmenge. Nach GOODALL.

der Unlöslichkeit der Calciumsalze der Farbstoffe suchen, und den Vorgang der Fixierung der substantiven Farbstoffe allgemein auf die Salzbildung mit den Ca-Ionen in den Cellulosefasern zurückführen wollen, entschieden zu weitgehend zu sein.

NEALE und STRINGFELLOW haben gefunden, daß die Aufnahme von substantiven Farbstoffen durch Cellophan völlig umkehrbar ist. Es zeigt sich nicht einmal eine Hysteresis wie bei der Wasseraufnahme der Fasern. Wenn zwei Probestücke, das eine ungefärbt, das andere nach der Färbung mit einer konzentrierten Farbstofflösung in demselben Färbebad belassen werden, erreichen sie denselben Endzustand der Sorption. BOULTON, DELPH, FOTHERGILL und MORTON haben an den

Färbungen von Kupferseide mit Chrysophenin G, Chicagoblau 6 B und Benzopurpurin 4 B gleichfalls völlige Umkehrbarkeit beobachtet.

Zusätze, die die Affinität der Farbstoffe zur Faser erhöhen, erschweren naturgemäß deren Abziehen. Es ist daher leichter, die substantive Cellulosefärbung mit Wasser als mit Salzlösung abzuziehen. Die sauren Wollfarbstoffe sind dagegen leichter mit Natriumsulfatlösung als mit Wasser von der Faser zu entfernen. Je höher das p_H ist, um so leichter werden die sauren Farbstoffe von den tierischen Fasern abgezogen. Abb. 244 und 245 zeigen dieses Verhalten sehr deutlich. Auf der Abszisse sind die p_H-Werte der abziehenden Lösung (Pufferlösung auf Phosphatgrundlage), auf der Ordinate die nach der Behandlung mit der Lösung bei der angegebenen Temperatur von der Wollfaser abgezogenen Farbstoffmengen in Prozenten der ursprünglich auf der Faser vorhandenen Farbstoffmenge angegeben.

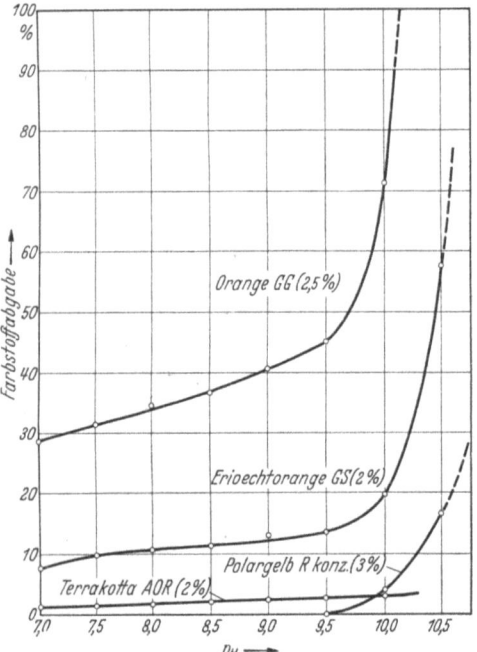

Abb. 245. Farbstoffabgabe verschiedener Wollfärbungen bei 40° nach halbstündiger Behandlung mit Phosphatlösungen in Abhängigkeit vom p_H des Behandlungsbades (Flottenverhältnis 25:1). Ordinate: Menge des abgezogenen Farbstoffs im Verhältnis zur Gesamtmenge. Nach GOODALL.

GOODALL nimmt an, daß der steile Anstieg der abgegebenen Farbstoffmenge oberhalb p_H 9,5 durch die starke Quellung ermöglicht wird, die die Wollfasern in diesem Gebiet erleiden. Da der p_H-Bereich des Quellungsanstiegs mit dem steilen Anstieg der OH-Bindung der Wolle zusammenfällt, ist eine Unterscheidung zwischen der elektrostatischen (bzw. der DONNANschen) Wirkung der erhöhten Ionisation der Keratinmoleküle und der Wirkung der Quellungserhöhung der Fasern nicht möglich. Bemerkenswert ist der große Unterschied in der Farbstoffabgabe seitens der verschiedenen Färbungen, z. B. zwischen der Farbstoffabgabe des typischen sauren Farbstoffes Orange GG und der des im neutralen Bade zu färbenden Farbstoffes Polargelb R.

WELTZIEN und SCHULZE haben die Färbungen von Brillantbenzoblau 6 B und Oxaminrot 3 R an Baumwolle, Kupfer- und Viscoseseide durch Auswaschen mit destilliertem Wasser bei 70° abgezogen. Das Wasser wurde nach je 20 Minuten erneuert. Abb. 246 bringt die Ergebnisse nach 16 Auswaschungen an einer Chicagoblau 6 B-Färbung. Sie zeigt die grundsätzliche Umkehrbarkeit des Färbevorgangs, zugleich aber auch die praktische Schwierigkeit, die letzten Farbstoffreste (aus Viscoseseide und Baumwolle) zu entfernen.

Temperaturerhöhung scheint in allen Fällen den Abziehungsvorgang zu beschleunigen. Einerseits bewirkt sie eine Herabsetzung der Affinität, andererseits eine Erhöhung der Diffusionsgeschwindigkeit der Farbstoffe in den Fasern. Das Waschen ist daher für die Färbungen bei niedriger

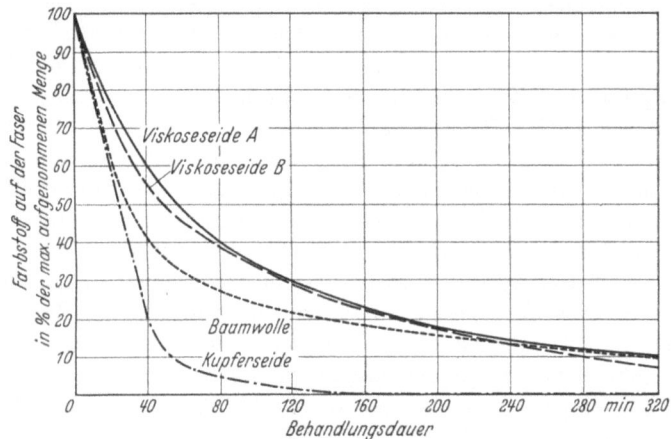

Abb. 246. Farbstoffabgabe von Chicagoblau 6 B-Färbungen verschiedener Cellulosefasern bei Behandlung mit destilliertem Wasser bei 70°. Wasserwechsel nach je 20 Minuten.
Nach WELTZIEN und SCHULZE.

Temperatur ungefährlicher als bei Siedehitze. Die Rolle der Diffusionsgeschwindigkeit der Farbstoffe in den Fasern erhellt aus den Beobachtungen von DREAPER und WILSON, nach denen die Farbstoffe von der Seide bei niedriger Temperatur um so schwieriger abgezogen werden, bei je höherer Temperatur die Färbung ausgeführt wurde. Die höhere Diffusionsgeschwindigkeit ermöglicht den Farbstoffen, während derselben Färbedauer tiefer ins Innere einzudringen. Je tiefer jedoch die Farbstoffmoleküle in der Faser sitzen, um so längere Zeit brauchen sie, um die Faser wieder zu verlassen.

Die Gleichmäßigkeit der Färbungen. Eine der wichtigsten färberischen Eigenschaften der Farbstoffe ist ihre Fähigkeit, gleichmäßige Färbungen zu geben („Egalisiervermögen"). Man verlangt von einer brauchbaren Färbung eine derartige Gleichmäßigkeit, daß sie mit dem Auge nicht als unruhig (fleckig, „schipprig") empfunden wird. Wir wollen von dem Fall, daß die Färbeflotte gröbere Ausscheidungen des Farbstoffes enthält (z. B. infolge des Kalkgehaltes des verwendeten Wassers oder sonstiger Unreinheit), deren örtliche Anreicherung an dem Färbegut zur Entstehung der Ungleichmäßigkeiten Anlaß gibt, absehen, ebenso von dem Fall, daß das Färbegut selbst in Hinsicht auf das Anfärbevermögen ungleichmäßig aufgebaut ist. Dann kann die Neigung eines Farbstoffes zum ungleichmäßigen Färben nur unter der Voraussetzung zum Ausdruck kommen, daß die verschiedenen Stellen des Färbegutes während des Färbevorganges *in dem gleichen Anfärbezustand mit verschieden konzentrierten Farbstofflösungen* in Berührung kommen. Dieser Fall kann insbesondere dann eintreten, wenn das Färbegut nicht sogleich nach dem Einbringen in das Färbebad vollständig benetzt, bzw. von der Farbstofflösung durchtränkt wird, also z. B. bei starker Zwirnung, bei dichtem Gewebe, bei gefaltetem Stück und allgemein bei Filzstücken (Hutstumpen). Der später benetzte Teil des Färbegutes kommt nämlich in noch ungefärbtem Zustand mit einer Färbeflotte in Berührung, die bereits durch Farbstoffabgabe an die benetzten Teile des Färbegutes an Farbstoff verarmt ist. Auch im Falle einer vollständigen Vorbenetzung läßt es sich nicht vermeiden, daß das Eindringen der Farbstofflösung in die schwerer zugänglichen Stellen nur langsam erfolgt und infolgedessen der Färbevorgang an diesen Stellen erst mit einer bereits verdünnten Farbstofflösung einsetzt. Gleichfärbevermögen (Egalisiervermögen) und Durchfärbevermögen stehen daher in engstem Zusammenhang. Örtliche Temperaturunterschiede im Färbebad können gleichfalls zur Entstehung von Ungleichmäßigkeiten führen.

Halten wir an der Voraussetzung des gleichmäßigen Anfärbevermögens des Färbegutes fest, so können wir ohne weiteres erwarten, daß eine entstandene Ungleichmäßigkeit in der Färbung beim Erreichen des Gleichgewichtes zwischen Färbebad und Färbegut vollständig ausgeglichen ist. Dieser Ausgleich kommt so zustande, daß der Farbstoff von der stärker angefärbten Stelle in die Lösung und von dort an die schwächer angefärbte Stelle wandert. Beide Stellen stehen nämlich mit der Farbstofflösung im Gleichgewicht. Beim Ausgleich einer bereits entstandenen Ungleichmäßigkeit kommt es daher auf die Geschwindigkeit an, mit der die Annäherung an das Gleichgewicht vor sich geht. Erfolgt der Ausgleich im Verhältnis zur Färbedauer schnell, so spricht man ebenso von einem „gut egalisierenden", d. h. gleichmäßig färbenden Farbstoff wie in dem Falle, wo der Farbstoff so langsam aufzieht, daß es überhaupt nicht erst zur Ausbildung merklicher Ungleichmäßigkeiten kommt.

Die Feststellung, ob ein Farbstoff gut oder schlecht egalisiert, erfolgt nach verschiedenen Methoden. Die unmittelbare Beurteilung der Färbung mit dem Auge ist zwar entscheidend, jedoch stark subjektiv und läßt sich zahlenmäßig nicht ausdrücken. Die Einteilung auf Grund dieser Beurteilung in Klassen ist daher mehr oder weniger willkürlich. Es ist zu bemerken, daß die gleichen Unterschiede in der Farbstoffaufnahme der Fasern bei den verschiedenen Farben durch das Auge verschieden stark empfunden werden. Unterschiede in einer gelben Färbung fallen viel weniger auf als Unterschiede in einer blauen Färbung. In

Beurteilung der Gleichmäßigkeit von sehr hellen oder sehr dunklen Färbungen ist das Auge weniger empfindlich als in Beurteilung mittlerer Farbtiefen. Die Unterschiede können deutlicher gemacht werden durch Herstellung einer Ausfärbung des zu untersuchenden Farbstoffes im Gemisch mit einem gleichmäßig färbenden Farbstoff von anderer Farbe. In diesem Falle kommen nämlich die Unterschiede in der Verteilung des ersten Farbstoffes nicht als Unterschiede in der Farbtiefe, sondern als solche des Farbtons zum Ausdruck. Aus diesem Grunde ist die Gleichmäßigkeit der Färbung viel wichtiger bei Benutzung von Farbstoffgemischen als von einheitlichen Farbstoffen. Das Durchfärbevermögen läßt sich nach Aufdrehen der stark gezwirnten Fäden oder nach Durchschneiden der Filze bequem beurteilen.

Das indirekte Prüfverfahren für das Gleichfärbevermögen besteht darin, daß man das gefärbte Färbegut in der blinden Flotte (Flotte ohne Farbstoff) zusammen mit einem ungefärbten Probestück gemäß den Färbebedingungen behandelt. Je schneller der Unterschied in der Farbtiefe der beiden Stücke vermindert wird, um so besser egalisiert der Farbstoff. Diese Methode mißt nur die Geschwindigkeit des Ausgleiches bereits entstandener Ungleichmäßigkeiten, jedoch nicht die Neigung zur Bildung einer Ungleichmäßigkeit. Wenn auch beide Eigenschaften gewöhnlich miteinander parallel gehen, so dürften doch auch andere Fälle vorkommen, in denen dies nicht zutrifft und daher die Prüfmethode versagt.

Es sind bisher nur wenige systematische Untersuchungen über das Gleichfärbevermögen veröffentlicht worden. Es gibt einige, die sich auf das Sauerbadfärben der Wolle und einige, die sich auf das Färben der Viscoseseide mit substantiven Farbstoffen beziehen, während über das Baumwollfärben kaum eine hierher gehörige Untersuchung bekannt ist.

Um die Abhängigkeit der Gleichmäßigkeit der Färbungen von den Färbebedingungen zu erklären, müßte man die zwei ausschlaggebenden Größen des Färbevorganges, nämlich die Verteilung des Farbstoffes beim Gleichgewicht und die Diffusionsgeschwindigkeit des Farbstoffes auf der Faser in Abhängigkeit von der Farbstoffkonzentration, vom p_H, von der Salzkonzentration, von der Temperatur usw. kennen. Leider sind unsere Kenntnisse über diese Größen, soweit sie sich auf das *Färben der Wolle mit sauren Farbstoffen* beziehen, sehr mangelhaft. Wir können daher die Gesetze, die die Gleichmäßigkeit dieser Färbungen beherrschen, weder ableiten, noch vollständig erklären. Wir müssen uns vielmehr darauf beschränken, die bisher bekanntgewordenen Regeln aufzuzählen und zu versuchen ihre Zusammenhänge mit den färberischen Eigenschaften zu deuten.

Die Hauptregel, die eine sehr weitgehende Gültigkeit zu besitzen scheint, besagt, daß man *um so gleichmäßigere Färbungen erhält, je weniger die Bäder während der normalen Färbedauer erschöpft werden.* Bereits HALLITT, von dem eine der ersten Arbeiten über die Gleichmäßigkeit der sauren Wollfärbungen stammt, stellte fest, daß die von ihm untersuchten Farbstoffe um so besser egalisierten, je unvollständiger sie unter gleichen Färbebedingungen aus den Bädern ausgezogen wurden. Es läßt sich aber auf Grund dieser Versuche noch nicht entscheiden, ob es sich bei den besser aufziehenden Farbstoffen um solche handelt, die beim Erreichen der Gleichgewichtsverteilung die höhere Affinität zur Faser aufweisen, oder um solche, die *in den Fasern* schneller diffundieren und daher innerhalb der Färbedauer die bessere Annäherung an den Gleichgewichtszustand gestatten. Die folgende Überlegung macht es jedoch wahrscheinlich, daß die Affinität und nicht die Diffusionsgeschwindigkeit für das Verhalten bestimmend ist. Setzen wir gleiche Diffusionsgeschwindigkeit der Farbstoffe in den Fasern voraus, dann fällt die Färbung auf alle Fälle *um so gleichmäßiger aus, je geringer die Affinität* des Farbstoffes zur Faser ist. Wenn nämlich die Bäder schlechter ausgezogen werden, dann werden die entstehenden Konzentrationsunterschiede weniger groß und infolgedessen wird sowohl die Möglichkeit zur Entstehung der Ungleichmäßigkeiten verringert als auch der nachträgliche Ausgleich erleichtert. Die höhere Diffusionsgeschwindigkeit bei gleicher Affinität ermöglicht zwar einerseits den schnelleren Ausgleich der Ungleichmäßigkeiten, steigert jedoch gleichzeitig die Möglichkeit zur Entstehung dieser Ungleichmäßigkeiten.

Unvollständigeres Ausziehen der Färbebäder bedeutet zugleich leichteres Abziehen der Färbungen. Strenggenommen gilt dies nur für das Abziehen mit der blinden Färbeflotte. Es zeigt sich jedoch, daß im allgemeinen die geringere Affinität der Farbstoffe zur Faser auch in der leichteren Abziehbarkeit durch kaltes oder heißes Wasser zum Ausdruck kommt. *Daher sind gewöhnlich die besser egalisierenden Farbstoffe die unechteren in bezug auf Wasser-, Wasch- und Pottingechtheit.* Aus diesem Grunde kann man auf die Verwendung der schlechter egalisierenden Farbstoffe in der Färberei nicht ohne weiteres verzichten, es sei denn, daß man die besser egalisierenden einer Nachbehandlung unterzieht, die die Echtheitseigenschaften erhöht (Chromieren, Diazotieren und Kuppeln, Tannieren, Behandlung mit Solidogen u. dgl.).

Eine der wichtigsten praktischen Maßnahmen zur Erhöhung der Gleichmäßigkeit der Wollfärbung ist der Zusatz von Salzen, insbesondere von Natriumsulfat, zum Färbebad. Wir haben in dem vorangehenden Abschnitt darüber berichtet, daß dieser Zusatz die Menge des im Gleichgewichtszustand aufgenommenen Farbstoffes herabsetzt. Diese Wirksamkeit beruht darauf, daß die Sulfationen die den Farbstoffionen zur Verfügung stehenden Plätze (nämlich diejenigen an den $-NH_3^+$-Gruppen der Keratinmoleküle) besetzen und die elektrische Anziehungskraft zwischen der positiv geladenen Faser und dem negativ geladenen Farbstoffion durch die teilweise Absättigung der Ladungen der Faser vermindern. HALLITT hat in der erwähnten Arbeit gezeigt, daß ein Farbstoff um so vollständiger von der Faser mit Natriumsulfatlösung abgezogen werden kann, je besser er egalisiert. Eine wesentliche Beeinflussung der Diffusionsgeschwindigkeit der Farbstoffe in den Fasern durch den Salzzusatz ist nicht anzunehmen, so daß die Wirkungsweise des Glaubersalzes sich ohne Schwierigkeit unter die Hauptregel einordnen läßt: Herabsetzung der Affinität des Farbstoffes zur Faser erhöht die Gleichmäßigkeit der Färbung.

Eine weitere praktische Maßnahme zur Herbeiführung einer gleichmäßigen Färbung ist die Anwendung von schwachen Säuren bzw. von Natriumbisulfat an Stelle von starken Säuren oder, mit anderen Worten, die Einhaltung einer verhältnismäßig niedrigen Wasserstoffionenkonzentration im Färbebad. Die Bedeutung der Wasserstoffionenkonzentration für das Färben der tierischen Fasern wurde in dem vorangehenden Abschnitt bereits besprochen. Da die Wasserstoffionen die positive Ladung der Keratinmoleküle erhöhen, verschieben sie das Anlagerungsgleichgewicht zugunsten der Farbstoffaufnahme. Niedrige Wasserstoffionenkonzentration bedeutet daher geringe Affinität der Farbstoffe zur Faser. Die Hauptregel bewährt sich somit auch für das Verständnis des Gebrauches der schwachen Säuren zum Zwecke eines besseren Egalisierens. HALLITT, der die Wirkung der Säuren verglich, fand, daß bei gleicher Äquivalentkonzentration Salzsäure die ungleichmäßigste, Essigsäure die gleichmäßigste Färbung gibt, während Oxalsäure zwischen diesen beiden steht. Die Reihenfolge der Säuren nach zunehmender Egalisierwirkung war also die umgekehrte wie die ihrer Dissoziationsstärke. Eine Ausnahme macht jedoch die Schwefelsäure; sie egalisiert besser als die drei anderen untersuchten Säuren. Es handelt sich hier wohl um die Wirkung der Sulfationen, die infolge ihrer doppelten Ladung mit den Farbanionen um die verfügbaren Plätze an den Fasern konkurrieren und dadurch das Gleichgewicht in der Richtung eines weniger vollständigen Aufziehens der Farbstoffe verschieben.

Der Zusammenhang zwischen Färbetemperatur und Egalisieren scheint nicht ganz einfach zu sein. Meistens lautet die Vorschrift, daß das Färben bei niedriger Temperatur begonnen und unter allmählicher Temperatursteigerung des Bades fortgeführt werden soll. Da wir den Einfluß der Temperatur auf das Verteilungsgleichgewicht und auf die Diffusionsgeschwindigkeit bei dem Färben der Wolle nicht genügend kennen, sind wir nicht in der Lage zu entscheiden, ob bei der Einhaltung einer niedrigen Temperatur die Herabsetzung der Diffusionsgeschwindigkeit oder der Affinität ausschlaggebend ist. Wie H. R. HIRST gezeigt hat, nimmt bei schlecht egalisierenden Farbstoffen die Menge der in 1 Stunde aufgenommenen Farbstoffe mit steigender Temperatur zu. In diesen Fällen wird ein längeres Kochen der Färbeflotte zum Schluß des Färbens erforderlich sein, einerseits um eine möglichst weitgehende Erschöpfung des Bades zu bewirken, andererseits um den Ausgleich bereits entstandener Ungleichmäßigkeiten zu begünstigen. Einige gut egalisierende Farbstoffe, wie z. B. Orange 2 B, zeigen nach HIRST bei

1 Stunde Färbedauer ein Maximum der Farbstoffaufnahme zwischen 60 und 80°. Bei diesen Farbstoffen dürfte es vorteilhafter sein, von Anfang an bei Siedehitze zu färben. (Vgl. Abb. 233, S. 438.)

Die Wirkung der sog. *Egalisiermittel,* die meistens anionische Seifen (wie Marseillerseife, Türkischrotöl, Alkylnaphthalinsulfosäure [Nekal, Leonil], höhermolekulare aliphatische Sulfosäuren [Igepon], saure Schwefelsäureester höhermolekularer aliphatischer Alkohole) darstellen, ist eine zweifache. Erstens wirken sie als Netzmittel und bedingen daher ein schnelleres Durchdringen des Färbegutes mit der Farbflotte. Zweitens besetzen sie als hochmolekulare Anionen die für die Farbanionen an der Faser verfügbaren Plätze. Dadurch verschieben sie das Gleichgewicht in der Richtung des unvollständigeren Ausziehens der Farbstoffe und verlangsamen deren Aufnahme durch die Fasern. Die Wirkung der Egalisiermittel ist ähnlich wie die einer weit höheren Menge von Natriumsulfat. Da jedoch die Salze in hoher Konzentration häufig die Farbstoffe ausflocken, können die Egalisiermittel auch in solchen Fällen mit Erfolg angewandt werden, in denen sich Glaubersalz als ungeeignet erweist [1]. (Vgl. NÜSSLEIN, SCHWEN 2.)

Die Bestrebungen, zwischen Teilchengröße und Gleichfärbevermögen Beziehungen festzustellen, können über bloße Mutmaßungen solange nicht hinauskommen, bis zuverlässige zahlenmäßige Angaben über die beiden Eigenschaften zur Verfügung stehen. HAUSSMANN hat auf den engen Zusammenhang zwischen der von W. BILTZ ermittelten Dialysierfähigkeit und dem Egalisiervermögen von sauren Farbstoffen hingewiesen. Je schneller ein Farbstoff dialysiert, um so gleichmäßigere Färbungen gibt er. Nimmt man an, daß die Aggregate der Farbanionen als solche an dem Färbevorgang teilnehmen, so wäre die Beobachtung, daß die Aggregation der Farbanionen, die sich in der langsamen Dialysegeschwindigkeit kundgibt, zu ungleichmäßigen Färbungen führt, aus den zwischen der ionischen Micelle, infolge ihrer hohen elektrischen Ladung und der Faser herrschenden starken elektrostatischen Anziehungskräften zu erklären. Nehmen wir jedoch an, daß, was wahrscheinlicher ist, die Aggregate nicht in die submikroskopischen Kanäle der Fasern eindringen können, dann können wir genau so, wie wir es in bezug auf die substantive Baumwollfärbung tun, auch hier vermuten, daß die in der Aggregation sich offenbarenden starken molekularen Kohäsionskräfte mit starken Adhäsionskräften gegenüber dem Molekül des Faserstoffes gepaart sind. Auf diese Weise läßt sich der Befund gleichfalls auf die Hauptregel über den Zusammenhang zwischen Affinität und Gleichfärbung zurückführen. Es ist schließlich auch möglich, daß die durch die starken elektrostatischen Anziehungskräfte hervorgerufene schnelle Niederschlagung der Farbionenaggregate an der Oberfläche der Fasern zu der Ausbildung der Ungleichmäßigkeiten führt, auch dann, wenn diese Aggregate in unzerteiltem Zustande nicht in das Innere der Fasern dringen können.

Eine eingehende Untersuchung über den Zusammenhang des Gleichfärbevermögens einfacher Azofarbstoffe mit ihren kolloiden Eigenschaften wurde von SPEAKMAN und CLEGG ausgeführt. Als Maßstab für das

---

[1] In der Sauerbadfärberei können natürlich nur die in saurer Lösung beständigen Seifen, also die Sulfosäuren — bzw. Schwefelsäureabkömmlinge angewendet werden.

Gleichfärbevermögen wurde hier die Beständigkeit des Farbstoffes gegen Elektrolyte (Kochsalz und Schwefelsäure) bei Zimmertemperatur benützt. Je höher die flockende Konzentration der Elektrolyte, um so besser ist die Egalisierfähigkeit der Farbstoffe. Salzbeständige Farbstoffe vertragen nämlich einen entsprechenden Zusatz an Glaubersalz, der die Gleichmäßigkeit der Färbungen begünstigt. Als weitere für das Gleichfärbevermögen bezeichnende Größe betrachteten die Forscher die Verarmung des Färbebades beim Färben in Anwesenheit einer sehr hohen Natriumsulfatkonzentration (13% Glaubersalz; Flottenverhältnis 50:1; Farbstoffkonzentration 5×10^{-4} Mol/l; $1,2 \times 10^{-2}$ n H_2SO_4). Durch eine Färbedauer von 3 Stunden bei Siedehitze wurde eine weitgehende Annäherung an den Gleichgewichtszustand angestrebt. Es zeigte sich nun, daß die Farbstofflösungen um so weniger erschöpft werden, je größer die Salzbeständigkeit der Farbstoffe ist [1]. Nach SPEAKMAN ist die Neigung der Farbstoffe zur Bildung von Kolloidteilchen diejenige Eigenschaft, die sowohl ihr färberisches Verhalten als auch ihre Salzbeständigkeit bestimmt. Je mehr die Farbstoffe zur Aggregation neigen, um so leichter werden sie geflockt, um so stärker ziehen sie aus den stark salzhaltigen Bädern auf die Faser und schließlich um so ungleichmäßigere Färbungen liefern sie. Vielleicht handelt es sich jedoch auch hier weniger um eine unmittelbare Bedeutung der Teilchengröße, als um die allgemeine Parallelität in der Entfaltung der Kohäsions- und der Adhäsionskräfte. Dann wäre die leichte Flockbarkeit ebenso wie die weitgehende Erschöpfung der Bäder ein Merkmal für die starke Affinität, die die Ursache der ungleichmäßigen Färbungen bildet.

Im einzelnen wurden von SPEAKMAN und CLEGG folgende Gesetzmäßigkeiten festgestellt. Unter sonst gleichen Bedingungen nimmt das Egalisiervermögen (gemessen an der Salzbeständigkeit und an der in Anwesenheit von 13% Glaubersalz im Färbebad verbleibenden Farbstoffmenge) ab, wenn das Molekulargewicht durch Ersatz eines Benzolkerns durch einen Naphthalinkern gesteigert wird. Dieses Verhalten zeigen z. B. die folgenden zwei Farbstoffe:

Farbstoff	$NaO_3S-\langle\rangle-N=N-\langle\rangle\langle\rangle^{HO}$	$NaO_3S-\langle\rangle-N=N-\langle\rangle\langle\rangle^{HO}$
Flockende Kochsalzkonzentration . .	0,286 n	< 0,0028 n
Im Bad verbleibender Farbstoff . . .	28,2%	6%

Das Egalisiervermögen nimmt durch Einführung von Sulfogruppen zu, jedoch nur so lange, als eine Flockbarkeit in hoher Salzkonzentration

---

[1] Dieses Verhalten erinnert an den Befund von ROSE und von LENHER und SMITH, daß die Farbstoffe um so substantiver sind, je salzempfindlicher ihr Assoziationszustand ist.

noch erhalten bleibt, was naturgemäß bei größeren Molekülen bis zu einem höheren Sulfierungsgrad der Fall ist. Die Stellung der Sulfogruppen ist nicht ohne Einfluß. Je mehr die Sulfogruppe von der Azogruppe entfernt ist, um so besser ist das Egalisieren. Die Einführung in den Naphthalinkern ist günstiger als die Einführung in den Benzolkern.

Interessant sind die Ergebnisse mit stark sulfierten Farbstoffen, die durch konzentrierte Salzlösungen nicht geflockt werden. Bei diesen wurde die Farbstoffaufnahme in Abhängigkeit von der Natriumsulfatkonzentration ermittelt. Es zeigte sich, daß bei niedriger Salzkonzentration die Bäder um so vollständiger ausgezogen wurden, je mehr Sulfogruppen das Molekül enthielt (Tabelle 142).

Tabelle 142. **Erschöpfung der Farbstoffbäder durch Wolle in Abhängigkeit von dem Sulfierungsgrad der Farbstoffe und der Natriumsulfatkonzentration.** Nach SPEAKMAN und CLEGG.
(Flottenverhältnis 50:1, Farbstoffkonzentration 5×10^{-4} Mol/l, $1{,}2 \times 10^{-2}$ n H_2SO_4, Färbedauer 1 Stunde bei Siedehitze.)

Farbstoff	Anzahl der Sulfogruppen im Molekül	1% Na_2SO_4	13% $Na_2SO_4 + 10H_2O$
		Im Bad verbleibt Farbstoff in %	
Anilin → 2-Naphthol-6.8-disulfosäure	2	29,0	61,0
Anilin-2.5-disulfosäure → 2-Naphthol-6-sulfosäure	3	12,3	63,0
Anilin-2.5-disulfosäure → 2-Naphthol-3.6-disulfosäure	4	4,1	70,8
Anilin-2.5-disulfosäure → 2-Naphthol-3.6.8-trisulfosäure	5	2,9	78,0

In höherer Salzkonzentration kehrte sich jedoch die Reihenfolge um. Die höherwertigen Farbanionen lassen sich also durch das Salz leichter von der Faser verdrängen als die niedrigwertigen. In niedriger Salzkonzentration bestimmt anscheinend die starke elektrostatische Anziehung zwischen den Farbanionen und den positiv geladenen Keratinmolekülen das Verhalten. Mit zunehmender Salzkonzentration tritt dann die Bedeutung der elektrischen Kräfte zurück. Hier dürfte die Ursache der mangelhaften Erschöpfung der Bäder von hochsulfierten Farbstoffen in der starken Löslichkeit bzw. der hohen Ionenhydratation dieser Farbionen zu suchen sein. Die Gleichmäßigkeit der Färbung dürfte in diesem Fall wesentlich davon abhängen, bei welcher Salzkonzentration die Färbung ausgeführt wird.

Das eigenartige Verhalten der *Palatinechtfarbstoffe* wurde bereits erwähnt (S. 477). Diese Chromkomplexverbindungen saurer Wollfarbstoffe lassen sich — im Gegensatz zu den gewöhnlichen sauren Wollfarbstoffen — um so gleichmäßiger anfärben, je höher die Schwefelsäurekonzentration des Bades ist (selbstverständlich nur bis zu einer gewissen Konzentrationsgrenze) (vgl. ANACKER). Wir möchten die Ursache dieses Verhaltens in einer *komplexen Bindung des Chromatoms des Farbstoffes an die Eiweißmoleküle, z. B. an deren Aminogruppen,* suchen. Mit steigender Säurekonzentration werden die Aminogruppen in Ammoniumgruppen umgewandelt, die zur Komplexbildung mit dem Metallatom nicht mehr befähigt sind. Daher nimmt die Affinität des Farbstoffes zum Eiweißmolekül — trotz der steigenden elektrostatischen Anziehung — mit wachsender Säurekonzentration ab, seine Bindung zur Faser wird lockerer. Nur bei einer genügend hohen Wasserstoffionenkonzentration ist das Farbstoffmolekül bzw. -ion auf der Faser genügend beweglich, um eine gleichmäßige Färbung zu geben. Beim Auswaschen bzw. Neutralisieren der gefärbten Faser werden die Ammoniumgruppen wieder in Aminogruppen übergeführt. Die komplexe Bindung des Farbstoffes findet nunmehr statt und die Waschechtheit der Färbung wird dadurch erhöht.

Die Hauptregel, daß Affinität und Gleichmäßigkeit der Färbungen im umgekehrten Verhältnis zueinander stehen, scheint auch bei dem Färben der *Baumwolle* mit substantiven Farbstoffen gültig zu sein, soweit die spärlichen Angaben des Schrifttums einen Schluß zulassen. Die substantivsten wasser- und waschechtesten Farbstoffe sind im allgemeinen diejenigen, die dazu neigen, ungleichmäßige Färbungen zu geben. Bei diesen Farbstoffen empfiehlt es sich, die Färbung bei niedriger Salzkonzentration zu beginnen und den Salzgehalt des Bades nach und nach zu steigern. Aus den sorgfältigen Untersuchungen von NEALE wissen wir, daß von der Salzkonzentration (innerhalb der bei der Technik üblichen Grenzen) die Diffusionsgeschwindigkeit der Farbstoffe in den Cellulosefasern weniger stark abhängt als die beim Erreichen des Gleichgewichtes aufgenommene Farbstoffmenge. Letztere nimmt bekanntlich mit zunehmender Salzkonzentration sehr stark zu. Während das Färben bei niedriger Salzkonzentration die Gleichmäßigkeit der Färbung begünstigt, ist der schließliche Zusatz größerer Salzmengen zur Erschöpfung der Bäder erforderlich.

Eigenartige Verhältnisse zeigen sich beim Färben der aus der Viscose oder Kupferamminlösung gewonnenen *Kunstseidefasern* mit substantiven Farbstoffen. Nach Einführung der Kunstfasern hat sich bald gezeigt, daß die meisten dieser Farbstoffe dazu neigen, unruhige, streifige Färbungen zu geben. Zuerst wurden rein empirisch diejenigen Farbstoffe ausgesucht, die diesen Nachteil nicht oder wenigstens nur in geringem Maße aufwiesen (vgl. die Zusammenstellung von WILSON und IMISON). WHITTAKER hat eine Reihe empirischer Methoden angegeben, um die Farbstoffe nach ihrem Egalisiervermögen zu ordnen. Insbesondere hat er darauf hingewiesen, daß diejenigen Farbstoffe, die auf Viscoseseide langsam aufziehen, die schlechter egalisierenden sind. Auch WELTZIEN hat festgestellt, daß die Herabsetzung der Aufziehgeschwindigkeit, z. B. durch alkalische Zusätze zum Färbebad, die Ungleichmäßigkeit vergrößert, während die Vorquellung der Faser mit 4%iger

Natronlauge und darauffolgendes völliges Auswaschen der Lauge, also eine Maßnahme, die die Aufnahmegeschwindigkeit erhöht, die Gleichmäßigkeit bedeutend verbessert. Ferner haben WELTZIEN und SCHULZE beobachtet, daß im allgemeinen gut egalisierende Farbstoffe schon bei geringen Salzzusätzen eine starke Zunahme der Aufnahmegeschwindigkeit zeigen, während dies bei schlecht egalisierenden viel weniger der Fall ist.

Besonders interessant ist die folgende von WHITTAKER aufgefundene Regel: *bei je niedrigerer Temperatur das Maximum der Farbstoffaufnahme liegt, um so besser egalisiert der Farbstoff.* Die bestegalisierenden Farbstoffe zeigen einen Höchstwert der Aufnahme bereits bei Zimmertemperatur, während von den ungleichmäßig färbenden um so mehr aufgenommen wird, je höher die Färbetemperatur ist. Bei der Prüfung müssen natürlich identische Färbebedingungen eingehalten werden. Die Erklärung für dieses Prüfverfahren hat dann die Untersuchung von BOULTON, DELPH, FOTHERGILL und MORTON ergeben. Diese Forscher führten die Färbungen bei so langer Färbedauer aus, daß in allen Fällen das Gleichgewicht der Farbstoffaufnahme erreicht wurde. Ihre Ergebnisse mit einem der bestegalisierenden Farbstoffe, Chrysophenin G, zeigt Abb. 247.

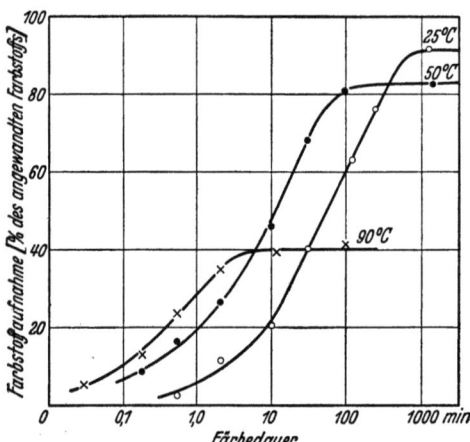

Abb. 247. Aufnahme von Chrysophenin G durch Viscoseseide in Anwesenheit von 0,125% NaCl bei verschiedenen Temperaturen in Abhängigkeit von der Färbedauer. Anfangskonzentration des Färbebades 0,005%. Flottenverhältnis 40:1. Nach BOULTON, DELPH, FOTHERGILL und MORTON.

Es ist zu beachten, daß bei diesen Versuchen, im Gegensatz zu den Messungen von NEALE und Mitarbeitern, mit normalen Flottenverhältnissen gearbeitet wurde, so daß die Farbstoffkonzentration im Bad während des Färbevorgangs fortwährend fiel. Die Zeitdauer ist in logarithmischem Maße aufgetragen.

Wie die etwa gleichzeitig ausgeführten Untersuchungen von NEALE, zeigen auch die in der Abbildung dargestellten, daß die im Gleichgewichtszustand aufgenommene Farbstoffmenge mit steigender Temperatur abnimmt, während die Geschwindigkeit der Annäherung an den Gleichgewichtszustand zugleich zunimmt. Es kommt daher regelmäßig zur Überschneidung der Kurven. Vergleicht man z. B. die Farbstoffaufnahme bei 90° und 50°, so findet man während der ersten 8 Minuten eine höhere Farbstoffaufnahme bei 90° und nachher eine höhere Aufnahme bei 50°. Vergleicht man die Farbstoffaufnahme bei 25° und 50°, so findet man in den ersten 2 Stunden die höhere Farbstoffaufnahme bei der niedrigen und im weiteren Verlauf bei der höheren Temperatur. Die Untersuchungen haben ergeben, daß dieses Verhalten insofern allgemein ist, als bei allen Farbstoffen die Aufziehgeschwindigkeit mit steigender Temperatur zunimmt und die Gleichgewichtsaufnahme sinkt. In der absoluten Aufziehgeschwindigkeit unterscheiden sich jedoch die Farbstoffe sehr stark voneinander. Vergleicht man nun die Farbstoffaufnahme nach einer willkürlichen Färbedauer, z. B. nach 1 Stunde, so findet man bei den schnellen Farbstoffen, bei denen das Gleichgewicht bereits bei niedrigerer Temperatur innerhalb dieses Zeitraumes erreicht wurde, eine höhere Farbstoffaufnahme bei der niedrigen Temperatur, während bei den langsameren Farbstoffen hier noch die Aufziehgeschwindigkeit die Verhältnisse beherrscht, so daß bei diesen um so mehr Farbstoff von der Faser aufgenommen wurde, je höher die Temperatur ist. In Wirklichkeit ordnet also die WHITTAKERsche „Temperaturordnungsmethode" die Farbstoffe nach ihrer Aufziehgeschwindigkeit ein.

Auf die Messung der Aufziehgeschwindigkeit gründen BOULTON und READING eine Klassifizierung der substantiven Kunstseidefarbstoffe. Die Geschwindigkeit der Erschöpfung des Färbebades hängt bekanntlich von der Natur und der Feinheit der Faser, von dem Flottenverhältnis, der Farbstoffkonzentration, der Temperatur, der Salzkonzentration usw. ab. Will man das Verhalten der verschiedenen Farbstoffe vergleichen, dann muß man diese Bedingungen festlegen. BOULTON und READING färben ein bestimmtes Handelsprodukt von Viscoseseide bei 90°, dem Flottenverhältnis 40:1 und der Farbstoffkonzentration von 0,0125%[1]. Die Salzkonzentration wird jedoch für jeden Farbstoff besonders gewählt, und zwar so, daß im Endzustand 50% des Farbstoffes ausgezogen sind. Bei den untersuchten Farbstoffen bewegte sich die auf diese Weise bestimmte Natriumchloridkonzentration zwischen etwa 0,005 und 0,75%. Als bezeichnende Größe der Färbegeschwindigkeit wird die Halbwertzeit ermittelt, d. h. die Zeitdauer, während der die Hälfte der beim Gleichgewicht ausgezogenen Farbstoffmenge von der Faser aufgenommen wird, also die Anfangskonzentration um 25% sinkt. Die niedrigste Halbwertzeit, die beobachtet wurde, war 0,07 Minuten (bei Chlorazolechtorange GS), die höchste 160 Minuten (Diphenylechtblaugrün BL). Das Verhältnis dieser extremen Halbwertzeiten war somit über 1:2000. Die übrigen 69 untersuchten Farbstoffe verteilten sich, nach der Färbegeschwindigkeit geordnet, ziemlich gleichmäßig innerhalb dieser Grenzen.

Die Bedeutung, die die Diffusionsgeschwindigkeit der Farbstoffe auf der Faser für die Gleichmäßigkeit der Färbungen der Viscoseseide besitzt, erklärten BOULTON, DELPH, FOTHERGILL und MORTON durch die Annahme, daß die Ungleichmäßigkeit der Färbungen durch die Ungleich-

---

[1] Die Konzentrationen bedeuten, wenn nicht anders angegeben, den Prozentgehalt der Flotte.

mäßigkeit der Fasern verursacht ist. Die Fasern unterscheiden sich voneinander in bezug auf die Geschwindigkeit der Diffusion, die sie den Farbstoffen in ihrem Inneren gestatten, sehr stark, während sie sich in bezug auf die beim Gleichgewicht aufgenommene Farbstoffmenge ziemlich gleich verhalten. Die folgende Tabelle zeigt das Versuchsmaterial, das als Grundlage dieser Auffassung dient.

Tabelle 143. **Halbwertzeit und beim Gleichgewicht ausgezogene Farbstoffmenge** (in Prozenten der Gesamtmenge) **bei verschiedenen Kunstseidegarnen.** Nach BOULTON, DELPH, FOTHERGILL und MORTON.
(90°, Flottenverhältnis 40:1, 0,125% NaCl, 0,005% Chrysophenin G bzw. 0,003% Chicagoblau 6B.)

Kunstseidengarn	Chrysophenin G		Chicagoblau 6B	
	Halbwertzeit	Farbstoff ausgezogen in %	Halbwertzeit	Farbstoff ausgezogen in %
Viscose 300/36	22 Sek.	40	2,1 Min.	82
Viscose 150/40	28 „	40	2,6 „	83
Viscose 150/72	28 „	39	3,1 „	82
Durafil 105/120[1]	19 „	42	3,9 „	83
Kupferseide 120/90	3,2 Sek.	41	8,3 Sek.	83

Die Ungleichmäßigkeit der Färbung macht sich also um so mehr bemerkbar, je weiter die Färbung von dem Gleichgewichtszustand entfernt ist. Mit schnell aufziehenden Farbstoffen wird bereits während der normalen Färbedauer das Gleichgewicht erreicht, die Färbung wird daher gleichmäßig. Bei langsam aufziehenden Farbstoffen wird die Färbung nach der normalen Färbedauer noch so weit von dem Gleichgewicht entfernt sein, daß die Ungleichmäßigkeit der Diffusionsgeschwindigkeit des Farbstoffes in den einzelnen Fasern sich durch die Verschiedenheiten der aufgenommenen Farbstoffmenge bemerkbar machen wird. Da die untereinander gleichartigen Fasern im Gewebe gewöhnlich reihenweise angeordnet liegen (eine Folge der Fabrikationsbedingungen), fällt in diesem Fall die Färbung mit einer streifenweise wechselnden Farbtiefe aus. Das Kennzeichnende an der Ungleichmäßigkeit der Kunstseidenfärbung ist also erstens, daß sie in der Ungleichmäßigkeit des Färbegutes begründet ist, und zweitens, daß die Ursache dieser Ungleichmäßigkeit *nicht in dem Anfärbevermögen beim Gleichgewicht, sondern in der Geschwindigkeit der Farbstoffaufnahme* liegt. Da in der Mehrzahl der Fälle eine hohe Diffusionsgeschwindigkeit des Farbstoffes in der Faser mit einer schwachen Substantivität verknüpft ist, gilt auch für die Kunstseidefärbung annähernd die Regel von der Gleichsinnigkeit der Affinitätsgröße und des Gleichfärbevermögens der Farbstoffe. Bemerkt sei noch, daß die Bestrebung der Kunstseidenfabriken, möglichst gleichmäßige Fasern zu liefern, mit der Zeit zu immer besseren Erfolgen zu führen scheint.

---

[1] Lilienfeldseide.

Für die Wirkungsweise vieler in der Cellulosefärberei gebräuchlicher Egalisiermittel spielt — im Gegensatz zur Wirkungsweise der anionischen Seifen in der Sauerbadfärberei der Wolle — weniger die Affinität des Egalisiermittels zur Faser als seine Affinität zum Farbstoffmolekül die Hauptrolle. Leim, Sulfitablaugepräparate u. dgl. vermögen sich in wässeriger Lösung mit den Farbionen des Küpenfarbstoffes locker zu verbinden und dadurch das Verteilungsgleichgewicht des Farbstoffes zwischen Faser und Flotte zugunsten der Flotte zu verschieben (vgl. NÜSSLEIN, SCHWEN). Neuere Egalisiermittel, die sauerstoffhaltige, nicht ionische Seifen darstellen (vgl. den folgenden Abschnitt), zeigen die Fähigkeit, mit den Farbstoffen lockere lösliche Additionsverbindungen zu bilden, in erhöhtem Maße (SCHÖLLER). Die Egalisierwirkung beruht daher in diesen Fällen nicht auf einer besseren Zerteilung des Farbstoffs, wie früher vielfach vermutet wurde. Der Diffusionsversuch zeigt vielmehr eine erhebliche *Teilchenvergrößerung* des Farbstoffes an, da dieser in den Verband der größeren Teilchen des Egalisiermittels aufgenommen wurde (VALKÓ). Auch für diese Klasse der Egalisiermittel gilt die allgemeine Regel, daß die Herabsetzung der Affinität des Farbstoffes zur Faser eine Erhöhung des Egalisiervermögens bedeutet. Während jedoch die anionischen Seifen in der Sauerbadfärberei der Wolle mit den Farbstoffen um die Plätze an der Faser konkurrieren, findet hier *ein Wettbewerb der Egalisiermittel mit der Faseroberfläche* um die Farbstoffmoleküle statt. Übrigens werden die Egalisiermittel dieser zweiten Klasse auch in der Wollfärberei angewendet.

Die Aggregation der Farbstoffe auf der Faser. Vor etwa mehr als 10 Jahren haben R. HALLER und RUPERTI als erste die Aufmerksamkeit auf die Erscheinung gelenkt, daß gewisse Färbungen durch Behandlung mit Wasser bei hohen Temperaturen Veränderungen erleiden, die als Aggregation des Farbstoffes innerhalb der Faser gedeutet werden müssen. HALLER bezeichnet den Vorgang als physikalische Kondensation. Besonders ausgeprägt ist die Erscheinung bei wasserunlöslichen Farbstoffen, insbesondere bei den Azoentwicklungsfarben (z. B. bei Pararot und Naphthol AS). Hier wirken sogar häufig bereits die in der Praxis üblichen Nachbehandlungen aggregierend. Die meisten der über die Farbstoffaggregation auf der Faser ausgeführten Untersuchungen haben daher die Naphthol AS-Färbungen zum Gegenstand.

Werden gewisse Kombinationen von Naphthol AS mit heißer Seifenlösung behandelt, wie dies schon zum Entfernen der ausgeschiedenen und auf der Faseroberfläche haftenden Farbstoffteilchen erforderlich ist, so findet eine Verschiebung des Farbtons z. B. von Rot gegen Blau oder von Gelb nach Rot statt, die Farbe wird daher blaustichig bzw. orange.

Unter dem Mikroskop erweisen sich die unbehandelten Färbungen auch noch bei etwa 1000facher Vergrößerung als völlig homogen. Erst bei der Nachbehandlung treten mikroskopisch sichtbare Teilchen auf, deren Zahl und Größe mit der Dauer und der Intensität der Nachbehandlung zunimmt. Zunächst sind diese Teilchen im Faserquerschnitt gleichmäßig verteilt. In der späteren Stufe werden sie an der Oberfläche der Faser in unregelmäßiger oder in Krystallform ausgeschieden. Au: Kunstseidenfäden kann die Ausscheidung des Farbstoffes nur an dei äußeren Oberfläche erfolgen, bei der Baumwolle hingegen auch im Lumen. Naturgemäß können die an der äußeren Oberfläche haftender Teilchen verhältnismäßig leicht abgewaschen werden, während die im Lumen der Baumwolle abgelagerten Teilchen durch die Umhüllung dei Zellwand geschützt sind.

Die Neigung der Farbstoffe zur Aggregation ist verschieden. Be: dem einen genügt z. B. die halbstündige Behandlung mit Seifenlösung bei 80°, bei anderen, insbesondere bei blauen Kombinationen, ist dagegen z. B. eine 14stündige Behandlung mit Wasser bei 140° erforderlich, um die ersten Anzeichen einer Teilchenaggregation zu erhalten. Den Einfluß der Zeitdauer zeigen die Beobachtungen von RUPERTI und BEAN-ROWE an β-Naphtholfärbungen, die in frischem Zustand erst nach mehrstündiger Behandlung mit kochendem Wasser diejenige Aggregation und Wanderung des Farbstoffes erkennen lassen, die die jahrzehntealten Färbungen regelmäßig zeigen. Die aggregierende Wirkung der wässerigen Lösungen nimmt mit steigender Temperatur durchweg zu. Zusatz von Lauge beschleunigt das Zusammenballen des Farbstoffes, ebenso wirken, jedoch in geringerem Maße, Soda, Seife oder Türkischrotöl. Konzentrierte Kochsalzlösung kann hingegen den Vorgang wesentlich verlangsamen odei unterbinden. Dampf ist weniger wirksam als Wasser von der gleichen Temperatur. Erwärmen in 100°igem Mineralöl hat im Verhältnis zur Behandlung mit wässeriger Lösung nach der Beobachtung von BEAN und ROWE wenig oder gar keinen Einfluß.

Die nachbehandelte Färbung zeigt gegenüber der unbehandelten eine wesentliche Erhöhung der Lichtechtheit (LÖCHNER). KAYSER hat als erster die Erhöhung der Lichtechtheit der Naphthol AS-Färbungen mit der Veränderung der Aggregation des Farbstoffes in Zusammenhang gebracht. Seine Annahme, daß die bessere Lichtechtheit der nachbehandelten Färbung auf die Schutzwirkung zurückzuführen ist, welche die Farbstoffe umhüllende Zellwand ausübt, muß der Auffassung der nachfolgenden Bearbeiter des Gebietes weichen, nach der die *Verkleinerung der spezifischen Oberfläche des Farbstoffes* bei der Aggregation für die Abschwächung der Lichtwirkung verantwortlich ist. Die Erhöhung der Lichtechtheit ist um so stärker, je größer die in der Faser verbleibenden Farbstoffteilchen sind. Der Nachbehandlung zum Zwecke der Erreichung einer möglichst guten Lichtechtheit setzt jedoch einerseits die Verminderung der Farbtiefe infolge der Ausscheidung von Teilchen an der Faseroberfläche, andererseits die Herabsetzung der Reibechtheit infolge der leichten Entfernbarkeit der in der Nähe der Faseroberfläche bleibenden groben Teilchen durch mechanische Behandlung eine Grenze. (Als Endzustand kann ja die heiße Behandlung gewisser Naphthol-AS-Färbungen zur völligen Entfärbung der Faser führen.) In der Praxis ist die Behandlung mit verdünnter Seifenlösung (mit oder ohne Zusatz von Soda) in der Nähe des Siedepunktes das günstigste allgemeine Nachbehandlungsverfahren für die Eisfarben. Es wird damit eine Kondensation des Farbstoffes, jedoch unter Beibehaltung einer gleichmäßigen Verteilung im Faserquerschnitt zur Erzielung einer besseren Lichtechtheit ohne Einbuße an Reibechtheit bezweckt. Im Falle der Kunstseide ist die Nachbehandlung noch vorsichtiger auszuführen als im Falle der Baumwolle, da, wie ROWE und LINT gezeigt haben, die Aggregation der Farbstoffe infolge der Lichtstreuung der Teilchen ein Blindwerden (Matt- bzw. Trübwerden) der Fäden verursacht.

SCHWEN [1] verwendete zur Untersuchung der Aggregationserscheinungen der Naphthol AS-Färbungen Cellophanfolien. Wenn nicht zu hohe Konzentration von Naphthol angewandt wurde, erhielt er eine völlig durchsichtige Färbung, die jedoch durch halbstündige Nachbehandlung mit kochender alkalischer Seifenlösung „deckend" wurde. Gleichzeitig trat eine Verschiebung des Farbtones auf und die Zahl der mikroskopisch sichtbaren Teilchen nahm zu. Ebenso wie an Fäden zeigte sich auch hier, daß trockene Hitze ohne Wirkung war. Die untersuchten Farbstoffe zeigten verschiedene Neigung zur Aggregation. Farbstoffe mit höherem Molekulargewicht neigen weniger zum Zusammenballen. SCHWEN berichtet über die interessante Beobachtung von HASSMANN, daß durch sehr heißes Bügeln (bei einer Temperatur von 250°, die in der Praxis nicht üblich ist) die durch die feuchten Nachbehandlungsverfahren erzielten Änderungen wieder rückgängig gemacht werden können, und zwar sowohl in bezug auf Farbton wie auf die Lichtechtheit. SCHWEN findet, daß durch das heiße Bügeln auch die Durchsichtigkeit der Cellophanfärbungen wieder hergestellt werden kann.

Nach K. SCHOLL können die Farbtonunterschiede, die zwischen nichtbehandelten und nachbehandelten Naphthol AS-Färbungen bestehen, auch an Aufstrichen der entsprechenden Farblacke auf Papier oder Ton erzielt werden, je nachdem ob die Farbstoffe vorsichtig aufgetragen oder stark zerrieben werden. Den nachbehandelten Färbungen, also stärker aggregierten Farbstoffen, entspricht der durch energisches Zerreiben hergestellte Aufstrich. Der Farbton des vorsichtig ohne Zerreiben hergestellten, also den nichtbehandelten Färbungen entsprechenden Farbaufstriches kann durch kochendes Wasser in der Richtung des Farbtones der nachbehandelten Färbung bzw. des zerriebenen Aufstriches verschoben werden. Heißes Bügeln bei 250—300° kann die Änderung wieder rückgängig machen. Im Gegensatz zum kochenden Wasser ist gesättigte Kochsalzlösung ohne Einfluß auf die Aufstriche. Die Unterdrückung der aggregierenden Wirkung heißen Wassers durch Salzzusatz, die an den Färbungen beobachtet wurde, kann daher nicht auf die Beeinflussung der Quellung der Faser zurückgeführt werden. SCHOLL hat übrigens festgestellt, daß wasserfreie Lösungsmittel, bei verschiedenen Temperaturen angewandt, keine Verschiebung des Farbtones von unbehandelten Naphthol AS-Färbungen an Baumwolle bewirken können. Wasserhaltiger Alkohol oder Glycerin sind dagegen wirksam.

Um die eigenartige zerteilende Wirkung des heißen Bügelns zu erklären, haben SCHWEN und SCHOLL darauf hingewiesen, daß die Schmelzpunkte der untersuchten Naphthol AS-Farblacke etwa zwischen 240 und 275°, also in der Nähe der wirksamen Bügeltemperatur liegen. SCHOLL hat nachgewiesen, daß bei dieser Temperatur nicht nur ein Schmelzen, sondern sogar ein Sublimieren der Farbstoffe stattfindet. Erhitzt man die Tonaufstriche, die etwa den kochend nachbehandelten Färbungen entsprechen, dann sublimieren die Farbstoffe auf die kälteren Stellen des Tones und schlagen sich dort in dem Farbton der nicht nachbehandelten Färbungen, also der feiner verteilten Farbstoffe nieder. Legt man zwischen die unbehandelte Färbung und ein ungefärbtes Baumwollstück ein Drahtnetz und bügelt bei etwa 300°, so sublimiert der Farbstoff durch das Drahtnetz und färbt die weiße Unterlage in dem Farbton der unbehandelten Färbung. Bei derselben Versuchsanordnung sublimiert die nachbehandelte Färbung auf die Baumwollunterlage gleichfalls im Farbton der unbehandelten Färbung.

Außer den Azoentwicklungsfarbstoffen, deren Verhalten im vorstehenden besprochen wurde, zeigen auch andere Farbstoffe die Erscheinung der Aggregation in der Faser. Besonders neigt hierzu Indigo auf Cellulosefasern (HALLER und RUPERTI), gleichwohl ob die Färbung aus der Küpe oder mit Hilfe von Indigosol erzeugt wurde (ROWE). Bereits halbstündige kochende Behandlung der Indigofärbung auf Baumwolle mit $^1/_2$%iger Seifenlösung bewirkt eine merkliche Aggregation und Wanderung des Farbstoffes. Das Dämpfen unter Druck kann zur vollständigen Entfernung des Farbstoffes aus der Zellwand führen. Die Indanthrenfarbstoffe sind zwar im allgemeinen widerstandsfähiger, zeigen jedoch nach längerem Dämpfen bei höherer Temperatur auch Farbtonverschiebungen und zum Teil auch Ausscheidungen (HALLER und RUPERTI, BEAN und ROWE, HALLER und OKANY-SCHWARZ). Anorganische Pigmente wie Chromgelb können gleichfalls die Erscheinung der Kondensation zeigen (HALLER und RUPERTI, BEAN und ROWE).

Substantive Farbstoffe können naturgemäß in Anwesenheit von Wasser nicht zur Aggregation auf der Faser gebracht werden. Nach Dämpfen konnten hingegen HALLER und RUPERTI bei drei von sechs untersuchten substantiven Farbstoffen, nämlich an Diaminblau 3R, Kongorot und Kongokorinth, Ausscheidungen von Farbstoffteilchen an der Baumwollfaser feststellen.

Die Lichtechtheit.

Alizarinrotlack, dessen Färbung zunächst vollständig homogen erschien, ließ sich durch Dämpfen bei 0,5 Atü unter Verschiebung des Farbtones nach Rot bis zur Ausscheidung des gesamten Farbstoffes kondensieren, wenn er ohne Anwendung von Türkischrotöl hergestellt war. Mit Türkischrotöl hergestellte Färbung zeigte hingegen bei derselben Behandlung nur eine geringe Wanderung des Farbstoffes (HALLER und RUPERTI).

HALLER und OKANY-SCHWARZ haben gezeigt, daß die bei der Behandlung der Färbungen der Bastfasern auftretenden Aggregationserscheinungen zum Studium der Feinstruktur dieser Fasern (Lamellen, Querelemente) benützt werden können.

Küpenfarbstoffe auf Wolle und Seide können gleichfalls Aggregation erleiden, dagegen läßt sich durch die Behandlung der Färbungen von sauren Farbstoffen auf die tierischen Fasern nicht die geringste sichtbare Inhomogenität erzielen.

In diese Gruppe von Erscheinungen gehört auch die Bügelunechtheit, die an einer Anzahl substantiver Azofarbstoffe, z. B. an Diaminblau 3R, beobachtet wurde. Es handelt sich hier um die Verschiebung des Farbtones bei Berührung der Färbung mit heißen Metallplatten. Man kann die Ursache der Erscheinung entweder in der Umwandlung verschiedener Hydratstufen, oder aber in der Veränderung der Verteilung des Farbstoffes auf der Faser, also in seiner Zusammenballung oder Zerteilung suchen. JUSTIN-MUELLER glaubte, die Ansicht, daß die Umwandlung verschiedener Hydrate die Erscheinung hervorruft, durch den Nachweis unterstützen zu können, daß Diaminblau 3R auch in der Lösung durch Erhitzen auf den Siedepunkt eine Verschiebung des Farbtones nach Rot erleidet. Dieser Befund ist jedoch auch mit jener Auffassung vereinbar, die in der Veränderung der Teilchengröße des Farbstoffes die Ursache der Erscheinung erblickt. Auch nach den Untersuchungen von R. HALLER (1) muß diese Frage noch als ungelöst betrachtet werden.

Die Lichtechtheit. Die Lichtechtheit der Farbstoffe ist durch ihren Widerstand gegenüber photochemischen bzw. durch das Licht beschleunigten Umsetzungen vorwiegend oxydativer Natur bedingt. Sie ist in erster Linie eine konstitutive Eigenschaft. Allerdings ist es bisher nicht gelungen, die konstitutiven Merkmale der Lichtechtheit im einzelnen festzulegen. Es besteht ferner eine Abhängigkeit der Lichtechtheit von der Zusammensetzung der unmittelbaren Umgebung des Farbstoffes, einerseits weil diese Umgebung an dem photochemischen Vorgang teilnehmen kann — dies gilt insbesondere in bezug auf den Feuchtigkeits-, Säure- oder Alkaligehalt der Faser — andererseits weil diese Umgebung die Kräfte bedingt, mit denen der Farbstoff festgehalten wird, dies gilt insbesondere in bezug auf die Natur der Faser. Die Wechselwirkung der Moleküle durch Betätigung von Adhäsions- bzw. Kohäsionskräften beeinflußt nämlich in allen Fällen ihre Reaktionsfähigkeit. Es ist daher für die Lichtechtheit nicht belanglos, ob der Farbstoff an ein Keratin-, an ein Cellulose-, an ein Tannin- oder ein Katanolmolekül angelagert ist. Wir haben bereits erwähnt, daß die der Lackbildung zugrunde liegende komplexchemische Umsetzung auf die Lichtechtheit oft eine besonders günstige Wirkung ausübt.

Nicht ohne Bedeutung für die Lichtechtheit ist der Verteilungszustand des Farbstoffes auf der Faser. Ist der Farbstoff in monomolekularen Schichten an den inneren Wänden der Faserstoffe ausgebreitet, dann ist seine Wechselwirkung mit der Umgebung eine andere als wenn er zu Teilchen, die aus Hunderten oder Tausenden von Einzelmolekülen bestehen, aggregiert ist. In dem Abschnitt über die Aggregation der Farbstoffe auf der Faser ist bereits erwähnt worden, daß die Lichtechtheit mit zunehmender Teilchengröße des Farbstoffs auf der Faser im allgemeinen zunimmt. Vielleicht hängt mit diesem Verhalten die Tatsache zusammen, daß die wasserunlöslichen Farbstoffe im Durchschnitt bedeutend lichtechter sind als die wasserlöslichen.

Faserschädigung durch Farbstoffe. In den letzten Jahren hat die unangenehme Eigenschaft mancher Küpenfarbstoffe, eine Schädigung der Fasern beim Belichten zu bewirken, erhebliches Interesse erregt. Es war wohl R. HALLER [2], der als erster am Beispiel des Anthraflavons die Aufmerksamkeit auf diese Erscheinung lenkte. Es handelt sich hierbei um einen Sonderfall der katalytischen Beschleunigung der photochemischen Oxydation der Cellulose, also um eine Sensibilisierung des Lichteinflusses auf die Oxydation der Cellulose durch Luftsauerstoff. Die Schwächung der Cellulosefasern durch lang dauerndes Belichten ist ja bereits seit längerer Zeit bekannt.

SCHOLEFIELD und PATEL haben darauf hingewiesen, daß es vorwiegend gelbe und orange, in manchen Fällen auch rote Küpenfarbstoffe sind, die als Faserschädiger anzusprechen sind, während die blau und violett gefärbten Fasern keine schnellere Zerstörung am Licht erleiden als die ungefärbten. Sie konnten diesen Unterschied in dem Verhalten der verschiedenfarbigen Farbstoffe nicht auf ein gemeinsames konstitutives Merkmal innerhalb der einzelnen Gruppen zurückführen. Sowohl die gelben faserschädigenden Farbstoffe als auch die blauen entstammen sehr verschiedenen Stoffklassen, vorausgesetzt, daß die Einteilung nach den üblichen Gesichtspunkten vorgenommen wird. Der Zusammenhang der Faserschädigung mit der Farbe beruht vielmehr darauf, daß die gelben Farbstoffe eine starke Absorption in dem Wellenlängengebiet 3600—4000 Å zeigen. Diese kurzwelligen Lichtstrahlen sind bekanntlich durch starke chemische Aktivität ausgezeichnet. Die blauen und violetten Farbstoffe absorbieren in diesem Gebiet nicht. Ein Teil der faserschädigenden Farbstoffe zeigt Fluorescenz, d. h. die Fähigkeit, kurzwellige Strahlen in längerwellige umzuwandeln (SCHOLEFIELD und GOODYEAR). Die Fluorescenz kann als eine mögliche, jedoch nicht notwendige

Folge der Absorption im kurzwelligen Gebiet aufgefaßt werden. Dementsprechend zeigte sich zwischen Fluorescenz und Faserschädigung kein direkter Zusammenhang (R. HALLER und WYSZEWIANSKI).

Erst KUNZ, gemeinsam mit KÖBERLE, ist es gelungen, einen sehr wichtigen Zusammenhang zwischen der Konstitution und der faserschädigenden Wirkung von Küpenfarbstoffen aufzufinden. Sie haben festgestellt, daß diejenigen Farbstoffe, die ein ringförmig gebundenes basisches Stickstoffatom im Molekül haben (also z. B. Pyridinabkömmlinge), sich bezüglich Faserschonung einwandfreier verhalten als die entsprechenden ringstickstofffreien Verbindungen. Je weniger die Basizität des Ringstickstoffes durch den Gesamtaufbau des Moleküls oder durch negativierend wirkende Reste (Chlor, Phenyl u. dgl.) geschwächt ist, desto einwandfreier sind die Farbstoffe hinsichtlich der Nichtschädigung. Der Einfluß negativierend wirkender Gruppen ist besonders groß, wenn sie unmittelbar an den basischen Ring angegliedert sind. Diese Erkenntnis hat sich für die Auffindung neuer unschädlicher Farbstoffe als außerordentlich fruchtbar erwiesen. Die KUNZ-KÖBERLESche Regel erklärt unter anderem auch die seit langem erkannte Tatsache, daß Flavanthren kein Faserschädiger ist. Hinweise auf weitere konstitutive Zusammenhänge der Faserschädigung finden sich bei LANDOLT und bei HALLER und WYSZEWIANSKI.

Die Schwächung der Faser ist an der Abnahme ihrer Reißfestigkeit und an der Abnahme der Zähigkeit ihrer Lösungen festzustellen. Gleichzeitig findet eine Erhöhung der Methylenblau- und der Kupferzahl statt. Es handelt sich also um die Bildung von Oxycellulose. Im Anschluß an die Oxydationstheorie von ENGLER und BACH, die von GEBHARD auf die Küpenfarbstoffe übertragen wurde, entwirft SCHOLEFIELD das folgende Bild von der sensibilisierenden Wirkung der Küpenfarbstoffe. Zunächst findet eine Reduktion des Farbstoffes zur Leukoverbindung statt. Das Licht ist hauptsächlich zu diesem Vorgang erforderlich. Möglicherweise, wenn nämlich die Reduktion des Farbstoffes auf Kosten der Cellulose erfolgt, findet bereits bei diesem Vorgang ein oxydativer Abbau der Cellulosemoleküle statt. Die Leukoverbindung geht dann durch Aufnahme von Luftsauerstoff in eine peroxydartige Substanz über. Die darauffolgende Umwandlung dieser Substanz in die normale Oxydationsstufe des Farbstoffes ist mit der gleichzeitigen Oxydation der Cellulose durch den hierbei freiwerdenden Sauerstoff verknüpft. Diese Auffassung konnte durch verschiedene Beobachtungen gestützt werden, z. B. durch den Nachweis, daß bei Belichtung der Küpenfärbungen in nassem Zustand in manchen Fällen Wasserstoffperoxyd gebildet wird. Ursprünglich hat SCHOLEFIELD vermutet, daß Wasserstoffperoxyd eine notwendige Zwischenstufe in der Reaktionskette darstellt, LANDOLT hat jedoch gezeigt, daß dies nicht der Fall ist. Eine weitere Stütze für die Richtigkeit des angenommenen Reaktionsmechanismus bildet die von SCHOLEFIELD und PATEL zuerst untersuchte Erscheinung, daß die faserschädigenden Farbstoffe die Eigenschaft haben, andere an sich beständige und die Faser nichtschädigende Farbstoffe, z. B. blaue Küpenfarbstoffe, wenn diese in Mischung mit dem Faserschädiger aufgefärbt werden, im Licht auszubleichen. In diesem Fall wirkt an Stelle der Cellulose dieser mitverwendete Farbstoff als Sauerstoffakzeptor. Nicht nur Küpenfarbstoffe, sondern auch substantive, Schwefel- und basische Farbstoffe können in Mischung mit dem Faserschädiger durch Belichtung zerstört werden (LANDOLT, SCHOLEFIELD und TURNER).

Eine weitere wichtige Stütze für die Auffassung von SCHOLEFIELD bildet die von ihm und PATEL gemachte Beobachtung, daß die zu Leukoverbindungen reduzierten Farbstoffe in bedeutend höherem Maße die Fähigkeit zur Faserschädigung bei Belichtung besitzen als die Farbstoffe selbst.

Wie LANDOLT und WHITTAKER (1) gezeigt haben, ist das Vorhandensein von Feuchtigkeit und von Sauerstoff zur Faserschwächung erforderlich. LANDOLT hat ferner nachgewiesen, daß die Anwesenheit von Alkali die Faserschädigung sehr stark beschleunigt.

Baumwolle, Viscose und Kupferseide verhalten sich in bezug auf Faserschädigung durch Farbstoffe ähnlich. Nur dadurch, daß die Kunstfasern von Anfang an eine geringere Naßfestigkeit besitzen, entstand der irrtümliche Eindruck, daß sie in stärkerem Maße der Schädigung anheimfallen. Seide ist bedeutend empfindlicher, Wolle widerstandsfähiger gegenüber der zerstörenden Wirkung der Farbstoffe im Licht als die Cellulosefasern. Das Verhalten der verschiedenen Fasern in gefärbtem Zustande geht also parallel mit ihrer Lichtempfindlichkeit im ungefärbten Zustande. Dickere Gewebe und Fäden erleiden bei der Belichtung geringere Schwächung als dünnere. Dies ist eine selbstverständliche Folgerung aus der Tatsache, daß die Menge der in einer bestimmten Zeit je Gewichtseinheit Cellulose absorbierten Lichtstrahlen mit der Dicke des Gewebes oder der Faser abnimmt (WHITTAKER). HALLER und WYSZEWIANSKI haben darüber berichtet, daß die geseiften Färbungen im allgemeinen bei der Belichtung nicht so stark geschädigt werden als die unbehandelten. Man kann dieses Verhalten auf die erhöhte Teilchengröße, d. h. auf die verminderte Oberfläche der Farbstoffe in den verseiften Färbungen zurückführen.

Wie SCHOLEFIELD und PATEL gefunden hatten, wirken die faserschädigenden, also gewisse gelbe, orange und rote Küpenfarbstoffe auch in Hypochloritlösungen als Sensibilisatoren der Oxydation der Cellulosefasern durch Belichtung. Daß dieser Vorgang gleichfalls durch die Lichtreduktion der Küpenfarbstoffe eingeleitet wird, bewiesen SCHOLEFIELD und TURNER, indem sie zeigten, daß die *reduzierten* Küpenfarbstoffe auch im Dunkeln in den Bleichlaugen Faserschwächung hervorrufen, und zwar dann ohne Beziehung zur Farbe, d. h. zum Absorptionsspektrum. DERRETT-SMITH und NODDER untersuchten die faserschädigende Wirkung der Farbstoffe auf Baumwolle in Hypochloritlösungen in Abhängigkeit von der Wasserstoffionenkonzentration der Bleichlaugen. Als Maß für den Abbau der Cellulose benützten sie die „Löslichkeitszahl", die proportional ist dem Faseranteil, der bei einer bestimmten Behandlung der Fasern mit konzentrierten Laugen in Lösung geht. Je höher die Löslichkeitszahl ist, um so stärker abgebaut ist die Faser. Abb. 248 zeigt die Ergebnisse an einem Küpenfarbstoff Caledongoldorange GS. Zum Vergleich sind auch die Ergebnisse beim Bleichen im Dunkeln eingezeichnet. Auf der Abszisse sind die p_H-Werte der Hypochloritlösung eingetragen, deren Äquivalentkonzentration 0,04 n betrug. Die Behandlung mit der Bleichlauge dauerte $4^1/_2$ Stunden bei 20°. Es zeigte sich, daß es für den Faserabbau, der bei der Behandlung mit der Hypochloritlösung im Dunkeln stattfindet, praktisch belanglos ist, ob die Baumwolle gefärbt ist oder nicht. Das Maximum der faserschwächenden Wirkung ist bei neutraler Reaktion erreicht. Wird während des Bleichvorganges mit Tageslicht belichtet, so zeigt sich an der ungefärbten Faser nur eine geringe Erhöhung der Faserschwächung, die

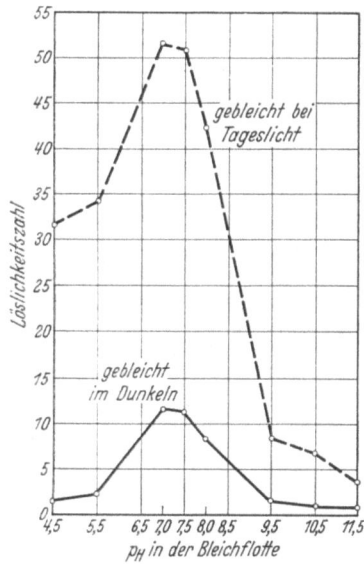

Abb. 248. Löslichkeitszahl der mit Caledongoldorange GS gefärbten Baumwolle nach dem Bleichen in Abhängigkeit vom p_H der Bleichflotte (0,04 n Hypochloritlösung. $4^1/_2$ Stunden bei 20°). Nach DERRETT-SMITH und NODDER.

gefärbte Baumwolle wird hingegen unter denselben Bedingungen weitgehend zerstört. Das Maximum der Faserschwächung liegt auch im letzten Fall bei p_H 7, doch ist die Faserschwächung z. B. auch noch beim p_H 4,5 außerordentlich stark, während die ungefärbte oder im Dunkeln gebleichte Faser bei dieser Reaktion nur einen sehr geringfügigen Abbau erleidet. Die Mehrzahl der untersuchten Küpenfarbstoffe verhielt sich ähnlich, soweit sie rot, gelb oder orangefarbig waren. Es gab jedoch unter diesen Farben einige Küpenfarbstoffe, die nur in geringem Maße schädigten. Naphthol AS-Kombinationen, oder der Direktfarbstoff Chrysophenin, obwohl von gleichem Farbton wie die Faserschädiger, erwiesen sich als harmlos. Auch die Türkischrotfärbung hat nur in geringem Maße die Schwächung durch die Bleichlauge erhöht. Einige blaue Küpenfarbstoffe und gewisse Naphtholkombinationen zeigten eine ausgeprägte Schutzwirkung; der oxydative Abbau der mit diesen Farbstoffen gefärbten Baumwolle war geringer als der der ungefärbten Fasern bei derselben Behandlung und Belichtung.

Auf die Bedeutung des Gehaltes der Luft in Industriegegenden an SO_2 und NO_2 für die Schädigung der gefärbten Fasern hat JONES hingewiesen.

Schrifttum.

ANACKER: Melliands Textilber. **17**, 332 (1936).
BAYLISS, W. M.: Proc. roy. Soc. Lond. B **84**, 81 (1911).
BEAN, P. and F. M. ROWE: J. Soc. Dyers Colourists **45**, 67 (1929).
BILTZ, W. u. F. PFENNING: Z. physik. Chem. A **77**, 91 (1911).
BINZ, A. u. K. MANDOVSKY: Ber. dtsch. chem. Ges. **44**, 1225 (1911).
DE BOER, J. H.: Z. physik. Chem. B **15**, 281 (1932); **16**, 397 (1932).
BOULTON, J., A. E. DELPH, F. FOTHERGILL and T. H. MORTON: J. Textile Inst. **24**, P 113 (1933).
— and B. READING: J. Soc. Dyers Colourists **50**, 380 (1934).
DERRETT-SMITH, D. A. and C. R. NODDER: J. Textile Inst. **23**, 293 (1932).
DREAPER, W. P. and A. WILSON: J. Soc. chem. Ind. **28**, 57 (1909).
GEBHARD, K.: Z. angew. Chem. **22**, 1890, 1966, 2484 (1900).
— J. prakt. Chem. **84**, 632 (1911).
GEORGIEVICS, G. v.: Mh. Chem. **17**, 4 (1894).
GNEHM, R. u. F. KAUFLER: Z. angew. Chem. **1902**, 345.
— u. E. RÖTHELI: Z. angew. Chem. **1898**, 482, 501.
GOODALL, F. L.: J. Soc. Dyers Colourists **49**, 98 (1933); **52**, 211 (1936).
HALLER, R.: *1* Kolloid-Z. **38**, 248 (1926); **29**, 15 (1921); **30**, 249 (1922); **43**, 47 (1927).
— *2* Melliands Textilber. **5**, 541 (1924).
— et J. OKANY-SCHWARZ: Bull. Fed. internat. Assoc. Chim. Text. et Col. **5**, 535 (1935). — Helvet. chim. Acta **17**, 761 (1934).
— u. A. RUPERTI: Cellulosechem. **6**, 189 (1925). — Melliands Textilber. **6**, 664 (1925).
— u. L. WYSZEWIANSKI: Melliands Textilber. **17**, 45, 138, 217 (1936).
HALLITT, A. W.: J. Soc. chem. Ind. **18**, 368 (1899). — J. Soc. Dyers Colourists **15**, 30 (1899).
HAUSSMANN: Bei W. BILTZ: Z. physik. Chem. A **77**, 46 (1911).
HIRST, H. R.: J. Soc. Dyers Colourists **44**, 163 (1928).
HOVE, H. VOM: Melliands Textilber. **14**, 301 (1933).
JABLONSKY, A.: Nature, Lond. **133**, 141 (1934).
JACQUEMIN, E.: C. r. Acad. Sci. Paris **82**, 261 (1876).
JONES, J. I. M.: J. Soc. Dyers Colourists **52**, 285 (1936).
JUSTIN-MUELLER, E.: Rev. gén. Matiéres color. **11**, 262 (1903).
KAUTSKY, H. u. A. HIRSCH: Ber. dtsch. chem. Ges. **65**, 401 (1932).
KAYSER, E.: Melliands Textilber. **7**, 437 (1926).
KNECHT, E.: Ber. dtsch. Chem. Ges. **21**, 1586 (1888).
KOLTHOFF, I. M.: J. physic. Chem. **40**, 1027 (1936).
KUNZ, M. A. (gemeinsam mit K. KÖBERLE): Annuaire de l'ecole de Chimie de Mulhouse, 1933. Bull. Fed. Internat. Assoc. Chim. Text. et Col. **7**, 277 (1934).
LANDOLT, A.: Melliands Textilber. **9**, 533 (1929); **11**, 937 (1930); **14**, 32 (1933).
LINT, H.: Melliands Textilber. **8**, 258 (1927).
LÖCHNER, L.: Melliands Textilber. **7**, 243 (1926).
NEALE, S. M. and W. A. STRINGFELLOW: J. Textile Inst. **24**, P 145 (1933).
NÜSSLEIN, J.: Melliands Textilber. **16**, 49, 325 (1935).
RONA, P. u. L. MICHAELIS: Biochem. Z. **103**, 19 (1920).
ROWE, F. M.: J. Soc. Dyers Colourists **42**, 207 (1926).

RUPERTI, A.: Melliands Textilber. 8, 942 (1927).
SCHEIBE, G.: Z. angew. Chem. 50, 212 (1937).
SCHÖLLER, C.: Melliands Textilber. 15, 357 (1934); 18, 234 (1937).
SCHOLEFIELD, F. u. E. H. GOODYEAR: Melliands Textilber. 10, 867 (1929).
— and C. K. PATEL: J. Soc. Dyers Colourists 44, 268 (1928); 45, 175 (1929).
— and H. A. TURNER: J. Textile Inst. 24, P 130 (1933).
SCHOLL, K.: Melliands Textilber. 9, 1002 (1928).
SCHOLL, R.: Ber. dtsch. chem. Ges. 44, 1448 (1911).
SCHWEN, G.: *1* Melliands Textilber. 9, 673 (1928).
— *2* Melliands Textilber. 13, 485 (1932); 14, 22 (1933).
SPEAKMAN, J. B. and H. CLEGG: J. Soc. Dyers Colourists 50, 348 (1934).
THIELE: Ber. dtsch. chem. Ges. 47, 2150 (1914).
VALKÓ, E.: Trans. Faraday Soc. 31, 254 (1935).
WEDEKIND, E. u. H. RHEINBOLDT: Ber. dtsch. chem. Ges. 47, 2142 (1914).
WELTZIEN, W.: Chemische und physikalische Technologie der Kunstseiden. Leipzig 1930.
— u. K. SCHULZE: Kolloid-Z. 62, 46 (1933). — Mh. Seide u. Kunstseide 40, 288, 335, 381 (1935).
WHITTAKER, C. M.: *1* J. Soc. Dyers Colourists 49, 9 (1933).
— *2* J. Soc. Dyers Colourists, Jubilee Issue 1934, 127.
WILSON, L. P. and M. IMISON: J. Soc. chem. Ind. 39, 322 (1920).

14. Kolloidchemie der Seifen.

Begriffsbestimmung und Einteilung. Unter Seifen im engeren Sinne versteht man die Salze der höhermolekularen Fettsäuren. Da sich die für die Seifen charakteristischen Eigenschaften, insbesondere die außerordentlich starke Oberflächenaktivität, erst bei den Fettsäuren mit mehr als etwa 9 Kohlenstoffatomen zeigen und andererseits die Salze der Fettsäuren mit mehr als etwa 22 Kohlenstoffatomen in Wasser wenig löslich sind, bildet hauptsächlich der Bereich innerhalb dieser Grenzen der homologen Reihe den Gegenstand der Forschung. Für die Technik am wichtigsten sind Seifen aus den in der Natur verbreiteten Fetten, also vor allem die Salze der Palmitin-, Stearin- und Ölsäure.

Im weiteren Sinne kann man zu den Seifen alle diejenigen Verbindungen rechnen, die konstitutiv mit ihnen verwandt sind und ähnliche physikalische und technische Eigenschaften aufweisen. Wir werden den Begriff der Seifen in diesem erweiterten Sinne benützen und die Salze der höheren Fettsäuren als „gewöhnliche Seifen" bezeichnen.

Als Seifen im erweiterten Sinne sind in erster Linie die Salze der höhermolekularen Alkylsulfosäuren ($C_nH_{2n+1} \cdot SO_3H$) aufzuführen, die sich von der gewöhnlichen Seife nur dadurch unterscheiden, daß im Molekül an Stelle der Carboxylgruppe die Sulfogruppe steht. Da die Sulfosäuren starke Säuren sind, besitzen nicht nur ihre Salze, sondern auch sie selbst in freiem Zustande seifenartige Eigenschaften. Die technische Bedeutung der Alkylsulfosäuren ist in erster Linie neben ihrer Säurebeständigkeit in der Löslichkeit ihrer Salze mit mehrwertigen

Kationen begründet. Obwohl die grundsätzliche Verwandtschaft zwischen den höheren fettsauren und alkylsulfosauren Salzen bereits 1912 von REYCHLER erkannt wurde, erlangten diese Substanzen als synthetische Waschmittel erst in der neuesten Zeit technische Bedeutung. Hauptsächlich wohl aus Gründen der wirtschaftlichen Herstellung kamen jedoch nicht die chemisch einfachsten Vertreter, sondern solche in den Handel, in denen eine niedrigmolekulare Alkylsulfogruppe mit dem höhermolekularen Paraffinrest mittels einer Carbonamidbindung oder einer Ätherbindung verknüpft ist ($C_nH_{2n+1} \cdot \underset{\overset{..}{O}}{C} \cdot \underset{\overset{.}{H}}{N} \cdot CH_2 \cdot CH_2 \cdot SO_3H$ bzw. $C_nH_{2n+1} \cdot O \cdot CH_2 \cdot CH_2 \cdot SO_3H$). Nahe verwandt mit ihnen sind die technisch gleichfalls wichtigen sauren Schwefelsäureester der höheren Alkohole, die häufig als Fettalkoholsulfonate bezeichnet werden ($C_nH_{2n+1} \cdot O \cdot SO_3H$). Diese sind ebenfalls starke Säuren. Auf eine weitere Gruppe von Substanzen, die zu den Seifen gehören, hat bereits KRAFFT 1896 aufmerksam gemacht. Ihre Einführung in die Technik erfolgte jedoch erst kürzlich. Es handelt sich um die höhermolekularen Amine und Ammoniumsalze ($C_nH_{2n+1} \cdot NH_2$ bzw. $C_nH_{2n+1} \cdot \underset{R_2 \ R_3}{\overset{R_1}{N}} \cdot OH$). Während die Amine als schwache Basen nur als Salze ionisiert und löslich sind, treten die quartären Ammoniumverbindungen auch in freier Form als wasserlösliche Basen auf. In manchen technischen Produkten ist die Ammoniumgruppe mit dem höhermolekularen Rest über eine Carbonamidgruppe verknüpft, z. B. bei den einseitig acylierten Äthylendiaminprodukten ($C_nH_{2n+1} \cdot \underset{\overset{..}{O}}{C} \cdot \underset{\overset{.}{H}}{N} \cdot CH_2 \cdot CH_2 \cdot \underset{CH_3}{\overset{CH_3}{N}} \cdot CH_3 \cdot Cl$) (HARTMANN und KÄGI). Zu den quartären Ammoniumverbindungen gehören auch die gleichfalls in die Textilpraxis eingeführten, am Stickstoff höhermolekular substituierten Pyridiniumverbindungen $\left(\underset{C_nH_{2n+1}}{N}\text{—Br} \right)$.

Die bisher erwähnten Seifen sind Salze, die in wässeriger Lösung in ihre Ionen zerfallen. Während in den gewöhnlichen Seifen und in den Salzen der höhermolekularen Schwefelsäureabkömmlinge die Träger der seifenartigen Eigenschaften die Anionen sind, bestehen die höhermolekularen Ammoniumsalze aus einem seifenartigen Kation und einem gewöhnlichen Anion. Man kann daher von *Anion- bzw. Kationseifen* sprechen (nach BERTSCH von anion- und kationaktiven Stoffen).

Die genannten Verbindungen sind alle durch die Anwesenheit eines höhermolekularen Alkylrestes im Molekül gekennzeichnet. Die Länge der

Begriffsbestimmung und Einteilung.

Kohlenwasserstoffkette auf der einen Seite, die Natur der Gegenionen (Na, K, H usw. bei den Anionseifen, Cl, Br, Acetat usw. bei den Kationseifen) auf der anderen Seite ergeben die Mannigfaltigkeit dieser Körperklasse. Das Vorhandensein von Doppelbindungen, die Verschiedenartigkeit, Stellung und Anzahl der Substituenten stellen weitere Variationsmöglichkeiten dar.

Zu den Seifen rechnet man zweckmäßigerweise auch die alkylsubstituierten Naphthalinsulfosäuren 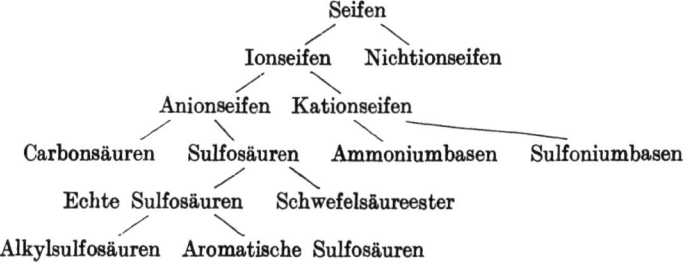. Diese von FRITZ GÜNTHER entdeckten Substanzen finden infolge ihrer starken Netzwirkung und anderer seifenartiger Eigenschaften bereits seit vielen Jahren in ausgedehntem Maße Verwendung in der Textilindustrie. Für die Theorie sind sie deshalb bedeutungsvoll, weil ihr Molekülaufbau sich von dem der Seifen, die höhermolekulare Alkylreste enthalten, wesentlich unterscheidet. Zu den Seifen zählen wir ferner die Türkischrotöle und die Monopolseife, die durch Sulfonierung des Ricinusöles bzw. der Ricinolsäure gewonnen werden. Neben echtem Sulfosäure- bzw. esterartig gebundenem Schwefelsäurerest enthalten diese Produkte im Molekül auch die Carboxylgruppe, häufig verestert mit Glycerin.

Die Türkischrotöle werden schon seit Mitte des vorigen Jahrhunderts bei verschiedenen Textilveredlungsverfahren verwendet und stehen daher in der Geschichte der Seifen nach den einfachen Fettsäuren an erster Stelle. Die neuere stürmische Entwicklung des Gebietes hat jedoch erst mit der Einführung der alkylierten Naphthalinsulfosäuren begonnen, die als die ersten synthetischen Seifen zu gelten haben.

Neben den aufgezählten Ionseifen sind noch die *Nichtionseifen* zu erwähnen. Es handelt sich bei diesen um höhermolekulare Substanzen, die keine elektrolytisch dissoziierende Gruppe im Molekül enthalten. Sie verdanken ihre Wasserlöslichkeit elektrisch neutralen wasserlöslichmachenden Gruppen, beispielsweise der Häufung von Äthergruppen
[z. B. $C_nH_{2n+1} \cdot (O \cdot CH_2 \cdot CH_2)_m \cdot OH$].

Wir können auf Grund der vorangehenden Darstellung die Seifen nach ihrer Konstitution etwa in die folgenden Gruppen einteilen:

```
                            Seifen
                          /        \
                    Ionseifen    Nichtionseifen
                   /        \
             Anionseifen   Kationseifen
             /        \              \
     Carbonsäuren  Sulfosäuren   Ammoniumbasen   Sulfoniumbasen
                  /        \
         Echte Sulfosäuren  Schwefelsäureester
         /              \
  Alkylsulfosäuren   Aromatische Sulfosäuren
```

Eine tabellarische Zusammenstellung von Textilhilfsmitteln mit Angabe ihrer Anwendungsgebiete, Konstitution und Eigenschaften hat HETZER gegeben. Die Patentliteratur der neueren Sulfonierungsverfahren zur Herstellung von Seifen wurde von VAN DER WERTH und MÜLLER zusammengestellt. Ein ausführliches Werk von CHWALA, das eine zusammenfassende Darstellung des Gebietes der Textilhilfsmittel, ihrer Konstitution und ihres kolloidchemischen Verhaltens in der Praxis bringt, befindet sich in Vorbereitung.

Raumbild des Seifenmoleküls und Aufbau der Seifenkrystalle. Auf Grund der physikalischen und chemischen Erfahrungstatsachen können wir uns von der räumlichen Gestalt der Seifenmoleküle in Einzelheiten gehende Vorstellungen machen. Vor allem hat hierbei die röntgenographische Untersuchung wertvolle Dienste geleistet. Abb. 249 zeigt das Raumbild des Laurinsäuremoleküls im Krystall nach BRILL und KURT H. MEYER.

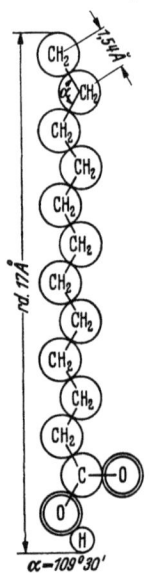

Abb. 249. Das Laurinsäuremolekül im Krystall. Nach BRILL und K. H. MEYER.

Die Kohlenstoffkette hat die Form einer Zickzacklinie. Die Mittelpunkte der Kohlenstoffatome liegen in einer Ebene. Die die Mittelpunkte jedes zweiten Kohlenstoffatoms verbindende Linie bildet eine Gerade. Man kann daher von einer gestreckten, flachen Zickzackstruktur des Moleküls sprechen. Der Winkel der C-C-Bindungen beträgt etwa 109° in Übereinstimmung mit der Tetraederstruktur des Kohlenstoffatoms. Der Abstand der benachbarten Kohlenstoffatome beträgt rund 1,5 Å, der jedes zweiten Kohlenstoffatoms rund 2,5 Å (genau 2,54 Å-HENGSTENBERG). Dasselbe Raumbild kommt auch den Salzen zu, nur mit dem Unterschied, daß das Wasserstoffatom der Carboxylgruppe durch ein Metallatom ersetzt ist.

Die einzelnen Kohlenwasserstoffketten liegen in den Krystallen Seite an Seite, sämtlich parallel zueinander. Aus dem Abstand der Netzebenen konnte gefolgert werden, daß in der Richtung der Kohlenstoffketten die COOH- bzw. COONa-Gruppen abwechselnd einander zugekehrt und voneinander abgekehrt liegen. Dadurch wird die Identitätsperiode in dieser Richtung etwa doppelt so lang als die Moleküllänge und die Netzebenen werden abwechselnd von Säuregruppen und Endmethylgruppen besetzt. Diese Netzebenen stehen jedoch nur in den Paraffinen selbst senkrecht zur Molekülachse. In den Fettsäure- und Seifenkrystallen bilden die Moleküle mit den Netzebenen, die die Endgruppen enthalten, einen bestimmten Winkel, dessen Größe von der Natur der Endgruppen und von der Moleküllänge abhängt (Abb. 250).

Die Identitätsperiode, die den Endgruppen entspricht, ist gegenüber der doppelten Moleküllänge um so mehr verkürzt, je geringer die Neigung der Moleküle zu dieser Netzebene ist. In den Paraffinen, in denen der Netzebenenabstand gleich der Moleküllänge ist (Gleichheit der Endgruppen und Neigungswinkel 90°), beträgt der Querschnitt der Moleküle etwa 18,5 Å². In den Abkömmlingen, in denen die Moleküle geneigt sind, nehmen sie an der Netzebene eine entsprechend größere Fläche in Anspruch. Bei den Fettsäuren beträgt diese Fläche etwa 21 Å². Die Querschnittsfläche senkrecht zur Molekülachse ist jedoch auch bei diesen nur 18,5 Å².

Daß die Seifen grundsätzlich denselben Krystallaufbau haben wie die Fettsäuren, wurde von BECKER und JANCKE, SHEARER, PIPER, TRILLAT, ferner von THIESSEN und SPYCHALSKI gezeigt. Es wurde ferner gefunden, daß die Krystalle der Fettsäuren und der Seifen beim Aufstreichen auf eine flache Unterlage sich so orientieren, daß die Ebenen der Carboxylgruppen parallel zur Unterlage stehen. Durch Fadenziehen aus gallertig erstarrenden Seifenlösungen konnten THIESSEN und SPYCHALSKI Präparate mit Fasertextur gewinnen, in denen die Netzebenen der Carboxylgruppen gleichfalls parallel zur Orientierungsrichtung, zur Faserachse liegen. In diesen Fäden liegen nach THIESSEN die Kohlenstoffketten senkrecht zur Faserachse. Es ist dies ein bemerkenswerter Gegensatz zu den Fasertexturen der Hochpolymeren, in

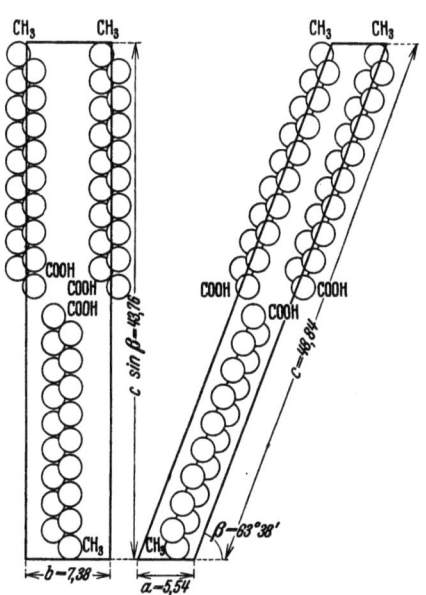

Abb. 250. Einzelzelle im Stearinsäurekrystall. Rechts: Aufsicht senkrecht zur a-Achse; links: Aufsicht senkrecht zur b-Achse. Nach MÜLLER.

denen gewöhnlich die Hauptvalenzketten in der Richtung der Faserachse liegen.

Über röntgenographische Untersuchungen an den anderen Seifen, z. B. an den höhermolekularen Sulfosäuren, wurde bisher im Schrifttum nicht berichtet. Es ist jedoch zu vermuten, daß sie, soweit sie Abkömmlinge der Paraffine sind, ähnliche Krystallstruktur aufweisen werden wie die Fettsäuren und ihre Salze. Nur an den höhermolekularen Aminen liegen einige röntgenographische Beobachtungen vor, die der Erwartung entsprechen (BERNAL).

HENDRICKS, BERNAL, MÜLLER u. a. haben an den Krystallen der Paraffine und ihrer Abkömmlinge eigentümliche Veränderungen der Struktur unterhalb des Schmelzpunktes beobachtet. Diese konnten als Rotationsbewegung der Kohlenwasserstoffketten um ihre Längsachse gedeutet werden. THIESSEN und EHRLICH konnten diese Rotation und eine damit verknüpfte Schwingung der Moleküle, eine Art „eindimensionales Schmelzen", auch an Natriumpalmitat und -stearat auf Grund ihrer Röntgenogramme auffinden. Die Veränderung tritt in der Nähe der Schmelzpunkte der zugehörigen Fettsäuren, also weit unterhalb der Schmelzpunkte der Seifen auf. Sie konnte z. B. auch durch Messung der Dielektrizitätskonstante, der Doppelbrechung und der spezifischen Wärme verfolgt werden (THIESSEN und v. KLENCK). Die Wärmetönung der Umwandlung beträgt für Na-Myristat 200 cal je Mol und nimmt mit zunehmender Kettenlänge zu. Im Verhältnis zur Schmelzwärme der Fettsäuren (etwa 1300 cal je Mol) ist sie also gering.

THIESSEN und STAUFF gelang es durch weitgehende Reinigung der Substanz aus alkoholischer Lösung gut ausgebildete Krystalle von Natrium-Stearat zu gewinnen. Mit Hilfe dieser Einkrystalle konnte die Strukturbestimmung der Seifen weitgehend verfeinert werden. Allerdings stellten die zunächst erhaltenen Krystalle nicht die gewöhnliche stabile, sondern eine labile polymorphe Modifikation dar, in denen die Ketten senkrecht zur Grundfläche der Elementarzelle stehen. Durch Erhitzen konnten diese jedoch in die stabile Form, in der die Ketten zur Grundfläche geneigt stehen, übergeführt werden. Betrachtet man in den Krystallen die beiden mit ihren Salzgruppen aneinander stoßenden Moleküle als eine Einheit, dann kann man mit THIESSEN von einer cis-trans-Assoziationsisomerie sprechen. Der Aufbau des Gitters der Seifen und seine Umwandlungen konnten von THIESSEN auf das Zusammenwirken der beiden Bindungsarten, der VAN DER WAALSschen Molekülbindung der Paraffinketten und der polaren Ionenbindung der Endgruppen, zurückgeführt werden.

Die röntgenographische Strukturanalyse vermag über das Verhalten der Seifenmoleküle in *fester* Form und dadurch auch über ihre Eigenschaften im allgemeinen bemerkenswerte Aussagen zu machen. Diese Erfahrungen sind jedoch nicht ohne weiteres auf die *Lösungen* der Seifen übertragbar. In den thermodynamisch stabilen Seifenlösungen — und die in der Technik üblichen Seifenflotten stellen in der Mehrzahl der Fälle solche dar — ist der Aufbau der Teilchen vermutlich ein völlig anderer als der der Krystalle (vgl. weiter unten, ferner bei HARTLEY). Nur für die Struktur der unterkühlten Seifenlösungen, der Seifengele und -gallerten, dürfte die Krystallstruktur der Seife eine unmittelbare Bedeutung haben.

Als gelöste Einzelmoleküle haben die Seifen, insbesondere auch die Salze der höhermolekularen Fettsäuren, nicht zwangsweise die ebene, gestreckte Form, die sie in den Krystallen annehmen. Die durch den konstanten Valenzwinkel bedingte Zickzacklinie der Kette muß auch im gelösten Zustand erhalten sein, die freie Drehbarkeit der C-C-Bindungen gestattet jedoch dem genügend langen Molekül eine fast beliebig gekrümmte Gestalt anzunehmen. In der Lösung werden sich also neben der annähernd vollständig gestreckten Form des Moleküls auch zahlreiche kürzere Formen befinden. Wie groß der mittlere Abstand der Molekülenden in solchen Fällen wird, haben W. KUHN, ferner GUTH und MARK berechnet. In Abb. 251 ist nach den Ergebnissen von KUHN die Wurzel aus diesem mittleren Abstandquadrat in Abhängigkeit von der Gliederzahl der Kette aufgetragen. Vorausgesetzt wurde hier eine Kettengliedlänge von 1,5 Å und ein Valenzwinkel von 109°. Kurve a gilt für die gestreckte Zickzackstruktur, also für die Kettenlänge im Krystall, Kurve b für den Fall freier Drehbarkeit, d. h. für die mittlere Moleküllänge in der Lösung. Wir entnehmen daraus, daß bei den Seifen der mittlere Abstand der Molekülenden ungefähr die Hälfte des höchstmöglichen Abstandes beträgt. Allerdings muß vermutet werden, daß bei der Anlagerung an Oberflächen oder bei der Bildung von Aggregationsprodukten eine Ausrichtung der Moleküle ebenso leicht erfolgen kann, wie dies bei der Krystallisation der Fall ist.

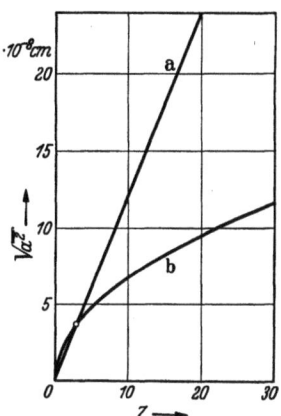

Abb. 251. Abstand (a) der Endpunkte einer Z-gliedrigen Kette von Kohlenstoffatomen. a gestreckte Zickzackkette; b statistische (Knäuel-) Gestalt (Quadratwurzel aus dem Mittelwert für das Quadrat des Abstandes). Nach W. KUHN.

Die Löslichkeit der Seifen. Quantitative Untersuchungen über die Löslichkeit der Seifen liegen nur in geringer Zahl vor. Bei den gewöhnlichen Seifen ist bekannt, daß die Löslichkeit mit wachsender Länge der Kohlenwasserstoffkette abnimmt. Dieses Verhalten ist ohne weiteres verständlich, wenn man die Tatsache berücksichtigt, daß für die Wechselwirkung mit den Wassermolekülen nur die ionische Gruppe der Seife verantwortlich ist und die molekulare Kohäsion der Seifen der Kettenlänge proportional zunimmt.

Sämtliche Seifen zeigen eine auffallend starke *Temperaturabhängigkeit der Löslichkeit*. KRAFFT hat die Beobachtung gemacht, daß die Lösungen der gewöhnlichen Seifen beim Abkühlen bei bestimmten Temperaturen, die in der Nähe des Schmelzpunktes der zugehörigen Fettsäuren liegen, trüb zu werden beginnen. So beginnt die Ausscheidung von Natriumstearat aus 20%iger Lösung bei 69°, aus 10%igen Lösungen bei 67°, aus 1%iger Lösung bei 60°. Der Schmelzpunkt der Stearinsäure liegt bei 69°. Natriumlaurat scheidet sich aus 25%iger bei 45—42°, aus 1%iger Lösung bei etwa 11° aus. Der Schmelzpunkt von Laurinsäure liegt bei 44°. KRAFFT glaubte die von ihm gefundene Regel auf die Hydrolyse der Seifen zurückführen zu können. Da wir heute wissen, daß die Hydrolyse in den konzentrierten Lösungen sehr geringfügig ist, ist diese Erklärung sehr unwahrscheinlich.

MCBAIN, LAZARUS und PITTER haben das Lösungsgleichgewicht der gewöhnlichen Seifen sehr eingehend untersucht und die Phasenregel auf dieses System angewendet. Außer der gewöhnlichen isotropen Lösung muß man nach ihnen noch zwei verschiedene flüssig-krystalline Phasen, ferner mehrere feste Phasen von verschiedenem Hydratationsgrad unterscheiden (vgl. hierzu die Einwände von OSTWALD und ERBRING). Infolgedessen wird die vollständige Beschreibung der auftretenden Phasengleichgewichte sehr verwickelt. So interessant und wertvoll MCBAINS Untersuchungen sowohl vom theoretischen Standpunkt als auch von dem des praktischen Seifensieders aus sind, von unserem anwendungstechnischen Gesichtspunkt aus ist hier lediglich die Feststellung von Bedeutung, daß die verdünnten Seifenlösungen schon bei

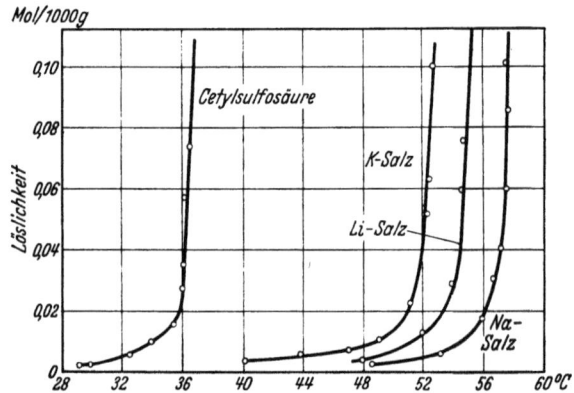

Abb. 252. Löslichkeit der Cetylsulfosäure und ihrer Salze in Abhängigkeit von der Temperatur. Nach MURRAY und HARTLEY.

gewöhnlicher Temperatur (und in konzentrierteren bei entsprechend hohen Temperaturen) isotrope Lösungen ohne das Vorhandensein irgendwelcher Inhomogenitäten darstellen. Die starke Temperaturabhängigkeit der Löslichkeit geht auch aus diesen Untersuchungen hervor. Die Konzentration der gesättigten Natriumpalmitatlösung beträgt bei 25° ungefähr 0,008 n, bei 30° 0,018 n, bei 66° 0,5 n, bei 69° 1 n und bei 75° 2 n. Die Sättigungskonzentration wächst somit zwischen 25° und 75° auf das 250fache.

MURRAY und HARTLEY untersuchten die Temperaturabhängigkeit der Löslichkeit der cetylsulfosauren Salze, indem sie die Temperatur beobachteten, bei der die Aufhellung von Mischungen bestimmter Zusammensetzung beim langsamen Erwärmen eintrat. Abb. 252 bringt ihre Ergebnisse. Die Form der Kurven zeigt, warum man bei diesen Verbindungen von einer Lösungstemperatur sprechen kann. Von einer bestimmten Temperatur an wird nämlich der Anstieg der Sättigungskonzentration sehr steil. Die so definierte Lösungstemperatur der freien Säure beträgt 36°, die des Kaliumsalzes 52°, des Lithiumsalzes 54° und des Natriumsalzes 57°. Der Schmelzpunkt der freien Säure liegt bei

18°, der der Salze oberhalb von 300°. Wie MURRAY ferner mitteilte, liegt die Lösungstemperatur des Thalliumsalzes bei 65°, die des Silbersalzes bei 135°. Die Beziehung der Lösungstemperatur zum Schmelzpunkt der Säure ist daher eine sehr lockere. Bei diesen Verbindungen kann die Hydrolyse überhaupt keine Rolle spielen, da es sich um eine starke Säure handelt.

MURRAY und HARTLEY führen die Erscheinung der Lösungstemperatur auf die eigenartige Natur des Aggregationsgleichgewichtes in den Seifenlösungen zurück. Wie weiter unten gezeigt wird, tritt die Aggregation der einfachen Seifenionen zu ionischen Micellen bei wachsender Konzentration von einer bestimmten „kritischen" Konzentration an plötzlich auf. Wenn infolge des langsamen Anstiegs der Löslichkeit mit wachsender Temperatur die Konzentration der gesättigten Lösung allmählich zunimmt, so wird bei einer bestimmten Temperatur eben diejenige Konzentration erreicht, von der an die Aggregation in beschleunigtem Maße erfolgt. Nimmt man an, daß der Bodenkörper mit den einfachen Seifenanionen bzw. mit den nicht micellaren Anteilen der Seifenlösung im Gleichgewicht steht, so wird es klar, daß die Anwesenheit eines aggregierten Anteils die Gesamtlöslichkeit der Seife steigert. Zusammen mit der Erscheinung der kritischen Konzentration erklärt also diese Annahme das Auftreten der „Lösungstemperatur".

Ionisation und Aggregation der Seifen. In der Entwicklung der Erkenntnis der Natur der Seifenlösungen können wir drei Stufen unterscheiden. Die erste war durch die Arbeiten von KRAFFT beherrscht. Ihr wesentliches Ergebnis war die Erkennung einerseits der kolloiden, andererseits der ionischen Natur der Seifen. Der zweiten Stufe haben die Untersuchungen von McBAIN und Mitarbeitern das Gepräge gegeben. Die dritte und neueste Stufe, die noch im Werden begriffen ist, wurde durch LOTTERMOSERs Messungen an Alkylschwefelsäureestern eingeleitet und durch die Untersuchungen von HARTLEY und Mitarbeitern an quarternären Ammoniumbasen und an Alkylsulfosäuren entscheidend gestaltet. Wir wollen an dieser Stelle die Einzelheiten der historischen Entwicklung in den ersten Stufen nicht verfolgen (vgl. darüber PAULI und VALKÓ), sondern uns auf die Darstellung der heute anerkannten Ergebnisse beschränken. Da jedoch eine vollständige Klärung noch nicht erfolgt ist, müssen wir die McBAINschen, ferner die LOTTERMOSERschen und HARTLEYschen Arbeiten gesondert behandeln.

Eine zusammenfassende Darstellung des Schrifttums bis 1931 bringt LEDERER in seiner „Kolloidchemie der Seifen". Über die seither erfolgte Entwicklung, die sich hauptsächlich auf dem vom anwendungstechnischen Standpunkte aus wichtigen Gebiet der verdünnten Seifenlösungen vollzogen hat, berichtet HARTLEY 1 in einer während der Korrektur dieses Buches erschienenen kritischen Übersicht („Aqueous solutions of paraffin-chain salts").

Den Gegenstand der McBAINschen Untersuchungen lieferten in erster Linie die Salze der höheren Fettsäuren. Als Salze mittelstarker Säuren erleiden diese eine Hydrolyse, die mit zunehmender Verdünnung[1] und Temperatur zunimmt. Mit Rücksicht darauf, daß die Hydrolyse diejenigen Eigenschaften der Seifenlösungen, die zur Erkennung des Lösungszustandes benutzt werden, in erster Linie die Leitfähigkeit, stark beeinflußt und, da ferner die mangelnde Löslichkeit bei niederer Temperatur in vielen Fällen eine höhere Meßtemperatur erforderlich macht, wurde McBain veranlaßt, die Untersuchungen nur im Bereich oberhalb einer verhältnismäßig hohen Konzentration auszuführen. Diese Beschränkung wurde auch durch den Umstand nahegelegt, daß einige der angewandten Meßmethoden, insbesondere die osmotischen, bei stärkerer Verdünnung keine genügende Empfindlichkeit mehr aufwiesen. Abb. 253 bringt in graphischer Darstellung die Ergebnisse der Leitfähigkeitmessungen. Diese sind zwar bereits von der Konzentration n/100 an ausgeführt, für die Ermittlung des Aggregationszustandes wurden jedoch nur die über n/10 gemessenen Werte benützt. Während sich etwa Kaliumacetat wie ein normaler Elektrolyt verhält, zeigt die Leitfähigkeit der typischen Seifen einen völlig abnormen Verlauf. Die Äquivalentleitfähigkeit derselben nimmt bereits in verhältnismäßig verdünnten Lösungen mit zunehmender Konzentration schnell ab, um dann in dem Gebiet zwischen etwa 0,05 und 0,15 n ein *Minimum* zu erreichen. Bei weiter zunehmender Konzentration steigt die Äquivalentleitfähigkeit langsam an. Dem normalen Verhalten eines 1-1-wertigen Salzes würde hingegen ein langsames monotones Absinken der Äquivalentleitfähigkeit entsprechen, wie es bei Kaliumacetat tatsächlich beobachtet wurde.

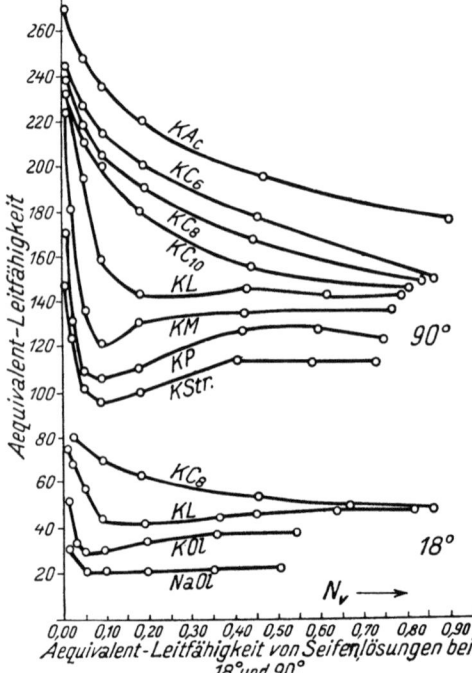

Abb. 253. Äquivalentleitfähigkeit der fettsauren Salze in Abhängigkeit von der Äquivalentkonzentration bei 18° und 90°. Die Indices von *C* bedeuten die Anzahl der Kohlenstoffatome der Kohlenwasserstoffkette. *Ac* Acetat; *L* Laurat; *M* Myristat; *P* Palmitat; *Ol* Oleat; *Str* Stearat. Nach McBain.

---

[1] Vgl. jedoch S. 544—545.

Je höhermolekular die Seife ist, um so steiler ist der Leitfähigkeitsabfall in den verdünnten Lösungen und um so niedriger ist der erreichte Kleinstwert.

Die osmotischen Bestimmungen wurden von MCBAIN und seinen Mitarbeitern mit Hilfe von Dampfdruck-, Gefrierpunkt- und Taupunktmessungen ausgeführt. Abb. 254 enthält die Ergebnisse der Taupunktbestimmung an einer Anzahl fettsaurer Salze bei 90°, ausgedrückt in Werten des VAN'T HOFFschen i-Faktors, also im Sinne der klassischen Dissoziationstheorie der Anzahl von osmotisch wirksamen Teilen

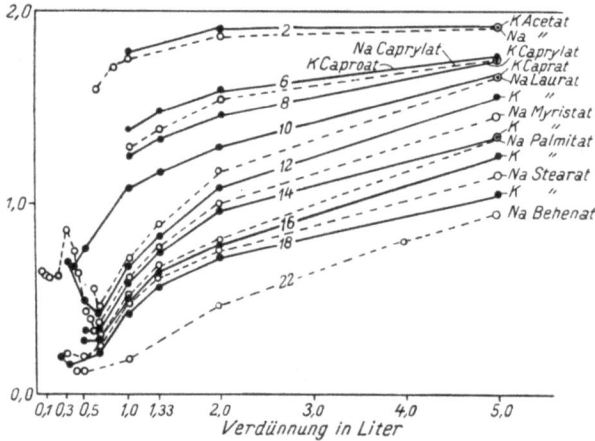

Abb. 254. VAN'T HOFF-Faktor i (Ordinate) in Lösungen der fettsauren Salze bei 90° in Abhängigkeit von der Verdünnung (l je Mol) auf Grund von Taupunktbestimmungen. Nach MCBAIN und SALMON.

je Molekül. Mit zunehmender Verdünnung streben die Kurven dem Grenzwert 2 zu, der der vollständigen osmotischen Wirksamkeit der beiden Ionen entspricht. Während jedoch die Werte für Acetat mit zunehmender Konzentration nur langsam abnehmen, zeigen die der typischen Seifen bereits in niedriger Konzentration eine erhebliche Abnahme und erreichen in etwa 2 n Lösung ein Minimum, an das sich mit steigender Konzentration wieder ein starkes Anwachsen anschließt.

Die Bestimmung des Aggregationszustandes der Seifenlösungen gründete MCBAIN auf die Kombination der Leitfähigkeits- und osmotischen Messungen. Er unterscheidet in der Lösung je nach Ionisation und Aggregation vier verschiedene Molekülarten, entsprechend dem Schema (Abb. 255).

Eine nähere Erklärung erfordern nur die Begriffe ionische Micelle und Neutralkolloid. *Die ionische Micelle entsteht durch die gegenseitige Assoziation gleichartiger Ionen unter Erhaltung ihres Ionisationszustandes.* Ihre Bildung aus den einfachen Ionen ist daher mit einer entsprechenden Abnahme der osmotischen Wirksamkeit verknüpft. Die gleichzeitige Leitfähigkeitsänderung beruht neben dem unverändert gebliebenen Beitrag der Gegenionen zur Leitfähigkeit auf der gegenüber den einfachen Ionen hohen Beweglichkeit des Aggregat-Ions. Die Beweglichkeit eines Ions ergibt sich nämlich nach dem STOKESschen Gesetz proportional dem Verhältnis von Ladung zum Halbmesser des Teilchens:

$$u = \frac{z\,e}{6\,\pi\,\eta\,r}. \qquad (1)$$

(u: Beweglichkeit, z: Ladungszahl oder Wertigkeit, e: Elementarladung, η: Zähigkeit, r: Halbmesser). Bei der Aggregation von n-Ionen steigt die Ladungszahl auf das n-fache, der Radius jedoch, unter der Voraussetzung von massiver Kugelform, nur auf das $\sqrt[3]{n}$-fache: die Beweglichkeit steigt somit auf das 2/3 n-fache.

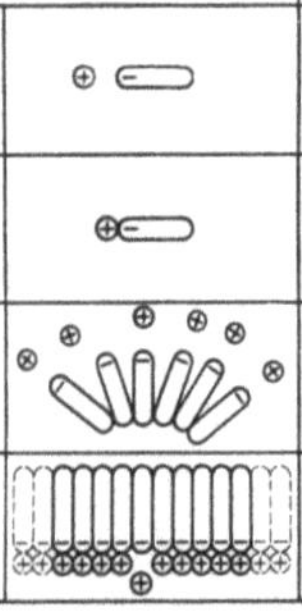

		Teilchenzahl je Molekül	Leitfähigkeitskoeffizient
einfache Ionen		2	1
undissoz. Moleküle		1	0
ionische Micellen		$1+\frac{1}{n}$	>1
Neutralkolloide		0,1	0,1

Abb. 255. Schematische Darstellung des Beitrags der von MCBAIN angenommenen Bestandteile einer Seifenlösung zum osmotischen Druck und zur Leitfähigkeit.

Das Neutralkolloid entsteht durch das Zusammentreten einer großen Anzahl undissoziierter Seifenmoleküle. Allerdings wird der Ausdruck „undissoziiert" den tatsächlichen Verhältnissen nicht ganz gerecht, denn es geht aus MCBAINs Meßergebnissen hervor, daß ein kleiner Anteil, vielleicht etwa 10%, der im Neutralkolloid enthaltenen Seifenmoleküle als elektrolytisch dissoziiert anzunehmen ist.

Berücksichtigt man die verschiedenartige Beeinflussung von Leitfähigkeit und Teilchenzahl durch die verschiedenartige Zustandsform der Seifenmoleküle, dann erlaubt die Kombination der osmotischen und der Leitfähigkeitsmessungen eine, wenn auch nur angenäherte Einteilung der anwesenden Moleküle in die einzelnen Gruppen. Den starken Abfall der Leitfähigkeit in verdünnten Lösungen führt MCBAIN auf die Bildung von undissoziierten Molekülen zurück. Sie ist von einem gleichzeitigen Absinken der osmotischen Wirksamkeit begleitet. Der Wiederanstieg der Äquivalentleitfähigkeit beim Überschreiten des Minimums, diese eigenartigste Erscheinung in dem Verhalten der Seifenlösungen, ist nach MCBAIN das Zeichen für die Bildung von ionischen Micellen. Sie findet in einem Gebiet statt, in dem die osmotische Wirksamkeit weiter absinkt. (Die Erscheinungen in hochkonzentrierten Lösungen, in denen der VAN'T HOFFsche i-Wert wieder ansteigt, schließt MCBAIN von der ausführlichen Betrachtung aus.)

Die Ergebnisse der Einordnung der Bestandteile einer Seifenlösung in die verschiedenen Molekülzustände über ein größeres Konzentrationsgebiet bringt McBain durch das „Zustandsdiagramm" der Seifenlösung zum Ausdruck. Abb. 256 zeigt ein derartiges Zustandsdiagramm von Natriumpalmitat bei 90°.

Die Kurven begrenzen die Gebiete der einzelnen Bestandteile. Um den Aggregationszustand der gelösten Seife bei einer bestimmten Konzentration abzulesen, zieht man an der entsprechenden Stelle eine Parallele zur Ordinatenachse. Das Längenverhältnis der Strecken, in die die Parallele durch die Schnittpunkte mit den Kurven geteilt wird, stellt vergleichsweise das Mengenverhältnis der einzelnen Assoziations- bzw. Dissoziationsprodukte der Seife dar. Das mit einem Stern bezeichnete Gebiet in der linken unteren Ecke schließt die hydrolytisch abgespaltene Fettsäure ein. Wir ersehen aus der Abbildung, daß in starker Verdünnung neben der hydrolytisch gebildeten sauren Seife nur einfache Ionen und undissoziierte Moleküle, also nur die niedrigmolekularen Bestandteile anwesend sind. Bei höherer Konzentration treten dann die ionischen Micellen und das Neutralkolloid auf. In etwa 1,5 n Lösung sind bereits ausschließlich diese zwei Assoziationsprodukte anwesend, und die weitere Konzentrationserhöhung bringt keine wesentliche Verschiebung des Gleichgewichtes.

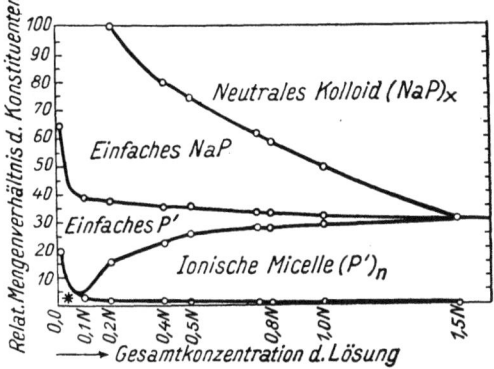

Abb. 256. Bestandteile von Natriumpalmitatlösungen bei 90° in Abhängigkeit von der Äquivalentkonzentration.
*: saure Seife. Nach McBain, Taylor und Laing.

Im großen und ganzen bieten die Zustandsdiagramme der anderen Seifen ähnliche Bilder. Die niedrigeren Glieder der homologen Reihe neigen weniger zur Assoziation, so daß ionische Micellen und Neutralkolloide bei ihnen erst in höherer Konzentration auftreten. Temperaturerniedrigung begünstigt die Bildung der beiden Aggregationsprodukte.

Betrachten wir diese Zustandsdiagramme vom Standpunkt der Technik, so fällt uns ein Umstand auf, dessen Bedeutung nicht immer genügend klar erkannt wurde. Die Zustandsdiagramme McBains umfassen im wesentlichen nur das Konzentrationsgebiet oberhalb n/10. Die technisch wichtigen Seifenflotten enthalten jedoch die Seife meistens in einer höheren Verdünnung. Eine Seifenflotte mit 3 g reiner Seife je l ist erst 1/100 normal. Nach den McBainschen Zustandsdiagrammen sollen die Seifenlösungen in n/10 Lösung fast ausschließlich undissoziierte Moleküle und einfache Ionen enthalten. In den noch verdünnteren technischen Seifenflotten wären daher weder ionische Micellen noch Neutralkolloide in merklicher Menge anzunehmen. *Nach McBain sind die Seifen bei den technisch wirksamen Konzentrationen moleculardispers zerteilt.*

Wie wir bereits erwähnt haben, war die Beschränkung der Untersuchung des Assoziationszustandes der Seifenlösungen auf ein Gebiet verhältnismäßig hoher Konzentration durch den Umstand bedingt, daß die Hydrolyse bei starker Verdünnung die Auswertung der Leitfähigkeitsbestimmung erschwert und daß die osmotischen Bestimmungen bei

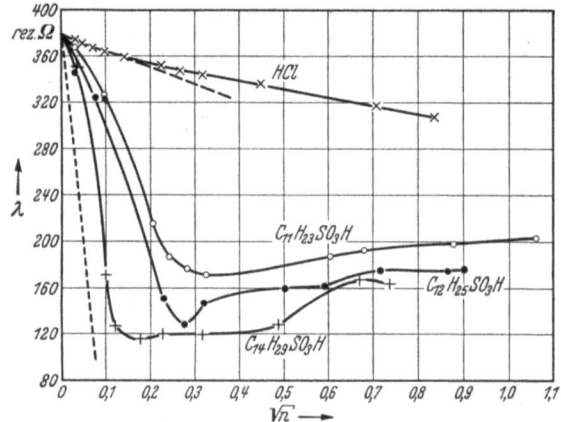

Abb. 257. Äquivalentleitfähigkeit von Undecyl-, Lauryl- und Myristylsulfosäure bei 25° in Abhängigkeit von der Quadratwurzel der Äquivalentkonzentration; zum Vergleich die entsprechenden Werte für HCl und die theoretisch berechneten Werte für eine einwertige und eine zehnwertige Säure (gestrichelte Linien). Nach McBain und Betz.

stärkeren Verdünnungen wegen der Geringfügigkeit der Effekte nicht mehr genügend genau auszuführen sind. Einen Fortschritt in der neueren

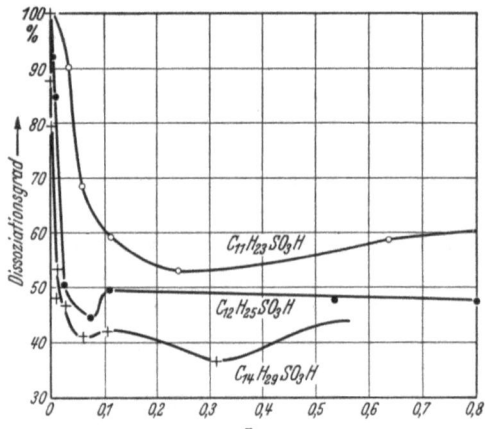

Abb. 258. Dissoziationsgrad für Undecyl-, Lauryl- und Myristylsulfosäure in Abhängigkeit von der Äquivalentkonzentration bei 25° auf Grund der Bestimmung der Wasserstoffionenaktivität. Nach McBain und Betz.

Entwicklung unserer Kenntnisse über den Aggregationszustand der Seifen in verdünnten Lösungen brachten erst die Messungen an den höher molekularen Schwefelsäureabkömmlingen, deren Salze auch bei starker Verdünnung und bei höheren Temperaturen keine merkliche Hydrolyse erleiden.

Reychler hat als erster die Leitfähigkeit der Cetylsulfosäure und ihres Natriumsalzes untersucht. Später haben in McBains Laboratorium Norris, ferner an einem reineren Produkt McBain und Williams die Leitfähigkeit und den Dampfdruck der Cetylsulfosäure ermittelt. Schließlich wurde von McBain und Betz kürzlich die Leitfähigkeit und das elektrometrische und osmotische Verhalten der Undecyl-,

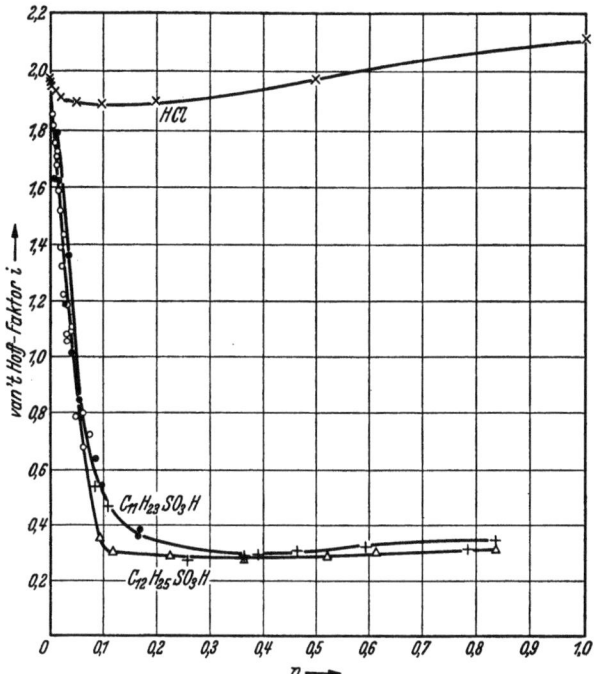

Abb. 259. van't Hoff-Faktor i für Undecyl- und Laurylsulfosäure in Abhängigkeit von der Äquivalentkonzentration auf Grund von Gefrierpunktsmessungen. Nach McBain und Betz.

Lauryl- und Myristylsulfosäure untersucht. Die Abb. 257 und 258 zeigen die Ergebnisse der Leitfähigkeitsmessungen und der elektrometrischen Wasserstoffionenbestimmungen. Die Gefrierpunktserniedrigung konnte an der Myristylsulfosäure wegen der Unlöslichkeit bei tiefer Temperatur nicht gemessen werden, die Ergebnisse an den zwei anderen Substanzen bringt Abb. 259.

McBain deutet die Versuchsresultate in demselben Sinne wie bei den gewöhnlichen Seifen. Den Abfall der Leitfähigkeits- und der osmotischen Wirksamkeit, der bereits in verdünnten Lösungen einsetzt, schreibt er der Bildung von undissoziierten Molekülen zu. Die Dissoziationskonstante bei den höhermolekularen Alkylsulfosäuren wäre in der Größenordnung $p_K = 1-2$, entsprechend den von mittelstarken Säuren. Der Wiederanstieg der Äquivalentleitfähigkeit nach Erreichen des Minimums in 0,1, 0,075 und 0,031 n Lösungen der Undecyl-, Lauryl- bzw. Myristylsulfosäure wird von MCBAIN durch die Annahme der Bildung von ionischen Micellen mit erhöhter Beweglichkeit der Seifenionaggregate gedeutet. Da der Leitfähigkeitsanstieg außerordentlich groß ist (bei Myristylsulfosäure beträgt er im Höchstfalle nicht weniger als 45% der Minimalleitfähigkeit), muß man sehr hohe Micellenbeweglichkeiten, bis zur Höhe der Beweglichkeit des Hydroxylions, annehmen.

Auf Grund dieser Annahmen leitet MCBAIN für die Wasserstoffseifen

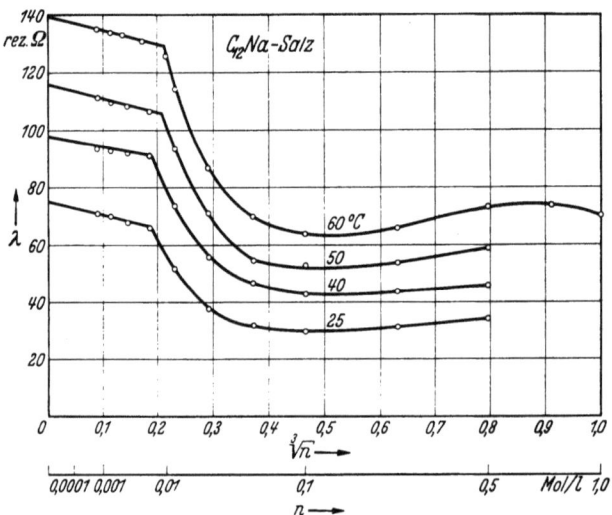

Abb. 260. Äquivalentleitfähigkeit von dodecylschwefelsaurem Natrium bei verschiedenen Temperaturen in Abhängigkeit von der Kubikwurzel der Äquivalentkonzentration. Nach LOTTERMOSER und PÜSCHEL.

Konstitutionsdiagramme ab, die denen der gewöhnlichen Seifen durchaus ähnlich sind. Die Umwandlung von einfachen, molekulardispersen Elektrolyten in kolloide soll hauptsächlich in der Nähe des Leitfähigkeitsminimums erfolgen. Oberhalb der Konzentration 0,1—0,2 n sollen kaum andere als Kolloid- und Wasserstoffionen vorhanden sein. Die Konzentration der ionischen Micelle ist hier äquivalent der Wasserstoffionenkonzentration. Die übrige anwesende Seife ist zum Neutralkolloid aggregiert. In diesen Lösungen wäre daher etwa die eine Hälfte der Seife als ionische Micelle, die andere als Neutralkolloid anwesend.

LOTTERMOSER und PÜSCHEL haben die Leitfähigkeit der Salze der sauren Schwefelsäureester der höhermolekularen aliphatischen Alkohole untersucht. Abb. 260 zeigt ihre Ergebnisse an dodecylschwefelsaurem Natrium bei verschiedenen Temperaturen.

Die Abb. 261 und 262 bringen die Befunde an den verschiedenen Salzen derselben Säure bei verschiedenen Temperaturen.

Abb. 263 gibt die Ergebnisse an den Natriumsalzen der Alkylschwefelsäureester von verschiedener Kettenlänge bei 60° wieder.

Im großen und ganzen ist der Verlauf der Äquivalentleitfähigkeit-Konzentrationskurve derselbe wie bei den Seifen. Die Ausdehnung des Meßbereiches bis zu hohen Verdünnungen läßt jedoch erkennen, daß die Äquivalentleitfähigkeit mit wachsender Konzentration zunächst linear mit der Kubikwurzel der Konzentration abnimmt. Es tritt dann

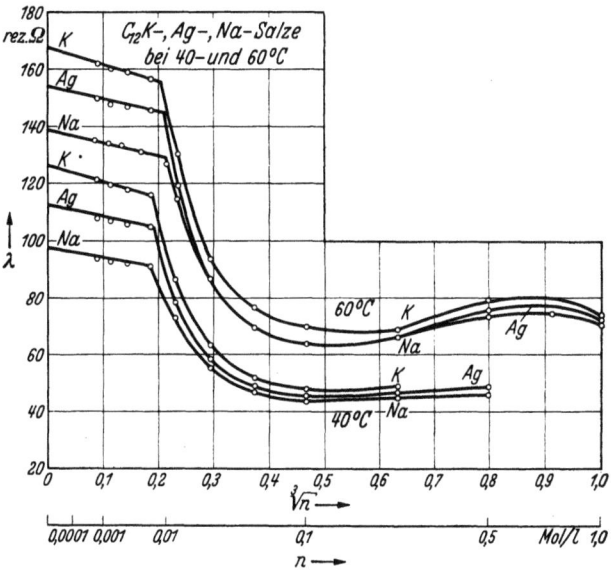

Abb. 261. Äquivalentleitfähigkeit der Salze von Dodecylschwefelsäure in Abhängigkeit von der Kubikwurzel der Äquivalentkonzentration. Nach LOTTERMOSER und PÜSCHEL.

bei einer verhältnismäßig niedrigen Konzentration *ein plötzlicher Abfall der Äquivalentleitfähigkeit* ein. Die Entdeckung dieser *kritischen* Konzentration, unterhalb der das Verhalten der Seifen vollständig normal ist, d. h. dem eines 1,1-wertigen starken Elektrolyten entspricht, wurde für die Entwicklung des Gebietes außerordentlich bedeutungsvoll. LOTTERMOSER selbst hat sich allerdings bei der Deutung der Ergebnisse im wesentlichen auf die McBAINsche Auffassung gestützt. Das Auftreten des Leitfähigkeitsminimums erklärt er daher durch die Annahme der Bildung von ionischen Micellen hoher Beweglichkeit. Nur den Leitfähigkeitsabfall in verdünnten Lösungen führt er nicht auf bloßen Dissoziationsrückgang zurück, sondern er nimmt hier bereits die Bildung von Neutralkolloiden an. Die Ursache des plötzlichen, durch die kritische Konzentration gekennzeichneten Dissoziationsrückganges erblickt er in der Verschiebung des Dissoziationsgleichgewichtes durch die Aggregation der undissoziierten Moleküle.

Die Temperaturabhängigkeit der Äquivalentleitfähigkeit erklärt sich ohne weiteres aus der Beeinflussung des Reibungswiderstandes der Ionen und stimmt mit dem allgemeinen Verhalten der Salze überein. Die kritische Konzentration, bei der der plötzliche Abfall der Äquivalentleitfähigkeit einsetzt, erleidet mit zunehmender Temperatur nur eine geringfügige Verschiebung in der Richtung zunehmender Konzentration. Der Einfluß der Gegenionnatur läßt sich bei den einwertigen Gegenionen auf die Unterschiede der Gegenionenbeweglichkeit zurückführen. Bei den zweiwertigen Gegenionen ist der Leitfähigkeitsabfall steiler und das Minimum der Äquivalentleitfähigkeit liegt tiefer. Anscheinend ist bei den mehrwertigen Gegenionen die Neigung zur Bildung undissoziierter Moleküle bzw. Neutralkolloide größer. Die Abhängigkeit der Äquivalentleitfähigkeit von der Kettenlänge ist dieselbe wie bei den gewöhnlichen Seifen, bei den Alkylsulfaten läßt sich jedoch die bemerkenswerte Tatsache erkennen, daß die kritische Konzentration mit zunehmender Molekülgröße abnimmt.

LOTTERMOSER und PÜSCHEL haben ferner elektrometrisch die Silberionenaktivität in den Silbersalzen der Alkylsulfate ermittelt. Die Aktivitätskoeffizienten zeigten annähernd dieselbe Abhängigkeit von der Konzentration wie die Werte der Äquivalentleitfähigkeit.

Die entscheidende Wendung brachte dann die Untersuchung von HARTLEY, COLLIE und SAMIS. Diese maßen in verdünnten Lösungen der beiden Kationseifen Cetylpyridiniumbromid und Cetyl-trimethylammoniumbromid neben der Äquivalentleitfähigkeit auch die Überführungszahlen, d. h. den Anteil der beiden Ionenarten an der Leitfähigkeit. Die Ergebnisse bringt Abb. 264.

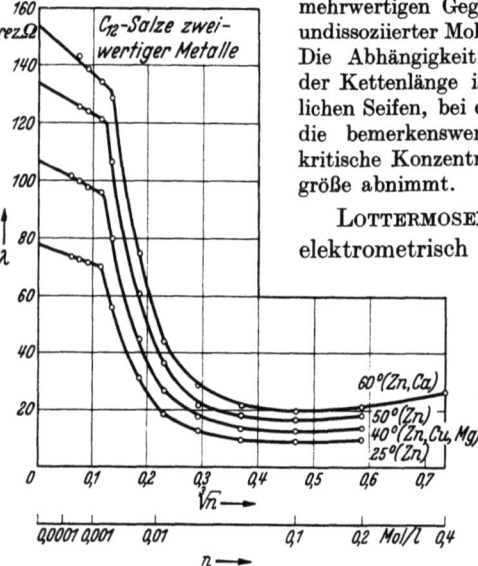

Abb. 262. Äquivalentleitfähigkeit der dodecylschwefelsauren Salze von zweiwertigen Metallen in Abhängigkeit von der Kubikwurzel der Äquivalentkonzentration. Nach LOTTERMOSER und PÜSCHEL.

Der Verlauf der Leitfähigkeitskurve ist analog denjenigen der entsprechenden Anionseifen. Insbesondere findet sich hier das Auftreten der kritischen Konzentration deutlich ausgeprägt. Bemerkenswert ist die außerordentlich starke und eigenartige Konzentrationsabhängigkeit der Überführungszahl der Kationen. Bei der für die Leitfähigkeit kritischen Konzentration zeigt die Überführungszahl einen plötzlichen *Anstieg*. Die Bedeutung der Konzentrationsabhängigkeit der Überführungszahl versteht man am besten, wenn man die Konzentrationsabhängigkeit der Beweglichkeit der beiden Ionenarten betrachtet. Bekanntlich ergibt das Produkt aus der Überführungszahl und der Äquivalentleitfähigkeit die Beweglichkeit des betreffenden Ions. Auf diese Weise sind die in Abb. 265 graphisch dargestellten Werte berechnet.

Ionisation und Aggregation der Seifen. 537

In den verdünnten Lösungen bis zu der kritischen Konzentration entsprechen die Werte der Beweglichkeit denjenigen, die man für den

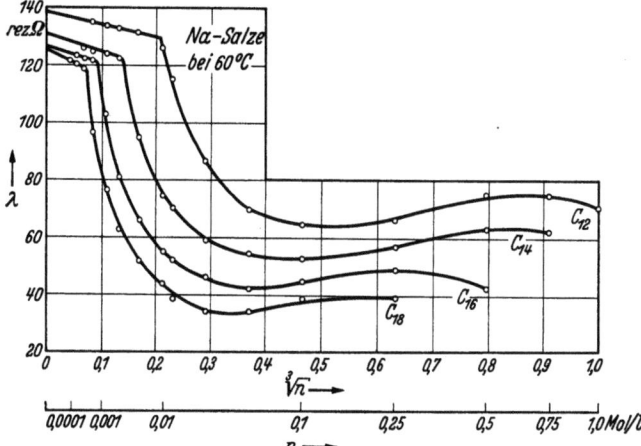

Abb. 263. Äquivalentleitfähigkeit von dodecyl-, tetradecyl-, hexadecyl- und octodecylschwefelsaurem Natrium in Abhängigkeit von der Kubikwurzel der Äquivalentkonzentration. Nach LOTTERMOSER und PÜSCHEL.

Fall der vollständigen Dissoziation des Salzes ohne Aggregationsvorgang zu erwarten hat: die Beweglichkeit des hochmolekularen Kations ist

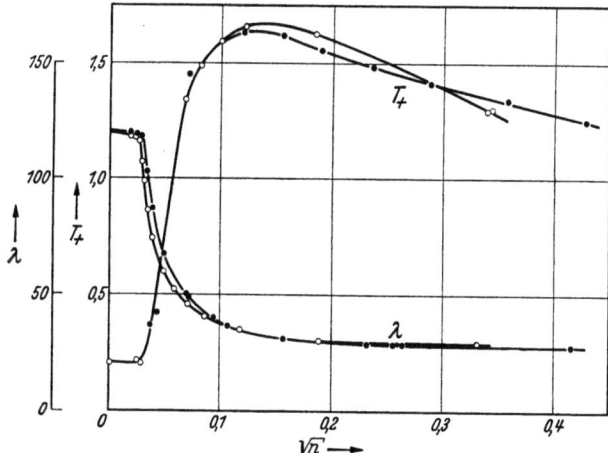

Abb. 264. Äquivalentleitfähigkeit (λ) und Überführungszahl des Kations (T_+) von Cetyl-pyridinium- (○) und von Cetyl-trimethyl-ammonium-bromid (●) bei 35° in Abhängigkeit von der Quadratwurzel der Äquivalentkonzentration. Nach HARTLEY, COLLIE und SAMIS.

etwa 25, die des Bromions etwa 95 rez. Ohm. Bei der kritischen Konzentration erfolgt ein plötzliches Ansteigen der Kationenbeweglichkeit und ein gleichzeitiges Absinken der Gegenionenbeweglichkeit. Die Beweglichkeit des Seifenions steigt bis zu dem Höchstwert von etwa 70 rez.

Ohm, die des Gegenions fällt bis zu einem Minimum von etwa —25 rez. Ohm. Die Anionen werden hier zur Kathode transportiert. Bei weiter steigender Konzentration kehrt sich die Richtung der Konzentrationsabhängigkeit um: die Seifenionenbeweglichkeit sinkt, die Bromionenbeweglichkeit steigt.

HARTLEY, COLLIE und SAMIS erblicken *in dem Anstieg* der *Seifenionenbeweglichkeit* bei der kritischen Konzentration das Zeichen der *Bildung von ionischen Micellen* im Sinne von MCBAIN. Der gleichzeitige Abfall der Gegenionenbeweglichkeit ist nach ihnen die Folge zum Teil der die elektrische Wanderung bremsenden zwischenionischen Kräfte, zum Teil der Anlagerung der Gegenionen an die ionische Micelle, deren Ursache übrigens auch in der zwischenionischen elektrostatischen Anziehung liegt. Wenn die Gegenionenbeweglichkeit negativ wird, wie es bereits in 0,0017 n Lösungen der Fall ist, dann hat man es zweifelsohne mit einem sehr weitgehenden Festhalten der Gegenionen durch die aggregierten Seifenionen zu tun. In diesem Fall werden nämlich beim Stromdurchgang mehr Bromionen mit den Kationen zur Kathode geschleppt als Bromionen zur Anode wandern.

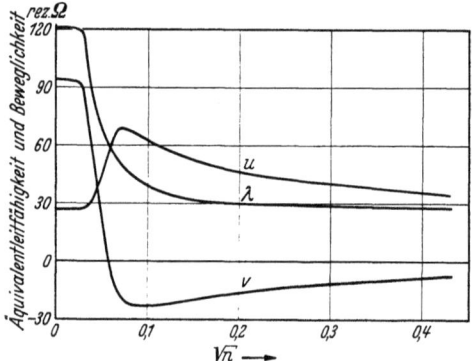

Abb. 265. Äquivalentleitfähigkeit (λ), Beweglichkeit des Kations (u) und des Anions (v) von Cetyl-trimethylammoniumbromid bei 35°. Nach HARTLEY, COLLIE und SAMIS.

Das Hauptergebnis der HARTLEYschen Untersuchungen liegt in dem Nachweis, daß die *Bildung der ionischen Micelle bereits bei einer sehr geringen Konzentration, nämlich bei der kritischen Konzentration* LOTTERMOSERs *einsetzt*. In dem Gebiet, in dem MCBAIN nur die Bildung von undissoziierten Molekülen und in dem LOTTERMOSER hauptsächlich die Bildung des Neutralkolloides annimmt, findet in Wirklichkeit die Aggregation der Seifenionen zu ionischen Micellen, d. h. zu Teilchen außerordentlich hoher elektrolytischer Beweglichkeit statt. Der gleichzeitig erfolgende Abfall der Äquivalentleitfähigkeit ist auf die Assoziation der Gegenionen zu den mehrwertigen Micellionen zurückzuführen.

Bei weiterer Erhöhung der Konzentration nimmt nach Erreichen eines Maximalwertes die Beweglichkeit der Seifenionen wieder ab. In diesem Gebiet übersteigt der Einfluß der zwischenionischen Kräfte den Einfluß der Aggregation der Seifenionen. Von hier an nimmt mit zunehmender Konzentration die Gegenionenbeweglichkeit wieder zu. Die Äquivalentleitfähigkeit selbst bleibt in diesem Konzentrationsgebiet nach den Versuchen von HARTLEY, COLLIE und SAMIS praktisch konstant. Diese Konstanz der Leitfähigkeit ist jedoch genau so eine Anomalie wie der im selben Gebiet beobachtete Wiederanstieg der Leitfähigkeit bei anderen Seifen in den Versuchen von McBAIN und LOTTERMOSER.

Diese Konstanz bzw. Zunahme der Äquivalentleitfähigkeit im konzentrierten Gebiet kann entgegen der McBAINschen Ansicht nicht auf der Bildung von ionischen Micellen beruhen. Die Erhöhung der Äquivalentleitfähigkeit ist nämlich nicht durch die Erhöhung der Beweglichkeit der Seifenionen, sondern durch diejenige der Gegenionen bedingt. Daß dies auch bei den anionischen Seifen der Fall ist, wurde von HARTLEY auf Grund eigener Messungen an Cetylsulfosäure und auf Grund von Messungen McBAINs und seiner Mitarbeiter an Laurat- und Oleatlösungen gezeigt. HARTLEY, COLLIE und SAMIS nehmen daher an, daß im konzentrierten Gebiet mit zunehmender Konzentration die assoziierten Gegenionen im wachsenden Maße wieder freigegeben werden. Der genaue Mechanismus dieser eigenartigen Erscheinung ist allerdings noch nicht geklärt.

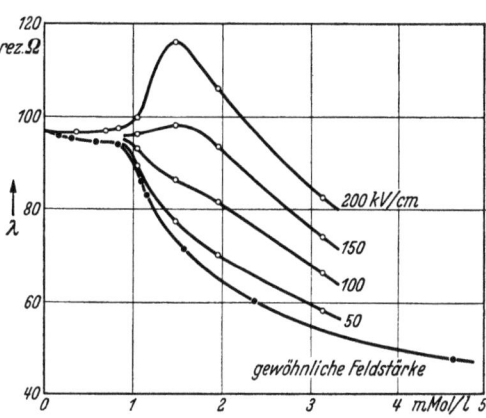

Abb. 266. Einfluß der Feldstärke auf die Äquivalentleitfähigkeit von Cetylpyridiniumchlorid bei 25° in Abhängigkeit von der Äquivalentkonzentration. Nach MALSCH und HARTLEY.

Übrigens wird diese Deutung des Auftretens des Leitfähigkeitsminimums auch durch die Ergebnisse der elektrometrischen Aktivitätsmessungen von McBAIN und von LOTTERMOSER nahegelegt. Würde die mit zunehmender Konzentration erfolgende Erhöhung der Leitfähigkeit auf die Micellbildung zurückzuführen sein, dann könnte man keine gleichzeitige Erhöhung des Aktivitätskoeffizienten feststellen, wie es jedoch in Wirklichkeit der Fall ist.

Einen Beweis für HARTLEYs Erklärung der Leitfähigkeitsabnahme bei der kritischen Konzentration lieferten die Messungen der Feldstärkeabhängigkeit der Leitfähigkeit (WIEN-Effekt) an Cetyl-pyridiniumchlorid durch MALSCH und HARTLEY. In hoher Verdünnung zeigte die Leitfähigkeit nur eine geringfügige Abhängigkeit von der Feldstärke. Von der kritischen Konzentration an trat jedoch bei hohen Feldstärken eine sehr erhebliche Erhöhung der Äquivalentleitfähigkeit ein (Abb. 266). Hier überschreiten die bei hoher Feldstärke gemessenen Leitfähigkeitswerte die Leitfähigkeitswerte bei unendlicher Verdünnung zum Teil beträchtlich. Dies rührt daher, daß bei hoher Feldstärke die leitfähigkeitsvermindernde Wirkung der zwischenionischen Kräfte verkleinert wird. Die Ionenatmosphäre um die Kolloidionen wird stark deformiert und die assoziierten Gegenionen werden von den Micellen abgetrennt. Würde der Leitfähigkeitsabfall bei der kritischen Konzentration auf die Bildung undissoziierter Moleküle oder Neutralkolloide zurückzuführen sein, dann könnte man einen derartigen Effekt nicht erwarten. Die Tatsache, daß die Äquivalentleitfähigkeit bei hoher Feldstärke erheblich über diejenige bei unendlicher Verdünnung steigen kann, beweist, daß hier ionische Micellen von hoher Beweglichkeit vorliegen, deren Beitrag zur Leitfähigkeit bei gewöhnlicher Feldstärke unter dem Einfluß der elektrostatischen Bremskräfte und der Ionenanlagerung vermindert wird.

Die Plötzlichkeit, mit der bei zunehmender Konzentration die Bildung der Aggregate eintritt, erklärt sich nach MURRAY und HARTLEY aus dem

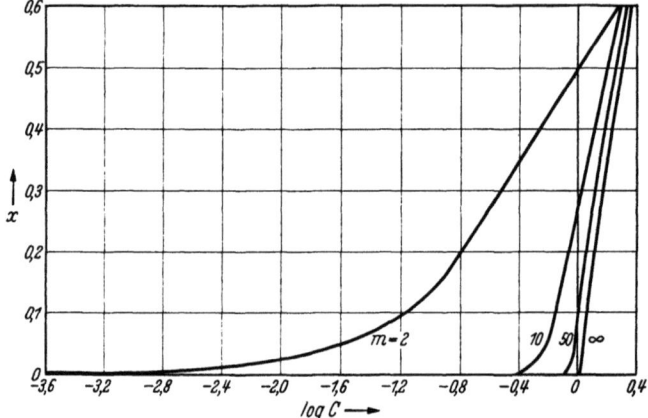

Abb. 267. Assoziierter Anteil der Moleküle (x) in Abhängigkeit vom Logarithmus der Konzentration bei der Bildung von Teilchen aus m-Einzelmolekülen, berechnet nach dem Massenwirkungsgesetz. Nach MURRAY und HARTLEY.

MWG. Nach diesem Gesetz ist die Konzentration eines Teilchens, die aus m-einfachen Molekülen besteht, proportional der m-ten Potenz der Konzentration des einfachen Moleküls:

$$[A_m] = K \cdot [A]^m.$$

Abb. 267 zeigt im Sinne des MWG den aggregierten Anteil einer Lösung in Abhängigkeit von dem Logarithmus der Gesamtkonzentration, unter Zugrundelegung eines Wertes von $m = 2, 10, 50$ bzw. ∞. Die Änderung der Gleichgewichtskonstante bedeutet nur eine Parallelverschiebung der Kurve entlang der log c-Achse. Die Plötzlichkeit der Aggregation bei hohem m-Wert wird ersichtlich, wenn man das Verhältnis derjenigen Konzentrationen betrachtet, bei denen 50 bzw. 1% des Gelösten aggregiert ist. Für die obengenannten m-Werte beträgt dieses Konzentrationsverhältnis 196, 3,30, 2,17 bzw. 1,98. Wenn auch diese Berechnung durch die Berücksichtigung der zwischen den aggregierenden Ionen wirkenden elektrostatischen Abstoßungskräfte und des Einflusses der Gegenionen eine gewisse Modifikation erfährt, erklärt sie doch hinlänglich die Plötzlichkeit der Micellbildung, die sich in der Konzentrationsabhängigkeit der Äquivalentleitfähigkeit und in der Erscheinung der „Lösungstemperatur" kundgibt. Für die Gültigkeit der Berechnung besteht jedoch die Voraussetzung, daß die Wahrscheinlichkeit für die Bildung niedrigerer und höherer Aggregate als aus m-Gliedern gering ist. Sonst müßte nämlich auch das Gleichgewicht hinsichtlich der Bildung der Aggregationsprodukte aus 2, 3 ..., $m-2$, $m-1$ und $m+1$ ... Molekülen in Rechnung gezogen werden. Die obige Rechnung bleibt nur dann gültig, wenn man annimmt, daß die Micelle aus m-Gliedern und das einfache Ion gegenüber allen anderen Aggregationsformen eine besondere Stabilität besitzen. Weiter unten wird darauf hingewiesen werden, daß diese Stabilität auf Grund der Molekülform und des Aufbaues der Micelle tatsächlich wahrscheinlich gemacht werden kann.

In einer neueren Arbeit hat HARTLEY 3 das Verhalten der Hexadecansulfosäure in der Nähe der kritischen Konzentration einer sorgfältigen Prüfung unterzogen. Unterhalb dieser Konzentration zeigte diese Seife genau das Verhalten der starken Säuren, etwa der Salzsäure. Der Abfall der Äquivalentleitfähigkeit, die bei Erhöhung der Konzentration eintritt, erfolgt sehr plötzlich. So stimmt die Leitfähigkeit noch bei einer Konzentration von 0,0005 n innerhalb von 1% mit der von der Theorie der starken Elektrolyten für ein 1,1-wertiges Salz geforderten überein, bei einer Konzentration von 0,001 n beträgt die Abweichung bereits 15%, bei 0,003 n mehr als 50%. Dies gilt für 60°. Bei Erhöhung der Temperatur steigt die kritische Konzentration um etwa 2% je Grad. Bei 90° dürfte sie für die Hexadecansulfosäure 0,0015 n betragen. Bei dieser Temperatur ist die Aggregation in 0,01 n-Lösung vermutlich vollständig.

Die Leitfähigkeit der verdünnten Lösungen der fettsauren Salze hat EKWALL gemessen. Obwohl die Leitfähigkeit hier in erster Linie durch die starke Hydrolyse bestimmt wird, konnte HARTLEY 1 auch hier gewisse Anzeichen der Bildung von Aggregaten aus Seifenionen feststellen.

Zusammenfassend ergibt die HARTLEYsche Auffassung das folgende Bild über die Assoziations- und Dissoziationsverhältnisse in ionischen Seifenlösungen. *In stark verdünnten Lösungen, bis zu der kritischen Konzentration, sind die Seifenmoleküle vollständig in Einzelionen zerfallen. Bei der kritischen Konzentration tritt dann plötzlich die Aggregation der Seifenionen zur ionischen Micelle von hoher Beweglichkeit ein.* Infolge der durch die Anwesenheit der hochwertigen Micellionen bedingten starken zwischenionischen Kräfte findet eine teilweise Anlagerung der Gegenionen zu den Micellionen statt. Diese Gegenionenanlagerung nimmt mit wachsender Konzentration zu und führt zur Abnahme der Äquivalentleitfähigkeit. Nach dem Erreichen des Leitfähigkeitsminimums erfolgt dann aus bisher nicht bekannten Gründen in zunehmendem Maße eine Freigabe von Gegenionen. HARTLEY verneint die Notwendigkeit der Unterscheidung von Neutralkolloid und ionischer Micelle. Von der kritischen Konzentration an kann also der Molekularzustand der Micelle etwa durch die folgende schematische Formel dargestellt werden:

$$[x\,S\,G \cdot y\,S^{-(+)}] + y\,G^{+(-)}.$$

(S: Seifenion; G: Gegenion). Das Verhältnis x/y nimmt von der kritischen Konzentration an zunächst zu, nach Überschreiten des Leitfähigkeitsminimums ab.

Für uns ist die Erkenntnis HARTLEYs wesentlich, daß *die Bildung der ionischen Micellen bereits in den technisch üblichen Seifenkonzentrationen stattfindet.* Die kritische Konzentration der Natriumalkylsulfate beträgt z. B. nach den in Abb. 263 dargestellten Messungsergebnissen LOTTERMOSERs bei 60° etwa 0,0076, 0,0028, 0,00109 und 0,00039 n für das dodecyl-, tetradecyl-, hexadecyl- bzw. octodecylschwefelsaure Salz.

Die Anzahl der Seifenionen je Micelle $(x + y)$ schätzt HARTLEY in grober Annäherung auf etwa 50. Zu dieser Zahl gelangt man, wenn man annimmt, daß die Aggregate kugelförmig und die einzelnen Seifenionen darin radial angeordnet sind, so daß die ionisierten hydrophilen „Köpfe" der Seifenionen an der Oberfläche liegen. Ein derartiges Gebilde dürfte sowohl den VAN DER WAALSschen Kohäsionskräften der Kohlenwasserstoffkette als auch den Hydratationskräften der Ladungen eine Betätigung in möglichst weitgehendem Maße ermöglichen. Da die Betätigungsmöglichkeit der beiden Kräfte bei einer bestimmten Anzahl der aggregierten Moleküle eine optimale ist, erhält das Micellion, das diese Anzahl der aggregierten Moleküle enthält, eine besondere Stabilität. Der Durchmesser einer solchen Micelle dürfte etwa der doppelten Kettenlänge entsprechen.

Übrigens ist die eigentliche Ursache der Assoziation der Seifenionen, wie von HARTLEY *1* betont wird, nicht die Kohäsion der Paraffinreste, sondern die Kohäsion der Wassermoleküle zueinander. Die Wassermoleküle suchen die Paraffinreste aus der Lösung zu drängen, um miteinander in Wechselwirkung treten zu können. Die hydrophilen Reste der Seifenmoleküle verhindern, daß die Aggregation der Seife ins Unbegrenzte wächst.

Die Assoziationserscheinungen der Seifen weisen gegenüber denen der Farbstoffe kennzeichnende Eigentümlichkeiten auf. Der Assoziationsgrad der Farbstoffe in verdünnten Lösungen ist gewöhnlich geringer als der der typischen Seifen und wird erst durch Salzzusatz gesteigert. Die Salzwirkung auf die Assoziation der Seifen ist unterhalb der kritischen Konzentration nur geringfügig. Bei den Seifen ist die Länge der Paraffinkette für das Assoziationsgleichgewicht bestimmend, während die Aggregation der Farbstoffe von der Konstitution auf eine sehr spezifische Weise abhängt. Diese Unterschiede führt HARTLEY *1* auf die Verschiedenheit der Kräfte zurück, die in den beiden Fällen wirksam sind. Bei den Farbstoffen sind die hydratisierten Gruppen im Molekül nicht so stark asymmetrisch verteilt wie bei den Seifen, und der übrige Teil des Moleküls zeigt gleichfalls eine nicht zu vernachlässigende Affinität zum Wasser. Für die Assoziation der Farbstoffmoleküle spielt ihre gegenseitige Anziehung (vermutlich mittels der polaren Gruppen) eine wesentliche Rolle.

LINDERSTRØM-LANG hat 1926 versucht, die experimentellen Befunde MCBAINs auf dem Boden der Theorie der 100%igen Ionisation in einer völlig abweichenden Weise zu deuten. Er wies auf den Umstand hin, daß in einer 1 n Natriumpalmitatlösung die mittlere Entfernung der Gegenionen etwa 10 Å, die Länge eines Palmitations etwa 25 Å beträgt. In einer solchen Lösung ist es infolge des Zusammenspiels der elektrischen Kräfte der Ionen untereinander und mit den Wassermolekülen nicht möglich, die Gesetze der idealen Lösungen anzuwenden, wie es McBain getan hat. Linderstrøm-Lang vertrat die Ansicht, daß der abnorm niedrige osmotische Druck und die sonstigen Eigentümlichkeiten der Seifenlösungen auch ohne Annahme der Aggregation der Fettsäureionen im klassischen Sinne, und zwar auf Grund der starken van der Waalsschen Kohäsionskräfte, welche zwischen den langen, leicht deformierbaren Kohlenwasserstoffketten wirken, erklärt werden können. McBain konnte in der Erwiderung darlegen, daß die experimentellen Ergebnisse vor allem der Ultrafiltration, der Viscosität und der elektrischen Überführung ohne Annahme von Aggregationsprodukten keine befriedigenden Erklärungen finden können. Er wies ferner durch Versuche an Gemischen von Seifen mit Elektrolyten wiederholt nach, daß sich die Seifen nur wie etwa 1,1-wertige Elektrolyte verhalten. Die zwischenionischen Kräfte, die von den gelösten Seifen ausgehen, sind also trotz der Bildung mehrwertiger Mizellionen nicht höher als etwa in NaCl-Lösung. McBain erklärt diesen Befund durch eine Berechnung des mittleren Abstandes der Ladungen der ionischen Micelle. In einem Aggregat von 10 Palmitationen würde der mittlere Abstand der Ladungen, auch wenn man die Ketten nicht als vollständig gestreckt annimmt, weit mehr als 10 Å betragen. Dies entspricht dem mittleren Abstand der Chlorionen in einer 1 n NaCl-Lösung. Die ionische Micelle bedeutet also keine übermäßige, lokale Verdichtung von elektrischen Ladungen und bildet daher

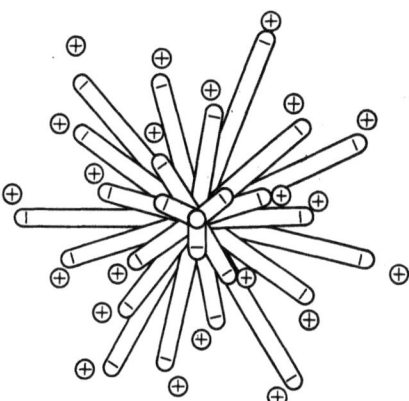

Abb. 268. Schematische Darstellung eines Aggregates von etwa 50 Seifenionen mit den Gegenionen (Aufsicht). In Wirklichkeit dürfte infolge der Biegsamkeit der Kohlenwasserstoffkette im Inneren der Teilchen die Packung der Moleküle dichter und ihre wechselseitige Berührung inniger sein.

eine Ausnahme von der Regel der Ionenstärke, die die Grundlage der modernen Theorie der starken Elektrolyte ist. In seinen späteren Arbeiten hat McBain der Forderung nach Berücksichtigung der zwischenionischen Kräfte nur insofern Rechnung getragen, als er in den Seifenlösungen dieselben Abweichungen von der Theorie der verdünnten Lösungen bzw. von der klassischen Dissoziationstheorie in Rechnung zog, wie sie in den gleichkonzentrierten Kochsalzlösungen auftreten.

Nach Hartley hält McBains Annahme der schwachen zwischenionischen Kräfte in Seifenlösungen einer näheren Prüfung nicht stand. Das Kräftefeld in der Nähe der ionischen Micelle ist zwar nicht stärker als in der Nähe eines einfachen Ions, es ist jedoch ausgedehnter sowohl in radialer als auch in tangentialer Richtung, so daß es zu dem Auftreten außerordentlich starker Effekte führt. Nach Hartley verhalten sich die ionischen Mizellen in bezug auf die elektrostatischen, zwischenionischen Kräfte wie außerordentlich hochwertige Ionen. Eine Anwendung der Debye-Hückelschen Theorie auf die Seifenlösungen begegnet allerdings nach ihm erheblichen Schwierigkeiten.

In neueren Arbeiten (mit Williams und mit Betz) fand McBain, daß die Wasserstoffionenkonzentration in Alkylsulfosäurelösungen, die man auf Grund der Leitfähigkeits- und der elektrometrischen Bestimmung berechnet, bedeutend höher ist als derjenige Wert, den man aus der Gefrierpunkts- oder Dampfdruckmessung ableitet. Die Abweichung beträgt in einzelnen Fällen mehr als 50%. Es handelt sich anscheinend um eine Anomalie, die noch einer näheren Prüfung bedarf.

HOWELL und H. G. B. ROBINSON bestimmten die elektrische Leitfähigkeit der Lösungen der Natriumsalze von Dodecyl- und Hexadecylschwefelsäureester in dem Temperaturbereich von 20—100°. Das Konzentrationsgebiet erstreckte sich von 1×10^{-4} n bis $6{,}4 \times 10^{-1}$ n. Die Ergebnisse stimmen gut mit denen von LOTTERMOSER und PÜSCHEL überein, in den verdünnten Lösungen sind sie jedoch infolge Verwendung eines sehr reinen Leitfähigkeitswassers noch genauer.

HOWELL und ROBINSON stellen eine neue Theorie für den Lösungszustand der Seifen auf, die sich sowohl von der von MCBAIN als auch von der von HARTLEY unterscheidet. Die Ursache des steilen Abfalls der Äquivalentleitfähigkeit nach Überschreiten der kritischen Konzentration erblicken sie in dem Umstand, daß die Seifenionen, wenn ihre gegenseitige Entfernung im Verhältnis zu ihrer Länge gering wird, im elektrischen Feld sich nicht mehr unabhängig voneinander, sondern nur als ein *gitterartiges, loses Netzwerk* bewegen können. Die Bewegung der Gegenionen erleidet durch dieses Netzwerk eine Hemmung. Die kritische Konzentration wird dann erreicht, wenn das Verhältnis des mittleren freien Abstandes der Seifenionen zu dem bei ihrer Rotation beanspruchten Volumen, d. h. zur dritten Potenz ihrer Länge, unter einen bestimmten Wert sinkt. Dieser Wert ist innerhalb der homologen Reihe konstant, die kritische Konzentration nimmt daher mit der Moleküllänge regelmäßig ab. Die Erhöhung der Überführungszahl der Seifenionen mit zunehmender Konzentration in diesem Gebiet ist dadurch bedingt, daß das Netzwerk im elektrischen Feld als Ganzes sich bewegen kann — allerdings langsamer als die einzelnen Seifenionen, aus denen es aufgebaut ist — während die Gegenionen mit zunehmender Dichtigkeit des Netzwerkes in ihrer Beweglichkeit in zunehmendem Maße gehemmt und sogar unter Umständen vom Netzwerk zum entgegengesetzten Pol mitgenommen werden.

Den Anstieg oder das Konstantwerden der Äquivalentleitfähigkeit im höheren Konzentrationsabschnitt führen HOWELL und ROBINSON in Übereinstimmung mit MCBAIN auf die Bildung von ionischen Micellen zurück. Sie tritt ein, wenn das Verhältnis des Abstandes der Seifenionen zu ihrer Länge unter einen für die homologe Reihe konstanten Wert sinkt. Für die Alkylsulfate beträgt dieser Wert bei 60° etwa 2,0, für die gewöhnlichen Seifen etwa 1,5. Die Größe der Ionenaggregate berechnen HOWELL und ROBINSON mit Hilfe des STOKESschen Gesetzes unter Voraussetzung der Gültigkeit der klassischen Dissoziationstheorie. Sie gelangen auf diese Weise zu dem Ergebnis, daß im Beginn des dritten Abschnittes der Konzentrations-Leitfähigkeitskurve (etwa 0,05 n) von Dodecylsulfat zunächst einwertige Aggregat-Ionen gebildet werden, die aus nur 4 Seifenionen und 3 angelagerten Na-Ionen bestehen.

Diffusionsbestimmungen an Seifenlösungen können infolge der vorherrschenden Bedeutung des elektrischen Diffusionspotentials keine genauen Werte für die Assoziation der Ionen liefern. MCBAIN und LIU, sowie LAING-MCBAIN haben gezeigt, daß die Ergebnisse ihrer Diffusionsmessungen mit der von MCBAIN angenommenen Konstitution der Seifenlösungen in Übereinstimmung stehen. JANDER und WEITENDORF haben die Diffusion von fettsauren Salzen in Gegenwart eines Fremdelektrolyten (in der fünffachen Äquivalentkonzentration) ausgeführt, um das Diffusionspotential auszuschalten. Ihre Werte zeigen, daß Natriumcapronat oberhalb von 0,025 n eine Assoziation erleidet und daß Natriumlaurat bereits in 0,01 n-Lösung weitgehend assoziiert ist.

Die Hydrolyse der Seifen. Wie bereits erwähnt, unterliegen die gewöhnlichen Seifen als Salze schwacher Säuren der Hydrolyse. Dadurch, daß die freie, höhermolekulare Fettsäure nur eine sehr geringe Löslichkeit

Die Hydrolyse der Seifen. 545

hat und sich infolgedessen zum Teil aus der Lösung ausscheidet, wird die Hydrolyse der Seifen gegenüber derjenigen eines niedrigmolekularen fettsauren Salzes erheblich gesteigert. Doch wurde die Bedeutung der Hydrolyse für die Lösungen der gewöhnlichen Seifen früher, insbesondere auch von KRAFFT, überschätzt.

Die Verwendung von Indikatoren zur Bestimmung der Wasserstoffionenkonzentration von Seifenlösungen aller Art führt zu erheblichen Fehlern (vgl. z. B. HARTLEY 2). McBAIN und seine Mitarbeiter haben die Hydrolyse in Lösungen von reinen und Handelsseifen bei 90° durch elektrometrische und katalytische Bestimmung der H^+-Ionenkonzentration ermittelt. Die Ergebnisse dieser Untersuchungen wurden von McBAIN selbst in den International Critical Tables, ferner von LEDERER in seinem Buch über die Kolloidchemie der Seifen zusammenfassend dargestellt. Nach diesen Ergebnissen bewegt sich das p_H der Seifenlösungen bei 90° gewöhnlich zwischen 10 und 11. Bei den in der technischen Praxis üblichen Konzentrationen (0,1—0,5% Seife) sind etwa 5—10% der Seife hydrolysiert.

Die Hydrolyse der Seife zeigt eine bemerkenswerte Anomalie: der Hydrolysegrad nimmt bei steigender Konzentration so schnell ab, daß die Hydroxylionenkonzentration nach Überschreiten eines Höchstwertes wieder sinkt. In Natriumpalmitatlösungen liegt z. B. dieses Maximum bei einer Konzentration von etwa 0,05 n. Dieses absonderliche Verhalten hängt wahrscheinlich mit der Aggregation der Seifenionen zusammen. Nach der Ansicht McBAINs wird es durch die Sorption der freien Fettsäuren an die ionischen Micellen bedingt, nach HARTLEY handelt es sich hier um dieselbe Erscheinung wie bei dem Wiederanstieg der Äquivalentleitfähigkeit nach Überschreiten des Minimums, nämlich um die erhöhte Abgabe der Gegenionen, in diesem Fall der Wasserstoffionen, seitens der ionischen Micelle bei wachsender Konzentration.

Die als Hydrolyseprodukt entstandene undissoziierte Fettsäure scheidet sich nicht immer aus der Lösung aus, sie bleibt häufig zu Kolloidteilchen zerteilt oder in die ionische Micelle eingebaut in der Lösung. Durch Zusatz von Säuren läßt sich das p_H der gewöhnlichen Seifenlösung nur in geringem Maße erniedrigen, da die Erhöhung der Wasserstoffionenkonzentration zur vermehrten Bildung der undissoziierten Fettsäure führt. Im Gleichgewicht mit der Luftkohlensäure ist das p_H der Seifenlösungen etwas geringer als oben angegeben, der Anteil an freier Fettsäure ist jedoch größer. Durch Zusatz von Alkali läßt sich das p_H der Seifenlösungen beliebig erhöhen, gleichzeitig nimmt der Anteil der freien Fettsäure ab.

Die Seifen aus den höhermolekularen Schwefelsäureabkömmlingen erleiden keine Hydrolyse. Ihre Salze reagieren neutral. Durch Zusatz von Säure oder Alkali kann man ihren Lösungen eine beliebige Wasserstoff- bzw. Hydroxylionenkonzentration erteilen.

Ultramikroskopie und Ultrafiltration der Seifenlösungen. Das ultramikroskopische Bild der Seifenlösungen ist je nach Konzentration, Temperatur und Natur der Seife wechselnd. Eine optisch leere Lösung erhält man nur selten. Es wäre jedoch völlig verfehlt, aus der Anzahl der ultramikroskopisch sichtbaren Teilchen irgendwelche Schlüsse auf den Zustand der Seifenlösungen zu ziehen. Führt man die optische Untersuchung oberhalb der Lösungstemperatur bzw. unterhalb der Sättigungskontraktion aus, so kann man gewiß sein, daß die gegebenenfalls auftretenden Ultramikronen keinen wesentlichen Bestandteil der Lösung bilden und ihr Erscheinen nur mehr zufälliger Natur ist. Bei den gewöhnlichen Seifen ist es hauptsächlich die hydrolytisch entstandene freie Fettsäure bzw. saure Seife, die, mehr oder minder fein zerteilt, die Ultramikronen oder die mikroskopisch sichtbaren Teilchen liefert, bei Anwendung von nicht destilliertem Wasser sind es auch die unlöslichen Calcium-, Barium- usw. Salze. Geht man von nicht ganz reinen Produkten aus, so können auch die höhermolekularen unlöslichen Anteile die ultramikroskopisch sichtbaren Kolloidteilchen bilden. Bei der Untersuchung von Handelswaren aus höhermolekularen Sulfo- oder Schwefelsäureestern können neben den infolge ihres hohen Molekulargewichtes unlöslichen Fraktionen, gegebenenfalls die von der Herstellung verbliebenen Fette, Alkohole, Fettsäuren und sonstigen Verunreinigungen das optische Bild ausschlaggebend beeinflussen.

Die grundlegenden ultramikroskopischen Beobachtungen an Seifenlösungen stammen von ZSIGMONDY und BACHMANN, sowie von DARKE, MCBAIN und SALMON.

Wesentlich ist, daß eine ultramikroskopische Sichtbarkeit der ionischen Micellen nicht zu erwarten und nicht zu beobachten ist. *Die im Schrifttum vielfach auftretenden Behauptungen über die Unterschiede in der „Kolloidität" der gewöhnlichen Seifen und der neueren Waschmittel, die sich auf optische Untersuchungen stützen wollen, entbehren daher einer experimentellen Grundlage.* Aus den Untersuchungen von MCBAIN, LOTTERMOSER und HARTLEY läßt sich vielmehr der Schluß ziehen, daß die Seifen anscheinend unabhängig von der Natur der ionischen Gruppe — Carboxyl-, Sulfo-, Schwefelsäureester- oder Ammoniumgruppe — bei derselben Konzentration und Temperatur annähernd denselben Dissoziations- und Assoziationsgrad haben. Wesentlicher als die Natur der ionischen Gruppe scheint für den Grad der molekularen Zerteilung die Kettenlänge, die Konzentration und die Temperatur zu sein. Es dürfte daher auch verfehlt sein, die Unterschiede in der technischen Wirksamkeit der dieselbe Kohlenwasserstoffkette enthaltenden verschiedenen Seifen auf Unterschiede im Zerteilungszustand zurückführen zu wollen.

Eine ausführliche Untersuchung der Trübungserscheinungen an den Lösungen der fettsauren Salze hat EKWALL durchgeführt. Die Trübung konnte auf die hydrolytisch abgespaltene freie Fettsäure bzw. saure Seife zurückgeführt werden.

Was nun die Ultrafiltrations- und die Dialyseversuche betrifft, so sind diese für die Bestimmung des Zerteilungsgrades der Seifen nur dann verwertbar, wenn sie mit quantitativen Messungen verbunden sind. Bei längerer Versuchsdauer können nämlich die Seifen in allen ihren Lösungen diejenigen Membrane durchdringen, die für die einzelnen Seifenionen durchlässig sind. Durch das Abdiffundieren des molekulardispersen Anteiles wird das Aggregationsgleichgewicht zunächst verschoben, jedoch durch Zerfall der größeren Aggregate sofort wieder hergestellt. Auf diese Weise werden die Einzelionen aus den Aggregaten fortlaufend nachgeliefert. MCBAIN konnte, indem er die bei einem bestimmten Filtrationsdruck durch die Membran tretende Seifenmenge ermittelte, auf den Aggregationszustand der Seifenlösungen wertvolle Schlüsse ziehen (MCBAIN und JENKINS).

Die Oberfläche der Seifenlösungen. Die Bedeutung der Grenzfläche der Seifenlösungen für die Faserveredelung liegt in der Tatsache, daß die Zerteilungs-, Benetzungs- und Waschvorgänge nicht in einer chemischen Veränderung der beteiligten Körper, also des zu emulgierenden Öles, der Fasern, der Flotte oder des Schmutzes bestehen, sondern nur in einer Veränderung ihrer gegenseitigen Grenzflächen. Wenn wir nun unsere besondere Aufmerksamkeit dem Aufbau der *Grenzfläche* der Seifenlösungen gegen *Luft*, d. h. der *Oberfläche* der Seifenlösungen zuwenden, so geschieht dies nicht nur deshalb, weil eine Reihe von wichtigen Erscheinungen, insbesondere diejenigen der Benetzung und der Schaumbildung sich an dieser Oberfläche abspielt, sondern auch deswegen, weil der Aufbau der Grenzfläche Seifenlösung/Luft große Ähnlichkeit mit dem Aufbau der bisher weniger eingehend untersuchten Grenzfläche der Seifenlösung gegen Öl, Fett und Schmutz aufweist. Darüber hinaus eröffnet uns die Untersuchung der Oberfläche wertvolle Einblicke in die Natur und das Verhalten der Seifenmoleküle selbst.

Bekanntlich versteht man unter Oberflächenarbeit diejenige Arbeit, die dem betrachteten System zugeführt werden muß, um 1 cm^2 neuer Oberfläche zu schaffen. (Die parallel zur Oberfläche wirkende Kraft bezeichnet man als Oberflächenspannung. Wird die Oberflächenarbeit in erg/cm^2 ausgedrückt, dann beträgt der Zahlenwert der Oberflächenspannung in dyn/cm ebensoviel.) Zur Schaffung der Oberfläche ist deswegen Arbeit aufzuwenden, weil die Moleküle an der Oberfläche sich in einem anderen Zustand der Wechselwirkung mit den anderen Molekülen befinden als im Inneren der einzelnen Phasen. Betrachten wir z. B. die Grenzfläche einer Flüssigkeit gegenüber Luft. Im Inneren der Flüssigkeit, z. B. des Wassers, ist jedes Molekül von gleichartigen Molekülen eingehüllt. Zwischen den benachbarten Molekülen wirken van der Waalssche Kohäsionskräfte; ohne solche Kräfte würde die Wärmebewegung die Moleküle in die Gasform überführen. Das Molekül an der Oberfläche ist jedoch nur an der unteren, dem Inneren der Wasserphase zugekehrten Seite, von gleichartigen Molekülen umgeben. Seine äußere, obere Hälfte grenzt an einen verdünnten Gasraum, von dem aus keine praktisch in Betracht kommende Kräftewirkung stattfindet. Wenn ein Molekül aus dem Inneren der Flüssigkeit an die Oberfläche gebracht werden soll, muß es zur Hälfte aus der Wechselwirkung der es umgebenden Moleküle befreit werden, d. h. dem System muß die Hälfte der molekularen Kohäsionsenergie zugeführt werden. Die Gleichheit der Oberflächenarbeit mit der halben Verdampfungsarbeit hat allerdings zur Voraussetzung, daß die Moleküle an der Oberfläche ebenso regellos alle möglichen Lagen einnehmen wie in der Lösung, eine Voraussetzung, die nur bei völlig kugelsymmetrischen Molekülen zutreffen dürfte. Bei asymmetrischen Molekülen führt die Asymmetrie der auf sie an der Oberfläche einwirkenden Kräfte zur Bevorzugung bestimmter Lagen. Mit dieser Erscheinung werden wir uns noch beschäftigen.

Bei gewöhnlicher Temperatur beträgt die Oberflächenspannung von Wasser rund 73 dyn/cm, von Quecksilber 480 dyn/cm und von Benzol 29 dyn/cm. Der verhältnismäßig hohe Wert für Quecksilber ist durch die starke metallische Kohäsionskraft bedingt. Das Wasser hat deswegen einen bedeutend höheren Wert als Benzol, weil es ein hohes Dipolmoment besitzt und infolgedessen starke VAN DER WAALSsche Kräfte entfaltet.

Mit steigender Temperatur nimmt die Oberflächenarbeit reiner Lösungen durchweg ab. Da die Wärmebewegung lebhafter wird, wird die Wechselwirkung der Moleküle immer geringer. Der Temperaturkoeffizient der Oberflächenarbeit von Wasser beträgt etwa —0,2%.

Gewisse Substanzen, die man als *oberflächenaktiv* bezeichnet, haben die Eigenschaft, in Lösung gebracht, deren Oberflächenspannung zu erniedrigen. Solche Substanzen werden an der Oberfläche angereichert, adsorbiert. Eine dünne Schicht an der Oberfläche, die wahrscheinlich nur ein Molekül, höchstens einige Moleküle tief ist, erhält also eine andere Zusammensetzung als das Lösungsinnere. Man kann diese Schicht als eine besondere Phase, die Oberflächenphase, betrachten. Die Konzentration der gelösten Substanz wird in dieser Schicht, wenn sie als einmolekular dick angenommen wird, nicht je Volumeinheit wie in der Lösung, sondern je Flächeneinheit gemessen. Zwischen der Konzentration der gelösten Substanz an der Oberfläche und der Oberflächenspannung besteht eine wichtige thermodynamische Beziehung, die zuerst von GIBBS abgeleitet wurde:

$$c_1 = -\frac{c}{RT}\frac{d\gamma}{dc}. \tag{2}$$

c_1: Konzentration der gelösten Substanz an der Oberfläche, c: Konzentration der gelösten Substanz in der Lösung, γ: Oberflächenspannung der Lösung.

Wenn durch Zusatz eines oberflächenaktiven Stoffes die Oberflächenspannung erniedrigt wird, so bedeutet das, daß zur Schaffung einer neuen Oberfläche nunmehr weniger Arbeit erforderlich ist, als es in dem reinen Lösungsmittel der Fall war, d. h. die Arbeit wird teilweise von den gelösten oberflächenaktiven Molekülen geleistet, und zwar gerade durch diese Anreicherung an der Oberfläche. Die Fähigkeit zur Leistung dieser Arbeit oder, mit anderen Worten, die Neigung zur Anreicherung an der Oberfläche ist an bestimmte Eigenschaften des gelösten Moleküls gebunden. Es kommt dabei auf die Natur der molekularen Anziehungskräfte, bzw. auf deren Verteilung entlang des Moleküls an. Die am stärksten gegenüber dem Wasser oberflächenaktiven Substanzen sind dadurch ausgezeichnet, daß ihre Moleküle eine ein großes Dipolmoment aufweisende Gruppe (eine polare oder hydrophile Gruppe) tragen, während der übrige Teil des Moleküls dipolfrei ist, d. h. am besten nur aus Kohlenwasserstoff besteht. Derartige Substanzen sind die Alkohole, Fettsäuren, Amine, Säureamide usw.

Die Oberfläche der Seifenlösungen. 549

Die eingehende Untersuchung der Oberflächen hat zu dem Ergebnis geführt, daß die Lage der an der Oberfläche angereicherten Moleküle nicht völlig regellos ist, sondern vorzugsweise eine bestimmte *Orientierung* zur Oberflächenebene aufweist. Die Moleküle nehmen dort unter dem Einfluß der auf sie asymmetrisch einwirkenden Molekularkräfte diejenige Lage ein, die dem Minimum an potentieller Energie entspricht.

Die Erscheinung der orientierten Adsorption oberflächenaktiver Moleküle wurde am ausführlichsten an den Fettsäuren studiert und soll daher an ihrem Beispiel erläutert werden. Vergleichen wir die Energieverhältnisse bei den folgenden Lagen eines Fettsäuremoleküls (Abb. 269):

1. Das Molekül befindet sich innerhalb der Lösung.
2. Das Molekül liegt flach an der Oberfläche, nur die Carboxylgruppe taucht in die Lösung.
3. Das Molekül steht senkrecht auf der Oberfläche. Die Carboxylgruppe ragt aus dem Wasser heraus.
4. Das Molekül steht senkrecht auf der Oberfläche. Die Carboxylgruppe taucht in die Lösung, die Kohlenwasserstoffkette ragt in die Luft.

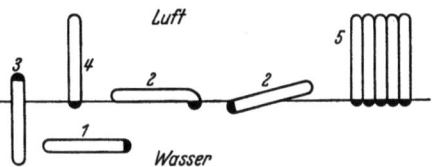

Abb. 269. Verschiedene Lagen von Fettsäuremolekülen oder Seifenionen an der Grenzfläche Wasser/Luft (s. Text).

Es ist ohne weiteres zu erkennen, daß die dritte Lage die energetisch am wenigsten begünstigte ist. Zu ihrer Herstellung muß nämlich die gesamte Hydratationsenergie der Carboxylgruppe aufgewendet werden. In allen anderen Lagen ist dagegen die Wechselwirkung der Carboxylgruppe mit den Wassermolekülen erhalten. Der Hauptunterschied zwischen der ersten Lage einerseits und der zweiten und vierten Lage andererseits besteht darin, daß bei den letzteren Lagen ein bestimmter Teil der Grenzfläche Wasser/Luft durch eine gleich große Grenzfläche Kohlenwasserstoff/Luft ersetzt ist. Da die Oberflächenarbeit des Wassers bedeutend größer ist als die der Kohlenwasserstoffe, bedeutet dieser Tausch einen großen Energiegewinn. Dazu kommt ein weiterer Energiegewinn dadurch, daß gleichzeitig die Grenzfläche Kohlenwasserstoff/Wasser, deren Herstellung gleichfalls Arbeit erfordert, abnimmt. Offenbar sind also die zweite und vierte Lage stabiler als die erste Lage. Da bei der zweiten Lage eine größere Wasserfläche abgedeckt wird, ist diese gegenüber der vierten Lage in entsprechend verdünnten Lösungen energetisch bevorzugt. Die vierte Lage gewinnt jedoch Bedeutung, wenn die Konzentration der Oberfläche an Fettsäure zunimmt. Wie Nr. 5 der Abb. 269 zeigt, ermöglicht nämlich die senkrechte Orientierung die weitest gehende wechselseitige Absättigung der Kohäsionsenergie der Kohlenwasserstoffketten.

In Übereinstimmung mit diesen Betrachtungen ergibt die experimentelle Untersuchung, daß die an der Oberfläche adsorbierten

Fettsäuremoleküle, solange ihre Konzentration an der Oberfläche gering ist, wahrscheinlich flach liegen. Hingegen richten sie sich bei genügender Anreicherung an der Oberfläche immer mehr auf, bis sie schließlich die senkrechte Lage mit aufwärtsgerichteten Kohlenwasserstoffketten einnehmen.

Auf Grund der Theorie der orientierten Adsorption kann man leicht verstehen, warum die Schaffung einer Oberfläche bei einer Lösung, die eine genügende Anzahl oberflächenaktiver Moleküle enthält, mit weniger Arbeitsaufwand vor sich geht als die Schaffung einer Oberfläche von reinem Wasser. Wie man aus der Abb. 269 ersieht, werden die an die Oberfläche gebrachten Wassermoleküle an Stelle ihrer zur Hälfte eingebüßten Wechselwirkung mit anderen Wassermolekülen im Falle der Adsorption sich mit den Carboxylgruppen der adsorbierten Säuremoleküle absättigen können. Allerdings muß man bei genauerer Prüfung auch alle anderen gleichzeitig erfolgenden Energieänderungen berücksichtigen.

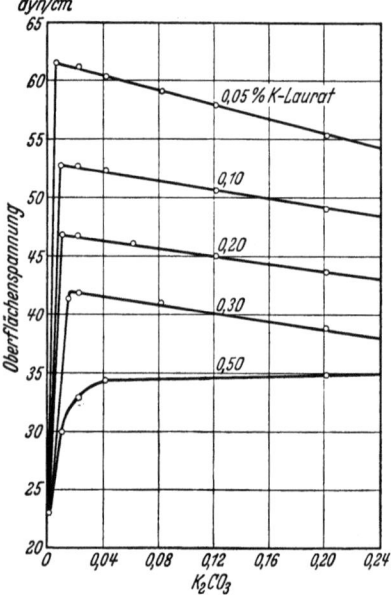

Abb. 270. Einfluß der Anwesenheit von Kaliumcarbonat auf die Oberflächenspannung der Lösungen von Kaliumlaurat bei 20°. Nach POWNEY.

Das wesentliche Merkmal der Moleküle, die an der Oberfläche eine Orientierung erleiden, ist nicht etwa die asymmetrische Gestalt, sondern die asymmetrische Verteilung der von ihnen ausgehenden Molekularkräfte. Das orientierte Molekül kann durch einen einseitig beschwerten Körper versinnbildlicht werden, der unter dem Einfluß der Schwerkraft stets die Lage kleinster potentieller Energie einnimmt. Die Orientierung ist nicht als starr anzunehmen, sie wird, solange an der Oberfläche dafür genügend Platz vorhanden ist, durch die unregelmäßige Wärmebewegung gestört, so daß die gerichteten Moleküle um die Gleichgewichtslage pendeln. (Über Orientierung an Grenzflächen vgl. FREUNDLICH.)

Die Methoden der Oberflächenspannungsmessung können wir an dieser Stelle nicht ausführlich behandeln. Am häufigsten werden benützt die Tropfengewichtsbestimmung (Stalagmometer), die Ringabreißmethode und die Bestimmung der capillaren Steighöhe. Man muß zwischen der Oberflächenspannung der bewegten und der ruhenden Oberfläche (dynamische und statische Oberflächenspannung) unterscheiden. Von den genannten Methoden kann nur die der Steighöhebestimmung die Werte der vollständig in Ruhe befindlichen Oberfläche liefern. Bei den beiden anderen Meßverfahren wird die Oberfläche zum Teil während der Messung gebildet oder wenigstens bewegt. Andererseits können diese Messungen auch nicht so schnell ausgeführt werden, daß man bei ihrem Ergebnis von dynamischer Oberflächenspannung sprechen könnte. Wenn daher die Einstellung des Adsorptionsgleichgewichtes an der Grenzfläche nicht sehr schnell vor sich geht, müssen die Ergebnisse der Ringabreißmethode und der Tropfengewichtsbestimmung mit Vorbehalt verwertet werden.

Die Messungen der Oberflächenspannung an den *gewöhnlichen Seifen* haben in den Händen der verschiedenen Forscher vielfach zu untereinander abweichenden Ergebnissen geführt. Die Hauptursache dieser Abweichungen wurde von LOTTERMOSER und BAUMGÜRTEL aufgeklärt. Sie liegt in dem *Einfluß der Luftkohlensäure*. Durch die Einwirkung der Kohlensäure, die an den Oberflächen naturgemäß besonders schnell erfolgt, wird die Hydrolyse der Seifenlösungen gesteigert, d. h. die Bildung von freier Fettsäure begünstigt. Da die Anwesenheit der freien Fettsäure infolge ihrer starken Oberflächenaktivität zu starker Erniedrigung der Oberflächenspannung führt, äußert sich auch der Kohlensäureeinfluß in der Herabsetzung der Oberflächenspannung.

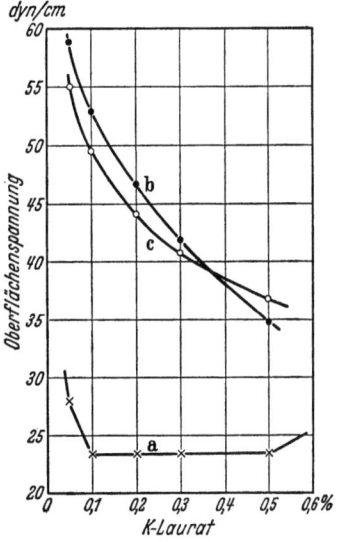

Abb. 271. Oberflächenspannung der Lösungen von Kalium- (und Natrium-)laurat bei 20°. a in Anwesenheit von Kohlensäure; b bei Ausschluß der Luftkohlensäure (Messungen von LOTTERMOSER an Natriumlaurat); c maximale Werte beim Zusatz von Kaliumcarbonat. Nach POWNEY.

Bereits HARKINS und CLARK haben beobachtet, daß der Zusatz von Natronlauge die Oberflächenspannung einer 0,1 n Lösung von Natriumnonylat von 20 dyn/cm auf 45 dyn/cm steigert, und sie haben diese Erscheinung auf die Zurückdrängung der Hydrolyse durch das Alkali zurückgeführt. Wie stark der Einfluß ist, zeigen auch die Ergebnisse von POWNEY, von denen Abb. 270 eine Versuchsreihe bringt.

Die Ausgangslösungen wurden vor der Einwirkung der Luftkohlensäure nicht geschützt. In dem Konzentrationsbereich 0,5—0,05% Kaliumlaurat zeigten sie die konstante Oberflächenspannung von 23 dyn/cm. Bereits der Zusatz von 0,004% Pottasche steigert die Oberflächenspannung der 0,05%igen Lösung auf 62 dyn/cm, also um fast 40 dyn/cm. Der Zusatz entspricht ungefähr einer Erhöhung des p_H von 7,5 auf 9. Da die Erhöhung der Oberflächenspannung durch Alkalizusatz bei höheren Konzentrationen geringer ist, tritt an die Stelle der ursprünglich in diesem Gebiet herrschenden Konstanz eine starke

Konzentrationsabhängigkeit der Oberflächenspannung. Abb. 271 zeigt in einem größeren Konzentrationsbereich neben den bei Kohlensäureanwesenheit erhaltenen Werten die durch Zusatz von Pottasche erzielten Maximalwerte der Oberflächenspannung. Wie Abb. 270 zeigte, sind diese Höchstwerte gut definiert. Der Abfall der Oberflächenspannungswerte mit

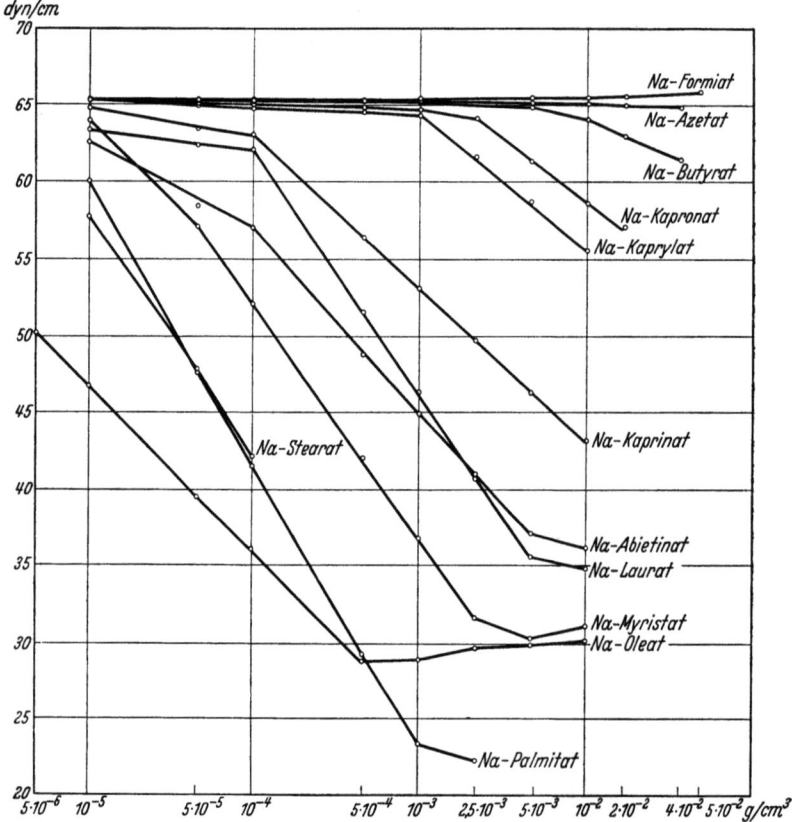

Abb. 272. Oberflächenspannung der Lösungen von Natriumsalzen der Fettsäuren unter Ausschluß der Luftkohlensäure bei 40° in Abhängigkeit von der Gewichtskonzentration (in logarithmischem Maßstabe). Nach LOTTERMOSER und BAUMGÜRTEL.

weiter zunehmender Alkalität dürfte, in Übereinstimmung mit der allgemeinen Erscheinung, daß Salzzusatz die Oberflächenspannung der Seifen erniedrigt, auf die Salzwirkung des zugesetzten Elektrolyten zurückzuführen sein.

LOTTERMOSER und BAUMGÜRTEL haben bei ihren Versuchen die Lösungen mit einer kleinen Menge überschüssiger Natronlauge versetzt. Die Lösungen wurden nicht nur unter Ausschluß der Kohlensäure hergestellt, sondern auch während der Messung vor der Einwirkung der Luftkohlensäure sorgfältig geschützt. Abb. 272 bringt ihre mit

Hilfe der Ringabreißmethode erhaltenen Werte an den Natriumsalzen der Fettsäuren. Außer diesen Messungen, die bei 60° ausgeführt wurden, wurden dieselben Messungen auch bei 20 und 40° vorgenommen, bei den höheren Fettsäuren, infolge der Unlöslichkeit ihrer Salze, teilweise in einem kleineren Konzentrationsbereich. Die Ergebnisse bei den niedrigeren Temperaturen unterscheiden sich nicht wesentlich von denen bei 60°. Die Oberflächenspannungswerte sind bei höherer Temperatur

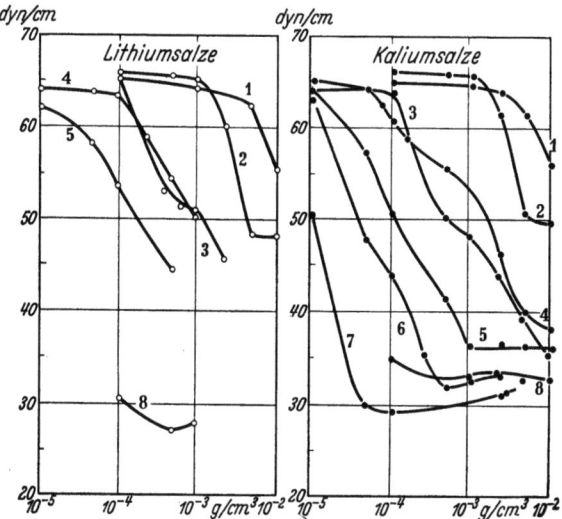

Abb. 273. Oberflächenspannung der Lithium- und Kaliumsalze von Fettsäuren in Abhängigkeit von der Gewichtskonzentration (in logarithmischem Maßstabe) unter Ausschluß von Luftkohlensäure bei 60°. 1 Capronat; 2 Caprylat; 3 Caprinat; 4 Laurat; 5 Myristat; 6 Palmitat; 7 Stearat; 8 Oleat. Nach LOTTERMOSER und GIESE.

durchweg niedriger, der Temperaturkoeffizient beträgt im Durchschnitt etwa $-0,1\%$.

Die Kurven zeigen deutlich, daß die Oberflächenaktivität mit steigendem Molekulargewicht zunimmt: *bei derselben Konzentration ist die Erniedrigung der Oberflächenspannung um so stärker, je größer die Kettenlänge ist* (J. TRAUBE). Da das untersuchte Konzentrationsgebiet sich auf mehrere Größenordnungen erstreckt, wurde für die Konzentrationen die logarithmische Darstellung gewählt. Bei dieser Darstellung erscheinen die Kurven, mit Ausnahme des konzentrierten Gebietes bei den Salzen der höchstmolekularen Fettsäuren, aus zwei Geraden zusammengesetzt. Bei Natriummyristat und bei Natriumoleat ist ferner eine Minimumbildung der Oberflächenspannung zu erkennen. Die niedrigste beobachtete Oberflächenspannung entspricht übrigens etwa $1/3$ des Wertes des reinen Lösungsmittels.

Abb. 273 bringt die Messungsergebnisse von LOTTERMOSER und GIESE an den Kaliumsalzen. Diese sind noch zuverlässiger als die obigen Werte der Natriumsalze, da hier eine Reihe weiterer Fehlerquellen (Adsorption an Gefäßwänden u. dgl.) ausgeschaltet wurden. Im großen und ganzen ergibt sich hier dasselbe Bild wie bei den Natriumsalzen. Dies gilt auch für die gleichfalls von LOTTERMOSER und GIESE erhaltenen Werte für Lithiumsalze. Die an Kaliumlaurat erhaltenen Zahlen liegen den Höchstwerten POWNEYs nahe.

LOTTERMOSER und STOLL maßen mit Hilfe der Ringabreißmethode die Oberflächenspannung der Lösungen der höhermolekularen alkylschwefelsauren Salze. Hier wurde auf Fernhalten der Kohlensäure kein

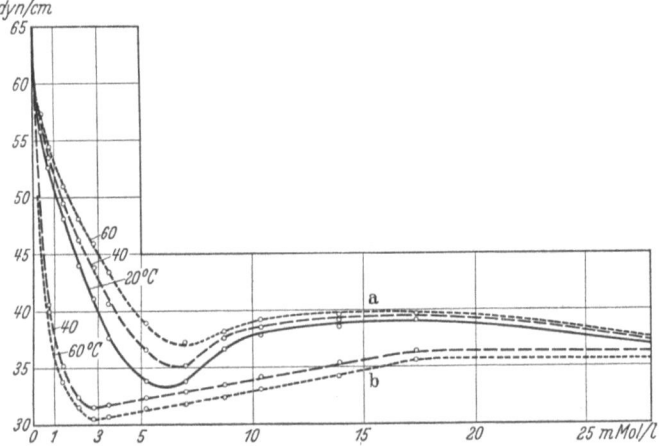

Abb. 274. Oberflächenspannung von dodecylschwefelsaurem Natrium bei verschiedenen Temperaturen in Abhängigkeit von der Äquivalentkonzentration. a in destilliertem Wasser; b in Leitungswasser (4° d. H.). Nach LOTTERMOSER und STOLL.

Wert gelegt. Spätere Untersuchungen ergeben in Übereinstimmung mit der Erwartung, daß die Anwesenheit von Kohlensäure in diesem Fall ohne Bedeutung ist. Abb. 274 bringt die Ergebnisse an dem Natriumsalz des Dodecylschwefelsäureesters. Der Vergleich mit den obigen Kurvenbildern der gewöhnlichen Seifen ist dadurch etwas erschwert, daß diese Messungen in einem kleineren Konzentrationsbereich ausgeführt und demgemäß in Abhängigkeit von der Konzentration (und nicht von deren Logarithmus, wie oben) dargestellt wurden.

Bemerkenswert ist die Minimumbildung. Nach dessen Überschreitung folgt bei Erhöhung der Konzentration ein sanfter Anstieg der Oberflächenspannung und dann wieder die Bildung eines flachen Maximums. Schärfer ausgeprägt ist die Minimumbildung bei dem Natriumsalz des Tetradecylschwefelsäureesters. Die Salze des Hexadecyl- und des Oktodecylschwefelsäureesters weisen je zwei Maxima auf. Abb. 275 zeigt das Gebiet der beiden Maxima bei dem Oktodecylsalz. Einen grundsätzlichen Unterschied gegenüber den Oberflächenspannungswerten der gewöhnlichen Seifen zeigen die Ergebnisse an den alkylschwefelsauren

Salzen nicht. Bemerkenswert ist jedoch, daß der Temperaturkoeffizient der Oberflächenspannung hier durchweg positiv ist und im gewissen Konzentrationsgebiet, z. B. bei etwa 0,05 n, im Fall des Dodecylsalzes einen ziemlich hohen Wert annimmt. Eine sehr starke Zunahme der Oberflächenspannung mit zunehmender Temperatur haben übrigens an Natriumsalzen von Alkylsulfosäuren REED und TARTAR beobachtet.

NEVILLE und JEANSON haben die Oberflächenspannung von alkylierten benzolsulfosauren Salzen mit Hilfe der Ringabreißmethode ermittelt. Ihre Ergebnisse bringt Abb. 276 (S. 556).

Wenn auch diese Substanzen in der Technik nicht benützt werden, sind die Versuchsergebnisse doch interessant, da sie den Einfluß der Molekulargröße deutlich zeigen. Bei den höchsten Gliedern beobachtet man auch hier die Minimumbildung, allerdings erfolgt sie im Gebiet einer weit höheren Konzentration als bei den Seifen. Zum Vergleich wird in der Abbildung auch das Kurvenbild einer Seife und von Gardinol, einem technischen Gemisch von höhermolekularen alkylschwefelsauren Natriumsalzen, gebracht.

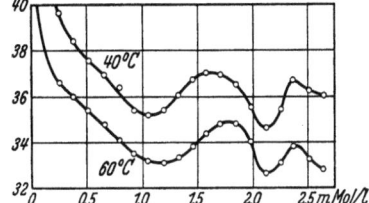

Abb. 275. Oberflächenspannungsminima in Lösungen von oktodecylschwefelsaurem Natrium in Abhängigkeit von der Äquivalentkonzentration. Nach LOTTERMOSER und STOLL.

Abb. 277 gibt die statischen Oberflächenspannungswerte der Kationenseife Trimethyl-cetyl-ammoniumbromid wieder (gleichfalls in Abhängigkeit vom Logarithmus der Konzentration). WARK erhielt diese Werte durch Benützung der Methode des maximalen Blasendruckes. Die Gleichgewichtseinstellung erforderte bei der Konzentration 50 mg/l 14 Sekunden, bei 500 mg/l 10 Sekunden und bei 5 g/l weniger als 1 Sekunde.

Im Schrifttum findet sich noch eine weitere Anzahl von Meßergebnissen, insbesondere auch an neueren Seifensubstanzen wie Igepon, Gardinol usw. (vgl. LEDERER, WELTZIEN und OTTENSMEYER). WELTZIEN hat jedoch bemerkt, daß technische und gereinigte Präparate erhebliche Unterschiede aufweisen, die zum Teil auf dem Elektrolytgehalt der technischen Produkte beruhen. In der Tat kann der Einfluß der Verunreinigungen auf die Oberflächenspannung außerordentlich groß sein. Wir brauchen in diesem Zusammenhang nur an die Wirkung der freien Fettsäuren zu erinnern. Enthalten die technischen Produkte freie Fettsäuren — und dies wird ja im allgemeinen der Fall sein, da sie auf neutrale Reaktion eingestellt sind und auch gewöhnliche Seife enthalten —, so kann ihre Oberflächenspannungs-Konzentrationskurve so weit verzerrt sein, daß sie für die Eigenschaften des Hauptbestandteiles überhaupt nicht mehr als kennzeichnend betrachtet werden darf.

Die Bedeutung der Konzentrationsabhängigkeit der Oberflächenspannung der Seifenlösungen versteht man am besten, wenn man auf Grund des GIBBSschen Satzes den Zusammenhang zwischen der Neigung der Oberflächenspannungs-Konzentrationskurve und der adsorbierten Menge betrachtet.

In sehr verdünnten Lösungen können wir auf das Adsorptionsgleichgewicht den HENRYschen Verteilungssatz anwenden. Wenn also an der Oberfläche noch soviel Platz zur Verfügung steht, daß die Anzahl der in der Zeiteinheit dort festgehaltenen Moleküle der Anzahl der in der Zeiteinheit auf die Oberfläche auftreffenden Moleküle, d. h. der Konzentration in der Lösung proportional ist, dann wird die Konzentration an der Oberfläche zur Konzentration in der Lösung in einem konstanten Verhältnis stehen. Das Verteilungsverhältnis wird um so stärker zugunsten der Anreicherung an der Oberfläche liegen, je größer die hierbei stattfindende Abnahme der potentiellen Energie, d. h. je größer die Affinität der gelösten Moleküle zur Oberfläche ist. Bezeichnet man die Konzentration in der Lösung mit c, die Konzentration an der Oberfläche mit c_1, so gilt in diesem sehr verdünnten Gebiet: $c_1 = K \cdot c$, wobei K

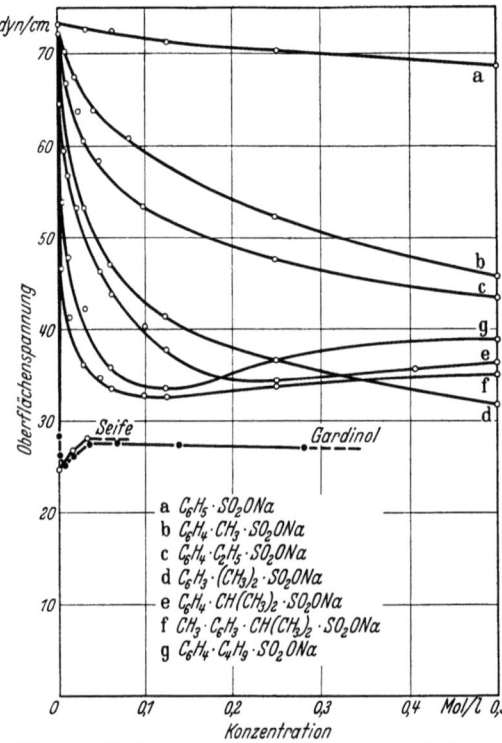

Abb. 276. Oberflächenspannung der Lösungen von Natriumsalzen aromatischer Sulfosäuren bei 18° in Abhängigkeit von der Äquivalentkonzentration. Nach NEVILLE und JEANSON.

a $C_6H_5 \cdot SO_2ONa$
b $C_6H_4 \cdot CH_3 \cdot SO_2ONa$
c $C_6H_4 \cdot C_2H_5 \cdot SO_2ONa$
d $C_6H_3 \cdot (CH_3)_2 \cdot SO_2ONa$
e $C_6H_4 \cdot CH(CH_3)_2 \cdot SO_2ONa$
f $CH_3 \cdot C_6H_3 \cdot CH(CH_3)_2 \cdot SO_2ONa$
g $C_6H_4 \cdot C_4H_9 \cdot SO_2ONa$

das Verteilungsverhältnis bedeutet. Die Anwendung des GIBBSschen Satzes ergibt in diesem Fall:

$$-d\gamma/dc = K \cdot RT. \qquad (3)$$

In sehr verdünnten Lösungen der oberflächenaktiven Substanzen nimmt also die Oberflächenspannung linear mit der Konzentration ab. Wir können daher an Stelle von $-d\gamma/dc$ auch dF/dc schreiben, wobei dF das Differential der Oberflächenspannungserniedrigung bedeutet und erhalten

$$F = c_1 \cdot RT, \qquad (4)$$

d. h. die Oberflächenspannungserniedrigung F ist der Oberflächenkonzentration direkt proportional. Der Proportionalitätsfaktor ist der gleiche wie beim Gasgesetz. Eine sehr einfache Deutung dieses Zusammenhanges erhält man, wenn man die Erniedrigung der Oberflächenspannung auf den von der Wärmebewegung der adsorbierten Moleküle herrührenden seitlichen „Druck" zurückführt (TRAUBE). An Stelle der Oberflächenkonzentration können wir ihren reziproken Wert A einführen. A bedeutet dann die von einem adsorbierten Molekül an der Oberfläche beanspruchte Fläche. Setzen wir in das obige „Gasgesetz" die Zahlenwerte ein (Oberflächenspannung in dyn/cm, R in erg/cm²), dann gilt:

$$F \cdot A = RT/N \sim (300 \times 8{,}3 \times 10^7)/6 \times 10^{23} \sim 400 \times 10^{-16}. \tag{5}$$

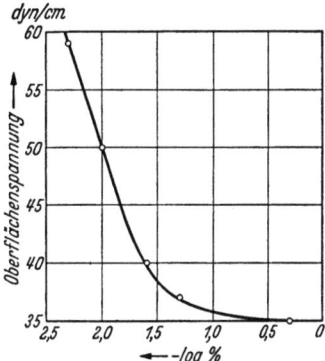

Abb. 277. Oberflächenspannung von Cetyl - trimethyl - ammoniumbromid in Abhängigkeit vom Logarithmus der Gewichtskonzentration. Nach den Messungen von WARK.

Die von einem adsorbierten Molekül beanspruchte Fläche A ist hierbei in cm² ausgedrückt. Eine Oberflächenspannungserniedrigung von 1 dyn/cm wird also dann erreicht, wenn je 400 Å² ($= 10^{-16}$ cm²) Fläche ein Molekül adsorbiert wird. Erinnern wir uns daran, daß in den Krystallen die Seitenflächen des von einem Seifenmolekül beanspruchten Raumes rund 80 Å² betragen, dann könnte man für den Fall der Gültigkeit des „Gasgesetzes" der Oberflächen die Folgerung ziehen, daß die monomolekulare Bedeckung der Wasseroberfläche durch flach liegende Seifenmoleküle nur 5 dyn/cm Oberflächenspannungserniedrigung hervorruft. Nun gilt bei dieser hohen Oberflächenkonzentration weder der einfache Verteilungssatz, noch das „Gasgesetz". Wie wir weiter unten sehen werden, geben trotzdem diese Berechnungen größenordnungsmäßig richtige Werte. Jedenfalls folgt aus diesen Schätzungen, daß eine einfache Proportionalität zwischen der Oberflächenspannungserniedrigung und der Konzentration nur in dem Gebiet zu erwarten ist, in dem die Oberflächenspannungserniedrigung 2—3 dyn/cm nicht übersteigt.

Die Oberflächenspannungserniedrigung der Seifenlösungen in denjenigen Konzentrationen, die bei der technischen Anwendung in Frage kommen, beträgt mindestens 30—40 dyn/cm. Es ist daher mit Bestimmtheit anzunehmen, daß man sich hier durchwegs bereits in einem Gebiet der *monomolekularen Oberflächenbedeckung* befindet. Man kann diese Annahme durch die direkte Anwendung des GIBBSschen Satzes prüfen. Setzt man die Zahlenwerte in die GIBBSsche Formel (vgl. S. 548) ein, so erhält man die folgende Beziehung (25°):

$$1/c_1 A = 1{,}06 \times 10^3 \, d \log c/d\gamma \tag{6}$$

Man kann auf Grund dieser Beziehung für jede experimentell gefundene Neigung der Kurve, Oberflächenspannung/Logarithmus der Konzentration, die von einem Molekül an der Oberfläche beanspruchte Fläche in Å² berechnen. Wenn z. B. die Oberflächenspannung bei Erhöhung der Konzentration auf das Doppelte um 16 dyn/cm abnimmt [1], nimmt ein adsorbiertes Molekül eine Fläche von $1{,}06 \times 10^3 \times 0{,}3/16 \sim 20$ Å² in Anspruch. Ist die Oberflächenspannungs-Konzentrationskurve weniger steil, dann ist die Fläche je absorbiertes Molekül größer, d. h. die Oberflächenkonzentration entsprechend geringer.

ADAM hat aus den Höchstwerten, die POWNEY für die Oberflächenspannung der Kaliumlauratlösungen beim Zusatz von Kaliumcarbonat gefunden hat, mit Hilfe des GIBBSschen Satzes die Oberflächenkonzentration bzw. die Flächenbeanspruchung der Seifenmoleküle berechnet. Bei genauer Anwendung dieser thermodynamischen Beziehung muß, wie in analogen Fällen, an Stelle der Konzentration der gelösten Moleküle ihre Aktivität verwendet werden. ADAM benützte für den Aktivitätskoeffizienten denjenigen Wert, den MCBAIN auf Grund der Gefrierpunktserniedrigung der Lauratlösungen ermittelt hat.

Tabelle 144. **Adsorption neutraler Kaliumlauratmoleküle an der Grenzfläche Wasser/Luft.** Nach ADAM.

Konzentration in Mol/l	Aktivitätskoeffizient	Erniedrigung der Oberflächenspannung in dyn/cm	Anzahl der adsorbierten Moleküle je cm²	Fläche je Molekül in Å²
0,0021	0,95	11,1	$2{,}59 \times 10^{14}$	38,6
0,0042	0,93	19,8	$2{,}92 \times 10^{14}$	34,3
0,0084	0,90	25,9	$3{,}13 \times 10^{14}$	31,9
0,0126	0,88	30,7	$3{,}46 \times 10^{14}$	28,9
0,021	0,85	38,2	$3{,}78 \times 10^{14}$	26,5

Die Adsorptionswerte zeigen eine stetige Annäherung an einen Sättigungszustand. Die von den adsorbierten Molekülen beanspruchte Fläche entspricht annähernd einer einmolekularen Oberflächenbedeckung. In den niedrigen Konzentrationen muß unter dieser Voraussetzung die Lage der Moleküle als zur Grenzfläche stark geneigt angenommen werden, während für die konzentrierten Lösungen eine praktisch senkrechte Lage berechnet wird. In der 0,0021 n Lösung beträgt die Abweichung vom „Gasgesetz" weniger als 10%. (Bei 11,1 dyn/cm Oberflächenspannungserniedrigung müßte nach diesem Gesetz je Molekül eine Fläche von $400/11{,}1 = 35{,}6$ Å² eingenommen werden.) In konzentrierteren Lösungen wird allerdings die Abweichung beträchtlicher. Hier ist die Oberflächenspannungserniedrigung größer als sie der Oberflächenkonzentration entspräche. Wie in den hochkonzentrierten Lösungen der osmotische Druck, nimmt hier der seitliche Druck der Moleküle infolge ihrer gegenseitigen Abstoßung schneller zu als die Konzentration.

---

[1] Bei genauer Berechnung müssen die differentiellen Werte eingesetzt werden.

Betrachten wir nun die von LOTTERMOSER und BAUMGÜRTEL erhaltenen Ergebnisse, so können wir auf ihre Kurven, die die Abhängigkeit der Oberflächenspannung von dem Logarithmus der Konzentration darstellen, den GIBBSschen Satz in der Form, wie er vorhin zahlenmäßig ausgewertet wurde, unmittelbar anwenden. In den verdünnten Lösungen wird der Fehler, den man dadurch begeht, daß man die Konzentrationen an Stelle der Aktivitäten benützt, nicht groß. *Die geradlinigen Kurvenstücke entsprechen dann jeweils einem konstanten Wert der Oberflächenkonzentration.* Die Neigung der Geraden ergibt Werte zwischen etwa 50 und 80 Å^2 für die Fläche je adsorbiertes Molekül. Etwas niedrigere Werte für die Flächenbeanspruchung der Seifenmoleküle lassen sich aus den Kurven von LOTTERMOSER und GIESE errechnen, insbesondere für Kaliumstearat und -palmitat. Bei letzteren beläuft sich die Flächenbeanspruchung der adsorbierten Moleküle auf etwa 25 Å^2. Die Werte von LOTTERMOSER und STOLL an den alkylschwefelsauren Salzen führen in dem steilsten Teil der Oberflächenspannungs-Konzentrationskurven zu molekularen Oberflächenwerten zwischen etwa 30—40 Å^2. Die Zunahme der Oberflächenkonzentration bei derselben Lösungskonzentration mit wachsender Molekülgröße im Sinne der TRAUBEschen Regel geht aus der Kurvenschar von NEVILLE und JEANSON deutlich hervor. Die je Molekül beanspruchte Fläche des Trimethyl-cetyl-ammoniumbromids berechnet sich zu etwa 30 Å^2. (Aus den in Abb. 277 dargestellten Werten von WARK.)

Den konstanten oder wenigstens nahezu konstanten Wert der Oberflächenbedeckung, den die Konzentrationsabhängigkeit der Oberflächenspannung von Seifenlösungen in einem verhältnismäßig großen Konzentrationsgebiet auf Grund des GIBBSschen Satzes ergibt, können wir als den Sättigungswert betrachten. In vielen Fällen bleibt jedoch die Oberflächenspannung selbst in einem größeren Konzentrationsgebiet konstant. Im Sinne des GIBBSschen Satzes entspricht der Konstanz der Oberflächenspannung ($d\gamma/dc = 0$; $d\gamma/d \log c = 0$) ein Adsorptionswert gleich Null. In manchen Fällen zeigen die Seifen sogar einen Wiederanstieg der Oberflächenspannung nach Überschreiten eines Minimums bei weiter steigender Konzentration. Für diesen Fall verlangt der GIBBSsche Satz eine *negative* Adsorption. Abb. 278 zeigt diese Verhältnisse in schematischer Darstellung. Kurve Ia ist eine ideale Form der Kurve Oberflächenspannung/Log. der Konzentration, die einer normalen massenwirkungsgemäßen Adsorption entspricht (Kurve Ib). Kurve IIa zeigt schematisch den in vielen Fällen beobachteten anomalen Verlauf, dem eine Adsorptionskurve von der Form der Kurve IIb zugehört.

In Anbetracht dieses seltsamen Verhaltens ist das Interesse an dem unmittelbar analytisch festgestellten Ausmaß der Adsorption der Seifen an der Grenzfläche Wasser/Luft besonders groß. Vorbedingung für eine solche Untersuchung ist eine im Verhältnis zum Gesamtvolumen besonders starke Oberflächenentwicklung. Von DONNAN stammt die Methode, die in der Lösung einer oberflächenaktiven Substanz erzeugten Blasen von der Lösung abzutrennen, zu sammeln und nach Zerstörung des Schaumes dessen Inhalt analytisch zu bestimmen. Die Größe der Oberfläche kann aus der Größe und Anzahl der Blasen berechnet werden. LAING (später zusammen mit McBAIN und HARRISON) hat diese Methode weiter ausgebaut und die Adsorption an der Oberfläche von etwa 0,2 n Natriumoleatlösungen ermittelt. Bei dieser Konzentration nimmt die Oberflächenspannung mit zunehmender Konzentration ab, so daß der GIBBSsche Satz negative Adsorption erfordert. Obwohl unter Kohlensäureausschluß gearbeitet wurde (die Blasen wurden mit Stickstoff

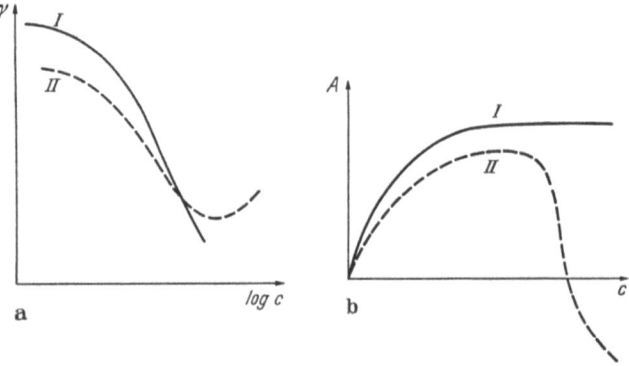

Abb. 278. Links (a): Oberflächenspannung (γ) in Abhängigkeit vom Logarithmus der Konzentration I: theoretisch erwarteter Verlauf; II: an Seifen experimentell beobachteter Verlauf. Rechts (b): Adsorbierte Menge (A) in Abhängigkeit von der Konzentration, berechnet nach dem GIBBSschen Salz aus der Konzentrationsabhängigkeit der Oberflächenspannung. I berechnet aus Kurve I von a; II berechnet aus Kurve II von a.

erzeugt), zeigte sich nun an der Oberfläche neben der vorzugsweisen Anreicherung der Seife auch eine Anreicherung der freien Fettsäure. Die durchschnittliche Zusammensetzung der adsorbierten Substanz war 0,66 Moleküle Ölsäure auf 1 Molekül Natriumoleat. Nach Zusatz eines geringen Überschusses von Alkali wurde dagegen als adsorbierte Substanz ausschließlich die neutrale Seife gefunden. Wir sehen hier eine direkte Bestätigung der für die Erklärung des Kohlensäure- bzw. Alkalieinflusses auf die Oberflächenspannung der Seifen gemachten Annahme, nämlich der einer starken Oberflächenaktivität der hydrolytisch abgespaltenen freien Fettsäure und ihrer vorzugsweisen Anreicherung an der Oberfläche.

Die von einem adsorbierten Oleatradikal eingenommene Fläche ergab sich in den Versuchen von LAING, McBAIN und HARRISON zu etwa 11 Å^2, also etwa zur Hälfte des für die vollständige einmolekulare Oberflächenbedeckung berechneten Mindestwertes. Die Adsorptionsschicht müßte also jedenfalls tiefer als einmolekular in die Lösung reichen. Nun erhielt McBAIN ähnliche Ergebnisse auch mit anderen oberflächenaktiven Substanzen, z. B. mit p-Toluidin oder mit Phenylpropionsäure. Die Adsorption wurde auch an diesen Substanzen größer gefunden als einmolekular und größer als nach dem GIBBSschen Gesetz berechnet. Später hat jedoch McBAIN festgestellt, daß die angewandte Methode nicht geeignet ist, wahre Gleichgewichtswerte zu liefern, da die Oberfläche bei der Herstellung und Abtrennung der Blasen bewegt wird. Er hat dann eine neue Methode ausgearbeitet, nämlich die Abtrennung einer dünnen Schicht von der ruhenden Oberfläche mit Hilfe einer schnellbewegten Rasierklinge. Mit Hilfe dieser Mikrotom-Methode erzielte er Werte, die niedriger waren als die nach der Blasenmethode erhaltenen. Sie entsprachen dem GIBBSschen Satz und der Annahme der einmolekularen Adsorption. Auf Seifenlösungen wurde allerdings diese neue Methode noch nicht angewandt. In Analogie zu den anderen Substanzen wäre zu erwarten, daß die Adsorptionswerte dann auch hier niedriger ausfallen und der einmolekularen Oberflächenadsorption entsprechen würden. Der Widerspruch zu den Forderungen des GIBBSschen Satzes bliebe allerdings auch in diesem Fall unverändert bestehen.

Zur Erklärung der Anomalie, die das Auftreten des Oberflächenspannungsminimums im Zusammenhang mit dem GIBBSschen Satz bedeutet, wurden im Laufe der Zeit verschiedene Annahmen vorgeschlagen. Zunächst wurde wiederholt auf die Forderung hingewiesen, daß an Stelle der Konzentration die Aktivität der Seife zu setzen ist, wie es in der ursprünglichen Formulierung von GIBBS der Fall ist. Doch kann die Berücksichtigung der Aktivitätskoeffizienten keinen Ausweg aus der Schwierigkeit bieten. Im Sinne der Thermodynamik muß nämlich in stabilen Lösungen die Aktivität mit der Konzentration zunehmen. Es bliebe daher als einziger Ausweg nur die Annahme übrig, daß die Oberflächenspannungswerte unrichtig sind. Eine naheliegende Möglichkeit ist die, daß das Adsorptionsgleichgewicht sich nur langsam einstellt und die erforderliche Zeit bei den Messungen nicht abgewartet wurde. McBAIN und WILSON haben jedoch kürzlich durch eine neue, geistreiche Anwendung des sog. POCKELSschen Troges nachgewiesen, daß in den konzentrierteren Seifenlösungen das Adsorptionsgleichgewicht vollständig umkehrbar ist und sich augenblicklich einstellt. In verdünnteren Lösungen ist das Gleichgewicht gleichfalls umkehrbar, seine Einstellung erfordert allerdings eine Zeit, die zwischen 2 Sekunden und 40 Minuten liegt. REED und TARTAR, die die Oberflächenspannung mit Hilfe der Methode der capillaren Steighöhe gemessen haben, fanden andererseits an z. B. 0,001 n laurinsulfosaurem Natrium wochenlange stetige Änderung der Oberflächenspannung. ADAM und SHUTE haben darüber berichtet, daß die Oberflächenspannung von kationischen Seifen in verdünnten Lösungen eine sehr langsame Abnahme zeigt. Sie haben nachgewiesen, daß es sich hierbei um die Alterung der Oberfläche und nicht um die der Lösung handelt. In konzentrierteren Lösungen war die Annäherung an den Endwert der Oberflächenspannung schnell; in 0,1%iger Lösung war die Veränderung, wenn überhaupt eine stattgefunden hat, in höchstens einigen Minuten vollendet. Über eine Reihe weiterer Fehlerquellen der Ringabreißmethode haben LOTTERMOSER und GIESE berichtet. Diese rühren von der Adsorption der Seife an der Oberfläche der benetzten Glaswände, der Meßringe usw. her. Sie fanden gleichfalls einen außerordentlich langsamen Abfall der Oberflächenspannung von dodecylschwefelsaurem Natrium. Allerdings diente zu dieser Messung eine ziemlich verdünnte Lösung (0,01%).

Da die langsame Gleichgewichtseinstellung bisher nur in den verdünnten Lösungen beobachtet wurde, bleibt die Frage nach der Ursache des Auftretens des Oberflächenspannungsminimums. Eine neue Erklärung dafür haben McBain, Ford und Wilson vorgeschlagen (S. 575).

Es soll an dieser Stelle noch einiges über die Rolle der Micellbildung für die Oberflächenspannungserniedrigung der Seifenlösungen gesagt werden. Im Schrifttum findet man vielfach Ansichten, die die besondere Oberflächenaktivität der Seifenlösungen auf die ionischen Micellen zurückführen wollen. Dabei wurde gewöhnlich die Tatsache übersehen, daß *die monomolekulare Oberflächenbedeckung bereits bei einer Konzentration erreicht wird, in der die Aggregation sich noch nicht bemerkbar macht.* Dies gilt insbesondere auch dann, wenn man mit Hartley die Micellbildung in das Konzentrationsgebiet des plötzlichen Leitfähigkeitsabfalls, in das Gebiet der „kritischen Konzentration" zurückverlegt [1]. Eine unmittelbare Beteiligung der in der Lösung gebildeten ionischen Micellen an der Erniedrigung der Oberflächenspannung erscheint also schon aus diesem Grunde unwahrscheinlich. Murray hat darauf hingewiesen, daß die ionischen Micellen, an deren Oberfläche die Ladung nahezu gleichmäßig verteilt ist und die daher von einer vollständig hydrophilen Hülle umgeben sind, vermutlich überhaupt keine Oberflächenaktivität besitzen. Er nimmt daher an, daß *die einzelnen Seifenionen die alleinigen Träger der Oberflächenaktivität in der Seifenlösung sind.*

Durch Anwendung des Massenwirkungsgesetzes im Sinne der Theorie von Hartley und Murray findet er, daß die Konzentration der einfachen Seifenanionen mit zunehmender Gesamtkonzentration der Seife durch ein Maximum geht. In höherer Seifenkonzentration findet die Bildung der Ionenaggregate in solchem Ausmaß statt, daß die Anzahl der einfachen Seifenionen nicht nur anteilsmäßig, sondern auch absolut abnimmt. Er stellt die Hypothese auf, daß die Minimumbildung der Oberflächenspannung mit dieser Maximumbildung der Konzentration der einfachen Ionen zusammenhängt. Diese Hypothese kann aber aus thermodynamischen Gründen nicht die beabsichtigte Erklärung liefern. Will man nämlich die elektrischen Kräfte nicht in die Betrachtung einbeziehen, so muß man in die Gibbssche Formel an Stelle der Aktivität der adsorbierten Substanz das Produkt aus der Aktivität der beiden Ionen, z. B. der Natriumionen und der Seifenionen, einsetzen. In einer stabilen Lösung muß jedoch dieses Produkt der Ionenaktivitäten mit zunehmender analytischer Konzentration der Seife zunehmen.

Wenn auch die unmittelbare Beteiligung der in Lösung vorhandenen Seifenionenaggregate an dem Aufbau der Oberflächenschicht der Seifenlösungen verneint werden muß und die in der Lösung befindlichen selbständigen Seifenionen als alleinige Träger der oberflächenaktiven Eigenschaften angesehen werden müssen, so ist andererseits die Annahme nicht von der Hand zu weisen, daß die an der Oberfläche adsorbierten Seifenionen dort eine Aggregation erleiden. Allerdings müssen diese Aggregate eine andere Form aufweisen als diejenigen in der Lösung.

---

[1] Man vergleiche z. B. die Werte der Oberflächenspannung in Abb. 274 mit denen der kritischen Konzentration in Abb. 260.

Entweder werden die Kohlenwasserstoffketten der adsorbierten Moleküle alle in der Ebene der Oberfläche liegen, so daß einmolekulare dünne flache Blättchen entstehen oder im Sättigungszustand der Oberfläche werden Bündel paralleler Moleküle gebildet, in denen die Carboxylgruppen sämtlich nach unten gerichtet sind.

Es ist durchaus wahrscheinlich, daß die bei der Bildung dieser Aggregate gewonnene, zusätzliche Kohäsionsenergie der Kohlenwasserstoffketten zur Erniedrigung der Oberflächenspannung beiträgt. In diesem Sinne kann man von einem *indirekten* Zusammenhang der Fähigkeit zur Micellenbildung und der Oberflächenaktivität sprechen.

Die Zwischenfläche der Seifenlösungen. Die Arbeit, die einem System *zuzuführen* ist, um die Berührungsfläche zweier darin befindlicher Flüssigkeiten um 1 cm² zu erhöhen, nennt man die Grenzflächen- oder *Zwischenflächenarbeit*. Sie hat dieselbe Dimension wie die Oberflächenarbeit und steht zu der Zwischenflächenspannung in derselben Beziehung wie jene zur Oberflächenspannung. Da bei der Berührung der beiden Flüssigkeiten die an ihrer Zwischenfläche befindlichen Moleküle ihre Molekularkräfte zum Teil gegenseitig absättigen können (die Moleküle der Flüssigkeit 1 mit denen der Flüssigkeit 2), ist die zur Schaffung einer Zwischenfläche erforderliche Arbeit geringer als die Arbeit, die zur Schaffung der beiden Oberflächen aufzuwenden ist. Die maximale Arbeit, die bei der gegenseitigen Absättigung der beiden Grenzflächen *gewonnen* wird, nennt man *Adhäsionsarbeit*. Die Adhäsionsarbeit zweier Flüssigkeiten steht zu ihrer Oberflächen- und Zwischenflächenarbeit in der folgenden Beziehung:

$$W_{1,2} = \gamma_1 + \gamma_2 - \gamma_{1,2}. \tag{7}$$

$W_{1,2}$: Adhäsionsarbeit zwischen der Flüssigkeit 1 und 2; γ_1, γ_2: Oberflächenarbeit der Flüssigkeit 1 und 2; $\gamma_{1,2}$: Zwischenflächenarbeit der Flüssigkeit 1 und 2. Einer unmittelbaren Messung ist die Adhäsionsarbeit nicht zugänglich, sie muß aus den anderen, in der Gleichung vorkommenden meßbaren Größen berechnet werden. Der Zusammenhang der Adhäsionsarbeit mit den Molekularkräften ist jedoch anschaulicher als derjenige der Zwischenflächenarbeit. (Vgl. hierzu z. B. ADAM.)

Wenn die Zwischenflächenarbeit 0 oder negativ wird, dann erfordert die Schaffung der gegenseitigen Grenzfläche keine Arbeit, bzw. es wird hierbei Energie frei. In diesem Fall sind die beiden Flüssigkeiten miteinander mischbar.

Die folgende Tabelle bringt einige Werte für die Zwischenflächenarbeit und die Adhäsionsarbeit organischer Flüssigkeiten gegenüber Wasser. Daneben ist der doppelte Wert der Oberflächenarbeit angeführt, die sog. Kohäsionsarbeit, die erforderlich ist, um in einer Flüssigkeit 1 cm² Trennungsfläche, d. h. 2 cm² neue Oberfläche zu schaffen.

Tabelle 145. Kohäsionsarbeit (2 γ_2), Zwischenflächenarbeit ($\gamma_{1,2}$) und Adhäsionsarbeit ($W_{1,2}$) einiger organischer Flüssigkeiten gegen Wasser (in erg/cm²).

Organische Flüssigkeit	2 γ_2	$\gamma_{1,2}$	$W_{1,2}$
Benzol	58	35	66
Hexan	37	51,3	48,2
Octan	42,6	50,8	42,0
Höheres Paraffin	60	36	66
Heptylsäure	56,6	8	94
Ölsäure	65,0	15	90
Oktylalkohol	55,1	9	91
Chloroform	55	33,3	67
Äther	43,6	10,6	74
Schwefelkohlenstoff	62	48	55

Man erkennt aus der Tabelle die Gesetzmäßigkeit, daß die Zwischenflächenspannung jeweils zwischen den Oberflächenspannungswerten der beiden Flüssigkeiten liegt. Bemerkenswert ist, daß die Streuung der Kohäsionswerte viel geringer ist als diejenige der Adhäsionswerte. Die Ursache dieser Erscheinung liegt in der Orientierung der Moleküle an den Grenzflächen. Gegenüber Luft werden sich die an der Oberfläche befindlichen polaren Moleküle so orientieren, daß die Oberfläche möglichst mit nichtpolaren Gruppen bedeckt ist. Diese Orientierung hat eine gewisse Nivellierung der Kohäsionswerte zur Folge. An der Grenzfläche gegenüber Wasser wird hingegen das Minimum an potentieller Energie dann erreicht, wenn die polaren Gruppen in das Wasser tauchen, hier wird daher diese Lage die bevorzugte sein. Die Folge dieser Orientierung ist einerseits, daß die Ölsäure und die Heptylsäure, trotz des großen Unterschiedes in dem Verhältnis des polaren und nichtpolaren Anteils ihrer Moleküle, fast genau dieselbe Adhäsion aufweisen. Andererseits erklärt dieser Umstand, warum das Auftreten einer einzigen Dipolgruppe in einem so großen Molekül wie die Ölsäure bereits ausreicht, um die Adhäsion gegenüber dem Wasser stark zu erhöhen. Freilich lehrt die kritische Betrachtung der verfügbaren Kohäsions- und Adhäsionswerte, daß die Orientierung an den Grenzflächen bei weitem nicht vollständig sein kann.

Ebenso wie die Oberflächenarbeit kann auch die Zwischenflächenarbeit durch gelöste Substanzen erniedrigt werden. Man spricht daher auch von *zwischenflächenaktiven* Substanzen. Der Mechanismus der Erniedrigung der Zwischenflächenarbeit durch gelöste Substanzen ist im wesentlichen derselbe wie der Erniedrigung der Oberflächenarbeit: es handelt sich um orientierte Adsorption. Bei der Zwischenflächenaktivität spielt jedoch auch die Wechselwirkung der adsorbierten Moleküle mit den an der Zwischenfläche befindlichen Molekülen der zweiten Flüssigkeit eine wichtige Rolle.

Für die Messung der Zwischenflächenspannung werden dieselben Methoden benützt wie zur Messung der Oberflächenspannung. Es ist jedoch darauf zu achten, daß die Zwischenflächenspannung nur für den Fall definiert ist, daß die beiden Flüssigkeiten sich miteinander im Gleichgewicht befinden. Insbesondere muß hinsichtlich der gegenseitigen Lösung der Sättigungszustand erreicht sein.

Die Erniedrigung der Zwischenflächenspannung von Wasser gegen aromatische und aliphatische Kohlenwasserstoffe durch Seifenlösungen wurde wiederholt gemessen. Es zeigte sich, daß der Einfluß durchaus ähnlich demjenigen auf die Oberflächenspannung ist. Eine Messungsreihe von HARKINS und ZOLLMAN über die Zwischenflächenspannung von Natriumoleatlösungen gegenüber Benzol ist besonders geeignet, die bei der Bewertung derartiger Messungen zu berücksichtigenden Umstände zu demonstrieren. Abb. 279 stellt die Ergebnisse für den Fall dar, daß vor der Ausführung der Messung die Einstellung des Gleichgewichtes zwischen der wässerigen Lösung und dem Benzol abgewartet wurde. Besondere Versuche haben die hierzu erforderliche Zeit ergeben.

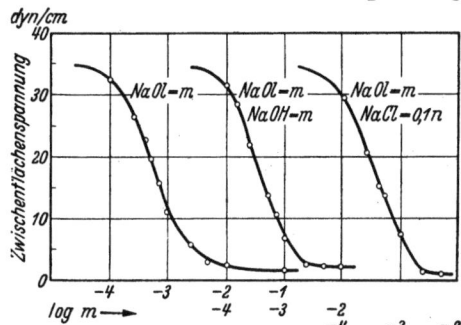

Abb. 279. Zwischenflächenspannung von Natriumoleatlösungen ohne Zusatz (links), mit Natronlauge (Mitte) und mit Salz (rechts) gegenüber Benzol beim Gleichgewicht. Nach HARKINS und ZOLLMAN.

So zeigte z. B. 0,001 n Natriumoleatlösung gegenüber Benzol in der ersten Minute nach der Berührung 14 dyn/cm, im Laufe von weiteren 4 Minuten fiel dieser Wert auf etwa 11 dyn/cm und blieb nunmehr konstant. Konzentriertere Seifenlösungen erforderten zur Einstellung des Gleichgewichtes kürzere, verdünntere Lösungen längere Zeit. Neben den Werten für die reine Seifenlösung stellt die Abbildung in der zweiten Kurve die Zwischenflächenspannungswerte für den Fall dar, daß in der wässerigen Lösung neben der Seife die ihr äquivalente Menge Natronlauge vorhanden war. Die dritte Kurve bringt schließlich die Werte für den Fall, daß neben der Seife 0,1 n NaCl anwesend war.

Da die Zwischenflächenspannungserniedrigung in einem ziemlich breiten Konzentrationsbereich linear mit dem Logarithmus der Konzentration zunimmt, läßt sich auf dieses Gebiet das GIBBSsche Gesetz anwenden und dadurch die von einem Seifenmolekül an der Oberfläche beanspruchte Fläche berechnen. Sie ergibt sich für die reine Natriumoleatlösung zu 47 Å^2. In Anwesenheit des Kochsalzes ist der Abfall der Zwischenflächenspannung steiler, hier ergibt sich die molekulare Fläche zu etwa 40 Å^2. Im konzentrierteren Gebiet würde die Anwendung des GIBBSschen Satzes zu abnehmenden Werten der Grenzflächenkonzentration der Seifenmoleküle führen, ebenso wie dies bei der Oberflächenspannung der Fall ist.

Die Ähnlichkeit der Konzentrationsabhängigkeit der Grenzflächenspannungen von Seifenlösungen gegenüber Luft und Benzol ist eine einfache Folgerung aus der Theorie der einmolekularen Oberflächenschicht und ist somit nicht weiter überraschend. Bemerkenswert ist jedoch, daß auch die Konzentration, in welcher die Sättigung der Oberfläche erfolgt, in beiden Fällen annähernd dieselbe ist. Da für die Gleichgewichtslage bei der Grenzflächenbesetzung die Abnahme der freien Energie der Adsorption ausschlaggebend ist, bedeutet dieser Befund, daß die Affinität der Seifenmoleküle zur Grenzfläche Wasser/Luft annähernd die gleiche ist wie zur Grenzfläche Wasser/Benzol. Anscheinend hebt sich der Energiegewinn, der sich aus der Wechselwirkung der Endmethylgruppen der Fettsäure mit den Benzolmolekülen ergibt, durch die Wechselwirkung der oberflächlichen Wassermoleküle mit den Benzolmolekülen der Grenzfläche — die ja vor der Adsorption bestanden hat — annähernd auf. (Eine Stütze dieser Ansicht liefert die Betrachtung der Kohäsions- und Adhäsionswerte der verschiedenen Kohlenwasserstoffe in Tabelle 145.)

Tabelle 146. Zwischenflächenspannung von wässerigen Lösungen gegenüber Benzol oder benzolischen Lösungen von Ölsäure in dyn/cm. Nach HARKINS und ZOLLMAN.

Äquivalent-konzentration	Zwischenflächenspannung		
	Gleichgewicht NaOl	Kein Gleichgewicht	
		NaOl	NaOH + HOl
0,000	35,0	35,0	35,0
0,001	10,8	22,7	13,1
0,0025	5,37	12,8	5,08
0,005	2,76	5,83	0,83
0,01	2,29	4,01	0,31
0,1	1,46	2,64	0,16

Wie erwähnt, sind die in der Abbildung 279 dargestellten Messungsergebnisse von HARKINS und ZOLLMAN an Flüssigkeiten gewonnen worden, die vorher längere Zeit bei vorsichtiger Bewegung miteinander in Berührung gelassen wurden (Schütteln wäre natürlich für die Beschleunigung der Einstellung des Lösungsgleichgewichtes das Wirksamste, muß hier aber vermieden werden, da sonst Emulsionsbildung eintritt). Außerdem wurden noch eine Anzahl Messungen ohne Gleichgewichtseinstellung, möglichst unmittelbar nachdem die beiden Phasen in Berührung kamen, ausgeführt. Die Tabelle 146 bringt diese Ergebnisse. Daneben sind zur Erleichterung des Vergleichs auch die entsprechenden Werte der Gleichgewichtsmeßreihe angeführt.

Der Vergleich der zweiten und dritten Spalte ergibt, daß die Gleichgewichtswerte durchweg tiefer liegen als die ohne Einstellung des Gleichgewichts gemessenen. Die letzte Spalte bringt die Werte, die erhalten wurden, wenn die wässerige Natronlauge mit der benzolischen Lösung gleicher Äquivalentkonzentration an Ölsäure in Berührung gebracht wurde. Es zeigt sich, daß diese Werte bei den gleichen Konzentrationen niedriger sind als die vorangehenden. Anscheinend trägt die Neutralisationsenergie, die an der Grenzfläche durch die Reaktion von Säure und Base frei wird, unmittelbar zur Erniedrigung der Zwischenflächenspannung bei.

Mit Rücksicht auf die zahlreichen Messungen der Zwischenflächenspannung der Seifenlösungen erhebt sich die Frage, wieweit hier die Ergebnisse durch die Hydrolyse der Seife bzw. durch die Anwesenheit der Luftkohlensäure beeinflußt wurden, wie dies bei der Oberflächenspannung der Fall ist. Die in der Abb. 279 dargestellten Messungen von HARKINS und ZOLLMAN zeigen, daß die *Zwischenflächenspannung von Natriumoleat durch die Anwesenheit der äquivalenten Menge freier Natronlauge erniedrigt wird*. Der Einfluß der Lauge ist daher der umgekehrte wie bei der Oberflächenspannung, und dies gilt nicht nur für den vorliegenden Fall, sondern ganz allgemein.

DONNAN hat in einer grundlegenden Untersuchung im Jahre 1899 festgestellt, daß die Zwischenflächenspannung von käuflichem Rüböl gegenüber Wasser sehr stark abnimmt, wenn man dem Wasser Natriumhydroxyd oder -carbonat zufügt. Je höher die Alkalität des Wassers, um so niedriger die Zwischenflächenspannung. DONNAN hat dieses Verhalten darauf zurückgeführt, daß die Lauge an der Grenzfläche mit der im Öl befindlichen Fettsäure Seife bildet. Er konnte diese Ansicht durch den Nachweis stützen, daß das gereinigte, säurefreie Öl gegenüber der Lauge dieselbe Zwischenflächenspannung zeigte wie gegenüber Wasser. Auch die Zwischenflächenspannung eines reinen Paraffins war durch Laugenzusatz nicht beeinflußbar. Wurde jedoch in dem Paraffin eine geringe Menge von Stearinsäure aufgelöst, so verhielt es sich ähnlich wie das käufliche Rüböl; es zeigte die starke Zwischenflächenspannungserniedrigung gegenüber Lauge. Die oben mitgeteilten Befunde von HARKINS und ZOLLMAN über die Zwischenflächenspannung von Natronlauge gegenüber benzolischer Ölsäurelösung bilden einen weiteren Beitrag zur Bestätigung der Auffassung von DONNAN über den Mechanismus der Zwischenflächenspannungserniedrigung durch Alkali gegenüber säurehaltigem Kohlenwasserstoff (vgl. auch SHORTER und ELLINGWORTH). HARTRIDGE und PETERS haben gleichfalls die Abhängigkeit der Zwischenflächenspannung benzolischer Fettsäurelösungen von der Wasserstoffionenkonzentration in der wässerigen Phase untersucht und die Abnahme mit zunehmender Alkalität festgestellt. Im Gegensatz zu DONNAN fanden sie jedoch, daß auch das säurefreie, gereinigte Olivenöl gegenüber Natriumhydroxydlösungen bedeutend geringere Zwischenflächenspannung zeigt als gegenüber destilliertem Wasser. So sinkt die Zwischenflächenspannung beim Ersatz des Wassers durch 0,001 n und 0,01 n NaOH von 19,4 auf 12,0 bzw. 0 dyn/cm. HARTRIDGE und PETERS erklären diese Beobachtung durch die Annahme, daß das Öl an der Grenzfläche von der Lauge verseift wird. Diese Auffassung hat eine um so größere Wahrscheinlichkeit, als bekanntlich die technischen Verseifungsverfahren auf der Reaktion an der Zwischenfläche der öligen und wässerigen Phase beruhen.

MILLARD hat gleichfalls festgestellt, daß die Zwischenflächenspannung einer verdünnten Seifenlösung gegenüber Benzol mit steigendem Alkalizusatz (Lauge, Carbonat, Phosphat, Silicat u. dgl.) herabgesetzt wird.

Die verschiedene Bedeutung der alkalischen Reaktion der Seifenlösung für die Oberflächenspannung und die Zwischenflächenspannung erklärt sich durch die Löslichkeit der freien Fettsäure in der öligen

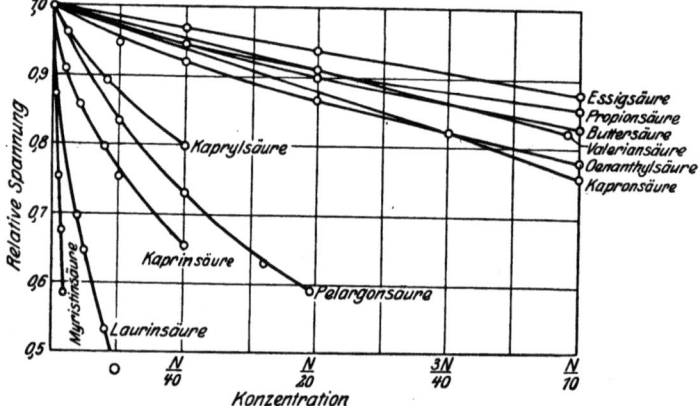

Abb. 280. Zwischenflächenspannung der Lösungen der Natriumsalze der Fettsäuren gegenüber Mineralöl in Abhängigkeit von der Äquivalentkonzentration bei Zimmertemperatur. Relative Werte (1 = Zwischenflächenspannung von reinem Wasser). Nach DONNAN und POTTS.

Phase. Die hydrolytisch abgespaltene Ölsäure kann ja nicht viel zur Erniedrigung der Zwischenflächenspannung von Benzol beitragen, da sie im Benzol gelöst wird und sich daher an der Grenzfläche nicht genügend anreichern kann. HARKINS und ZOLLMAN haben tatsächlich festgestellt, daß die Auflösung von freier Ölsäure in Benzol seine Zwischenflächenspannung gegenüber Natriumoleatlösung kaum beeinflußt.

HARKINS und ZOLLMAN haben dargetan, daß die Zwischenflächenspannung von Wasser gegenüber Benzol durch Zusatz von Alkali zum Wasser keine wesentliche Beeinflussung erfährt, so daß eine selbständige Wirkung der Lauge außer Betracht bleiben kann. Wie weiter unten gezeigt wird, kann die durch die organischen Flüssigkeiten erfolgende Extraktion der freien Fettsäure aus der neutralen Seifenlösung analytisch nachgewiesen werden.

Die Abb. 279 zeigt, daß Zusatz von Kochsalz die Zwischenflächenspannung der Seifenlösung erniedrigt. Die Wirkung des Kochsalzes, die besonders in hoher Seifenkonzentration hervortritt, ist für sich sehr bemerkenswert. Der Vergleich mit den Zwischenflächenspannungswerten der alkalischen Seifenlösungen beweist jedoch, daß die Wirkung der Lauge nicht in einer bloßen Salzwirkung bestehen kann, da sie bedeutend stärker ist als diejenige der Salzlösung.

Die Gültigkeit der TRAUBEschen Regel, also im vorliegenden Fall die *Zunahme der Zwischenflächenaktivität mit zunehmender Molekulargröße der Seifen*, wurde erstmalig von DONNAN und POTTS nachgewiesen. Abb. 280 bringt die von ihnen gemessenen relativen Werte der Zwischenflächenspannung gegenüber einem aus reinem Kohlenwasserstoff bestehenden Schmieröl in Abhängigkeit von der Konzentration.

Abb. 281 zeigt ebenfalls die relativen Werte der Zwischenflächenspannung, jedoch hier in Abhängigkeit von der Molekülgröße, und zwar bei einer Seifenkonzentration von 0,0025 n und 0,005 n.

Neuere systematische Versuchsreihen über die Zwischenflächenaktivität der Seifen wurden von MADSEN, ferner von LOTTERMOSER und seinen Mitarbeitern ausgeführt. MADSEN maß die Zwischenflächenspannung der gewöhnlichen, reinen Seifen gegenüber Paraffinöl, Petroleum und Cocosöl bei 30, 50, 75 und 90°. Er benützte die Ringabreißmethode und erhielt abweichende Werte, je nachdem der Ring von der wässerigen Lösung in das Öl oder in der umgekehrten Richtung bewegt wurde. Vermutlich waren die Benetzungsverhältnisse am Ring in den beiden Fällen verschieden. Das erfaßte Konzentrationsgebiet lag zwischen 0,2 und 1%. MADSEN weist darauf hin, daß die beiden Phasen erst unmittelbar vor der Messung miteinander in Berührung gebracht wurden, so daß in bezug auf die Verteilung

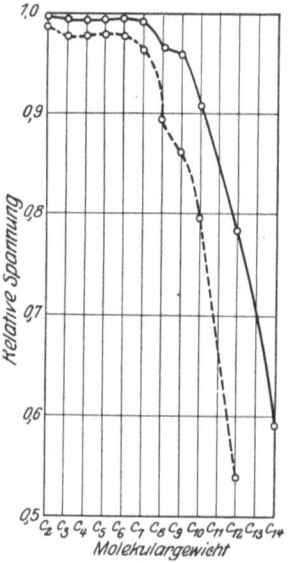

Abb. 281. Zwischenflächenspannung der Lösungen der Natriumsalze von Fettsäuren gegenüber Mineralöl in Abhängigkeit von der Anzahl der Kohlenstoffatome im Molekül. Ausgezogene Kurve 0,0025 n Lösungen; gestrichelte Kurve: 0,005 n Lösungen. Relative Werte (1 = Zwischenflächenspannung von reinem Wasser). Nach DONNAN und POTTS.

der freien Fettsäure, die einerseits durch die Hydrolyse in der wässerigen Lösung, andererseits durch die Löslichkeit in der Ölphase bedingt wird, kein Gleichgewichtszustand herrschte. Bei der praktischen Anwendung der Seifen wird hingegen die Annäherung an das Gleichgewicht schneller erfolgen, da das Verhältnis von Ölzwischenfläche zum Ölvolumen günstiger ist. Auch bei MADSEN ergab der Zusatz von Soda in der Mehrzahl der Fälle Erniedrigung der Zwischenflächenspannung der Seifenlösungen.

LOTTERMOSER und STOLL bestimmten die Zwischenflächenspannung der Salze der höheren Alkylschwefelsäureester gegenüber einem Paraffinöl. Das reine Wasser zeigte gegenüber dem Öl die Zwischenflächenspannung von 32—33 dyn/cm. Die Messungen wurden bei 30, 40 und

60° ausgeführt; der Temperaturkoeffizient der Zwischenflächenspannung war positiv. Abb. 282 zeigt die Werte für die Natriumsalze bei 60°.

Aus dem steilsten Teil der Kurven läßt sich durch Anwendung des GIBBSschen Gesetzes die molekulare Flächenbeanspruchung für Dodecyl- und Tetradecylschwefelsäure zu etwa 50—60 Å^2 errechnen. Für die höheren Glieder läßt sich die Berechnung nicht ausführen, da die Werte für genügend verdünnte Lösungen fehlen. Die Lage der Kurven zeigt auch hier die Gültigkeit der TRAUBEschen Regel. Ein Spannungsminimum tritt zwar in hoher Konzentration nicht auf, doch zeigt sich auch hier die vom Standpunkt des GIBBSschen Gesetzes sonderbare Abnahme des Neigungswinkels der Kurve (Zwischenflächenspannung in Abhängigkeit vom Log. der Konzentration). Die Sättigung der Oberfläche, die durch den steilsten Teil der Kurven gekennzeichnet ist, wird von dodecylschwefelsaurem Natrium in etwa 0,002 n, von tetradecylschwefelsaurem Natrium in etwa 0,0007 n Lösung erreicht. Bei Oktodecylschwefelsäure liegt die entsprechende Konzentration wahrscheinlich unterhalb 7×10^{-5} n. Soweit es sich beurteilen läßt, wird die monomolekulare Bedeckung der Zwischenfläche hier größenordnungsmäßig in demselben Konzentrationsgebiet

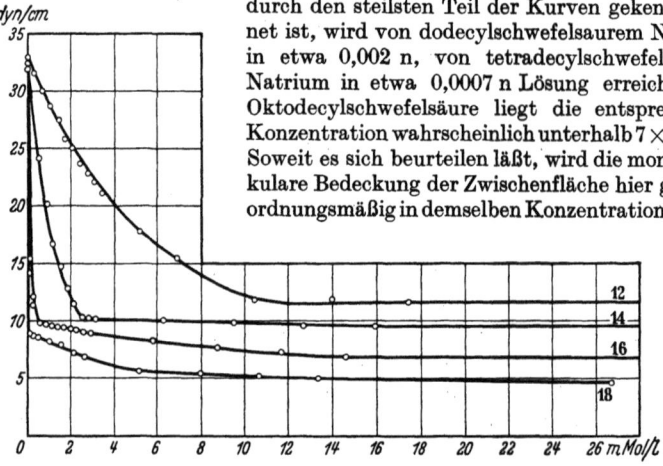

Abb. 282. Grenzflächenspannung der Natriumsalze von Dodecyl- (12), Tetradecyl- (14), Hexadecyl- (16) und Octodecylschwefelsäure (18) bei 60° gegenüber Paraffinöl in Abhängigkeit von der Äquivalentkonzentration. Nach LOTTERMOSER und STOLL.

erreicht, in welchem auch die Oberfläche der gleichen Seifenlösung gegenüber Luft mit einer einmolekularen Schicht belegt wird.

LOTTERMOSER und WINTER bestimmten die Zwischenflächenspannung der fettsauren Salze bei 20 und 80°. Reines Wasser zeigte gegenüber dem benützten reinen Paraffinöl die Zwischenflächenspannung von 43,8 dyn/cm bei 20° und 38,8 dyn/cm bei 80°. Es ergaben sich hier verhältnismäßig hohe negative Werte für den Temperaturkoeffizienten der Zwischenflächenspannung. Abb. 283 zeigt dies am Beispiel der Oleate.

Abb. 284 gibt die bei 80° gewonnenen Werte an den verschiedenen Seifen wieder, gleichfalls eine Bestätigung der TRAUBEschen Regel.

Die nach dem GIBBSschen Gesetz berechnete molekulare Fläche in der Oberflächenschicht ermittelt sich bei den höheren Gliedern der Reihe auf Grund des steilsten Teiles der Kurven zu 30—60 Å^2.

Ein unmittelbarer Vergleich dieser Werte etwa mit denen der Alkylschwefelsäureester ist nicht ohne weiteres möglich. Erstens scheinen die benützten Paraffinöle etwas verschieden gewesen zu sein, da sie gegenüber reinem Wasser abweichende Zwischenflächenspannungswerte lieferten. Dann kann bei den Schwefelsäureabkömmlingen die Löslichkeit der freien Säure in dem Öl keine Rolle spielen, da bei ihnen die hydrolytische Bildung von undissoziierter Säure ausbleibt. In beiden Versuchsreihen wurde möglichst bald nach der Herstellung der Zwischenfläche gemessen. Die erhaltenen Werte sind also weder hier noch dort für den Gleichgewichtszustand kennzeichnend. Es fragt sich jedoch, ob die Geschwindigkeit der Annäherung an das Gleichgewicht bei der Alkylschwefelsäure dieselbe ist wie bei den gewöhnlichen Seifen. Aus den gleichen Gründen kann einstweilen weder den berechneten Werten der Molekülflächen noch der beobachteten Temperaturabhängigkeit der Zwischenflächenspannung eine größere Bedeutung zuerkannt werden.

LEDERER maß die Zwischenflächenspannung von Igeponen (Handelsware) gegenüber Paraffin. Bei der Beurteilung seiner Ergebnisse müßte die Rolle der anwesenden Salze und

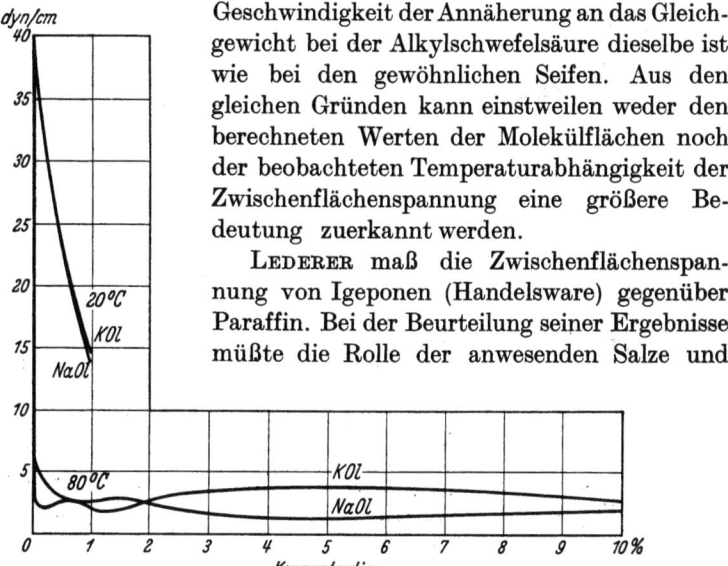

Abb. 283. Zwischenflächenspannung von Oleatlösungen bei 20° und 80° gegenüber Paraffinöl in Abhängigkeit von der Gewichtskonzentration. Nach LOTTERMOSER und WINTER.

sonstiger Beimengungen Berücksichtigung finden. Das gleiche gilt für die Messungen von SZEGÖ an Handelswaren.

REED und TARTAR haben beobachtet, daß die Zwischenflächenspannung der Lösungen von alkylsulfosauren Salzen gegenüber Benzol bei der Alterung der Zwischenfläche unter Umständen noch tagelang sehr merkliche Veränderungen zeigt, obwohl die beiden Phasen vorher längere Zeit zur Einstellung der Verteilungsgleichgewichte miteinander in Berührung waren.

Die sonderbaren Ergebnisse, zu denen die Anwendung des GIBBSschen Gesetzes auch auf die Zwischenflächenspannung der *konzentrierteren* Seifenlösungen führt, läßt die Frage nach der analytisch feststellbaren Menge der an der Zwischenfläche adsorbierten Moleküle besonders interessant erscheinen. Die Methode ist hier grundsätzlich dieselbe, wie bei der Bestimmung der Adsorption an der Oberfläche gegenüber Gas, die Ausführung ist jedoch einfacher. Man stellt eine Emulsion des Öles in der Seifenlösung durch Schütteln oder Rühren her und trennt durch freiwilliges Aufrahmen oder Abschleudern die konzentrierte Emulsion von der Emulgierflüssigkeit ab. Die Analyse ergibt dann die Anreicherung der Seife in der Emulsion bzw. ihre Verarmung in der Emulgierflüssigkeit. Durch die Bestimmung der Teilchengröße der Ölkügelchen wird die Größe der Fläche ermittelt, an der die Adsorption der Seife stattfindet.

GRIFFIN hat auf diese Weise die Zwischenflächenkonzentration verschiedener Seifen an Kerosenteilchen untersucht. Erst wenn mehr

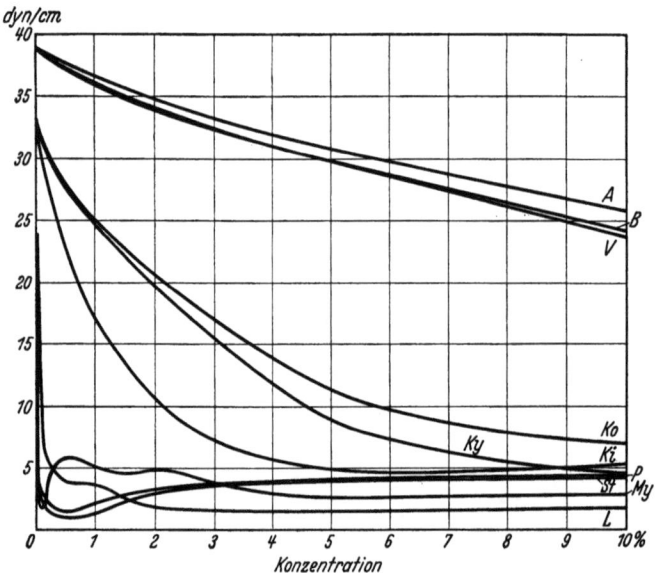

Abb. 284. Zwischenflächenspannung der Lösungen der Natriumsalze von Fettsäuren gegenüber Paraffinöl bei 80° in Abhängigkeit von der Gewichtskonzentration. A Acetat; B Butyrat; V Valerat; Ko Capronat; Ky Caprylat; Ki Caprinat; L Laurat; My Myristat; P Palmitat; St Stearat. Nach LOTTERMOSER und WINTER.

Natriumoleat als 0,002 Mol/l verwendet wurde, konnten beständige Emulsionen erhalten werden. Er ging von 0,003—0,124 n Lösungen aus. Nach der Emulgierung zeigte die wässerige Schicht eine Seifenkonzentration, die um 0,0022 n bis 0,0086 n geringer war. Die gebildete Zwischenfläche betrug 3700—11400 cm² je cm³ Öl. Aus der Verarmung der wässerigen Phase an Ölsäure ließ sich die je Ölsäuremolekül an der Zwischenfläche beanspruchte Fläche zu 20—40 Å² berechnen. Es zeigte sich nun, daß der Natriumverlust der wässerigen Lösung geringer war als der Ölsäureverlust. Anscheinend wurde von dem Öl freie Fettsäure gelöst. Berechnet man die je Seifenmolekül beanspruchte Fläche auf Grund der Veränderung der Natriumkonzentration, so erhält man dafür im Mittel den Wert 47 Å². GRIFFIN stellte nun Emulsionen unter Zusatz überschüssigen Alkalis (etwa 10% NaOH im Verhältnis zur Seife) her. Unter dieser Bedingung war kein Unterschied mehr in dem Natrium-

und Säureverlust festzustellen; die von einem Seifenmolekül bedeckte Oberfläche ergab sich nach beiden Analysen zu etwa 47 Å^2. Für Kaliumstearat erhielt GRIFFIN nach derselben Methode 27 Å^2, für Kaliumpalmitat 30 Å^2 als molekulare Zwischenflächenbeanspruchung. Das Ergebnis bedeutet also eine direkte Bestätigung für die Theorie der orientierten monomolekularen Filme an Grenzschichten.

VAN DER MEULEN und RIEMAN bereiteten Emulsionen von Phenol-Toluolmischungen in der wässerigen Lösung von rizinolsaurem Natrium. Die berechnete molekulare Fläche der Seifenmoleküle nahm mit zunehmender Seifenkonzentration von etwa 100 Å^2 auf etwa 40 Å^2 ab.

Die genauesten Untersuchungen auf diesem Gebiet verdanken wir HARKINS und seinen Mitarbeitern (HARKINS und BEEMAN, FISCHER und HARKINS). Es wurde Paraffinöl in Natriumoleatlösungen unter Verwendung von gleichen Mengen Öl und Wasser emulgiert. Besondere Sorgfalt wurde auf die Bestimmung der Teilchengrößenverteilung (Teilchenzahl in Abhängigkeit von der Teilchengröße) verwendet, um auf diese Weise die Ausdehnung der Zwischenfläche genau zu ermitteln. Die häufigste Teilchengröße entsprach etwa $3\,\mu$ Halbmesser. Die Zwischenfläche je cm^3 Öl wies eine Ausdehnung zwischen 6000 und 13000 cm^2 auf. Wurde die Hydrolyse durch Zusatz überschüssiger Natronlauge unterdrückt, so betrug die aus der Verarmung der Lösung an Natrium berechnete molekulare Fläche 24—38 Å^2 (bei einer Endkonzentration der Seife von 0,0025—0,112 n). Wenn kein Überschuß von Alkali anwesend war, führte die Natriumanalyse zu ähnlichen Werten, die Ölsäureanalyse zeigte jedoch eine scheinbare Flächenbeanspruchung von 11—23 Å^2 an. Dieses Verhalten entspricht durchaus dem von GRIFFIN beobachteten. Die mit verdünnten Seifenlösungen hergestellten Emulsionen, die eine verhältnismäßig hohe Molekularfläche, d. h. dünne Zwischenflächenbedeckung zeigten, veränderten im Laufe der Zeit (z. B. von Tagen) ihre Teilchengröße derart, daß die spezifische Oberfläche abnahm. Gleichzeitig wurde an diesen Emulsionen eine Abnahme der molekularen Flächenbeanspruchung, d. h. eine Verdickung der Oberflächenschicht beobachtet. Im Gleichgewichtszustand betrug schließlich auch in diesen Fällen die Fläche je adsorbiertes Seifenmolekül nur etwa 20 Å^2.

Die von NICKERSON und SEREX sowie von NICKERSON beobachtete Zunahme der Leitfähigkeit verdünnter Natriumoleatlösungen in Berührung mit Kohlenwasserstoffen dürfte auf die Aufnahme der freien Fettsäuren durch das organische Lösungsmittel und auf die infolgedessen gesteigerte Hydroxylionenkonzentration der Seifenlösungen zurückzuführen sein.

Die Bedeutung der Ionisation der Seifen für die Grenzflächenaktivität. Die Frage, welche Rolle die Ionisation der Seifenmoleküle für ihre Grenzflächenaktivität spielt, stellt uns vor ein ähnliches Problem wie die entsprechende Frage hinsichtlich der Sorption der substantiven Farbstoffe an die Cellulosefasern. Obwohl von den beiden Ionen eines Seifensalzes nur das Seifenion oberflächenaktiv ist, wird dieses sein Gegenion mit an die Oberfläche ziehen, da eine Trennung der beiden Ionenarten aus Gründen der Elektroneutralität nicht möglich ist. Daß die gewöhnlichen Ionen im allgemeinen oberflächeninaktiv sind, geht aus der Tatsache hervor, daß die gewöhnlichen Elektrolyte die Oberflächenspannung von Wasser erhöhen, sie werden also negativ adsorbiert, d. h. ihre Oberflächenkonzentration ist geringer als ihre Lösungskonzentration. Diese Ionen sind nämlich stark hydratisiert, so daß es erheblicher Arbeit bedarf, sie aus der Lösung an die Oberfläche zu bringen, was einer teilweisen Dehydratation gleichkommt. Während die Seifenionen der Oberflächenschicht zum Teil aus der Lösung herausragen, halten sich die von den Seifenionen mitgeschleppten Gegenionen, um ihre Hydratation möglichst zu wahren, noch in der Lösung auf, und zwar teilweise unmittelbar unterhalb der mit ihren ionischen Gruppen gegen die Lösung gerichteten Seifenionen. Auf diese Weise entsteht eine elektrische Doppelschicht, deren eine Belegung von den Seifenionen, die andere von den Gegenionen gebildet wird.

Die Schicht der Gegenionen ist im allgemeinen nicht als einmolekular dick anzunehmen. Sie bildet vielmehr eine diffuse Ionenatmosphäre, eine Ionenwolke. Die Konzentration der Ionen, deren Ladungssinn dem Seifenion entgegengesetzt ist, ist am größten in unmittelbarer Nähe der Oberfläche. Sie nimmt gegen das Innere der Lösung stetig ab. Die Konzentration der mit dem Seifenion gleichsinnig geladenen Ionen, also auch die der nicht adsorbierten Seifenionen, nimmt in der gleichen Richtung zu. Diese Ionenverteilung ist die Folge des Wettbewerbes der von der Schicht der Seifenionen ausgehenden elektrischen Kräfte mit der Wärmebewegung, die eine gleichmäßige Verteilung begünstigt. In genügender Entfernung von der Grenzfläche, wo der Einfluß der elektrischen Kräfte bereits zu vernachlässigen ist, ist die Konzentration der beiden Ionenarten einander gleich. Wir können den in atomarem Abstand anliegenden Teil der Gegenionen als mit den Seifenionen assoziiert betrachten und daher auch davon sprechen, daß die Oberflächenschicht zum Teil von undissoziierten Seifenmolekülen gebildet wird. (In den meisten Fällen wird dieser Teil der weit überwiegende sein.) Man kann jedoch die Grenzflächenschicht auch als eine besondere Phase behandeln und die Ionenverteilung ähnlich berechnen, wie dies bei dem Membrangleichgewicht der Fall ist, ausgehend von der Voraussetzung, daß die adsorbierten Seifenionen in dieser Schicht festgehalten sind, die Gegenionen jedoch frei diffundieren können. (Eine derartige Behandlung bildete die Grundlage der Theorie der diffusen Doppelschicht von GOUY.)

Die elektrischen Abstoßungskräfte zwischen den Seifenionen bzw. zwischen der Oberflächenschicht einerseits und den Seifenionen anderseits wirken gegen die Anreicherung der Seifenionen an der Grenzfläche. Zusatz eines Fremdelektrolyten setzt diese elektrischen Kräfte herab und begünstigt daher die Anreicherung der Seifenionen an der Grenzfläche. Man kann diese Wirkung entsprechend den angedeuteten Vorstellungen auf verschiedene Weise ausdrücken. Vom Standpunkte der elektrischen Doppelschichttheorie besteht diese Wirkung darin, daß bei höherer Ionenkonzentration die Ionenwolke dichter an die Grenzfläche rückt (die Dicke der Doppelschicht wird verringert). Die Dissoziationstheorie spricht davon, daß der Dissoziationsgrad der Seifenmoleküle an der Oberfläche infolge der Erhöhung der Gegenionenkonzentration herabgesetzt wird. In der Sprache der Membrangleichgewichtstheorie besteht die Salzwirkung in einer Begünstigung der gleichmäßigen Ionenverteilung als Folge der Herabsetzung des Membranpotentials.

Es sei noch bemerkt, daß die Grenzflächenarbeit die gesamte freie Energie darstellt, die zur Bildung einer Grenzfläche erforderlich ist. Sie enthält daher auch die gegebenenfalls zu leistende elektrische Arbeit.

Die teilweise Trennung der elektrischen Ladungen an der Grenzfläche hat die Ausbildung eines elektrischen Grenzflächenpotentials zur Folge. Eine weitere Folge ist das Auftreten einer elektrischen Grenzflächenleitfähigkeit. McBain und Peaker haben die Leitfähigkeit der Oberfläche von Wasser, das mit einem Ölsäurefilm bedeckt war, gemessen. Das Ergebnis ließ sich durch die Annahme deuten, daß von etwa 7% der an der Oberfläche befindlichen Ölsäuremoleküle das Wasserstoffion abdissoziiert ist. Die Moleküle in der Oberfläche besitzen natürlich nicht notwendigerweise dieselbe Dissoziationskonstante wie in der Lösung.

Das Vorhandensein des elektrischen Grenzflächenpotentials zeigt sich in der elektrophoretischen Beweglichkeit von Gasblasen bzw. der emulgierten Teilchen in Wasser. W. C. McLewis hat die negative Aufladung der mit Seife emulgierten Ölteilchen und McBain die der in Cetylsulfosäurelösung befindlichen Gasblasen gemessen. Beide haben daraus wichtige Folgerungen für die Theorie der elektrischen Grenzflächenerscheinungen gezogen. Weitere Untersuchungen über die Beeinflussung des elektrischen Grenzflächenpotentials durch Seifen s. S. 637.

McBain, Ford und Wilson führen den *anomalen Anstieg* der Oberflächenarbeit mit zunehmender Seifenkonzentration auf den Dissoziationsrückgang bzw. auf die *Verminderung der Dicke der diffusen Doppelschicht* unterhalb der absorbierten Seifenionen zurück.

Die Kalkseifen. Da ein großer Teil des für die Waschvorgänge benützten Wassers einen Gehalt an mehrwertigen Kationen (Ca, Mg, Fe usw.), den sog. Härtebildnern, aufweist, kommt der Wechselwirkung der Seifen mit diesen Ionen eine große praktische Bedeutung zu. Die höheren Fettsäuren bilden mit Calcium schwerlösliche Salze. Die Angaben über den zahlenmäßigen Wert der Löslichkeit der Kalkseifen schwanken stark. Für Calciumlaurat wird die Sättigungskonzentration bei 100° auf 0,05%, für Calciumoleat bei 50° auf 0,03% geschätzt. Stearat und Palmitat haben geringere Löslichkeiten. Da die bei der technischen Anwendung erforderliche Seifenkonzentration meistens das Mehrfache dieser Werte beträgt, ist die Menge der aus dem harten Wasser in unlöslicher Form ausscheidenden Kalkseife gewöhnlich annähernd der Menge der vorhandenen Kalkbildner äquivalent.

Die bei der Bildung der Kalkseifen auftretenden Erscheinungen wurden von Frisch und Valkó vom kolloidchemischen Standpunkte betrachtet. Sie gehen davon aus, daß die Lösung, sobald man die Seife mit einer Menge von Erdalkalisalz reagieren läßt, welche kleiner ist als die der gegebenen Fettsäure äquivalente Menge, wohl trüb wird, doch bleibt eine sichtbare Niederschlagsbildung aus. Am auffälligsten ist diese Erscheinung in der Wärme. Wendet man einen Überschuß an Erdalkalisalz an, so ballt sich der Niederschlag beim Kochen zu einer schmierigen Masse zusammen, die an der Oberfläche schwimmt; im Falle eines zu geringen Zuschusses an Erdalkalisalz bleibt jedoch die Oberfläche der trüben Lösung vollständig frei von Niederschlag. Die Ursache dieses Verhaltens liegt in der Bildung einer kolloiden Lösung oder wenigstens einer sehr feinen Zerteilung der Erdalkaliseife. Die Konstitution der gebildeten Teilchen läßt sich schematisch etwa durch die

Formel $[x\,\mathrm{CaOl_2} \cdot y\,\mathrm{NaOl} \cdot z\,\mathrm{Ol^-}] + z\,\mathrm{Na^+}$ wiedergeben, wobei Ol das Oleatradikal bedeutet. Im Sinne der Auffassung von PAULI bildet die Erdalkaliseife den Neutralteil der Kolloidteilchen, die ihre elektrische Ladung der Dissoziation der an der Oberfläche angelagerten Alkaliseife, dem ionogenen Teil, verdanken. Je kleiner das Verhältnis $(y + z) : x$ ist, um so beständiger ist das Sol, und um so feiner sind die Teilchen. Wenn hingegen die Menge der anwesenden Calciumionen diejenige der Seifenionen erreicht oder übertrifft, dann verschwindet die elektrische Ladung der Teilchen und es tritt Flockung ein. Ebenso wie die anorganischen Hydroxydniederschläge büßen auch die Erdalkaliseifen durch Trocknen oder schon beim längeren Stehen ihre kolloide Zerteilbarkeit allmählich ein.

Um die Verluste an Seifensubstanz zu vermeiden, wird vielfach die Benützung von weichem bzw. enthärtetem Wasser bevorzugt. In vielen Fällen wird jedoch hartes Wasser in Anwesenheit überschüssiger Seife benützt. G. ULLMANN hat das große Verdienst, nachdrücklich darauf hingewiesen zu haben, daß die hauptsächliche Schädigung der Textilware durch die Härtebildner nicht bei der Behandlung mit der Seifenlösung selbst, sondern bei der darauffolgenden Spülung der Ware mit hartem Wasser erfolgt, insbesondere auch dann, wenn, wie es vielfach zur Vermeidung des Seifenverlustes üblich ist, zur Herstellung der Seifenlösung enthärtetes, zum Spülen jedoch hartes Wasser verwendet wird. Beim Spülen wird nämlich das Verhältnis Ca : Seife zugunsten des ersteren verschoben, und es kommt zur Flockung der kolloiden oder suspendierten Erdalkaliseifen. Die Flocken setzen sich an der Ware fest und bewirken bei der Weiterverarbeitung Störungen, z. B. durch Fleckenbildung.

Die als Seife dienenden höhermolekularen Schwefelsäureabkömmlinge geben zum Teil mit den mehrwertigen Kationen lösliche Salze; in diesem Fall sind sie in hartem Wasser ohne Verlust verwendbar, und zwar auch im Überschuß der Härtebildner. Allerdings sprechen die vorhandenen zahlenmäßigen Angaben dafür, daß die Löslichkeit der Calcium-

Tabelle 147. Löslichkeit von alkylsulfosauren Salzen. Nach REED und TARTAR.

Alkylrest	Calciumsalz		Natriumsalz	
	Temperatur			
	25°	60°	25°	60°
	(g Seife in 100 g Wasser)			
Decyl	0,155	0,260	4,55	—
Lauryl	0,011	0,033	0,253	>48
Myristyl . . .	0,0014	0,005	0,041	38,8
Cetyl	0,0005	0,0013	0,0073	6,49
Oktodecyl . .	0,0006	0,0007	0,0010	0,131

salze der höhermolekularen Schwefelsäureabkömmlinge vielfach überschätzt wird. McBain und Betz geben für die Sättigungskonzentration der Calcium-Alkylsulfonate bei 30° die folgenden Werte an: Undecylsulfonat: 0,02%, Laurylsulfonat: 0,02%, Myristylsulfonat: 0,02%. Die Tabelle 147 bringt die Werte von Reed und Tartar.

Die Tabelle 148 bringt die Löslichkeitswerte für die Calciumsalze der Alkylschwefelsäureester bei 25°.

Mit zunehmender Temperatur nimmt die Löslichkeit der höheren Glieder schnell zu. Die Tabelle 149 bringt die Werte für die Lösungstemperatur, d. h. für die Temperatur, bei der eine gegebene Sättigungskonzentration gerade erreicht wird.

Die in den Handel kommenden Produkte von „kalkbeständigen Seifen" haben eine derartige Zusammensetzung, daß sie — wenigstens zum Teil — dazu befähigt sind, die unlöslichen Erdalkalisalze der höheren Fettsäuren zu dispergieren bzw. in kolloide Lösung zu bringen [1]. Sie

Tabelle 148. Löslichkeit der Calciumsalze von Alkylschwefelsäureestern bei 25°. Nach Lenher.

Alkylrest	Löslichkeit in %
Oktyl	>40
Decyl	25—30
Lauryl . . .	0,03—0,04
Myristyl . .	0,003—0,004
Cetyl	$<0,0005$
Stearyl . . .	$<0,0005$

behalten diese kalkseifenlösende Wirkung unter Umständen auch im Überschuß der Härtebildner. Daraus ergibt sich ihre Anwendbarkeit neben den gewöhnlichen Seifen. Die Lösungsbeständigkeit der Komplexe $[x\,CaOl_2 \cdot y\,M^-] + \frac{y}{2}Ca^{++}$ ist um so größer, je größer das Verhältnis $y:x$ ist (M^- bedeutet das härtebeständige Seifenanion).

Die nicht ionischen Seifen können mit den Härtebildnern keine Salze bilden, sie sind daher im allgemeinen härtebeständig. Teilweise sind sie gleichfalls dazu befähigt, die unlöslichen Kalkseifen zu zerteilen, indem sie mit ihnen lösliche Komplexe bilden bzw. die Kalkseifenteilchen unter Bildung einer wasserlöslichen Hülle bedecken.

Es bedarf keiner näheren Erläuterung, daß wir die Zerteilung der unlöslichen Kalkseifen durch die überschüssige Natriumseife oder durch die härtebeständigen Seifenanionen bzw. die nicht ionischen Seifen als einen Sonderfall der Emulgierwirkung betrachten können.

Die kalkseifendispergierende Wirkung der kalkbeständigen Seifen wird in dem technischen Schrifttum vielfach als schutzkolloide Wirkung bezeichnet. Es wäre wohl richtiger, von einer Peptisation zu sprechen, da man mit diesem Ausdruck die kolloide Zerteilung eines Niederschlags durch die Umhüllung der Teilchen mit einer ionisierten oder wenigstens hydratisierten Oberflächenschicht zu bezeichnen pflegt. Zur

---

[1] Da sie Mischungen der Abkömmlinge verschiedener Fettsäuren darstellen, ergibt sich ihre Löslichkeit in hartem Wasser annähernd als die Summe der Löslichkeiten ihrer Bestandteile. Der genauen Berechnung muß das Gesetz der konstanten Ionenprodukte zugrunde gelegt werden.

Beurteilung dieser Wirksamkeit werden die Gemische der gewöhnlichen Seifen mit den härtebeständigen Seifen in Anwesenheit bestimmter Menge von Härtebildnern auf Trübungsgrad oder Ausscheidung beobachtet. Über die quantitative Bewertung berichten LINDNER sowie KUCKERTZ. Da es sich bei den erzielten Kalkseifenzerteilungen im allgemeinen um unbeständige Systeme handelt, die häufig schnellen zeitlichen Veränderungen unterliegen, stellen diese Bewertungen nur Vergleiche unter Benützung eines mehr oder minder willkürlichen Maßstabes und unter willkürlich gewählten Bedingungen dar.

Tabelle 149.
Löslichkeitstemperatur der Calciumsalze der Alkylschwefelsäureestern für verschiedene Konzentrationen. Nach LENHER.

Konzentration g/l	Temperatur °
Laurylschwefelsäureester	
0,5	53
1,0	54
2,0	54
5,0	54
Myristylschwefelsäureester	
0,05	58
0,1	64
0,2	73
0,5	73
1,0	73
Cetylschwefelsäureester	
10	56
20	65
30	69
40	71
50	76
100	82
250	82
500	82
Stearylschwefelsäureester	
5	77
10	87
20	93
50	95
100	95
250	95
500	95

In letzter Zeit wurde im Fachschrifttum wiederholt die Frage erörtert, ob der „gelösten", d. h. dispergierten Kalkseife eine Waschwirkung zukommt oder nicht. Erblickt man den eigentlichen Träger der Grenzflächenaktivität und der Waschwirkung in den einzelnen Seifenionen, dann muß man die Frage von vornherein verneinen. Dies entspricht auch den experimentellen Erfahrungen. Es ist sogar zu erwarten (und auch diese Erwartung scheint durch die Erfahrung bestätigt zu sein), daß die zur Zerteilung, d. h. zur Umhüllung der Kalkseifenniederschläge dienenden Seifenanteile der Waschwirkung gleichfalls entzogen werden (LINDNER).

An dieser Stelle sei ein interessantes Verfahren zur Verhütung der Kalkseifenbildung erwähnt. Es handelt sich um den Zusatz von Natriummetaphosphat zur Lösung (Calgonverfahren). Die Grundlage des Verfahrens ist die Bildung eines löslichen, calciumhaltigen Komplexes der Phosphorsäure. Für diese Umsetzung gibt der Erfinder, HALL, das folgende Schema an:

$$Na_2(Na_4P_6O_{18}) + 2\,Ca^{++} \rightarrow Na_2(Ca_2P_6O_{18}) + 4\,Na^+.$$

Als Ionenreaktion formuliert, könnte man einfach schreiben:

$$P_6O_{18}^{6-} + 2\,Ca^{++} \rightarrow Ca_2P_6O_{18}^{2-}.$$

Es bildet sich danach ein Calciumphosphation, in dem das Calcium komplex gebunden ist. Da das Calciumsalz dieses komplexen Ions ($Ca_4P_6O_{18}$) unlöslich ist, bleibt die Niederschlagsbildung nur so lange aus, als das Metaphosphat in einem genügenden Überschuß zugesetzt wird. Man kann den Vorgang als eine Art Enthärtung bezeichnen, die genau so auf einem Basenaustausch beruht wie das Permutitverfahren, nur mit dem Unterschied, daß es sich hier um einen löslichen Austauscher handelt.

In Anwesenheit einer genügenden Menge von Metaphosphat erfolgt im harten Wasser keine Bildung von Kalkseife. Die Komplexbindung zwischen den Phosphationen mit den Calciumionen ist genügend stark, um die Konzentration der freien Calciumionen so weit sinken zu lassen, daß eine Überschreitung des Löslichkeitsproduktes der Calciumsalze der höheren Fettsäuren nicht eintreten kann (vgl. auch C. STEINER).

Schrifttum.

ADAM, N. K.: The physics and chemistry of surfaces. Oxford 1930.
— Trans. Faraday Soc. **32**, 653 (1936).
— and H. L. SHUTE: Trans. Faraday Soc. **31**, 204 (1935).
BECKER, K. u. W. JANCKE: Z. physik. Chem. A **99**, 242 (1921).
BERNAL, J. D.: Z. Krystallogr. **83**, 153 (1932).
BERTSCH, H.: Z. angew. Chem. **47**, 424 (1934).
BRILL, R. u. K. H. MEYER: Z. Kristallogr. **67**, 570 (1928).
CHWALA, A.: Textilhilfsmittel. In Vorbereitung.
DARKE, W. F., J. W. MCBAIN and C. S. SALMON: Proc. roy. Soc. Lond. A **98**, 395 (1921).
DONNAN, F. G.: Z. physik. Chem. A **31**, 42 (1899).
— u. H. E. POTTS: Kolloid-Z. **7**, 208 (1910).
EKWALL, P.: Z. physik. Chem. A **161**, 195 (1932). — Kolloid-Z. **77**, 320 (1936).
FISCHER, E. K. and W. D. HARKINS: J. physic. Chem. **36**, 98 (1932).
FREUNDLICH, H.: Erg. exakt. Naturwiss. **12**, 82 (1933).
FRISCH, J. u. E. VALKÓ: Chemiker-Ztg **50**, 333 (1926).
GRIFFIN, E. L.: J. amer. chem. Soc. **45**, 1648 (1923).
GÜNTHER, F.: D. R. P. 336558 vom 23. 10. 1927 der Badischen Anilin- und Sodafabrik. Vgl. J. NÜSSLEIN: Melliands Textilber. **14**, 357 (1933).
GUTH, E. u. H. MARK: Mh. Chem. **65**, 93 (1935).
HALL, R. E.: U.S.P. 1956515.
HARKINS, W. D. and W. BEEMAN: J. amer. chem. Soc. **51**, 1674 (1929).
— and G. L. CLARK: J. amer. chem. Soc. **47**, 1854 (1925).
— and H. ZOLLMAN: J. amer. chem. Soc. **48**, 68 (1926).
HARTLEY, G. S.: *1* Aqueous solutions of paraffin-chain salts. Paris 1936.
— *2* Trans. Faraday Soc. **30**, 444 (1934).
— *3* J. amer. chem. Soc. **58**, 2347 (1936).
HARTLEY, G. S., B. COLLIE and C. S. SAMIS: Trans. Faraday Soc. **32**, 795 (1936).
HARTMANN, M. u. H. KÄGI: Z. angew. Chem. **41**, 127 (1928).
HARTRIDGE, H. and R. A. PETERS: Proc. roy. Soc. Lond. A **101**, 348 (1922).
HENDRICKS, S. B.: Nature Lond. **126**, 167 (1930).
HENGSTENBERG, J.: Z. Kristallogr. **67**, 583 (1928).
HETZER, J.: Textil-Hilfsmittel-Tabellen. Berlin 1933.
HOWELL, O. R. and H. G. B. ROBINSON: Proc. roy. Soc. Lond. A **155**, 386 (1936).
JANDER, G. u. K. F. WEITENDORF: Z. angew. Chem. **47**, 197 (1934).
KRAFFT, F.: Ber. dtsch. chem. Ges. **28**, 2566, 2573 (1895); **29**, 1328 (1896).
KUCKERTZ, H.: Z. angew. Chem. **49**, 273 (1936).
KUHN, W.: Z. physik. Chem. A **175**, 1 (1935). — Kolloid-Z. **68**, 2 (1936).
LAING, M. E.: Proc. roy. Soc. A **109**, 28 (1925).
— J. W. MCBAIN and E. W. HARRISON: Colloid Symp. Monogr. **6**, 63 (1928).
LAING-MCBAIN, M. E.: J. amer. chem. Soc. **55**, 545 (1933).
LEDERER, E. L.: Kolloidchemie der Seifen. Dresden-Leipzig 1932.
— Z. angew. Chem. **47**, 119 (1934).
LENHER, S.: Amer. Dyestuff Rep. **22**, 663 (1933).
LEWIS, W. C. M.: Kolloid-Z. **4**, 211 (1909).
LINDERSTRØM-LANG, K.: C. r. Trav. Labor. Carlsberg **16**, No 6 (1926).
LINDNER, K.: Mschr. Text.-Ind. **50**, 65, 94, 120, 145 (1935). — Melliands Textilber. **16**, 782 (1935).

LOTTERMOSER, A. u. B. BAUMGÜRTEL: Kolloidchem. Beih. **41**, 73 (1935).
— u. E. GIESE: Kolloid-Z. **73**, 155, 276 (1935).
— u. F. PÜSCHEL: Kolloid-Z. **63**, 175 (1933).
— u. F. STOLL: Kolloid-Z. **63**, 49 (1933).
— u. H. WINTER: Kolloid-Z. **66**, 276 (1934).
MADSEN, TH.: Detergent action and surface activity. Kopenhagen 1931.
MALSCH, J. u. G. S. HARTLEY: Z. physik. Chem. A **170**, 321 (1934).
MCBAIN, J. W.: J. amer. chem. Soc. **57**, 1926 (1935). — Internat. critic. Tables **5**, 446 (1929). — R. H. BOGUES Colloidal Behavior, Vol. 1, p. 410. New York 1924. (Mit vollständigem Verzeichnis der MCBAINschen Arbeiten bis zu diesem Zeitpunkt.)
— and M. D. BETZ: J. amer. chem. Soc. **57**, 1905, 1909, 1913 (1935).
— F. T. FORD u. D. A. WILSON: Kolloid-Z. **78**, 1 (1937).
— and W. J. JENKINS: J. chem. Soc. Lond. **121**, 2325 (1922).
— H. LAZARUS u. A. V. PITTER: Z. physik. Chem. A **147**, 87 (1930).
— and T. H. LIU: J. amer. chem. Soc. **53**, 59 (1931).
— and C. R. PEAKER: Proc. roy. Soc. Lond. A **109**, 28 (1925).
— and C. S. SALMON: J. amer. chem. Soc. **42**, 426 (1920).
— u. M. TAYLOR: Z. physik. Chem. A **76**, 179 (1911).
— — and M. E. LAING: J. chem. Soc. Lond. **121**, 621 (1922).
— and R. C. WILLIAMS: J. amer. chem. Soc. **55**, 2250 (1933).
— and D. A. WILSON: J. amer. chem. Soc. **58**, 379 (1936).
MEULEN, P. A. VAN DER and W. RIEMAN: J. amer. chem. Soc. **46**, 876 (1922).
MEYER, K. H. u. R. BRILL: Z. Kristallogr. **67**, 570 (1928).
MILLARD, E. B.: Ind. Engng. Chem. **15**, 810 (1923).
MÜLLER, A.: Proc. roy. Soc. Lond. A **114**, 542 (1927); **120**, 437 (1928); **127**, 418 (1930); **138**, 514 (1932). — J. chem. Soc. Lond. **123**, 2043 (1923).
— Naturwiss. **20**, 282 (1932).
MURRAY, R. C.: Trans. Faraday Soc. **31**, 206 (1935).
— and G. S. HARTLEY: Trans. Faraday Soc. **31**, 183 (1935).
NEVILLE, H. A. and CH. A. JEANSON: J. physic. Chem. **37**, 1000 (1933).
NICKERSON, R. F.: J. physic. Chem. **40**, 277 (1936).
— and P. SEREX: J. physic. Chem. **36**, 1585 (1932).
NORRIS, M. H.: J. chem. Soc. Lond. **121**, 2161 (1923).
OSTWALD, WO. u. H. ERBRING: Kolloidchem. Beih. **31**, 291 (1930).
PAULI, WO. u. E. VALKÓ: Elektrochemie der Kolloide. Wien 1929.
PIPER, S. H.: J. amer. chem. Soc. Lond. **1929**, 234. — J. amer. chem. Soc. **51**, 236 (1929). — Trans. Faraday Soc. **25**, 348 (1929).
POWNEY, J.: Trans. Faraday Soc. **31**, 1510 (1935).
REED, R. M. and H. V. TARTAR: J. amer. chem. Soc. **58**, 322 (1936).
REYCHLER, A.: Kolloid-Z. **12**, 277 (1913); **13**, 252 (1913).
SHEARER, G.: Proc. roy. Soc. Lond. A **108**, 655 (1925). — J. chem. Soc. Lond. **123**, 3152 (1923).
SHORTER, S. A. and S. ELLINGWORTH: Proc. roy. Soc. Lond. A **92**, 231 (1916).
STEINER, C.: Melliands Textilber. **17**, 507, 587 (1936).
SZEGÖ, L.: G. Chim. ind. appl. **16**, 533 (1934).
THIESSEN, P. A. u. R. SPYCHALSKI: Z. physik. Chem. A **156**, 448 (1931).
— u. E. EHRLICH: Z. physik. Chem. A **165**, 453 (1933).
— u. J. v. KLENCK: Z. physik. Chem. A **174**, 335 (1935).
— u. J. STAUFF: Z. physik. Chem. A **176**, 397 (1936).
TRAUBE, I.: Liebigs Ann. **265**, 27 (1891).
TRILLAT, J. J.: Ann. Physique [10] **6**, 5 (1926).
ULLMANN, G.: Melliands Textilber. **7**, 940, 1021 (1926).
WARK, J. W.: J. physic. Chem. **40**, 661 (1936).

WELTZIEN, W. u. H. OTTENSMEYER: Mh. Seide u. Kunstseide **70**, 509 (1935).
WERTH, A. VAN DER u. F. MÜLLER: Neue Sulfonierungsverfahren, 2. Aufl. Berlin 1935.
ZSIGMONDY u. W. BACHMANN: Kolloid-Z. **11**, 150 (1912).

15. Kolloidchemie der Netz-, Emulgier- und Waschvorgänge.

Benetzung. Unter Benetzung im weitesten Sinne versteht man die Bedeckung der Oberfläche eines festen Körpers mit einer Flüssigkeit. Wir wollen uns hier auf die Benetzung mit Wasser oder mit wässerigen Lösungen beschränken. In diesem Fall handelt es sich also um die Schaffung bzw. Vergrößerung von Zwischenfläche zwischen dem festen Körper und der wässerigen Phase. Gewöhnlich erfolgen jedoch dabei gleichzeitig auch andere Veränderungen hinsichtlich der Größe der Zwischenflächen der beteiligten Phasen — der festen, flüssigen und gasförmigen Phase —, so daß die Energiebilanz der Benetzung je nach Art und Ausdehnung der beim Vorgang wirksamen Flächen durch verschiedene Energiegrößen bedingt wird. BARTELL unterscheidet drei Arten von Benetzungsvorgängen, die im folgenden an dem Beispiel der Wechselwirkung einer Flüssigkeit und eines würfelförmigen festen Körpers mit ebener Grenzfläche dargestellt werden soll (Abb. 285). Der feste Körper soll die Oberflächenenergie γ_1, die Flüssigkeit die Oberflächenenergie γ_2 besitzen, die Zwischenflächenenergie der beiden soll mit $\gamma_{1,2}$ bezeichnet werden. Der einfachste Fall ist der der Adhäsionsbenetzung (A). Der feste Körper wird an die Oberfläche der Flüssigkeit gebracht, so daß die Oberfläche der beiden Phasen um denselben Betrag vermindert wird und an dessen Stelle eine Zwischenfläche der gleichen Ausdehnung tritt (a → b). Die *Adhäsionsarbeit* ergibt sich bei dieser Art von Benetzung auf dieselbe Weise wie bei der Adhäsion zweier Flüssigkeiten[1]:

$$W_A = \gamma_1 + \gamma_2 - \gamma_{1,2}. \qquad (1)$$

Der zweite Fall ist der, daß der Würfel, der sich bereits an der Oberfläche der Flüssigkeit befindet, tiefer in dieselbe getaucht wird (b → c). Bei diesem Vorgang tritt an die Stelle der verschwindenden Oberflächenanteile des festen Körpers eine Zwischenfläche der gleichen Ausdehnung, *ohne daß dabei die Oberflächenausdehnung der Flüssigkeit verändert wird.* Die *Taucharbeit* ergibt sich daher zu:

$$W_T = \gamma_1 - \gamma_{1,2}. \qquad (2)$$

---

[1] Entsprechend der üblichen Bezeichnungsweise wird auch hier und in den folgenden Betrachtungen als Benetzungsarbeit (W) die bei der Benetzung *von dem System geleistete Arbeit* bezeichnet. Als Grenzflächenarbeit (γ) wird jedoch die zur Schaffung der Grenzfläche erforderliche, dem *System zugeführte Arbeit* bezeichnet. Über die exakte thermodynamische Behandlung der Grenzflächenenergien siehe bei HOHN und LANGE.

Der letzte Fall ist schließlich gegeben, wenn die Flüssigkeit sich an dem festen Körper ausbreitet. Hierbei verschwindet dessen Oberfläche (c → d). Neben der neugebildeten Zwischenfläche fest/flüssig tritt jedoch eine Oberfläche flüssig/gasförmig der gleichen Ausdehnung auf. Die bei diesem Vorgang von dem System geleistete *Ausbreitungs- oder Spreitungsarbeit* steht daher zu den Grenzflächenenergien in der folgenden Beziehung:

$$W_{Sp} = \gamma_1 - \gamma_{1,2} - \gamma_2 \,. \tag{3}$$

Die Beziehung der verschiedenen Benetzungsarbeiten ist leichter zu überblicken, wenn man die in allen drei Gleichungen vorkommende Größe $\gamma_1 - \gamma_{1,2}$, die mit der Taucharbeit identisch ist, als Grundlage des Vergleichs benützt[1]. Man hat dabei noch den Vorteil, daß die Taucharbeit auf Grund der *Randwinkelbestimmungen* wenigstens in den

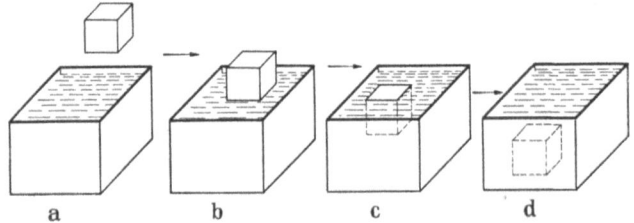

Abb. 285 a—d. Benetzungsarbeiten: a → b Adhäsionsarbeit; b → c Taucharbeit; c → d Ausbreitungsarbeit; a → d Taucharbeit. (Unter Benützung einer Zeichnung von BARTELL.)

günstigen Fällen experimentell meßbar ist, während die Oberflächenspannung des festen Körpers γ_1 einer direkten Messung kaum zugänglich ist.

Bringt man einen Tropfen Flüssigkeit auf die ebene Oberfläche eines festen Körpers, dann nimmt der Tropfen im Gleichgewichtszustand eine bestimmte linsenförmige Gestalt an (Abb. 286).

Diese Gestalt ist durch den Winkel definiert, den die Tangente der Linse an der Berührungslinie der drei Phasen mit der Ebene der Unterlage einschließt. Auf die Flüssigkeit wirken entlang dieser Berührungslinie drei Kräfte, die sich im Gleichgewichtszustand aufheben müssen: die Oberflächenspannung des festen Körpers (γ_1), welche die Zwischenfläche zu vergrößern strebt, dann die Zwischenflächenspannung ($\gamma_{1,2}$), die in entgegengesetzter Richtung im Sinne der Verkleinerung der Zwischenfläche wirkt, und schließlich die Oberflächenspannung der Flüssigkeit (γ_2). Die letztere Kraft hat die Richtung der Tangente der Linse. Wird sie auf die Berührungsebene projiziert, dann ergibt sich hier ihre Größe zu $\gamma_2 \cdot \cos \Theta$. Die Gleichgewichtsbedingung, die sog. YOUNGsche Gleichung lautet daher

$$\gamma_1 - \gamma_{1,2} = \gamma_2 \cdot \cos \Theta \,. \tag{4}$$

---

[1] FREUNDLICH bezeichnet die Größe $\gamma_1 - \gamma_{1,2}$ als Haftspannung.

Auf Grund der Definition der Taucharbeit (2) ergibt sich nunmehr andererseits:

$$W_T = \gamma_2 \cdot \cos \Theta. \tag{5}$$

Die Taucharbeit läßt sich somit aus dem Randwinkel und der Oberflächenarbeit der Flüssigkeit berechnen. Den Wert der bei der Ausbreitung geleisteten Arbeit W_{Sp} erhält man, wenn man von der Taucharbeit die Oberflächenarbeit der Flüssigkeit abzieht:

$$W_{Sp} = W_T - \gamma_2 = \gamma_2 (\cos \Theta - 1). \tag{6}$$

Die Adhäsionsarbeit W_A ergibt sich schließlich als die Summe der Taucharbeit und der Oberflächenarbeit der Flüssigkeit:

$$W_A = W_T + \gamma_2 = \gamma_2 (\cos \Theta + 1). \tag{7}$$

Wie man sieht, ist ein hoher Wert der Taucharbeit für die Benetzung in allen Fällen förderlich. Nicht so einfach ist die Beziehung zwischen der Benetzungsarbeit und der Oberflächenarbeit der Flüssigkeit. Unter sonst gleichen Bedingungen erleichtert die Erniedrigung der Oberflächenarbeit der Flüssigkeit die Ausbreitungsbenetzung, sie erschwert jedoch die Adhäsionsbenetzung und ist für die Tauchbenetzung ohne jeglichen Einfluß.

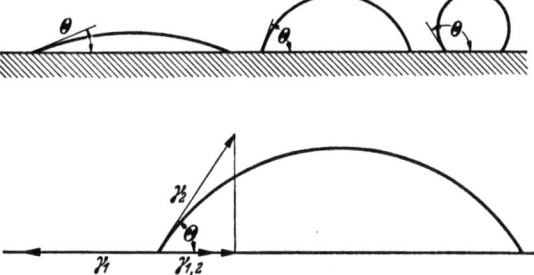

Abb. 286. Zusammenhang zwischen dem Randwinkel (Θ) und der Grenzflächenspannung. γ_1 Oberflächenspannung fest/gasförmig; γ_2 Oberflächenspannung flüssig/gasförmig; $\gamma_{1,2}$ Zwischenflächenspannung fest/flüssig. Zeichnung nach W. HALLER.

Ob die einzelnen Arten der Benetzungsvorgänge freiwillig verlaufen oder nicht, hängt davon ab, ob die dabei vom System geleistete Arbeit positiv oder negativ ist. In den drei Gleichungen 5, 6 und 7 wurden die Benetzungsarbeiten als das Produkt der Oberflächenenergie der Flüssigkeit mit einem Faktor dargestellt. Da die Oberflächenarbeit immer positiv ist, ist das Vorzeichen dieses Faktors entscheidend. *Der Tauchvorgang geht danach dann freiwillig vor sich, wenn der Randwinkel kleiner ist als 90° ($0 < \cos \Theta < 1$). Die Ausbreitung der Flüssigkeit erfolgt nur dann freiwillig, wenn der Randwinkel verschwindet ($\cos \Theta = 1$). Die Adhäsionsbenetzung verläuft schließlich immer freiwillig, da der Randwinkel in allen Fällen unterhalb 180° liegt ($\cos \Theta > -1$).* Dies ist ja ohne weiteres einzusehen, da die Berührung der beiden Grenzflächen im Gegensatz zum Falle der freien Oberflächen eine gewisse gegenseitige Absättigung der darin befindlichen Moleküle gestattet.

Die größte Schwierigkeit bei der experimentellen Ermittlung des Randwinkels liegt in der erheblichen Verzögerung der Gleichgewichtseinstellung. Man erhält verschiedene Werte, je nachdem, ob die Zwischenfläche verkleinert oder vergrößert wird. Wenn also der Tropfen auf der Unterlage zuerst etwas flachgedrückt wird, dann ist der Randwinkel kleiner, als wenn der Tropfen vorsichtig auf die Unterlage gelegt wird. Ebenso stellen sich in einer Capillare, an deren Wänden sich die Flüssigkeit nicht ausbreitet, verschiedene Steighöhen ein, je nachdem man die Flüssigkeit von unten aufsteigen läßt oder die Röhre mit der Flüssigkeit höher füllt und diese dann bis zum Gleichgewicht absinken läßt. Man kann daher von einer *Hysteresis der Benetzung* sprechen. Die Ursache der Erscheinung liegt nach ADAM in der Reibung zwischen der Flüssigkeit und dem festen Körper. Nach seiner Auffassung erhält man den wirklichen Gleichgewichtswert, wenn man aus den in beiden Richtungen ausgeführten Messungen das Mittel bildet. Nach anderen Ansichten liegt die Ursache der verzögerten Gleichgewichtseinstellung in dem Vorhandensein einer adsorbierten Luftschicht an der Oberfläche des festen Körpers bzw. dem Festhalten einer Flüssigkeitshaut nach dem Zurückfließen der Flüssigkeit. Auch das Hineindiffundieren der Flüssigkeitsmoleküle in die tiefer liegenden Schichten des festen Körpers ist in manchen Fällen als Ursache der Benetzungshysteresis wahrscheinlich gemacht worden.

Von der Benetzungshysteresis reiner Flüssigkeiten an der Oberfläche unlöslicher Körper muß man die Benetzungshysteresis unterscheiden, die bei Anwendung von Lösungen auftritt und infolge nicht umkehrbarer Adsorption an der Zwischenfläche zustande kommt (s. weiter unten).

Wenn der Randwinkel verschwindet, ist die Messung der Haucharbeit auf Grund der Randwinkelbestimmung nicht möglich. Man kann jedoch denjenigen Randwinkel bestimmen, den die Flüssigkeit in Berührung mit einer zweiten Flüssigkeit an der Oberfläche des festen Körpers einschließt. Wenn nun der Randwinkel der zweiten Flüssigkeit bekannt ist, kann der fragliche Randwinkel berechnet werden. Auf dieser Grundlage beruht die Ermittlung der Taucharbeit aus dem Verdrängungsdruck, mit dem die Flüssigkeit eine zweite Flüssigkeit von bekannten Grenzflächenenergien aus der Capillare zu verdrängen sucht. BARTELL und seine Mitarbeiter haben auf diese Weise zahlreiche Bestimmungen von Taucharbeiten ausgeführt.

Beim Aufsteigen einer Flüssigkeit in einer Capillare wird offenbar Taucharbeit geleistet, da an die Stelle der Oberfläche Capillarwand/Luft eine gleich große Zwischenfläche Capillarwand/Flüssigkeit tritt. Es erscheint daher paradox, daß die Steighöhe in Capillaren als Maß für die Oberflächenspannung der Flüssigkeit betrachtet wird und ihre Bestimmung eine der am häufigsten benützten Methoden insbesondere zur Ermittlung der Oberflächenspannung vom Wasser und von wässerigen Lösungen bildet. Die Erklärung dafür ist die, daß man die beiden Fälle:
a) die Flüssigkeit breitet sich an der Capillarwand aus (Randwinkel $\leq 0°$) und
b) die Flüssigkeit breitet sich an der Wand der Capillare nicht aus (Randwinkel $> 0°$),

voneinander streng unterscheiden muß. Nur im ersten Fall bildet die Steighöhe ein Maß für die Oberflächenenergie der Flüssigkeit. In dem allgemeinen, allerdings in der Praxis selteneren Fall, d. h. beim endlichen Randwinkel, gibt jedoch die Steighöhe tatsächlich den Wert der Taucharbeit ($\gamma_1 - \gamma_{1,2} = \gamma_2 \cdot \cos \Theta$) an. Gewöhnlich ist der Randwinkel von Wasser an Glas verschwindend. Wenn jedoch die Glaswand vollständig trocken ist, findet keine Ausbreitung des Wassers statt. Die Steighöhe entspricht dann einer Taucharbeit, die nach W. Haller etwa 50 erg/cm², nach Peek und McLean etwa 38 erg/cm² beträgt. Der Randwinkel berechnet sich daraus zu 47 bzw. 59°.

Nach ihrer Benetzbarkeit mit Wasser kann man die Grenzflächen in zwei Gruppen einteilen: *in hydrophile Grenzflächen, die mit Wasser einen kleineren Randwinkel als 90° geben, d. h. deren Taucharbeit mit Wasser positiv ist und in die hydrophoben Grenzflächen, deren Randwinkel größer ist als 90°, d. h. deren Taucharbeit mit Wasser negativ ist.* Im Sinne dieser Definition gibt es in bezug auf Hydrophilie und Hydrophobie alle Abstufungen. Zu den am meisten hydrophoben Körpern gehört Paraffin. Sein Randwinkel mit Wasser beträgt etwa 105°, seine Taucharbeit daher etwa — 27 dyn/cm. Im Bereich der anorganischen Körper findet man sowohl stark hydrophile als auch stark hydrophobe Substanzen. Zu den hydrophilsten gehören Glas, Quarz und Al_2O_3. Die Taucharbeit bei den letzteren beträgt nach Bartell und Bartell etwa 77 dyn/cm, ihr Randwinkel ist daher verschwindend.

Tabelle 150. Taucharbeit von Gasruß gegenüber verschiedenen Flüssigkeiten. Nach Bartell und Osterhof.

Flüssigkeit	$\gamma_1 - \gamma_{1,2}$ in erg/cm²
Toluol	82,13
Benzol	81,08
Chloroform . .	79,83
Hexan	69,93
Wasser	54,74

Im Sinne der obigen Definition gehört auch Ruß zu den hydrophilen Substanzen, da er gegen Wasser eine positive Taucharbeit, d. h. einen Randwinkel < 90° besitzt. Nach Bartell und Osterhof beträgt die Taucharbeit von Ruß etwa 55 erg/cm² (allerdings muß man den Umstand beachten, daß Verunreinigungen die Benetzbarkeit der verschiedenen Rußproben stark beeinflussen können). Die Taucharbeiten von Gasruß gegenüber einigen Flüssigkeiten sind in der Tabelle 150 zusammengestellt.

Daraus läßt sich ersehen, daß die Benetzbarkeit von Ruß durch Benzol bedeutend stärker ist als durch Wasser. Andererseits zeigt z. B. Aluminiumoxyd gegenüber Wasser eine Taucharbeit von 77 erg/cm² und gegenüber Benzol eine solche von 45 erg/cm². Bartell und Walton haben nachgewiesen, daß die Taucharbeiten verschiedener fester Körper gegenüber den folgenden Flüssigkeiten:

Wasser,
i-Amylalkohol,
n-Butylacetat,
Benzol,
Acetylentetrabromid,
α-Bromnaphthalin,
Heptan

die angegebene Reihenfolge aufweisen. Eine Gruppe von festen Oberflächen zeigt in der Richtung: Wasser → Heptan zunehmende, eine andere Gruppe abnehmende Benetzbarkeit. Man könnte diese Beziehung gleichfalls zur Grundlage der Einteilung der Oberflächen nehmen und die erste Gruppe als die hydrophobe, die zweite als die hydrophile bezeichnen. Allerdings erscheint nach dieser Definition auch Ruß als hydrophob. Bemerkenswerterweise haben nach den Messungen von BARTELI und WALTON diejenigen Oberflächen, welche die größte Taucharbeit gegenüber Wasser aufweisen, die kleinste Taucharbeit gegenüber Heptan und umgekehrt. Diese Beziehung gilt für jedes beliebige Flüssigkeitspaar, mit anderen Worten, die obige Reihenfolge der Flüssigkeiten kann gleichfalls als eine Reihe in der Richtung: hydrophil → hydrophob aufgefaßt werden. n-Butylacetat bildet dann eine Art Scheidungslinie, da es mit Ruß und Aluminiumoxyd fast dieselbe Taucharbeit (65—66 erg/cm^2) gibt.

Eine andere einfache, jedoch nur qualitative Methode zur Bestimmung der Hydrophobie eines festen Körpers besteht darin, daß man diesen in Pulverform zugleich mit Wasser und einer entsprechenden organischen Flüssigkeit schüttelt. Das Pulver geht in diejenige Flüssigkeit, durch die es besser benetzt wird. Wenn die Taucharbeiten sich nicht stark unterscheiden, bleibt das Pulver an der Trennungsschicht der beiden Flüssigkeiten (HOFMANN, REINDERS).

Daß die Benetzbarkeit nicht nur von der Natur der Moleküle, sondern auch von ihrer Anordnung an der Oberfläche abhängt, ergibt sich z. B. aus den folgenden Beobachtungen von ADAM und JESSOP. Hexadecylalkohol an der Luft erstarrt, ergibt mit Wasser den Randwinkel von 95°. Erzeugt man durch Schaben eine frische Oberfläche, dann erhält man einen Randwinkel von 50—75°. Anscheinend orientieren sich die Alkoholmoleküle der Oberflächenschicht beim Erstarren an der Luft derart, daß die Hydroxylgruppen nach innen ragen. Erst durch das Schaben legt man eine Oberfläche frei, an der auch ein der molekularen Zusammensetzung entsprechender Anteil der Hydroxylgruppen, die ja die Hydrophilie bedingen, vorhanden ist. Ähnlich verhalten sich u. a. die höheren Fettsäuren.

THIESSEN konnte auf Grund von Elektronenbeugungsaufnahmen feststellen, daß die Oberfläche der Fettsäureesterkrystalle (z. B. von Cetylpalmitat) durch Methylgruppen, die der Dicarbonsäurekrystalle (z. B. von Hexadecyldicarbonsäure) zum Teil durch Carboxylgruppen gebildet wird. Die Unterschiede in der Beschaffenheit der Oberflächen konnten durch das verschiedene Verhalten der Krystalle bei der Anfärbung zum Ausdruck gebracht werden. Die Oberfläche der Seifenkrystallite erwies sich nach den Färbeversuchen von THIESSEN in erheblichem Maße als durch polare Gruppen bedeckt.

WENZEL hat darauf aufmerksam gemacht, daß für die Größe der Benetzungsarbeit die Glätte bzw. *Rauhheit der Grenzfläche* von großer Bedeutung ist. Den Einfluß der Rauhheit können wir durch Umformung der Gleichungen (1—4), die zunächst nur für glatte Grenzflächen gelten, berechnen. Wir behalten γ_1, γ_2 und $\gamma_{1,2}$ als Bezeichnungen für die Grenzflächenenergie der glatten Grenzflächen bei und gehen wieder von dem Beispiel eines würfelförmigen (allerdings hier nur bei grober Betrachtungsweise würfelförmigen) festen Körpers aus. Die Seitenflächen des Würfels sollen bei näherer Betrachtung eine gewisse Rauhheit zeigen. r, der sog. Rauhheitsfaktor, soll das Verhältnis der Größe der tatsächlichen

Grenzfläche des festen Körpers zu der Größe der Fläche bezeichnen, die im Falle vollständiger Glätte den Körper begrenzen würde. Ist also die Kante des Würfels 1 cm, so beträgt die tatsächliche Ausdehnung einer Seitenfläche r cm². Die tatsächliche Oberflächenenergie des festen Körpers wird nun je Seitenfläche $r \cdot \gamma_1$, die Zwischenflächenenergie mit der Flüssigkeit $r \cdot \gamma_{1,2}$ betragen. Die Adhäsionsarbeit ergibt sich daher zu

$$W_A = r(\gamma_1 - \gamma_{1,2}) + \gamma_2, \qquad (8)$$

die Taucharbeit zu

$$W_T = r(\gamma_1 - \gamma_{1,2}) \qquad (9)$$

und die Ausbreitungsarbeit zu

$$W_{Sp} = r(\gamma_1 - \gamma_{1,2}) - \gamma_2. \qquad (10)$$

Die drei Gleichungen unterscheiden sich von denjenigen der idealglatten Grenzflächen dadurch, daß die in allen Gleichungen vorkommende Größe der Taucharbeit um den Rauhheitsfaktor erhöht ist.

Berechnet man nun den Randwinkel für den Fall der rauhen Grenzfläche, so erhält man an Stelle der Gleichung (4):

$$\gamma_2 \cos \Theta = r(\gamma_1 - \gamma_{1,2}). \qquad (11)$$

Ist die Taucharbeit der idealglatten Grenzfläche $(\gamma_1 - \gamma_{1,2})$ positiv, d. h. der Randwinkel an der idealglatten Grenzfläche größer als 90°, so wird dieser Winkel infolge der Rauhheit vergrößert. Wenn jedoch der Randwinkel der idealglatten Grenzfläche kleiner ist als 90°, so wird er mit wachsender Rauhheit verkleinert. Der absolute Wert der Taucharbeit wird auf alle Fälle mit zunehmender Rauhheit größer. Ist also die Grenzfläche hydrophil, so wird sie infolge der Rauhheit noch hydrophiler. Ist sie hydrophob, so wird sie mit wachsender Rauhheit noch hydrophober (vorausgesetzt, daß der Randwinkel 90° als Trennungsgrenze zwischen hydrophil und hydrophob angenommen wird). *Je rauher ein fester Körper ist, um so stärker werden sich die wasseranziehenden oder wasserabstoßenden Eigenschaften der Grenzfläche ausprägen.*

Die Benetzung der Fasern mit Wasser. Die wichtigste Zwischenfläche von unserem Standpunkt aus ist diejenige zwischen Faser und Wasser bzw. wässeriger Lösung.

Die Benetzung der Faser mit Wasser oder wässerigen Lösungen bzw. Zerteilungen bildet die Voraussetzung für die Ausführung aller Veredlungsvorgänge, die auf der Wechselwirkung der Fasern mit solchen Lösungen bzw. Zerteilungen beruhen, also z. B. des Färbens, Bleichens, Waschens, Beschwerens, des Entschlichtens und unter Umständen des Schlichtens, Imprägnierens, Avivierens, Präparierens u. dgl. Eine möglichst große Geschwindigkeit der Benetzung ist z. B. zum Erreichen einer gleichmäßigen Färbung durch schlecht egalisierende Farbstoffe unbedingt erforderlich, da sonst einzelne Teile des Färbegutes mit einer bereits verarmten Farbstofflösung in Berührung kommen. Einige Veredlungsvorgänge erhöhen die Benetzbarkeit der Fasern, andere setzen sie herab. Für bestimmte Anwendungszwecke ist eine leichte Benetzbarkeit der Fasern durch Wasser erwünscht (Handtücher, Taschentücher, Verbandwatte und -gaze, Leibwäsche). Für andere Zwecke wird eine möglichst schwere Benetzbarkeit verlangt (Regenmäntel, Windjacken, Zeltbahnen, Flugzeug- und Luftschiffbespannungen usw.). Die Benetzungsvorgänge sind also sowohl vom verarbeitungs- als auch vom verwendungstechnischen Standpunkt für die Faserstoffindustrie von größter Bedeutung.

Wir kennen weder die genaue Größe der Oberflächenarbeit der Faserstoffe gegenüber Luft, noch die ihrer Zwischenflächenarbeit gegenüber Wasser. Von den reinen Faserstoffen dürfen wir jedoch annehmen, daß ihre Oberflächenarbeit verhältnismäßig hoch, ihre Zwischenflächenarbeit gegenüber Wasser gering ist. Zu der ersten Annahme berechtigt uns die Tatsache, daß die Faserstoffmoleküle verhältnismäßig viele Dipolgruppen aufweisen. Auch die hohe mechanische Festigkeit dieser Substanzen ist ein Zeichen für ihre starke Kohäsionsenergie. Zu der zweiten Annahme führt die Berücksichtigung der unter hoher Wärmeentwicklung erfolgenden Aufnahme von Wasserdampf durch die Faserstoffe. Der Wert von $\gamma_1 - \gamma_{1,2}$ ist daher für das System Faserstoff/Wasser verhältnismäßig hoch. Einige Anhaltspunkte über die wahrscheinlichen Zahlenwerte ergeben die Bestimmungen von W. HALLER. Die Taucharbeit von Acetylcellulose gegenüber Wasser ($\gamma_1 - \gamma_{1,2}$) fand sich zu etwa 43, die des Gelatinefilms zu etwa 50 erg/cm². Da γ_2 etwa 73 erg/cm² beträgt, liegt in beiden Fällen der Randwinkel zwischen 0° und 90°. In diesen Fällen erfolgt die Tauchbenetzung freiwillig, die Ausbreitung des Wassers würde jedoch Energieaufwand erfordern.

Die Benetzungsarbeit von Cellulosetriestern mit verschiedener Kettenlänge des Fettsäurerestes wurde von SHEPPARD und NEWSOME durch Bestimmung des Randwinkels an Filmen, die aus chloroformischen Lösungen gegossen wurden, ermittelt. Acetat ergab einen Randwinkel von 50°, Propionat von 78°, Butyrat von 84°, Valerat von 90°, Capronat von 93° usw., Myristat von 104°. Es ist also mit wachsender Kettenlänge eine allmähliche Annäherung an den Randwinkel von Paraffin zu beobachten. Die Abb. 287 zeigt die aus dem Randwinkel berechneten Werte der Adhäsionsarbeit und der Taucharbeit. Die Taucharbeit ist vom Valerat an negativ. (Die Ausbreitungsarbeit ist bereits beim Acetat negativ.) WENZEL ermittelte für Acetylcellulose (geschmolzene Stücke oder Überzüge aus acetonischer Lösung) die Taucharbeit zu 32 erg/cm².

Wir können daher mit Bestimmtheit erwarten, daß die Tauchbenetzung reiner Faserstoffe durch reines Wasser freiwillig erfolgt. Die Erfahrung stimmt mit dieser Erwartung überein: reine Wolle tränkt sich nach der Entfettung ebenso gierig mit Wasser wie die Baumwolle nach dem Beuchen oder das reine Filtrierpapier. *Wenn Fasern schwer benetzbar sind, so ist dies in allen Fällen durch das Vorhandensein von Verunreinigungen bedingt.* Diese Verunreinigungen sind in der Mehrzahl der Fälle fettartiger Natur (Wollfett, Paraffin, Olivenöl, Olein, Seife u. dgl.).

Die Wechselwirkung der Seifen- (Netzmittel-) Lösungen.

PEEK und MCLEAN haben gezeigt, daß die Geschwindigkeit des Aufsteigens organischer Flüssigkeiten im Filtrierpapier der Oberflächenspannung der Flüssigkeit direkt, ihrer Zähigkeit umgekehrt proportional ist. Die untersuchten Flüssigkeiten (Benzol, Tetrachlorkohlenstoff, Äthyl- und Methylalkohol, Äthylbenzol, Äthylendichlorid) haben also gegenüber reiner Cellulose einen verschwindend kleinen Randwinkel: ihre Ausbreitungsarbeit ist positiv. Die Tatsache, daß trockene Fasern anscheinend von allen organischen Flüssigkeiten gut benetzt werden, erklärt, warum die Fasern durch fettartige Verunreinigungen leicht umhüllt werden. Erst weitere Untersuchungen könnten den Widerspruch zwischen der leichten Benetzbarkeit der Cellulose durch hydrophobe Flüssigkeiten und ihrer starken Affinität gegenüber Wasser aufklären (vgl. auch WIERTELAK und GARBACZOWNA).

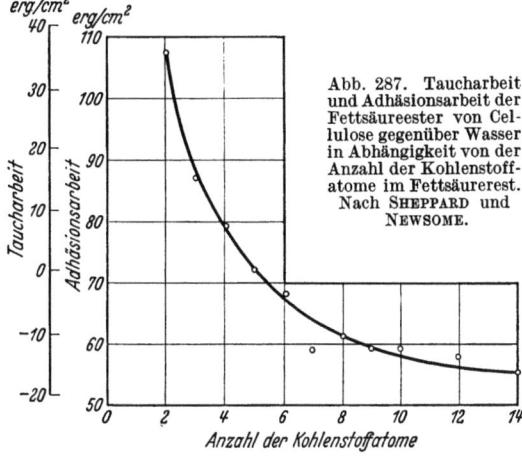

Abb. 287. Taucharbeit und Adhäsionsarbeit der Fettsäureester von Cellulose gegenüber Wasser in Abhängigkeit von der Anzahl der Kohlenstoffatome im Fettsäurerest. Nach SHEPPARD und NEWSOME.

Die Wechselwirkung der Seifen- (Netzmittel-) Lösungen mit fetthaltigen Faseroberflächen. Je nach der Art und der Verteilung der verunreinigenden Fette wird die durchschnittliche Benetzbarkeit einer Faserprobe zwischen derjenigen der Fette und der reinen Faserstoffe liegen. Die Netzmittel haben die Aufgabe, die Taucharbeit zwischen der wässerigen Lösung und der fettigen Faser $(\gamma_1 - \gamma_{1,2})$ zu erhöhen. Da die Oberflächenarbeit der festen Phase (γ_1) gegeben ist, handelt es sich also um Herabsetzung der Zwischenflächenarbeit $(\gamma_{1,2})$. Da ferner die Verdrängung der Luftblasen aus den Zwischenräumen der Einzelfasern und der Fäden vielfach nur über die Zwischenstufe eines Ausbreitungsvorganges des Wassers an der Oberfläche der Fasern erfolgen kann, muß zur Herbeiführung der Benetzung auch die maximale Spreitungsarbeit der wässerigen Lösungen $(\gamma_1 - \gamma_{1,2} - \gamma_2)$ erhöht, d. h. die Summe der Zwischenflächenarbeit und der Oberflächenarbeit der Lösung $(\gamma_{1,2} + \gamma_2)$ erniedrigt werden. Wie wir bereits am Fall der fettartigen Flüssigkeiten gesehen haben, bewirken die Seifen beides: Herabsetzung der Zwischenflächenarbeit Wasser/Fett und Herabsetzung der Oberflächenarbeit Wasser/Luft. (Die fettige Faseroberfläche verhält sich nun zwar in mechanischer Hinsicht ähnlich wie die Oberfläche eines festen Körpers, auch wenn sie mit einer dünnen Schicht eines flüssigen Fettes überzogen ist.

Die Beeinflussung der Zwischenflächenspannung durch Seife wird jedoch grundsätzlich dieselbe sein wie an der flüssigen Zwischenfläche Fett/Wasser.) *Es wäre daher zu erwarten, daß die Seifen um so bessere Netzmittel sind, je größer ihre Grenzflächen- und Zwischenflächenaktivität ist.*

W. HALLER untersuchte mit Hilfe von Steighöhenmessungen in ceresinüberzogenem Glas die Beeinflussung der Benetzungsarbeiten von Wasser gegenüber Ceresin durch Netzmittel und erhielt die folgenden Werte:

Tabelle 151. **Beeinflussung der Benetzungsarbeiten von Wasser gegenüber Ceresin durch Netzmittel.** Nach W. HALLER.

Lösung	Grenzflächenarbeiten in erg/cm²			
	Oberflächenarbeit γ_2	Taucharbeit $\gamma_1 - \gamma_{1,2}$	Spreitungsarbeit $\gamma_1 - \gamma_{1,2} - \gamma_2$	Randwinkel Θ
Reines Wasser	72,8	—25	—97,8	110°
0,5% Nekal	38,1	+10	—28	65°
0,5% Na-Oleat	26,1	+18	— 8	46°

Man ersieht aus diesen Zahlen, daß das Eintauchen eines wachsüberzogenen Gegenstandes in reines Wasser Energie erfordert, daß hingegen beim Eintauchen desselben in die Seifenlösung eine erhebliche Energiemenge frei wird. Auch die zur Ausbreitung des Wassers erforderliche Arbeit wird infolge der Anwesenheit der Seife stark herabgesetzt. Allerdings wird eine freiwillige Spreitbarkeit nicht erreicht. Es ist interessant, mit diesen Zahlen diejenigen Benetzungsarbeiten zu vergleichen, die sich auf Grund der Zwischenflächenspannungen von flüssigem Paraffin gegenüber Seifenlösungen ergeben. Aus Tabelle 145 ersehen wir, daß ein höheres Paraffin, dessen Oberflächenspannung 30 dyn/cm beträgt, gegenüber reinem Wasser die Zwischenflächenspannung 36 dyn/cm zeigt. Die Taucharbeit würde hier — 6, die Spreitungsarbeit — 78,8 erg/cm² betragen. Durch eine genügend konzentrierte Seifenlösung wird die Oberflächenspannung auf 30 dyn/cm, die Zwischenflächenspannung gegenüber Paraffin auf etwa 5 dyn/cm herabgesetzt. Die Taucharbeit beträgt dann 25 erg/cm², die Spreitungsarbeit — 5 erg/cm². Die Wirkung des Netzmittels ist also gegenüber der flüssigen und der festen Oberfläche im großen und ganzen in der Tat dieselbe.

In der Praxis kommt es jedoch nicht nur darauf an, daß die Garne und Gewebe möglichst *vollständig*, sondern in erster Linie möglichst *schnell* benetzt werden. In der praktischen Prüfung der Netzmittel wird nicht die Benetzungsenergie, sondern die *Benetzungsgeschwindigkeit* als ausschlaggebend betrachtet. *Daher kann die Grenzflächenaktivität als Gleichgewichtsgröße nicht als alleiniger Maßstab für die Netzwirkung der Seifen dienen.* Die üblichste Methode zur Prüfung der Netzwirkung ist die Messung der Absinkzeit eines Lappens, der auf die Lösung gelegt oder in sie hineingetaucht wird.

Bei der Bewertung ist naturgemäß die Wirksamkeit unter den Anwendungsbedingungen, insbesondere hinsichtlich der Temperatur der Lösungsgenossen (Härtebildnern, Salzen, Säuren oder Alkalien, ferner Farbstoffen usw.) zu berücksichtigen. Man muß also mit der Möglichkeit rechnen, daß für bestimmte Zwecke das eine, für andere Zwecke das andere Netzmittel das geeignetere sein wird. Bei der Anwendung in der Sauerbadfärberei wird z. B. die Beständigkeit gegenüber sauren oder glaubersalzhaltigen Lösungen und die Wirksamkeit in diesen Lösungen für die Bewertung maßgeblich sein.

LENHER und SMITH empfehlen für die Gebrauchswertbestimmung der Netzmittel die Zentrifugiermethode. Diese besteht darin, daß die Stränge nach kurzem Eintauchen in die Netzmittellösung abzentrifugiert werden und durch Wägen die Menge der festgehaltenen Flüssigkeit bestimmt wird. Die Bedingungen des Zentrifugierens und die weiteren Einzelheiten sind standardisiert. Von den Ergebnissen sei erwähnt, daß die synthetischen Netzmittel in destilliertem Wasser gegenüber der gewöhnlichen Seife keinen Vorteil aufwiesen. Dieser zeigte sich erst in hartem Wasser. Bemerkenswert ist ferner der Befund, daß mit steigender Temperatur die Wirksamkeit der Netzmittel abnahm. Die Methode von LENHER und SMITH stellt eine Modifikation der von HERBIG und SEYFERTH dar.

Wie für andere Naßveredelungsvorgänge bildet die Benetzung auch für das Waschen eine Vorbedingung. Andererseits fördert die beim Waschen erfolgende Entfettung die Benetzung. Die Wirksamkeit der Netzmittel kann daher zum Teil auf ihrer Entfettungswirkung beruhen. Ein wesentlicher Unterschied in der technischen Wasch- und Netzwirkung besteht darin, daß bei der Netzwirkung die Beeinflussung des Systems in Sekunden oder höchstens in wenigen Minuten ausschlaggebend ist, daß bei der Waschwirkung hingegen der nach einer längeren Behandlungszeit erreichte Zustand den technischen Erfolg bestimmt.

Eine besondere Gruppe unter den Netzmitteln bilden die sog. Mercerisiermittel. Diese haben die Aufgabe, die Tauch- und Ausbreitungsarbeit der Mercerisierlauge (etwa 20%iger und konzentrierterer Natronlauge) gegenüber Baumwolle, insbesondere auch gegenüber Rohbaumwolle zu erhöhen. Sämtliche unter dem Begriff der Seife aufgezählten Verbindungen sind wegen Unlöslichkeit in der Lauge für diesen Zweck unbrauchbar. (Es wird nicht nur Löslichkeit in der Mercerisierflüssigkeit, sondern auch in der konzentrierten Lauge verlangt, mit der die an Natronlauge verarmte Mercerisierflüssigkeit wieder auf die erforderliche Konzentration gebracht wird.)

Das verbreitetste Mercerisiermittel ist Kresol und seine Abkömmlinge (vgl. z. B. MORGAN, PRATT und PETTEL), die in der stark alkalischen Lösung als Anionen vorhanden sind. An diesem Beispiel sieht man bereits, daß eine Substanz, die unter den extremen Konzentrationsbedingungen des Mercerisierens sich als grenzflächenaktiv erweist, unter den normalen Bedingungen, d. h. in verdünnten wässerigen Lösungen gar nicht grenzflächenaktiv zu sein braucht. Vor allem scheint es, daß die Forderung der Löslichkeit in konzentrierter Lauge nur bei verhältnismäßig kleinen Molekülen erfüllt sein kann. Von Mischungen, die als Mercerisierhilfsmittel verwendet werden, erwähnt HALL die Mischung von n-Amylschwefelsäureester mit 1,3 Butylenglykolmonoäthyläther. Die Erhöhung der Benetzungsgeschwindigkeit beim Mercerisieren ist infolge der außerordentlichen Kürze der Einwirkungsdauer der Lösung für den Ausfall der Ware von großer Bedeutung. Die praktische Prüfung besteht in der Messung der Schrumpfungsgeschwindigkeit von Baumwollfaden in der Mercerisierlauge (LANDOLT, SIEFERT).

Die Wechselwirkung der Seifenlösungen mit hydrophilen Oberflächen. Die Wechselwirkung der Seifenlösungen mit hydrophilen Grenzflächen ist verwickelterer Natur als mit hydrophoben Grenzflächen, da im ersten Fall nichtumkehrbare Erscheinungen eine große Rolle spielen, so daß eine rein thermodynamische Betrachtung auf Schwierigkeiten stößt. Die Erfahrung, die insbesondere im Zusammenhang mit der Schwimmaufbereitung der Erze gesammelt wurde, besagt, daß hydrophile Oberflächen durch die Behandlung mit Seifenlösungen hydrophob werden können, d. h. *der Randwinkel erhält erst durch die Behandlung mit der Seifenlösung einen endlichen Wert.* Es ist klar, daß die Ursache der Erscheinung nur in der Adsorption der Seife an der Grenzfläche liegen kann. Infolge der Affinität der ionischen Gruppe der Seife zu der Grenzflächenschicht des festen Körpers erfolgt die Anlagerung derart, daß *der polare Teil der Seife an dem festen Körper verankert wird, während die Kohlenwasserstoffkette in die Lösung ragt.* Im Sinne des GIBBSschen Gesetzes kann eine Adsorption nur dann erfolgen, wenn dadurch die Zwischenflächenenergie sinkt. Es ist nun paradox, daß durch die Wechselwirkung mit der Seifenlösung die Taucharbeit $\gamma_1 - \gamma_{1,2}$ abnimmt, d. h. die Zwischenflächenarbeit $\gamma_{1,2}$ zunimmt. Die Erklärung für dieses Verhalten kann nur in der Nichtumkehrbarkeit dieses Vorganges liegen, wodurch die Voraussetzung für die Anwendungsmöglichkeit des GIBBSschen Gesetzes in Fortfall kommt. Wenn man den festen Körper aus der Lösung herausnimmt, dann geht die adsorbierte Schicht nicht in die Lösung zurück, sondern sie bleibt an der Oberfläche des festen Körpers haften. Insbesondere ist dies der Fall, wenn die Seife an der Grenzfläche des festen Körpers ein unlösliches Salz bildet, z. B. wenn das Fettsäureanion an der Grenzfläche eines eisen- oder kalkhaltigen Gesteins in Fe- bzw. Ca-Seife übergeht. Die Erscheinung wird nun dadurch verwickelter, daß die *erste, gegen die Lösung hydrophobe Schicht mit zunehmender Seifenkonzentration durch eine zweite Schicht von Seifenmolekülen bedeckt wird, die umgekehrt gerichtet ist,* nämlich mit der Kohlenwasserstoffkette gegen die Kohlenwasserstoffkette der ersten Adsorptionsschicht und mit den polaren Gruppen gegen die Lösung. Diese Adsorption führt zur Erhöhung der Taucharbeit, d. h. zur Herabsetzung des Randwinkels. Die zweite Schicht wird jedoch im allgemeinen mit der Lösung fester verbunden sein als mit dem festen Körper.

Luyken und Bierbrauer haben gezeigt, daß Kalkspat und Apatit in Natriumpalmitatlösungen hydrophob werden, während Quarz und Zinnstein darin hydrophil bleiben. Wird jedoch der Zinnstein zuerst mit Kalkwasser behandelt, dann gewinnt er die Fähigkeit, in der Seifenlösung einen hydrophoben Überzug zu erhalten, sein Randwinkel mit Natriumpalmitatlösung steigt dann auf 118°. Offenbar bildet sich zuerst an der Oberfläche des Gesteins eine Schicht von Calciumstannat und die Anlagerung des Seifenmoleküls erfolgt dann unter Bildung eines unlöslichen Salzes des Seifenions. Kraeber und Boppel haben beobachtet, daß Quarz mit Monopolseifenlösung zum Flotieren gebracht werden kann, d. h. eine hydrophobe Oberfläche erhält, wenn er mit Salzen mehrwertiger Metalle vorgebeizt wird. Sie deuten diesen Befund durch die Annahme einer Komplexverbindung aus Kieselsäure, Seifenion und Metallion an der Oberfläche des Quarzes. Das Metallion bildet anscheinend eine Art Brücke zwischen der Kieselsäure und dem Seifenanion. Die Komplexverbindung kann durch hohe Konzentration von OH- oder H-Ionen gesprengt werden, daher ist die Hydrophobierung nur in einem gewissen p_H-Bereich möglich, dessen Ausdehnung von der Natur des Metallions abhängt. Nach Siedler können Kalkspat und Bleiglanz in Seifenlösungen Randwinkel zwischen 102° und 121° erhalten. Besonders eingehend wurde die Tatsache, daß der Randwinkel ursprünglich hydrophiler Gesteinsoberflächen mit zunehmender Konzentration der Seife zuerst zu- und nach Erreichen eines Maximums (bereits in sehr verdünnter Lösung) wieder abnimmt, von Rehbinder und seinen Mitarbeitern untersucht. Held und Khansky haben kürzlich gezeigt, daß die Oberfläche von Zinnober und Kaolin bei der Behandlung mit Natriumoleatlösungen zunehmender Konzentration zuerst hydrophober und dann hydrophiler wird und erklärten diese Beobachtung durch die Annahme, daß sich zuerst eine Schicht von der Dicke eines Seifenmoleküls bildet, die dann von einer zweiten Schicht von umgekehrt gerichteten Seifenmolekülen bedeckt wird. (Eine zusammenfassende Darstellung des Schrifttums der wissenschaftlichen Grundlagen und der Technik der Schwimmaufbereitung der Erze gibt Petersen.)

Langmuir und Blodgett ist es gelungen an der Oberfläche alkalischer, calciumhaltiger Fettsäurelösungen Schichten zu erzeugen, die mehrere Seifenmoleküle dick sind. Die übereinander stehenden Seifenmoleküle sind zueinander umgekehrt gerichtet (ähnlich wie in den Seifenkrystallen), so daß bei dem stufenweisen Aufbau der Schichten die Oberfläche sich abwechselnd als hydrophil und hydrophob erweist.

In die gleiche Gruppe von Erscheinungen gehört auch die Beobachtung von Freundlich, Enslin und Lindau, daß die Benetzungsgeschwindigkeit von Quarzpulver durch die Bedeckung der Oberfläche mit Methylenblau und Krystallviolett infolge Sorption erheblich herabgesetzt wird. Anscheinend wird die Taucharbeit erniedrigt, indem sich die Farbstoffmoleküle in adsorbiertem Zustand mit ihren ionischen und daher hydratisierten Gruppen gegenüber den SiO_2-Molekülen der Quarzoberfläche orientieren.

Du Noüy hat bei der Bestimmung der Oberflächenspannung von Natriumoleatlösungen mit Hilfe der von ihm sehr verfeinerten Ringabreißmethode die Beobachtung gemacht, daß die Oberflächenspannung in Abhängigkeit von der Konzentration in sehr verdünnten Lösungen drei Maxima und ebensoviel Minima aufweist. Washburn und Berry maßen die Oberflächenspannung von Natriumpalmitat nach der Steighöhenmethode und konnten die Beobachtungen Du Noüys auch in diesem Fall bestätigen. Du Noüy führte die Erscheinung auf die Bildung einmolekularer Schichten zurück und betrachtete die Minima als Zeichen dafür, daß die Seifenmoleküle sich senkrecht bzw. jeweils mit einer anderen Seitenfläche parallel zur Grenzfläche lagern. Washburn und Berry schlossen sich dieser

Deutung an. CASSEL hat nun darauf hingewiesen, daß die Ursache der Erscheinung darin liegen kann, daß der bei der Messung benützte Platinring bzw. die Glaswand durch Anlagerung der Seifenschicht hydrophobiert wird, d. h. der Randwinkel der Seifenlösung an diesen Flächen einen endlichen Wert erhält. Die Voraussetzung für die Brauchbarkeit der Meßmethode zur Ermittlung der Oberflächenspannung liegt jedoch in der Ausbreitung der Flüssigkeit am Platinring bzw. an der Glaswand. Das Auftreten der Minima hängt mit der bei zunehmender Konzentration nacheinander erfolgenden Bedeckung der Zwischenfläche mit hydrophoben bzw. hydrophilen Adsorptionsschichten zusammen. Führt man die Messungen mit der Blasendruckmethode aus, so kann man kein Maximum feststellen.

Wie die Seifen auf die Benetzbarkeit der reinen, fettfreien Fasern wirken, scheint bisher, so sonderbar es klingen mag, nicht untersucht worden zu sein. Man kann die Möglichkeit nicht von der Hand weisen, daß in manchen Fällen gewaschene Waren infolge des Festhaltens von Seife schwerer benetzbar werden. Meistens sind zwar die Kalkseifen dafür verantwortlich gemacht worden, doch könnten die löslichen Seifen auch eine derartige Wirkung ausüben.

Tabelle 152. Saughöhe von gebleichtem Zellstoff. Nach A. NOLL und F. BOLZ. Temperatur 20°.

Nekal BX	0%	0,5%	2%	5%
Nach 10 Minuten ..	56	55	47	40
Nach 60 Minuten ..	122	119	83	81

Daß die Netzgeschwindigkeit von reinem Wasser an *reinem* Cellulosematerial durch Zusatz von Netzmitteln nicht erhöht, sondern eher erniedrigt wird, beweisen z. B. die Versuche von NOLL und BOLZ über die Saughöhe von Zellstoff. Die obige Tabelle zeigt einige ihrer Zahlen.

NOLL und BOLZ führen allerdings die Abnahme der Saughöhe auf den Anstieg der Viscosität der Lösungen mit wachsender Konzentration zurück.

An Acetylcellulosefilmen konnte W. HALLER die Wirkung von Seifenlösungen auf die Benetzungsarbeiten beobachten. Die folgende Tabelle zeigt seine Ergebnisse.

Tabelle 153. Beeinflussung der Benetzungsarbeiten von Wasser gegenüber Acetylcellulosefilm durch Netzmittel. Nach W. HALLER.

Lösung	Oberflächenarbeit γ_s in erg/cm²	Taucharbeit $\gamma_1 - \gamma_{1,2}$ in erg/cm²	Spreitungsarbeit $\gamma_1 - \gamma_{1,2} - \gamma_2$ in erg/cm²	Randwinkel Θ
Reines Wasser ..	72,8	42	−30,8	55°
0,5% Nekal ...	38,1	31	−7,1	35°
0,5% Na-Oleat .	26,1	28	+1,9	0°

Die Taucharbeit wird hier durch Zusatz des Netzmittels erniedrigt, d. h. die Tauchbenetzung erschwert. (Noch stärker wird die Adhäsionsarbeit erniedrigt.) Da jedoch die Erniedrigung der Oberflächenspannung erheblicher ist als die Erhöhung der Zwischenflächenspannung, wird die Spreitungsarbeit erhöht und der Randwinkel erniedrigt. Wir haben es also hier mit einer gegensinnigen Beeinflussung der Benetzbarkeit in bezug auf Tauchen und Ausbreitung zu tun. (Dies gilt zunächst nur für die Grenzfläche des Films gegenüber der Netzmittellösung. Wenn die Adsorption des Netzmittels irreversibel ist, könnte die Ausbreitungsarbeit gegenüber reinem Wasser gleichfalls eine Abnahme erlitten haben.)

Die Aufnahme der Seifen durch die Fasern und die Egalisierwirkung.
Über die Aufnahme der Seifen durch die Fasern stehen nur wenige zuverlässige Angaben zur Verfügung. Man muß hier zwischen den in elektrochemischer Hinsicht verhältnismäßig indifferenten Cellulosestoffen und den salzartig aufgebauten Eiweißfasern unterscheiden. *Aus denselben Gründen wie bei den Farbstoffen neigen die tierischen Fasern auch im Falle der Seifen zur Aufnahme*

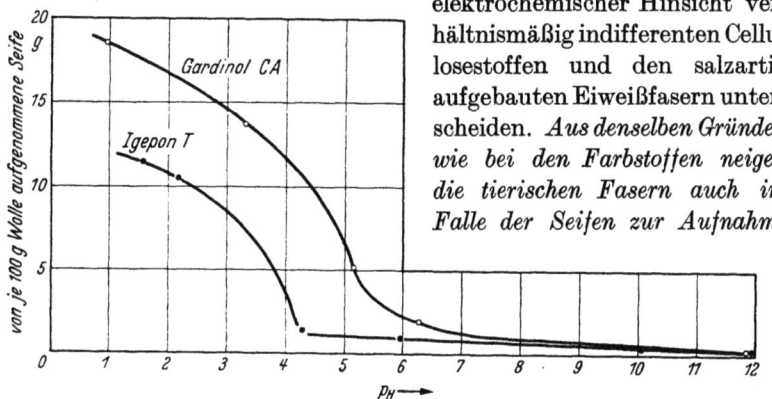

Abb. 288. Aufnahme von Gardinol *CA* und Igepon *T* aus 0,5%igen Lösungen durch Wolle in Abhängigkeit vom pH. Flottenverhältnis 100:1, Behandlungsdauer 1 Std. bei 50°. Nach NEVILLE und JEANSON.

der großen Ionen, wenn diese unter den Reaktionsbedingungen den der Faser entgegengesetzten Ladungssinn haben. Da die isoelektrische Zone von Wolle und Seide sich in der Umgebung des Neutralpunktes befindet, werden diese Fasern in saurer Lösung hauptsächlich die Seifenanionen, in alkalischer Lösung die Seifenkationen aufnehmen. Die Umsetzung wird daher in stärkerem Maße dann zu beobachten sein, wenn es sich bei den Seifen um starke Säuren bzw. um starke Basen handelt. NEVILLE und JEANSON haben die Anlagerung einer höhermolekularen Sulfosäure (Igepon T) und eines höher molekularen Schwefelsäureesters (Gardinol A) in Abhängigkeit von der Wasserstoffionenkonzentration untersucht. Abb. 288 zeigt die Ergebnisse.

Sie entsprechen durchaus den Beobachtungen hinsichtlich der Aufnahme saurer Farbstoffe. Da die theoretische Grundlage der Erscheinungen ebenfalls die gleiche ist, können wir uns damit begnügen, auf die Ausführungen des betreffenden Abschnittes hinzuweisen. Es sei nur hinzugefügt, daß K. H. MEYER und FIKENTSCHER in Verbindung mit ihrer Untersuchung über den Färbevorgang an Wolle auch die Höchstaufnahme einer Seife, nämlich der Nekalsäure (Alkylnaphthalinsulfosäure, Molekulargewicht 270), bestimmt haben. Sie betrug aus n/10

Lösung 25,9 g oder 0,096 Mol je 100 g Wolle, entsprach also annähernd dem Äquivalentgewicht der Wolle gegenüber gewöhnlichen Säuren.

Aus den Ergebnissen von NEVILLE und JEANSON ersehen wir, daß die Aufnahme des Seifenanions auch bei der isoelektrischen Reaktion und selbst in alkalischer Lösung nicht vollständig verschwindet. Auch ohne Mitwirkung der (und auch gegen die) elektrischen Kräfte findet die Anlagerung des negativen Seifenanions, wenngleich in geringerem Maße, an die ungeladene oder negative Faseroberfläche statt. Wie bei der analogen Erscheinung im Falle der Farbstoffe, können wir den molekularen Mechanismus auch hier in der Wechselwirkung der erst in stark

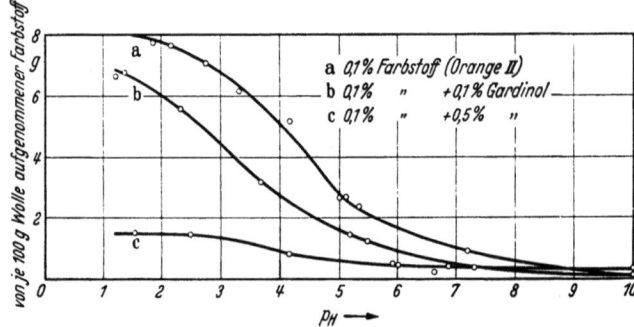

Abb. 289. Wirkung des Zusatzes von Gardinol auf die Aufnahme eines sauren Farbstoffes durch Wolle in Abhängigkeit vom p_H. Flottenverhältnis 100:1, Behandlungsdauer 2 Min. bei Siedetemperatur. Nach NEVILLE und JEANSON.

alkalischen Lösungen in undissoziierte Form übergehenden, also unter den betrachteten Bedingungen ionisierten Aminogruppen des Eiweißmoleküls mit den schweren Anionen erblicken.

Die außerordentlich hohe Aufnahmefähigkeit der Eiweißfasern gegenüber säurebeständigen Anionseifen führt einerseits unter den entsprechenden Bedingungen zu einer höchst unerwünschten Verarmung der Netz- oder Waschflotten an Seife, andererseits bedingt sie jedoch das Egalisier- oder Reservierungsvermögen dieser Verbindungen. *Durch Belegen der für die Farbionen an dem Eiweißmolekül zur Verfügung stehenden ionischen Plätze können die Seifen die Farbstoffe von der Faser verdrängen bzw. ihr Aufziehen verhindern oder wenigstens verlangsamen.* Die Affinität eines höhermolekularen Seifenanions zur Wolle ist viel größer als etwa die des Sulfations, so daß jenes schon in einer weit geringeren Konzentration dieselbe Wirksamkeit ausüben kann wie dieses. Da jedoch Glaubersalz in hoher Konzentration viele Farbstoffe aussalzt, ist die Anwendungsmöglichkeit der säurebeständigen Anionseifen in der sauren Wollfärberei noch bedeutend größer als die des Glaubersalzes. Die Netzwirkung dieser Seifen trägt außerdem, wie bereits erwähnt, von der mechanischen Seite her zur Herbeiführung der gleichmäßigen Anfärbung bei.

Die Aufnahme der Seifen durch die Fasern und die Egalisierwirkung. 597

Die Abb. 289 zeigt die Herabsetzung der Aufnahme eines sauren Farbstoffes durch Wolle beim Zusatz höhermolekularer Schwefelsäureabkömmlinge.

Die Wirkung der höhermolekularen Ammoniumverbindungen bei der Färbung der Wolle mit basischen Farbstoffen ist der eben besprochenen Erscheinung vollständig analog. Etwas verwickelter ist der Mechanismus beim Zusatz einer Anionseife zur Farbstoffflotte mit Farbkation. Die Beobachtungen von NEVILLE und JEANSON (Abb. 290) zeigen, daß im sauren Gebiet die Aufnahme von Methylenblau durch Zusatz von Gardinol

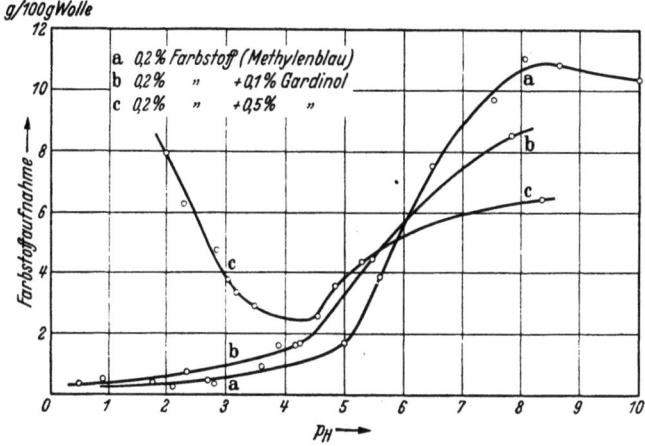

Abb. 290. Wirkung des Zusatzes von Gardinol auf die Aufnahme eines basischen Farbstoffes durch Wolle in Abhängigkeit vom p_H. Flottenverhältnis 100:1, Behandlungsdauer 2 Min. bei Siedetemperatur. Nach NEVILLE und JEANSON.

gesteigert wird. Die Erklärung dafür ist die, daß infolge der Aufnahme der Seifenanionen die positive Ladung der Fasern und damit ihre elektrische Abstoßungskraft gegenüber den Farbkationen sinkt. Im alkalischen Gebiet kommt es zu einer Herabsetzung der Farbstoffaufnahme infolge der Anwesenheit der Seifen. Wahrscheinlich vereinigen sich hier die Farbkationen mit den Seifenanionen zu unlöslichen Salzen, die im Überschuß der Seife mit negativer Ladung zu Kolloidteilchen verteilt werden. Eine derartige Erscheinung würde allerdings auch im sauren Gebiet zu erwarten sein, dort hat aber die Faser eine den Kolloidteilchen entgegengesetzte Ladung, so daß die Anlagerung der Teilchen durch elektrische Kräfte nicht gehemmt, sondern, im Gegenteil, gefördert wird.

BERTSCH hat darüber berichtet, daß die kationischen Seifen eine sehr starke Affinität zu den Cellulosefasern aufweisen. Quantitative Angaben hierzu fehlen noch. In Analogie zu dem Verhalten der Cellulosefasern gegenüber den basischen Farbstoffen könnte man nur eine Affinität entsprechend dem Gehalt an Oxycellulose, d. h. in dem Maße erwarten, als die Cellulose infolge oxydativer Behandlung saure Gruppen enthält.

Eine Untersuchung der British Research Association for the Woollen and Worsted Industries befaßt sich mit der Aufnahme der Ionen aus reiner Natriumoleatlösung durch Wolle. Es zeigte sich dabei, daß die Wolle mehr Natriumion als Seifenion sorbiert. Die Aufnahme der Natriumionen ist auf eine Salzbildung der Wolle mit der hydrolytisch abgespaltenen Natronlauge zurückzuführen. Die Aufnahme des Seifenions beruht vermutlich auf einer Niederschlagung der unlöslichen Fettsäure bzw. sauren Seife auf der Faser. Während die Natriumaufnahme mit zunehmender Konzentration der Seife zunimmt, erfährt die Aufnahme der Seifenionen gleichzeitig eine Verminderung. Dies wird auf die zunehmende Schutzwirkung der Seife gegenüber der Fettsäure bzw. sauren Seife (zunehmende Emulgierung) zurückgeführt.

Nach Angaben von LINDNER neigt diejenige Seife, die unter den Anwendungsbedingungen nicht vollständig löslich ist, stärker dazu, den Griff der Ware zu beeinflussen als die leichtlösliche. Vermutlich handelt es sich darum, daß die in kolloider oder in emulgierter Form zerteilte Seife an der Faser leicht niedergeschlagen wird, während die gelöste Seife nur in geringem Maße an die Faser geht.

Tabelle 154.
Selektive Adsorption an der Grenzfläche verschiedener Substanzen aus 0,25%iger Seifenlösung. Nach NEVILLE und HARRIS.

Substanz in Berührung mit der Seifenlösung	Die Seifenlösung wird	Adsorbiert an der Grenzfläche
Luft (Schaum) .	mehr alkalisch	saure Seife
Lampenruß . . .	,, ,,	,, ,,
Fullererde . . .	,, sauer	Seife und OH⁻
Paraffinöl . . .	,, alkalisch	saure Seife
Olivenöl[1] . . .	,, ,,	,, ,,
Olivenöl[2] . . .	,, sauer	Seife und OH⁻
Wolle	,, ,,	,, ,, ,,
Seide	,, ,,	,, ,, ,,
Baumwolle . . .	nicht verändert	Seife

NEVILLE und HARRIS bestimmten die Menge von Natronlauge und Ölsäure, die aus einer 0,25%igen Olivenseifenlösung durch verschiedene Adsorbentien genommen wurde. Das p_H der Ausgangslösung betrug 10,0. Wurde der Lösung mehr Seifenanion als Natriumion entzogen, d. h. wurde neben dem Seifenmolekül auch freie Fettsäure bzw. saure Seife aufgenommen, so stieg das p_H. War hingegen die Aufnahme von Natriumhydroxyd stärker, dann beobachtete man ein Sinken des p_H-Wertes. Auf diese Weise erhielt man die qualitativen Ergebnisse (Tabelle 154).

Die Befunde bezüglich der Adsorption an Schaum und an Öl bestätigen die früheren Beobachtungen über die bevorzugte Aufnahme der freien Fettsäure aus den Seifenlösungen (S. 560, 572). Bemerkenswert sind die Ergebnisse an den Fasern. Wolle und Seide nehmen, entsprechend ihrer amphoteren Natur, bevorzugt Hydroxylionen auf. Daneben wird jedoch auch eine nicht unbeträchtliche Menge von Seife adsorbiert, obwohl in der alkalischen Lösung die Fasern den gleichen Ladungssinn haben wie

---
[1] Enthielt 0,33% freie Fettsäure. — [2] Enthielt 7,9% freie Fettsäure.

die Fettsäureionen. Die zahlenmäßigen Angaben befinden sich in der folgenden Tabelle. Sie bringt die analytisch, aus der Verarmung der Lösung ermittelte Menge der je g Faser aufgenommenen Lauge und Säure in Abhängigkeit von der Behandlungsdauer.

Tabelle 155. Adsorption von Alkali und Fettsäure durch Wolle, Seide und Baumwolle aus 0,25%iger Seifenlösung bei 20°. (In Millimolen je g Faser.) Nach NEVILLE und HARRIS.

Zeit	Wolle		Seide		Baumwolle	
	NaOH	Ölsäure	NaOH	Ölsäure	NaOH	Ölsäure
5 Minuten . . .	0,035	0,009	0,072	0,066	0,010	0,013
10 Minuten . . .	0,058	0,014	0,159	0,079	0,012	0,014
30 Minuten . . .	0,063	0,018	0,161	0,084	0,013	0,011
1 Stunde . . .	0,073	0,028	0,165	0,098	0,012	0,013
2 Stunden . . .	0,085	0,032	0,168	0,103	0,012	0,012
24 Stunden . . .	0,107	0,040	0,178	0,114	0,015	0,011

Das p_H sank nach 17stündiger Behandlung (jeweils 2 g Faser in 200 cm³ Lösung) von dem ursprünglichen Wert von etwa 10 im Falle der Wolle und Seide auf etwa 8, im Falle der Baumwolle auf etwa 9,9.

Wir erkennen aus den Ergebnissen die stärkere Sorptionsfähigkeit der tierischen Fasern im Vergleich zu der der Baumwolle. Die Höchstaufnahme der letzteren an Seife beträgt nur etwa 3°/₀₀ (auf das Gewicht der Faser berechnet).

Übersicht über die Wirkungsweise der Seifen in der Färberei. Von der Wirkungsweise der Seifen im engeren Gebiet der Färberei wurden bisher die folgenden Haupttypen erwähnt:

1. Belegung der Fasern mit Seifenionen, deren Ladung mit der der Farbionen gleichsinnig ist. Sie führt zur Herabsetzung der Affinität der Farbstoffe zur Faser. In diesem Fall können daher die Seifen als Reservierungs-, Egalisier- und Abziehmittel verwendet werden.

2. Belegung der Fasern mit Seifenionen, deren Ladungssinn dem der Farbionen entgegengesetzt ist. Sie führt zur Erhöhung der Affinität der Farbstoffe zur Faser. In diesem Fall können die Seifen als Vorbeize und als Nachbehandlungsmittel gebraucht werden. So werden die kationischen Seifen (höhermolekulare Ammoniumsalze und Analoga) als Mittel zur Erhöhung der Wasserechtheit substantiver Färbungen benützt.

3. Wechselwirkung nichtionischer Seifen mit den Farbionen. Sie führt zur Herabsetzung der Affinität der Farbstoffe zur Faser (Egalisier-, und Abziehmittel).

Mit diesen Haupttypen können jedoch die Wirkungsmöglichkeiten der Seifen nicht erschöpft werden. Die Verhältnisse sind schon durch den Umstand verwickelter, daß mehrere Wirkungsarten gleichzeitig auftreten können. Namentlich die an zweiter Stelle erwähnte Wirkung dürfte in vielen Fällen mit einer unmittelbaren Umsetzung des Seifenions mit dem entgegengesetzt geladenen Farbion verknüpft sein. CHWALA [2] hat gezeigt, daß die höhermolekularen Ammoniumionen mit den substantiven Farbanionen unlösliche Salze bilden. Die Erhöhung der *Wasserechtheit* beruht hauptsächlich auf der Entstehung dieser Verbindungen auf der Faser. Da die Verbindungen jedoch in Säuren, Laugen, Seifenlösungen u. dgl. in kolloider Form löslich sind, kommt eine *Waschechtheit* hierbei nicht zustande.

Die Wechselwirkung der Seifen mit den Farbstoffen drückt sich in der außerordentlich starken Verschiebung aus, die der Umschlagspunkt zahlreicher Indikatoren durch die Anwesenheit von Seife erleidet (HARTLEY 2, JONES und SMITH). Die Ursache der Erscheinung ist das Eintreten der Farbionen in die Ionenaggregate, in die ionischen Micellen der Seifenionen. Zwar werden die den Seifenionen entgegengesetzt geladenen Farbionen durch die Seifenteilchen bevorzugt aufgenommen, doch erfolgt eine Beeinflussung auch in den Fällen, in denen es sich um zwitterionische oder sogar um solche Farbionen handelt, die den gleichen Ladungssinn haben wie die Seifen. Die Veränderung der Indikatorfarbe kann z. B. bereits bei einer Seifenkonzentration von 0,001 n einer Verschiebung um mehr als eine p_H-Einheit entsprechen.

Für die Wirksamkeit der Seifen in der Färberei kann sowohl ihre Fähigkeit, unlösliche Stoffe zu zerteilen, als auch die Fähigkeit, die Löslichkeit von Stoffen, die in Wasser nur wenig löslich sind, in erheblichem Maße zu steigern (E. L. SMITH, HARTLEY 1) von Bedeutung sein. Die peptisierende Wirkung spielt die Hauptrolle bei dem Abseifen der Entwicklungs- und Küpenfärbungen. Hierbei werden die nicht sorbierten, an der Faser nur lose haftenden, gröberen Farbstoffteilchen entfernt.

Noch nicht völlig aufgeklärt ist die Wirkungsweise der kationischen Seifen als Abziehmittel für Küpen- und Naphtholfärbungen. Obwohl diese Seifen die Farbstoffe bis zu einem gewissen Grade zerteilen können, entfalten sie ihre Wirksamkeit als Abziehmittel nur in Gegenwart von Reduktionsmitteln (vgl. ROWE). Vielleicht spielt eine gewisse lösende Wirkung der Seifen auf den Farbstoff oder ihre Salzbildung mit den bei der Reduktion entstehenden anionischen Produkten die bestimmende Rolle.

Das Wasserdichtmachen von Geweben. Um die Wasserdurchlässigkeit von Geweben herabzusetzen, werden zwei verschiedene Verfahren angewandt. Bei dem ersteren wird die eine Fläche des Gewebes vollständig mit einer zusammenhängenden und an dem Gewebe festhaftenden wasser- und luftundurchlässigen Schicht aus Kautschuk oder Öl bedeckt. Das zweite Verfahren, die sog. porös-wasserdichte Imprägnierung, besteht darin, daß man die Fäden des fertigen Gewebes mit einer Schicht einer hydrophoben Masse überzieht, ohne die Zwischenräume im Gewebe zu schließen. Als hydrophobe Substanz wird unter anderem essigsaure Tonerde, Aluminiumseife, Paraffin oder ein Gemisch von diesen verwendet. Die Erzeugung der hydrophoben Schicht geschah früher meistens im Mehrbadverfahren, indem die Substanzen teilweise auf der Faser niedergeschlagen wurden. Das Gewebe wurde z. B. zuerst mit der Lösung eines Aluminiumsalzes getränkt und das Aluminium nachher durch Behandlung des Gewebes mit der Lösung einer Seife in Form einer unlöslichen Aluminiumseife niedergeschlagen. Im anderen Fall wurde die Ware zuerst mit Hilfe einer Paraffinemulsion, die als Emulgiermittel Seife enthielt, behandelt; die Paraffinteilchen wurden dann auf der Faser durch Ausflockung mit Aluminiumsalzlösung fixiert. Heute wird das Einbadverfahren stark bevorzugt, bei dem die Ware nur mit *einer* Lösung getränkt wird, in der sich sämtliche Bestandteile der Imprägniersubstanz teils in echter, teils in kolloider Lösung, teils in Emulsion befinden. Diese Imprägnierflüssigkeit enthält neben den zur Herbeiführung der Wasserdichtigkeit dienenden Stoffen auch Substanzen, deren Aufgabe nur die Stabilisierung der Emulsion vor der Verwendung ist (Eiweißstoffe, Seifen). So paradox es klingen mag, ist die Anwesenheit eines Netzmittels in der Behandlungsflotte für die Erzielung der Wasserdichtigkeit, d. h. der Erschwerung der Benetzbarkeit der Ware, von großem Vorteil, da erst hierdurch die vollständige Durchtränkung des Gewebes mit der Flotte und infolgedessen seine gleichmäßige Bedeckung mit der Imprägniersubstanz erzielt werden kann. Nach der Behandlung mit der Imprägnierflotte im nassen Zustande ist gewöhnlich noch keine Wasserdichtigkeit vorhanden, da die einzelnen Teilchen des Imprägnierstoffes mit einer hydrophilen Hülle (Eiweiß, Seife) umgeben sind, bzw. sich zum Teil noch im hydratisierten Zustande befinden (essigsaure Tonerde). Erst beim Trocknen und noch mehr beim Bügeln tritt eine Art *Phasenumkehr* ein: Die Fettkügelchen fließen zusammen und die hydrophile Substanz, z. B. die Seife, wird in dem Fett gelöst oder von ihm umhüllt oder sie wird infolge Zersetzung und Wasserentziehung dehydratisiert (wie z. B. essigsaure Tonerde, die nach Verflüchtigung der Essigsäure zuerst in das wasserreiche und dann in das wasserarme Aluminiumoxyd übergeht). Diese Vorgänge sind in Ermangelung einer näheren experimentellen Erforschung in allen ihren Einzelheiten noch nicht vollständig geklärt (vgl. hierzu die mikroskopischen Studien der Phasenumkehr von WAGNER und FISCHER an Filmen, die aus Emulsionen gewonnen wurden).

Den eigentlichen Wirkungsmechanismus der porös-wasserdichten Imprägnierung erkennt man auf Grund der bei der Darstellung der Benetzungsvorgänge mitgeteilten Zusammenhänge zwischen den Grenzflächenenergien. Der Zweck des Verfahrens besteht demnach darin, die Benetzungsarbeiten der Fasern, also die Taucharbeit (und die Spreitungsarbeit) gegenüber Wasser herabzusetzen. Es kommt demnach darauf an, daß der Wert von $\gamma_1 - \gamma_{1,2}$, d. h. die Differenz zwischen der Oberflächenarbeit der Faser und ihrer Zwischenflächenarbeit gegenüber Wasser, verkleinert wird. Wahrscheinlich bedeutet der Ersatz der ursprünglichen Cellulose- bzw. Eiweißoberfläche der Fasern durch die

Paraffinoberfläche eine Erniedrigung der Oberflächenarbeit (γ_1). Wichtiger ist jedoch der Ersatz der Faser-Wasser-Zwischenflächenenergie durch die höhere Zwischenflächenenergie Paraffin-Wasser. Fällt der Wert von $\gamma_1 - \gamma_{1,2}$ auf weniger als 0, d. h. steigt der Randwinkel auf einen höheren Wert als 90°, dann ist eine „wasserabstoßende Wirkung" des Gewebes erreicht: das Wasser dringt nicht freiwillig in die zwischen den Fäden und Fasern gebildeten Hohlräume. Da Paraffin den Randwinkel von 110° zeigt, würde eine vollständige Paraffinierung der Faser die Hydrophobie des Gewebes gewährleisten. Ein vollständiger Überzug der Fäden ist jedoch praktisch nicht erreichbar, so daß im Falle einer guten Imprägnierung der Randwinkel zwischen 110° und 90° liegen dürfte. Diesen Randwinkel würde, wie WENZEL ausgeführt hat (vgl. S. 586), der imprägnierte Faserstoff nur dann aufweisen, wenn seine Oberfläche ideal glatt wäre. Die in Wirklichkeit vorhandene Struktur des Gewebes wirkt wie eine „Rauheit" der Oberfläche und erhöht den Wert der Taucharbeit um den Rauheitsfaktor. Es genügt daher, den Wert für den Randwinkel des ideal glatten Faserstoffes nur wenig über 90° zu erhöhen, um den effektiven Randwinkel des Gewebes auf einen bedeutend höheren Wert zu bringen. Andererseits genügt es jedoch, wenn der Randwinkel für den ideal glatten Faserstoff unter 90° sinkt, um das Gewebe stark wasseranziehend zu machen.

WENZEL untersuchte die Benetzbarkeit von Papierstreifen, die mit den Lösungen von wasserunlöslichen Metallseifen (Al-, Mg-, Ca-, usw. -stearaten und -palmitaten) in organischen Lösungsmitteln getränkt und dann getrocknet wurden. Die Gleichmäßigkeit der erhaltenen Ergebnisse zeigte, daß die Papierstreifen vollständig mit der Metallseife überzogen waren. Die beobachteten Werte für den Randwinkel lagen zwischen 108° und 170°.

Der Überzug aus Imprägniermaterial muß an der Faser gut haften, insbesondere darf er sich nicht bei mechanischer Beanspruchung (Biegen) von ihr lösen. Er muß daher bis zu einem gewissen Grad elastisch sein.

Während diese Forderungen bei dem heutigen Stand der Technik erfüllt werden können, ergibt sich als empfindlicher Mangel der poröswasserdichten Imprägnierung ihre verhältnismäßig schwache Widerstandsfähigkeit gegenüber dem Waschen. Bei Behandlung mit heißen Seifenlösungen werden auch die imprägnierten Gewebe benetzt und die Imprägniermasse wird genau so, wie sonstige fettige Verunreinigungen, von der Faser abgelöst.

In seinem Wesen nicht ganz aufgeklärt ist der Mechanismus der Imprägnierung von Baumwollgeweben durch Behandlung mit Kupferamminlösung. Hierbei erfolgt eine oberflächliche Auflösung des Materials. Bei der Nachbehandlung schlägt sich die gelöste Cellulose in Form einer zusammenhängenden Schicht an dem Gewebe nieder. Der auf diese Weise erzeugte Film von regenerierter Cellulose müßte eigentlich die hydrophilen Eigenschaften etwa der Kupferseide aufweisen. Vielleicht ist die Verminderung der Oberfläche, entlang deren die Quellung beim Naßwerden erfolgt, ausschlaggebend für den in Wirklichkeit auftretenden „wasserabstoßenden" Effekt.

Ein weiteres Verfahren zum Wasserdichtmachen der Textilstoffe besteht in der chemischen Veränderung der Faserstoffmoleküle an der Oberfläche der Fasern bzw. der Faserkrystallite, insbesondere der Einführung höhermolekularer Fettsäurereste. Dazu dient z. B. die Umsetzung der Fasern mit Fettsäureanhydriden oder Fettsäurechloriden (NATHANSOHN) oder mit Chlorkohlensäureestern (I. G. Farbenindustrie A.G.). Wie schon auf S. 588 erwähnt war, nimmt die Benetzungsarbeit der Celluloseester gegenüber Wasser mit zunehmender Kettenlänge des Fettrestes ab. Eine gewisse Herabsetzung der Hydrophilie der Fasern bewirkt auch die Kondensation der Cellulosemoleküle mit Formaldehyd (Bildung von Cellulosemethylenäthern). Es wird gleichzeitig eine Immunisierung der Faser gegenüber substantiven Farbstoffen erzeugt. Über den chemischen Mechanismus dieses Verfahrens, das als Sthenosieren bezeichnet wird, vgl. SCHENCK, WOOD, Patentschrifttum bei FAUST.

Bei der Gebrauchswertbestimmung der Imprägnierverfahren wird entweder die Durchlässigkeit des Gewebes gegenüber Wasser oder dessen Wasseraufnahme bei Beanspruchungen, die möglichst den praktischen Bedingungen angenähert werden, ermittelt. (Vgl. die Übersicht der Prüfmethoden durch STENZINGER.)

Emulgieren und Suspendieren. Die Zerteilung einer Flüssigkeit in einer anderen nennt man Emulsion, die Zerteilung eines festen Körpers in einer Flüssigkeit Suspension, vorausgesetzt, daß der Durchmesser der Teilchen über etwa 20 mμ liegt. Sinkt der Durchmesser unter diese Größe, dann hat man es mit einer kolloiden Lösung bzw. einer echten Lösung zu tun. Eine selbstverständliche Voraussetzung für die Herstellbarkeit einer Emulsion oder Suspension ist, daß die zerteilte Substanz in dem Medium unlöslich oder wenigstens nur begrenzt löslich ist.

Eine zusammenfassende Darstellung der Theorie und Technik der Emulsionen gibt W. CLAYTON.

Die Herstellung einer *Emulsion* besteht darin, daß die zu emulgierende Flüssigkeit durch mechanische Behandlung also durch heftiges Schütteln oder Rühren oder bei der Anwendung von Emulgier- und Homogenisiermaschinen mittels Durchpressen durch enge Düsen innerhalb der Emulgierflüssigkeit zerteilt wird. Die Hauptaufgabe bei der Herstellung einer technischen Emulsion ist jedoch die, die Emulsion haltbar zu machen. In einer Emulsion befinden sich die Teilchen infolge der Wärmeenergie in ständiger Bewegung. Hierbei stoßen sie zusammen und können sich dann zu größeren Tropfen vereinigen. Unter dem Einfluß der Schwerkraft bewegen sich die Tröpfchen, je nachdem, ob sie schwerer oder leichter sind als die sie umgebende Flüssigkeit, zur Oberfläche oder zum Boden: die Emulsion rahmt auf oder setzt ab. Je kleiner die Teilchen sind, um so geringer ist ihre Aufstieg- oder ihre Absetzgeschwindigkeit. Haltbar ist nur diejenige Emulsion, deren Teilchen genügend klein sind und deren Teilchen sich nicht vereinigen. Bei der

Herstellung einer technischen Emulsion muß man daher dafür sorgen, daß die Teilchen möglichst geringe wechselseitige Anziehungskräfte betätigen.

Vereinigen sich zwei Teilchen in einer Emulsion zu einem größeren, so nimmt ihre Zwischenfläche gegenüber der Lösung ab, es wird Zwischenflächenenergie frei. Vom Standpunkt der Thermodynamik gilt daher der Satz: je niedriger die Zwischenflächenspannung, um so beständiger die Emulsion. Vollständig verschwindet die Zwischenflächenspannung nur dann, wenn die beiden Flüssigkeiten ineinander mischbar sind. Bleibt aber die Zwischenflächenspannung positiv, so bedeutet dies, daß bei der Vereinigung der Teilchen Energie gewonnen wird. *Vom thermodynamischen Standpunkt ist danach jede Emulsion ein instabiles System, und bei der Haltbarmachung handelt es sich darum, die Geschwindigkeit, mit der das System dem Gleichgewichtszustand, der Ausscheidung der emulgierten Phase, zustrebt, herabzusetzen.* Das Stabilisieren der Emulsion ist infolgedessen ein kinetisches Problem und der Satz von der Gleichsinnigkeit von Zwischenflächenspannungserniedrigung und Stabilität kann nicht von vornherein Anspruch auf unbedingte Gültigkeit haben. Gewiß wird unter sonst gleichen Bedingungen der Ablauf eines Vorganges um so mehr verlangsamt, je mehr die dabei freiwerdende Energie verringert wird, die Geschwindigkeit des Vorganges kann jedoch auch noch auf andere Weise vermindert werden. So kann die elektrische Aufladung der Teilchen die Stabilität der Emulsion auch dadurch erhöhen, daß die Anzahl der Zusammenstöße zwischen den Teilchen je Zeiteinheit verringert wird, und nicht nur dadurch, daß bei der Vereinigung der Teilchen die elektrische Arbeit als ein Summand in der Zwischenflächenenergie auftritt.

Im allgemeinen wird eine haltbare Emulsion nur dadurch erzielt, daß eine zwischenflächenaktive Substanz, ein *Emulgator*, der wässerigen Phase zugeführt wird. Bei der Entstehung der Tröpfchen wird die zwischenflächenaktive Substanz an deren Grenzfläche adsorbiert und bildet bei genügender Konzentration eine zusammenhängende Hülle. Es ist daher verständlich, daß die am häufigsten verwendeten Emulgatoren, zumal für die Herstellung der Emulsion einer fettartigen Flüssigkeit in Wasser, die Seifen sind. Eine weitere wichtige Gruppe der Emulgatoren wird von den Eiweißstoffen und anderen Hochmolekularen gebildet. Bis zu einem gewissen Grade sind auch diese Stoffe zwischenflächenaktiv. Ihre Wirkungsweise wird weiter unten besprochen.

LOTTERMOSER und WINTER haben die Zwischenflächenspannung von Gelatine, Saponin, Tragant, Gummiarabikum und Carraghen gegenüber Paraffinöl mit Hilfe der Ringabreißmethode ermittelt. Ihre Ergebnisse bei 20° und bei 80° bringen die Abb. 291 und 292.

Es wurde dasselbe Paraffinöl verwendet wie bei der Bestimmung der Zwischenflächenaktivität der Seifen (Abb. 283 und 284, S. 571). Mit reinem Wasser ergab sich bei 20° die Zwischenflächenspannung zu 43,8, bei 80° zu 38,8 dyn/cm. Die 1%igen Lösungen vermögen demnach die Zwischenflächenarbeit im günstigsten

Emulgieren und Suspendieren. 605

Fall auf etwa die Hälfte des ursprünglichen Wertes herabzusetzen. Der Abfall der Zwischenflächenspannung ist jedoch in einem gewissen Konzentrationsbereich verhältnismäßig steil, so daß die Anwendung des GIBBSschen Gesetzes die je Molekül an der Zwischenfläche beanspruchte Fläche auf weniger als 100 Å^2 berechnen läßt. Man kann daher für diese Substanzen schon in verhältnismäßig geringer Konzentration z. B. für 0,05%ige Lösung eine praktisch monomolekulare Oberflächenbedeckung annehmen. Der Unterschied gegenüber der Wirkung der Seifen beschränkt sich in der Hauptsache darauf, daß die überhaupt erzielbare Zwischenflächenspannungserniedrigung in den Gelatine- und Pflanzenschleimlösungen geringer ist. (Schrifttum über die Oberflächenaktivität der Eiweißstoffe bei PAULI und VALKÓ.)

Bei der Herstellung der *Suspensionen* muß man zwei Fälle unterscheiden, je nachdem der feste Stoff,

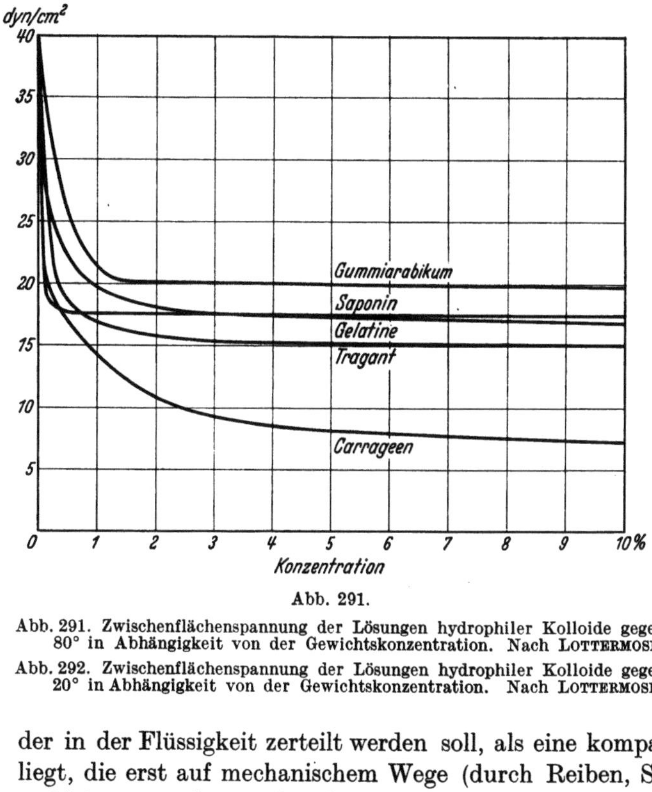

Abb. 291. Zwischenflächenspannung der Lösungen hydrophiler Kolloide gegenüber Paraffinöl bei 80° in Abhängigkeit von der Gewichtskonzentration. Nach LOTTERMOSER und WINTER.

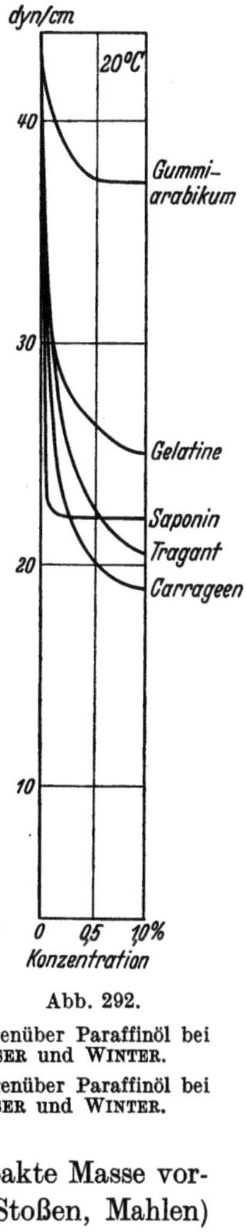

Abb. 292. Zwischenflächenspannung der Lösungen hydrophiler Kolloide gegenüber Paraffinöl bei 20° in Abhängigkeit von der Gewichtskonzentration. Nach LOTTERMOSER und WINTER.

der in der Flüssigkeit zerteilt werden soll, als eine kompakte Masse vorliegt, die erst auf mechanischem Wege (durch Reiben, Stoßen, Mahlen) zerkleinert werden muß, oder aber in Form eines feinen Pulvers, das sich in der Flüssigkeit bereits beim einfachen Schütteln verteilt. Zwischen den beiden Extremfällen gibt es alle Übergänge. Die Krystalle und sogar auch die Einkrystalle enthalten zahlreiche Gitterstörungen, Lockerstellen, an denen der Zusammenhalt gering ist. Andererseits haften die einzelnen Körner eines Pulvers aneinander, sie können auch mehr oder weniger miteinander verklebt sein. Nach diesen Umständen muß sich jeweils die zur Zerteilung erforderliche mechanische Behandlung richten.

Die feinen Pulver entstehen entweder durch einen Zerkleinerungsvorgang aus gröberen Stücken oder durch einen Kondensationsvorgang aus Lösungen oder Dämpfen. Die Natur liefert in besonders feiner Form als Produkt einer viele Jahrtausende dauernden Verwitterung von Gesteinen den Ton. Sehr feine Bodenbestandteile bilden sich ferner durch die Schleifarbeit der Gewässer. Als feine oder infolge ihrer Gelstruktur leicht zerteilbare Ausscheidungen aus Lösungen stellt man technisch zahlreiche Pigmente (Zinkoxyd, Titanweiß, Eisenoxyd) dar. Als Verbrennungsprodukt organischer Körper entsteht in mehr oder minder feiner Form Ruß.

Bei der mechanischen Zerkleinerung kompakter Stoffe kann eine gewisse mittlere Teilchengröße mit den bisher bekannten Mahlvorrichtungen, auch mit den sog. Kolloidmühlen, nicht unterschritten werden. Der Anteil der Teilchen etwa unter $0{,}3\,\mu$ Durchmesser bleibt auch bei längerer Mahldauer geringfügig. Der Arbeitsaufwand, der zur Zersplitterung der Teilchen erforderlich ist, nimmt nämlich mit abnehmender Teilchengröße in diesem Bereich außerordentlich schnell zu (vgl. CHWALA 1).

Zur Herstellung haltbarer Suspensionen, sowohl durch die Vermahlung ursprünglich massiver Stoffe als auch durch Zerteilung von Pulvern in Flüssigkeiten, ist es wichtig, die Wiedervereinigung der Teilchen zu verhindern, da diese sonst an den frischen Oberflächen sofort wieder aneinanderwachsen könnten. Der Naßmahlvorgang ist daher, wenn bereits eine gewisse mittlere Teilchengröße unterschritten wurde, nur dann wirksam, wenn durch eine geeignete Zusammensetzung der Lösung die Koagulation erschwert wird (vgl. CHWALA 1). In Analogie zu den Emulgiermitteln kann man daher auch von Suspendiermitteln sprechen. Ihre Wirksamkeit ist grundsätzlich die gleiche wie die der Emulgatoren.

Die Abhängigkeit der Beständigkeit der Emulsionen von der Zwischenflächenspannung und dem elektrischen Potential der Teilchen. Der thermodynamische Zusammenhang zwischen der Emulsionsbeständigkeit und der Zwischenflächenspannung wurde bereits oben erörtert. Experimentelle Belege dafür haben erst QUINCKE und später DONNAN erbracht. Beide Forscher haben die Emulgierwirkung von Alkali gegenüber Pflanzenölen auf die oberflächliche Verseifung der Ölmoleküle und die dadurch bewirkte Zwischenflächenspannungserniedrigung zurückgeführt (vgl. auch HILLYER).

Die Erkenntnis der großen Bedeutung der *elektrischen Ladung* der Teilchen für die Beständigkeit der Zerteilungen verdanken wir HARDY. Er hat an zahlreichen kolloiden Lösungen nachgewiesen, daß diese bei Entladung (etwa durch Salzzusatz) ausflocken. BREDIG hat dann die Theorie aufgestellt, daß die Beständigkeit kolloider Systeme durch die niedrige Zwischenflächenspannung der Teilchen bedingt ist, wobei die Zwischenflächenspannung eine Funktion des elektrischen Grenzflächenpotentials darstellt. Mit zunehmendem Grenzflächenpotential wird die Zwischenflächenspannung in zunehmendem Maße erniedrigt. Damit wäre der Zusammenhang zwischen der thermodynamischen Theorie und der elektrischen Theorie der Stabilität hergestellt. Die BREDIGsche Auffassung kann jedoch an Emulsionen keine Bestätigung finden. Durch Zusatz von Neutralsalzen wird nämlich im allgemeinen die Zwischenflächenspannung nicht merklich beeinflußt, höchstens etwas erniedrigt, während das elektrische Grenzflächenpotential der Teilchen bei genügend hohem Elektrolytzusatz gewöhnlich auf einen Bruchteil erniedrigt wird.

Nun hat PERRIN auf den Umstand hingewiesen, daß die Zwischenflächenspannung von der Teilchengröße abhängen kann, so daß die makroskopisch gemessene Zwischenflächenspannung gar nicht die der Teilchenoberfläche darstellt. Gerade der elektrische Anteil der Zwischenflächenarbeit kann einen radiusabhängigen Summanden liefern.

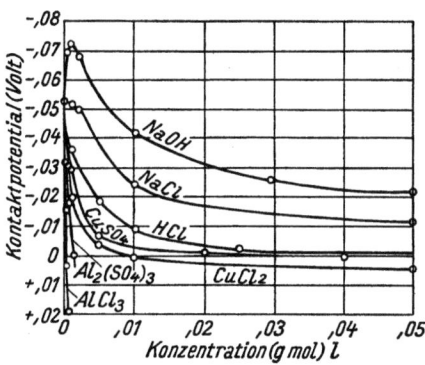

Abb. 293. Elektrokinetisches Potential von Mineralölteilchen in Abhängigkeit von der Elektrolytkonzentration. Nach ELLIS.

Berechnungen von PERRIN, W. C. McLEWIS, KNAPP, sowie von AUERBACH zeigen tatsächlich, daß die elektrische Arbeit als Anteil der Zwischenflächenarbeit mit abnehmender Teilchengröße zunimmt. Allerdings sind diese Berechnungen mit großer Unsicherheit behaftet, da die Ladungsdichte an der Teilchenoberfläche und der Aufbau der elektrischen Doppelschicht zu wenig genau bekannt ist.

Die Frage des Zusammenhanges zwischen der Stabilität einer Ölemulsion und der elektrischen Ladung der Ölteilchen wurde systematisch zuerst von ELLIS und POWIS im DONNANschen Institut experimentell

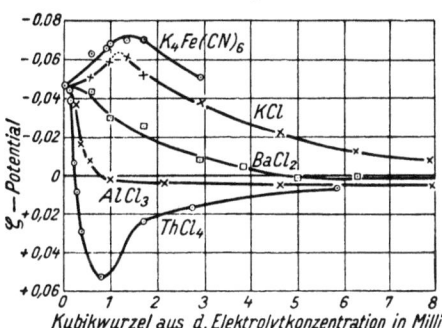

Abb. 294. Elektrokinetisches Potential (in Volt) von Mineralölteilchen in Abhängigkeit von der Kubikwurzel der Elektrolytkonzentration. Nach POWIS.

untersucht. ,,Säurefreies" Paraffinöl diente hierbei als emulgierter Stoff. Abb. 293 zeigt die Ergebnisse von ELLIS über die Geschwindigkeit der Ölteilchen im elektrischen Strom. An Stelle der Beweglichkeit sind darin die ,,Kontaktpotentiale" angegeben. (Es sei daran erinnert, daß die Grenzflächenpotentiale auf Grund der Beziehung berechnet werden, daß 1,6 mV einer Wanderungsgeschwindigkeit von 1×10^{-5} cm/sek je Volt/cm entspricht.) Abb. 294 bringt die Ergebnisse von POWIS bei niedriger Salzkonzentration, die den Wertigkeitseinfluß besonders deutlich zeigen.

Man trifft hier ein Verhalten an, das bei den kolloiden Systemen mit negativ geladenen Teilchen weitgehend allgemein ist:

1. Hohe Salzkonzentration bewirkt Abnahme der Elektrophorese.
2. H^+-Ionen und höherwertige Kationen haben starke entladende Wirkung.
3. OH^--Ionen und höherwertige Anionen bewirken Ladungserhöhung.
4. Höherwertige Kationen bewirken in bestimmtem Konzentrationsbereich Umladung.

Die allgemeine, die elektrische Beweglichkeit herabsetzende Wirkung der Salze in höherer Konzentration beruht auf der Verdichtung der Ionenatmosphäre um die Teilchen (auf der Abnahme der ,,Doppelschichtdicke'') oder, in der Sprache der klassischen Elektrolyttheorie, auf dem Dissoziationsrückgang der an der Oberfläche befindlichen ionischen Gruppen. Wir nehmen an, daß trotz der analytischen Säurefreiheit des verwendeten Öls die elektrische Auflaudung auf sehr geringe Mengen einer auf der Grenzfläche der Ölteilchen adsorbierten Fettsäure zurückzuführen ist. Die Wirkung der Natronlauge beruht vermutlich auf der Neutralisation dieser Säure. Die entladende Wirkung der Salzsäure dürfte in der Zurückdrängung der Dissoziation der aufladenden Säure bestehen. In niedrigeren Konzentrationen können die Neutralsalze die Dissoziation der an der Oberfläche befindlichen Säure steigern und damit eine Erhöhung der Beweglichkeit hervorrufen. Wir verweisen hier auf die Erörterung des analogen Salzeinflusses auf das elektrische Grenzflächenpotential der Cellulose, deren Ladung allem Anschein nach auch auf die Anwesenheit von COOH-Gruppen zurückzuführen ist. Umladung muß schließlich dann eintreten, wenn von den Ölteilchen mehr Kationen als Anionen aufgenommen werden. Ob es sich dabei nur um Salzbildung handelt unter Entstehung positiv geladener Komplexion etwa von der Art

$$\begin{bmatrix} R\,COO \\ R\,COO \end{bmatrix} Al \Big]^+$$

oder aber um die Umhüllung der Teilchen durch komplexe Hydroxyde oder basische Salze, die eine Oberflächendissoziation zeigen (vgl. den Abschnitt über den Färbevorgang mit Metallbeizen), bleibt dahingestellt.

Powis hat ferner die Beeinflussung der Beständigkeit durch die gleichen Salze mit Hilfe von Trübungsmessungen verfolgt. Die Flockung wurde durch die Aufhellung der Emulsion gekennzeichnet. Es hat sich ergeben, daß der Gang der Wanderungsgeschwindigkeit und der Trübung ungefähr parallel war. Doch zeigte sich, daß in einem gewissen Bereich, und zwar etwa in der Nähe des Potentials von etwa 30 mV (also der Wanderungsgeschwindigkeit von rund 20×10^{-5} cm/sek je Volt/cm), eine geringfügige Herabsetzung der Beweglichkeit mit einer plötzlichen

Abnahme der Trübung verbunden war. Unterhalb dieses *kritischen Potentials* war keine Emulgierung des Öls möglich, während in Elektrolytlösungen, die einem höheren Potential entsprachen, eine Ölemulsion erzeugt werden konnte.

Der Zusammenhang zwischen Wanderungsgeschwindigkeit und Flockung von Ölemulsionen wurde von TUORILA bestätigt. Abb. 295 stellt die Beeinflussung des Grenzflächenpotentials durch Chloride dar. Man erkennt die starke Wirksamkeit der Salzsäure, die bereits in 5×10^{-4} n Lösung umladet. Allerdings bleibt die erreichte positive Ladung sehr geringfügig. Die Koagulationsgeschwindigkeit wurde durch mikroskopische Auszählung verfolgt. Aus der Abnahme der Teilchenzahl konnte mit Hilfe der Koagulationstheorie der Bruchteil der zur Teilchenvereinigung führenden wirksamen Zusammenstöße der Teilchen

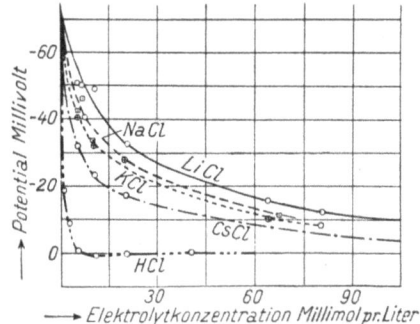

Abb. 295. Elektrokinetisches Potential von Paraffinölteilchen in Abhängigkeit von der Elektrolytkonzentration. Nach TUORILA.

berechnet werden. Es zeigte sich nun, daß der Logarithmus der Zahl der wirksamen Zusammenstöße je Zeiteinheit dem Grenzflächenpotential proportional ist (Abb. 296).

LIMBURG hat Paraffin, welches Ölsäure gelöst enthielt, in Wasser emulgiert, um den Einfluß der Elektrolyte auf die Beständigkeit der Emulsion und die elektrophoretische Beweglichkeit der Teilchen zu bestimmen. Außerdem ermittelte er die Werte der Zwischenflächenspannung der Elektrolytlösungen gegen das Öl. Die Abb. 297—300 bringen seine Ergebnisse.

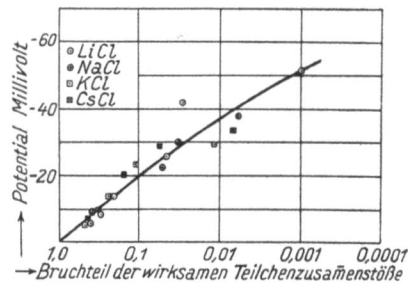

Abb. 296. Zusammenhang zwischen dem elektrokinetischen Potential und der Koagulationsgeschwindigkeit in Paraffinemulsionen von verschiedenem Elektrolytgehalt. Nach TUORILA.

Die negative Beweglichkeit der Teilchen wird durch Zusatz von Kaliumchlorid bis zum Erreichen eines Maximums erhöht (Abb. 297). Bei Zusatz von Salzsäure tritt schon in geringer Konzentration Herabsetzung der Beweglichkeit ein. Kaliumcarbonat vermag die Beweglichkeit zu erhöhen, und zwar in dem untersuchten Bereich in um so stärkerem Maße, je höher seine Konzentration ist.

Für den Vergleich dient die Abb. 299, die die Abhängigkeit der Beweglichkeit des reinen Paraffinöls ohne Ölsäure von der Elektrolytkonzentration darstellt. Das Öl wurde in beiden Fällen aufs gründlichste gereinigt (nacheinander mit H_2SO_4, NaOH, Wasser und Quecksilber gewaschen, dann fraktioniert destilliert und mit Leitfähigkeitswasser gewaschen). Nimmt man für das ölsäurehaltige Paraffin an, daß es seine elektrische Ladung den an der Oberfläche befindlichen, gerichtet adsorbierten Ölsäuremolekülen verdankt, dann wird der Einfluß der Elektrolyte unschwer verständlich. Die Wirkung der Salzsäure besteht

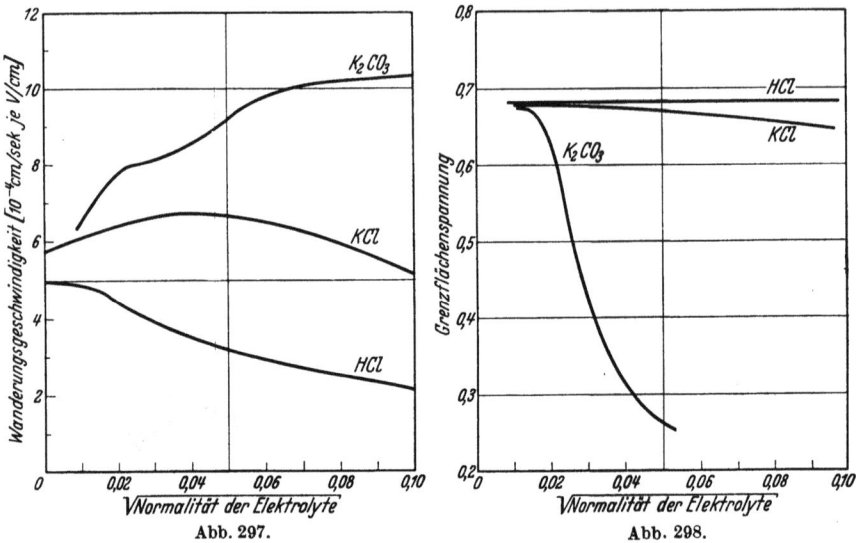

Abb. 297. Wanderungsgeschwindigkeit von Ölteilchen (Paraffinöl mit 0,5% Ölsäure) in Abhängigkeit von der Quadratwurzel der Elektrolytkonzentration. Nach den Ergebnissen von LIMBURG.

Abb. 298. Zwischenflächenspannung von Paraffinöl (mit 0,5% Ölsäure) gegenüber wässerigen Elektrolytlösungen in Abhängigkeit von der Quadratwurzel der Elektrolytkonzentration. Relative Werte (1 = Zwischenflächenspannung von reinem Paraffinöl gegenüber reinem Wasser).
Nach den Ergebnissen von LIMBURG.

in der Zurückdrängung der Dissoziation, die des K_2CO_3 in der Erhöhung der Dissoziation durch Neutralisation. Der Einfluß von KCl beruht auf einer Dissoziationserhöhung, die bei schwachen Säuren beim Salzzusatz zu erwarten ist. Zu der Beeinflussung der Ladungsdichte tritt außerdem die Wirkung der Verdichtung der Gegenionenwolke mit wachsendem Ionengehalt der Lösung. Wir verweisen hier auf die Erörterungen bezüglich der Beeinflussung des elektrischen Grenzflächenpotentials der Cellulose.

Es fällt nun auf, daß das gereinigte Paraffin im großen und ganzen dasselbe Verhalten zeigt wie das ölsäurehaltige. Wir möchten hier die Ansicht vertreten, daß die elektrische Auflladung des reinen Paraffinöls gleichfalls durch die Anwesenheit höhermolekularer Säuren, allerdings in einer äußerst geringfügigen Menge, z. B. von weniger als 0,001%, bedingt ist, die entweder bei dem Reinigungsvorgang nicht entfernt oder nachher gebildet wurden. (Vgl. die Diskussionsbemerkungen von HUGHES und VALKÓ, in „Colloidal electrolytes".) Es sei darauf hingewiesen, daß zur Herbeiführung eines merklichen Grenzflächenpotentials an einer indifferenten Oberfläche, die sonst keine ionisierbaren Gruppen enthält, keineswegs eine vollständige einmolekulare Bedeckung durch ionische Gruppen erforderlich ist, sondern daß dazu bereits eine um Größenordnungen geringere Belegung ausreicht. Unterstützt wird diese Ansicht

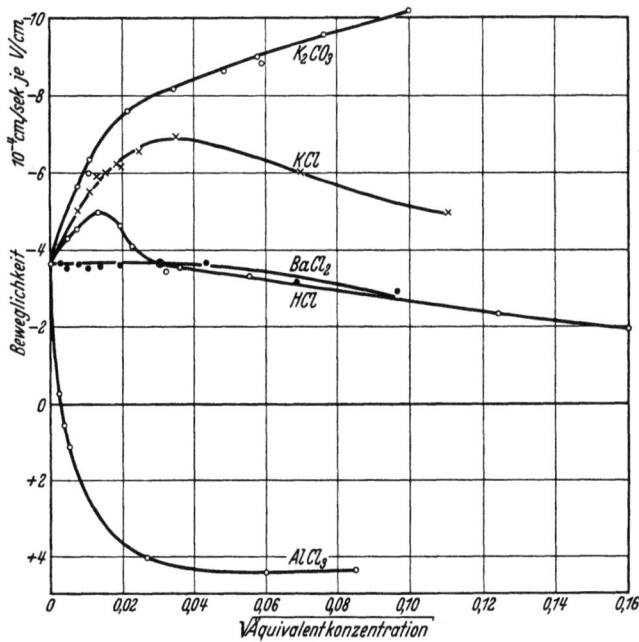

Abb. 299. Wanderungsgeschwindigkeit von („säurefreien") Paraffinölteilchen in Abhängigkeit von der Quadratwurzel der Elektrolytkonzentration. Nach LIMBURG.

über den Ladungsursprung durch die Beobachtung von LIMBURG, daß die Zwischenflächenspannung der Grenzfläche, reines Paraffinöl-Wasser, durch Zusatz von KCl und HCl bis zu einer Konzentration von etwa 0,1 n, innerhalb 1% unverändert bleibt, während sie durch Zusatz von K_2CO_3 erheblich herabgesetzt wird. In 0,08 n K_2CO_3 beträgt die Zwischenflächenspannung nur 68% des Wertes gegenüber reinem Wasser. Die Zwischenflächenspannung des ölsäurehaltigen Paraffins schon gegenüber Wasser beträgt nur etwa 68% des Wertes der Zwischenflächenspannung zwischen Wasser und reinem Paraffinöl, sie wird durch KCl- und HCl-Zusatz gleichfalls nur wenig beeinflußt. K_2CO_3 setzt den Wert der Zwischenflächenspannung des säurehaltigen Paraffins noch stärker herunter als den des säurefreien Öls. Bereits in 0,0027 n Lösung beträgt er nur etwa 26% der Zwischenflächenspannung zwischen reinem Öl und Wasser. Es ist hier die Seifenbildung an der Zwischenfläche durch

Reaktion der im Öl gelösten Fettsäure mit dem Alkali des Wassers wirksam, die erstmalig von DONNAN festgestellt wurde.

Abb. 300 zeigt die Beeinflussung der Beständigkeit der Emulsion des säurehaltigen Paraffins durch Elektrolytzusatz. Die Beständigkeit ist hier ausgedrückt als der in Schwebe gebliebene Anteil des Öls nach etwa 22 Stunden. Aus den Ergebnissen von LIMBURG geht hervor, daß die Stabilität der Emulsion durch Zugabe von Ölsäure erheblich gesteigert wurde. Der Einfluß von KCl und HCl gegenüber den beiden Emulsionen ist zwar ähnlich, die stabilisierende Wirkung der Ölsäure ist jedoch immerhin merklich. Der stärkste Unterschied zeigt sich beim Zusatz von K_2CO_3.

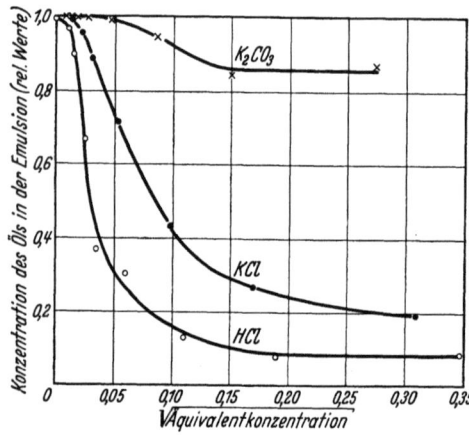

Abb. 300. Beständigkeit einer Ölemulsion (Paraffinöl mit 0,5% Ölsäure) in Abhängigkeit von der Quadratwurzel der Äquivalentkonzentration. (Ordinate: In Schwebe gebliebener Anteil nach 21 Std.). Nach LIMBURG.

Der Vergleich der Beständigkeitskurven mit denen der elektrophoretischen Geschwindigkeit zeigt uns, *daß die elektrische Ladung die Stabilität der Emulsionen nicht eindeutig bestimmt.* Obwohl das Carbonat im Falle des „säurefreien" Paraffins die Ladung sehr erheblich steigert, setzt es die Beständigkeit der Emulsion mit zunehmender Konzentration in wachsendem Maße herunter; die höchste Konzentration ruft die *größte elektrische Beweglichkeit*, gleichzeitig aber die *größte Unbeständigkeit* hervor. Obwohl das säurehaltige Paraffin keine höhere Ladung in der Carbonatlösung aufweist als das reine, ist seine Beständigkeit gegenüber des letzteren erheblich gesteigert.

Der Zusammenhang zwischen Zwischenflächenspannung und Beständigkeit ist auch kein eindeutiger. Wiewohl KCl und HCl die Zwischenflächenspannung kaum beeinflussen, setzen sie die Beständigkeit herunter. *Carbonatzusatz macht die Emulsion des reinen Paraffinöls unbeständiger, obwohl er die Zwischenflächenspannung erheblich herabsetzt.* Beim säurehaltigen Paraffinöl hingegen bewirkt der Carbonatzusatz bei starker Erniedrigung der Zwischenflächenspannung Erhaltung der Beständigkeit.

Die Befunde LIMBURGs kann man wohl nur erklären, wenn man annimmt, daß für die Beständigkeit die folgenden drei Faktoren nebeneinander von Einfluß sind:

1. Die freie Ladung, die sich in der elektrophoretischen Beweglichkeit kundgibt, im Sinne einer Flockungshemmung.

2. Die Elektrolytkonzentration im Sinne einer Aufhebung der flockungshemmenden Wirkung der freien Ladung.
3. Die Zwischenflächenspannung als eigentliche Ursache der Koagulation.

Bemerkenswert ist die Sonderwirkung der Elektrolytkonzentration *neben* der Herabsetzung der elektrophoretischen Geschwindigkeit. Diese Sonderwirkung ist anzunehmen, um die Tatsache zu erklären, daß ein Salzzusatz die Koagulation auch dann beschleunigen kann, wenn die elektrische Beweglichkeit erhöht und die Zwischenflächenspannung erniedrigt wird (K_2CO_3 beim säurefreien Paraffinöl). LIMBURG nimmt also an, daß die elektrische Abstoßungskraft der Teilchen auch bei gleicher Beweglichkeit noch von der Ionenkonzentration (von der Leitfähigkeit) der Lösung abhängt.

Interessant sind LIMBURGs Ergebnisse beim Zusatz von $AlCl_3$ zum säurefreien Öl. Die Beständigkeit nimmt gleichsinnig mit der Beweglichkeit bis zur Entladung ab und nach eintretender Umladung wieder zu. LIMBURG nimmt eine Umhüllung der Teilchen durch die Hydrolyseprodukte des Salzes (vgl. S. 463—467) an und schreibt dieser Hülle eine besondere stabilisierende Wirkung zu. Daß die Hydrolyseprodukte und nicht das Aluminiumion die Umladung bewerkstelligen, geht aus der Beobachtung LIMBURGs hervor, daß in niedriger $AlCl_3$-Konzentration durch Zusatz kleiner Salzsäuremengen der negative Ladungssinn der Ölteilchen wieder hergestellt werden kann.

Tabelle 156. Suspendierwirkung der Seife gegenüber Fe_2O_3. Nach SPRING.

% Seife in der Lösung	Nicht abgesetzte Menge Fe_2O_3
0,066	198
0,125	282
0,25	392
0,5	488
1	420
2	314

STIASNY und RIESS haben an Mineralölemulsionen, die mit sulfuriertem Tran hergestellt waren, die Beobachtung gemacht, daß bei steigendem Zusatz von Lauge die Grenzflächenspannung ständig abnimmt, die Beständigkeit der Emulsion jedoch bereits beim p_H 7 einen Höchstwert erreicht und dann wieder sinkt.

Über die günstigste Seifenkonzentration bei der Emulgierung bestehen eigentümlicherweise nur wenige Veröffentlichungen. VINCENT beobachtete, daß die Mindestkonzentration an Seife, die zur Erzielung einer haltbaren Ölemulsion erforderlich ist; etwa 0,05—0,10% beträgt. SCHINDLER ermittelte das Optimum bei der Emulgierung von Mineralöl durch sulfurierten Tran und sulfuriertes Ricinusöl.

Die Seifen können auch als Suspendiermittel benützt werden. Eine größere Anzahl von Untersuchungen befaßt sich mit dieser Frage, meistens im Zusammenhang mit der Waschwirkung. SPRING hat die Zerteilung von Lampenruß, Eisenoxyd und Ton durch Seife untersucht. Bemerkenswert ist seine Beobachtung, daß die suspendierte Menge mit zunehmender Seifenkonzentration über ein Maximum geht (Tabelle 156).

Die optimale Konzentration beim Suspendieren von Ton fand SPRING bei etwa 0,03%. LENHER und BUELL beobachteten das Optimum der Seifenkonzentration gegenüber Fe_2O_3 und MnO_2 bei etwa 0,1%. Wie wir weiter unten sehen werden, hängt die Lage der optimalen Konzentration der Emulgier- und Suspendiermittel und allgemein der Peptisatoren von dem Verhältnis der Menge des zu zerteilenden Stoffes zur Menge der Lösung ab. Daher besitzen die Angaben nur dann eine quantitative Bedeutung, wenn auch das Bodenkörperverhältnis angegeben wird. FALL arbeitete mit einem Bodenkörperverhältnis 2:100 und fand, daß die Zerteilungswirkung der Seife je nach der Natur des zu suspendierenden Stoffes zwischen 0,2 und 0,4% eine optimale ist. Abb. 301 stellt eine seiner Versuchsreihen dar.

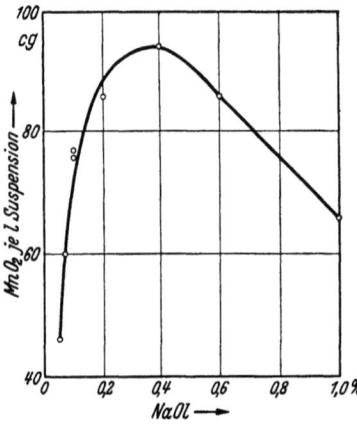

Abb. 301. Beständigkeit einer Zerteilung von Braunstein in Natriumoleatlösungen bei 25°, abhängig von der Seifenkonzentration. Einwage: 2 g MnO_2 je 100 cm³. Ordinate: MnO_2-Gehalt nach 4stündigem Stehen. Nach FALL.

Anorganische Elektrolyte als Zerteilungsmittel. Anorganische Elektrolyte können unter Umständen gleichfalls als Emulgier- oder Suspendiermittel wirken. In erster Linie ist Natriumhydroxyd zu nennen. Seine Wirksamkeit beruht in den meisten Fällen auf der Überführung von schwachen Säuren, die sich an der Zwischenfläche befinden, in Salze. Durch die elektrolytische Dissoziation dieser Salze wird die elektrische Ladung der Zwischenfläche und damit die Beständigkeit der Zerteilung gesteigert, vorausgesetzt, daß das Salz genügend zwischenflächenaktiv ist, um an der Zwischenfläche zu verbleiben. Für den Fall Fettsäure-Alkali haben wir diesen Vorgang bereits besprochen. Wie die Alkalihydroxyde wirken auch die Alkalisalze schwacher Säuren, die infolge Hydrolyse das p_H der Lösung erhöhen: Carbonate, Silicate, Phosphate, Borate usw. Unter Umständen können die anorganischen Ionen selbst zur Erhöhung der Beständigkeit beitragen, nämlich wenn sie sich an der Zwischenfläche anreichern. Gewisse Anhaltspunkte dafür hat BAKER erhalten. Er hat den Randwinkel von Wasser an sorgfältig gereinigtem und getrocknetem Glas untersucht und festgestellt, daß Zusatz von NaOH, Na_2CO_3, Na_3PO_4, Na_2SiO_3 die Benetzung erhöht. Am stärksten wird der Randwinkel durch das Silicat herabgesetzt. Es ist anzunehmen, daß die Hydroxylionen die an der Glasoberfläche befindlichen Kieselsäuremoleküle in Silicate überführen, wodurch das elektrische Grenzflächenpotential des Glases gesteigert und seine Zwischenflächenspannung erniedrigt wird. Die stärkere Wirkung der Silicate gegenüber den anderen alkalischen Lösungen dürfte darauf beruhen, daß die Silicationen selbst durch die Gitterkräfte an die Glasoberfläche gebunden werden.

FALL hat eine erhebliche Suspendierwirkung der Silicate gegenüber Braunsteinpulver beobachtet. Lauge, Soda und Trinatriumphosphat wirkten gleichfalls suspendierend, jedoch in geringerem Maße. Die Suspendierwirkung kann daher nicht allein den hydrolytisch gebildeten bzw. als Lauge eingeführten Hydroxylionen zugeschrieben werden, sondern auch den Silicationen muß eine besondere Wirksamkeit zuerkannt werden. Alle diese Substanzen zeigten in den Versuchen von FALL bei einer Konzentration zwischen 0,0125 und 0,05% eine maximale Suspendierwirkung.

CHWALA 1 hat im Natriumpyrophosphat einen für die Suspendierung von zahlreichen anorganischen Körpern hervorragend geeigneten Stoff gefunden. Die Wirksamkeit dieser Substanz beruht nach ihm auf der Bildung ionisierter Komplexe, die durch Wechselwirkung des Pyrophosphations mit den an der Oberfläche der festen Körper befindlichen, dem Krystallgitter zugehörigen Molekülen bzw. Ionen entstehen, etwa nach der Formel $Na_2Me_2P_2O_7$ bzw. $H_2Me_2P_2O_7$ oder $Na_yMe_x(P_2O_7)_{\frac{y+x}{4}}$.

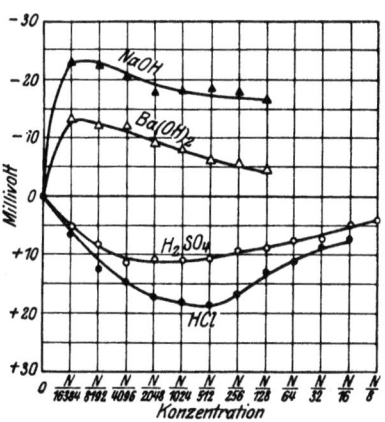

Abb. 302. Einfluß von Säuren und Basen auf das elektrokinetische Potential von Kollodiumteilchen, die mit Gelatine bedeckt sind. Nach LOEB.

Gute Suspendierwirkung erzielte CHWALA an verschiedenen Oxyden, Sulfiden, Silicaten, an Ruß, an Calciumarseniat usw. BERL und SCHMITT haben eine analoge Wirksamkeit von Kaliumcyanid, Natriumcitrat, Kaliumferro- und -ferricyanid gegenüber Zinkblende beobachtet. Entsprechend den Vorstellungen CHWALAs bilden diese Verbindungen offenbar mit den oberflächlichen ZnS-Molekülen bzw. mit den oberflächlichen Zn^{++}-Ionen ionogene aufladende Komplexe.

Die Eiweißkörper als Emulgier- und Suspendiermittel. Verschiedene Erscheinungen legen die Annahme nahe, daß die Eiweißkörper aus wässerigen Lösungen sich an der Zwischenfläche fester Körper-Eiweißlösung anlagern. J. LOEB beobachtete zuerst, daß Kollodiumkügelchen nach Behandlung mit einer Eiweißlösung die elektrophoretische Beweglichkeit des Eiweißstoffes zeigen, und zwar auch dann, wenn sie mehrmals mit Wasser gewaschen wurden. Abb. 302 zeigt die Ergebnisse der Bestimmung der Wanderungsgeschwindigkeit der mit Gelatine behandelten und infolgedessen offenbar mit Gelatine überzogenen Kollodiumteilchen in Säuren und Laugen. Die ursprüngliche Eiweißlösung hatte isoelektrische Reaktion, demgemäß wandern auch die mit ihr behandelten Teilchen ohne Elektrolytzusatz beim Stromdurchgang nicht. Durch Zusatz von Lauge werden die Teilchen negativ, durch Zusatz von Säure positiv aufgeladen. Bei steigender Konzentration des Elektrolyten erreicht die Beweglichkeit in beiden Fällen ein Maximum, um nachher wieder abzufallen. Dieses Verhalten entspricht genau dem Verhalten der Eiweißstoffe in bezug auf Quellung, Membranpotential, Viscosität usw. bei Veränderung der Wasserstoffionenkonzentration. Die Erklärung für die Maximumbildung ist sehr einfach. Einerseits nimmt bei steigender $H^+(OH^-)$-Konzentration die $H^+(OH^-)$-Aufnahme zu, bis das Eiweiß entsprechend seinem Gehalt an Amino- bzw. Carboxylgruppen an Wasserstoffionen gesättigt wird, andererseits vermindert der überschüssige Elektrolyt infolge Verdichtung der Ionenatmosphäre um die Moleküle (in der Sprache der klassischen Dissoziationstheorie infolge der Dissoziationsrückdrängung) die freie Ladung und dadurch auch die Beweglichkeit.

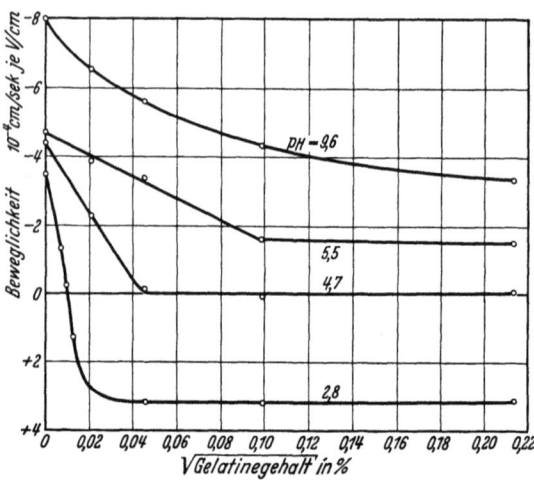

Abb. 303. Wanderungsgeschwindigkeit von Paraffinölteilchen in Abhängigkeit von der Kubikwurzel der Gelatinekonzentration in Pufferlösungen von 0,002 n und verschiedenen p_H. Nach LIMBURG.

Das entsprechende elektrophoretische Verhalten von Paraffinölteilchen wurde 1926 von LIMBURG (im Laboratorium von REINDERS) beobachtet. Abb. 303 zeigt die elektrophoretische Geschwindigkeit einer sehr verdünnten Paraffinölemulsion (0,09 g im Liter) nach Vermischen mit Gelatinelösungen verschiedener Wasserstoffionenkonzentration. Aus den Kurven ersieht man, daß bei Zugabe einer genügenden Menge Gelatine die Wanderungsgeschwindigkeit einen bei weiterer Zugabe konstant bleibenden Wert annimmt, der mit der Wanderungsgeschwindigkeit der reinen Gelatine bei derselben Wasserstoffionenkonzentration übereinstimmt, er beträgt nämlich 0 bei p_H 4,7, ist positiv bei höherer und negativ bei niedrigerer Wasserstoffionenkonzentration. LIMBURG schließt daraus, daß jedes Ölteilchen von einer Schicht Gelatine umhüllt wird, so daß wir es nicht mehr mit der Grenzfläche Öl-Wasser, sondern mit der Grenzfläche Gelatine und Wasser zu tun haben. Aus den Kurven erkennt man, daß die für die völlige Umhüllung nötige Gelatinekonzentration vom Säuregrad abhängig ist und mit steigendem p_H zunimmt.

Sie beträgt für $p_H = 2,8$ ungefähr 0,00064 g im Liter, für p_H 4,7 ungefähr 0,00125 g im Liter, für p_H 5,5 ungefähr 0,01 g im Liter, für p_H 9,6 ungefähr 0,1 g im Liter.

Das negativ geladene Gelatineion wird sichtlich viel schwieriger adsorbiert als das positiv geladene Ion. Die Ursache liegt vermutlich in der negativen Ladung der reinen Ölkügelchen, die eine abstoßende bzw. anziehende elektrische Kraft zwischen Ölteilchen und Eiweißmolekül je nach der Wasserstoffionenkonzentration in der Lösung bedingt.

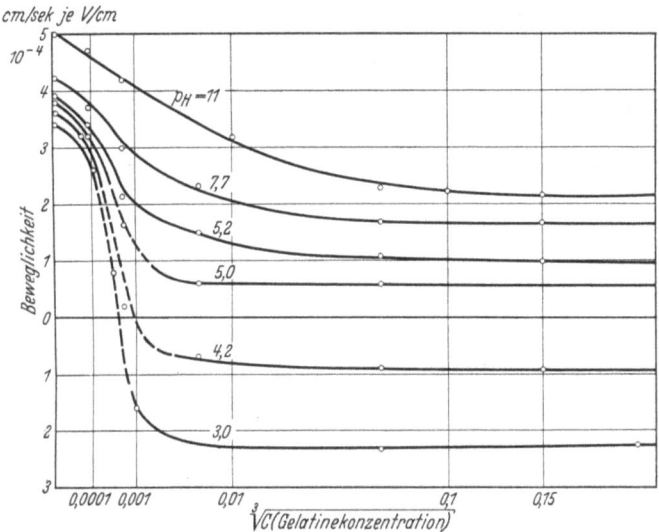

Abb. 304. Wanderungsgeschwindigkeit kolloider Goldteilchen in 0,002 n Pufferlösungen von verschiedenem p_H in Abhängigkeit von der Kubikwurzel der Gelatinekonzentration. (Die Zahlen der Abszissenachse bedeuten die Gelatinekonzentration in %.) Nach REINDERS und BENDIEN.

MARTIN, sowie kürzlich KEMP und RIDEAL haben gezeigt, daß auch die Adsorptionsgeschwindigkeit von Gliadin an Glas und Quarz um so größer ist, je größer der Ladungsunterschied zwischen den Eiweißmolekülen und der Grenzfläche ist. Die elektrischen Kräfte beeinflussen anscheinend nicht nur das Adsorptionsgleichgewicht, sondern auch die Adsorptionsgeschwindigkeit.

REINDERS und BENDIEN, ferner PRIDEAUX und HOWITT haben beobachtet, daß kolloide Goldlösungen auf Zusatz zunehmender Mengen von Gelatine, Casein, Eieralbumin und Serumalbumin ihre Wanderungsgeschwindigkeit verändern, bis sie den konstanten Wert erreicht hat, der der Beweglichkeit des Eiweißstoffes entspricht. Die Wanderungsgeschwindigkeit der Goldteilchen bei Anwesenheit von Gelatine in Abhängigkeit vom p_H zeigt die Abb. 304.

FREUNDLICH und ABRAMSON zeigten, daß Glas und Quarzteilchen dasselbe Verhalten aufweisen: durch Zusatz von Eiweißstoffen nehmen sie die elektrische Beweglichkeit der letzteren an. Abb. 305 zeigt ihre Ergebnisse mit Gelatine in Pufferlösungen.

Bei p_H 4,7 hat z. B. das reine Quarzteilchen die relative Wanderungsgeschwindigkeit von 80. Bereits beim Zusatz von $10^{-8}\%$ Gelatine läßt sich eine merkliche Abnahme der Beweglichkeit im elektrischen Strom feststellen und bei einer Konzentration von $1 \times 10^{-5}\%$ Gelatine hat die Wanderung des Teilchens aufgehört. Auch hier bemerken wir, daß die Umhüllung in saurer Lösung bei einer niedrigeren Eiweißkonzentration vollzogen ist als bei isoelektrischer oder bei alkalischer Reaktion.

DUMMETT und BOWDEN haben gezeigt, daß die Beweglichkeit gelatineüberzogener Teilchen von der Natur der bedeckten Oberfläche unabhängig ist, daß jedoch jene hämoglobinüberzogener Teilchen je nach der Natur der bedeckten Oberfläche (Quarz, Öl, Kupfer, Kohle) etwas verschieden ist.

HAZEL und KING haben beobachtet, daß kolloide Eisenoxyd- und Mangandioxydteilchen in Lösungen von Gelatine die Wanderungsgeschwindigkeit der letzteren zeigen, falls die Konzentration der Gelatine etwa 0,001% übersteigt.

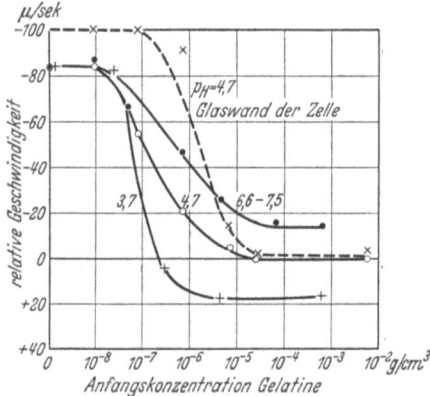

Abb. 305. Einfluß der Gelatinekonzentration auf die Wanderungsgeschwindigkeit von Quarzteilchen bei verschiedenem p_H. Nach FREUNDLICH und ABRAMSON.

Die Schichtdicke der Adsorptionshüllen aus Eiweiß in Abhängigkeit von der Eiweißkonzentration der Lösung und von der Wasserstoffionenkonzentration wurde wiederholt untersucht. HITCHCOCK hat zuerst nachgewiesen, daß Albumin und Gelatine auf Kollodiummembranen sich entsprechend der LANGMUIRschen Sorptionsgleichung anreichern:

$$c_1 = \frac{1}{1 + \frac{K}{c}}.$$

(c_1: aufgenommene Menge Eiweiß je cm² Grenzfläche, c: Eiweißkonzentration in der Lösung, K: Sorptionskonstante.) Die Sorption gehorcht also dem Massenwirkungsgesetz und strebt bei genügender Eiweißkonzentration einem Grenzwert zu. Die Gültigkeit der Beziehung wurde von LINDAU und RHODIUS für die Grenzfläche Quarz-Gelatinelösung und Quarz-Eieralbuminlösung, von KEMP und RIDEAL für die Grenzfläche Quarz-Gliadinlösung bestätigt.

Die p_H-Abhängigkeit der Sorption an Kollodium aus 2%igen Eiweißlösungen wurde von HITCHCOCK untersucht. Er hat gezeigt, daß ein Sorptionsmaximum bei der isoelektrischen Reaktion der Eiweißstoffe auftritt. Eine Bestätigung dieses Befundes wurde von ETTISCH, DOMONTOWITSCH und v. MUTZENBECHER, ferner ELFORD, ELFORD und

FERRY, sowie von Dow für die Sorption von Eieralbumin, Hämoglobin, Serumglobulin und Serumalbumin an Kollodiumflächen, von LINDAU und RHODIUS für die Sorption von Eieralbumin an Quarz erbracht. Nimmt man monomolekulare Schichtbedeckung an, dann bedeutet dieser Befund, daß die Schichtdicke im isoelektrischen Punkt einen Höchstwert besitzt. Die Eiweißmoleküle würden hier entweder stärker geneigt zur Oberfläche liegen oder ihre Seitenketten würden stärker in die Lösung ragen als in aufgeladenem Zustande. Für die Absolutwerte der Schichtdicke bei Sättigung wurden die folgenden Werte gefunden:

Eieralbumin an Glas und Quarz (FREUNDLICH und ABRAMSON): 3 Å.

Gelatine an Gold (ZSIGMONDY und THIESSEN): 8 Å.

Eieralbumin an Quarz (LINDAU und RHODIUS): 43 Å.

Ähnliche Werte für die Oberflächenbedeckung wässeriger Lösungen an ihrer Grenzfläche mit Luft konnten aus Ausbreitungsversuchen mit Eiweißkörpern abgeleitet werden (vgl. die zusammenfassende Darstellung von PAULI und VALKÓ). Größenordnungsgemäß handelt es sich also um die Belegung von 1 m² Fläche durch 0,5—5 mg Eiweiß.

Die *Schutzwirkung* hochmolekularer Stoffe auf elektrolytempfindliche Kolloide gegenüber der Flockung mit Salzen wurde bereits von FARADAY beobachtet. Viel später haben dann LOTTERMOSER und v. MEYER sowie ZSIGMONDY die Erscheinung näher untersucht. ZSIGMONDY hat als charakteristische Größe für eine Reihe der die Schutzwirkung ausübenden Substanzen, der sog. Schutzkolloide die „Goldzahlen" bestimmt.

Diese bezeichnen die Anzahl mg Schutzkolloid, die eben nicht mehr ausreicht, um den für die Flockung charakteristischen Farbenumschlag von 10 ccm hochroter kolloider, nach Vorschrift hergestellter Goldlösung in violett beim Zusatz von 1 cm³ 10%iger NaCl-Lösung zu verhindern.

Je höher die Goldzahl, um so geringer ist das Schutzvermögen. Die beste Schutzwirkung haben nach seinen Beobachtungen Gelatine und andere Leimsorten, dann Hausenblase und Casein. In großem Abstand folgen dann Gummi arabicum, Natriumoleat und Tragant, schließlich Dextrin und Stärke. Es ist sehr bemerkenswert, daß die Bedeutung der genannten Stoffe in der Technik als Stabilisatoren für die Emulsionen nicht wesentlich von der obigen Reihenfolge abweicht.

Die Wechselwirkung der Schutzkolloide etwa des Eiweißkörpers mit Kolloiden oder gröberen Zerteilungen beschränkt sich durchaus nicht auf die Schutzwirkung. Unter bestimmten Bedingungen tritt auch gegenseitige Flockung ein. Eine weitere Wirkungsart der Schutzkolloide ist die von PAULI und FLECKER zuerst beobachtete Herabsetzung der das Kolloid flockenden Salzkonzentration, welche von BROSSA und FREUNDLICH als Sensibilisierung bezeichnet wurde. Wie PAULI festgestellt hat, setzen die reinen Eiweißkörper *ohne Salzzusatz* die Stabilität der reinen Sole in allen Fällen herab, so daß beim Zusatz einer genügenden Menge von Eiweißlösung Flockung eintritt. Erst beim Salzzusatz tritt die Schutzwirkung in Erscheinung.

PAULI führt die Schutzwirkung, ebenso wie die flockende und sensibilisierende Wirkung der Eiweißstoffe gegen lyophobe Kolloide auf die elektrostatische Wechselwirkung zwischen den Ladungen der Eiweißmoleküle und den ionogenen Molekülen der Kolloidoberfläche zurück. Infolge der amphoteren Natur der Eiweißstoffe ist diese Wechselwirkung keineswegs auf die Fälle beschränkt, in denen die Überschußladung des Eiweißes und des Kolloides entgegengesetzt ist, sondern erstreckt sich auch auf die anderen Fälle genau so, wie die elektrostatische Wechselwirkung von Farbion und Wolle nicht auf den Fall gegensinniger Ladung beschränkt ist (vgl. PAULI und WEISS, PAULI und SINGER).

Bemerkenswerte Beobachtungen über das Verhalten von Gelatine und Albumin als Schutzkolloide verdanken wir LOEB. Er hat festgestellt, daß gelatineumhüllte Kollodiumteilchen erst durch sehr hohe Salzkonzentrationen geflockt werden können. So ist zur Flockung einer solchen Suspension beim p_H 3 eine NaCl-Konzentration von 2 n erforderlich. Zwischen p_H 4—11 bleibt die Suspension auch noch in dieser Salzkonzentration stabil. Beim p_H 4,7, also bei der isoelektrischen Reaktion der Gelatine, bei der die Teilchen völlig ungeladen sind, ist die Suspension bei Anwesenheit von Salzen unbeständig. Daß jedoch diese Unbeständigkeit mit der elektrischen Ladung nicht unmittelbar zusammenhängt, beweist die Tatsache, daß der Zusatz von $CaCl_2$ oder Na_2SO_4 in einer Konzentration von 6×10^{-5} n genügt, um die Suspension haltbar zu machen. Die elektrophoretischen Bestimmungen zeigen, daß bei Gegenwart dieser Salze in den angeführten und sogar in viel höheren Konzentrationen die Teilchen keine Ladung erhalten. LOEB folgert aus diesen Versuchen, daß die Kräfte, die die Stabilität der Suspensionen bewirken, die gleichen sind, die die Gelatine in Lösung halten. Die Salzkonzentrationen, die zur Ausfällung der Suspensionen gelatineumhüllter Teilchen erforderlich sind, sind nämlich annähernd die gleichen wie die zum Aussalzen der Gelatine aus ihren Lösungen benötigten.

Die Suspensionen von Kollodiumteilchen, die mit *Eieralbumin* überzogen sind, verhalten sich, wie LOEB zeigte, anders. Sie bleiben nur so lange beständig, als die elektrophoretische Geschwindigkeit der Teilchen höher als etwa 8×10^{-5} cm/sek je Volt/cm ist. Dieses Verhalten entspricht nicht der Lösungsbeständigkeit des nativen, sondern eher demjenigen des denaturierten Eieralbumins, das z. B. durch Kochen der Lösung entsteht. Anscheinend wird das Eieralbumin bei der Anlagerung an der Grenzfläche der Kollodiumteilchen denaturiert, d. h. es büßt seine ursprüngliche Löslichkeit in ungeladenem Zustande ein (vgl. S. 625). Aus diesem Grunde ist die Schutzwirkung des Eieralbumins, wenn überhaupt vorhanden, bedeutend geringer als die der Gelatine.

Die stabilisierende Wirkung der Gelatine auf eine Ölemulsion in Abhängigkeit von der Wasserstoffionenkonzentration der Lösung wurde von LIMBURG untersucht. Er verwendete hierzu die gleichen Emulsionen, deren Wanderungsgeschwindigkeit in Abb. 303 dargestellt wurde. Die zur Einstellung der Wasserstoffionenkonzentration zugesetzten Elektrolyte waren:

p_H 2,8 : 1,4 10^{-3} n HCl.
p_H 4,7 : 2 × 10^{-3} n (Gesamtkonzentration) Essigsäure + Na-acetat.
p_H 5,5 : 2 × 10^{-3} n (Gesamtkonzentration) Essigsäure + Na-acetat.
p_H 9,6 : 7,2 10^{-4} n K_2CO_3.

Abb. 306 zeigt die auf Grund der Trübungsmessungen abgeleiteten Werte des Ölgehaltes der Emulsion in Abhängigkeit von der Kubikwurzel der Gelatinekonzentration. Sämtliche Kurven sind im Anfangsteil abfallend. Zweifelsohne hängt diese Abnahme der Stabilität mit der Entladung der Teilchen zusammen, die nach Abbildung 303 in diesem Gebiet eintritt. Der Abfall wird mit abnehmendem p_H steiler, da auch die Wanderungsgeschwindigkeit in gleichem Sinne abnimmt.

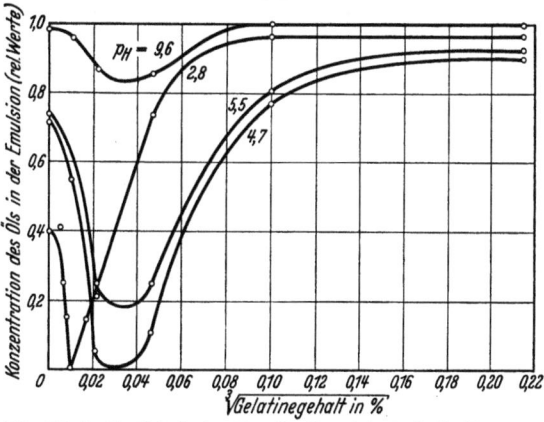

Abb. 306. Beständigkeit einer Paraffinölemulsion in Pufferlösungen von 0,002 n und verschiedenem p_H in Abhängigkeit von der Kubikwurzel der Gelatinekonzentration. (Ordinate: in Schwebe gebliebener Anteil nach 43 Std.). (Nach LIMBURG.)

Nach Überschreiten eines Minimums wird die Stabilität durch weiteren Gelatinezusatz wieder erhöht. Beim p_H 2,8 könnte dies damit zusammenhängen, daß die Wanderungsgeschwindigkeit nunmehr mit positiven Vorzeichen zunimmt. Tatsächlich fällt das Stabilitätsminimum in das Gebiet derselben Gelatinekonzentration wie der Ladungswechsel (1 × 10^{-6}%). Das Minimum tritt jedoch bei den anderen untersuchten Gebieten der Wasserstoffionenkonzentration gleichfalls auf, obwohl bei diesen keine Ladungsumkehr erfolgt. Die Ursache des Wiederanstiegs der Beständigkeit muß man daher darin suchen, daß die Umhüllung der Grenzfläche durch den Gelatinefilm immer vollständiger wird. Die Tatsache, daß die Emulsion in hoher Gelatinekonzentration auch bei der IR der Gelatine, bei der die Teilchen keine Ladung tragen, stabiler ist als bei Gelatineabwesenheit, obwohl im letzten Fall die Wanderungsgeschwindigkeit 4,4 × 10^{-5} cm/sek je Volt/cm beträgt, beweist, daß die Bedeutung der elektrischen Ladung hier weitgehend zurücktritt. Bedauerlicherweise wurde von LIMBURG kein Versuch über die Elektrolytbeständigkeit der gelatinehaltigen Emulsion gemacht und somit die eigentliche Schutzwirkung nicht untersucht. Daß eine solche jedoch besteht, lehrt bereits das Verhalten der Emulsion in verdünnter Salzsäure (p_H 2,8). Die gelatinefreie Emulsion verliert bei einer Wanderungsgeschwindigkeit von $34,8 \times 10^{-5}$ cm/sek je Volt/cm in 16 Stunden 60% ihres Gehalts an Öl, während in Anwesenheit von Gelatine in derselben Zeit nur etwa 3% ausflocken.

Besonders klar zeigen die Versuche von REINDERS und BENDIEN den Einfluß der Mengen- und Ladungsverhältnisse auf die Schutz- und Flockungswirkung der Gelatine gegenüber elektrolytempfindlichen Zerteilungen. Obwohl sie an einem kolloiddispersen System durchgeführt wurden und daher nicht zu den hier behandelten Gebieten gehören, seien sie wegen ihres instruktiven Charakters kurz besprochen. In der folgenden Tabelle beschreiben diese Autoren das Aussehen eines Goldsols in Abhängigkeit vom p_H und von der Gelatinekonzentration[1]. Gleichzeitig wurde auch die elektrophoretische Geschwindigkeit der Goldteilchen gemessen. Die Ergebnisse dieser Messungen wurden bereits in Abb. 304 dargestellt.

Tabelle 157. Aussehen des Goldsols 18 Stunden nach der Mischung mit Gelatine. Nach W. REINDERS und W. M. BENDIEN.

p_H	Gelatinekonzentration in Prozenten					
	0	0,00005	0,0005	0,005	0,05	0,15
11	rot	rot	rot	rot	rot	rot
7,7	,,	,,	,,	,,	,,	,,
5,2	,,	rot-violett	violett	,,	,,	,,
5,0	,,	,,	,, z. T. koag.	rot-violett	,,	,,
4,7	,,	,,	blau gefällt	violett	,,	,,
4,2	,,	violett	,, ,,	,,	,,	,,
3,0	rot-violett	blau	,, ,,	,,	,,	,,

Die Flockung tritt nur bei niedriger Gelatinekonzentration ein, und zwar dann, wenn die Ladung der Goldteilchen oder richtiger der Goldgelatineaggregate einen gewissen Wert unterschreitet. Je höher die Gelatinekonzentration ist, um so niedriger liegt diejenige elektrophoretische Geschwindigkeit, bei der die Flockung eintritt. Hohe Gelatinekonzentration wirkt stabilisierend auch ohne freie Ladung ($p_H = 5,0$ Gelatine 0,05%).

Ähnliche Ergebnisse erzielten REINDERS und BENDIEN mit Casein, ferner mit einem Albuminabbauprodukt („Lysalbinsäure"), allerdings

---

[1] Die beständigen Goldsole besitzen bekanntlich eine hochrote Farbe, die bei der Flockung zuerst in violette, dann in blaue Farbe umschlägt.

mit dem Unterschied, daß diese Substanzen in der Umgebung ihrer IR unbeständig sind und daher keine stabilisierende Wirkung ausüben können.

FREUNDLICH und LINDAU ermittelten die Suspendierwirkung von Eieralbumin gegenüber Eisenoxydpulver in Abhängigkeit von der Wasserstoffionenkonzentration. Je 2 g Fe_2O_3 wurden mit 20 ccm Albuminlösung von 0,3% Gehalt 24 Stunden geschüttelt, dann abgeschleudert und die Menge des in der überstehenden Flüssigkeit verbliebenen Oxydes bestimmt. Die folgende Tabelle bringt die Ergebnisse:

Die Menge des von dem Eieralbumin in Schwebe gehaltenen Eisenoxyds ist bei der IR des Eiweißes Null. Mit wachsender Aufladung des Eiweißes nimmt auch die Menge des zerteilten Oxydes zu. Es sei bemerkt, daß in dem Gebiet p_H 4—11 ohne Eiweiß keine Peptisation durch die Einwirkung der Elektrolyten, mit denen die Wasserstoffkonzentration der Lösung eingestellt wurde, zu beobachten ist.

Tabelle 158.
Zerteilung von Fe_2O_3 durch Eieralbumin. Nach FREUNDLICH und LINDAU.

p_H	Fe_2O_3 in der überstehenden Flüssigkeit in g/l	p_H	Fe_2O_3 in der überstehenden Flüssigkeit in g/l
3,25	0,49	5,95	0,37
3,87	0,48	6,18	0,33
4,80	0,00	6,45	0,40
5,56	0,14	7,37	0,40
5,75	0,20	8,40	0,83

Das Verhalten entspricht insofern der Annahme, Eieralbumin werde an der Grenzfläche denaturiert, als das ungeladene Eiweiß den Teilchen keinen Schutz gegen die Kohäsionskräfte gewährt. Überraschenderweise besitzt Gelatine gegenüber demselben Eisenoxydpräparat keine zerteilende Wirkung. In diesem Falle scheint sich die Erfahrung nicht zu bestätigen, daß Gelatine ein besseres Schutzkolloid sei als Albumin.

Nach den Untersuchungen von DANNENBERG tritt auf Zusatz von Gelatine zu Quarz- und Bolussuspensionen eine Flockung bzw. Sensibilisierung ein. Die Flockungsgeschwindigkeit nimmt in dem Konzentrationsbereich 10^{-5} bis 10^{-1}% mit der Gelatinekonzentration zu. Die sensibilisierende Wirkung weist hingegen bei einer dazwischenliegenden Konzentration ein Maximum auf. Die Lage dieses Maximums hängt von der Natur und der Konzentration der flockenden Elektrolyte ab. Anscheinend wird die hydrophile Quarzoberfläche durch die Umhüllung mit Gelatine hydrophob. Man kann sich diesen Vorgang so denken, daß die sorbierten Gelatinemoleküle ihre polaren (Amino- und Carboxyl-) Gruppen gegen die Quarzoberfläche richten. Den Beobachtungen DANNENBERGs entspricht auch der Befund v. BUZÁGHs, der mit Hilfe seiner Methode der „Abreißwinkelbestimmung"[1] beim Zusatz von Gelatine

---

[1] Ermittlung derjenigen Neigung einer Fläche, bei der die an der Fläche haftenden Teilchen abgleiten.

(10^{-3}—10^{-2}%) eine Zunahme der Haftfestigkeit von Quarzteilchen an einer Quarzwand innerhalb der wässerigen Lösung feststellen konnte. In verdünnten Gelatinelösungen nimmt mit der Zeit die Haftfestigkeit ab, sie bleibt jedoch größer als in reinem Wasser. Eine weitere Beobachtung der Hydrophobierung der Oberfläche von Quarz durch Eiweiß stammt von LINDAU und RHODIUS. Diese haben festgestellt, daß die Benetzungsgeschwindigkeit von Quarzpulver infolge Adsorption von Eieralbumin herabgesetzt wird.

Filmbildung als Ursache der Emulsionsbeständigkeit. Als Ursache der Stabilität von Emulsionen und Suspensionen hat insbesondere BANCROFT (jedoch bereits QUINCKE) auf die Bildung eines Films aus dem Emulgiermittel an der Zwischenfläche hingewiesen. Es ist in diesem Zusammenhang zu beachten, daß im allgemeinen die Herabsetzung der Zwischenflächenspannung (und auch die elektrische Aufladung der Teilchen) in gewissem Sinne mit einer Filmbildung verknüpft ist. Die Herabsetzung der Zwischenflächenspannung erfolgt durch die Anreicherung gelöster Substanzen an der Zwischenfläche, und die elektrische Aufladung kann auch nur darauf beruhen, daß die Konzentration bestimmter Ionenarten an der Grenzfläche von derjenigen im Innern der beiden Phasen, in denen Elektroneutralität herrscht, verschieden ist. Beide Erscheinungen bezeugen also die Bedeckung der Zwischenfläche durch eine Hülle besonderer Zusammensetzung. Verschiedene Erscheinungen weisen nun auf die Bildung *mehrmoleculardicker Filme von ausgeprägter irreversibler Natur* hin. Infolge der Nichtumkehrbarkeit kann eine solche Filmbildung durch den thermodynamischen Begriff der Zwischenflächenarbeit nicht erfaßt werden. RAMSDEN, METCALF u. a. haben das Auftreten solcher Häute an der Oberfläche wässeriger Lösungen beschrieben. WILSON und RIES haben die mechanischen Eigenschaften der Oberfläche von Seifen-, Saponin- u. dgl. Lösungen untersucht und festgestellt, daß diese eher das Verhalten plastischer, fester Körper als von zähen Flüssigkeiten zeigen. (Die Fließgeschwindigkeit der Oberfläche, gemessen mit Hilfe einer flach an der Oberfläche rotierenden Scheibe, ist nicht der Scherkraft proportional, wie es im Sinne des HAGEN-POISEUILLEschen Satzes bei zähen Flüssigkeiten der Fall ist, sondern sie nimmt mit abnehmender Scherkraft schneller als diese ab.) Mit diesem Verhalten soll die Beständigkeit der Schäume zusammenhängen. Die Bildung der Filme erfolgt langsam, oft im Laufe von Stunden. Die Dicke der Filme konnte mit Hilfe der mikroskopischen Beobachtung derjenigen Tiefe, in der suspendierte Teilchen in ihrer BROWNschen Bewegung noch gehemmt werden, auf etwa 10—40 μ geschätzt werden. Die Zwischenfläche dieser Lösungen gegenüber Öl zeigt ein analoges Verhalten.

Man kann natürlich die Frage aufwerfen, ob es sich in den untersuchten Fällen nicht um Ausscheidungen z. B. von freien Fettsäuren oder von sauren Seifen handelt und ob die Hautbildung nicht im allgemeinen auf die Ausscheidung unlöslicher Substanzen zurückzuführen wäre. Beim Eieralbumin, dessen Hautbildung an der Oberfläche von RAMSDEN beschrieben wurde, ist ja die Erscheinung mit Denaturierung, d. h. mit dem Übergang des Eiweißes an der Oberfläche in den stabileren unlöslichen Zustand verbunden[1]. Wie jedoch bereits RAMSDEN beobachtet hat, wird die oberflächliche Filmbildung auch von Stoffen gezeigt, die als lösungsbeständig gelten, wie z. B. Saponinen, Gallensäuren, Pflanzengummis usw. Vom thermodynamischen Standpunkt aus bleibt daher die Ursache der Erscheinung einstweilen unklar.

WILSON und RIES machen darauf aufmerksam, daß im Falle solcher Filmbildungen die Oberflächen- und die Zwischenflächenspannungsmessungen falsche Werte liefern, da die Zerreißfestigkeit des Films sich zu den eigentlichen Spannungswerten addiert. Tatsächlich läßt sich die zeitliche Filmbildung an dem Wiederanstieg der Oberflächenspannung erkennen. SERRALACH, JONES und OWEN haben sogar die Festigkeit der Filme, die sich an der Zwischenfläche der wässerigen Lösungen von Natriumoleat, Saponin, Natriumglykocholat, Triäthanolamin, irischem Moos, Akaziengummi und Tragant gegenüber Lebertran, Mineralöl. Olivenöl und Ricinusöl bilden, mit Hilfe der Ringabreißmethode bestimmt. Es zeigte sich, daß die Neigung zur Filmbildung spezifisch ist, d. h. jeweils sowohl vom Emulgator als auch vom Öl abhängt. In manchen Fällen bleibt die scheinbare Zwischenflächenspannung konstant, in anderen Fällen lassen sich Änderungen noch im Laufe von Tagen beobachten. Die genannten Forscher sind der Ansicht, daß *die beste Emulgierwirkung dann erzielt wird, wenn die Zwischenflächenspannung nach der Herstellung der Zwischenfläche zunächst möglichst stark erniedrigt wird, danach jedoch ein steiler Anstieg der Filmfestigkeit einsetzt.*

Die Folgerungen aus den Beobachtungen von SERRALACH, JONES und OWEN für die Praxis stimmen vielfach mit den bereits seit längerer Zeit üblichen Herstellungsmethoden der Emulsionen überein. Sie lassen z. B. erwarten, daß es unter Umständen *von Vorteil ist, an Stelle einheitlicher Substanzen Mischungen von Emulgiermitteln zu verwenden, von denen das eine, der eigentliche „Emulgator", dem Zwecke dient, die Zwischenflächenspannung zu erniedrigen, das andere ein „Schutzkolloid" darstellt, dessen Aufgabe in der Erzeugung eines festen Films an der Zwischenfläche besteht.* Die am häufigsten angewandten „Emulgatoren" sind die Seifen, die meistbenützten „Schutzkolloide" sind Eiweißstoffe, Pflanzengummis, ferner synthetische Hochpolymere mit ähnlichen Eigenschaften, z. B. Methylcellulose. Da die Bildung der Schutzhüllen aus konzentrierten Lösungen schneller erfolgt als aus verdünnten, ist es meistens zweckmäßig, die Emulsion zunächst mit einer konzentrierten Lösung des Schutzkolloides herzustellen und erst nachher mit weiterer Wassermenge zu verdünnen (vgl. ROON und OESER). Die zeitliche

---

[1] Über die Denaturierung der Eiweißstoffe siehe die zusammenfassende Darstellung bei PAULI und VALKÓ. Neueres Schrifttum bei ASTBURY und LOMAX, ASTBURY, DICKINSON und BAILEY, FISCHER, HAUROWITZ, HEYMANN, MIRSKY und PAULING, NEURATH, NEURATH und BULL, PAULI und WEISSBROD.

Zunahme der Beständigkeit einer mit Gelatine hergestellten Emulsion wurde von NUGENT beobachtet.

In Übereinstimmung mit der Annahme einer Filmbildung stehen die Beobachtungen von LIMBURG über die Schutzwirkung von Saponin auf Ölemulsionen. Die Emulsionen, die etwa 0,09 g Paraffinöl im Liter enthielten, waren in Gegenwart von 0,008% Saponin außerordentlich beständig. In Anwesenheit von KCl, HCl und K_2CO_3 war nach 268stündigem Rühren von den Emulsionen sogar in 0,1 n Lösung der Elektrolyte praktisch noch nichts koaguliert. Allerdings verändern sich hierbei die Zerteilungen merklich. Die Veränderungen werden erst sichtbar, wenn man die Emulsionen in Ruhe stehenläßt. Die Teilchen treten dann zu großen Konglomeraten zusammen, deren einzelne Teilchen nicht zusammenfließen, so daß sie durch schwaches Schütteln wieder zum größten Teil verteilt werden können. Auf die Wanderungsgeschwindigkeit üben die Elektrolyte denselben Einfluß aus, als wäre kein Saponin vorhanden. Die Ladung der Teilchen und die Elektrolytkonzentration der Lösung tritt also in diesem Fall im Hinblick auf die Beständigkeit vollständig zurück. Das von LIMBURG verwendete Saponin erniedrigte die Grenzflächenspannung des Öls gegenüber reinem Wasser um etwa 33%. Diese Erniedrigung kann die große Schutzwirkung nicht erklären, diese muß vielmehr auf die mechanischen Eigenschaften der die Teilchen umhüllenden Saponinhaut zurückgeführt werden.

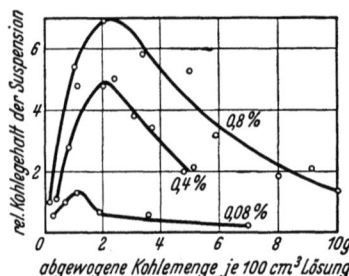

Abb. 307. Suspendierte Menge von Tierkohle in Abhängigkeit von der Einwage in 0,08, 0,4 und 0,8%igen Natriumoleatlösungen. Nach v. BUZÁGH.

Die von LIMBURG beschriebene Erscheinung der Bildung leicht zerteilbarer Sekundärteilchen ist in schutzkolloidhaltigen Emulsionen und Suspensionen recht häufig. Sie ist makroskopisch daran erkennbar, daß die Emulsion aufrahmt (oder absetzt), jedoch durch bloßes Schütteln, wenn auch nur für kurze Zeit, wieder homogen wird.

Die Bodenkörperregel bei den Suspensionen und Emulsionen. Bereits bei der Besprechung der Löslichkeit der Cellulose in Natronlauge wurde auf die Erscheinung hingewiesen, daß die sog. „kolloide" Löslichkeit im Gegensatz zur wahren Löslichkeit von der Menge des Bodenkörpers nicht unabhängig ist. Diese im Gebiet der kolloiden Lösungen, insbesondere der Lösungen der hochmolekularen Substanzen häufig beobachtete Bodenkörperabhängigkeit, die eingehend und systematisch von Wo. OSTWALD und v. BUZÁGH untersucht wurde, ist hauptsächlich durch zwei Faktoren bedingt: erstens durch die Uneinheitlichkeit des zu zerteilenden Materials und zweitens durch das Verteilungsgleichgewicht des Peptisators (d. h. des Stoffes, der durch Anlagerung an die Teilchen diesen die Beständigkeit verleiht) zwischen Lösung und Bodenkörper. Auch bei der Herstellung der Suspensionen und Emulsionen ist eine Bodenkörperabhängigkeit im Sinne der OSTWALD-v. BUZÁGHschen Regel feststellbar. Abb. 307 zeigt die Ergebnisse v. BUZÁGHs an Tierkohle.

Auf der Abszisse sind die Werte der Bodenkörpermenge in g je 100 cm^3 Lösung, auf der Ordinate die relativen Werte der Menge der nach 24 Stunden in Schwebe gebliebenen Kohle aufgetragen. Als Suspendiermittel wurde Seife verwendet. Man beobachtet eine sehr ausgeprägte Maximumbildung. Das Maximum rückt mit der Erhöhung der Seifenkonzentration in der Richtung nach höheren Werten der suspendierten Menge und zugleich nach höheren Werten der Menge des sich damit im Gleichgewicht befindlichen Bodenkörpers. Die wahrscheinliche Erklärung ist in großen Zügen die folgende: Nur ein gewisser Anteil der Kohle ist fein genug, um in der Schwebe zu bleiben. Dieser Umstand würde die Zunahme der suspendierten Menge im Anfangsteil der Kurven erklären. Nun ist noch zu berücksichtigen, daß sich die Seife zwischen der suspendierten und der am Boden liegenden Kohle verteilt, indem sie an die Oberfläche der beiden angelagert wird. Daher wird die in Lösung gebliebene Seifenmenge um so geringer und die Oberflächenbedeckung der Teilchen um so schwächer, je größer die Bodenkörpermenge ist. Wird eine gewisse Bodenkörpermenge überschritten, dann reicht die in Lösung bleibende Seife nicht mehr aus, um eine genügende Oberflächenbedeckung der Teilchen zu gewährleisten: es tritt Abnahme der suspendierten Menge ein.

Wenn die ursprüngliche Seifenkonzentration genügend hoch ist, dann muß man auch den Umstand berücksichtigen, daß für die Emulgierung nicht nur eine minimale Konzentration des Emulgators erforderlich ist, sondern daß es auch eine optimale Emulgatorkonzentration gibt. Die im Anfangsteil der Kurven dargestellte Zunahme der emulgierten Menge mit wachsender Bodenkörpermenge kann dann darauf beruhen, daß infolge der Verarmung der Lösung an Emulgator dessen Konzentration sich zunächst der optimalen nähert. In diesem Fall kann also die Maximumbildung auch bei völlig gleichteiligen Zerteilungen auftreten.

Die Bodenkörperabhängigkeit bei der Emulgierung haben OSTWALD, STEINBACH und KÖHLER beobachtet. Abb. 308 bringt Ergebnisse von KÖHLER bei der Emulgierung von Erdnußöl, in dem 1% Ölsäure aufgelöst wurde, mit Hilfe von Natronlauge verschiedener Konzentration.

Eine Überschlagrechnung zeigt, daß die optimale Bodenkörpermenge in n/400 und n/200 NaOH annähernd diejenige ist, bei der die in dem Öl vorhandene Ölsäure gerade zur Neutralisation der Lauge ausreicht. In n/10 Lauge ist allerdings diese Bodenkörpermenge in dem untersuchten Gebiet noch nicht erreicht. Hier scheinen daher noch andere Erscheinungen als das Neutralisationsverhältnis der Fettsäure eine Rolle zu

40*

spielen. Wie durch die verhältnismäßig niedrige Emulgierwirkung angezeigt wird, setzt vermutlich der hohe Elektrolytgehalt die Beständigkeit der Emulsion herunter. Abb. 309 zeigt schließlich, daß bei genügend hoher Emulgatormenge (5% Ölsäure in Öl und 0,01 n NaOH in der Lösung) kein Maximum auftritt, sondern die emulgierte Menge mit der Bodenkörpermenge linear ansteigt.

v. Buzágh hat nachgewiesen, daß die elektrophoretische Wanderungsgeschwindigkeit der suspendierten Teilchen meistens eine ähnliche Abhängigkeit von der Bodenkörpermenge aufweist wie die Beständigkeit der Suspension.

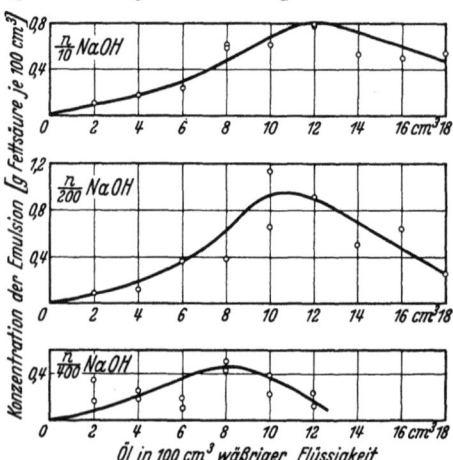

Abb. 308. In Natronlauge emulgierte Menge von Öl (Erdnußöl mit 1% Ölsäure) (Ordinate) in Abhängigkeit von der Einwage (Abszisse). Nach Köhler.

Der Waschvorgang. Der Zweck des Waschens ist die Entfernung der auf der Faser bzw. am Gewebe haftenden Verunreinigungen wie Fette (Wollfett, Baumwollwachs, Leinölschlichte, Präparationsöl, Schmälzöl usw.), Ruß, Gesteinstaub, Eiweiß usw. Bei dem Waschvorgang handelt es sich also um den Ersatz der Zwischenfläche Faser-Schmutz durch die Zwischenfläche Faser-Waschflotte und Schmutz-Waschflotte. Bezeichnet man die Waschflotte mit W, die Faser mit F und den Schmutz mit S, dann ergibt sich die bei der Entfernung des Schmutzes vom System maximal geleistete Arbeit L:

$$L = \gamma_{FS} - \gamma_{FW} - \gamma_{SW}, \qquad (12)$$

wobei die γ-Werte die entsprechende Zwischenflächenarbeit darstellen. Je größer L ist, um so leichter muß im Sinne der Thermodynamik die Reinigung vor sich gehen. Ist der zu reinigende Körper gegeben, so ist dadurch der Wert γ_{FS} festgelegt und die Aufgabe besteht nunmehr nur darin, die Waschflotte so zu wählen, daß die Summe $\gamma_{SW} + \gamma_{FW}$, d. h. *die Summe der Zwischenflächenarbeiten der Waschflotte gegenüber dem Schmutz und der Faser möglichst niedrig ist.* Wie wir gesehen hatten, ist die Beeinflußbarkeit der Zwischenflächenarbeit der Faser durch Seifen nur wenig bekannt. Es ist anzunehmen, daß sie verhältnismäßig geringfügig ist. Es kommt also bei der Wascharbeit hauptsächlich auf die Zwischenflächenaktivität der Seifen in bezug auf den Schmutz an: *vom energetischen Standpunkt müßte in erster Linie die Zwischenflächenspannung der Seifenlösung gegenüber dem Schmutz ihre Wasch-*

wirkung bestimmen. In Wirklichkeit wird jedoch gewöhnlich nicht bis zu einem Gleichgewichtszustand gewaschen, sondern es wird eine möglichst weitgehende Reinigung in einer begrenzten Zeit erstrebt. Daher spielt auch die *Geschwindigkeit* der Vorgänge eine wichtige Rolle. Sie kann sogar die Parallelität zwischen Zwischenflächenaktivität und Waschwirkung unter Umständen aufheben (vgl z. B. MADSEN).

Als Bewertungsmethode hat man bisher für den praktischen Waschversuch, obwohl die Beurteilung seines Ergebnisses eine weitgehend subjektive ist, keinen Ersatz finden können. Die Ursache liegt in der unbestimmten und schwankenden Natur der Verunreinigungen, die die Herstellung einer „Standardverschmutzung" erschweren. Jede künstliche Verschmutzung ist willkürlich und kann daher nicht alle in der Praxis vorkommenden Fälle vertreten. Die Hauptarten des Schmutzes sind Fett, Pigment und Eiweiß. Die Entfernbarkeit des Fettes hängt wesentlich davon ab, ob es sich um ein Paraffin oder ein verseifbares Öl handelt. Die hauptsächlichsten Vertreter des Pigmentschmutzes sind Ruß und Silicatstaub. Der Eiweißschmutz besteht meistens aus Blut.

Die Reinigungsoperationen haben jedoch nicht nur die Aufgabe, die durch die Herkunft und den Gebrauch bedingten Verunreinigungen, sondern auch die für Verarbeitungszwecke künstlich angebrachten Belegungen der Fasern (Schlichte, Schmälzöl, Präparationsöl, Appretur) zu entfernen. Hierbei bilden die Stärke und ihre Abbauprodukte eine besondere Klasse. Die technisch wichtigsten Textilreinigungsmaßnahmen betreffen die Entfernung des Wollschweißes, das Beuchen und

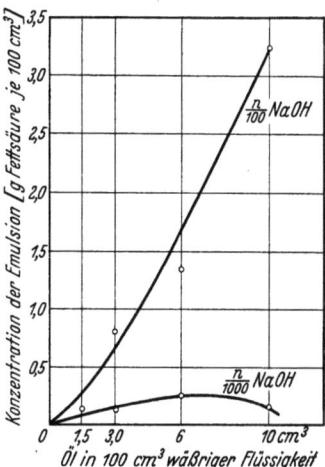

Abb. 309. In Natronlauge emulgierte Menge von Öl (Erdnußöl mit 5% Ölsäure) (Ordinate) in Abhängigkeit von der Einwage (Abszisse). Nach KÖHLER.

Bleichen der Baumwolle, die Reinigung der Haushaltwäsche und das Entschlichten. Wir können uns hier nicht systematisch mit den einzelnen Vorgängen befassen, sondern behandeln nur die Entfernung des Fett- und Pigmentschmutzes.

Für die Theorie der Waschwirkung hat SPRING den Weg gewiesen. Er demonstrierte den Mechanismus der Reinigungswirkung der Seifen an dem folgenden Modellversuch. Durch ein Papierfilter wurde die wässerige Aufschlämmung eines gereinigten Lampenrußes gegossen. Das Filtrat blieb klar, d. h. der Ruß wurde von dem Filter zurückgehalten. Wenn das Papier vom Trichter heruntergenommen und mit Wasser gespült wurde, dann blieb der Ruß noch immer haften. Wurde jedoch eine Seifenlösung durch das Filter gegossen, dann lief der Ruß glatt durch das Papier. SPRING nahm an, daß die Seife mit dem Ruß eine Adsorptionsverbindung bildet und auf diese Weise mittels doppelter Umsetzung die Adsorptionsbindung zwischen Cellulose und Ruß aufhebt:

Cellulose · Ruß + Seife = Cellulose + Ruß · Seife.

Die Erklärung für die Vereinigung der Seife mit Ruß und Eisenoxyd sieht SPRING in den *elektrischen Anziehungskräften,* die zwischen der negativ geladenen Seife und den in reinem Wasser positiv geladenen Ruß- und Eisenoxydteilchen bestehen. Mittels Bestimmung der Wanderungsrichtung weist er nach, daß die Pigmentteilchen in Wasser positiv, in der Seifenlösung jedoch negativ geladen sind.

Die Ladung der Rußteilchen hängt sehr stark von ihrem Reinheitsgrad und ihrer Herkunft ab. Wir verdanken KRUYT und DE KADT eine eingehende Untersuchung über die Ladung der Kohle. Blutkohle hat danach in Wasser eine schwache negative Ladung und bildet keine beständige Suspension. Beim Zusatz von Laugen nimmt die Ladung und die Beständigkeit der Suspension zu. Deutlich wird der Einfluß der Lauge erst in 5×10^{-4} n Lösung. Überschreitet die Laugenkonzentration etwa 2×10^{-3} n, so nimmt die Ladung wieder ab. Diese Beobachtungen beziehen sich auf die Blutkohle des Handels. Wird diese mit destilliertem Wasser gut ausgewaschen, so verhält sie sich anders: sie läßt sich in Wasser leicht zerteilen und zeigt verhältnismäßig hohe elektrische Beweglichkeit (gleichfalls zur Anode). Die Unbeständigkeit und der ungeladene Zustand der ungereinigten Kohle ist anscheinend die Folge der Anwesenheit einer Verunreinigung ($CaSO_4$?). Von Haus aus aschefreie Kohle verhält sich wie die gereinigte Blutkohle. Wenn jedoch die Kohle in CO_2-Atmosphäre auf 950° erhitzt wurde (Aktivierung), zeigt sie in Wasser positive Ladung. Wird diese aktivierte Kohle mit Sauerstoff bei 400° behandelt, so nimmt sie in reinem Wasser wieder negative Ladung an. Die Stabilität der Suspension von positiv geladener Kohle wird durch Laugenzusatz im Gegensatz zur negativ geladenen herabgesetzt. Die Wirkung der Sauerstoffbehandlung erblicken KRUYT und DE KADT in der Entstehung von Carboxylgruppen an der Kohlenoberfläche entsprechend dem Schema in Abb. 310.

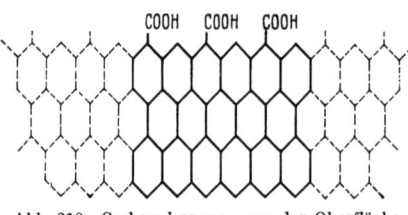

Abb. 310. Carboxylgruppen an der Oberfläche von Graphitteilchen. Schematische Formel nach KRUYT und DE KADT.

Seit SPRING in seiner grundlegenden Arbeit erstmalig die Berücksichtigung der elektrostatischen Kräfte in die Theorie der Waschwirkung eingeführt hat, betrachtet man diese Kräfte als maßgebend für den Waschvorgang (vgl. z. B. ZSIGMONDY, PAULI-VALKÓ). ENGELMANN wies in diesem Zusammenhang nach, daß die suspendierten Kaolinteilchen, die durch Waschen von Verunreinigungen befreit wurden, in etwa 1%igen Seifenlösungen eine 3—5mal so große anodische Wanderungsgeschwindigkeit zeigen als in reinem Wasser ($30-40 \times 10^{-5}$ statt $7-10 \times 10^{-5}$ cm/sek je Volt/cm).

Die elektrostatische Theorie der Waschwirkung bringt MADSEN am klarsten zum Ausdruck. Die Seife hat nach ihm die Fähigkeit, jede Grenzfläche, gleichgültig wie deren ursprüngliche Ladung ist, negativ aufzuladen. *Wenn die Schmutzteilchen und die Gewebefasern gleichsinnig aufgeladen werden, tritt zwischen den beiden eine elektrische Abstoßungskraft auf.*

Wir können die Bedeutung dieser Auffassung in unserer Energiebilanz des Waschvorganges dadurch zum Ausdruck bringen, daß wir die elektrische Energie E_{SF} (positiv gerechnet, wenn es sich um Abstoßung handelt) als eine neben der Zwischenflächenenergie Faser-Schmutz wirkende Größe einführen. Die bei der Entfernung eines Schmutzteilchens von dem System geleistete Arbeit L setzt sich danach aus den folgenden Summanden zusammen:

$$L = \gamma_{SF} + E_{SF} - \gamma_{FW} - \gamma_{SW} \qquad (13)$$

(wegen Bedeutung der übrigen Bezeichnungen s. S. 628).

Es ist zu beachten, daß in dieser Gleichung die Zwischenflächenspannung zwischen Faser und Schmutz unter Ausschluß der elektrischen Energie gerechnet wird. Die elektrische Arbeit ist in Wirklichkeit ein Teil der Zwischenflächenarbeit. Wie jedoch bereits erwähnt, besteht die Möglichkeit, daß der elektrische Anteil der Zwischenflächenspannung von dem Krümmungsradius der Zwischenfläche abhängt, so daß dieser Anteil an der makroskopisch gemessenen Spannung einer ebenen Zwischenfläche verschwindend klein, an der Spannung der mikroskopischen Zwischenfläche unter Umständen jedoch sehr wesentlich ist.

Bei der Besprechung der Emulgiervorgänge wurde auf Beobachtungen hingewiesen, die zeigen, daß für die Beständigkeit der Emulsionen die elektrischen Abstoßungskräfte zwischen den Teilchen von großer Bedeutung sind, und zwar weit über ihren Anteil an der makroskopischen Zwischenflächenspannung hinaus. Als empirische Tatsache gilt dies auch für den Waschvorgang. Hier wie dort bleibt die Frage offen, ob es sich dabei um eine Beeinflussung der thermodynamischen Gleichgewichtslage handelt, die bei der Messung der Zwischenflächenspannung infolge deren Abhängigkeit vom Krümmungsradius nicht in Erscheinung tritt, oder aber um eine Beeinflussung der Geschwindigkeit des Vorganges, die in der thermodynamischen Bilanz nicht zum Ausdruck zu kommen braucht.

Nach der Betrachtung des Waschvorganges vom thermodynamischen Standpunkt aus wollen wir nunmehr nach den stofflichen Änderungen fragen, mit denen der Vorgang verknüpft ist. Es handelt sich hierbei um die Veränderungen in der Zusammensetzung der Grenzflächen von Schmutz und Faser. Um eine Waschwirkung hervorzurufen, müssen diese Grenzflächen derart verändert werden, daß sie eine verminderte Affinität zueinander und eine erhöhte Affinität zur Lösung (Waschflotte) aufweisen. Auf Grund der bei den Benetzungs- und Emulgiervorgängen besprochenen Erscheinungen können wir uns von diesen Veränderungen leicht ein Bild machen. Durch Aufnahme von Seifenionen, die bei der Anlagerung ihren Kohlenwasserstoffrest in die Fett- oder Ölschicht und ihren ionischen, hydratisierten Rest in die Lösung tauchen, vollzieht sich die erstrebte Veränderung an der Grenzfläche der *fettartigen Schmutzteilchen* in der seifenhaltigen Flotte. Der Vorgang dürfte sich zunächst auch an der Grenzfläche der mit Fettschicht beladenen pigmentartigen Schmutzteilchen auf die gleiche Weise abspielen. Verseifbare oder fettsäurehaltige Öle erfahren diese Veränderung an ihrer Grenzfläche auch dann, wenn die Waschflotte nur Alkali und keine Seife enthält. Jedenfalls unterstützt diese Entstehung der Seifenionen an den Grenzflächen selbst den Reinigungsvorgang außerordentlich wirksam.

Die Aufgabe der als Zusätze für die Reinigungsmittel im großen Maßstabe angewandten Elektrolyte (Soda, Phosphate, Borate, Silicate usw.) ist mannigfacher Natur. Als alkalische Puffersalze wirken ihre Lösungen zunächst gleich Laugenlösungen mäßiger Konzentration. Daneben dürften ihre Anionen an der Grenzfläche von *Pigmentteilchen* unter Bildung hydratisierter, ionisierter Komplexverbindungen reagieren (vgl. S. 615) und dadurch die Veränderung dieser Grenzflächen im erforderlichen Sinne bewirken. Schließlich binden sie die mehrwertigen Kationen der Lösung, deren Anwesenheit (infolge Reaktion mit den Seifenanionen und infolge Herabsetzung des negativen elektrokinetischen Potentials) die Reinigungswirkung stören würde.

Die Reinigungswirkung der Seifen gegenüber den nicht durch fettartige Stoffe bedeckten Pigmentverschmutzungen dürfte auf der Bildung der auf S. 592 erwähnten doppelten Schichten von Seifenmolekülen beruhen. Nach der Entstehung der ersten Seifenschicht, deren hydrophiler Teil gegen die Oberfläche des festen Körpers gerichtet ist, erscheint die Zwischenfläche gegenüber der Lösung als fettartig. Die Anlagerung der zweiten Seifenschicht ist also durchaus ähnlich dem Vorgang bei der Benetzung der Fette durch eine Seifenlösung.

Die an der Grenzfläche der Schmutzteilchen entstehende ein- oder wenigmolekulare hydrophile Schicht dringt nun wie ein Keil zwischen Faser und Schmutz. Besonders verstärkt wird diese Keilwirkung durch die elektrostatischen Abstoßungskräfte zwischen der Faser und dem Schmutz. Durch bevorzugte Aufnahme der Anionen aus der Lösung, namentlich der Seifenionen, der Hydroxylionen und unter Umständen der Phosphat-, Silicationen u. dgl. (möglicherweise unter Komplexbildung) wird die negative Ladung beider Grenzflächen erhöht. Die Aufnahme der OH-Ionen beruht in den meisten Fällen auf einer Dissoziationserhöhung der sauren Gruppen, z. B. auf der Neutralisation der Fettsäuren in den Ölen oder der Carboxylgruppen der Cellulosemoleküle (vgl. S. 170) oder der Carboxylgruppen der Keratinmoleküle (bzw. der Ionisationsrückdrängung der Aminogruppen der Keratinmoleküle). Die wesentlichste Veränderung der Faseroberfläche beim Waschen mit alkalischen Flotten dürfte in dieser Erhöhung der Ionisation saurer Gruppen bestehen.

Daß die mechanische Lockerung zwischen Schmutz und Faser den Reinigungsvorgang stark beschleunigen kann und die mechanische Bearbeitung des Waschgutes daher sehr wesentlich ist, braucht nicht besonders betont zu werden. Auch das nähere Eingehen auf die Rolle der Bleichmittel (Umwandlung der farbstoffartigen Verschmutzung zum Teil in farblose, zum Teil in lösliche oder dispergierbare Produkte) erübrigt sich an dieser Stelle.

Von den zahlreichen experimentellen Untersuchungen der Waschwirkung können wird im folgenden nur die wesentlichsten Ergebnisse mitteilen.

SHUKOW und SHESTAKOW, die anscheinend als erste systematische Waschversuche mit Hilfe einer künstlichen Verschmutzung (Lampenruß-Lanolin) ausgeführt haben, teilten die seitdem wiederholt bestätigte

Beobachtung mit, daß *die Waschwirkung in Abhängigkeit von der Konzentration der Seife ein Maximum aufweist*. Die optimale Seifenkonzentration liegt zwischen 0,2 und 0,4%. MADSEN, der dies gleichfalls bestätigt hat, wies darauf hin, daß die optimale Seifenkonzentration von der Natur des Schmutzes abhängt. Sie beträgt gegen Ultramarin etwa 1 g, gegen Kakaopulver 0,5 g, gegen Indigopaste 2 g Seifenflocken je l (bei 100°). Die optimale Konzentration hängt nach dem Befund MADSENs auch von der Natur der Seife ab und nimmt mit zunehmendem Molekulargewicht der Fettsäure ab. Sie beträgt (gegenüber Ultramarinanschmutzung) bei Natriumlaurat 5 g/l, bei Myristat 2 g/l, bei Palmitat 1 g/l und bei Stearat 0,5 g/l (bei 100°).

Die Ursache des Bestehens einer optimalen Seifenkonzentration liegt wohl energetisch in dem Erreichen eines Minimums der Zwischenflächenspannung mit zunehmender Konzentration oder stofflich in der völligen Bedeckung der Zwischenfläche durch eine (unter Umständen mehr-) molekulare Schicht der Seife. Der Überschuß an Seife wirkt als Elektrolyt vermindernd auf das elektrokinetische Potential (Verminderung der Dicke der elektrischen Doppelschicht).

MCBAIN, HARBORNE und KING haben die SPRINGsche Versuchsanordnung zu einer quantitativen Bestimmung der Waschwirkung ausgebaut. Als Rußzahl (carbon number) bezeichnen sie die Menge von Lampenruß, die unter standardisierten Bedingungen aus einer Rußsuspension mit der Seifenlösung durch ein Papierfilter läuft. Von ihren Ergebnissen ist die Feststellung sehr bemerkenswert, daß die Rußzahl in Abhängigkeit von der Konzentration der Seife über ein stark ausgeprägtes Maximum geht, ferner daß die Rußzahl mit steigender Temperatur abnimmt.

FALL hat später gegenüber dieser Methode den Einwand erhoben, daß eine Verstopfung des Filters die Ergebnisse verzerren kann. Als weiterer Einwand gilt auch hier, daß eine Art von Verunreinigung nicht die Gesamtheit der möglichen Verunreinigungen vertreten kann.

Sehr augenfällige Beweise für die vorherrschende Bedeutung der elektrischen Ladungsverhältnisse bei der Waschwirkung hat kürzlich GÖTTE erbracht. GÖTTE ermittelte die Reinigungswirkung durch photometrische Messung des Weißgehaltes eines mit einer Standardverschmutzung getränkten Baumwollgewebes nach der Behandlung mit der Waschflotte. (Diese Methode stammt von RHODES und BRAINARD). Als Waschflotten wurden in einer Versuchsserie die Lösungen von Puffersalzen in derselben Konzentration benützt, in der sie zur Einstellung der Wasserstoffionenkonzentration in den weiteren Versuchsreihen dienten. Die in Abb. 311 durch die unterste Kurve dargestellten Ergebnisse zeigen, daß die Waschwirkung von Pufferlösungen im p_H-Gebiet 4—5 am geringsten ist. Sie nimmt von hier aus mit steigendem und fallendem p_H zu und strebt im alkalischen Gebiet einem Sättigungswert entgegen, der bei etwa p_H 11 erreicht wird. Um die Prüfung der Waschmittel durchzuführen, wurde in den weiteren Versuchen den Pufferlösungen 0,1% Seife zugesetzt. GÖTTE fand nämlich, daß die Seife bei dieser Konzentration am besten wäscht. In Abb. 311 bringt die zweite Kurve die Weißgehaltswerte, die die Probe nach Behandlung mit Na-Stearat annimmt. Im p_H-Gebiet 4—7 fallen die Werte mit denjenigen der seifenfreien Lösungen zusammen. Im alkalischen Gebiet wäscht die Seifenlösung, in saurer Lösung (in der ja die Seife unter Bildung unlöslicher Fettsäuren zersetzt wird) die reine Pufferlösung besser. Beim p_H 10,7 ist die Waschwirkung der Seifenlösung am größten. Dieser Befund ist in Übereinstimmung mit der Beobachtung von RHODES und BASCOM, daß beim Zusatz von Na_2CO_3, Na_3PO_4, NaOH und $Na_2B_4O_7$ die beste Waschwirkung einer ursprünglich neutralen 0,18%igen Seifenlösung beim p_H 10,7 erreicht wird (bei 45°).

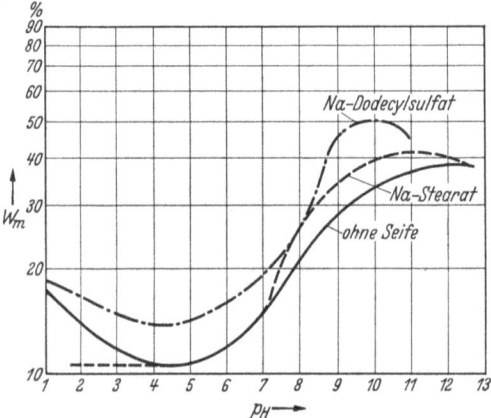

Als Maß für die Waschwirkung einer Seife (Q) verwendet GÖTTE den Logarithmus des Verhältnisses der mit und ohne Seife beim selben p_H unter gleichen Versuchsbedingungen erzielten Weißgehalte

$$Q = \log \frac{W_m}{W_0}.$$

Abb. 311. Weißgehalt (W_m) von künstlich verschmutztem Baumwollgewebe nach 1stündigem Waschen bei 60° in Abhängigkeit vom p_H der Waschflotte in Pufferlösungen. a) ohne Seife, b) mit 0,1% Natriumstearat, c) mit 0,1% dodecylschwefelsaurem Natrium. Flottenverhältnis 100:2. Nach GÖTTE.

Die auf diese Weise für drei verschiedene Seifen erhaltenen Werte bringt Abb. 312.

Der gewählte Maßstab darf uns nicht über die Tatsache hinwegtäuschen, daß die größte Waschwirkung der Seife beim p_H 9 nur in der Erhöhung des Weißgehaltes von etwa 28%, wie sie die reine Pufferlösung ergibt, auf etwa 35% besteht. Bedeutend günstigere Wirkungen beobachtete GÖTTE an den Alkoholsulfonaten. Die dritte Kurve in Abb. 311 bringt die Ergebnisse mit dodecylschwefelsaurem Natrium. Das Minimum des Weißgehaltes liegt auch hier beim p_H 5, das Maximum beim p_H 10. Die reine Pufferlösung wird jedoch durch diese Seife sowohl in saurer wie in neutraler und alkalischer Lösung erheblich übertroffen. Deutlich zeigt dies auch für Hexadecylsulfat die Quotientenkurve in Abb. 312.

In der homologen Reihe der drei untersuchten alkylschwefelsauren Salze zeigt das mit 17 Kohlenstoffatomen die beste Wirkung. Wie GÖTTE angibt, haben weitere Versuche gezeigt, daß mit steigender Temperatur die optimale Waschwirkung sich nach höheren Gliedern der homologen Reihe verschiebt. Abb. 313 bringt die Abhängigkeit der optimalen Waschwirkung von der Kettenlänge bei verschiedener Wasserhärte. In hartem Wasser liegt das Minimum bei den kleinen Molekülen, vermutlich infolge der besseren Löslichkeit der Ca-Salze.

GÖTTE weist darauf hin, daß die Messungen des Ladungssinnes der bei der Wäsche in Emulsion gegangenen Schmutzteilchen einen Umladungspunkt (IR des Schmutzes) beim p_H 5 ergeben. Dieser fällt mit dem beobachteten Minimum der Waschwirkung zusammen. Die Waschwirkung ist also um so größer, je höher das elektrische Grenzflächenpotential der Schmutzteilchen ist. Die Emulgierbarkeit des für die Verschmutzung verwendeten Ölgemisches (1 Teil Mineralöl + 1 Teil Olivenöl) hängt auf die gleiche Weise vom p_H ab wie der Wascheffekt. In den Puffersalzlösungen kann zwischen p_H 4 und 6 keine beständige Emulsion erhalten werden. Im alkalischen Gebiet steigt die Menge des in der Volumeneinheit emulgierbaren Öls bis zu einem Maximum an und nimmt dann bei höherer Alkalität wieder ab. Auch beim Zusatz des Alkylsulfates bleibt zwischen p_H 4 und 6 die Emulsionsbildung schwach, und sie zeigt auch sonst dieselbe Abhängigkeit von der Wasserstoffionenkonzentration wie die Waschwirkung. Im sauren Gebiet nimmt mit abnehmendem p_H die Emulsionsbildung zu, sie bleibt jedoch geringer als die im alkalischen Gebiet erzielbare.

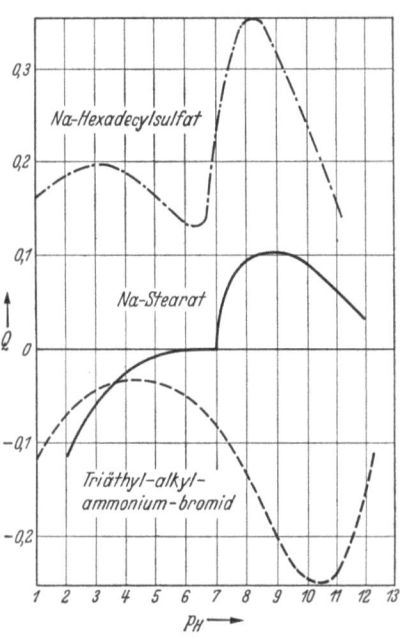

Abb. 312. Waschwirkung von Seifen in Pufferlösungen (im Verhältnis zur Waschwirkung der Pufferlösungen ohne Seife) bei 60° gegenüber künstlich verschmutztem Baumwollgewebe in Abhängigkeit vom p_H. Seifenkonzentration 0,1%, Flottenverhältnis 100:2, Waschdauer 1 Stunde. Nach GÖTTE.

GÖTTE stellt also fest, daß die Anschmutzung vorwiegend mit negativer Ladung emulgierbar ist, und führt die gesamte p_H-Abhängigkeit der Waschwirkung auf diese Tatsache zurück. Er unterstützt diese Ansicht durch den Nachweis, daß Zusatz von Salzen mit höherwertigen Anionen, wie z. B. von Ferrocyankali zur Pufferlösung, den Wascheffekt steigert, Zusatz von Salzen mit höherwertigen Kationen, z. B. von Aluminiumchlorid, denselben herabsetzt. Ein weiterer wichtiger Befund in dieser Richtung ist ferner die Beobachtung, daß die kationischen Seifen keine Waschwirkung aufweisen. Abb. 313 bringt auch die Ergebnisse beim Zusatz eines hochmolekularen Alkylammoniumsalzes (mit je drei Äthylgruppen und einem höhermolekularen Alkylrest [etwa $C_{12}H_{25}$] im Molekül). Es zeigt sich im ganzen p_H-Gebiet eine Herabsetzung der Waschwirkung der Pufferlösungen durch die Seife.

Der Befund steht im Widerspruch zu der Feststellung von REYCHLER, der erstmalig die von KRAFFT entdeckten kationischen Seifen näher untersucht hat. Nach REYCHLER hat das Triäthylcetylammoniumsalz die Fähigkeit, fettes Wollgarn weitgehend zu reinigen. Wir möchten vermuten, daß für GÖTTES Ergebnisse die Tatsache von erheblichem Einfluß war, daß seine Anschmutzung zu einem großen Teil aus verseifbarem Öl bestand. Bei der Verseifung entsteht die freie Fettsäure, die mit den hochmolekularen Kationen unter Bildung eines unlöslichen Salzes reagiert. Ohne Anwesenheit von kationischer Seife wirkt dagegen im alkalischen Gebiet die an der Grenzfläche des Schmutzes entstehende anionische Seife als energisches Waschmittel. Damit dürfte zusammenhängen, daß die Herabsetzung der Waschwirkung durch die kationische Seife im alkalischen Gebiet am größten ist. GÖTTE selbst hält die Möglichkeit offen, daß in Spezialfällen der Schmutz durch positive Aufladung emulgierbar sein könnte und infolgedessen die grenzflächenaktiven Kationen als Waschmittel funktionieren könnten. EVANS hat bei Anwendung einer künstlichen Verschmutzung aus Lanolin und Ruß an Baumwolle eine erhebliche Waschwirkung der kationischen Seife Cetyl-pyridiniumbromid beobachtet.

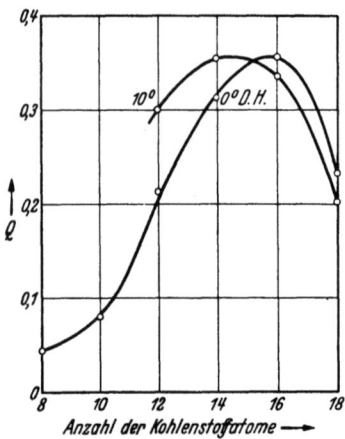

Abb. 313. Abhängigkeit der optimalen Waschwirkung der Natriumsalze von Alkylschwefelsäureestern von der Kettenlänge bei Anwendung von destilliertem Wasser (0° *D.H.*) und von hartem Wasser (10° *D.H.*) bei 60° in Pufferlösungen. Flottenverhältnis 100:2, Waschdauer 1 Stunde. Nach GÖTTE.

Weitere Angaben über die p_H-Abhängigkeit der Waschwirkung finden sich auch bei DUNBAR.

RHODES und WYNN haben kürzlich den Einfluß von Salzen auf die Waschwirkung einer 0,25%igen Seifenlösung bei 60° unter Konstanthaltung des p_H-Wertes von 9,66 gegenüber künstlich verschmutzter Baumwolle untersucht. Mit zunehmender Konzentration bewirkten Natriumchlorid, -sulfat und -phosphat zunächst eine Erhöhung und dann eine Erniedrigung der Waschwirkung. Das Optimum lag bei 0,005 n, die Erhöhung erreichte dabei durch Phosphat etwa 20%. Borat und Acetat waren ohne merkliche Wirkung.

Von weiteren hierher gehörigen Untersuchungen seien erwähnt die von TAUSZ, SZEGÖ, SZEGÖ und BERETTA (Vergleich der Waschwirkung neuzeitlicher Seifen mit der Zwischenflächenspannung), FRANZ (Bewertung neuerer Seifen in der Wollveredelung), PHILLIPS (Rohwollwäsche), SNELL (Wirkung von Salzzusätzen), EVANS (Vergleich der Alkylsulfate mit den entsprechenden Alkylschwefelsäureestern). Interessant ist der Versuch von TJUTJUNNIKOW und KASSJANOWA, die Waschwirkung aus der Bestimmung des Abreißwinkels (s. S. 623) in Seifenlösungen zu ermitteln.

Im Zusammenhang mit der Abhängigkeit der Waschwirkung von der Wasserstoffionenkonzentration sei darauf hingewiesen, daß bei der technischen Anwendung der Seifen für den Gebrauchswert einer Waschflotte die Waschwirkung nicht allein ausschlaggebend ist. Die Vermeidung der Faserschädigung und die Erzielung eines angenehmen Griffes sind nicht minder wichtige Gesichtspunkte. So schließt die Empfindlichkeit der Wolle die Anwendung stärkerer Alkalität ohne Rücksicht auf die Waschwirkung aus. Neben der Festigkeitseinbuße der Wolle wird durch die alkalische Reaktion auch die Verfilzung gefördert (vgl. den Abschnitt ,,Filzen und Walken der Wolle"). Der große Vorteil der neueren Seifen, der höhermolekularen Sulfosäuren und Schwefelsäureester in der Wollwäsche besteht unter anderem darin, daß diese im Gegensatz zu den gewöhnlichen Seifen, die hydrolytisch Alkali abspalten, auch bei neutraler Reaktion angewendet werden können. Dadurch kann die Verfilzung vermieden werden und die Ware behält die ,,offene" Struktur.

Es wurde bereits an mehreren Stellen (S. 607 f.) auf einzelne Beobachtungen über den Einfluß

Tabelle 159.
Einfluß von Seife auf die Wanderungsgeschwindigkeit verschiedener Teilchen.
Nach URBAIN und JENSEN.

Zerteilte Substanz	Beweglichkeit bei 28° in cm/sek je Volt/cm × 10⁵	
	in Wasser	in Seifenlösung [1]
Paraffinöl	—71	—125
Baumwollsamenöl	—61	—116
Gasruß	—45	— 53
Unlöslicher Farbstoff . . .	—46	— 59
Eisenoxyd	—21	— 58
Staphylococcusbakterien .	—28	— 41

der Seifen auf das elektrische Grenzflächenpotential der suspendierten oder emulgierten Teilchen hingewiesen. Kürzlich untersuchten URBAIN und JENSEN die Wirkung von Seifen auf die Wanderungsgeschwindigkeit verschiedener Teilchen. Ihre Ergebnisse bringt Tabelle 159.

Die Wanderungsgeschwindigkeit wurde durchweg durch den Zusatz von Seife erhöht. Besonders stark ist der Einfluß der Seife auf die emulgierten Ölteilchen.

In einer weiteren Versuchsreihe haben URBAIN und JENSEN festgestellt, daß Natriumoleat und -palmitat in dem Konzentrationsbereich 0,0007—0,1 n den Rußteilchen praktisch unabhängig von ihrer Konzentration dieselbe Beweglichkeit erteilen.

Abb. 314 zeigt den Einfluß der Natrium- und Kaliumsalze der Fettsäuren auf das elektrische Grenzflächenpotential der Rußteilchen in Abhängigkeit von der Länge der Kohlenwasserstoffkette.

Sieht man von der Streuung der Werte ab, so beobachtet man eine monotone Zunahme der Wanderungsgeschwindigkeit mit wachsender Kettenlänge des Anions. (Das Ergebnis steht daher im Widerspruch zu den Beobachtungen von GORTNER und BULL hinsichtlich der Beeinflussung des Grenzflächenpotentials der Cellulose durch die fettsauren Salze, vgl. S. 168.) Die p_H-Messungen an den Lösungen der fettsauren Natriumsalze in der angewandten Konzentration zeigten, daß die Hydrolyse der höheren Glieder erwartungsgemäß (wegen der Unlöslichkeit der freien Fettsäure) stärker ist als die der niedrigeren: das p_H der Lösungen der höheren Glieder betrug etwa 10,5, der niedrigeren jedoch nur etwa 7,5. Es bestünde daher die Möglichkeit,

---

[1] Die Seifenlösung enthielt im Falle der Ölemulsionen 3,6 × 10⁻³ n Natriumoleat, bei den anderen Substanzen eine Handelsseife in verdünnter Lösung.

daß die höhere Beweglichkeit der Teilchen in den Lösungen der höheren fettsauren Salze eine Folge der höheren Alkalität sei. Es zeigte sich aber, daß Zusatz von Alkali die Wanderungsgeschwindigkeit der Teilchen in Natriumacetatlösung zwar etwas steigern kann, doch bleibt der erreichte Wert bei demselben p_H hinter dem in Natriumpalmitatlösung erhaltenen weit zurück.

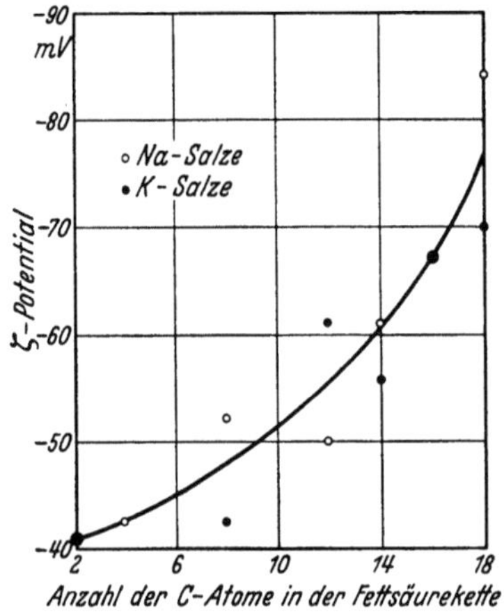

Die Beständigkeit der Rußsuspensionen, die mit Hilfe der fettsauren Salze bereitet wurden, nahm nach den Beobachtungen von URBAIN und JENSEN mit wachsender Kettenlänge der Fettsäuren zu. Beim qualitativen Vergleich der Beständigkeit mit der Beweglichkeit der Teilchen zeigte sich daher eine rohe Parallelität.

BULL und GORTNER haben das elektrische Potential der Grenzfläche Paraffinöl-wässerige Lösung in Abhängigkeit von der Salzkonzentration ermittelt. Ihre Ergebnisse in willkürlichen Einheiten des Potentials bringt Abb. 315.

Abb. 314. Elektrokinetisches Potential von Rußteilchen in den verdünnten Lösungen der fettsauren Salze. Nach URBAIN und JENSEN.

Es fällt dabei auf, daß die Natriumstearatlösung viel stärker auflädt als die anderen Salze. Das Maximum seiner Wirkung wird in etwa 3×10^{-4} n Lösung erreicht. Die Umladung durch Thoriumchlorid erfolgt bei 2×10^{-5} n.

An dieser Stelle sei erwähnt, daß von verschiedenen Seiten ausgeführte Messungen der Beweglichkeit von Teilchen, die ihre Aufladung vermutlich oberflächlich angelagerten Seifen- oder Fettsäuremolekülen verdanken, derart hohe Werte ergaben, daß sie vom Standpunkt der allgemeinen Elektrochemie der Kolloide als eine Besonderheit betrachtet werden müssen. Die höchsten Werte nämlich, die sonst für die Wanderungsgeschwindigkeit von Zerteilungen aufgezeichnet wurden, betragen etwa $50-60 \times 10^{-5}$ cm/sek je Volt/cm. Demgegenüber übersteigen die von URBAIN und JENSEN für die Ölemulsionen angegebenen Werte 100×10^{-5} cm/sek je Volt/cm. Auch die Werte, die LIMBURG an den Ölteilchen im Höchstfalle beobachtet hat, erreichen diese Größe (S. 610).

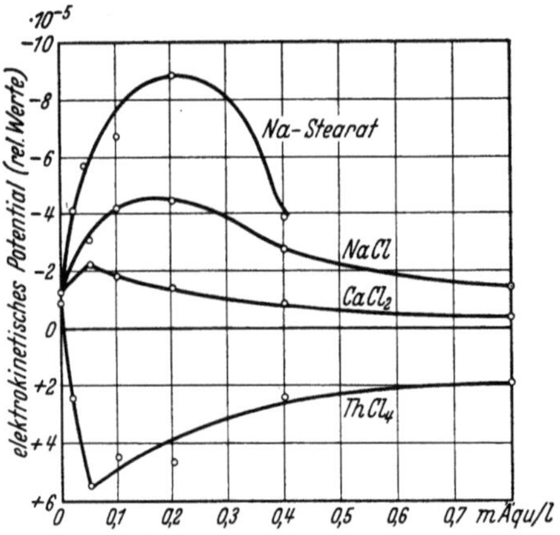

Abb. 315. Elektrokinetisches Potential von Paraffinteilchen in Salz- und Seifenlösungen bei Zimmertemperatur auf Grund von Messungen des Strömungspotentials. Nach BULL und GORTNER.

DUBOIS und ROBERTS erhielten an Teilchen von Fettsäuren und Kohlenwasserstoffen die folgenden Werte (Tabelle 160).

Ähnliche Werte lassen sich berechnen aus den Ergebnissen von McBAIN und WILLIAMS an Luftblasen und Benzoltröpfchen, deren Oberfläche mit Hexadecansulfosäure bedeckt war.

Die Verteilung des Schmutzes zwischen Flotte und Waschgut. Einleitend wurde bemerkt, daß der Waschvorgang gewöhnlich nicht bis zum

Erreichen eines Gleichgewichtszustandes ausgeführt wird, sondern daß eine möglichst weitgehende Reinigung in einer begrenzten Zeit erstrebt wird. Trotzdem macht sich unter Umständen die Annäherung an einen Gleichgewichtszustand bemerkbar. Dies gilt in erster Linie für die Abhängigkeit des Wascheffektes von der Erneuerung der Waschflotte. Abb. 316 bringt die Ergebnisse zweier Versuchsreihen von RHODES und BRAINARD.

Tabelle 160. Wanderungsgeschwindigkeit von Tröpfchen. Nach DUBOIS und ROBERTS.

Substanz	Zerteilt in	Beweglichkeit in cm/sek je Volt/cm × 10⁻⁵
Ölsäure.	Wasser	56—76
Stearinsäure	,,	106—108
,, ...	1 × 10⁻⁵ KCl	114—137
,, ...	1 × 10⁻⁴ KCl	158—214
n-Tetradecan	Wasser	81— 84
,,	1 × 10⁻⁵ KCl	103
Tetrahydronaphthalin	Wasser	75— 90

In der ersten Versuchsreihe wurde die Waschflotte nach je 30 Minuten erneuert, in der anderen nach je 5 Stunden. In beiden Versuchsreihen wurde sowohl die Waschwirkung von destilliertem Wasser als auch von 0,25%iger Seifenlösung ermittelt. Es ergab sich nun, daß der Wascheffekt viel größer war, wenn die Waschflotte häufiger erneuert wurde. Während in diesem Fall die Seifenlösung dem reinen Wasser weit überlegen ist, ist im Falle selteneren Flottenwechsels der Unterschied zwischen Wasser und Seife nur gering. Abb. 317 zeigt den Einfluß der Änderung der einzelnen Waschperioden in einem größeren Bereich (0,25% Seife, 40°).

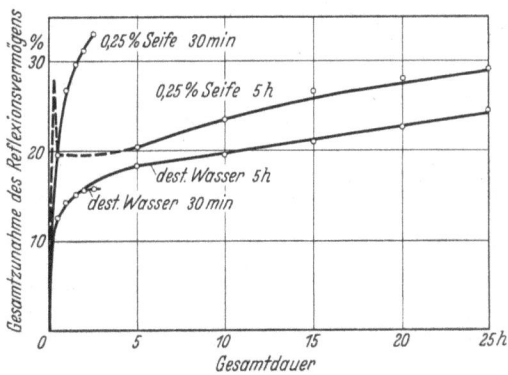

Abb. 316. Vergleich der Waschwirkung des destillierten Wassers mit der einer 0,25%igen Seifenlösung (Seifenflocken, Handelsware) bei halbstündigem und fünfstündigem Flottenwechsel bei 40° gegenüber Baumwollgewebe mit künstlicher Verschmutzung. Nach RHODES und BRAINARD.

Eine Waschperiode von 7 Minuten erscheint wirksamer als eine solche von 3,5 Minuten. Mit weiterer Zunahme der Flottenwechselperiode nimmt jedoch die Waschwirkung ab.

Diese Beobachtungen lassen sich durch die Annahme erklären, daß eine Art Verteilungsgleichgewicht des Schmutzes zwischen dem Waschgut und der Flotte besteht. Erreicht die Konzentration der Flotte an Schmutz eine gewisse Größe, dann hört die Waschwirkung auf, und die weitere Reinigung wird erst durch Erneuerung der Waschflotte möglich.

Das Verteilungsgleichgewicht zeigt sich deutlich auch darin, daß eine in die Waschflotte eingebrachte unverschmutzte Ware während des Waschvorganges immer mehr angeschmutzt wird. Der Unterschied im Reinheitsgrad zwischen dem ursprünglich reinen und dem schmutzigen Waschgut wird immer geringer. Man kann in Analogie zum Färbevorgang von einem „Egalisiervermögen" des Schmutzes sprechen. Man hat daher wiederholt Messungen der Waschwirkung derart ausgeführt, daß man die Aufnahme von Pigmenten durch das Gewebe aus den waschmittelhaltigen Suspensionen ermittelte (vgl. z. B. CARTER).

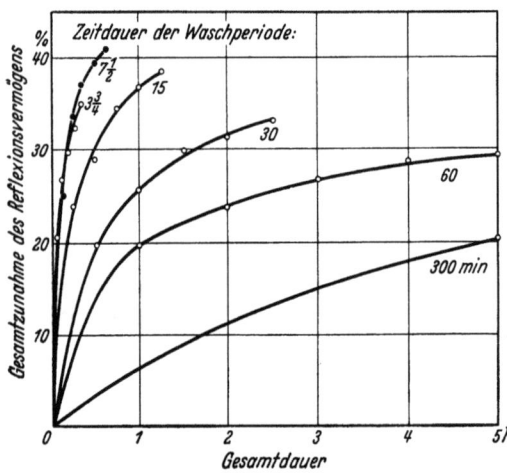

Abb. 317. Einfluß des Flottenwechsels (der „Waschperiode") auf die Waschwirkung einer 0,25%igen Seifenlösung (Seifenflocken, Handelsware) bei 40° gegenüber künstlich verschmutztem Baumwollgewebe. Nach RHODES und BRAINARD.

Wiederholt wurde über die bemerkenswerte Erscheinung berichtet, daß während lang dauernder Wäsche der bereits von der Ware entfernte Schmutz sich wieder auf derselben niederschlägt. Es gibt dafür zwei Erklärungen. Entweder werden die Pigmente, nachdem sie im fettbeladenen Zustand suspendiert wurden, nach und nach entfettet und zeigen dann im entfetteten Zustand eine größere Affinität zur Faser (kleinere Zwischenflächenarbeit) als im ursprünglichen fetthaltigen Zustand. Oder die Pigmente werden zunächst als Aggregate von der Faser entfernt und dann allmählich in Einzelteilchen zerteilt. Diese Einzelteilchen haften besser an der Faser als die ursprünglichen Aggregate, da sie z. B. in den Zwischenräumen der Fasern besonders innig mit der Faserwand in Berührung kommen können.

Behandlung der Fasern mit Emulsionen. Die Imprägnierung der Fasern mit Hilfe von Emulsionen (etwa zur Herstellung eines wasserabstoßenden Überzuges) stellt gewissermaßen eine Umkehrung des Waschvorganges dar. Wenn MÜLLER und STENZINGER die möglichst vollständige Niederschlagung der emulgierten Teilchen auf die Fasern dadurch anstreben, daß sie den Teilchen und den Fasern entgegengesetzten elektrischen Ladungssinn verleihen, so steht dieses Verfahren mit der elektrostatischen Theorie des Waschvorganges in voller Übereinstimmung.

DUNBAR hat nachgewiesen, daß reine Wolle aus einer 0,25%igen Spinnölemulsion während halbstündiger Behandlung um so mehr Öl aufnimmt, je geringer der Prozentgehalt der Emulsion an Seife, die als Emulgator diente, ist. (Siehe Tabelle 161.)

Die Waschwirkung der Seife nimmt in dem gleichen Konzentrationsgebiet gegenüber der ölbeschmutzten Wolle mit zunehmender Konzentration zu.

CARTER hat das Aufziehen verschiedener Pigmentzerteilungen in Lösungen von Seife und von alkalisch hydrolysierenden Salzen (Soda, Silicat usw.) auf Baumwollgewebe untersucht. Die Silicate haben insbesondere die Anlagerung von Ockererde und Umbra stark gehemmt. Bemerkenswert ist, daß geringe Seifenkonzentration das Aufziehen der Pigmente in manchen Fällen gefördert hat.

Zweifelsohne sind emulgierte Teilchen zu groß, um in die zwischenkrystallinen, submikroskopischen Poren der Fasern eindringen zu können. Sie werden daher an der Oberfläche der Einzelfasern abgelagert, falls es sich um eine sehr feinteilige Emulsion handelt und eine vollständige Benetzung stattfindet. Im anderen Fall werden sie nicht einmal in die zwischen den Einzelfasern befindlichen Räume dringen können. Nach der Trocknung bzw. der Phasenumkehr bildet die abgelagerte Substanz eine mehr oder minder zusammenhängende Schicht. Falls sie eine Flüssigkeit von nicht zu hoher Viscosität darstellt, kann sie nunmehr unter Umständen auch in die zwischenkrystallinen Kanäle eingesaugt werden. Es liegen nur wenige Untersuchungen über diese Frage vor (vgl. z. B. LASSÉ), es dürfte jedoch die Annahme nicht fehlgehen, daß im allgemeinen das Molekulargewicht bzw. die Viscosität der Fette viel zu hoch, ihre Affinität zu den Fasermolekülen zu gering ist, um die Fasern zu durchtränken. Die Beeinflussung des Griffes der Fasern durch Imprägnierung mit Weichmacheremulsionen besteht daher meistens nur in der Veränderung der Reibung an der Oberfläche der Einzelfaser. Ebenso bezweckt das Ölen (Schmälzen) der Wolle (und die Präparation der Kunstseide) nur den Überzug der Einzelfasern mit einer dünnen Schicht (vgl. SPEAKMAN, SPEAKMAN und CHAMBERLAIN, LIETZ).

Tabelle 161. Aufnahme von Spinnöl durch Wolle aus einer Emulsion in Abhängigkeit von der Seifenkonzentration. Nach DUNBAR.

% Seife	% Öl aufgenommen
0,01	2,8
0,05	1,14
0,3	0,37
0,5	0,25
1,0	0,16

Anders verhält es sich bei der Behandlung der Fasern mit Seifenlösungen (unter Seife verstehen wir hier auch die seifenähnlichen Weichmacher). Wenn auch die Länge der Seifenmoleküle größenordnungsgemäß der Dicke der Faserporen entspricht, so können diese doch in die Fasern eindringen, sei es, indem sie sich dabei parallel zur Porenwand stellen, sei es, indem sie sich zu Knäueln einrollen. Jedenfalls beweist die Tatsache, daß die Seifen durch halbdurchlässige Membranen von der Art des Pergamentpapiers oder des Kollodiums diffundieren können, ihre Fähigkeit, in submikroskopische Kanäle einzudringen. Wir können daher annehmen, daß bei der Behandlung der Fasern mit Weichmachern in gelöster Form auch das Faserinnere belegt wird.

Um unlösliche Stoffe in Form kolloider oder noch gröberer Teilchen in die Fasern einzulagern, gibt es zwei Verfahren. Entweder werden die Teilchen aus löslichen Bestandteilen durch doppelte Umsetzung innerhalb der Fasern erzeugt (z. B. werden die Fasern zuerst mit einer Schwefelsäurelösung, dann mit einer Bariumchloridlösung getränkt), oder sie werden — dies gilt allerdings nur für Kunstseiden — der Spinnlösung in Form einer Zerteilung beigemischt. Beide Verfahren spielen für die Mattierung der Kunstfasern eine wichtige Rolle (vgl. LASSÉ, ZART). Zu den Verfahren, unlösliche Stoffe in den Fasern zu erzeugen, gehört auch die Tränkung der Fasern mit monomeren Substanzen und ihre nachherige Polymerisation oder polymerisierende Kondensation. Auf diese Weise wird z. B. Harnstoff-Formaldehydharz zur Erzielung der Knitterfestigkeit in die Cellulosefasern einverleibt (vgl. AMICK, E. CLAYTON).

An dieser Stelle sei erwähnt, daß die Wolle von Natur aus innerhalb der Einzelfasern eine fettartige Substanz in Form mikroskopischer Teilchen enthält. An Stelle dieser Teilchen entstehen bei sehr weitgehender Entfettung mikroskopisch sichtbare Hohlräume (MARK, REUMUTH).

Schaumwirkung. Die Fähigkeit der Seifenlösungen, Schäume zu bilden, sei hier nur kurz gestreift. Im thermodynamischen Sinne müßten die Schäume, d. h. die durch dünne Flüssigkeitswände getrennten Luftblasen um so beständiger sein, je niedriger die Oberflächenspannung der Flüssigkeit ist. In Wirklichkeit ist jedoch auch die Frage der Schaumbeständigkeit weniger eine Frage der thermodynamischen Stabilität als eine Frage der Herabsetzung der Zerfallgeschwindigkeit, d. h. der Verzögerung der Annäherung an die Gleichgewichtslage. Die Zähigkeit der Lösung, ihre Verdampfungsgeschwindigkeit und die mechanischen Eigenschaften ihrer Oberflächenschichten können daher unter Umständen für die Schaumbeständigkeit eine größere Bedeutung haben als ihre Oberflächenspannung (vgl. z. B. BARTSCH, OSTWALD und STEINER, FOULK, BERKMAN und EGLOFF).

Die größte technische Bedeutung hat die Schaumbildung für die Schwimmaufbereitung der Erze erlangt (vgl. das Buch von PETERSEN). Ob sie bei dem Waschvorgang eine Rolle spielt, ist noch umstritten, wenn auch unter Umständen ein „Schwimmen" der Schmutzteilchen beim Waschen zu beobachten ist. Die praktische Bedeutung des Schaumes bei der Wäsche scheint eher darin zu bestehen, daß er als Indicator für das Vorhandensein unverbrauchter Seife dient.

Bei einer Reihe von Textilveredlungsverfahren muß die Schaumbildung vermieden werden, z. B. beim Mercerisieren, Färben, Drucken, Imprägnieren usw. Die gebräuchlichen Schaumverhütungsmittel stellen meistens oberflächenaktive, jedoch nicht schäumende (oft nur wenig lösliche) Stoffe dar, welche die gleichfalls oberflächenaktiven, jedoch zur Schaumbildung besser befähigten Stoffe von der Oberfläche verdrängen.

Schrifttum.

ADAM, N. K.: Physics and chemistry of surfaces. Oxford 1930.
— and G. JESSOP: J. Soc. Chem. Lond. **127**, 1863 (1925).
AMICK, CH.: Amer. Dyestuff Rep. **24**, 622 (1935).
ASTBURY, W. T., S. DICKINSON and K. BAILEY: Biochemic. J. **29**, 2351 (1935).
— and R. LOMAX: J. chem. Soc. **1935**, 895.
AUERBACH, R.: Kolloid-Z. **43**, 114 (1927).
BAKER, CH. L.: Ind. Engng. Chem. **23**, 1025 (1931).
BANCROFT, W. D.: J. physic. Chem. **16**, 177 (1912); **17**, 514 (1913).
BARTELL, F. E.: J. Alexanders Colloid Chemistry, Vol. **3**, p. 41. New York 1931.
— and L. S. BARTELL: J. amer. chem. Soc. **56**, 2205 (1934).
— u. H. J. OSTERHOF: Z. physik. Chem. A **130**, 715 (1927). — Colloid Symp. Monogr. **5**, 113 (1927).
— and C. W. WALTON: J. physic. Chem. **38**, 503 (1934).
BARTSCH, O.: Kolloidchem. Beih. **20**, 1 (1925).
BERKMAN, S. and G. EGLOFF: Chem. Reviews **15**, 377 (1934).
BERL, E. u. B. SCHMITT: Kolloid-Z. **66**, 87 (1934).
BERTSCH, H.: Z. angew. Chem. **48**, 52 (1935).
BREDIG, G.: Anorganische Fermente. Leipzig 1901.
British research association for the woollen and worsted industries: J. Textile Inst. **13**, 127 (1922).
BROSSA, A. u. H. FREUNDLICH: Z. physik. Chem. A **89**, 306 (1915).
BULL, H. B. and R. A. GORTNER: Proc. nat. Acad. Sci. U.S.A. **17**, 288 (1931).
BUZÁGH, A. v.: Kolloid-Z. **48**, 33 (1929). — Kolloidchem. Beih. **32**, 249 (1931).
CARTER, J. D.: Ind. Engng. Chem. **23**, 1389 (1931).
— and W. STERICKER: Ind. Engng. Chem. **26**, 277 (1934).
CASSEL, H. M.: J. amer. chem. Soc. **57**, 175 (1935).
CHWALA, A.: *1* Kolloidchem. Beih. **31**, 222 (1930). — J. ALEXANDERs Colloid Chemistry, Vol. 3, p. 179. New York 1931. Melliands Textilber. **17**, 583 (1936).
— *2* Melliands Textilber. **17**, 583 (1936).
CLAYTON, E.: J. Soc. Dyers Colourists **48**, 245 (1932).
CLAYTON, W.: The Theorie of Emulsions, 4. Aufl. London 1935. — Die Theorie der Emulsionen. Berlin 1924.
DANNENBERG, F.: Kolloidchem. Beih. **31**, 447 (1930).
DONNAN, F. G.: Z. physik. Chem. A **31**, 42 (1899).
Dow, P.: J. gen. Physiol. **19**, 907 (1936).
DU BOIS, R. and A. H. ROBERTS: J. physic. Chem. **35**, 3070 (1936).
DUMMETT, A. and P. BOWDEN: Proc. roy. Soc. Lond. A **142**, 382 (1933).
DUNBAR, C.: J. Soc. Dyers Colourists **50**, 309 (1934).
ELFORD, W. S.: Proc. roy. Soc. Lond. B **112**, 384 (1933).
— and J. D. FERRY: Biochemic J. **30**, 84 (1936).
ELLIS, R.: Z. physik. Chem. A **78**, 321 (1912); **80**, 606 (1912).
ENGELMANN, W.: Diss. Göttingen 1923.
ETTISCH, G., D. M. DOMONTOWITSCH u. P. v. MUTZENBECHER: Naturwiss. **18**, 447 (1930).
EVANS, J. G.: J. Soc. Dyers Colourists **51**, 233 (1935).
FALL, P. H.: J. physic. Chem. **31**, 801 (1927).
FAUST, O.: Celluloseverbindungen. Berlin 1935.
FISCHER, A.: Z. physik. Chem. A **176**, 260 (1936).
FOULK, C. W.: Kolloid-Z. **60**, 115 (1932).
FRANZ, E.: Melliand Textilber. **16**, 227 (1935).
FREUNDLICH, H.: Kapillarchemie, 4. Aufl. Leipzig 1932.
— u. H. A. ABRAMSON: Z. physik. Chem. A **133**, 51 (1928).

FREUNDLICH, H. u. G. LINDAU: Biochem. Z. **234**, 170 (1931).
— O. ENSLIN u. G. LINDAU: Kolloid-Beih. **37**, 242 (1933).
GÖTTE, E.: Kolloid-Z. **64**, 222, 327, 331 (1933).
HALL, A. J.: Amer. Dyestuff Rep. **22**, 623 (1933).
HALLER, W.: Kolloid-Z. **53**, 247 (1930); **54**, 7 (1931).
HARDY, W. B.: Z. physik. Chem. A **33**, 384 (1900).
HARTLEY, G. S.: *1* Aqueous solutions of paraffin-chain salts. Paris 1936.
— *2* Trans. Faraday Soc. **30**, 444 (1934).
HAUROWITZ, F.: Kolloid-Z. **71**, 199 (1935); **74**, 208 (1936).
— u. F. MARX: Kolloid-Z. **77**, 65 (1936).
HAZEL, T. and G. B. KING: J. physic. Chem. **39**, 515 (1935).
HELD, N. A. u. J. A. KHANSKY: Kolloid-Z. **76**, 26 (1936).
HERBIG, W. u. H. SEYFERTH: Melliands Textilber. 8, 45, 149 (1927).
HEYMANN, E.: Biochemic. J. **30**, 127 (1936).
HILLYER, H. W.: J. amer. chem. Soc. **25**, 511 (1903).
HITCHCOCK, D. J.: J. gen. Physiol. 8, 61 (1925).
HOFMANN, F. B.: Z. physik. Chem. A **83**, 384 (1913).
HOHN, H. u. E. LANGE: Physik. Z. **36**, 603 (1935).
HOWITT, F. O. and E. B. R. PRIDEAUX: Pric. Roy. Soc. Lond. B **112**, 24 (1932).
HUGHES, A. H.: Trans. Faraday Soc. **31**, 80 (1934).
— and E. K. RIDEAL: Proc. roy. Soc. Lond. A **137**, 62 (1932).
I. G. Farbenindustrie A. G.: E.P. 460602.
JONES, H. L. and J. E. SMITH: Amer. Dyestuff Rep. **23**, 423 (1934).
KEMP, J. and E. K. RIDEAL: Proc. roy. Soc. Lond. A **147**, 1 (1936).
KNAPP, L. F.: Trans. Faraday Soc. **17**, 457 (1922).
KÖHLER, R.: Kolloid-Z. **45**, 345 (1928).
KRAEBER, L. u. A. BOPPEL: Met. u. Erz **31**, 417 (1934).
KRAFFT, F.: Ber. dtsch. chem. Ges. **29**, 1328 (1896).
KRUYT, H. R. u. G. S. KADT: Kolloidchem. Beih. **32**, 249 (1931).
LANDOLT, A.: Melliands Textilber. **9**, 759 (1928).
LANGMUIR, I. u. K. B. BLODGETT: Kolloid-Z. **73**, 257 (1935).
LASSÉ, R.: Melliands Textilber. **14**, 185, 309, 358, 414, 461, 508, 553 (1933).
LENHER, S. and J. E. SMITH: Ind. Engng. Chem., Analytic. Edit. **5**, 376 (1933).
LENHER, V. and M. V. R. BUELL: Ind. Engng. Chem. **8**, 701 (1916).
LEWIS, W. C. M.: Kolloid-Z. **5**, 91 (1909).
LIETZ, G.: Melliands Textilber. **16**, 542 (1935).
LIMBURG, H.: Rec. Trav. chim. Pays-Bas **45**, 772, 854, 875 (1925).
LINDAU, G. u. R. RHODIUS: Z. physik. Chem. A **172**, 321 (1935).
LINDNER, K.: Melliands Textilber. **15**, 416 (1934).
LOEB, J.: J. gen. Physiol. **2**, 285, 577 (1920). — Die Eiweißkörper. Berlin 1924.
LOTTERMOSER, A. u. E. v. MEYER: J. prakt. Chem. (2) **56**, 241 (1897).
— u. H. WINTER: Kolloid-Z. **66**, 276 (1934).
LUYKEN, W. u. E. BIERBRAUER: Met. u. Erz **26**, 197 (1929).
MADSEN, TH.: Detergent action and surface activity. Kopenhagen 1931.
MARK, H.: Beiträge zur Kenntnis der Wolle. Berlin 1925.
MARTIN, W. M. K.: J. physic. Chem. **39**, 249 (1935).
MCBAIN, J. W., R. S. HARBORNE and A. M. KING: J. Soc. chem. Ind. **42**, 373 (1923).
— and R. C. WILLIAMS: Colloid Symp. Annual **7**, 105 (1930).
METCALF, M. V.: Z. physik. Chem. A **52**, 1 (1905).
MIRSKY, A. E. and L. PAULING: Proc. Nat. Acad. Sci. U.S.A. **22**, 439 (1936).
MORGAN, G. T., D. D. PRATT and GE. PETTEL: J. Soc. Dyers Colourists **49**, 125 (1933).
MÜLLER, A. u. TH. STENZINGER: U.S.P. 2015864.
NATHANSON, A.: DRP 521029, 542186, 554874.

NEURATH, H.: J. physic. Chem. **40**, 361 (1936).
— and H. B. BULL: J. of. biol. Chem. **115**, 519 (1936).
NEVILLE, H. A. and M. HARRIS: Bur. Stand. J. Res. **14**, 765 (1935).
— and CH. A. JEANSON: J. physic. Chem. **37**, 1000 (1933).
NOLL, A. u. F. BOLZ: Papierfabrikant **32**, 465, 473 (1934).
NOÜY, P. LECOMTE DÜ: Philosophic. Mag. [6] **48**, 664 (1924).
NUGENT, T. C.: Trans. Faraday Soc. **17**, 703 (1922).
OSTWALD, WO., W. STEINBACH u. R. KÖHLER: Kolloid-Z. **43**, 227 (1927).
— u. A. STEINER: Kolloid-Z. **36**, 342 (1925).
PAULI, WO. u. L. FLECKER: Biochem. Z. **41**, 461 (1912).
— u. L. SINGER: Biochem. Z. **224**, 76 (1932).
— u. E. VALKÓ: Elektrochemie der Kolloide. Wien 1929.
— — Kolloidchemie der Eiweißkörper. Dresden u. Leipzig 1933.
— u. J. WEISSBROD: Kolloid-Beih. **42**, 429 (1935).
— u. E. WEISZ: Biochem. Z. **203**, 103 (1928).
PEEK, R. L. and D. A. MCLEAN: Ind. Engng. Chem., Analytic. Edit. **6**, 85 (1934).
PERRIN, J.: J. Chim. physique **2**, 601 (1904); **3**, 1 (1905).
PETERSEN, W.: Die Schwimmaufbereitung der Erze. Dresden u. Leipzig 1935.
PHILLIPS, H.: J. Textile Inst. **17**, P 208 (1936).
POWIS, F.: Z. physik. Chem. A **89**, 186 (1915).
PRIDEAUX, E. B. R. and F. O. HOWITT: Biochemic. J. **25**, 391 (1931).
QUINCKE, G.: Ann. Physik **35**, 580 (1888).
RAMSDEN, W.: Z. physik. Chem. A **47**, 336 (1904).
REHBINDER, P., M. LIPITZ u. M. RIMSKAJA: Kolloid-Z. **66**, 40 (1934).
— — — u. A. TAUBMAN: Kolloid-Z. **65**, 268 (1933).
REINDERS, W.: Kolloid-Z. **13**, 235 (1913).
— et W. M. BENDIEN: Rec. Trav. chim. Pays-Bas **47**, 977 (1928).
REUMUTH, H.: Chem.-Ztg **58**, 345 (1934).
REYCHLER, A.: Kolloid-Z. **12**, 277 (1913); **13**, 252 (1913).
RHODES, F. H. and C. H. BASCOM: Ind. Engng. Chem. **23**, 778 (1931).
— and S. W. BRAINARD: Ind. Engng. Chem. **21**, 60 (1929).
— and C. S. WYNN: Ind. Engng. Chem. **29**, 55 (1937).
ROON, L. and R. E. OESER: Ind. Engng. Chem. **9**, 156 (1917).
ROWE, F. M.: J. Soc. Dyers Colourists **52**, 205 (1936).
SCHENCK, M.: Helv. chim. Acta **14**, 520 (1931); **15**, 1088 (1932).
SCHINDLER, W.: Kolloid-Z. **48**, 254 (1929).
SERRALACH, J. A., G. JONES and R. J. OWEN: Ind. Engng. Chem. **25**, 816 (1933).
SHEPPARD, S. E. and P. T. NEWSOME: J. physic. Chem. **39**, 143 (1935).
SHUKOW, A. A. u. P. I. E. SHESTAKOW: Chemiker-Ztg **35**, 1027 (1911).
SIEDLER, P.: Kolloid-Z. **68**, 89 (1934).
SIEFERT, F.: Melliands Textilber. **15**, 367 (1934).
SMITH, E. L.: J. physic. Chem. **36**, 1401, 1672, 2455 (1932).
SNELL, F. D.: Ind. Engng. Chem. **25**, 1240 (1933).
SPEAKMAN, J. B.: Melliands Textilber. **16**, 538 (1935).
— and N. H. CHAMBERLAIN: In „Technical aspects of emulsions", p. 101. London 1935.
SPRING, W.: Kolloid-Z. **4**, 161 (1909); **6**, 11, 109, 164 (1910).
STENZINGER, TH.: Mschr. Text.-Ind. **50**, Fachh., 15 (1935).
STIASNY, E. u. C. RIESS: Collegium **1925**, 498.
SZEGÖ, L.: G. Chim. ind. appl. **16**, 533 (1934).
— e G. BERETTA: G. Chim. ind. appl. **16**, 281 (1934).
TAUSZ, J.: Allg. Öl- u. Fett-Ztg **27**, 183 (1930).
THIESSEN, P. A.: Naturwiss. **24**, 763 (1936).

TJUTJUNNIKOW, B. u. N. KASSJANOWA: Öl- u. Fett-Ind. [russ.: Masloboinorhivowoje Djelo] **11**, 199 (1935). Ref. Chem. Zbl. **1936 I**, 673.
TUORILA, P.: Kolloid-Beih. **22**, 192 (1926).
URBAIN, W. M. and L. B. JENSEN: J. physic. Chem. **40**, 821 (1936).
VALKÓ, E.: Trans. Faraday Soc. **31**, 68 (1934).
VINCENT, G. P.: J. physic. Chem. **31**, 1281 (1927).
WAGNER, H. u. G. FISCHER: Kolloid-Z. **77**, 12 (1936).
WASHBURN, E. and G. W. BERRY: J. amer. chem. Soc. **57**, 975 (1935).
WENZEL, R. N.: Ind. Engng. Chem. **28**, 988 (1936).
WIERTELAK, J. and J. GARBACZOWNA: Ind. Engng. Chem., Analytic. Edit. **7**, 110 (1935).
WILSON, R. E. and E. D. RIES: Colloid Symp. Monogr. **1**, 145 (1923).
WOOD, F. C.: J. Soc. chem. Ind. **50**, 411 (1931).
ZART, A.: Chem.-Ztg **60**, 213 (1936).
ZSIGMONDY, R.: Z. anal. Chem. **40**, 697 (1901) — Kolloidchemie, 5. Aufl. Leipzig 1927.
— u. P. A. THIESSEN: Das kolloide Gold. Leipzig 1925.

16. Kolloidchemie der Stärke und der Gummis.

Konstitution, Krystallstruktur und Molekülgröße der Stärke. Die analytische Zusammensetzung der Stärke ist, abgesehen von einem geringen

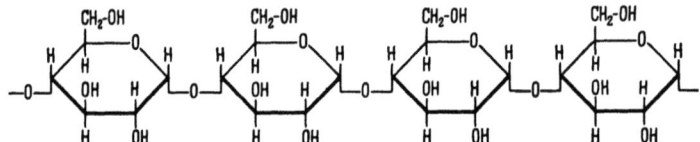

Abb. 318. Hauptvalenzkette des Stärkemoleküls nach HAWORTH.

Gehalt an Phosphor und Silicium, dieselbe wie die der Cellulose: $(C_6H_{10}O_5)_x$. Das hydrolytische Abbauprodukt der Stärke ist Maltose, die eine Stereoisomere der Zellobiose darstellt. Wie die Untersuchungen von IRVINE, HAWORTH, FREUDENBERG, ZEMPLÉN gezeigt haben, besteht das Stärkemolekül aus einer großen Anzahl in 1.4-Stellung glucosidisch verknüpfter α-Glucosereste nach der obigen Konstitutionsformel (Abb. 318).

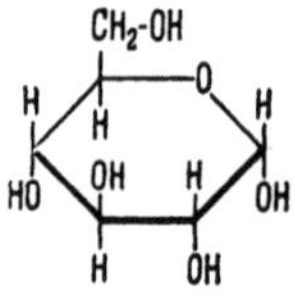

Abb. 319. Konstitution der α-Glucopyranose nach HAWORTH.

Der Unterschied gegenüber der Konstitution der Cellulose ist daher nur der, daß die Stärke (ebenso wie die

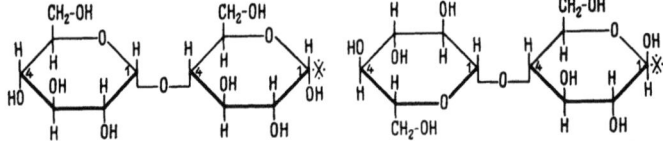

Abb. 320. Konstitution der Maltose (links) und der Zellobiose (rechts) nach HAWORTH.

Maltose) aus α-Glucopyranoseresten (Abb. 319), die Cellulose jedoch (ebenso wie die Zellobiose) aus β-Glucopyranoseresten aufgebaut ist (Abb. 320).

Die Stärke enthält also, ebenso wie die Cellulose, je Glucoserest drei freie Hydroxylgruppen, die zur Ester- und Ätherbildung befähigt sind.

Auf Grund der Röntgenaufnahme haben SCHERRER, sowie HERZOG und JANCKE gleichzeitig gezeigt, daß erhebliche Anteile der Stärke gittermäßig geordnet sind. Die gittermäßige Anordnung ist an das Vorhandensein von Wasser geknüpft, das anscheinend als Krystallwasser vorliegt. Völlig entwässerte Stärke gibt nur Diagramme, die für amorphe Substanzen kennzeichnend sind (KATZ und MARK, MEYER, HOPFF und MARK). Wie v. NÁRAY-SZABÓ sowie KATZ gefunden haben, tritt native Stärke in drei röntgenographisch verschiedenen Modifikationen auf. Da die eine Modifikation in die andere überführbar ist, handelt es sich hier um einen Fall der bei den Hochpolymeren häufigen Erscheinung von Polymorphie. Das Diagramm der Stärke entspricht einem Krystallpulverdiagramm. Es ist bisher nicht gelungen, die Stärke durch Spinnen von Fäden oder Zug und Druck so zu orientieren, daß sie eine röntgenographische Fasertextur erhält. Es war daher nicht möglich, die Dimensionen der Elementarzelle der Stärkekrystalle zu bestimmen.

Die Stärke tritt in den pflanzlichen Organen (hauptsächlich in Samen und Knollen) in Form von Körnern mikroskopischer Größe (Durchmesser etwa 2—50 μ je nach Herkunft) auf. Eine Ordnung der Krystallite läßt sich zwar im Stärkekorn röntgenographisch nicht erkennen, die Doppelbrechung und die Quellungserscheinungen weisen jedoch darauf hin, daß im Korn längliche Krystallite radial angeordnet sind. Bei Quellung wird die radiale Textur direkt makroskopisch sichtbar (A. MEYER). Daneben läßt sich im Querschnitt das Vorhandensein konzentrischer Schichten beobachten. Durch Maceration gelang es KATZ, sowohl die Radialstruktur als auch die Kugelschalenanordnung der histologischen Einheiten in Stärkeform deutlich nachzuweisen. Es konnte dabei beobachtet werden, daß die teilweise abgebaute Stärke in Blöcke von etwa 1 μ Kantenlänge zerfiel. Die Struktur des Stärkekorns kann je nach der chemischen und mechanischen Behandlung mehr oder minder zerstört werden. Anscheinend ist die Hülle des Korns widerstandsfähiger als sein Inhalt, so daß ihr Vorhandensein auch noch in den Pasten, in denen die Stärke mittels Erhitzung weitgehend verkleistert wurde, mikroskopisch wahrzunehmen ist.

Eine Reihe weiterer Erscheinungen zeigt gleichfalls, daß der Aufbau des Stärkekorns nicht homogen ist. Bei Einwirkung von Enzymen wird ein Teil der Substanz zur Maltose oder wenigstens zu Dextrinen abgebaut, die in kaltem Wasser löslich sind, während ein anderer Teil anscheinend unverändert übrigbleibt und noch den morphologischen Aufbau der Körner erkennen läßt. Die zwei Anteile bezeichnet man als α- und β-*Amylose*. Andererseits bezeichnet man den beim Verkleistern gelbildenden Teil der Stärkesubstanz als *Amylopektin*, zum Unterschied von dem in Lösung gehenden Teil, der *Amylose*. Die zahlreichen Versuche, die zwecks Aufklärung der Verschiedenheiten der Stärkebestandteile ausgeführt wurden, haben gezeigt, daß die Mengen der einzelnen Fraktionen und ihre unterschiedlichen Merkmale (z. B. Phosphorgehalt, Löslichkeit, Färbung mit Jod) je nach der angewandten Trennungsmethode verschieden ausfallen. Die Nichtbeachtung der Tatsache, daß die Verschiedenheiten der Stärkesubstanz jeweils nur in bezug auf ein bestimmtes Trennungsprinzip gelten, hat manche Verwirrung hervorgerufen.

Für die beobachteten Inhomogenitäten der Stärkesubstanz werden die folgenden Möglichkeiten in Erwägung gezogen:

1. Verschiedenheit der Molekülgröße (der Kettenlänge).
2. Verschiedenheit in den VAN DER WAALSschen Kräften (den Gitterkräften), die die einzelnen Moleküle aneinander heften, insbesondere als Folge verschiedenen Ordnungsgrades.
3. Verschiedener Hydratationsgrad der Moleküle bzw. der Krystallite.
4. Polymorphie der Krystalle.
5. Vernetzung der Hauptvalenzketten.
6. Verschiedener Gehalt an Phosphorsäureresten.

Wahrscheinlich spielt, je nach der angewandten Trennungsmethode, die eine oder die andere dieser Ursachen für das verschiedene Verhalten der Stärkesubstanz eine Rolle.

Der verschiedene Gehalt an Phosphorsäureresten wurde als kennzeichnendes Merkmal für den Unterschied zwischen dem kleisterbildenden und dem in Lösung gehenden Anteil von SAMEC entdeckt. Wie SAMEC gezeigt hat, ist die Phosphorsäure esterartig an die Maltosereste gebunden, so daß die Stärke- bzw. die Amylopektinmoleküle als hochmolekulare saure Phosphorsäureester aufzufassen sind. Die wahrscheinliche Bindungsart des Phosphors ist aus der folgenden Formel ersichtlich:

$$R-O-P\begin{smallmatrix}O\\ \diagdown\\ (OH)_2\end{smallmatrix} \quad (R = \text{Maltoserest})$$

Je Phosphoratom zeigt das Amylopektin die Anwesenheit von einem oder zwei abdissoziierbaren Wasserstoffionen im Molekül. Auf ein Phosphoratom fallen bei den Amylopektinen der verschiedenen Pflanzen etwa 100—2000 Maltosereste, so daß das elektrolytische Äquivalentgewicht des „Amylophosphates" 16000—320000 beträgt. Über das Molekulargewicht sagt diese Größe ohne weitere Annahme noch nichts aus. Als Trennungsmethode hat SAMEC die Elektrodialyse des Kleisters eingeführt, bei der das Amylopektin entsprechend seiner anionischen Natur zur anodischen Membran wandert und dort eine gallertige Schicht bildet oder zu Boden sinkt.

KARRER und v. KRAUSS sowie C. T. TAYLOR vertreten die Ansicht, daß dem Phosphorsäuregehalt der Stärkefraktionen keine große Bedeutung für ihre Lösungseigenschaften zukommt.

Trotz der gleichen analytischen Zusammensetzung und des gleichen Bauprinzips der Hauptvalenzketten, zeigt die Stärke sowohl in Lösung als auch als feste Substanz ein von dem der Cellulose auffallend verschiedenes Verhalten. Die Stärke quillt in Wasser bei höherer Temperatur zu einem sehr wasserreichen Gel (Verkleisterung), ein Teil löst sich dabei. Die Lösungen der Stärke in Wasser, Formamid, Ameisensäure usw. sind zwar zähe, ihre Viscosität ist jedoch viel geringer als die der gleichkonzentrierten Lösung der Cellulose in Kupferoxydammoniak oder der Cellulosederivate in organischen Lösungsmitteln. Die mechanische Festigkeit der aus Stärke hergestellten Filme ist nur gering. MEYER, HOPFF und MARK haben die Vermutung ausgesprochen, daß die Verschiedenheit im Verhalten auf die verschiedene räumliche Lagerung der Glucosereste in der Cellulose und der Stärke zurückzuführen ist, indem die Stärke, wie sich aus dem Raumbild des Moleküls zwangsläufig ergibt, im Gegensatz zur Geradlinigkeit der Celluloseketten eine stark gewinkelte Zickzackstruktur besitzt. Dadurch soll auch der Hydratwassergehalt der Stärke bedingt sein. STAUDINGER nimmt auch eine von der Gradlinigkeit abweichende Form der Stärkemoleküle an, geht jedoch weiter als MEYER, HOPFF und MARK, indem er sich die Makromoleküle der Stärke als stark verzweigt oder verästelt vorstellt. An eine relativ kurze Hauptkette wären zahlreiche kürzere Seitenketten glucosidisch gebunden.

Über die Kettenlänge der Stärkemoleküle gehen die Ansichten noch auseinander. In der letzten Zeit häufen sich jedoch die Argumente zugunsten eines Molekulargewichtes, das bei der nativen Stärke über etwa 100000 liegen soll. Osmotische Bestimmungen an Abbauprodukten der Stärke wurde bereits von W. BILTZ ausgeführt und dabei Werte des Molekulargewichtes bis etwa 20000 beobachtet. SAMEC hat zahlreiche osmotische Messungen auch an nativer Stärke ausgeführt und höhere Werte, etwa zwischen 80000 und 500000 festgestellt. Man war aber vielfach der Ansicht, daß die Teilchengröße in Lösungen nicht die Molekulargröße darstellt, sondern die Größe von Aggregaten, die durch das Zusammentreten von mehreren Molekülen entstehen. LAMM hat mit Hilfe der SVEDBERGschen Ultrazentrifuge das Teilchengewicht abgebauter Stärken ermittelt. Er fand Teilchengewichte zwischen 12000 und 940000. Wesentlich niedrigere Werte ermittelte HAWORTH mit Hilfe der chemischen Methode der Endgruppenbestimmung. Analog seiner Arbeitsweise an Cellulose (vgl. S. 20) führte er die Stärke in Methylstärke über und bestimmte dann den Gehalt der Hydrolyseprodukte an Tetramethyl-Glucopyranose neben dem Hauptprodukt Trimethyl-Glucopyranose. Unter der Annahme, daß die Tetramethylverbindung nur an den Kettenenden entsteht, berechnete er das Molekulargewicht der Stärke zu 5—10000 (BAIRD, HAWORTH und HIRST, HAWORTH, HIRST und PLANT, HIRST, PLANT und WILKINSON).

Bereits BILTZ hat in seiner klassischen Arbeit festgestellt, daß zwischen dem osmotisch bestimmten Molekulargewicht der Stärkeabbauprodukte und der inneren Reibung ihrer wässerigen Lösungen ein fast eindeutiger Zusammenhang besteht: je höher das Molekulargewicht ist, um so stärker ist im allgemeinen die Viscositätserhöhung. Die in der neueren Zeit durch STAUDINGER erfolgte Aufstellung der Regel, daß die Viscositätserhöhung (in verdünnten Lösungen) der Kettenlänge direkt proportional ist, ermöglicht es, auf Grund der Viscosität das Molekulargewicht zu berechnen. HAWORTH wandte die STAUDINGERsche Regel auf die Stärkeprodukte an, von denen er das Molekulargewicht mit Hilfe der Endgruppenbestimmung ermittelte und erhielt, wenigstens größenordnungsmäßig, übereinstimmende Werte. Er benützte dieselbe Viscositätskonstante K_M, die für die Berechnungen STAUDINGERs bei der Ermittlung des Molekulargewichtes der Cellulose aus den Viscositätswerten dienten. STAUDINGER und EILERS konnten jedoch kürzlich zeigen, daß bei der Stärke eine andere, viel niedrigere Viscositätskonstante zu verwenden ist. Sie ermittelten den annähernden Wert dieser Konstante aus den Ergebnissen der bahnbrechenden Untersuchung von W. BILTZ. Die folgende Tabelle zeigt die Werte von BILTZ und die daraus von STAUDINGER und EILERS berechneten Werte der Viscositätskonstante.

Tabelle 162. Viscosität und Molekulargewicht von Stärkeabbauprodukten. Nach W. BILTZ, mit Berechnungen der Viscositätskonstante nach STAUDINGER und EILERS.

Stärkeabbauprodukt	η_r	$\dfrac{\eta_r - 1}{c_{gm}}$	Mol.-Gew.	$K_M \times 10^4$
Amylodextrin a	1,262	4,24	22 200	1,9
,, b	1,121	1,96	20 500	0,96
Achroodextrin nach A. MEYER	1,086	1,39	10 200	1,36
Diastasedextrin aus Würze	1,094	1,52	11 700	1,3
,, ,, Bier	1,115	1,86	8 200	2,28
Erythrodextrin III	1,041	0,66	6 800	0,97
,, II	1,045	0,73	3 000	2,43
Säuredextrin	1,033	0,53	4 000	1,33
Achroodextrin I	1,030	0,49	1 800	2,72
,, II	1,017	0,28	1 200	2,34
Dextrin Merck	1,048	0,78	5 000	1,56
,, Kahlbaum	1,038	0,62	6 000	1,03
,, Merck, dialysiert	1,035	0,57	6 200	0,92

Die erste Spalte bringt die Werte der relativen Viscosität in 1%igen Lösungen, die zweite Spalte die Werte der Viscositätserhöhung je Mol Glucoserest (die 1%ige Lösung enthält im Liter 10/162 = 0,0618 Mol Glucosereste). Die dritte Spalte bringt die Molekulargewichte, die BILTZ osmotisch bestimmte. (Der osmotische Druck stieg stärker an als die Konzentration. Die in der Tabelle mitgeteilten Werte wurden durch

Extrapolation auf die Konzentration 0 erhalten). Die letzte Spalte bringt schließlich die von STAUDINGER und EILERS berechneten Werte der Viscositätskonstante auf Grund der Formel

$$K_M = \frac{\eta_r - 1}{c_{gm} \cdot M}. \quad (1)$$

c_{gm} bedeutet die molare Konzentration der Glucosereste.

Die Werte der Viscositätskonstante zeigen zwar starke Schwankungen, sie liegen jedoch alle weit unterhalb derjenigen der Cellulose, die in der SCHWEIZERschen Lösung 8×10^{-4} beträgt. Als annähernder Wert der Viscositätskonstante für Stärke benützen STAUDINGER und EILERS den Wert 1×10^{-4}. Wendet man diesen Wert auf die von HAWORTH untersuchten Stärkeproben an, so erhält man Molekulargewichte etwa zwischen 40000 und 200000, d. h. das Vielfache der mit Hilfe der Endgruppenbestimmung ermittelten Werte. Letztere Methode scheint im Falle der Stärke zu versagen. Als Ursache für dieses Versagen ziehen STAUDINGER und HUSEMANN die Verzweigung der Hauptvalenzketten in Betracht. Wenn die Seitenketten vorwiegend mit ihrer endständigen Aldehydgruppe (an dem 1-C-Atom, Abb. 320 Formel links) an eine Hydroxylgruppe der Hauptkette geknüpft sind und an dem anderen Ende der Seitenketten die Hydroxylgruppe am 4-C-Atom freibleibt, dann wird das Stärkemolekül verhältnismäßig wenige reduzierende Aldehydgruppen besitzen, die Spaltung der erschöpfend methylierten Stärke wird jedoch verhältnismäßig viel Tetramethylglucose liefern. Die freie Endgruppe der Seitenketten wird nämlich in diesem Fall eine nicht reduzierende, jedoch ätherbildende Gruppe sein.

Die Tatsache, daß Stärkelösungen von demselben Molekulargewicht und in derselben Konzentration eine etwa 8- bzw. 10mal geringere Viscositätserhöhung geben als Cellulose bzw. die Celluloseabkömmlinge, erklärt STAUDINGER durch die Annahme einer verzweigten Gestalt der Stärkemoleküle in der Lösung. Das Stärkemolekül in der Lösung soll 8—10mal kürzer sein als das Cellulosemolekül vom gleichen Gewicht. Für eine derartige Verkürzung des im Falle der Cellulose als gestreckt angenommenen Makromoleküls reicht die Annahme einer gewinkelten Zickzackstruktur von MEYER, HOPFF und MARK nicht aus.

STAUDINGER und EILERS untersuchten die Viscosität der Lösungen von Stärkeprodukten, die mit Säure oder mit Diastase abgebaut waren, in Wasser, Formamid, Ameisensäure sowie Natronlauge und fanden, daß die Werte der relativen Viscosität ein und derselben Probe in den verschiedenen Lösungsmitteln annähernd die gleichen sind. Sie stellten ferner fest, daß der Temperaturkoeffizient der Viscosität in diesen Lösungen durchaus normale Werte zeigt. Aus diesen Beobachtungen folgern sie, daß die Stärke in den Lösungen nicht als Aggregat mehrerer Moleküle, sondern in die einzelnen Hauptvalenzketten zerteilt vorliegt, denn sonst müßte sich ja die zu erwartende Abhängigkeit von der Natur des Lösungsmittels und von der Temperatur in einer entsprechenden Beeinflussung der Viscosität kundgeben. Der Zerteilungszustand der nativen Stärke bedarf allerdings noch näherer Untersuchung.

Wie STAUDINGER und EILERS festgestellt haben, bestehen die Stärkeabbauprodukte aus Gemischen von Polymerhomologen. Sie lassen sich fraktioniert fällen, z. B. aus wässeriger Lösung durch Zusatz von Methylalkohol. Die Löslichkeit der Stärkeabbauprodukte in Wasser zeigt eine bemerkenswerte Abhängigkeit von der aus der Zähigkeit abgeleiteten Molekülgröße. Stärkeabbauprodukte mit niedrigem Molekulargewicht bis etwa 15000 sind klar löslich, bis etwa 50000 geben sie unvollständige Lösungen und darüber sind sie in Wasser unlöslich.

Eine weitere Stütze für die Auffassung STAUDINGERS bildet die bereits von SAMEC und KNOOP festgestellte und von STAUDINGER und EILERS bestätigte Tatsache, daß man die Stärkeabbauprodukte in Acetat und dann durch Verseifung wieder in die ursprüngliche Substanz überführen kann, ohne daß dabei die Viscosität eine wesentliche Änderung erfährt. Dieser Befund ist nämlich nur dann verständlich, wenn man in den Lösungen eine Zerteilung in Hauptvalenzketten annimmt.

Weiter erhärtet wurde diese Auffassung durch die Untersuchungen von STAUDINGER und HUSEMANN an den phosphorsäurefreien Fraktionen der mit Salzsäure abgebauten Kartoffelstärke. Von diesen wurde in Formamidlösung die Viscosität und der osmotische Druck gemessen. Die Fraktionen konnten unter Vermeidung von Abbau in Triacetat und in Methyläther übergeführt werden. Von den Stärkeacetaten wurde in Chloroform, von den Methylstärken in Chloroform und Wasser der osmotische Druck und die innere Reibung ermittelt. Aus dem osmotischen Druck wurde durch Extrapolation auf unendliche Verdünnung das Molekulargewicht berechnet. Für die untersuchten jeweils 4 Fraktionen, deren Molekulargewicht zwischen 30000 und 150000 lag, erwies sich der Proportionalitätsfaktor zwischen Viscosität und Molekulargewicht [K_M der Gleichung (1)] zwar je nach dem Lösungsmittel etwas verschieden (der Wert lag zwischen 0,3 und $1,0 \times 10^{-4}$), jedoch für ein bestimmtes Lösungsmittel jeweils konstant. Dieses Verhalten der Polymeranalogen widerspricht der Ansicht, daß in den Lösungen der Stärke (wenigstens der phosphorsäurefreien Abbauprodukte der Stärke) Assoziationserscheinungen eine größere Rolle spielen würden, und legt nahe, das beobachtete Molekulargewicht als Gewicht der durch Hauptvalenzketten aufgebauten Makromoleküle zu betrachten. Da die von STAUDINGER und HUSEMANN untersuchten Abbauprodukte Molekulargewichte bis zu etwa 150000 aufwiesen, ist anzunehmen, daß das Molekulargewicht der nativen Stärke eine ähnliche Größe hat wie das der Cellulosemoleküle. In den Lösungen der phosphorsäurehaltigen Stärke, die nach SAMEC einen Kolloidelektrolyt darstellt, erwartet STAUDINGER Komplikationen infolge von Schwarmbildung.

Die kryoskopischen Bestimmungen von STAUDINGER und EILERS u. a., ferner die Diffusionsmessungen von SAMEC und Mitarbeitern an Stärke und Stärkederivaten führten zu unwahrscheinlich niedrigen Werten des Molekulargewichtes. Für die Abweichung ist bei den Gefrierpunktsbestimmungen wahrscheinlich die erforderlich hohe Konzentration, bei den Diffusionsbestimmungen in Wasser möglicherweise das Auftreten eines elektrischen Diffusionspotentials verantwortlich.

Während man bis vor kurzer Zeit allgemein die Ansicht hegte, daß die Endgruppen der Stärke keine reduzierenden Eigenschaften haben, konnten kürzlich RICHARDSON, HIGGINBOTHAM und FARROW nachweisen, daß 1 g nativer Stärke bei Siedetemperatur aus alkalischer Kupferlösung Kuprooxyd in einer Menge ausscheidet, die 2,8—8,9 mg Kupfer entspricht. Nimmt man an, daß in bezug auf Reduktionsvermögen die zwei Endglucosereste der Stärke das Verhalten der beiden Glucosereste in Maltose zeigen, dann berechnet sich aus diesen Zahlen die mittlere Kettenlänge zu etwa 460—1500 Glucoseeinheiten, also das Molekulargewicht zu 70000—240000. Es sei jedoch bemerkt, daß der chemische Vorgang, welcher der Reduktion des Kupfersalzes durch die Maltose unter den eingehaltenen Versuchsbedingungen zugrunde liegt, in seinen Einzelheiten nicht bekannt ist. Das Reduktionsvermögen von 1 Mol Maltose entspricht dem Verbrauch von etwa 5,2 Grammatomen Sauerstoff. Es handelt sich also hier zunächst um eine empirische Beziehung.

Bei der Überführung der Stärke in modifizierte Produkte durch Behandlung mit Schwefelsäure und Salzsäure bei höherer Temperatur nimmt das Reduktionsvermögen zu, das daraus berechnete Molekulargewicht ab. Die Viscosität der 2,5%igen Lösungen in 1%iger Natronlauge zeigt einen dem Reduktionsvermögen entgegengesetzten Gang, sie nimmt also, wie die Viscosität anderer Hochpolymerer, mit dem Molekulargewicht ab. Abb. 321 zeigt den beobachteten Zusammenhang zwischen Viscosität und Reduktionsvermögen.

Die hohe Konzentration der Lösung schließt die Anwendbarkeit der STAUDINGERschen Regel auf diese Messungen aus.

RICHARDSON, HIGGINBOTHAM und FARROW konnten gleichfalls die Stärkeumwandlungsprodukte und auch native Stärke durch Abkühlen der Lösungen auf tiefe Temperaturen oder durch Zusatz von Alkohol fraktioniert fällen. Die löslichere Fraktion zeigte jeweils das höhere Reduktionsvermögen.

Die Abbauprodukte der Stärke. Die Stärke kommt nicht nur in nativer Form, sondern auch in Form verschiedener Umwandlungsprodukte, wie löslicher Stärke, Dextrin, British Gummi u. dgl. in den Handel. Lösliche Stärke ist äußerlich der nativen ähnlich, wie diese ist sie in kaltem Wasser unlöslich und gibt die gleiche kennzeichnende Jodfärbung. Beim Erhitzen der löslichen Stärke entsteht jedoch im Gegensatz zur nativen keine Gallerte oder Paste, sondern eine mehr oder minder zähe Lösung. Die

Dextrine sind bereits in kaltem Wasser löslich und weisen erhebliches Reduktionsvermögen auf. British Gummi ist den Dextrinen ähnlich, zeichnet sich jedoch durch eine verhältnismäßig hohe Zähigkeit aus. Die Umwandlungsmethoden der Stärke sind sehr mannigfaltiger Natur: die wichtigsten davon sind Erhitzen in trockenem Zustande, behandeln mit Enzymen, ferner Behandlung mit Lösungen von Säuren und Oxydationsmitteln (s. das Buch von SAMEC und das Sammelwerk von WALTON).

Früher neigte man vielfach dazu, grundsätzliche Unterschiede in dem Aufbau der Umwandlungsprodukte der Stärke anzunehmen. Heute,

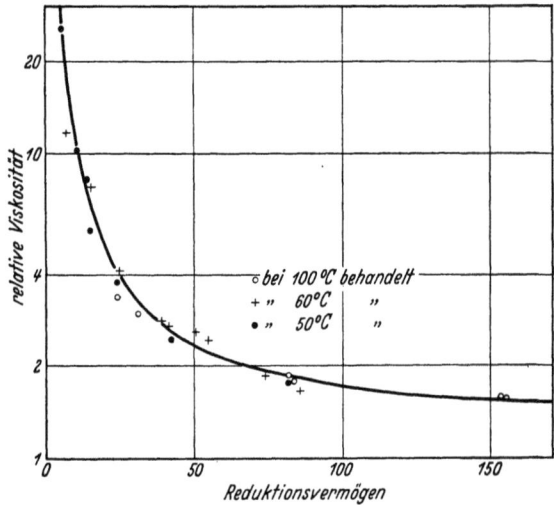

Abb. 321. Zusammenhang zwischen der relativen Viscosität (2,5%ige Lösungen in 1%iger Natronlauge) und dem Reduktionsvermögen (mg Cu je g Stärke) von Kartoffelstärke nach Säurebehandlung. Nach RICHARDSON, HIGGINBOTHAM und FARROW.

insbesondere nach den Arbeiten von STAUDINGER und seinen Mitarbeitern sowie von RICHARDSON, HIGGINBOTHAM und FARROW, dürfte es wahrscheinlicher erscheinen, daß die Unterschiede nur in der Kettenlänge und vielleicht in der Kettenlängenverteilung liegen. STAUDINGER hat den Zusammenhang zwischen der Löslichkeit und der viscosimetrisch ermittelten Moleculargröße festgestellt, RICHARDSON, HIGGINBOTHAM und FARROW haben gezeigt, daß lösliche Stärke höheres Reduktionsvermögen besitzt als die native. Wieweit neben der Kettenlänge auch dem Gehalt an gebundener Phosphorsäure eine Bedeutung für die Verschiedenheit der Stärkemodifikationen zukommt, werden erst weitere Untersuchungen entscheiden können.

Bezüglich der kolloidchemischen Kennzeichnung der Stärkeabbauprodukte siehe das Buch von SAMEC und die neueren Veröffentlichungen dieses Autors in der Kolloidzeitschrift und in den Kolloid-Beiheften.

Die Verkleisterung der Stärke. Erhitzt man die Stärkekörner mit Wasser, so tritt bei höherer Temperatur, die je nach der Stärkeart etwa zwischen 57 und 87°, jedoch für eine bestimmte Stärkeart innerhalb eines engeren Intervalls liegt, eine sehr deutliche Veränderung ein. Die Körner quellen sehr stark auf, werden durchsichtig und kleben zu einer steifen Gallerte zusammen. Diesen Vorgang bezeichnet man als Verkleisterung. Ein Teil der Stärkesubstanz geht dabei in Lösung und

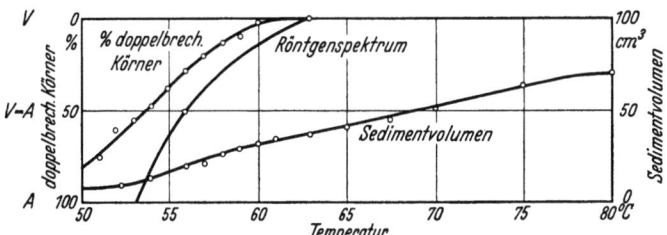
Abb. 322. Änderung des Sedimentvolumens, des Röntgenogramms und der Doppelbrechung von Weizenstärkekörnern bei 24stündigem Erhitzen in Abhängigkeit von der Erhitzungstemperatur. Nach KATZ und VAN ITALLIE.

befindet sich in der überstehenden Flüssigkeit. Die Veränderung läßt sich durch Beobachtung der folgenden Erscheinungen messend verfolgen:

1. Veränderung der optischen Eigenschaften der Stärkesuspension (SAMEC).
2. Abnahme der Fließgeschwindigkeit der Suspension (WO. OSTWALD).
3. Zunahme des Volumens der abgesetzten Körner.
4. Übergang der röntgenographischen Gitterstruktur in eine amorphe Struktur (KATZ).
5. Verschwinden der Doppelbrechung der Körner.
6. Anstieg der Aufnahme von substantiven Farbstoffen, z. B. von Kongorot, durch die Körner.

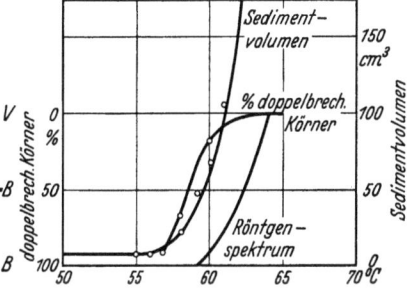
Abb. 323. Wie Abb. 322, jedoch von Kartoffelstärkekörnern. Nach KATZ und VAN ITALLIE.

Das Verschwinden der Doppelbrechung und der Krystallinterferenzen weist darauf hin, daß der Vorgang mit dem Schmelzen oder dem Auflösen des krystallisierten Anteils der Stärke verknüpft ist.

Wie KATZ und VAN ITALLIE festgestellt haben, verläuft der Verkleisterungsvorgang bis zu einer Art von Gleichgewichtszustand. Nach etwa $1^1/_2$—2 Stunden Erhitzen wird in bezug auf die verschiedenen Eigenschaften der Suspension ein Endzustand erreicht, der sich auch bei längerem Erwärmen nicht mehr ändert. Die Abb. 322 und 323 zeigen die Änderungen der Weizenstärke und der Kartoffelstärke im Gebiet der Verkleisterungstemperatur.

Die Anzahl der doppelbrechenden Körner wurde mikroskopisch festgestellt, der röntgenographische Umwandlungsgrad aus den Diagrammen mit dem Auge geschätzt. Wie man sieht, treten die verschiedenen für die Verkleisterung kennzeichnenden Änderungen nicht alle bei der gleichen Temperatur auf. Übrigens verhalten sich die einzelnen Körner einer bestimmten Stärkeart untereinander nicht ganz gleich. Bei einer bestimmten Temperatur ist jeweils nur ein Teil der Körner verkleistert, während der andere Teil noch unverändert ist. In einem verhältnismäßig engen Temperaturbereich steigt dann der Prozentsatz der bereits verkleisterten Körner sehr schnell an (KATZ und HANSON).

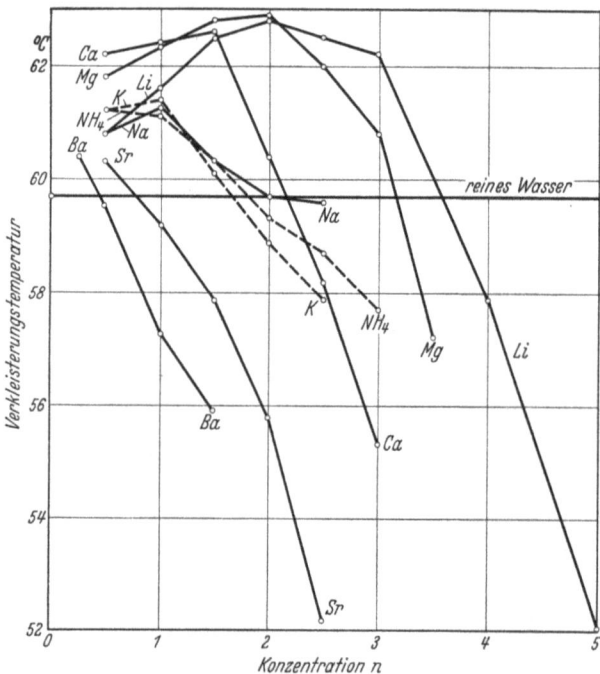

Abb. 324. Einfluß der Kationen auf die Verkleisterungstemperatur von Kartoffelstärke in 0,45%igen Suspensionen. Chloridlösungen. Nach SAMEC.

Läßt man den Stärkekleister bei niedriger Temperatur stehen, so wird er wieder trüb und seine enzymatische Angreifbarkeit nimmt ab. Gleichzeitig mit dieser Umwandlung, die man als Retrogradieren bezeichnet, kehrt an Stelle des amorphen Röntgenogramms das Krystallinterferenzbild der nativen Stärke wieder (KATZ). Wie die Untersuchungen von KATZ gezeigt haben, wird die Stärke, die beim Backen des Brotes in den verkleisterten Zustand gebracht wurde, beim Altbackenwerden retrogradiert. Durch Wiedererhitzen kann in Anwesenheit von Wasser die retrogradierte Stärke erneut verkleistert werden. Wenn man den Kleister bei genügend hoher Temperatur hält, tritt ein Retrogradieren nicht ein.

Die Verkleisterung der Stärke.

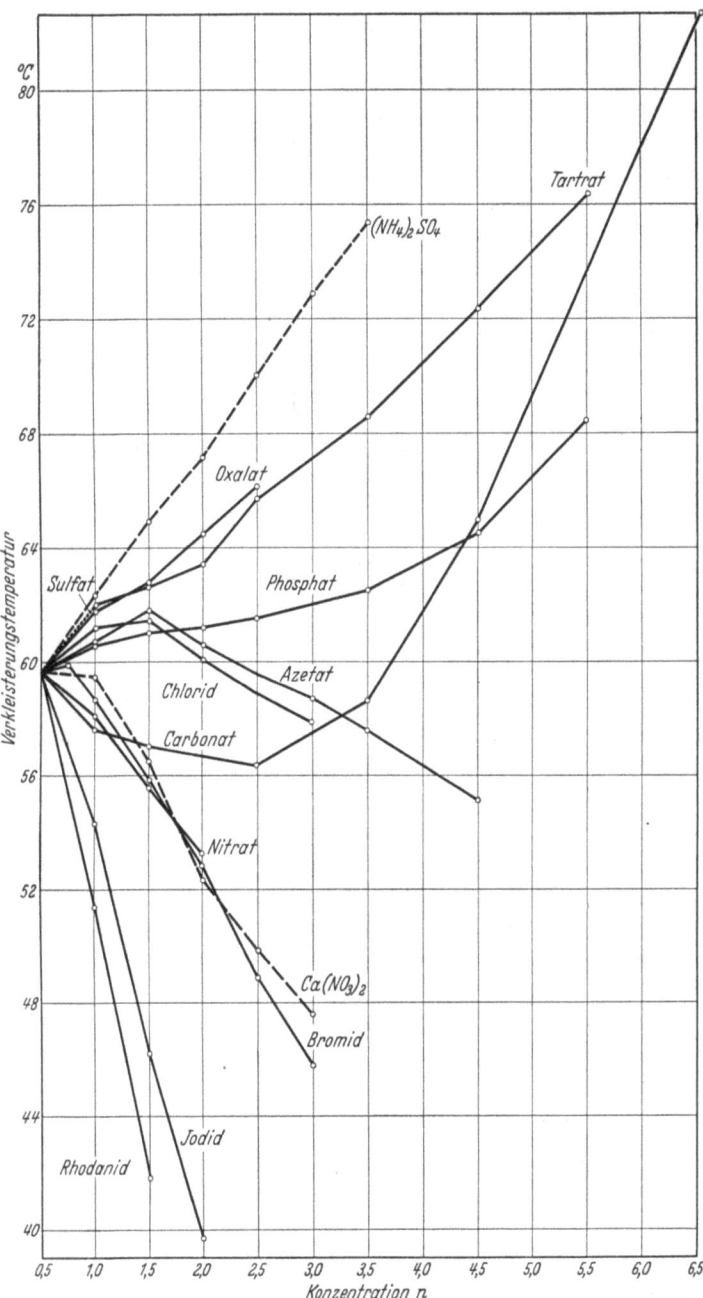

Abb. 325. Einfluß von Anionen auf die Verkleisterungstemperatur von 0,45%igen Suspensionen der Kartoffelstärke in Abhängigkeit von der Konzentration. Kaliumsalze mit Ausnahme von $(NH_4)_2SO_4$ und $Ca(NO_3)_2$. Nach SAMEC.

Samec hat die Beeinflussung der Verkleisterungstemperatur durch Salze eingehend untersucht. Abb. 324 zeigt die Wirkung der Kationen, Abb. 325 die der Anionen.

Für den Sinn der Änderung sind demnach bei den Salzen vor allem die Anionen maßgebend. Die Reihe der Anionen in der Richtung zunehmender Begünstigung der Verkleisterung: Sulfat, Oxalat, Tartrat, Acetat, Chlorid, Carbonat, Nitrat, Bromid, Jodid, Rhodanid entspricht im wesentlichen der HOFMEISTER-PAULISchen Ionenreihe, die für eine große Anzahl kolloidchemischer Vorgänge, z. B. für die von PAULI beobachtete Wirkung der Neutralsalze auf die Gerinnungstemperatur des Eieralbumins gültig ist.

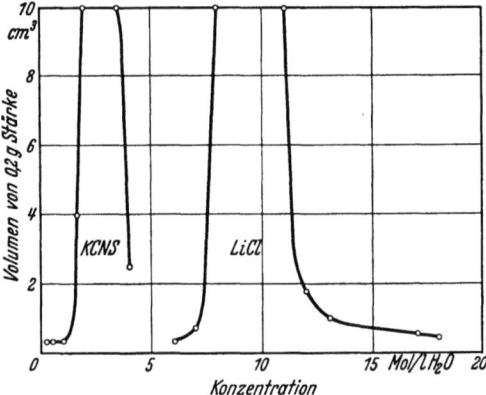

Abb. 326. Quellung der Stärke in konzentrierten Salzlösungen. Nach Samec.

Abb. 326 zeigt das Volumen der Stärkekörner bei Zimmertemperatur in Abhängigkeit von der Konzentration des Quellungsbades an Kaliumrhodanid und an Lithiumchlorid. In einem optimalen Konzentrationsgebiet, das bei KCNS in der Nähe von 3 n, bei LiCl in der Nähe von 10 n liegt, tritt bereits bei Zimmertemperatur die Verkleisterung ein.

Nichtelektrolyte beeinflussen die Verkleisterung gleichfalls: Glucose und Glycerin wirken hemmend, Harnstoff und Chloralhydrat fördernd.

Natronlauge übt bereits in verdünnten Lösungen eine sehr starke verkleisternde Wirkung aus. 0,1 n KOH setzt z. B. die Verkleisterungstemperatur von 60° auf 51° herunter. Die weitere Erhöhung der Konzentration führt zur Verkleisterung bei Zimmertemperatur.

Weitere Untersuchungen über die Beeinflussung der Verkleisterung durch Lösungsgenossen stammen von REYCHLER, WO. OSTWALD und FRENKEL, FREUNDLICH und NITZE, sowie von KATZ und seinen Mitarbeitern.

Wo. OSTWALD hat gezeigt, daß bei der langsamen Erwärmung einer Stärkesuspension die Viscosität zunächst — entsprechend der allgemeinen Temperaturabhängigkeit der Reibung — abnimmt. Zwischen 55 und 65° tritt jedoch eine Umkehr in der Richtung der Viscositätsänderung auf, da durch die hier erfolgende Verkleisterung das Volumen der Stärkekörner zunimmt. OSTWALD und FRENKEL maßen die Geschwindigkeit der Verkleisterung in der Kälte bei der Einwirkung von Elektrolyten durch Verfolgung der Viscositätserhöhung. In gewissen Fällen nahm die Viscosität der Stärkezerteilung nach Erreichen eines Höchstwertes wieder ab, vermutlich eine Folge des Zerfalls der Stärkekörner oder sogar des Abbaus der Stärkemoleküle.

KATZ erblickt das Wesen der kleisterfördernden Wirkung in der Anlagerung von Ionen bzw. von Molekülen an das Stärkemolekül, bzw. an das Aggregat von Stärkemolekülen. Die starke Wirkung von Rhodanidion und Jodion soll darauf beruhen, daß diese Ionen, da sie schwach hydratisiert sind, stark adsorbiert werden. Dagegen sollen die stärker hydratisierten Cl- und SO_4-Ionen weniger von der Stärke adsorbiert werden und dadurch nur eine dehydratisierende, d. h. die Verkleisterung hemmende Wirkung ausüben können. Tatsächlich haben VAN DER HOEVE, BUNGENBERG DE JONG und KRUYT analytisch nachgewiesen, daß KCNS und KJ von der Stärke stark adsorbiert werden, während KCl eine schwache und K_2SO_4 eine starke negative Adsorption aufweisen. KATZ ist der Ansicht, daß die Hydratation der angelagerten Ionen und der angelagerten polar gebauten Moleküle die Hydrophilie der Stärke erhöht. Die Wirkungsweise des Thioharnstoffs, der die Verkleisterungstemperatur erheblich herabsetzt, soll z. B. durch die Abb. 327 schematisch dargestellt werden.

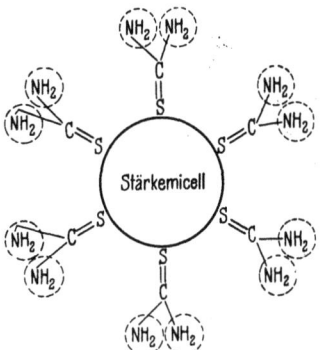

Abb. 327. Schematische Darstellung der Wirkungsweise der quellungsfördernden Moleküle auf Stärke. Anlagerung von Thioharnstoff an das Stärketeilchen mittels des hydrophoben Schwefelatoms. Die Hydratationssphären der Aminogruppen sind durch gestrichelte Kreise gekennzeichnet. Nach KATZ und MUSCHTER jun.

In diesem Fall wird die Hydrophilie der Stärketeilchen nicht durch elektrische Auflagung, sondern durch die Anwesenheit der polaren Aminogruppen bewirkt. (Es sei dazu bemerkt, daß die Anlagerung von Substanzen auch ohne Hydratationserhöhung die Löslichkeit eines Hochpolymeren steigern kann, nämlich dann, wenn dadurch die Kohäsion der Makromoleküle geschwächt wird.)

Von den Ergebnissen KATZ' sei hervorgehoben der Einfluß der Kettenlänge bei der Wirkung der Salze der Arylsulfosäuren und der Fettsäuren. Wie die Abb. 328 und 329 zeigen, steigt die Wirksamkeit in der homologen Reihe mit wachsendem Molekulargewicht entsprechend der TRAUBEschen Regel an.

Die die Kleisterbildung fördernde Wirksamkeit der organischen Moleküle und Ionen nimmt infolge Vorhandenseins von Doppelbindungen und noch mehr von Dreifachbindungen im Molekül zu. Dagegen wird die Wirkung durch Einführung von mehreren ionischen oder polaren Gruppen herabgesetzt.

Die Wassersorption der Stärke. Hinsichtlich der Aufnahme von Wasserdampf verhält sich die Stärke ähnlich wie Cellulose, Wolle oder Seide. Die Menge des aufgenommenen Wassers liegt allerdings bei gleicher Feuchtigkeit der Atmosphäre bei Stärke etwas höher.

Die Sorptionsisotherme des nativen Stärkekorns wurde von RAKOWSKI, die von modifizierter Stärke von KATZ aufgenommen. FARROW und SWAN untersuchten die Wasseraufnahme von Stärkefilmen, die durch

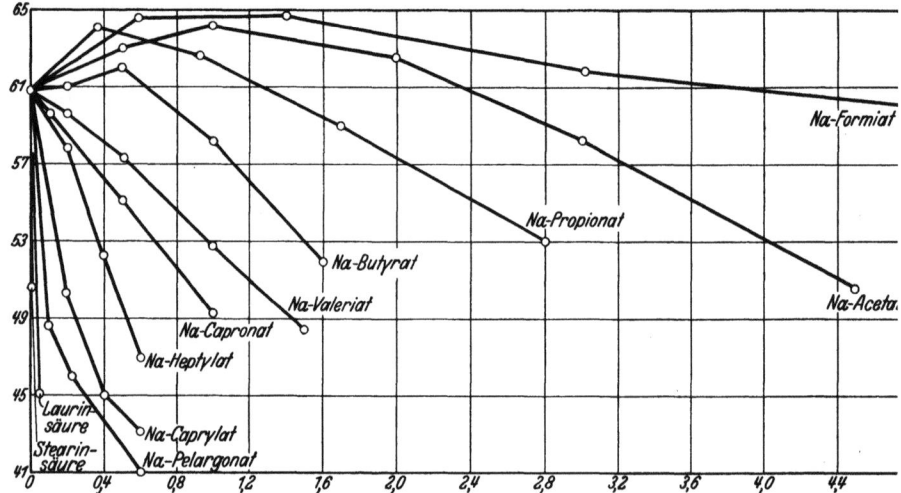

Abb. 328. Einfluß der Natriumsalze der Fettsäuren bei pH 6,7—6,8 auf die Verkleisterungstemperatur 0,45%iger Suspensionen von Kartoffelstärke. Ordinate: Verkleisterungstemperatur in °C. Abszisse: Konzentration der Salze in Mol je l. Nach KATZ, MUSCHTER jun. und WEIDINGER.

Verdampfen von 4—5%igen Pasten in 0,04—0,16 mm Dicke gewonnen wurden. Die Pasten wurden durch Einleiten von Dampf in die Stärkesuspensionen dargestellt. Abb. 330 stellt ein Standard-Isothermenpaar

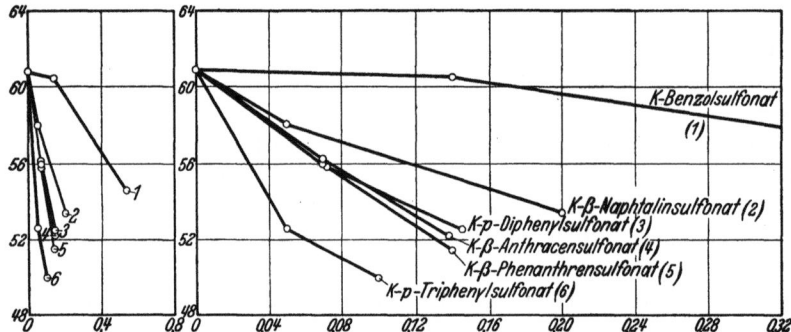

Abb. 329. Einfluß der Kaliumsalze aromatischer Sulfosäuren auf die Verkleisterungstemperatur der 0,45%igen Suspensionen von Kartoffelstärke. Ordinate: Verkleisterungstemperatur in °; Abszisse: Konzentration in Mol je l. (Links dasselbe, jedoch mit verkleinertem Abszissenmaßstab und in breiterem Konzentrationsgebiet für Benzolsulfonat. Der Maßstab dieser Abbildung entspricht dem der Abb. 328.) Nach KATZ, MUSCHTER jun. und WEIDINGER.

(vgl. S. 78ff.) von Kartoffelstärke dar. Die maximale Aufnahme von Wasserdampf, die hier ebenso wie bei den Faserstoffen etwas unbestimmt ist, dürfte um etwa 0,4 g je g trockene Stärke liegen.

Die Hysteresis ist auch hier recht erheblich. Filme aus Sago- und Maisstärke weisen in bezug auf die Wasseraufnahme kaum merkliche

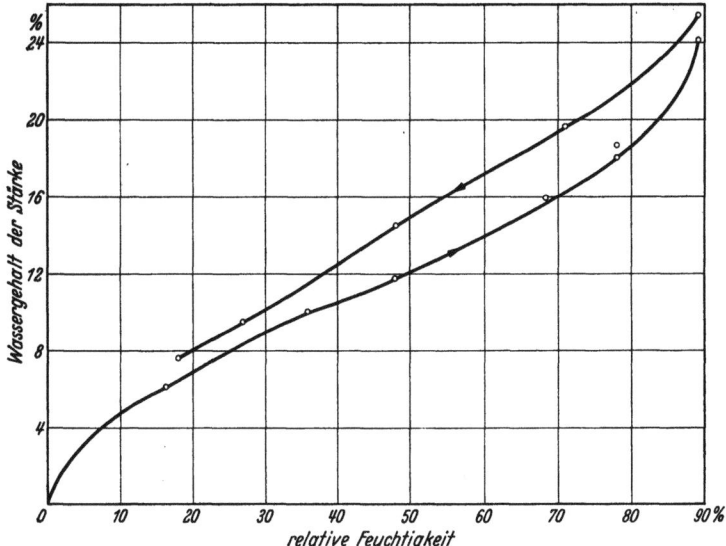

Abb. 330. Wassergehalt eines Films aus gekochter Stärke in Abhängigkeit von der relativen Feuchtigkeit. Sorptionsrunde bei 20°. Nach SWAN.

Unterschiede gegenüber Kartoffelstärke auf. Die Übereinstimmung mit den früheren Beobachtungen von RAKOWSKI ist recht gut.

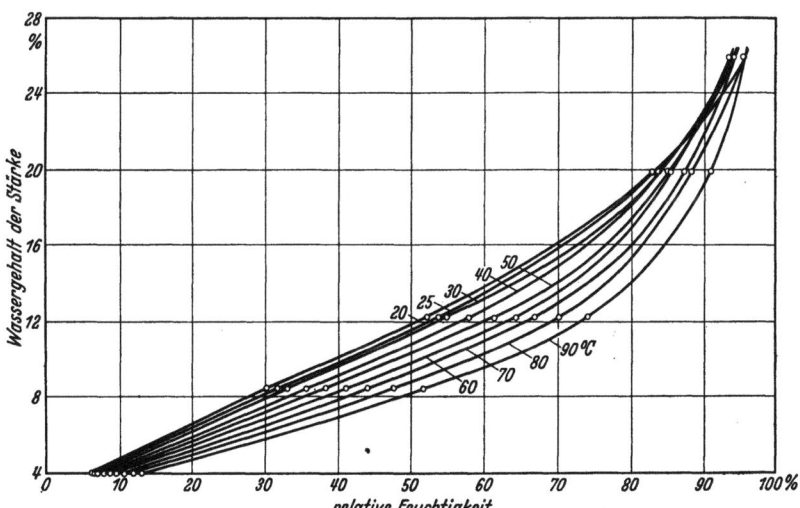

Abb. 331. Absorptionsisotherme der Stärke bei verschiedenen Temperaturen. Nach SWAN.

Je stärker die Stärkefilme getrocknet wurden, um so niedriger liegen die Sorptionswerte. Die Behandlung der Stärke in den Pasten, aus denen die Filme gewonnen werden, ist gleichfalls von Bedeutung für den genauen Sorptionswert.

Die Temperaturabhängigkeit der Sorption ergibt sich aus den in Abb. 331 dargestellten Ergebnissen von SWAN.

Mit Ausnahme der höchsten Feuchtigkeitsgrade nimmt die Menge des beim gleichen relativen Dampfdruck aufgenommenen Wassers mit steigender Temperatur ab. Bei 0,9 rF überschneiden sich die Kurven. In diesem Gebiet nehmen die Sorptionswerte mit steigender Temperatur zu. Eine ähnliche Erscheinung ist auch bei den Fasern zu beobachten (vgl. S. 82). Die Hysteresis wird bei höherer Temperatur geringer.

Die Quellungswärme der Stärke wurde von RODEWALD bestimmt. Abb. 332 bringt die Werte der integralen Quellungswärme in Abhängigkeit vom Wassergehalt.

Der Verlauf der Kurve sowie die Zahlenwerte sind sehr ähnlich den bei den Faserstoffen erhaltenen. Die maximale differentielle Quellungswärme, die frei wird, wenn eine große Menge trockener Stärke 1 g Wasser

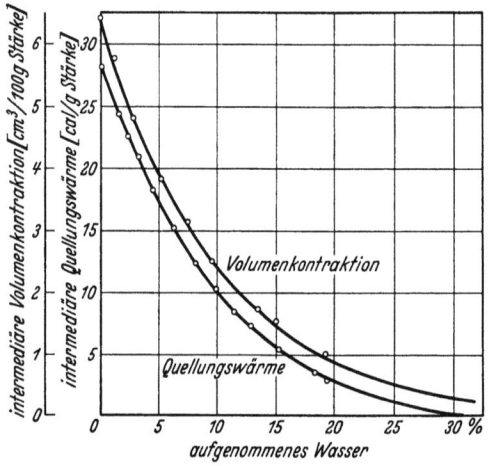

Abb. 332. Volumenkontraktion und Wärmetönung bei der Quellung von Weizenstärke bei 0° in Abhängigkeit vom Wassergehalt der Stärke. Nach RODEWALD.

aufnimmt, berechnet KATZ zu etwa 300 cal. Abb. 332 bringt auch die von RODEWALD ermittelten Werte der bei der Quellung erfolgenden Volumkontraktion. An stärker getrockneten Proben erreicht sie den Wert von etwa 0,08 cm^3 je g Stärke. Die differentielle maximale Kontraktion, die bei der Aufnahme von 1 g Wasser durch eine große Menge trockener Stärke stattfindet, beträgt nach KATZ 0,26 cm^3. RODEWALD berechnete den Druck, der nötig ist, um das bei der Quellung aufgenommene Wasser im Ausmaße der beobachteten Kontraktion zu komprimieren. Dieser beträgt im Mittel etwa 560 Atm., und als Höchstwert im Anfangsgebiet der Quellung etwa 2000 Atm. Wegen der theoretischen Bedeutung dieser Zahlen verweisen wir auf die Erörterung in dem Abschnitt „Die Wasseraufnahme der Faserstoffe".

Die Messungen von RODEWALD und KATTEIN ergaben, daß die Abhängigkeit der Quellungswärme vom Wassergehalt bei den nativen Stärken verschiedener Herkunft und ihren Umwandlungsprodukten (lösliche Stärke, künstliche Stärke) ähnlich ist. Die Absolutwerte zeigen allerdings Unterschiede.

Die innere Reibung der Stärkezerteilungen. Für die technische Anwendung der Stärke sind die Fließeigenschaften ihrer Zerteilungen von größter Bedeutung. Dies gilt nicht nur für den Zeugdruck, sondern auch für die Schlichte.

Suspensionen in Lösungen von Stärke zeigen hinsichtlich der Zähigkeit ein Verhalten, das von dem der reinen Flüssigkeiten in den meisten Lösungen abweicht, jedoch im Bereich der Hochpolymeren häufig anzutreffen ist: der Viscositätskoeffizient hängt von dem Geschwindigkeitsgefälle ab. Mißt man die Durchflußgeschwindigkeit einer Stärkelösung durch eine Capillare bei veränderlichem Druck, so findet man, daß das Produkt Durchflußzeit × Druck keine Konstante darstellt, sondern mit zunehmendem Druck abnimmt. Der scheinbare Viscositätskoeffizient, den man auf Grund des HAGEN-POISEUILLEschen Gesetzes berechnet, nimmt mit steigendem Druck (d. h. mit steigendem Geschwindigkeitsgefälle) zu.

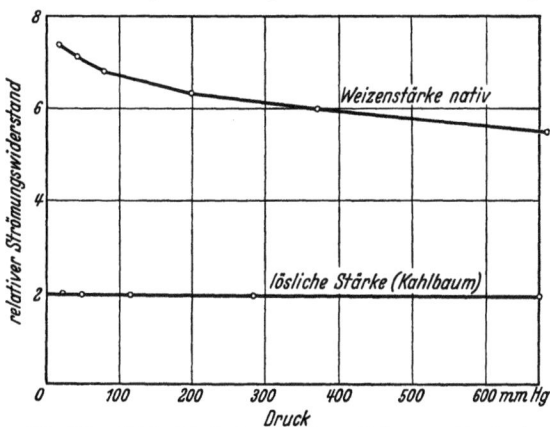

Abb. 333. Abhängigkeit des relativen Strömungswiderstandes (Durchflußzeit im Verhältnis zu der des Wassers) von dem hydrostatischen Druck. 5%ige Zerteilungen von nativer und löslicher Stärke bei 30. Nach ROTHLIN.

Dieses Verhalten wurde an Stärkelösungen zuerst von HATSCHEK festgestellt. Die Untersuchung von ROTHLIN in dem Institut von W. R. HESS ergab, daß die native Stärke eine sehr starke, die lösliche Stärke jedoch keine merkliche Druckabhängigkeit zeigt (Abb. 333).

Die praktische Folge dieses Verhaltens ist, daß eine Bestimmung der Durchflußgeschwindigkeit in einem Viscosimeter nur *einen* Wert des Viscositätskoeffizienten für diesen einen Apparat definiert, auch wenn der Druck angegeben ist, unter dem der Durchfluß erfolgte. Die ausschlaggebende Größe, von der der Viscositätskoeffizient abhängt, ist nämlich das Geschwindigkeitsgefälle, das nicht nur eine Funktion des Druckes, sondern eine komplizierte Funktion auch der Dimensionen des benützten Apparates darstellt.

Die Abhängigkeit der Strömungsgeschwindigkeit durch eine bestimmte Capillare vom Druck läßt sich nach DE WAELE, FARROW und LOWE, sowie WO. OSTWALD durch die folgende empirische Formel ausdrücken

$$\frac{v}{t} = K\,p^n.$$

v ist das Volumen der in der Zeit t durchgeflossenen Flüssigkeit, p ist der Druck, K und n sind Konstanten, die nicht nur bei den verschiedenen Lösungen, sondern auch bei den verschiedenen Apparaten verschiedene Werte haben. Bei den Lösungen, die sich normal entsprechend dem HAGEN-POISEUILLEschen Gesetz verhalten, hat n den Wert 1, bei den druckabhängigen Lösungen jedoch den Wert > 1. Die Brauchbarkeit der Beziehung für Stärkelösungen wurde von FARROW und LOWE erwiesen.

Wie bereits erwähnt, zeigt die Viscosität der Stärkelösungen dieselbe Konzentrationsabhängigkeit wie die der anderen Hochpolymeren: In sehr verdünnten Lösungen steigt die Zähigkeit linear mit der Konzentration an, bei höherer Konzentration wird der Anstieg immer steiler. Je höher viscos das Produkt bei einer bestimmten Konzentration ist, um so niedriger ist die Grenzkonzentration, unterhalb welcher die lineare Abhängigkeit besteht. Nach STAUDINGER und EILERS liegt diese Grenzkonzentration bei den Abbauprodukten der Stärke je nach dem Abbaugrad zwischen 0,2 und 2%.

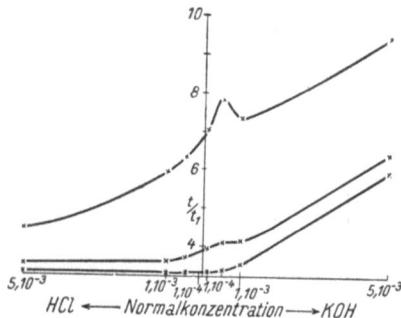

Abb. 334. Einfluß von Salzsäure und Kalilauge auf die relative Viscosität einer 1%igen Kartoffelstärkelösung nach 1stündigem (obere Kurve), 3stündigem (mittlere Kurve) und 6stündigem (untere Kurve) Erhitzen auf 120°. Nach SAMEC.

Zahlreiche Untersuchungen beschäftigen sich mit den zeitlichen Änderungen der inneren Reibung von wässerigen Stärkezerteilungen. SAMEC (mit HOEFFT und mit JENČIČ) verfolgte die Abnahme der Viscosität von Stärkelösungen beim Erhitzen unter Druck. Je höher die Erhitzungstemperatur war, um so schneller erfolgte die Zähigkeitsabnahme. Einen stetigen, allerdings verhältnismäßig langsamen Reibungsabfall beobachtete SAMEC beim Altern der Stärkelösungen auch bei gewöhnlicher Temperatur. STAUDINGER und EILERS teilen mit, daß der Abfall der Viscosität, der in alkalischen Lösungen zu beobachten ist, durch Ausschluß von Sauerstoff verhindert werden kann. Sie folgern daraus, daß bei der Einwirkung von Alkali auf Stärke ebenso eine oxydative Spaltung der glucosidischen Bindungen eintritt, wie dies bei der Cellulose der Fall ist. SAMEC weist darauf hin, daß die Anwesenheit von esterartig gebundenen Phosphorsäureresten im Stärkemolekül die Zähigkeit außerordentlich stark erhöht, so daß neben der Zertrümmerung der Hauptvalenzketten auch die Abspaltung der Phosphorsäurereste als Ursache der Viscositätsabnahme in Betracht zu ziehen ist.

Von der zeitlichen, nicht umkehrbaren Beeinflussung der Viscosität ist die augenblickliche Wirkung zugesetzter Elektrolyte zu unterscheiden.

Diese wurde von SAMEC ausführlich untersucht. Sehr bemerkenswert ist der Einfluß von Säuren und Basen. Lösungen von Kartoffelstärke wurden durch 1-, 3- und 6stündiges Erhitzen auf 120° hergestellt. Die innere Reibung wurde an 1%igen Lösungen bei 25° gemessen. Die Werte der Durchflußzeiten im Verhältnis zur Durchflußzeit der Elektrolytlösung finden sich in Abb. 334.

Säurezusatz wirkt durchweg erniedrigend, Laugezusatz steigernd auf die Zähigkeit. Der Einfluß ist um so deutlicher, je höher die Viscosität der Lösung in Wasser ist. BUNGENBERG DE JONG fand an der Lösung von löslicher Stärke einen völlig analogen Einfluß der Säuren und Basen.

SAMEC deutet die Abhängigkeit der Viscosität von der Wasserstoffionenkonzentration in Anlehnung an die Auffassung, die PAULI im Zusammenhang mit der p_H-Abhängigkeit der Viscosität von Eiweißlösungen entwickelt hat, als Ausdruck für die Abhängigkeit von der elektrischen Ladung der Stärketeilchen. Die Stärke hat in reinem Wasser negativen Ladungssinn. Die Aufladung ist vermutlich die Folge der elektrolytischen Dissoziation der Phosphorsäuregruppe. Zusatz von Säure drängt die Dissoziation der Amylophosphorsäure zurück, Zusatz von Lauge

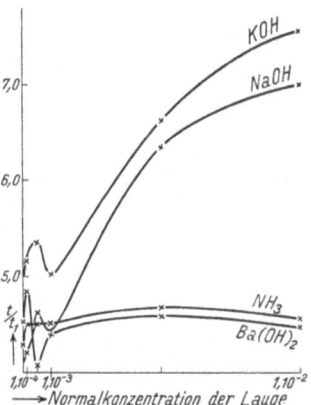

Abb. 335. Einfluß verschiedener Basen auf die relative Viscosität (bei 25°) einer durch 2stündiges Erhitzen auf 120° bereiteten 1%igen Lösung von Kartoffelstärke. Nach SAMEC.

steigert sie (Abb. 335). Der Überschuß von Lauge drängt die Dissoziation wieder zurück (oder setzt die Ladung infolge Verminderung der Doppelschichtdicke herab), dies würde die Maximumbildung im schwach alkalischen Gebiet erklären. Der neuerliche Anstieg nach Überschreiten eines Mindestwertes beim Zusatz weiterer Alkalimengen ist vermutlich auf die Salzbildung der Glucosegruppen zurückzuführen, die weiter unten noch erörtert wird. Die Tatsache, daß Barytlauge die Viscosität nur in viel geringerem Maße als die Alkalilaugen zu erhöhen vermag, erklärt sich durch die entladende Wirkung der zweiwertigen Gegenionen.

SAMEC hat weiter gezeigt, daß Neutralsalze in jeder Konzentration die Reibung herabsetzen. Auch diese Wirkung ist auf den Dissoziationsrückgang bzw. auf die Verminderung der Dicke der elektrischen Doppelschicht zurückzuführen. DE JONG hat den Einfluß der Salze auf die innere Reibung der Lösungen von löslicher Stärke untersucht. Die Lösungen wurden durch 20 Minuten langes Kochen bereitet. Die Viscosität wurde in 1%igen Lösungen bei 20° gemessen. In reinem Wasser betrug die relative Viscosität etwa 1,47; die

Messungsergebnisse sind in der Abb. 336 als Prozente dieses Reibungswertes ausgedrückt.

Es ergab sich, daß die Wirkung der Salze nur von der Wertigkeit des Kations abhängt. Kaliumchlorid, -sulfat und -ferrocyanid zeigen z. B. dieselbe Beeinflussung der Zähigkeit bei gleicher Äquivalentkonzentration. Je höher die Wertigkeit des Kations, um so stärker wird die Zähigkeit herabgesetzt. Nur das Hexaäthylendiaminhexol-tetracobalti-nitrat zeigte ein abweichendes Verhalten.

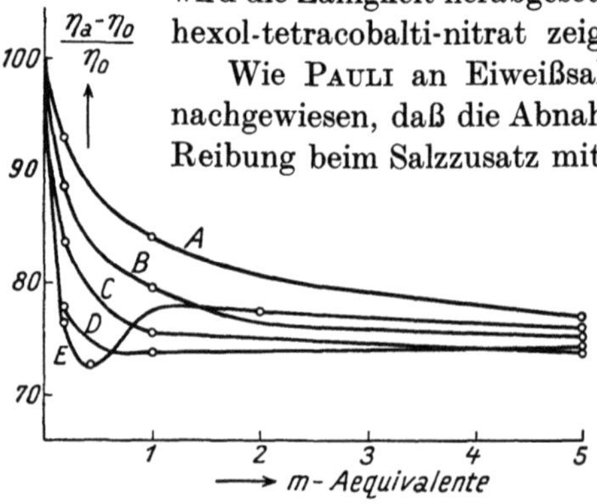

Wie PAULI an Eiweißsalzen, so hat SAMEC an Stärke nachgewiesen, daß die Abnahme der Ladung und der inneren Reibung beim Salzzusatz mit einer Erhöhung der Fällbarkeit durch Alkoholzusatz verknüpft ist. DE JONG hat gezeigt, daß lösliche Stärke durch Acetonzusatz bei zunehmender Alkalikonzentration zunächst immer weniger leicht gefällt werden kann. Bei 1×10^{-2} n NaOH erreicht die stabilisierende Wirkung der Lauge ein Maximum, weitere Erhöhung der Laugenkonzentration setzt die Beständigkeit herunter. Ferner tritt ein Minimum der Beständigkeit in Anwesenheit von 5×10^{-4} n NaOH auf. Der Zusammenhang zwischen Reibung, Beständigkeit und Ladung ist daher nicht eindeutig.

Abb. 336. Einfluß von Salzen auf die innere Reibung der löslichen Stärke „MERCK" in 1%iger Lösung bei 20° (Reibung in reinem Wasser = 100). A: 1-wertige Kationen, B: 2-wertige Kationen, C: 3-wertige Kationen, D: 4-wertige Kationen, E: 6-wertiges Kation. Nach BUNGENBERG DE JONG.

RICHARDSON und WAITE haben den Einfluß von Elektrolyten auf die scheinbare Viscosität heißer Stärkepasten untersucht. Die Pasten wurden durch Erhitzen der Stärkesuspension auf 90° unter Rühren hergestellt. Nach 30 Minuten Erhitzen erfolgte der Zusatz der Elektrolyte und nach weiteren 60 Minuten wurde dann die Durchflußgeschwindigkeit durch eine Capillare gleichfalls bei 90° ermittelt. Unter diesen Bedingungen wurde nicht nur der augenblickliche Einfluß der Salzanwesenheit beobachtet, sondern zugleich die Beeinflussung der beim Erhitzen stattfindenden, nicht umkehrbaren Veränderungen der Stärke. Dadurch wird die Deutung der Ergebnisse erschwert. In der 2—5%igen Paste betrug die Durchflußzeit oft das Mehrhundertfache derjenigen von Wasser, anscheinend waren die Pasten von halbsteifer Konsistenz. In den beobachteten Zahlenwerten dürfte daher auch der Grad der Neigung zur Strukturbildung zum Ausdruck kommen.

Bemerkenswert ist der starke Einfluß der Rührgeschwindigkeit auf die scheinbare Viscosität. Je schneller die Pasten gerührt wurden, um so mehr nahm ihre Durchflußgeschwindigkeit zu. Die Tatsache, daß ein Kupferrührer die Zähigkeitsabnahme mehr beschleunigt hat als ein Stahlrührer, konnte durch die katalytische Wirksamkeit der Spuren von Kupfer auf die hydrolytische Spaltung der Ketten erklärt werden.

In Abhängigkeit von der Wasserstoffionenkonzentration zeigte die Reibung (gemessen 60 Minuten nach Einstellung des p_H) ein Maximum bei p_H 4—5. Die Geschwindigkeit der Viscositätsabnahme wies ein Minimum auf, das für Sagostärke beim p_H 7—8, für Kartoffelstärke beim p_H 5 und für Maisstärke beim p_H 4,5—6,5 lag. Neutralsalze setzten die scheinbare Viscosität herunter, obwohl sie die Geschwindigkeit des zeitlichen Abfalls der Reibung verminderten.

Besonders eingehend wurde der Einfluß von Seife untersucht. Ihre starke Wirkung konnte nicht ausschließlich auf die Veränderung des p_H zurückgeführt werden. Meist wurde durch Zusatz von Seife bis zu einer Konzentration von etwa 0,005 n eine Erniedrigung der Reibung bewirkt. Bei weiterem Seifenzusatz erfolgte nach Überschreiten des Minimums ein Anstieg der Zähigkeit. Die Wirkung beruht hauptsächlich auf der Beeinflussung der Geschwindigkeit der zeitlich erfolgenden Reibungsabnahme. Diese Geschwindigkeit wies in 0,005 n Seifenlösung ein Minimum auf. Zusatz von Seife zur nativen Stärke hemmte erheblich die Verkleisterung. Wenn die Seifenkonzentration 0,003 n überstieg, trat die völlige Verkleisterung erst nach Erhitzen auf 100° ein. (Dieser Befund steht im Widerspruch zur oben berichteten Beobachtung von KATZ über die die Verkleisterung begünstigende Wirkung der Seife. Allerdings wurde in beiden Fällen eine andere Methode zur Feststellung des Verkleisterungszustandes angewandt.) RICHARDSON und WAITE nehmen an, daß die Seife mit der Stärke so reagiert, daß sowohl die die Quellung bewirkenden als auch die gegen Säurehydrolyse empfindlichen Stellen der Stärke gegen den Zutritt von Wasser geschützt werden. Dieser Mechanismus soll die Grundlage für die besondere Einwirkung der Seife auf die Fließeigenschaften und auf die Verkleisterung der Stärke bilden.

Die Alkalibindung der Stärke. Daß die Stärke Alkalihydroxyde in erheblicher Menge binden kann, ist schon seit längerer Zeit bekannt. Über die Natur der entstehenden Verbindung gehen die Meinungen auseinander. Es kann wohl mit Sicherheit angenommen werden, daß der Alkalibindung der Stärke derselbe molekulare Mechanismus zugrunde liegt wie der Alkalibindung der Cellulose (vgl. den Abschnitt über die Mercerisation der Cellulose).

Die Laugenaufnahme der Stärke in Abhängigkeit von der Laugenkonzentration wurde zuerst von FOUARD ermittelt. Zu einer Stärkelösung, die aus mit Säure gewaschener und nachher getrockneter, daher abgebauter Stärke bereitet und von dem gröberen Anteil durch Ultrafiltrieren befreit war, wurde Alkalihydroxyd in verschiedener Konzentration

zugesetzt. Die Stärke wurde dann durch Eingießen in Alkohol ausgeflockt und der Alkaligehalt der überstehenden Lösung durch Titrieren ermittelt. Die Arbeitsweise entsprach also der von GLAD-
STONE an Alkalicellulose benützten Methode. Die Ergebnisse zusammen mit den analogen Befunden FOUARDs an einer „kolloiden" (nativen oder verkleisterten?) Stärkelösung bringt Abb. 337.

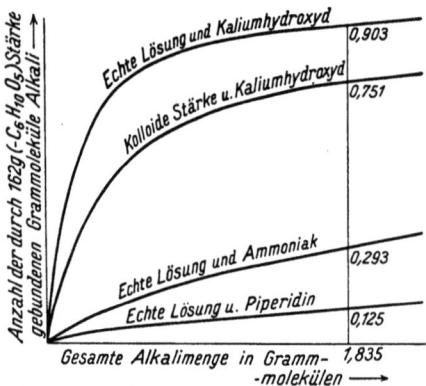

Abb. 337. Aufnahme von Basen durch ultrafiltrierte und native Stärke in Abhängigkeit von der Laugenkonzentration (0,5 g Stärke in 25 ccm Lösung). Nach FOUARD. (Zeichnung nach SAMEC.)

Die Kurven sind ähnlich derjenigen der Alkalibindung der Cellulose und entsprechen so wie diese der durch das MWG geforderten Form. Auf die gleiche Äquivalentkonzentration der Lauge bezogen, ist die Alkaliaufnahme der Stärke höher als die der Cellulose. Die Kurven nähern sich anscheinend einem Grenzwert, der einer Verbindung $C_6H_{10}O_5 \cdot KOH$ entspricht. Aus schwachen Laugen wird weniger gebunden, ein Zeichen, daß die Bindung durch die Hydroxylionen bedingt wird. Es sei bemerkt, daß es sich bei dieser Alkalibindung nur zu einem verschwindenden Teil um die Neutralisation der Phosphorsäurereste handeln kann, deren Menge um mindestens zwei Größenordnungen niedriger liegt als die hier in Frage kommenden.

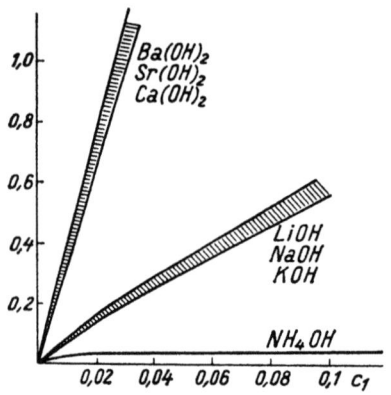

Abb. 338. Aufnahme von Basen durch native Kartoffelstärke bei Zimmertemperatur. Abszisse: Konzentration der Lauge in der Lösung in 10^{-3} n; Ordinate: aufgenommene Base in Milliäquivalenten je g Stärke. 10 g Stärke in 100 ccm Lösung. Nach RAKOWSKI.

Eine weitere Untersuchung der Alkaliaufnahme der Stärke stammt von SAMEC. Seine Leitfähigkeitsmessungen weisen darauf hin, daß die aus Stärke und Alkalihydroxyd gebildete Verbindung weitgehend elektrolytisch dissoziiert ist, also salzartige Natur hat.

Die Bindung der Elektrolyte durch das Stärkekorn untersuchte RAKOWSKI. Die Aufnahme von Säuren und Neutralsalz war verhältnismäßig gering, wenn auch deutlich. Die Ergebnisse der Untersuchungen über die Laugenbindung stellt Abb. 338 zusammenfassend dar. 10 g Stärkekorn wurden mit 100 cm³ Lauge geschüttelt. Nach Einstellung des Gleichgewichtes und Absetzen der Stärke wurde die Konzentration der Lauge titrimetrisch gemessen. Für die Berechnung nahm RAKOWSKI an, daß das gesamte anwesende Wasser als Lösungsmittel für die Hydroxyde dient. Die Richtigkeit der Zahlenwerte hängt von dieser Annahme ab. Die Bedeutung dieses Umstandes wurde im Zusammenhang mit der Alkalibindung der Cellulose ausführlich erörtert (vgl. S. 178ff.). Die Bindungswerte für die Alkalihydroxyde liegen nahe beieinander. In der Abbildung sind sie nur in Form eines Streifens dargestellt. Die Bindungswerte in Natronlauge lagen etwas höher als die in Kalilauge und diese wieder etwas höher als die in Lithiumlauge. Die Bindungswerte in den Erdalkalihydroxyden lagen gleichfalls in einem engen Gebiet. Vergleicht man nun die Bindung der Alkalihydroxyde mit der der Erdalkalihydroxyde, so findet man, daß die Sorption bei den letzteren bedeutend höher ist. Das analoge Verhalten wurde auch bei der Cellulose beobachtet. RAKOWSKI fand, daß der Zusatz von Neutralsalz die Bindung bei der gleichen Äquivalentkonzentration der Lauge erheblich steigert.

Die Aufnahme der Alkalihydroxyde konnte über das in der Abbildung dargestellte Gebiet nicht verfolgt werden, da durch höheren Laugenzusatz die Stärke bereits bei Zimmertemperatur vollständig verkleisterte. Die höchste Konzentration, bei der noch gemessen werden konnte, lag bei 0,1 n. Die Aufnahme der Erdalkalihydroxyde konnte hingegen infolge ihrer beschränkten Löslichkeit nicht weiter verfolgt werden. Trotz der höheren Bindung zeigte sich in dem untersuchten Gebiet bei den Erdalkalilaugen keine Verkleisterung.

Es sei erwähnt, daß REYCHLER die Reaktion der Stärke mit Hydroxyden als einen Neutralisationsvorgang auffaßt. Die Stärke soll nach ihm eine schwache Säure darstellen, indem je Hexoserest eine Hydroxylgruppe die saure Funktion ausübt. Das Sorptionsgleichgewicht betrachtet er als Ausdruck für ein Hydrolysegleichgewicht.

PAULI und VALKÓ wiesen darauf hin, daß man im Falle der elektrolytischen Dissoziation des Alkalisalzes der Stärke für die Alkalibindung das DONNAN-Gleichgewicht als gültig annehmen und die gefundenen Werte im Sinne dieser Theorie korrigieren muß. Möglicherweise liegt die Erklärung für die stärkere Bindung der Hydroxylionen in den Erdalkalilösungen darin, daß im Sinne der DONNAN-Theorie die Anwesenheit der zweiwertigen Kationen die gleichmäßigere Verteilung der OH-Ionen zwischen dem Gel (dem Stärkekorn) und der Außenflüssigkeit begünstigt. Auf dieselbe Weise kann die Wirksamkeit der Neutralsalze erklärt werden (Herabsetzung des Membranpotentials). Vielleicht muß außerdem auch die Zurückdrängung der elektrolytischen Dissoziation des Stärkesalzes (Verminderung der Doppelschichtdicke) in Anwesenheit der mehrwertigen Gegenionen und im Fall der hohen Salzkonzentration berücksichtigt werden.

Die mechanischen Eigenschaften der Stärkefilme. Für die Anwendung der Stärke als Schlichte sind die mechanischen Eigenschaften der Filme, die man aus Stärkepasten durch Trocknen erhält, von Bedeutung. NEALE hat derartige Messungen durchgeführt. Die Dicke der Filme betrug 6—20 μ. Die Stärkepasten wurden durch Verkleisterung mittels Einleiten von Dampf in die Suspensionen hergestellt. Tabelle 163 bringt die Ergebnisse.

Der Vergleich dieser Werte mit den an den Faserstoffen beobachteten zeigt, daß die Festigkeit der Stärkefilme um eine Größenordnung tiefer liegt als die der ungeschädigten Faserstoffe aus Cellulose oder von Wolle

Tabelle 163. **Mechanische Eigenschaften der Stärkefilme** (bei 0,66 rF.) Nach NEALE.

Zusammensetzung des Films	Reißfestigkeit in kg/cm²	Maximale Dehnung in %	YOUNGscher Modul dyn/cm² $\times 10^{10}$
Kartoffelstärke	414	4,2	3,25
Maisstärke	468	4,0	3,8
Sagostärke	400	2,6	3,12
Kartoffelstärke + 4,4% Ricinusöl	365	3,4	2,5
„ + 3,1% Glycerin	381	4,3	2,65
„ + 4,9% „	319	3,3	2,3
„ + 2,1% Talg	380	2,2	3,8
„ + 6,3% „	200	1,1	2,15
„ + 9,7% „	212	1,2	2,1
Maisstärke + 4,6% Japanwachs	320	1,8	3,2
„ behandelt mit Hypochlorit	371	2,2	3,5
„ + 1,27% Na-Oleat + 1,27% Talg	163	0,7	2,75

und Seide. Der Elastizitätsmodul, der aus dem Anfangsteil der Spannungs-Dehnungsschaulinien abgeleitet wurde, ist durchweg höher als bei den Faserstoffen.

Die drei obersten Reihen zeigen, daß der Unterschied zwischen den einzelnen nativen Stärkearten nur geringfügig ist. (Es sei bemerkt, daß die in der Tabelle mitgeteilten Werte Mittelwerte aus einer großen Anzahl von Einzelmessungen darstellen.) Die weiteren Reihen lehren, daß die verschiedenen Zusätze die Festigkeit der Filme ausnahmslos erniedrigen. Beim Zusatz von Glycerin, Ricinusöl oder Talg nimmt der Elastizitätsmodul ab, d. h. die Dehnbarkeit des Films wird vergrößert (Weichmachung). Überschreitet der Gehalt an solcher weichmachenden Substanz etwa 5%, dann wird die Schwächung des Films sehr erheblich. Zusatz von Japanwachs sowie von Seife führen zu sehr starker Schwächung. Die Behandlung der Stärke mit Hypochlorit vor Herstellung des Films setzt die Festigkeit herunter; die Wirkung ist analog dem Einfluß der Oxydationsmittel gegenüber Faserstoffen. Die Behandlung mit Diastase führt gleichfalls zu geschwächten Filmen. Wenn jedoch die Stärke nach der Behandlung mit kaltem Wasser gewaschen wird, ergibt sie Filme, die nur eine geringfügige Schwächung zeigen. Anscheinend werden durch das Waschen die Abbauprodukte, deren Anwesenheit die Festigkeit herabsetzt, entfernt. Mit Rücksicht auf die Anwendung bei der Appretur ist die Beobachtung von NEALE bemerkenswert, daß der Zusatz von Öl und Fett an Stelle der vollständig klaren und durchsichtigen Filme milchig trübe Produkte liefert.

Es fehlen noch systematische Untersuchungen über die Wirkung anderer Stoffe, die den Schlichte- und Appreturmassen häufig zugesetzt werden. Als solche wären zu nennen hygroskopische Stoffe, insbesondere Magnesium- und Calciumchlorid, die den Wassergehalt der Filme (im Gleichgewicht mit einer Atmosphäre bestimmter Feuchtigkeit) sehr erheblich steigern (vgl. SWAN), ferner Kaolin, Talkum u. dgl., die als Füll- und Beschwerungsmittel dienen.

Eine weitere Untersuchung über die mechanischen Eigenschaften der Stärkefilme haben SECK und BREM ausgeführt.

Die Verwendung der Stärkepasten zur Schlichte. Neben den mechanischen Eigenschaften der Stärke sind die Fließeigenschaften ihrer Pasten für den Schlichtevorgang von größter Bedeutung. Das Schlichten erfolgt derart, daß die Garne durch die Schlichtepaste geführt und dann zwischen Walzen abgequetscht werden. Es hängt von der Viscosität ab, wieviel Paste von dem Garn mitgenommen wird und wie weit diese in das Garn eindringt. Die höhere Bedeutung der scheinbaren Viscosität gegenüber der Konzentration für die Menge der aufgenommenen Schlichte geht aus der folgenden Zusammenstellung von FARROW und JONES hervor.

Tabelle 164. Abhängigkeit der aufgenommenen Schlichtemenge von der Viscosität der Stärkepaste. Nach FARROW und JONES.

Stärke	Konzentration in %	Viscosität (abs. Einheiten)	Aufgenommene Schlichtepaste in % je Gewicht Garn	Trockene Schlichte in % je Gewicht Garn
Mais	4,2	0,15	67	2,6
Mais	6,1	0,46	134	8,2
Kartoffel . . .	5,2	1,41	178	9,2

Die Benetzung der Rohbaumwollgarne durch die heißen Stärkepasten wurde von FARROW und NEALE untersucht, doch bedürfen ihre Ergebnisse weiterer Ergänzungen. Mikroskopische Beobachtungen von FARROW und JONES zeigen, daß die Schlichtepasten beim Durchziehen der Garne nicht zwischen die einzelnen Fasern dringen, sondern nur an der Oberfläche der Garne haften. Erst beim Quetschen erfolgt ein — allerdings unvollständiges — Eindringen. Offenbar wird die Benetzung der Zwischenräume zwischen den Einzelfasern auch dann, wenn die Voraussetzungen dafür auf Grund der Grenzflächenspannungswerte gegeben sind, durch die hohe Viscosität stark verzögert. SECK hat übrigens kürzlich mittels mikroskopischer Aufnahmen demonstriert, daß die in den Kleistern vorhandenen Stärkekörner viel zu groß sind, um in den Faden einzudringen. Für das Eindringen kommt daher nur der gelöste Anteil in Frage.

Die Anforderungen an die Viscosität der Stärkepasten bei der Anwendung für Appretur hängen stark von der Natur des Gewebes ab (vgl. NIVLING).

Für die Schlichtematerialien wird leichte Entfernbarkeit verlangt. Die am meisten verbreitete Methode zur Entfernung der Stärkeschlichte dürfte heute die enzymatische sein, da sie die Faser am meisten schont. Die Bedeutung der Einhaltung eines optimalen p_H und einer optimalen Temperatur für den enzymatischen Abbau sei nur erwähnt. Im Gegensatz zur Schlichte ist bei der Appretur vielfach eine möglichst große Wasch- oder mindestens Wasserechtheit erwünscht (wegen Erhöhung der Waschechtheit der Stärkeappreturen vgl. STADLER).

Auf die Bedeutung einer gründlichen mechanischen Bearbeitung der Stärkezerteilungen zur Erzielung von Pasten, die für Schlichtezwecke geeignet sind, hat SECK hingewiesen.

Konstitution und Kolloidchemie des Gummi arabicums. Das Gummi arabicum, ein Ausscheidungsprodukt von Pflanzen, gehört zu den Polysacchariden. Wie andere Pflanzenschleime, enthält auch dieses Gummi von Natur aus Aschebestandteile, vor allem Calcium- und Magnesiumionen. Nach Reinigung durch Auswaschen mit Säure ist es weitgehend von der Asche befreit. Der Gehalt an P und S ist sehr geringfügig. Die durch Hydrolyse erhaltenen Bausteine bestehen aus einem Gemisch von Hexosen, Pentosen und dem Säurederivat einer Biose. BUTLER und CRETCHER fanden die folgende prozentuale Zusammensetzung der Hydrolyseprodukte:

Galaktose-Glucuronsäure	28,3%
Hexose (Galaktose)	29,5%
Pentose (Arabinose)	34,4%
Methylpentose (Rhamnosehydrat)	14,2%
	106,4%

Die Konstitution der Aldobionsäure, die aus dem Gummi gewonnen wird, wurde von CHALLINOR, HAWORTH und HIRST aufgeklärt. Siehe Abb. 339.

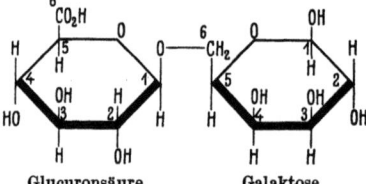

Glucuronsäure   Galaktose

Abb. 339. Konstitution der Aldobionsäure des Gummi arabicums nach CHALLINOR, HAWORTH und HIRST.

Die Glucuronsäure leitet sich von der Glucose mittels Ersatz der primären Alkoholgruppe durch eine Carboxylgruppe ab. Nach der oben angegebenen Analyse von BUTLER und CRETCHER beträgt das Äquivalentgewicht des Gummis je Säurerest etwa 1030. Über das Molekulargewicht der Polysaccharidkette sagt diese Zahl nichts aus, da in der Kette beliebig viele Säurereste enthalten sein können.

Es war schon seit langem bekannt, daß das Gummi sich in gereinigtem Zustand wie eine hochmolekulare Säure verhält. THOMAS und MURRAY haben die Reinigung durch Elektrodialyse durchgeführt. Der Aschegehalt konnte dabei auf 0,08% heruntergedrückt werden. In 1%iger Lösung zeigte das so gereinigte Gummi ein p_H von 2,70. Durch elektrometrische Titration konnte gezeigt werden, daß die Substanz sich wie eine mittelstarke Säure verhält. Durch Zusatz von Salzsäure konnte die Dissoziation zurückgedrängt, durch Zusatz von Lauge erhöht werden. 1 g Säure verbrauchte $8,5 \times 10^{-4}$ n Alkali. Daraus berechnet sich das Äquivalentgewicht der Säure zu 1177. Die Übereinstimmung mit dem obengenannten analytischen Wert des Äquivalentgewichtes ist befriedigend. BRIGGS erhielt gleichfalls durch elektrometrische Titration den Wert von 1176, OAKLEY durch Titration mit Barytlauge und Phenolphthalein als Indikator den Wert von 1189. Aus den Beobachtungen von PAULI und RIPPER über die Bindung von Silberoxyd durch das Gummi berechnet sich das Äquivalentgewicht zu etwa 1200. Für das Äquivalentgewicht des Tragantgummis liefern die Messungen von PAULI und RIPPER einen Wert von etwa 1050.

BUNGENBERG DE JONG und VON DER LINDE fanden ein Äquivalentgewicht des Gummi arabicums aus der Aufnahme von mehrwertigen Kationen von 1210.

Das elektrochemische Verhalten des Gummis weist hinsichtlich der Äquivalentleitfähigkeit und der Wasserstoffionenaktivität gewisse Eigentümlichkeiten auf, die von PAULI und RIPPER studiert worden sind. Es handelt sich dabei um Abweichungen von den Gesetzen der klassischen Dissoziationstheorie, die nach der Ansicht von PAULI damit zusammenhängen, daß das Gummi ein außerordentlich hochmolekulares und vielwertiges Ion darstellt. Das anomale elektrochemische Verhalten der Gummi arabicum-Lösungen wurde dann von BRIGGS untersucht. Er fand, daß die auf Grund des MWG berechnete mittlere Dissoziationskonstante der hochpolymeren Säure in 5%iger Lösung etwa einem p_K von 3,3, in 0,0625%iger Lösung jedoch einem solchen von etwa 5 entspricht.

Das osmotische Verhalten der Gummi arabicum-Lösung, die durch eine halbdurchlässige Membran von Wasser getrennt ist, wurde von BRIGGS und von OAKLEY untersucht, nachdem bereits PAULI und RIPPER die Einstellung einer Ionenverteilung in solchem Falle entsprechend der Theorie von DONNAN gezeigt hatten. OAKLEY konnte aus seinen osmotischen Druckbestimmungen das Molekulargewicht des Gummis abschätzen. Er erhielt dafür den Wert von etwa 290000. Die maximale

Wertigkeit eines Moleküls würde danach rund 240 betragen. In 1%iger Lösung der reinen Säure würde 1 Molekül etwa 40 ionisierte (und 200 undissoziierte) Carboxylgruppen enthalten. Ob es sich hierbei um das Gewicht einer einzigen Kette handelt oder um das Gewicht des Aggregates aus mehreren kürzeren Ketten, läßt sich vorläufig nicht entscheiden.

THOMAS und MURRAY haben die Abhängigkeit der inneren Reibung der gereinigten Gummilösungen von der Wasserstoffionenkonzentration

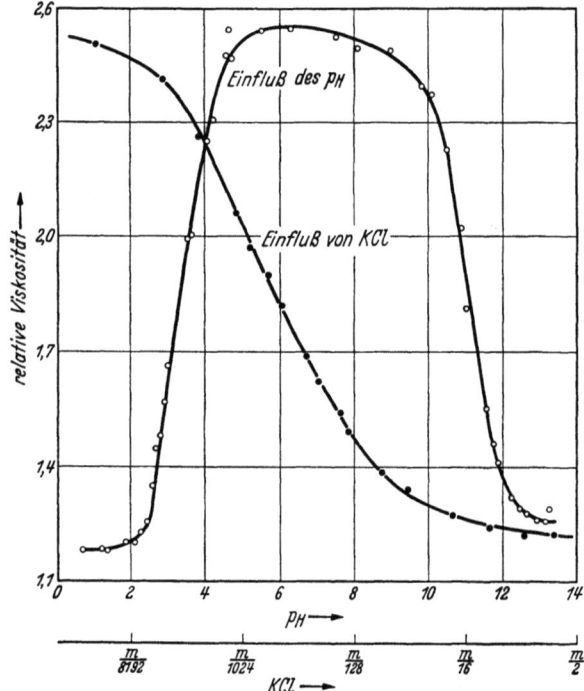

Abb. 340. Innere Reibung 1%iger Gummi arabicum-Lösungen bei 25° in Abhängigkeit von der Salzkonzentration und vom p_H. Nach THOMAS und MURRAY.

untersucht. Ihre Ergebnisse sind in der Abb. 340 graphisch dargestellt. Die Wasserstoffionenkonzentration wurde durch Zusatz von Salzsäure oder Natronlauge eingestellt. Die Lösung war 1%ig.

Berücksichtigt man, daß das p_H der reinen Lösung 2,7 betrug, so ersieht man aus der Abbildung, daß der Zusatz von Säure die Viscosität erniedrigt, der Zusatz von Lauge diese zunächst erhöht. Bei einem p_H von etwa 7 wird ein Maximum erreicht, weitere Erhöhung der Alkalität setzt die Reibung herunter. Da nach den elektrometrischen Bestimmungen beim p_H 7 die Gummi arabicum-Säure bereits zum größten Teil neutralisiert ist, läßt sich der beobachtete Gang der Viscosität mit der elektrischen Ladung der Gummiionen in Zusammenhang bringen. Im sauren Gebiet wird die Ladung und damit parallel die innere Reibung der Lösung mit zunehmendem p_H erhöht. Im alkalischen Gebiet wirkt der Zusatz des überschüssigen Alkalis auf die Ladung (infolge Dissoziationsrückgang oder Verminderung der Doppelschichtigkeit) und auf die Viscosität erniedrigend. THOMAS und MURRAY haben gezeigt, daß der Zusatz von Neutralsalz die Viscosität des Gummis herabsetzt. Ihre Ergebnisse mit Natriumchlorid sind gleichfalls in der obigen Abbildung dargestellt. In dieser Versuchsreihe wurde die Wasserstoffionenkonzentration der Lösung beim p_H 7,85 konstant gehalten. Die Viscosität in hoher Laugenkonzentration ist annähernd dieselbe wie in hoher Salzkonzentration.

KRUYT stellte fest, daß das HAGEN-POISEUILLEsche Gesetz für die Gummi arabicum-Lösungen gültig ist.

Der Salzeinfluß auf die Viscosität von Gummi arabicum-Lösungen wurde ferner von KRUYT und TENDELOO untersucht. In bezug auf Säure- und Alkaliwirkung bestätigen ihre Ergebnisse die Befunde von THOMAS und MURRAY. Sie untersuchten ferner die Rolle der Ionenwertigkeit für die Viscositätsbeeinflussung. Es zeigte sich, daß die Wirkung der Kationen je nach Wertigkeit verschieden,

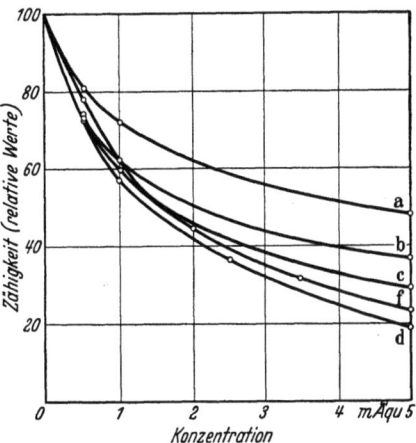

Abb. 341. Innere Reibung von 1%igen Gummi arabicum-Lösungen bei 25° in Abhängigkeit von der Elektrolytkonzentration. Relative Werte (100 = Reibung ohne Elektrolytzusatz). a: 1-wertiges Kation; b: 2-wertiges Kation; c: 3-wertiges Kation, d: 4-wertiges Kation, f: 6-wertiges Kation. Nach KRUYT und TENDELOO.

die Anionenwertigkeit hingegen nur von untergeordneter Bedeutung ist. Abb. 341 stellt einen Teil ihrer Ergebnisse zusammenfassend dar. Sie zeigt, daß, von gewissen Unregelmäßigkeiten abgesehen, die innere Reibung um so stärker erniedrigt wird, je höherwertiger das Kation ist.

Die von KRUYT und TENDELOO ausgeführten elektrophoretischen Messungen an Gummi arabicum zeigten, daß die Wanderungsgeschwindigkeit in Abhängigkeit von der Salzkonzentration über ein Maximum läuft. In dieser Hinsicht läßt sich also der Zusammenhang zwischen Ladung und Viscosität nicht bestätigen. Allerdings ist der Fall hier deswegen verwickelter, weil das Gummi in ungereinigtem Zustand (Aschegehalt 2,1%) vorlag. Wahrscheinlich hängt mit dem Elektrolytgehalt des Untersuchungsmaterials auch die Beobachtung von KRUYT und TENDELOO zusammen, daß die innere Reibung der Gummilösung langsamer zunimmt als die Konzentration. TAFT und MALM haben an gereinigter Gummilösung die bei den Hochpolymeren normale Konzentrationsabhängigkeit beobachtet: mit wachsender Konzentration wurde die Reibungserhöhung je Konzentrationseinheit größer.

PAULI, RUSSER und SCHNEIDER haben bei der Untersuchung der Schutzkolloidwirkung von Gummi arabicum festgestellt, daß dem Aschengehalt des Gummis bei dieser Wirkung auf negativ geladene lyophobe Sole eine wichtige Rolle zukommt. Während ungereinigtes Gummi das kolloide, blaue Kongorot vor Salzflockung schützt, übt das Gummi nach der Elektrodialyse, also im aschearmen Zustand, keine Schutzwirkung aus. Die Schutzwirkung auf kolloide Goldlösung wird durch die Befreiung von der Asche gleichfalls vermindert. Durch Zusatz von MgO (ZnO, Asche des Gummis) zum reinen Gummi kann die Schutzwirkung wiederhergestellt werden. Anscheinend erhält das Gummi durch Anlagerung von Mg-Ionen bzw. von $Mg(OH)_2$-Molekülen positiv geladene Stellen, welche mit den negativ geladenen ionogenen Gruppen an der Oberfläche der lyophoben Kolloidteilchen ebenso in Wechselwirkung treten können, wie die Aminogruppen des Eiweißes, wenn diese als Schutzkolloide für negative Lyophobe dienen.

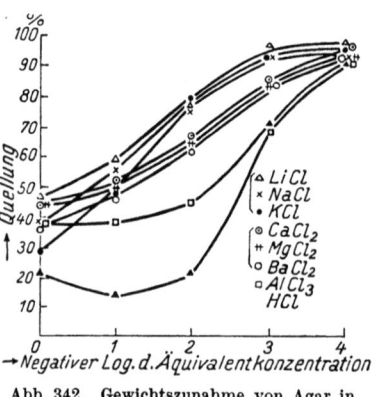

Abb. 342. Gewichtszunahme von Agar in Chloridlösungen. Nach DOKAN.

Von den Pflanzenschleimen wurde noch das *Agarsol* einer näheren kolloidchemischen Untersuchung unterzogen. NEUBERG und OHLE einerseits, SAMEC und ISAJEVIC andererseits sind unabhängig voneinander zur Ansicht gelangt, daß für die Eigenschaften des Agars die in der Asche nachweisbare Schwefelsäure eine bedeutende Rolle spielt. Beide nehmen eine organische Bindung der Säure an. Das elektrodialysierte Agar enthält nach SAMEC und ISAJEWIC etwa 1% Schwefelsäure. Das Äquivalentgewicht berechnet sich daraus zu rund 9000: auf rund 54 $C_6H_{10}O_5$-Reste kommt ein Schwefelsäurerest. Die Befunde SAMECs wurden von HOFFMAN und GORTNER bestätigt.

KRUYT und DE JONG haben gezeigt, daß die Viscosität des Agarsols dieselbe Abhängigkeit von der Wertigkeit der Kationen bei Neutralsalzzusatz aufweist wie das Gummi arabicum. DOKAN hat auf Anregung von MICHAELIS die Wirkung der Elektrolyte auf die Quellung von Agargallerte ermittelt. Abb. 342, 343 und 344 bringen seine Ergebnisse.

Sie zeigen, daß alle Elektrolyte das Quellungsvolumen des Agars gegenüber dem in reinem Wasser (bezeichnet als 100%) herabsetzen. Aus der ersten Abbildung ersehen wir, daß in verdünnten Lösungen, bis etwa 0,1 n, die Quellungserniedrigung um so stärker ist, je höher die Kationwertigkeit ist. Nur Salzsäure fällt aus der Reihe. Im konzentrierten Gebiet werden die Beziehungen verwickelter. Der Befund läßt sich durch die Annahme deuten, daß die Quellung von der Ladung abhängt. In konzentrierten Lösungen ist das Agar jedoch bereits vollständig entladen, so daß hier andere Erscheinungen ausschlaggebend sind. Abb. 343 zeigt, daß die Wirkung der Säuren nur von der Wasserstoffionenkonzentration abhängt.

Aus Abb. 344 geht schließlich hervor, daß die spezifische Natur der Anionen in konzentrierten Lösungen eine wesentliche Rolle spielt. Ordnet man sie nach zunehmender Quellung, dann ergibt sich hier die bekannte HOFMEISTERsche Reihe: Citrat, Sulfat, Chlorid, Bromid, Rhodanid und Jodid.

DE JONG hat die Schrumpfung des Agargels in Elektrolytlösungen untersucht und erhielt analoge Ergebnisse wie DOKAN.

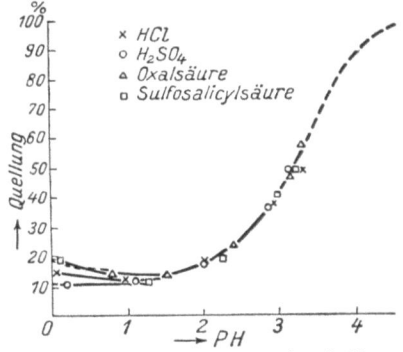

Abb. 343. Gewichtszunahme von Agar in Säuren abhängig vom pH. Nach DOKAN.

Den Elektrolyteinfluß auf die Viscosität von *Carraghensol* haben DE JONG und GWAN ermittelt. Auch hier fand sich eine ausschlaggebende Bedeutung der Kationenwertigkeit.

Zu den Pflanzenschleimen gehören auch die *Pektinstoffe*, die aus einem Komplex von Kohlenhydrat und Polyglucuronsäure bestehen (v. FELLENBERG, F. EHRLICH, HENGLEIN und SCHNEIDER). In den Pflanzen liegt die Polygalakturonsäure als Ca- oder Mg-Salz vor. Die Pektine sind Begleitstoffe der Cellulose, in größerem Anteil insbesondere in den Hanf- und Flachsfasern.

Kolloidchemie der Methylcellulose. Unter dem Namen Colloresin wird Methylcellulose zur Herstellung von Druckpasten in den Handel gebracht.

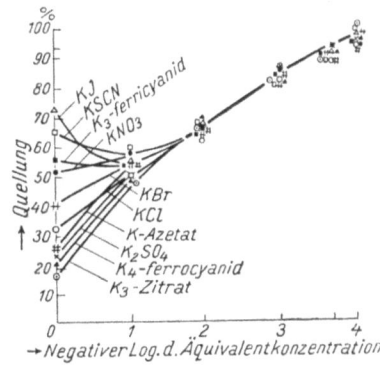

Abb. 344. Gewichtszunahme von Agar in Kaliumsalzlösungen. Nach DOKAN.

In dem Handelsprodukt sind die Oxygruppen der Cellulose nicht vollständig, sondern nur zu einem hohen Prozentsatz veräthert. Wie HIRST und IRVINE gezeigt haben, läßt sich die vollständige Methylierung der Cellulose nur schwierig bewerkstelligen (vgl. hierüber die neue Arbeit von KARRER und ESCHER).

Methylcellulose ist klar löslich in kaltem Wasser. Beim Erwärmen der Lösung entsteht eine Gallerte, aus verdünnten Lösungen flockt die Substanz aus. Dieses Verhalten wird von STAUDINGER und SCHWEITZER darauf zurückgeführt, daß der Äthersauerstoff mit den Wassermolekülen bei niedriger Temperatur eine oxoniumartige Additionsverbindung bildet. Die Bildung des Oxoniumhydroxyds bedingt die Löslichkeit des hochpolymeren Äthers. Bei Erhöhung der Temperatur zerfällt die Oxoniumverbindung und die Löslichkeit nimmt ab.

Die Sol-Gelumwandlung der Methylcellulose wurde kürzlich von HEYMANN einer näheren Untersuchung unterzogen. Beim allmählichen Erhitzen der Lösung nimmt zunächst die Durchflußzeit durch eine Capillare ab. Bei einer bestimmten Temperatur, die von der Konzentration der Lösung und gegebenenfalls von der Anwesenheit von Salzen abhängt, tritt dann ein plötzlicher Anstieg der Durchflußzeit auf. Für eine 1,56%ige Lösung lag diese Temperatur beispielsweise bei 48°. Beim Abkühlen kehrt die ursprüngliche Viscosität zurück, allerdings zeigt sich hierbei eine erhebliche Hysteresis (Abb. 345).

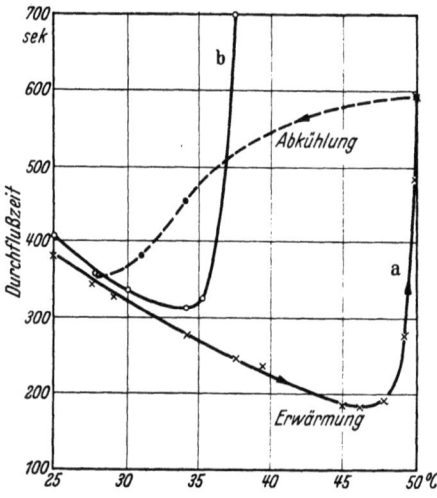

Abb. 345. Viscosität von Methylcelluloselösungen in Abhängigkeit von der Temperatur. a: 1,56% Methylcellulose, b: 1,52% Methylcellulose + 0,2 n K_2SO_4. Nach HEYMANN.

Der Einfluß der Salze wurde durch Ermittlung eines „Schmelzpunktes" festgestellt, d. h. der Temperatur, bei der die Gallerte beim Abkühlen gerade flüssig wurde. Höherer Schmelzpunkt bedeutet also in diesem Fall eine Beeinflussung in Richtung stärkerer Verflüssigung. Die Elektrolytkonzentration betrug 0,2 molar. Die Chloride der Alkaliionen erniedrigten den Schmelzpunkt annähernd im gleichen Maße. Die Wirkung der Kaliumsalze war jedoch je nach der Natur der Anionen sehr verschieden. Es zeigte sich wieder die bekannte Reihenfolge. Die letzten Glieder der Reihe, Jodid und Rhodanid, führten zur Erhöhung des Schmelzpunktes, d. h. zur leichteren Verflüssigung. Die Beständigkeit der Lösungen gegenüber den Salzen ergab dieselbe Reihenfolge; die flockende Konzentration von Jodid und Rhodanid war am größten.

Die Viscosität der Lösungen gehorchte nicht dem HAGEN-POISSEUILLEschen Gesetz. Die Abweichung war um so stärker, je näher die Lösung infolge der Temperatur, der Konzentration oder der Salzanwesenheit dem gallertigen Zustand stand.

HEYMANN hat nachgewiesen, daß die isotherm durchgeführte Sol-Gelumwandlung mit einer Volumausdehnung verbunden war. Dieser Befund spricht dafür, daß bei der Umwandlung eine Dehydratation erfolgt.

Die Beobachtungen an zeitlichen Viscositätsänderungen unterstützen diese Ansicht. Erhöhte man die Temperatur der Lösung, z. B. auf 45°, so fand in der ersten Stunde eine Abnahme der Viscosität statt. Nach Erreichen eines Mindestwertes stieg die Viscosität steil an. Der abnehmende Ast der Viscosität-Zeitkurve kann als Ausdruck für die Dehydratation gedeutet werden, die der Gelbildung vorangeht. (Analoge Beobachtungen wurden zuerst von Pauli und Fernau an einem Cerhydroxydsol gewonnen; vgl. Pauli und Valkó.)

Die Druckpasten und der Zeugdruck. Der Zeugdruck ist eine örtliche Färbung. Sie wird gewöhnlich derart ausgeführt, daß die Druckpaste, in der der Farbstoff verteilt ist, als dünne Schicht in der von dem Muster bedingten Begrenzung auf die Oberfläche der Gewebe aufgetragen wird. Die Druckpaste wird auf dem Gewebe getrocknet. Der Färbevorgang vollzieht sich erst dann, wenn das bedruckte Gewebe in einer gesättigten oder übersättigten Dampfatmosphäre auf höhere Temperatur gebracht wird (gewöhnlich 101—102°).

Über die Vorgänge beim Zeugdruck fehlen systematische Untersuchungen so gut wie gänzlich. Außer den einzelnen Beobachtungen, die in den älteren Handbüchern des Zeugdruckes mitgeteilt wurden, hat in neuerer Zeit R. Haller die wichtigsten Beiträge zu dieser Frage geliefert. Doch handelt es sich hier auch nur um einzelne Beobachtungen qualitativer Natur.

Die Aufgabe der Verdickungen, die zusammen mit dem Farbstoff die Druckpaste liefern, besteht darin, das Zerfließen der Farbstofflösungen am Gewebe und die dadurch bedingte Verwaschung des Musters zu verhindern. Es wurde vielfach, auch von Haller, die Ansicht vertreten, daß durch die Struktur der Druckpaste den Capillarkräften (d. h. der Benetzungsarbeit) des Gewebes die Capillarkräfte der Druckpaste entgegengesetzt werden und auf diese Weise das Wasser in der Paste zurückgehalten wird. Es fragt sich jedoch, ob der zweifellos meist vorhandenen Struktur (Stärkekörner!) der Druckpasten wirklich diese Bedeutung zukommt. Es erscheint vielmehr wahrscheinlich, daß die hohe Zähigkeit, unabhängig davon, ob sie auf eine Struktur zurückzuführen ist oder nicht, die Benetzungsgeschwindigkeit in dem erforderlichen Maße herabzusetzen vermag. Eine weitere Aufgabe der Verdickungen dürfte darin bestehen, eine *irreversible* Koagulation der Farbstoffe zu verhindern. Die Gefahr der Flockung wäre sonst infolge der außerordentlich hohen Konzentration der Farbstoffe und der Salze (z. B. Hydrosulfit) in der Druckpaste sehr groß.

Die wichtigste drucktechnische Eigenschaft der Verdickungen ist jedenfalls ihre Viscosität. Diese wird daher zur Bewertung in erster Linie herangezogen. Infolge der außerordentlichen Größe der Zähigkeit ist ihre quantitative Messung nicht ganz einfach (vgl. Glarum, v. Pezold, bei diesen weitere Literatur).

Die am meisten verwendeten Verdickungsmittel sind native Stärke (z. B. Kartoffelstärke, Weizenmehl), Tragantgummi und abgebaute Stärke (British Gummi). Gewöhnlich werden Mischungen von diesen verwendet. Ihre Zusammensetzung richtet sich nach dem Färbeverfahren, aber auch nach den übrigen Färbebedingungen, z. B. nach der Art des Gewebes.

GLARUM untersuchte eine große Anzahl von Druckpasten, die aus verschiedenen Werken stammten, auf ihre Fließeigenschaften. Diese Druckpasten wurden auf Grund der Güte der mit ihnen hergestellten Drucke in verschiedene Gruppen eingeteilt. Die Beurteilung der Drucke erfolgte danach, wie scharf das Muster abgebildet und wie gleichmäßig die Färbung war. Die Messungen der Zähigkeit in Abhängigkeit von der Scherkraft führten zu dem Ergebnis, daß die Fließkurven der guten Pasten in einem bestimmten Bereich liegen. Je weiter die Fließkurven sich von diesem Bereich entfernen, um so schlechter werden die erzielten Drucke (Abb. 346). Allerdings gibt GLARUM zu, daß die Ergebnisse keinen Anspruch auf Allgemeingültigkeit erheben können, da möglicherweise andere Muster andere Fließeigenschaften erfordern. Selbstverständlich ist die Temperatur der Druckwalze (die Anwendungstemperatur der Paste) gleichfalls von großer Bedeutung.

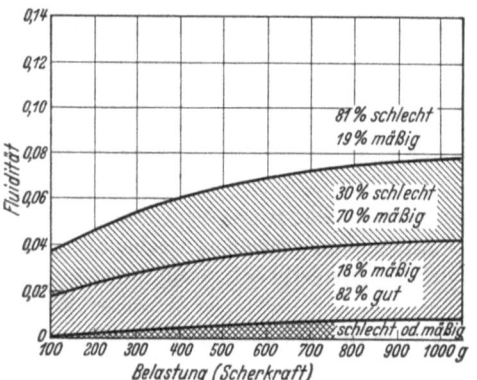

Abb. 346. Bewertung von Verdickungen für den Zeugdruck in Abhängigkeit von ihren mechanischen Eigenschaften. Nach GLARUM.

Die Verdickung muß aus dem Gewebe leicht auswaschbar sein. Es ist daher zu berücksichtigen, daß Stärke mit Chrom- und Aluminiumsalzen, die bei vielen Färbevorgängen zugegen sein müssen, schwerlösliche Niederschläge gibt.

Die Vorschriften für die Benützung der Methylcellulose zur Verdickung weichen infolge der besonderen Eigenschaften dieser Substanz von denjenigen der anderen Verdickungsmittel ab. Die aufgedruckte Colloresindruckpaste kann zur Entwicklung der Färbung mit heißem Wasser behandelt werden, ohne daß ein Zerfließen stattfindet, das Auswaschen erfolgt hingegen dann mit kaltem Wasser.

Schrifttum.

BAIRD, D. K., W. N. HAWORTH and E. L. HIRST: J. chem. Soc. Lond. **1935**, 1201.
BILTZ: W.: Z. physik. Chem. A **83**, 683 (1913).
BRIGGS, D. R.: J. physic. Chem. **38**, 867, 1145 (1934).

BUTLER, C. L. and L. H. CRETCHER: J. amer. chem. Soc. **51**, 1519 (1931).
CHALLINOR, S. W., W. N. HAWORTH and E. L. HIRST: J. chem. Soc. Lond. **1931**, 258.
DOKAN, S.: Kolloid-Z. **34**, 185 (1924).
EHRLICH, F.: Z. angew. Chem. **40**, 1305 (1927).
FARROW, F. D.: R. P. WALTONS Starch Chemistry, I, p. 215. New York 1928.
— and E. JONES: J. Textile Inst. **18**, 1 (1927).
— and G. M. LOWE: J. Textile Inst. **14**, 414 (1923).
— and S. M. Neale: J. Textile Inst. **16**, 209 (1925).
— and E. SWAN: J. Textile Inst. **14**, 465 (1923).
FELLENBERG, TH. V.: Biochem. Z. **85**, 118 (1915).
FOUARD, E.: L'état colloidal de l'amidon.
FREUDENBERG, K., W. KUHN, W. DÜRR, F. BOLZ u. G. STEINBRUNN: Ber. dtsch. chem. Ges. **63**, 1510 (1930).
FREUNDLICH, H. u. H. NITZE: Kolloid-Z. **41**, 206 (1927).
GLARUM, S. N.: Amer. Dyestuff Rep. **23**, 177 (1934); **25**, 150 (1936).
HALLER, R.: Kolloidchem. Beih. **8**, 1 (1916).
— Mellianda Textilber. **9**, 586 (1928). — Chemische Technologie der Baumwolle. R. O. HERZOGs Technologie der Textilfasern, Bd. 4, 3. Teil. Berlin 1928.
HATSCHEK, E.: Die Viskosität der Flüssigkeiten. Dresden u. Leipzig 1929. — Kolloid-Z. **13**, 88 (1913).
HAWORTH, W. N.: Die Konstitution der Kohlehydrate. Dresden u. Leipzig 1932.
— E. L. HIRST, M. M. T. PLANT: J. chem. Soc. Lond. **1935**, 1214.
HENGLEIN, F. u. G. SCHNEIDER: Ber. dtsch. chem. Ges. **69**, 309 (1936).
HERZOG, R. O. u. W. JANCKE: Ber. dtsch. chem. Ges. **53**, 2162 (1920).
HESS, W. R.: Kolloid-Z. **27**, 153 (1920).
HEYMANN, E.: Trans. Faraday Soc. **31**, 846 (1935).
HIRST, E. L., M. M. T. PLANT and M. D. WILKINSON: J. chem. Soc. Lond. **1932**, 2375.
HOEVE, J. A. VAN DER, H. G. BUNGENBERG DE JONG u. H. R. KRUYT: Kolloidchem. Beih. **39**, 105 (1934).
HOFFMAN, W. F. and R. A. GORTNER: J. of biol. Chem. **65**, 379 (1925).
HOFMEISTER, F.: Arch. f. exper. Path. **24**, 247 (1888); **25**, 1 (1888); **27**, 395 (1890); **28**, 210 (1891).
IRVINE, J. C. and J. M. A. BLACK: J. chem. Soc. Lond. **1926**, 862.
— and E. L. HIRST: J. chem. Soc. Lond. **123**, 518 (1926).
JONG, H. G. BUNGENBERG DE: Rec. Trav. chim. Pays-Bas **43**, 189 (1924).
— Kolloidchem. Beih. **29**, 454 (1929).
— u. D. S. Gwan: Kolloidchem. Beih. **29**, 436 (1929).
— u. P. V. D. LINDE: Biochem. Z. **262**, 160 (1933).
KARRER, P. and E. ESCHER: Helv. chim. Acta **19**, 1192 (1936).
— and E. v. KRAUSS: Helv. chim. Acta **12**, 1144 (1929); **15**, 48 (1932).
KATZ, J. R.: R. P. WALTONS Starch Chemistry, I, p. 68. New York 1928.
— u. J. C. DERKSEN: Z. physik. Chem. A **167**, 125 (1934).
— u. E. A. HANSON: Z. physik. Chem. A **168**, 321, 339 (1934); **169**, 35 (1934).
— u. TH. B. VAN ITALLIE: Z. physik. Chem. A **166**, 27 (1933); **170**, 421 (1934).
— u. H. MARK: Physik. Z. **25**, 662 (1924).
— F. J. F. MUSCHTER jr. u. A. WEIDINGER: Biochem. Z. **257**, 404 (1933); **261**, 19, 48 (1933).
— u. A. WEIDINGER: Biochem. Z. **271**, 54 (1934). — Z. physik. Chem. A **171**, 181 (1934).
KRUYT, H. R.: Kolloid-Z. **36**, Erg.bd., 218 (1926).
— u. H. G. BUNGENBERG DE JONG: Z. physik. Chem. A **100**, 250 (1922).
— u. TENDELOO: Kolloidchem. Beih. **29**, 396 (1929).

LAMM, O.: Kolloid-Z. **69**, 44 (1934).
MEYER, A.: Die Stärkekörner. Jena 1895.
MEYER, K. H. u. H. MARK: Der Aufbau der organischen hochpolymeren Naturstoffe. Leipzig 1931
— H. HOPFF u. H. MARK: Ber. dtsch. chem. Ges. **62**, 1103 (1929).
NÁRAY-SZABÓ, ST. V.: Liebigs Ann. **465**, 299 (1928).
NEALE, S. M.: J. Textile Inst. **15**, 443 (1924); **18**, 25 (1927).
NEUBERG, C. u. H. OHLE: Biochem. Z. **125**, 311 (1931).
NIVLING, W. A.: R. P. WALTONs Starch Chemistry, I, p. 188. New York 1928.
OAKLEY, H. B.: Trans. Faraday Soc. **31**, 196 (1935); **32**, 1360 (1936); **33**, 372 (1937).
OSTWALD, WO.: Kolloid-Z. **36**, 99, 157, 248 (1925). — Z. physik. Chem. A **111**, 62 (1924).
— Praktikum der Kolloidchemie, S. 41. Dresden u. Leipzig 1930.
— u. G. FRENKEL: Kolloid-Z. **43**, 296 (1927).
PAULI, WO.: Pflügers Arch. **71**, 333 (1898). — Beitr. chem. Physiol. u. Path. **3**, 225 (1902).
— u. A. FERNAU: Kolloid-Z. **20**, 20 (1917).
— u. E. RIPPER: Kolloid-Z. **62**, 162 (1933).
— E. RUSSER u. G. SCHNEIDER: Biochem. Z. **269**, 158 (1934).
— u. E. VALKÓ: Elektrochemie der Kolloide. Wien 1929.
PEZOLD, E. v.: Melliands Textilber. **17**, 222, 330, 418 (1936).
RAKOWSKI, A.: Kolloid-Z. **11**, 52 (1912); **12**, 128, 177 (1913).
REYCHLER, A.: Bull. Soc. chim. Belg. **23**, 378 (1909); **29**, 118 (1920).
RICHARDSON, W. A., R. S. HIGGINBOTHAM and F. D. FARROW: J. Textile Inst. **27**, 131 (1936).
— and R. WAITE: J. Textile Inst. **24**, 383 (1933).
RODEWALD, H.: Z. physik. Chem. A **24**, 193 (1897); **33**, 593 (1900).
— u. A. KATTEIN: Z. physik. Chem. A **33**, 578 (1900).
ROTHLIN, E.: Biochem. Z. **98**, 34 (1919).
SAMEC, M.: Kolloidchemie der Stärke. Dresden u. Leipzig 1927.
— et V. ISAJEVIČ: C. r. Acad. Sci. Paris **176**, 1419 (1923).
— u. L. KNOOP: Kolloidchem. Beih. **39**, 438 (1934).
SCHERRER, P.: ZSIGMONDYs Kolloidchemie, 3. Aufl. Leipzig 1920.
SECK, W.: Melliands Textilber. **17**, 198, 343, 506 (1936).
— u. R. BREM: Kolloid-Beih. **45**, 99 (1936).
STADLER, J.: Melliands Textilber. **16**, 61 (1935).
STAUDINGER, H. u. H. EILERS: Ber. dtsch. chem. Ges. **69**, 819 (1931).
— u. E. HUSEMANN: Liebigs Ann. **527**, 195 (1937).
— u. O. SCHWEITZER: Ber. dtsch. chem. Ges. **63**, 2317 (1930).
— u. H. SCHOLZ: Ber. dtsch. chem. Ges. **67**, 84 (1934).
SWAN, E.: J. Textile Inst. **17**, 517 (1926); **17**, 527 (1926).
TAFT, R. and LL. E. MALM: J. physic. Chem. **35**, 874 (1931).
TAYLOR, C. T. and S. G. MORRIS: J. amer. chem. Soc. **57**, 1070 (1935).
— and T. J. SCHOCH: J. amer. chem. Soc. **55**, 4248 (1933).
THOMAS, A. W. and H. A. MURRAY: J. physic. Chem. **32**, 676 (1928).
WAELE, A. DE: J. Oil Colour Chem. Assoc. **6**, 33 (1923).
WALTON, R. P.: Starch Chemistry, I. New York 1928.
ZEMPLÉN, G.: Ber. dtsch. chem. Ges. **60**, 1555 (1927).

Namenverzeichnis.

Die *kursiv* gedruckten Seitenzahlen beziehen sich auf die abschnittsweisen Schrifttumsverzeichnisse.

Abderhalden, E. 22, *33*.
— u. A. Voitinovici 22, *33*.
Abitz, W. s. Gerngross.
Abramson, H. A. 167, 169, 172.
— s. a. Freundlich.
Adair, G. S. 17, *33*.
— u. M. E. Adair 352, *387*.
Adam, N. K. 21, *33*, 558, 579, 584, *643*.
— u. G. Jessop 586, *643*.
— u. H. L. Shute 561, *579*.
Adderley, A. 228, *236*.
Addison, C. C. s. Gibby.
Adolf, M. s. Pauli.
Akahira s. Kujirai.
Akim, L. s. Hess.
Albrecht 477, *486*.
Alexander, A. C. s. Willows.
Allen, A. L. s. Denham.
Allwörden, K. v. 294, 295, 297, 300, *305*.
Alterer, M. s. Schmidt.
Ambronn, Hans 51, *76*.
— Hermann 49, 70, 72, *76*.
— u. A. Frey 69, 72, *76*.
Amick, Ch. 642, *643*.
Anacker, K. 477, *486*, 504, *518*.
Anderau, W. s. Matthews.
Andersen, N. s. Pelet.
Andress, K. R. 211, 212, *236*.
Andrews, D. H. u. J. Johnston 420, *486*.
D'Ans, J. u. A. Jäger 176, 177, 183, 202, *236*, 263, *274*.
Anson, M. L. s. Northrop.
Appleyard, J. s. Walker.
Argue, G. H. u. O. Maass 101, 102, 105, *124*.
Arndt, F. u. B. Eistert 333, *387*.

Arnold, H. 306, 309, 310, 315, *318*.
Arrhenius, Sv. 242, 243, *274*·
Astbury, W. T. 28, 29, 30, 31, *33*, 68, *76*, 276, 281, 285, *305*, 435.
— Dickinson, S. u. K. Bailey 625, *643*.
— u. R. Lomax 625, *643*.
— u. W. A. Sisson 31, *33*, 44, *45*.
— u. A. Street 28, *33*.
— u. H. J. Woods 31, 32, *33*, *33*, *305*.
Auerbach, J. 291, *305*.
— R. 369, 371, *387*, 410, 607, *643*.

Bach 515.
Baeyer, A. v. u. V. Villiger 482, 484, *486*.
Bailey, K. s. Astbury.
Baird, D. K., W. N. Haworth u. E. L. Hirst 649, *680*.
— P. K. s. Seborg.
Baker, Ch. L. 614, *643*.
Balla, N. s. Elöd.
Balls, W. L. 40, *45*.
Bancroft, W. D. 426, *486*, 624, *643*.
— u. J. B. Calkin 182, 183, *237*.
Baron, A. s. Courtot.
Barratt, T. 225.
— u. J. W. Lewis 207, *237*.
— s. a. Willows.
Barrit, J. 23, *33*.
— u. A. T. King 23, *33*, 284, 293, *305*.
Bartell, F. E. 581, 582, 584, *643*.

Bartell, F. E. u. L. S. Bartell 585, *643*.
— u. H. J. Osterhof 585, *643*.
— u. C. W. Walton 585, 586, *643*.
Bartsch, O. 642, *643*.
Bartunek, R. s. Heuser.
Bascom, C. H. s. Rhodes.
Batey, J. P. s. Knecht.
Baumgürtel, B. s. Lottermoser.
Baur, E. 291, *305*.
Bayliss, W. M. 351, *387*, 492, *518*.
Beadle u. Stevens 223, *237*, *274*.
Bean, P. u. F. M. Rowe 510, 512, *518*.
Bechhold, H. 61, 62, *76*, 375.
Beck, F. s. R. O. Herzog.
Becker, K. u. W. Jancke 523, *579*.
Beeman, W. s. Harkins.
Beger s. Zsigmondy.
Bendien, W. M. s. Reinders.
Bentz, E. u. F. J. Farrell 134, *161*.
Beretta, G. s. Szegö.
Bergen, W. v. 301, *305*.
Bergmann, M. 480.
— u. H. Machemer 19, *33*.
Berkman, S. u. G. Egloff 642, *643*.
— J. Böhm u. H. Zocher 72, *76*.
Berl, E. 242, 243, *274*.
— u. B. Schmitt 615, *643*.
Bernal, J. D. 523, *579*.
— u. H. D. Megaw 379, *387*.

Bernoulli, P. F. 457, *486*.
Berry, G. W. s. Washburn.
Bertsch, H. 520, *579*, 597, *643*.
Betz, M. D. s. McBain.
Bevan, E. J. s. Cross.
Bidder, P. B. s. Lloyd.
Bierbrauer, E. s. Luyken.
Biltz, W. 343, 344, 373, *387*, 390, 393, 396, 476, *486*, 502, 649, 650, *680*.
— u. F. Pfenning 354, 371, *387*, 502, *518*.
— u. A. v. Vegesack 352, *387*.
Binz, A. u. K. Mandovsky 494, *518*.
— s. a. Pauly.
Bion, F. 73, *76*.
Birtwell, C., D. A. Clibbens u. A. Geake 251, 255, 256, *274*.
— — — u. B. P. Ridge 222, 223, 224, 225, *237*.
— — u. B. P. Ridge 250, 252, *274*.
Bjerrum, N. 139, *161*, 326, *387*, 464, 465, 466, *486*.
— u. E. Manegold 62, *76*.
Black, J. M. A. s. Irvine.
Blasel, L. u. J. Matula 134, *161*.
Block, R. J. s. Vickery.
Blodgett, K. B. s. Langmuir.
Blume, C. s. Mark.
Bodmer, A. 173, *237*.
Boedeker, C. 79, 393, *486*.
Boer, J. D. de 493, *518*.
Böhm, J. s. Berkmann.
Böhme, F. s. Elöd.
Bolam, T. R. *161*, *237*.
Bolz, F. s. Freudenberg, Noll.
Boppel, A. s. Kraeber.
Börnstein s. Landolt.
Bostock, W. s. Urquhart.
Boulton, J. u. B. Reading 507, *518*.
— A. E. Delph, F. Fothergill u. T. H. Morton, 395, 396, 397, 458, *486*, 495, 506, 507, 508, *518*.

Bowden, H. s. Ridge.
— P. s. Dummett.
Boxser, H. 433, *486*.
Brainard, S. W. s. Rhodes.
Brash, W. s. Denham.
Brass, K. 449, *486*.
— u. K. Eisner 369, 371, *387*.
— u. O. Gronych 485, *486*.
— u. K. Lauer 450, *486*.
— F. Oppelt, u. A. Weichert 414, *486*.
— u. P. Sommer 461, *486*.
— u. G. Torinus 447, 448, *486*.
— u. W. Wittenberger 471, *486*.
— s. a. Pummerer.
Brauckmeyer, R. 310, *318*.
— s. a. Mark.
Bredée, L. H. 53, *76*.
Bredig, G. 139, *161*, 325, 606, *643*.
Brem, R. s. Seck.
Briegleb, G. 409, *486*.
— u. J. Kambeitz *486*.
Briggs, D. R. 165, 166, 169, *172*, 673, *680*.
— u. A. W. Bull 426, 429, 430, 440, 441, *486*.
— J. F. s. Cross.
Brigl, P., R. Held u. K. Hartung 293, *305*.
Brill, R. 27, *33*.
— u. K. H. Meyer 522, *579*.
Brimley, R. C. 94, *124*.
Brintzinger, H. 481, *486*.
— u. W. Brintzinger 63, *76*.
— u. H. Osswald 63, *76*.
— u. A. Schall 376, *387*.
Broda, E. s. Obogi.
Brossa, A. u. H. Freundlich 619, *643*.
Brown, J. s. S. R. Trotman
— K. C., J. C. Mann u. F. T. Peirce 115, 116, 117, *124*.
— R. B. 437, *486*.
Brownsett, Th., F. D. Farrow u. S. M. Neale 221, *237*.

Bruins, H. R. 356, *387*.
— s. a. Cohen.
Brunswik, H. v. s. Mark.
Büchner, E. H. u. P. J. P. Samwel 11, *33*.
— u. H. E. Steutel 17, *33*.
Buchtala, H. 22, *33*.
Budde, E. 17, *33*.
Buell, M. V. R. s. V. Lenher.
Bull, A. W. s. Briggs.
— H. B. u. R. A. Gortner 167, 168, *172*, 638, *643*.
— s. a. Neurath.
Bülow, W. s. K. H. Meyer.
Bungenberg de Jong, H. G. s. Jong.
Buntrock, A. 301, *305*.
Bunzl, M. s. Eirich.
Burgess, R. 44, *45*.
Burr, A. H. u. S. M. Burr 456, 457, *486*.
Bury, C. 333, 383, *387*.
Butler, C. L. u. L. H. Cretcher 672, 673, *681*.
Buxton s. Teague.
Buzágh, A. v. 254, *274*, 623, 626, 627, 628, *643*.

Calkin, J. B. s. Bancroft.
Calvert, M. A. 193, 194, *237*.
— u. D. A. Clibbens 231, 232, *237*.
Carpenter, Ch. 58, *76*.
Carter, J. D. 640, 641, *643*.
— u. W. Stericker *643*.
Cassel, H. M. 594, *643*.
Cathcart, W. H. s. Mouquin.
Challinor, S. W., W. N. Haworth u. E. L. Hirst 672, *681*.
Chamberlain, N. H. 45, *45*.
— s. a. Speakman.
Champetier, G. 110, 111, *124*, *237*.
Chang, H. s. Speakman.
Chapman L. M., D. M. Greenberg u. C. L. A. Schmidt 432, *486*.
Chinn, M. u. E. L. Phelps 480, *486*.

Namenverzeichnis.

Christ, W. 461, *486*.
Chwala, A. 522, *579*, 599, 606, 615, *643*.
Clark, G. L. 55, *76*.
— u. J. Southard 377, *387*.
— s. a. Harkins.
Clarke, H. T. s. Ratner.
Clavel, R. u. T. Stanisz 454, *486*.
Clayton, E. 642, *643*.
— F. H. u. F. T. Peirce 91, 116, 117, *124*.
— W. 603, *643*.
Clegg, G. C. 225, *237*.
— u. S. C. Harland *124*.
— H. s. Speakman.
Clibbens, D. A. 173, 175, *237*.
— u. A. Geake 233, *237*, 250, *274*.
— u. B. P. Ridge 244, 245, 246, 247, *275*.
— s. a. Birtwell, Calvert.
Cohen, E. u. H. R. Bruins 358, *387*.
Cohn, E. J. 133, 138, *161*.
Collé, H. s. Stirm.
Collie, B. s. Hartley.
Collins, G. E. 91, *124*, 197, 198, *237*.
— u. R. W. Williams 191, 192, 193, 197, *237*.
Cook, E. T. H. 303, *305*.
Cooper, C. A. s. Speakman.
Corbeau s. van Iterson.
Corner, M. s. Ridge.
Corser, H. K. u. A. J. Turner 225, *237*.
Coughlin, W. E. 480, *486*.
Courtot, C. u. A. Baron 292, *305*.
— u. H. Hartman 469, *486*.
Coward, H. F. u. L. Spencer 175, 177, 186, *237*.
Cramer, R. s. Willstätter.
Cretcher, L. H. s. Butler.
Cross, C. F., E. J. Bevan u. J. F. Briggs 290, *305*.
Crowder, J. A. u. M. Harris 283, 284, *305*.
Csallner, A. s. Lottermoser.
Czarnetzky, E. J. u. C. L. A. Schmidt 132, *161*.

Dakin, H. D. 291, *305*.
Dannenberg, F. 623, *643*.
Darke, W. F., J. W. McBain u. C. S. Salmon 546, *579*.
Davidson, G. F. 93, 94, 95, 96, *124*, 202, 212, 235, 236, *237*, 240, 249, 253, 255, 256, 257, 258, 259, 260, 261, 263, 264, *275*.
Debye, P. 379, *387*, 494.
Dehnert, F. u. W. König 176, 195, *237*.
Delph, A. E. s. Boulton.
Deluc 84.
Denham, W. S. u. A. L. Allen 89, *124*.
— u. W. Brash *161*.
— u. E. Dickinson 92, 93, *124*, 148, 149, 160, *161*.
— u. T. Lonsdale 120, *124*.
— E. A. Hutton u. T. Lonsdale 122, *124*, 160, *161*.
Deripasko, A. s. R. O. Herzog.
Derksen, J. C. s. Katz.
Derrett-Smith, D. A. u. C. R. Nodder 517, *518*.
Dickinson, E. s. Denham.
— S. s. Astbury.
Dilthey, W. u. R. Wizinger 383, *387*.
Dischreit, W. 369, *387*.
Ditzel 308.
Dobry, A. 9, 11, 12, *33*.
— u. J. Duclaux 457, *486*.
Dokan, S. 676, 677, *681*.
Domontowitsch, D. M. s. Ettisch.
Donnan, F. G. 26, 141, 150, 153, 156, *161*, 171, 183, 184, 185, 187, 202, 203, 208, *237*, 344, 350, *387*, 415, 416, 427, 491, 560, 567, *579*, 606, 607, *643*, 669, 673.
— u. A. B. Harris 344, 350, 351, *387*.
— u. H. E. Potts 568, 569, *579*.
Dore, W. H. s. Spensler.
Dorogi, St. s. Willstätter.
Dow, P. 619, *643*.

Dreaper, W. P. u. A. Wilson 491, 497, *518*.
Du Bois, R. u. A. H. Roberts 638, 639, *643*.
Duclaux, J. 242, 465.
— u. J. Errera 375, *387*.
— u. R. Nodzu 272, *275*.
— u. E. Wollman 9, 11, *34*, 243, 272, *275*.
— s. a. Dobry.
Dumanski, A. u. D. A. Dumanski 159, *161*.
Dummett, A. u. P. Bowden 618, *643*.
Dunbar, C. 636, 640, 641, *643*.
Dunkel, M. 7, *34*.
Dürr, W. s. Freudenberg.

Earp, K. s. Marsh.
Ebbinge, H. 56, 57, *76*.
Ebel, F. 334.
Ebert, L. 326, *387*.
Eckardt, K. s. Haller.
Eckersall, N. s. Urquhart.
Eckling, K. u. O. Kratky 55, *76*.
Edwards, C. H. 298, *305*.
Eggert, J. 57, *76*.
Egloff, G. s. Berkman.
Ehrlich, E. s. Thiessen.
— F. 677, *681*.
Eilers, H. s. Staudinger.
Einstein, A. 242, *275*, 355.
Eirich, F. u. H. Mark 19, *34*.
— H. Margaretha u. M. Bunzl 18, *34*.
Eisenschitz, R. 18, *34*, 189, *237*.
Eisner, K. s. Brass.
Eistert, B. 333, 383, *387*, 409.
— u. E. Valkó 379, 408.
— s. a. Arndt, Krzikalla.
Ekenstam, A. af 9, *34*.
Ekwall, P. 546, *579*.
Elford, W. S. 618, *643*.
— u. J. D. Ferry 618, *643*.
Ellis, R. 607, *643*.
Elöd, E. 135, 427, 430, 441, 473, 479, 480, *486*.

Elöd, E. u. N. Balla 434, 445, *486*.
— u. F. Böhme 430, 431, 436, *486*.
— u. A. Köhnlein 436, 437, *486*.
— u. E. Pieper 160, *161*, 445, *486*.
— u. E. Silva 129, 145, 146, 153, *161*, 479, *486*.
— u. Chr. Vogel 158, *161*.
— u. F. Vogel 253, *275*.
Elsässer 285, *305*.
Engel, L. s. Goldschmidt.
Engelmann, H. s. Werner.
— W. 630, *643*.
Engfeldt, N. O. 291, *305*.
Engler 515.
Enslin, O. s. Freundlich.
Erbring, H. s. Ostwald.
Errera, J. s. Duclaux.
Erkkila, A. V. s. Schmid.
Escher, P. s. Karrer.
Ettisch, G., D. M. Domontowitsch u. P. v. Mutzenbecher 618, *643*.
Evans, J. G. 636, *643*.

Fall, P. H. 615, 633, *643*.
Faraday, M. 619.
Farine, G. s. Kartaschoff.
Farrar, H. E. u. P. E. King 284, *305*.
Farrel, F. J. s. Bentz.
Farrow, F. D. *681*.
— u. E. Jones 671, *681*.
— u. G. M. Lowe 663, 664, *681*.
— u. S. M. Neale 243, 244, *275*, 671, *681*.
— u. E. Swan 660, *681*.
— s. a. Brownsett, Richardson.
Faust, O. 211, *237*, 263, *459*, 603, *643*.
Feigl, F. 276.
Fellenberg, Th. v. 677, *681*.
Fernau, A. s. Pauli.
Ferry, J. D. 64, *76*.
— s. a. Elford.
Feuerstein, H. s. Staudinger.

Fichter, F. u. F. Reichart 479, *487*.
Fierz-David, H. E. 387.
Fikentscher, H. 243, 249, *275*.
— u. H. Mark 18, 30, *34*, *275*.
— u. K. H. Meyer 131, *161*, 427, 443, 444, *487*.
— s. a. K. H. Meyer.
Filby, E. u. O. Maass 96, *124*.
Fischer, A. 625, *643*.
— E. 23, *34*, 480, *487*.
— E. K. u. W. D. Harkins 573, *579*.
— G. s. Wagner.
Fischli, A. s. Ruggli.
Flecker, L. s. Pauli.
Ford, F. T. s. McBain.
Fothergill, F. s. Boulton.
Fouard, E. 667, 668, *681*.
Foulk, C. W. 642, *643*.
Fox, K. 73, *76*.
Franz, E. 636, *643*.
Frenkel, G. s. Ostwald.
Freudenberg, K. 2, *34*, 480, *487*, 646.
— W. Kuhn, W. Dürr, F. Bolz u. G. Steinbrunn *681*.
Freundlich, H. 59, 79, 241, *275*, 355, *387*, 390, 393, 466, *487*, 550, *579*, 582, 619, *643*.
— u. H. A. Abramson 617, 618, 619, *643*.
— O. Enslin u. G. Lindau 593, *643*.
— u. G. Lindau 623, *643*.
— u. G. Losev 425, 440, 443, *487*.
— u. H. Nitze 658, *681*.
— C. Schuster u. H. Zocher 378, *387*.
— s. a. Brossa.
Frey, A. 51, 52, 59, 71, *76*.
— s. a. HermannAmbronn.
Frey-Wyssling, A. 38, 41, 42, *45*, 50, 52, 54, 55, 68, 72, 73, 74, *76*, 214, *237*.
— s. a. M. Meyer.

Fricke, R. 464, *487*.
— u. G. F. Hüttig 464, *487*.
— u. J. Lüke 104, *124*.
Frisch, J. u. E. Valkó 575, *579*.
Fuoss, R. s. Onsager.
Fürth, R. 358, *387*, 424.
— u. E. Ullmann *387*.

Gansel, L. s. Lottermoser.
Garbaczowna, J. s. Wiertelak.
Gardner, P. 173, *237*.
Garvie, W. M., L. H. Griffiths u. S. M. Neale 399, 401, 421, 422, *487*.
Geake, A. s. Birtwell, Clibbens.
Gebhard, K. 494, 515, *518*.
Georgievics, G. v. 129, *161*, 390, 393, 395, 481, *487*, 491, *518*.
— u. L. Löwy *161*.
Gerisch, E. s. Goldschmidt.
Gerngross, O., K. Herrmann u. W. Abitz 61, *76*, 205.
Gibby, W. C. u. C. C. Addison 334, 335, *387*.
Gibson, W. H. 243, *275*.
Giese, E. s. Lottermoser.
Gladstone, J. H. 174, 180, 185, *237*, 668.
Glarum, S. N. 679, 680, *681*.
Gluckmann, S. u. E. Medvedkoff 172, *172*.
Gnehm, R. u. F. Kaufler 493, 495, *518*.
— u. E. Rötheli 493, *518*.
Goddard, D. R. u. L. Michaelis 279, 280, 289, *305*.
Goldschmidt, St. 292.
— u. Chr. Steigerwald 292, *305*.
— u. K. Strauss 293, *305*.
— E. Wiberg, Fr. Nagel u. K. Martin 293, *305*.
— R. R. Wolff, L. Engel u. E. Gerisch 293, *305*.

Namenverzeichnis.

Gonell, W. H. u. O. Kratky 49, *76*.
Goodall, F. L. 435, 446, *487*, 495, 496, *518*.
Goodings, A. C. s. Speakman.
Goodyear, E. H. s. Scholefield.
Gordon, N. E. s. Marker.
— W. 204, *237*.
Görg, H. s. Schramek.
Gorter, E. u. F. Grendel 26, *34*.
Gortner, R. A. u. C. J. B. Thor 281, 284, *305*.
— s. a. Bull, Hoffman, Martin.
Götte, E. 633—636, *643*.
— u. W. Kling 146, 147, 158, *161*, 312, 313, 314, *318*.
— s. a. Schramek.
Grace, N. H. u. O. Maass 84, *124*.
Green, A. G. u. K. H. Saunders 454, 455, *487*.
— u. S. Wolff 462, *487*.
Greenberg, D. M. u. M. M. Greenberg 186, *237*.
— s. a. Chapman.
Greenwood, J. 225, *237*.
Grendel, F. s. Gorter.
Griffin, E. L. 572, 573, *579*.
Griffiths, L. H. u. S. M. Neale 412, 413, *487*.
— s. a. Garvie.
Gronych, O. s. Brass.
Gross, H. s. Signer.
Grunsky, H. s. Krüger.
Guenther, A. 483, 486, *487*.
Günther, F. 521, *579*.
Gustavson, K. H. 473, *487*.
Guth, E. 19, *34*.
— u. H. Mark 18, 19, *34*, 525, *579*.
Gwan, D. S. s. Jong.

Hall, A. J. 234, 235, 236, *237*, 592, *644*.
— R. E. 578, *579*.
Haller, R. 40, 44, *45*, 191, *237*, 299, *305*, 410, 476, *487*, 509, 513, 514, *518*, 679, *681*.

Haller, R. u. K. Eckardt 483, 484, 485, *487*.
— u. F. W. Holl 44, *45*, 291, *305*.
— u. J. Okany-Schwarz 512, 513, *518*.
— u. A. Ruperti 461, *487*, 509, 512, 513, *518*.
— u. L. Wyszewianski 515, 516, *518*.
Haller, W. 10, 21, *34*, 106, *124*, 583, 585, 588, 590, 594, *644*.
Hallitt, A. W. 499, 500, 501, *518*.
Hamm, H. A. u. W. A. Patrick 112, *124*.
Hammarsten, E. 354, *387*.
Hanson, E. A. s. Katz.
— J. u. S. M. Neale 397, 398, 399, 411, *487*.
— S. M. Neale u. W. A. Stringfellow 265, 267, 268, *275*, 425, *487*.
Hantzsch, A. 337, 382, 383, *387*.
— u. G. Osswald 339, 340, *387*.
Harborne, R. S. s. McBain.
Hardy, W. B. 126, 156, *161*, 606, *644*.
Harkins, W. D. u. W. Beeman 573, *579*.
— u. G. L. Clark 551, *579*.
— u. H. Zollman 565, 566, 567, *579*.
— s. a. Fischer.
Harland, S. C. s. Clegg.
Harris, A. B. s. Donnan.
— M. 158, 159, 160, *161*, 282, 283, 304, *305*.
— s. a. Crowder, Neville. Smith.
Harrison, E. W. s. Laing.
— W. 163, 164, *172*, 227, *237*, 415, 419, 426, *487*.
Hartley, G. S. 347, 358, *387*, 524, 527, 538, 539, 541, 542, 543, 544, 545, 546, 562, *579*, 600, *644*.
— B. Collie u. C. S. Samis 536, 537, 538, 539, *579*.
— u. C. Robinson 356, *387*.

Hartley, s. a. Malsch, Murray.
Hartman, H. s. Courtot.
Hartmann, M. u. H. Kägi 520, *579*.
Hartridge, H. u. R. A. Peters 567, *579*.
Hartung, K. s. Brigl.
Hassmann 511.
Hatschek, E. 241, 242, *275*, 663, *681*.
Haurowitz, F. 625, *644*.
— u. F. Marx 625, *644*.
Haussmann 502, *518*.
Haworth, W. N. 2, 20, *34*, 646, 649, 650, 651, *681*.
— u. E. L. Hirst *34*.
— — u. M. M. T. Plant 649, *681*.
— u. H. Machemer *34*.
— s. a. Baird, Challinor.
Hazel, T. u. G. B. King 618, *644*.
Hecker, H. s. Schmidt.
Hedges, J. J. 101, *124*.
Heermann, P. *46*, *275*, 478, 479, 480, *487*.
Held, N. A. u. J. A. Khansky 593, *644*.
— R. s. Brigl.
Hellgren, E. S. s. Jorpes.
Helmholtz, H. 163.
Hendricks, S. B. 523, *579*.
Henglein, F. u. G. Schneider 677, *681*.
Hengstenberg, J. 330, 522, *579*.
— u. H. Mark 57, *76*, 111, 327, *387*.
Henning, H. J. 158, *161*.
Herbig, W. 227, 231, 304, *305*.
— u. H. Seyferth 591, *644*.
Herrmann, K. s. Gerngross.
Herz, W. *34*.
— s. a. R. O. Herzog.
Herzog, A. 37, 38, 39, 40, 43, 44, 45, *46*, 50, *76*, 91, 92, *124*.
— u. P. A. Koch 304, *305*.
— R. O. 55, *76*, 204, 206, *237*.

Herzog, R. O. u. F. Beck 9, *34*.
— A. Deripasko 17, *34*.
— u. W. Herz 11, 12, *34*.
— u. W. Jancke 3, 27, 28,
— *34*, 76, 647, *681*.
— — u. M. Polanyi 49, 76.
— u. H. Kudar 13, *34*.
— u. G. Laski 213, *237*.
— u. A. Polotzky 355, 369, 370, 371, *387*.
Hess, K. 20, *34*, 40, *237*, 275.
— u. O. Schwarzkopf 111, *124*.
— u. C. Trogus 48, 77, 187, 190, 198, 213, *237*.
— — L. Akim u. J. Sakurada 58, 77.
— — N. Ljubitsch u. L. Akim 46, 204, 205, *237*.
— — u. O. Schwarzkopf 181, 182, 185, 186, 189, 203, *237*.
— s. a. Philippoff, Trogus.
— W. R. 663, *681*.
Hetzer, J. 522, *579*.
Heuser, E. *237*.
— u. R. Bartunek 176, 195, 196, 197, 198, *237*.
— u. W. Niethammer 176, *237*.
Heymann, E. 625, *644*, 678, *681*.
Hibbert, E. s. Knecht.
Higginbotham, R. S. s. Richardson.
Hill, A. V. 420, *487*.
Hillyer, H. W. 606, *644*.
Hirsch, A. s. Kautsky.
Hirst, E. L. u. J. C. Irvine 677, *681*.
— M. M. T. Plant u. M. D. Wilkinson 649, *681*.
— s. a. Baird, Challinor, Haworth.
— H. R. 92, 99, *124*, 437, 501, *518*.
— u. A. T. King 294, *305*.
— M. C. s. Speakman.
Hitchcock, D. J. 618, *644*.
Höber, R. 372.

Hodgson, H. H. 405, *487*.
Hoeve, J. A. van der, H. G. Bungenberg de Jong u. H. R. Kruyt 659, *681*.
Hoffman, W. F. u. R. A. Gortner 676, *681*.
Hofmann, F. B. 586, *644*.
Hofmeister, F. 23, *34*, 658, 677, *681*.
Hohn, H. u. E. Lange 581, *644*.
Holl, F. W. s. Haller.
Holmes, W. C. 377, *387*.
Hopff, H. s. Meyer.
Houck, R. C. 444, 445, *487*.
Houwink, R. 6, *34*.
Hove, H. vom 291, 292, 296, *305*, 491, *518*.
Howell, O. R. u. H. G. B. Robinson 544, *579*.
Howitt, F. O. u. E. B. R. Prideaux 617, *644*.
Hübner, J. 183, 227, *237*.
— u. W. Pope 225, 227, *237*.
Hückel, E. 10, 11, 18, *34*.
Huggins, M. L. s. Pauling.
Hughes, A. H. 611, *644*.
— u. E. K. Rideal 26, *34*.
Husemann, E. s. Staudinger.
Hüttig, G. F. 474, *487*.
Hutton, E. A. s. Denham.

Imison, M. s. Wilson.
Ingold, C. K. 333, *387*.
Irion, W. s. Küster.
Irvine, J. C. u. J. M. A. Black 646, *681*.
— s. a. Hirst.
Isajevič, V. s. Samec.
Iterson, jr. G. van 53, 56, 71, 77, 206, *237*.

Jablonsky, A. 494, *518*.
Jacquemin, E. 491, 492, *518*.
Jandebauer, W. s. Schmidt.

Jander, G. u. K. F. Jahr 473, *487*.
— u. K. F. Weitendorf 544, *579*.
Jäger, A. s. D'Ans.
Jahr, K. F. s. Jander.
Jancke, W. s. Becker, R. O. Herzog.
Jeanson, Ch. A. s. Neville.
Jeffery, G. B. 18, *34*.
Jensen, L. B. s. Urbain.
Jessop, G. s. Adam.
Johnston, J. s. Andrews.
Jones, E. s. Farrow.
— G. s. Serralach.
— H. L. u. J. E. Smith 600, *644*.
— J. I. M. 518, *518*.
Jong, H. G. Bungenberg de 665, 666, 677, *681*.
— u. D. S. Gwan 677, *681*.
— u. P. v. d. Linde 673, *681*.
— s. a. Hoeve.
Jordan, Lloyd D. u. P. S. Bidder s. Lloyd.
— u. R. H. Marriott s. Lloyd.
Jordis, E. 465.
Jorpes, E. u. E. S. Hellgren 352, 354, 355, *388*.
Joyner, R. A. 175, 183, *237*, 243, *275*.
Justin-Mueller, E. 513, *518*.

Kadt, G. S. de s. Kruyt.
Kägi, H. s. Hartmann.
Kambeitz, J. s. Briegleb.
Kanagy, J. R. u. M. Harris 136, *161*.
Kanamaru, K. 52, 71, 77, 168, 170, *172*.
Karger, J. u. E. Schmid 114, 115, 116, *125*.
Karrer, P. u. E. Escher 20, *34*, 677, *681*.
— u. E. v. Krauss 648, *681*.
— u. N. Nishida 176, *237*.
— u. P. Schubert 165, *172*.
— u. W. Wehrli 459, *487*.
Kartaschoff, V. 336, *388*, 455, 456, *487*.
— u. G. Farine 456, *487*.

Namenverzeichnis.

Kassjanowa, N. s. Tjutjunnikow.
Kattein, A. s. Rodewald.
Katz, J. R. 5, 27, *34*, 59, 77, 99, 100, 102, 104, 106, *125*, 173, 183, 204, 212, *237*, 647, 655, 656, 658, 659, 660, *681*.
— u. J. C. Derksen *681*.
— u. E. A. Hanson 656, *681*.
— u. Th. B. van Itallie 655, *681*.
— u. H. Mark 187, *237*, 647, *681*.
— F. J. F. Muschter jr. u. A. Weidinger 659, 660, *681*.
— u. P. J. P. Samwel 21, *34*.
— u. A. Weidinger *681*.
Kauffmann, H. 253, *275*.
Kaufler, F. s. Gnehm.
Kautsky, H. 59.
— u. A. Hirsch 494, *518*.
Kaye u. Marriott, R. H. 277.
Kayser, E. 510, *518*.
Kemp, J. u. E. K. Rideal 617, 618, *644*.
Kendall, I. 243, *275*.
Kershaw, J. s. Knecht.
Khansky, J. A. s. Held.
Kind, W. *275*, 291, *305*.
King, A. M. s. McBain.
— A. T. 97, 98, 99, *125*.
— s. a. Barrit, Hirst.
— G. B. s. Hazel.
— P. E. s. Farrar.
Kinkead, R. W. s. Nodder.
Kirchhoff, F. 30, *34*.
Kise, M. A. 25, *34*.
Kistler, S. S. s. McBain.
Klenck, J. v. s. Thiessen.
Kling, W. s. Götte.
Knapp, L. F. 607, *644*.
Knecht, E. 225, 226, 227, *237*, 395, 425, 428, *487*, 490, *518*.
— u. I. P. Batey 342, 343, *388*, 481, *487*.
— u. E. Hibbert *487*.
— u. J. Kershaw 481, *487*.

Knoevenagel, E. 451, 452, 453, 454, *487*.
Koch, P. A. s. Herzog.
Köberle, K. 515, *518*.
Koebner, M. 6, *34*.
Koechlin, J. 481, *487*.
Köhler, R. 627, 628, 629, *644*.
— s. a. Wo. Ostwald.
Köhnlein, A. s. Elöd.
Kolthoff, I. M. 175, *238*, 492, *518*.
König, W. s. Dehnert, Pässler.
Königer, R. s. Rosenhauer.
Köppel, W. s. Küster.
Kortüm, G. 377, 379, *388*.
Kostanecki, St. v. s. Liebermann.
Kraber, L. u. A. Boppel 593, *644*.
Kraemer, E. O. u. W. D. Lansing 13, *34*.
— s. a. W. D. Lansing.
Krafft, F. 349, 372, *388*, 481, *487*, 520, 525, 527, 545, *579*, 636, *644*.
Krahn, E. s. Mark.
Krais, P. 275, *305*.
— u. H. Markert 273, 274, 299, 300.
— — u. O. Viertel 298, 299, 300, *305*.
— u. P. Waentig 297, *305*.
Kratky, O. 27, *34*.
— u. S. Kuryama 27, *34*.
— s. a. Eckling, Gonell.
Krauss, E. v. s. Karrer.
Kronacher, C. u. G. Lodemann 300, *305*.
Krotowa, N. A. 378, *388*, 398, 415, *487*.
Krüger, D. 5, *34*.
— u. H. Grunsky 13, *34*.
Kruyt, H. R. 675, *681*.
— u. H. G. Bungenberg de Jong 676, *681*.
— u. G. S. de Kadt 630, *644*.
— u. H. T. C. Tendeloo 675, *681*.
— s. a. Hoeve.

Krzikalla, H. u. B. Eistert 402, 405, 460, *487*.
Kuckertz, H. 578, *579*.
Kudar, H. s. R. O. Herzog.
Kuhn, R. u. A. Wassermann 324, *388*.
— W. 18, 21, *34*, 525, *579*.
— s. a. Freudenberg.
Kujirai u. Akahira 122, *125*.
Kumpf, W. s. Küster.
Küntzel, A. 149, *161*, 205.
— u. F. Prakke *125*, 205, *238*.
— u. C. Riess 473, *487*.
Kunz, M. A. 515, *518*.
Kuryama, S. s. Kratky.
Küster, F. W. 139, *161*, 325, *388*.
— W. u. W. Irion 286, *305*.
— W. Kumpf u. W. Köppel 281, *301*.

Laar, J. J. van 10, *35*.
Lachs, H. u. S. Parnas 453, *487*.
Laing, M. E. 560, *579*.
— J. W. McBain u. E. W. Harrison 560, 579.
— s. a. McBain.
Laing-McBain, M. E. 544, *579*.
Lamm, O. 649, *681*.
Landolt, A. 515, 516, *518*, 592, *644*.
Landolt-Börnstein-Roth-Scheel 322, *388*.
Lang, F. s. Pauli.
Lange, E. s. H. Hohn.
— H. 227, 228, *238*.
Langer, K. 225, *238*.
Langheld, K. 290, 291, 292, *305*.
Langmuir, I. 21, *35*, 79, 137, 392, 393, *487*.
— u. K. B. Blodgett 593, *644*.
Lansing, W. D. u. E. O. Kraemer 17, *35*.
— s. a. Kraemer.
Larguier des Bancels, J. 163, *372*.
Laski, G. s. R. O. Herzog

Valkó, Grundlagen. 44

Lassé, R. 642, *644*.
Latimer, W. M. u. W. H. Rodebush 379, *388*.
Latreille, H. s. Meunier.
Lauer, K. 457, *487*.
— s. a. Brass.
Lazarus, H. s. McBain.
Lawrie, L. G. 92, *125*.
Leckzyck, E. s. Lieser.
Lederer, E. L. 527, 545, 555, 571, *579*.
Lenher, S. 577, 578, *579*.
— u. J. E. Smith 362, 367, 368, 369, 370, *388*, 411, 423, 591, *644*.
— V. u. M. V. R. Buell 614, *644*.
Leighton, A. 177, *238*.
Lesbre, M. s. Meunier.
Lewis, J. W. s. Barratt.
— W. C. M. 575, *579*, 607, *644*.
Ley, Heinrich 469, *487*.
— Hermann, 45, *46*, 479, *487*.
Liebermann, C. u. St. v. Kostanecki 469, *487*.
Liepatoff, S. M. 176, *238*, 273, *275*.
Lieser, Th. u. E. Leckzyck 9, *35*.
Lietz, G. 641, *644*.
Limburg, H. 609—613, 616, 617, 621, 622, 626, 638, *644*.
Lindau, G. u. R. Rhodius 618, 619, 624, *644*.
— s. a. Freundlich.
Linde, P. v. d. s. Jong.
Lindemann, E. 227, *238*.
Linderstrøm-Lang, K. 542, 543, *580*.
Lindner, K. 578, *580*, 598, *644*.
Lint, H. 511, *518*.
Lipitz, M. s. Rehbinder.
Liu, T. H. s. McBain.
Ljubitsch, N. s. Hess.
Lloyd, D. J. u. P. B. Bidder 140, 141, 160, *161*.
— u. R. H. Marriott 45, *46*, 148, *161*.
— u. T. Moran 103, *125*.
Löbner, C. H. 308, *318*.

Löchner, L. 510, *518*.
Lodemann, G. s. Kronacher.
Loeb, J. 161, 172, *172*, 615, 620, *644*.
Lomax, R. s. Astbury.
London, F. 379, *388*.
Lonsdale, T. s. Denham.
Losev, G. s. Freundlich.
Lotmar, W. s. K. H. Meyer.
Lottermoser, A. 465, 527, 538, 539, 546, 569.
— u. B. Baumgürtel 552, 559, *580*.
— u. A. Csallner 402, *487*.
— u. L. Gansel 165, *172*.
— u. E. Giese 553, 559, 561, *580*.
— u. E. v. Meyer 619, *644*.
— u. F. Püschel 534, 535, 536, *580*.
— u. H. Radestock 198, 202, *238*, 263, *275*.
— u. F. Stoll 554, 555, 559, 569, 570, *580*.
— u. H. Winter 570, 571, 572, *580*, 604, 605, *644*.
Loughborough, W. K. s. Stamm.
Lowe, H. A. 227.
— G. M. s. Farrow.
Löwy, L. s. Georgievics.
Lüdtke, M. 40, *46*, 171, *172*, 204.
Lüke, J. s. Fricke.
Luyken, W. u. E. Bierbrauer 593, *644*.

Maass, O. s. Argue, Filby, Grace, Pidgeon.
Machemer, H. s. Bergmann, Haworth.
Madsen, Th. 569, *580*, 629, 630, 633, *644*.
Majina, R. s. Willstätter.
Malfitano 465.
Malm, Ll. E. s. Taft.
Malsch, J. u. G. S. Hartley 539, *580*.
Mandovsky, K. s. Binz.
Manegold, E. 375, *388*.
— u. K. Viets 62, 63, 77.
— s. a. Bjerrum.
Mann, J. C. s. Brown.

March, W. H. u. W. Weawer 420, *488*.
Margaretha, H. s. Eirich.
Mark, H. 35, 44, *46*, 54, 55, 77, 116, *125*, 212, *238*, 241, *275*, 295, *305*, 642, *644*.
— u. C. Blume 298.
— u. R. Brauckmeyer 298, *305*.
— u. H. v. Brunswik 297, *305*.
— u. E. Krahn 297, 301, *305*.
— s. a. Eirich, Fikentscher, Guth, Hengstenberg, Katz, Meyer.
Marker, R. E. u. N. E. Gordon 474, *488*.
Markert, H. s. Krais.
Marriott, R. H. 205, *238*, 289, *305*.
— s. a. Kaye, Lloyd.
Marsh, M. C. u. E. Earp 123, 124, *125*.
Marston, H. R. 23, *35*.
Martin, K. s. Goldschmidt.
Martin, W. M. K. 617, *644*.
— u. R. A. Gortner 170, *172*.
Marx, F. s. Haurowitz.
Matricon, M. s. Trillat.
Mathews, J. H. s. Strickler.
Matthews, M. 301, *305*.
— J. M. u. W. Anderau *46*.
Matula, J. s. Blasel.
Mayer, F. *388*.
McBain, J. W. *125*, 346, 356, 525, 526, 527, 528, 529, 530, 531, 533, 534, 535, 538, 539, 542, 543, 544, 545, 546, 561, 575, *580*.
— u. M. D. Betz 532, 533, 543, 577, *580*.
— F. T. Ford u. D. A. Wilson 562, 575, *580*.
— R. S. Harborne u. A. M. King 633, *644*.
— u. W. F. Jenkins 546, *580*.
— u. S. S. Kistler 61, 64, 77.
— u. M. E. Laing 531, *580*.

McBain, J. W., H. Lazarus u. A. V. Pitter 525, *580*.
— u. T. H. Liu 358, *388*, 544, *580*.
— u. W. L. McClatchie 186, *238*.
— u. C. R. Peaker 575, *580*.
— u. C. S. Salmon 529, *580*.
— u. R. F. Stuewer 64.
— u. M. Taylor 531, *580*.
— u. R. C. Williams 533, 543, *580*, 638, *644*.
— u. D. A. Wilson 561, *580*.
— s. a. Darke, Laing.
McClatchie, W. L. s. McBain.
McGillavry, D. 186, *238*.
McLean, D. A. s. Peek.
Mecheels, O., L. Schmitz u. J. Weber 236, *238*.
Medvedkoff, E. s. Gluckmann.
Megaw, H. D. s. Bernal.
Megson, N. J. L. 6, *35*.
Meier, R. 353, *388*.
Mercer, J. 190, 214, 225.
Merrill, H. B. 277, 278, *305*.
Metcalf, M. V. 624, *644*.
Meulen, P. A. van der u. W. Rieman 573, *580*.
Meunier, L. u. H. Latreille 291, *305*.
— u. Lesbre 377, *388*.
— u. G. Rey 143, 144, 145, 146, 147, 160, *161*.
Meyer, A. 647, *681*.
— E. v. s. Lottermoser.
— K. H. 21, 30, *35*, 58, *77*, 402, 403, 427, 448, 460, 473, *488*.
— u. H. Fikentscher 128, 129, 134, 136, 141, *161*, 392, 393, 426, 428, 433, 434, 444, *488*, 595.
— H. Hopff u. H. Mark 647, 649, 651, *682*.
— u. W. Lotmar 56, *77*.
— u. H. Mark 3, 4, 7, 27, *35*, 60, 189, *238*, *682*.
— C. Schuster u. W. Bülow 455, *488*.

Meyer, K. H. s. a. R. Brill, Fikentscher.
— M. u. A. Frey-Wyssling 71, *77*.
Michaelis, L. 157, *161*, *305*, 676.
— s. a. Goddard, Rona.
Millard, E. B. 568, *580*.
Miller, O. 175, 183, *238*.
Mills, H. A. T. s. Robinson.
Mirsky, A. E. u. L. Pauling 379, *388*, 625, *644*.
Möhlau, R. 476, *488*.
Möhring, A. 70, 71, *77*.
Moilliet, J. L. s. Robinson.
Moran, T. s. Lloyd.
Morey, D. R. 73, 74, 75, 76, *77*.
Morgan, G. T. 469, *488*.
— u. J. D. M. Smith 470, *488*.
— D. D. Pratt u. Ge. Pettel 591, *645*.
Morris, S. G. s. Taylor.
Morton, T. H. 62, 64, *77*, 374, 375, 376, *388*, 424.
— s. a. Boulton.
Mouquin, H. u. W. H. Cathcart 371, *388*.
Mühlendahl, E. v. u. J. Reitstötter 273, *275*.
Müller, A. 523.
— u. Th. Stenzinger 640, *644*.
— F. s. van der Werth.
Mundorf 307, 308.
Münch, M. 291, *305*.
Murphy, E. J. 124, *125*.
— u. A. C. Walker 121, 122, 123, *125*.
Murray, H. A. s. Thomas.
— R. C. 527, 562, *580*.
— u. G. S. Hartley 526, 527, 540, 562, *580*.
Muschter, F. J. F. jr. s. Katz.
Mutzenbecher, P. v. s. Ettisch.

Naegeli, C. 58, 59, *77*.
Nagel, Fr. s. Goldschmidt.
Náray-Szabó, St. v. 647, *682*.
Nathanson, A. 603, *645*.

Nathusius 299.
Navassart, M. 481, *488*.
Neale, S. M. 171, *172*, 183 —186, 189, 190, 202 —205, 207—210, 218 —221, 235, 238, 240, 264, 266, 267, 269, *275*, 375, *388*, 395, 399, 401, 415—417, 420, 421, 423, 424, 427, 439, 506, 670, 671, *682*.
— u. A. M. Patel 400, 423, *488*.
— u. W. A. Stringfellow 420, *488*, 495, *518*.
— s. a. Brownsett, Farrow, Garvie, Griffiths, Hanson.
Neber 461.
Nernst, W. 356, 360, 361, *388*, 416.
Neuberg, C. u. H. Ohle 676, *682*.
Neuenstein, W. v. 254, 255, *275*.
Neurath, H. 625, *645*.
— u. H. B. Bull 625, *645*.
Neville, H. A. u. M. Harris 598, 599, *645*.
— u. Ch. A. Jeanson 555, 556, 559, *580*, 595, 596, 597, *645*.
Newsome, P. T. s. Sheppard.
Nickerson, R. F. 573, *580*.
— u. P. Serex 573, *580*.
Niethammer, W. s. Heuser.
Nishida, N. s. Karrer.
Nishikawa, S. u. S. Ono 48.
Nistler, A. 369, *388*.
Nitze, H. s. Freundlich.
Nivling, W. A. 672, *682*.
Nodder, C. R. u. R. W. Kinkead 194, 195, *238*.
— s. a. Derrett-Smith.
Nodzu, R. s. Duclaux.
Noll, A. u. F. Bolz 594, *645*.
Norman, N. F. 291, 293, *306*.
Norris, M. H. 533, *580*.
Northrop, J. H. u. M. L. Anson 358, *388*.
Noüy, P. Lecomte du 593, *645*.
Nugent, T. C. 626, *645*.
Nüsslein, J. 502, 509, *518*.

Oakley, H. B. 673, *682*.
Obermiller, J. 89, 112, 113, *125*.
Obogi, R. u. E. Broda 17, *35*.
Oeser, R. E. s. Roon.
Ohara, K. 42, *46*.
Ohle, H. s. Neuberg.
Okamura, J. 208, 209, 210, *238*.
Okany-Schwarz, J. s. Haller.
Ono, S. s. Nishikawa.
Onsager, L. u. R. Fuoss 358, *388*.
Ortloff, H. s. Ostwald Wo.
Osswald, G. s. Hantzsch.
— H. s. H. Brintzinger.
Ost, H. 243, *275*.
Osterhof, H. J. s. Bartell.
Ostwald, Wi. 241, 322, 382.
— Wo. 8, 10, 11, *35*, 106, *125*, 204, *238*, 243, 254, *275*, 382, 386, *388*, 481, 626, 627, 655, 658, 663, *682*.
— u. H. Erbring 526, *580*.
— u. G. Frenkel 658, *682*.
— u. H. Ortloff 273, *275*.
— u. A. Quast 371, *388*.
— u. H. Rudolf *388*.
— u. A. Steiner 642, *645*.
— W. Steinbach u. R. Köhler 627, *645*.
— u. R. Walter 335, 386, 387, *388*.
Owen, R. J. s. Serralach.

Paddon, W. W. 134, *161*, 473, *488*.
Paneth, F. u. A. Radu 453, *488*.
Parker, F. H. s. Willows.
Parnas, S. s. Lachs.
Parsons, H. L. s. Ridge.
Pässler, W. u. W. König 143, *161*.
Patel, A. M. s. Neale.
— C. K. s. Scholefield.
Patrick, W. A. s. Hamm.
Pauli, Wo. 95, *125*, 126, 134, 156, 162, 337, 379, 382, 385, 465, 466, 619, 620, 658, 665, 666, *682*.

Pauli, Wo. u. M. Adolf 473, *488*.
— u. A. Fernau 679, *682*.
— u. L. Flecker 619, *645*.
— u. F. Lang 384, 386, *388*.
— u. E. Ripper 673, *682*.
— E. Russer u. G. Schneider 676, *682*.
— u. E. Schmidt 467, *488*.
— u. L. Singer 386, *388*, 620, *645*.
— u. E. Valkó 25, *35*, 126, 133, 138, 143, 161, *161*, *173*, 183, 186, 190, *238*, 355, *388*, *488*, 527, *580*, 619, 625, 630, *645*, 669, 679, *682*.
— u. J. Weissbrod 625, *645*.
— u. E. Weisz *388*, 620, *645*.
Pauling, L. u. M. L. Huggins 328.
— s. a. Mirsky.
Pauly, H. 297.
— u. A. Binz 297, *306*.
Peaker, C. R. s. McBain.
Peek, R. L. u. D. A. McLean 585, 589, *645*.
Peirce, F. T. s. Brown, Clayton.
Pelet, L. u. N. Andersen 428, 429, *488*.
Pelet-Jolivet, L. 129, *161*, 344, *388*, 425, 430, 439, 440, 441, *488*.
— u. H. Siegrist 431, *488*.
— u. A. Wild 340, 341, 342, *388*.
Perrin, J. 163, *173*, 607, *645*.
Peters, R. A. s. Hartridge.
Petersen, W. 593, 642, *645*.
Pettel, Ge. s. Morgan.
Pezold, E. v. 679, *682*.
Pfeiffer, P. 190, *238*, 326, 379, *388*, 432, 470, 471, 472, 476, *488*.
Pfenning, F. s. Biltz.
Pfitzner, H. 472.
Phelps, E. L. s. Chinn.
Philippoff, W. 19, *35*, 241, *275*.
— u. K. Hess 19, *35*.

Phillips, H. 286, 287, *306*, 636, *645*.
Picton, H. u. S. E. Linder 465.
Pidgeon, Ll. M. u. O. Maass 84, *125*.
Pieper, E. 479, *488*.
— s. a. Elöd.
Piper, S. H. 508, 523, *580*.
Pitter, A. V. s. McBain.
Plant, M. M. T. s. Haworth, Hirst.
Polanyi, M. s. R. O. Herzog.
Polotzky, A. s. R. O. Herzog.
Pope, W. s. Hübner.
Porai-Koschitz, A. 433, 434, 435, *488*.
Potts, H. E. s. Donnan.
Powis, F. 607, 608, *645*.
Powney, J. 550, 551, 554, 558, *580*.
Prakke, F. s. Küntzel.
Pratt, D. D. s. Morgan.
Preston, J. M. 42, *46*, 53, 56, 65, 73, 74, *77*, 213, 214, *238*.
Prideaux, E. B. R. s. Howitt.
Procter, H. R. u. J. A. Wilson 153, *161*, 202.
Pulewka, P. 277, *306*.
Pummerer, R. u. K. Brass 447, 448, 450, *488*.
Punter, R. A. 243, *275*.
Püschel, F. s. Lottermoser.

Quast, A. s. Ostwald.
Quell, M. H. s. Walker.
Quensel, O. 377, *388*.
Quincke, G. 606, 624, *645*.

Radestock, H. s. Lottermoser.
Radu, A. s. Paneth.
Rakowski, A. 660, 661, 668, 669, *682*.
Ramsden, W. 624, 625, *645*.
Rassow, B. u. M. Wadewitz 176, *238*.
Ratelade, J. u. Tschetvergov 395, *488*.
Rath, E. J. 461, *488*.

Ratner, S. u. H. T. Clarke 304, *306.*
Raynes, J. L. 303, *306.*
Reading, B. s. Boulton.
Reed, R. M. u. H. V. Tartar 555, 561, 571, 576, 577, *580.*
Rehbinder, P., M. Lipitz u. M. Rimskaja 593, *645.*
— — — u. A. Taubmann 593, *645.*
Reichart, F. s. Fichter.
Reimers, H. 39, *46.*
Reinders, W. 586, 616, *645.*
— u. W. M. Bendien 617, 622, *645.*
Reitstötter, J. s. Mühlendahl E. v.
Rendell, P. P. u. H. A. Thomas 439, *488.*
Reumuth, H. 310, *318*, 642, *645.*
Rey, G. s. Meunier.
Reychler, A. 303, *306*, 520, 533, *580*, 636, *645*, 658, 669, *682.*
Rheinboldt, H. s. Wedekind.
Rheiner, A. 458, 459, *488.*
Rhodes, F. H. u. C. H. Bascom 634, *645.*
— u. S. W. Brainard 633, 639, 640, *645.*
— u. C. S. Wynn 636, *645.*
Rhodius, R. s. Lindau.
Richardson, W. A. u. R. Waite 666, 667, *682.*
— R. S. Higginbotham u. F. D. Farrow 653, 654, *682.*
Rideal, E. K. s. Hughes, Kemp.
Ridge, B. P. u. H. Bowden 269, 270, 271, *275.*
— H. L. Parsons u. M. Corner 261, 262, *275.*
— s. a. Birtwell, Clibbens.
Rieman, W. s. Meulen van der.
Ries, E. D. s. Wilson.
Riess, C. s. Küntzel, Stiasny.
Rimington, C. 23, *35*, 276, 298, *306.*

Rimskaja, M. s. Rehbinder.
Ripper, E. s. Pauli.
Ristenpart, E. *238.*
Roberts, A. H. s. Du Bois.
Robertson, J. M. 330.
Robinson, C. 340, 341, 359, 362, 366, 367, 375, *388*, 411.
— u. H. A. T. Mills 337, 338, 352, 353, *388.*
— u. J. L. Moilliet 344, 345, 346, *388.*
— s. a. Hartley.
— H. G. B. s. Howell.
Rocha, J. J. 272, 273, *275.*
Rodebush, W. H. s. Latimer.
Rodewald, H. 662, *682.*
— u. A. Kattein 662, *682.*
Rona, P. u. L. Michaelis 493, 495, *518.*
Roon, L. u. R. E. Oeser 625, *645.*
Rose, R. E. 337, *388*, 419, *488.*
Rosenbohm, E. 100, *125.*
Rosenhauer, E., W. Wirth u. R. Königer 471, 477, *488.*
Roth s. Landolt.
Rötheli, E. s. Gnehm.
Rothlin, E. 663, *682.*
Rowe, F. M. 511, *518*, 600, *645.*
— s. a. Bean.
Rudolf, H. s. Ostwald.
Ruggli, P. 402, 403, 405, 408, 410, 413, 414, 459, 477, *488.*
— u. A. Fischli 435, *488.*
— u. F. Lang 413, *488.*
Ruperti, A. 510, *519.*
— s. a. Haller.
Russer, E. s. Pauli.
Ryberg, B. A. 304, *306.*

Sakostschikoff, A. u. D. Tumarkin 40, *46.*
Sakurada, J. s. Hess.
Salmon, C. S. s. Darke, McBain.
Salvaterra, H. 443, *488.*

Samec, M. 648, 649, 653, 654, 655, 657, 658, 664, 665, 666, 668, *682.*
— u. L. Knoop 652, *682.*
— u. V. Isajevič 676, *682.*
Samis, C. S. s. Hartley.
Samwel, P. J. P. s. Büchner.
— s. a. Katz.
Sanin, A. 481, 482, 483, 484, *488.*
Saunders, K. H. s. Green.
Schaeffer, A. 369, *388*, 446, 449, *488.*
Schall, A. s. Brintzinger.
Schaposchnikoff, W. G. 396, *488.*
Scheel s. Landolt.
— E. 460, 461, *488.*
Scheibe, G. 378, *388*, 413, *488*, 493, *518.*
Scheller, E. 243, 253, *275.*
Schenck, M. 603, *645.*
Scherrer, P. 3, *35*, 49, 57, 77, 647, *682.*
Schindler, W. 613, *645.*
Schirm, E. 402, 403, 404, 405, 407, 408, 409, 413, 448, 460, *488.*
Schloesing 100, 101, *125.*
Schmid, E. s. Karger.
— G. 344, 352, 355, *388.*
— u. A. V. Erkkila 348, *388.*
— J. 51, *77.*
Schmidhäuser, O. 113, *125.*
Schmidt, C. L. A. s. Czarnetzky, Chapman.
— E. 171, *173.*
— M. Hecker, W. Jandebauer u. M. Alterer *173.*
— W. Jandebauer, M. Hecker, R. Schnegg u. M. Alterer *173.*
— E. s. Pauli.
— G. C. 443, *488.*
Schmitt, B. s. Berl.
Schmitz, L. s. Mecheels.
Schnegg, R. s. Schmidt.
Schneider, G. s. Henglein, Pauli.
Schöberl, A. 277, 283, 289, *306.*
Schoch, T. J. s. Taylor.

Schofield, J. u. J. C. Schofield *306*, 309, *318*.
Scholefield, F. u. E. H. Goodyear 514, *519*.
— u. H. A. Turner 516, *519*.
— u. C. K. Patel 514, 516, *519*.
Scholl, K. 511, 512, *519*.
— R. 472, *488*, 494, *519*.
Schöller, C. 477, *488*, 509, *519*.
Scholz, H. s. Staudinger.
Schramek, W. 183, 190, 212, 225, 229, 230, *238*.
— u. H. Görg 182, *238*.
— u. E. Götte 336, 369, *388*, 396, 397, 398, *488*.
— C. Schubert u. H. Velten 177, *238*.
Schreinemakers, F. A. H. 178, 196, *238*.
Schroeder, P. v. 84, *125*.
Schubert, C. 212, 225, 227, 229, 230, 231, *238*.
— s. a. Schramek.
— P. s. Karrer.
Schulemann, W. *388*.
Schulz, G. V. 17, 18, *35*.
— s. a. Staudinger.
Schulze, K. s. Weltzien.
Schuster, C. s. Freundlich, Meyer.
Schwalbe, G. C. 222, *238*, 250, *275*, *488*.
Schwarzkopf, O. 109, *125*, 178, 179, 180, 181, 183, 188, *238*.
— s. a. Hess.
Schweitzer, H. 481, *488*.
— O. s. Staudinger.
Schwen, G. 502, 509, 511, 512, *519*.
Seborg, C. O., F. A. Simmond u. P. K. Baird 84, *125*.
— R. M. s. Stamm.
Seck, W. 671, 672, *682*.
— u. R. Brem 671, *682*.
Serex, P. s. Nickerson.
Serralach, J. A., G. Jones u. R. J. Owen 625, *645*.
Seyferth, H. s. Herbig.
Shearer, G. 522, *580*.

Sheppard, S. E. 112, *125*.
— u. P. T. Newsome 84, 85, 86, 87, *125*, 588, 589, *645*.
Shestakow, P. I. E. s. Shukow.
Shikata, M. s. Traube.
Shore, A. s. Vickery.
Shorter, S. A. 100, *125*, 308, 315, *318*.
— u. S. Ellingworth 567, *580*.
Shukow, A. A. u. P. I. E. Shestakow 632, *645*.
Shute, H. L. s. Adam.
Sidgwick, N. V. 333, 379, 383, *388*.
Sieber, W. 300, *306*.
Siedler, P. 593, *645*.
Siefert, F. 592, *645*.
Siegrist, H. s. Pelet-Jolivet.
Signer, R. 21, *35*.
— u. H. Gross *35*.
Silva, E. s. Elöd.
Simmond, F. A. s. Seborg.
Singer, L. s. Pauli.
Sisley, P. 478, 479, *488*.
Sisson, W. A. s. Astbury.
Sitte, K. 358, *389*.
Skinkle, J. H. 51, 77, 159, 161.
Smekal, A. 116, *125*.
Smith, A. L. u. M. Harris 302, 303, *306*.
— E. L. 600, *645*.
— J. D. M. s. Morgan.
— J. E. s. Jones, Lenher.
— S. G. s. Speakman.
Smoluchowski, M. v. 163.
Snell, F. D. 636, *645*.
Sommer, P. s. Brass.
Sörensen, S. P. L. 109, *125*, 178, *238*.
Southard, J. s. Clark.
Speakman, J. B. 32, *35*, 65, 66, 67, 68, 77, 87, 92, 99, 103, 118, 119, *125*, 153, 154, *162*, 276, 278, 280, 285, 286, 287, 288, 301, 302, *306*, 315, 316, 318, *318*, 438, *488*, 641, *645*.

Speakman, J. B. u. N. H. Chamberlain 641, 645.
— u. H. Clegg 502, 503, 504, *519*.
— u. C. A. Cooper 87, *125*.
— u. A. C. Goodings 294, *306*, 311, *318*.
— u. M. C. Hirst 127, 154, 155, 156, 158, *162*.
— u. S. G. Smith 438, 439, *488*.
— u. E. Stott 88, *125*, 127, 130, 135, 146, 147, 148, 158, *162*, 310, 311, 315, *318*.
— E. Stott u. H. Chang 311, 312, 313, 314, 315, 317, *318*.
— u. C. S. Whewell 284, 287, 288, *306*.
Spencer, L. s. Coward.
Sponsler, O. L. u. W. H. Dore 4, *35*.
Spöttel, W. 296, *306*.
Spring, W. 613, 614, 629, 630, 633, *645*.
Spychalski, R. s. Thiessen.
Stadler, J. 672, *682*.
Stamm, A. J. 13, *35*.
— u. W. K. Loughborough 105, *125*.
— u. R. M. Seborg 96, 97, *125*.
Stanisz, T. s. Clavel.
Staudinger, H. 6, 8, 13, 16, 18, 19, *35*, 106, *125*, 171, 242, 248, 249, *275*, 649, 650, 652, 653, 654.
— u. H. Eilers 650, 651, 652, 653, 664, *682*.
— u. H. Feuerstein 14, *35*, 263, *275*.
— u. H. Haas 16.
— u. E. Husemann 651, 652, *682*.
— u. H. Scholz *35*, *682*.
— u. G. V. Schulz 17, *35*.
— u. O. Schweitzer 677, *682*.
Stauff, J. s. Thiessen.
Stearn, E. A. 432, *488*.
Steigerwald, Chr. s. Goldschmidt.

Steinbach, W. s. Wo. Ostwald.
Steinbrinck, C. *46*.
Steinbrunn, G. s. Freudenberg.
Steiner, A. s. Wo. Ostwald.
— C. 579, *580*.
Stenzinger, Th. 603, *645*.
— s. a. Müller.
Stericker, W. s. Carter.
Steutel, E. H. s. Büchner.
Stevens s. Beadle.
Stiasny, E. 464, *488*.
— u. C. Riess 613, *645*.
Stirm, K. 307, 308, *318*.
— u. H. Collé 296, *306*.
Stoll, F. s. Lottermoser.
Stott, E. s. Speakman.
Strauss, K. s. Goldschmidt.
Street, A. s. Astbury.
Strickler, A. u. J. H. Mathews 170, *173*.
Stringfellow, W. A. s. Hanson, Neale.
Stuart, H. A. 327, 328, 329, 330, 331, *389*.
Stuewer, R. F. s. McBain.
O'Sullivan, J. B. 124, *125*.
Susich, G. v. u. W. W. Wolff 187, 199, 212, *238*.
Svedberg, The 13, 25, *35*, 355, 377, *389*, 649.
Swan, E. 661, 662, 671, *682*.
Szegö, L. 571, *580*, 636, *645*.
— u. G. Beretta 636, *645*.

Taft, R. u. Ll. E. Malm 675, *682*.
Taubman, A. s. Rehbinder.
Tausz, J. 636, *645*.
Taylor, C. T. u. S. G. Morris 648, *682*.
— u. T. J. Schoch 648, *682*.
— M. s. McBain.
— W. H. 335, *389*.
Teague u. Buxton 373.
Tendeloo, H. T. C. s. Kruyt.
Thiele 492, *519*.

Thiessen, P. A. 523, 586, *646*.
— u. E. Ehrlich 523, *580*.
— u. J. v. Klenck 524, *580*.
— u. R. Spychalski 523, *580*.
— u. J. Stauff 524, *580*.
— s. a. Zsigmondy.
Thomas u. Prevost 227.
— A. W. u. H. A. Murray 673, 674, 675, *682*.
— A. H. s. Rendell.
Thor, C. J. B. s. Gortner.
Tjutjunnikow, B. u. N. Kassjanowa 636, *646*.
zum Tobel, G. s. Weltzien.
Torinus, G. s. Brass.
Townend, S. 304, *306*.
Traube, J. 557, 559, 569, 570, *580*, 659.
— u. M. Shikata 369, *389*.
Treadwell, W. D. 481, *489*.
Trillat J. J. 523, *580*.
— u. M. Matricon 65, *77*.
Trogus, C. 182, *238*.
— u. K. Hess *35*, 60, 77, 196, 199, *238*.
— s. a. Hess.
Trotman, E. R. 134, *162*.
— s. a. S. R. Trotman.
— S. R. u. C. R. Wyche 290, *306*.
— E. R. Trotman u. J. Brown 304, *306*.
Tschetvergov s. Ratelade.
Tschilikin, M. M. 195, *238*, 291, *306*.
Tschugaeff, L. 469, *489*.
Tumarkin, D. s. Sakostschikoff.
Tuorila, P. 609, *646*.
Turner, A. J. s. Corser.
— H. A. s. Scholefield.

Ulmann, M. 13, *35*.
Ullmann, E. s. Fürth.
— G. 576, *580*.
Umetsu, K. 432, *489*.
Urbain, W. M. u. L. B. Jensen 637, 638, *646*.
Urquhart, A. R. 111, *125*.

Urquhart, A. R., W. Bostock u. N. Eckersall 216, 217, *238*.
— u. N. Eckersall 83, 84, 85, 86, *125*, *238*.
— u. A. M. Williams 78, 79, 81, 82, 88, 91, 103, 105, *125*, 214, 215, 216, 222, *238*, 416.

Valkó, E. 137, *162*, 186, *238*, 331—334, 348, 359, 364, 366, 369, 375, 377, *389*, 447, 489, 509, *519*, 611, *646*.
— s. Eistert, Frisch, Pauli.
Vegesack, A. v. s. Biltz.
Velten, H. s. Schramek.
Vickery, H. B. u. R. J. Block 22, *35*, 133, *162*.
— u. A. Shore 133, *162*.
Viertel, O. 304, *306*.
— s. a. Krais.
Viets, K. s. Manegold.'
Vieweg, W. 175, 176, 180, 181, 183, 185, 217, *238*.
Vignon, L. 142, *162*, 372.
Villiger, V. s. v. Baeyer.
Vincent, G. P. 613, *646*.
Vlachos, A. 135, *162*.
Vogel, Chr. s. Elöd.
— F. s. Elöd.
Voitinovici, A. s. Abderhalden.

Wadewitz, M. s. Rassow.
Waele, A. de 663, *682*.
Waentig, P. 297, *306*.
— s. a. Krais.
Wagner, H. u. G. Fischer 601, *646*.
Waite, R. s. Richardson.
Walker, A. C. *125*.
— u. M. H. Quell 124, *125*.
— s. a. Murphy.
— J. u. J. Appleyard 443, *489*.
Walden, P. 481, *489*.
Waldschmidt-Leitz, E. 23. *35*.
Walter, R. s. Ostwald.

Walton, C. W. s. F. E. Bartell.
— R. P. 654, *682*.
Want, D. van der 178, *238*.
Wark, J. W. 555, 557, 559, *581*.
Washburn 301, *306*.
— E. u. G. W. Berry 593, *646*.
Wassermann, A. s. Kuhn.
Weawer, W. s. March.
Weber, F. 478, *489*.
— J. s. Mecheels.
Wedekind, E. u. H. Rheinboldt 492, *519*.
Wegscheider, R. 322, *389*.
Wehrli, W. s. Karrer.
Weichert, A. s. Brass.
Weidinger, A. s. Katz.
Weimarn, P. P. v. 9, 25, *35*.
Weisbecker, H. s. Wintgen.
Weiser, H. B. 467, 468, 474, 475, 476, *489*.
Weiss, J. J. 253, *275*.
Weissbrod, J. s. Pauli.
Weissenberg, K. 49, *77*.
Weisz, E. s. Pauli.
Weitendorf, K. F. s. Jander.
Weltzien, W. *46*, 95, *125*, 202, 234, 235, *238*, 263, *275*, 505, *519*.
— u. H. Ottensmeyer 555, *581*.
— u. K. Schulze 268, *275*, 398, *489*, 496, 497, 506, *519*.
— u. G. zum Tobel 253, *275*.
Wenzel, R. N. 586, 588, 602, *646*.

Werner, A. 379, 469, 470, 471, 472, *489*.
— K. u. H. Engelmann 271, 272, *275*.
Werth, A. van der u. F. Müller 522, *581*.
Whewell, C. S. s. Speakman.
Whittaker, C. M. 505, 506, 507, 516, *519*.
Wiberg, E. s. Goldschmidt.
Wiener, O. 69.
Wiertelak, J. u. J. Garbaczowna 49, *125*, 589, *646*.
Wiesner, J. v. 36, *46*.
Wiktoroff, P. P. 195, *238*, 398, 400, 415, 483, *489*.
Wild, A. s. Pelet-Jolivet.
Wilkie, J. B. 225, *238*.
Wilkinson, M. D. s. Hirst.
Will, W. 85, *125*.
Williams, A. M. s. Urquhart.
— R. C. s. McBain.
— R. W. s. Collins.
Willows, R. S. u. A. C. Alexander 191, *238*, 273, *275*.
— T. Barratt u. F. H. Parker 191, *238*.
Willstätter, R. u. R. Cramer 462, *489*.
— u. St. Dorogi 462, *489*.
Wilson, A. s. Dreaper.
— D. A. s. MacBain.
— J. A. s. Procter.
— L. P. u. M. Imison 505, *519*.
— A. R. E. u. E. D. Ries 624, 625, *646*.

Winter, H. s. Lottermoser.
Wintgen, R. 466.
— u. H. Weisbecker 468, *489*.
Wirth, W. s. Rosenhauer.
Witt, O. N. 307, *318*, 390, *489*.
Wittenberger, W. s. Brass.
Wizinger, R. 383, *389*.
— s. a. Dilthey.
Wolff, R. R. s. Goldschmidt.
— S. s. Green.
— W. W. s. G. v. Susich.
Wollman, E. s. Duclaux.
Wood, F. C. 603, *646*.
Woods, H. J. s. Astbury.
Wright, N. Ch. 291, 293, 294, *306*.
Wyche, C. R. s. S. R. Trotman.
Wynn, C. S. s. Rhodes.
Wyszewianski, L. s. R. Haller.

Zacharias, P. D. *489*.
Zart, A. 42, *46*, 642, *646*.
Zemplén, G. 646, *682*.
Zocher, H. s. Berkmann, Freundlich.
Zollman, H. s. Harkins.
Zsigmondy, R. 111, *125*, 353, 373, *389*, 465, 619, 630, *646*.
— u. W. Bachmann 556, *581*.
— u. Beger 373.
— u. P. A. Thiessen 619, *646*.

Sachverzeichnis.

Adhäsionsarbeit 563, 581 f.
Agar 676.
Aggregation der Farbstoffe auf der Faser 509.
— der Farbstoffionen in der Lösung 341, 348, 362, 377, 378, 410.
— der Seifenionen 529, 541.
Alizarin, Löslichkeit und Dissoziation des — 479.
Alizarinlack 472.
Alkalibindung der Cellulose 173.
— der mercerisierten Cellulose 217.
— der Seide 141.
— der Stärke 667.
— der Wolle 130.
Alkalilöslichkeit der Cellulose 253.
Alkaliwirkung auf Wolle 281, 299, 301.
ALLWÖRDENsche Reaktion 295—297.
Amingarn 165, 459.
Amphotere Elektrolyte 24, 126.
Amylopektin 647.
Amylose 647.
Anilinschwarz 462.
Animalisieren 459.
Anionaktiv 520.
Anionischer Farbstoff 321.
Anionseife 520.
Anisotropie der Fasern 46, 57, 69—76.
Äquivalentgewicht des Agars 671.
— des Amylophosphates 648.
— der Cellulose 171.
— des Gummi arabicums 673.
— des Seidenfibroins 131.
— der Wolle 129.
Äschern s. Enthaarung.
Assoziation s. Aggregation.
Ausbreitungsarbeit 582 f.

Beizenfärbung 462.
Beizenziehende Farbstoffe 469.
Benetzung 581 f.
— der Fasern 587 f.
Benetzungsarbeit 581 f.
Beweglichkeit der Ionen s. Leitfähigkeit.

Beweglichkeit von Teilchen s. elektrokinetisches Potential.
Biegungsmodul 117.
Bleichen und Faserschädigung 253.
Bodenkörperregel 254, 273, 626.
Brechweinstein 482.
British Gummi 650.

Calgon 578.
Capillarkondensation 107—108.
Carboxylgruppen im Cellulosemolekül 170—172.
Chlorung der Wolle 289—294.
Chromieren von Farbstoffen 471, 477.
Chromkomplexfarbstoffe s. Palatinechtfarbstoffe.
Colloresin 677, 680.
Cystin s. Disulfidgruppe.

Dehnbarkeit der Fasern 55, 112—120, 229, 316.
— der Stärkefilme 670.
— der Wolle und Disulfidgruppe 285 bis 289.
— — und p_H 154.
Desaminierte Wolle 134—136, 286.
Dextrin 650, 652.
Diazoreaktion der Wolle 44, 297.
Dichroismus 71—76.
Diffusion der Cellulose 13.
— der Farbstoffe 355—371, 420—425, 446—447.
— der Seife 544.
— der Stärke 653.
Diffusionspotential 356.
Dipolkräfte und Aggregation 379.
— und Farbstoffaufnahme 408.
Dispersionskräfte und Aggregation 379.
— und Farbstoffaufnahme 408.
Dissoziationskonstante der Cellulose 184, 190.
— der Farbstoffe 321.
— des Gummi arabicums 673.
— der Wolle 138—140.

Disulfidgruppe der Wolle 30, 276—289, 293, 304.
DONNAN-Gleichgewicht s. Membrangleichgewicht.
Doppelbrechung der Faserstoffe 49 bis 53, 69—76, 213.
— der Stärke 655.
— Strömungs- der Farbstoffe 378.
Doppelschicht, elektrische 162, 167, 169, 415.
Druckpasten 679.

Egalisieren 497, 509, 596, 599.
Egalisiermittel 502, 509, 596, 599.
Eingehen von Wollgewebe 289, 312.
Eiweißschichten an Grenzflächen 26, 615, 624—625.
Elastizitätsmodul der Fasern 116—120.
— der Stärkefilme 670.
Elektrische Leitfähigkeit s. Leitfähigkeit.
Elektrischer Widerstand der Fasern 121—124.
Elektrodialyse 336.
Elektrokinetisches Potential 162.
— — der Cellulose 163—172, 415.
— — von Emulsionen 606, 635, 637.
— — von Rußteilchen 638.
Elektrophorese s. elektrokinetisches Potential.
Elektrosmose s. elektrokinetisches Potential.
Emulgatoren 604, 625.
Emulgieren 604, 613, 625.
Emulsionen 603, 606—628, 640—642.
Enthaarung 277.
Entwindungszahl der mercerisierten Cellulose 231.

Farbänderung durch Aggregation 377 bis 378, 382, 509.
— durch Sorption 493.
Farbanion 320.
Färben der Acetatseide 451—459.
— der Baumwolle mit basischen Farbstoffen 480.
— auf Beizen 462—478.
— mit Entwicklungsfarbstoffen 459 bis 462.
— der Kunstseide 396—402, 505—508.
— mit Küpenfarbstoffen 446—450.
— der Seide 443—446.
— der Wolle 425—443.

Färben der Wolle mit basischen Farbstoffen 440—443.
Farbenumschlag 382, 600.
Farbkation 320.
Farbsalz 320.
Farbstoffaufnahme der geschädigten Cellulose 267—269, 417.
— der mercerisierten Cellulose 225, 398—402.
Farbstoffe, Dissoziation auf der Faser 489.
— als Elektrolyte 320—327, 338—362.
Faserschädigung durch Belichtung von Färbungen 514.
Fasertextur 46 f.
Filmbildung, mehrmolekulare 624.
Filzen 306.
Fluidität 244; s. a. Viscosität.
Formaldehyd, Wirkung von 6, 304, 461, 603.
Fraktionierung der Cellulose 256, 272 bis 273.
— der Stärke 652.

Gerbstoffe 480.
Geschwindigkeit s. Kinetik.
Gestalt der Cellulosemoleküle 21.
— der Farbstoffmoleküle 331.
— — und Substantivität 403, 405, 411, 412.
— der Moleküle 327.
— der Seifenmoleküle 522.
GIBBSscher Satz 548, 556, 571, 592.
Glanz der mercerisierten Cellulose 227.
Gleichmäßigkeit der Färbungen s. Egalisieren.
Glucose 1 f.
Grenzflächenarbeit 547.
Grenzflächenpotential s. elektrokinetisches Potential.
Gummi arabicum 672.

HAMMARSTEN-Effekt 354.
Hauptvalenzketten 5 f.
Hauptvalenznetze 5 f.
Histologie der Fasern 35—45.
Hochmolekulare Substanzen 5 f.
Hydrocellulose 240.
Hydrolyse der Metallsalze 464—469.
— der Seifen 544.
Hydrophile Grenzflächen 585.
— Oberflächen und Seifenlösungen 592.
Hydrophobe Grenzflächen 585.

Sachverzeichnis.

Hydrophobieren der Fasern 603.
Hydroxyde 463.
Hypochloritwirkung auf Cellulose 244f.
— — Wolle s. Chlorung.
Hysteresis der Benetzung 584.
— der Sorption 81f., 111, 112, 661.

Immungarn 459.
Imprägnieren s. Wasserdichtmachen.
Indikatoren 382, 600.
— und Seife 545, 600.
Innere Komplexsalze 469.
— Reibung s. Viscosität.
Ionenaktivität in Seifenlösungen 536.
Ionische Micelle 341, 529—544.
Isoelektrische Reaktion 156.
— — des Chromhydroxydes 468.
— — der Seide 160.
— — der Wolle 158, 432, 596.
Isoelektrisches Zwitterion 321.

JACQUEMINscher Versuch 491—492.

Kalkseifen 575.
Katanol O 484.
Kationaktiv 520.
Kationischer Farbstoff 321.
Kationseife 520.
Keratein 279—280, 289.
Keratin, A und C, 44.
— α und β, 28—32.
— vgl. auch Wolle.
Kettenlänge 8.
— der Cellulose 9f., 239f.
— der Stärke 649—654.
Kinetik der Farbstoffaufnahme 420, 435.
Kleister s. Verkleisterung.
Knitterfestigkeit 116, 642.
Kolloide und Hochpolymere 7—8.
— Farbstofflösungen 380, 382.
— Lösungen der Metallhydroxyde 465 bis 467.
Konstitution der Cellulose 1f.
— des Gummi arabicums 672—673.
— der mercerisierten Cellulose 210.
— der Seide 21f.
— der Seifen 519.
— der Stärke 21f.
— der Wolle 21f.
Kontraktion bei der Quellung 93f., 662.
Kristallite 46—76.
Kristallstruktur s. Röntgenstruktur.

Kunstseide und Baumwolle, Vergleich der Farbstoffaufnahme 399 bis 402.
— — — der Kettenlänge 15.
— — — des Kochverlustes 261.
— — — der Kupferzahl 261.
— — — der Methylenblauzahl 261.
— — — Viscosität 261.
Kunstseide und Alkali 233.
Kupferzahl 250.

LANGMUIRsche Gleichung 137, 392, 618.
Lauge s. Alkali.
Leitfähigkeit der Farbstoffe 338—348.
— der Fasern 121—124.
— Oberflächen- der Cellulose 169—170.
— der Seifen 528, 530, 539.
Lichtechtheit 510, 513.
Löslichkeit des Benzopurpurins 386.
— der Cellulose 9, 202, 253—263, 273.
— der Seide 25.
— der Seifen 525—527, 576—578.
— der Wolle 25, 279—280.

Maltose 646.
Massenwirkungsgesetz der Oberflächenreaktionen s. LANGMUIRsche Gleichung.
Mattierung der Kunstseide 642.
Membrangleichgewicht und Alkalibindung der Stärke 669.
— beim Färbevorgang 415, 491.
— und Mercerisieren 183.
— und osmotischer Druck der Farbstoffe 350.
Membrangleichgewichte 150, 153, 183.
Membranpotential s. Membrangleichgewicht.
Mercerisiermittel 591.
Mercerisierung der Baumwolle 173—236.
Mesomerie 333, 383, 409.
Metakeratin 279.
Methylcellulose 677, 680.
Methylenblauzahl 250f.
Micell 58.
Micellartextur der Fasern 46—76.
Micelle vgl. ionische Micelle.
Molekulargewicht der Cellulose 9f.
— der Eiweißstoffe 25f.
— der Farbstoffe s. Aggregation.
— des Gummi arabicums 673.
— der Seife s. Aggregation.
— der Stärke 649.

Molekülmodell der Cellulose 4.
— der Farbstoffe 331—335.
— des Seidenfibroins 28.
— der Seifen 522.
Monomolekulare Schichten von Cellulose 20.
— — von Eiweiß 26, 615—624.
— — von Seifen 557, 572, 592, 624, 631—632.
Monopolseife 521.
Morphologie der Fasern 35—45.
— der Stärke 647.
MWG = Massenwirkungsgesetz.

Nachbehandlung von Färbungen 463, 500, 599—600.
Naphthol AS 405, 460.
Neolanfarbstoffe s. Palatinechtfarbstoffe.
Netzmittel 589.
Nichtlösendes Wasser in den Fasern 109 f., 178—183.

Oberfläche von Seifenlösungen 547.
Oberflächenaktivität 548, 573.
Oberflächenarbeit 547.
— der Seifenlösungen 550.
Oberflächenleitfähigkeit der Cellulose 170.
Oberflächenspannung s. Oberflächenarbeit.
Orientierung der Farbstoffmoleküle an der Faseroberfläche 407—408.
— der Gelatine an Quarz 623.
— der Kristallite 38, 46—57, 58—61, 69—76.
— — beim Mercerisieren 231.
— der Moleküle an Grenzflächen 549.
— der Seifenmoleküle an hydrophilen Grenzflächen 592.
Osmotischer Druck der Cellulose 9 f.
— — der Farbstoffe 348 f.
— — des Gummi arabicums 673.
— — der Hochpolymeren 9 f.
— — der Seifen 531 f.
— — der Stärke 649—652.
Oxycellulose 240 f.
Oxydhydrate 463.

Palatinechtfarbstoffe 477, 509.
Pektinstoffe 677.
Permeabilität der Farbstoffe durch Membranen 372.
— s. a. Porengröße.

p_H und Aufnahme von Beizenfarbstoffen 467—468, 474—475.
— der Bleichflotte und Faserschädigung 252—253.
— und Dehnung der Wolle 155.
— und Eingehen der Wolle 312—318.
— und Färben der Wolle 425.
— und Wasseraufnahme der Wolle und der Seide 143—154.
Phasenumkehr 601, 641.
Phenol-Formaldehydharze 6.
Pinken der Seide 478.
Polymerisation 6.
Polymerisationsgrad s. Kettenlänge.
Porengröße in Faserstoffen 61 f.
Präparation 641.

Quellung der Cellulose in Laugen 190, 195, 200.
— freie Energie der 102 f.
— der Seide in Säuren und Basen 144.
— der Wolle und Membrangleichgewicht 153.
— — in Säuren und Basen 143.
— s. a. Wasseraufnahme.
Quellungsdruck 102—107.
Quellungswärme der Fasern 99—102, 104—107.
— der Stärke 662.

Randwinkel 582 f.
Rauheit und Benetzung 586—587.
Raumbild s. Gestalt.
Reaktivität der Cellulsoe 222, 264.
Reinigung der Farbstoffe 335.
Röntgenstruktur der Alkalicellulose 187.
— der Cellulose 3, 210.
— der Farbstoffe 335.
— der Seifen 522.
— des Seidenfibroins 27.
— der Wolle 28.

Säurebindung der Seide 131.
— der Wolle 126.
Schädigung der Cellulosefasern 239 f.
— — durch Farbstoffe 514—518.
— der Wolle 294—304.
Schaumwirkung 642.
Schlichte 671.
Schmälzen 641.
Schrumpfung der Baumwolle in Laugen 190, 197, 203.

Sachverzeichnis.

Schrumpfung der Flachsfasern in Laugen 195.
— der Ramie in Laugen 194.
— s. a. Eingehen.
Schrumpfungsdiagramm der mercerisierten Cellulose 233.
Schuppigkeit der Wolle 43—44, 310 bis 312.
Schutzkolloide 577, 619, 625.
Schutzwirkung 619f.
Seidenerschwerung 478.
Seifen 519f.
— als Elektrolyte 528f.
— als Emulgatoren 604f.
— Löslichkeit der 525.
— löslichkeitssteigernde Wirkung der 600.
Sorption 105f.
— an der Oberfläche von Seifenlösungen 555.
— von Seifen durch Fasern 595.
— von Wasser s. Wasseraufnahme, Quellung.
— an der Zwischenfläche von Seifenlösungen 571.
Sorptionsgleichgewicht 391.
Sorptionsisotherme s. Wasseraufnahme.
Spreitungsarbeit s. Ausbreitungsarbeit.
Stärke 646f.
Stärkekorn 647.
STAUDINGERsche Regel 13—19, 650 bis 653.
Sthenosieren 603.
STOKESsches Gesetz 339, 341, 355, 530.
Substantive Farbstoffe s. Farbstoffe.
Substantives Färben 395, 397, 400.
Substantivität 402f.
Suspensionen 605.

Tannin 480.
Taucharbeit 581.
Teilchengröße s. Aggregation.
Torsionsmodul 117, 119.
Türkischrotfärbung 476—477.
Türkischrotöl 477, 521.

Überführungszahl s. Leitfähigkeit.
Überkontraktion der Wolle 32, 33.
Ultrafiltration der Farbstoffe 371—376.
— der Seifenlösungen 546.

Ultramikroskopie der Farbstoffe 337 bis 338.
— der Seifenlösungen 546.
Ultrazentrifuge 13, 25, 377, 649.

Verkleisterung der Stärke 654f.
Verkürzung s. Schrumpfung.
Verteilungsgleichgewicht 389.
Viscosität und Kettenlänge 13, 240f.
— und Schädigung der Cellulosefasern 240f.
— der Stärke 650, 663.
— und Zerreißfestigkeit 244f.

Walken 306.
Wanderungsgeschwindigkeit s. elektrokinetisches Potential.
Wärmetönung beim Mercerisieren 207.
Waschechtheit 494, 500, 599.
Waschmittel s. Seifen.
Waschvorgang 628f.
Wasseraufnahme der Faserstoffe 77 bis 124, 143—154, 219.
— der Stärke 650.
— s. a. Quellung.
Wasserdichtmachen 600, 640.
Wasserechtheit 494, 500, 599.
Wasserstoffbrücken 379, 408, 432.
Wasserstoffsuperoxyd und Wolle 302.
Widerstand s. elektrischer Widerstand.
WIEN-Effekt 539.
Wollschutzmitteln 304.

YOUNGsche Gleichung 582.
YOUNGscher Modul s. Elastizitätsmodul.

Zellobiose 2.
Zerreißfestigkeit 53, 112, 225, 229.
— der Cellulosefasern und Viscosität 244, 269, 271.
— der Stärke 669.
Zerteilen 604, 605, 606, 613, 614.
Zeugdruck s. Druckpasten.
Zustandsdiagramm der Seifen 531.
Zwischenfläche 563.
Zwischenflächenaktivität 564, 573.
Zwischenflächenarbeit 563.
— von Seifenlösungen 565.

VERLAG VON JULIUS SPRINGER IN WIEN

Das Wasserstoffperoxyd und die Perverbindungen.
Von Ing. Dr. techn. **Willy Machu**, Wien. Mit 46 Textabbildungen. XII, 408 Seiten. 1937. RM 39.—

VERLAG VON JULIUS SPRINGER IN BERLIN

Das Bleichen der Pflanzenfasern. Von Dr. **W. Kind**, Sorau N./L. Dritte, vermehrte und verbesserte Auflage. Mit 83 Textabbildungen. V, 339 Seiten. 1932. Gebunden RM 24.—

Das Färben und Bleichen der Textilfasern in Apparaten. Von **Paul Weyrich**. Mit 153 Abbildungen im Text. VIII, 347 Seiten. 1937. RM 27.—, gebunden RM 28.80

Die neuzeitliche Seidenfärberei. Handbuch für die Seidenfärbereien, Färbereischulen und Färbereilaboratorien. Von Dr. phil. **Hermann Ley**, Elberfeld. Zweite, vermehrte und verbesserte Auflage. Mit 61 Textabbildungen. V, 241 Seiten. 1931. Gebunden RM 18.—

Praktische Kunstseidenfärberei in Strang und Stück. Von Dr. **Kurt Götze**, Wuppertal-Elberfeld, und **C. Richard Merten**, Krefeld. Mit 101 Textabbildungen. IX, 144 Seiten. 1933. Gebunden RM 13.50

Färberei- und textilchemische Untersuchungen. Anleitung zur chemischen und koloristischen Untersuchung und Bewertung der Rohstoffe, Hilfsmittel und Erzeugnisse der Textilveredelungsindustrie. Von Professor Dr. **Paul Heermann**, Berlin. Sechste, vollständig neubearbeitete Auflage. Mit 16 Textabbildungen. XI, 396 Seiten. 1935. Gebunden RM 22.50

Künstliche organische Farbstoffe. Von Professor Dr. **Hans Eduard Fierz-David**, Zürich. („Technologie der Textilfasern", Bd. III.) Mit 18 Textabbildungen, 12 einfarbigen und 8 mehrfarbigen Tafeln. XVI, 719 Seiten. 1926. Gebunden RM 56.70

Ergänzungsband. Von Professor Dr. Hans Eduard Fierz-David, Zürich. Mit einer Farbmustertafel. VI, 136 Seiten. 1935. RM 12.—; gebunden RM 14.50

Chemie der organischen Farbstoffe. Von Professor Dr. **Fritz Mayer**. Dritte, umgearbeitete Auflage.

Erster Band: **Künstliche organische Farbstoffe.** Mit 5 Abbildungen. IV, 255 Seiten. 1934. RM 23.60; gebunden RM 24.80

Zweiter Band: **Natürliche organische Farbstoffe.** IV, 239 Seiten. 1935. RM 23.60; gebunden RM 24.80

Enzyklopädie der textilchemischen Technologie. Bearbeitet in Gemeinschaft mit zahlreichen Fachgelehrten und herausgegeben von Professor Dr. **Paul Heermann**, Berlin. Mit 372 Textabbildungen. X, 970 Seiten. 1930. Gebunden RM 70.20

Technologie der Textilveredelung. Von Professor Dr. **Paul Heermann**, Berlin. Zweite, erweiterte Auflage. Mit 204 Textabbildungen und 1 Farbentafel. XII, 656 Seiten. 1926. Gebunden RM 29.70

Zu beziehen durch jede Buchhandlung

VERLAG VON JULIUS SPRINGER IN BERLIN

Betriebseinrichtungen und Betriebsüberwachung in der Textilveredlung. Von Professor Dr.-Ing. **Otto Mecheels.** Mit 67 Abbildungen. V, 122 Seiten. 1937. RM 13.80

Die chemische Betriebskontrolle in der Zellstoff- und Papierindustrie und anderen Zellstoff verarbeitenden Industrien. Von Professor Dr. phil. **Carl G. Schwalbe,** Eberswalde, und Direktor Dr.-Ing. **Rudolf Sieber,** Gröditz. Dritte, vollständig umgearbeitete Auflage. Mit 71 Textabbildungen. XIV, 547 Seiten. 1931. Gebunden RM 33.—

Textilhilfsmittel-Tabellen (insbesondere Schaum-, Netz-, Wasch-, Reinigungs-, Dispergier- usw.-Mittel). Von Dr. **J. Hetzer,** Weinheim a. d. B. IV, 211 Seiten. 1933. Gebunden RM 12.—

Chemische Technologie der Lösungsmittel. Von Dr. phil. **Otto Jordan,** Mannheim. Mit 26 Abbildungen im Text. XIV, 322 Seiten. 1932. Gebunden RM 26.50

Die hochmolekularen organischen Verbindungen. Kautschuk und Cellulose. Von Professor Dr. phil. **Hermann Staudinger,** Freiburg i. Br. Mit 113 Abbildungen. XV, 540 Seiten. 1932. RM 49.60; gebunden RM 52.—

Celluloseverbindungen und ihre besonders wichtigen Verwendungsgebiete dargestellt an Hand der Patent-Weltliteratur. Bearbeitet von zahlreichen Fachgelehrten. Herausgegeben von Patentanwalt Dr. **O. Faust,** Berlin. In zwei Bänden. Mit zahlreichen Textabbildungen. XXIV, 3098 Seiten. 1935. Beide Bände zusammen RM 480.—

Physik und Chemie der Cellulose. Von Professor Dr. **H. Mark,** Ludwigshafen a. Rh. (Technologie der Textilfasern, Band I, erster Teil.) Mit 145 Textabbildungen. XV, 330 Seiten. 1932. Gebunden RM 45.—

Die Herstellung und Verarbeitung der Viskose unter besonderer Berücksichtigung der Kunstseidenfabrikation. Von Ingenieur-Chemiker **Johann Eggert.** Zweite, verbesserte und vermehrte Auflage. Mit 147 Textabbildungen. VII, 244 Seiten. 1931. Gebunden RM 23.40

Chemische Ingenieur-Technik. Unter Mitwirkung von zahlreichen Fachgelehrten herausgegeben von Ingenieur-Chemiker Professor Dr. phil. **Ernst Berl.** In 3 Bänden.
Erster Band. Mit 700 Textabbildungen und einer Tafel. XXIV, 874 Seiten. 1935. Gebunden RM 120.—
Zweiter Band. Mit 699 Textabbildungen und einer Tafel. XVI, 795 Seiten. 1935. Gebunden RM 110.—
Dritter Band. Mit 463 Textabbildungen. XVI, 580 Seiten. 1935.
(Das Werk ist nur vollständig käuflich) Gebunden RM 80.—

Elemente der Chemie-Ingenieur-Technik. Wissenschaftliche Grundlagen und Arbeitsvorgänge der chemisch-technologischen Apparaturen. Von Professor **Walter L. Badger** und **Warren L. McCabe,** University of Michigan. Berechtigte deutsche Übersetzung von Dipl.-Ing. K. Kutzner. Mit 304 Abbildungen im Text und auf einer Tafel. XVI, 489 Seiten. 1932. Gebunden RM 27.50

Zu beziehen durch jede Buchhandlung

MIX
Papier aus verantwortungsvollen Quellen
Paper from responsible sources
FSC® C105338

If you have any concerns about our products,
you can contact us on
ProductSafety@springernature.com

In case Publisher is established outside the EU,
the EU authorized representative is:
**Springer Nature Customer Service Center GmbH
Europaplatz 3, 69115 Heidelberg, Germany**

Printed by Libri Plureos GmbH
in Hamburg, Germany